MOTHER NATURE

MOTHER NATURE

by Sarah Blaffer Hrdy

MOTHER NATURE

어머니의 탄생
모성, 여성, 그리고 가족의 기원과 진화

세라 블래퍼 허디

황희선 옮김

사이언스북스
SCIENCE BOOKS

지금까지 이 여성이 내렸던 최고의 선택인

댄을 위해

어머니 대자연(Mother Nature),
말이 나왔으니 말인데, 나쁜 버릇을 가진 노부인이지.
— 조지 엘리엇, 1848년

머리말

나는 어른이 된 후로 내가 **누구**인지, 그리고 그뿐만 아니라 나와 같은 생명체들이 **어떻게** 존재하게 되었는지를 이해하기 위해 내 삶의 전부를 바쳐 왔다. 적어도 인간은 운이 좋았던 덕택에 진화할 수 있었다. 나 자신이라는 존재는 다른 사람들 모두와 마찬가지로 운 이상의 것이다. 나는 하나의 기적이다. 내 어머니가 지니고 태어난 700만여 개의 난자 중 성숙해서 내 아버지의 정자로 수정된 난자는 나의 것이었다. 수정된 태아는 태아에게 닥치기 마련인 난국을 헤치며 변덕스러운 임신 과정을 극복하고 태어나게 되었다. 나라는 사람이 될 예정이었던 이 생명체는 어땠을까? 타인을 돌볼 수 있게 하는 정서적 유산을 물려받고, 유인원의 난소로 번식(reproduction)하며, 인간의 정신을 소유한 한 마리의 포유동물로 태어난다는 것은 무슨 의미인가? 인간 여성이 홍적세(Pleistocene, 지금으로부터 160만 년 전에서 1만 년 전까지의 기간)를 살았던 조상의 후예라는 사실은 여성 자신에게 무엇을 의미하는가? 우리의 조상들은 굶어 죽지 않기 위해 필요한 만큼의 식량을 모으고, 자손이 살아남아 번성할 수 있게 하려고 타인의 도움을 얻으려 애썼다. 이 모두가 야심 찬 여성 한 명에게 체현되어 있다는 것은 무슨 뜻인가? 거의 지속적인 성적 수용성(sexual receptivity)을 지니고, 두 발로 걷는 털 없는 동물이며, 서로 모순적인 열망들로 가득하고, 급변하는 세계 속에서 균형을 잡기 위해 씨름하는 존재가 된다는 것은?

좋건 나쁘건 나는 대부분의 사람들과는 다른 렌즈를 통해 세계를 본다. 나의 피사계 심도는 수백만 년 더 깊고, 내가 관찰하는 뷰파인더 속 대상들은 침팬지, 오리너구리, 오스트랄로피테쿠스와 같이 서로 다른 종들의 속성을 자의적으로 선택하는 별난 버릇이 있다. 나는 어머니에 대해 생각할 때 비교 문화적 관점과 역사적 관점뿐만 아니라 진화적, 종 간 비교적 관점이 포함된 넓은 시야를 택하는 습관을 갖고 있다. 따라서 모성(motherhood)을 조사하는 나의 연구는 내가 토대로 삼고 있는 정신분석학이나 심리학, 소설, 시, 그리고 사회사와 구분된다.

나는 인류학, 영장류학, 그리고 진화론을 통해서 학문적인 훈련을 받았다. 내가 대학원에 입학했던 1970년 무렵만 해도 하버드는 특히 과학 분야에서 여전히 매우 남성 중심적인 연구 기관이었다. 게다가 비록 이후에는 상황이 변했지만, 어미가 진화 과정에서 담당하는 능동적인 역할에 주목하는 것은 당시의 학계 유행과는 거리가 멀었다. 내가 교육 과정을 거치며 초기 연구 업적을 쌓던 몇 년 동안, 여성들의 보다 폭넓은 참여로 자연 과학의 젠더 지형이 바뀌었다. 여성들의 개입과 더불어 새로운 주안점과 새로운 연구 주제가 등장했다. 불과 한 세기 전만 해도 진화에 대해 글을 쓰는 여성은 하나같이 소설가이거나 과학계의 주변인이어서 최선의 상황에서도 논평 이상은 할 수 없었고 주류 이론에는 전혀 영향을 주지 못했다. 오늘날에는 상황이 많이 달라졌다.

탄생 그 자체보다 가능성이 더 희박한 것은 내가 언제 그리고 어떤 가정에 태어날 것인가와 같은 사건이었다. 나에게 이 사건은 전통적으로 남성에게만 허락되던 연구를 할 수 있는 기회와 교육이 허용된 인간 여성(female)의 극히 일부가 된다는 것을 의미했다. 나는 모든 종류의 영장류를 그들이 진화해 온 서식지에서 관찰할 수 있는, 또 예전에는 남성이 독점했던 과학 분야에 입문할 수 있는 드문 기회를 얻었다. 나는 과학자뿐만 아니라 어머니도 되고 싶었기 때문에 타협을 해야 했다. 하지만 나는 정말로 중대한 타협을 해야만 하는 처지에 놓인 적은 없다. 즉 나의 열망과, 결혼이나 임신, 출산, 내 아이들 자신이 남다른 인물로 성장하는 과정을 지켜보는 만족감과 같은 것들의 보상 사이에서 타협할 필요가 없었던 것이다. 내가 이런 사치를 누릴 수 있었던 것은 유례없는 수준의 번식 선택, 특히 피임법을 이용할 수 있었기 때문이다. 나는 박사 학위 논문을 마칠 때까지 첫아이의 출산을 미룰 수 있었다. 둘째를 출산한 후에도 연구를 계속할 수 있었다. 현장 연구를 포기하는 대신 연구 주제를 집에서 좀 더 가까운 곳에서도 연구할 수 있는 것으로 바꿀 필요가 있었지만 말이다. 마지막 아이의 경우에는 출산을 마흔 이후로 미룰 수 있었다. 유전자 검사, 그리고 필요할 경우에는 초기 임신 중절이 내 가족을 노화한 난소의 불이익으로부터 지켜 줄 것이라고 확신할 수 있었기 때문이다.

든든한 배우자와 융통성 있는 아이들, 또 대행 부모(alloparent, 나와 내 남편 외에 우리 아이를 기르게 도와준 모든 사람)들이 넓은 아량으로 지원을 해 준 덕분에 가정과 직업을 병행할 수 있었다. 이후 알게 된 사실이지만, 어머니들은 우리 종이 존재한 이후로 언제나 일을 해 왔고, 또 아이를 기를 때는 다른 사람들의 도움을 얻었다.

오늘날의 대다수 인간들과 마찬가지로, 나는 내가 야외에서 관찰한 영장류들과는 상당히 다른 방식으로 길러졌다. 내 어머니는 다른 유인원 종들의 어미와는 달리 어딜 가나 나를 데리고 다니는 데는 관심이 없었다. 내가 태어난 바로 이 텍사스 주의 엘리트 부족에서, 어머니가 아기를 직접 키우는 관습은 이미 여러 세대 전에 사라졌던 것이다. 내 어머니는 나의 할머니들이 그랬던 것과 마찬가지로 아기 보는 일을 다른 사람에게 맡겼다.

내 어머니는 아이가 유모에게 너무 강한 애착을 보이면 다른 유모를 구하는 것이 좋은 경영법이라 생각했다. 어머니의 통제력이 감소될 수 있기 때문이었다. 말하자면 나는 여러 여자 가정교사들의 손을 거치며 길러졌던 것이다. 내 어머니가 다섯 아이 모두를 사랑한다는 사실을 의심하는 사람은 없었다. 나의 어머니는 아이들이 열등하거나 우등한 '종족'으로 태어날 수 있다는 견해를 갖고 있었지만(다른 모든 남부 사람들과 마찬가지로 어머니는 혈통이라는 개념에 매료되어 있었다.), 그 시대에 대학 교육을 받은 다른 모든 여성들과 마찬가지로 아이들은 훈련받는 대로 행동할 수 있는 조건을 갖춘 빈 서판(blank slate)이라는 믿음 또한 갖고 있었다.

나는 1946년에 태어났다. 영국의 의사이자 정신 분석가였던 존 볼비(John Bowlby)가 식자층이 아이들의 욕구에 대해 생각하는 방식을 바꾸는 글을 쓰기 시작한 것은 그로부터 수십 년이 지난 후였다. 볼비는 아기가 신뢰하는 인물을 찾아 애착(attachment)을 형성하는 유전 프로그램을 갖는다는 사실을 보여 주었다. 다른 모든 영장류에서와 마찬가지로 신뢰할 수 있는 돌봄인(caretaker) 한 명 이상에 대해 안정 애착(secure attachment)을 형성하는 것은 인간 정서 발달에서 필수적인 측면이다.

"애착 이론"의 최근 몇몇 수정본들과 함께 볼비의 착상은 진화적 사고방식을 가진 심리학자가 인간의 삶의 질 향상에 이바지할 수 있는 가장 큰 기여 중 하나로 남게 될 것이다. 하지만 볼비의 통찰은 정서적으로 건강하고 자신감 있는 아이를 기르길 원하면서도 자신의 일과 삶을 갖길 원하는 어머니들에게 (겉보기에는 조화될 수 없는 경우가 많은) 새로운 딜레마들을 열어 놓았다.

볼비 전후로 언제나 여성의 모성 감정(자식을 낳고 양육하며 생존할 수 있게끔 하는 것과 관련된 감정들)은 그 여성의 나머지 부분(성욕, 그리고 무엇보다도 야망)과는 구분되거나 심지어는 상반된다고 여겨져 왔다. 우리는 이런 감정들을 분리해서 생각하도록 배워 왔다. 하지만 이런 사고방식은 정작 그 감정들이 진화한 방식과는 아무런 관련이 없다.

주기적으로 경험되는 성적 느낌의 번민 속에서 허우적거리던 오래전 그때, 그러한 생각은 전혀 내 의식 속에 떠오르지 않았다. 당시에는 그런 부단한 욕망이 거의 언급된 적 없는 영장류적 유산으로 남아 있었다. 어떤 사람들은 여성에게 그런 감정이 있을 수조차 없다고 생각했다. 따라서 그런 감정을 해석할 수 있는 틀이 내게는 없었다. 나는 나 스스로도 이해할 수 없는 이유 때문에 어떤 남자에게는 다른 남자에 비해 더 큰 매력을 느낀다는 사실을 발견하게 되었다. 결국 나는 동료 인류학자와 사랑에 빠졌다(매우 아이러니하지만, 하필이면 "화석 인간"에 대한 수업에서 처음 쳐다본 그 순간에 말이다.). 비록 의식적으로 생각을 더 풀어 나가지는 못했지만, 그는 이후 매우 훌륭하고 헌신적인 아버지임을 증명해 보였다. 그럼에도 불구하고 그때 나는 영장류 진화의 과정에서 성적 감정과 모성 감정이 얼마나 서로 헤어날 수 없게 뒤얽혀 있는지 생각조차 하지 못했다.

돌이켜 보면, 우리가 결국 아이를 갖기에 '충분히 좋은' 시기라고 결정을 내리게 되었을 때 나는 딸을 원했으며 임신은 정말 멋진 일이라고 느꼈다는 것밖에는 기억나지 않는다. 심지어 '아무것도 하지 않을' 때 조차 나는 창조력을 발휘하고 있는 것처럼 느꼈다. 어떤 사람에게는 아주 이상하게 들리겠지만, 출산은 아주 도취되는 경험이었고, 고통은 견딜 수 없는 것이기보다는 매혹적인 것에 가까웠다. 분만의 고통은 내게 의지가 끼어들 수 없게끔 나 자신을 완전히 관통하며 휘어잡는 생물학적 힘에 푹 빠져 있는 기분이 어떤 것인지를 발견하는 기회를 제공해 주었다. 점액질로 뒤덮인 채 머리부터 솟아난 생명체를 흘끗 본 순간, 내가 꿈꿔 왔던 딸을 묘사하는 말로 **감미롭다**는 말이 떠올랐던 것이 기억난다. 나는 딸이 내게 자극한 감각적인 반응들로 정신이 아찔했다. 나는 부드러운 피부와 비단 같은 머릿결처럼 딸의 아름다운 모습 하나하나를 축복하는 사랑 노래들을 만들었다.

세미나를 하는 동안 대개 잠을 자거나 조용히 젖을 물고 있던 어린 딸과 처음 몇 주를 보내면서, 내가 사는 세상에서는 아기를 돌보는 일과 집중이 필요한 일을 병행할 수 없다는 사실이 점점 더 분명해졌다. 갓난아기의 엄청난 연약함과 의무의 막중함, 또 나를 매일 24시간 대기조로 만들었던 지칠 줄 모르는 요구는 충격으로 다가왔다. 하지만 볼비-이후 시대의 영장류학자였던 내가, 내 삶을 딸에게 바치는 것 이외에 또 무엇을 할 수 있었겠는가?

나는 모순적인 충동들에 압도당했다. 그렇게 한다면 덫에 걸려드는 셈이었고, 그렇게 하지 않으면 저주받을 것이었다. 내 딸의 아버지에 대한 타오르는 적개심(내 두뇌의 가장 원시적인 부분으로 식별되는 곳) 역시, 부글부글 끓어오른 감정들 중 사소한 부분은 절대 아니었다. 그는 당시 의사이자 전염병 연구자였는데, 매일의 훼방 속에서 어떻게든 글 쓸 시간을 내보려고 애를 쓰고 있던 나와는 달리, 밖으로 나가 실험실에서 긴 시간을 보낼 수 있었기 때문이었다. 나는 남편이 좀 더 시간을 투자해서 내가 자유롭게 될 수 있길 바랐다. 하지만 다른 사람에게 아기를 보살피게 한다면, 아기의 애착 욕구를 이해하기 이전이었던 어머니 세대의 방식으로 되돌아가 버리게 되는 것은 아닐까?

나는 내가 선택한 직업에서 성공하기를 정말로 절실히 원했다. 하지만 내 딸이 필요로 한다고 확신했던 정서적 안정감을 빼앗고 싶지도 않았다. 개인적인 야망은 내 아이의 욕구와 충돌하는 길목에 있는 것으로 보였다. 당시 나는 모성적 열망과 직업적 열망이 실제로는 얼마나 밀접한 연관이 있는지 전혀 생각하지 못했다.

최근의 설문 조사를 통해 나는 이제 미국에 있는 대부분의 어머니들 역시 내가 느꼈던 것과 같은 양가감정을 다양한 수준에서 경험한다는 사실을 알게 되었다. 일하는 어머니들은 아이들과 함께 집에 있는 어머니들보다 더 큰 양가감정을 느낀다. 자신의 선택에 따라 일하는 어머니들은 가족 부양을 위해 일해야만 하는 어머니들에 비해 더 큰 갈등을 느낀다.[1] 하지만 요점은 미취학 연령의 아기를 데리고 있는 어머니 대다수가 현재 가정 밖에서 일하고 **있다**는 것이다. 복지 체계에서 진행되고 있는 변화와 더불어 그 비율은 점점 더 높아지고 있다.

언제나 내 마음 한 켠에는 집요한 질문들이 잠복해 있다. 나는 나쁜 어머니이기 때문에 양가감정을 느끼는 것일까? 성공은 내 아이의 감정을 희생시킨 대가인가? 여러 해가 지나 큰딸이 대학에 간 첫 주에 집으로 전화를 걸어 그곳이 잘 맞지 않는 것 같다고 이야기했을 때조차 (아마 드문 반응은 아닐 텐데) 나는 반사적으로 인도 라자스탄(Rajasthan)의 방갈로 밖에 기저귀도 없이 서 있는 유아(幼兒, toddler)의 비참하게 일그러진 얼굴을 떠올렸다. 내 딸은 먼 이국땅에서 오염된 기저귀 탓에 발진이 돋아나 고생하고 있는 작은 소녀였다. 딸에게는 이마에 점을 찍고 베일로 얼굴을 가린 여성들이 매우 낯설게 보였을 것이다. 하지만 친숙한 모습의 어머니는 저녁이나 되어야 돌아올 예정이었다. 내가 인도로 돌아갔던 6주간의 기억은 더 끔찍하고 생생하다. 당시 내 딸은 아버지, 가정부와 함께 집에 남아 있었다. 뉴욕에 도착해서 집으로 전화했을 때 전화기 저편에서 들려오던 딸의 목소리 억양 하나 하나가 아직도 기억난다. "엄마"라는 말과 함께 가슴이 찢어지는 울음소리가 들려왔지만, 울음소리에 원망은 전혀 섞여 있지 않았다.

하지만 나는 분석할 수 있는데도 고통에 빠져 허우적대는 것에 만족해 본 적은 없다. 나는 어머니가 된다는 것은 무엇을 뜻하는지, 그리고 인간 아기가 어머니로부터 무엇을 필요로 하는지, 그리고 **왜** 그런지와 같은 질문들에 힘을 쏟아 답할 수 있도록 관련 증거들을 수집하며, 내가 택할 수 있는 모든 관점과 찾아낼 수 있는 모든 정보를 이용하는 작업에 착수했다. 내 자신의 세 아이를 기르는 데 도움이 될 내용들을 때맞춰 배우지는 못하더라도 대신 다른 사람에게 전해 줄 수는 있을 것 같았다.

나는 내 과거를 이해하고 싶은 충동에 사로잡혔다. 왜냐하면 우리는 다른 누군가의 갈빗대로 만들어진 기성품이 아니기 때문이다. 우리는 서로 다른 유산들의 복합체로, 수십억 년 동안 진행되어 온 진화 과정이 남긴 찌꺼기들이 뭉쳐 만들어졌다. 분만의 고통을 견딜 수 있게 해 주는 엔도르핀을 만드는 분자는, 아직까지도 지렁이와 인간에게 공유되고 있다.

하지만 나는 내 이야기에서 한 발 더 나아가려 한다. 시작할 당시에는 이 용어들을 통해 모성적인 양가감정, 여성의 섹슈얼리티(sexuality), 그리고 아기의 필요를 이해함으로써 내 탐구의 성격을 명료화할 수 있다는 생각을 전혀 떠올리지 못했다. 나는 대학에 가서야 진화에 대해 배울 수 있었다. 사람들이 인간 본성에 대해 더 잘 알기 위해 실제 다른 동물들의 행동을 연구한다는 사실은 내게 놀라움으로 다가왔다.

1968년에 나는 당시 막 날개를 펴고 있던 분야인 영장류학의 개척자 중 한 명인 어빈 드보어(Irven DeVore)의 학부 수업을 수강하고 있었다. 어느 날 그는 인도에서 일하던 일본 영장류학자의 보고서에 대해 이야기해 주었다. 그 보고서는 내가 들어 본 적 없던 원숭이 종인 랑구르(langur)의 어른 수컷들 사이에서 벌어지는 엽기적인 행동을 서술하고 있었다. 보고서에 따르면 이 수컷들은 어미로부터 새끼를 낚아채서 물어 죽였다. 어미들은 새끼를 지키려 싸웠으나 결국 실패하곤 했다. 드문 경우에 (내가 나중에 검증한 것처럼) 어미들은 새끼를 지키려는 노력조차 않는 것으로 보였다. 새끼와 사별한 어미들은 겉보기에는 원한조차 없어 보였다. 수컷이 새끼를 죽이고 난 후, 어미는 그 수컷과 짝짓기를 했다. 나는 이 현상이 설명할 수 없을 만큼 이상하다고 느꼈다.

나는 생명체가 번식 성공(reproductive success)을 증진시키도록 진화했다고 막 배운 참이었다. 하지만 그때 나는 수컷들의 새끼 살해에 어미가 공모 이상의 것을 하고 있다는 설명에 직면하고 있었다. 이 행동은 새끼의 생존을 증진시키기보다는 감소시켰던 것이다. 나는 단순한 흥미 이상의 것을 느꼈다. 대학을 졸업한 후 나는 **왜** 그런 이상한 행동이 발생했는지를 알아내기 위해 인도로 갔다.

다른 영장류에서의 영아 살해(infanticide) 연구는 암컷의 본성, 그중에서도 특히 모성을 이해하기 위한 탐구의 첫걸음에 불과했던 것으로 드러났다. 내 자신이 속하는 종에서 부모가 취하는 태도에 대해 배우려 노력 중이던 나는, 이 탐구의 유혹에 이끌려 30여 년 동안 7개국에서 연구를 진행했고, 유언장, 고아원 서류, 민담, 심지어는 전화번호부에 이르기까지 절대 아무런 관련이 없어 보이는 정보 출처들을 끌어들였다. 그러던 중 나는 인간에서 부모의 감정이 얼마나 유연한지를 이해하기에 이르렀다. 모성 **본능**이 무엇이건 간에, 본능은 대부분의 사람들이 이 말을 쓸 때 의미하는 것처럼 자동적인 것은 아니다. 무엇보다 중요한 점은

그림 1 구스타브 도레(Gustave Doré)의 「이브의 탄생(The Formation of Eve)」, 1866년.

수집(foraging)을 통해 살아가던 우리 조상들 이래 세상은 엄청나게 변했지만 어머니가 마주하게 될 딜레마의 기본 윤곽 대부분은 놀랍도록 일정하게 유지되고 있다는 사실이다.

· · · · ·

난자와 정자를 생산하는 유기체가 처음 등장한 이래로 수십억 년 동안 수컷('정자를 만드는' 유기체)들의 유전적 미래는 암컷('난자를 만드는' 유기체)이 하는 일의 영향을 받았고 그 반대도 마찬가지였다. 하지만 어머니가 자식에게 스스로를 내어 주는 이타심은 너무나 많은 사람들의 행복에 너무도 결정적인 것처럼 보였기 때문에, 과학자를 포함한 그 누구도 어머니의 행동을 냉정하게 검토할 수 없을 것 같았다. 그리고 실제로 아무도 그 일을 해내지 못했다. 다양한 출처로부터 비롯된 낡은 편견들이 진화 이론의 심장부에 땅굴을 파고 들어와 자리를 잡았다. 하지만 진화 이론은 과학자들이 생물계를 설명하기 위해 손에 넣었던 이론들 중 가장 정합적이고 포괄적인 이론이었다.

최초의 도덕주의자이며 빅토리아 시대의 진화론자였던 사람들이, 가부장제 문화가 '좋은' 어머니(양육의 자질이 있고 수동적인)에게 거의 항상 부여했던 것과 동일한 성질을 동물 암컷에게 부여하는 것을 정당화하려는 목적으로 자연을 살펴본 것은 우연이 아니었다. 가부장제 문화가 여성들을 사회화하려 했던 것, 즉 겸손하고 순종적이며 비경쟁적이고 성적으로 삼가는 경향이, 여성에게 "자연스럽다"고 가정되었다. 마치 성(sex)이 모성이나 아기들을 살아남게 하는 것과는 아무 상관도 없다는 듯이, **성성**(sexuality, 섹슈얼리티)과 **모성**(maternity)에 대한 연구가 언제나 독립되어 있었던 주된 이유가 바로 이것이 아닐까 의심하게 된다.

조사하는 여성들은 여성의 본성이 표현되는 방식의 저변에 일종의 정치적 목표가 있다는 사실을 감지해 냈고, 서로 다른 방식으로 여기에 대해 반응했다. 많은 사람들은 과학, 특히 생물학 내부의 남성적 편견을 식별해 냈다. 버지니아 울프(Virginia Woolf)에게 그런 편견은 용서할 수 없는 것이었다. 그녀는 과학 자체를 아예 거부했다. 울프는 1938년에 "과학은 겉보기와 달리 무성적이지 않다. 그녀(She)는 남성이고 아버지이며 감염되었다."라고 경고했다. 울프의 진단은 여성들 사이에 수용되며 전수되었고, 오늘날까지도 대학 강의에서 가르침의 대상이 되고 있다. 그런 죄목은 많은 여성들, 특히 페미니스트가 진화 이론과 사회 생물학(sociobiology) 같은 분야에 대해 느끼는 소외감을 강화한다.

하지만 진화적 사고방식의 초창기부터 극소수의 여성들은 다윈주의자인 동시에 페미니스트였다. 조지 엘리엇(George Eliot)은 남성의 이름을 택한 여성이었다. 당시 여성 작가들은 진지한 취급을 받지 못했고 그녀 역시 그 일원이었기 때문이다. 본명이 메리 앤 에반스(Mary Ann Evans)였던 엘리엇은 자신의 경험과 좌절, 욕망은 과학자들이 당시 그녀가 속한 성에게 분부했던 협소하고 상투적인 전형에 들어맞지 않는다는 사실을 인식하고 있었다. "나는 나 스스로를 소위 본성(Nature)이라는 이름의 이론 틀에 처박을 필요가 없다!"라고 그녀는 적었다. 엘리엇에게는 언제나 가장 큰 관심사가 합리적인 연구를 통해 드러낼 수 있는 인간 본성의 문제였다. 그랬기 때문에 그녀는 찰스 다윈(Charles Darwin)의 『종의 기원에 대하여(On the Origin of Species)』가 출간되었던 1859년 11월 24일 이전에 이미 그 책을 읽고 있었다. 그녀에게는 "과학은 성별이 없다.…… 단순한 앎과 추론의 능력은 제대로 작동하기만 한다면 동일한 과정을 통해 동일한 결과에 도달하게 될 것이다." 나는 엘리엇의 편에 서게 된다. 편견을 유발하는 많은 근원들을 알고 있지만, 그럼에도 앎의 한 방식으로서 과학이 갖는 힘에 깊은 인상을 받기 때문이다.

미신이나 종교적 믿음과는 달리, 진정한 과학자가 딛고 서 있는 가정들은 끊임없는 도전에 직면하게 된다. 과학에서는 틀린 가정들이 곧바로 교정된다. 그럼에도 불구하고, 일부는 수정되기 위해 더 오랜 시간을 필요로 한다. 지나치게 편협한 상투적인 여성의 이미지는 바로 그런 사례 중 하나다.

현명한 동료인 진화 생물학자 조지 윌리엄스(George Williams)는 오래전 내게 자연선택(natural selection)이 "근시안적인 이기심을 극대화하는 비인격적 과정"이며, 도덕적 무관심보다 훨씬 나쁜 것이라는 주의를 주었다. 다윈 역시 같은 생각이었다. "어머니의 사랑이나 어머니의 증오는, 천만다행으로 후자는 가장 드문 부류에 속하지만, 모두 자연선택의 가차 없는 원칙에 관해서는 동일하다." 자연선택은 무엇보다 차등적 번식

(differential reproduction)으로 어떤 개체들이 다른 개체들보다 더 많은 자손을 남긴다는 사실을 의미할 뿐이다. 자연선택이 도덕도 가치도 없다는 점을 이해한다면, "**어머니 대자연**(Mother Nature)"과 같은 개념은 더 이상 낭만화된 자연법칙(Natural Laws)의 속기법이 될 수 없다. 그러한 법칙은 우리를 둘러싼 세계 속의 생명체들에 대한 객관적인 관찰보다는 그런 것이었으면 좋겠다는 소망에 가깝기 때문이다.

나는 어머니에 대한 개념들을 교정하는 과정에서, 널리 받아들여진 지혜를 포기할 수밖에 없었다. 점차 내 주목을 끌게 된 어머니들은 내가 대학원에서 배운 것과 비교해 볼 때 거의 새로운 생명 형태처럼 보였다. 낯설 뿐만 아니라 문화적인 예측과 완전히 달랐다. 어머니는 다면적인 생명체로, 여러 정치적 목표들을 손에 쥐고 곡예를 하는 전략가다. 그 결과, 태어난 각각의 아이들에 대한 헌신의 정도는 상황에 따라 크게 달랐다. 이 사실을 깨달은 나는, 나의 성장 과정과 현재의 삶에서 받아들였고 또 받아들이고 있는 가치들을 고려해 보면, 우리의 여성 조상들을 이해할 수 있는 장비가 불충분하다는 결론을 내릴 수밖에 없었다.

내가 이 책에서 제기하는 구체적 질문들 중에는 다음과 같은 것들이 있다.

1. "모성 본능(maternal instinct)"이란 말은 무엇을 뜻하는가? 그리고 여성들은 그것을 "잃어"버렸는가?
2. 만약 아기에 대한 여성의 사랑이 본능적이라면, 여러 문화와 역사에 걸쳐 아기들의 죽음에 직간접적인 영향을 준 여성은 왜 그렇게 많은 것일까? 세상에는 자신의 아기를 차별 대우하는 어머니가 왜 그렇게 많은 것일까? 예를 들어 아들은 먹이지만 딸은 굶기는 사례는 어떤가?
3. 다른 유인원들과 달리 인간은 무력할 뿐만 아니라 매우 오래 의존

해야 하는 자손을 낳게끔 선택되었다. 그래서 우리의 수렵-채집자 조상처럼 사는 여성이라면 홀로 가족을 부양하는 일은 꿈도 꿀 수 없었다. 어머니가 스스로 기를 수 있는 능력의 범위를 한참 벗어나는 아기를 낳게 만드는 선택은 어떻게 가능했던 것일까?

4. 아버지와 아기가 공유하는 유전자의 비율이 어머니와 아기가 공유하는 비율과 같다면, 왜 아버지들은 아기의 필요에 보다 마음을 쓰게끔 진화하지 않았을까? (다윈 역시 궁금하게 여겼듯이) 남성들에게는 양육을 위한 "후천적 본능"이 있는 것일까? 만약 그렇다면 그 본능이 발현되는 것은 언제인가?

5. 아버지들의 태도는 아기들에 관한 한 보살핌으로부터 무관심에 이르기까지 다양하다. 그렇다면 거의 대부분의 남성이 여성의 번식 문제에는 왜 그렇게 큰 관심을 보이는 것일까?

6. 그리고 마지막으로, 아기의 필요의 핵심은 무엇일까? 이 작은 생명체는 왜 그렇게 통통하고 매력적이며 또 전적으로 사랑스럽게 진화한 것일까?

물론 역사와 개인의 경험은 어머니가 자신의 아기에 대해 어떻게 느끼는지에 대해 많은 설명을 들려준다. 하지만 내 질문들에 대한 대답은 시간을 멀리 거슬러 올라가 찾아야 한다. 여성이 자신의 자궁에서 벌어지는 일에 대해 사생활을 지닐 권리를 법정이 인정하기 전, 피임이 행해지기 전, 어떤 종류의 것이든 형식적인 법이 있기 전, 영아 살해에 대한 금지가 있기 전, 심지어는 요람이나 담장이 있기 전, 말하자면 아기가 야생 동물에게 잡아먹히는 것을 막기 위해 누군가가 아이 곁에 붙어 있는 것이 반드시 필요했던 시절로 거슬러 올라갈 필요가 있다. 오늘날 여성들이 번식과 관련된 결정을 내릴 때 정보를 제공하는 많은 감정들은, 현재 기준에서 보면 그저 무자비할 뿐인 과정에 의해 이렇게 먼 과거에 형성되었다.

1부

동물들을 살펴보기

예를 들어 동물들을 살펴보라.

— 장-에마뉘엘 길리베르(Jean-Emmanuel Gilibert), 1770년

데임 네이처의 특허 식품
카인과 아벨이 먹었던 것

무료 시식　　　　　좋은 결과

1장

☙

지뢰밭 같은 모성

여성은 보다 온화하고 덜 이기적이며, 그 때문에 남성과 다르다. 여성은 모성 본능 덕분에 자신의 아기에게 이런 자질들을 분명히 드러낸다. 그러므로 여성은 다른 동족들을 대할 때도 그런 자질들을 펼치는 일이 자주 있을 것이다.

— 찰스 다윈, 1871년

엄마 노릇이 간단했던 적은 단 한 번도 없다. 현대 의약품과 살균된 물, 장기 보존 음식, 멸균 처리 우유, 요람, 그리고 담장을 두른 집 덕분에, 오늘날은 과거 어느 때보다도 아기가 생존하기에 유리한 때다. 고무 꼭지 젖병과 아주 어린 아기를 보살피기 위해 특수 설계되고 면허를 취득한 보육 시설은, 생후 몇 주 된 아기를 기르면서 일도 해야 하는 어머니들에게 과거에 택할 수 있었던 두 가지 선택지 외에 다른 대안을 제시한다. 과거의 어머니들은 직접 아기를 돌보거나 유모를 구해야만 했다. 또한 유축기 및 냉장고의 이용과 더불어 보다 많은 여성들이 아기와 떨어져 있으면서도 모유를 먹일 수 있게 되었다.

무엇보다도 피임약이 있다. 피임약은 여성이 자신의 난소를 의식적으로 통제해 출산 여부와 시기를 결정할 수 있게 해 준다. 여성들은 수십 년간 직업 활동을 한 뒤에도 초음파 검사와 양수 검사를 통해 건강한 아이를 낳을 수 있게 되었다. 이렇게 새롭게 열린 선택의 범위는 엄마 노릇을 단순하게 만들기보다는 오히려 어머니가 어떤 사람이어야만 하는지를 자신만만하게 제시하던 전통적 통념들의 표면 바로 아래 도사리고 있던 긴장감을 노출시켜 놓았다.

이제 선진국의 어머니들은 아이 아버지, 아이들과 함께 지도가 없는 땅에 발을 들여놓게 되었다. 자신의 번식을 스스로 통제할 수 있게 된 여성은 실제 어떤 선택을 하게 될까? 이제 우리는 거대한 사회적 실험의 모르모트가 되었지만 실험에 자원하겠다고 손을 드는 사람은 없다. 아이들 역시 복합적이고 다면적인 생명체로서 유례없이 넓은 선택 범위를 지닌다는 것의 의미를 발견해 가고 있는 중이다. 이 실험은 아직도 진행되고 있다. 하지만 두 가지 결과는 벌써 확실해졌다. 첫째로, 어머니들의 결정은 어머니가 본유적으로 온화하고 자기희생적인 생명체라는 통념적인 기대와 항상 부합하는 것은 아니다. 둘째로, 오늘날의 어머니가 내리는 결정은 어떤 것이든 몇몇 부류의 사람들에게 논쟁거리가 된다. 터놓고 이야기하자면 모성은 지뢰밭이 되었고, 우리는 길을 알려 주는 지도도 없이 그곳을 걸어 지나가고 있는 셈이다.

모성의 정치학

모성이 아직도 애플파이처럼 안전한 화제라고 생각하는 고지식한 정치가는 사실이 그렇지 않다는 점을 곧 깨닫게 된다. 자기희생적인 모성을 당연시하는 수백 년 묵은 사고방식을 받아들이는 한에서만 안전한 화제였기 때문이다. 이런 사고방식은 자연이 여성을 어머니로 설계했고 여성은 자신이 낳는 아이 모두를 기르려는 본능을 지닌다는 (남성)인류(Mankind)의 가정에 기대고 있었다. 여성이 존재하는 이유는 자기희생적 모성에 있었고, 많은 사회의 여성들이 이를 자신의 운명으로 받아들였다. 모든 사람들이 모성에 대해 갖고 있는 거대한 이해관계는 간과되었다.

자의식, 자존감, 유약함, 예의범절, 보장된 직업, 평생에 걸친 선입견과 불안, 마음의 평화, 물론 후손을 위한 발판까지, 이 모든 것이 우리 자신의 어머니, 아내, 연인, 딸, 그리고 여성 동료들이 하고 있는, 혹은 하기로 기대되는 것들에 달려 있다. 바로 이 사실 때문에 정치가는 어머니들에게 집에 있으라고 권해도 표를 잃고, 일터로 돌아가라고 해도 표를 잃으며, (실제로 그렇듯) 모유가 아기에게 유익하다는 사실을 지적해도, 그 점을 말하지 않고 무시해도 표를 잃게 되는 것이다. 어느 날에는 신문 헤드라인에 "보육 시설이 우리 아이들을 망치고 있는가?"[1]라는 물음이 실리는가 하면 "위험한 아이 양육 실험"을 매도하는 기사가 등장한다. 그런데 다른 날에는 같은 신문의 헤드라인에 "어머니-영아 결속은 날조된 개념"이라는 선언이나 보육 시설을 확충하라는 요청이 게재된다.[2] 동시에, 피임은 많은 나라에서 여전히 법에 저촉되며, 미국의 가족계획 클리닉 바깥의 거리에서는 내전을 방불케 하는 시위가 진행된다. 외계인이 지구에 온다면 태양계를 탐사할 만큼 정교한 기술을 지닌 생명체가 여성의 번식 체계에 대해서만큼은 왜 그렇게 원시적인 행동을 나타내는지

물어볼지도 모르겠다.

　모성의 정치에서 임신 중절만큼 입장이 분열되어 있고, 비합리적인 논쟁을 끌어내는 화제도 없다. 워싱턴 D.C.에서는 1997년 5월, 드문 유형의 임신 중절을 금지하는 법안이 상정되었다. 이 시술은 확장 적출(dilation and extraction)이라고 알려져 있으며, 반대자들은 이 시술에 "부분 출산"이라는 세례명을 주었다. 이 방법은 외상을 남기는 외과 수술 절차로 압도적인 악명을 떨친다. 그래서 미국에는 이 시술을 지지하는 단체가 단 하나도 없고, 이 세상 어떤 여성도 시술받고 싶어 하지 않으며, 시술하려 하는 의사 역시 한 명도 없다. 그럼에도 불구하고 이 법안은 회의장에서 단 50초 만에 임신 중절 관련 문제로 논쟁이 붙게 하는 대기록을 세웠다.[3] 의사가 여성의 생명이나 건강, 아니면 미래의 임신 가능성을 보존하기 위해서는 필수적이라고 판단했을 경우에도 이 고통스러운 절차의 실행을 허가할 것인지를 중심으로 의견이 갈렸다. 전면 금지를 주장했던 사람들은 거의 실행되지 않는 이 요법(미국의 경우 연간 150만 건의 중절 시술에서 0.1퍼센트의 비율을 차지한다.)[4]의 수요를 감소시키는 방법을 찾는 데는 관심이 없었다. 성교육, 산아 제한, 그리고 산전 관리에 대한 재정 지원을 확충하거나 초기 임신 중절을 좀 더 간편화하는 방법이 있는데도 말이다. 후기 임신 중절 금지는 단지 임신 중절 전체를 금지하기 위한 첫걸음일 따름이었다.[5]

　임신 중절 문제는 엄청난 '열기'를 내뿜으면서도 보잘것없는 '빛'만 발산하는 것으로 악명이 높다. 이 특정한 경우에서는 문제를 놓고 논쟁하던 상원위원 중 한 명(릭 샌토럼(Rick Santorum), 펜실베이니아 주 공화당 상원의원)이 '지나치게 감정적'이 되는 바람에, 위로 통하는 혈관은 수축된 반면 심장과 뇌로 통하는 혈관은 확장되었다. 쿵쿵대던 그의 심장은 두뇌에서 가장 오래된 부위가 보내는 신호에 반응하여, 깊은 위협감을 느낀 이 포유동물이 싸움을 준비하며 얼굴을 '선홍빛'으로 붉히게 만들었다. 그의 목소리가 워낙에 격앙되었던지라 동료들이 끼어들어 말려야 할 지경이었다.[6]

이 상원의원의 주변인 중 누구도 종류를 불문하고 후기 임신 중절 시술법을 이용할 가능성은 거의 없었다. 그러나 상원의원은 가능성이 매우 희박한 이 경험을 막 체험한 상태였다. 그와 그의 아내는 아내가 임신하고 있는 태아에게 치명적인 결함이 있다는 사실을 알게 되었던 것이다. 그들이 들은 바에 따르면, 아기가 살아서 태어나더라도 생존력은 없을 것으로 예측되었다. 감염이 잇따라 발생해 아내의 목숨이 위험해지자, 의사들은 상원위원에게 임신 중절을 권고했다. 상원의원은 후에 열린 기자 회견에서 그 선택을 받아들일 가능성은 전혀 없었다고 이야기했다. 그가 보기에는 그의 아내가 "패혈증 유발성 쇼크의 위험을 겪고 있었지만…… 절박한 위험에 처해 있지는 않았다."[7]

임신 중절 논쟁은 궁극적으로 어머니가 된다는 것의 의미와 관련된다. 그리고 상원의원은 자신의 앞에 있던 많은 인간들과 마찬가지로 어머니의 존재 이유에 대해 보기 드물게 분명한 자신만의 견해를 갖고 있었다. 그 부부에게는 이미 어린아이 셋이 있었으나, 네 번째 탄생은 그의 아내나 아내가 낳은 다른 아이들의 행복보다 분명한 우선권을 갖고 있었다. 천만다행으로 어머니는 살아남았다. 하지만 의사들이 예측했던 것처럼 아기는 태어나자마자 사망했다.

논쟁 과정에서 상원의원의 외투와 넥타이 밑으로 세차게 흐르던 피와 쿵쿵대는 심장은 의회 의원들이 일반적으로 생각하는 것보다 훨씬 깊고 오래된 동기에 대해 엄청나게 많은 이야기를 들려주었다. 그 상원의원은 다른 인간들과 전체 영장목을 통틀어 전형적인 관심, 즉 집단의 다른 구성원의 번식 조건에 대해, 강렬하며 심지어 강박적이기까지

한 관심을 표현했던 것이다. 그의 선조였던 높은 지위의 영장류 수컷들과 마찬가지로, 그는 자신이 속한 집단의 암컷들이 언제, 어디서, 어떻게 번식해야 하는지를 통제하려는 의도를 갖고 있었다. 하지만 전 하원의원 한 명은 이 논쟁에 명시적으로 드러난 주제보다 더 많은 것이 걸려 있다는 사실을 감지해 냈다. 콜로라도의 전 의원 퍼트리샤 슈뢰더(Patricia Schroeder)는 "그들이 선택하는 주제는 아주 흥미롭습니다."라고 말한다. "의회에서 남성의 신체 기능에 개입하려고 하지는 않거든요."[8]

슈뢰더의 일침은 사태의 핵심을 파고든다. 임신 중절에 대한 격렬한 논쟁은 그 어떤 통치 체제나 가부장제, 혹은 기록이 남아 있는 역사보다도 훨씬 오래된, 여성의 번식을 통제하려는 동기로부터 유래한다. 암컷인 집단 구성원의 번식 문제에 수컷이 느끼는 매혹은 우리 종보다 먼저 등장했다.

내 딸 세대의 젊은 여성들은 역사적으로 특수한 상황을 당연한 것으로 받아들인다. 피임, 성병 예방, 여성 교육과 여성 운동선수, 여성에게 열린 직업 기회와 같은 것들이 영원히 지속될 혁신이라고 본다. 이 여성들은 미국에서의 임신 중절 반대 운동, 그리고 인간의 성욕에 대한 실용적 지식을 "순결 교육(abstinence only, 미성년자는 순결을 지키는 것만이 바람직하다고 가정하고 성관계·성병·피임 등에 대한 구체적 지식은 가르치지 않는 미국의 중등 과정 성교육. 10대 임신 및 AIDS와 같은 성병의 확산, 학교 재정 지원 문제 등과 맞물려 있다고 여겨지기 때문에 정치적으로 큰 논쟁거리다. ─옮긴이)"으로 대체하려 하는 강력한 정치적 로비의 출현을, 진지하게 받아들이기에는 너무나 비합리적인 것으로 본다. 이슬람 근본주의자들이 (가정에 감금하고, 얼굴과 몸을 베일로 가리며, 지시받은 대로 결혼하게끔 강요하면서) 여성의 개인적 자율성을 부정하는, 탈레반 지배하의 아프가니스탄과 같은 아득히 먼 나라에서 들려오는 보도는 먼 이국땅에서나 벌어지는 일로 여기는 것이다.

내 딸들과 그 세대가 이런 종류의 강압이 자신들의 삶을 침범할 것이라고 믿기는 힘들 것이다. 심지어 여성 감금이 아내와 아이들의 건강과 행복에 상당한 손해를 끼친다는 사실이 입증되었을 때조차(아프가니스탄의 자료가 최근 보고된 바 있다.),[9] 슬픔은 느낄 수 있어도 자신에게 닥칠 일로 걱정하지는 않는다. 이 여성들은 암컷을 통제하려는 과거 수컷들의 본유적인 욕구와, 현재의 논쟁을 낳는 여성과 가족에 대한 태도 사이의 연관성을 알아차리지 못한다. 남성뿐인 "약속의 이행자들(Promise Keepers, 국제 기독교 단체로 남성만이 가입할 수 있음. ─ 옮긴이)" 청중 앞에서의 설교를 고양시키고, 선출된 공무원들이 여성의 출산 여부와 시기에 대한 선택권이 누구에게 있는지를 두고 끊임없는 논쟁을 벌이게 만드는 것은 과거 수컷의 욕구와 관련이 있는 것이다. 어머니와 아버지의 이해관계 사이에 드리워진 오랜 긴장이 언젠가 그들 자신이 살고 있는 나라에서 폭발하여, 자신들이 당연하게 여기는 세계를 변화시킬 수 있을 것이란 가능성을 진지하게 받아들이는 서구인은 거의 없다. 그렇지만 나는 그만큼 확신하지 못하겠다. 힘들여 쟁취한 법률과 보호를 오래 지속되어 온 압력이 침범하게 된다면, 우리가 착수한 독특한 실험은 그 지속 여부가 불투명해질 것이다.

우리 모두의 어머니

지구상에 60억이나 되는 인구가 있는 탓에 인간이 언제나 그렇게 많지는 않았다는 사실을 잊어버리기 쉽다. 현재 지구에 있는 인간은 모두 대략 10만 년 전 아프리카에 살았던 인구 집단, 즉 번식하는 어른의 수가 1만 명 이하였을 것으로 추측되는 집단의 후예다. 지금으로부터 160만 년 전에서 1만 년 전까지의 기간인 홍적세에는 탄생 자체가 매우 위험한 일이었다. 위험의 전체 범위와 그 위험이 아이들이 지닌 속성에 대해 갖는 함의는 이제야 막 이해되기 시작했다.

성년에 도달한 여성 대부분은 임신하여 아기를 낳았다. 하지만 대다수는 살아남은 자식을 한 명도 남기지 못하고 죽었다. 태어난 아이들 중 많은 수가 아예 성장조차 하지 못했기 때문이다(생애 초기에 사망했다는 뜻. ─옮긴이). 이 점에 대해서는 니사(Nisa)라는 이름의 수렵-채집자(hunter-gatherer) 여성의 생애사(life history)를 참조할 수 있다. 20세기에 접어들어서도 칼라하리 사막을 계속 횡단해 왔던 수집자 유목 사회 !쿵산(!Kung San)에 속한 이 용감한 여성은, 식량 마련을 위한 동물의 가축화와 농경이 발명되기 수천 년 전인 홍적세의 수렵-채집자들과 유사한 과제를 마주하고 있었다.

1970년대 초반 전기를 쓰기 위해 니사를 인터뷰했을 때, 그녀는 두 번의 임신 실패를 겪고 세 딸과 아들 하나를 낳은 상태였다. 이는 !쿵 여성의 평균 가족 크기(3.5명의 아이)에 가까운 수치다. 니사의 아이 중 둘은 사춘기까지 살아남았지만 모두 성인이 되기 전에 사망했다. !쿵 여성의 36퍼센트가 니사와 마찬가지로 생존하는 자손을 한 명도 남기지 못하고 죽었을 것이다.[10] 인터뷰 대상이었던 !쿵 여성은 당시 모두 완경기(menopause)를 지나 있었기 때문에 자신이 죽기 전에 마지막 아이를 잃은 사람이 좀 더 있었을 것이다. 만약 우리가 번식할 기회를 채 갖지도 못하고 죽은 여성들을 전부 계산에 넣는다면, 아이 없이 죽는 사람의 진짜 비율은 아마도 더 높을 것이다. 내 추측으로는 !쿵에서 태어난 여성의 절반 이상이 아이 없이 죽었을 것 같다.

부모에게 아이의 죽음이란 상상할 수 있는 모든 일들 중에서 가장 끔찍한 일이다. 다행스럽게도 이 책을 읽는 독자 대부분에게 유년기의 죽음은 드문 일이다. 이 책의 독자들은 니사와는 달리 적어도 당분간은 이 지구에서 특권을 유지할 지역에 살며 전례 없이 수준 높은 삶을 향유하고 있다. 미국에서 태어나는 아기 1,000명당 994명은 영아기 생존에 성공한다. 영아(infant) 생존율은 천문학적으로 개선되었지만, 후기 산업 사회의 여성이 후손을 남기지 못하고 죽는 확률은 그다지 변하지 않았다. 내가 살고 있는 캘리포니아의 새크라멘토 밸리에서는 1890년에서 1984년까지 기간 동안 사망한 성인 여성의 40퍼센트가 생존한 자식을 남기지 못했다.[11] 하지만 그토록 많은 여성이 아이를 남기지 않고 죽은 이유에 대해서라면, 칼라하리와 캘리포니아 인구 집단이 큰 차이를 보인다. 20세기의 캘리포니아에서는 결혼 경험이 없는 여성이 많다. 다른 사람들은 의도적으로 자녀를 갖지 않기로 결정했거나 낳을 수 없었을 것이고, 아니면 적은 수의 자녀만을 낳기로 결정했을 것이다. 태어난 영아의 대부분이 생존했기 때문에, 한 여성당 평균 자녀수(1.6명)는 실제 태어난 아기의 수와 비슷하다. 어머니 역할을 둘러싼 상황이 이보다 더 큰 차이를 보였던 적은 없다. 하지만 내가 이 책에서 쓰게 될 내용과 마찬가지로, 생존을 위해 매일 충분한 양의 식량을 수집해야만 하는 구속으로부터 벗어나 생태적인 해방 상태에서 넓은 번식 선택 범위를 지니고 살아가는 현대 국가들로부터 비교적 운이 나쁜 다른 세계 지역에 이르기까지, 여성들은 어디서나 생계와 번식 사이에서 계속 타협(tradeoff)을 하고 있으며, 그 전체 윤곽은 비슷하다.

질 대 양

자신이 낳을 아이의 아버지나 첫 임신 시기에 대한 선택권이 여성 자신에게 주어질지는 여성이 속한 문화의 혼인 관습에 따라 달라진다. 아들과 딸, 첫째와 막내를 공평하게 대할지의 여부도 사회의 지배적 가치에 따라 달라진다. 하지만 대체로는 자신에게 허용된 시간과 에너지, 사랑을 각 아이에게 얼마나 투자할 것인지는 여성이 결정하게 된다. 아버지 역시 유사한 선택을 할 수 있다. 매우 다른 결정을 내릴 수도 있지만 말이다. 과거에는 그런 결정이 어머니 자신과 아이의 생존에 직접적인 영향을 미쳤다. 인류가 존재해 온 대부분의 기간 동안 어머니 없는 아기, 또는 보다 나이 많은 혈육(kin)이 없는 아이는 생명을 위협하는 불이익을 겪어야 했다. 우리의 여성 조상이 된 어머니는 오늘날 우리와 같은 후예를 한 명이라도 남기기 위해서는 최소한 한 명의 자식을 번식 연령에 이르기까지 성공적으로 키워 냈어야 했다. 그 자식 역시 살아남은 후계자를 생산해야만 했다. 어머니에게 양이 최우선 순위가 되지 못한 까닭은 여기에 있다. 가장 중요한 것은 자신과 삶을 공유하는 아이들의 행복과 안녕이었다. 배우자에 대한 남성의 정절이 자신의 번식 성공과 유일한 아내의 번식 성공을 동일한 것으로 만든다면, 이 남성은 양보다는 질이라는 아내의 선호 기준을 공유할 가능성이 더 높다. 그렇지 않은 경우, 특히 자신의 자식에게 투자할 의도가 없다면, 그 남성은 그저 가능한 한 많은 여성과 더불어 번식하며 이를 통해 가능한 한 많은 자손을 낳으려 애쓸 수도 있다. 우리는 바로 이런 조상들로부터 모성 감정과 의사 결정 장비를 물려받은 것이다. 양을 갈구하는 남성들과 질을 갈구하는 여성들(나중에 설명하겠지만 이는 단순화된 것이다.) 사이에 가로놓인 긴장은 인류만큼이나 오래된 것이다.

예를 들어, 젊은 여성들에게 아이를 갖는 것과 삶의 운을 개선하는 것 사이에서 선택할 기회를 준다면 대부분은 후자를 택한다. 언뜻 이런 발견은 진화 이론의 예측과 완전히 상반되는 것처럼 보인다. 내 다윈주의적 세계관을 투박하게 표현하면 성공은 "적응도(fitness)", 즉 후속 세대에서의 유전적 반영(genetic representation)의 척도로 측정된다. 더 많은 자원에 대한 접근은 더 적은 수가 아닌, 더 많은 수의 아이들로 변환되어야 한다. 확실히 유사 시대 전반에 걸쳐 상당히 적은 수의 남성만이 더 많은 양을 선택했다는 기록이 방대하게 존재한다.

왕과 황제, 그리고 전제 군주, 즉 그렇게 할 수 있는 권력을 지녔던 사람들은 자신의 처첩실을 생식력 있는 여성들로 가득 채웠다. 봉건 영주들은 자신의 구역 내에서 결혼하는 처녀들에 대한 초야권(droit de seigneur, 혼인 첫날 밤 신부와 동침할 수 있는 권리로, 중세 유럽에서는 신랑이 아닌 지역의 영주가 갖고 있었다. — 옮긴이)을 고집했고, 몇몇 미국 대통령들은 말 그대로 난자 모양인 자신의 집무실(백악관의 대통령 집무실의 명칭은 'Oval Room'이다. 여기서 'oval'이라는 단어가 '둥근'이라는 뜻과 '난자의'라는 뜻을 동시에 가졌다는 점을 이용한 말장난이다. — 옮긴이)을 밀회를 즐기는 데 이용했다.[12] 하지만, 남성 권력자들(분명 아무런 이유도 없이 그렇게 부르는 것은 아니다.)에게 적용되는 양의 강조가 어머니들에게는 적용되지 않는다.

세계 도처에서는 상대적으로 잘 사는 사람들이 비교적 낮은 출산율을 보이는 경향이 있다. 이 경향은 산업화된 사회의 여성들뿐만 아니라 인도의 농부 여성에게서도 뚜렷하게 나타난다. 감소 추세에 있는 현대 일본의 출산율이나 현대 프랑스와 이탈리아를 오랜 기간 특징지어 온 음의 출산력(the below-replacement fertility, 사망률이 출산율보다 높은 것. — 옮긴이)이 미국과 같이 정착된 인구 집단에서 점점 더 맞아 들어가고 있는 것을 보라. 여성이 자신의 번식 기회에 대한 통제력과 처지를 개선할 기회 모두를 갖는 곳이면 여성들은 어디서나 더 많은 아이보다는 삶의 질과 경제적 안정을 선택한다.[13] 많은 사람들에게 매일 아이들을 남겨 두고 일하러 가는 것은 생존의 문제다. 이것은 어머니가 가족을 부양할 수 있는 유일한 길이고, 자손들에게 안전한 미래를 보장해 줄 수 있는 유일한 길이다(현대 산업 사회 사람들이 수집자들과 크게 다른 점은, 먹여야 할 뿐만 아니라 입히고 가르쳐야 할 아이들이 나이를 먹어 감에 따라 비용이 더 들지, 덜 들지는 않는다는 것이다.).

하지만 생존이 모든 선택을 설명하지는 않는다. 조그만 땅 한 뼘에 의지해 근근한 삶을 잇고 있는 제3세계의 농부들은, 교외 지역의 깨끗한 공기와 안전한 환경을 경제적으로 나아질 가능성이 희박한 도시의 누추한 판자촌과 맞바꿀 것이며, 보다 '나은' 삶에 대해 약간 더 개선된 전망을 얻는 대가로 아이들의 일부가 호흡기 질병이나 내장 질병을 앓다가 죽게 될 수 있다는 사실을 받아들일 것이다. 훨씬 더 큰 특권을 누리는 여성들 역시 번식보다는 자기실현을 선택하고, 예술가나 파일럿, 과학자가 되기 위해서 어머니가 되는 일을 보류할 것이다.

그들의 선택은 언뜻 진화적 예측과는 상반되는 것으로 보인다. 하지만 어머니들이 가능한 한 많은 아이를 낳도록 진화한 게 아니라, 질을 위해서 양을 타협하거나 안전한 지위를 얻도록, 또 적어도 일부의 자식은 살아남아 번성할 수 있는 확률을 증가시키는 방향으로 진화했다는 사실을 떠올리면 그렇지 않다는 것을 알 수 있다. 20세기 후반의 여성들이 실제 하는 일을 좀 더 가까이서 보면, 통념적인 기대와 충돌하고 있는 '비자연적인' 행동이라고 보기는 힘들다. 결국 통념적인 기대는 여성이 무엇을 원한다고 **가정되어** 있는지에 대한 신화와 미신들이기 때문이다.

그러면 서구 세계의 사람들은 어떻게 여성의 본성과 '모성'을 현재와 같은 방식으로 개념화하게 되었을까?

모성과 자애로움

모성이라는 말은 생물학적으로 임신과 출산을 지칭하며, 이것은 **부성**(paternity)이 자식을 잉태시킨 개체를 지칭하는 것과 같다. 하지만 서구에서 모성의 개념은 오랜 자기희생 전통을 함께 담고 있다. 『옥스퍼드 영어 사전(*Oxford English Dictionary*)』은 최소한 17세기 이래로 이 말의 용법에 대한 예문을 이렇게 싣고 있다. "그녀의 자애로움이 그녀를 어머니로 만들었다……." 그렇다면 신, 이성, 자연, 그리고 인간(Man)에 대한 계몽주의적 찬양에 흠뻑 젖어 있던 18세기의 도덕주의자들은 어떻게 여성들에게 "예로써 동물들을 보라……."고 확신에 찬 훈계(1770년에 씌어진 유명한 구절에서)를 내릴 수 있었을까?

> (동물) 어미가 배를 찢어 연다 하더라도…… 자신의 자손이 자신의 모든 비애의 원인이 된다 하더라도, 새끼를 처음 보살피게 될 때면 모든 고생을 잊게 된다.…… 어미는 스스로를 잊은 채 자신의 행복에는 거의 신경 쓰지 않는다.…… 여성은 다른 모든 동물들과 마찬가지로 이 본능의 지배 아래 있다.[14]

저자(프랑스 의사인 장-에마뉘엘 길리베르)는 여성들이 신체 상태가 어떻든 상관없이, 자신이 낳는 모든 아이를 양육함으로써 영원하고 변함없는 자연의 교훈을 따라야 한다고 확신했다. 자신의 환자들을 겁주려는 것은 아니었다. 단지 자손 양육이 환자들의 본능이며 신이 부여한 모성의 의무라는 점을 각성시키려 했던 것이다. 길리베르, 그리고 그와 같은 다른 사람들은 자연을 편견 없이 실증적으로 관찰하기보다는, 자연을 이용해서 자신들 및 소속 사회의 선입견을 확고히 하며 인간의 행동 지침을 제시하려는 목적으로 동물들을 보았다. 과학자라기보다는 전도사에

그림 1.1 피에르 다레(Pierre Daret)의 「자애의 알레고리(Allégorie de la charité)」, 1636년.

가까웠던 이 남성들은 자연계의 생명체들이 스스로에 대해 말하게끔 하기보다는 자신들의 도덕 법규를 자연에 부과했다.

　　젖 먹이기에 대한 길리베르의 열정적인 주장은 당시에 횡행하던 대리 수유(wet-nursing), 즉 보통 젖을 분비하고 있는 상대적으로 가난한 여성을 다른 어머니의 아이에게 젖을 물리도록 고용하는 풍습에 대한 반감으로부터 비롯되었다. 이 기간 동안 많은 수의 아기들이 출생 직후에 멀리 떨어진 교외 지역 유모에게 위탁되었고, 아기들은 큰 곤경과 무관심한 보살핌 속에 놓이게 되었다. 그 결과로 영아 사망률은 치솟았다. 길리베르는 대리 수유라는 이 "악덕"에 프랑스의 인구 감소의 책임이 있다고 확신했다(뒤에서 자세히 설명하겠지만 실제 상황을 매혹적으로 왜곡하는 것이다.).

　　파리와 같은 도시 지역에서는 태어난 아기의 대다수(1780년의 경찰 자료 (14장에서 논의됨)에 따르면 95퍼센트)가 유모에게 보내졌다. 그렇지만 길리베르는 인간은 포유동물이며 여성은 다른 모든 포유류 암컷과 같이 **아기에게 젖을 물리기 위해 젖가슴을 갖고 있다**는 사실을 알고 있었다. 길리베르에게는 이 사실이 여성은 신의 뜻에 따라 아기에게 젖을 물려야 한다는 점을 의미할 뿐이었다. 따라서 이 의무를 저버리는 것은 부자연스러웠다.

길리베르가 이해한 자연에서의 우리의 위치는 위대한 스웨덴 분류학자인 카롤루스 린네(Carolus Linnaeus)의 새로운 분류법으로부터 나온 것이다. 무엇보다도 린네의 1735년 저서『자연의 체계(*Systema Naturae*)』는 인간을 원시원숭이, 원숭이, 그리고 유인원과 연결해 주는 특정한 관계에 주의를 기울이게끔 만들었다. 이들 모두는 영장류(Primate, "제1순위"에 해당하는 라틴어)라는 한 개의 목(目)에 함께 분류되었다.

배후의 정치적 목표

하지만 그만큼 원초적인 무엇인가가 길리베르와 린네 역시 연결시켰다. 두 남성 의사 모두 암컷의 존재 이유를 분석하고 대리 수유를 반대하며 연합했다. 길리베르는 (당대 과학의 언어였던) 라틴어로 된 린네의 반-대리 수유 팸플릿(pamphlet, 소책자를 뜻하는 팸플릿은 본래 정치 선전물의 한 형태이기도 했다. ─옮긴이) 중 하나를 프랑스어로 번역해서 보다 많은 청중에게 전했다. 제목인 *Nutrix Noverca*는 번역하면 잔인하거나 부자연스러운 "의붓-양육"쯤이 된다.

린네가 동물의 한 강(綱, class) 전체(포유강)를 그 강 구성원들 중 절반만이 발달시키는 괴상한 젖-분비샘을 통해 식별했던 것은 젖 분비(lactation)의 중요성을 강조하기 위해서였다. 라틴어 *mammae*는 폭넓게 분화된 어족들(linguistic groups)에 속하는 어린아이들이 자연 발생적으로 발화하며 하소연하는 "마마(mama)"라는 말로부터 파생되었다. "젖 주세요."라는 긴급 메시지는 보편적이다. 포유류를 (독일어에서 포유류를 일컫는 *Säugetiere*와 같이) "젖빨이(suckler)"라고 부르는 대신 포유류(Mammal)라고 부름으로써, 린네는 자연법칙과 수유 실패를 통해 그 법칙에서 일탈한 모든 여성의 비자연성에 대한 주장 모두를 내놓으려 했다.[15]

'모성'에 대한 우리의 개념(**"진정한**(the) 모성 본능"과 같이 과학적으로 들리는 구절을 포함)은 이런 오랜 개념들, 그리고 심지어는 더 오래된 수컷과 암컷 사이의 긴장 관계로부터 파생된다. 우리 대부분이 모성을 자애로움 및 자기희생과 동일시하는 반면, 어머니가 자신의 자식 일부가 확실히 잘 자라 살아남게 하기 위해 행하는 무수한 일들과는 연관 짓지 않는다는 사실은, 우리의 최근 역사에서 아버지와 어머니가 심화시킨 이해관계 갈등에 대해 많은 시사점을 제공한다. 슬픈 이야기지만, 모성에 대한 이런 오랜 관념들은 현대의 진화적 사고에도 침투해 있다.

다윈주의, 사회 다윈주의, 그리고 어머니들의 '으뜸 기능'

「창세기(Genesis)」에 따르면 신은 먼저 하늘을 창조했고, 그 다음으로 지구를, 그 다음으로는 다양한 식물들 각각을, 인간 외 동물의 모든 종들을, 그리고 6일째에 남자를, 그리고 그의 갈빗대(혹은 그의 넓적다리뼈) 하나를 취해 여성을 창조했다. 1859년에 찰스 다윈은 성서적 설명에 대한 혁명적 대안을 하나 제시했다. 그는 자신의 대안 창세기에 『종의 기원에 대하여(*On the Origin of Species*)』라는 제목을 달았다.

다윈은 인간이 다른 모든 동물과 마찬가지로 자연선택이라 명명된 점진적이고 무심하며 비의도적인 과정에 의해 진화했다고 제안했다. 도덕에 무관심한 자연선택은 삶의 기회를 진화(오늘날에는 시간에 따른 유전자 빈도 변화로 정의됨)가 발생시키는 비의도적 결과를 통해 솎아 내고 편향시킨다. 근시안적인 이기심의 극대화를 가속화하는 이 무심하면서도 "도덕적으로 무관심한 것보다 나쁜" 과정을 우리는 자연선택이라고 부른다. 자연선택은 나쁜 습관을 지닌 노부인이며, 내 책의 제목인 **"어머니 대자연(Mother Nature)"**이다.

다윈이 말하길, 모든 환경은 유기체들에게 추위나 더위, 열대의 습한 기후나 가뭄, 기근, 포식자, 혹은 공간 제약과 같이, 모든 문제에서 생존의 과제에 직면하게끔 만든다. 어머니에게 이런 문제들은 자신의 아기를 살려 두는 데 장애물이 되었다. 당시의 환경에 가장 잘 적응(adaptation)된 개체들이 살아남아 번식하며, 자신이 소유한 속성들을 미래 세대에게 전수한다. 이 생존을 위한 투쟁에 실패한 패배자들은 번식할 기회를 갖기 전에 죽거나 자식을 거의 낳지 못한다. 결과적으로 그들의 계보는 맥이 끊기게 된다.

이 현상을 쉽게 바꿔 말한 표현이지만 불행하게도 자주 오용되는 "적자생존(survival of the fittest)"이라는 말은, 다윈이 아니라, 많은 저작을 남겼고 독자 또한 광범위했던 동시대의 사회 사상가 허버트 스펜서(Herbert Spencer)가 도입한 것이다. 스펜서에게 적자생존은 "최고의, 그리고 가장 그럴 만한 가치가 있는 자의 생존"을 의미했다.

스펜서가 누린 인기는 뭐니 뭐니 해도 빅토리아 시대 영국과 미국의 특권층 청중에게 집까지 기억해 갈 수 있는 간단한 메세지를 전달한 덕분이었다. 즉 "그대가 누리고 있는 이득은 받을 만하기 때문에 누리는 것이다." 그에게 진화는 **진보**(progress)를 의미했다. 스펜서의 추론이 담은 오류는, 환경이 늘 동일하다는 잘못된 가정에서 비롯되었다. 환경은 "우월한 자", 즉 최적(optimal)으로 적응된 개체들이 최정점에 도달하여 영원히 그곳에 머무르는, 불변하는 배경으로 여겨졌다. 스펜서는 늘 변화하는 세계 속에서 변동하기 마련인 우연을 간과했다.

그렇게 (우연적 요소를) 누락시키는 색안경을 끼고 있었기 때문에 스펜서의 **사회 다윈주의**(social darwinism)는 현 상태를 덮어 감추는 담요를 제공할 수 있었던 것이다. 이와는 대조적으로 다윈주의(옳게 해석된 진정한 다윈주의적 사고)는 누구에게도 특별한 위치를 주지 않는다. 어떤 적응도 그 적응을 선호하게 된 상황의 바깥에서는 계속 선택되지 않는다.

다윈이 스펜서의 "적자생존"이라는 구절을 차용했을 때, 그는 절대적으로 최고인 자들의 생존을 뜻한 것이 결코 아니었다. 현재 상황에 가장 잘 맞는 자들의 생존을 뜻한 것이었다. 다윈에게 적응도란 스스로가 짝을 짓고 번식할 수 있는 자손을 재생산하는 능력을 의미했다. 하지만 그것은 중요치 않았다. 스펜서와 그의 추종자들은 그토록 찬양받는 자연학자이자 실험가인 다윈 같은 사람이 그의 견해를 인용하고 핵심 경구를 받아들이며, 스펜서가 제시한 생리학적 성별 노동 분업에 관한 이론에서 파생되는 남성과 여성의 본질적 차이에 대해 진심으로 우러나는 확신을 시인할 것이라며 기뻐했다.

스펜서는 여성의 으뜸 기능이 아이 낳기라고 믿었고, 그의 위대한 우생학적 목표를 위해 종을 기준 이상의 신체적 상태로 유지하기 위해서는 여성이 아름다워야만 한다고 믿었다. 포유류 암컷들은 배란하고 임신하며 새끼를 낳고 젖을 분비하기 때문에(여기까지는 반박의 여지가 없으나), 스펜서는 번식에 그토록 많은 에너지를 투자하게 하는 이 분화가 필연적으로 "남성보다는 여성에게서 개체의 진화가 보다 일찍 억류되게끔" 한다고 가정했다. 이것은 훨씬 더 미심쩍은 확대 해석이다.[16] 남성과 여성은 그저 다르기만 한 것이 아니었다. 스펜서의 여성은 모성이라는 구렁텅이에 빠져 버렸다.

그림 1.2 허버트 스펜서(1820~1903년)는 1860년 무렵에 자기 자신의 생리학적 성별 노동 분업 이론에 완전히 빠져들었다. 그는 여성 교육을 지지했던 초기 입장을 철회했다. 이 관심사는 그와 조지 엘리엇이 1851년 런던에서 처음 만났을 때 공유되었던 것이다. 스펜서는 만약 여성의 기능이 번식하는 것이고 여성의 심적 능력이 덜 진화했다면, 일정 수준 이상의 여성 교육은 낭비라는 결론을 내렸다.

스펜서에게 이러한 생리학적인 성별 노동 분업은 남성은 생산하며 (produce) 여성은 재생산할(reproduce) 뿐이란 사실을 의미했다. 재생산의 비용은 여성의 정신 발달을 제약했고, 지능의 측면에서 보면 암컷의 편차 범위를 좁게 제한했다. 자연선택이 일어나기 위해서는 개체 사이의 변이가 필수적이었으므로(이것은 사실이다.) 스펜서는 암컷 사이에는 변이가 너무 적어 적절한 선택이 일어날 수 없다고 (잘못) 추론함으로써 여성에게서 "인간 진화의 가장 최신 산물인" 고차원적인 "지적, 정서적" 능력의 진화를 원천 봉쇄했다.

스펜서는 여성이 드물게 추상적 사고의 능력을 가질 수 있다는 사실을 지각하고 있었다. 하지만 그가 개인적으로 아는 여성 중 그런 자질을 갖춘 유일한 여성은, 메리 앤 에반스(소설가 조지 엘리엇)였고, 그녀를 "내가 만난 이들 중 정신적으로 가장 존경할 만한 여성"이라고 여겼다. 하지만 스펜서는 그녀의 재능이 자연의 기형이라 여겼고, 그녀의 막강한 지성을 특징짓는 것은 "남성성"의 흔적이라고 보았다.[17]

여성에 대한 교육이 낭비일 뿐이라는 가정은 물론 자기실현적인 예언이었다. 고등 교육 및 과학과 같은 분야로 들어갈 기회를 거부당한 여성들이 어떻게 그들을 능가할 수 있었겠는가? 엘리엇 자신은 당대 언어, 문학, 철학, 그리고 자연과학을 교육받은(그녀의 경우 주로 독학이었음) 극소수 유럽 여성 중 하나였다. 스펜서는 그녀를 남성화된 예외로 간주함으로써 그녀의 재능에 대한 인식을, 그의 내면화된 진화적 척도와 타협시킬 수 있었다. 그 척도에서 볼 때 여성들은 빅토리아 시대 신사들과, 그 반대편에 있는 어린아이와 야만인의 사이 어디엔가 있는, 생물학적으로 예정된 다산(多産)의 연옥에서 헤매고 있었다.[18]

번식 기계로서의 여성들

현 체제에 대한 스펜서식의 정당화는 보다 허무주의적인 다윈의 관점과 비교할 수 없을 만큼 넓은 대중적 인기와 정치적 호소력을 지녔다. 사회 다윈주의가 그토록 큰 영향을 발휘했던 까닭 중 하나는 이것이었다. 두 번째 이유는 첫 번째와 연관된 것으로, 남성이 지적, 사회적으로 우위를 지닌다는 가정에 대해 생리학적 성별 노동 분업에 대한 스펜서의 이론이 과학적인 것처럼 들리는 설명을 제공했기 때문이었다. 여성들이 투표권 및 본인 명의의 재산 소유권을 얻기 위해 노력하는 과정에서 항진을 거듭하는 시기였던 당시, 스펜서의 "과학적" 이론은 페미니스트적 감성(특히 미국에서)이 부상하고 있는 현실에 맞서기 위해 긴급히 필요했던 대항 수단이었다.

지그문트 프로이트(Sigmund Freud)가 성은 운명이라고 선언하기 이전에 스펜서와 다른 진화론자들은 이미 그 가정에 기반한 복잡한 이론적 구조물을 구축하고 있었다. 그들은 여성이라는 사실이 여성들로 하여금 "추상적 사고와 가장 추상적인 정서인 정의감의 능력"을 진화시키는 것을 가로막았다는 추측을 당연시했다. 여성들은 어머니가 될 운명이기 때문에 태어날 때부터 수동적이고 비경쟁적이며 논리적이기보다는 직관적인 성향을 갖고 있었다. 여성의 지능에 관한 왜곡된 증거 해석은 20세기 초반에 싹쓸이되었다. 여성의 본성에 대한 지나치게 좁은 정의와 관련된 보다 근본적인 어려움은 고유 명사 다윈주의에 통합되어 오늘날까지도 남아 있다.[19]

복잡한 유기체를 출산과 같이 단일하게 정의된 '본질'과 동일시하는 것은 본질주의(essentialism)라고 알려져 있다. 1949년에 프랑스 출신 저자인 시몬느 드 보부아르(Simone de Beauvoir)는 『제2의 성(The Second Sex)』에서 본질주의적 견해를 풍자적으로 이렇게 표현했다. "여성? 간단한 공식을 애호하는 사람들은 매우 간단하다고 말한다. 그녀는 자궁이고 난소다. 그녀는 암컷이다. 그리고 이 말이 한 여성을 정의하기에 충분하다."

보다 이른 세대의 페미니스트들 역시 스펜서와 다윈에 대한 답변을 내놓았다. 하지만 대부분의 경우 그들의 목소리는 들리지 않았다. 엘리엇은 드문 예외 중 한 명이었다. 비록 그녀가 초기 진화 사상에 대한 비판보다는 소설을 통해 훨씬 더 많이 기억되고 있지만 말이다. 그러나 엘리엇은 소설에서조차 기회가 있을 때마다 슬그머니 스펜서의 본질주의

그림 1.3 진보 성향의 자유주의자인 프랑스 화가 오노레 도미에(Honoré Daumier)는 자신의 정치적 성향에도 불구하고, 어머니 이상의 존재가 되기를 열망했던 여성들에 대해서는 양가적인 태도를 취했다. 이 석판화의 표제는 다음과 같다. "어머니는 글쓰기에 한참 몰두하고 있다. 아이는 목욕물 속에 있다!" 도미에가 『푸른 스타킹의 생리학(*La Physilogie du bas bleu*)』과 같은 책을 읽고 아기 양육도 하지 않는 괴기스러운 여성들을 묘사한 잔인한 풍자화를 「푸른 스타킹(Les Bas-Bleu)」이라는 제목의 연작으로 그려 내고 있을 무렵, 초기 진화론자인 허버트 스펜서는 영국에 돌아와 "상류층 여자들"이 "보다 가난한 계급에 속하는 여자들"보다 잘 먹고 있었음에도 불구하고 적게 번식한다는 사실에 충격을 받게 되었다. 스펜서는 "(특권층)의 번식 능력 결함은 그들 두뇌에 부과되는 과중한 업무 탓으로 정당하게 소급될 수 있으"며, "강한 부담을 주는 교육에서 생존한 가슴 납작한 여자들"은 수유에 "무능할" 것이라고 결론지었다.[20]

적 관점에 대응하고 여성의 본성이 실제로는 얼마나 다면적인지를 묘사한다.

그녀의 첫 주요 소설 저작인 『애덤 비드(*Adam Bede*)』에서(다윈은 『종의 기원』 출간 준비를 위해 힘쓴 후 휴식을 취하는 동안 이 책을 읽었다.) 엘리엇은 여성이 신체적인 에너지를 재생산으로 분산시킨다는 스펜서의 견해를 현학적이고 노골적인 여성 차별주의자 늙은 교장 바틀 씨(Mr. Bartle)의 입을 빌려 말한다. "여자들은 그래. 영양을 공급해 줄 만한 지능 따위가 없으니 먹는 음식이 전부 지방이나 가슴으로 흘러가지……."[21]

스펜서에 대한 엘리엇의 반론에는 날선 측면이 있었다. 그녀는 한때 그와 삶을 공유하기를 꿈꿨다. 그렇게도 독선적인 스펜서였지만, 그는 엘리엇이 속한 집단에서 종교적 도그마를 대체할 합리적 대안을 찾는 몇 안 되는 사람 중의 한 명이었던 것이다. 그녀에게 진화적 사고를 소개한 사람은 스펜서였고, 스펜서는 과학적 기초 위에서 인간 본성을 이해하려는 그녀의 열정과 헌신을 함께 나눴다.

그들은 런던에서 1851년에 만났다. 그녀는 곧 사랑을 고백했으며 특별할 만큼 직설적인 청혼의 편지를 보냈다(이 편지는 아직도 전해지고 있다.)[22] 진짜 이유는 알 수 없지만, 스펜서가 청혼을 거절했던 명시적인 이유는 우생학적인 것이었다. 엘리엇은 스펜서가 어머니에게 필수적이라고 생각했던 신체적 아름다움을 결여했다. 그의 표현을 빌리면, "자연의…… 최상 목적은 후세의 행복이며, 후세에 관한 한 나쁜 체형 위에 계발된 지능은 거의 가치가 없다. 그 자손은 한 세대 혹은 두 세대 만에 사라져 버리기 때문이다."[23] 엘리엇은 코가 길었고 턱이 튀어나왔으며 예쁘다고 보기에는 너무나 남성적인 외모를 지녔다. 그리고 스펜서의 모성 기준에 따르면, 문제가 되는 것은 그녀의 외모뿐이었다. 탄탄한 건강과 두드러진 지성은 의미가 없었다.[24]

그림 1.4 폴 아돌프 라종(Paul Adolphe Rajon)이 1858년에 촬영된 조지 엘리엇의 사진을 따라 1884년에 그린 에칭 초상화.

"모든 피조물 중에 인간이 가장 모르는 단 하나의 동물"

스펜서가 여성들에 관한 한 눈가리개를 착용했던 유일한 초기 진화론자는 아니다. 드문 시야와 힘을 지닌 이론의 인도를 받았던 다윈은 엄청난 수의 애호가(hobbyist), 비둘기 육종가, 세계 각처의 선장들이 보낸 미사여구의 뒤범벅으로부터 정확한 관찰의 낟알을 키질해 내는 작업에서, 섬뜩할 만큼 숙련된 기술을 과시했다. 그럼에도 그는 결국 부유한 남성을 선택하거나 그런 남성에게 선택되는 것이야말로 여성이 하는 일 중 가장 중요한 일이었던 가부장제 사회에서 자라난 남성이었기에 남성의 편견을 벗어나지는 못했다. 그의 빅토리아적인 상상력으로는 !쿵 수집

그림 1.5 조지 엘리엇은 자신의 소설 『미들마치(*Middlemarch*)』를 이용해 스펜서식의 우생학적 짝 선택을 비판했다. 합리적이고 실증주의적인 과학자 터셔스 리드게이트 박사(Dr. Tertius Lydgate)는 사진 속에 있는 BBC 드라마에서처럼 "여성에 대한 엄격한 과학적 견해"와 일치하는 로자먼드 빈시(Rosamond Vincy)를 신부로 택한다. "완벽한 금발의 사랑스러움"과 "사랑스러운 작은 얼굴"을 지닌 그녀는 "5살의 어린애처럼" 유아적인 것으로 보이는 자신의 미모로, 자신에게 푹 빠져 있는 리드게이트의 삶을 파괴한다. 이 책은, 사회 다윈주의자들이 보편적인 이상형에 대해 갖는 환상을 꾸짖는, 엘리엇의 소설적 사례 연구로 읽을 수도 있다.[25]

자라면 즉각 떠올릴 수 있는 사실을 떠올릴 수 없었다. 즉 한 여성이 아이들을 생존시키고 자신도 생존하기 위해서는 풍부한 자원을 지녀야 하며 전략적으로 행동해야 한다는 것 말이다.

삿갓조개, 난초, 산호초, 그리고 심지어는 그 자신의 아이들의 감정 표현에 대한 관찰과 비교해 보면, 여성과 다른 암컷, 특히 영장류에 대한 관찰은 최대한 잘 봐 주어도 엉성할 뿐이었다. 따라서 늘 신중했던 다윈 자신조차 어떤 진화 생물학자도 기억하고 싶지 않아 하며 페미니스트라면 절대 잊을 수 없는 한 개의 구절에서 이런 의견을 피력하고야 말았다. "깊은 사유, 추론, 아니면 상상력 중 어떤 것이 요구되는 일이든, 또는 감각과 손의 단순한 사용이 필요한 일이든 (남성은) 여성에 비해 탁월한 성취를 이룰 것이다."[26] 스펜서와 마찬가지로 다윈은 암컷이 양육에 특별히 적합한 기능을 갖추고 있었기 때문에 다른 모든 점에서는 수컷이 암컷을 능가한다고 확신했다. 여성들이 생물학으로부터 등을 돌린 것도 이상한 일은 아니다.

하지만 소수의 19세기 여성 지식인들은 진화 이론이 무시하기에는 너무 중요하다고 생각했다. 이들은 그저 등을 돌리는 대신, 다윈과 스펜서에게 다가가 어깨를 톡톡 두드리며 인간 본성에 대한 혁명적 견해에 지지를 표하고, 동시에 그들이 종의 절반을 빠뜨렸다는 사실을 예의 바르게 깨우치려 했다.

다윈의 『인간의 유래와 성에 연관된 선택(*The Descent of Man and Selection in Relation to Sex*)』이 출간된 지 4년 후인 1875년, 미국의 페미니스트인 앙투아네트 브라운 블랙웰(Antoinette Brown Blackwell)로부터 거의 수줍기까지 한 예의 바른 응답이 돌아왔다. 블랙웰은 『자연 전반의 성(*The Sexes Throughout Nature*)』에서 이렇게 적었다. "따라서 번식 때문에 발달이 보다 이른 시기에 멈추는 까닭으로 여성이 남성에 비해 열등하다는 스펜서

씨의 주장, 그리고 남성이 여성에 비해 훨씬 우월한 근육과 두뇌를 진화시켰고 주로 남성 후손에게 그 탁월한 자질들을 물려주었다는 다윈 씨의 주장은, 그들이 속한 진화론 학파 자신조차 불문율로 수용할 필요는 없는 것이다."[27]

19세기의 모계 혈통 다윈주의자 중에서 의심의 여지없이 가장 재치 있는 전복을 보여 주었던 사람은 끌레망스 루아예(Clémance Royer)였다. 그녀는 작은 몸집에 푸른 눈을 지닌, 다윈의 프랑스어 번역자였다. 엘리엇과 마찬가지로 독학한 루아예는 프랑스의 과학학회에 선출된 최초의 여성이었다. 다윈은 처음에는 그녀를 "프랑스에서 가장 독특하고 똑똑한 여성"으로서 존경하였으나 『종의 기원』 제3판을 낼 즈음에는 주제 넘는다고 여겼던 루아예의 태도에 대해 인내심을 잃고 말았다. 무엇보다 자신의 "범생설(凡生說, pangenesis)"에 대한 (잘못된) 견해들을 비판했다는 사실이 다윈을 기분 나쁘게 했다. 범생설은 모계와 부계의 속성들이 자손들에게서 혼합되는 방식을 다룬 다윈의 개념이다. 다윈은 그의 출판업자들에게 다른 번역자(남성이었고, 그녀만큼 번역을 잘해 내지 못했다.)를 찾으라고 지시함으로써 실질적으로 그녀를 해고했다. 궁극적으로 볼 때 루아예의 동료 진화론자들을 가장 무력하게 만든 것은, 인간 종에서의 "모성 본능의 약화"라는 개념, 그리고 여성이 자신의 삶을 통제하던 가부장제를 전복하는 데 이용한 전술들에 대해 그녀가 공공연한 견해를 내놓았다는 사실일 것이다.[28]

19세기 이래로 산업화된 프랑스에서는 이 무렵 출산율의 감소, 혹은 '인구학적 변천(demographic transition)'이 순탄하게 진행되고 있었다. 번식 연령의 유부녀가 충분했고 그중 많은 여성들은 가족을 부양하는 데 필요한 수준 이상의 자원을 지녔으며 일부는 부유하기까지 했지만, 인구 조사는 계속해서 인구 감소 추세를 보여 줄 뿐이었다. 음식은 충분했지만 '새끼(brat)들'로 향하는 길에는 거의 없었다.

　루아예는 누구 못지않게 이 현상을 궁금하게 여겼고, 남성 동료들의 상상력 결핍에 비웃음을 던졌다. "여성은…… 모든 피조물 중 (남성)인간(man)이 가장 모르는 단 하나의 동물이며…… 외래종이다." 그녀가 주의를 준 바에 따르면 남성 과학자가 여성을 묘사할 때는 그 자신의 경험으로부터 외삽하며(extrapolation, 실제 연구 자료를 귀납하여 연구 결과를 얻는 것이 아니라 다른 자료를 통해 얻은 가설적 법칙에 자료를 대입하는 것. ─ 옮긴이) 더 나쁜 경우에는 바라는 바를 활용하는 데 몰두한다. 여성은 적은 수의 아이만을 갖고자 하는 의식적 욕망을 남성에게 감추고 있을 뿐이다. 그녀는 많은 수의 여성들이 자발적으로 임신을 피하고 있다고 믿었다. 이 생각은 당대 진화론에서 상투적이었던 여성의 이미지와는 전혀 들어맞지 않는 것이었다.

　당시의 프랑스 과학의 성과 내에서 루아예는 이중으로 전복적이었다. 그녀는 장 바티스트 라마르크(Jean Baptist Lamarck)의 고향에서 다윈주의자였고, 모성에 대한 우상 파괴적 견해를 가진, 무소속의 여성이었다. 세계의 어떤 다른 진화론자도, 그리고 여성일 경우에는 더욱 더, "어머니가 될 필요가 없도록 노처녀가 되는" 법을 배우는 여성에 대해, 또는 "나무를 다치게 하지 않고 솜씨 좋게 열매를 제거하는" 방법을 배운 외과의들을 이용함으로써 원치 않는 임신을 중절할 수 있는 미국발 신기술에 대해 이토록 열성적으로 글을 쓴 사람은 아무도 없었다.[29]

　인간의 기원에 대한 루아예 자신의 책(『인간과 사회의 기원(Origine de l'homme et des sociétés)』)은 1870년에 출간되었다. 하지만 그녀의 가장 흥미로운 견해, 즉 왜 모성 본능이 인간에게서 약화되었는지에 대한 설명은 이후 원고에서 한풀 꺾이게 된다. "출산에 관하여(Sur la natalité)"라는 제목의 이 글은 파리 인류학회(Societe d'Anthropologie de Paris) 회보 1875년 판에

그림 1.6 1881년의 클레망스 루아예(1830~1902년)의 캐리커처. 파리 인류학회의 동료는 그녀를 가리켜 "거의 천재적인 (남성)인간"이라 불렀다. 이는 스펜서가 엘리엇에게 "남성적이기조차한 엄청난 지성"이라고 보냈던 찬사를 반복한다.[30]

넣을 요량으로 교정본이 마련되어 있었지만, 학회지의 편집자들이 출간을 금지하고 있었다. 출간이 금지된 이 논문에서 루아예는 다음과 같이 적었다.

현재까지 과학은 법률과 마찬가지로 오직 남성에 의해 만들어졌으며, 여성을 전적으로 수동적인 존재, 본능이나 열정, 자신의 이해관계가 없는 존재로 간주하는 일이 너무 잦다. 여성은 만들고자 하는 형태로 만들어도 아무 저항이 없는 순수한 가소성을 지닌 재료로 여겨진다. 여성은 개인적 양심이나 의지가 없고, 자신의 본능이나 유전적 열정, 또는 최종적으로는 법률, 관습, 그리고 여론을 따라 복종하는 규율이나, 자신이 받는 교육에 맞설 내적 자원이 없는 존재인 것으로 본다.

그러나 여성은 이렇게 만들어지지 않았다.[31]

루아예는 여성이 그 자신의 정치적 목표를 지닌 능동적 전략가라고 가정했다. 100년이 지난 후(1981년에), 루아예의 존재를 몰랐던 나는 『여성은 진화하지 않았다(*The Woman That Never Evolved*)』라는 제목의 책을 낼 예정이었다. 책에 담긴 주장은 비슷했지만 그 무렵에는 지적 분위기가 변해 있었다. 암컷(여성)에 대한 훨씬 많은 경험적 증거를 이용할 수 있었고, 더 견고한 변론을 펼 수 있었다. 진화 생물학은 결국 그런 비판에 대해 답변을 제시하였으나, 초기 다윈주의 페미니스트들(엘리엇, 블랙웰, 루아예, 그리고 다른 몇몇)이 살아 있는 동안 주류 진화 이론에 미쳤던 영향을 한 마디로 요약하면 이렇게 된다. "가지 못한 길." 통행료가 상당히 비쌌던 것이다.

다윈주의자들이 암컷(여성)이 경험하는 선택압(selection pressure)의 전체 범위를 진화적인 분석에 통합시키고, 이를 통해 수컷과 암컷이 상대방의 전략과 속성에 대해 반응하며 공진화해 온 수준을 인식하기까지는 한 세기 이상이 필요했다. 진화론자들이 한 어머니가 다른 어머니와 어느 정도 다를 수 있는지를 인식하고, 또 모계 효과(maternal effect)와 맥락-특수적(context-specific) 발달이 갖는 중요성에 주목함으로써 낡은 편견을 교정하기까지는 훨씬 더 오랜 시간이 걸렸다.

진화 이론에서 오래 지속된 편견을 수정하는 일이 이토록 지체된 결과 생겨난 불행한 부산물 중 하나는, 20세기를 20~30년 남겨 둔 시점에서야 진화 패러다임이 양성을 모두 포함하게끔 확장되었고, 이때는 많은 여성들, 특히 페미니스트들이 진화적 접근 방식을 절망적일 만큼 편견이 가득하다는 이유로 포기해 버린 지 한참이 지난 후였다는 사실이었다.[32]

"모성 제도의 비가시적 폭력"

오늘날 스펜서의 생각은 일반적으로 선호 대상이 못 된다. 그럼에도 불구하고 "자연주의적 오류(naturalistic fallacy, 때로 그러한 것을 그래야만 하는 것으로 착각하는 것)"가 정말로 사라졌던 적은 없다.[33] 신체적 완성도에 대한 보편적이고 종-전형적인(species-typical) 기준에 대한 스펜서주의적 사고방식은 아직도 살아남아 건재하고 있다. 1996년 《뉴스위크(Newsweek)》에 실린 "미(美, beauty)의 생물학"에 관한 커버스토리는, 바비 인형처럼 완벽하게 아름다운 얼굴을 한 백인 여성의 얼굴 사진을 "당신의 아이가 이 사람의 유전자를 갖고 있길 원합니까?"라는 설명문과 함께 선보였다.[34] 책 안에는 줄자를 들고 옷을 반쯤 걸친 남성 모델이 그의 여성 상대역의 통계치를 종-특정적(species-specific) 이상치에 비교하는 동안, 과학자들이 그 옆에서 "아름다움은 다산과 유전적 품질의 기호입니다."라고 공언하고 있다. 하지만 적어도 내가 아는 한 이 명제는 인간에게서 한 번도 검증된 적이 없다.[35] 젊음과 건강만이 아니라 "아름다운 용모"가 중요하다고 보았던 스펜서의 견해가 여전히 남아 있는 것이다. 변치 않는 현 상태가 당위(a given)라는 개념이 아직도 온전한 스펜서의 가부장제적인 초기 가정들과 거의 함께 일부 집단에 남아 있다. 여기서 현 상태는 여성이 번식하는 데 필요한 자원을 남성이 통제하기 때문에 모든 여성은 (빅토리아 시대 영국의 조지 엘리엇이 소설에서 묘사했던 것처럼) 자신의 짝을 부유함을 기준으로 삼아 고르고, 반면 남성들은 여성이 종-전형적인 미의 기준에 얼마나 근접했는가를 기준 삼아 번식을 위한 짝을 고르는 세계다. 엘리엇은 이를 이렇게 표현한다. "아내는 남성이 고르는 것이어야 한다. 남성의 취향(taste)이 여성의 시험(test)이다." 따라서 엘리엇의 작중 인물 중 여성에 대한 가부장제적인 통제를 가장 잘 요약해 보여 주는 그랜드코트 경(Lord Grandcourt)은, "손톱의 모양이 바르지 않고, 귓불은 지나치게 큰…… 아내를 좋아하지 않았을 것이다……" 여성은 남성을 남성 자신이 벌어들인 것도 아닌 상속받은 유산에 따라 고르고, 남성은 여성을 오직 외모 때문에 고르는 그런 번식 체계(breeding system, 스펜서는 인식하지 못했지만 다윈은 인식했던 체계)는 여성에게만 파괴적인 것이 아니라 자손의 생존력에도 위협적이었다(그랜드코트 경의 아름다운 아내는 임신한 적이 없고, 그는 합법적인 후계자를 남기지 못하고 젊어서 죽는다.).[36]

오늘날 배우자 선호를 연구하는 진화 심리학자(evolutionary psychologist)들은 여성들이 바비 인형처럼 보여야 한다는 말을 듣거나 성공적인 번식자가 되어야 한다는 절망감에 사로잡힐까 봐 이따금 마음을 달래는 뇌물을 던져 주곤 한다. 데이비드 버스(David Buss)의 최근 책인 『욕망의 진화(The Evolution of Desire)』는 젊은 여성들에게 다음과 같은 점을 확신시킨다.

오늘날의 여성들은 모두가 고유한 존재이며, 500만 년에 걸친 홍적세의 성선택(sexual selection) 미인 대회에서 혁혁한 우승을 거둔 사람들이다. 이 글을 읽는 독자들의 모든 여성 조상은 충분히 아름다웠기 때문에 적어도 한 명의 자식이 번식 연령에 도달할 때까지 키워 내기에 충분한 만큼의 남성 투자

(male investment)를 확보할 수 있었다.[37]

그럼에도 불구하고 내가 분명히 하고 싶은 점은, 외모에만 의지하여 자손을 키웠던 홍적세 여성은 어머니 상태를 오래 유지하거나 후손을 남겼을 것 같지 않다는 사실이다.

· · · · ·

하지만 페미니스트들을 짜증나게 한 것은 여성이란 무엇이 되어야 하며 무엇을 본능적으로 하는지, 또는 본유적으로 할 수 없는 것은 무엇인지에 대한 사회 다윈주의자들의 고정 관념만은 아니었다. **아기들이 본능적으로 어머니가 하게 할 필요가 있는 것이 무엇인지**에 대한 견해들이 한층 더 큰 경보를 울렸다. 시몬느 드 보부아르는 그녀의 특기인 엄숙한 일침을 놓아 그런 공포를 요약했다. 생물학적 고정 관념은 "여성을 종(species)의 노예로 만들고 여성이 갖는 다양한 힘을 제한"하게 될 것이다.[38]

애착 이론(인간 영아가 생애 첫해에 일차적 애착 인물을 추구하는 본유적 욕구를 갖고 그 역할은 어머니만이 충족시킬 자질이 있으며, 그런 애착을 박탈당한 인간 아기는 불치의 손상을 입게 된다는 내용의 제안)은 진화의 염산이 페미니스트의 감성에 가장 깊은 화상을 입힐 수 있는 바로 그 지점을 마구 문질러 댔다. 여성은 수년간 자신의 삶을 유예하거나 무책임한 어머니가 되는 두 가지 선택밖에 없는 것처럼 보였다. 많은 페미니스트들이 보기에 '애착을 형성한' 영아는 사슬에 묶인 어머니를 의미했다.

이 페미니스트들에게 이렇듯 고통스럽고 타협 불가능한 딜레마를 피하는 확실한 방법 중 하나는, 생물학이 인간의 문제와 관계가 있다는 것을 부정하거나, 심지어는 영아가 고도로 개인적인 보살핌을 본유적으로 필요로 한다는 사실을 부정하는 것이었다. 또 다른 전술로는 인간의 두뇌와 문화의 능력이 다른 동물과 우리를 무척 다르게 만들어 주기 때문에, 인간은 자신이 선택만 하면 모든 것을 배울 수 있다고 주장하는 것이었다. 사실 인간은 많은 것을 배울 수 있지만 선택하는 내용 전부를 배울 수는 없다. 특히 '사랑'과 연관된 오래된 감성의 영역에서는 더더욱 불가능하다. 그럼에도 불구하고 그 견해는 모성애가 어떤 생물학적 기초도 갖지 않는 사회적으로 구성된 감성이며, 하나의 '증여된 선물'이라고 받아들였다.[39)]

. . . . .

비슷한 시기에 존 볼비는 영아 발달에 대한 진화적 관점을 개척하고 있었으며, 더욱 더 어두운 문헌이 출현하고 있었다. "구타 아동 증후군(battered child syndrome)"에 대한 분석은 1960년대에 처음 등장했다.[40)] 하지만 1980년대로부터 줄곧, 영아 학대와 방치, 유기, 그리고 영아 살해가 그런 현상을 연구하는 사람들이 깨닫고 있던 것보다 훨씬 더 광범위하게 퍼져 있다는 사실이 차츰 인식의 폭을 넓혀 가고 있었다. 나는 이미 유기와 영아 살해(인간과 다른 동물 모두에서)가 한참 거슬러 올라간 진화적 시간으로부터 비롯되었다는 사실을 알고 있었다. 단지 벌어지고 있는 일의 규모를 깨닫지 못했던 것뿐이었다. 나는 보다 큰 그림을 파악한 이후에도 그토록 많은 독립적인 출처들로부터 수확한 숫자들이 무엇을 보여 주고 있는지 혹은 무엇을 의미하는지를 납득하는 데 어려움을 겪고 있었다.

영아 살해는 그다지 매력적인 주제는 아니다. 그럼에도 불구하고 많은 페미니스트들은 이런 가혹한 통계에서 한 가닥의 지적 희망을 보았다. 역사학적, 민족지적, 인구학적 사례 연구들은 본능적으로 자식을 돌보지 않는 어머니들이 다수 있음을 보고했다. 그토록 많은 비-양육적인 어머니가 광범위하게 존재한다는 사실이, 어머니가 유전적으로 아기들을 양육하도록 미리 프로그램되어 있다는 '본질주의적' 논변의 뿌리를 손상시켰다는 점은 분명하다.

만약 여성이 자연적으로 자신의 아이를 양육하는 것이 아니라면, XX염색체를 가진 부모가 아버지에 비해 아이-기르기를 위한 본유적 장비를 더 많이 갖춘 것은 아니라는 방식으로 주장이 전개되었다. 따라서 왜 아빠가 아니라 밥벌이를 하는 엄마가 아픈 아이를 돌보기 위해 일터에서 멀리 떨어진 집에 남아 있어야 한다고 간주해야만 하는가? 만약 어머니가 아버지에 비해 부모용 장비를 더 많이 갖춘 것이 아니라면, 일이 틀어졌을 때 더 이상 어머니들이 그렇게까지 큰 비난을 짊어질 필요가 없다. 그때 함께 사라지는 것은 두려움의 대상이 된 "심판과 저주, 자신의 힘에 대한 공포, 죄책감, 죄책감, 죄책감"일 것이며, 이는 에이드리엔 리치(Adrienne Rich)가 무척 실감나게 식별해 냈던 어머니들의 진짜 "G-스팟(G-spot)"이다.[41] 그리고 아기들에 대해서라면? 너무나-현대적인 페미니스트적 반응은, 우리는 훗날 데이터가 "더 확실해질 때" 걱정하면 된다는 것이다.

어떤 도덕률을 끌어내건, 분명히 서구, 그리고 심지어는 과학계 내에서도 가장 총애받은 이상 중 하나이며 널리 수용된 통념적 지혜인 이것 (어머니가 본능적으로 자신의 자손을 양육한다는 생각)은 뒤늦게 혹평을 받고 있다. 리치가 "모성 제도의 비가시적 폭력"이라고 부르는 것에 불만을 표출하며 시(詩)와 정신 분석적인 논평이 속출하고 있다. 여기서 리치가 겨냥하고 있던 것은 어머니들이 평생 동안 24시간 내내 무조건적인 사랑을 쏟아 붓는 것이 단순한 의지에 의해서가 아니라 "자연적으로" 그렇게 한다는, 불가능한 이상이었다.

어머니가 본능적으로 자신의 자식을 사랑한다는 널리 수용된 견해
가 휘청거리게 된 이상, 또 인간 종에서 어머니의 원조가 자동적이고 보
편적인 것에 불과하다는 견해가 (여러 전선들 속에서) 시위의 대상이 될 수
있게 된 이상, 영아에 대한 어머니의 애착에 생물학적 기초가 있다는 입
장은 어떻게 유지될 수 있는가? 그 대답은 우리가 "생물학적 기초"라는
말로 실제 뜻하는 것이 무엇인지에 전적으로 달려 있다.

어머니들이 실제로 살고 있는 일상적인 현실의 환경, 혹은 지금과는
매우 달랐던, 여성이 진화한 과거의 환경에서 어머니의 행동이 어떻게
전개되는지에 대해서는 별다른 주목도 하지 않은 채, "생물학", "본능",
"자연법칙"에 대해 말뿐인 찬사들이 쏟아졌다. 이 책에서 나의 핵심은
최근의 역사적 과거, 그리고 특히 자연선택의 작동에 따라 오늘날의 어
머니와 아기가 취하게 된 인간 삶의 형태가 형성되었던 먼 과거 모두에
있다. 나는 이런 세계들을 엿보고 재구성하는 과정에서 들여다볼 수 있
는 창문이라면 어떤 것이든 다 관심을 갖고 있다. 이런 창문들은 어머니
의 감정과 영아의 필요, 또 자연선택이 어머니와 영아 모두에 대해 갖는
함의를 보다 잘 이해하려는 나의 탐사를 도와준다. 우리와 같은 생명체
들(포유류이며 영장류이고 사람과(科)(Hominid)('유인원 같은'), 그리고 인간인 생명체들)
이 어떤 기원을 갖는지를 이해하게 되면, 어머니가 된다는 것, 또는 아
버지가 된다는 것이 필연적으로 갖는 함의에 대한 타협의 역사를 최근
만이 아니라 보다 깊은 관점에서 이해하게 될 수 있다. 그런 관점이 없다
면 우리는 깊은 곳에 지뢰들이 묻혀 있는 땅의 표면을 쓸어 내는 것밖에
는 기대할 수 있는 일이 없다. 지뢰를 완전히 해체하는 것이 불가능할 때
조차(왜냐하면 이런 딜레마는 질기고, 가끔은 정말로 타협 불가능하기 때문이다.) 최소한
어디에 묻혀 있는지를 아는 것은 이득이 된다.

2장

어머니에 대한 새로운 관점

여성에 대한 기존 공식을 바꾸는 것보다 더 인내심을 요구하는 일도 없다.

— 조지 엘리엇, 1855년

인간의 엄청난 자기기만 소질을 생각해 볼 때, 우리 종에 관해 계속 뒤집혔던 결론은 그 종류를 불문하고, 우리가 인식하지 못하는 진화적인 목적에 기여할지도 모른다는 경고로 받아들여야 한다.

— 퍼트리샤 어데어 고와티(Patricia Adair Gowaty), 1998년

내가 대학원에 들어간 1970년에는 19세기의 본질주의가 여전히 지배적인 견해로 자리 잡고 있었다. 어머니들은 아이들을 뿜어내고 양육

하는 기능을 지닌 일차원적 자동 기계로 여겨졌다. 이런 고정 관념은 영장류학에서 특히 많이 오용되었다. 영장류학에서 연구되는 동물은 우리와 무척 비슷했고, 연구자들은 엘리엇이 1855년에 "여성 본성에 대한 절대적 정의의 어리석음"에 대해 명시적으로 경고했던 것과 유사한 비판에 노출될 가능성이 거의 없었기 때문이다.[1]

생물 인류학에서 최초로 여성 교수가 된 사람 중 한 명이 1963년 '암컷 영장류'에 대해 쓴, 널리 인용되는 글 하나는 아이러니하게도 『여성의 잠재 능력(*The Potential of Woman*)』이란 제목의 논문 선집에 실렸다. 이 글은 다음과 같이 적고 있다.

> 그녀의 가장 큰 관심사, 즉 그녀 삶의 70퍼센트 이상을 차지했던 역할은 어머니였다.…… 여성은 성숙한 이후 평생 동안 연이어 아이를 기른다.…… 보통 여성의 삶에서 지배 관계의 상호 작용은 최소화되어 있다.[2]

다시 말해 여기서 여성의 능력은 수태와 임신, 그리고 젖먹이는 능력으로 구성되었던 것이다. 설명 끝.

플로 할멈(Old Flo)만큼 '영장류 암컷'을 요약적으로 보여 주는 동물은 없을 것이다. 제인 구달(Jane Goodall)의 이 놀랄 만큼 강한 호소력을 지닌 입술 처진 침팬지 어머니는 《내셔널 지오그래픽(*National Geographic*)》 특집에 6회에 걸쳐 '출연'했다. 플로는 모성적인 인내와 헌신의 모델로 보였고, 마지 피어시(Marge Piercy)의 시 속에 나오는 엄마이자 제목이기도 한 "마술 엄마(Magic Mama)"를 연상시킨다.

> 꿀의 땀을 흘리는 건 진딧물
> 다른 이의 삶을 달콤하게 감싸네

네가 말하는 순간을 뜨개질하듯

일손을 놓는 여자······[3]

　많은 행동 생태학자들은 "정상적인 (암컷은) 언제나 어미"이며 "임신하는 데 가장 큰 어려움을 겪는 암컷은 아주 심각한 반사회적, 사회적 문제를 갖는 것이 보통"[4]이라고 가정했다. 자식 돌보기와 관련한 망설임이나 실패, 다른 목표를 위한 에너지 용도 전환, 특히 어머니 자신을 위한 경쟁 의도의 과시나 공격적인 행동은, 종류를 불문하고 병리적인 것으로 간주되었다.[5]

맥락으로부터 유리된 어미

비교 심리학자들은 1960년대에 걸쳐 쥐와 햄스터, 고양이, 그리고 다른 동물들의 어미를 무리에서 격리시켜 자식과 단 둘이 개별 우리에서 지내게 했다. 실험 대상들은 보다 큰 사회 연결망의 복잡성과 자원 수집을 위한 필요나 기회("밥벌이"라고도 부를 수 있는 것)로부터 완충되었다. 이 엄마-아기 단위체들은 동시대의 교외 지역 가정주부 모델을 섬뜩하게 반영하는 것처럼 느껴졌다. 어미와 새끼를 다른 개체들로부터 격리시킨 결과, 관찰 가능한 행동의 범위가 제한될 수밖에 없었다. 따라서 연구 절차 자체가 어떤 행동들이 보고될 것인지를 이미 실질적으로 예정해 둔 것이나 다름없었다.

　어미-새끼 짝은 그들의 생태적, 사회적, 그리고 '정치적' 환경으로부터 분리되어 길러졌다.[6] 먹을 것이 마음껏 제공되었기 때문에 어미들이 식량 획득 능력이나 자원 방어 능력에서 드러낼 수 있는 차이는 거의 주목을 끌지 못했다. 양육 이외의 행동, 예컨대 지위 추구, 특정 수컷을 찾거나 피하는 행동, 혈육 및 다른 집단 구성원과의 관계는 어미로서의 암컷 역할과 관계가 없는 것으로 보였다. "모성 행동(maternal behavior)"을 기술하기 위해 이들 초기 연구자들이 그렸던 "항목 조사표"라는 가상 현실에서는, 어미가 얼마나 자주 새끼들에게 다가가고, 곁에 붙어 있고, 핥고, 새끼를 옮기고, 젖을 먹이는지만 기록되었다. 다른 동물들과의 상호 작용을 묘사하는 범주는 거의 포함되지 않았다. 어떤 경우에도 새끼 이외의 동물은 우리 속에 없었고, 다른 집단 구성원이 새끼 기르기를 돕거나 방해하면서 영향을 줄 수 있는 가능성은 거의 주목받지 못했다.

이토록 협소하게 정의된 "모성 행동"은 어미가 새끼를 돌보기 위해 해야 하는 일을 정량적으로 서술할 때 편리한 작업 보조 범주가 되었다. 불행하게도 협소한 정의가 어미 자체와 동의어가 되는 일이 발생했다. 자연의 암컷이 실제로 행동하는 방식을 서술하기 위해서가 아니라, 포유류 어미가 된다는 것이 무슨 뜻인지에 대한 고정 관념을 확증하기 위해, 계속해서 '동물을 보는' 것은 너무나 간단한 일이었다. 하지만 자연 서식처에서 동물들을 관찰하는 새로운 기법과 진화 과정에서 개체가 담당하는 역할을 새롭게 생각할 수 있는 방법이 등장하면서, 모성은 그런 제한적인 연구로부터 연역될 수 있는 것보다 훨씬 복잡할 것이라는 첫 암시가 현장 연구자들에게 주어지게 되었다.

이 새로운 생명-형태(life-forms)는 '어미'라고 부르는 균질한 계층에 속하는 교환 가능한 구성원 대신, 무척 다양한 상황과 과제에 대처하는 고도로 가변적인 개체들을 포함하게 되었다. '실제 삶' 속의 어미는 양육자인 만큼이나 전략 계획가이며 의사 결정자였고, 기회주의자이며 협상자, 조종자이자 동료였다. 어미들이 성사시키는 협상과 채택하는 전술들은 자동적이기보다는 상황에 따라 계속 변했고, 그 결과는 양육 행동이 될 수도 있고 되지 않을 수도 있었다. 이런 경향들은 플로 할멈과 같은 영장류 암컷에 대해 생각하는 방식을 변화시키게 되었다.

이렇게 진행된 패러다임 전환은 소수 현장 생물학자들의 깨달음과 더불어, 거의 알아차릴 수 없을 만큼 미미한 수준에서 시작되었다. 비록 다윈주의자들은 **종의** 기원에 대해 이야기하지만, 다윈의 자연선택은 종의 수준에서 작동하는 경우가 있다 하더라도 매우 드물다는 점을 깨닫게 된 것이다. 어머니들은 종의 이득을 위해서가 아니라 그런 번식 노력을 변환해서 스스로 살아남아 번식할 수 있는 자손에게 투입하는 방향으로 진화했다. 진화하는 것은 집단을 이롭게 하는 행동이 아니라 개체들의 차등적 번식에 기여하는 행동이다. 집단의 다른 구성원이 그 대가를 치르게 되더라도 말이다.

집단 선택에서 개체 선택으로

논쟁의 여지가 있지만 최초의 '번식 생태학자(reproductive ecologist)'였던 데이비드 랙(David Lack)은 개체로서의 어머니가 보이는 번식 행동을 분석했던 최초의 진화 생물학자 중 한 명이었다. 제2차 세계 대전 이전 영국 조류학 재단(British Trust for Ornithology)의 과학 분과 자문 위원이었던 랙은, 영국 전역의 아마추어 새 관찰자들을 동원해서 각각의 새 개체마다 발목 고리를 달아 제비, 울새를 비롯한 여러 새들에 대한 자료를 모았고, 이 연구는 지금도 계속되고 있다. 연구자들은 둥지를 관찰하고, 알의 개수를 헤아리며 알의 무게 역시 측정했다. 랙이 특히 많은 관심을 기울인 것은 부화한 알의 수, 그리고 부화한 알들 중 이소(fledge)에 성공한 새끼의 수였다.

그림 2.1 제인 구달의 입술 처진 플로는 인내심을 잃는 법이 없었고 늘 상냥하게 응했다. 플로는 죽는 그날까지 막내아들에게 5년간 젖을 먹였다. 세계에서 가장 유명하며 존경받는 유인원 어미가 되기에 부족함이 없어 보인다. 이 사진에서 입을 삐쭉 내밀고 있는 딸 피피(Fifi)는 어머니의 털을 골라 주고 있는 사춘기 아들 피건(Figan)과 함께 아기 남동생 플린트(Flint)를 지켜보고 있다. 플로가 갖췄던 어머니 소질은 그녀가 제일 목(first order, 영장류를 뜻하는 'primate'의 원뜻을 풀어 쓴 것. — 옮긴이)의 최고 기업가로서 가졌던 소질과 비교해 볼 때 그 소질을 능가하지는 않더라도 필적할 만하다.

개체로 식별된 어미들은 자연 상태에서 생겨나는 광범위한 조건 속에서 살아가고 있었으며, 이 어미들의 번식 성공을 알려 주는 전례 없는 분량의 자료가 쏟아져 나왔다. 랙은 "개체 간 차이가 존재하며 절대 무시할 수 있는 수준이 아니다."라고 예의 특징적인 온건한 말투로 이야기했다.[7]

랙은 어미들이 소속 집단이나 종을 이롭게 하기 위해 번식력을 조절한다는 증거는 전혀 발견하지 못했다. 오히려 어미들(크고 작은 성공을 보인)은 자신이 놓인 구체적인 상황에서 최선의 결과를 얻을 수 있는 방향으로 번식 노력을 운영했다. 특정 계절에 가장 많은 알을 낳은 새, 또는 낳은 알을 전부 다 기르려고 했던 새들이 가장 많은 수의 새끼를 이소시킨 것은 아니었다. 평생 낳은 새끼 전부를 길러 낸 암컷의 자손은 생존율에서 가장 큰 성공을 거두지는 못했다. 랙의 발견은 타협이라는 관점에서 번식을 사고하는 시작점을 알렸다. 모성 행동을 새롭게 이해할 수 있게 해 주는 이 모델은 어미가 미래에 더 잘할 수 있는 가능성에 대비하는 차원에서 현재의 번식에서 타협을 볼 것이라 가정했고, 이 가정을 실제 세계로부터 수확한 자료를 대상으로 검증했다.

어미 삶에서의 근본적 타협

랙은 어미 새들이 알을 낳을 때 시차를 두는 것에 특히 큰 충격을 받았다. 갈매기, 독수리, 황새, 부비새(booby), 그리고 기타 새들에서 어미들은 하루 이상의 간격을 두고 알을 낳았다. 어미 새는 알 무더기가 완성되기까지 기다리는 대신 낳은 알을 곧바로 품기 시작했고, 그 결과 처음 낳은 알은 마지막 알이 깨기 여러 날 전에 부화했다. 바로 이 시점에서 주사위는 이미 던져졌고 무대 역시 세워진 셈이었다. 처음 낳은 알이 제일 먼저 부화하여, 그 새끼가 더 큰 몸집을 갖고 더 성숙한 개체가 될 운명이었던 것이다. 나중에 낳은 새끼들이 알에서 깨어날 무렵이면 첫 새끼는 이미 부모로부터 먹이를 받아먹은 상태였다. 나이 많은 형제자매는 보다 어린 동생들을 쉽게 협박하며 '경쟁 불가능'한 지점까지 몰고 갈 수 있었다. 먹이가 부족해지면 약한 쪽이 곧바로 항복하며 굶어 죽는다.

낙관적으로 큰 목표를 잡고, 가장 강한 새끼가 필요에 따라 새끼 무리(brood)를 줄이도록 허용하는 어미 새들은, 자신이 하는 것(간격을 두고 알을 낳되 낳은 알을 곧바로 품기 시작하는 것)과 하지 않는 것(개입하거나 보충해 주는 것) 모두를 통해 새끼 무리의 크기를 먹이 보급량과 일치시켰다. 이 시스템은 유연했고 변동하는 먹이 공급량에 잘 들어맞았다. 먹이가 부족한 경우에는 계속 몸집이 커지는 새끼들에게 어미가 물어다 주어야 하는 먹이량이 최대치에 도달하기 전에 새끼 무리가 감소하게 된다. 하지만 먹이가 풍부할 경우에는 "투기성(on-spec)" 알을 포함한 새끼 무리 전체가 생존한다.[8]

새끼 무리 조작(brood manipulation)의 잔인한 효율성은 허버트 스펜서가 상상했던 것보다 암컷에게 훨씬 큰 재량권이 있음을 뜻했다. 심지어 암컷들은 대체 가능한 것과는 거리가 멀었다. 암컷의 번식 성공은 삶의 단계, 심지어는 한 번식기 내에서도 엄청난 차이를 보였다. 이런 변이는 암컷들이 선택에 광범위하게 노출되어 있는 성별임을 의미한다. 바로 이 사실은 또 다른 점을 의미한다. 어미의 이해관계가 새끼 무리의 이해관계와 일치하는 경우는 자주 있지만, 언제나 일치하는 것은 아니다. 포식자를 둥지에서 몰아내는 용감무쌍함을 보이는 바로 그 어미가 막내를 구하기 위해서 포식자보다 덜 사납지만 더 치명적인 손위 새끼를 제지하지는 않을 수 있는 것이다. 어미는 매우 차별적이었고 새끼에 대한 헌신의 수준은 상황에 따라 달랐다.

자연선택이 그런 어미들을 실제로 선호할 수 있을까? 수십 년 전, 콜드웰 한(Caldwell Hahn)이라는 이름의 젊은 조류학자가 랙의 가설을 검증해 보기로 결심했다. 계몽-이후의 기계 장치 신(deus ex machina, 극중에 갑자기 등장해서 사건을 마무리하는 연극적 장치로 외부로부터 행사되는 힘을 비유적으로 표현한다. ―옮긴이)처럼, 그녀는 뉴저지의 염습지에 있는 웃음갈매기(laughing gull)의 군락(colony)을 덮친 후 알들을 뒤바꿔서 같은 날 낳은 알들로 둥지를 채웠다. 이 실험 둥지에서는 알들이 동시에 부화하기 때문에 과거 진화사를 다시 쓰게 되는 것이다. 인공적으로 평준화된 새끼 무리를 갖게 된 어미 갈매기들은, 알은 다른 알로 바뀌었지만 (손대지 않은 경우와 마찬가지로) 다른 시기에 부화하게끔 재배열된 알을 품은 '대조군' 어미들보다 번식 노력 자체를 아예 중단할 가능성이 2배나 높았다(실험자들은 인간의 개입 그 자체가 더 큰 사망률을 낳지 않는다는 점을 확인하기 위해 실험군과 대조군의 알 모두를 이동시켰다.).

데이비드 랙은 어미의 삶에서 근본적인 타협을 식별해 냈다. 어미들은 많은 새끼를 낳을 때에는 각각의 알에 적게 투자하는 반면, 적게 낳을 때는 각각에게 많이 투자했다. 이러한 "적응도 타협(fitness tradeoff)" 개념은 어미가 생태 조건에 부합하게 어미 투자(maternal investment)를 조절하는 다양한 방법들을 연구할 수 있는 기틀을 제공했다. 랙의 패러다임에서 어미들은 자기희생은커녕 유연하고 조작적인 기회주의자의 모습을 보여 주었다.

랙의 통찰은 미국 생물학자인 조지 윌리엄스(George williams)와 로버트 트리버스(Robert Trivers)에 의해 재정의되고 확장되어, 진화 생물학자들이 사회 행동의 진화를 각 참여자의 관점에서 분석할 수 있게 해 주는 시발점 역할을 했다. 랑구르원숭이는 기괴한 영아 살해 행동을 보이며 나의 흥미를 끌었다. 나의 연구는 그렇게 시작되었다. 우연찮게도 나의 연구는 어미와 아비의 이해관계가 반드시 일치하는 것은 아니며, 수컷과 암컷은 종의 생존을 지속시키기보다는 마치 개체의 번식 성공을 증진시키려는 것처럼 행동한다는 견해를 검증한 첫 사례가 되었다.

수컷을 다루는 어미들

1971년, 나는 일본 생물학자인 유키마루 스기야마(Yukimaru Sugiyama)가 랑구르원숭이의 영아 살해 행동을 처음으로 목격했던 인도로 갔다. 이 무렵 원숭이들의 영아 살해 행동은 인간의 개입으로 원숭이들의 서식처가 좁아지면서 비자연적으로 밀도가 높아짐에 따라 생겨난 현상이라는 견해가 지배적인 위치를 차지해 가고 있었다.[9] 이후 9년 동안 나는 대학원 과정을 마무리하고 다양한 강의를 하면서 이들 원숭이를 광범위한 서식처(마을로부터 숲에 이르기까지) 속에서, 그리고 서로 다른 밀도를 지닌 개체군 속에서 번갈아 가며 연구했다.

새끼에 대한 폭행이 스트레스 상태에 있는 동물들이 무작위적으로 벌이는 행동은 아니라는 사실이 연구를 시작한 시점부터 분명해졌다. 새끼들은 낯선 어른 수컷들에게서만 공격을 받았고, 아비일 가능성이 있는 수컷들로부터는 전혀 공격을 받지 않았다. 이런 공격은 해당 번식 체계의 바깥에서 온 다른 수컷들이 번식 무리(troop)를 점령해 그곳에 사는 수컷을 몰아낼 때 발생했다. 새로 온 수컷들은 뚜렷한 목표를 갖고 젖먹이 새끼를 데리고 있는 어미를 부단히 쫓아다니며 공격했다. 새끼가 제거되고 나면 어미는 성적 수용성을 회복하여 새로운 수컷을 유혹했다. 하지만 나는 왜 어미들이 자신의 새끼를 죽인 바로 그 수컷들과 함께 번식하며 그런 행동을 '보상'해 주는지 궁금했다(랑구르 수컷은 먼저 유혹받지 않으면 교미하지 않는다는 점에 주목할 필요가 있다. 랑구르에서는 강간 사례가 보고된 적이 없다.).

첫 현장 연구가 끝나 갈 무렵, 나는 최초 가설을 버려야만 하는 상황에 놓이게 되었다. 영아 살해 행동은 수컷의 입장에서 보면 병리적인 것이기보다는 오히려 놀라울 만큼 적응적인 행동인 것으로 드러났다. 수컷은 선임자의 새끼를 제거해서 어미가 새끼를 잃지 않은 경우보다 더 빨리 다시 배란하게 만들었다. 따라서 살해자는 어미의 무리에 머무를 수 있는 짧은 기간(평균적으로 27개월) 동안 번식을 목적으로 어미에게 접근할 기회를 압축시켜 넣었다. 수컷의 관점에서는 유전적으로 이득이 되는 행동이었다. 하지만 왜 어미가 그걸 감수해야 할까?

주요한 까닭은 어미가 속한 종 전체, 그리고 특히 어미가 속한 성별이 개체군 내에 영아 살해자 수컷의 유전자를 보유하는 고통을 치른다 하더라도, 어미 자신이 수컷을 성적으로 배척할 수는 없다는 것이었다. 이미 투자한 새끼를 잃을 무렵이면, 어미는 종의 생존에 더 이득이 되는 속성을 지닌 더 나은 수컷이 나타나기를 기다리느라 더 이상 (번식을 — 옮긴이) 지체할 여유가 없을 것이다. 그토록 오랜 기간 동안 다시 배란을 미루게 되면, 영아 살해자 수컷에게 자신보다 먼저 접근하여 번식한 어미들과의 경쟁에서 불이익을 보게 될 것이다. 게다가 그런 어미의 아들은 번식 기회를 기다리기보다는 자신의 번식 장애물을 손수 제거함으로써 문제를 해결하는 영아 살해자 수컷의 아들에 비해 경쟁에서 불리한 위치에 놓일 것이다.

랑구르원숭이의 경우 단검과도 같은 송곳니를 장착한 40파운드(약 18킬로그램) 덩치의 수컷은 몸무게가 절반에 불과한 암컷에 비해 몸집과 무기 면에서 유리하다. 암컷이 잠시 수컷을 피하는 데 성공하고, 또 실제로 많은 경우에 그렇듯 암컷의 혈육이 문제에 개입하더라도, 영아 살해자 수컷은 성공하게 되는 그날까지 날이면 날마다 시도를 거듭할 수 있다. 어미가 더 불리한 상황인 것이다.

나는 어떤 종에서는(예를 들어 하이에나) 암컷이 수컷과 비슷하거나 더 큰 몸집을 갖도록 진화한 결과 새끼들을 더 잘 보호할 수 있다는 사실을 알고 있다. 하지만 동물들은 매 세대에 걸쳐 조금씩, 아주 조금 더 큰 몸집을 진화시킬 수 있다. 아주 조금 더 큰 몸집은 암컷 하이에나에게 동종 포식의(cannibalistic) 집단 구성원을 저지하는 경우 이외에도, 굶지 않기 위해 벌이는 사체 쟁탈전에서 유리하다. 하지만 옆의 원숭이와 먹이를 두고 경쟁할 필요가 없는 잎을 먹는 원숭이(leaf-eating monkey)에게는

그림 2.2 랑구르 수컷이 선임자 수컷이 낳은 새끼를 잡아챈다.

조금 더 큰 몸집이 별 소용이 없다. 더 크게 자라려면 늦게 성숙해야 하므로 몸집이 큰 암컷은 작은 암컷보다 번식에서 불리할 가능성이 있다. 몸집이 더 크면 심지어 기근이 닥쳐올 때 굶주림에 더 취약해질 수도 있다. 보상(payoff)이 주어질 수 있을 만큼, 즉 새끼를 죽이려는 40파운드 덩치의 수컷으로부터 새끼를 방어할 수 있을 만큼은 못 되고 단순히 크기만 한 몸집에는 온갖 종류의 불이익이 따른다.

랑구르의 영아 살해는 어떤 행동이 종의 이익을 위해 진화한 것이 아닌 사례를 생생하게 보여 준다. 살해자는 자신이 죽인 새끼, 그 새끼의 아비인 경쟁 상대 수컷, 그리고 그 시점까지 투자한 모든 것을 잃은 어미까지, 세 개체 모두의 희생을 대가로 이득을 본다. 이런 현상이 처음으로 연구된 랑구르원숭이에서는 수컷들의 무리 점령이 반복적으로 발생하며 다음 단계로 영아 살해가 저질러질 경우 집단 크기가 감소할 수 있다. 특별히 취약한 집단은 잠재적으로 멸종에 이를 수도 있다.[10)]

집단의 이익에는 악영향을 끼치지만 혈연관계가 없는 수컷들의 영아 살해와 어미들의 공모는 상상을 초월할 만큼 광범위한 것으로 드러난다. 영아 살해는 서로 다른 영장류속(屬) 16개에 속하는 서로 다른 35개 종에서 보고된 적이 있고, 더 나아가 그 종에서 영아 사망의 주요 원인으로 밝혀지는 경우가 자주 있다. 가장 극단적인 경우를 살펴보면, 다이앤 포시(Diane Fossy)가 연구했던 지역인 자이르의 비룽가 화산 일대에 서식하는 마운틴고릴라(mountain gorillas)에서는 태어난 새끼의 14퍼센트, 그리고 베네수엘라의 붉은고함원숭이(red howler monkey)에서는 새끼의 12퍼센트가 약탈자 수컷에 의해 죽임을 당한다.[11] 인도 영장류학자 S. M. 모흐노트(S. M. Mohnot)와 독일 영장류학자 볼커 좀머(Volker Sommer)가 인솔하는 연구자 집단이 25년 이상의 기간에 걸쳐 조드푸르(Jodhpur) 근처의 랑구르원숭이들을 연구한 결과에 따르면, **태어난 새끼 전체의 33퍼센트가** 침입자 수컷에게 살해당한 것으로 추정되었다.[12] 보츠와나 지역에 서식하는 차크마비비(chacma baboon)의 단일 수컷 무리(one-male troop)에서도 비슷한 정도로 높은 영아 사망률이 보고되어 있다. 그 외 지역에 사는 사바나비비(savanna baboon)의 무리에는 여러 마리의 수컷이 있고(multimale troop) 영아 살해는 드물게 발생한다. 하지만 모레미(Moremi)에서는 한 수컷이 짧은 기간 동안 번식을 독점한다. 번식력을 지닌 암컷에 대한 접근권이 짧게 유지됨에 따라 번식 가능한 암컷에 접근하려는 수컷 간 경쟁은 강화되고, 수컷은 자신이 암컷에게 접근할 수 있는 짧은 기간 동안에 어미의 번식 업무를 압축시켜야만 하는 선택압이 고조된다.[13]

· · · · ·

랑구르나 고릴라처럼 보통은 온화하고 초식성인 영장류에서조차, 다른 동종 구성원들은 잠복 중인 포식자만큼이나 영아가 살아 있는 매 순간을 위협하는 존재가 된다. 이 때문에 어미들은 이전에는 상상도 할 수 없었던 새로운 종류의 선택압 속에 놓이게 되었다. 따라서 나는 영아 살해 위협을 통해 암컷에게 고유한 다른 특징들도 설명할 수 있을지 모른다는 생각을 하게 되었다.

1970년대 초반에도 다윈주의자들은 여전히 암컷이 성적으로 수동적이며 "수줍다(coy)"는 가정을 널리 받아들이고 있었다. 암컷 랑구르들은 전혀 그렇지 않았다. 암컷들은 방랑하는 수컷 떼(band)가 무리에 접근하면 그들을 유혹하거나 실제로 그들을 따라 무리를 떠나곤 했다. 이미 임신하여 배란을 하지 않는 암컷들조차 이따금 침입자들과 짝짓기를 했다(이것은 인간 외 영장류가 할 것이라고 기대되는 일은 아니었다.). 따라서 나는 이 어미들이 언젠가 자신의 무리를 점령**할지도 모르는** 외간 수컷과 짝짓기를 하고 있다고 추측했다. 어미들은 부성 가능성의 그물을 넓게 던짐으로써 자식의 생존 전망을 개선할 수 있었다. 수컷은 성서적 의미에서 그들이 '아는' 암컷의 새끼는 공격하는 법이 거의 절대 없기 때문이다. 수컷은 어미와의 과거 관계를 단서로 삼아 새끼를 공격할 것인지 용인할 것인지를 결정한다.[14]

하지만 영아 살해처럼 일반적으로는 해로운 행동이 어떻게 진화할 수 있었을까? 답은 성선택에 있다. 성선택은 같은 성에 속한 개체들이 짝짓기를 위해 서로 경쟁하는 과정이다. 패배자는 새끼를 거의 남기지 못한다.

다윈주의적 성선택

다윈은 생존을 증진시킴으로써 개체가 번식해 자손을 남길 확률을 증가시키는 특질(trait)은 모두 자연선택에 의해 선호될 것이라고 주장했다. 하지만 다윈은 이 주제와 관련해서는 뭔가 특이한 변이가 있다는 점을 인식하고 있었다. 어떤 특질들은 그 소유자의 생존 가능성을 개선하지 않는데도 불구하고 진화했던 것이다. 이런 종류의 특질들은 주로 수컷이 소유하는 듯이 보였다. 가령 다윈은 공작의 정교한 꼬리와 수사슴의 뿔, 즉 외견상으로는 어떤 생존 가치도 없고 매우 장식적인 것처럼 보이는 속성들에 매료되었다. 이런 장식적인 부속 기관의 일부는 실제로 생존 자체를 방해할 수도 있었다. 칼슘과 같이 드문 자원을 뼈를 더 단단하게 만드는 용도보다는 근사한 뿔을 만드는 데 소비할 수 있기 때문이다. 겉만 번지르르하고 성가신 수컷 공작새의 꼬리는 그 꼬리를 소유한 수컷이 포식자의 눈에 쉽게 띄게 하며 도망가기에도 둔하게 만든다.

다윈은 생존의 관점에서는 방해가 되는 특질들이 다른 기능을 수행하는 것이 아닐까 추측했다. 이 특질들은 한 성별의 구성원이 상대 성별 구성원을 두고 벌이는 짝짓기 경쟁에 보탬이 되었다. 다윈은 이 특정한 진화 과정의 하위 범주를 **성선택**이라고 명명했는데, 그는 성선택이 인간 진화에서 특별한 의미를 갖는다고 믿었다. 따라서 그는 이 주제에 대한 자신의 주요 저작에 『인간의 유래와 성에 연관된 선택』(1871년)이라는 제목을 달았다.

성선택된 특질들은 개체가 같은 성별의 다른 개체들을 싸워 이기고, 지배하고, 현장에서 쫓아내게 해 주거나(랑구르 수컷의 엄니는 아마 이런 방식으로 진화했을 것이다.), 이성이 그 특질의 소유자에게 더 큰 매력을 느끼게 해 주고(공작새 수컷의 꼬리처럼), 경쟁자의 유전적 기여를 취소시킨 후 자신의 것으로 교체함으로써(경쟁자가 낳은 새끼를 죽이는 경향처럼), 번식에서 맞수를 능가하는 데 더 많은 보탬이 된다. 성선택은 전형적으로 두 개의 구성 요소를 포함한다. 이 두 요소는 암컷에 접근하기 위한 수컷 간 경쟁(male-male competition), 그리고 암컷 선택(female choice)이다.

성선택의 논리는 반직관적인 것만은 아니다. (결국 수동적이라고 가정되는) 암컷이 비밀스러운 논리나 변덕스럽게 보이는 미적 취향에 근거해 짝을 고른다는 생각은 전적으로 터무니없는 것처럼 보였다. 다윈의 가장 독창적인 이론이 곧 악평을 받고 기억에서 사라져 버리게 되었다.[15) 과학자들이 이 주제를 다시금 찾았던 때는 한 세기도 더 지난 후인 1970년대였다. 하지만 당시에는 짝을 향한 수컷 간 경쟁이 널리 퍼져 있는 까닭과 암컷 선택이 그토록 중요했던 까닭을 설명할 수 있는 토대가 이미 마련되어 있었다.

부모 투자와 암컷 선택

다윈은 성선택의 중요성을 지적했지만, 한 성별(대개 수컷)이 다른 성별에 접근하기 위해 그토록 맹렬한 경쟁을 벌여야 하는 까닭에 대해서는 어렴풋한 생각밖에 없었다. 여기에 대한 설명은 로버트 트리버스가 1972년에 "부모 투자와 성선택(Parental Investment and Sexual Selection)"에 대해 썼던 독창적이고 훌륭한 논문에 등장하게 된다.

트리버스에 따르면 "부모 투자"는 부모가 한 자식의 생존 가능성을 개선하기 위해 행하지만, 그와 동시에 다른 자식에 투자할 수 있는 부모의 능력을 감소시키는 일이다. 대부분의 동물, 특히 포유류에서, 어미와 아비에 의한 부모 투자는 평등한 것과는 거리가 멀다. 수컷의 기여는 정액 방출이 전부인 반면, 암컷은 배란, 임신, 그리고 수유를 통해 기여하는 것이 전형적이다. 암컷이 하는 일들은 모두가 큰 비용을 요구하는 생물학적 과정이어서 어미는 오랜 기간 동안 번식에 제약을 받게 된다. 반면 수컷은 성공만 하면 곧바로 새로운 번식을 시작할 수 있게 된다. 트리버스는 "새끼에 대한 부모 투자의 상대적인 양성 불평등이 성선택의 작동을 통제하는 핵심 변인이다."라고 1972년의 논문에 적었다.[16]

한 성이 다른 성에 비해 상당히 더 많은 투자를 하게 될 때, "적게 투자하는 성별은 많이 투자하는 성별과 짝짓기를 하기 위해 서로 경쟁하게 된다. 투자가 동등할 때, 성선택은 두 성 모두에서 유사한 방식으로 작동할 것이다……." 하지만 그렇지 않다면, "더 많이 투자하는 개체(대개 암컷)는 버림을 받을 수 있다." 대부분의 종에서는 아비가 어미에 비해 적게 투자하기 때문에, 제한된 자원(잠재적 어미)에게 접근하기 위한 수컷들 간의 경쟁은 강도가 높았다. 그로 인해 (영아 살해의 사례처럼) 궁극적으로는 암컷에게 해를 끼치게 될 때조차, 수컷이 이 경쟁에서 이기는 데 도움이 되는 특질은 아무 제한 없이 진화했다. 다른 수컷을 배제하거나 암컷을 지키거나 감춰 두려는 수컷들의 노력은 모두 성선택의 결과다. 자신의 짝을 통제하려는 수컷의 시도는 이따금 어미와 새끼의 생존력(viability)을 희생하며 이뤄진다.

하지만 자식의 생존력을 감소시키기보다는 증진시키는 방식으로 작동한 성선택의 영역이 하나 있었다. 암컷의 짝 선택(mate choice)이다. 연구자들이 이 주제를 재발견하면서, 다윈의 이론에 반대하던 낡은 태도는 그 힘을 조금씩 잃어 갔다. 암컷 선택은 단순히 미학적인 것이 아니었기 때문이다. 이 주제에 대한 연구는 급격하게 발전하여, 공작새와 같이 수컷이 정자 이외에는 제공하는 것이 거의 없는 종에서는 특히, 암컷은 수컷이 자손에게 전수해 줄 수 있는 유전적인 장점(트리버스가 "좋은 유전자"라

그림 2.3 과시 중인 공작새 수컷.

부른 것)을 지녔는지의 여부를 나타내는 단서를 기초로 짝을 선택하는 경우가 실제 있다는 사실을 알려 준다. 게다가 한 개체군에 소속되는 수컷들이 유전적으로 더 큰 차이를 보일수록, 암컷이 (최고가 아닐 수도 있는) 한 수컷에게 독점되는 것을 피하려는 선택압은 더 커지게 된다.[17]

예를 들어 공작새 암컷의 분별 능력은 변덕스러운 미적 감각을 넘어선다. 암컷은 판매자들을 비교하고 청색과 녹색 깃털이 줄지어 펼쳐진 가운데 가장 큰 눈 모양 반점을 지닌 수컷과 짝짓기를 한다. 정말이다. "비결은 눈"이지만 여기에는 상당히 실질적인 이유가 있다. 사회 생물학자 매리언 페트리(Marion Petrie)의 최근 연구에 따르면 겉보기에는 근사한 꼬리에 대한 취향, 즉 자의적인 미적 기준을 따르는 것처럼 보여도, 이 취향이 실질적인 보상을 가져다줄 수 있다는 사실이 증명되었다. 페트리는 영국의 윕스네이드 공원(Whipsnade Park)에서 주도면밀하게 통제된 실험을 진행했다. 서로 다른 수컷이 낳은 새끼의 운명을 추적하자, 가장 화

려한 수컷의 자식이 더 빨리 자랐고 생존율도 더 높았다.[18]

수컷 공작새가 새끼 기르는 일을 돕는다는 증거는 없었다. 따라서 가장 설득력 있는 해석은 가장 화려한 꼬리를 만들 수 있는 수컷이 가장 생존력이 뛰어난 유전자를 제공한다는 것이다.

· · · · ·

여성적인 미적 감각을 산출하는 유전적 방법이 있을지도 모른다는 기괴한 생각은, 동물이 얼마나 대칭적인지를 밀리미터 단위로 측정하는 생물학자들의 연구를 통해 보강된다. 잠재적으로 대칭적인 특질에는 부채처럼 펼쳐진 공작새 수컷의 꼬리 맨 바깥에 있는 눈 모양 반점, 제비 꼬리의 측깃, 밑들이벌레(scorpionfly)의 양 옆구리에 돋아난 날개, 또는 사람의 경우처럼 왼쪽과 오른쪽의 귓불, 광대뼈, 턱뼈, 그리고 팔꿈치가 포함된다.[19]

꼬리깃과 같이 대칭적인 특질에서 지각될까 말까 한 치우침은 완벽하게 대칭적인 신체 설계의 이상이 스트레스 때문에 어그러진 것으로, 환경으로 인한 외상(병원균, 식량 부족, 또는 필수 영양소 대사 능력의 결핍)이 유기체 발달에 간섭한 결과로 생겨난다고 추측된다. 그런 "변동하는 비대칭성(fluctuating asymmetries, 완벽한 대칭을 보여야 하는 특질에서, 완벽한 좌우 대칭적 일치로부터 이탈하는 작고 무작위적인 변이)"을 측정하기 위한 방법론은 본래 환경 변화, 오염, 질병, 그리고 새로 도입된 기생충이 동물들에게 입히는 피해를 우려하던 야생 생물학자들이 개발한 것이었다.

집게벌레와 밑들이벌레, 핀치새, 제비, 물고기, 그리고 최소한 한 종의 포유류(인간)와 같이 다양한 생명체들에서 변동하는 비대칭성의 정도는 큰 몸집, 기생충으로부터의 해방, 그리고 식량이나 짝을 두고 경쟁하는

그림 2.4 수컷 제비 꼬리의 대칭도는 암컷에게 자신이 그 시점까지 삶에 얼마나 잘 대처해 왔는지를 평가할 수 있게 해 주는 신호로 작용한다.

것과 같은 일부 수행 능력 척도들과 음의 상관관계를 맺는다. 간단히 말해서 가장 화려하고 가장 장식적이거나 가장 대칭적인 수컷들이, 자신이 번식용 깃을 발달시키며 성장했던 환경에서 번성하기에 가장 적합한 이들일 가능성이 높다. 아비가 될 가능성이 있는 수컷의 유전적 자질을 생물학 실험실에서 검증할 수 없는 암컷들에게는, 신체 상태를 알려 주는 간단한 지표들이 차선책으로 제공된다.[20]

이 논리를 따라간 곤충학자 랜디 손힐(Randy Thornhill)은, 가장 대칭적인 날개를 지닌 밑들이벌레가 가장 큰 짝짓기 성공을 거두며, 암컷은 누가 이런 수컷인지를 냄새만을 맡고도 판단할 수 있다는 가설을 세웠(고 검증했)다. 대칭적인 수컷은 다른 페로몬을 방출할 수도 있고, 어쩌면 죽은 곤충을 비롯한 작은 먹이들을 수확해 짝이 될 가능성이 있는 암컷에게 혼례 선물(nuptial gift)을 줄 때 더 큰 효율성을 발휘할지도 모른다. 이 점이 암컷의 관심을 끄는 것이다. 이유가 무엇이건, 대칭성, 수행 능력,

그리고 암컷 선호는 모두 서로 연관되어 있다.

손힐은 심리학자 스티븐 갱지스태드(Steven Gangestad)와 한 팀이 되어 인간이 예술과 은유의 맥락에서 큰 매혹을 느끼는 "두려운 대칭성(fearful symmetry, 윌리엄 블레이크의 「호랑이」라는 시에 등장하는 어구. — 옮긴이)"의 원칙이 성적 파트너를 고를 때에도 적용이 되는지를 조사했다. 그들은 캘리퍼스(정밀 측정용 자. — 옮긴이)를 이용해서 뉴멕시코 대학교 학부생들의 광대뼈, 눈, 발목, 그리고 팔꿈치를 측정했다. 변동하는 비대칭성에서 낮은 점수를 기록한 남성들(다양한 얼굴 특질과 신체 특질들이 신속히 측정되었기 때문에 이 사실에 대해서는 당연히 알 도리가 **없었다**.)은 높은 점수를 기록한 남성들에 비해 이른 나이에 섹스를 하거나, 더 자주 하거나, 통계적으로 유의미할 만큼 더 많은 파트너와 할 기회를 찾지 못했다고 보고한 사람들이었다. 하지만 이들 남성은 대부분의 사람들이 의식적으로 기록한 한에서는, 감지할 수 있을 만큼 비대칭적이지는 않았다. 정확히 어떤 신호가 사용되고 있는지, 그리고 인간의 짝 선택 전반에서 실제 얼마나 큰 중요성을 갖는지, 또는 변동하는 비대칭성과 관련해 넘쳐 나는 인간 연구 자료들이 정확히 어떤 것을 의미하는지는 모른다. 하지만 증거들은 다음 둘 중 하나는 사실이라는 점을 암시한다. 즉, 여성이 어떤 방법으로든 남성의 상태나 자신감의 신호들을 감지하고 있거나, 또는 좋은 상태에 있는 남성들이 부풀려진 자아상을 갖고 있어서 엿보기 좋아하는 교수들을 위해 성적 무용담을 과장하는 습관이 있다는 것이다.[21]

암컷들이 정말로 좀 더 대칭적인 파트너를 찾고 있다고 가정해 보자. 이들이 아비가 될 가능성이 있는 수컷에게서 찾으려 하는 자질은 무엇일까? 더 좋은 유전자일까, 아니면 몸집이 더 크고 더 좋은 상태에 있는 보호자 겸 자원 공급자일까? 문제는, 유전적 효과를 발달 과정의 우연적 요소와 분리시킬 수 없다는 것이다. 예를 들어 최근의 한 연구에서는 변동하는 비대칭성의 정도와 IQ 검사상의 수행력이 상관관계를 맺는 다는 점이 발견되었는데, 이 결과는 한쪽 또는 양쪽 모두의 부모로부터 좋은 유전자를 물려받은 결과라고 볼 수도 있고, 생애 초기의 조건이 좋았던 결과(어머니의 자궁 속 신체적 발달의 환경이 더 건강했던 결과)라고 볼 수도 있다.[22]

하지만 정말로 '선택'인가?

매리언 페트리나 랜디 손힐과 같은 현장 연구자들은 논란에 싸여 있던 다윈의 개념들을 구출했다. 자연 서식처에서 사는 동물들을 연구하는 연구자들이 어미가 번식을 '제어'하며 성공을 거두기 위해 필수적으로 해야 하는 활동들의 범위 전체를 고려하게 되면서 계산적인 전략가 암컷이라는 이미지가 출현하게 되었다. 그 과정에서 암컷 선택은 전략가의 이미지를 광내는 데 중요한 역할을 담당하게 되었다.[23] 하지만 보다 면밀하게 관찰해 본 결과, 암컷 선택에서 겉보기에는 '선택'인 것이 사실상 타협 또는 그보다 나쁜 상황을 포함하고 있다는 사실이 드러났다. 암컷들의 행동은 이따금 선택의 여지가 없는 상황에 대한 반응이었다. 예를 들어 랑구르 수컷이 새끼를 죽일 때, 살해당한 자식의 아비를 골랐던 어미의 선택은 본질적으로 무효화된다. 영아 살해자 수컷은 선택의 범위를 왜곡하며 어미가 다음 짝으로 자신을 선택하게 제약을 부과한다. 따라서 퍼트리샤 어데어 고와티와 같은 사회 생물학자들은 암컷이 짝짓기를 위해 어떤 수컷을 고르게 되는지뿐만 아니라(다윈 당대에도 이미 충분하게 논쟁적이었던 주제) **선택이 다른 요인들의 제한을 받지 않을 경우** 어떤 수컷을 고르게 되는지를 알려고 한다.

고와티와 공동 연구자 연합은 수컷이 부과한 제약이 암컷 선택에 미치는 영향을 밝혀내기 위해 야심적인 실험에 착수했다. 가령 망토비비(hamadryas baboon) 수컷이 암컷들을 방어하거나 인간 남성이 아내를 처첩실에 감금할 경우 생물학적 비용이 부과되는 것일까? 그런 제약을 제거하고 나면(고와티는 이것을 "자유로운 암컷 선택"이라고 불렀다.) 암컷이 낳은 자손의 생존력이 증가하고, 그로 인해 종의 생존력이 더 커지는 결과가 생기게 되는 것은 아닐까?[24]

연관된 프로젝트(캘리포니아 대학교 산타크루즈 캠퍼스에 있는 윌리엄 라이스(William Rice)의 감독 아래 있는 연구)의 초기 결과들은 제한된 짝 선택을 하는 암컷들이 상당한 수준의 비용을 치를 수 있다는 점을 보여 준다. 천천히 쌓여 가는 증거들은 암컷 선택만이 아니라 선택의 철회까지도 중요한 진화적 함의를 갖는다는 사실을 드러내 주고 있다.

라이스는 암컷의 진화적 시간이 멈춰 있는 동안 수컷은 진화하도록 설정한 매우 야심적인 실험을 수행했다. 이 뛰어난 기술은 라이스가 초파리(drosophila)를 다루는 실험 유전학자기 때문에 가능했다. 초파리는 포도와 같은 과일들을 오래 내버려 두면 부엌에서 생겨나 재빨리 불어나는 작은 과일파리다. 라이스는 41세대를 가로지르는 수천 마리의 초파리들을 대상으로 한 정교한 실험 기법을 설계했다. 이 실험에서는 '진화하는' 개체군에 있는 매 세대의 수컷들에게, 여러 복합적인 기술적 조작을 통해 시간이 흘러도 유전적으로 비교적 일정하게 유지되며 본래의 초파리 집단으로 남아 있게 되는 암컷들을 제공했다.

수컷 초파리들은 랑구르처럼 다른 수컷의 자손을 죽이지는 않았지만 그에 못지않게 비열한 전술을 사용하여 경쟁에서 이겼다. 수컷의 정액에 포함된 독성 분자들이 같은 암컷과 짝짓기를 하는 다음 차례 수컷의 정자를 파괴했던 것이다. 사정이 여러 차례 거듭되면 그 독으로부터 유래한 독성 물질이 암컷의 생식관에 축적되며 어미의 번식력을 감퇴시키고 수명을 줄이는 불행한 사태가 발생했다. 라이스는 암컷을 관찰하며 "더 많이 짝짓기를 할수록 더 빨리 죽는다."고 이야기했다. 시간이 흐르자 이 치명적인 정자 경쟁(sperm competition) 방법에 특수하게 적응한 '슈퍼 수컷' 종족이 출현했다. 하지만 그 전술에는 비용이 따랐다. 번식 집단에서 데려온 암컷들은 인위적으로 지속성을 유지했기 때문에 짝들이 수행하는 화학전에 맞설 수 있는 방어력을 진화시킬 기회가 없었던 것이다. 암컷이 짝을 선택할 수 있었다면 유독성 수컷을 피하는 암컷 유전자가 선택되거나, 어미가 유독한 정자에 맞설 수 있는 장비를 진화시켰을 수도 있다. 하지만 암컷은 '성적으로 적대적인' 짝들과 공진화할 가능성이 차단되었기 때문에 더 높은 사망률을 보였다. 양성이 물리적 환경이나 포식자에 대한 반응으로뿐만 아니라, '상대에 대한 반응으로도 충분히 진화한다'는 것이 이렇게 선명하게 입증된 실험은 드물다.[25]

20세기 말이 되었을 무렵 사회 생물학자들은 암컷이 수동적이거나 성적으로 수줍은 것과는 거리가 멀고, (빌 라이스의 실험을 제외하면) 덜 진화한 것도 분명 아니라는 점을 밝혀내게 되었다. 암컷들은 종의 유전 자원을 보강하는 후견자였고, (허용되었을 경우) 짝 선택을 통해 진화적 변화의 방향을 제시했다. 부모 투자와 암컷 선택은 어미 역할의 부담뿐만 아니라, 번식 결정에서 암컷의 자율성이 갖는 장기 지속적인 중요성에도 주목하게 해 주었다. 이 자율성은 자손의 생존력과 거의 동일하다. 하지만 만약 암컷의 결정이 성선택의 영역에서 중요했고, 선조를 선택하거나 수컷 간 경쟁에 맞서는 데 결정적이었다면, 암컷이 내린 '결정들'은 자연선택 일반에서도 훨씬 더 중요했을 것이다.

적응도에 구속되어 있는 암컷은 생애 과정에 걸쳐 얼마나 크게 자랄 것인지, 언제 성숙할 것인지, 얼마나 이른 시기에 번식할 것인지, 그리고 어떤 간격으로 자식을 낳을 것인지를 생리학적 차원과 발달 과정에서 '결정'하도록 요구받게 된다. 초기 사회 생물학자들이 어미가 경험하는 선택압을 이해하려는 과정에서 마주하게 된 가장 큰 과제는, (암컷 선택이나 수컷 선택과 같은 것을 통해) 성선택되는 특질에 대한 고려와, 최소한 그 만큼은 중요한 것으로 어미 또는 자손의 생존 가능성을 향상시키기 때문에 자연선택된 암컷의 특질에 대한 고려 사이에서 적절한 균형을 유지하는 것이었다.

자기희생적인 어미는 드물다

각각의 어미에게 삶의 과정은 길고 짧고의 여부를 떠나 주로 가장 좋은 자원 분배 방식에 관련된 결정과 분기점의 연속이다. 크게 자라서 한 번에 많은 수의 자손을 낳는 데 모든 힘을 쏟을 것인가? 이 방법은 바다에서 살다가 물결을 따라 거슬러 올라가 알을 낳고 죽는 연어처럼 단 한 번의 번식력 폭발을 통해 번식하는 것이다(이것은 단회 번식(semelparity)이라고 알려져 있다.). 아니면 오랜 생애에 걸쳐 출산 간격을 길게 잡아 적은 수의 자손을 낳을(다회 번식(iteroparity)) 것인가? 침팬지나 인간은 이렇게 한다.

이러한 생애사적 접근의 렌즈를 통해 자연 세계를 관찰해 보면, 프랑스 의사 길리베르와 같은 남성이 상상하는 자기-희생적 어미와 같은 생명체가 얼마나 특수한지를 알 수 있게 된다. 그런 어미들이 있긴 하지만, 아주 가혹한 상황이 아니라면 암컷이라는 성의 종-전형적 특성이 될 만큼 보편적으로 진화하지는 않는다. 어미의 자기희생은 고도로 근친 번식적인 집단, 또는 번식 경력을 끝낼 시점이 가까워진 어미들에게서 발견되는 것이 전형적이다. 단회 번식 생명체(생애 단 한 번만 번식하는 생명체)에게 전형적인 번식하고-죽는 전략이 가장 좋은 사례이다.

만약 단회 번식을 상상하기 힘들다면, E. B. 화이트(E. B. White)가 쓴 사랑받는 동화책 『샬럿의 거미줄(*Charlotte's Web*)』에 등장하는 이타적인 거미 어미 샬럿을 생각하면 된다. 샬럿은 단 한 개의 알 주머니를 낳기 위해 온갖 수고를 기울이며 실을 잣고, 평생에 걸친 이 임무가 마무리되었을 때 죽는다. 이것은 단회 번식의 고전적인 사례다.

긴 하루의 일을 마감하고 집에 돌아왔을 때 아이에 관련된 요구들의 습격 속에서 혹사당한다는 느낌을 받게 되는 인간 어머니는, 샬럿처럼 '자아가 없는' 어미와 비교해 보면 훨씬 나은 형편에 있다는 사실에서 위로를 받을 수 있을 것이다. 단회 번식 종 어미들은 이따금 말 그대로 새끼들에게 "산 채로 잡아먹힌다."

'극단적인 어미 보살핌'에 상(賞)을 수여한다면, 다양한 어미 포식(맞다, 어미를 먹는 것이다.) 거미들 중 하나에게 돌아갈 것이다. 오스트레일리아에 사는 사회성 거미 한 종(다이아에아 에르간드로스(*Diaea ergandros*))은 알을 낳은 후에도 새로운 알 뭉치 속에 계속 영양분을 저장한다. 이상하게도 이 알들은 너무 커서 난관을 통과할 수 없고 (발달을 위한 ― 옮긴이) 유전적인 명령도 담고 있지 않다. 이 거미는 단 한 번만 번식할 뿐인데 왜 그런 것이 필요할까?

이 알들은 낳기 위한 것이 아니라 먹기 위한 것이다. 하지만 누가 이 알을 먹을까? 새끼 거미들이 성숙해서 돌아다니게 될 무렵이면, 어미는 점차 이상할 만큼 차분해지며 흐느적거리기 시작한다(흐느적거리며 움직인다는 뜻이 아니라 몸이 액체화된다는 뜻이다.). 어미의 조직이 녹고 나면 탐욕스러운 새끼들이 어미를 말 그대로 빨아 먹는다. 다리부터 시작해서 맨 마지막에는 어미의 몸 안에서 용해되고 있는 단백질이 풍부한 알들을 먹어 치우는 것이다.

동종 포식만큼 반사회적으로 보이는 행동도 드물다. 하지만 이 거미들처럼 보기 드물게 게걸스러운 삶의 양식이 진화하는 과정에서는 어미 포식이 핵심적인 요소였을 수도 있다. 자기 어미를 잡아먹는 나쁜 관습을 지님으로써 충분히 배를 채운 거미 새끼들은 서로를 잡아먹을 가능성이 더 적다. 게다가 자아가 없는 어미라고 해서 다 같은 것은 아니다. 어미를 이루는 각각의 속성 모두가 온갖 종류의 선택 대상이 되는 것이다. 먹이를 잡는 데 더 능률적일수록 어미는 더 커진다. 어미가 더 클수록 어미가 제공하는 상차림은 더 풍성해지며 자손들이 서로 잡아먹을 가능성은 더 적어지고 어미의 작은 동종 포식자들은 사회적 존재로서 누리는 이득을 더 많이 거두게 된다.[26]

긴 생애에 걸친 번식에서 성공하는 법

한 번의 단회 번식 폭발로 번식하는 포유류는 거의 없다. 포유류는 오히려 평생에 걸쳐 여러 차례 연속적으로 번식하는 다회 번식 종이 대부분이다. 그런 어미들은 새끼를 한배에 한 마리 또는 여러 마리 낳을 수도 있다. 우리와 같은 생명체는 한 번 이상 번식할 수 있는 다회 번식 능력을 통해 형성되었기 때문에, 여성이 한 바구니에 모든 달걀을 넣는 것은 합리적인 선택인 경우가 드물다. 주어진 상황에서 최적인 새끼 무리(clutch)의 규모를 초과하거나 난소가 식량 창고보다 큰 다회 번식 종 어미는 새끼 무리 전체를 굶겨 죽일 수도 있고, 너무나 쇠약해진 나머지 다음 번식기에 상황이 더 좋아도 아예 번식을 못 할 수도 있다. 더 나쁜 상황은 노력이 과해 죽어 버리는 것이다.

영장류학자 진 알트먼(Jean Altmann)의 목표는, 어미가 생계와 휴식, 그

그림 2.5 진 알트먼은 암보셀리에서의 야생 비비 연구 경험을 통해 관찰자 편향의 문제에 대한 감각을 키우게 되었다. 알트먼이 1974년에 제시한 관찰 방식 비판은 인간이 '동물들을 볼' 때 의존하는 용어들을 개선하는 데 도움이 되었다.

리고 번식 또는 새끼 돌보기 사이에서 어떻게 시간과 에너지를 배분하는지를 밝혀내는 것이었다. 진과 그의 남편 스튜어트는 1963년 케냐 암보셀리(Amboseli)에 있는 먼지 날리는 평원에서 비비들의 생태와 사회 행동을 연구하는 조사에 착수했다. 오늘날까지 지속되고 있는 이 획기적인 연구는 영장류 어미의 타협을 최초로 조사한 사례였다. 알트먼은 어미의 생태를 연구하여 각각의 비비 어미가 매일을 "생계"(섭취, 걷기, 포식자 피하기)와 새끼를 돌보는 일에 투자함으로써 "이중-임무 어미(dual-career mother)"로 생활한다는 점을 강조하게 되었다.[27]

　관찰 편향의 문제를 날카롭게 인식하고 있었던 진 알트먼은 임의로 대상을 선택하는 기술을 개발했다. 분 단위에서 동일한 시간으로 각 개체를 관찰했고, 그 결과를 통계적으로 분석했다. 이것은 보고 싶은 것만 보는 너무나-인간적인 습관을 피하기 위해 사용할 수 있는 해독제 중 최고였다. 자유로이 돌아다니는 동물들을 연구하는 이 방법은 동물 행동학자들에게 표준적인 방법이 되었으며 인간 행동 생태학(human behavioral ecology)으로까지 퍼져 나갔다. 질문에 의존하여 어머니들이 하는 일과 자신이 하고 있다고 생각하는 일을 말로 듣는 대신, 실제로 어머니들이 하는 일을 정확하게 설명할 수 있게 된 것이다.[28]

· · · · ·

알트먼은 "현재까지의 연구들을 모두 살펴보면 한 가지 사실이 거듭 확인된다. 비비 어미들은 인간을 포함한 대부분의 영장류 어미들과 마찬가지로 복합적인 생태, 사회적 환경 속에 있는 이중-임무 어미들이다."라고 썼다. "비비는 작은 집이나 우리 안에 고립된 상태에서 여생을 보낼 때는 새끼를 돌보지 않는다. 그들은 그러한 삶에 통합된 일부로 존재하며 그 안에서 기능을 담당할 수 있어야만 한다. 비비의 세계가 그들에게 영향을 주며 비비 자신도 자신의 생애 동안 그 세계에 영향을 준다."[29] 낮 시간의 70퍼센트를 생계를 유지하는 데 보내고, 나머지 중 10~15퍼센트는 휴식하는 데 보내는 이 비비 어미들은 자기 자신의 생존을 극단까지 밀어붙이고 있었다. 더 빠르게 번식한다면 어미의 체력이 고갈되어 죽음에 이르는 위험을 감수해야만 할 형편이었다.

알트먼의 현장 연구는 초점을 그동안 지나치게 강조되었던 수컷 간 경쟁과 짝 선택으로부터 자연선택으로 돌려놓았다. 살아남고 번식하기 위해 균형 잡힌 타협을 해 나가는 과정에서, 어미 삶의 측면 대부분은 자연선택에 의해 형성되었다.

동시에 알트먼은 자기 자신의 균형 잡기를 해내고 있었다. 거친 현장의 조건 속에서 두 아이를 기르면서 과학을 하고 있었던 것이다. 알트먼에게는 또 다른 관심사도 있었다. 어미-아기 관계에 대한 연구는 당시까지도 이론적인 중요성은 거의 없는 영역, 즉 동물 행동학의 "가사 경제"로 널리 여겨졌다. 알트먼은 자신의 고된 작업이 진지한 취급을 못 받을까 봐 걱정했다.[30] 하지만 그녀가 1980년에 쓴 단행본 『비비 어미와 아기 (Baboon Mothers and Infants)』는 생애사적 타협 연구의 고전이 되었다.

다회 번식의 기술

암컷의 생애 번식 성공(lifetime reproductive success)(또는 적응도)은 물론 (다른 모든 것과 마찬가지로) 운에 달려 있고, 알트먼의 비비 사례처럼 환경의 물리적 제약에도 달려 있다. 어떤 어미가 다른 어미와 비교해 볼 때 상대적으로 거둔 진화적 성공의 수준은, 생애 전 과정에서 다뤄야 하는 일련의 타협들을 처리해 내는 솜씨에 달려 있다. 한 가지 타협은 몸집을 더 키우고 신체를 유지하는 것(신체적 노력(somatic effort))과 번식 노력(reproductive effort) 사이에 있다. 두 번째 주요 타협에는 번식에 이용할 수 있는 신체적 자원을 어떻게 자식들에게 배분할 것인가의 문제가 포함된다. 이것은 다시금 양-대-질을 타협하는 문제가 된다. 토끼나 갈라고원숭이(galago)와 같은 종에서는 어미들이 각각의 새끼에게 적게 투자하는 대신 빨리 번식한다. 침팬지나 인간과 같은 다른 종들은 오랜 생애에 걸쳐 느리게 번식한다. 또 다른 종은 혼합 전략을 사용하여 조건에 따라 전략을 바꾼다.

골든햄스터는 유연성을 핵심으로 하는 번식자들로, 중동의 건조한 환경 속에서 불규칙적인 비와 불안정한 식량 공급에 적응되어 있어서,

그림 2.6 모든 어머니들은 생존과 번식 사이의 타협에서 균형을 잡는다.

다회 번식, 또는 생애에 걸쳐 한 번 이상 성공적으로 번식하는 기술을 보여 준다. 어미 햄스터는 둥지를 짓고 새끼들을 핥아 깨끗이 하고 보호하며 젖을 먹이는데, 일부 새끼를 잡아먹음으로써 새끼에 대한 투자의 일부를 회수할 수도 있다. 이 행동은 유서 깊은 어미의 전술로, 우세한 조건과 일치하게 새끼 무리 크기를 조절하는 효과를 발휘한다. 쥐들(햄스터는 해당되지 않음)의 어미가 출산 직후에 보이는 솎아 내기 행동은, 새끼 무리의 질(가장 체중이 많이 나가는 새끼를 선호)이나 크기를 적절하게 안배하기 위한 노력임이 분명하다. 이들 쥐들은 훨씬 큰 포유류(사자와 곰)가 하듯이 새끼 수가 일정한 역치점에 못 미치면 새끼 무리 전체를 버리기도 한다.[31]

　일단 번식 경로에 접어든 어미는 새로운 도전에 직면하게 된다. 서로

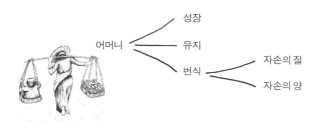

그림 2.7 어머니의 주요한 '생애사 타협'.

충돌하는 자식들의 요구를 어떻게 조화시킬 수 있을 것인가? 각각의 자식을 동등하게 대해야 하는가, 아니면 그중 일부를 다른 자식들보다 아껴야 하는가? 현재의 자식에 판돈을 걸 것인가, 아니면 더 좋은 조건에서 태어날지도 모를 미래의 자식을 위해 몸을 아껴 둘 것인가? 시간이 흐르면 몸이 쇠약해진다고 할 때, 언제쯤 출산을 중단하며 하던 일을 멈추는 대신 딸의 자식을 돌볼 것인가?

덩치 큰 어머니 가설

번식을 미루고 성장을 계속할 만한 가치가 있는 때는 언제일까? 동물학자 캐서린 롤스(Katherine Ralls)는 덩치 큰 어머니가 더 좋은 어머니일 수 있다는 가설을 세웠다. 암컷보다 수컷이 몸집이 더 큰 이유에 대한 표준적인 답은 성선택이다. 수컷은 경쟁자 수컷들에 비해 더 크고 강해지는 방향으로 선택된다는 것이다. 반면 암컷은 환경에서 생태적으로 최적인 작은 몸집, 즉 일종의 초기 설정 크기를 유지한다. 1970년대에 롤스는 고착화된 성선택에 반기를 들었다. 롤스는 악마의 변호사 역할을 하며 암컷이 수컷보다 몸집을 크게 키우는 포유류의 전체 목록을 작성했다. 편찬 목록에 속하는 동물들로는 달쥐(moonrat), 사향뒤쥐(musk shrew), 친칠라(chinchilla), 산토끼(jackrabbit), 흰꼬리토끼(cottontail), 클립스프링어(klipspringer), 다이커(duiker), 애기사슴(chevrotain), 딕딕(dik-dik), 마모셋(marmoset), 박쥐, 박쥐, 그리고 더 많은 박쥐들이 있다. 롤스는 성선택 이론이 이들 사례의 대다수를 거의 설명하지 못한다는 사실을 보여 주었다.

몸집이 커질수록 번식력(fecundity)도 증가한다는 사실은 거미를 비롯한 수많은 무척추동물에서 암컷이 짝에 비해 더 큰 몸집을 갖는 주요 이유 중 하나인 것으로 드러난다. 어미가 나이를 먹고 덩치가 클수록 더 많은 알을 낳는 종들에서는(물고기가 대표적), 외부적인 요인으로 죽기 전까지 암컷이 목숨을 계속 이어 가는 것처럼 보인다. 낚싯감을 찾는 어부와 더 큰 번식력을 추구하는 물고기 수컷 모두 '큰 어미'를 찾으려 한다.[32] 종에 따라서는 큰 어미가 더 큰 새끼를 낳고 영양이 풍부한 젖을 신속하게 대량으로 분비하기 때문에(고래들처럼), 집단 안에서 이용할 수 있는 자원을 독점할 때 몸집이 작은 암컷들에 비해 유리하거나, 암컷 점박이하이에나가 해야 하듯 배식 줄의 자리를 지키고 동종 포식 성향이 강한 육식성의 집단 동료들로부터 새끼를 보호할 때 더 유리하다. 흰긴수염고래(blue whale) 암컷이 196톤에 달할 때까지 성장하며 세상에서 가장 큰 포유류의 지위를 얻게 된 것은, 몸집이 더 큰 어미가 더 나은 어미가 되기 때문인지도 모른다.[33]

성선택으로 인해 수컷이 암컷에 비해 더 큰 몸집을 갖게 되는 역사가 유서 깊긴 하지만, 롤스의 "큰 어미 가설"은 유인원 중에서도 사람과에서 특히 170만 년 전 암컷이 수컷과 비슷한 몸집을 지닌 종이 출현한 이유를 설명할 수 있다. 이들 동물에서는 성별 이형성(sexual dimorphism) 수준(수컷과 암컷 사이의 크기 편차)에서 급격한 감소가 있었다. 호모 에렉투스(Homo erectus)의 수컷과 암컷은 몸집 크기에서 현대인과 거의 같은 편차

그림 2.8 일부 고생물학자들은 호모 에렉투스와 같은 종이라고 보는 호모 에르가스터에서, 수컷은 암컷에 비해 18퍼센트 정도 몸집이 컸다. 이 수치는 오스트랄로피테쿠스에 비해서는 훨씬 적지만, 현대인과 비교해서는 대강 동일한 이형성 수치다.

를 보였고, 수렵자 수컷과 채집자 암컷 사이의 노동 분업을 특징으로 하는 삶의 방식을 막 개시하고 있었다. 호모 에렉투스 암컷이 그와 밀접한 관계에 있는 호모 에르가스터(*Homo ergaster*)에 속하는 암컷들과 마찬가지로, 오스트랄로피테쿠스("루시(Lucy)"라는 이름의 유명한 화석이 가장 잘 알려져 있다.) 암컷에 비해 2배 더 큰 몸집을 키우게 된 까닭을 이해하려면 **어미에 대한** 선택압을 고려해야 한다.

루시의 짝이 루시에 비해 50퍼센트 정도 몸집이 컸던 반면 에렉투스 부인의 짝은 부인에 비해 20퍼센트 정도만 더 커서 현대 인구 집단을 특징짓는 남성과 여성의 신체 크기 차인 15퍼센트 정도에 근접해 있었다. 다시 말해서 남녀 모두 더 커진 것이다. 그러나 170만 년 전에 호모 에렉투스가 출현하면서 보다 큰 몸집을 선호하는 선택압이 수컷보다는 암컷에게 더 중요해졌다. 왜 이런 일이 생겼을까? 사냥꾼에게는 몸집 크기의 상한선이 있었을 수도 있고, 그 제한 안에서도 여전히 사냥감 추적을 능률적으로 할 수 있었는지도 모른다. 하지만 캘리포니아 대학교 데이비스 캠퍼스의 고생물학자 헨리 맥켄리(Henry McHenry)는 두 성별의 몸집 크기의 차이가 줄어든 까닭은 큰 엄마가 더 좋은 엄마라는 사실과 관계가 있다고 추측한다.

호미니드 어미는 육상성(terrestrial)을 강화함으로써 일반적인 탈출 경로(나무 위)보다 더 멀리 이동할 수 있게 되었다. 그렇다면 큰 어미들은 자신과 새끼를 방어할 때 더 탁월한 능력을 발휘하게 되지 않았을까? 큰 어미는 땅 밑의 덩이뿌리를 파낼 때 바위를 치울 수 있는 탁월한 채집자가 될 수 있었던 것이 아닐까? 큰 아기를 산도(birth canal)로 밀어낼 때, 그리고 분만 후에도, 느리게 성숙하는 큰 새끼를 먼 거리를 이동하며 데리고 다닐 때 더 유리하지 않았을까? 가령 어미의 몸집이 더 크다면 두 다리로 활보하면서도 더 능률적으로 무거운 짐을 나를 수 있다.[34]

오늘날의 고생물학자들이 이런 문제들에 대해 토론하는 것을 듣고 있으면 나는 1970년대 초반의 기억을 떠올리게 된다. 캐서린 롤스의 강의를 듣기 위해 생물학 실험실(주류 진화론 교육이 이뤄지던 곳)에서 하버드 광장을 가로질러 멀찍이 떨어진 반대편에 있는 래드클리프 연구소(당시 여성학자들을 위한 특별 토론장이었던 곳)로 다녔던 것이다. "큰 어미 가설"에 대한 롤스의 열정은 감염력을 갖고 있었다. 나는 아직도 (나처럼 키가 큰) 롤스가 세계 보건 기구 통계를 주르륵 읊으며 어머니의 키가 분만의 수월함 및 안전함과 맺는 상관관계를 이야기할 때 전혀 숨김없이 기쁨을 드러내던 것을 떠올릴 수 있다. 그녀는 또 다른 경우에는 예레미야(성서에 등장하는 선지자 중 한 사람으로, 유태인의 박해에 대해 비통한 정조를 담은 이야기들을 많이 남겼다. ─ 옮긴이)와도 흡사한 분개를 목소리에 싣곤 했다. 수컷 간 경쟁과 성선택 이외에도 한참 더 많은 이야깃거리가 있다는 사실이 "이렇게 명백한데 왜 그들이 모르는지……!"

순교자에서 제왕으로 변태한 플로

20세기 말에, 제인 구달의 가장 총애받는 어미 침팬지인 플로의 역할은 확장되며 다시 서술되었다. 플로가 보여 주었던 두드러진 온화함과 인내심은 어미로서 플로가 거둔 성공담의 일부에 지나지 않았다. 만약 내가 이 책에서 양육의 요소를 충분히 강조하지 못했다면, 그 이유는 이미 그 점은 잘 알려져 있고 널리 서술되어 있으며 일반적으로 가정되는 내용이라고 추측하기 때문일 것이다. 하지만 플로가 거둔 번식 성공의 배후에는 그보다 덜 알려지고 주목도 덜 받은 비밀들이 숨어 있다. 곰비(Gombe)의 수컷들이 보초를 서는 경계로부터 깊숙한 안쪽에 자리 잡아 안전하고 생산성 높은 영역을 개척할 수 있었던 능력이 여기에 포함된다. 이 수컷 중 많은 수가 이전에 플로의 성적 파트너였다. 다른 수컷들은 지역 위계의 변화 과정에서 높은 서열까지 상승한 플로 자신의 아들들이었다. 플로는 암컷 침팬지가 할 수 있는 한에서는 외간 수컷들에 대해 가능한 한 최대의 안전을 확보했다. 외간 수컷들은 공동체를 습격하며 경우에 따라 혈연관계가 없는 새끼만이 아니라 어른 수컷과 나이 많은 암컷들까지 죽이기도 한다.

하지만 플로는 생산적인 식량 창고를 마련하며 자식들을 안전하게 보호하는 것 이상의 일을 했다. 자식들을 정치적으로도 지원했던 것이다. 플로는 피피가 어미의 기득권을 자신의 것으로 전환할 수 있게 허락해 주었다. 플로가 죽었을 때 피피는 어미의 지역적 유대 관계를 고향 선

그림 2.9 몸집을 키우는 것은 언제나 타협을 포함한다. 어떤 타협은 다른 타협에 비해 더 기묘하다. 하이에나 암컷은 수컷과 몸무게가 비슷한 경우가 많고, 수컷보다 더 공격적으로 진화했다. 큰 몸집은 암컷이 사체를 두고 경쟁하거나 다른 하이에나들이 자신의 새끼를 잡아먹는 것을 막을 때 도움이 된다. 이런 일은 체내에서 순환하는 안드로겐 수치가 높기 때문에 가능하며, 바로 같은 이유 때문에 암컷의 생식기가 수컷을 닮게 된다. 암컷은 기다란 음경처럼 보이는 음핵을 통해 분만한다. 전형적인 포유류 산도는 자궁경부에서 시작되어 골반을 지나 질로 향한다. 하이에나의 분만로는 몸집 크기가 같은 다른 영장류에 비해 2배 길고 중간에 180도 꺾인다. 4파운드(약 1.8킬로그램) 무게의 태아를 통과시키려면 음핵이 상당히 확장되어야 하기 때문에 분만하는 데 오랜 시간이 걸린다. 초산하는(primiparous) 하이에나 어미의 사망률은 매우 높다. 초산인 어미가 낳는 영아의 60퍼센트 또한 이 귀바늘을 통과하는 동안 질식해 죽게 된다.[35]

호(태어난 곳에 머무르는 것)라는 어마어마한 특권으로 전환시켰다. 고향 선호(好鄕性, philopatry, 문자 그대로 "자기 자신의 고향을 사랑하는"이란 뜻을 지님)는 살 곳을 새로 찾기 위해 멀리 이주하는 대신, 피피가 (곰비에서 태어난 모든 암컷의 절반과 마찬가지로) 자신의 출생지에 머무르는 데 성공했다는 것을 뜻한다. 피피는 익숙하고 풍성한 어미의 식량 창고를 계속 이용했고, 수컷 혈육들의 보호라는 특권 역시 누렸다.[36]

하지만 여기서 실수하면 안 된다. 번식의 측면에서 볼 때 혈육들 가운데 남아 있는 것만큼 암컷에게 도움이 되는 일은 없다. 따라서 기득권을 갖고 있던 피피는 보기 드물게 이른 나이에 번식을 시작했고, 현재까지 일곱 자식을 연속으로 낳아 그중 여섯을 생존시켰다. 이는 야생의 대형 유인원(Great Apes) 암컷 중에서는 생애 번식 성공에서 최고 기록을 거둔 것이다. 피피는 또한 야생 침팬지에게서는 보고된 적 없는 기록을 하나 더 보유하고 있다. 생존한 자식의 분만 간격이 가장 짧았던 것이다. 피피의 둘째 아들인 프로도(Frodo)는 곰비에서 가장 큰 수컷으로 자라나는 기록을 세웠고, 지위 위계에서도 현재의 으뜸수컷(alpha male)인 피피의 장남 프로이트(Freud) 바로 아래에 있다. 피피의 첫째인 파니(Fanni)는 외음부 팽창(anogenital swelling)을 8.5세의 나이에 보였다. 이는 가장 이른 나이로 기록된다. 플로의 가족은 번창하고 있다.[37]

· · · · ·

구달과 구달의 학생들은 초기부터 플로가 다른 암컷들에게 접근하면 이 암컷들이 긴장된 팬트-그런츠(pant-grunts)를 발화하며 길을 비켜 준다는 사실에 주목했다. 암컷들은 자리를 지키고 있는 이들과 길을 비켜 주는 이들로 양분할 수 있었다. 하지만 구달은 암컷 서열이 그토록 중요한 이유는 즉각 파악하지 못했다. 이제 우리는 **기회가 주어진다면** 보다 우세한 암컷 침팬지가 다른 암컷의 새끼들을 잡아 죽인 후 먹어 버린다는 사실을 안다.

기록이 곰비에 한정되어 있던 수십 년 동안, 최소한 넷, 최대한 열에 달하는 신생아가 암컷에게 살해당했다. 구달이 1977년에 최초로 다른 어미가 저지른 영아 살해와 동종 포식 사례 두 건을 보고했을 때(소위 패션(Passion)이라는 이름의 암컷에 의한 범죄), 구달은 대부분의 사람들과 마찬가지로 이 영아를 살해한 암컷이 분명 정신 착란을 일으켰을 것이라고 추측했다. 반면 몇 명의 사회 생물학자들은 다른 가능성을 추측했다. 보다 우세한 계보로부터 온 암컷이 "대가를 치르지 않고 살해할 수 있을 만큼 영아가 충분히 취약할 때 경쟁자(새끼. ― 옮긴이)를 제거"하고 있다고 제안했던 것이다.

1970년대 이래로 경쟁자 어미에 의한 영아 살해 사례들이 다른 사회성 포유류(땅다람쥐, 프레리독, 들개, 마모셋을 포함한 총 50여 종)에서도 드문드문 보고되었다. 대부분의 사례들은 배고픈 암컷이 무기질이 결핍되었거나 단백질을 갈망했기 때문(일부 사례에서 희생자가 먹혔으므로)이라고, 또는 그렇지 않으면 어미가 생태 적소(niche)를 깨끗이 비워 자기 자신의 번식 노력에 이용할 수 있는 자원을 확보하기 위해서(이 모델은 코넬 대학교의 사회 생물학자 폴 셔먼(Paul Sherman)이 처음으로 제안했다.)라고 설명되었다. 보다 많은 증거가 확보됨에 따라 "격정의 범죄(crimes of passion, 흥분 상태에서 우발적으로 벌어진 사건을 뜻함. 이 맥락에서는 '패션의 범죄'라는 뜻도 될 수 있다. ― 옮긴이)"는 우발적인 행동이 아니라 정교한 행동으로 보이기 시작했고, 침팬지와 같은 종에서는 어미가 감시해야만 하는 위험 요소에 다른 암컷들도 포함이 되었다.[38]

그럼에도 불구하고 침팬지들은 너무 느리게 번식하기 때문에 구달과 동물학자 앤 퍼시(Anne Pusey)가 암컷 서열, 그리고 새끼를 생존시킬 수 있는 어미의 능력 사이에 통계적으로 유의미한 상관관계가 있다는 것을 보여 줄 수 있을 만큼 충분한 자료를 모은 것은 1997년이 되어서였다. 이 발견은 그들에게 패션의 행동이 '병리적'이었다는 오래된 진단을 재평가하게 만들었다. 첫 사례들이 보고된 지 20년이 지나, 피피의 딸은 열위 암컷의 딸을 공격했고, 퍼시는 이것이 영아 살해 미수 사건이라고 추측했다.

그렇다면 플로와 같은 어미 침팬지들은 그저 맹목적인 양육자인 것이 아니라 기업가적인 제왕이기도 하다. 암컷의 지위 추구(야망이라고 부를 수도 있겠다.)는 자손과 손자들이 살아남게 하는 능력과 분리될 수 없다. '큰 야망을 품은' 암컷의 성향은 모성과 충돌하기는커녕 어머니의 성공에서 본질적인 부분을 차지한다.

확장된 패러다임

다윈은 우리가 자연 세계에 등장하기 이전에 전개된 행동을 이해하기 위해 혁명적인 이론 틀을 새로 설정했다. 하지만 그 패러다임이 확장되어 양성 모두에 적용되는 선택압을 포괄하는 데에는 한 세기가 더 걸렸다. 방정식에서 암컷 요소를 완전히 분석하는 데 그토록 오랜 시간이 걸렸던 이유 중 하나는, 암컷들의 경쟁이 수컷들이 보여 주는 보다 떠들썩하고 폭력적이기도 한 으르렁 소리와 고함에 비해 좀 더 미묘한 경향이 있기 때문이다. 포유류 암컷들은 공개적인 경쟁을 지위, 그리고 높은 질의 자식을 낳는 능력과 실제 관계되는 영역에 한정하는 경향이 있다.

어미들의 번식 편차를 새롭게 인식할 수 있게 해 주었던 변화는 몇 가지가 있었다. 이론적으로는 초점이 개체로 옮겨 갔고, 여기에 보태 현장 연구도 몇 개월이 아닌 수십 년 동안 지속되며 이루어졌다. 또한 보다 많은 여성들이 현장 연구에 참여하게 되었다. 앙투아네트 브라운 블랙웰은 1875년에 "오직 여성만이 여성적인 관점에서 (진화에) 접근할 수 있고 이 탐구 분야에 몸담은 우리(여성. ─ 옮긴이)는 초보자에 불과할 뿐이다."라고 애도한 적이 있다.[39] 한 세기가 지나서 미국 생물학 박사 학위의 37퍼센트는 여성에게 수여되었고, 동물 행동학 분야에서의 비율도 거의 같았다. 남성과 여성 연구자들은 같은 방식으로 과학을 할 수는 있지만 서로 다른 문제에 매력을 느낀다. 이 모든 변화 요인의 결과는 여성 다원주의자들이 남성 진화론자들의 어깨를 두드렸을 때, 이번에는 많은 수가 반응을 보였다는 것이다.[40]

1980년대 후반이 되어서는 저명한 남성 생물학자들이 여성 동료들에게 합류하며 자신이 속한 분야의 "부주의한 마초주의"를 수정해야 할 필요를 지적했다. 그중 일부는 엘리엇, 블랙웰, 그리고 루아예가 한 세기 이전에 소통하려 시도했던 것과 유사한 문제점들을 짚고 있었다. 저명한 곤충학자인 윌리엄 에버하드(William Eberhard)가 지적하는 바에 따르면, "생물학에서의 연구는 전통적으로 여성보다는 남성에 의해 주로 수행되었고, 사회 과학에서 나타났던 현상과 마찬가지로 남성 중심적인 관점이 무의식중에 연구에 영향을 미치는 경우가 생길 수 있다."[41]

번식 전략의 진화를 연구하는 모든 곳에서, 개입된 모든 선수들(암컷 또는 수컷, 어른 또는 미성년)의 번식 이해관계를 고려하는 것이 중요하다는 사실에 대한 인식의 폭이 점차 넓어지고 있다. 곤충학, 영장류학, 조류학, 그리고 인간 행동 생태학을 비롯한 분야의 연구자들은 수컷만이 아니라 암컷의 관점 역시 연구에 포함시키기 위해 신선한 통찰의 모광맥을 찾으려 골드러시 채굴자들과 같은 기세로 돌진하고 있다.

20세기 후반 마지막 20~30년 동안 자연 환경에서 살고 있는 동물들을 과학적으로 관찰해 그려 낸 암컷 본성의 초상화는 훨씬 더 역동적이고 다면적이며 이전에는 상상할 수 없던 생생함을 지닌다. 가장 놀라운 사실은 어미가 유전적(암컷 선택 포함), 그리고 비유전적 효과 모두를 통해 언제나 자식의 발달에 영향을 주고 있다는 사실이었다. 예를 들어 플로 할멈의 새로운 이미지는 '모계 효과'의 중요성을 엿볼 수 있게 해 준다. 플로의 딸인 피피는 어머니의 서열 덕분에 기득권을 갖고 세계에 진입했는데, 이는 (유전적으로 상속되는 속성들과 원조를 넘어) 어미가 훨씬 더 미묘한 방식으로 자식의 운명에 영향을 주고 있다는 사실을 알려 주는 모계 효과이다. 20세기 말의 스포트라이트는, 유기체들이 특정한 맥락에서 어떻게 발달하는지를 알기 위해 충분히 통제된 탄탄한 실험을 행한 연구 결과들을 조명하는 방향으로 이동했다. 여기서 발달은 진화론적 사고에서 결정적인 위치를 차지하는 잃어버린 고리(missing link)로 드러나게 된다.

3장

發

발달에 숨겨진 수수께끼

내게는 발달 이론(Developmental Theory, 진화를 의미하는 스펜서의 용어), 그리고 사물이 생겨나게 되는 과정에 대한 다른 방식의 설명 전체가, 그 과정의 배후에 있는 수수께끼와 비교해 보면 아주 미약한 인상만을 주는 것처럼 느껴진다.

— 조지 엘리엇, 다윈의 『종의 기원』을 읽으며 친구에게 보낸 편지에서

나는 많은 뛰어난 생물학자들이 여전히 자연선택에 회의를 품고 있을 것이라고 추측한다.…… 개체 발생(ontogeny)의 작동 방식과 같은 수수께끼들이 있기 때문이다.

— 리처드 알렉산더(Richard Alexander), 1997년

다이애나 왕자비가 우리를 매혹시키는 까닭 중 하나는 신데렐라와도 같은 그녀의 삶 때문일 것이다. 무명의 순진한 소녀가 미래의 여왕으로 변신하는 삶 말이다. 양봉업자들에게는 그런 동화를 실현시키는 일이 일상이다. 알 또는 부화한 지 3일 미만의 어린 애벌레에게 '로열 젤리'라는 물질을 먹이기만 하면 되기 때문이다.

암컷은 알이나 번데기 시절 분화 전능(totipotent)하다. 서로 다른 여러 가지 형태로 발달할 수 있다는 뜻이다. "먹는 것이 곧 자신"인 꿀벌의 세계에서 암컷 삶의 운명, 즉 계급이라고 여길 만한 것(엄격하게 말하면 '카스트')은 유전자가 아니라 보모 벌이 주는 먹이와 우위 개체들의 번식 탄압에 의해 결정된다. 우리가 젠더(gender)라고 일컫는 것도 마찬가지다. 전제적인 어머니가 될 것인가, 아니면 노예인 노처녀 자매가 될 것인가.

여왕이 될 알은 산란 시 특별실에 두게 된다. 그 알은 보모 벌의 침샘에서 준비된 화학 조제약(로열 젤리)을 먹으며 특권적인 유충기를 보낸다. 특별식을 먹은 미성숙 개체의 몸은 성숙 과정에서 보통의 일벌과 53가지 면에서 구분되는 형태 및 행동상의 차이를 갖게 된다. 자손을 전혀 낳지 않는 불임 일벌이 되는 대신에 그런 일벌을 수백만쯤 낳게 될 번식력이 왕성한 여왕으로 피어나는 것이다.[1] 실질적으로 동등한 **유전형**(genotype, 수태 당시의 유전적 구성)을 갖는 암컷 두 마리가 완전히 다른 운명을 맞게 된다. 이렇듯 서로 다른 결과를 산출하며 개입하는 사건들이 배후에 놓인 수수께끼를 구성한다.

발달의 중요성

미래의 가능성은 정자가 난자와 결합되기도 전에, 심지어는 수태체

(conceptus)나 배아, 또는 '유기체'로 여길 만한 것이 미처 등장하기도 전에 생식 세포의 주변 환경에 따라 형성된다. 포유류의 경우에는 어미가 난자에 보태는 원형질 양분처럼 어미의 신체 내적인 상태에 따라, 또는 꿀벌의 경우처럼 같은 군락에 속하는 다른 구성원들이 제공하는 영양분에 따라 영향을 받게 된다.

수수께끼 같은 개체 발달, 혹은 개체 발생에는 각각의 유전형이 발달하여 만들어지는 **표현형**(유전자의 영향을 받지만 유전자에 의해 전부 결정되지는 않는 유기체의 실체적인 속성)에 영향을 주는 복잡하고 확률적인 창발 과정이 포함된다.[2] 표현형이란 말은 아직 다소 어색한 만사형통의 용어로, 좁은 영역에서 출발했지만 시간이 흐르면 보다 넓은 영역을 포괄하게 될 용어 중 하나다. 이 용어는 오늘날 유전자 발현의 구체적인 방식(특정한 눈 색깔이나 혈액형 등)을 일컫는 데 사용된다. 지금도 여전히 고안되었을 당시의 뜻으로 쓰이고 있는 셈이다. 하지만 표현형이라는 말은 유기체 전체를 일컬을 때나 행동을 일컬을 때 모두 사용할 수 있다.

여기서 중요한 사실은 보고 만지거나 직접 경험할 수 있는 모든 것은 표현형이지 유전자가 아니라는 점이다. 세계를 만나고 세계 속의 다른 존재들과 상호 작용하는 것은 바로 표현형이다. 표현형만이 자연선택에 직접적으로 노출된다. 이것은 나 자신처럼 행동을 연구하는 사람들이 특히 진화적인 관점에서 이야기할 때 표현형이 큰 중요성을 갖게 되는 이유이기도 하다.

표현형은 유전자, 그리고 환경이나 부모 등 다른 영향들의 상호 작용으로 만들어진다. 표현형은 무수한 종류의 변인(variable)들의 영향을 받는다. 이 변인에 어머니가 난자(알)에 보내는 세포질의 양, 여기에 첨가하는 화학 물질, 만드는 연도, 만드는 당시 어머니가 먹는 음식, 당시 앓고 있는 질병(있을 경우), 심지어는 최근의 사회적 교류에 이르기까지 다양한 것들이 포함된다. 사회 생물학자 메리 제인 웨스트-에버하드(Mary Jane West-Eberhard)가 다음과 같이 강경하게 말할 수 있는 까닭은 여기에 있다. "오직 유전자에 의해 결정된다는 의미에서 유전적으로 결정되는 것은 아무것도 없다. 특정한 상황 속에 있는 것이 아니라면 어떤 유전자도 발현되지 않는다.…… 유전자는 특정한 단백질**을 위한** 것이다. 이와 다른 주장을 하는 사람은 기본도 모르는 사람이다."[3]

웨스트-에버하드는 유전자가 중요하지 않다는 게 아니라 그 능력이 외부적인 맥락과 발달상의 맥락 모두를 포함하는 맥락들과 분리될 수 없다는 이야기를 하고 있는 것이다. 유전자는 이미 존재하는 반응 구조에 영향을 줌으로써 작동하기 때문이다. 이 사실은 세포 수준의 면역계 방어 활동으로부터 인성의 수준에 이르기까지 모든 수준에 해당된다. 행동이 "유전적으로 결정되었다"는 주장은 유전자가 행동과 아무런 상관이 없다는 주장만큼이나 어불성설이다.

"유전적인 것"을 "생물학적인 것," 즉 단순한 유전적 과정을 한참 넘어선 모든 것을 포괄하는 용어와 등치시키는 것은 근본적으로 오류에 불과하다. "유전자는 환경과 상호 작용한다"는 말이나 "양육은 의미가 없다"는 말에서처럼 본성과 양육이 분할될 수 있는 실체인 듯이 다루는 방법 또한 오류다. 그래서 아이를 낳아 입양시킨 여성, 또는 심지어 난자를 기증한 여성을 "생물학적 어머니"라고 부르는 사태는 불행하기 짝이 없다. 그런 여성은 **유전적** 혹은 **임신했던** 어머니에 더 가깝다. **생물학적** 어머니는 유전적 기증자와는 대조적으로 영아가 육체적, 심리적으로 발달하는 환경을 제공하고 먹여 기른다.[4]

유전자가 행동을 지시하는 꼭두각시 놀이꾼이 아닌 건 분명하다. 어머니의 신체 조건이나 사회적 지위, 임신한 계절, 어머니 자신이 먹는 것이나 아기에게 먹이는 것, 아버지의 존재 여부와 같이 광범위한 비유전

그림 3.1 1977년 8월 1일자 《타임》 지 표지에서는 유전적으로 지휘되는 커플이 줄에 매달린 채 나무처럼 딱딱하게 춤추고 있다. 잡지는 "당신이 그렇게 하는 까닭"을 "새 이론이 어떻게 설명해 줄 것인가"를 알려 주겠다고 약속한다. 유전자가 사람들을 꼭두각시처럼 부린다는 이미지는 사회 생물학 연구자들보다는 비판자들이 보다 자주 환기하는 것이다.

적 요인들이 개체화에 기여한다. 부모 효과(parental effect)는 부모로부터 자식에게 비유전적인 방법으로 전달되는 모든 속성을 포괄한다. 그런 효과를 중재하는 사람은 보통 실질적으로 어머니다. 모계 효과는 어떤 유전적 의미에서도 유전 가능하지 않지만, 진화적 변화의 속도와 경로에 영향을 줌으로써 진화의 재료가 되는 유전자 빈도(gene frequency)의 변화를 조만간 이끌어 내게 된다.

　유전적 효과와 모계 효과의 동역학은 다른 동물보다 꿀벌, 말벌, 개미 등을 포함하는 벌목 사회성 곤충들이 이루는 모계 중심적인 세계에서 더 잘 이해될 수 있다. 유한한 수의 화학적 신호가 개체 삶의 경로를 설계하기 때문에, 과학자들은 특정한 처리(예컨대 로열 젤리를 먹이는 것)가 발달 과정에서 어떤 역할을 담당하는지 드러내 주는 엄밀한 조작 실험을 할 수 있다. 에드워드 윌슨(Edward Wilson)이나 메리 제인 웨스트-에버하드, 윌리엄 해밀턴(William Hamilton), 리처드 알렉산더와 같은 많은 초기 사회 생물학자들은 곤충학자이기도 했기 때문에, 아이러니하게도 사회 생물학이 "유전자 결정론(genetic determinism)"이라는 죄를 뒤집어쓰는 일이 자주 있다. 사회 생물학자들은 유전학이 생물학과 동등하지 않다는 사실을 분명하게 이해하고 있었다. 자신들이 만든 새 분야를 사회 유전학이 아닌 사회 생물학이라는 말로 불렀던 것에서 그 점을 확인할 수 있다. 아무 이유 없이 이런 표현을 썼던 것은 아니다.

어미 중심적 세계

19세기 진화론자들은 특질이 유전된다는 사실은 알았지만 유전자의 존재나 그 작동 방식에 대해서는 몰랐다. 당시에는 유전된 특질과 다른 결과, 혹은 표현형 사이의 복잡한 관계를 개념화할 수 있는 방법이 없었다. 대부분의 동물 행동학자들은 1950년대에 이르러서도 꿀벌과 같이 상대적으로 지능이 떨어지고 단순한 문화를 지닌 생물체들은, 좁은 범위에서만 분화되거나 종-전형적 방식으로 본능적인 기능을 수행할 운명을 타고났다는 것이 기정사실이라고 생각했다. 일벌은 출생할 때부터 여왕벌을 받들고 벌통을 효율적으로 관리할 운명에 처해 있다는 것이다.

1984년 다윈의 동료인 토머스 헨리 헉슬리(Thomas Henry Huxley)는 "벌 사회와 인간 사회의 근본적이고 막대한 차이"는, 벌들이 "특정한 한 가지 부류의 기능만 수행할 수 있는 유기체적 운명을 갖고 있"던 반면 인간 사이에는 "그런 운명이 없는" 것이라고 말했다. 그는 이 점에서 확신에 차 있었고, 자신의 선언이 진보적이라고 여겼다. 사람의 경우 "어떤 사람이 자신의 조직학적 특성으로 인해 농업 노동에만 적합하다거나, 또 다른 사람은 지주 이외에는 될 수 없다는 이야기는 불가능하다."[5]

각각의 인간 개인이 다양한 잠재력을 지니고 태어난다는 헉슬리의 분석에 반대하는 현대 사회 생물학자는 전혀 없을 것이다. 하지만 헉슬리가 가정한 것처럼 수많은 벌목 곤충이 협소한 운명을 지녔다는 주장에는 대부분의 학자가 단호하게 반대할 것이다. 꿀벌의 젠더는 확실한 운명(유전형과 표현형의 직접적인 등가화)과는 거리가 멀고, 오히려 잠재적인 것에 불과하다. 꿀벌처럼 지능이 낮은 유기체, 즉 일생 동안 학습하는 것이라곤 거의 없는 생명체에서조차 암컷이 받게 되는 양육의 종류에 따라 일벌 **또는** 여왕 **모두가** 될 수 있는 잠재력을 지닌다. 일벌이 불임으로 남을지 아니면 알을 낳는 칼자루를 쥐게 될지는 협상 가능한 문제로 드러나게 된다.

젠더, 연관도, 그리고 카스트

일벌 카스트가 번식에서 여왕벌에게 보이는 복종은 일반적인 믿음과는 달리 그다지 자발적이지 않다. 꿀벌 여왕은 턱밑샘에서 특별한 '여왕 물질'을 생산하여 벌통의 일벌들에게 냄새로 된 전제 군주적 메시지를 공포한다. "난소를 발달시키면 죽여 버린다!" 이 메시지를 광고하기 위해 여왕벌이 사용하는 호르몬 신호(**페로몬**(pheromone)이라고도 부름)는 암컷 간 경쟁의 과정에서 분비되는 다른 곤충을 위협하던 과거의 호르몬에서 유래했다.[6] 일벌의 난소는 음식을 교환할 때 다른 벌로 전달되는 이 독단적인 페로몬 신호에 대한 반응으로 휴지기에 들어간다. 하지만 이따금(이 모든 정치 선동에도 불구하고) 일벌은 알을 낳으려는 시도를 할 수 있다. 그 노력은 보통 헛수고로 돌아간다. 낳은 알을 다른 암컷들이 발견하면 먹어 버릴 가능성이 매우 크기 때문이다.

우위 암컷에 의한 난소 전제 군주제는 특히 쌍살벌속(屬)(*Polistes*)에서 잘 연구되어 있다. 말벌처럼 생긴 이 벌은 불처럼 따갑게 쏘며, 북아메리카로부터 중앙아메리카 지역에 걸쳐 분포한다. 다행히도 그 속에 속하는 많은 종들은 검정과 노랑, 대자 빛(대자석(代赭石)으로 만든 갈색의 천연 안료. ─옮긴이)으로 이뤄진 선명한 띠를 두르고 있어 눈에 잘 띈다. 여름철이면 종이말벌(paper wasp)들은 직접 씹은 나무 펄프로 야외 건물의 처마 밑에 양피지와 비슷한 둥지를 바삐 짓고 있을 것이다.

콜롬비아와 코스타리카에 있는 자신의 집 근처에서 열대 종이말벌을 다년간 연구했던 메리 제인 웨스트-에버하드는 천재적이라 할 만큼 간단한 조작 실험을 했다. 번식하는 암컷 말벌의 허리에 가는 나일론실을 감아 알을 낳은 곳으로부터 조금 떨어진 장소에 묶어 둔 것이다. 우위 암컷이 둥지를 독점하려는 방어 공격을 못 하게 되자마자, 그 암컷의 딸

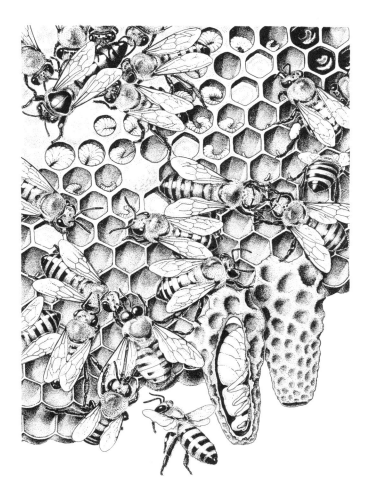

그림 3.2 진사회성 곤충은 번식하지 않는 불임 카스트를 포함하는 여러 세대들이 교차하는 군락에서 산다. 이 그림에서 여왕벌은 꽃가루를 채집해 다른 일벌에게 넥타로 되새김질해 넘겨주는 일벌 딸들에게 둘러싸여 있다. 이 일벌들은 꿀을 벌집의 육각형 밀랍 방에 저장하기 전에 특수한 효소를 가미한다. 여왕은 하루 최대 2,000개의 알을 낳고 이 알들은 일벌들이 돌본다.[7] 수만 마리의 암컷 중 어미가 되는 벌은 한 마리뿐이다. 왼쪽 아래: 여왕벌의 딸 중 하나가 수벌을 날개를 붙잡아 끌어내고 있다. 이 세계에서 수컷들은 왕따다. 혈연관계가 더 멀기 때문에 불이익을 겪는 것이다. 만약 곤충학자들이 인문학 학위를 받는다면 "젠더, 유전 연관도, 그리고 카스트"를 꿀벌 스타일로 분석하는 학위 논문이 빼곡한 도서관을 갖게 될 것이다.

들은 난소 억제 상태를 벗어나 활동에 들어가 알을 낳기 시작했다.[8]

종이말벌의 사회는 유토피아처럼 보일지 몰라도 실제로는 난소 경찰 국가(ovarian police state)에 더 가깝다. 인가받지 못한 번식력에 아무런 미래도 없다는 뜻은 아니다. 아르헨티나에 사는 일부 개미는 우위 암컷을 암살하여 번식 대권을 찬탈하며 자신의 운명을 지원한다.[9] 하지만 보다 많은 경우 어미-중심적이고 어미-지배적인 이들 사회에서 일벌이 드러낼 수 있는 더 큰 용기는 그들의 창시자(일단 군락이 생겨나게 되면 그들의 자매)를 도와 그녀의 자손을 기르는 것이다.

대부분의 사람이 수긍하듯 붕붕대는 자동 기계에 가까운 꿀벌에서조차 어머니가 될 것인지와 같은 삶의 중대 결정에서 결과를 정하는 것은 유전자가 아니다. 유전자는 발달 결과의 범위에 제한을 가하는 방식으로 작동한다. 무한하지는 않아도 그 폭이 어머어마한 발달 범위를 갖는 인간과 비교하면 매우 폭이 좁지만 말이다.[10]

유전자는 그 모든 한계에도 불구하고 고도로 협동적인 사회성 곤충의 번식 군락이 던지는 수수께끼에서 특별한 역할을 담당한다. 다윈이 이론화한 것처럼 만약 모든 생물이 번식을 위해 분투한다면, 단 한 번도 번식하지 않고 후대에 유전자를 전수하지도 않는 일벌의 이타적인 헌신은 어떻게 설명할 수 있을까? 이 현상은 다윈의 이론에게는 하나의 도전이다. 그러나 1963년 영국의 유전학자 윌리엄 해밀턴은 그에 대해 천재적인 해법을 제시했다. 내성적이어서 사람들 앞에 나서기를 꺼렸던 이 젊은 과학자는 여왕의 불임 수행원이 드러내는 이타성(altruism)을 설명하기 위해 대담한 생각(혈육 수준에서의 선택(selection at the level of kin))을 하게 되었다.[11]

해밀턴의 규칙

불임 일벌들의 시민 의식은 유토피아적 명칭인 **진사회성**(eusociality)(또는 '완전한 사회성(perfectly social)')이라는 말을 꿀벌들에게 부여해 준다. 이 말은 협동하여 미성숙 개체들을 돌보는 일에 헌신하며 공존하는 세대들로 구성되어 있고, 전문화된 번식 카스트와 비번식 카스트를 갖는 사회에 적용될 수 있다. 엄청난 수의 새끼가 출산되지만 양질의 보살핌 덕분에 그토록 많은 수가 생존할 수 있다. 바삐 활동하는 일벌들은 짧은 생애 중 첫 3주를 벌통 속에서 자매의 새끼를 돌보는 데 보내고 다음(그리고 마지막이기도 한) 3주를 보다 위험한 바깥세상에서 꿀을 수집하는 데 보낸다.

해밀턴은 사회성 곤충이 드러내는 특수한 번식 속성에 대한 지식을 참고하여 그들의 세계를 설명하려고 했다. 그의 제안에 따르면 벌목 사회성 곤충이 자신보다 군락의 이해관계를 우선하는 일이 자주 있는 까닭은 일벌과 여왕벌의 유전 연관도(genetic relatedness)의 수준이 유별나게 높기 때문이다. 이 결과는 말벌과 같은 유기체에서 수컷이 단지 한 세트의 염색체만을 갖는(반수체(haploid)) 반면 암컷은 두 세트를 갖는(배수체(diploid)) 독특한 생물학적 환경에 있기 때문에 '반배수체(haplodiploid)' 번식을 하는 결과로 생겨난다. 반배수체 유기체에서 동일한 아버지를 지닌 두 자매는 어머니가 자식과 공유하는 것보다 더 많은 수의 유전자를 공유하게 된다.[12]

곤충들은 원시적으로 보일지는 몰라도 난소의 의사 결정 지대를 숨겨 두고 있다. 여왕꿀벌이나 번식할 수 있는 말벌은 짝짓기를 통해, **저정낭**(spermatheca)이라고 부르는 특수한 주머니에 정자를 저장한다. 벌은 알을 낳을 때 밸브를 열어 생식관을 따라 정자를 흘려보냄으로써 난자를 수정할지의 여부를 선택한다. 수정된 난자(배수체)는 두 쌍의 염색체를 갖고 딸로 성장한다. 그 결과로 얻어진 딸은 유성 생식(sexual reproduction)을 하는 다른 대부분의 종과 마찬가지로 염색체의 절반은 어머니로부터, 나머지 절반은 그 여왕벌과 짝짓기를 한 수컷으로부터 물려받는다. 하지만 여왕벌이 정자 방출을 막을 경우에는 드문 결과가 생겨난다. 수정되지 않은 난자가 발달을 계속하며 여왕벌에게 물려받은 한 세트의 염색체만을 갖는 개체로 발달하게 되는 것이다. 반수체 난자는 항상 아들로 발달한다. 여왕이 교미하는 수컷은 모두 반수체기 때문에 암컷 자손에게는 특별한 치우침(skew)이 생겨나게 된다. 자매들이 특별히 가까운 연관도를 갖게 되는 것이다. 스스로 번식하는 것보다 여왕의 자식에게 투자하는 것이 일벌에게 더 큰 유전적 보상을 가져다주는 까닭은 여기에 있다. 꿀벌 수컷은 여왕의 자손과 특별히 가까운 연관 관계를 갖지 않기 때문에 동일한 시민권 시험을 통과하지 못한다.

이 수벌(drone)들, 혹은 (에드워드 윌슨이 부른 것처럼) "날개 달린 정자 용기"는 짝짓기하는 데 필요한 만큼만 살다 죽는다. 이들은 성년에 도달하면 혼인 비행이라는 결정적(최후이기도 한) 순간을 위해 날아오르기 전 며칠을 둥지에서 보낸다. 짝짓기하지 않는 수컷들은 군락으로부터 추방되거나 죽임을 당한다.[13]

해밀턴은 불임 일벌의 다음 세대 유전적 반영(0이 될)에 초점을 맞추는 대신, 개체의 생애 번식 성공(또는 **적응도**)이 개체의 **포괄 적응도**(inclusive fitness)를 포함하도록 개념적으로 확장했다. 포괄 적응도라는 말은 암컷 일벌의 어떤 행동이 자신의 적응도, 그리고 공동 상속(common descent)으로 유전자를 공유하는 근친의 적응도에 미치는 영향을 일컫는다. 해밀턴은 이 원칙을 이용해 간단한 수식을 유도해 냈다. 이 수식은 증여자의 비용(cost)(C로 표현되는)이, 공동 상속에 의해 두 개체가 공유하는 유전자의 비율을 가리키는 *r*만큼 연관된 다른 개체를 도움으로써 얻는 적응도 이득(*B*, benefit)보다 적을 경우에는 이타성이 반드시 진화해야 한다고 예측한다.[14]

걸보기에는 믿을 수 없을 만큼 단순한 해밀턴의 방정식 $C < Br$은 모든 사회성 생물에서 나타나는 돕기 행동 진화의 바탕에 놓여 있다. 이 규칙은 혈연선택(kin selection) 배후에 있는 일반 이론과 더불어 말벌에 대해서는 웨스트-에버하드에 의해 거의 즉시 검증되었고[15] 다른 동물들에 대해서도 곧 검증되었다.[16] 궁극적인 수준에서 혈연선택은 혈육을 선호하는 인간 보편적인 경향을 설명해 준다. 인간의 경우 배후에 상이한 신념과 관습들이 있지만 결과물은 어디에서나 동일하다. 혈육이 비혈육보다 선호되는 것이다.[17] 책에서 곧 확인하게 되겠지만 예측된 바 없는 많은 모성 행동의 면모들이 해밀턴의 법칙의 특수한 사례들로 이해될 수 있다.

사람들이 혈육을 선호하게 만드는 것으로 판명된 유전자나 유전자의 집합, 심지어는 어떤 메커니즘도 없다. 우리는 혈연선택이 작동하는 방식에 관해서는 아주 작은 일부조차 알지 못한다. 하지만 생물학자 또는 인류학자들이 관찰해 보면 사람을 포함한 동물들은 항상 그런 유전자들이 마치 **있는 듯이** 행동한다. (내가 보기에는 아무도 어떻게 그럴 수 있는지 알지 못하지만) 모든 사회성 생명체는 진화적 시간을 거치며 (아마 서로 다른 방식으로) 해밀턴의 규칙을 어떤 방식으로든 내면화해 왔다.[18] 인간의 경우 혈육에게 보이는 강력한 선호 경향은 무척 오래된 정서 및 인지 체계로부터 파생되는 것으로 추측된다. 여기에는 매우 어린 나이부터 사람들을 친숙한 인물로 인식할 수 있게 해 주는 학습 메커니즘이나 친숙한 인물에게 행동할 때는 보다 낮게 설정되는 이타성의 역치가 포함될 수 있다. 이 방식은 우리가 다른 사회성 생명체들과 공유하는 유사성을 가장 간단하게 설명해 준다.

· · · · ·

해밀턴이 표현했듯,

(이론상으로) 형제 또는 자매를 향한 이타적 행동을 유발하는 유전자는 그
행동과 환경이 일반적으로 손실보다 2배 이상의 이득을 가져다줄 경우에만
선택될 수 있다.…… 보다 생생한 사례를 제시하자면 이 원칙에 따라 행동하
는 동물은 둘 이상의 형제를 구할 수 있을 때면 목숨을 희생하겠지만 그보
다 적은 수를 위해서는 그렇게 하지 않을 것이다.[19)]

'혈연선택'에서 행위자들의 가까운 연관도를 여러 해 동안 강조해 왔
던 근거는 여기에 있었다.

하지만 뚜렷한 협동 번식 체계를 가진 사회성 곤충 모두가 이런 종류
의 특별한 반배수체 번식을 하는 것은 아니다(예컨대 흰개미(termite)는 그렇
지 않다.). 그 때문에 초점은 해밀턴이 제시했던 초기 방정식을 구성하는
다른 요소들로 옮겨 갔다. 즉 행위자에 대한 비용과 이득의 비율이 새로
주목받게 된 것이다. 여왕벌이 알 낳기 전문가로 자라난다는 사실을 다
시 생각해 보자. 여왕벌은 홀로 하나의 계급을 구성하는 초어머니로, 난
소가 확장되어 있기 때문에 5년 동안 밤낮으로 매분 한 개의 알을 낳을
수 있다. 반면 자매 일벌은 약간의 알을 낳는 데 성공하더라도 길러 낼
수 있는 전망이 매우 제한되어 있다. 그래서 불임 일벌은 나쁜 운명을 지
닌 알을 몸소 낳는 대신 수백만의 알로부터 얻는 이득의 일부에 만족하
며 어머니 혹은 자매의 번식을 이타적으로 돕는다. 이때 일벌은 실제로

얼마나 포기하게 되는 것일까? 주어진 연관도에 대해, 이득에 대한 비용은 얼마나 될까?

반배수체 유전 시스템의 독특함 그 자체는 개미, 말벌, 꿀벌, 흰개미, 그리고 기타 진사회성 곤충들이 자연에서 가장 오래 지속된 종이고, 또한 가장 풍요로운 성공담을 기록하는 종인 까닭을 충분히 설명해 주지 못한다. 1억 4000만 년 동안 지속돼 온 진사회성의 번영을 설명하기 위해서는 다른 무언가가 필요하다. 우리는 어머니를 위한 **어머니 대자연**의 기본 원칙을 명심해 둘 필요가 있다. 어머니가 진화적 시간 속에서 성공하기 위해서는 자손을 낳는 것만으로는 충분치 않다. 살아남아 번성할 수 있는 자손을 낳아야만 한다. 간단히 말하면 내가 '보육 요인(daycare factor)'으로 생각하는 것의 중요성을 고려할 필요가 있다.

타의 추종을 불허하는 번식 성공담을 보자. 가위개미(leat-cutting ant)와 수확개미(harvester ant) 원정대는 숲 바닥에 길을 열어젖히며 군사개미 대원들은 길목에 있는 포유동물을 위협한다. 벌과 말벌은 나무를 점찍어 둥지를 틀고 흰개미들은 썩어 가는 나무에 꾀어든다. 아마존 열대 우림에서는 그곳의 동물 생물량(biomass)의 3분의 1에 달하는 수십억 곱하기 수십억의 사회성 곤충들이 무리지어 휘감기며 우글거린다.[20]

성공의 비밀은 매우 단순하다. 지구상에서 가장 헌신적이고 능률적인 육아 행동이 그 비밀이다. 그렇다면 만약 일부 병정개미(army ants) 여왕이 200만 개나 되는 알을 낳으면 어떤 일이 벌어지게 될까? 인간 여성은 그보다 3배는 많은 난세포를 갖고 생애를 시작한다. 결국 특별한 것은 곤충 여왕의 번식력이 아니라, 알을 성체 생존자로 변환시키는 성공률의 차이인 것이다. 사회성 곤충을 그토록 놀라운 존재로 만들어 주는 것은 바로 이 모든 대행 어미(allomother)들의 헌신적인 노력이다. 어미가 죽어도 군락이 생존하는 한 자손들은 보살핌을 받게 될 것이다.[21] 이 어미-중심적 세계는 단 하나의 목표를 향해 움직인다. 즉 자손의 생존을 위해.

어미 조작?

"그녀는 진짜 여왕벌이다!(She's a real Queen Bee!)" 우리는 종종 비난기 섞인 이 말을 통솔하는 위치에 있는 사람, 즉 독재자를 묘사할 때 사용한다. 이 말은 좀 더 자세히 살펴보면 알려진 것보다 훨씬 적절한 은유다. 하지만 일부 독거성(solitary) 말벌 어미는 여왕국 없이 큰 번식 협조자 무리를 찾지 못해도(혼자 번식하는 무화과말벌(fig wasp) 어미처럼) 자신의 자손에 대해 놀랄 만한 통제력을 행사할 수 있다. 이런 힘은 자손 각각의 성별을 앞질러 결정할 수 있는 능력으로부터 유래한다.

윌리엄 해밀턴은 독거 어미인 무화과말벌이 자신의 장기적 번식 이해 관계에 맞도록 매우 무자비하게 자손들을 조작한다는 점을 보여 주었다. 암컷은 각각의 알을 낳으면서 수정을 시키기도 하고 시키지 않기도 한다. 이 방법을 통해 가장 많은 수의 손자를 볼 수 있는 딸과 아들의 수적 조합을 정확하게 결정하는 것이다. 한 어미는 총 257개로 구성된 알 뭉치 중 딸을 235마리 낳았던 반면 아들은 22마리밖에 낳지 않았다. 해밀턴은 이렇듯 심하게 치우친 암컷-편향적 성비(性比, sex ratio)를 설명하기 위해, 짝을 두고 이루어지는 국지적인 경쟁을 기초로 삼아 보통 "국지적 짝 경쟁(local mate competition)"이라고 일컬어지는 이론을 고안했다.

국지적 짝 경쟁? 어미가 딸과 아들의 비율을 조절하는 것이 번식 경쟁과 무슨 상관이 있는 것일까? 우리처럼 완전한 형제자매와는 짝짓기를 피하며 이계 번식(outbreeding)을 하는 생명체와는 보통 무관한 문제지

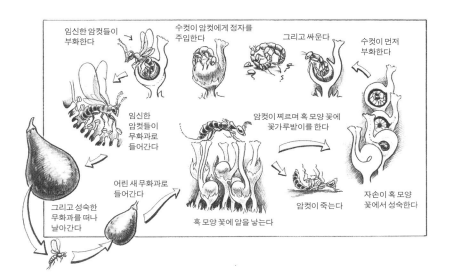

임신한 암컷들이 부화한다

수컷이 암컷에게 정자를 주입한다

그리고 싸운다

수컷이 먼저 부화한다

임신한 암컷들이 무화과로 들어간다

암컷이 찌르며 혹 모양 꽃에 꽃가루받이를 한다

어린 새 무화과로 들어간다

그리고 성숙한 무화과를 떠나 날아간다

암컷이 죽는다

자손이 혹 모양 꽃에서 성숙한다

혹 모양 꽃에 알을 낳는다

그림 3.3 일부 벌목은 사회성이지만 대부분은 독거성이다. 이 그림에서는 알을 품은 말벌이 무화과를 뚫고 들어가 혹 모양의 꽃에 알을 낳고 있다. 이 꽃이 알들이 성숙하게 되는 장소다. 어미 말벌이 낳은 알 중 수컷들이 먼저 깨어나 곧바로 깨어나게 될 암컷들에게 접근하기 위해 서로 싸운다. 새로 수정된 암컷들은 자신이 태어난 무화과를 비우며 힘겹게 빠져나가 새로운 무화과로 날아간다. 그 과정에서 첫 번째 무화과의 꽃가루는 새로운 무화과로 옮겨지고 새 무화과는 그 암컷의 자손들에게 처음에는 육아낭으로, 다음으로는 아방궁으로, 그 다음에는 그 암컷과 몇몇 수컷 자손의 무덤이 되며, 최종적으로는 알을 품은 딸들의 출항 지점이 된다. 이 딸들은 체류지를 이전하며 새로운 주기를 시작하게 될 것이다. 이 세계는 암컷 중심적인 세계로 어미의 번식 이해관계에 적합한 개체군 구조를 지닌다.

만 무화과말벌이 이루는 근친혼의 세계에서는 아들에 대한 딸의 수는 몹시 중요한 문제가 된다. 말벌 어미가 낳은 새끼 무리는 부화하고 번식하겠지만, 무화과의 분홍빛 속살, 바로 그 안에서 모든 일이 이루어지게 될 것이다. "**국지적** 짝 경쟁"은 불충분한 수식어다. 형제들은 머리카락 한 올 굵기의 거리만큼을 두고 태어나 육아낭 밖에서 기다리다가, 자매들이 깨어날 무렵이 되면 거대한 턱을 이용해서 서로를 갈기갈기 찢는다. 승리를 거둔 수컷이 알에서 깨어나는 자매들과 짝짓기를 하게 된다.

"그들의 싸움"은 해밀턴의 기억에 따르면,

> 처음에는 사악한 것처럼 보인다. 돌이켜 보면 겁쟁이라는 말이 적절한 수식
> 어가 되겠지만, 좀 불공평한 말이다. 인간의 말로 하자면 이렇게 비유할 수
> 밖에 없다. 수많은 사람들이 어두운 방 안에 있으면서 몸싸움을 벌이거나,
> 찬장 또는 사방으로 뚫린 방구석에 숨어 있는데, 그중 열 명쯤 되는 사람이
> 칼을 들고 있는 살인광인 것이다. 한 번 물어뜯기면 치명상을 입게 된다.[22]

해밀턴은 브라질에서 무화과말벌 현장 연구를 하며 한 해를 보내던
무렵 C-A-R-N-A-G-E라는 딱지를 붙인 특별한 병을 들고 수컷의 신
체 부위를 수집했다. 그는 무화과나무가 열매를 맺을 때 한 그루당 100
만 마리의 아들이 살해당한다고 추정한다. 이것은 어미가 만들어 둔 무
대다. 그런데 무엇을 위해서 그렇게 하는 걸까?

근친상간을 하도록 맞춤 제작된 이 욕정적인 소우주에서 어미가 선
택한 성비는 번식에 투입하는 신체적 자원 전체에 대해 가장 효율적인
비율이 된다. 어미는 딸의 수정에 필요한 만큼만 아들을 낳는다. 빅토리
아 시대 농촌 장원을 다룬 A. S. 바이엇(A. S. Byatt)의 우화적 환상 소설
『천사와 벌레(*Morpho Eugenia*)』는 사회성 곤충의 여왕국을 음울한 이미지
로 연상시킨다. 이 책을 읽은 사람이라면, 오누이의 근친상간이라는 책
의 주제가 저자가 손에 넣었던 빅토리아 시대 가정사의 천한 이면에 대
한 특수한 정보가 아니라(하지만 누가 알겠는가?), 저자가 알고 있던 벌목 관
련 지식에서 유래했다는 사실을 알게 되면 안도할지도 모르겠다. 책의
영화 버전인 「천사와 벌레(Angels and Insects)」에서 가모장의 딸들은 멋진
벌목 스타일의 야회복을 입고 등장한다. 이 옷은 말벌처럼 가는 허리와
화려한 노란색 및 검정색의 줄무늬로 단장되어 있다.

· · · · ·

　1970년대 후반 무렵 곤충학적 지식을 갖춘 사람들은, 적어도 조작적인 어미 말벌이 수동적이며 비전략적일 뿐인 '알 낳기' 기계라는 고정 관념을 버려야만 했다. 그 이전까지는 어미가 자손의 성비를 조작하거나 다른 암컷의 번식 경력을 통제한다는 생각은 과학보다는 공상 과학 소설에 가깝게 보였다. 하지만 자연사가 소설보다 더 이상할 수 있다는 사실이 다시 한 번 밝혀졌다.

　사회 생물학 내에서는 "성비 이론(sex ratio theory)"이라는 이상야릇한 하위 분야가 생겨났다. 이 이론의 목적은 자손이 아들 혹은 딸로 편향되게 출산하는 어미들과, 둘 중 특정한 성별의 자손 쪽으로 투자를 편향시키는(인간 부모에게서도 마찬가지로 나타나는 경향이다. 13장과 아래쪽을 참조) 부모의 복잡성을 다루는 데 있다. 아들과 딸에게 편향된 투자를 하는 현상에 대한 연구는 해밀턴이 번식에 대한 "도착적이고 매력도 없지만 그럼에도 근본적인 (유전학자의) 관점"이라고 일컫는 것을 보여 준다.[23]

보석말벌을 통한 검증

어미가 적응적으로 성비를 통제하는 현상은 처음에는 거의 망상적인 사변에 가깝게 보였지만, 몇십 년 지나지 않아 눈부시게 정확한 과학의 성격을 획득했다. 해밀턴이 제시한 국지적 짝 경쟁 이론의 타당성을 모든 세부적 차원에서 검증해 줄 행동을 하는 유기체, 이론이라는 왕관의 보석이 될 유기체는 이름을 제외하고는 도무지 후보 자격을 갖춘 것처럼 보이지 않았다. 파리금좀벌(Nasonia vitripennis)은 초파리보다 작은 조그마

그림 3.4 윌리엄 해밀턴이 진화 이론가 로버트 트리버스가 지켜보는 가운데 무화과 안의 근친상간 소우주를 설명하고 있다. 해밀턴의 1967년 논문「독특한 성비(Extraordinary Sex Ratios)」는 왜 무화과말벌 어미가 대부분 딸을 낳는지를 설명했다. 나는 아기였던 딸을 데리고 그들의 세미나에 참석하곤 했다. 딸이 큰 천가방 속에서 잠들어 있었기 때문에 손을 움직여 이 사진을 찍을 수 있었다.

한 기생 말벌로 사체 밑이나 새 둥지에 금파리가 낳아 놓은 번데기 위에 다시 알을 낳는 고약한 습성을 지닌다. 기생체에 기생하는 이 벌은 보통 보석말벌(jewel wasp)로 알려져 있다.

기생성 보석말벌은 생물학자 존 워렌(John Werren)의 표현을 빌리면 "자손 성비 통제의 달인"인 것으로 드러난다. 보석말벌 어미는 해밀턴의 무화과말벌과 비슷하게 금파리의 번데기를 찾아내 알을 낳는데, 그 대부분은 딸로 깨어나며 아들은 딸들을 수정시키기에 충분한 만큼(알의 15 퍼센트 정도)만 태어난다. 그들이 사는 거주지의 요건이 어쩌다보니 그다지 매력적이지는 않지만 공간 공급량은 부족하다. 워렌은 어미가 숙주로 도착해 침(감각 기관 역할도 하는)을 곤죽 속에 찔러 넣었을 때, 애쓴 보람도 없이 다른 어미가 그곳에 먼저 도착해서 이미 자신의 알을 낳아 두었다는 화학적 신호를 감지하게 되면 어떤 일이 생겨날까 궁금하게 여겼다. 그야말로 탁월한 이 가족계획 전문가는 그 시점에 수정되지 않은(따라서 수컷인) 알을 딱 하나만 삽입한다. 그 말벌의 아들은 기회로 가득 찬 세계에서 깨어나, 첫 번째 어미의 아들들과의 난투극에 동참하여 그 어미의 딸들과 교미하기 위해 경쟁할 것이다.

그럼에도 불구하고 보석말벌처럼 막강한 통제력을 행사하는 어미조차 완벽과는 거리가 멀다. 워렌은 이렇게 계산적인 기생체에 기생하는 '기생체'를 발견했다. 보석말벌의 10퍼센트 정도가 "부계 성비 요소(paternal sex ratio element)"로 알려져 있는 특정 유전자를 지닌다. 이 유전자는 바이러스와 유사하다. 어미와 교미한 수컷이 이 유전자를 갖고 있을 경우, 수컷 짝은 정액을 통해 이 유전자를 어미에게 옮긴다. 이 기생 유전자는 암컷이 수정시키는 모든 알의 부계 염색체를 파괴하여 모든 배수체 알을 반수체로 전환시킨다. 정상적으로라면 딸로 발달하게 될 수정란이 아들, 즉 그 기생 유전자를 감염시킬 수 있는 유일한 성 숙주(sex host)가 된다. 기생체에 기생하는 기생체에 또다시 기생하는 이 기생체는 수컷만으로 된 개체군을 인위적으로 생산해 냄으로써 논리적으로는 보석말벌을 멸종에 이르게 할 가능성을 지닌다.

하지만 워렌은 모든 딜레마가 어떤 종류의 해법이 변이를 일으킨 것에 불과하다고 믿는 유전학자식의 낙관론으로 사태의 밝은 측면을 보고자 한다. 그는 멸종을 예언하기보다 조너선 스위프트(Jonathan Swift)를 인용했다.

그래서, 박물학자는 관찰하네, 벼룩 한 마리를
그 위에서 피를 빠는 더 작은 벼룩들 위에는
다시 그들을 깨무는 더 작은 벼룩들

그리고 그렇게 무한정 계속된다.[24]

· · · · ·

1970년대 무렵, 협동적 새끼 양육, 어미의 성비 조작, 그리고 배란 억제를 연구하는 곤충학자들은, 단지 암컷으로 존재한다는 것에서만 새로운 차원을 발견한 것이 아니었다. 발달과의 관계 속에서 새로운 개체성의 차원을 발견하고 있었던 것이다. 해밀턴의 법칙은 사회 생물학자들에게 보편적인 진리를 하나 알려 준다. **다른 모든 것이 동등하다면** 그 법칙은 모든 사회성 유기체에게 적용된다. 하지만 다른 모든 것들이 동등할 때는 과연 언제인가? 특히 '유기체에게 부과되는 비용' 및 '이득'과 같은 함수들이 포함되어 설계된 공식의 경우에는 더욱 애매한 문제다. 유기체가 발달하게 되는 환경, 개체의 연령과 개체가 처한 조건, 그리고 그 환경 속에서 다른 개체들에 의해 부과되는 제한과 같은 요소들을 참조하지 않고서는 비용과 이득을 고려하기란 불가능하다.

모계 효과

영장류와 같은 종에게는 **어미가** 바로 환경이거나, 최소한 모든 개체의 실존에서 가장 위험한 생애 단계의 가장 중요한 환경 요소다. 어미의 운, 그리고 여기에 보태 어미가 자신의 세계(희소 자원, 포식자, 병원체, 그리고 함께 사는 동종 개체들)를 얼마나 잘 다룰 것인가가, 이 한 번의 수정이 의미가 있을 것인가를 결정하는 요소가 된다.

어미의 상태나 행동은 새로운 조건들에 맞게 적응을 촉진하거나 방해할 수 있다. 어미는 (수유를 통해) 자신의 면역 방어 능력을 미성숙한 새끼들에게 전달하거나 그 뒤를 받쳐 줄 수 있다. 시작부터 유리한 발달 프로그램은 수정이 시작되기 이전에 벌써 시작될 수 있다(도판 1을 볼 것).

17세기 후반 과학자들은 현미경을 통해 소형 인간, 즉 작은 "호문쿨루스(homunculus)"를 봤다고 생각했다. 호문쿨루스는 인간 정자 속에 접혀진 채 들어 있으며 자궁 속에 뿌려지기를 기다리는 중이라고 여겨졌다. 발생학자 카를 에른스트 폰 베어(Karl Ernst von Baer)는 1827년에 포유류 난자를 세부 수준까지 정확하게 묘사하고 이미 만들어져 있던 소형 인간이 여성의 자궁으로 이식되는 것이 아니라고[25] 동료들을 설득하는 데 성공했다. 그러나 그 이후 한 세기 동안이나 오직 남성만이 진화의 행보를 결정한다는 억측이 계속 수용되었다. 어머니는 난세포를 제공하지만 수동적인 그릇에 불과하여 남성이 전달하는 생명력을 기다린다고 여겨졌다.

하지만 이것도 옳다고 보기는 힘들다. 정자가 난자(혹은 난모세포(oocyte))를 관통한다기보다는 난자가 정자를 집어 삼키는 것에 가깝고, 난자는 어떤 정자를 받아들일 것인지 선택하며 수정의 진행에 필요한 특정 화학 물질들을 만들어 낼 가능성이 높다. 정세포는 거의 순수한 핵이다. 반면 난모세포는 여러 내용물(핵과 세포질)을 담고 있다. 일단 정자가 난자 속으로 들어가게 되면 모체를 통해 전수된 지시 사항이 작동하기 시작한다. 수정 이전에 저장된 영양분이 발달하는 배의 요구를 충족시킨다. 특히 어머니의 난모세포는 수정이 일어나기도 전에 분열을 시작한 세포들로부터 만들어진다. 모계 생식 세포(maternal germ cell)는 정자와 일절 접촉하지 않은 상태에서 네 차례 분열하여 16개의 세포가 된다. 이들 중 1개가 난모세포가 되는 여정을 계속한다. 다른 세포들은 '양육 세포(nurse cell)'가 되어 세포질을 통해 전달될 영양분과 기타 다른 재료들을 생산한

그림 3.5 니콜라스 하트소커(Nicolas Hartsoeker)의 "호문쿨루스" 그림.

다.[26]

이 사실은 초기의 배 발달이 정자가 옮기는 아버지의 유전자들이 활성화되기도 전에 이미 모계의 통제를 받고 있음을 의미한다. 착수 당시부터 난자가 정자를 받아들임으로써 모계 효과를 가동시킨다. 배가 발달을 시작하게 만들면서 다양한 가능성을 지닌 모계 효과의 서곡을 울리는 것은 어머니로부터 물려받은 원형질이다.

지금껏 서술된 모계 효과 중 가장 이상하면서도 가장 기대를 벗어났던 것은, 바로 어머니로부터 난자 세포질로 전달되는 그런 특수 성분들과 관련이 있다. 어머니의 미덕에 대한 모든 고정 관념의 기대를 저버리며, '창녀'보다는 '성녀'가 어머니로서 더 적합하다는 전통적 가정에 도전하는 경우라고 할 수 있다. 이 경우에는 팜므 파탈이 최고의 어머니가 된다.

푹푹 찌는 밤에 반짝이는 불빛들을 상상해 보자. 하지만 이 불빛은 여름철 휴양객들을 유인하는 디스코텍 불빛이 아니다. 이 스트로보 효과는 포투리스속(Photuris) 반딧불의 배에 있는 발광 기관에서 발산되는 빛이다. 포투리스 암컷 반딧불들은 화학적으로 만들어진 불빛을 발산하는데, 이 빛은 연관된 속 포티누스(Photinus)에 속하는 다른 반딧불 종이 짝을 유인할 때 사용하는 신호를 모방한다. 포티누스속에서, 암컷들은 불빛을 통해 짝짓기 의사를 밝히고 수컷들은 성선택을 통해 빛을 내는 암컷들을 찾아내는 진화 과정을 거쳤다. 하지만 짝짓기를 열망하는 포티누스 수컷 구혼자가 나타나면, 아름다운 광채를 내뿜던 포투리스 암컷은 짝짓기를 하는 대신 먹어 치운다.

엄마가-될-포투리스는 이 수컷을 먹이 이상의 것으로 이용한다. 무기 또한 얻는 것이다. 암컷의 희생양이 된 수컷은 새 또는 사냥하는 거미들이 자신을 먹지 못하도록 만드는 방어 스테로이드를 생산해 내는 드문 능력을 갖고 있다. 어미는 낳고 있는 알에 신속하게 화학적 방어 수단을 전달하여, 새끼에게 자신이 얻은 화학적 전리품을 선물한다.[27]

· · · · ·

발달에 초점을 두고 연구하는 메리 제인 웨스트-에버하드와 같은 사회 생물학자들은 이런 사례들을 비축해 두고 있다. 웨스트-에버하드에게 개체화는 모계 효과와 더불어 시작된다. "동물의 난자나 식물의 씨앗

그림 3.6 포투리스 반딧불 암컷은 포티누스의 성선택된 짝짓기 신호를 모방한다. 속임수를 쓰는 암컷은 포티누스 수컷이 짝짓기를 하러 다가오면 그들을 먹어 치워 방어용 화학 물질을 소화하여 자손에게 전해 준다. 따라서 포투리스 자손은 어미의 속임수 덕분에 성년이 되어서도 생존 가능성의 증가를 누린다.

은 수정되기 전에 이미 고도로 조직화된 상태로, 자체 활동하는 표현형이다." 그녀는 개구리의 생애 초기를 살펴보라고 독자들에게 간청한다. 수정 후 몇 시간 뒤인 포배기(blastula, 동물의 초기 발달 단계)는 빠른 세포 분열을 특징으로 하여 이미 4,000개의 세포가 줄지어 있는 상태지만 활성화된 유전자 중 배아 자신의 것은 하나도 없다. 배아가 참조하는 유일한 지시 사항은 세포질 내에서 순환하는 호르몬과 단백질로부터 온 것이다.

새로운 개체의 초기 발달은 유전적으로 결정되어 있기는커녕 "물려받은-표현형(hand-me-down phenotype)"과 함께 영양 상태나 생애사와 같은 모계 조건들에 따라 좌우된다. 웨스트-에버하드가 "헐벗은 유전자는 상상할 수 있는 한 가장 무능력하고 쓸모없는 물질에 속한다."고 코웃음을 칠 때 하려 했던 말은 이것이다. 따라서 초기 배의 표현형은 어미 홀로 결정한다. 이것은 20세기 말이 되기 전에는 상상할 수 없었던 모계 효과를 대표한다.[28]

웨스트-에버하드는 양성 모두의 행동적 가소성(plasticity)을 진화 이론에 통합시키는 작업을 해 온 학자들의 최전방에 있었다. 이 말벌 전문가를 매료시켰던 것은 생애 초기에 만난 조건에 따라 유전적으로 흡사한 개체들이 서로 다른 발달 경로로 접어들 수 있는 (다양성의—옮긴이) 정도였다. 동등한 유전형(또는 완전한 형제자매에서와 같이 최소한 매우 큰 유사성을 지니는 유전형)은 무척이나 다른 외양과 행동을 보이는(즉 다른 표현형을 나타내는) 개체로 발달할 수 있다.[29]

동일한 개체군 내에서 환경의 지시에 따라 생산되는 대안 표현형 현상은 **다형성**(polyphenism, 즉, 동일한 유전형이 하나 이상의 표현형을 생산하는 것)이라고 알려져 있다. 다형성은 오랜 동안 간과되었지만 배후에 놓인 무수한 수수께끼들의 산물이며 현재는 유전학자들의 사유 속에서 더 큰 중요성을 갖는 것처럼 보인다. 특정한 특질을 '위한' 유전자를 식별하는 연구를 진행하고 싶은 유혹을 느끼는 사람이라면, 이런 사례들을 마음속에 간직하며 맥락의 중요성을 환기하기 위한 지표로 이용하는 것이 좋을 듯하다.

미상화 또는 잔가지

가장 훌륭한 다형성 사례들이 척추동물보다는 식물과 곤충으로부터 나오는 까닭은 순전히 실용적인 이유 때문이다. 실험자가 분명한 실험 결과를 얻으려면 동일한 개체를 다른 조건 아래서 길러야 할 필요가 있다. 곤충은 조작하기 쉽고 뚜렷한 생명 형태(혹은 변종(morph))가 발견되며 생애 주기가 짧다. 이 점은 연구 대상이 빠르게 자라나 번식하고 죽기 때문에, 분명한 결과를 빨리 얻을 수 있다는 사실, 즉 연구비가 떨어지기 전에 결과를 낼 수 있다는 사실을 뜻한다.

내가 가장 좋아하는 사례는 자벌레과(geometrid) 나방 한 종(*Nemoria arizonaria*)의 애벌레로부터 나왔다. 이 나방은 미국 남서부의 떡갈나무 삼림에서 번식한다. 곤충학자 에릭 그린(Erick Greene)은 이 애벌레를 이용해서 생애 초기에 다른 먹이를 먹으면 완전히 다른 형태들(두 개의 종만큼이나 다른 개체들)이 생겨나는 과정을 보여 주었다. 그린은 그 과정에서 어미 실존(자손을 번식기 초기에 낳았는지 혹은 후기에 낳았는지)의 특이한 우연이, 그 자손이 살아남기 위해서 취해야만 하는 외형의 요인으로 작용하는 현상을 보여 주었다.

자벌레 나방의 경우 어미들은 매해 두 집단의 애벌레를 깐다. 자연 상태에서 봄의 새끼들은 미상화(尾狀花, catkin)라고 불리는, 단백질이 풍부하게 함유된 늘어진 떡갈나무 꽃의 꽃가루를 먹고 자란다. 이 새끼 고양이들의 꼬리(겉모습의 닮음 때문에 네덜란드어 *katte*(고양이. ─ 옮긴이)의 지소(指小)형에서 유래했다('미상' 역시 꼬리 모양을 의미한다. ─ 옮긴이).)가 나무로부터 떨어진 후 한참이 지나 두 번째 (여름) 애벌레 무리가 깨어난다. 미상화가 다 사라졌기 때문에 여름 애벌레에게 남겨진 것이라곤 다 성숙하여 질긴 떡갈나무 잎뿐인데, 여기에는 갉아 먹는 포식자를 막기 위해 떡갈나무가 만들어 내는 유독성 화합물인 탄닌이 다량 함유되어 있다. 하지만 애벌레가 사는 곳이 곧 자신이 먹는 것인 세계에서는 이 질긴 잎들이 딱 맞는 입장권이다.

꽃가루를 먹는 수확꾼들은 떡갈나무 수술을 닮아 있는 주름진 혹투성이 애벌레로 변태하여 이 세상 누가 봐도(특히 꽃이 아닌 곤충 애벌레를 먹고 사는 배고픈 새들에게) 늘어진 미상화처럼 보이는 반면, 이후에 태어난 형태들은 혹이 거의 없고 그들의 저녁거리인 잎사귀 섞인 잔가지와 분명하게 닮은 녹회색이어서 포식자들을 또 한 번 골탕 먹인다. 잎에서 유래한 고농도 탄닌(또는 그것과 연관된 무엇)이 이러한 잔가지형으로의 발달을 유발한다.

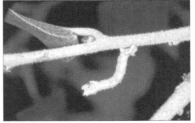

그림 3.7a와 b 에릭 그린은 네모리아 아리조나리아의 완전한 형제자매 애벌레들에게 다른 먹이를 먹이는 실험을 했는데, 이때 서로 다른 두 형태가 발달했다. 봄과 여름의 배는 알에서 깨어났을 때에는 똑같이 보이지만 먼저 태어난(봄) 새끼 무리는 떡갈나무 미상화를 먹고 자라 늘어진 꽃을 닮게 된다. 나중에 태어난(여름) 새끼 무리는 나뭇잎을 먹고 살며 잔가지로 위장한 대안 형태로 발달한다. 만약 여름 배의 새끼들이 그 철에는 본래 없는 미상화 식사를 인공적으로 공급받게 되면 잔가지와 잎사귀로 뒤덮인 바다의 영토 속에 고립된 새끼 고양이 꼬리마냥 눈에 띔으로써 포식자들에게 쉽게 들킬 것이다.

　　그린의 세련된 실험은 유전적으로 암호화된 발달 프로그램이 거치게 된 경로가, 애벌레가 생애 첫 3일 동안 먹은 것에 의해 유발된다는 사실을 보여 준다. 초기에 태어난 새끼 무리여도 꽃가루 대신 섬유질의 잎사귀를 먹는다면 마찬가지로 잔가지를 닮게 된다.[30)

　　영양적으로 우월한 미상화로 꾸려진 식단은, 봄의 새끼 무리가 번데기가 될 무렵 더 큰 몸집과 더 빠른 성숙, 더 큰 생존율을 누리게 하고 (일단 나방이 되면) 더 큰 번식력을 갖도록 만들어 준다. 늦게 태어난다는 불이익에도 불구하고 여름 새끼 무리를 낳는 데 실패한 애벌레 계보는 한 해에 두 번 번식할 수 있는 기회를 놓치게 된다.

발달의 대안 결과들

유전적으로 동등한 개체들은 발달 초기에 만난 환경에 따라 매우 다르게(말하자면 무척 다른 표현형을 갖게끔) 자라날 수 있다. 이렇게 융통성 있는 표현형은 서로 다른 '변종' 또는 개체의 유형으로 귀결된다. 간단히 말하자면 변화무쌍하고 예측할 수 없는 세계에서 살아남아 번식할 수 있는 방법은 한 가지 이상일 것이다. 개체들은 발달 과정을 통해 서로 다른 대안 전략을 채택하며, 이 전략은 형태학적 특성이나 신체적 외양 또는 행동에 표현된다. 결과로 나타나는 표현형은 상황에 의존하며, 또한 가동되는 유전자 및 수용체의 종류, 유발되는 세포 및 신체 반응의 종류에 따라 달라진다. 엇갈리는 표현형(alternate phenotype) 또는 존재 방식은 동일한 개체의 유전적 조성(또는 유전체)에 암호화된다.

다형성은, 다수의 발달 경로들과 더불어 너무나 유용한 개념이어서, 말벌이나 애벌레 같은 '단순한' 생물체들에게 제한시키기에는 아깝다. 생물학자들이 점차로 깨달아 가고 있는 사실 중 하나는 포유류(우리 자신과 같은 영장류를 포함)가 다른 경로를 따라 발달할 수 있으며, 그들이 위치한 발달 경로에 따라 겉모습조차 달라지고 매우 다른 행동 특성을 드러낼 수 있다는 점이다. 하지만 덩치도 크고 오래 살며 복잡한 사회를 이루는 유기체들 배후에 있는 수수께끼는, 실험적으로 정의하기가 훨씬 더 어렵고 꿀벌이나 애벌레처럼 잘 보고될 수 있는 사례도 없다. "피터 팬" 오랑우탄을 생각해 보자.

장기적으로 진행되는 야생 오랑우탄 연구에 참여해 온 연구자들은 수컷들이 절대 자라지 않는 것처럼 보이는 기묘한 사례들 때문에 오랫동안 난처함을 느꼈다. "피터 팬"들은 다 자란 어른 수컷들과는 너무나 달라서 전설적인 자연학자인 알프레드 러셀 월리스(Alfred Russel Wallace)가 그중 하나를 보고는 다른 종에 속한다고 추측했을 정도였다. 그 이래로 많은 생물학자들이 동일한 실수를 반복해 왔다.

두 가지의 오랑우탄 신체 유형(또는 변종)은 전적으로 다른 생장과 번

그림 3.8a와 b 왼쪽의 오랑우탄은 '발달이 억류된' 피터 팬 수컷이다. 오른편은 다 자란 어른 수컷으로 수염과 팽창된 볼판을 지닌다. 다 자란 어른 수컷은 테스토스테론(testosterone) 수치가 훨씬 높고 사향성 체취를 발산한다. 발달이 억류된 수컷들은 낮은 서열을 유지하며 우위 수컷의 공격을 덜 자극한다. 하지만 그 지역의 우위 수컷이 사라지자마자 피터 팬 수컷은 다시 성장을 시작하여 솟아오른 볼판을 발달시키고 긴 신호(long call)를 발산하며 다윈주의 수컷 모델의 정수(『인간의 유래』에서 묘사된 것과 같이)를 보여 준다. 즉 "경쟁자들과 극렬한 경쟁을 벌이며 암컷을 찾아 헤매고 소리를 내지르며 코를 찌르는 분비물을 쏟아 내는 것과 같은 일들을 위해 많은 힘을 소비"하는 것이다.

식 패턴으로 특징지을 수 있다. 똑같은 수컷들이 해가 지나도 사춘기(adolescents)로 분류되는 것이다. 어떤 경우에는 무려 20년이나 지속되기도 한다. 하지만 어느 날 우위 수컷이 사라지고 나면 그 피터 팬 수컷이 형태 변형을 시작한다. 몇 개월 지나지 않아 얼굴이 부풀어 오르고 털이 자라나며 덩치가 커진다. 대장의 삶을 위해서 감수했던 하위 프로필을 버린 피터 팬은, 이제 낮게 으르렁대는 소리를 내고 만나는 수컷마다 싸우면서 숙녀를 찾아 떠도는 싸움꾼 음유 시인과 같이 자신이 숲을 관리할 차례를 맡게 된다.[31]

보르네오 숲의 오랑우탄을 연구하는 영장류학자 피터 로드맨(Peter Rodman)과 비루테 골디카스(Birute Galdikas)는 체격이 표준보다 작고 마치 청소년처럼 보이는 수컷들이 추구하는 저비용, 저이득 짝짓기 전략을 서술해 왔다. 그들은 암컷 뒤를 살금살금 밟아서 그 암컷들이 성적 수용성이 없더라도 교미하곤 한다(골디카스는 이것을 "숨어들기/강간(sneak/rape)" 전략이라고 부른다. 인간을 제외하면 영장류에서는 유일하게 강간에 근접하는 사례다.). 그런 수컷들은 겉보기에 상대를 가리지 않고 가능한 한 자주 교미를 하는 것처럼 보인다. 심지어는 암컷이 임신할 가능성이 없는 생식 주기에 있을 경우에도 교미를 시도한다.

이와는 대조적으로 다 자란 어른 수컷은 좀 더 까다로워서 배란기의 암컷에만 집중한다. 어른 수컷은 경쟁자 수컷이 암컷에게 접근하지 못하도록 사납게 방어하며 쫓아내기 위해 죽도록 싸우는데, 그렇게 함으로써 그 암컷이 낳을 다음 자손의 아버지가 될 가능성을 극대화한다. 이 "전투/교제(combat/consort)" 전략은 전투로부터 부과되는 위험의 관점에서 볼 때, 숨어드는 녀석의 습성보다 훨씬 더 큰 비용을 어른 수컷에게 요구한다. 게다가 어른 수컷의 까다로운 선별 기준은 큰 수컷들이 매우 드물게 교미할 뿐이라는 점을 의미한다(배란하는 암컷 오랑우탄은 매우 넓게 분산되어 있고 천천히 번식하는 유인원에게는 지나칠 만큼 희소한 자원이 된다.). 그럼에도 불구하고 교제 성향의 덩치 큰 수컷들이 차지하는 교미 기회가 임신으로 귀결될 가능성은 더 크다.

웨스트-에버하드는 변이의 진화적 가능성(일반적으로 인식하는 것보다 훨씬 더 흔한)에 너무나 큰 인상을 받은 나머지, 유기체들은 다수의 신체 형태와 삶의 양식(가령 어떤 음식보다는 다른 음식을 먹는 것)을 이용해 새로운 생태 적소에 대한 "실험"을 할지도 모른다고 제안했다. 만약 이 새로운 삶의 형태를 추구하는 동물들이 생존과 번식에서 더 뛰어나 시험 주행이 성공적이라고 판명되면 새로운 진화적 기회가 열리게 된다. 예컨대 애벌레의 개체군 하나가 언제나 탄닌 함유량이 높은 잎들을 먹게끔 전문화되는 것이 가능하다고 가정해 볼 수 있다. 또는 (정말로 공상 과학 소설을 써 보자면) 만약 인도네시아에서 산불이 지속되어 만성적인 먹이 부족을 겪게 된다면, 절대 크게 성장하지 않는 경향을 지닌 피터 팬 신체 형태가 선택에서 더 선호될 수 있다.

다양한 표현형은 자연선택이 어떤 동물이 새로운 방식으로 살게 하는 유전적 조합을 선호하거나 처벌할 수 있게 하는 기회를 제공한다. 그러한 표현형적 유연성(phenotypic flexibility)은 진화와 종 분화가 유연성 없이는 불가능할 빠른 속도로 일어날 수 있다는 사실을 의미한다.[32]

밈, 그리고 다른 특수한 모계 효과들

진화의 관점에서 볼 때 가장 근사한 모계 효과는 어미가 영아에게 전해 주는 세계에 대한 정보에 따라 산출된다. 그런 정보는 화학적으로 전달되거나(쥐를 통한 실험 하나는 생애 후반의 먹이 선택이 어미의 젖 속에 있는 분자의 영향을 받는다는 점을 보여 주었다.) 문화적 개념들을 통해 전달된다. 후자는 언어와 상징적 추론의 능력을 부여받은 종에서만 가능하다. 과거에는 그런 능력을 가진 다른 호미니드가 있었을지도 모르지만 오늘날에는 호모 사피엔스(Home Sapiens)가 유일한 종으로 남아 있다.[33]

요람을 흔드는 손이 세계를 지배하는 일은 드물다. 하지만 생애 초기 몇 년간 자장가를 부르고 주의 신호를 발화하는 목소리는 아이가 타고 난 사회적 지위에 대해 중요한 정보들을 제공한다. 그러한 경험은 아이의 정신적, 정서적인 미래에 지속적인 효과를 발휘할 수 있다. 예를 제공하고 직접 가르치는 어미는 세계가 어떻게 돌아가는지, 먹을 것은 어떤 것이 있는지, 두려워해야 할 사람은 누구인지, 누가 호의를 보일 가능성이 있는지, 그리고 기타 등등(문화적으로 전달되는 무수한 단위들, 혹은 "밈(meme)"[34])에 대한 중요한 가설들을 형성시킨다.

사람의 자아상과 믿음은 고정불변의 것이 아니며, 개체들(그 스스로 능동적인 행위자)이 새로운 사회적 기회와 제약을 만나게 됨에 따라 생애 동안 변화를 거듭한다. 하지만 미성년의 인간은 민감하기 때문에, 어미와 어미의 당시 상황, 또는 '지역의 역사'에 가깝게 노출된 기간은 그 짧은 길이에 비해 아주 큰 진화적 효과를 발휘한다.

　　일련의 탁월한 진화론자들(에른스트 마이어(Ernst Mayr), 존 엠렌(John Emlen), 조지 윌리엄스, 에드워드 윌슨, 리처드 도킨스를 포함)은 우리 종이, 특히 어린 시절에 터무니없을 만큼 귀가 얇은 특성에 대해 이야기해 왔다. 귀가 얇다고 불러도 좋고 아니면 "배울 준비가 되어 있다"고 불러도 좋겠다. 하지만 아이들이 드러내는 스펀지 같은 흡수력은 이 작고 연약한 생명체들이 시행착오를 통해 학습할 때 치러야 하는 치명상을 절감할 수 있게 해 준다. "물가로 가지 마라." 그리고 특히 "검치호랑이에게 집적대지 마라."와 같은 것이 조지 윌리엄스의 할아버지 같은 마음에 떠오르는 예다.[35] 텔레비전이 위험한 매체인 이유 중 하나는, 2살도 안 된 영아조차 화면에서 본 것을 그대로 따라 한다는 것이다. 그러나 텔레비전은 어떤 개체가 특정 상황에서 생존하거나 번영하는 데 도움이 되는 행동보다는, 더 매력적이고 더 잘 팔리는 행동을 화면으로 내보낸다.

　　모계 효과나 초기 학습의 중요성에 의문을 제기하는 유전학자는 거의 없다. 진화의 경로(여기서는 유전자 빈도의 변화를 의미하는 뜻으로 사용됨)를 바꿀 수 있는 것 중 생애 초기에 습득된 강렬한 개념만큼 중요한 것이 없다는 사실을 알기 때문이다. 어머니의 젖을 통해 재침례 교도(Anabaptist)의 교리를 받아들인 후터 교도(Hutterite) 딸은 자라서 열 아이(소속 집단의 평균)를 낳을 가능성이 더 크고, 현재까지 연구된 적이 있는 모든 개체군의 모든 여성에 비해 생존 자손을 남기지 못하게 될 가능성이 가장 적다고 할 수 있다.[36] 반면 예수의 재림이 임박했다는 확신을 갖도록 길러

지고 그 결과 독신을 유지하는 셰이킹 퀘이커 교도(Shaking Quaker, 셰이커 (Shaker)라고도 함. 18세기 영국의 교파. ─옮긴이)와 같은 종교 집단에 속한 다른 소녀는 아이를 단 하나 낳을 가능성조차 감소시키게 된다.

2부에서는 모든 모계 효과들 중 영아의 생존이라는 관점에서 볼 때 가장 중요한 것이 무엇인지를 다시 다루게 될 것이다. 이 문제는 자녀에 대한 투자량과 관련된 어머니의 결정이다. 어머니는 간혹 아기를 기를 것인지의 여부까지 결정할 수 있다. 3부에서는 발달 중인 인간 영아가 사회 환경에 대해 배우는 내용과 관련지어 볼 때 어머니의 헌신이 갖는 중요성을 고찰해 볼 것이다.

· · · · ·

1975년 이래 사회 생물학자들은 진화를 이해할 때 상황 의존적인 표현형과 모계 효과를 자연선택, 혈연선택, 그리고 성선택과 더불어 통합적으로 고려하기 시작했다. 새로운 방식으로 '동물 보기'를 시작함에 따라, 어미가 진화 무대에서 맡고 있는 능동적이고 다양한 배역을 곧 인식하는 것은 불가피했다. 하지만 이론 구축자들에 포함된 새로운 옹호자들을 비롯한 다른 요인들 역시 개선 속도에 박차를 가했다. 동물 행동학과 인간 행동 생태학 분야에서 점차 다양해져 가는 학자 집단은 폭발적인 수의 현장 연구 사례를 제공하며, 어미의 자연사에서 그 이전까지는 상상할 수 없던 다양성을 들춰냈다.

4장

상상 불가능한 변이

셋 이상은 셀 수 없는 만큼 확실한 여성적 무능력의 차원이 존재한다면 여성의 사회적 운명은 과학적 확실성을 갖고 다뤄도 좋을 것이다. 그러나 불확실함은 여전하며 여성이 갖는 변이 능력의 한계는 여성들의 일률적인 머리 장식이나 인기를 끄는 시와 소설의 사랑 이야기를 통해 상상할 수 있는 것보다 훨씬 더 넓다.

— 조지 엘리엇, 1871~1872년

이 새로운 (진화 생태적) 사고의 가장 중요한 영향은······ 부모들의 행동, 그리고 아이들이 받는 대우······의 변이 능력에 대한 강조에 있었다.

— 제인 랭카스터(Jane Lancaster), 1997년

어미가 되는 암컷은 모두 자신만의 방식으로 그 일을 해낸다. 진화적 관점에서 볼 때 어미는 각각의 새끼에 대해 높은 연관도를 확실히 갖는다는 점에서 공통적이다. 하지만 특정한 아기를 위해 치르는 보살핌의 비용, 그리고 자손이 그런 투자를 후속적인 번식 성공으로 변환시킬 가능성에서 비롯되는 잠재적 대가는 가변적이다. 자연선택에 관련된 한에서의 어미 역할은, 후속 세대에 확실히 유전적으로 반영될 수 있도록 암컷이 하는 모든 일을 뜻한다. 모든 어미가 완전히 헌신적인, "애정 깊은" 어미라고 함축하는 협소한 규정은 누군가의 소망일 뿐이다.

사회 생물학자들은 옛 도덕주의자들의 충고를 따라 '동물을 보았'다. 하지만 그들의 목적은 도덕적 지침을 찾는 것이 아니라 **왜** 생물들이 그렇게 행동하는지를 알기 위한 것이었다. 자연은 어미들이 **마땅히 따라야 할** 행동을 가르치는 자연법칙보다는 일련의 조건부적 진술들을 내놓았다. 암컷이 자손을 생산할 것인지의 여부는 그 암컷의 연령과 지위, 그리고 신체 조건에 따라 결정된다. 그렇게 낳은 자손에게 헌신할 것인지의 여부, 그리고 얼마나 헌신적으로 대할 것인지의 여부는 어미의 상황, 그리고(인간과 같이 협동적으로 번식하는 경우에는) 주변에 도와줄 사람이 있는지에 따라 결정된다.

어미를 진화 과정에 통합하기

암컷이 짝짓기를 할 수컷과 발달 중인 아이에게 제공할 신체적 자원, 아이를 위해 만들어 낼 사회적 소우주를 선택할 때, 각각의 어미가 갖는 유산은 이중적이다. 그 유산은 서로 얽혀 있는 비유전적인 기증물과 유전적 기증물을 포함하는데, 이들 둘을 서로 떼어 놓기는 대단히 어렵다.

초창기의 진화적 사유로 돌아가자. 이때는 오스트리아 수도승이며 식물학자였던 그레고어 멘델(Gregor Mendel)이 유전자의 작동 방식을 보여 주기 한참 전이었고, 20세기 중반 다윈주의적 사유가 개체군 유전학(population genetics)과 결합되어 "신종합설(new synthesis)"을 산출하기 한참 전이었다. 진정한 최초의 진화론자며 위대한 18세기 프랑스의 자연학자였던 장 바티스트 라마르크는 어미가 생애 동안에 획득한 특질을 자손에게 전수한다고 제안했다. 기린의 목은 자주 인용되는 사례다. 기린의 목은 높은 곳에 달린 잎을 여러 해 뜯는 동안 길어지고, 어미는 자식에게 그 길이를 전해 준다고 추측되었다. 다윈주의, 특히 유전학적인 사고 방식이 떠오르면서 학자들은 라마르크의 견해가 불가능하고 이상한 것이라며 먼발치에 밀어 두었다. 지금의 생물학자들은 면역성이나 혈육 인식을 위한 주형, 사회적 네트워크와 같이 비유전적이며 획득된 속성, 즉 유전되지만 유전자를 통해 유전되지는 않으며 '모계 효과'를 통해 세대 간에 전달되는 속성들에는 그 중요성을 참작해야 할 부분이 **있음을** 깨닫고 있다.

유전적 속성과 획득된 속성이 직렬로 전달되는 현상은, 현대 진화 이론가들이 다윈, 멘델, 그리고 라마르크를 결합하여, 서로 상호 작용하며 성가신 하나의 어미 상황을 만들 것을 요구한다. 부계 기여는 모계 효과와 비교해 보면 상대적으로 이해하기 쉬워 보이지만 수컷의 번식 전략을 어미가 하는 일과 별도로 이해할 수는 없다.

사회 생물학이 어미를 복잡하고 가변적인 생명체로 보는 새로운 견해를 완전히 수용하기 전이었던 1970년대에는 줄곧 "대부분의 동물 개체군에서 어른 암컷 대부분은 새끼를 낳거나 기를 수 있는 능력의 이론적 한계치에서, 또는 그에 근접한 수준에서 번식할 가능성이 크다……." 는 가정이 널리 퍼져 있었던 반면, 수컷과 관련해서는 "언제나 더 잘할

수 있는 가능성이 있다."고 가정되었다.[1]

연구자들은 "숫자 세는 경찰(counting cops, 영장류학자들이 쓰는 속어로 각각의 수컷이 교미하는 횟수를 세는 것을 가리키는 말)"과 같은 단순한 척도에서 눈을 떼지 못했다. 하지만 어미의 번식 성공이 상당히 가변적인 종에서는 짝짓기 횟수가 임의의 수컷의 번식 성공에 대해 거칠고 신뢰할 수 없는 측정치만을 제공한다. 특정 교미 행동이 생존하는 자손으로 연결될 가능성은 수컷이 교미하게 될 암컷이 누구냐는 우연에 기대게 된다. 짝짓기가 **영아기와 유년기를 살아남아 스스로 번식할 수 있는 위치에 도달한** 자손의 생산으로 귀결되지 않는다면, 섹스는 전적으로 무의미한 소리와 파란에 불과할 것이다.[2]

진화론자들은 모계 효과와 다른 배후 수수께끼들을 고려할 때, 성선택 이론에 따라 상습적으로 제기하게 되는 질문과 수없이 많은 평범한 사회 생물학적 연구의 문제들을 넘어설 수 있다. 예컨대 "그녀는 할 것인가, 안 할 것인가?", "그는 할 수 있는가, 없는가?"와 같은 질문들이 평범한 문제라면, 보다 최근에는 "어떤 어미?" 그리고 "어떤 상황에서?"와 같은 질문들이 더 중요한 문제가 되었다.

수컷들이 교미할 수 있는 기회를 한 번 더 얻기 위해 경쟁자들을 차례차례 해치워야만 하는 강한 선택압 아래에 있는 것과 달리, 암컷들은 짝을 두고 이렇게 경쟁할 필요가 없다. 이것은 정확한 일반화지만, 암컷에게는 "경쟁을 위한 전적응(preadaptation)"이나 "위계 생성을 향한 유전적 소인"이 결여되어 있다는 뜻으로 오해되는 일이 종종 있었다. 하지만 이 오해가 사실로 드러나는 일은 드물다.[3] 어미의 삶에서도 경쟁이 중요하다는 점을 고려하게 되면 분명 사실이 아니다.

다윈이 주장한 성선택이라는 창의적인 이론은 맹목적인 오만을 조장하기도 했다. 다른 수컷들을 제치고 암컷 대부분을 수정시키려는 수컷의 전략을 진화론자들이 설명할 수 있다면, 수컷과 암컷의 본성적 차이를 설명할 수 있다는 생각 말이다. 문제는 수컷 간 경쟁을 설명하기 위해 맞춤 제작한 이 진화 이론의 왕관이, 암컷이 선점한 다른 수많은 것들을 설명하기에는 부적합하다는 것이었다. 한 암컷이 다른 암컷에 대해 상대적으로 누리게 된 번식 성공 편차를 낳은 중요 원인이 간과된 것이다.

초창기 연구자들이 늘 간과했던 요인들로는 암컷의 초산 연령, 출산 간격, 낳은 아기의 생사에 영향을 미치는 사회적 요인들, 그리고 심지어는 그 암컷이 번식을 할 것인지의 여부 등이 포함된다. 또한 어미가 자원 변동량을 비롯한 다른 지배적인 조건들에 맞추어 번식 노력을 조절하지 않는 한, 새끼를 살아남을 수 있게 길러 낼 수 있는 암컷은 극소수라는 사실 역시 진지하게 취급되지 못했다. 적응이 잘 안 되었거나 운이 나쁘면 노력만 하다 죽게 될 것이다.

어미를 낡은 관점에서 보았기 때문에, 변이의 근원에 큰 주의를 기울인 사람은 없었다.[4] 예를 들어 진 알트먼이 암보셀리에 서식하는 비비 어미들이 서열의 높낮이에 따라 아들 또는 딸을 낳을 확률이 다르다는 사실을 처음으로 보여 주었을 때, 이 사실을 어떻게 받아들여야 할지는 거의 아무도 몰랐다. 대부분은 그저 믿기 어려운 일이라고만 느꼈다. 실제 어떤 일이 벌어지고 있는지 이해하려면 각각의 어미가 어떤 사회적, 생태적 맥락에서 작전을 수행하고 있는지 고려해야만 했고, 또 낮은 서열의 암컷에게 태어난 비비 딸은 아들에 비해 살아남을 가능성이 보다 적다는 사실을 이해해야 했기 때문이다. 왜 그럴까? 유사한 사회 체계를 지닌 사육 마카크원숭이에 대한 연구가 한 가지 이유를 알려 준다. 높은 서열의 암컷은 같은 집단에 있는 딸(출생 집단에 남아 높은 서열 어미 자신의 딸과 경쟁하게 될 성별의 자손)을 낳은 어미를 공격하며 괴롭히지만 아들을 낳은 낮은 서열 어미들은 내버려 둔다. 그 결과, 함께 낮은 서열에 속해 있는

어미를 두었어도, 딸은 아들보다 높은 사망률을 겪게 된다.[5]

높은 서열의 비비 암컷에게 태어난 딸은 어미 및 다른 모계 혈육의 지지를 받으며 자신이 획득한 지위의 기득권을 (이른 번식적 성숙, 그리고 보다 높은 자손 생존율과 함께) 자신의 딸에게 다시 물려준다. 암컷 비비는 대부분의 사회성 포유류와 마찬가지로 자신이 구축해 온 사회적 관계의 네트워크 속으로 자신의 새끼를 끌어들인다. 높은 서열의 혈육들에게 둘러싸여 자라나는 딸은 살아남을 가능성이 더 높은 자손을 더 어린 나이에 낳는다. 비비의 딸은 자신의 지위를 어미로부터 물려받기 때문에, 지위와 관련된 사회적 이득은 모계 효과를 통해 세대 간에 전달되고 모계에는 번식 이득이 누적된다. 하지만 이 이상한 출산 성비 편향은 암컷 사이의 변이를 고려할 때만 이해될 수 있다.[6]

사회 생물학이 등장하기 이전에는 암컷은 하나를 알면 전부를 다 알 수 있는 것처럼 취급되었고, 암컷은 단일한 계층의 무더기 속으로 던져졌다. 암컷 사이의 변이를 가려 버린 연구자들은, 부주의하게도 이 성별에 작용하는 자연선택의 강도 역시 가려 버렸다. 지금에 와서 볼 때, 진화 이론이 생겨난 19세기적인 맥락을 고려하지 않는다면, 종 전체의 절반이 이렇게 균질적인 집단을 이루는 한 개의 무더기로 취급받는다는 것은 터무니없어 보인다. 이런 견해의 근원은, 다산적인 곤충 여왕의 예를 제외하면 성공적인 수컷 한 마리가 암컷들보다 더 많은 생존 자손과 더 큰 번식 성공을 거둘 수 있다고 관찰했던 스펜서와 같은 빅토리아 시대 진화론자들로 다시 거슬러 올라간다.

초파리로부터 인류에 이르기까지, 암컷은 모두 짝짓기를 해서 어미가 되는 반면, 수컷은 가장 운이 좋거나 가장 경쟁력이 뛰어난 수컷만이 아비가 되는 데 성공할 수 있다는 견해가 자명한 사실로 받아들여졌다.[7] 그래서 수컷들 간의 변이는 어마어마한 반면에 어미들의 번식 성공은 대동소이하다고 여겨졌다. 수컷만이 갖는 더 큰 번식 잠재력은 생물학자들이 수컷의 행동에 초점을 맞춘 이유 중 하나였다. 게다가 수컷 간 경쟁은 워낙 눈에 띄고 흥미진진하기도 했다. 이와 대조적으로 암컷은 꾸준한 성과를 거두면서 일정한 보폭을 갖는 상수임이 분명하다고 여겨졌다.

일부 20세기의 생물학자들은(스펜서처럼) 가장 중요한 변이가 수컷들 사이에 생겨난다고 확신한 나머지 아직까지도 암컷이 수컷보다 덜 진화했다고 추측한다. 왜? 개체 사이의 번식 성공 편차는 자연선택이 발생하기 위한 필수 요건이기 때문이다. 변이가 없으면 선택도 없다. 선택이 없으면 진화도 없다.

변이와 선택

선택이 암컷보다 수컷에게 더 강하게 작용한다는 고리타분한 가정은 현대 진화 사상에도 무비판적으로 진입했다. 성선택은 분명 논란의 여지없이 짝에게 더 잘 접근할 수 있게 해 주는 수컷의 특질에 더 큰 영향을 미친다. 하지만 짝을 둔 경쟁은 **어머니 대자연**이 작업하고 있는 유일한 영역이 아니다. 성선택 이론은 오셀로의 망상을 명쾌하게 이해할 수 있게 해 주지만, 데스데모나가 의심받고 추적당하고 감시받고 지배당하며 격리되고 한눈파는 것 때문에 처벌받고, 또는 (이제 윌리엄 셰익스피어(William Shakespeare)의 다른 희곡 「티투스 안드로니쿠스(Titus Andronicus)」로 옮겨 가면) 자신의 짝이 아닌 다른 남성의 아이를 낳아 살해되는 것처럼 유해한 효과들에 맞서야만 하는 까닭에 대해서는 거의 알려 주는 바가 없다.

수컷과 암컷은 서로 다른 번식 전략을 추구한다. 이론적으로 볼 때 수컷은 수정을 두고 경쟁하며 가능한 한 많은 암컷에 정자를 주입하기 위해 애쓴다. 반면 한 암컷이 주입된 정자로부터 볼 수 있는 이득에는 분명한 한계가 있다. 암컷의 번식 성공은 수정의 횟수가 아니라 삶의 우연들과 선택한 짝의 품질, 그리고 낳은 자손의 생존율이라는 결과에서 얼마나 큰 성공을 거둘 수 있는지에 달려 있다.

20세기의 마지막 사반세기 동안, 한 암컷이 다른 암컷에 대해 상대적으로 갖는 번식 성공 변이가 기존의 상상력을 훌쩍 뛰어넘을 만큼 큰 사례가 보고되었다. 이와 동시에 예기치 못한(심지어 이전에는 상상할 수 없었던) 변이의 근원이 정체를 드러내는 중이었다.[8]

그다지 수줍지 않은 암컷들

다윈은 암컷이 "수줍은" 존재이고, 최고에 해당하는 단 하나의 수컷을 위해 스스로를 아껴 둔다고 가정했다. 하지만 영장류에 대한 현장 연구는 암컷들의 행동이 예상보다 더 가변적이라는 사실을 다시 한 번 암시해 주었다. 암컷은 수컷과 마찬가지로, 여러 파트너와 짝짓기를 한다는 뜻인 한에서는 "난교적(promiscuous)"으로 행동할 수 있었다. 하지만 어느 정도로까지 난교적인가? 암컷이 한 번에 오직 한 임신만을 감당할 수 있다면 왜 그렇게 하는 것일까? 그러한 유혹은 시간과 에너지를 요구할 뿐만 아니라 암컷을 다른 수컷들의 공격이나 성적으로 전염되는 질병에 노출시킨다.

침팬지의 경우를 살펴보자. 침팬지 암컷은 새끼를 낳을 때마다 평균적으로 약 13마리의 수컷들과 138회 짝짓기를 한다. 암컷 보노보(bonobo) 역시 임신을 위해 필요한 횟수보다 훨씬 많은 횟수의 짝짓기를

그림 4.1 행운아인 물레이 이스마일(Moulay Ismail), 모로코의 피에 굶주린 자(1646~1727년)는 이중의 영생을 얻었다. 그의 첫 번째 영생은 놀라운 번식 성공으로부터 유래한다. 1704년 3개월 동안 40명의 아들이 출생한 것으로 추측되며, 이 수치를 따라가면 많은 아내와 첩들을 통해 그가 낳은 아이가 888명이라는 인상적인 수치로 연결된다. 물레이의 두 번째 영생의 근원은 사회 생물학자들의 빈번한 인용이다. 그는 사회 생물학자들이 "큰 실패자"(자손 0명), 그리고 그와 같은 "큰 우승자"를 갈라놓는 거대한 심연을 예시하기 위한 보루인 셈이다. 어머니의 세계 기록은 여기에 비교하면 초라해진다.

유감스럽게도 가난한 브라질 여성 마달레나 카르노바(Madalena Carnauba)는 13살에 결혼하여 32명의 아이를 낳았다(아이들의 운명에 대해서는 알려진 바가 없다.). 여성은 스트라스부르 거위 (Strasbourg goose, 프랑스 도시 스트라스부르는 최고급 품질의 푸아그라 생산지로 알려져 있음. — 옮긴이) 처럼 무한정 먹이를 공급받고 충분한 유모를 제공받는다 하더라도 완경기가 다가오면 출산 간격 이 늘어지는 것이 불가피하고 그에 따른 제약을 받게 될 것이다. 이론적으로 볼 때 남성은 평생에 걸쳐 정자를 생산하기 때문에, 다산성을 제한하는 요인은 사정 후 회복기의 길이, 정자 밀도의 감 소, 또는 배란 중인 여성에 대한 접근성만 남게 된다. 따라서 남성은 언제나 더 잘할 수 있는 **가능성** 을 갖고 있다.

좋다. 이 점수 체계가 유효한 한에서는. 하지만 군주의 세력조차 진공 속에 있는 것은 아니다. 얼 마나 많은 자손이 실제로 생존하게 될까? 미지에 싸인 물레이 이스마일의 어머니에 대해서도 말 해야 균형이 맞지 않을까? 그녀는 물레이의 왕비였던 책략가 지다나(Zidana)와 비슷하지 않았을 까? 지다나에 대해 아직까지 전해지는 몇 가지 이야기들에 따르면, 그녀는 경쟁자를 모함하고 그 들의 아들들을 계승자 명단에서 제거하는 데 꽤나 능숙했던 듯하다.

하는데, 이는 바바리원숭이(barbary macaque)나 비비처럼 수컷이 여러 마리인 집단에 사는 다른 영장류 종에서도 마찬가지이다.[9]

1997년 아프리카 서부 지역에 사는 한 침팬지 개체군에 대해 최초로 부성 검사가 행해졌고, 분석된 결과는 예상을 벗어났다. 연구자들은 새끼와 그들의 어미, 그리고 공동체 내의 수컷들로부터 털 표본을 수집해, 그 털에서 DNA 표지(marker)를 얻어 비교했다. 연구자들은 침팬지들이 서로 다소간 떨어져 분포하는 공동체에 살고, 혈연관계가 있는 수컷의 떼가 공동체의 경계를 감시하며 공동체 내에 사는 암컷들에 대한 접근권을 공유한다고 가정해 왔다. 이 수컷 떼는 영역 경계 내의 식량 자원만이 아니라 안에 사는 번식 가능한 암컷 침팬지들도 지키고 있었다. 하지만 파스칼 가뉘(Pascal Ganeux), 데이비드 우드러프(David Woodruff), 그리고 크리스토프 보쉬(Christophe Boesch)가 분석한 유전자 자료는, 이 공동체 내에서 태어난 새끼의 절반 이상(출생 수 13 중 7)이 **외간** 수컷의 소생임을 드러내 주었다(타이(Tai) 침팬지로부터 얻어진 DNA를 분석한 결과는 외부 집단 수컷의 소생 비율을 최초로 추정했던 이 수치가 너무 높다는 점을 알려 준다. 외부 집단 수컷 소생인 새끼들의 실제 비율은 2.4~17퍼센트 사이에 분포한다(라이프치히 막스 플랑크 진화 인류학 연구소의 린다 버질런트(Linda Vigilant)와 2001년 6월 22일 개인적인 서신 교환).). 아비인 침팬지들 중에는 연구 표본 지역의 바깥에 살고 있는 정도가 아니라, 새끼를 낳은 암컷과 함께 돌아다니는 것이 목격된 적도 없고, 짝짓기를 하는 것은 더더구나 목격된 적이 없는 수컷들이 포함되어 있었다.[10]

암컷 침팬지들은 관찰자들에게 들키지 않고 털이 쭈뼛 서는 위험을 감수하며 외부자와 교제하기 위해 숨어 다니고 있었던 것이다. 다른 침팬지들이 감시하는 영역을 넘나드는 외톨이 침팬지들은 악의적인 공격을 당해 맞아 죽을 수도 있다. 수컷들이라면 '이방인' 암컷이 배란을 알리는 생식기와 항문 부위의 밝은 분홍빛 팽창부를 과시하는 행동을 용인할 수 있을지도 모른다. 그러나 그곳에 거주하는 암컷은 그러한 허가 증을 승인하지 않을 수도 있다. 낯선 지역에서 헤매는 암컷은 포식 위험을 감수해야 하고, 질병의 위협 역시 마주하게 된다(AIDS를 일으키는 바이러스가 침팬지에게서 진화한 것은 우연일 가능성이 거의 없다. 난교적인 습성은 성적으로 전염되는 바이러스에게 완벽한 생태 적소를 제공한다.).

그렇다면 암컷 침팬지들은 왜 이 모든 불리함을 감수하며 번식을 위해 은밀히 고향 공동체를 벗어나야 했던 것일까? 단지 같은 공동체에 거주하는 수컷들이 너무 익숙해서일까? 근친 번식을 피하기 위해 그렇게 행동하고 있었던 것일까? 옆집 수컷들이 어떤 소통 방법을 통해 암컷들에게 유전적 우월성을 드러내 보이고 있었기 때문일까? 암컷들은 이 수컷들 중 한 마리 또는 여러 마리가 어느 날 자신의 공동체를 침입할 경우를 대비해 그 수컷들이 확인할 수 있는 부성 정보를 조작하고 있었던 것일까?

모계 효과로서 어미의 성생활 역사

야생의 아기 침팬지들은 어미가 평균 잡아 무려 열둘 혹은 그 이상의 다른 수컷과 100번 이상 짝짓기를 한 후 태어난다. 어미의 (일시적일지언정) 광적인 리비도는 어떤 수컷도 부성을 확신할 수 없게끔 한다. 그럼에도 불구하고 암컷이 자신이 사는 지역 공동체 내의 수컷들과만 짝짓기를 하는 한에서 이 수컷들은 여전히 그들과의 관계로부터 태어난 소생인 자손들의 삼촌이나 사촌, 또는 할아버지가 됨으로써 유전적으로 연관되는 경향을 보일 것이다. 연관되지 않은 수컷이 발각되지 않은 채 지역의 형제 번식 결사에서 자라날 수 있는 가능성은 이들 '형제 관계'의 번식 통합성에 심각한 위협이 될 것이다. 공동체의 수컷들은 자신들 가운데 섞여 있는 다른 공동체의 아들을 반길 리 없다. 그리고 분명 그렇게 보인다.

플로와 같이 공동체 경계 안쪽 깊은 곳에 먹이 영역을 굳게 확보하고 있는 어미에게 태어난 자손은 충분한 안전을 확보할 수 있다. 그곳에서 플로와 그의 아이들은 주변부에 있는 어미들에 비해 다른 공동체 수컷들의 침입에 덜 노출되어 있다. 만약 플로가 외간 수컷을 통해 번식한 적이 한 번이라도 있다면 순전히 자기 뜻에 의해서였을 것이다. 어쩌면 자신의 공동체에 거주하는 수컷들에게 들키지 않은 채로 은밀한 여행을 하는 도중에 만났을 수 있다. 하지만 공동체 가장자리의 거주지에 사는 암컷들은 운이 덜 좋다. 일본 영장류학자인 마리코 히라이와-하세가와 (Mariko Hiraiwa-Hasegawa)에 따르면 이들 어미의 자손은 이중의 위험에 처하게 된다. 이웃 공동체의 수컷들뿐만 아니라, 어미가 적과 교합했다고 믿는 공동체 내부의 수컷들에 의해서도 죽임을 당할 가능성이 있기 때문이다. 히라이와-하세가와의 보고에 따르면 공동체의 가장자리에 있는 어미의 자손들이 죽임을 당할 경우, 딸보다는 아들이 희생자가 될 가능성이 더 높다.[11]

하지만 랑구르 수컷들은 이 점에서 수컷 침팬지들과 다르다. 그들은 자신과 짝짓기를 한 암컷이 낳은 새끼는 사실상 **절대** 공격하지 않는다. 그 암컷이 다른 수컷들과 짝짓기를 했더라도 마찬가지다. 말하자면 랑구르 수컷들은 침팬지와는 달리 부성을 둘러싼 오차 한계에서 보수적인 쪽을 택하며 오차를 받아들이는 것이다. 그들은 그 자손이 자신의 것이 아니라고 확신할 수 있을 때만 공격한다. 반면 침팬지는 (예를 들면) 자신의 형제 이익 집단 일원의 소생인 것으로 확신할 수 있는 새끼들만 용인한다.

그림 4.2 다윈이 고백하기를 "일부 영장류가 뒤꽁무니와 사타구니에서 보여 주는 화사한 빛깔만큼 나의 흥미를 자극하며 알쏭달쏭하게 만든 것은 없었다."고 했다. 모든 영장류 종의 5분의 1가량에서, 배란할 무렵의 암컷은 항문과 생식기 부위의 조직에 체액이 들어차며 밝은 분홍빛으로 변한다. 보통 팽창은 길어야 일주일, 대개는 며칠 동안만 지속된다. 하지만 사진에서 보이는 보노보 암컷들은 한 번에 최대 3주까지 팽창을 유지하며 섹스를 청하곤 한다. 영장목에서 적어도 세 번은 따로 진화한 '성적 팽창'은 암컷이 여러 어른 수컷과 한 집단에서 사는 종에서는 거의 대부분 나타난다. 만약 암컷이 다윈이 가정한 것처럼 성적으로 까다롭고 "수줍었다면", 이 종들은 왜 그토록 자신의 성적 수용성을 소란스럽게 광고하고, 많은 파트너와 그저 사귀는 것이 아니라 교미를, 그것도 여러 차례씩이나 하는 것일까?

네팔의 저지대 숲에서 랑구르를 연구하는 독일 영장류학자 카롤라 보리스(Carola Borries)에 따르면 연구 집단에서 영아 살해는 모든 영아 사망률 원인의 30에서 60퍼센트의 비중을 차지한다. DNA 증거를 보면 죽임을 당한 새끼들 중 단 한 마리도 자신을 살해한 수컷의 소생이었을 가능성은 없었다. 전혀 연관되지 않은 새끼라도 친숙한 암컷이 데리고 다니는 한에서는 집단에게 받아들여질 것이다. 수컷에게 특정 새끼를 용인할 것인지 공격할 것인지 지시하는 신호를 제공하는 것은 바로 어미 자신, 그리고 어미가 그 수컷과 과거에 맺어 온 관계이다. 어미의 최근

성생활의 역사는 팜므 파탈 반딧불과 마찬가지로 그 자손에게 삶과 죽음의 결과를 가져오는 모계 효과라 할 수 있을 것이다.[12]

암컷의 번식 이해관계에 관한 이 새로운 깨달음은 동물 짝짓기 체계를 다르게 이해하도록 만들고 있다. 수컷이 암컷의 번식 선택을 제한하려고 하는 모든 경우에서, 암컷이 그 제한을 피해 가는 데 도움이 되는 특질이 언제나 선택될 것으로 기대할 수 있다. 반딧불, 랑구르, 그리고 침팬지처럼 다양한 생명체에서 나타나는 광범위한 유혹 행동과 모험적인 섹슈얼리티를 기록한다면 우리가 얻게 되는 것은 무엇일까? 결국 '난교적'이라는 말처럼 암컷들에게 적용될 때 경멸적으로 들리는 말은 암컷을 통제하려고 시도해 온 수컷의 관점에서만 의미가 있다. 이는 '성녀'와 '창녀'처럼 유명한 이분법의 기원임이 분명할 것이다. 하지만 암컷의 관점에서 볼 때 그런 행동은 '주도면밀한 모성'으로 이해할 때 더 잘 이해될 수 있다. 왜냐하면 암컷은 자손의 생존을 보장하기 위해 할 수 있는 모든 것을 시도하는 어미이기 때문이다.

이 유인원과 원숭이들이 또 다른 무엇을 추구하든, 관계를 맺을 수 있는 구혼자들 중 가장 나은 수컷을 고르는 것이(다윈이 암컷 선택이 작동하는 방식이라고 상상했던 바대로) 사태의 전부인 경우는 거의 없다는 것이 확실하다. 암컷들 역시 수컷들이 이용할 수 있는 부성 정보를 능동적으로 조작하고 있다.

동물 수컷은 자신이 특정 암컷과 짝짓기를 했는지를 기억할 수 있을까? 그 가능성을 검증하는 최고의 실험적 증거는 부성 교란 가설의 원천이 된 랑구르원숭이로부터 나오는 것이 아니라 바위종다리(dunnock)란 이름의 유럽참새에서 나온다. 수컷 바위종다리는 그가 짝짓기한 암컷이 **누구인지를** 기억할 뿐만 아니라 특정 시기의 교미가 임신으로 귀결될 가능성이 얼마인지까지 아는 것처럼 행동한다.

암컷 바위종다리는 한 암컷이 여러 수컷과 교제하는 협동적 번식 집단에서 산다. 이 수컷들은 그 대가로 새끼 키우기를 돕는데, 도움을 주는 정도는 어미의 마지막 가임기에 자신이 임신시켰을 가능성이 얼마나 되었는지에 비례한다. 케임브리지 대학교의 닉 데이비스(Nick Davies)에 따르면 으뜸 수컷과 열위 수컷은 모두 자신의 새끼에게 먹이를 가져다줄 확률이 유의미하게 높았으며, 심지어는 자신의 자식일 **수** 있는 새끼에게도 먹이를 가져다주었다. 그리고 "여러 아버지 후보" 가설이 예측하는 것과 동일하게 (인간 관찰자보다 부성을 보다 정확하게 짚어 낼 수 있는) DNA 지문 분석(DNA fingerprints)은 수컷들이 **항상 그런 것은 아니지만** 종종 어림짐작한다는 것을 드러냈다.

선택 우선론자 포유류

협동적으로 번식하는 종의 어미는 주변에 있는 개체들 중 자신의 번식 노력을 돕거나 방해할 가능성이 있는 자가 누구인지에 특히 민감하다. 어미는 어떤 수컷이 어떤 의도로 옆에 있는지, 또 어떤 암컷이 옆에 있는지에 맞추어 번식 노력의 눈금을 조정한다. 어미가 출생 후 얼마나 투자할 것인가는 그 배에 태어난 새끼들이 갖는 특정 속성에 달려 있다. 여기에는 몸집의 크기나 한배의 딸에 대한 아들의 비율, 그리고 심지어는 특정 자손의 자질 등이 포함된다. 가치를 저하시키는 사회적 조건들, 유용한 혈육이나 짝의 상실, 또는 위험한 이방인의 존재 등이 어미의 헌신에 큰 효과를 미칠 수 있다.

캘리포니아생쥐(California mouse)는 유별난 설치류다. 단지 사회적으로 단혼적(monogamous)일 뿐만 아니라 단혼적인 짝의 양자 모두가 파트너에게 전적으로 충실해서 다른 쥐와는 절대 짝짓기를 하지 않는다. 이는 짝의 도움을 받은 어미가 홀어미에 비해 4배 많은 수의 새끼를 젖 뗼 나이까지 길러 낼 수 있으므로, 두 성 모두 옆길로 새는 것보다는 서로에게 충실한 편이 더 낫기 때문이다. 사육 환경에 있지 않은 한, 수컷은 새끼들을 따뜻하고 배부르게 유지하며 큰 새끼 무리를 길러 내는 데 절대적으로 필요하다. 짝을 잃은 어미는 새끼 무리를 혼자 기르려 시도하기보다는 죽이기로 선택할 수 있다.[13]

캘리포니아생쥐에서 어미들은 수컷의 **보조**가 없다면 새끼들을 낳은 후 제거해 버린다. 하지만 설치류의 다른 종들에서는 어미가 출산 이전에 투자를 종결짓는 것이 더 일반적이다. 왜냐하면 어미가 수컷의 **훼방**을 겁낼 만한 이유가 있기 때문이다. 집쥐, 흰발생쥐(deer mouse), 정가리언 햄스터(Djungarian hamster), 목깃레밍(collared lemming), 그리고 들쥐(vole) 일부에서는, 잠재적으로 영아 살해를 저지를 수 있는 낯선 수컷이 영역 안에 들어오면 임신한 암컷이 태아를 재흡수하는 반응을 보인다.[14] 능률적인 형태의 초기 중절을 통해, 암컷은 태어날 만큼 충분히 자란 새끼 태아를 뒤늦게 잃는 더 큰 불행을 피하는 것이다. 낯선 수컷의 냄새에 의해 유도되는 임신 초기의 재흡수는 "브루스 효과(Bruce effect)"라고 알려져 있다. 1959년 처음으로 이 현상을 보고한 생물학자 힐다 브루스(Hilda Bruce)의 이름을 딴 것이다. 다만 그때에는 그 현상이 이해되지 않았다.[15]

영아 살해 경향이 있음을 실험자가 이미 알고 있는 생쥐 혈통에서도, 모든 개체가 새끼 살해 가능성이 같은 것은 아니다. 어떤 혈통에서는 거의 대부분의 수컷이 영아 살해 경향을 지닌 반면 다른 혈통에서는 특정 '유형'의 수컷만이 새끼를 죽인다. 영아 살해를 저지를 수 있는 유형의 예를 들면, 사회적으로 우세한 수컷, 또는 생쥐의 임신 기간에 해당하는 21일간 정액을 방출한 적이 없기 때문에 마주치는 새끼들 중 누구의 아

비도 될 가능성이 없는 수컷들이다.[16]

생물학자 글렌 페리고(Glenn Perrigo)와 프레더릭 폼 잘(Frederick vom Saal)은 1994년의 논문에서, 수컷들이 자기 자신의 새끼를 죽이지 않도록 지켜 주는 독특한 신경 안전망 체계를 서술했다. 내부적인 '시계'가 사정에 반응해 돌아가기 시작하고 이후 두 달간 명암 주기를 추적한다. 이 독특한 타이머는 수컷 쥐가 악당에서 아비로, 그리고 다시 악당으로 전환되는 일정을 적응적으로 계획한다. 사정한 적이 있는 수컷은 자신이 낳았을 가능성이 있는 맨 마지막의 새끼까지 착상되고 태어나서 젖을 뗀 다음 길을 나서기에 충분할 만큼의 기간 동안에는 영아 살해 성향을 지니지 않게 된다. 그 후로 수컷은 다시 짝짓기할 때까지 영아 살해적인 길로 들어선다. 그것은 아일랜드 생물학자 로버트 엘우드(Robert Elwood)가 수컷 설치류의 시각에서 빈정거리며 묘사했듯이 "내 새끼를 구하는 때맞춘 변신"인 셈이다.

어머니 대자연은 최우선으로 중요한 기능과 관련해서는 안전장치를 중복해서 보유했다. 수컷은 "때맞춘 변신"을 보충하는 좀 더 원시적인 대체 시스템을 갖고 있기 때문에, 절대 자신의 새끼를 죽이는 법이 없다. 따라서 대부분의 생쥐 혈통에서 수컷은 먼젓번의 새끼 무리가 젖을 떼고 난 지 한참 후에도 자신의 짝 또는 짝의 냄새와 접촉하는 한에서는 새끼들에 대한 인내심을 계속 유지하게끔 유도될 수 있다. (아마도 안드로겐 중재 페로몬을 통해) 암컷은 어떻게든 어떤 수컷이 영아 살해 경향을 지니는지, 또 어떤 수컷이 그렇지 않은지를 분석할 수 있다. 관찰자가 다른 증거를 통해 영아 살해 성향을 지니고 있을 가능성이 높다고 판별한 수컷 쥐를 어미와 마주치게 하면, 이 어미 쥐는 임신한 태아를 재흡수할 가능성이 유의미하게 높았다.[17]

영장류에서는 태아의 재흡수(임신을 종결짓는 가장 능률적인 방법)가 물리적으로 가능하지 않다. 하지만 최근에 새로운 수컷에 의해 소속 사회 집단이 찬탈된 바 있는 임신 중인 원숭이들(비비, 랑구르, 겔라다비비(gelada baboon), 그리고 다른 원숭이들)은 자발적으로 유산을 한다는 사실이 보고되었다.[18]

처음에는 어떤 암컷일지라도 가능한 것보다 적은 수의 자손을 낳는 것은 반직관적으로 보였고, 이미 그토록 많은 것을 투자한 새끼 무리와 영아에 대해 투자를 종결짓는 것은 더더욱 그러해 보였다. 하지만 다회 번식(생애 동안 한 번 넘게 번식하는 것)의 기술에는 손실을 언제 쳐낼 것인지와 언제가 흐린 날인지를 아는 것, 그리고 더 나은 조건에서 다시 번식할 수 있는 기회를 앞당기는 것이 포함된다.

집중해서 보살펴야 새끼가 생존할 수 있는 종에서 암컷의 번식 성공 변이의 유일하고도 가장 중요한 원천은 태어나는 새끼의 수가 아니다. 얼마나 많이 살아남아 스스로 번식할 수 있게 되는가가 중요하다.[19] 그런 생명체에서는 일부만이라도 생존하려면 번식상의 판단력이 필요하다. 이것이 생명 우선론(pro-life)이 곧 선택 우선론(pro-choice)인 까닭이다.

대행 어미의 중요성

대부분의 동물(파충류, 어류, 곤충)에서 어미는 알을 낳아 두고 떠난다. 어미가 영아를 돌볼 때에는 혼자서 돌본다. 많은 새의 종에서, 그리고 극소수 영장류(여러 새끼를 낳는 원숭이와 원원류(prosimian) 몇 종과 인간)가 포함된 포유류 10퍼센트 정도에서는 영아의 생존이 타자(아비 그리고/또는 부모 이외 다양한 개체들), 즉 대행 부모의 보조를 받는 어미에게 달려 있다. 사회성 곤충 또는 벌거숭이두더지쥐(naked mole rat)에서와 같이 간혹 개체들은 어

미가 할 수 있는 것보다 **더 많은** 보살핌을 제공하는 경우가 드물지만 있다.[20]

조류학자들은 그러한 보조자를 "도움꾼(helper)"으로 부르고, 영장류 학자들은 "이모(aunt, 영국의 "auntie"에서 따온 말로 여성 혈연이나 신뢰받는 가족 친구를 일컫는 말)"라 불렀다. 1975년 에드워드 윌슨은 좀 더 위엄 있는 명칭이 도입되어야 할 때라고 생각했다. 바로 *allo*-('~이외의'라는 뜻의 그리스어로부터 빌려 온 말) 더하기 *parent*(부모)이다. 누가 아비인지를 확신할 수 있는 것은 DNA 지문을 볼 수 있는 현명한 동물 행동학자들뿐이므로 대행 어미(allomother)라는 용어는 어미(그 신상을 우리가 확실히 알고 있을 가능성이 높은 개체) 이외에 새끼들을 돌보거나 먹이를 공급하는 모든 돌봄꾼(caretaker)이라는 뜻으로 제한하는 것이 보다 정확할 것이다.

수컷 돌봄꾼을 대행 어미라고 일컫는 게 이상해 보일 수도 있지만, 이 말은 그가 새끼를 돌볼 수 있게 어미를 돕는 **어미 이외의** 개체라는 사실을 뜻할 뿐이다. 대행 부모는 우리의 정의와는 무관하게 어미가 그런 도움이 없을 때보다 훨씬 빠른 번식률로 번식할 수 있게 도와주는 모든 협동 번식 종과 많은 영장류 사회에서 필수적인 역할을 수행한다. 일반적으로 수집 사회의 어머니에게는 아기를 **하나라도** 기르려면 도움을 주는 짝, 그리고/또는 대행 부모가 반드시 필요했다. 놀라울 만큼 광범위한 생명체에게 없어서는 안 될 대행 부모는 어미와 같은 유형의 돌보기를 많이 제공한다. 돌보기 행동에는 보호와 먹이 공급이 포함되며, 대행 부모가 젖을 분비하고 있는 경우에는 심지어 다른 암컷의 새끼에게 젖을 먹이는 것까지 포함된다.

공동 수유는 코끼리, 난쟁이몽구스(dwarf mongoose), 프레리독(prairie dog), 사자, 목도리여우원숭이(ruffed lemur), 꼬리감는원숭이(cebus monkey), 그리고 박쥐처럼, 어미가 모계 혈육들과 함께 사는 경우에 자주 보고된다.[21] 하지만 늑대나 일부 들개의 사례처럼 경우에 따라 우위 어미가 혈연관계가 없는 암컷에게 젖을 제공하도록 강요하는 일이 있다. 린네와 길리베르가 그토록 반대했던 유모 고용은 본질적으로 이미 자연에서 발견된 것과 유사한 해결책에 의식적으로 수렴하고 있는, 고도로 창조적인 우리 종의 사례였던 것이다.

애벌레 경호대의 노동이 사회성 곤충에게 최대 생물량이라는 상을 안겨 주었듯, 대행 부모는 일부 포유동물에게 어려운 상황에서 새끼를 길러 내면서도 빨리 번식하거나, 크기와 수, 느린 성장 때문에 특히 비용이 많이 드는 새끼들을 길러 내는 데 도움을 주었다. 대행 부모 역할(alloparenting)은 두뇌가 크고 천천히 자라나며 탁월하게 창의적인 우리 종의 진화 과정에서 특히 잘 발달했고 나름의 독특한 역할을 수행했다. 이 점은 2부에서 살펴볼 예정이다.

할 수 있는 자는 번식하고, 할 수 없는 자는 돕는다

빨리 자라며 비용이 많이 드는 큰 새끼 무리를 낳는 동부 아프리카의 난쟁이몽구스는 협동 번식의 고전적인 사례를 제공한다. 전형적으로 큰 집단에서 가장 나이 많은 암컷만 번식을 하지만, 새끼 기르는 일은 집단 전체가 돕는다. 각각의 동물은 베이비시터가 되거나 교대로 보초를 서면서 광막한 사바나의 건조한 대지 위에 똑바로 선 채 포식자를 감시하기 위해 지평선을 부단히 살핀다. 스스로 번식할 만큼 충분히 성숙했는데도 다른 암컷들이 배란을 보류한 채 그 대신 혈육이 초대형 새끼 무리를 기르는 것을 돕는 이유는 무엇일까?

퍼듀 대학교의 행동 생태학자 스콧 크릴(Scott Creel)의 연구는 이런 기묘한 번식 체계가 놓인 생리학적 토대를 해명한다. 난쟁이몽구스의 법칙은 꿀벌을 비롯한 다른 협동 번식 종들과 마찬가지로 분명하다. 할 수 있는 자는 번식하고, 그럴 수 없는 자는 돕는 것이다. 어미가 초대형 새끼 무리를 기를 수 있도록 근본적인 도움을 주는 것은 열위 암컷들이다. 이들은 한 번도 임신한 적이 없지만 자신이 돌보는 새끼에게 젖을 물릴 수 있게 젖을 분비하며 진짜 어미처럼 행동한다. 괴롭힘을 당해서 종종 체중 미달인 이들 종속 암컷은 이렇게 자신의 새끼를 보살필 수 있으리라는 기대는 할 수 없다. 그런 상황에서는 혈육을 기르는 일을 돕는 것이 차선책이다. 시도했다가 실패하는 것보다, 또는 으뜸 암컷에게 도전했다가 상처를 입고 쫓겨나는 것보다는 낫기 때문이다.[22]

몽구스 보모는 우위 암컷이 존재할 경우 에스트로겐 수치를 낮추는 반응을 보이며, 낮은 에스트로겐 수치는 일시적으로 배란을 억제하도록 한다. 하지만 열위 개체는 왜 번식을 시도하여 만에 하나라도 적은 수의 새끼나마 길러 내는 데 성공할 기회를 찾지 않는 것일까? 그 대답은 본 대학교의 앤 라사(Anne Rasa)가 연관된 종인 아프리카난쟁이몽구스(African dwarf mongoose)에서 찾아낸 것 같다. 마모셋과 들개에서처럼, 번식하는 우위 암컷은 대행 어미를 확실히 이용하기 위해 열위 암컷이 대담하게 번식해서 낳은 새끼를 죽인다.[23] 으뜸 암컷은 출산을 그 대가만큼의 값어치가 없는 것으로 만든다. 동시에 열위 암컷이 신중하게도 배란을 지연한다는 것은 으뜸 암컷의 큰 새끼 무리가 보다 많은 보살핌을 받을 수 있다는 사실을 뜻한다. 이때 물론 새끼들과 대행 어미는 혈연적으로 연관되어 있다.

조건부적 헌신

협동 번식 포유류에게, 임신해서 생존력 있는 새끼를 낳을 수 있는 암컷의 신체적 능력은 방정식에서는 분명 작은 부분일 뿐이다. 암컷은 반드시 사업(자손을 독립할 때까지 기르는 것)을 완수할 수 있어야 한다. 검은꼬리프레리독(black-tailed prairie dog)의 한 개체군을 16년 이상 추적해 온 생물학자 존 후글런드(John Hoogland)는, 어미의 거의 대부분(91퍼센트)이 임신과 출산에 몸 바치고 나면 새끼들에게 세상을 헤쳐 나갈 수 있는 기회를 주었다는 사실에 만족한다는 점을 발견해 냈다. 나머지 9퍼센트의 어미는 출산이 투자의 끝이며 새끼들을 살리려는 노력을 더 이상 하지 않는다. 그들의 새끼는 보호를 못 받기 때문에 집단 내에 있는 다른 암컷에게 잡아먹히고, 때로는 어미 자신이 여기에 합세하기도 한다. 다시 말하자면 임신과 출산에 수반되는 내분비적 변화는 그 자체만으로는 프레리독 어미에게 대부분의 사람이 생각하는 어미다운 행동을 보장해 주지 않는다.

이런 "어미답지 않게 행동하는" 어미들은 후글런드가 말했듯 다른 개체들보다 체중이 덜 나갔다(반드시 더 어린 것은 아니다.). 후글런드는 이 암컷들이 "요행수를 바라고" 임신하게 된 것으로, 매가 우위 암컷을 채 가는 일과 같이, 결전일(출산일. — 옮긴이)이 다가오기 전에 운을 개선해 주는 다른 요행수에 판돈을 걸고 있다는 가설을 세웠다. 그러나 작은 암컷이 요행을 만나지 못하고 때가 닥치게 되면 이 도박에 걸린 다른 패가 드러난다. 더 큰 어미가 작은 암컷의 자식을 죽이는 것이다. 전체 프레리독 새끼의 거의 4분의 1이 수유 중인 다른 암컷에 의해 살해당한다. 도박을 했지만 실패한 어미는 늦기보다는 빠른 시점에, 대개는 출산 당일 안에 포기하게 된다. 제법 많은 양의 열량을 상하기를 기다렸다가 버리는 것

그림 4.3 협동 번식자 타마린(tamarin)에서 번식 경험이 없는 집단 구성원이 어미가 젖을 물리지 않고 있을 때 새끼를 돌본다. 이러한 대행 어미의 보조는 빠른 속도의 번식을 유지시킨다. 일부 어미는 한 해 두 번 쌍둥이를 낳는다. 어미의 도움꾼은 쌍둥이가 어미젖을 떼고 스스로 먹이를 찾기 전인 이유기에 귀뚜라미를 비롯한 여러 먹이 조각을 새끼에게 준다.

보다는 그렇게 하는 편이 낫다(즉 새끼를 섭취한다는 것. ― 옮긴이).[24]

정말로 자기희생적인 어미

생애사적 관점에서 자연 세계를 검토해 보면, 길리베르가 반드시 그럴 것이라고 상상했던 자기희생적 어미가 얼마나 특수한 생명체인지가 드러난다. 그런 어미는 존재한다. 예컨대 인간 여성은 분명히 자신의 아이들을 구하기 위해 목숨을 건다. 세 번의 결혼과 두 번의 유산, 그리고 딸의 사산을 겪은 41세의 한 여성은 자신이 임신했다는 사실과 백혈병이 있다는 사실을 동시에 알게 된다. 치료하면 치유될 수 있지만 약물 치료는 태아에게 악영향을 줄 가능성이 있었다. 이 여성은 치료를 미루기로 선택했다. 아기는 살았다. 어머니는 출산 직후 사망했다.[25]

문제는 일부 어미가 자기 자신의 삶보다 자식 중 한 명의 생존에 더 높은 가치를 부여하는가가 아니다. 그런 어미가 **암컷이라는 성의 종-전형적 보편**으로서 진화했는지의 여부다. 답은 "그렇다."지만, 좁게 정의된 상황에서만 옳은 답이다. 자기희생적인 어미들이 발견되는 상황은 전형적으로 어미가 고도로 근친 번식적인 집단에 있거나, 어미가 번식 이력의 끝에 도달했을 경우이다. 자신의 유일한 아이에게 삶을 양도한 41세의 어머니는 10년 전에는 첫째를 임신 중절했을 수도 있을 그 사람과 동일 인물이 아니다.

어미는 과거의 합금이다

임신과 어머니 역할은 여성을 영원히 바꿔 놓는다. 이 변화는 어머니가 가진 칼슘과 같은 자원의 고갈이나 조직의 재분배와 확대, 또는 호르몬 특성의 변경만을 뜻하는 것이 아니다. 작은 변화의 길들이 무수하게 있다. 첫 임신에서는 태아(유전 물질의 절반이 외부의 유기체로부터 오는)가 어머니 신체가 일으키는 면역 반응의 핵심 구성 요소를 저지하는 효소를 분비하여 배아가 발달하며 임신이 진행될 수 있는 보호 지대를 제공한다. 이 과정은 출산과 더불어 끝날 수도 있지만 끝나지 않을 수도 있다. 태아 세포는 자그마치 **27년이나** 어머니의 몸속에 머무를 수 있는 것으로 알려져 있다. 어떤 경우에는 태아 세포의 자가 면역 반응에 의해 경피증(scleroderma), 즉 연결 조직의 경화를 포함하는 질병이 유발될 수 있다.[26] 어머니가 되는 것은 세포와 조직 수준의 변화를 넘어 여성 생애사의 전환점을 이루며, 미래에 대한 전망, 기회, 그리고 특히 여성의 우선순위를 바꿔 놓는다.

임신, 진통, 그리고 출산은 두뇌를 변화시킨다. 이들은 새로운 신경 회로를 만들고 특정 감각, 예컨대 냄새나 청각 같은 능력의 강화를 이끈다. 이런 변화에 대한 대부분의 연구는 실험동물에서만 수행되었다. 그러나 유사한 변화가 여성에게서도 나타난다는 점은 거의 확실하다. 새로 어머니가 된 많은 여성들은 아기가 자신의 일부라는 느낌이 너무 강하기 때문에, 아기가 칭얼대기 몇 초 전에 젖꼭지에서 바늘로 찌르는 듯한 감각이 느껴지거나 따뜻하며 축축한 젖이 스며 나온다. 새로 어머니가 된 여성이 (내가 그랬듯) 첫 아기의 출산이 자신을 변화시켰다고 말한다면 이 말은 단순한 은유가 아니다.

어머니의 몸은 아기의 요구와 리듬을 맞춰 합체하게 되고, 아기의 행복은 어머니의 절박한 관심사가 된다. 이 반응의 일부는 믿을 수 없을 만큼 오래된 것이다. 아기가 젖을 요구할 때 어머니의 반응을 조율하는 호르몬인 프로락틴(prolactin)은 포유류가 최초로 등장하기 수백만 전 년부터 양서류의 변태와 경골 담수 어류 조직의 수분 균형을 조절하는 조율 작업을 하고 있었다(이 다기능 호르몬의 더 많은 역할을 보려면 6장을 참조하면 된다.). 신경 화학, 그리고 감정의 모든 측면은 풍부하면서도 서로 얽혀 있는 복합적인 역사를 가지며, 지렁이, 양서류, 작은 포유류, 그리고 다른 영장류와 우리가 무수하게 공유하는 유구한 유산에 대한 증언과도 같다.

우리가 오늘날 느끼는 많은 감정과 우리가 보이는 자동적인 반응 중 많은 수는 조상이 살았던 과거 환경 속에서 최초로 진화했다. 그러한 조건들 중 많은 수가 더 이상 유지되지 않고 이미 오래전에 사라졌지만, 그럼에도 불구하고 그 유산은 우리의 존재 속에 여전히 남아 있다. 이 점은 다음 장에서 살펴볼 것이다.

5장

진화적으로 유의미한 환경의 가변성

인간 본성이라는 종이는 단 한 번도 백지였던 적이 없다. 이제 우리는 그 내용을 읽고 있는 중이다. 그곳에 새겨져 있는 내용은 도그마나 세계 체제가 아니며, 나중에 붕괴의 고통을 겪으며 쓸려 나갈 제국을 건설하겠다는 선언도 아니다.…… 30년 전, 당시 내 손으로 쓰고 있던 하나의 비평이 인간의 영역으로 그토록 깊이 들어가 그토록 많은 것을 설명하게 되리라고는 생각하지 못했다.

— 윌리엄 해밀턴, 1997년

내 어머니는 1940년대에 대학 교육을 받은 대부분의 여성들과 마찬가지로, 아기는 본질적으로 비어 있어 그 내용을 채워 넣어야 하는 빈 서판을 갖고 이 세계에 온다고 믿었다. 우리는 이제 이것이 사실이 아님을 안다. 인간 영아는 빈 서판이나 백지(tabula rasa)는커녕 모든 유인원과 마찬가지로 자신의 의제(agenda)를 가지고 태어나며, 미리 프로그램된 내용에 따라 출생 후 자신을 보살펴 주는 따뜻하고 부드러운 생명체라면 그것이 무엇이든 붙어 있기를 원한다. 이 생명체는 어머니일 가능성이 크다. 아기는 타고난 '고정 행동 패턴(fixed action pattern)'들의 레퍼토리를 통해 젖꼭지에 입술을 '뿌리내리고' 빨며 움켜쥐고 밀착한다. 이 특질은 수천 년 이상에 걸쳐 영장류 신생아 생존에서 결정적인 구실을 해 왔다. 아기 영장류는 소리 내서 울고 신호를 보내며 꼭 움켜쥐고, 감정에 대한 말로 표현하자면 필사적으로 걱정함으로써, 안전감을 주는 행동은 무엇이든 다 한다. 존 볼비가 "어머니에게 접근한다는 목표-성취"라고 부른 것을 획득하는 것이다.[1]

본유적(innate) 행동 체계는 과거에 영장류 새끼가 접해 왔던 것과 동일한 유형의 자극(감촉, 소리, 맛, 냄새)을 받으면 활성화되고 강화된다.[2] 인간의 경우 어머니의 목소리와 음색은 아기들이 가장 예민하게 느끼는 자극 중 하나였을 것 같다. 아기는 어머니가 말하는 언어를 배우도록 미리 프로그램되어 있었고, 이 학습은 특정한 생애 단계에서 보다 쉽게 이루어졌을 것이다. 하지만 영아 발달에 가장 중요한 자극은 자신에게 공감하며 반응을 보이는 돌봄인이 거의 지속적으로 함께 있는 것이었을 듯하다.

볼비의 "진화적 적응 환경"

존 볼비는 인류의 영장류적 유산이 우리 생애 최초의 욕망, 공포, 욕구,

그리고 능력에 대해 갖는 함의를 다윈의 안내를 따라 탐구한 최초의 현대 심리학자였다. 3500만 년 이상의 기간 동안 영장류 영아는 밤낮으로 어미에게 밀착해 있으면서 안전을 유지했다. 접촉에서 벗어나면 죽을 도리밖에 없었다. 아기가 오늘날에도 여전히 친숙한 돌봄인으로부터 떨어지게 되면 처음에는 불편함을, 이어서는 위기감을, 그리고는 분노를, 결국에는 절망을 느끼게 되는 까닭은 이 때문이다.

영아는 안전한 육아방에 있어도 혼자 남게 되면 괴로움을 느낄 권리를 여전히 갖는다. 영아는 압박과 고된 조건을 통해 현대 부모들의 비자연적인 기대를 처리할 수 있도록 배우지만, 어두운 방 안에서 홀로 밤을 지새우기를 학수고대하는 아이는 상상하기 힘들 것이다. 현대 유아가 느끼는 감각과 인지 구성 체계, 분리되었을 때 느끼는 공황감은, 무수한 과거 삶이 증류된 결과다. 과거에는 어미와의 분리를 막을 수 있던 아기가 생존할 가능성이 가장 높았기 때문이다. 일부 심리학자들은 침대 밑에 무언가 나쁜 것이 숨어 있다는 아이들의 환상적 공포조차, 우리 조상이 밑에서 위협하는 포식자들을 두고 나무 위에서 밤을 지샌 날들로부터 비롯되었다고 추측한다.[3]

깜짝 놀라 피부에 전율이 느껴지고 팔에 난 털들이 곤두서게 되면, 옛날 옛적에는 위협당한 포유류가 털을 뻣뻣하게 곤두세웠을 때 더 무서워 보였다는 사실을 떠올려 볼 필요가 있다. 볼비는 우리의 털북숭이 생득권과 관련해 1918년 독일 소아과 의사 E. 모로(E. Moro)가 처음 기술한 *Umklammerungs-Reflex*(포옹 반사)를 최고의 사례로 생각했다. 모로는 실수로 자신이 막 받아 낸 아기를 떠밀었는데, 이때 갓난아기의 팔이 자동적으로 대칭적인 발작을 일으키며 밖으로 뻗쳤다가 다시금 둥글게 닫히는 것을 목격했다. 아기가 큰 소리를 듣거나 자세에 갑작스런 변화를 겪을 때면 이와 같은 발작적인 경기가 일어난다.

모로 반사는 영아가 안쪽 방향으로 팔을 꺾어 움켜쥐게 한다. 영아의 손이 무언가 부드러운 것에 이미 닿아 있다면 그저 더 꽉 매달릴 뿐이다. 손이 닿은 것이 어머니라면 좋겠지만 나무에서 그대로 떨어지는 것보다는 나무줄기에라도 매달리는 편이 나을 것이다. 만약 잡고 매달릴 것이 아무것도 없다면 아기는 절망적인 울음을 터뜨린다.[4] 손발의 잡기 반사(grasping reflex)와 마찬가지로 피부로만 덮인 인간에게는 별로 소용이 없는 모로 반사는 과거의 흔적으로 남아 있다. 과거에는 갑자기 일어나다가 자신을 밀쳐 버릴 수 있는 털북숭이 보호녀에게 매달리는 것이 생존의 관건이었기 때문이다.[5]

제2차 세계 대전 직전과 직후 수십 년 동안, 볼비는 인간 영아의 감정이 진화한 환경을 상상함으로써 영아의 심리 발달을 이해하려 노력했다. 그는 유인원 아기의 **기본** 생존 장비가 홍적세에 살았던 우리 조상에게 태어났던 아기와 동일한 형태로 남아 있을 것이라 믿었다.[6] 초기 인류가 어떻게 살았는지는 거의 알려진 것이 없지만, 볼비는 그들이 유목하는 수렵-채집자였을 것이라고 (옳게) 추측했다.

볼비는 1930년대 후반 한 독일 심리학자로부터 "일반적으로 기대할 수 있는 인간의 환경"이라는 개념을 빌려 와서, "유기체가 특정 환경에 적응되어 있다는 사실을 분명하게 해 주(게 될) 새로운 용어와 (더불어)…… 진화의 관점에서 보다 엄밀하게" 정의할 수 있는 형태로 고쳤다. 볼비가 새로 만든 용어는 "진화적 적응 환경(Environment of Evolutionary Adaptedness, EEA)"이었다. EEA는 "오늘날에도 여전히 인간의 것인 행동 장비"가 진화했을 수백만 년의 기간을 가리킨다.[7]

볼비는 고려하고 있는 특질이나 '체계'가 정확히 어떤 것인지에 따라 EEA가 변할 것이라는 점을 이해하고 있었지만, 인간 영아가 어머니에게 정서적인 애착을 형성하는 경우와 관련된 진화적 적응 환경은 호미

그림 5.1 볼비가 홍적세 인류의 진화적 적응 환경에 대해 구상하며 염두에 두었던 어머니의 모델은 영아 삶의 최초 2년에서 4년까지의 기간 동안 거의 지속적으로 피부 접촉을 유지한 이 !쿵 산 어머니와 같은 여성이었다.

노이드(hominoid)가 진화하는 동안 상대적으로 아주 약간만 바뀌었을 것이라고 가정했다. 볼비가 주목했을 가능성이 있는 다른 행동(가령 어미가 어떻게 유아를 돌보는지)과 비교하면, 돌봄인이 자신을 꼭 껴안아 주기를 원하는 영아의 강력한 욕망은 인간, 침팬지, 그리고 고릴라가 마지막으로 공통 조상을 공유했던 1000만 년 이래 변한 것이 거의 없다. EEA를 재구성하려는 볼비의 노력은 그가 수렵-채집자, 그리고 현존하는 대형 유인원의 모성 유형에 대해 알고 있던 것 모두와 양 방향으로 묶여 있었다.

인간 영아가 어머니에게 보이는 애착이 여전히 아프리카 유인원을 닮아 있는 까닭은, 영아에게 가장 직접적이고 진화적으로 유의미한 환경은 **어머니 자신**이었지, 홍적세 인간과 선신세(Pliocene) 유인원이 거주했던 물리적, 사회적 환경이 아니었기 때문이다. 아기와 피부를 맞대고(배에서 배로, 가슴에서 젖가슴으로) 지속적으로 데리고 다녔던 것은 바로 어미였다. 어머니는 자신의 심장 박동으로 아기를 진정시켰고, 체온으로 아기를 아늑하게 만들었으며, 움직임으로써 요람이 되어 주었다. 어머니는 아기의 세계 전체였던 것이다. 아기를 따뜻하고 배부르게, 그리고 안전하게 해 주었던 것은 바로 어머니였다. 본질적으로 어머니는 아기의 생태 적소였으며, 살아남아 번식했던 아기 유인원에게 그 경계는 비교적 일정했다.

볼비의 진화적 적응 환경이라는 개념은 1969년 이래로 영아가 돌봄인과 맺는 애착을 설명하는 데에서 무한한 가치를 지녔다. 하지만 1990년대에 접어들며 EEA는 특정 시기, 즉 홍적세와 동의어가 되어 버렸다.[8] 이렇듯 경계가 좁혀진 인간 진화의 150만 년이라는 기간은 당시 진화 심리학자들이 인간 본성의 총체성, 즉 포괄 적응도(인간이 다른 많은 사회성 생명체와 공유하는)를 향상시키는 인간적인 동기 및 언어와 같이 보다 최근의 적응이나 상당히 특수한 적응에 이르기까지 모든 적응을 설명하는 기초가 되었다. 일부 진화 심리학자들은 현대 인간 행동(가령 우리의 짝 선호)을 이용해 과거 홍적세 환경을 재구성할 수 있다고 주장하기까지 한다.[9] 야심만만한 목표임에도 불구하고 이런 태도는 결국 인간이 어떤 존재이며 무엇을 생각하는지, 무엇에 신경을 쓰고 주목하며 느끼는지, 그 모든 것의 수많은 부분이 홍적세 이전에 등장했다는 점을 무시하며, 모든 인간 사회 체계가 국지적인 역사에 얼마나 많이 좌우되는지에 대해서는 소홀하게만 다룰 뿐이다.

EEA를 양 방향으로 확장하기

우리의 몸과 마음 모두는 좋을 때나 나쁠 때나 홍적세의 시련을 거쳐 왔다. 자주 언급되는 것처럼, 우리 조상들은 지구상에 호모속(*Homo*)이 등장한 이래 99퍼센트의 시간을 수렵인과 채집인으로 살았다. 이 책이 크게 의존할 증거들이, 당시 여전히 수렵-채집자로 살아가던 부모로부터 얻어진 초창기 인류학의 연구 결과들인 까닭은 여기에 있다. 그럼에도 불구하고 홍적세로 시기를 한정하면 한계가 있으며, 그 부분은 중요하다. 영아 생존과 여성의 번식 성공에 영향을 끼쳤던 많은 특질들은 홍적세보다 훨씬 오래전에 등장했고, 일부는 보다 최근에 등장했기 때문이다.

15만 년 전에서 5만 년 전 사이 **어머니 대자연**은 일부 인간 개체군에게 아프리카로부터 바늘귀를 거쳐 이주해 나가도록 허가했다. 그 개체군의 특징을 만들어 낸 환경이 어떤 종류였는지는 현재로서는 아는 바가 없다. 해부학적으로 현대인이었던 그들은 1만 명 정도의 자그마한 개체군을 이루고 있었다. 대부분의 사람들은 그들이 아프리카 사바나의 수렵자였다고 추측한다. 하지만 이들은 당대에 있던 생태학적 섭동(perturbation)을 이겨 내고 생존한 사람들이었다고도 추측해 볼 수 있다. 어쩌면 이들은 큰 사냥감보다는 갑각류에 더 많이 의존하는 해변 거주자로서, 물가를 따라 아프리카 밖으로 향하는 길을 개척했을 수도 있다. 하지만 핵심은 우리가 모른다는 것이다.

20세기가 저물어 갈 때 인류학자들은 사라져 가는 수집자들의 삶의 방식을 기록하려 최후의 안간힘을 썼다. 리처드 리(Richard Lee), 멜 코너(Mel Conner), 힐러드 카플란(Hillard Kaplan), 킴 힐(Kim Hill), 에릭 올든 스미스(Eric Alden Smith), 크리스틴 호크스(Kristen Hawkes), 제임스 오코넬(James

O'Connell)을 비롯한 인류학자들은 오래된 삶의 방식을 추구하는 사람들 사이의 변이가 커서, 만사형통인 **하나의**(the) EEA라는 개념에 포괄될 수 없다는 사실을 밝혀냈다.

인간의 생계 유형과 가족 구성이 얼마나 변화무쌍한지를 알면 (여전히 수집자로 살고 있는 사람들에서조차) 그들의 사회적 배치가 매우 유연하다는 사실, 특히 다른 영장류들에 비해서 훨씬 유연하다는 사실을 알게 되어도 그다지 놀랄 이유가 없다. 그리고 일부 인간 외 영장류(nonhuman primate), 특히 적응성이 매우 높고 널리 퍼진 '잡초 같은' 종(사바나비비나 랑구르원숭이처럼)은 정말로 변화무쌍해서, 어떤 지역에서는 수컷이 여러 마리 있는 집단으로 사는가 하면 다른 지역에서는 '하렘'으로 살고, 한 지역에서는 공격적인가 하면 다른 지역에서는 평화롭기도 하다. 모든 영장류는 사회적이다. 하지만 모든 집단이 공유하고 있다고 말할 수 있는 유일한 구체적인 사회관계는 어미와 새끼가 생애 첫 몇 년 동안 유지하는 지속적인 관계이다. 보편적인 이 관계는 심지어 그 기간 동안에도 크게 변동한다(관계의 강도가 변하는 것은 아니다.). 인간에서는 이 변동이 특히 심하다.[10]

칼라하리 사막의 !쿵 산과 같이 최고로 험한 서식처에 사는 수집자 어머니들은 4년에서 5년이라는 매우 긴 기간을 두고 출산한다고 추측할 만한 여지가 충분하다. 어머니는 걸음마를 뗀 3살 무렵의 유아를 데리고 약 4,000마일(약 6,437킬로미터) 되는 거리를 다녀야 했을 것이다. 유목적 수집자들이 살았던 것과 같은 조건에서 살던 영아는 영양 섭취만이 아니라 수분 유지를 위해서 자주 젖을 빨아야 했다. 생후 6개월 무렵이면 약간의 고형 음식을 먹을 수 있었지만, 최소한 생후 4년은 수유에 의존하여 생존했다. 그런 영아에게 어머니는 요람이자 보호, 운동 기관, 아침밥, 오전의 주스, 점심밥, 그리고 저녁밥이었다.

!쿵은 극단적인 사례에 해당한다. 지난 수백만 년의 기간 동안 영아가 적어도 생애 초반의 몇 해 동안에는 어머니와 접촉을 유지하려 애를 써 왔다는 점은 분명하다. 이것은 영아의 첫 선택이었다. 하지만 어머니 자신의 입장에서는 '홍적세적 이상'에 맞추어 사는 것이 홍적세 당시에도 힘든 일이었을 수 있다. 4년에서 5년 이상 아기와 지속적인 접촉을 유지했던 인간 어머니는 영장류 영아가 선호하는 시나리오, 즉 영아의 행복에 가장 적합한 시나리오를 반영한다. 하지만 선호되는 시나리오가 어머니가 택한 유일한 시나리오는 아니다. 인간 어머니는 안전의 측면에서 볼 때 합리적인 대행 부모를 선택할 수 있을 때면 언제나 그 기회를 이용했다. 아프리카 중부와 남아메리카의 수집자 사회의 어머니들 역시 아직까지 그렇게 하고 있다. 아카(Aka)나 에페(Efé)와 같은 인간 수집 사회로부터 얻은 민족지적 증거들, 또한 다른 영장류로부터 얻은 새로운 증거들은 대행 부모가 어머니와의 지속적 일대일 접촉에 대해, 볼비가 깨달았던 것보다 더 중요한 대안이었음을 시사한다.

인간의 경우 다른 유인원들에게 전형적인 것처럼 어머니와 아이 사이에 5년간 계속되는 신체적 친밀성은, 지역 조건이 거칠었으며, 홍적세의 **모든** 어머니들이 살아가던 '자연적 상태'보다 안전한 대안이 없다는 사실을 알려 줄 뿐이다. 최근에 에머리 대학교의 인류학자이자 영양학자인 대니얼 셀렌(Daniel Sellen)은 5년 동안 아기에게 젖을 먹이는 인간은 !쿵 족과 여성 인류학자가 세계에서 유일할 것이라는 농담을 했다.

행동 생태학자들은 EEA를 지난 수십만 년 동안의 인간 삶의 유형에 대해 검증할 수 없는 수많은 추측들만 담고 있는 고정된 틀로서 제시하기보다는, 쟁점이 되는 특성에 맞춰 다양하게 구성할 수 있는 환경들이 진화적으로 의미 있을 것으로 인식한다. 진화적으로 유의미한 환경을 언급하는 것은 과거 효과들이 누적되어 있다는 사실을 인정하는 것이지만, 그 과거가 언제 어디인지를 구체적으로 명시할 필요는 없다.

자, 분명히 하자. 오늘날의 인간은 포유류, 영장류였던 조상, 그리고 가장 최근에는 다양한 범위의 생태적, 사회적 배경에서 수집자로 살았던 호미니드 조상들에게 가해진 과거 선택압의 합금이다. 비비나 랑구르, 그리고 특별히 적응성이 높은 다른 영장류처럼, 인간은 광범위한 기후와 서로 다른 고도, 넓은 범위의 서식처에서 발견된다. 인간은 다른 '잡초 같은' 종과 마찬가지로 서로 다른 서식처에 쉽게 적응한다. 하지만 문화를 지니며 기술적 재능도 큰 영장류인 인간은 필요에 맞춰 환경을 변화시킬 수 있는 가능성의 폭이 더 넓다.

물론, 우리가 제법 큰 확신을 가질 수 있는 내용들이 있다. 인간 어머니는 다른 사람과(科) 구성원들처럼 사회적인 공동체 안에 산다. 자손은 어머니가 제공하는 신호, 그중에서도 특히 어머니가 관계 맺는 유형들을 이용해서 혈육일 가능성이 큰 개체를 식별하는 방법을 학습한다. 아이들은 성장하면서 가까운 혈육, 그리고 어머니와 가깝게 지내는 동료를 냄새와 외모로 구분할 수 있는 방법, 그리고 그들에게 보다 이타적으로 행동하는 방법을 배우게 된다. 인간 여성은 다른 대형 유인원과 달리 가족과 더불어 살아야 했고, 독립하기까지 비정상적으로 오랜 기간이 필요한 아이들에게 식량을 공급하는 일을 다른 집단 구성원들의 도움에 의존했다. 하지만 이런 점들을 넘어서는 초기 사회 환경의 요소들은 상대적으로 덜 분명하다. 예컨대 우리는 짝 사이의 결속이 얼마나 오래 지속되었는지, 또 여성이 어떤 유형의 가족과 함께 살았는지(가령 가장 가까이서 살았던 '인척'은 누구였는지)를 알 수 없다.

일대일 관계에서는 남성이 항상 자신의 짝을 지배할 수 있었다는 사실에는 의심의 여지가 거의 없다. 이 점은 실질적으로 모든 진원 영장류(simian primates)에서도 마찬가지다. 하지만 일대일 관계를 넘어서면 남성이 자신의 집단에 속한 여성이 가는 곳과 하는 일을 통제할 수 있는 능력은 매우 큰 차이를 보였다. 다른 누군가가 여성을 뒤에서 봐주고 있다면 그 영향을 받았기 때문이다. 지역의 생계 유형과 역사에 따라 여성의 뒤에 누가 있을 것인지가 달라졌고, 가까운 혈육과 짝짓기를 피하려는 영장류 암컷의 보편적인 경향과는 별도로 인간 여성은 혈육들의 근처에 남거나 그들로부터 떠나는 것과 같은 문제에서 일정하고 분명한 경향을 보이지 않았다.

수집으로 살아가는 사람은 매일 매일 이동할 수도 있고, 또는 전혀 이동하지 않을 수도 있다. 수집자들은 250제곱킬로미터당 한 사람보다 인구 밀도가 낮은 적적한 지역에서 살아가며 집단 간에 만날 일이 거의 없기 때문에 영역 방어를 하지 않거나, 1제곱킬로미터당 한 사람 정도로 인구 밀도가 높은 거주지에 산다. 사냥꾼은 많게는 (에스키모에서와 같이) 하루 열량의 100퍼센트에서 적게는 20퍼센트에 해당하는 음식을 공급할 수 있고, 나머지 열량은 여성이 채집한 덩이뿌리, 견과, 씨앗을 비롯한 다른 음식들로 채워진다. 갑각류에 의존하거나 그물로 사냥할 때에는 종종 두 성별 모두 참여한다.[11]

어머니가 생계에 큰 기여를 한다는 점은, 어머니들의 이동이 더 자유로웠다는 점을 의미할 수도 있다. 이는 여성이 혈육들 사이에 머무를 것인지 또는 혼인과 더불어 집을 떠날 것인지의 문제와 관련해서 중요한 함의를 지닌다. 또한 이 점은 여성이 번식에 관한 결정을 내릴 때나, 언제 누구와 짝을 맺을 것인지를 선택할 때 행사할 수 있는 자유의 폭에 매우 결정적인 영향을 주게 된다. 여성의 자율성은 혈육의 지지를 얼마나 받을 수 있을 것인가에 따라 좌우된다. 이것은 잘 연구되어 있는 모든 영장류뿐만 아니라 어느 한쪽의 성별이 혼인을 하면서 거주지를 옮길 것으로 기대되는 인간 사회 대부분에 적용되는 내용이다. 어머니들이 혈육들과 함께 머물 경우에는 짝의 혈육들과 함께 살기 위해 출생지로부터 멀리 떨어진 곳으로 이동하는 경우에 비해 더 큰 자율성을 확보하게 된다.[12]

홍적세보다 한참 전

수집자, 영장류, 포유류를 포함하는 모든 인간 종의 유산은 우리를 연결하는 DNA 나선과 같이 시간을 따라 거슬러 올라가며 우리를 옛날 옛적의 생명 형태들과 연결시켜 준다. 진화적으로 볼 때 인간은 "잡동사니 가방"이다. 오래된 자장가 가사의 한 구절, "싹둑 소리, 달팽이, 그리고 강아지 꼬리(Snips, snails, and puppy-dog tails, 이 자장가는 「어린 소년들은 무엇으로 만들어졌을까?」란 제목을 달고 있다. ─ 옮긴이)"는 소년만이 아니라 모두를 그럭저럭 잘 겨냥한다. 검소한 보모이자 재활용 습관이 몸에 밴 **어머니 대자연**은 남은 것들을 천천히 버린다. 쓸모 있는 분자를 보존하며 유지하는 현상은, 내 산통을 견딜 만한 것으로 만들어 준 자연 모르핀인 엔도르핀이, 내가 실수로 정원삽으로 지렁이 한 마리를 가를 때 지렁이 몸에서 방출되는 엔도르핀과 동일한 까닭을 설명해 준다. 박테리아로부터 내 몸을 방어해 주는 바로 그 타고난 면역 체계는 초파리에서 기능하는 체계와 같은 종류의 단백질을 사용한다. **어머니 대자연**이 새로운 문제를 풀어야만 하는 상황에 직면할 때 가장 먼저, 그리고 대개는 유일하게 의존하는 것은 마침 수중에 있던 것이다.[13]

인간의 모든 특성이 정말로 홍적세에 모두 진화했다고 재미삼아 상상해 보자. 맞춤 생산된 홍적세 아기는 어떻게 생겼을까? 이상적으로 설계된 이 아기는 9시에서 5시까지 일하는 모든 어머니의 필요에 딱 들어맞겠지만, 지금껏 태어난 어떤 인간 아기와도 닮지 않았을 것이다. 매일 아침저녁 두 번의 식사에 적응된 이 PPB("완벽한 홍적세 아기(Perfect Pleistocene Baby)")는 나무두더지(tree shrew)처럼 어미가 자신을 여러 시간 동안 줄곧 둥지 속에 남겨 두는 다른 포유류 영아들과 마찬가지로 고단백, 고지방의 젖을 소화할 수 있을 것이다. 매일 아침 어머니는 이 풍부한 식사를 준비한 다음 땅 파는 막대기(또는 서류 가방)를 들고 일대일의 보살핌이 별로 필요 없는 아기를 뒤에 남겨 둔 채 총총걸음으로 떠날 것이다. 전날 수집이나 사냥을 나갔던 이들은 체류지(camp)에서 번갈아 가며 휴식을 취할 것이며 수집자들이 돌아올 때까지 육아방을 지킬 것이다.

완벽한 홍적세 아기는 학습을 미뤄 두기 때문에 동결 혹은 최면에 빠진 상태에서 지내며, 무언가에 정서적으로 개입하거나 울거나 주의를 끌거나 지켜보는 사람에게 요구하는 일은 거의 없는 채 에너지를 보존하고 있을 것이다. 저녁에 어머니가 돌아오면 아기를 잘 먹이고 편한 밤을 맞기 전에, 체류지에서 조금 떨어진 배설 장소로 아기를 데려가 모든 배설을 해결하도록 할 것이다. 이렇듯 신중하게 설계된 적응들 덕분에 어머니는 보다 효율적으로 수집할 수 있고, 더 많은 식량을 집으로 갖고 돌아오며, 훨씬 빨리 번식할 수 있을 것이다.

물론, 이런 일은 결코 벌어진 적이 없다. 그리고 만약 벌어졌다고 하더라도 그 결과물은 인간이 아니었을 것이다. 수집자 어머니가 이렇게 편리한 아이를 절대 낳지 않는 까닭은, 볼비가 깨달았던 것처럼 우리 종은 영장류로 진화했기 때문에 이미 어머니가 저지방 저단백의 묽은 젖을 분비하여 아기들이 밤낮에 걸쳐 반 연속적으로 젖을 빨도록 만들어져 있었기 때문이다.

조직과 분자들은 말할 것도 없고, 모든 살아 있는 유기체 및 유기체의 모든 기관은 아직 사용이 되고 있든 되고 있지 않든, 복잡한 과거 삶들을 통해 누적된 흔적을 지니고 있다. 휘갈겨 쓴 메모에서 시작하여 완벽한 해결책을 낳는 사치를 절대 허용하지 않는 자연선택은 '적당한' 맞춤 (fit)을 위해 쓸 만한 해결책을 재활용한다. 간단히 말해 경쟁자보다만 나을 수 있으면 그만이다.

몸이 체내 시계를 조절할 때 사용하는 호르몬인 멜라토닌을 생각해 보자. 멜라토닌은 시차 적응이 필요한 사람들 사이에서 "기적의 호르몬"이라는 유명세를 유지해 왔다. 이들은 새로운 시간대에서 잠자리에 들기 바로 전에 몸에게 진짜 밤이라는 사실을 확인시키기 위해 알약 형태로 된 멜라토닌을 먹는다. 멜라토닌 생산이 어둠에 의해 자극되며 밝은 빛에 의해 억제되기 때문에 과학자들은 멜라토닌을 "드라큘라 호르몬"이라는 별명으로 부르길 더 좋아한다.

홍적세 이전에 등장한 오래된 화합물인 멜라토닌은 양서류의 피부에서 발견된다. 인간에게서는 기능 없는 부속 기관으로 오인될 뻔한 적이 있는 콩알만 한 송과선(pineal gland)에서 생산되는데 사실 멜라토닌은 기능이 없는 것과는 거리가 멀다. 유서 깊고 빛에 민감한 이 송과선의 생산물은 신체 리듬을 조절하는 데 핵심적인 역할을 담당한다(구체적인 역할은 아직 충분히 이해되지 못한 상태다.). 멜라토닌 수치는 대부분의 영장류가 잠드는 시간인 밤에는 상승하고 낮에는 떨어지며, 임신한 어머니는 멜라토닌을 이용해 태아에게 낮의 길이에 대한 화학적 정보를 전달해 준다.[14]

우리 영장류는 대체로 주행성이며 낮에 적응되어 있다(이 사실 때문에 밤의 이동은 특별히 위험하며 사고가 일어날 가능성 또한 크다.). 영장류는 어두운 밤에 어설프게 헤매다가 어둠 속에서의 시력이 더 뛰어난 표범 같은 포식자를 만나는 위험을 무릅쓰기보다는, 나무 위나 높은 벼랑 위, 나무 위의 둥지(침팬지처럼), 또는 불가에서 부드럽게 흔들리는 해먹 위에서 안전한 밤을 보낸다. 우리는 그냥 자는 것이 아니라 (어쩌다 꿈도 꾸지만) 잡아먹히지 않기 위해 잔다.

유인원의 몸은 어미가 빠져든 강제적 휴식 상태를 이용해 내분비적인 사무를 처리한다. 밤에 영아가 젖을 빠는 빈도는 아기가 얼마나 많은 젖을 소비하고 있는지를 알려 주는 지표로서 어미의 몸에 제공된다. 그리고 복잡한 피드백 고리는 중앙 통제 장치처럼 작동하여, 어미가 다시 배란하기까지, 그리고 다음 아기를 품기까지 얼마나 오랜 시간을 지연시킬지를 조절한다(8장 참조). 밤 시간의 수유는 어미의 번식 예산 장부에서 핵심 기재 사항인 것으로 드러난다. 세포질에서는 아기의 젖 빨기에 대한 반응으로 프로락틴 수치가 큰 동요를 일으킨다. 그 폭은 낮 시간에 수유할 때보다 오전 4시(멜라토닌 수치가 가장 높은 시간)와 자정에 수유할 때 4배에서 6배 더 크다. 이런 이유 때문에 밤새 하는 서너 차례의 수유가 낮 동안에 하는 여섯 번의 수유보다 다음 임신을 지연시키는 데 더 큰 효력을 발휘할 수 있다.[15]

수유 중인 어머니가 예상치 못하게 임신하는 바람에 수유가 **자신의** 배란을 억제하지 못했다고 불평하는 소리를 듣게 된다면, 과거에는 영장류 조상들이 매일 저녁을 나무 위에서 보냈다는 사실을 일깨워 줘야 한다. 이 어머니는 밤에 편안하게 휴식하려는 열망에 빠져 밤 시간 수유의 중요성을 가볍게 보았을 가능성이 있다. 이 어머니가 잊고 있는 사실은 지난 7000만 년 동안 새벽녘까지 졸다 깨기를 반복하는 어머니 곁에서 아기가 오른쪽과 왼쪽의 젖꼭지를 번갈아 빨며 어두운 시간을 느긋하게 보냈다는 것이다. 사실 어머니는 아마 이 점에 대해서는 전혀 생각조차 해 본 적이 없을 것이다. 영아는 젖을 빨면서 양서류, 포유류, 그리고 영장류의 과거 삶으로 거슬러 올라가고, 다음번 임신을 지체시킨 고대 화합물의 방출을 유도했다.

우리 몸의 모든 세부적 요소들은 각기 고유의 역사를 지니며, 그중 많은 수가 어떤 결과를 유도하게 된다. 자궁 속에서 어머니의 심장 박동에 적응된 영아는 오른쪽보다 왼쪽 젖꼭지를 선호한다. 당연한 일이지만, 오늘날에도 오른손잡이 어머니의 83퍼센트, 그리고 왼손잡이 어머니의 78퍼센트는 여전히 아기를 심장과 같은 편에서 흔들어 재운다. 이것은 아마도 르네상스 시대에 그려진 마돈나의 형상이 대부분 아기를 왼편에 안고 있는 까닭, 그리고 한쪽 귀가 다른 쪽보다 음악과 언어의 선율적인 측면을 더 잘 인식하는 까닭을 설명해 줄 수 있을 것이다.[16]

　　포만감을 느끼지 않는 아기에서부터 계획에 없는 임신에 이르는 사례들을 인정하고 이해하지 않는 한, 이러한 과거 유산들은 우리가 미래를 계획하려 노력할 때 장애물이 될 것이다. 하지만 자연선택은 홍적세가 끝날 때 그 길에서 쓰러져 죽지 않았다. 그렇게 생각한다면 우리 자신을 속이는 것이다. 오늘날의 어머니는 뉴욕, 도쿄, 다카 어느 곳에 있건 땅 파는 막대기 없이 쇼핑몰을 거닐다 포착된 채집가가 아니다. 우리는 홍적세 조상들과 미묘하게 다르고, 또 그렇게 미묘하게 다른 것만도 아니다. 우리와 그들 사이의 공통점과 차이점은 유전적으로, 또한 세대 간의 다양한 부모 효과를 통해 전달된다.

홍적세 이후의 진화

진화는 오직 광대한 지질학적 시간 단위로 아주 천천히만 일어난다는 가정이 널리 퍼져 있다. 크게 보면 사실이다. 하지만 진화의 속도가 느린 것이 **필연이라고** 당연시하기에는 너무나 많은 예외가 실험실과 현장에서 보고되어 있다. 그 증거로, 새로운 환경에서 겨우 40세대를 보낸 어미 물고기가 유전적인 방식으로 생애사 변화를 일으킨 것을 들 수 있다. 어

미 물고기들은 포식압이 감소되면 긴 시간 간격을 두고 더 큰 새끼를 낳도록 진화한다.[17]

이 점에서 인간은 독특하다. 문화는 몸이 진화하는 것보다 훨씬 빠른 속도로 변할 수 있다. 인간은 이 때문에 특별한 범주를 구성하지만, 진화적인 변화의 바깥에 존재하는 것은 아니다. 우리는 홍적세 수집자들의 잔존물인 **동시에** 변형된 표본이다. 우리 중 많은 이들의 조상은 신석기 이래로 콜레라나 역병처럼 흔한 전염병들이 창궐하는 시기를 이겨 냈다. 그 까닭은 그들이 운이 좋게도 질병을 어느 정도 방어해 주는 유전자 판본을 갖고 있었기 때문이다.[18] 일부는 운이 별로 좋지 않아서, 우리가 처한 새로운 환경과 상호 작용하며 근시나 당뇨병을 만들어 내는 유전자를 갖고 있다. 인간이 새로운 조건에서 살게 되면 선택이 작용할 계기들이 새로 생긴다. 한 가지 예를 들어 보자. 히말라야나 카슈미르와 같이 고도가 높은 지역으로 이주한 어머니들은 출산 체중이 더 큰 아기를 낳는 방향으로 선택된다.[19]

오늘날 살아 있는 우리 대부분의 조상들이 처해 있었던 환경은 가까운 과거에 대폭적인 변화를 겪었다. 우리가 알고 있는 사람들 중에 수렵과 채집으로 생계를 이어 나가는 사람의 자식이나 손자인 사람은 거의 없을 것이다. 우리 대다수는 농부 집안 출신이다. 많은 아이들의 어머니는 아기를 요람이나 포대기로 보호했고, 씨뿌리기나 수확처럼 계절적인 일을 하는 동안에는 아기를 여성 친족이나 일시적으로 돌봐 주는 다른 사람에게 맡겨 두었다. 이러한 보다 최근의 유산 역시 그 흔적을 남긴다.

포유류에서 자연선택은 거의 언제나 임신 기간, 영아기, 또는 이유 직후와 같이 가장 취약한 생애 시기에 가장 큰 영향력을 행사한다. 한 세대가 25년이라고 가정하면 신석기(예를 들고 있는 목적에 맞게 1만 년 전이라고 하자.)가 시작될 때부터 현재까지 총 400세대가 있었다. 이는 자연선택의 작용 기회가 400번 있었다는 것을 뜻한다. 1만 년 정도의 시간이면 2퍼센트의 선택 편차만으로도 드물었던 유전자 하나를 거의 고정된 유전자로 만들 수 있다(다시 말해, 2퍼센트 미만에서 98퍼센트 이상의 유전자 빈도로). 이론상으로 볼 때 신석기 이래 인류의 생물학적, 그리고 사회적 환경의 변화는 현대 인간의 유전체에 반영되어 있어야 하며, 실제로 그런 사례가 많다.[20]

당연한 일이지만, 가장 잘 보고된 사례들은 질병, 식이, 그리고 영아 사망률과 관련되어 있다. 이 세 영역은 신석기 시대에 인간을 새로운 선택압에 노출시켰을 것으로 추측된다. 홍적세가 끝나고 농업이 움트기 시작했을 때, 새로운 유형의 음식이 보다 풍부해졌고, 이와 더불어 정착 생활, 인구 증가, 하수 증가와 수질 오염, 또 좁은 지역으로의 인구 압축이 시작되었다. 밀집된 조건에 놓인 사람들은 수인성 질병과 모기가 매개하는 질병에 감염될 기회가 더 많아졌다. 밀집된 인구가 개방된 하수에 노출됨으로써 장티푸스, 콜레라, 그리고 다른 내장기계 질병이 급속도로 퍼졌다. 개관용 수로는 모기가 매개하는 전염병을 보다 건조한 지역들로 퍼뜨렸는데, 예전에는 해당 지역에서 드문 질병들이었다. 결핵과 같은 호흡기 질환은 병원균에게 계속해서 숙주를 공급해 줄 수 있을 만큼 크고 붐비는 인구 집단에서 사람들 사이로 퍼져 나갔다. 선흑사병(bubonic plague)이나 AIDS와 같이 다른 포유류에게만 제한되어 있던 오래된 여러 질병이 종의 경계를 넘어 인간 숙주를 감염시킬 수 있는 새로운 기회를 찾게 되었다.

이러한 질병들로 인해 생겨난 과중한 선택압의 결과로 그 질병에 저항성을 부여했던 유전적 특성들은 모조리 선택되었다. 이 특성들은 심지어 강한 반-선택압에도 맞섰다. 예컨대 유럽에 기원을 둔 사람 중 4~5퍼센트는 양 부모 모두로부터 물려받게 되면 낭포성 섬유종(cystic fibrosis)

을 유발하는 유전자 사본 하나를 지니고 있다. 이런 인구 집단에서는 아기 2,500명 중 1명 정도가 치사량인 2배를 지니고 태어나 병을 발병시킨 후 (의료 처치를 이용할 수 있기 전에는) 2살 무렵이면 죽음을 맞았다.

이렇게 치명적인 유전자라면 보통 한참 전에 인구 집단에서 도태되었을 것이다. 그럼에도 불구하고 낭포성 섬유종은 최소한 5만 년은 보존되어 있었다. 하버드 대학교 의과 대학의 미생물학자인 제럴드 파이어(Gerald Pier)에 따르면 충분히 그럴 만한 이유가 있다. 하나만 있는 경우 보유자를 말라리아로부터 보호해 주지만 어머니와 아버지 **모두**에게서 받은 경우 겸상 적혈구 빈혈증을 앓게 하는 겸상 적혈구(sickle cell) 유전자처럼, 낭포성 섬유종 유전자는 티푸스 저항성을 제공해 준다.

현재는 AIDS와 관련된 선택이 급속도로 진행되고 있다. 오늘날 아프리카의 어떤 지역에서는 가임기 여성 중 무려 25퍼센트가 HIV 양성을 나타내기도 한다. HIV-양성 여성은 임신 가능성이 감소되는 것으로 생각된다.[21] 그들의 자손 역시 생존 가능성이 감소한다. 아기는 분만 시 어머니의 혈액을 통해, 또는 분만 후에 어머니의 젖을 통해 전염에 노출된다. 감염되는 상황을 벗어난다 해도 어린 시절 고아가 될 가능성이 높다. 하지만 아프리카 여성 중 일부는 AIDS를 야기하는 인간 면역 결핍 바이러스(HIV, human immunodeficiency virus)에 저항성을 나타내고 있다. 어떤 종류의 것이 되었든 유전적인 저항성이 생존자들에서 더 높게 나타날 것이라고 예측할 수 있다. 선택이 감염자에게 불리하게 작용함에 따라 AIDS 저항성을 지니는 어머니와 자손은 유리하게 될 것이다.[22]

엄청나게 방대한 전염병의 역사를 현재까지 살아남은 인구 집단의 유전자를 통해 읽어 낼 수 있다. 유전자는 사람들이 어떤 음식을 먹도록 적응되었는지에 대해서도 알려 준다. 락토오스(lactose, 젖당) 내성 유전자를 생각해 보자.

모든 포유류 아기는 효소인 락타아제(lactase)를 합성할 수 있는 소화 장비를 지니고 태어난다. 이 효소는 젖 속에 있는 탄수화물인 락토오스를 분해하여 소화할 수 있게 해 준다. 세계 도처의 많은 사람들은 젖당 소화 능력을 성인기까지 보유하지 않는다. 젖을 소화하는 능력은 동물을 방목하지 않는 성인 수집자들에게는 아무런 쓸모가 없다. 적절한 효소가 결핍된 사람은 가공 처리가 안 된 우유를 마시면 가스나 설사 때문에 고생할 수 있다. 1970년대 아프리카 사하라 이남 넓은 지역에서 서구로부터 온 구호품이 악명을 떨친 까닭은 이것이다. 구호품에는 보통 분유가 포함되었는데 분유는 사람들을 돕는 대신 아프게 만들었다.

오늘날 우유에 대한 내성이 그토록 큰 다양성을 보이는 까닭을 설명하는 주된 방법은 홍적세가 끝난 이래로 인간 집단의 일부는 소를 치며 유제품을 소비하기 시작한 반면 다른 집단은 그렇지 않았다는 것이다. 빠른 진화의 다른 예로 영아기 이후까지 락타아제 합성을 촉진하는 유전자가 이유 이후로도 오래 우유를 먹인 집단에서는 퍼진 반면 그렇지 않은 곳에서는 유실된 것을 들 수 있다. 이는 겨우 지난 1만 년 남짓 동안에 일어난 일이다. 아프리카 중부의 반투(Bantu)에서처럼 텃밭 재배 역사(horticultural history)를 갖는 집단에서는 락토오스 소화 검사에서 양성 반응을 나타내는 성인은 2퍼센트 미만이다. !쿵에서는 단 한 명도 없다. 이와 대조적으로 모든 사람이 우유에 의존했던 목축자(pastoralist)의 후예인 르완다의 툿시(Tutsi)와 콩고(Congo) 사람들은 평생에 걸쳐 젖당을 소화할 수 있는 능력을 유지한다.[23]

호미니드로 살던 과거로부터 물려받은 유산 일부는, 사람으로 붐비며, 속도가 빠르고 고도로 기술적이며, 하루가 24시간인 새로운 환경에서도 적응적일 수 있다. 우리는 새로운 서식처에 빨리 적응하며 새로운 취향을 획득하고 새로운 업무를 배우는, 특히 어릴 때 고도로 적응성이 높은 생명체이다. 그럼에도 불구하고 우리의 다른 특성은 극도로 오적응적일(maladaptive) 수 있다. 예를 들어 기름진 것과 단것에 대한 갈망은 지방과 당분을 과잉 섭취하는 것이 불가능했던 시절로부터 현재까지 지속되다가 비만과 동맥 경화를 야기하게 된다.[24] 어머니와 영아에게 과거의 경향과 현대의 삶의 방식 사이에서 일어나는 가장 큰 충돌은 현대적 일터가 둘 사이의 신체적 분리를 요구한다는 것이다. 어머니는 아기를 남겨 둔 채 일터로 떠나며 스트레스를 받는다. 아기들이 받는 스트레스는 훨씬 더 크다.

어머니 역할과 일의 균형을 유지하기

일하는 어머니는 새로운 존재가 아니다. 인간이 존재해 온 대부분의 시간과 인간이 등장하기 이전 수백만 년 동안 영장류 어미들은 생산과 재생산의 삶을 결합해 왔다. 어머니 역할과 일을 조합시켜야 한다는 사실은 언제나 타협을 함축했다. 어머니는 비비나 !쿵 어머니가 하듯 모든 곳에 아기를 데리고 다니면서 그에 따르는 에너지 비용과 효율 저하를 견뎌 냈고, 아니면 그 일을 맡을 대행 부모를 두었다. 현대의 어머니에게는 오히려 생산과 재생산의 삶을 임의로 구획해 둔 상황이 새롭다. 후기 산업 사회에서 여성들이 '수집'하러 가는 공장, 실험실, 그리고 사무실은 재규어가 넘쳐 나는 숲이나 사막을 걸어서 찾아 가야 하는 머나먼 몬곤고 열매(mongongo nuts, 남아프리카 일대에 서식하는 견과류 나무의 일종. — 옮긴이) 숲보다 아이 돌보기에 훨씬 부적합하다.

  그리고 이것은 현대적인 장애물이다. 홍적세 내내 여성들은 수집하는 동안이나 장작을 모으는 동안 아이를 데리고 다닐 수 있었다. 이중 임무 어머니는 생계의 필요와 아기를 기르는 데 필요한 시간, 에너지, 자원 사이에서 균형을 맞추기 위해 **여전히** 노력한다. 하지만 이런 타협이 이루어져야 하는 물리적 환경(항상 정서적인 환경인 것만은 아님)은 우리 조상의 일터와는 상당히 다르다. 모든 곳에 존재하는 이 갈등은 어떤 면에서 과거보다 오늘날에 훨씬 더 큰 긴장을 만들어 낸다. 문제를 해결하려는 동기가 어머니에게는 선택의 문제로 다가오기 때문이다. 결과물은 사망률의 증가보다는 영아가 겪게 되는 위험과 어머니가 받는 스트레스라는 개인적인 대가로 측정된다. 간단히 말해서 아이들이 결과를 감수하여 살아갈 수 있다면 변화해야 하는 압력은 약해진다.

만약 영아가 분리 때문에 스트레스를 받는다고 한다면, 일하고 있는 수백만 명의 어머니도 스트레스를 받는다. 동시에 근무일-휴일로 분할되는 진화적으로 새로운 현대 세계는 또 다른 오래된 여성의 동기, 즉 지위 추구 또는 수집자의 경우 '지역에서의 영향력'이라고 생각할 수 있는 것을 자유롭게 표현할 수 있는 문을 열어 주었다.

모성과 야망

경쟁심, 지위 추구, 그리고 야망과 같이 고된 업무에서 성공하기 위해 필수적인 자질들은 헌신적이며 양육적일 것으로 기대되는 '좋은 어머니' 되기와 양립할 수 없다는 가정이 널리 퍼져 있다. 저명한 현대 심리학자 샤리 서러(Shari Thurer)의 말에 따르면 "야망은 모성적 특성이 아니라는 생각은 아직까지도 극복되지 못했다. 모성과 야망은 아직까지도 대립하는 힘으로 여겨지는 것이 보통이다." 사회학자들이라면 어머니 역할과 미국의 직장에서 일을 병행하고 있는 여성들이 만들어 내는 '문화적 모

순'을 길게 나열할 수 있을 것이다.[25]

현대 세계의 조건 속에서라면, 그리고 어머니 역할이 본질적으로 자비와 헌신을 추구한다는 오래된 정의를 성립시키는 가정을 받아들인다면 제대로 핵심을 짚은 것이다. 하지만 2장에서 서술되었던 것처럼 자연 세계에서의 어머니 역할은 빅토리아 시대 어머니 상(像)과는 다르다. 어머니의 일은 언제나 항상 오늘날처럼 아이 양육과 분명하게 구분되지 않았고, 어머니의 지위 역시 자손의 생존과 번영의 전망과 분리되어 있지도 않았다.

현대 여성은 지위를 생계라는 케이크 위에 얹은 장식처럼 생각할지 모른다. 하지만 사회적 지위가 지극히 중요한 기능을 담당하고 있다면, 지위를 둔 투쟁은 오히려 후세를 위한 발판으로 보일 것이다. 가령 지위는 (침팬지에서처럼) 어미가 다른 암컷이 아기를 잡아먹지 못하게 막거나 (협동적으로 번식하는 다른 포유류의 경우처럼) 자신의 자손에게 필요한 자원을 독점하지 못하게 막는 기능을 수행할 수 있다. '야망'은 생존하여 번영하는 자손을 낳기 위한 필수적 요소이다.

어머니가 자신을 위해 유리한 생태·사회적 지위를 확보하는 것은 제인 구달이 그토록 오랫동안 연구했던 침팬지 암컷 플로가 늘 배불리 먹고 식량에 대한 접근권을 확보하며 자손들을 다른 어미들의 훼방으로부터 안전하게 지키기 위해 사용했던 방법이다. 플로의 높은 지위는 궁극적으로 딸인 피피가 출생지에 남아 번식한 소수 암컷들의 대열에 낄 수 있게끔 해 주었다(피피의 경우에는 어미의 영역을 물려받았다.). 마카크나 비비와 같은 구대류의 긴꼬리원숭이과(cercopithecine) 영장류에서는 암컷의 지위, 초경 연령, 영아 생존율, 그리고 심지어는 자손의 성비에 이르기까지 온갖 종류의 번식 척도 사이의 연관 관계를 훨씬 인상적으로 입증해 주는 자료들이 수집되어 있다. 이 자료들은 지역 내 정치적 영향력을 추구하는 일반적인 경향이, 지위와 어미 역할이 완전히 수렴되어 있던 먼 과거 동안, 암컷 영장류의 영혼 안에 유전적으로 프로그램되어 있었다는 사실을 강하게 암시한다.[26]

인간 영장류와 관련된 증거는 덜 분명하다. 그 까닭의 일부는 남편이 어머니의 사회적 지위에 미치는 영향이 대부분 무척 크기 때문이다. 그러나 소설과 민족지 모두 복합적인 사례를 제공한다. 예컨대 !쿵 여성인 니사는 첫 남편인 타샤이(Tashay)가 집으로 둘째 아내를 데려왔을 때 벌어진 일을 들려준다. 니사의 말은 간단하다. "내가 쫓아내서 부모에게로 돌아갔어요." 니사 자신의 어머니도 한 세대 전에 똑같은 일을 했다. 새 아내의 아이들은 남편 및 다른 공동체 구성원이 제공하는 음식을 두고 니사의 아이들과 경쟁했을 것이다. 니사는 제1순위인 유일한 아내로서 자신의 지위를 유지하기 위해 그렇게 행동했다. 그녀의 행동은 계속 '좋은 어머니'가 되기 위한 것이었다. 그러한 여성은 (위대한 사냥꾼이나 전사로 이름을 떨치는 것처럼) 남자들에게 중요시되는 영역에서 지위와 명성을 두고 경쟁하지 않는다. 어머니에게 실제로 문제가 되는 영역에서 경쟁하는 것이다.[27]

이따금 우리는 이런 오래된 관계들이 기괴한 형태로 표현되는 것을 발견하곤 한다. 가령 텍사스에 사는 한 어머니는 살인 청부업자를 고용해 딸과 경쟁 관계에 있는 치어리더의 어머니를 살해하도록 했다. 그 치어리더에게 정서적 좌절감을 주기 위해서였다.[28] 하지만 대부분의 경우 아이들에게 더 좋은 장래를 보장해 주기 위해 어머니들이 지위를 추구하는 방식은 좀 더 미묘하다. 제인 오스틴(Jane Austen)이 19세기 초 영국에 대해, 또는 이디스 와튼(Edith Wharton)이 20세기 초 '옛 뉴욕(Old New York)'의 부족 생활에 대해 기록했던 여성 경쟁을 생각해 보자. 두 어머니 모두, 그리고 그 어머니들과 관계를 맺고 있는 사람들 모두는 젊은 여성 혈육의 결혼 기회(그 세계에서는 자원에 대한 접근권을 의미한다.)를 잡아 개선시키는 반면에, 다른 젊은 여성들의 기회는 차단시키기 위해 미묘하고 사적이며 거의 눈에 띄지 않는 방법으로 서열을 고정시킨다. 우리는 이런 어머니들을 "지배적"이며 "고집스럽다"거나 "간섭한다"고 생각하는 경향이 있고 나도 이런 생각에 반대하지는 않는다. 하지만 그러한 특성의 유서 깊은 기원은 고려해 볼 가치가 있다. 진화적으로 유의미한 환경에서 이 여성들은 성공적인 어머니처럼 행동해 왔을 것이다.

모성과 야망은 "대립적인 힘"이기는커녕 서로 분리될 수 없는 방식으로 연결되어 있다. 하지만 현대 삶의 상황들은 그 연결을 덮어 감추는 경향이 있다. 일, 지위, 그리고 자원 방어가 아이 기르기와 별도의 영역에서 일어나기 때문이다. 동시에 문명화된 관습과 법은 어머니가 경쟁자 어머니를 몰아내며 경쟁적인 이해관계에서 자손을 안전하게 보호하기 위해 위협의 힘을 빌릴 필요가 없음을 의미한다. 이 책을 읽는 대부분의 어머니들은 굶주림, 호랑이, 그리고 동종 내 영아 살해보다는, 승진, 의료 보험, 그리고 적절한 보육 시설을 찾을 방법에 대해 훨씬 더 많은 신경을 쓴다.

어머니들은 대개 가정 바깥에 있는 현대적인 일터에서 지위를 추구한다. 일하는 어머니들은 자신의 아기가 삶을 헤쳐 나가는 데 도움이 되는 만큼 해 역시 끼칠 수 있는 방식으로, 가정에서 멀리 떨어진 곳에서 오랜 시간 동안 지위를 추구하도록 유도된다. 하지만 갈등은 모성과 야망 사이에 있는 것이 아니라, 유아가 필요로 하는 것과 현재 일터에서 여성의 야망이 작동하는 방식 사이에 있다.[29]

현대 세계에서 사회 경제적이건 직업적이건 지위와 같은 것이 존재한다면 그것은 번식 성공과는 **역으로** 연관되어 있다. 자신의 지위를 **획득하는** 여성이라면 특히 그렇다. 얼마 전에 사회 생물학자 수잔 에소크-비탈(Susan Essock-Vitale)은《포브스 매거진(*Forbes Magazine*)》이 매해 집계하고 있는 가장 부유한 미국인 400명에 포함된 사람들의 번식 성공을 조사했다. 물려받은 재산을 지닌 여성은 스스로의 노력을 통해 부를 획득하며 성공한 비즈니스우먼에 비해 평균 자녀수가 통계적으로 유의미하게 많았다. 이 사실에 놀라서는 안 된다. 기회만 있다면, 많은 여성들은 가족을 기르는 데 바치는 시간보다는 상향 이동에 더 큰 가치를 부여한다. 일하는 어머니들이 변호사, 의사, 과학 연구자 등, 아이들만큼이나 끝없는 요구 사항을 내미는 일에 녹초가 될 만큼 시간을 쏟아 붓는 것을 보기만 해도 알 수 있다. 하지만 만약 진화적 유산이 현재 우리의 존재에 어떤 식으로든 연관되어 있다면 어떻게 이런 일이 가능할까?

답은 간단하다. 피임 수단이 없고 평생 동정을 유지하는 여성이 없는 세계에서는, 여성의 지위와 번식 성공이 무관할 가능성은 **없었다**. 자연은 언제나 그렇듯 야망이 실패할 경우에 대비하는 보호 장치를 설계해 넣지 않았다. 말하자면, 번식과 생존, 그리고 자손의 번영과 무관한 지위라는 목표를 위해 전용되는 에너지에 대한 보호 장치 말이다. 지위와 자손의 생존이 분리된 지금, 목표 달성을 위한 성향과 충동이 특히 강한 여성을 불리하게 하는 자연선택이 이뤄지고 있을 것인가? 아마 그럴 것이다. 만약 우리 종이 충분히 오래 생존한다면, 그리고 일터의 상황이 변하지 않는다면 말이다.

이제는 양립 불가능한 두 개의 절실하고도 오래된 충동 사이에서 분열된 여성들은 새로운 타협을 하도록 강요받는다. 영아의 필요와 어머니의 야망 사이에서 실현 가능한 타협을 만들어 내기 위해서는 상당한 천재성, 자기에 대한 이해, 그리고 상식이 필요하다. 고도로 경쟁적이며 요구 사항이 많은 분야에는 특히 더 그렇다. 과학은 내가 가장 친숙한 사례 연구를 제공한다.

새로운 타협

내가 박사 학위를 마친 이듬해인 1976년, 「과학에서의 값비싼 성공(The high price of success in science)」이라는 제목의 글이 등장했다. 나중에 자신의 분야에서 선도자가 된 젊은 분자 생물학자인 낸시 홉킨스(Nancy Hopkins)가 쓴 글이었다. 그녀는 그토록 경쟁적인 직업(자신의 경우 한 주 최소한 70시간을 실험실에서 보내야만 했던)에 몸담은 여성이 "과학자로서 성공한 만큼 아내와 어머니로서 성공하기"는 불가능하다고 주장했다. 이 말은 아픈 곳을 찔렀고, 홉킨스가 "소머즈 되기를 강요한 70년대"라고 불렀던 그 시기를 돌아보면 드물게 정직한 말이기도 했다. 홉킨스가 기사를 썼을 무렵 하버드 대학교 의과 대학에는 종신 교수직을 지닌 여성 교수가 10명 있었는데, 그 10명 중 9명은 아이가 없었다.

하지만 과학을 어머니 역할과 병행하는 데 성공한 여성들이 있다. 내가 아는 그들 중 누구도 평범한 길을 택하지 않았다. 예를 들어 진화 과정에서 발달이 차지하는 역할에 대해 아이디어를 제공한, 3장에서 소개한 바 있는 메리 제인 웨스트-에버하드는 가정과 직업적 삶을 병행하는 그녀 특유의 방식 덕분에 여성 현장 생물학자들에게는 하나의 전설이 되었다. 언젠가 그녀는 내게 어머니에게 특별히 어려운 타협을 요구하는 현장 생물학에 대해 "그건 우리 모두가 하는 거죠."라고 말한 적이 있다. "우리 각각은 자신만의 특별한 삶을 구성하는 거예요." 웨스트-에버하드의 경우 연구직을 얻기 위해 주요 대학의 강사라는 평범한 자리를 포기하기로 선택했다. 에버하드 가족은 연구 업무 때문에 아메리카 중부 지역에서 살게 되었다. 그곳에서 그들은 살림을 도울 사람을 구할 수 있었다. 그러나 이보다 중요한 사실은 웨스트-에버하드가 연구하는 동안 말 그대로 세 아이를 지켜볼 수 있었다는 것이다. 연구 대상인 말벌은 집의 지붕 위에 있었기 때문이다.

내 자신의 타협은 나를 정반대 방향으로 이끌었다. 나는 인도에서 원숭이들을 따라 숲이 우거진 언덕길을 터벅터벅 걸어 다니다가 미국에서 인간 부모와 관련된 자료를 연구하는 방향으로 전향했다. 나는 미국에서 파트타임 보육원을 이용했고, 남편과 함께 새로 생겨난 재택근무의 이점을 충분히 이용했다. 전일 근무에 비해 적은 시간 동안 일하며, 팩스 기계, 그리고 결국에는 인터넷을 이용했던 것이다. 셋째 아이가 태어났을 때 나는 아주 긴 기간에 걸쳐 일을 맡아 줄 마음 넓은 대행 어머니를 고용했다. 제일 어린 아이가 12살이지만 그녀는 여전히 우리와 함께 살고 있으며 지금은 자신의 파트타임 직업에 종사하고 있다.

우리 중 어떤 사람도 조상들과 같은 방식으로 살고 있지 않다는 점은 매우 분명하다. 하지만 우리가 해결해야 하는 딜레마는 비슷하며, 이 딜레마를 해결하기 위해서는 새로운 해결책을 만들어 내야 한다. 이것이 이 책 전반에 걸쳐 계속 등장하는 주제라고 할 수 있다.

과거가 중요한 이유

우리는 서로 다른 삶의 단계에 있지만 많은 수가 아이를 절실하게 원한다. 일 때문에 아이를 책임질 수 없거나 다른 이유가 있는 사람들은 아이를 갖지 않기로 결심한다. 많은 여성들이 자신은 절대 아이를 원하게 되지 않을 것이라고 확신하다가 마음을 바꾼다. 또 다른 여성들은 우연한 기회에 아이를 갖게 된다. 의식적인 결정을 하는 이들은, 일, 그리고 이미 있는 아이들, 또는 가족의 전반적인 안녕에 미치게 될 영향을 주의 깊게 살펴보며 실용적인 결정을 내리곤 한다. 의식적으로, 또는 무의식

그림 5.2 메리 제인 웨스트-에버하드는 실리적인 연구 선택 덕분에 여성 생물학자들 가운데 전설로 남아 있다. 사진은 웨스트-에버하드가 집의 지붕 위에 있는 희귀한 메타폴리비아(*Metapolybia*) 말벌 군락을 연구하기 위해 사다리에 올라앉은 모습이다. 일하는 동안에는 울타리가 둘러 쳐진 파티오에서 놀고 있는 아이들의 모습을 온전히 바라볼 수 있었다. 그녀의 말에 따르면 마치 "열대의 대형 놀이터를 (지켜보는) 신이 된 느낌이었다." 기계로 된 신처럼 그녀는 서로 다투는 아이들을 나무라기 위해 이따금씩 간섭하곤 했다. 웨스트-에버하드는 아이들이 둥지를 떠나 대학에 가게 됨에 따라 국립 과학 학회 인권 의원회(National Academy of Science's Committee on Human Rights)에서의 업무와 연구를 병행하며, 조지 엘리엇이 남성과 여성의 본성에 대해 "모성 요소"라 부른 것을 표현할 수 있는 범위가 훨씬 더 넓다는 사실을 발견했다.

적으로 내린 그런 '결정들'에 정보를 제공하는 감정이 진화적으로 어떤 기원을 갖는지에 대해 깊이 생각하는 사람은 거의 없다. 하지만 나는 우리가 대부분의 사람들이 생각하는 것보다 훨씬 더 긴밀하게 과거와 연결되어 있다고 확신한다.

생각을 하고 있든, 아니면 '충동적으로' 행동하고 있든 간에, 우리 각각은 과거 환경에서라면 번식 성공과 연관되어 있었을 무수하게 많은 작은 결정을 매일 내리고 있다. 우리 각각은 좋건 싫건, 적어도 한 명의 자식이 확실히 살아남아 번식할 수 있게끔 행동하던 어머니들이 물려준 의사 결정 장비와 정서적인 유산을 지니고 살아간다. 자손이 살아남아 번성할 수 있도록 유리한 사회적 지위를 구성하고 신중하게 번식 노력을 배분하는 것은 궁극적으로 번식 성공에 연관되어 있었다.

오늘날의 여성과 남성은 전례 없는 선택의 범위를 지닌다. 현재까지는 환경과 피임법의 이용 덕분에 몇 명의 아이만 낳아도 그들이 생존할 것이라 확신할 수 있고, 각각의 아이에게 집중적인 투자를 할 수 있다. 하지만 특정 제약들은 상대적으로 바꾸기 힘들다. 예를 들어, 후기 산업 사회의 여성은 대부분의 수집자 조상에 비해 오래 살고 완경도 늦게 오지만, 최대 한계는 아직도 고정되어 있다. 50세를 넘어 임신하는 여성은 드물다. 40세가 넘어 첫아이를 낳으려 한다면, 아이를 한 명도 낳지 못하게 될 위험을 감수해야 한다.

우리는 영장류기 때문에 유전적으로 연관되지 않은 아이를 입양해 기르는 것이 손쉬운 편이다. 떼로 모여 사는 유제류와는 달리, 우리에게는 어머니가 아기와 결속을 맺기 위해 냄새로 각인해야만 하는 출산 몇 분 후의 결정적 기간(이 시기가 지나면 아기와는 영영 결속을 맺을 수 없다.)이 없다. 만약 우리가 양이었다면 아기들이 산부인과 병동에서 서로 섞여서 뒤바뀔 걱정은 하지 않아도 되었을 것이다. 하지만 우리는 영장류다. 또한 우리는 영장류 암컷이기 때문에 모든 아기로부터 매혹과 매력을 느끼는, 영장류에게 합당한 마음 구조를 지녔다. 그런 암컷에게서 사랑을 이끌어 내는 가장 중요한 성분은 특정한 향기를 뿜어내는 분자나 유전적 연관도가 아니라 오랜 동안 유지되는 신체적 접촉이다. 이렇듯 오래된 영장류의 마술이 작동하기에 충분할 만큼 오랜 기간 동안 아기와 함께 지낼 뜻이 있는지는, 신체적, 사회적 환경뿐만 아니라 심리적 상태에도 달려 있다.

인간 어머니는 출산 직후 며칠에 걸쳐 아기를 알아보는 방법을 배우면서 점차 '사랑에 빠진다.' 어머니에 대한 아기의 애착은 아기들이 호의를 되갚게 만들기 때문에 어머니의 헌신을 한층 더 강화한다. 그래서 아기가 어릴수록 입양에는 더 좋다. 하지만 표준적으로 생산된 유인원 난소의 수명이 40에서 50살에 고정되어 있고 이 수명을 변경하기가 다소 힘들다는 사실만큼 영아가 발달 과정에서 필요로 하는 것 역시 비슷한 확실성을 갖고 고정되어 있다. 아기가 돌봄인에게 애착을 형성하며 사랑을 배우게 만들어 주는 과정은, 애착이 전혀 형성되지 않거나 이후 파괴가 되면 크나큰 비용을 치르게 만들기도 한다. 양육이 특정 수준에 못 미치면 발달 결과는 비참해진다. 정상적인 범위 내의 발달에 충분하다고 간주되는 보살핌이 제공되더라도, 아기가 헌신적인 혈육 사이에서 자라나고 있다는 사실을 지각하지 못할 경우에는, 타인과 공감할 수 있는 인간 잠재력을 현실화한 어른을 길러 내지 못할 수 있다.

출산 그 자체는 어머니가 자신이 낳는 아기라면 무조건 돌볼 것이라는 보증서가 아니다. 어머니가 되고 싶어 하는 여성은 누가 낳은 아기라도 사랑하게 될 수 있는 반면, 그런 경향이 없는 어머니는 자기 자신의 아기조차 사랑하지 못하게 된다. 다른 사람들의 도움을 받아 자식을 길러 내던 호미니드의 맥락에서 진화한 인간의 정서적 유산과 더불어 살아간다는 것의 의미는 바로 이것이다.

우리는 영리하고 매우 창조적인 종이지만 무한정 그럴 수는 없다. 우리의 과거는 신체적인 것뿐만 아니라 정서적인 측면에도 영향을 미친다. 삶을 꾸려 가는 과정에서 의식적인 선택을 하지 않는다는 뜻일까? 전혀 아니다. 사람들은 언제나 자유 의지를 실행한다. 하지만 오로지 **어머니 대자연**이 허락한 범위 안에서만 그럴 수 있다. 여성은 어떤 아기를 입양할지 선택할 수 있지만 그 아이와 자동적으로 사랑에 빠지지는 않는다. 또한 여성은 아이를 사랑할 수 있게 의지를 작동시키거나 그렇게 하라는 법적 명령에 응할 수도 없다. 수양 가정으로 가거나 입양된 아이들의 상당수가 결국 제자리로 돌아오게 되는 까닭 중의 하나는 여기에 있다. 이 사실은 입양에 관련된 모든 사람들에게는 고통스러운 결과가 된다. 그래서 입양 부모들 중 여기에 대해 이야기하고 싶어 하는 사람은 거의 없다. 나는 이 책을 통해 (원치 않은 임신을 한 어머니에게 산달이 다 찰 때까지 아이를 품고 있어야만 한다고 명령하는 법처럼) 어머니의 사랑을 법제화하려는 시도가 종종 좋지 않게 끝날 수밖에 없는 까닭을 분명하게 밝히려 한다.[30]

특히 질병을 비롯해 출산율의 증감에 관계되는 많은 생물학적 제약들이 의학적인 혁신 덕택으로 제거되었다. 오늘날 우리는 인간으로서는 최고로 넓은 선택의 폭을 갖고 있다. 하지만 그런 선택은 우리가 신기술을 통해 우리 자신을 위해 만들어 낸 작은 틈으로부터만 수확할 수 있다. 하지만 신기술이 새로운 제약을 가져오는 일도 자주 있다. 한 가지만 살펴보자. 아이들이 점차로 복잡해져 가는 세상에서 효과적으로 협상하는 데 필요한 교육을 받기 위해서는 유례없이 많은 투자와 시간이 부모들에게 요구된다. 그 비용은 다시금 부모의 삶에서 감정의 방정식을 변경하기 때문에, 일부 부모는 아이를 덜 원하게 된다.

나는 인간 어머니와 영아를 보다 넓은 비교적, 진화적인 구도 속에 위치시킴으로써 아기가 어머니에게 필요로 하는 것이 무엇인지, 어머니가 그것을 제공하기 위해 타인으로부터 필요로 하는 것이 무엇인지, 그리고 그 **이유**는 무엇인지에 대해 새로운 관점을 제공하고자 한다. 이런 설명은 아버지와 대행 부모를 아기 보기에 더 많이 참여시킬 수 있는 방법처럼 문제를 실질적으로 해결하는 데는 도움을 거의 주지 않는다. 나는 감당할 수 있는 가격이 책정된 안전한 보육 시설 계획은 제공하지 않는다. 하지만 나는 적어도 대행 부모의 보살핌이 적절하기 위해서는 어떤 요소가 포함되어야 하는지, 그리고 그런 보살핌을 우선순위로 삼는 것이 모든 공동체에게 왜 가치가 있는지를 설명할 수 있는 개요는 대략적으로 제공한다. 어머니의 감정과 유아의 욕구가 만나기 위한 첫걸음은, 그 배후에 있는 과정, 그리고 최근의 역사와 더 깊은 과거의 역사에 대해 더 많이 아는 것이어야 한다.

2부

어머니와 대행 어머니

문학은 거의 섹스에 관한 것이지 아이에 대한 것은 아니다.

하지만 삶은 다르다.

— 데이비드 롯지(David Lodge), 1965년

6장

젖 길

우리가 우리 자신의 행동을 결정하는 만큼 우리 행동이 우리 자신을 결정한다.

— 조지 엘리엇, 1859년

"성은 운명인가?" 이 질문이 제기될 때는 그 배후에 여성이 무엇을 하고 있어야 **하는지**와 관련된 의제가 있다고 내기를 걸어도 좋다. 여성들은 집에 머무르며 아이를 돌봐야 하는가 아니면 집 밖에서 다른 이해관계를 추구해야 하는가? 인간처럼 어린아이를 기르는 책임을 집단의 구성원들과 나누며 협동적으로 번식하는 다른 생명체들을 비교해서 살펴보면 성 그 자체가 문제는 아니라는 사실을 알 수 있다. 문제가 되는 것은 수유다.

양성 모두의 돌봄인, 유모, 그리고 심지어 '보육원'조차 인간에게 특유한 것은 아니며 딱히 새로운 것도 아니다. 협동해서 번식하는 많은 종들에게는 표준적으로 발견되는 특징이다. 앞에서 살펴본 것처럼 꿀벌이나 말벌과 같은 곤충에서는 협동 번식이 절묘하게 발달되어 있다. 도토리딱다구리(acorn woodpecker), 딱새(bee-eaters), 바위종다리, 어치(scrub jay)와 같은 새들에서도 공동의 자원 공급이 흔하다. 협동 번식은 일반적으로 포유류에서는 드물게 나타나지만 늑대, 들개, 난장이몽구스, 코끼리, 타마린, 마모셋, 그리고 인간과 같은 종에서는 잘 발달되어 있다. 이 모든 동물에서 어미 이외의 개체들('대행 어미들')은 어미가 자원을 공급하는 것을 지원하며, 다른 방식으로도 새끼 기르는 일을 돕는다. 어미의 짝(유전적인 아비인 경우가 많지만 늘 그런 것은 아님)이 대행 어미에 포함되는 것이 전형적이며, 부모 이외의 개체들('대행 부모') 역시 도움을 줄 것이다. 이 도움꾼의 대부분은 스스로 번식할 준비가 안 된 혈육이나, 현재로써 더 나은 선택지가 없거나 생길 가능성도 없는 열위 집단으로부터 모집된다. 인간에서는 가장 중요한 대행 부모가 대개 나이가 더 많은 혈육이다. 이들은 이미 번식을 했고 번식 가능 연령도 지난 상태다.

포유류에서 장기간의 포살핌이 필요하고 비용이 많이 드는 새끼를 갖는 경향은 시작 당시에는 적당한 수준에서 출발했다. 아마 알 낳는 파충류가 젖과 비슷한 무언가를 분비하기 시작하면서 시작되었을 것이다. 그런 난생 동물(egg-layer)들은 점차로 젖 생산을 위한 특수 장치를 갖춘 샘을 발달시켰다. 한 성별이 맞춤 제작 유아식을 생산하게끔 특화되어, 영아 생존에 결정적인 무언가를 다른 성별이 제공할 수 없게 된 것은 포유류뿐이다. 영장류 계보에서는 특히 영아가 보다 긴 기간 동안 의존하게 됨에 따라 이러한 특성에 많은 변주가 생겼다.

영장류 어미가 한배에 여러 새끼를 품는 대신 한 번에 한 마리의 새끼에게 보살핌을 집중시키기 시작함에 따라 판돈이 상당히 올라갔다. 외둥이(singleton, 한배에 한 새끼만을 낳은 것. ─옮긴이)는 어미의 털에 매달려 출생 직후와 이후 수개월 동안 어미와 함께 이동할 수 있을 만큼 성숙한 상태에서 태어났다. 어미의 운명을 결정하는 것은 이런 연장된 친밀한 결합일 수도 있고 아닐 수도 있다. 그러나 여기서도 핵심적인 문제는 **성**이 아니다. 문제는 수유다.

수유는 무엇과 관련되는가?

다른 형태의 보살핌은 그다지 성-특정적(sex-specific)이지 않다. 아비는 알을 품고 음식을 가져오며 아기를 보호한다. 드물지만 임신조차 (예컨대 해마와 같이) 수컷이 수행하는 기능이다. 하지만 수유는 그렇지 않다. 희귀한 과일박쥐 한 종의 유일한 예외를 제외하고 수유가 전적으로 암컷의 몫인 까닭은 무엇일까? 이런 신기한 분비가 대체 어떻게 시작된 것일까?

언뜻 보기에는 어미 해마가 괜찮은 거래를 한 것 같다. 어미는 짝에게 돌진해서 배주머니에 알을 삽입하고 보살핌에서 해방되어 먹이를 섭취하며 보다 많은 알을 만든다. 그동안 수컷의 배주머니로 돌아가 보면, 해마 암컷의 마지막 알 뭉치는 수정되어 아비의 뱃속에 휴대된 채 만삭이 되어 부풀어 오르는 수컷의 육아낭 속에 안전하게 보존된다. 출산 시에는 온전한 형태를 갖췄지만 아직은 작고 방어력이 없는 해마 새끼들이 자그마치 1,500마리나 망망대해로 뿜어져 나온다. 이 새끼들을 에워싼 바다는 자신보다 훨씬 큰 경쟁자들과 포식자들로 넘쳐 난다. 출생 직후부터 스스로 살아 나가도록 강요당하는 이 해마 새끼들은 대부분 굶어

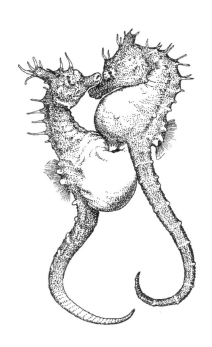

그림 6.1 암컷 해마가 수컷의 주머니에 알을 낳으며 '임신시키고' 있다.

죽는다.

부화될 때까지 알 속에서 보호되는 것과 대조적으로, **태생**(胎生, viviparity)은 부모의 몸속에 봉인된 어떤 방 안에서 출생 시 생존할 수 있을 때까지 영아를 안전하게 보호하는 것을 뜻한다. 하지만 태생은 그 자체로는 작고 여전히 무력한 생명체들에게 번성을 향한 발판으로는 하찮을 뿐이다. 세계로의 모험에 뛰어들기 전에 자궁 속에 더 오래 매달려 있으면서 더 크게 자라지 않는 까닭은 무엇일까?

그런 의무를 진 부모는 수집할 때 능률도 떨어지고 먹는 것도 나빠지며 포식자를 피할 때도 불리하게 된다. 수유는 항온 동물 새끼의 빠른 성장을 촉진하는 다른 대안들보다 우월했고, 수집 중인 어미가 새끼들이 스스로 방어하게 하는 대신 둥지나 땅굴 속에 새끼들을 안전하게 숨겨 둘 수 있게 하였기 때문에 진화했다.

수유의 장점

공룡이 사라진 이유에 대해 현재 가장 선호되는 가설은 전 지구적인 기후 변동 탓으로 미성숙한 개체들이 대거 굶어 죽었다는 것이다. '젖 길 (milky way)'을 따르는 포유류에게는 분명한 이점이 있었다. 수유를 통한 어미의 먹이 공급은 미성숙한 개체들이 수집에 따르는 위험이나 더 큰 동물들과의 경쟁을 감수하지 않아도 굶어 죽지 않을 수 있게 해 준다.

미성숙 개체들은 출생 후 오랫동안 어머니의 식품 저장고에 기댈 수 있으며, 이를 국지적인 식량 부족의 완충 지대로 삼는다. 미성숙 개체들은 젖을 분비하는 어머니의 곁에 남아 안정적이고 생육 가능한 환경을 얻게 된다. 그렇지 않을 경우 가혹한 기후 변동으로부터 살아남을 수 없었을 것이다. 공룡이 죽어 사라짐에 따라 수유하는 동물들이 진가를 발휘하게 되었다.

포유류 어미들은 조개, 풀, 곤충, 다른 포유류, 심지어는 독성을 지닌 식물에 이르기까지 이용할 수 있는 모든 먹이를 생물학적인 백금으로 변환시킬 수 있는 연금술사였다. 이 백금은 소화가 매우 잘되는 영양소와 항생제의 혼합물로, 미성숙한 개체들이 태어난 직후 보내게 되는 위험천만한 나날들 동안 에너지를 공급하며 보호해 준다. 어미는 에너지, 단백질, 그리고 무기질을 체지방으로 비축하고, 이 영양소를 재포장해서 어미와 새끼 모두에게 이로운, 대개 상당히 유연한 일정에 따라 나눠 준다.

변온 동물인 파충류의 새끼들처럼 곰의 새끼는 어미 몸의 파편에 불

그림 6.2 파충류에서 부모 보살핌(parental care)은 드물다. 하지만 예외는 있다. 가령 어미 악어는 새끼를 보호한다. 오리 모양의 부리를 한 마이아사우라(*Maiasaura*), 즉 '좋은 파충류 어미'라는 사랑스러운 이름을 가진 공룡의 행동을 재구성해 보면 이와 비슷한 사례가 된다. 마이아사우라 어미의 둥지에는 너무 일찍 깨어나 무력하기 때문에 가족 구성원이 먹이를 공급해야만 하는 만숙성(晚熟性, altricial, 천천히 성장하는—옮긴이) 알들이 10개에서 20개 정도 채워져 있었다.

과한 상태로 세상에 나온다. 하지만 그 후 새끼 파충류와 새끼 포유류는 다르게 자란다. 미국 흑곰을 살펴보자. 어미는 풍성한 여름에 짝짓기를 한다. 교미는 배란을 유도하지만 수정된 난자가 그 즉시 착상하는 것은 아니다. 이 배아는 연장된 발달 상태로 들어간다. 겨울이 되면 어미는 졸음이 오고 동굴로 돌아가 겨울 동안 동면하며 몸의 연료를 아낀다. 그때조차 임신은 자동적으로 진행되는 것이 아니다.

만약 곰이 수유를 감당하기에 충분한 지방을 비축하는 데 성공하면, 수정된 난자(또는 포배)가 착상하며 임신과 출산이 그 뒤를 따르고, 어미는 봄이 올 때까지 조는 채로 새끼에게 젖을 물린다. 지방이 충분치 않으면 초기 낙태라는 안이 받아들여지게 된다. 착상이 발생하지 않는 것이다. 다음 회임은 어머니의 상황이 개선될 때까지 연기된다.

만약 수유를 감당할 수 있을 만큼의 지방이 식탁에 차려진 상태라면 착상이 진행되고 어미는 둘에서 넷에 달하는 새끼를 낳는다. 새끼들은 분만 이후 어미가 밖에 내놓을 때까지 수개월 동안 자라며, 자기 스스로 먹을 것을 찾는 데는 수년이 더 걸린다. 새끼가 한 마리만 태어나면 어미는 한 마리의 새끼가 이 긴 출산 간격을 독점하게 내버려 두기보다는 버리는 경우도 이따금 있다. 그런 방식으로 어미 곰은 자신이 감당할 수 있는 수만큼을 더 빨리 출산할 수 있게 된다.

3살배기 곰이 스스로의 길을 가게 될 무렵이면 이들은 비교적 어미의 닮은꼴이 되어 건장하며 어미가 먹는 것을 먹을 수 있고 어미가 겁을 주어 쫓아 버리는 것은 무엇이건 적어도 위협은 할 수 있다. 반면에 새끼 파충류는 독립할 무렵에도 경쟁자나 포식자가 보기에 눈 하나 깜빡 안 할 수준이다.[1]

유연한 수유 일정은 심지어 동면이나 지연된 착상 같은 술수 없이도 열대에서 생겨난 포유류들이 몹시 추운 기후에도 적응할 수 있게 해 준다. 일본 북부에 사는 일본원숭이(japanese macaque)는 출산한 새끼들을 먹이고 젖을 물리며 여름을 보낸다. 가을이 다가오면 새끼들은 젖을 떼고, 어미와 젖 뗀 새끼들은 겨울이 오기 전 지방을 비축하기 위해 맹렬히 수집한다. 한겨울이 되면 다른 모든 음식들은 눈의 담요 아래 파묻히고, 원숭이들은 미성숙한 새끼들이 감기에는 만만찮은 나무껍질을 먹고 살아야만 한다. 이용할 수 있는 식량이 밑바닥을 드러내 보인 이 상황에서, 어미는 젖을 뗀 지 수개월이 지났지만, 기적적으로 수유를 재개한다.[2]

지방 비축

어미 영장류가 나중에 필요할 때 받을 수 있는 예약 상품으로 지방을 미리 비축해 둘 수 있는 능력은 유리하다. 하지만 시기가 결정적인 것으로 남는다. 지방은 꼬리, 엉덩이, 또는 등허리와 같이 이동성을 방해하지 않는 곳에 저장된다. 비축 지방의 활용은 빈틈없는 생리학적 통제 아래서 행해지며, 일본원숭이의 경우처럼 가능한 한 오래 지연되는 경우가 많다.

우리 자신의 종을 생각해 보자. 식탁에 차릴 수 있는 지방이 충분하면 일부 지방 세포는 렙틴(leptin)이라는 이름의 호르몬을 분비하기 시작하는데, 이 호르몬은 초경을 유도하는 내분비적 변환을 자극한다. 그 후 얼마간의 시간이 흐르면 젊은 여성은 실제로 임신할 수 있게 된다. 그 무렵이면 여성은 임신과 수유를 진행할 수 있게 해 주는 지방을 충분히 축적해 두고 있을 것이다. 이 지방을 어떤 인류학자들은 "번식 지방(reproductive fat)"이라고 부른다.[3] 여성의 번식 지방은 엉덩이와 허벅지, 또는 복부 근처에 집중되어 있다. 우연찮게도 현대 여성들은 지방 축적을 위한 이 황금기를 완경기 후 인공 에스트로겐(번식 호르몬의 하나)을 복용할 때 다시 경험하게 된다.

남성에게서는 이와 비교할 수 있는 지방 축적이 일어나지 않는다. 사춘기 이전에 어린 소년들과 소녀들은 동등한 양의 지방층을 갖고 있다. 하지만 초경 후 2년이 지나면, 소녀의 몸에 있는 지방의 비율이 214퍼센트가 증가하며 몸은 번식을 위한 준비를 시작한다.[4] 이 점을 인식한 많은 사회들은 사춘기 소녀들에게 특별한 음식을 주고 일의 양을 줄여 준다. 예를 들어 인도의 많은 마을 지역에서는 일반적으로 소년을 선호하고 더 잘 먹이지만, 소녀들이 월경을 시작하면 과자, 그리고 달걀과 같은 다른 특별한 음식을 준다.[5]

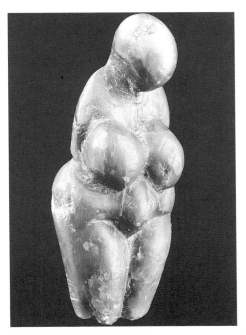

그림 6.3 지방은 페미니즘의 문제일 수도 있고 아닐 수도 있지만 번식의 문제인 것은 확실하다. 인간의 상상력은 이미 오래전부터 지방과 다산성의 연관 관계를 축복해 왔다. 2만 5000년 된 「그리말디 비너스(Grimaldi venus)」라는 이름의 이 조각상에서처럼.

　　많은 이들이 사춘기 소녀의 유선 근처에 특수한 지방 조직이 구축되는 현상을 설명하기 위해 여러 가설들을 재빠르게 양산해 냈다. 이 가설은 가슴은 엉덩이나 낙타의 혹과 같이 지방을 저장하기에 편리한 장소라는 것으로부터, 큰 가슴은 호미니드 청소년이 다른 소녀들과 좋은 남편을 두고 경쟁하는 과정에서 ('속임수'든 '정직함'이든) 자신이 수유를 감당할 수 있을 만큼 충분한 지방을 저장했다는 광고라는 것에 이르기까지 다양하다. 하지만 어머니가 굶주리고 있지 않는 한 가슴에 저장된 지방은 보통 젖을 만드는 용도로 대사되지 않으며, 큰 가슴 그 자체(일반적인 체지방과는 반대로)는 더 많은 젖을 생산하는 능력과는 무관하다.

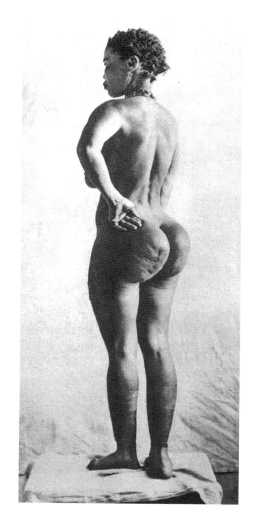

그림 6.4 둔부 지방 축적(steatopygia), 또는 엉덩이 부분의 극단적인 지방 축적은 아마도 예측할 수 없는 식량 자원에 대한 적응으로 진화했을 것이다. 여성은 임신을 지속하기 위해 신체 유지에 필요한 것보다 대략 7만 4000칼로리의 추가 열량을 필요로 하며, 그 이후에는 수유를 지속하기 위해 하루 600~700칼로리를 더 필요로 한다. 임신한 여성은 식량이 부족한 철이 반복적으로 닥쳐오는 것에 대해, 활동 수준을 감소시키거나 기초 대사율을 낮추는 방식으로 반응하며, 임신을 지속시키기 위해 필요한 열량의 총체를 감소시킨다. 하지만 영아 사망률, 또는 칼슘과 같이 필수적인 신체 비축 물질의 '임신 고갈(maternal depletion)'의 관점에서 계산된 비용은 알려져 있지 않다.[6]

여성다운 가슴에서 유별난 점은 가슴이 빨리 나오기 시작한다는 것이다. 가슴 발달은 초경이 시작되기 전, 즉 여성이 임신 능력을 갖추거나 아기에게 물릴 젖가슴이 필요하기 이전인 사춘기에 시작된다. 다른 영장류들도 두드러진 젖가슴을 갖지만, 이 조직은 수유 직전, 그리고 수유 기간 동안에만 구축될 뿐이다. 원숭이 어미들은 젖을 떼고 나면 새끼를 낳은 적이 한 번도 없는 암컷과 같이 납작한 가슴에 젖꼭지만 돌출된 모습으로 돌아간다.

영구적으로 확대된 젖가슴과 수유 사이에 연관이 없다는 사실은 어떤 생물학자들에게는 가슴이 단지 그 안에 저장된 영양 성분 때문만은 아닌, 일종의 광고로 진화했다고 추정하는 근거가 되었다. 지방 조직의 대칭적인 형태는 여성의 표현형 자질을 과시하는 것일 수 있다. 삶이 안겨 주는 질병과, 다른 다양한 발달상의 손상 원인에 대해 자신이 얼마나 큰 저항력을 갖고 있었는지를 보여 준다는 것이다.[7] 하지만 젖가슴의 일차적 기능이 젖의 생산인 것은 여전하다.

수유와 삶의 양식

모유는 (얼마나 묽건 기름지건, 또는 수유가 얼마나 지속되건 간에) 생활 양식에 대해 매우 많은 것을 알려 줄 수 있다. 나무두더지나 토끼와 같은 소형 포유류에서 나타나는 높은 대사율은 어미가 스스로와 자신의 새끼 무리를 유지하기 위해 지속적으로 수집 활동을 해야만 한다는 사실을 뜻한다. 어미는 여러 시간, 또는 수일간 연속으로 둥지에서 벗어나 있다. 영양과 지방질이 매우 풍부한 젖만이 새끼가 어미가 없는 긴 시간을 헤쳐 나갈 수 있게 해 준다. 이와 대조적으로 어미가 데리고 다녔던 초기 호미니드의 영아는 어미의 젖꼭지에 계속 접근할 수 있었다. 따라서 모든 다른 영장류들처럼, 호미니드 영아는 적당한 분량의 단백질과 지방질, 그리고 높은 당분 함유량을 갖고 있는 묽은 젖을 먹고도 생존할 수 있었다. 이 젖은 우유처럼 88퍼센트의 수분과 3~4퍼센트의 지방으로 구성되어 있고, 한 시간당 여러 차례 몇 분 동안 젖을 빨고 수개월 동안 수유를 지속할 수 있는 영아의 필요에 특수하게 적응되어 있다.[8]

수유는 영구적 구매자의 시장이다. 일부 포유류에서 공급자(어머니)가 처음부터 소비자의 수를 결정하는 것을 제외하면, 젖 빨기의 강도가 공급량을 소비자의 수요에 맞추게 하기 때문이다. 좋은 상태에 있는 어미는 더 많은 젖을 더 자주 필요로 하는 커다란 영아들을 낳는다. 어미는 자신의 신체 상태에 따라 감당하기에는 부담이 너무 크다는 사실을 깨닫게 되면 젖을 더 빨리 뗄 수 있고, 만일 새끼 무리가 작거나 새끼들이 천천히 자라나면 더 늦게 젖을 뗄 수도 있다.

· · · · ·

인간은 우리 자신처럼 아기가 될 때까지 배아를 임신하고 있는 태반 포유류에게 무언가 본유적으로 우월한 것이 있다고 추측하는 인간 중심주의의 덫에 빠지기 쉽다. 사실 느리고 정교한 우리 자신의 번식 양상이 실제로도 우월한지의 여부는 환경에 달려 있다. 전적으로 예측 불가능하고 극단적인 환경에서 순차적으로 번식하는 포유류들이 실행에 옮기고 있는 다회 번식을 기술적인 관점에서 본다면 유대류(marsupial)를 능가하는 동물은 없다. 유대류 포유동물은 짧은 임신 이후 엄지손톱 크기의 미성숙한 새끼를 낳는데, 이 새끼는 실질적으로 자궁 밖에서 발달하고 있는 태아와 다르지 않다.

그림 6.5 유방 조직은 임신 기간 동안 구축된다. 고릴라 어미와 같은 다른 유인원에서 확대된 가슴은 언제나 암컷이 수유 중이라는 표시가 된다. 인간에게서만 여성이 첫 출산 이전, 사춘기 동안에 두드러진 젖가슴을 발달시킨다.

오스트레일리아 오지의 불안정한 비에 적응된 캥거루는 서로 다른 나이의 영아에게 급식을 제공해 줄 수 있는 진정한 모유 카페테리아를 진화시켰다. 한 개의 젖꼭지에서 어미는 저지방의 '성장식'을 만들어 주머니 안에 보호된 자그마한 새끼 캥거루에게 먹이며, 어미 옆에서 뛰어다니다가 이따금 마실 것을 찾아 어미에게 돌아오는 나이 많은 새끼에게는 고지방의 '활동식'을 만들어 먹인다.[9]

캥거루의 난소 조립 라인은 높은 회전률에 적합하도록 특수한 채비를 갖추고 있다. 주머니에 있는 새끼 캥거루, 또는 자신의 발로 땅을 딛고 있는 새끼 캥거루 중 어느 한쪽이 어떤 이유에서든 젖 빨기를 멈추면, 수유 호르몬인 프로락틴 수치(더 많은 젖을 만들라는 신체적인 작업 지시)는 곤두박질치며 떨어진다. 대기 중이던 작은 포배(blastocyst, 수정된 난자가 생산해 내는 거의 텅 빈 세포들로 이루어진 공으로 이 안에서 배아가 발달하게 된다.)는 이 신호에 맞춰 활성화된다. 여분의 포배는 발달 휴지 상태(휴면기)에서 벗어나 대체물을 제공하게 된다.

오지에서의 사망률은 매우 높기 때문에 번식적으로 덜 유연한 종은 지금쯤 공룡처럼 이미 멸종하고 없을 것이다. 하지만 캥거루는 모든 상황에 적합한 어미다. 캥거루 암컷은 세 개의 다른 발달 단계에 있는 자손을 동시에 절묘하게 다룬다. 수송관에 있는 포배, 젖꼭지에 매달려 있는 임신 외부 태아, 제 발로 뛰어다니는 젖 먹는 새끼. 어미는 어떤 단계에서든 이 과정을 위험을 최소화하고 번식 행보에 제동을 걸지 않은 채 중단할 수 있다. 포식자에게 가까이 추격당한 어미 캥거루는 주머니 속의 새끼를 밀쳐 내거나 튕겨져 나가게 할 수 있다.[10] 이는 (어미에게) 안전하고 무척 신속하다. 퍼내기 위해 잠시 멈추는 대신, (무게가 갑자기 가벼워지고 뒤쫓는 포식자도 일시적으로 혼란스러워진 상태에서) 어미는 플랜 B를 진작부터 가동시킨 채 탈출한다. 젖 빨기의 중단은 휴면 중인 포배를 활성화하기 때문이다.

· · · · ·

고지방 젖은 언제나 그 생산자가 나무두더지처럼 자리를 비운 어머니라는 사실을 의미하지는 않는다. 영양이 풍부한 젖은 이따금 서둘러 배달되기도 한다. 어미와 영아가 곧 분리될 가능성이 높은 세계에서는 그래야만 할 필요가 있다. 두건바다표범(hooded seal)은 상대적으로 몸집이 큰 포유류지만 지금까지 알려진 바로는 가장 짧은 수유 기간, 즉 일주일의 수유 기간을 갖는 종이다. 어미는 지방을 미리 비축해 두고, 떠다니는 빙하의 꼭대기에서 새끼를 출산하는데, 이 새끼는 60퍼센트의 지방을 함유하는 고단백 식사로 8온스(약 227그램)짜리 한 병이 1,400칼로리에 달하는 순수한 크림을 빨아 먹는다.

바다표범 새끼는 며칠 만에 체중이 50파운드(약 23킬로그램) 증가한다. 그래야만 한다. 만약 부서지기 쉬운 육아방 바닥에 금이라도 간다면 언제고 젖을 떼야 하는 일이 일어날 수 있고, 결국 통통한 자만이 살아남을 수 있는 혹한의 세계에 새끼 홀로 남겨지게 되기 때문이다.[11]

· · · · ·

다야크과일박쥐(Dyak fruit bat)와 같은 드문 예외를 제하면, 수유는 암컷의 특수한 능력이다. 수컷은 정상적으로는 젖을 분비하지 않는다.[12] 이것은 체내 수정과 임신을 하는 동물에서는 부모 중 어미만이 아기가 제 자식임을 확신할 수 있다는 사실과 연관되어 있을지도 모른다. 이와 대조적으로 수컷은 자신의 자식이 아닐 수도 있는 자손에게 투자하는 일이 없도록 조심하게끔 진화해야 했다. 여지껏 임신에 바친 자원을 고려해 보면 젖에 대한 영아의 의존성과 어미의 제공 능력(어미 자신의 서열 그 자체는 아니다.)이 어미의 운명을 봉인한다.

영아에 대한 자원 공급이 언제나 성-특정적이지는 않았다는 점, 그리고 반드시 그럴 필요도 없다는 점을 볼 때, 어떻게 수유는 암컷에게 매우 결정적이고도 독특한 전문 영역이 된 것일까? 무엇이 어미에게 젖꼭지를 남긴 것일까?

프로락틴과 보살핌

수유가 언제 처음으로 진화했는지는 아무도 모르지만, "사후 공범(accessories after the fact, 범죄 이후 사건 은폐를 도와준 공범자를 일컫는 법률 용어. ─ 옮긴이)" 가운데는 수유를 유도하는 프로락틴이라는 이름의 호르몬이 확실한 용의자로 지목된다. 이 단순한 구조의 단백질은 분명히 수유에 개입되어 있고, 수유─옹호(pro-lacting) 기능을 기리는 뜻으로 그런 이름을 달게 되었다. 이 호르몬은 매우 오래되었고 만능에 다목적인데다 널리 퍼져 있다. 즉, **어디에나** 프로락틴의 지문이 있다. '범죄 현장' 그리고 다른 모든 곳에도. 프로락틴은 "스트레스 호르몬"이라고, 또는 보다 적절하게는 "부모 역할 호르몬"이라고도 부를 수 있다.

　의심의 여지없이 프로락틴은 젖 분비가 시작될 때 주변에 있으며 경기에 참가하는 선수이다. 하지만 이 선수는 (간단한 대답을 원하는 사람들에게는) 불행하게도 젖 분비가 절대 시작되는 법이 없는 조류와 어류의 종들에서도 발견된다. 뇌하수체에서 분비되는 프로락틴 분자는 광범위한 동물들의 양성 모두에서 발견되며 체모 성숙, 사춘기, 지방 대사, 그리고 스트레스 대처에 관여하고 있다. 프로락틴은 포유류가 최초로 등장하기 수억 년 전에 이미 양서류의 변태 과정, 그리고 경골 담수 어류의 수분 균형을 조절하고 있었다. 그럼에도 불구하고 이 호르몬에는 수수께끼 같은 측면이 있다. 어미나 대행 어미가 새끼를 보호하거나 그에게 자원 공급을 할 동기를 갖고 있을 때 그 수치가 증가했기 때문이다.

　프로락틴의 역할은 해석하기 쉽지 않다. 케임브리지 대학교의 영장류 학자 앨런 딕슨(Alan Dixon)은, 새끼를 데리고 있는 마모셋 수컷이 새끼가 없는 수컷에 비해 프로락틴 수치가 5배 높다는 사실을 처음으로 보고했다. 당시 그 발표는 동물이 스트레스를 받을 때도 프로락틴 수치가 높아진다는 사실을 알고 있는 숙련된 내분비학자들에게서 의혹과 환영 모두를 끌어냈다. 그들은 검사하는 절차 자체가 불균형의 원인이 된다는 가설을 세웠다. 구체적으로 말하면 아이를 돌보는 의무를 지닌 수컷은 홀로 있는 수컷에 비해, 혈액 샘플을 채취할 때 훨씬 더 스트레스를 받을 수 있다는 것이다.

이 실험을 이상적인 형태로 설계하면, 과학자들은 어떤 방식으로든 프로락틴 효과를 차단하고, 호르몬을 인공적으로 대체하여 이 분자가 보살핌에 어떤 영향을 미치는지를 관찰해야 한다. 하지만 이 절차는 기술적으로 어렵다. 우리는 변화무쌍하면서도 어디에나 있는 이 호르몬의 기능에 대해서는 감질나는 힌트만을 갖고 있을 뿐, 확정적인 증거는 전혀 없다. 완벽한 실험을 수행하지 않았지만, 딕슨의 연구 결과가 **스트레스** 때문이 아니라는 사실은 이미 분명하다. 연구자들은 스트레스를 받지 않은 **자유로운** 기증자로부터 얻어진 샘플을 분석했을 때도 프로락틴 수치가 수컷 돌봄꾼에서 높게 나타난다는 사실을 발견했던 것이다. 나중에 유사한 결과가 캘리포니아생쥐에서도 발견되었는데, 일부일처적 짝짓기를 하는 이 쥐에서 수컷은 출산으로부터 이유까지 보살핌에 크게 개입한다.[13]

수컷 해마가 임신할 때도 프로락틴 수치가 치솟는다.[14] 프로락틴 수치는 어치새 대행 부모(태어난 지 1년 되었고 번식하지 않는 양성 모두의 개체들이 전형적임)들이 날아가 둥지 안의 새끼들에게 먹이를 물어다 줄 때 증가한다. 타마린에서는 수컷의 프로락틴 수치가 짝이 출산한 직후에 상승한다. 프로락틴 수치는 처음으로 아비가 되어 경험이 없는 개체들보다는 경험이 있는 개체들에게서 더 높이 상승하며, 이 사실은 대부분의 보살핌을 어미가 제공하는 종의 어미에게도 해당된다.[15]

신기하게도 프로락틴은 **영아를 방어할 때**의 공격성이나 새들이 포식자를 따돌리기 위해 허위 정보를 퍼트리는 전술을 사용할 때와 같이, 양육적인 행동보다는 공격적이고 방어적인 형태에 가까운 행동의 맥락에서 비정상적으로 높게 나타난다. 매우 다양한 새들, 특히 땅바닥 위에 둥지를 짓는 새들(물떼새(kildeer), 청둥오리(mallard), 알락오리(gadwall) 등)의 경우 어미(양 부모 모두인 경우도 자주 있음)는 둥지에 너무 가까이 다가온 포식자의 주의를 흐트러뜨리기 위해 날개가 부러졌거나 상처를 입어 움직일 수 없는 척 위장하며 겉보기에는 무력한 모습으로 땅 위에서 눈에 띄게 비틀거린다. 알들이 부화할 시기에 가까울수록, 그리고 특히 알에서 깬 새끼들이 있을 경우, 이 무모한 행동이 감수하는 위험은 더 커진다. 어미 새는 코요테나 개가 심장이 멎을 만큼 가까이 다가온 후에야 도망치는 행동을 취하는 것이다. 나는 풀숲에서 개를 유인하는 어미 알락오리를 본 적이 있다. 어미 오리는 한쪽 날개를 내내 질질 끌며 펄럭였고, 개가 세상 어느 누가 보아도 가망이 없을 만큼 불구가 된 것처럼 보이는 이 새를 물가까지 쫓아와 원을 그리며 헤엄치게 만들었다. 어미 오리는 단 한 번이자 마지막인 기회를 놓치지 않고 물로 잠수한 뒤 떠올라서 기적처럼 날아가 버렸다. 어미 새의 새끼들은 연못 반대편의 풀숲에 숨겨져 있었다. 이 행동을 유발시키는 것이든, 아니면 그 결과로 나타나는 것이든, 새들의 프로락틴 수치는 이런 보여 주기 행동에서 치솟게 된다.[16]

영웅들은 제외하더라도, 프로락틴 수치가 더 높을수록 수컷과 암컷, 부모와 대행 부모 모두 영아가 필요로 하는 것에 더 많은 주의를 기울이게 된다. 높은 프로락틴 수치는 어미가 젖을 분비할 때, **그리고 대행 부모가 그저 돕는 행동을 할 때** 어떻게든 개입하고 있다. 프로락틴은 다른 호르몬과 상호 작용하는 방식으로 개입하며 주모자보다는 공범자 역할을 하고 있을 가능성이 높다. 양육 행동의 개입은 그 다음 차례로 뇌하수체가 더 많은 프로락틴을 분비하게 하는 것처럼 보인다(엘리엇의 표현을 빌리면

"우리가 우리의 행동을 결정하는 만큼, 우리의 행동이 우리 자신을 결정한다.").

보살핌 외교 사절

프로락틴과 같은 호르몬들은 세포 간 소통(cell-to-cell communication)에 맞게 특수화되어 있다. 이 호르몬들은 일종의 외교 사절로, 결과를 **야기할** 능력을 갖고 있다기보다는 일단 활성화되면 신호가 전달될 확률을 변경하는 장비에 가깝다(**호르몬**이라는 말은 '독려하다'는 뜻의 그리스어로부터 파생되었다.).

두뇌에 있는 뉴런은 신체적 행동의 실제 지휘자로, 행동 상태를 통합하는 역할을 한다. 호르몬은 단순한 공범자가 아니며, 그 효과는 목표 조직이 호르몬으로 전달된 메시지를 수용할 수 있는 정도에 달려 있다. 호르몬은 조직이 들을 준비가 되어 있을 때만 효과를 발휘한다. 따라서 행동 내분비학자 존 윙필드(John Wingfield)는 이 주제에 관련된 지식을 다음과 같이 요약한다. "행동을 야기하는" 것은 신경 회로다. 호르몬은 "하나의 행동 특질이 적절한 상황 속에서 발현되는 비율에 영향을" 줄 뿐이다.

윙필드가 연구하는 찌르레기(cowbird)는 신기한 사례를 제공한다. 인기가 없을 만한 이유가 있는 이 새들은 둥지를 짓지도 않고 새끼를 보살피지도 않는다. 그보다 찌르레기들은 다른 새의 둥지에 알을 낳는 새끼 무리 기생자(brood parasite)이다. 탁란을 당한(cuckolded, 탁란하는 새인 뻐꾸기로부터 온 말. — 옮긴이) 부모 새들은 둥지의 합법적인 체류자들에 비해 몸집이 2배가 큰 남의 새끼를 먹이기 위해 먹이를 물고 둥지로 돌아오게 된다. 탁란한 새끼는 숙주의 새끼를 쉽게 지배하며, 먹이를 둔 경쟁에서도 능가한다(찌르레기 새끼가 그토록 몸집이 크고 빨리 성장하는 이유를 생애사 타협을 통해 가장 잘 설명할 수 있을 것이다. 식객 노릇을 하는 어미는 숙주에 비해 자원을 알 생산에 더 많이 투자할 수 있다. 새끼 무리 기생자들은 보살핌에 자원을 할당할 필요가 없기 때문이다.)

하지만 이러한 둥지 기생자(nest parasite)조차 알을 낳은 후에는 혈류 속의 프로락틴 수치가 증가한다.[17] 단지 차이는 찌르레기 어미가 새끼들을 보살피지 않는다는 것이다. 이 사실을 설명하기 위해 제시되었던 견해는 찌르레기에서 프로락틴에 반응하는 신경 수용체는 메시지에 둔감하다는 것이다. 보살핌을 유도하려면 다른 자극 역시 주어져야만 할지도 모른다. 찌르레기 실험이 아직 진행 중이지만 이미 분명해진 사실 중 하나는 목표 조직이 '듣기' 시작하기만 하면 세포가 메시지에 점차 더 민감해지고 다른 곳에서 생산되는 메시지의 변화를 유도할 수 있다는 것이다. 따라서 내분비학자들에게 "호르몬이 행동을 야기하는 것인가요, 아니면 행동이 호르몬을 야기하는 것인가요?"라는 질문을 던진다면, 그들은 쓴웃음을 지으면서 "네."라고 대답할 것이다.[18]

· · · · ·

.

좋은 아이디어 중에 정말로 새로운 것은 별로 없다. 새로운 분자는 훨씬 더 적다. 자연선택은 정확한 돌연변이를 위해 수이온(eon, 10억 년에 해당하는 긴 시간. — 옮긴이)을 필요로 하는 새롭고 팔팔한 생산물에 의지하기보다는 이미 저장고에 있어 사용 가능한 것에 기댄다. 하지만 '생산자'와 '소비자' 모두에 작용하는 수억 년 이상의 선택 이후에는 포유류 어미가 생산하는 조제물은 마치 설계된 것처럼 양자 모두에게 완벽하게 들어맞는다. 본래의 수유 조리법은 남겨진 음식을 마구 뒤섞은 것이라는 사실을 잊기 쉽다.

수유의 기원

프로락틴은 진정한 내분비적 팔방미인이어서, 수분 균형을 유지하는 것으로부터 포식자를 둥지로부터 떨쳐 내기 위해 취하는 기괴한 전시 행동(display)에 이르기까지 광범위한 생리학적 활동에 개입하고 있다. 폭넓은 유산이라는 속성대로 이 다재다능한 호르몬은 포유류에서 처음 발견된 것이 아님에도 젖 생산을 유도하는 것으로(이름 또한 그 연관 관계 때문에 지어졌다.) 가장 잘 알려져 있다.

내분비학자들이 신비에 싸인 이 물질을 **새들**에게 주입하자 양성 모두의 가슴에서 알 품기용 패치(brood patch)가 발달된다는 것을 발견하게 되면서 최초로 프로락틴이 식별되었다. 알 품기용 패치는 알을 품고 있는 새들이 알에 맞대는 부위로, 혈관이 집중 분포되어 있는 맨살이다. 온열 패드와 유사하다고 생각하면 된다.

오스카 리들(Oscar Riddle)은 1935년에 그 물질이 프로락틴이라고 식별해 냈으며, 새에게 주입하면 알을 품는 성향을 유발한다는 사실을 발견했다. 증가한 프로락틴 수치는 암컷과 거세된 수컷 가릴 것 없이 알이나 새끼를 품고 덮으며 따뜻하고 안전하게 지키려는 충동과 결합되어 있다. 품으려는 충동은 너무나 강해서 다른 종의 새끼에게까지 무차별적으로 확장될 수 있다.

프로락틴은 사육 및 야생 비둘기, 황제펭귄(emperor penguin), 홍학(flamingo)과 같은 새들에서 수컷과 암컷 모두에게 '비둘기 젖(crop milk)'을 만들게끔 자극하기도 한다. 비둘기 젖은 일부만 소화된 음식의 혼합물로 치즈와 흡사하며 식도의 안쪽을 두르고 있는 세포로부터 분비된 점액으로 희석되어 있다. 소의 젖에서 분비된 지방이 풍부한 물질을 대접받는 데 익숙해진 사람들에게는 입맛을 떨어뜨리는 것처럼 들릴 수 있

그림 6.6 늑대에서는 열위 암컷이 실제로 임신하고 있지는 않더라도 이따금 임신과 유사한 호르몬 변화를 일으킨다. 프로락틴 수치의 증가, 젖 생산이 이 변화에 포함된다. 모방 임신(pseudopregnancy)은 오적응일 수는 있어도, 지금 매우 다른 조건 속에서 살고 있는 후예들에게 매혹적인 행동을 유발할 수 있다. 사진 속 새끼 고양이들의 어미는 모방 임신 상태의 잭 러셀 테리어 암캐가 자신을 몰아냈을 때 분명 당황했을 것이다. 이 개는 새끼 고양이를 입양해서 젖을 물리기 위해 자리를 잡고 있다.

지만, 이 지방질 풍부한 물질은 이제 막 부화한 비둘기 새끼나 비둘기 애호가, 그리고 성별을 가리지 않는 새끼 양육 역할에 구미가 당기는 지식인들에게는 열렬한 추종 대상이다.[19]

"인간 남성이 비둘기처럼 새끼를 품지는 않으나……"라고 장 자크 루소(Jean-Jacques Rousseau)가 18세기에 불평한 적이 있다. 애도비둘기(mourning dove)의 일부일처적 아비 새는 어미에 비해 더 많은 양의 비둘기 젖을 토해 내, 신호를 보내는 새끼 부리에 규칙적으로 넣어 준다.[20] 이 사실은 무관심한 아비에게 프로락틴을 한 방 놓으면 감각에 어떤 변화가 생길지 궁금하게 만들어 준다(계몽의 아버지인 루소 자신이 보여 주었던 아버지 역할에 대해서는 그림 12.8을 보면 된다.).

여기저기에서 부모가 생산한 유아식이 발견된다. 예를 들어 번식하고-죽는 어미 거미의 몸이 용해되면서 새끼에게 제공되는 단백질, 그리고 시클리드 물고기가 새끼들이 조금씩 뜯어 먹도록 분비하는 피부와 점액의 혼합물인 젖과 유사한 물질이 있다. 하지만 수유는 이러한 다른 물질들 및 비둘기 젖과 비교했을 때 두드러지는 형태인데, 특수화된 장치(유선)가 오직 한 성에서만 발달되기 때문이다.

유선이 오직 한 성별에서만 발달한다는 사실은 본래 어미가 주로 알을 품고 갓 부화한 새끼가 깨어날 때 이미 어미와 접촉해 있는 동물로부터 수유가 진화했음을 알려 준다. 그렇지 않다면 새에서 양성 모두가 비둘기 젖을 생산하는 것처럼, 양 성별 모두가 수유하지 않을 이유가 없다.

과거 포유류의 모사품으로 현존하는 종 중 최고는 단공류(monotreme)이다. 단공류는 새처럼 알을 낳지만 알이 부화한 후에는 어미 홀로 새끼를 보살핀다. 예를 들어 오리너구리(platypus) 암컷은 알을 바닥에 풀을 깐 땅굴 속에서 안전하게 품는다. 깨어난 새끼들은 어미의 보호를 받으며, 젖꼭지 없이 젖을 분비하는 어미의 몸 앞부분을 둘러싼 털에서 떨어지는 젖을 먹는다. 한 번 가정해 보자. 다윈이 포유류의 이전 형태인 파충류 일부 종에서 난생 동물의 땀 분비샘이 막혔다고 추측했다고 말이다. 그 결과로 생겨난 분비물을 빨아 먹는 새끼의 생존율이 증가되었다고 가정해 보자. 단공류는 다윈의 우연한-자원 공급 가설을 상당히 그럴듯한 것으로 만들어 주는 사례다.

수유가 어떻게 시작되었는지를 설명하는 주요 대안 이론 역시 비슷한 윤곽을 나타내고 있다. 살균 가설은 영아가 누린 초기의 이득이 영양 이득보다는 알의 항생 효과였다고 가정한다. 생물학자 대니얼 블랙번(Daniel Blackburn)과 버지니아 헤이슨(Virginia Hayssen)은 라이소자임(lysozyme, 세균을 소화하는 효소로 인간의 눈물과 피에 들어 있음)이라는 특정한 체

그림 6.7 젖꼭지 없는 유선으로 새끼를 먹이고 있는 오리너구리 그림.

분비 구성 요소가 우연히 분비되어 알에 공급되었다는 가설을 제안했다. 만약 이 운 좋은 분비 사건이 알을 품고 있는 동안 균류와 세균으로부터 알을 보호해 주었다면, 분비하는 어미들은 이런 좋은 실수를 하지 않은 어미들에 비해 부화 성공률이 더 높았을 것이다(그리고 수분 균형 조절이라는 유서 깊은 역할을 담당하고 있는 프로락틴보다 이런 분비를 더 잘 촉진할 수 있는 물질이 또 어디 있을까.).

만약 알을 유대류의 주머니처럼 축축하고 어두운 곳에서 품는다면 라이소자임이 풍부한 항생제를 조금 투여하는 것이 어미의 번식 성공을 증진시킬 수 있는 이유는 훨씬 더 많아진다. 이 가설을 지지하기 위해 헤이슨은 어미의 젖에만 있는 단백질(알파락트알부민(alphalactalbumin))이 라이소자임으로부터 진화했다는 사실을 지적한다.[21]

단백질이 풍부한 항생제를 핥아 먹었던 갓 깨어난 새끼는 면역학적 투여와 더불어 영양제 음료 역시 받은 것일 수 있다. 만약 항생제 가설이 정확하다면, 분만 이전과 이후 며칠간 젖가슴에서 분비되는 진한 노란빛 액체인 초유(colostrum)는 과거의 어미젖과 가장 유사한 물질일지도 모른다. 초유는 항생제를 포함하지만, 최소한 인간에서는 더 묽고 푸른빛이 감도는 진짜 젖에 비해 6분의 1의 열량만을 함유하고 있다.[22]

　문화권과 시기에 따라 초유에 대한 의견은 뚜렷한 차이를 보인다. 전혀 밝혀지지 않은 이유들로 인해 수집자인 !쿵으로부터 현대 아이티 농촌 지역의 농부, 그리고 17세기 영국의 의사들과 같이 서로 다른 인구 집단에서 초유가 해롭다고 간주했고, 어머니에게 갓난아기에게 먹이는 위험을 감수하기보다는 그냥 짜내라는 조언을 했다. 분만 후 수일 내로 초유는 진짜 젖으로 대체되며 수유는 그때까지 연기된다. 초유가 가져오는 이로운 결과를 생각해 보면 이러한 지체와 낭비는 이상해 보인다. 의학사가인 발레리 필데스(Valerie Fildes)는 시간에 따른 영국의 수유 관습의 변화를 면밀히 검토하여, 의사들이 마음을 바꿔 어머니에게 분만 직후 아기에게 젖을 물리라고 충고하기 시작한 다음, 생후 1개월의 영아 사망률이 급격히 감소했다는 사실을 발견하게 되었다.[23] 역사책은 보통 초유에 대해서는 별로 할 말이 없지만, 대가가 있는 식전주(食前酒, aperitif)라는 점은 점차로 명백해지고 있다.

의약품의 세포 등가물

일부 문화권의 부모는 초유를 버리지만, 다른 많은 문화권에서는 초유를 그 특수한 속성과 함께 관습적인 육아에 통합시킨다. 스웨덴 진료소에서 젖 샘플을 수집하던 한 미국인 간호사는 새로 아버지가 된 사람이 용액을 조금 나눠 달라고 해서 놀랐다. 그는 즉각 초유를 아기 엉덩이에 문질러 발랐다. "왜 그러는 거죠?"라고 묻자, "아, 기저귀 발진을 예방하려고요. 젖을 아기 눈에 한 방울 떨어트리면 감염을 막을 수 있죠."라는 대답이 돌아왔다. 초유와 마찬가지로 젖 역시 면역학적인 방어를 일부 제공해 준다.

실험실 연구는 민간에 전승되는 이런 지혜를 뒷받침해 준다. 시험관에 넣어 둔 신선한 모유는 이질을 유발하는 주요 아메바 종의 하나인 엔타모이바 히스톨리티카(*Entamoeba histolytica*)와 더불어 설사를 유발하는 흔한 기생충 가이아디아 람블리아(*Giardia lamblia*)를 죽인다. 모유에 있는 특별한 당단백질(락트아데린(lactadherin))은 영아기 설사의 주원인 중 하나인 로타바이러스(rotavirus)로부터 몸을 방어해 주는 것으로 입증되었다. 나는 학술지《사이언스(*Science*)》에 실렸던 최초의 항아메바 실험 논문의 제목, 일종의 연약한-다비드가-위험한-골리앗을-죽인다는 느낌의 영웅적인 제목을 좋아한다. 바로 「인간의 젖이 기생성 장내 원생생물을 죽인다」이다.[24]

· · · · ·

면역 방어 능력은 태반을 거쳐 어미로부터 태아에게 전수되며, 출산 이후에는 어미의 초유와 젖을 통해 영아가 빨아 먹게 된다. 면역학적 방어는 모든 '모계 효과' 중에서도 가장 중요한 위치를 차지한다. 이 항원들은 환경 속에 있고 아기가 접촉할 위험이 가장 큰 세균, 바이러스, 그리고 내장 기생충들로부터 아기를 보호하기 위해 정확하게 맞춤 제작되어 있다. 어미의 유선은 마치 의약품의 세포적 등가물인 것처럼 전문적인 처방약과 같이 작동하는 면역 글로불린(immunoglobulin) 분비물을 배달해 준다.

생존을 위해 필수적인 부분들이 우연의 손에 맡겨지게 되는 것을 방지하기 위해, 어미는 새끼의 분비물을 빨아들일 때마다 매번 다시 (새끼의 상태에 — 옮긴이) 노출된다. 이것은 포유류 어미(아마 독자의 가족 중에는 없겠지만)가 새끼를 핥는 데 그토록 많은 시간을 보내는 이유가 단지 위생상의 이유만은 아닌 까닭이다. 새끼가 노출된 것과 동일한 병원균에 노출되는 어미는 딱 맞는 항체를 생산한다. 수유 4개월 무렵까지 인간 어머니가 매일 먹이는 젖에 분비한 항체는 총 0.5그램에 달한다.[25] 따라서 포유류 새끼는 수주일과 수개월의 기간에 걸쳐 천천히 성장하는, 무한한 가치를 지닌 사치스러운 면역 체계를 누리게 된다.

만족의 영약

모유 수유는 어미와 자식의 접촉이 연장된다는 사실을 뜻한다. 모유 수유는 초유에 포함된 것과 같은 항세균성 약품의 배송 경로를 새로이 제공하기도 하지만, 친밀감을 상승시키는 새로운 업무를 담당하는 최신 화학 약품의 진화를 이끌기도 했다.

나는 첫아이를 낳은 후 느꼈던 도취감이 펩타이드 호르몬인 옥시토신이 대량으로 몸속에 존재하는 징표라는 이야기를 들었다. 보다 더 매혹적인 사실은, 내 딸에게 젖을 물리고 있는 동안 내 안에 순환하고 있던 '평화와 결속' 호르몬 일부가 젖을 통해 딸에게 전달되어 약한 진정제 역할을 하면서, 서로 가까이 있으면 매우 깊은 만족감을 얻는다는 인상을 우리 둘 모두에게 주었다는 것이다. 프로락틴과 달리 옥시토신은 포유류 이외의 다른 분류군에서는 자취를 별로 남기지 않고 있다. 가장 친절한 자연의 아편인 옥시토신은 분명 내분비적 무대에서는 비교적 새

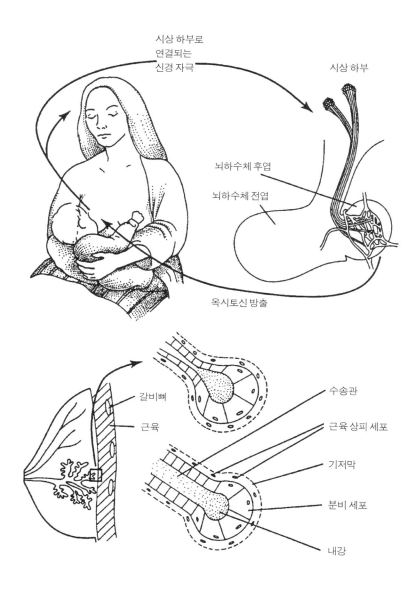

시상 하부로
연결되는
신경 자극

시상 하부

뇌하수체 후엽

뇌하수체 전엽

옥시토신 방출

갈비뼈

근육

수송관

근육 상피 세포

기저막

분비 세포

내강

그림 6.8 아기가 젖꼭지를 자극하면 옥시토신이 분비되어 유선 주변의 세포가 수축하게 된다. 이 반응은 고전적 조건화(classical conditioning)에 종속되어 있어서 아기의 울음소리만 들어도 어머니에게서 젖이 '풍선 바람처럼 빠져나온다.'

로 등장한 물질로, 포유류의 진정한 특징일 것이다.

옥시토신은 두뇌와 신체 모두에서 생산된다(난소와 정소 모두가 생산). 임신 기간 내내 나의 뇌하수체가 지속적으로 확장되고 옥시토신 수용체가 두뇌와 자궁에 새로 생겨났다. 옥시토신이 곧 이 두 기관에서 특별한 역할을 담당하게 될 예정이기 때문이다.[26] 분만 과정이 시작되자 옥시토신 파동이 내 자궁에 있는 평활근(smooth muscle) 수축을 유도하며 수시간 내에 딸이 바깥으로 나오게 했다. 즉, 옥시토신이라는 이름은 '신속한'이라는 뜻의 그리스어 *okus*와 '출산'이라는 뜻의 *tokos*로부터 생겨난 것이다.

이틀이 지나 젖이 나오게 되자 내 딸이 입으로 젖꼭지를 빨며 자극해서 뇌하수체에서 더 많은 옥시토신이 분비되었고, 이 옥시토신은 유선으로 향한 혈류를 따라 이동해 젖이 저장되어 있던 내강 주변의 평활근을 수축시켜 젖이 조금씩 흘러나오게 함으로써 딸의 요청에 반응했다. 내가 수유에 좀 더 조건화되자 딸을 생각하기만 해도, 울음소리만 들어도, '분비 반사(let-down reflex)'가 촉발되어 블라우스에 젖은 흔적을 남기게 되었다.[27]

신속한 분만을 위한 이 호르몬은 실용적인 공식 기능에도 불구하고 보다 주관적인 반응에도 깊이 개입하고 있다. 즉 수유할 때 어머니를 뒤덮는 따스한 감각의 물결, 두 마리의 포유류가 나란히 다정하게 앉아 있거나 서로 털 고르기를 해 줄 때, 또는 장기적인 관계의 짝들이 서로 코를 맞대고 비벼 댈 때 경험하는 거부감의 감소는 그런 반응들에 속한다. 사람이 좋은 메시지를 받게 되면 언제나 옥시토신 수치가 올라간다. 성애를 나누는 중 젖가슴과 생식기가 자극될 때도 옥시토신 수치가 높이 올라가는데, 이는 아마 오르가슴을 느끼는 동안 옥시토신 수치가 뚜렷하게 올라가는 이유일 것이다.[28]

일부 여성은(남성 역시) 어머니가 수유 중에 경험하는 '성적' 감각을 감지하게 되면 기겁한다. 아이에게 젖을 물리고 있을 때 오는 관능적인 느낌을 어머니가 고백할 때 공공복지 기관 담당자들이 부정적으로 반응한다는 이야기들도 넘쳐 난다. 일부는 자식이 그렇게 '도착적인' 영향을 주지 않게 할 방법을 찾기도 한다. 하지만 이 문제에 관련된 모든 사람들에게 도움이 될 수 있는 것은, 어머니의 감각이 쾌락의 영역에서 진화적으로 확실한 우선순위를 갖는다는 사실을 잊지 않는 것이다. 여성이 전희나 성교에서 쾌락을 느끼기 한참 전부터 조상들은 출산과 수유가 만들어 내는 비슷한 감각들에 긍정적인 반응을 보이게끔 선택되었다. 이 활동에서 쾌감을 느끼는 것은 아기를 생존시키는 데 도움이 되게끔 어미를 조건화했을 것이기 때문이다. 그렇다면 절정의 '후광'은 성적 반응보다는 고대의 '모성' 반응이라고 보는 것이 더 정확할 듯싶다.

· · · · ·

한 동물이 옥시토신의 마법에 얼마나 큰 감수성을 지니는가는 진화사에 따라 달라질 수 있다. 신경 내분비학자 수 카터(Sue Carter)는 이런 사실을 깨닫고, 양성 간의 제휴 관계가 영아 생존 증진으로 변환되는, 장기적인 짝 결속(pair bond)을 맺는 동물에서 옥시토신이 보다 중요할 것이라고 예측했다. 바로 이 때문에 카터의 동료인 톰 인젤(Tom Insel)은 다음과 같은 사실을 발견하게 되었다. 단혼적인 프레리들쥐(prairie vole)는, 유연관계는 가깝지만 좀 더 고립에 가까운 생활을 하며 사랑하고–떠나요 식으로 여러 암컷과 일부다처적으로 짝을 짓는 들쥐 종에 비해, 두뇌에 옥시토신 수용체가 많았던 것이다.[29]

수유와 운명

닭이 먼저인가 달걀이 먼저인가? 진화론자 존 하텅(John Hartung)은 분명히 알이 먼저라고 이야기한다. "그 알은 닭보다 돌연변이가 한 개 정도 먼다른 새가 낳은 것이다." 처음으로 젖을 분비하는 생명체가 될 알을 낳았던 수궁류(therapsid) 파충류는 이 돌연변이가 얼마나 광범위한 파문을 미치게 될지 거의 예측하지 못했을 것이다. 최초에는 땀 한 방울에 지나지 않았던 것으로부터 새로운 프로락틴이 매개하는 성장식이 출현하게 되었다. 수유의 기원이 지능의 진화와 관련 있으리라는 점을 암시하는 것은 아무것도 없었다. 하지만 실제로 관련이 있었다.

젖 분비는 세 가지 측면에서 새로웠다. 의심의 여지없이 파충류 또는 조류에 속하던 일부 어미는 홀로 새끼를 돌보았을 것이다. 그러나 수컷과 암컷 모두 동등하게 둥지를 보호하기 위한 장비를 갖추게 되고, 이것이 번식 성공을 증진시키게 되면서 새끼에게 자원 공급을 하는 장비 또한 동등하게 갖추게 되었을 수도 있었다. 젖 분비는 특정 성별과 연관된 보살핌 적응이고, 이전에는 없던 것이다.

둘째로, 영아를 생존하게 하는 이 독특한 가치를 지닌 영아식은 젖을 생산하는 개체를 훨씬 더 가치 있게 만들었고, 이미 있던 알 생산자들보다 훨씬 더 한정된 자원이 되도록 만들었다. 암컷이 새끼를 낳는 것만이 아니라 젖을 먹이게 되면서, 암컷을 두고 수컷들이 경쟁하던 일반적인 낡은 짝짓기 게임이 새롭게 세분화되었다. 이유 이후까지 살아남는 각각의 자손은 어미로부터 기회비용(더 많은 자손을 갖기보다 이미 갖고 있는 자손에게 젖을 물리며 생애의 일부 시간을 보내는 것)뿐만 아니라 어마어마한 신체적 투자까지 차출해 냈을 것이다. 비용 부담의 가치가 있을 만큼 충분한 기간의 수유를 감당할 수 없었던 어미는 선택에서 제외되었을 것이다. 따라서 암컷의 난소 기능은 어미의 조건과 지역적 상황에 그 어느 때보다도 민감해지게 되었다. 임신 간격이 길수록 수컷이 손에 넣을 수 있는 번식력 있고 배란 가능한 암컷은 더 적었을 것이다. 게다가 수컷들과 마찬가지로 다른 어미들은 이 생물학적 백금의 생산자를 통제하는 난투극에 참여하게 되었을 것이다.

세 번째 혁신은 새끼가 어미의 젖을 이용할 수 있게 되고 궁극적으로는 필요로 하게 됨에 따라 어미와 새끼 사이의 친밀성이 시간적으로 연장되었다는 것이다. 젖 분비에 수반되는 세 개의 부산물들 중 마지막 것(시간적으로 연장된 친밀성)은 사회적 관계의 진화, 결국은 새로운 두뇌 부위, 그리고 우리가 소유하기 때문에 특별히 많은 관심을 기울이고 있는 새로운 속성들의 진화에서 가장 중요한 역할을 차지하게 되었다.

부모 행동은 낡은 모자와 같다. 하지만 친밀한 사회적 관계, 그리고 그 관계를 지속시키기 위해 두뇌에 진화하게 된 신경 내분비적 토대는 매우 새로운 것이었다. 생태적 조건이 딸들로 하여금 어미 근처에 남는 것을 허락하는 곳에서, 딸들은 어미 근처에 남아 어미 또는 모계 혈육들만이 일상적으로 제공하는 보호와 사회적 지원을 향유했다.

사회적 지능의 출발

생물학적 조절(심박동과 호흡수), 가장 기본적인 충동과 본능(배고픔과 성욕)에 할애된 두뇌 부위는, 뇌간과 시상 하부 근처(귀 바로 아래 튀어나온 곳)에 있는 변연계(limbic system)와 연관되어 있다. 포유류는 보다 오래된 이 '파충류' 두뇌 위에 보다 새로운 대뇌피질, 특히 신피질(neocortex)을 진화시켰다. 이 부위는 소유자가 상황을 평가하고 비용과 이득을 저울질하며

(그리고 특히) **사회적** 상황을 포함하는 상황에 따라 계획을 세우고 결정하는 능력을 증가시킨다. 신피질은 비록 아랫부분보다 새롭지만, 완전히 독립되어 있는 것은 아니다.

신피질 수준에서 내려진 평가는 두뇌의 보다 오래된 부분을 압도할 수 있지만, 이런 결정은 변연계로부터 오는 입력에서 자유롭지는 않다. 뇌 과학자 안토니오 다마지오(Antonio Damasio)가 설득력 있게 주장했던 것처럼 합리적 결정은 오래된 감정으로부터 지속적인 정보를 취하고 있다. 이 원시적인 입력이 없으면 두뇌는 유기체의 생존과 장기적 적응도를 증진시키는 방식으로 계획을 세우지 못하는 것처럼 보인다.

당연한 일이지만, 동물이 평가해야 할 필요가 있는 상황이 복잡할수록 신피질은 (신체 크기에 대한 상대적 크기가) 더 커야 한다. 복합적인 사회 행동을 보이는 모든 포유류는 전뇌(forebrain) 나머지 부분과 비교해 볼 때 확장된 신피질을 갖는다. 영장목에서 보면 집단 크기가 더 큰 종이 상대적으로 큰 신피질을 갖고 있다.[30] 여기서부터 유전학과 뇌 과학에서 지금까지 밝혀진 것 중 가장 이상한 결과가 생겨나게 된다.

멘델 이후로 과학자들은 부모 각각으로부터 받는 유전자에 의해 어머니와 아버지의 특질을 자손이 물려받게 된다는 점을 이해해 왔다. 이것은 사실이지만 정확한 사실은 아니다. 때로 동등한 유전자라도 **부모 중 어느 쪽으로부터 물려받았는지에 따라** 다르게 발현되곤 한다. 그중 최소한 일부는 "유전적 각인(genetic imprinting)"이라고 부르는 과정에 의한 것이다. 유전적 각인은 부모 중 다른 한쪽으로부터 온 유전자가 싣고 있는 정보를 발현되지 않게 하거나 비활성화한다. 부모-특정적인 유전자 발현의 사례들 중 아직 거의 이해되지 않고 있지만 가장 매력적인 사례 하나는 사회적 상황을 조절할 수 있는 개인의 능력에 영향을 주는 유전자와 상관되어 있다.

많은 비범한 유전적 발견과 마찬가지로 이 발견은 유전적 결함에 대한 조사와 더불어 시작되었다. 이 유전적 결함은 X염색체 한 개만을 갖는 개인들에게서 생겨났다. XY(소년)도 아니고 XX(소녀)도 아닌 XO 소녀는 난소를 발달시키지 않으며, "터너 증후군(Turner's syndrome)"으로 알려져 있는 다른 특질들을 드러낸다. 런던 아동 보건 연구소(Institute of Child Health in London)에 있는 D. H. 스쿠즈(D.H. Skuse)를 비롯한 여러 동료들은, 터너 증후군이 있는 소녀 중 그들이 지닌 유일한 X염색체를 어머니로부터 받았는지 또는 아버지로부터 받았는지에 따라 신기한 차이를 보인다는 점을 발견하게 되었다. 대부분의 사람들은 남성에 비해 여성이 보다 숙련된 사회성을 갖는다고 추측하지만, 어머니로부터 X염색체를 물려받은 소녀는 아버지로부터 X염색체를 물려받은 터너 증후군 소녀에 비해 사회적 능력이 덜 발달되어 있었고, 주의를 분산시키는 자극을 정돈하는 능력도 덜 발달되어 있었다. 스쿠즈는 이 결과를 바탕으로 소년들이 특히 취약한 자폐증처럼 심각한 상태들뿐만 아니라, 말하는 능력과 읽기 능력에서 나타나는 발달 장애가, 사회적 인지와 언어 능력에 영향을 주는 X염색체상의 유전자가 발현되지 않은 탓일 수 있다고 추측했다.

X염색체를 어머니로부터 물려받은 터너 증후군 딸이 아버지로부터 물려받은 딸에 비해 사회성이 떨어진다는 사실은 이상하고 반직관적인 것처럼 보인다. 하지만 아들과 딸을 낳던 포유류 어미들의 진화적 맥락에서 생각하기 시작하면 이 이상한 결과를 설명할 수 있는 방법이 한 가지 떠오르게 된다.

유전적 변칙을 제외하면 어미로부터 어미가 가진 유일한 X염색체를 물려받는 것이 정상인 경우는 어떤 것일까? 이것은 정상적인 수컷이 임신될 때마다 발생하는 일이다. 정상적인 상황에서 아들이 지닌 유일한 X

염색체에는 수컷 포유류에게 특징적인 작은 Y염색체를 제외하면 길항 작용을 하거나 완충 작용을 할 수 있는 대응 염색체가 전혀 없다. 사회적 관계 형성을 내켜 하지 않거나 사교 기술이 부족한 현상은, 완충되지 않은 모계 X염색체로부터 비롯될 때 훨씬 더 강화된다. 그것은 아들이 집에 머무르고 싶은 마음을 감소시킬 것이다. 대부분의 포유류에서 혈육 가운데 남아(또는 '암컷 호향성'이나 '모계 거주(matrilocal)' 종) 있는 것은 암컷 이고, 대개의 모계 혈육들로부터 멀찍이 떨어진 다른 곳을 찾아가 이방 인들과 싸움을 벌이고 번식하기 위해 떠나는 것은 수컷이다. 이와 대조적으로 엄마로부터 물려받은 '성마른' X염색체와 균형을 잡기 위해 '친근한' X염색체를 아버지로부터 물려받은 딸들은 주변에 머물러 있을 가능성이 더 큰 자식이 된다. 물론 이것은 순전히 사변일 뿐이다. 케임브리지 대학교의 신경 생리학자 에릭 케번(Eric Keverne)이 포유류의 자기의식적 지능의 진화에 대해 들려주는 설명은 훨씬 더 광범위하다.

동정심의 기원

거의 대부분의 동물학자들은 포유류가 사회 집단으로서 살아가기 위해서는 대체로 딸이 자신의 어미와 모계 혈육들 사이에 남아 있어야 한다는 점에 동의한다. 이 사실은 포유류 일반뿐만 아니라 모든 원원류와 원숭이 대부분에서도 마찬가지로 적용된다. 케번은 이 사실을 염두에 두고 암컷 친족 사이의 지속적인 유대가, 두뇌의 '집행' 부위가 진화하는 과정에서 진화적으로 유의미한 사회 환경이라는 가설을 제안했다. 이 피질 부위는 동물이 사회적 상황을 가늠하고 그에 대처하기 위한 정합적 전략을 고안하는 능력을 부여해 준다. 집행 두뇌의 진화를 선호했던

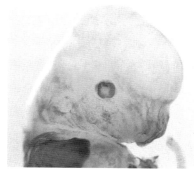

그림 6.9 케번과 공동 연구자들은 이 생쥐들을 특수하게 교배시킴으로써, 아비로부터 온 유전자는 활동하지 않고 어미로부터 온 유전자는 활동하게 만들어, 특수하게 큰 두뇌가 발달되게 했다 (왼쪽). 어미의 유전 정보 입력이 감소되거나 실행되지 않고 아비의 유전자가 온전히 발현된 태아 생쥐는, 몸집은 더 컸지만 작은 두뇌를 발달시켰다(오른쪽). 머리는 엄마로부터 오고, 체격은 아빠로부터 온다.

선택압은 모계 집단화를 포함하지 않고서는 설명될 수 없다.[31]

케번의 연구실에서 나온 아주 특별한 실험 결과는 사회적 지능이 모계 사회의 맥락에서 발원하게 되었다는 간접적인 증거를 제공한다. 케번과 공동 연구자들은 어미로부터 물려받은 유전자가 아비로부터 물려받은 유전자에 비해, 보다 최근에 등장한 두뇌의 '집행' 부위에 영향을 더 많이 준다는 사실을 보여 주었다. 케번은 특수한 품종의 생쥐를 이용해서 부모-특정적 유전자 발현을 조사했다. 모계 입력을 차단했을 때 새끼는 근육이 발달해 있었지만 작은 두뇌를 지니고 태어났다. 하지만 부계 입력을 차단했을 때에는 몸집이 더 작았지만 두뇌가 비대해졌다. XO 사례의 성미 급한 아들과 사교적인 딸들에 대한 가설에서는 아들들이 떠날 가능성이 더 크게 만들어져 있지만, 케번의 모델에서는 어미가 딸들을 보다 사교적이고 타자를 다루는 데 더 지능적이며 머물 가능성도 더 크게 만든다. 왜 그렇지 않겠는가? 무리 지어 생활하고 사회적 기술이 뛰어난 딸들은 어미, 그리고 다른 암컷들과 교류하기 위해 근처에 머무르게 될 것이다.

하지만 어미의 기여는 생리적인 것에서 멈추지 않는다. 어미는 사회적인 유산 또한 전수해 준다. 어미는 새끼가 다른 동물(예를 들어 같은 배의 새끼나 모계 혈육)들 중 누구와 교제할지를 결정하는 문제에서는 다른 어떤 개체보다도 더 큰 힘을 발휘한다. 어미는 자신의 행동을 통해 발달 중인 영아에게 다른 누군가를 '친숙한 동종 개체'로 식별하는 법을 배우게 하며, 그들을 '혈육'으로 식별하고 걸맞는 대우를 하게 한다.[32]

만약 확정적인 증거를 찾을 수 있다면, 케번의 작업은 포유류의 사회적 속성들과 그에 수반되는 관계가 보고된 가장 멋진 모계 효과라 동의하게 만드는 데 부족함이 없다. 타자를 개체로서 대하며 지속적인 관계를 형성할 수 있는 사회적 지능을 지닌 모든 생명체는 포유류에게 공통된 이 유산을 공유하고 있다. 모든 이들이 먼 과거의 여조상으로부터 유래했고, 그 여조상은 젖을 분비하는 어미와 그 자손 사이에 맺어지는 장기 지속적이고 친밀한 관계를 특징으로 하는 생애 주기를 갖고 있었다.[33]

· · · · ·

유전자, 신경 과학, 그리고 행동이 교차하는 지점에서 진행되고 있는 이 주목할 만한 연구는 아직도 초기 단계에 있다. 하지만 '젖의 길'이 의존적인 새끼와 그 여주인 사이에 맺어지는 매혹적인 관계의 진화를 개시했다는 점은 이미 분명한 사실이다. 산호초로부터 말벌에 이르는 많은 유기체들은 사회적이다. 올챙이나 멍게조차 혈육과 비혈육을 구분할 수 있는 뉴런을 갖고 있다. 다른 모든 동물들은 자극과 신호에 반응하여 다른 이들에게 반사적으로 서비스를 제공한다. 예컨대 아비 새는 신호를 보내는 부리 속에 먹이를 넣어 주는 것이다. 하지만 젖의 길을 따르는 자들만이 노장의 기회주의자 **어머니 대자연**이 서로 다른 신경 내분비적 조합을 시험하며 그중에서 자손의 생존과 어미의 장기적 번식 성공에 도움이 되는 **사회적 관계**를 촉진하는 조합을 선택하는 일에 착수하게끔 했다. 암컷만 자손을 보살피는 게 아니라는 점에서 성은 운명은 아닐지도 모른다. 하지만 수유는 암컷이 새끼 근처에 머무를 것을 요구한다. 어미와 수유 중인 새끼 사이의 지속적인 유대 관계는 두 편 모두에게 '사회적 지능'이 진화할 기회와 필요를 **동시에** 만들어 냈다.

수유는 사회적**이고** 지능적인 동물들의 진화에서 핵심적인 역할을 담당했던 것으로 드러난다. 이런 의미에서 수유는 단지 어미만이 아니라 동정심의 능력을 진화시킨 모든 개체들의 운명을 형성했다.

7장

지상에서 모성으로

어머니의 사랑은 무조건적이고, 무한히 보호하며 무한히 감싼다. 모성애는 통제되거나 획득될 수 없다. 무조건적이고, 또한…… 모두가 어머니 대지의 자식이기 때문에.

— 에리히 프롬(Erich Fromm), 1956년

태초에 키울 수 있는 설치류가 있다. 실험용 쥐와 생쥐는 다루기 쉽고 세대가 짧으며 플라스틱 상자 속에서도 잘 번식하기 때문에 우리가 아는 모성 행동 유전학과 생리학의 상당수는 이 조그만 포유류로부터 얻어졌다.

야생의 생쥐는 분만 직전에 짚, 깃털, 털, 우리 집의 경우 소파의 충전재 솜조각을 안전해 보이는 구석으로 옮겨 나른다. 우리에 사는 흰쥐는 인공 사육을 시작하고 몇 세대가 흐른 뒤에도 여전히 톱밥을 열심히 쌓아서 둔덕을 만들고 그 속으로 파고 들어가 따뜻한 구멍 속에 자리를 잡는다.

미리 연습할 필요는 없다. 어미 생쥐는 새끼를 낳고 몇 분이 채 지나지 않아 양수막을 물어 터뜨리고 태반을 먹으며 필요한 작업에 착수한다. 불과 몇 주 전만 해도 마주치는 갓난이를 무시하거나 물어 죽였을 암컷이 새끼를 한 마리씩 입에 문 채 따스한 둥지 더미로 옮긴다. 어쩌다 새끼 한 마리가 뒹굴다가 밖으로 떨어지면 이 고무 같은 분홍빛 살점을 물어 올려 살며시 제자리로 돌려놓는다. 새끼들이 행방불명되면 한기를 느낀 새끼들이 내는 초음파 목소리로 새끼들이 있는 위치를 찾아낸다.

어미는 새끼를 낳은 직후 새끼의 냄새와 소리에 대해 특수한 조율을 거치게 된다. 어미는 새끼가 하듯이 체온에 이끌릴 수도 있다. 어미는 밖에서 찍찍대는 소리가 더 이상 들리지 않으면 젖꼭지에 달라붙어 젖을 빠는 새끼들의 무리 위로 눕는다. 포유류 어미가 보여 주는 어미 역할의 구체성에는 움찔하게 된다. 처음으로 출산하는 어미라도 시행착오는 놀랄 만큼 드물고 실질적으로는 실수도 거의 없다. 산후 가정 관리는 직접적이고 유형화되어 있으며 신뢰도도 높다. 양수막을 물어 터트리는 그 효율성이 '미리 프로그램되어 있지' 않는 것이 가능할까? 그럼에도 불구하고, 우리는 어미들 사이에는 때로 새끼를 전혀 돌보지 않을 만큼 큰 변이가 충분히 존재한다는 사실 역시 알고 있다.

"본능적"이란 말은 무슨 뜻인가

어미가 새끼의 필요에 섬세하게 대처하며 새끼에게 필수적인 반응을 불러일으키는 방식은 고도로 통합되어 있는 공진화적 체계가 존재함을 증명한다. 어미는 다른 때나 다른 장소에서는 먹어 버릴 수도 있는 힘없는 한입거리의 피부에 남아 있는 양수와 피를 핥아 낸다. 제거하려는 의도가 분명하다. 어미는 항문과 생식기 부위에 특별한 주의를 기울인다. 둥지나 굴에 사는 대부분의 포유류처럼 생쥐 새끼가 소변을 보기 위해서는 어미가 핥아서 자극해 주어야만 한다. 어미가 이 일을 하지 않으면 새끼들은 죽게 된다.

새끼 소변에 들어 있는 유인성 화학 물질이 어미에게 가정을 잘 돌본 대가로 주어진다. 분비물을 먹어 치우는 어미는 땅굴에 기생충이라는 불청객이 자라나는 것을 방지하고 포식자의 입맛을 당기는 후각 신호가 퍼지는 것을 막을 뿐만 아니라 자신에게 많이 필요한 전해질을 분비물로 대체하고 있는 것이다. 일부 설치류 종의 어미는 아들의 생식기에 특별한 관심을 아낌없이 보이며 딸들에 비해 통계적으로 유의미하게 더 많이 핥아 준다. 실험 심리학자 셀리아 무어(Celia Moore)는 아들과 딸을 구분할 수 있는 능력(설치류의 경우 냄새)을 차단하자 추가 자극이 박탈된 아들은 성체의 성적 기능에 필수적인 신경 회로를 발달시키지 못한다는 사실을 발견했다.

· · · · ·

어미는 양육 본능을 타고나는가("그 여자는 어머니다운 타입이야."라는 이야기들을 가끔 한다.)? 임신해 있는 동안 여성 내부에서 어떤 변화가 일어나 여

그림 7.1 과거 중국과 일본에서는 "춤추는 생쥐" 혈통이 오늘날의 최신 비디오 게임만큼이나 유행했다. 중국에서 백색증(albino) 생쥐는 미래를 점치는 데 사용되었고, 생쥐 거래의 역사는 307년까지 거슬러 올라간다. 당시 가장 희귀한 돌연변이에 대해서는 약간의 금전적인 대가를 치르곤 했다. 위의 화보는 작은 몸집의 얼룩무늬 생쥐 변종을 얻을 수 있는 육종 지침을 알려 주는 18세기의 일본 문헌에서 등장하는 것이다. 다윈의 시대에 영국 상인들은 '예쁜 생쥐'를 유럽으로 데리고 돌아왔다. 하버드와 같은 곳에 있는 과학자들은 20세기 초반 무렵 모피 빛깔을 담당하는 우성 및 열성 유전자들에 대한 지식을 이용해 유전을 연구했고, 20세기 후반에 들어서는 특정 유전자들을 '기능 차단'시켜서 유전자가 행동에서 담당하는 역할을 연구하고 있다.

성을 어머니답게 되는 것일까("아이가 태어나기 전에 보금자리를 만드는 본능이 발현되기 시작했다.")? 아기로부터 온 자극 때문에 반응성이 증가한 것일까("그녀는 새로 태어난 아기와 흠뻑 사랑에 빠졌다.")? 암컷은 경험과 더불어 어머니가 될 준비를 해 나가는 것일까?

이 질문들에 대한 대답은 최소한 생쥐의 경우에는 모두 다 그렇다는 것이다. '본능'이라는 말을 새끼에게 분만 직후부터 자동적이고 절대적인 헌신을 필연적으로 약속하는 것이라고 간주하지 않는 한, 이 말은 모성 행동을 묘사하기에 적절한 표현이다. 오히려 어미의 '모성 본능'은 새끼를 포함하고 있으며 '아기의 걸음마'에 맞추어 점차 펼쳐져 나간다.

본성(nature)은 양육(nurture)과 완전히 분리될 수 없다. 하지만 인간 상상력의 어떤 부분이 세계를 그런 식으로 양분해서 보게 하는 경향이 있다. 본성 대 양육, 본유적인 것 또는 획득된 것. 존재하지도 않는 이런 이분법이 수십 년에 걸쳐 지속되는 까닭은 참 모호하다. 특정 유전자가 없는 어미 생쥐는 새끼를 돌볼 수 없다는 사실이 최근 발견되었다. 이 발견은 '어미 역할의 핵심적인 본질'을 담당하는 유전자(마치 그러한 유전자가 있다면 있고 없다면 없을 것이라는 식으로)에 대한 새로운 이야기들을 이끌어 냈다. "양육 본성"(헤드라인의 표현을 빌리면)은 본유적이지는 않을지 몰라도, 본성 대 양육과 같은 말끔한 이항 대립으로 정보를 조직하려는 욕구는 본유적일 수 있다.[1]

유전형으로부터 표현형으로

과학자들은 오래전부터 포유류 두뇌의 특정 영역(시상 하부의 시신경 교차 앞 영역(preoptic area))이 양육 관련 행동의 지시에서 필수적인 역할을 하는 것으로 추측해 왔다. 보통 "포스 유전자(fos gene)"라고 알려진 네 개의 유전자족이 발현되는 곳은 시상 하부다. 포스 유전자는 전자 회로의 마스터 스위치 비슷한 역할을 담당한다. 이를테면 다른 유전자를 활성화하거나 '켜는' 것이다.

하버드 대학교 의과 대학의 제니퍼 브라운(Jennifer Brown)은 마이클 그린버그(Michael Greenberg)와 스위치 유전자의 작동 방식을 규명하기 위한 공동 연구에서 포스B(fosB) 유전자로 알려져 있는 유전자 하나만을 결여한 새로운 유전 혈통(genetic strain)의 생쥐를 만들어 냈다. 이들 '기능 차단(knockout)' 생쥐는 다른 면에서는 정상적으로 보였다. 포스B 유전자가 없는 생쥐와 있는 생쥐를 비교하는 방식으로 그 유전자가 어떤 역할을 하는지를 알아낼 수 있다.

첫 단계는 포스B 유전자가 없는 기능 차단 생쥐를 번식시켜 대규모 연구에 쓸 수 있을 만큼 충분한 수를 확보하는 것이었다. 포스B 유전자가 없는 생쥐들은 몸집은 약간 작았지만 다른 측면에서는 건강했고, 짝짓기를 해서 임신을 하며 생존력 있는 새끼를 낳을 수 있었다. 하지만 다음 세대 돌연변이가 태어나자 크게 잘못된 점이 있다는 사실이 분명해졌다. 포스B 유전자가 없는 어미에게 태어난 새끼들 대부분이 출생 이틀 만에 죽었던 것이다. 브라운의 의문점은 그 생쥐들이 무엇에 감염이되었는지 아니면 결함이 있었는지에 대한 것이었다. 보다 면밀하게 관찰하자 생리적인 문제는 아니라는 사실이 밝혀졌다. 게다가 새끼를 데려가 수양어미(foster mother)에게 맡겼을 경우에는 괜찮았다. 문제는 새끼들에게 있는 것이 아니었다. 어미의 보살핌이 없었던 것이다. 새끼들은 분만 후 하루 내지 이틀 만에 추위와 굶주림 때문에 죽었다.[2]

어미의 후각과 청력에는 이상이 없어 보였고, 옥시토신이나 프로게스테론과 같은 모성 호르몬은 정상 범위 내에 있었으며, 유선 역시 정상적으로 젖을 만들어 내고 있었다. 그렇다면 어미는 왜 새끼를 무시하고 있었던 것일까? 만약 진화적으로 필요 불가결한 조건을 찾고 있었다면 포유류 후손에 관한 한 생쥐의 포스B 유전자가 정답인 것처럼 보였다. 하지만 한 개의 유전자가 '어미 역할의 본질'이 될 수 있을까?

그림 7.2 마이클 그린버그의 실험실에서 행해진 연구는 스위치 유전자들이 어떻게 작동하는지에 초점을 두었지 어미 역할에 초점을 둔 것은 아니었다. 하지만 유전 공학적으로 '기능 차단'된 어미에게 태어난 대부분의 새끼들이 보금자리 밖에 남겨진 채 춥고 배고파서 절망적인 초음파 신호를 보냈지만 아무 소용이 없었다는 사실은 이상해 보였다. 제니퍼 브라운이 후에 표현한 바에 따르면 처음에는 영아 사망률이 "더 큰 규모의 실험을 할 만큼 내 호기심을 자극하기에는 충분했지만, 그렇게 엄청난 일이 벌어지고 있다고 생각하게 할 만큼은 아니었다."[3]

그렇지 않다. 한 개의 유전자가 할 수 있는 것은 특정 단백질을 암호화하는 것이 전부다. 분자로부터 복합적인 행동으로 가는 과정은 훨씬 복잡하고 역동적이다. 포유류에서는 그 과정이 사회, 환경 조건이나 외부 자극(새끼의 존재 등)에 달려 있는 반응에 민감하고 어미 자신의 과거 경험에 의해 변경된다. 이는 포스B 유전자가 어미에게 어미 노릇을 유발한다는 것을 뜻하지 않는다. 포스B 유전자의 부재는 호르몬에 의해 자극된 암컷에게 모성 행동을 유발하는 일련의 반응들 속에서 필수적인 사건 하나가 일어나지 않았음을 의미할 뿐이다. 보물찾기에 나섰는데 **단 한 개**의 단서가 부족한 것과 마찬가지다.

포스B 유전자는 어미의 뇌로부터 신체 다른 부분으로 이어지는 신호의 연쇄 반응 속에서 한 개의 연결 고리를 담당한다. 하지만 이 연결은 결정적이다. 브라운은 다음과 같이 아직은 시험적인 설명을 제안한다. 어미가 새끼의 냄새를 처음 맡는 순간 새끼들의 냄새는 어미의 두뇌에 있는 포스B 유전자를 활성화시키는 신경 신호를 유발한다. 그 다음 포스B 유전자는 다른 유전자들을 켜는데, 이 유전자들은 시상 하부가 이 신호의 연쇄 반응에 민감해지게 한다. 이 신호들의 궁극적인 목표 지점 중 하나는 입과 턱에 있는 신경들일지도 모른다. 어미는 새끼들을 한데 모으기 위해 한 마리씩 입으로 물어 올려야 하기 때문이다. 만약 돌봄꾼이 새끼 냄새를 발산하며 꿈틀거리고 찍찍대는 새끼들을 한데 모으지 못한다면, 그러한 청각-후각적 신호에 대한 반응으로 유도되는 다른 연쇄적인 행동들이 전혀 진행되지 않을지 모른다.[4]

이후 10년 동안 연구자들이 브라운의 시나리오를 받아들였는지와는 별도로, 그 시나리오는 핵심을 제대로 짚고 있다. 여기서 없는 것은 어미 역할의 '본질'이라기보다는 어미가 새끼 한 마리를 들어 올릴 때 어미 시상 하부에 있는 시신경 교차 앞 영역에 있는 유전자에 의한 신경 전달의 활성화이다. 이를테면 원숭이와 같은 동물에서 새끼가 어미에게 매달릴 때 비슷한 활성화가 일어날 수도 있고 안 일어날 수도 있다. 연구자들에게 인간에게서 포스B 유전자와 어머니 역할 사이의 관계를 분명히 밝히라고 압력을 주자, 연구자들은 신중하고 현명하게 "인간에게 포스B 유전자가 존재합니다. 여기부터는 상상에 맡기겠습니다."라고 대답했다.[5]

· · · · ·

양육 행동이 출현하기 위한 필수적 단계에 관련된 유전자가 없는 어미 생쥐에게 반응 연쇄 고리를 인공적으로 수행해 주면 어떤 일이 벌어지게 될까? 아직은 모른다. 하지만 포스B 유전자가 없는 어미의 새끼들을 어미가 돌볼 수 있는 위치에 자동적으로 놓아 둔 경우를 상상해 볼 수 있다. 다른 모성 행동이 평소처럼 전개될 것인가? 우리는 **어머니 대자연**의 설계가 안전장치, 중복, 그리고 대안 경로들로 가득하다는 사실을 이미 알고 있다.

임신과 출산만이 모성성을 유발하는 유일한 경로는 아니다. 심리학자들은 오래전에 "예민화(sensitization)"라고 일컬어지는 현상을 발견했다. 이를테면 동정인 암컷 쥐는 우연히 마주친 새끼를 무시하거나 잡아먹을 것이다. 하지만 반복해서 새끼들에게 노출되면 무경험의 "지옥에서 온 보모(au pair from hell, 오페어(au pair)는 지역 문화와 언어를 익히기 위해 숙식을 제공받는 대신 집안일을 거들어 주는 여성을 일컫는다. — 옮긴이)"는 상당한 양육력을 발휘한다. 임신에 특유한 호르몬 변화가 없어도 말이다. 실험자들이 우리에 새끼들을 넣고 또 넣으면 결국은 죽이는 것을 멈추고 새끼들을 돌보기 시작한다.

대부분의 설치류 암컷들(많은 수컷들과 마찬가지로)은 새끼를 핥고 보호하기 위해 감싸며, 새끼가 떨어졌을 경우 조심스럽게 이로 물어 올려 데리고 돌아오게끔 조건화될 수 있다. 일단 메시지가 전달되기 시작하면 새끼가 그냥 앞에 있기만 해도 돌보려는 욕구가 생겨난다. 임신 중의 호르몬 변화는 분명 절대적인 필수 조건은 아니다. 하지만 동일한 암컷이라면 일단 임신을 하게 되면 새끼들에게 보다 빨리 반응하게 된다.[6]

이제 고전적인 연구가 된 한 실험에서는 새끼를 갓 낳은 쥐에서 채취한 피를 동정의 암컷에게 주입했다. 수혈받은 동정 암컷이 새끼들을 모아 오는 데 걸리는 시간이 급격히 감소되었다. 동정 암컷은 많은 경우 유혈이 낭자한 장기간의 사전 노출 없이도 15시간 만에 자발적으로 새끼들을 모으기 시작했다. 암컷들은 방금 새끼를 낳은 어미처럼 새끼를 한

데 모으고 감싸며 핥아 주었다.[7]

수유 중의 공격성

동정의 생쥐를 새끼들에게 반복적으로 노출시켜서 진짜 어미가 하는 것과 같은 돌보기 업무를 수행하도록 유도할 수 있다. 하지만 이 과정(예민화)은 한 가지 주목할 만한 결함을 보인다. 어떤 대행 어미도 진짜 어미만큼 과격하게 새끼를 보호하지 않는 것이다.

태어난 지 며칠 후 새끼들의 요구에 대한 반응으로 젖이 생산되기 시작하면, 어미들은 온화한 성품의 생쥐로부터 가차 없이 물어뜯는 털 뭉치로 변신한다. 나는 분만 후의 야생 생쥐가 50센티미터에 가까운 길이의 뱀이 들이대는 코를 가격하는 모습을 본 적이 있다. 어미는 수컷이든 암컷이든 같은 종에 속하는 동류조차 목숨이 위험할 정도의 부상을 입힐 수 있다.[8]

우리가 지금 이야기하고 있는 것은 에리히 프롬의 "무한히 보호하는"이라는 형용구에 부족함이 없는 암컷 검투사다. 최고도로 결심이 확고한 침입자만이 그런 맹렬함으로부터 몸을 지킬 수 있을 뿐이다. 다른 이들을 새끼로부터 떼어 놓으려는 모성 조건화(maternal conditioning)는 많은 포유류에도 남아 있다. 덩치 큰 수캐가 슬금슬금 물러나는 것을 보고 싶으면 코앞에 작은 강아지를 내밀면 된다. 수캐는 어미로부터의 보복을 두려워한 나머지 털이 북슬북슬한 자석의 반대 극인 것처럼 강아지를 피할 것이다.

이러한 지킬-하이드 식의 변환을 설명하기 위한 전문 용어는 "수유 중 공격성(lactational aggression)"이라고 한다. 하지만 암컷은 왜 수유 중일 때 특별히 공격적이어야 하는가? 출산 이전에 이미 삶은 거칠고 세상은 포식자와 경쟁자로 가득하다. 그 까닭의 일부는 물론 연약한 새끼들로 가득한 보금자리를 지키려는 동물은 공격에 맞서기 위해 더 거침이 없어야 한다는 것이다. 하지만 이탈리아 사회 생물학자인 스테파노 파르미지아니(Stefano Parmigiani)는 다른 설명을 제안했다. 젖을 빠는 새끼를 데리고 있는 어미는 새끼를 지켜 내기 위해 맞서야 할 특별한 적이 있다. 동종, 특히 그 자신의 종에 속하는 영아 살해자 수컷들(infanticidal males)들이다.[9]

수유 중 공격성은 새끼에 대한 대규모 투자가 진행되고 있는 바로 그 시기에 시작된다. 그토록 조그마하며 활동적이고 온혈성인 생명체가 7~8마리의 새끼에게 지방질이 풍부한 젖을 제공하려면 엄청나게 큰 비용을 부담해야 한다. 몸무게가 20그램 남짓한 어미 생쥐는 새끼들이 젖을 떼기까지 3주에 걸쳐 단백질, 지방, 당류로 볼 때 자기 몸무게의 5배에 해당하는 100그램 단위의 젖을 공급한다. 수컷의 습격을 받고 새끼가 죽임을 당할 때 대다수는 생후 3일 이내에 있다. 어미는 최소한의 임계점을 넘는 이 시점으로부터 침입해 들어오는 동종 개체들에게서 새끼들을 지키기 위해 어떤 위험이라도 무릅쓴다.[10]

20년 전에 행해진 섬뜩한 연구 몇 가지가 이 변환을 촉발하는 것이 젖 물리기라는 사실을 보여 주었다. 외과적으로 젖꼭지가 제거되어 젖을 물릴 수 없는 어미들은 이러한 과잉 맹렬성으로의 전환을 보이지 않았다. 실험자들이 자극(임신 후 젖 물리기를 모방하는 실험 절차)할 수 있을 만큼 젖꼭지가 큰 크기로 자라도록 호르몬 처리를 거친 동정의 암컷들은 공격적으로 **변했다.**[11]

어미가 된 동물들의 공격성은 처음에는 포식자에 맞서 방어하기 위한 것으로 설명되었다. 영아 살해는 그다지 많이 관찰되지 않았고, 관찰된 것은 전부 우리에 가둬 두어 생기는 인공적인 영향이라고 가정되었다. 하지만 보다 많은 정보들이 가세했고, 파르미지아니는 수유 중 공격성에 의한 보호가 제공되지 않으면 영아 살해가 훨씬 더 흔할 것이라고 지적했다.[12] 그의 논의는 백기사가 앨리스에게 말이 차꼬를 찬 까닭은 상어 떼가 물어뜯는 것을 막기 위해서라고 설명하던 것과 비슷하게 들렸다. 앨리스가 상어가 없지 않냐고 응수하자 기사는 바로 그 사실이 차꼬가 효과가 있다는 점을 증명한다고 말한다. 어미가 제거된 실험들은 반-영아 살해 보호가 보증된 것이라는 추측을 확증했다(오늘날 그런 공격이 많은 새들과 포유류에서 보고되어 있으며, 많은 동물 행동학자들은 영아 살해가 보고된 종에서 새끼를 보호하는 부모를 제거하는 것을 포함하는 실험은 비윤리적이라고 믿는다.).[13]

모성 호르몬

실제 삶에서 새로운 어미는 한 번의 시도만을 할 수 있을 뿐이다. 만약 새끼들을 무시한다면 새끼들은 죽을 것이다. 하지만 걱정할 필요는 없다. 수태 직후 배아가 착상하게 되면 태반(배아를 위해 작동하는 배아의 연장과도 같은 것)은 임신을 지속시키기 위해 추가의 에스트로겐과 프로게스테론을 생산하기 시작하며, 사랑에 빠지는 마법의 약과도 같이 어미를 그러한 분위기에 빠지도록 유도한다.

임신의 마지막 3분의 1의 기간 동안 일어나는 일련의 내분비적 사건들은 어미와 새끼들이 첫 소개팅에서 사랑에 빠질 수 있게끔 어미를 준비시킨다. 하지만 걸림돌이 하나 있다. 새끼들의 공급책이자 이러한 내분비적 칵테일을 제공하는 역할을 하는 태반이 새끼들의 출산과 더불어 밖으로 나오는 것이다. 태반 배출은 프로게스테론과 에스트로겐 수치가 뚝 떨어지게 만든다. 어미가 자신들을 받아들여 주는 것이 새끼에게 가장 절실한 것처럼 보이는 순간에 말이다. 어미들은 호르몬이 풍부하고 마약도 섞인 태반을 먹으면서 마지막 용량을 복용한다.[14]

높은 수치의 프로게스테론과 에스트로겐은 어미를 양육에 적합한 분위기에 빠지게끔 유도하지만 지속적으로 주의를 기울이는 현상에 대해서는 거의 설명하지 못한다. 설명을 위해서는 앞 장(章)에서 서술된 프로락틴과 옥시토신을 고려해야 한다. 이 호르몬들은 젖 생산, 그리고 젖을 전달하는 분비 반사와 가장 흔히 동일시되는 물질이다. 임신 기간 동안, 그리고 특히 출산 직전, 옥시토신 수용체들이 뇌에 생겨난다. 호르몬이 분만 시 분만 수축을 촉발할 때 이 자연의 마약은 새끼들의 운명을 결정하는 행동을 취할 생물체인 어미가 새끼를 품을 준비가 된 온화한 분위기 속에서 새끼를 맞을 수 있게끔 한다.[15]

설치류로부터 영장류까지 옥시토신은 친밀한 느낌을 촉진한다. 이러한 자연의 마약에 대한 수용체가 차단된 원숭이 어미는 새끼에게 보다 적은 수의 교섭 제의를 하며 새끼의 얼굴에 자기 얼굴을 들이대고 입맞춤도 덜 한다. 촛불이나 부드러운 음악, 그리고 와인 한 잔에 상응하는 내분비적 등가물이라고 할 법한, 모든 호르몬 중 가장 포유류의 핵심에 가까운 이 호르몬들의 따스한 광채가 없으면, 원숭이 어미는 자손에 대한 내성(tolerance)은 보이지만 소중한 목숨을 위해 매달려야 하는 것은 새끼들의 몫이 된다.[16]

새끼들로부터 오는 신호

태반 생성 스테로이드(에스트로겐과 프로게스테론)는 어미를 준비시키고 영아의 체취와 소리를 감지하는 데 정서적으로 민감하게 한다. 일단 새끼들이 (어미에게는 저항할 수 없으리만치 매력적이고 강렬한) 양수에 흠뻑 젖은 채 바깥 세계로 나오고 어미가 태반을 섭취하고 나면 돌보기 반응을 개시할 수 있게끔 준비된다.

어미가 본능적으로 새끼들 위로 몸을 감싸 덮으면 젖꼭지에 매달리는 것은 새끼들의 몫이 된다. 새끼들이 잡아끌고 빨아 대는 행동은 그 다음 순서로 프로락틴 생산을 더 많이 하도록 자극하며 새끼들이 내는 신호에 대한 반응의 강도를 증가시킨다. 어미의 새끼 돌보기 회로를 켠 영아적 특질이 사라질 만큼 새끼들이 자라나기 이전까지는 어미가 반응을 계속한다. 하지만 만약 실험자가 좀 더 자란 새끼를 보다 어린 새끼로 바꾸어 놓으면 어미는 인공적으로 양육을 계속하게끔 유도된다.[17]

새끼의 소리와 냄새, 젖꼭지의 자극이라는 경험, 그리고 새끼들에 대한 다른 모성 반응은 새로운 신경 회로를 만들며 어미의 두뇌를 재조직한다. 출산한 적이 있거나 새끼를 기른 경력이 있는 어미는 말 그대로 다른 '마음가짐'을 발달시킨다. 새끼에 대한 과거의 경험은 출산 경험이 있는 어미가 두 번째 경험에서 보다 빨리 반응하는 까닭 중 하나가 된다. 과거 역사의 형태로 있는 어미의 행동은 어미가 그 과거를 결정하는 만큼이나 어미 자신을 결정한다.

생쥐와 원숭이

임신 중 생산되는 호르몬이 영장류에게 미치는 영향은 상대적으로 덜 알려져 있다. 임신 중인 영장류는 생쥐와 비슷한 호르몬 변화를 경험하지만 보다 덜 정형화되고 자동적인 방식으로 반응한다. 보다 "사려 깊다."고 해도 좋을 것이다. 이를테면 새끼가 먼저 어미의 털을 움켜쥐지 않으면 경험 있는 어미는 손으로 새끼를 안아 올려 가슴에 밀착시킴으로써 보상한다. 영장류에게서 나타나는 이러한 보다 큰 유연성은 포유류 두뇌의, 비교적 최근에 등장한 신피질로 알려진 부위의 활동에서 기원한다. 영장류 어미는 두뇌의 새로운 부분에 더 많이 의존함으로써 생쥐보다 더 큰 유연성을 갖고 반응할 수 있다. 경직되고 정형화된 반응으로부터 탈피하는 이면에는 보다 큰 중요성과 심지어는 필수성까지 갖게 된 연습과 학습이 놓여 있다.

새끼들과 상호 작용하며 사회화될 기회를 박탈당한 원숭이들은, 소홀하거나 때로는 학대까지 하는 초짜 엄마가 되며, 새끼들과 함께 지내는 동안에 상태가 나아진다.[18] 난생 처음 어미가 되는 동물이 출산하는 장면을 보면 머리털이 곤두설지도 모른다. 초산인데다가 사회적으로 무경험자인 붉은털원숭이(rhesus macaque) 어미 하나는 새로 태어난 아기를 보고 너무 놀라 우리의 천장으로 뛰어 올랐고, 갓난이는 탯줄에 달린 채 공중에 매달리고 말았다. 제왕절개를 통해 출산하여 난생 처음 어미가 되는 경험을 박탈당하면 한층 더 나쁜 어미가 된다. 제왕절개로 첫 갓난이를 출산한 초산 어미 원숭이의 3퍼센트만이 우리 바닥에 떨어진 아기를 들어 올렸다. 이 어미들은 갓 태어난 아기 그 자체보다 돌보는 사람이 아기에게 뿌려 둔 출산 용액 속의 중독성 화학 물질을 핥아 먹는 데 더 관심을 보였다. 어미가 (새끼를 핥도록 유인하는 양수 분자를 맛보기 위해) 가까이 다가가면 결연하고 도전적인 갓난이 원숭이는 어미의 털을 사지 모두를 이용해 움켜쥘 수 있게 되며, 암벽을 기어오르는 등반가처럼 조금씩 가슴팍으로 기어 올라간다.[19]

어머니가 되는 법을 배우기

무경험자인 초짜 엄마에게서 태어난 갓난이가 **정말이지** 살아남는다는 것은 기적처럼 보인다. 그것은 아기 원숭이의 강인함뿐만 아니라 동기의 강력함을 증언하는 셈이다. 그럼에도 불구하고 아직까지 밝혀지지 않은 이유 때문에 야생의 원숭이 첫째들은 높은 사망률을 보인다. 일부 원숭이와 유인원 개체군에서 첫째 갓난이들의 사망률은 60퍼센트 이상에 달할 수 있다. 일부 인간 집단 역시 젊은 어머니에게 태어난 갓난이들은 비대칭적으로 높은 사망률을 특징으로 한다.[20]

이런 우울한 확률에 비춰 볼 때 거의 성숙하지 못한 어미들이 왜 그토록 일찍 임신하게 되는지 의문이 들 법도 하지만, 어미 영장류(인간 포함)는 아기들을 계속 낳으면서 신체적 성장 및 **연습과 더불어** 몸만 커지는 것이 아니라 **더 능숙해지기도 한다는** 사실을 생각해 보면 의문이 해소될 것이다. 최소한 생쥐의 경우 어미 두뇌의 신경 회로는 돌보는 행동만으로도 재배치된다. 새끼들로부터 오는 자극과 모성 호르몬에 대한 반응성, 그리고 두뇌는 2회전을 맞을 무렵 달라진다. 어미는 정말로 이전과 같은 어미가 아니다.

신경 회로의 변화는 학습 또는 그 생리학적 등가물이 이루어졌음을 의미한다. 학습의 역할은 영장류가 보이는 훨씬 유연한 어미 행동에서 훨씬 더 중요하다. 진짜 비결은 젊은 암컷들이 거침없이 드러내는, 새끼를 나르고 붙잡고 있으려는 욕망이다. 미래 대행 어미들 중 한줌만이 실제로 마음이 흡족할 만큼 새끼를 확보해서 데리고 다닐 수 있다(그리고 곧 이런 '영아 공유자'들에 대해 이야기할 것이다.).

. . . . .

세계 어디서건 사람들은 사뭇 냉담해 보이며 낯선 사람과 대화를 시작하는 것이 자못 부적절해 보여도 아기에게만큼은 미소를 지으며 이야기를 한다. 일반적인 사회 규칙이 적용되지 않는 것이다. 낯선 사람들인데 소개받을 필요도 없다. 여성이 다가가는 것은 정상적인 것으로 간주된다. 오히려 여성이 그런 관심을 드러내지 않는다면 좋지 않게 여겨질 것이다. 왜 영장류 암컷은 아기들에게 거부할 수 없는 매력을 느끼는가?

영장류학자들은 오랜 동안 아기들의 자석과도 같은 매력에 주목해 왔다. 한 무리로부터 온 젊은 암컷이 다른 무리로부터 갓난이를 납치한다. 고아는 보다 나이 많은 자매나 할머니에게 입양될 것이며, 어떤 경우에는 다른 공동체에 속하는 암컷에게 입양되기도 한다. 멕시코의 영장류학자 알레한드로 에스트라다(Alejandro Estrada)는 유경험자 어미인 우아한 거미원숭이(spider monkey) 암컷의 이야기를 들려준다. 이 원숭이는 못생긴 오리 새끼, 땅딸막하고 무뚝뚝한 고함원숭이(howler monkey)를 입양했고, 젖을 물리기 위해 자연 발생적으로 젖 분비를 시작했다.

에스트라다가 지적하듯이 **다른 종에 속하는** 갓난이에 대한 자발적 양육은 명백히 유전적 연관도나 입양자 자신의 종에 고유한 특질로부터 유도된 것은 아니다. 가장 중요해 보이는 것은 아기의 연약함과 갓 태어남, 또는 "신생아다움(neonativity)"이라고 일컬어지는 것을 광고하는 일반화된 신호다. 이 "갓난아기 매력(natal attraction)"이 포함하는 속성들은 작은 몸집과 크고 둥근 머리, 서툰 움직임, 그리고 무엇보다 아기 원숭이들이 태어날 때 두르고 있는 뚜렷한 검정색과 순백, 또는 금빛의 털가죽이다(신생아 외피(natal coat), 그리고 영아가 아기다움을 과시하는 현란한 신호를 진화시키게 한 선택압에 대한 이야기는 19장에 설명되어 있다.).

왜 영장류는 양보다 더 입양을 환영하는가

전 세계 사람들은 시카고의 브룩필드 동물원(Brookfield Zoo)에 있는 고릴라 어미인 빈티 주아(Binti Jua)가 우리로 떨어진 작은 소년을 부드럽게 감싸 올려 주며 보인 이타성에 매혹되며 경이감을 느꼈다. 《타임》지는 빈티 주아를 "아메리칸 드림의 고릴라"라고 격찬했다. 이 선한 영장류 사마리아인은 (분명히 사실이 아니지만) "인간적이기 위해서는 반드시 인간이어야만 하는가?"라는 표제 아래 열띤 철학 논쟁의 불꽃을 피웠다.[21]

영장류학자들은 칭찬받을 만한 종에 대한 언론의 호평에 기뻐했다. 빈티 주아가 그토록 흔쾌히 아이를 관리실 문 앞으로 데려가 그 뜻밖의 노획물을 건넨 것은 인상적이었다. 어떻게 보든 이 안전한 결과는 참으로 다행스러운 일이다. 하지만 유인원과 친숙한 극소수의 사람들은 이 암컷이 아이에게 이끌렸다는 사실에 놀랐다.

모든 암컷 영장류는 아기들에 매혹을 느끼며(어릴수록 좋다.) 그중 일부는 특히 더하다. 그리고 왜 아니겠는가? 아기-갈망은 새 어미가 자신의 아기를 보살필 가능성을 증진시키며, 만약 그 어미가 어리다면 보다 유능한 돌봄꾼이 될 수 있도록 연습할 기회를 가질 동기를 부여한다. 아기에게 느끼는 매력은 사치스러운 영장류에게나 허용된 것이다. 어미가 다른 암컷의 아기를 자신의 아기로 착각해 본인의 희생을 대가로 남의 아기를 기를 가능성이 매우 희박하기 때문이다. 이와는 대조적으로 태어난 지 몇 분이면 일어서서 달릴 수 있을 만큼 갓난이들이 보다 조숙한 형태로 태어나는 고도의 사회성 동물이나 무리지어 사는 동물들에서는, 어미가 자신의 갓난이가 굶주리는 동안 낯선 아기에게 젖을 물릴 위험이 항상 존재한다. 새끼 양을 비롯해 무리지어 사는 유제류(ungulate)를 생각해 보자. 태어난 지 몇 분 지난 아기들은 헤매다가 같은 무리에

그림 7.3 빈티 주아.

있는 다른 어미가 막지 않으면 그 암컷의 젖꼭지에 매달릴 수 있다. 그런 종의 어미에게는 아기에게 베푸는 경계심 없는 관용이 진화적으로 큰 손해가 된다. 자신의 아기가 굶주리는 동안 남의 아기에게 젖을 줄 수 있기 때문이다. 그 결과로 그 종의 어미들은 어미 암양과 같이 자신의 새끼가 태어난 지 몇 분 만에 냄새를 각인하게끔 선택되어 이후 동일한 냄새가 나지 않는 새끼는 거부할 수 있다.

양의 각인 과정은 새끼 양이 산도를 통과하면서 시작된다. 암양의 확장된 자궁 경부는 옥시토신 동요를 유도한다. 5분에 못 미치는 짧은 시간 동안 발생하는 호르몬 파동에 따른 신경 변화는 어미를 특정 냄새에 민감하게 만든다. 흡사 컴퓨터에 사용자 암호를 쳐 넣는 것과 같다.[22] 암양은 비록 정상적인 상황에서는 양수 냄새에 강한 거부감을 느끼지만(그래서 암컷 자신이 출산을 한 후에만 이 과정에 순응할 수 있게 된다.) 이 민감한 기간 동안 일시적으로 양수에 대해 거부할 수 없는 매혹을 느낀다. 암양은 자신의 외둥이, 쌍둥이, 아니면 세쌍둥이로부터 끈적끈적한 암브로시아를 게걸스럽게 핥는 동안 새끼의 털(양모)로부터 풍겨 오는 체취를 각인한다. 그리고 그때 어미 내성의 문은 찰칵 닫힌다. 어미는 막 구별법을 배운 후각 이름표를 달지 않은 양에 대해서는 무자비하게 거절한다.

고도로 차별적인 양 어미들은 공동 번식자(communal breeder)의 반대 극에 위치한다. 예를 들면 어떤 생쥐 혈통에서는 어미 생쥐가 자신의 새끼와 10일 이상 차이가 나지 않는 경우에는 어떤 이유로 거기에 있는 보금자리에 있는 새끼 모두에게 젖을 물린다. 물론 진화적으로 볼 때, 어미가 보금자리에서 발견하는 새끼는 보금자리를 함께하도록 진화된 자매를 비롯한 다른 가까운 혈육의 새끼일 가능성이 높으므로, 발견되는 갓난이마다 젖을 물리면 두 어미 모두의 새끼들이 유의미한 생존 이득을 누릴 수 있다.[23]

어미 영장류는 이 두 극단 사이에 위치한다. 특히 아주 어린 새끼라면 모두에게 매력을 느끼지만, 자신의 새끼와 다른 어미의 새끼를 구분하는 법 역시 배운다. 학습은 출산 직후 시작되며 이를 통해 어미가 다른 암컷의 갓난이를 자신의 새끼로 착각하거나 자신의 새끼보다 더 좋아할 가능성은 낮아진다. 그러나 수양 아기(foster baby)를 받아들일 가능성이 배제되는 것은 아니다.

인간에 대해 알려진 사실들에 근거해 보면, 어미 영장류는 자신의 아기 냄새를 태어난 바로 그날에 식별할 수 있다. 뒤섞인 티셔츠 더미에서 자기 아기의 티셔츠를 골라낼 수 있는 것이다. 냄새와 소리는 시각보다 분명히 더 중요하다. 어머니는 출산 후 48시간 이내에 자기 아기의 울음 소리를 다른 아기들의 소리와 구분할 수 있게 된다.[24] 어떤 병원은 아기의 발자국과 함께 '울음-자국' 역시 기록할 가치가 있다고 생각한다.

인간에게서 이런 학습의 대부분은 잠재의식 수준에서 일어난다. 그렇기 때문에 출산 후 며칠이 흐른 뒤에야 아기가 뒤바뀌었다는 병원의

그림 7.4 출산 직후 암양은 새끼 양을 감싸고 있는 끈적끈적한 막의 냄새에 강하게 이끌린다. 암양들은 양수를 핥아 내며 자기 새끼의 냄새를 인식하는 법을 배운다. 양치기는 '점막 접붙이기 (slime grafting)'라고 알려진 과정을 통해, 사산한 암양이 다른 새끼, 보통은 자신의 어미에게 거부당한 '부랑자' 새끼 양을 받아들이도록 유도한다(암양은 보통 두 마리의 새끼만을 돌보는데 세쌍둥이가 드물지 않은 탓에 어미가 원치 않아 버려진 새끼 양 역시 드물지 않다.). 어미 없는 (부랑자) 새끼 양은 네 발을 묶어 분만 중인 암양의 질부 아래에 놓거나 분만 시의 용액으로 문질러서 '점막을 입힌다.' 어미는 부랑자 새끼 양을 핥는 동안 자신의 새끼로 각인하고 이후 젖을 물릴 가능성이 높아지며 젖을 물리고 나면 입양할 가능성도 높아진다.

이야기를 듣게 된 어느 어머니는 그 사실을 매우 믿기 힘들어 하며 처음에는 자신의 아기를 받아들이기를 거부했다. 이 어머니는 병원 직원에게 "나는 내가 집으로 데려온 아기를 원해요."라고 말했다고 한다.[25] 이 어머니는 아마도 출산 직후 자신의 아기를 각인한 듯하지만, 양만큼 확실한 수준에는 못 미쳤던 듯하다. 어머니는 DNA를 검사하고 약간의 시간이 흐른 후 생각을 바꾸었다.

대부분의 인간이 진화한 환경에서는 다른 여성의 아기가 **우연히** 자신의 아기로 뒤바뀌는 사고가 발생할 가능성이 없었다. 한 여성이 자신

그림 7.5 《내셔널 램푼(*National Lampoon*)》에 실린 이 연출 사진은 입양이 인간이라는 종에서 매우 쉬운 일임을 지적하고 있다. 인간 어머니는, 자신이 돌보는 새끼에 대해 매우 선택적인 무리 생활 동물과 발각되지 않고 보금자리로 흘러 들어온 다른 종의 새끼까지 돌보는 무차별적인 독거 어미의 중간쯤에 위치한다. 인간 어머니는 출산 직후 자신의 아기를 식별하는 법을 배우지만, 자신과 매우 가까이 있는 아기와도 쉽게 '사랑에 빠진다.'

의 아기 대신 다른 아기를 입양하게 된다면 그 수양 아기는 혈육일 가능성이 높다. 이것이 인간과 인간 외 영장류 사회 모두에서 가장 흔한 입양 상황이며,[26] 또한 입양이 잘 작동하는 이유기도 하다. 특히 입양하는 아기가 아주 어리거나, 기존 자식에 보태어 추가적으로 입양하는 경우보다는 자신의 아기에 대한 대체물로 입양할 때 경과가 더 좋다. 성공적인 입양에서는 어머니와 입양된 영아 사이의 관계를 직접 낳은 자식과의 관계와 구분하는 것이 불가능하다.

영장류의 모성 프로그램은 이를테면 양과 비교해 볼 때 허용 범위가 상당히 넓다. 이 구분은 상당히 분명해 보인다. 하지만 그 사실을 인식하지 못한 채 동물 행동학자와 소아과 의사, 그리고 아동 발달 전문가들이 만나게 되었을 때는 큰 오해가 발생했다(22장에서 보다 자세하게 논의될 것이다.).

영아 공유자들

아기에 대한 매혹은 영장류에서 보편적으로 나타난다. 종간의 차이는 자신의 갓난이를 얼마나 기꺼이 다른 이에게 안는 것을 허락해 주는가에 있다. 다른 암컷들은 예외 없이 새 어머니에게 다가와서 신생아의 냄새를 맡거나 검사한다. 일부는 아기를 빼앗아 가려고 한다. 하지만 대부분의 경우 어미들은 마치 "이봐…… 만지는 건 또 몰라도…… 이 아길 데려갈 순 없어."라고 말하듯 독점하려는 반응을 보인다. 모계 씨족에 서열이 매겨지는 것이 특징적인, 구세계원숭이의 한 계보에서, 긴꼬리원숭이과에 속하는 대부분의 비비와 마카크는 어미들이 아기를 빌려 주는 것을 두려워한다. 여기에는 그럴 만한 까닭이 있다. 대부분의 어미는 아주 확실하게 거절한다. 열위 암컷이 보다 우위에 있는 모계에 속하는 암컷에게 아기를 내놓으라는 요구를 받게 될 경우 아기를 돌려받지 못할 수 있고, 갓난이는 결국 굶어 죽게 될 수 있다.[27]

침팬지 어미는 특별한 고민을 하게 된다. 이 유인원은 영장류에서는 드물게 사냥을 하고, 어미들은 고기가 고픈 침팬지들이 자기의 갓난아기를 잡아먹지나 않을까 걱정해야 한다. 대부분의 사람들이 침팬지에 대해 갖고 있는 마음속 이미지와는 잘 조합되지 않는 특이한 걱정이다. 어쩌면 침팬지들이 다른 영장류에 비해 특별히 육식성이라는 사실이 중요할지도 모른다. 어미가 태어난 곳에 머무르며 가까운 혈육들 사이에서 번식하지 않는 소수의 영장류 중 하나라는 사실도 중요하다.

그리고 영아 공유자들이 있다. 이 원숭이 종에서는 암컷들이 특히 가까운 혈연관계 속에 있고 우세 위계가 느슨해서 어미들이 자신의 새끼를 혈육들에게 자유롭게 내줄 수 있다. 의욕적인 젊은 대행 어미들에게는 천국이고 어미들에게는 무척 편리하다. 데리고 다니기 위해 아기들에게 손을 뻗치는, 아기를 갈망하는 모든 암컷들에게 실제 **가장** 중요한 자극이 **무엇인지**, 그리고 **왜** 그런지에 대한 분명한 상을 갖기 위해 살펴보아야 하는 것은 이러한 갓난이-공유 원숭이들이다.

새로 태어난 원숭이가 출산 직후부터 어미의 털가죽에 매달린다 하더라도 그 자리를 유지하기 위해서는 작은 조정이 지속적으로 필요하다. 상처 나기 쉬우면서 다루기 곤란한 무언가를 나르는 동시에 다른 일을 하기 위해 손을 써 본 사람이면 알 만한 사실이다. 새끼를 도움꾼에게 넘기며 해방된 어미는 매 분 더 많은 먹이를 뜯어서 먹을 수 있게 된다. 영장류학자들이 "수집의 자유"라고 부르는 것은 어미가 지닌 허용성의 대가다. 영아 공유가 특징적인 종에서 새끼가 더 빨리 자란다. 이것은 아마도 어미가 더 잘 먹어서 젖을 더 많이 만들기 때문일 것이다. 영아

공유자 어미들은 보다 빠른 속도로 번식하며 보다 짧은 번식 간격을 갖는다.[28]

가장 지속적인 대행 어미, 그리고 (어미가 데려가도록 허락하면) 품에 안고 가장 오래 데리고 있는 대행 어미는 한 번도 갓난이를 가져 본 적이 없으며 인류학자 제인 랭카스터가 지적했던 것처럼 '어미 역할 학습'으로부터 가장 많은 것을 얻게 될 젊은 암컷들이라는 사실에는 예외가 없다. 이 암컷들은 인간 사회에서 인형을 갖고 노는 데 수많은 시간을 보내는 소녀들과 동일한 성별-연령별 집단에 해당한다. 랑구르나 콜로부스원숭이 (colubus monkey), 그리고 다른 '잎사귀를 먹는' 원숭이들처럼 자신의 아기를 빌려 주는 데 가장 관용적인 종들은 구세계원숭이의 콜로부스아과 (colobine)에 속한다.

내가 연구한 인도의 하누만랑구르(hanuman langur)는 영아 공유 종의 고전적 사례다. 평균적으로 볼 때 집단은 작고 번식하는 수컷은 대개 한 마리이며 암컷들은 서로 자매나 사촌으로 가까운 연관 관계를 갖는다. 비비를 비롯해 고정된 암컷 위계를 지닌 다른 종들과는 달리, 랑구르는 시간에 따라 변화하는 상대적으로 유동적인 암컷 위계를 가지며, 젊은 암컷들은 번식하기 시작할 무렵이면 순위가 높아지고 나이를 먹을수록 서열이 떨어진다.[29] 이런 이완된 모계 집단에서 어미들은 아기들을 혈육에게 맡겨 자유로이 양육한다.

대행 어미는 새끼 랑구르가 태어난 지 수시간 만에 어미들로부터 몰래 데려가 버린다. 새끼는 낮 시간의 50퍼센트를 이 대행 어미로부터 저 대행 어미에게 넘겨지며 보낸다. 새끼는 그 와중에 어미의 젖가슴으로부터 떨어지는 것에 대해 큰 소리로 불평하지만, 대행 어미들은 아기가 어릴수록 더 큰 마력을 느낀다.

야생 랑구르에서 영아 공유를 연구할 때 나 자신은 번식 경험이 없는

그림 7.6 청소년기 랑구르원숭이가 또 하나의 대행 어미인 출산이 임박한 만삭의 암컷으로부터 새끼를 데려간다. 둘 다 아기를 데리고 다니려는 의욕이 넘친다.

암컷이었고, 빌려 간 아기들의 울음소리를 들을 때면 할 수는 없지만 간섭하고 싶어져서 무척 스트레스를 받았다. 대행 어미들은 이따금씩 아기가 싫증 나 돌려보내려고 할 때면 한쪽 다리를 잡아당기는 등 거칠게 대하기도 했다. 그럼에도 불구하고 수천 시간을 관찰하는 동안 대행 어미가 의무를 저버리는 것은 단 한 번도 본 적이 없다. 어리고 경험이 적은 대행 어미는 아기를 행복하게 하기 위해 더 열심히 노력하며 등을 두드려 주거나 얼굴을 바싹 들이대기는 했지만 절대 밀쳐 내지는 않았다.

자신의 새끼를 여러 차례 가져 본 적 있는 보다 경험 많은 암컷들은 몇 번은 열성적으로 갓난이를 데려가서 아마도 생식기를 확인하려는 이유인 듯 새끼를 거꾸로 들어 보기도 하지만 곧 흥미를 잃는다. 무경험자 젊은이 외에 5분 이상 갓난이를 데리고 있으려 하는 암컷으로는 출산이 임박한 암컷들밖에 없다. 아마도 출산을 앞둔 생쥐들에게서 모성

그림 7.7 막 태어난 갓난아기는 자석과도 같은 매력을 발산한다. 자기 새끼를 가져 본 적 없는 젊은 암컷들은 어미가 되기 위한 호르몬 준비를 거친 만삭의 암컷들과 더불어 특별한 정도로 갓난이에게 매료되며, 이따금은 아기를 차지하기 위해 역겨운 행동을 노골적으로 보이기도 한다. 랑구르 어미가 출산을 위해 격리된 공간을 찾는 이유 중 하나는 이 때문일 것이다. 나는 사진 속 어미의 출산 장면을 찍기 위해 빽빽한 덤불 속을 20미터나 기어가야 했다. 내가 어미를 찾아냈을 무렵에는 집단의 다른 구성원들도 이미 어미를 찾아낸 상태였다. 이 집단의 으뜸 암컷(일시적인 지위)은 당시 만삭이었고, 엿보고 싶어서 안달복달하고 있었다. 새 어미는 갓난이를 내놓을 생각이 아직 없기 때문에 갓난이 위에 웅크리고 있으며 발을 겹쳐 놓고 있다(갓난이의 탯줄이 말라 가면서 어미 배의 은빛 털 아래로 튀어나와 있다.). 사진의 앞쪽에는 나이가 더 많은 청소년 암컷이 지대한 관심을 보이고 있다. 하지만 랑구르들이 곧잘 하듯 갓난이라는 욕망의 대상으로부터 수줍게 고개를 돌린 채 조금씩 접근하고 있다.

행동을 유발하는 것과 동일한 모성 혼합물에 의해 양육성을 갖추도록 준비되어 있기 때문일 것이다.[30] 하지만 다 큰 수컷 랑구르들은 아기를 데리고 다니는 데 관심이 없으며 미성년 수컷이 아기를 데려가려 시도하는 경우는 극히 일부(0.2퍼센트)에 불과하다. 미래 어미들만 엄마 놀이를 하고 싶어 한다(수컷들이 돌보기를 할 수 없다거나 하지 않을 것이라는 말과는 다르다. 9장을 참고하라.).

랑구르의 젖은 새끼들이 언제나 젖꼭지를 물 수 있는 위치 내에서 시간을 보내는 다른 원숭이 종의 묽은 젖과 마찬가지로 저지방성이다. 나는 젖먹이들이 밤 시간 동안 낮에 어미의 젖꼭지로부터 떨어져 있던 시간을 벌충한다고 추측한다.[31] 랑구르식 대행 어미 역할은 과잉 부담을 진 어미들과 안달이 난 대행 어미 모두가 이득을 볼 수 있는 윈-윈 상황의 하나이며, 아기들 역시 이 상황에서 손해 볼 것은 없다.

문화와 사회화

어떤 인간 사회에서는 어머니들이 갓난아기를 더 자주 데리고 있기는 하지만 일부 영아 공유 영장류가 하듯이 아기를 돌린다. 어머니의 보살핌 유형은 같은 종 내에서도 변이의 정도에 차이를 보인다. 이는 인간과 다른 영장류의 차이점 중 하나다. 하지만 보다 중요한 차이점이 있다. 인간 여성은 다른 영장류와는 달리 언제 출산할 것이며 어머니가 될 것인지를 앞질러 상상한다. 어머니의 예측은 스스로 경험한 것 또는 다른 이들을 관찰하며 다른 이들의 아기를 데리고 연습하는 것에만 토대를 두는 것이 아니라, 다른 이들(특히 다른 여성)이 **어떻게 해야만 하는지** 말해 주는 이야기에도 토대를 둔다. 영화 「바람과 함께 사라지다(Gone With the Wind)」에서 거의 죽다시피 하는 출산 장면에 등장하는 프리시의 공포를 보았거나 멜라니의 고통에 찬 비명을 강한 인상을 받을 만한 나이에 들은 사람이라면, 펄 벅(Pearl Buck)의 『대지(*The Good Earth*)』에 묘사된 출산 장면을 보고 출산에 대한 기대치를 형성한 사람에 비해 분만 시 진통제가 필요할 것이라 생각할 가능성이 더 높다. 대지에 등장하는 농부 여성의 아기는 미끄러져 나왔고 그 어머니는 출산 당일로 논에 일하러 돌아갔

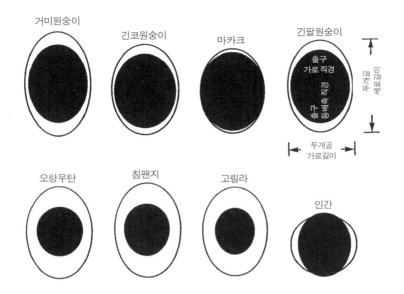

그림 7.8 원숭이와 영장류에서 신생아 머리 크기(검정색 타원)를 골반구에 대한 상대적 크기로 나타낸 위 다이어그램을 보면, 인간 여성이 다른 유인원에 비해 그토록 아기를 출산하기 힘든 까닭을 알 수 있다. 고릴라의 분만은 짧아서 20분 수준이고 질투가 날 만큼 쉽다. 이와는 대조적으로 인간의 분만은 훨씬 오래 걸리며 쉬운 경우부터 아주 예외적일 만큼 어려운 경우까지 다양한 분포를 보인다. 내가 셋째를 낳을 때에는 8시간 이상에 걸쳐 64회의 수축(처음에는 1시간 간격으로 일어나다 나중에는 2분에서 4분 간격으로 일어남)이 일어났는데, 본 사람은 다 그것이 '쉬운' 출산이라고 여겼다. 그런 시련에 대해서라면 여성들은 직립 보행을 가능하게 해 주는 골반의 공학적 필요에 감사해야 할 따름이다. 아주 단순한 문제지만 내 아기의 두개골은 내 골반 출구의 등–배축(anterior-posterior)의 용적보다 컸다. 결국 아들의 머리는 옆을 향한 채 골반으로부터 빠져나와야 했다. 약 150만 년 전에 발생한 두뇌의 확장 진화가 이런 고문 같은 과정에서 일익을 담당했다는 사실에는 의심의 여지가 없다. 원숭이들 역시 빠듯한 상태에서 새끼를 짜 내야 한다. 이것은 유인원과는 대조적이지만 인간과는 보다 유사한 것이다. 분만이 고통스럽다는 사실은 분명하다. 분만 중인 원숭이는 주변 것을 움켜쥐며 비명을 지르기도 한다. 하지만 전문화된 조산원의 도움을 필요로 하지는 않는다.

으니 말이다.

    신경 신호는 같은 방식으로 작동하지만, 분만의 고통과 같이 명백한 생물학적인 경험도 문화적 기대치에 따라 다르게 경험된다. 여성은 어떻게 반응해야 하는지뿐만 아니라 자신의 감각과 정서를 어떻게 경험해야 하는지에 대해서도 기대치를 발달시키게 된다. 인간 어머니는 갓난아기가 태어나기도 전에 아기에 대해 특정한 감정을 경험한다. 나는 다른 동물들은 그렇지 않으리라 추측한다.

최초의 비축물

나 자신이 속한 문화를 비롯한 일부 문화에서 출산 경험은 '노동(labor)'으로 비춰진다. '작업 생산물'은 아기이며, 많은 경우에 그런 것처럼 아기가 성공적으로 도착하면 기쁨이 자연 발생적으로 유도될 것이라고 가정된다. 오늘날까지도 첫 출산을 회상할 때 내게 떠오르는 단어는 도취다. 내 남편은 첫 딸을 넘겨받은 순간을 평생 가장 행복했던 순간이라고 묘사한다. 그럼에도 불구하고 출산을 비교 문화적으로 연구했던 인류학자 웬다 트레바탄(Wenda Trevathan)은 일반적인 인간 경험의 맥락에서 이 "즉각적인 기쁨의 반응"이 실제로 얼마나 변칙적인 것인지를 알고 놀라게 되었다는 이야기를 들려준다.

많은 문화에서는 어머니가 절제된 반응을 보이는 것이 전형적이다. 트레바탄의 표현을 빌리면 "여성이 분만에 전력하고 회복되는 동안의 무관심의 시기"이다. 마치구엔가(Machiguenga) 및 남아메리카 저지대 사람들은 산파가 탯줄을 끊은 후 갓난아기를 어머니를 씻길 때까지 치워둔다. 아기를 거의 무시하다시피 하는 것이다. 어머니는 몇 시간 후 아이에게 젖을 먹이기 시작할 때, 아니면 다음 날이 되어서야 갓난아기에게 신경을 쓰기 시작한다.[32]

많은 문화에서는 갓난아기를 공식적인 공동체의 구성원으로 받아들이는 일이 연기된다. 출생 후 시간이 좀 흐른 뒤 축복을 받고서야 받아들여지는 것이다. 출산 당시에 넘치는 기쁨을 표현하면 벌 받을 짓을 한 것처럼 꼴사납다고 여겨질 것이다. 다른 문화에서는 사람들이 모든 것이 괜찮다고 확신할 때까지 감정 표현이 유보된다. 출산에 대해서는 사실의 문제(matter-of-factness)가 있다. 사람들은 그저 필요한 일을 할 뿐이다. 이 시기는 육체적인 것 못지않게 영혼과 관련해서 진정으로 위험한 시기라는 의식이 있다(20장을 보라.).

대부분의 인류학 현지 조사자들은 전통적으로 남성이었다. 남성은 드물게만 출산 현장에 참석할 수 있었다. 서로 다른 문화로부터 확보된 출산에 대한 자세하고 객관적인 설명은 아주 적은 수만이 입수 가능하다. 브리짓 조던(Brigitte Jordan)은 유카탄(Yucatan)에 있는 마야어 사용자들에 대해, 거의 발표된 적 없는 사례 하나를 들려준다. 그녀의 기록에 따르면 "반응도 전혀 없고 미소도 전혀 없다. 말하는 사람도 없고 감탄을 표현하는 사람도 없다." 이 설명은 정신과 의사들이 영국 어머니들에 대해 기록해 둔 자료와 무척 유사하다. 어머니의 대부분은 결혼했고 부유하며 건강했다. 정신과 의사들은 출산 직후 처음으로 아기를 안은 어머니들이 보이는 분명한 '무관심'에 충격을 받았다. 특히 처음으로 어머니가 된 사람들의 40퍼센트와 경험이 있는 어머니들(이전에 출산한 적 있는 어머니들)의 25퍼센트는 맨 처음에는 아기에 대해 특별한 감응을 느끼지 못했다고 보고했다. 출산 후 수일, 수주가 지나 아기에 대한 강한 애정이 생겨났다.[33]

무엇보다도 마야의 구경꾼들은 서구인들이 "후산"이라고 부르는 것을 기다리고 있었다. 산후 빈혈을 위한 치료법이 없는 상태에서 안전한 태반 분만은 안전한 결과에 결정적이다. 트레바탄에 따르면 어머니가 무관심할 것인지 또는 적극적으로 기뻐할 것인지를 예측하는 최고의 기준은 어머니가 얼마나 많은 사회적 지원을 받고 있는가이다.[34]

'고정 행동 패턴'의 부족

인간 여성이 출산 직전에 흙을 맹렬히 긁기만 한다면! 아니면 출산 후 다른 유인원들이 하듯 갓난이의 온몸을 핥거나 태반을 먹어 치우려는 참을 수 없는 충동을 느끼기만 한다면.[35] (그들의 늑대 조상들 역시 새끼들을 육아용 굴에서 기른) 개처럼 갓난이의 분비물을 먹어서 치울 수만 있다면. 인간 어머니가 그러한 '고정 행동 패턴'을 사용하고 있다면 틀에 박힌 이 행동이 인간 모성 행동에 본유적인 요소가 있는지 없는지에 대한 논쟁을 종식시키게 될 것이다. 하지만 우리는 그렇게 하지 않는다.

야생 고릴라의 출산을 관찰한 몇 안 되는 사람 중 하나인 영장류학자 켈리 스튜어트(Kelly Stewart)는 태반을 먹어 치우려는 어미의 행동을 내게 이렇게 묘사해 주었다. "고릴라 어미가 갓난이를 땅에 눕혀 둔 채 태반을 집어 들어서 피자 먹듯 두 손으로 먹었죠." 그러고 난 연후에야 어미는 관심을 아기에게로 돌렸다.[36]

하지만 새끼를 핥고 양막을 물어 터트리는 포유류 어미들의 행동에 비견할 만한 '고정된 행동 패턴'이 호모 사피엔스의 초산 어머니에게서는 보편적으로 표출되지 않는다. 인간들은 태반에 대해 매우 다르고 상당히 가변적인 방식으로 반응해서, 쓰레기로 버리거나 우리가 하듯(다른 많은 문화 역시도) 사적 또는 공식적인 의례를 통해 땅에 묻거나 한다. 태반을 먹는 관습은 내가 알고 있는 진짜 부족 사회보다 캘리포니아에 있는 자연으로-돌아가자식 컬트 문화에서 더 흔한 것처럼 보인다.

그림 7.9 니사와 같은 !쿵 여성이 처음으로 출산하게 되면, 여성은 체류지로부터 혼자 나가 출산하고 태반을 묻었으며, 아기를 체류지로 데려오면 그곳에 있던 남편과 어머니가 탯줄을 자르고 갓난아기 머리의 "모양을 만들었다."[37]

그림 7.10 17세기 프랑스에서는 아기의 몸에 헝겊으로 된 띠를 두르는 것이 필수적이라고 여겼다. 아기의 체온을 유지하기 위한 것이기도 했고, (정수리의) 숫구멍을 보호하기 위한 것이기도 했다. 사람들은 차가운 증기가 부드러운 이 지점을 통해 두개골 안으로 들어와 뇌를 손상시킬 수 있다고 믿었다. 아기를 포대기로 감싸면 몸이 곧게 유지되어 태아 자세로 돌아가는 것을 피할 수 있었다. 그래서 포대기는 갓난아기를 좀 더 동물 같은 생명체로부터 곧은 자세로 걷게 될 문명화된 인간 존재로 변환시키는, 사회화 과정의 일부로 여겨졌다.

티베트 어머니들을 제외하면[38] 분만 후의 여성이 아기를 핥는 일은 드물다. 대신 비사야(Bisayan) 여성들은 아기를 코코넛 기름으로 닦고 파우더를 뿌려 준다. 믹스테카(Mixtecan) 사람들은 아몬드 기름을 발라 준다. 마쉘(Marshelles)은 순수한 코코넛 기름을 바르며 고대 그리스인들은 올리브유를 발랐다. 테와(Tewa)는 옥수수 가루로 문질러 닦으며 카라야(Caraja) 사람들은 붉은 염료를 칠한다. 북오스트레일리아의 티위(Tiwi) 사람들은 갓난이를 숯가루로 덮는다. 호텐토트(Hottentots)는 갓난아기 전신을 축축한 소똥으로 문지르고 난 다음 무화과나무의 즙과 양의 지방

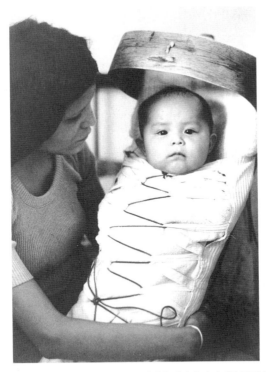

그림 7.11 이 나바호족 아기처럼 포대기로 감싸는 것과 유사하게 갓난이를 등짐 형태 요람에 넣게 되면 엄마와의 신체 접촉은 차단당하지만 갓난아기를 조용하게 만들 수 있다.

으로 차례대로 문지른 후 고운 가루를 칠해 준다.[39]

어머니들이 출산에 반응하는 방식은 무수히 많고, 특히 (특정한 물질, 상징, 사회적 의례, 그리고 주문 등 이용할 수 있는 것에 의존하는) 출산을 둘러싼 광범위한 인간 관습들로 인해 종–전형적인 보편 특질의 목록을 명확하게 작성하기란 불가능하다(아기는 어떤 방법으로든 닦아 내야 하는 액체에 덮여 산도로부터 나온다.). 확실하게 비교 문화적 보편으로 간주될 수 있는 소수의 행동들은 모두 아주 실용적인 것들이다. 생식기를 시작으로 해서 아기의 몸을 점검하고 닦아 내면서 아기의 온몸을 만져 보는 것이 여기에 포함된다. 아마 아기 얼굴을 오랜 동안 들여다보는 것도 포함될 것이다. 무경험자인 일부 젊은 어머니에게서는 이런 점검마저 생략된다. 내 자신의 경우에, 나는 아기를 꼭 끌어안고 내 몸에 닿은 피부의 감촉을 느끼며, 특히 많은 여성이 그렇듯이 아기 냄새를 맡고 싶은 강한 충동을 느꼈다. 하지만 나는 내 자신의 충동이 '보편적'인지는 확신할 수 없다. 우리가 갖고 있는 민족지 자료들에 따르면 많은 어머니들이 아기를 안기까지는 시간이 지체되기 때문이다.[40]

산후 우울증

새로 어머니가 된 사람의 절반 정도가 출산 후 수일에 걸쳐 '산후 우울증(postpartum depression)' 또는 서글픈 감정을 경험한다. 보다 낮은 비율의 여성들(영국, 북아메리카, 우간다의 사례에서는 10~15퍼센트)은 출산 후 수주 동안 극심한 우울증을 겪기 시작한다.[41] 가장 많이 언급되는 증상들은 불안, 수면 장애, 아기에 대한 걱정, 우울함, 화남, 적대감 등이다.

'기쁨 한 다발'이 도착했는데 그런 반직관적인 효과가 생겨난다는 것은 이상해 보인다. 대부분의 사람들은 출산 직후 겪는 우울함이 특별히 적응적인 게 아니라고 추측한다. 하지만 몇몇 사람들은 한 발짝 더 나아가서, 그렇다면 왜 산후 '우울증'이 그렇게 흔한지를 질문한다.

과거에 널리 퍼져 있던 정신 분석학적 해석은 어머니들이 더 이상 임신하고 있지 않다는 사실로 인해 겪게 되는 '상실감'이 출산 후 우울증을 야기한다는 것이었다[42](이 시절 대부분의 정신 분석가들은 절대 잊을 수 없는 임신 마지막 주를 한 번도 경험한 적이 없는 사람들이었다는 사실을 기억해야 한다. 임신의 마지막 주가 시작되는 때는 한 친구가 내게 말해 준 것처럼 꼭 집어 알 수 있다. 그때는 "한순간도 견딜 수가 없어서 눈물이 터져 나와. 그러고 나면 일주일 후에 아기를 낳는 거야.").

몇 안 되는 현대 정신과 의사들, 그리고 그보다 훨씬 적은 수의 어머니들만이 여성은 임신이 끝날 때 안심하게 된다고 설득된다. 오늘날에는 이 현상을 설명하는 주요 가설이 세 가지 있는데, 어느 것도 서로 배타적이지 않으며 모두 진화적 관점을 견지하고 있다.

위에서 논의한 것처럼, 어미와 갓난이를 가까이 머물게 하기 위해 포유류에서 임신 및 산후 기간 동안의 신경 화학적 변화가 진화했다는 증거가 상당수 존재한다. 따라서 일부 의학 전문가들은 새로 어머니가 된 사람의 우울증을 현대적인 출산 절차가 포유류에게 자연적인 어미-갓난이 접촉 프로그램을 따르는 것을 방해함으로써 발생하는 병리적인 반응이거나 이러한 변화의 부산물일 뿐이라고 여기게 되었다. 여기서 설명 끝.

아기와의 접촉량이 서로 다른 어머니들은 자연주의적으로 자세하게 관찰함으로써 이런 명제를 시험해 볼 수 있을 것이다. 불행하게도 대부분의 정보는 틀에 박힌 의학 시험으로부터 나온다. "음, 존스 부인, 오늘은 기분이 어떠신가요?" 자신 없는 대답이 머뭇거리며 질문의 뒤를 잇는다. "좋은 것 같네요……." 이런 대화는 존스 부인과 새로 태어난 아기가 매시간 몇 분 동안 접촉하고 있으며 모유 수유를 하는지, 그리고 얼마나 자주 하는지를 실제로 관찰해서, 활기찬 엄마들로 구성된 대조군과 비교해 볼 때 얻을 수 있는 정보에 비하면 훨씬 적은 정보만을 제공해 준다.

두 번째 가설은 스티븐 핑커(Stephen Pinker)를 비롯한 다른 진화 심리학자들이 선호하는 것으로 산후 우울증이 그 기원에서 (포유류나 영장류보다는) 인간에게 특수하다는 것이다. 그들은 인간 진화 과정의 초기 유목적 수렵-채집 단계에서 갓난아기에게 결함이 있거나 짝이 없어지면 갓난아기에게 더 이상 투자를 하지 않기로 선택했던 어머니가 문명화된 환경에 의해 그러한 탈출이 방해받으면서 생겨나는 갈등으로 그 기원을 추적해 간다. 현대적인 제약 중에는 영아 살해를 분별없는 행동 또는 불가능한 행동으로 만드는 관습과 엄격한 법률들이 포함된다. 핑커는 "우울증은 세계 다른 곳에서라면 어머니들이 영아 살해를 저지르도록 유도하는 상황에서 가장 심각하다."고 적는다.[43]

우울증에 빠진 어머니가 아기들에 대한 애정이 보다 적었다는 사실, 그리고 그들의 절반가량이 아기가 태어나기도 전인 임신 중에 우울증을 겪었다는 사실[44]은 모두 핑커의 가설과 일치한다. 하지만 의학 연구자들은 아이들이 건강하고 사회적 환경도 좋으며 아버지가 있어 투자할 의사도 있는 여성들,[45] 간단히 말해 영아 살해를 저질렀을 소수의 수렵-채집인 어머니들(!쿵과 같은 아프리카 수렵-채집 유목민에 대한 가장 확실한 추정치는 100명 중 1명꼴인데,[46] 산후 우울증을 겪는 여성의 비율보다 훨씬 적은 것이다.)과 겉보기에 유사성이 없는 여성들이 산후 우울증의 고통을 체험하는 사례들을 예로 들어 맞선다.[47]

나는 산후 우울증의 고통을 겪는 여성들과 이야기를 나눈 적이 있다. 이 여성들은 왜 "슬프거나" "그토록 화가 난다고" 느껴야만 하는지 영문을 모르는 경우가 많았고, 자신이 아기를 기르기를 원한다는 사실에 상당한 확신을 갖고 있었다. 진화의 과거에서 일부 여성(이를테면 100명당 1명)에게만 적용되었던 흔적 감정(vestigial emotion)이 오늘날 10명 중의 1명 또는 그 이상에게 나타나는 까닭은 무엇일까?

이 사실 때문에 나는 세 번째 진화적 가설을 고려하게 된다. 이 가설은 이탈리아의 정신과 의사인 I. 마스트로디아코모(I. Mastrodiacomo)와 그의 동료들이 처음으로 제안했다. 이들의 설명은 인간이 진화했던 과거 10만 년에 반드시 기원을 둘 필요가 없는, 보다 오래된 포유류 반응에 의존한다. 이 가설은 보다 넓은 층의 어머니들('새로운' 뇌뿐만 아니라 '오래된' 뇌 역시 지니고 있는)에게 적용된다. "수유 공격성 흔적(vestigial lactational aggression)" 가설이라는 말로 부를 수 있을 이 세 번째 가설에 따르면, 산후 우울증은 같은 종에 속하는 동종 구성원들이나 포식자들로부터 갓난이를 보호할 필요가 있는 어머니들에게 적응적이었던 특성, 즉 타인에 대한 강한 과민성(intolerance)의 내분비적 부산물이나 잔존물이다. 우울증의 근원은 갓난아기를 버리려는 어머니의 억압된 욕망보다는 다른 이들에 대한 적대감으로 스스로를 무장해 아기를 보호하려는 맹렬한 충동으로부터 비롯된다. 상황이 나쁠수록, 또는 어머니가 잠재적인 공격에 놓여 있다는 느낌이 강할수록, 어머니는 더욱 더 방어적이어야 한다.[48]

이런 맥락에서의 어머니의 적대감은, 영아 살해를 저지르고픈 감정을 느끼는 것만큼 부적절하지는 않을 것이다. 그럼에도 불구하고 그런 적대감이 여성에게 전형적이라고 간주되는 경우는 어떤 인간 문화권에서도 매우 드문 일이다. 많은 문화(특히 가부장적 문화)에서 여성들은 공격적인 감정을 느끼거나 공격적으로 행동하면 안 된다고 배우며, 밝은 마음으로 주변 사람들에게 순응해야 한다고 배운다. 가장 스트레스를 받는, 최소한의 지원만 받는 어머니들(포유류, 영장류, 또는 인간) 중에는 아기를 버려서 이익을 볼 수 있는 극소수가 포함되겠지만, 아기를 보호함으로써 이익을 볼 사람은 훨씬 더 많다. '표현할 수 없는' 적대감이 산후 '우울증'으로 나타나는 것일까?

임신 기간 내내 여성의 뇌하수체 전엽(태반과 더불어 프로락틴의 주요 생산자)은 크기가 40에서 50퍼센트가량 증가하면서 어머니의 몸이 수유할 준비를 갖추게 한다. 프로락틴은 아이를 지키기 위해 방어적으로 행동하게 만드는 반응에 관여하고 있을 수 있다. 모유 수유를 하고 있는지의 여부와는 별도로, 출산 직후의 여성은 다른 포유류에서 '수유 공격성'

과 연관되어 있는 호르몬의 순환 수치가 높게 나타난다.

호르몬 자료는 현대 어머니들의 공격적인 감정이 수유 공격성의 흔적이라는 가설과 일치한다. 프로락틴은 에스트로겐과 프로게스테론이 수직으로 급강하는 시기에 높은 수준을 유지한다. 산후 7일째에 검사를 받은 여성들은 대조군 역할을 자원한 병원의 여성 직원들에 비해 적대감에서 높은 점수를 기록했다. 산후 여성을 (다른 이유로 인해) 고조된 프로락틴 수치(프로락틴 과잉(hyperprolactineia))를 보이는 것으로 알려진 환자들과 비교해 보면, 두 집단은 적대성 측정 검사에서 같은 점수를 기록했다.[49] 특별한 우울증이 없는 여성의 경우에도 출산 후 2개월 동안은 남편에 대한 '긍정적 감정'이 감소되는 경험을 한다. 우울증을 수유 공격성의 부산물이라고 간주하지 않는 한에서는 매우 이상해 보이는 일이다.[50]

모성을 향한 작은 발걸음

모든 포유류 암컷들은 본유적인 모성 반응 또는 '모성 본능'을 지닌다. 문제는, 우리가 그러한 단어를 사용함으로써 무엇을 말하려고 하는가이다. 포스B 유전자를 통해 우리는 한 개의 유전자, 10만 개 이상의 유전자를 갖는(인간 유전체 프로젝트가 완료되기 전에 책이 씌어졌기 때문에, 프로젝트 완료 전의 추정치인 10만 개로 나와 있다. 프로젝트 결과는 인간이 3만~5만 개의 유전자를 가지고 있는 것으로 해석되고 있다. ─ 옮긴이) 전체 유전체에 속한 단 한 개의 유전자가 얼마나 중요할 수 있는지 배우게 되었다. 매번 한 단계씩, 두뇌의 호르몬 수용체와 같이 간단하고도 불연속적인 것의 구축을 통해, 새끼로부터 오는 특정 신호를 반응의 네트워크 속에 등록하거나 확대하는 것이 실패할지의 여부를 결정할 수 있다. 어머니가 아기와 거리를 두게끔 하거나 유대 관계를 맺게끔 하는 사소한 자극이 어머니와 갓난아기 사이의 결속 형성 여부에 막대한 차이를 만들어 낼 수 있다. 이런 자그마한 차이들 중 상당수가 신생아에게는 삶-또는-죽음의 문제가 되는 어머니의 결정에 영향을 줄 수 있다.

하지만 유전적 지침이 전개되는 방식은, 자연스레 표현되며 "무조건적"인 사랑이라는 에리히 프롬의 경구에 요약되어 있는 상식적인 견해, 즉 어머니의 헌신이 본능적이라는 생각과는 일치하지 않는다. 여성이 자신의 아기를 본능적으로 사랑한다는 말이 태어나는 모든 아기를 자동적으로 양육한다는 의미라면, 그것은 사실이 아니다. 다른 포유류도 그렇게는 하지 않는다. 비록 **실제** 돌볼 때도 본능 이상의 다른 무엇인가가 행동을 설명해 준다고 보기는 어렵지만 말이다. 다른 말로 하면, 조금씩 자라나는 어미의 헌신이 외부 신호에 만성적인 민감성을 보이지 않는 포유류는 아마 없을 것이다. 양육 그 자체도 양육될 필요가 있다.

자연 대 양육이라는 낡은 이분법 대신, 유전자, 조직, 분비샘, 과거 경험, 그리고 근처에 있는 다른 개체들과 갓난이 자신이 보내는 감각 신호가 포함된 환경 신호들 사이의 다변화된 상호 작용에 초점을 두고 주의를 기울일 필요가 있다. 양육과 같은 복합적인 행동, 특히 '사랑'과 같은 훨씬 더 복합적인 감정에 묶여 있는 행동은 유전적으로 미리 결정되어 있지도 않고 환경으로부터 생산되지도 않는다.

8장

영장류식 가족계획

자연은 너무나 현명한 질서를 갖고 있어서, 여성이 아이에게 젖을 물리면 자신의 건강을 보존할 것이며, 또한 각각의 아이가 태어나는 간격이 있기 때문에 집안 가득 아기가 차는 경우는 별로 볼 수 없다.

— 메리 울스톤크래프트(Mary Wollstonecraft), 1972년

"아홉 달 동안 요금도 없이(Nine months, no charge)……" 여성 가수가 부드럽게 울리는 목소리로 세속적인 노래를 나직하게 부른다. 누구를 바보로 만드려는 건가? 아마도 노래를 부르는 그녀는 태아를 태어날 때까지 품고 있는 것이 어떤 대가를 치르게 하는지 잊어버리고 있거나 마음씨 좋게도 계산에 넣지 않고 있을 것이다. 어머니가 주는 생명의 선물은

현재 또는 미래의 다른 아이들에게 투자할 수 있는 기회, 열량, 무기물을 통해 측정할 수 있으며, 기근이 닥쳤을 때는 자신의 목숨을 대가로 지불하는 것일 수 있다. 아니면 이빨을 대가로 하게 될지도 모른다. 현실적인 표현으로 하면, 독일 속담 "*Ein Kind, ein Zahn*(한 아이에 이빨 하나)"은 훨씬 더 정곡을 찌른다.

(덴마크, 러시아, 일본에도 역시 존재하는) 이 오래된 속담은 73세 이상의 덴마크 남자 쌍둥이를 대상으로 한 최근 연구와 일치한다. 여성은 아이가 많을수록 노년에 남는 치아 수가 적었다. 사회적 지위가 낮은 어머니들은 한 아이당 이빨 한 개를 잃었고, 형편이 좀 더 나은 어머니들은 두 아이당 한 개의 이빨을 잃었다.[1]

아홉 달, 그리고 거기에는 분명히 대가가 **있다**. 임신은 고릴라에서 8개월간 지속되며, 오랑우탄과 인간에게서는 9개월에 가깝게 지속된다. 침팬지의 7.6개월은 비교해 보면 싼 편이다. 우리의 호미노이드 여성 조상은 아마도 한 아이당 이빨 하나 이상을 치러야 했을 3년에서 5년, 또는 그 이상에 달하는 긴 기간, 칼슘을 고갈시키며 긴 수유 기간을 수반하는 마라톤 임신 기간을 마무리했다.

번식의 단계 중에서도 가장 터무니없이 비싼 비용을 치러야 하는 수유는 비슷한 몸 크기를 가진 다른 포유류들에 비해 영장류에서 오래 지속되는 편이다. 게다가 영장류 어미는 갓난이에게 먹이 공급만 하는 것이 아니라 업고 다녀야 한다.[2] 만약 어미가 그 과정을 견디지 못하고 굴복하면 갓난이는 어미와 함께 죽을 가능성이 크다. 따라서 어미와 갓난이는 각자의 필요와 조건에 맞게 출산 간격을 조절할 수 있도록 어떤 방식으로든 공진화해야 했다. 하지만 어떻게 공진화를 했을까? 그러한 계획표가 허용하는 넓은 출산 간격과 외둥이 출산, 그리고 어미가 태어난 각각의 갓난이에 대해 주저하며 바치는 헌신은 대체 무엇을 의미하는 것일까? 아기에 대한 인간 어머니의 헌신이 다른 영장류 대부분과 비교해 볼 때 상황에 따라 훨씬 더 큰 차이를 보이는 이유는 무엇일까? 나는 그 대답의 일부가 과거에 있다고 생각한다. 아주 먼 과거가 아니라 지난 5만 년 동안의 과거 말이다. 그렇지만 우리는 이 기간 동안의 아기 기르기 관습에 대해 거의 아는 바가 없다. 다시 한 번, 비교 연구(다른 영장류, 유목하며 수집하는 삶을 꾸리는 사람들)가 통찰을 위한 최선의 희망을 제공해 준다.

저속 차선에서의 삶

야생 유인원 개체군이 환경 재앙 이후 회복에 커다란 어려움을 겪고 있으며, 오늘날 세계 많은 지역에서 멸종 위기에 임박해 있다는 사실은 그리 놀라운 일이 아니다. 초기 인간이 아프리카 밖으로 어슬렁어슬렁 걸어 나오는 데 그토록 오랜 시간이 걸렸으며, 지구를 아주 서서히 채워 나갔다는 사실 역시 놀랍지 않다. 유인원 어미가 각각의 갓난이에게 바치는 헌신은 '저속 차선에서의 삶'을 위해 진화해 온 일부이다.

7000만 년 전, 빠르게 뛰어다니는 다람쥐 비슷하게 생긴 유인원의 최초 조상은 오늘날의 유인원과는 다르게 살았다. 어미는 한배에 여러 마리의 새끼를 낳고 희귀종인 목도리여우원숭이(ruffed lemur)(보통 쌍둥이를 낳는다.)가 오늘날 하듯 새끼들을 둥지에 숨겨 놓았을 가능성이 크다. 목도리여우원숭이 암컷은 현재보다 다산적이었던 시절을 상기시키는 유물인 젖꼭지 세 쌍을 뽐내 보인다. 무엇인가에게 잡아먹히기 전에 번식해야 하는 압력 아래 있었던 원시 영장류들은 빨리 자라는 새끼들의 젖을 떼고 다시 재빠르게 번식하면서, 이 짧고 바쁘며 취약한 생애 기간에 가능한 한 많은 새끼들을 압축해 넣었다.

하지만 원시 영장류의 현대 후예들은 좀 더 신중한 속도로 번식하도록 진화해 왔다. 유인원에서의 출산율, 성장률, 그리고 사망률은 신체 크기가 유사한 다른 포유류들과 비교해 볼 때 4분의 1에서 절반 정도로 낮다. 반세기가량 지속되는 삶을 사는 유인원 어미들은 넓은 출산 간격을 갖게 되면 다섯 이상 낳는 경우가 드물다. 유인원은 성숙한 몸 크기로 자라나기까지 여러 해가 걸리기 때문에, 출산 간격을 4년에서 8년 정도 두면서 천천히 번식한다. 인간에서 미성년자가 성숙하는 데 걸리는 전형적인 시간과 비교해 보면 그보다 더 오래 걸리는 유인원은 없지만 말이다.[3]

값비싼 자식

어미의 투자는 수태와 함께 시작되며 임신 기간과 수유 기간까지 확장되고, 대부분의 포유류에서는 젖을 뗀 후 종료된다. 많은 종에서 젖 떼기는 더 이상의 접촉이 없다는 신호가 된다. 어미가 여러 해 지나 자식을 다시 만나게 되면, 알아보는 기색을 보이지 않거나 마치 남남인 것처럼 공격까지 할 수 있다. 개 육종가들은 이 사실을 아주 잘 알고 있다. 하지만 어미-자식 관계가 지속되는 영장류와 포유류에서는 그렇지 않다.

인간과 협동 번식자를 포함한 다른 동물들 사이의 결정적인 차이는 아비 투자의 지속성 및 그 정도이다. 아비 투자가 취하는 다양한 형태 역시 차이에 가세한다. 젖 떼기는 (다시 노래에서, 이번에는 자장가에서 인용하면) "그저 시작"일 뿐이다. 인간 어린아이에 대한 자원 공급은 계속되며, 아동기는 사춘기(adolescence)로 접어든다.[4] 행동 생태학자 힐러드 카플란(Hillard Kaplan)은 남아프리카 수집자들에서는, 한 인간이 태어나 독립할

"이봐요, 애들이 5시까지 살아 있으면
내 할 일은 다한 거라고요."

그림 8.1 샬럿 퍼킨스 길먼(Charlotte Perkins Gilman)은 『아이들에 대하여(*Concerning Children*)』(1901년)에서 이렇게 지적했다. "인간이라는 존재는 다른 동물에 비해 보다 긴 미성년기를 보낸다고 이야기된다. 하지만 확실한 구분 기준은 연장된 아동기가 아니라 연장된 부모기(paranthood)이다."[5]

때까지 공급받게 되는 비용은, 나이를 더 먹은 아이가 스스로 채집하는 음식을 고려하지 않는다면, 1000만에서 1300만 칼로리에 달할 것이라고 추정한다. 이런 경비를 혼자 감당할 수 있는 수집자 여성은 어디에도 없다.[5]

젖을 떼고 오랜 시간이 지나도 인간 부모는 계속해서 자식에게 투자한다. 다 자란 딸이 처음으로 출산할 때 도움을 주기까지 한다. 부모와 다른 혈육들은 후손이 번식할 수 있는 상황을 만들어 줄 수 있다. 아들이 아내를 얻을 때 관습적으로 건네주는 재산('신부대')의 양을 합의할 수 있으며, 손자를 보살펴 주거나 자원을 공급해 줄 수 있다. 복잡하고 계층화된 인간 사회에서 부모는 상당한 지참금, 즉 신부 집에서 신랑의 집으로 배달되는 물건들을 지불해 준다. 현재 13만 3000달러에다가 요람에서 대학까지의 비용이 더해진 북아메리카 중산층 아이의 가격표는 7000만 년 전 영장류가 개시했던 더 큰 자식 투자 경로의 한 극단을 나타낼 뿐이다.[6]

어미 원숭이의 무조건적 헌신

다른 포유류에서는 몸집이 특별히 크거나 비용이 특별히 많이 드는 새끼 무리를 낳는 어미는 **어떤** 새끼를 돌볼 것인지에 대해 차별적으로 행동할 수 있다. 어미 햄스터나 프레리독, 집에서 키우는 개들조차 때때로 많은 수의 새끼 무리를 감당하기 위해 가장 작거나 약한 새끼들을 밀어내거나 쳐 낸다. 그래야만 가장 강한 새끼들에게 집중할 수 있기 때문이다. 하지만 영장류 어미는 가지치기라는 선택을 할 수 없다. 어미는 드물게 긴 임신 기간을 거쳐 외동 갓난이만 낳는다. 이 아기는 우선순위를 갖고 태어난다. 어미가 이미 양보다는 질을 선택한 것이다.

원숭이 어미는 비싼 비용을 치러야 하는 외동 아기에게 헌신할 때, 몸무게나 성별, 출생 순서, 또는 생존 전망에 영향을 주는 신체적 조건과 같이 **갓난이 그 자체의 속성**에 의존하는 법이 거의 없다. 영장류 어미는 모든 포유류들과 마찬가지로 임신하고 있는 동안 강한 호르몬 칵테일을 통해 채비를 갖추고, 출산 시에는 갓 태어난 아기가 발산하는 저항할 수 없을 만큼 매력적인 영아 신호(모습이나 냄새, 소리, 그리고 신생아 외피)에 노출된다. 영장류, 그리고 이를테면 프레리독 사이의 큰 차이는 영장류에서는 아기와 애착을 형성하는 데 실패하는 비율이 매우 낮다는 것이다. 하지만 공평하게 말하려면 영장류 신생아 자신에게도 역시 약간의 공이 있다는 사실을 언급해야 한다. 새끼가 출생 직후 어미의 털을 움켜쥠으로써 거래를 매듭짓는 것이 보통이기 때문이다. 갓 태어난 아기들은 거의 문자 그대로 어미에게 **달라붙는다**(attach).

· · · · ·

인간 어머니가 큰 양가감정을 드러내는 영장류라는 사실은 인간을 훨씬 더 이상한 종처럼 보이게 한다. 원숭이와 유인원 어미는 포유류 중에서도 독보적일 만큼 자식들을 차별하지 않기 때문이다. 경련성 뇌성마비와 같이 보행 기능에 심각한 결함이 있거나 장님으로 태어난 원숭이들은 **처음에 매달릴 수 있는 한에서는** 꼼꼼한 보살핌을 받는다.[7]

꽉 움켜쥐는 능력은 원숭이 신생아가 거쳐야 할 유일한 생존력 시험인 것처럼 보인다. 그 시험을 통과하면 어미는 곧 아기를 자신의 아기로 알아보는 법을 배우며 사랑할 수 있게 된다. 나중에 아기가 매달릴 수 없을 만큼 약해지더라도 데리고 다니는 것이다.

원숭이나 유인원 어미는 정서적 애착을 형성하게 되면 죽은 새끼의 몸이 흐느적거리며 썩어 가도 계속 데리고 다닌다. 어미는 먹는 동안에 시신을 바닥에 아주 조심스럽게 내려놓고 움직일 준비가 되면 데려간다. 어미는 그릇된 희망의 대상으로부터 점차 멀어져 간다. 어미는 먹이를 먹기 위해 점점 더 멀리 움직이고, 말라 버린 시신을 찾는 데 점점 더 많은 시간이 걸린다. 그러다가 어느 날, 어미는 분명한 양가감정을 드러내며 머뭇거리다가 납작해진 털가죽 조각을 내버려 두고 떠난다.

어미는 갖고 다니지는 않더라도 계속해서 시신을 지키곤 한다. 이런 사실을 미처 몰랐던 몇 해 전에 나는 새끼 랑구르의 말라붙은 시체를 검사하려다가, 어미, 어미의 암컷 혈육, 심지어는 무뚝뚝한 아비에게 때로 습격당한 적이 있다. 랑구르, 즉 프레스비티스 엔텔루스(*Presbytis entellus*)(「아이네이스」(트로이 장군 아이네이스의 모험담을 다룬 베르길리우스의 서사시 제목. ─옮긴이)에 등장하는 유명한 격투기 선수 엔텔루스(Entellus)의 이름을 딴 것)는 사실 보통은 인간을 전혀 공격하지 않는다. 하지만 이 경우에는 고대 트로이의 사람들이 헥토르 또는 다른 낙오된 동료의 시신을 되찾으려 전투를 벌이는 것과 흡사했다. 나는 목표물을 떨어뜨리고 얼굴을 가린 채 파리스처럼 불명예스럽게 퇴각했다.

상실된 원인(죽어 버린 갓난이)에게 바치는 어미의 열정적 헌신이 원숭이 어미의 행동 레퍼토리 안에 살아남아 있는 까닭이 있을 것이다. 그것은 아마도 움직이지도 않는 갓난이에게 값비싼 에너지를 들여 헌신한 것이 진화적으로 충분히 가치 있을 만큼 혼수상태의 갓난이가 소생하는 일이 종종 있기 때문일 것이다. 창백한 눈꺼풀이 아주 드물게 다시금 깜빡이며 열리는 것이다.

이렇듯 성별을 비롯한 신체적 속성과 무관하게 갓난이에 대해 베푸는 무조건적 헌신은 곧 살펴보게 될 것처럼 원숭이와 유인원 어미, 그리고 인간 어머니를 가르는 핵심적인 차이 중 하나다. 인간 사회 전반에 걸쳐 남성 간의 살인율은 언제나 여성보다 높다. 별로 놀랄 만한 일은 아니지만, 남성은 살인할 때 자신이 (유전적으로) 연관되지 않은 사람들을 죽이는 경향이 있다. 하지만 여성이 누군가의 죽음의 **원인이 된다면**(청탁의 죄뿐만 아니라 태만의 죄를 통해) 죽은 사람은 여성 자신의 갓 태어난 아기일 가능성이 가장 높다.[8] 이런 관점에서 볼 때 인간 여성은 우리와 마찬가지로 한 번에 한 아기만을 낳는 다른 영장류들과 전적으로 다르다.

영아 살해는 인간에게 독특한 것이 절대 아니다. 영아 살해는 인간과 인간 외 모두에 걸친 영장류 종에서 폭넓게 보고되어 있다. 하지만 다른 영장류에서는 대부분 살해자가 피해자와 혈연관계가 없으며 또한 어미인 경우도 없다. 인간 외 영장류 암컷이 영아 살해에 연루되는 경우에도 **자신의** 새끼를 해치지는 않는다. 죽는 것은 다른 누군가의 새끼다. 어미는 가장 비참한 상황에서만 새끼 돌보기를 중단하거나 실제로 버릴 뿐이다.

어미 원숭이가 젖 떼기를 하려고 애쓰는 동안 자신의 새끼를 거칠게 다루는 일은 그다지 드물지 않다. 잠깐 동안 땅바닥에 질질 끌고 찰싹 때려 벌을 주거나 이빨을 드러내고 찡그린 표정으로 위협하는 것이다. 하지만 야생 원숭이나 유인원의 어미가 자기 자신의 아기를 고의적으로 해치는 일이 목격된 적은 한 번도 없다.[9]

외둥이 대 여러 명의 새끼

영장류 어미들은 다른 포유류에 비해 본성적으로 더 양육적인 것일까? 한 번에 하나씩 아기를 낳기 때문에 어미의 헌신이 강화되는 것일까? 하지만 두툼한 조서들을 보면 인간 어머니가 자신의 아기를 버리거나 영아 살해에 직접적으로 가담하고 있다는 사실이 암시되어 있기 때문에 확실하지는 않은 것 같다.

그렇다면 한 번에 여럿을 낳는 원숭이와 유인원 어미들에서 나온 증거를 고려해 보자. 이들 종에서 쌍둥이는 인간에 비해 드물고, 어미들은 조건이 아주 좋은 경우를 제외하면 이들을 기르는 데 어려움을 겪는다. 관찰을 해 보면 각각의 쌍둥이는 외동 아기보다 몸무게도 천천히 늘고 젖도 늦게 뗀다. 쌍둥이 둘 모두의 생존이 타협 대상이 되는 일이 자주 있다. 쌍둥이 사례는 어미 원숭이가 생존력에 따라 새끼를 차별하는 아주 드문 기록 사례를 제공해 준다.

어미가 유별나게 시기심이 많아서 **자기 자신의 새끼에 보태** '수양' 아기로 둘째를 입양하면 인공적인 쌍둥이 상황이 만들어지는데, 어미의 본래 새끼는 젖가슴에서 그럭저럭 더 많은 시간을 보내게 된다. 또한 본래 새끼는 수양 아기보다 빨리 자란다. 아마 어미가 둘을 분간할 줄 알며, 자신의 아기를 편애하기 때문일 것이다. 이와 유사하게 쌍둥이를 출산한 야생 고릴라 어미는 둘 중에서 보다 약한 쪽을 버렸다.[10]

어미가 새끼를 버릴 때 여러 마리의 출산이 요인으로 작동한다는 점에 대한 가장 설득력 있는 증거는 일상적으로 여러 마리의 새끼를 낳는 마모셋이나 타마린 같은 이례적인 종들에서 나온다. 이런 종에서 새끼에 대한 어미의 헌신은 다른 원숭이에 비해 훨씬 조건부적이다. 솜모자 타마린(cotton-top tamarin)은 이 점을 잘 보여 준다. 남아메리카에 사는 작은 솜모자타마린은 '군락 형성자(colonizer)'의 원형으로, 새로운 수집 기회가 손에 쥐어지면 재빨리 번식하도록 적응되었다. 이들은 영장류가 대부분 느리게 번식한다는 규칙에서 벗어나는 드문 예외에 속한다.

타마린 어미는 대개는 쌍둥이를 낳고 가끔씩 세쌍둥이를 낳는데, 아비와 다른 집단 구성원의 도움을 받아 새끼를 기른다. 대행 어미의 도움이 부족하게 되면, 어미는 하나 또는 그 이상의 새끼를 거부하며 자신이 유지할 수 있는 수준으로 새끼 무리를 줄인다. 도움꾼의 손을 빌릴 수 없는 경우에는 대다수의 어미들이 여러 마리의 새끼를 기르는 힘든 임무의 압박으로부터 벗어나려 한다. 새끼는 대개 출산 후 72시간 안에 버려진다.[11]

원숭이는 새끼를 차별할 수 있는가?

원숭이 어미는 심리학자 에리히 프롬이 제시한 애정 가득한 어머니의 이상에 근접한다. 즉, "무조건적이고" "무한히 보호한다." 하지만 원숭이 어미는 새끼들, 아들과 딸, 그리고 병약한 새끼와 건강한 새끼 사이의 차이를 구분할 수 있는 인지적 능력이 없기 때문에 무조건적으로 헌신하는 것이 아닐까?

　이것은 답이 될 수 없다. 대행 부모는 특히 다른 암컷의 새끼를 학대할 때, 나이, 성별, 유전적 연관도, 또는 신체적 조건에 따라 쉽게 새끼를 차별 대우할 수 있다. 다른 집단 구성원들은 이상한 행동이나 발작적인 행동을 보이는 청소년을 공격하기도 한다. 마카크 대행 어미는 낮은 서열의 어미에게 태어난 자식들 중 딸은 괴롭히지만 아들은 용인한다. 다른 한편, 영아 살해자 수컷 침팬지는 또 다른 방식으로 차별한다. 외부 집단의 침팬지로부터 임신했을 가능성이 있는 어미의 새끼 중 수컷은 죽이지만 암컷은 용인하는 것이다.

　인간 외 영장류 어미가 건강한 새끼와 아픈 새끼, 아들과 딸을 구분해 내는 능력을 지녔다는 사실에는 의심의 여지가 없다. 하지만 그런 정보를 이용해서 자식을 차별한다는 증거는 없다. **성별이나 연령**[12] **또는 건강 상태를 근거로** 돌보기를 중단하는 경우는 없다. 보살핌의 의지는 갓난이의 질에 영향을 받지 않는다. 이 점에서 볼 때 인간 외 영장류 어미들은 많은 인간 어머니들과 주목할 만한 차이를 지니고 있다. 원숭이나 유인원이 자식을 버리는 일이 절대 없다는 뜻은 아니다. 극단적인 상황에서는 실제 그렇게 하기 때문이다. 하지만 어미가 새끼를 버리는 이유는 새끼가 지닌 속성 때문이 아니라, 어미의 상태나 사회적 상황이 좋지 않기 때문이다. 그런 상황은 드문 만큼 많은 사실을 알려 준다.

원숭이나 유인원 어미가 새끼를 버릴 때

　야생 원숭이 어미가 새끼를 버리는 사례들은 거의 대부분 어미의 상태가 아주 나쁘거나 지독히 곤란한 상황에 처해 있을 때 발생한다. 여기서 핵심적인 사례는 영아 살해 결심이 확고한 수컷이 어미의 집단에 들어오는 상황에 직면하게 될 때다.

　영장류 어미에게 최고의 악몽은 영아 살해자 수컷이 어미의 집단에 영구적으로 자리를 잡는 것이다. 일반적으로 어미는 최선을 다해 맞서 싸워 수컷을 쫓아내려고 하지만, 시간은 수컷의 편이다. 어미들 중 일부는 반복되는 공격에 지쳐 '포기한다.' 하지만 여기서 특별히 관심을 끄는 사례는 보다 나이 많고 거의 젖을 뗀 새끼, 즉 영아 살해자 수컷이 노릴 만한 연령대보다 나이를 더 먹은 새끼를 데리고 있는 어미들이다(예컨대 랑구르 침입자 수컷에게 살해당하는 대부분의 새끼는 나이가 6개월 미만이다.). 하지만 어떤 어미들은 자신의 새끼를 공격하는 수컷과 함께 자신의 무리에 머물 것인지, 아니면 안전한 피난처인 자신의 무리를 떠날 것인지를 결정해야만 하는 지독하게 난감한 상황에 처하게 된다.

　고릴라와 랑구르 어미는 영아 살해자 수컷에 맞서서 일시적으로 자신의 집단을 떠나는 극단적인 선택을 하는 것으로 알려져 있다. 어떤 어미는 새끼를 데려가서 무리에서 쫓겨난 아비나 새끼의 형제들에게 보호를 부탁하려고 애쓰기도 한다. 갑작스럽게 젖을 떼고 어미로부터 분리된 새끼들이 살아남는 경우도 일부 있다. 하지만 많은 가능성 중 하나는, 스스로 살아남을 만큼 나이를 먹은 새끼는 숲 속에서 혼자 길을 찾아 어미에게 돌아갈 수도 있다는 것이다. 고릴라와 랑구르 모두에서 버려진 새끼는 결국 어미를 따라잡는 데 성공하지만, 어미와 함께 있던 새로운 수컷들에게 공격을 당하는 장면이 목격되기도 했다. 각각의 어미는 '새끼 자신을 위해' 새끼를 버릴 때, 자신이 하고 있는 일이 무엇인지 '알고' 있는 것 같다. 랑구르의 경우에서 작은 암컷 한 마리는 상처만 입고 죽지는 않았다. (초경을 맞기까지 몇 년이 더 남은) 이 소녀는 그 후 놀라운 일을 했다. 자신을 공격하려는 수컷 앞에 나타나 발정기 암컷이 수컷을 성적으로 유혹할 때 머리를 흔드는 것과 같은 모습으로 머리를 흔들었던 것이다. 마치 "나는 죽이기엔 너무 나이가 많아. 나는 네가 짝짓기를 할 수 있는 대상이야."라고 상기시키는 것 같았다.[13)]

'무조건적' 헌신 대 '조건부적' 헌신

긴 출산 간격을 두고 새끼를 낳는 어미가 부르는 행진가를 이해하기는 어렵지 않다. "매달린다면 데리고 다닐 것이다." 하지만 그토록 느리게 번식하고 그토록 주의 깊게 임신에 임하며 그토록 까다롭게 어떤 임신을 지속할 것인지 결정하는 포유류에게 무엇을 더 기대할 수 있겠는가? 대부분의 임신은 결국 배가 착상하기 이전에 종료된다. 각각의 영장류 새끼가 태어날 무렵이면 이미 출산 관리가 상당히 되어 있는 상태다.

각 출산의 단독성과 고비용성은 조건부적인 헌신을 보이는 인간 어머니의 본성을 특별히 신기한 것으로 만든다. 하지만 (12장부터 14장까지 살펴볼) 방대한 양의 증거를 보면 모든 여성이 그들이 낳는 모든 아기에 대해 무조건적인 헌신을 베풀지 않는다는 사실을 알 수 있다. 한 인간 어머니가 성별을 비롯한 특정 아기 속성에 따라 보살핌을 제공하거나 그만두기를 결정하는 것은, 포유류 어미가 **무조건적으로** 양육해서가 아니라(실제로도 그렇지 않다.) 다른 영장류 어미들이 그렇게 하기 때문에 예측과 다른 신기한 현상이 된다.

다른 어떤 영장류도 자식이 지닌 속성에 따라 자식을 차별하지는 않는다. 그렇다면 나는 인간 진화의 과정과 역사에서 무엇이 우리 종의 어머니들을 다른 영장류에 비해 그토록 차별적이게끔 만들었는지 질문을 던지게 된다. 다른 영장류 어미가 새끼의 결함을 꼼꼼히 조사하거나 '잘못된' 성별로 태어났다고 해서 갓 태어난 새끼를 산 채로 묻는 일은 절대 없다. 인간 어머니가 보이는 극단적으로 조건부적인 헌신은, 인간 어머니가 비교적 덜 발달된 본능을 지니고 태어났다는 사실, 즉 이 측면에서 볼 때 다른 영장류에 비해 좀 더 백지에 가까운 상태로 태어났다는 사실을 뜻하는가?

인구 조사

고생물학자, 인구학자, 그리고 인류학자 모두는 홍적세 대부분의 기간 동안 인간이 극단적으로 낮은 인구 밀도와 극한적으로 느린 성장률 속에서 살아 왔다는 점에 동의한다. 과거의 인구학적 역사를 재구성하려는 목표로 현대의 유전 다양성을 연구하는 인류학자들은 실질적인 번식 인구(effective breeding population)는 1만 명을 크게 넘은 적이 없다는 가설을 세웠다.[14] 초기 인간들은 광막한 거리를 이동하면서도 우리가 하루 저녁 영화관에서 처음 보는 얼굴들의 수만큼도 마주치지 못했을 수 있다.

인구학자들은 구석기 시대 초기에 100명의 생존자로 구성된 잡다한 집단이 1만 명으로 불어나는 데 **5만 년**이 걸렸을 것이라고 추정한다. 국지적인 소규모 인구 집단들이 어려운 시기를 맞아 사라졌다. 풍요로운 시대의 축복을 받은 다른 인구 집단들은 확장되고 분열되며 퍼져 나갔다. 그럼에도 불구하고 인구수가 2배로 불어나는 데는 매번 1만 5000년 정도가 걸렸던 것으로 추정되는데, 현재 50년마다 인구가 2배로 증가하는 것과는 대조적이다.[15]

영장류 개체군 유전학에서 발견되는 놀라운 사실은 우리 종의 다산성이 정말로 새롭다는 것이다. 사라져 가고 있는 동부와 서부 아프리카 침팬지 집단의 유전체 변이는 모든 인류를 합한 것보다 크다. 왜일까? 오늘날 지구상의 모든 인간은 약 10만 년 전 같은 장소에 있던 동일한 작은 수렵-채집 인구의 후예기 때문이다. 인류의 양탄자는 극단적으로 느린 출발 후 매우 짧은 시간 만에 지구를 뒤덮었기 때문에, 종으로서의 호모 사피엔스는 침팬지 조상 개체군에게 특징적인 유전자 수준에서의 미세 변이, 그리고 강도 높은 국지적 진화를 이룰 만큼 충분히 긴 시간을 갖지 못했다.

그렇다면 우리 조상들은 어떻게 그토록 오랜 시간 동안 느린 번식 속도를 유지할 수 있었던 것일까? 초기 호미니드 개체군에게 가해진 제약은 무엇이었을까? 그리고 무엇이 변했던 것일까?

느린 성장에 대한 설명

인구 집단이 널리 분산되어 있다는 바로 그 사실이 본질적으로 국지적인 현상인 전염병이나 전쟁이 그토록 오랜 기간 동안 인구 성장에 마개를 덮어 씌워 둘 수는 없었을 것이라고 생각하게 한다. 토머스 맬서스 (Thomas Malthus)의 설명(살인, 역병, 그리고 기근)에 만족하지 못했던 이전 진화 인류학 세대(가장 유명한 사람으로는 J. B. 버드셀(J. B. Birdsell)이 있다.)는 수렵-채집자 부모가 영아 살해를 행함으로써 가족 크기를 관리할 수 있는 규모로 유지했다고 추측했다. 다윈은 "미개인들이 자신과 아이들을 부양하기 힘들다는 사실을 깨닫게 될 때, 갓난아기를 죽이는 것은 간단한 계획이 된다."고 언급했다. 버드셀은 더 나아가 무사히 태어난 아기 중 영아 살해를 당한 비율이 15에서 50퍼센트에 달할 것이라는 가설을 세웠다.[16)]

1970년대 무렵 현장 연구자들은 이러한 추측을 현실의 숫자로 바꾸기 시작했다. 자그마치 40퍼센트의 영아 살해율이 발견되었으나, 대부분은 남아 선호가 너무나 강해 딸을 죽인 가부장적인 정착 사회에서 발견되었고, 홍적세 수집자를 재현한다고 여겨지는 수렵-채집 유목민에서 발견된 것은 아니었다. 아직까지도 고되고 구식인 수렵-채집 방식으로 생계를 유지하고 있는 !쿵 산 유목민을 인류학적 인구학자인 낸시 하웰(Nancy Howell)이 분석했던 고전적인 인구학 연구를 보면, 500건의 성공적인 출산 중 영아 살해는 6건뿐이었다. 영아 살해는 문화적으로 용인되었고 특정 상황에서는 의무로 여겨지기까지 했다. 하지만 영아 살해가 요청되는 상황은 드물었다. 아기가 선천적인 결함을 갖고 있거나, 너무 나쁜 시기에 태어나 손위 아이의 생존 가능성이 위험에 빠지게 되는 경우가 그런 드문 예외적 상황에 해당한다.[17)]

영아 살해는 낮은 비율로 행해지기 때문에 인구 성장률이 그토록 낮은 까닭을 설명할 수 없다. 출산 직후의 영아 살해(!쿵의 영아 살해는 항상 이런 경우에 해당한다.)는 반복적으로 행해지지 않는 한 인구 성장을 감소시키는 효과적인 방법이 아니다. 예컨대 신생아를 잃은 인간(또는 유인원) 어머니는 임신하여 아마도 1년 안에 곧바로 다시 출산할 것이기 때문이다. 게다가 수렵-채집자의 출산 간격은 어미가 자신의 새끼를 절대 죽이지 않거나 아주 드물게만 버리는 다른 사람과 유인원에서 발견되는 것보다 훨씬 짧다. 그러므로 영아 살해가 거의 확실한 경우에도 !쿵과 같은 인구 집단이 나타내는 낮은 성장률을 설명하기에는 역부족이었다. 아주 낮은 출산율과 느린 인구 성장률을 설명하기 위해서는 다른 무언가가 필요했다. 무엇일까? 대답은 수집자 유인원 암컷의 삶의 방식과 난소에 들어 있다. 이 대답은 세 개의 범주로 나뉠 수 있다. 지연된 성숙, 초경과 실제 임신할 수 있게 되는 시점 사이에 놓인 긴 지체 기간('사춘기의 번식력 미달(adolescent subfertility)'로 알려진 기간), 그리고 긴 출산 간격이다.

지연된 성숙과 '사춘기 번식력 미달'

대부분의 포유류 생애사를 기준으로 보면, 모든 유인원은 성숙해서 번식 연령에 도달하기까지 오랜 시간이 소요된다. 하지만 인간은 척도 자체를 벗어나 있다(11장을 보라.). 각 개체는 자신이 속한 종에게 가능한 범위 내에서 서로 다른 시기에 성숙을 맞게 된다. 영양 상태가 좋은 인간 여성은 대개 더 빨리 초경에 도달하고 더 일찍 임신하며 더 빨리 성숙한다. 세력가 혈육이 지원해 주는 축복을 받아 생산성 높은 영토 내에 있는 침팬지(플로의 장녀인 피피가 떠오른다.)는 자그마치 8살의 어린 나이에 초경을 맞았다. 이는 공동체 안에 있는 다른 암컷보다 몇 년이나 이른 것이었다. 1970년대에 영양학자 로즈 프리슈(Rose Frisch)는 인간 여성이 이 점에서 유인원과 다른 포유류를 닮았다는 19세기의 추측을 검증했다.[18]

번식 지방이 축적되기 시작함에 따라 지방 세포 일부는 호르몬인 렙틴을 분비한다. 소녀의 시상 하부는 이윽고 매 90분마다 고나도트로핀-방출 호르몬(gonadotropin-releasing hormone) 파동을 규칙적으로 내보내게 된다.[19] 이 파동은 사춘기에서 결정적인 사건으로, 뇌하수체가 오랜 기간 동안 동면 상태에 있던 난포(ovarian follicles)를 자극하는 호르몬, 즉 본질적으로는 난자 인큐베이터인 이 기관이 켜지도록 하는 난포 자극 호르몬(follicle-stimulating hormone)과 황체 형성 호르몬(luteinizing hormone)을 분비하도록 자극한다.

하지만 인간과 기타 다른 유인원들의 첫 월경 주기에는 특별한 변화가 있다. 암컷이 빨리 성숙하든 늦게 성숙하든 주기는 임신이 가능해지기 한참 전에 시작된다. 유인원의 사춘기 불임은 6개월에서 3년 동안 지속되며, 성적으로 활성화된 청소년을 임신으로부터 보호한다.[20] 어떤 종에서는(침팬지와 보노보가 떠오른다.) 사춘기 암컷이 높은 성적 활동성을 보인다.

일례로 암컷 침팬지는 8살에 초경에 도달할 수 있다. 하지만 이 시점은 외음부 팽창이 온전한 크기에 도달하고(주기 한가운데에서 에스트로겐 수치가 올라가는 결과로 생겨남) 다 자란 수컷들이 관심을 기울이며 짝짓기를 갈구하기 여러 해 전이다. 하지만 암컷 침팬지는 14살 무렵 처음으로 임신하여 출산하기 전에도 불임 주기가 지속되는 동안 3,600회 정도 교미할 수 있다.[21]

사춘기의 외음부 팽창은 특별히 눈에 띈다. 어린 암컷들은 이것을 자신을 적대시하는 영역을 안전히 통과하도록 허락받는 '외교관용 여권'처럼 사용한다. 배회하는 암컷은 최종적으로 어디에 정착하여 번식할지를 결정하는 과정에서 이 방법을 통해 외부 공동체의 경쟁자와 지역 자원을 조사할 수 있다. 어린 암컷들은 자유롭게 탐험하며 계속해서 자란다.

침팬지 암컷은 15살 무렵이면 이미 첫 출산을 경험했으며 몸도 다 자란 상태이다. 그때부터 이 암컷은 더 어린 암컷들에 비해 생식력이 훨씬 더 커진다. 게다가 더욱 성숙했고 경험도 많기 때문에 이 성숙한 암컷에게 태어난 갓난이는 살아남을 가능성이 보다 높다. 수컷 침팬지들은 마치 이 사실을 알고 그에 따라 반응할 수 있게끔 프로그램된 것처럼 보인다. 수컷 침팬지들은 외음부 팽창을 보이는 암컷 둘 중에서 하나를 선택해야 할 때 예외 없이 더 나이 많은 쪽을 선택한다.[22] 이 점에 비춰 보면 일부 사회의 남성들이 다른 영장류와 다르게 젊음을 그토록 강조하는 이유가 무엇일지는 흥미로운 주제다. 나는 이 남성들이 짝에 대한 독점권을 행사할 수 있는 위치에 있기 때문에 그녀를 말 그대로 장기적으로 소유할 수 있다는 사실이 이유 중 하나라고 추측한다. 인간 남성이 획득하는 짝은 오랜 기간 동안 그가 속한 사회 단위 속에서 살며 일생을 마칠 수 있는 반면, 수컷 침팬지는 그저 한 마리의 암컷이라도 수정시켜 보려 애만 쓰다가 끝날 수 있다. 각각의 종의 수컷들은 서로 다른 성적 매력의 기준을 가질 수 있는 반면, 인간 여성과 암컷 침팬지는 비뚜름한 중산 모자처럼 생긴 생식력 경향을 공유한다.

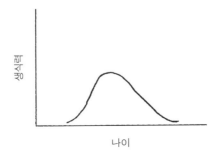

성년기 초반부는 여성의 생식력이 가장 왕성하며, 임신 결과가 좋을 가능성도 가장 높고, 아기의 생존 가능성도 가장 높은 시기이다. 영양 상태가 나쁜 서부 아프리카와 네팔 집단 일부에서는 26세에서 29세 사이의 훨씬 늦은 연령대에 생식력이 정점에 달하지만, 대부분의 인간 여성은 20대 초반과 중반 사이에서 생식력이 최고도에 달한다.[23] 아주 젊

거나 아주 나이 많은 여성은 생식력이 낮고 유산할 확률도 높다.[24] 생식력은 성년 초기에 정점에 도달한 후 나이와 함께 감소하다가 완경기가 되면 0에 도달한다. 완경기는 침팬지 및 대부분의 수집 사회에 있는 여성들에게는 40대에 찾아오며 후기 산업 사회 인간 여성에서는 보다 늦은 시기에, 그리고 사육되는 마카크는 30살을 전후해 찾아오게 된다.

· · · · ·

늦은 초경과 사춘기 불임은 생존하는 자손을 얻을 가능성이 별로 없는 위험한 번식 사업으로부터 어린 암컷을 보호한다. 동일한 비축 자원을 자손이 건강하게 태어나 생존할 가능성이 보다 높은 나중에 훨씬 잘 이용할 수 있도록 남겨 두는 것이다. 지체 현상은 다른 영장류에 비해 인간 어머니에게 훨씬 중요하다. 우리의 대처 능력에서는 의식적인 계획이 훨씬 중요한 위치를 차지하기 때문이다. 그럼에도 불구하고 계획했던 행동을 진행해 나가고 감정을 조절하며 조직화하기 위해 필수적인 능력들은 여전히 난소와 함께 성숙해 가는 중이다. 그래서 일부 정신과 의사들은 때 이른 번식적 성숙을 "운전 솜씨 없이 차에 시동을 거는 것"이라고 말한다.[25]

신석기 시대 이래, 그리고 특히 과거 몇 세기 전부터 영양 상태가 나은 소녀들은 보다 빨리 성숙하기 시작했고, 인간이 존재하게 된 이래 전례 없이 어린 나이, 즉 20살보다는 12살에 가까운 나이에 임신할 수 있게 되었다. 1996년 미국에서 15세에서 19세 사이 소녀가 낳은 아기는 50만 명이었고, 14세 이하의 소녀들이 낳은 아기는 1만 1000명이었다. 이는 산업화된 국가 중에서 가장 높은 10대 출산율이다.[26]

사람들은 이것을 10대 임신 '문제'라고 부르지만 오히려 피임 실패의

그림 8.2 사진 속의 !쿵 소녀는 14살의 나이에 사춘기에 막 도달하고 있다. 칼라하리의 거친 조건 속에서 처음으로 월경하려면 아직도 여러 해를 더 기다려야 한다. 이와는 대조적으로 미국의 소녀들은 풍부한 음식과 훨씬 더 정착적인 삶의 방식 때문에 더 빨리 성숙한다. 거의 대부분이 12살 반의 나이에는 초경에 도달하는데, 이 나이는 !쿵의 유목민 채집자들보다 4년이 빠른 것이다. 정절이 아니라 사춘기 불임이 20살 이전의 출산을 막아 준다.

문제에 가깝다. 인간에게 특징적인 조건들 속에서 진화한 안전망의 토대를 파괴하기 때문이다. 이 안전망은 아주 어린 소녀들을 임신의 불운으로부터 보호해 왔다. 수집 조건 아래서 살아가는 사춘기 소녀가 10대 초반에 배란을 개시할 만큼 이례적으로 통통하다면, 그 소녀는 거의 틀림없이 드물게 생산적인 서식처에 살고 있을 것이다. 이 소녀는 또한(그리고 이 점이 중요한데) 자신에게 자원을 공급하고 도와주며 호의를 베푸는 성인들에게 둘러싸여 있을 것임이 틀림없다(11장을 보라.). 하지만 현대 사회에서는 사춘기 청소년이 처참한 불이익을 감수해야 할 수 있다. 모든 유형의 사회적, 경제적 지원이 없음에도 불구하고 영양 공급이 과잉이어서 12살이면 초경에 도달하고 15살이면 임신하게 되는 것이다. 소녀가 몸에 지닌 지방의 양은 이 어린 포유동물을 위험한 방향으로 잘못 이끄는 신호다. 번식해서 좋을 것이 **전혀 없는** 시기에 그대로 번식해 버리라고 지시하기 때문이다. 오늘날 미국에서 아동 학대와 영아 살해의 가장 큰 위험 요인 두 개는 이른 나이의 출산과 짧은 출산 간격이다.[27] 이 주제에 관해서는 12장에서 다시 설명할 것이다.

· · · · ·

시상 하부와 뇌하수체가 지방 세포가 분비한 신호들에 반응하는 방식은, 진화가 홍적세와 더불어 끝난 것도 아니고, 인간이 아프리카로부터 퍼져 나오기 시작했을 때 멈춘 것도 아니라는 사실을 암시하는 실마리 중 하나다. 조상의 지리적 기원에 따라 초경을 촉발하는 호르몬에 반응하는 임계점은 조금씩 다르게 설정되어 있다. 그다지 멀지 않은 과거 조상들이 경험하던 선택압이 소녀의 유전체 안에 포장되어 있을 것이다. 따라서 초경 연령은 소녀가 직접적으로 노출되어 있는 상황뿐만 아니라 조상의 기원에 따라서도 달라질 수 있다.

　지방과 탄수화물 함유량이 높은 빅맥 버거처럼 같은 음식을 먹고 자랐어도 남동부 유럽의 따뜻한 기후에서 자란 어머니가 낳은 딸은 북서부 유럽의 조상을 둔 딸들보다 평균적으로 이른 나이에 초경을 맞는다. 이유는 알려져 있지 않다(추운 날씨 때문일까? 큰 키 때문일까? 아니면 기근의 가능성이 더 크기 때문일까?). 하지만 최근 오스트레일리아로 이주한 유럽 이주자들은 동일한 환경에서 살고 있지만 어머니가 남유럽에서 왔는지 북유럽에서 왔는지에 따라 다른 나이에 월경을 시작하는데, 이는 유전 요소가 초경 연령에 영향을 미친다는 사실을 보여 주는 강력한 증거다.[28]

아버지의 부재와 이른 초경

모든 영장류에서 초경은 여러 가지 요인들에 의해 앞당겨지거나 늦춰질 수 있다. 영장류 암컷은 사회적 스트레스나 낮은 어미 지위, 또는 자원의 예측 불가능성에 대해 사춘기를 지연시킴으로써 반응한다. 신기하게도 인간 짝짓기 체계에서 사회 생물학자들의 주목을 끌었던 첫 발견은 이러한 경향에서 뚜렷이 벗어나는 예외였다. 아버지가 없는 가정에서 자란 소녀들은 아버지가 있는 가정에서 자란 소녀들보다 평균적으로 이른 나이에 초경에 도달했다.[29]

　진화적 사고방식을 지닌 인류학자인 퍼트리샤 드레이퍼(Patricia Draper)와 헨리 하펜딩(Henry Harpending)은 이 연관 관계에 깊은 인상을 받아 다음과 같은 가설을 제안했다. '아버지 없는' 가정에서 자라난 소녀들은 남성이 제공하는 것이 거의 없거나 예측할 수 없는 존재라는 기대를 갖도록 조건화되어(보다 양육적이며 신뢰할 수 있는 "아빠(dad)"와 대조해서 "놈팡이(cad)"라고 표현했던 것이 기억에 남는다.) 보다 난교적인(promiscuous) 번식 전략을 대안으로 추구함으로써 반응한다는 것이다. 지속적인 짝 결속을 형성할 수 있는 가능성을 배제한 소녀들은 단기간의 수입을 목표로 하는 좀 더 확률적인 전략을 선호했다.[30]

결과는 가설과 일치한다. 아버지 없이 자란 소녀들은 보다 이른 나이에 섹스를 시작했고 파트너의 수도 더 많았다. 일부 연구자들은 가정에서 경험하는 보다 높은 사회적 스트레스 수치가 "소녀가 성적 활동을 빨리 개시하게끔 촉진하는 생식샘 호르몬과 부신 피질 호르몬이 이른 시기에 증가하도록 유발"하며 성적 성숙을 가속화한다는 가설을 세웠다. 그렇다면 이른 초경은 본질적으로 어머니가 궁지에 몰려 있음을 딸이 지각하게 되는 과정을 포함하는 생태적, 사회적 상황에 따라 생겨나는 효과로 추측된다.[31]

이 가설은 흥미롭다. 어떤 집단 내에서는 이미 사실로 받아들여지고 있다. 하지만 영장류학자들은 이 가설을 불편해 한다. 기저에 있는 번식 생리가 너무나 "영장류답지 않기" 때문이다. "자원 기반이 불확실하고 사회적 스트레스가 더 클수록 암컷은 더 빨리 성숙한다고?" 영장류학자라면 회의에 가득 찬 질문을 던질 것이다. 자원이 박탈된 비비나 서열 낮은 암컷 침팬지는 완전히 정반대이기 때문이다. 다른 영장류에서는 스트레스 받은 암컷들이 성숙을 가속화하기보다는 **지연한다**.

이 가설에 대한 주요 경쟁 가설은 이 연관 관계가 인공적인 것 또는 다른 무엇이라는 주장이다. 이 대안 가설은 비유전적 '모계 효과'보다는 소녀가 그 자신도 일찍 성숙했던 어머니로부터 물려받은 유전적 유산에 초점을 둔다. 만약 이른 나이에 초경을 맞은 어머니가 일찍 섹스를 시작하게 되고 이른 나이에 임신하게 된다면, 그와 같은 개인사의 결과가 안정적인 관계로 마무리될 가능성은 낮다. 이런 어머니에게 태어난 조숙한 딸은 아버지가 없는 가정에서 자라나게 될 것이다. 이른 초경은 아버지의 부재를 다루기 위한 적응으로서가 아니라 우연적인 관계를 맺게 될 것이다.[32] 수수께끼는 아직까지 풀리지 않은 채 남아 있다.

영장류가 새끼를 낳을 때

어린 나이에 임신하게 된 경위 및 이유와는 별도로, 10대 초반에 어머니가 된 소녀는 좋은 어머니가 되지 못한다는 생각이 일반적이(고 이유도 있)다. 어린 어머니는 아이를 방치하거나, 버리거나, 심지어는 북아메리카 지역의 경찰 기록이나 부족 사회에 대한 민족지들을 보면 영아 살해를 저지를 가능성이 다른 집단에 비해 더 높다.[33]

유전, 소녀 자신의 어린 시절 경험, 태아기의 보살핌, 사회적 지원, 혼인 여부, 이용할 수 있는 자원 등 상황을 복잡하게 만드는 변수들을 따로 떼어 놓기는 어렵다. 이른 나이에 출산했기 때문에 엄마로서 부적절한 행동을 하게 되는 것이 진짜일까? 아니면 우리 사회에서의 이른 출산과 낮은 사회 경제적 지위가 연관성을 갖기 때문일까?[34] 그러나 원숭이에서는 사춘기 출산과 기준 미달의 보살핌 사이의 관계가 덜 복잡하다.

10대 초반에 출산하는 많은 미국 소녀들처럼 정착 생활을 하면서 이례적으로 충분한 자원 공급을 받은 원숭이들 역시 번식을 빨리 시작한다. 영장류학자 린 페어뱅크스(Lynn Fairbanks)가 로스앤젤레스 근처에서 대규모 야외 군락으로 기르던 버빗원숭이(vervet monkey)의 사례를 살펴보자. 무제한으로 먹으며 영양이 과잉 공급된 3살배기 원숭이는 버빗이 진화했던 아프리카의 숲과 사바나 혼합 서식 환경에서 번식하는 개체군보다 한 해 빨리 출산했다.

어미 원숭이의 덕성에 적응되어 있던 현장 영장류학자들에게 이 '10대' 어미들의 행동은 충격적이었다. 신체적으로 성숙한 버빗과 비교해 볼 때 이 '어린' 어미들은 야생에서는 절대 찾아볼 수 없을 만큼 큰 무관심을 보였다. 일부는 땅에 떨어진 갓난이를 주워 올리지도 않았다. 쌍둥이를 낳은 타마린의 경우와 마찬가지로, 영아 유기는 거의 산후 72시간 내에 일어났다. 모성 반응을 위한 결정적인 무언가가 켜지지 않은 것처럼 보였다. 그들의 새끼는 초기 성년기에 맞게 되는 번식 '황금기'에 낳은, 다 큰 어미들의 새끼에 비해 2배나 높은 사망률을 보였다.[35]

야생에서는 어미가 새끼에게 마음을 쓰는 데 실패한 사례가 보고된 적이 없다고 지적하는 것은 무의미하다. 그 나이 또래의 야생 버빗은 절대 임신하는 법이 없기 때문이다. 자원 공급을 받는 인공적인 삶의 방식의 결과로서 생겨난 번식력 과잉의 버빗 사례를 인간 10대가 겪는 고초와 비교하려는 유혹이 분명히 생긴다. 정착된 삶과 풍부한 음식은, 수천만 년 동안 사람과 영장류를 그토록 어린 나이에 출산하지 못하도록 보호해 주던 생식력 제약을 해제해 왔다.

순수하게 생물학적인 관점에서 보면 10대에게 순결을 기대하는 것이 비현실적일 때에는, 인간 실존에서 최근 등장한 급격한 변환을 보상하기 위한 방법으로 피임 수단을 제공하는 것이 합리적으로 보일 수 있다. 마치 비행기 승객에게 적응해 본 적이 없는 가혹한 환경을 이겨 내라고 하는 것보다는 기내의 기압을 유지하는 편이 나은 것처럼 말이다. 만약 정치가가 아닌 영장류학자가 대통령이었다면, 미국의 전 보건국장 조이슬린 엘더스(Joycelyn Elders)를 해임하기보다는 메달을 수여했을 것이다. 엘더스가 해임된 직접적인 동기는, 인간 최초로 13살이라는 나이에 임신할 수 있게 된 10대 소녀들이 아무런 보호 조치 없이 성교를 일찍 시작하는 것에 대해, 성교육을 실시하거나 다른 방식으로 리비도를 분출

(자위 등)하는 것이 차라리 추천할 만하다는 공적 발언을 했기 때문이었다. 나는 여기에 동의한다.

첫 출산에 대한 추가적 지원

모든 영장류에게 첫 출산을 하는 때는 특히 취약한 시기다. 어린 암컷은 광범위한 적응의 도움을 받아 그 상황과 타협한다. 지연된 성숙과 사춘기 불임은 이야기의 일부에 불과하다. 처음으로 어머니가 되는 암컷들을 추가로 돕는 사회적 행동의 유형 역시 존재한다. 그러한 유형이 가장 잘 밝혀져 있는 사례는 모계에 따라 조직된 원숭이 사회이다. 이 사회에서 어미들은 딸들이 더 잘 먹도록 돕고 완충 장치가 되어, 번식을 시작하는 생애 시점에 노출되는 공격들로부터 보호해 준다.

구대륙 긴꼬리원숭이과만큼 정교하고 섬세하며 질서 정연하고 예측 가능한 사회적 예의범절을 따르는 암컷은 드물다. 비비나 마카크, 버빗의 성년 암컷과 마찬가지로, 긴꼬리원숭이과 암컷들은 누가 어디에 속하는지와 같은 지위 예상치를 발달시킨다. 긴꼬리원숭이 사회는 서열이 매겨진 모계 씨족(clan)들로 구성되어 있으며 각각의 씨족은 확고한 암컷 위계를 통해 조직되어 있다. 위계를 구성하는 것은 어미와 할미들로, 이들은 끊임없이 경쟁자를 감시한다. 모계 씨족은 서로 붙어 다니며 낮은 서열의 계보에 속하는 딸들이 사회적 지위가 상승하지 못하도록 억압하고 배제하기 위해 집결하며, 자신들은 유리한 사회적 지위를 확보하기 위해 협조한다. 이디스 와튼이 20세기 초 뉴욕의 사교계 부인들이 만들어 내는 사회적 위계를 지칭할 때 사용했던 표현을 빌리면 부족 사회의 모든 "소규모 사회 규율"을 실행에 옮긴다.

긴꼬리원숭이 사회에서 지배적인 규칙 두 가지는 다음과 같다. 첫째, 딸들은 암컷 사회 위계에서 어미 바로 아래로 들어가고, 둘째, 딸이 하나 이상 있을 경우에는, 동생이 성숙하여 번식 잠재력이 최고조를 기록하게 되면 언니 위 순위로 올라간다. 하지만 동생은 더 작고 어리며 몸무게도 덜 나간다. 그렇다면 어떻게 할 수 있을까? 동생은 자신과 언니 모두 꺾을 수 없는 윗순위의 협력자, 즉 그들 어미의 도움을 받아 서열이 상승한다.[36]

더 어린 딸이 번식 연령에 도달해 가면, 비비나 마카크 어미는 이전에 우세했던, 몸집도 더 크고 무게도 더 나가는 언니와의 대면에서 동생 편을 든다. 어미의 선호도는 겉보기에는 변덕스러워 보인다. 여기에 대한 가장 좋은 설명은 중대한 국면을 맞은 동생의 운에 어미가 힘을 불어 넣는다는 것이다.[37]

이와는 멀리 떨어진 세계에서, 처음으로 출산하는 수렵-채집자 소녀 역시 특별한 지원이 필요한 것처럼 행동한다. !쿵과 같이 유목적인 자유형 사회의 젊은 커플들은 자신이 선택하는 사람이면 누구라도 함께 어디서든 살 수 있을 것이다. 하지만 새로운 커플이 첫 아기를 출산하기까지는 소녀의 부모 근처에 남는 경우가 흔하다.[38]

소녀의 마음을 사로잡아 그녀(또는 그녀의 가족)에게 자신을 받아 줄 것을 설득하는 남성은 그녀의 친족 근처에 한동안 머무르는 것이 일반적이다. 소녀가 아직 월경을 시작하지 않았다면 섹스는 미뤄질 수 있다. 신부의 가족에게 제공된 고기는 장래의 사위가 딸에 대한 번식권을 요구하는 일종의 지불 수단이다.

이것은 신석기와 더불어 더 이상 선호되지 않게 된 삶의 방식이다. 대부분의 목축, 농경 사회에서 신부는 혼인할 때 고향을 떠나 남편 가족과 살러 간다. 하지만 우리 조상들과 같은 방식으로 살았을 가능성이

제일 높은 수집자들(이를테면 배나 말에 의존하지 않는 수렵-채집자들)에서, 딸들
은 처음으로 결혼할 때 혈육들 근처에 머물게 될 가능성과 그들로부터
떠날 가능성이 거의 같다. 인류학자 킴 힐(Kim Hill)과 막달레나 허타도
(Magdalena Hurtado)는, 파라과이의 아체(Aché) 여성 집단에서 21명의 젊은
수집자 여성들 중 16명이 부모를 소리쳐 부를 수 있는 거리 내에 해먹
을 계속 달아 놓았다(이 사회에서 평균적인 결혼 횟수는 10회다.)는 점을 알려 준
다.[39]

이는 처음으로 임신하는 젊은 여성이 자신의 생애 번식 성공 및 지속
적 생존에 결정적인 영향을 발휘하는 순간에 혈육이 제공하는 지원을
누릴 수 있게 된다는 사실을 의미한다. 게다가 흔한 일이지만 결혼 생활
이 잘되지 않으면, 대기 중인 부모들로부터 지원을 받을 수 있다.

· · · · ·

현대 여성들에게 아직 남아 있는 어떤 후각 능력은 임신 중인 여성
이 혈육 근처에 머무르는 것이 매우 적응적이었다는 점을 상기시켜 주
는 신기한 현상이다. 다른 포유류에서 실험적으로 입증된 것처럼, 배란
중인 여성은 자신과 다른 면역학적 속성들(또는 '주 조직 적합성 복합체(major
histocompatibility complex)')를 유전적으로 생산해 내는 남성의 체취를 선호
한다. 아마도 여성이 가까운 혈육과 짝짓기를 할 가능성을 줄이기 위한
것 같다. 생쥐들은 수컷의 소변 냄새를 맡으며 근친 짝짓기를 피해 갈 수
있다. 여성은 대신 체취를 이용한다. 여성은 서로 다른 남성들의 냄새를
풍기는 티셔츠들을 구분할 수 있으며, 티셔츠 임자가 얼마나 "매력적"이
거나 "매력적이지 않은"지 순위를 매길 수 있다. 하지만 피임약을 복용
하는 여성은 낯선 냄새, 자신의 것과 매우 다른 냄새를 선호하는 것이

아니라, 역전된 선호도를 나타낸다. 그들은 자신과 면역 체계가 유전적으로 가장 유사한 남성들의 냄새를 **선호한다**. 이런 남성은 오빠나 남동생, 아버지일 가능성이 높다.[40] 가상으로 임신을 한 것처럼 인공적으로 유도된 여성은, 무의식적으로 혈육에게 이끌릴 수 있는 것이다.

"젖 있나요?"

일단 여성이 성숙해서 아이를 낳으면, 그 후 무엇이 그 긴 출산 간격을 유지해 줄까? 전형적인 수렵-채집자에서 이 기간은 3년에서 5년 사이다. 수집자 여성의 이상적인 출산 간격 메커니즘을 위한 구체적 요건들은 다음을 포함할 것이다.

1. 어머니의 영양 상태
2. 어머니의 일 부담
3. 아기가 현재 얼마나 더 많은 젖을 먹어야 하는지, 그리고
4. 환경 조건(특히 자원 이용도)이 더 좋아지고 있는지 나빠지고 있는지

이는 엄격한 요건들이다. 놀랍게도 여성 난소의 '생태학'은 네 가지 모두를 고려 대상으로 삼는다.

18세기에 메리 울스톤크래프트(여성 권리의 초기 옹호자)를 포함한 일부 여성들은 만약 어머니가 모유 수유를 한다면 "아이들이 간격을 두고 태어나게 되므로 집안 가득 아기들이 들어차는 것을 보는 일은 드물다."[41]라는 사실을 잘 알고 있었다.

이 시대 일부 귀족 여성들의 일기장에서도 수유가 다음 회임을 지연

시킨다는 사실을 이해하고 있었다는 것이 드러난다. 대리 수유를 하다가 다시 임신하는 것을 방지하기 위해 모유 수유로 자발적으로 전환했다는 기록이 남아 있기 때문이다.[42] 하지만 의학에서만큼은 모유 수유가 악명 높고 불안정한 피임법으로 여겨지는 일이 계속되었다. "젖가슴 커넥션"은 구식 아내의 이야기라며 폐기 처분된 지 오래였다.

1970년대까지는 모유 수유가 전통 사회 사람들을 비롯하여 영장류에서 가족계획의 기초라는 사실을 과학자들이 제대로 인지하지 못했다. 수렵-채집자들이 보여 주는 긴 출산 간격의 '수수께끼'는 !쿵을 연구하는 인류학자들이 아기들이 얼마나 자주 엄마 젖을 빨고 있는지를 알아보게 된 후에야 공식적인 해결책을 찾게 되었다. 멜 코너(Mel Konner)와 캐럴 워스맨(Carol Worthman)은 어머니들이 아기를 항상 데리고 다니면서 낮에는 **매시간 여러 차례** 젖을 물리고, 밤에는 함께 자면서 내내 젖을 물렸다가 쉬었다가 한다고 보고했다. 코너와 워스맨은 빈번한 젖꼭지 자극이 수집자 어머니들의 특정 호르몬 반응과 결합되어 있다는 사실을 입증했다.

체내에 순환하는 프로락틴 신호 수치가 출산 직후 급격히 증가하며 젖이 생산되기 시작한다. 그 후 아기의 입이 젖꼭지 주변에 있게 되면 아기의 젖 빨기가 엄마의 시상 하부에 신호를 보낸다. 그 다음 차례로 뇌의 기저에 있는 작은 부위인 시상 하부가 도파민 분비량을 낮춰서, 뇌하수체 전엽(시상 하부 근처에 있는 작은 분비샘)이 더 많은 프로락틴을 생산하도록 유발한다. 젖꼭지를 계속 잡아당기면 프로락틴 수치가 더 높게 상승해서 수유 이전의 수준보다 15배가량 증가했다가 3시간이 지나면 기초 수준으로 떨어진다. 아기가 다시 빨지 않는 한에서 말이다. 아기가 젖을 자주 빨면 여성의 프로락틴 수치가 지속적인 증가 상태를 유지한다. 이렇듯 높은 프로락틴 수치는 배란을 억제하는 기능과 연관되어 있지만,

아직 그 구체적 기능이 무엇인지는 규명되지 않고 있다. 이 자동 조절 장치는 어떤 형태를 취하고 있건 밤에 켜진다(5장의 멜라토닌과 신체 리듬에 대한 논의를 보라.).

아마도 아기는 한쪽의 젖꼭지를 빨면서 반대편의 젖꼭지를 손가락으로 주무르면서 잡아당길 것이다. 프로락틴 수치를 높게 유지하기 위해 아기가 할 수 있는 한에서는 최선을 다하는 것이다. 살아남기 위해 애쓰고 있는 갓난이의 관점에서 보면 높은 프로락틴 수치는 젖 분비를 유지시킬 뿐만 아니라 동생이 새로 임신되는 것을 막아서 현재 젖가슴에 안긴 자신이 동생 출산의 임박에 대비해 젖을 뗄 필요가 없게 한다. 어머니에 관한 한 젖 빨기의 강도와 산후 불임은 이미 두 명을 위해 대사 기능을 가동하고 있는 생명체가 또 다른 임신이라는 등짐을 지고 세 명을 위해 대사 기능을 가동해야 하는 훨씬 더 위압적인 업무를 막아 준다.[43]

환경에 민감한 피드백 고리

임신 방지에도 관심을 갖고 있는 《하퍼스 바자(Harper's Bazaar)》의 패션 리더 독자라면 잡지에 실린 신상품 광고 하나를 눈여겨봤을지도 모른다. 생리 주기의 어느 부분에 있는지 알려 주는 침 변화 감지용 소형 고배율 현미경 말이다. 이 기계는 침에 포함된 스테로이드 수치를 멋지게 분석해 내는데, 주기법을 넘어서는 발전이라고 말하는 것은 겸손한 표현이다. 똑똑한 여성이라면 온도계에 들러붙어 약간 낮아진 이른 아침의 체온을 보고 배란할 때가 되었다는 것인지 몸이 좋지 않다는 것인지 의심하며 힘겨운 씨름을 벌이는 대신, "립스틱 크기 현미경에 딸린 재사용 가능한 슬라이드에 얇은 침 막을 입혀 렌즈로 검사하기만 하면 된다."[44]

보호 장치 없는 섹스를 해도(피임이 관계되는 한에서) 임신이 되지 않는 시기에는 축하 거품이 형성된다. 임신 가능한 시기에는 십자가 모양의 줄무늬가 나타날 것이다. 이 소형 장비("유럽 여성들이 수십 년간 사용해" 왔으며 39달러 95센트밖에 하지 않는)를 만드는 데 보탬이 된 지식이 보급되면서 더 큰 횡재를 본 것은 난소의 생태를 연구하는 인류학자들이었다.

혈액 샘플을 채취하기 위해 혈관에 주사바늘이 꽂히는 일을 자원하도록 여성들을 설득할 필요가 더 이상 없게 된 것이다. 하버드 대학교의 피터 엘리슨(Peter Ellison)과 그의 동료들은 작은 유리병과 노트, 스톱워치를 갖고 온 세계를 휩쓸고 다녔다. 인류학자들은 자이레의 깊은 숲속에 사는 피그미(Pygmy), 파푸아뉴기니의 고산 지대 부족, 네팔의 히말라야와 남아메리카 안데스의 농부들을 찾아 걸어 다니고 동부 유럽과 매사추세츠의 가정주부들을 방문해 초인종을 누른 후, 어머니들이 얼마나 자주 아기에게 젖을 물리는지 관찰했고 어머니들이 얼마나 많은 운동을 하는지, 일을 하기 위해 얼마나 많은 에너지를 소비하는지를 기록하면서 유리병에 침을 뱉어 달라고 부탁했다.

엘리슨과 그의 동료들은 시상 하부와 뇌하수체, 그리고 난소가 형성하고 있는, 믿을 수 없을 만큼 복잡한 상호 연관적이고 환경에 민감한 피드백 고리 체계(전문 용어로는 '시상 하부-뇌하수체-생식선 축(hypothalamo-hypophyseal-gonadal axis)')를 규명하는 작업에 기여하고 있었다. 모유 수유가 출산 조절을 위한 수단이라기에는 굴곡이 심하고 불안정한 것으로 드러나는 까닭은, 바로 이 역동적인 체계가 어머니의 조건에 아주 민감하게 반응하기 때문이다.[45]

평균적으로 하루에 최소한 여섯 차례에 걸쳐 80분간 젖을 빨게 하면 18개월 동안 생리 주기가 억제된다.[46] 하지만 어머니가 무거운 짐을 나르며 먼 거리를 걸어 이동하거나 하루 10마일(약 16킬로미터) 이상을 조깅하는 것보다 적은 운동을 하면, 즉 정착적인 생활을 하면, 더 자주 젖을 빨아야 배란이 억제될 수 있다. 심한 운동에 적응된 프로 발레리나는 임신 첫 단계인 회임 자체가 힘들 수 있다. 운동을 논외로 하면, 아기가 젖을 빠는 강도와 빈도가 그 아기가 영양학적으로 독립하기까지 얼마나 남았는지를 알려 주는 직접적 단서가 된다. 하지만 젖 빨기의 빈도는 어머니의 작업 일정, 통근 거리, 그리고 아기를 데리고 다니는지 아니면 남겨 두고 다니는지에 따라 영향을 받게 된다(물론 어머니가 유축기를 사용할 경우에는 어머니의 몸이 아기의 식사 일정보다는 어머니가 젖을 짜는 빈도에 더 큰 영향을 받게 될 것이다.). 젖을 대체할 수 있는 적절한 대용품이나 소독된 물, 또는 아기가 어머니의 젖가슴 이외에 안전하게 지낼 수 있는 장소가 없다면, 젖떼기는 필연적으로 늦게 이뤄질 수밖에 없다. 모유 수유를 하거나 일을 하러 나가지 않는 어머니는 출산 후 2개월밖에 지나지 않은 시점에서도 임신을 하게 될 수 있다. 하지만 근래의 식량 부족이나 지난 번 아기에게 수유하며 영양학적으로 고갈 상태에 빠진 여성은 배란을 하지 않은 채로도 생리 주기를 진행시킬 수 있다.

많은 여성들에게 영양소 고갈이 생식력을 저하시킨다는 사실은 새로운 소식이 되지 못한다. 자이레의 이투리 숲에 살고 있는 한 피그미 여성이 엘리슨에게 털어놓은 바에 따르면, "굶주림의 시기는 출생의 시기가 아니죠."[47] 아프리카 다른 지역에서, 특히 케냐의 킵시기스(Kipsigis)처럼 농경-텃밭 경제에 의존하는 사회에서 아들에게 아내를 마련해 주려는 가족들은 통통하고 이른 나이에 초경을 맞은 젊은 여성에 대해 더 높은 '신부대'를 치른다. 인류학자 모니크 보거로프 멀더(Monique Borgerhoff Mulder)가 가설을 세웠던 것처럼, 킵시기스 사람들은 통통한 아내가 생식력이 가장 높다는 사실을 인식하고 있기 때문이다.

등짐 모델

언제 일터로 복귀해야 하나, 아니면 아기를 미덥지 못한 근처 보육 시설에 맡겨야 하나 고뇌하는 현대의 일하는 어머니들처럼, 어머니들은 언제나 아기를 대행 어머니에게 맡겨 두는 것이 안전할지를 계산해 왔다. 아기에게 젖을 물릴 시간에 맞춰 체류지로 돌아갈 수 있을까? 아기는 얼마나 배가 고프고 목이 마를 것인가? 만약 어머니가 아이를 수집하는 길에 데려가게 되면, 고되게 걸어 다닌 가치가 있을 만큼의 식량을 가지고 돌아갈 수 있게 될까? 하지만 홍적세에는 그런 선택의 결과가 더 가혹했다. 젖 뗄 시기를 잘못 계산한 어머니의 아기는 아마 죽었을 것이다.

일부 환경은 다른 환경에 비해 안전하다. 인류학자 닉 블러턴-존스(Nick Blurton-Jones)와 동료들은 칼라하리와 같은 사막 지역이 기후가 가혹하다는 점에 주의를 기울여 왔다. 이 지역에서 아이들은 헤매다가 광막한 무인 지대 평야에서 실종되기 쉬웠다. 거리 자체도 문제가 되었다. 채집자 여성은 아기를 데리고 다니는 것 외에는 선택의 여지가 없었다. 하지만 해낼 수만 있다면 충분한 대가를 받았다.

여성은 !쿵의 섭식에서 주식이 되는 단백질 풍부한 견과를 모으기 위해 몬곤고 나무들로 이루어진 작은 숲들을 찾아 이동해야 했다. 매번 6마일(약 9.7킬로미터)에 이르는 여행은 고되고 건조했다. 집단 크기가 작다는 사실에 비춰 보면, 군단에 있는 다른 여성들이 수유를 하고 있더라도 대리 수유를 자원할 의사가 없을 수 있고, 본인을 위해서도 체류지를 떠나야 할 수 있었다.

먹을 수 있는 대안 식량의 이용 가능성은 젖 떼는 나이를 결정하는 요인 중 하나였을 것임이 분명하다. 젖을 떼고 먹을 수 있는 소독된 물이나 부드럽고 소화하기 쉬운 음식이 없는 세계에 태어난 아기들은 기다려야만 했다. 아기들은 거버 이유식 대신 우유, 그리고 곤충의 애벌레, 어머니가 입으로 씹어 준 식물성 섬유질 음식, 또는 운 좋은 아체 어린 아이처럼 아르마딜로 지방을 빨아 먹고 살아야 했다. 수집자 어머니가 젖을 물릴 수 있을 만큼 충분히 가까운 거리에 남아 있으려면 아기(에다가 장비와 채집한 식량)를 허리가 휠 만큼 먼 거리를 지고 날라야 했다. 다른 아기가 너무 일찍 태어난다면 재앙이 될 수도 있었다. 따라서 블러턴 존스는 출산 간격을 길게 유지하는 내분비적 피드백 고리는 인구 성장을 제한하기는 커녕, 사실상 어머니들이 자신이 낳은 아기의 생존을 **최적화**하게 함으로써 생산 활동을 통해 스스로를 보강한다고 제안했다. 보다 짧은 간격을 두고 태어난 아기들은 어머니의 불안정한 곡예를 더 불안하게 만들며, 어머니 그리고/또는 자신의 죽음에 기여하고 있을지도 모른다. !쿵의 자료에 대해 검증해 본 결과, "등짐 가설(back-load hypothesis)"은 상당히 잘 들어맞았다.[48]

!쿵에 대한 광범위한 연구는 홍적세의 생활 양식을 구체화하는 데 매우 중요했기 때문에, 칼라하리는 수렵-채집자가 놓인 다양한 상황 중 단지 하나의 사례에 불과하다는 점을 기억하는 것이 중요하다. 핫자(Hadza) 수집자들은 보츠와나 북부 멀리에 있는 탄자니아의 바위투성이 언덕 지대에 살며, 체류지에서 2마일(약 3킬로미터) 이상 이동하지 않고도 필요한 만큼의 뿌리줄기와 바오밥 열매 꼬투리를 모은다. 어머니들은 1시간 이상 나가 있는 법이 없다(평균 이동 시간은 25분이다.). 뒤에 남겨진 영아는 훨씬 더 어린 나이(!쿵에서 전형적인 4살보다는 2살에 근접해 있다.)의 아기이며, 미성년 돌봄인들이 함께 있는 경우도 많다. 핫자 어머니들은 대행 어머니에게 아기를 맡겨 둘 수 있는 선택의 여지가 있기 때문에 영아 생존율에서 손해를 보지 않고도 !쿵 어머니들에 비해 더 짧은 간격으로 출산할 수 있었다. 그 결과 핫자의 인구는 일정하게 유지되기보다는 매해

그림 8.3 !쿵 속담 중에는 이런 경고를 담은 것이 있다. "줄지어 출산하는 여자는 끝없는 요통으로 고생하는 짐승과 같다!" 사진 속의 여성은 임신 9개월째로 4살배기 아들을 목마를 태운 채 체류지로 돌아가고 있다. 가죽으로 된 삼각건 또는 민소매 외투는 25파운드(11킬로그램) 이상 되는 견과류를 비롯한 채집 식량을 나를 수 있게 해 준다. 여기에다가 본인 **그리고** 몸무게 30파운드(14킬로그램)인 아이 모두가 먹어야 하는 타조 알 식수통에 담긴 물에다가 개인 소지품 5파운드(2.4킬로그램)가 더해진다. 아이가 이 나이 무렵이면 이미 어머니에게 업혀서 총 4,900마일(7,900킬로미터)을 이동한 상태이다.

1퍼센트씩 성장한다. 이와 유사하게 아체 수집자들이 사는 남아메리카 숲 지역에는 사냥감이 풍부한데, 그 때문에 여성들은 보다 많은 단백질과 지방질을 섭취할 수 있고, 출산 간격 역시 핫자에 비해서 짧아 인구 성장률 또한 더 높다. 명백하지는 않지만 여기서 인구 조절에 매우 중요한 결정 요인인 '다크호스'는 작은 영아다. 아기는 젖을 빪으로써 생태학적 차이를 인구학적 차이로 변환시키고 있다.[49]

노동 분업

!쿵 여성이 지금까지도 사용하고 있는 가죽 민소매 외투(kaross)처럼 삼각건을 이용하게 됨에 따라, 어머니들은 아기와 더불어 상당량의 채집한 식량을 나를 수 있게 되었다. 이러한 여행 가방의 기술은 너무 소박해서 이 초기 기술 혁명이 지닌 중요성을 간과하기 쉽다. 그것은 공유에 기초해 노동을 분업하는 경제학적으로 중요한 사건의 서막(아마도 5만 년 전에 발생)이었다.

수컷은 사냥으로 고기를 얻고 암컷은 식물성 식량과 작은 사냥감 수집에 전문화되어 있는 침팬지식의 초보적인 노동 분업이 500만 년 이상 사람과를 특징지어 왔다. 하지만 어머니가 **아기에 추가해서** 음식물도 나를 수 있게 되자, 나누어 먹을 식량을 비축해 가져올 수 있게 되었다. 남성의 관점에서 보면 이 새로운 노동 분업은 자신이 실패하더라도 여성이 체류지로 모든 사람을 먹일 만큼 충분한 채집 식량을 갖고 돌아올 수 있을 것이라는 확신을 갖고 사냥에 나갈 수 있었다는 사실을 뜻했다. 인류학자 제인 랭카스터는, 아기를 나르면서도 식량 역시 더 능률적으로(창을 비롯해 끝이 날카로운 파내기 도구를 이용해서) 확보할 수 있게 해 주는 신기술이 더 잘 먹은 어머니가 더 짧은 간격으로 출산할 수 있게 해 주었다고 지적한다. 개선된 식량 확보 능률성은 출산 간격 단축, 그리고 아프리카 바깥으로의 인구 확장에도 기여했다.[50]

진정한 신석기 혁명

현대 세계가 포위해 들어오면서, 외부인들은 한때 멀찍이 떨어져 있었고

!쿵과 같은 사람들이 자유로이 사용하던 지역에 들어와 소유권을 주장하게 되었다. !쿵이 보여 주었던 홍적세 생활 양식의 최후 흔적은 이에 따라 중단될 수밖에 없었다. 이전에 수렵-채집자로 삶을 영위했던 사람들이 보다 많은 시간을 한 장소에서 보내게 되었다. 많은 사람들이 가축이나 텃밭을 가꾸고 보조금에 의지하거나, 보다 안정적인 삶을 얻기 위해 유목적 삶의 자유(와 불확실성)를 넘겨주었다. !쿵의 사례를 보면, 수집자였던 이들은 우유를 받는 대가로 헤레로(Herrero) 목축민들과 고용 계약을 맺었다. 여성들은 식량을 찾기 위해 자신에게 의존하고 있는 아이들을 데리고 다니며 먼 거리를 여행하는 대신 집 근처에 머무르게 되었다.

사람들이 방랑을 중단하게 되면 출산 간격은 반드시 짧아진다. 민족학자 리처드 리(Richard Lee)는 !쿵 산에서 나타난 변화를 보고 있으면 마치 초기 인류의 신석기 시대 변환을 빠르게 돌려 보는 것 같다고 했다.

그는 "출산의 관점에서 볼 때 당혹스러울 만큼 급격한 풍요"는 "!쿵의 어머니와 아이들 모두에게 이미 상당한 어려움을 겪게 하고 있으며, 그들이 겪는 스트레스의 수준은 생산과 재생산 사이에 있는 제3의 체계, 내가 산(San)의 감정 경제라고 부르는 체계가 존재한다는 사실을 보여 준다."고 언급했다. 신석기 혁명은 생태학적 관점에서 급진적인 개조를 뜻하지는 않았다. 급진적으로 새로웠던 것은 돌연한 동생의 등장이었다.

누구도 이런 변화의 맹공격을 아기 본인보다 심각하게 경험하지 않았다. 1년 반 만에 젖을 뗀 마을의 아기를 보자, 리는 "그 영향이 충격적이었다."고 적었다.

내가 !쿵에서 본 가장 비참한 아이들은 동생이 태어난 1.5세에서 2세 사이의 아이들이었다. 이들의 비참함은 젖 떼기에서부터 시작해 6~8개월 또는 그 이상이 지나 동생들이 태어날 때까지 지속되었다. 어머니의 입장에서 보

그림 8.4 가죽 삼각건, 그물, 또는 손으로 짠 바구니 덕분에 어머니들은 여러 명의 자식, 또는 식량과 자식을 긴 거리에 걸쳐 나를 수 있었다. 이런 혁신은 화석 기록에는 흔적을 남기지 않는다. 사진에서 볼 수 있는 것과 같이 한 일본 어머니가 걸머지고 있는 바구니는 아직도 널리 사용되고 있다.

면 계속 보살펴야 하는 요구 많은 갓난아기뿐만 아니라 골이 나고 성이 나 계속 훼방을 놓는 2살배기까지 있었다. 할머니나 이모가 최선을 다해 손위 아이를 먹이고 기운을 북돋아 주고 과로로 지친 어머니에게 어느 정도는 도움을 줄 수 있었지만, 관찰자가 보기에는 상태가 나쁜 것이 분명했다.

이는 애정이 넘치고 무한한 인내심을 지닌 !쿵 어머니들이 각각의 아기들이 옹알대고 울음을 터트리는 것에 능숙하게 대응했다고 한 리 자신의 초기 서술과는 강한 대조를 이룬다. 수집 생활에서 정착 생활로 점차 이행해 가는 과정은(일부 사람들이 신석기 혁명이라 부르는 것) 아기들에게는 일련의 신생아 위기로 경험되었다.[51]

· · · · ·

신석기가 열리기 전의 서곡은 길고 느렸으며, 100만 년 이상의 시간을 거슬러 올라간다. 사람들은 덩이뿌리를 파내기 위해서는 막대기를, 물고기와 사냥감을 잡기 위해서는 덫과 그물을 사용하면서 식량을 획득하는 데 점차 더 능숙해지고 있는 상태였다. 게다가 11장에서 논의될 내용처럼, 자손에게 자원을 공급하고 어머니로 하여금 아이들의 젖을 더 빨리 떼서 출산 간격을 줄이는 데 보탬이 되어 줄, 새로운 형태의 대행 어머니가 가능하게 되었다. 일부 초기 인류에서, 특히 자원이 풍부한 강가와 호숫가 서식처에 사는 사람들의 경우, 그렇게 멀리까지 다니면서 수집할 필요가 없었을 것이다. 새로운 식량 자원을 이용할 수 있게 됨에 따라, 그리고 사람들이 보다 적은 장소에서 더 많은 시간을 보내게 됨에 따라, 출산 간격은 짧아졌고 인구는 성장하기 시작했다.

나중에 농경이 도입되면서 이런 효과는 점차로 더 확대되어 갔다. 중국 중부에서는 1만 1500년 전, 그리고 중동, 멕시코, 남아메리카 고산 지역에서는 1만 년 전, 아체나 !쿵과 같은 수집자 후손들에서는 **50년 전** 생활 양식이 완전히 변화하게 되었다. 수집자들은 소수 지역에 머물러 있으면서 말 그대로 뿌리는 내려놓은 채 야생 쌀, 에머밀(emmer, 낱알이 두 개 든 이삭이 달리는 야생 밀 품종. — 옮긴이), **외알밀**(eincorn, 이삭이 작고 낱알이 하나씩

든 밀 품종. 에머밀과 외알밀 모두 현재는 사료용으로만 재배되고 있다. ― 옮긴이), 귀리, 보리, 밀, 기장, 그리고 신대륙의 경우 호박과 옥수수의 재배 품종에 더 많이 의존하게 되었다.[52] 곡식 가루를 불에 구운 항아리에 담아 조리할 수 있게 되면서 죽을 1년 내내 이유식으로 이용할 수 있게 되었기 때문에, 영아는 무려 6개월 만에 젖을 떼더라도 살아남을 수 있었다.[53]

각각의 인구 집단은 독립적으로 점차 자신의 일정에 맞춰서 유목적 생활 양식의 자유와 단기간의 안전을 맞바꾸게 되었다.[54] 장기적인 비용은 반복적인 기근, 전염병, 전쟁에 의해 증가된 영아 사망률과 결합한 높은 인구 성장률이라는 고전적인 결합으로 측정될 수 있었다.

인간에서는 침팬지와 다른 유인원에게 전형적인 긴 출산 간격이 짧아졌다.[55] 다른 유인원에 비해 비용이 더 많이 들지만, 느리게 성숙하며 두뇌가 큰 '유인원' 아기인 인간 영아는, 자그마치 2년 또는 그 이하의 간격을 두고 태어나고 있었다. 몸집이 큰 유인원 아기가 원숭이와 비슷한 간격으로 태어나고 있었던 것이다. 식량이 풍부한 지역에서는 선택이 실제로 다시금 다중 출산을 선호했다. 기근이 드문 세계 여러 지역에서는 쌍둥이 출생률이 증가했다.

핀란드에 있는 튀르쿠 대학교 과학자들은 물고기가 지속적으로 풍부하게 공급되는 섬에 사는 여성들은 본토에 사는 여성에 비해 높은 쌍둥이 분만율을 보인다는 사실을 발견했다. 섬의 어머니들은 쌍둥이를 출산하며 보다 높은 생애 번식 성공을 얻었지만 본토에서는 그렇지 못했다. 이는 아마 경작이 실패하거나 기근이 반복적으로 발생할 경우 쌍둥이와 쌍둥이의 어머니 모두 죽을 가능성이 높았기 때문일 것이다.[56] 정말로, 식량이 전통적으로 덜 풍부했던 세계 지역들에서는 쌍둥이는 오직 일란성 쌍둥이밖에 없다. 그런 쌍둥이는 다중적 배란을 유도하는 경향의 유전보다는 초기 세포 분열에서 발생한 사고를 뜻한다.

그림 8.5 고고학자 테야 몰리슨(Theya Molleson)은 시리아 북부에 있는 아부 후레이라(Abu Hureyra)에서 발굴해 낸 7,000년 된 화석 골격을 분석해, 발가락과 척추, 무릎뼈가 굵다는 사실을 발견해 냈다. 이 점은 사진 속 중앙아프리카의 벰바(Bemba) 어머니처럼 여성들이 돌로 된 바닥 위에 곡식을 놓고 갈기 위해 무릎을 꿇고 오랜 시간을 보냈다는 점을 알려 준다. 어머니가 갈기 작업을 하고 있을 때, 아기는 대행 어머니가 요람에 두고 돌봐 주거나, 어머니가 삼각건으로 등에 동여매고 있을 수 있었다.

외둥이 출산 대신 무리 출산

긴 출산 간격은 유인원 어미와 그 아기들 간에 이루어진 공진화의 주요 특징이다. 하지만 호미니드 어머니들은 수만 년 또는 수십만 년에 걸쳐 보다 짧은 간격을 두고 아기를 낳기 시작했다. 일부 어머니들은 섬에 사는 핀란드 사람처럼 한 번에 두 명의 아기를 출산하는 번식법을 선호하기도 했다. 잇달아 태어나는 아기들에 대한 대량 투자의 기간이 점차 겹치기 시작했고, 이에 따라 새끼 무리(또는 일부 새들에서 발견되는 비동시적 부화)와 기능적으로 동등한 등가물이 생겨났다.

외둥이를 기르는 데 적응되어 있던 번식 생리와 기질을 지닌 영장류

그림 8.6 사진 속의 일본 어머니는 바퀴가 달린 버들고리 바구니 덕분에 젖을 물리는 아기를 논일 할 때 데리고 들어갈 수 있었다. 이는 출산 간격과 영아 생존 모두에 중요한 결과를 가져온다. 아기 바구니, 유모차, 그리고 차량에 장착하는 유아용 카시트는 어머니들이 수집하러 가거나 잠시 다니러 갈 때 아기를 데리고 다닐 수 있게 해 주는 현대적인 혁신품(홍적세 삼각건과 같은)이다.

어미들이 인간 진화의 어느 시점에서부터 서로 다른 나이를 갖는 새끼를 동시에 여럿 양육하게 되었다. 어미에게 동시에 의존하고 있는 여러 마리의 자식들은 어미가 적응해야만 했고 결국 적응하게 된 '당연한 사실'이 되었다.

인간, 목도리여우원숭이, 그리고 타마린처럼 협동 번식하는 소수의 원숭이들이 새들과 공유하는 공통점은, 어미가 다른 유인원과 달리 여러 마리의 자식을 한 번에 보살피는 가족 속에서 산다는 것이다. 인간이 진화하며 출산 간격이 좁아짐에 따라, 어미에게는 자신에게 의존하고 있으면서 서로 상충되는 요구를 하는 자식들에게 어떻게 자원을 분배할 것인가를 결정해야만 하는 딜레마가 심화되었다. 이 압력은 신석기와 더불어 찾아온 전례 없는 수준의 다산성에 의해 더욱 증가했다. 다만 그 압력은 황새가 물어다 줄 것이라고 기대한 **바로 그 때**나 **바로 그 아기**가 아니었던 (성별 또는 다른 속성들 때문에) 다른 특정한 아기들을 위해 치러야 하는 잠재적인 비용에 가해졌다.

어머니의 유전자는 자신의 투자를 장기적인 번식 성공으로 가장 잘 변환시켜 줄 자식은 누구인지를 분석하는 능력 또는 아버지와 대행 부모로부터 얻어 낼 수 있는 도움의 양에 따라 인구 집단에서 계속 나타날 수도 있고 사라질 수도 있다. 나는 이제 어머니들이 다른 이들의 도움을 받기 위해 사용했던 수단으로 관심을 돌려 볼까 한다. 그 목록의 첫 항목은, 어떻게 아기를 돌볼 때 남성의 도움을 끌어낼 것인가이다.

9장

세 남자와 아기 바구니

(거세한) 수탉은 암컷만큼, 그리고 때로는 그보다 더 알을 잘 품을 수 있다. 이 사실은 흥미로운데, 수컷의 두뇌에도 후천적 본능이 존재하기 때문에 모든 동물은 분명 양성적이다.

— 찰스 다윈의 노트에서, 1938년

영장류의 어미-아기 관계는 특별히 친밀하며 오래 지속된다. 대형 유인원 어미들은 어디에나 새끼를 데리고 다닌다. 이에 비해 아비는 새끼들과 직접적인 접촉을 거의 하지 않는다. 유인원 수컷은 인간 남성처럼 어미에게 자원을 공급하며 보탬이 되어 줄 수는 있지만 아비가 직접 새끼를 일대일로 보살피는 일은 드물다. 조지 엘리엇은 젊은 시절 이런 사실에 대한 관찰을 통해 "남성에게는 여전히 알려지지 않은 것이 틀림없는 일종의 모성적 감각과 정서"의 문제를 깊이 탐구했다.[1] 하지만 그녀는 나중에 생각을 바꾸게 된다. 알을 품는 수탉의 모습에 어리둥절했던 다윈처럼, 엘리엇은 사람들이 보통 어머니와 연결시키는 다정함과 동정심이 남성에게서도 발현될 수 있다는 가능성에 매료되었다.

그녀가 품었던 궁금증은 이를테면 "남성 홀로 2살배기 아이를 어떻게 돌볼 수 있을지"였다. 이 소설가는 어머니 없는 2살짜리 아이가 눈보라를 뚫고 독신 남성의 집을 찾아 가면 어떤 일이 벌어질까를 질문해 보았다. 그 사고 실험의 내용을 담은 소설 『사일러스 마아너(Silas Marner)』는 현재까지도 영문학 전공자에게 필독서로 남아 있다. 이 소설에는 영장류학자들이 기록해 온 내용에 대한 엘리엇의 통찰이 담겨 있다. 수컷 영장류가 기꺼이 보살핌을 제공하는 조건은 다음의 세 가지이다.

1. 아기와 오래전부터 익숙한 사이인 경우
2. 마침 근처에 있는 아기가 절박하게 구호를 요청하는 경우, 그리고 무엇보다
3. 수컷이 어미와 관계가 있을 경우

사일러스 마아너의 사례에서는 조그마한 소녀 에피(Effie)가 도움을 필요로 하는 것이 분명했고, 이것이 혈연관계에 대한 지각과 결합이 되어 배려를 이끌어 냈다(엘리엇은 마아너가 금발의 고아를 오래전 잃어버린 "작은 여동생"과 동일시했다고 이야기해 준다.). 일단 마음이 기울자 마아너는 어린아이를 안아 올리며 아이에게 자연스러운 부드러움을 발산했다. 아기는

목을 감싸 안고, 불분명하게 "엄마"라는 외침이 뒤섞인 울음을 점점 더 크게

그림 9.1 농부인 아버지가 아이에게 숟가락으로 죽을 떠먹이고 있다.

터트리며 잠에서 깬 직후의 혼란스러움을 표현했다. 사일러스는 아기를 꼭 껴안고 거의 무의식적으로 쉬, 쉬 하며 부드럽게 아기를 달래는 소리를 내기 시작했다.[2]

다윈이 "남성의 **두뇌**에조차" 잠복해 있는 "후천적 (양육) **본능**"이라고 이름 붙인 것을 탐구하는 데 이보다 좋은 인간 사례는 없을 것 같다.

남성이 아기를 돌보게 하려면 무엇이 필요할까? 또, 현대 어머니들이 많이 떠올리는 질문으로 바꾸면, 왜 아버지들은 양육에 더 많은 도움을 주지 않는 것일까? 이 질문에 답하기 위해 나는 우선 일반적인 관점에서 영장류 어미가 아비에 비해 새끼를 더 많이 돌보는 까닭의 직접적인 또는 **근접적인** 이유를 설명하려 한다. 그 후에는 영장류 수컷이 새끼를 돌보는 성향이 현재와 같은 까닭을 설명해 주는 궁극적인 원인으로 돌아갈 것이다.

아기가 태어나기 수주, 수개월 전에 어미의 체내에서 수정이 이루어지는 대부분의 생명체에서, 수컷은 부성을 확신할 수 없다. 자신이 아비인지 아닌지를 판단하기 위한 최상의 실마리는 그 어미와 성관계를 가졌는지의 여부이고, 성관계를 가졌을 경우에는 언제쯤이었는지, 얼마나 빈번했는지의 여부가 중요하다. 영장류 암컷 대부분은 여러 날에 걸쳐 짝짓기를 하게끔 진화했다. 상황이 허락할 경우에는 상대 수컷도 여럿에 달한다. 영장목에서는 수컷이 부성을 확신할 수 있는 종이 거의 없다.

이런 진화사는 현대의 여성이 보이는 성적 행동 유형과, 짝의 정절 문제에 사로잡힌 남성 심리에서 여전히 감지될 수 있다. 암컷이 유연하며 자기 의지에 충실한 성욕을 진공 상태에서 진화시키지 않았다는 것은 중요치 않다(만약 암컷이 적당한 파트너를 선택하고 그에게 의지할 수 있었다면 거의 필요가 없었겠지만, 아기의 행복을 보증하기 위해서는 반드시 필요한 전술이었다.). 발견된 내용이 옳다면 암컷은 하나 이상의 수컷과 짝짓기를 한다. 이 사실 때문에 수컷에게는 선택의 여지가 거의 남지 않는다. 가능한 한 많은 수의 암컷과 짝짓기를 해야 하는 것이다. 그렇지 않을 경우에는 자신의 유전자를 다음 세대에 전달하려 노력하는 경쟁자에 대해 상대적인 불이익을 감수할 수밖에 없다. 수컷 또한 어미들처럼 자신이 처한 상황과 타협을 해야만 한다. 자기의 자손일 가능성이 있는 새끼를 기르거나, 다른 암컷과 짝짓기할 기회를 추구하며 자손을 더 많이 낳을 가능성을 증진시키거나, 양단 간에 선택을 해야 하는 것이다. 이에 대한 타협 때문에 (부성 불확실성(paternity uncertainty)과 더불어) 아기가 보내는 신호에 어머니가 반응하며 보이는 마술 같은 민첩성을 남성들이 따라갈 수 없는 경우가 종종 있다. **어머니 대자연**은 수컷이 반응하는 역치를 높게 설정해 두었다. 그렇지만 알 품는 수탉이 다윈을 알쏭달쏭하게 만들었던 것처럼, 수컷이 새끼를 전혀 돌보지 않는 것은 아니다. 보살핌의 '본능'이 인간 남성을 포함한 영장류 수컷의 마음속에 잠복해 있다. 그 본능은 어떤 상황에서 활성화될까?

대부 고릴라

인간 외 영장류의 자연사에는 사일러스 마아너의 경우보다 훨씬 이상한 변신의 사례가 풍부하다. 시카고 동물원에서 소년을 구출했던 어미 고릴라 빈티 주아는 모든 언론을 사로잡았다. 하지만 그보다 10년 전에 저지 섬에 있는 공원에서도 다른 소년이 고릴라 우리 바닥으로 떨어진 사건이 있었다. 이때 착한 사마리아인 원숭이 역할을 했던 것은 잠보(Jambo)라는 이름의 은빛등 고릴라(완전히 성장한 수컷 고릴라. ― 옮긴이)였다. 잠보는 소년을 낚아채고 다른 고릴라를 쫓아 버렸다.[3]

 영장류학자들 사이에서는, 무관심해 보이던 수컷이 망설임 없이 위험에 처한 아기를 구출하는 영웅으로 변신했다는 내용을 담은 오만가지 잡다한 이야기들이 전설처럼 풍성하게 전해져 내려온다. 어미가 사라져 버린 새끼는 대부분 혈연관계가 있는 개체들이 입양한다. 대개는 형제나 아비일 가능성이 있는 수컷들이다. 자신의 자손일 가능성이 별로 없는 새끼들을 죽이는 것으로 악명을 떨치는 수컷이라도, 자신의 자식일 가능성이 있는 새끼는 돌보려 하는 것이다.[4] 날고기와 비슷한 색깔의 코를 달고 있는, 극단적으로 권위적인 망토비비를 생각해 보자. 이 수컷들

그림 9.2. 아기는 가장 거친 남자들로부터도 부드러운 반응을 끌어낼 수 있다. 그리스의 영웅 헤라클레스는 한 손에 들고 있는 곤봉으로 자신이 막 때려잡은 사자의 가죽을 걸친 채, 다른 손에는 아기 텔레포스를 너무나 부드럽게 받쳐 들고 있다. 전설에 따르면 헤라클레스는 아테나 신전의 여사제(아마도 처녀)와 잠깐 관계를 가졌으나, 그 여사제는 아기를 낳자마자 버렸다. 아기 텔레포스는 헤라클레스가 발견했을 당시 야생 사슴의 젖을 빨고 있었다.

은 자신의 하렘에서 떠나려 하는 암컷은 목덜미를 물어뜯어 버리며 간섭하는 습관을 지니고 있다(이 종은 '하렘'이라는 말을 실제 사용할 수 있는 유일한 인간 외 영장류 종이다.). 하지만 이 독재자는 '그의' 암컷 중 하나가 벼랑에서 너무 가까운 곳에서 출산을 하게 되자 능숙한 솜씨로 부드럽게 새끼를 붙잡는 반응을 보였다. 사육되는 망토비비 역시 비슷하게 끼어드는 장면이 목격되었다. 하지만 정말로 더 놀랄 만한 사실은 심지어 수컷 오랑우탄이 산파 노릇을 했다는 것이다. 이 사건은 현장 연구자들의 상상력을 뛰어넘는다. 야생의 수컷 오랑우탄은 혼자 살기 때문이다. 수백 킬로그램에 달하는 털북숭이의 이 거구는 암컷들과는 짝짓기를 할 때만 만나며, 어미와 새끼 따위는 밤에 항해하는 배처럼 알아보지도 못한 채 정글을 돌진하며 지나쳐 버린다.

아기를 돌보는 대신 스토킹하고, 양육이라곤 관심 없는 것으로 악명 높은 랑구르 수컷 역시 어쩌다 한 번 보살핌을 제공한다는 사례가 여러 건 보고되어 있는데, 이 현상 또한 다른 사례 못지않게 기괴하다. 문제가 생기게 되면 어미의 오빠나 남동생, 또는 전-애인이 어미가 두고 간 갓난이의 후견자가 되는 것이다. 영화 「세 남자와 아기 바구니(Three Men and a Baby)」를 떠오르게 하는 이야기 속에서, 랑구르 어미는 젖 뗄 무렵의 새끼를, 최근 번식 집단을 인수한 수컷에게 쫓겨난 수컷 집단에게 맡기고, 영아 살해를 저지를 가능성이 있는 '양부'가 사는 곳으로 홀로 돌아간다. 빌려 온 새끼를 달고 분주하게 뛰어다니는 여동생이나 누나에게는 무관심한 채로 청소년기를 보냈던 랑구르 수컷은 도움을 필요로 하는 새끼와 함께 있으면 배려 깊은 후견인이 된다.

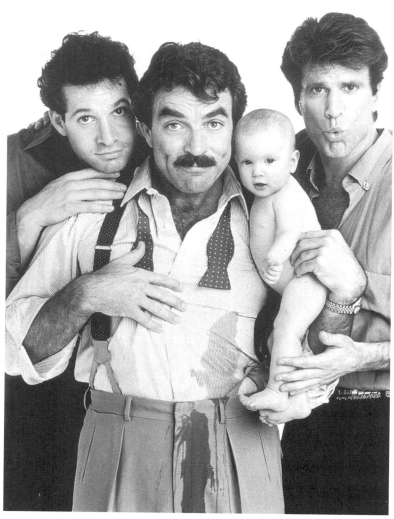

그림 9.3 영화 「세 남자와 아기 바구니」는 어떤 종류의 헌신도 뇌 속에 자리 잡을 공간이 없었던 구제 불능에다 망나니 같은 총각 셋의 삶이, 이전 여자친구가 문 밖에 떨어뜨리고 간 아기를 발견하면서 변화하게 되는 몇 주의 기간을 민족지적으로 정확하게 기록한 연대기이다. 보살핌을 제공할수 있도록 민감화된 수컷 쥐처럼, 이 총각들은 능력을 발휘하는 것뿐만 아니라 아기에게 헌신하게된다. 보살핌을 유발하는 신호는 아기가 명백하게 도움을 필요로 하고 있다는 사실, 그리고 남성들이 어머니와 과거에 관계를 갖고 있었다는 사실이다.

왜 수컷은 더 좋은 어미가 되지 못하는가(근접 원인들)

상황만 협조해 준다면 대부분의 영장류 수컷으로부터 새끼를 보살피는 행동을 유도할 수 있다. 그렇다면 아기를 데리고 있는 쪽은 왜 거의 예외 없이 암컷일까? 수컷이 멀찍이서나마 어미만큼 새끼를 돌보는 종은 극히 일부에 지나지 않는다. 이러한 압도적인 증거들을 접하게 되면, 어미가 자궁을 제공하고 유방을 발달시키며 에너지 면에서도 가장 많이 투자하기 때문에 결국 아기를 양육하도록 선택된 성별이라고 결론짓는 것이 '자연스러워' 보인다. 이야기는 여기서 끝난다.

하지만 여기서 이야기를 멈추지 않는다면 어떻게 될까? 명백해 보이는 사실을 넘어 더욱 심화된 질문을 던진다면? 영장류 아기가 배고프지 않을 때에도 어미를 선호하는 **까닭은 무엇일까?** 아니면 보다 익숙한 방식으로 질문을 던지자면, 부모가 맞벌이를 하고 아기는 분유를 먹는 집에서도 아버지와 모계 돌봄인(즉 어머니. ―옮긴이) 사이에서 전통적인 노동 분업이 출현하는 경우가 잦은 까닭은 무엇일까?

많은 포유류에서 새끼들을 모으고, 핥아 주고, '품고' 보호하는 것은 모든 성에 공통으로 잠재된 능력이다. 다윈이 "후천적 본능"이라고 명명한 것, 그러한 행동을 위한 기본 배선은 이미 있는 것처럼 보인다.[5] 보살핌의 토대는 이미 있다. 단지 일반적인 상황에서는 표현되지 않을 뿐이다. 그렇다면 왜 표현되지 않는 것일까?

젠더 이데올로기로는 설명할 수 없다. 포유류에게는 언어와 상징적 사고가 없는데, 어떻게 문화와 사회화가 포유류의 성 역할을 설명할 수 있겠는가? 암컷과 수컷 사이에는 진화된 정서적 차이와 출산과 수유라는 두 개의 주요한 신체적 차이를 넘어서는 차이가 있는 것이 분명하다. 이데올로기 말고 다른 어떤 것을 통해 소원한 아버지와 "본능적으로"

그림 9.4 아버지가 자식에게 분명한 헌신을 하고 있을 때조차, 부성애는 아기에 대한 직접적인 보살핌으로 변환되는 일이 드물다. 딸이 태어난 다음 생애 최초의 6개월 동안 아버지는 맹목적으로 딸을 사랑하지만, 직접 안고 있는 시간은 전체의 2퍼센트 미만이다.[6]

보살펴 주는 어머니 사이를 가로지르는, 메울 수 없어 보이는 격차를 설명할 수 있을까? 맨 처음의 차이는 이후 결과로 생겨나는 이분법에 견주어 보면 사소할 뿐만 아니라 무척 미미한 것으로 드러난다.

크게 확대된 작은 차이들

무엇이 작은 차이들을 거시적 노동 분업으로 확대할까? 가장 간단한 대답은 **사람들**이 저항이 최소화되는 경로를 따라 행동하고 있다는 것이다. 에드워드 윌슨의 표현을 빌리면 "출생 당시에 잔가지는 이미 약간 구부러져 있다."[7] 자연적 경향이 이끌려 가는 방향은 가지를 되돌려 구부리기 위해 필요한 노력의 양에 따라 달라진다. 인간은 의식적인 노력을 통해 이미 존재하는 차이를 최소화할 수 있다. 하지만 그보다는 반응성에서 나타나는 작은 초기의 차이가 삶의 경험에 의해 과장되며 문화적 관습과 규범에 따라 더욱 확대되는 경우가 많다.

새로 태어난 아기를 공평하게 나눠 돌보기로 결심한, 의도가 훌륭한 맞벌이 부부를 상상해 보자. 모유의 이점은 무시하기에는 너무 중요하기 때문에 엄마는 자기가 없을 때 아빠가 데워 먹일 수 있도록 유축기로 짠 모유를 냉장고에 넣어 둔다. 몇 주 지나지 않아서 이 부부는 아기가 엄마를 더 좋아하게 되었다는 사실을 발견할 것이다. 머지않아 아기가 원하는 것은 어머니라는 사실이 받아들이기 힘들지만 분명해진다. 남편은 상처받고 아기는 불행하다는 사실을 알게 된 엄마는 일을 그만두고 아기와 함께 집에 머물게 된다. 엄마는 탄식한다. "결국 자연의 섭리(Mother Nature)를 속일 수는 없구나."

이 젊은 커플의 좋은 의도가 참패한 까닭은 무엇일까? 에머리 대학교의 인류학자 조이 스톨링스(Joy Stallings)와 캐럴 워스만(Carol Worthman)이 토론토 대학교의 발달 심리학자 앨리슨 플레밍(Alison Fleming) 및 그 동료들과의 공동 연구를 통해 내놓은 최근 연구 결과가 그에 관련된 실마리를 제공해 준다. 이 연구원들은 새로 부모가 된 사람들에게 두 개의 녹음테이프를 듣도록 했다. 하나는 태어난 지 하루 된 갓난아기가 아침에 젖을 먹고 싶을 때 터트린 울음소리였다. 두 번째 테이프는 아기가 포경수술을 받는 동안 터트린, 보다 들쭉날쭉한 톤의 구조 요청 울음소리였다. 연구자들은 어머니와 아버지의 반응을 주의 깊게 관찰하며, 코르티솔(cortisol), 테스토스테론, 프로락틴과 같은 호르몬 수치를 측정했다. 진짜 고통을 알리는 첫 번째 신호에 대해서는 어머니와 아버지 모두 기민하게 반응했다. 하지만 갓난이가 간절한 상황이 아니라 불편함을 표시하는 뜻으로 소리를 냈을 경우, 즉 울음이 "도와줘요! 도와줘요!"가 아니라 "이렇게 해 줘."였을 경우에는 어머니가 더 빨리 반응했다. 반응성과 그에 수반되는 생리적 반응이 어머니에게 더 크게 나타나는 경향은 학습된 것일 수 있다. 갓난이 신호에 반응하는 엄마의 역치점이 보다 낮은 것은 타고났을 가능성이 더 크다.

· · · · ·

그래서 어머니는 아버지보다 갓난이의 필요에 더 민감하다. 그래서 어쨌다는 걸까? 신경 쓸 사람이나 있나?(Who cares?, '누가 보살피는가?'라는 뜻도 된다. ― 옮긴이) 그리고 그게 바로 핵심이다. 보살핌의 행위 그 자체가 결과를 불러온다. 즉, 마음과 감정의 습관들이 결과로 유도되는 것이다. 조지 엘리엇이 주의를 환기시켰던 "배후의 미스터리"까지 내려가면 차이의 원인은 그렇게 단순한 것일 수도 있다. 다른 일들이 벌어지고 있다는 사실은 분명하다. 결과는 초기 원인보다 훨씬 큰 폭으로 확대된다는 것이 핵심이다.

어머니가 갓난아기의 요구에 보다 쉽게 활성화된다는 사실만으로 아버지가 그렇게 할 수 없다거나 적절한 돌봄인, '충분히 훌륭한' 돌봄인이 될 수 없다고 이야기할 수는 **없다**. 영장류 아기가 일차 애착(primary attachmet)을 수컷에게 형성할 수 없다고도 이야기할 수 없다. 그보다는 갓난이 신호에 반응하는 미미한 역치점의 차이가 서서히, 슬며시, 한 단계씩, 다른 원인은 단 하나도 끌어들이지 않고, 뚜렷한 성별 노동 분업을 생산해 낸다.

우리가 상상했던 부부가 방금 병원에서 돌아왔다고 생각해 보자. 육아방에서 깨어난 아기가 보채며 우는 소리가 희미하게 들려온다. 어머니는 벌써 의자에서 일어났다. 어머니는 아직 힘껏 울지도 않는 아기를 달랜다. 고요해진다. 아기는 만족스럽게 옹알댄다. 이때 무엇인가를 더 하게 되면 과잉 행동이다. "나는 쓸모도 없고 방해될 뿐이야."라고 아버지가 혼자 생각한다. 움직일 까닭이 없다. 아기는 어머니의 것이다. 아기를 빼앗아 와서 평화를 깨트릴 필요가 어디 있단 말인가? 결과는 물론 어머니에 대한 아기의 애착이 강화된다는 것이다. 아기는 어머니로부터 다른 사람에게 옮겨질 때마다 불평하기 시작한다.

하지만 항상 대안은 있다. 어머니는 남편과 아기 단둘이 있게 내버려 두는 상황을 더 많이 만들 수 있다. 남편은 아내에게 귀마개를 하게 하거나, 아내가 오디세우스처럼 돛대에 자신을 묶어 그녀의 작은 사이렌이 내는 저항할 수 없는 울음에도 반응할 수 없게 할 수 있는 것이다. 귀마개의 신경학적 등가물은 **어머니 대자연**이 티티원숭이(titi monkey)를 위해 선택한 것으로, 어미가 갓난이 신호가 발산하는 매혹에 무관심하게 만든다. 어떤 결과가 생겨날까? 갓난이들은 아비를 강하게 선호하며 수컷들은 의식적 결단이나 외부로부터의 개입 없이도 '그냥 자연스레' 대부분의 육아를 담당한다.

아버지의 헌신을 유도하기

티티원숭이는 영장류치고는 매우 단혼적이다. 어미는 짝에게 너무 강하게 이끌린 나머지 갓난이에 대해서는 무관심할 지경이다. 아비는 출산 후 93퍼센트의 시간 동안 갓난이를 데리고 다닌다. 유례가 드문 이 원숭이는 보다 큰 규칙을 증명하는 예외이다. 짝이 자손을 기르는 일에 수컷이 협력함으로써 수컷 영장류의 번식 성공이 크게 증진될 수 있는 경우, 그리고 좀 더 나은 번식 대안이 없을 경우(암컷 티티원숭이는 자신의 영역에 들어오는 다른 암컷을 쫓아내며 그 점을 분명히 한다.)에는 수컷이 돕게 된다는 것이다.[8]

물론, 티티원숭이 쌍 중 어느 한쪽이 탈선하는 경우가 생긴다. 티티원숭이는 결국 영장류이며 한 짝에게 그토록 홀딱 빠져 있을 수 없기 때문에, 기회만 있으면 욕정을 마음에만 품어 두고 참는 게 아니라 그 또는 그녀의 짝 감시가 소홀해진 틈을 타서 외간 원숭이와 교미를 하려 한다(티티원숭이의 짝 외 교미는 1960년대에 최초로 보고되었다. 이는 일부일처제 새들 암컷이 다른 수컷과 희롱한다는 보고가 조류학자들 내에서 센세이션을 일으키기 한참 전의 일이다.).[9] 그럼에도 불구하고 이 잉꼬부부의 일차적 헌신은 서로를 향해 있다.

티티 어미의 입장에서 보면, 수컷의 간통은 결국 수컷이 갓난이 보살핌에 소홀해질 수 있다는 위협이나 마찬가지다. 이는 곧 티티 어미가 왜 아기보다는 짝에게 더 애착을 느끼는지를 설명해 준다. 캘리포니아 영장류 연구소에 있는 심리학자 윌리엄 메이슨(William Mason)과 샐리 멘도자(Sally Mendoza)는 서로 다른 상황에서의 반응을 관찰하기 위해 다양한 내분비적 측정을 했다. 그러자 티티원숭이 어미들은 아기보다는 짝으로부터의 일시적 분리에 의해 더 큰 스트레스를 받는다는 점이 드러났다.

갓난이가 젖을 빨고 나면 티티 어미는 무거운 아기를 귀찮아 한다. 어

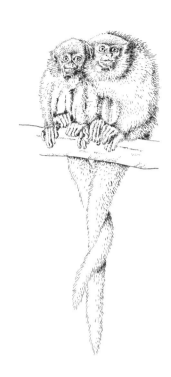

그림 9.5 티티식 동반 관계에서 일부일처 한 쌍이 나란히 앉아 꼬리를 서로 휘감고 있는 장면은 쉽게 볼 수 있다.

미는 새끼를 밀어낸다. 짝을 맺은 한 쌍은 보통 한 가지에 꼬리를 서로 꼬고 나란히 앉기 때문에 아비는 근처에 있다. 어미에게 거부당한 새끼는 다시 젖을 빨 시간이 되기까지 아버지의 몸에 기어올라 붙어 있다. 따라서 새끼는 일차 애착을 어미가 아닌 아비와 형성한다.

별로 이상한 일은 아니다. 인간의 아버지나 대행 아버지가 유일한 돌봄이 될 경우 갓난이들은 이들과 일차 애착을 맺는 경우가 잦다. 사일러스 마아너에게 아이를 어떻게 돌보면 좋은지 가르치려 자원한 친절한 이웃이 관찰했던 것처럼 "보라고, 아이는 자네를 가장 좋아하는군. 자네 무릎에 앉고 싶어 하잖아. 나는 싫어할거야. 아이의 주인인 마아너를 돌려 줘야지."

보살핌이 독점적이거나 비용이 적을 경우

혈연관계가 없는 아기를 홀로 보살피며 자신의 아이를 낳을 기회가 없었던 수컷이라도 충분히 만족감을 느낄 수 있다. 하지만 그는 자신의 번식 성공을 증진시키지는 못한다. 이것이 **어머니 대자연**이 어린것을 직접, 그리고 홀로 돌보는 데 관계된 역치점을 어미보다 아비에게 높게 설정해 둔 이유다. 영장류 어미의 경우 출산 직후부터 갓난이의 필요에 반응한다면 자신의 보살핌을 엉뚱한 방향으로 제공할 가능성이 없다. 수컷은 그만큼 확신할 수 없다.

하지만 여럿의 아기에게 도움을 나눠 줄 수 있는 상황이라면 어떨까? 보살핌이 이따금씩만 필요하다면? 수컷에게는 자신의 아이임이 거의 확실한 자손에게 독점적이고 소모적인 보살핌을 제공하는 것보다 섬광이 번쩍하는 식의 보살핌이 더 흔하다. 갑자기 나타나 영웅처럼 행동하고 사라지는 로빈 후드 방식으로 개입하는 것이다. 그런 아비 노릇은 여러 자손에게 나누어 해 줄 수 있다(영장류학자들의 전문 용어로는 "분할 가능 (partible)"한 것이다.). 중요한 점은 수컷이 아버지다운 원조를 제공하기 위해 부성을 확신할 필요가 없다는 점이다. 아이들에게 헌신적인 '아빠'와 아이들을 내팽개치는 '놈팡이' 사이에는 때에 따라서 아버지가 되는 사람들과 '일시적인 영웅'들로 채워진 넓은 중간 지대가 있다. 그런 아비는 자신이 쓸 수 있는 시간을 자손일 가능성이 있는 많은 아이들에게 나누어 투자할 수 있다. 만약에 아기가 자신의 자식일 가능성이 높고 문제에 개입하는 것이 너무 위험하지 않다면 마구 도움을 뿌려 대는 이 아비들은 자식임이 확실하지 않아도 도움을 준다. 만약 다른 수컷이나 포식자로부터 갓난이를 보호하는 것이 그 아기의 생존에 필수적이라면 자신의 아이일 수도 있는 갓난이를 보호하지 않기란 어려운 법이다. 초기 호미니드는 현대 사회에서 결혼한 사람들이 하듯 핵가족을 이루거나 작은 '하렘'을 이루고 살았을 것이라고 가정되는 경향이 있기는 하지만, 그들이 실제 어떻게 살았는지 아는 사람은 없다. 따라서 이 '일시적 영웅' 스타일의 아비는 초기 호미니드 남성이 아이들과 상호 작용했던 다양한 가능성 중 하나로 포함되어야만 한다.[10]

· · · · ·

사바나비비(savana baboon) 어미들은 여러 수컷이 있는 무리에서 번식하고, 자신이 좋아하는 전 애인들과 접촉하며 지낸다. 특별한 관계에 있는 수컷들은 자신의 새끼일 가능성이 있는 후손을 돌본다. 따라서 이들의 관계는 한 아이에게 함께 헌신하는 인간 부모들에서 발견되는 짝 결속이 어떻게 형성되는지를 짐작할 수 있게 해 준다. 하지만 모레미(Moremi)에서 살며 영아 살해 경향이 농후한 이 비비들에서, 수컷 중 일부만큼은 새끼의 안녕을 염두에 두고 있다는 점을 증명하려면 영장류학적인 '함정 수사' 비슷한 것이 필요했다.

펜실베이니아 대학교의 라인 팔롬빗(Ryne Palombit), 로버트 세이파스(Robert Seyfarth), 도로시 체니(Dorothy Cheney)는 비비가 지나다니는 길목 곳곳에 스피커를 설치해 함정을 마련했다. 각각의 목표 수컷이 지나갈 때 그와 특별한 관계를 맺었고 최근에 어미가 된 암컷을 같은 집단의 신참 수컷이 괴롭히는 소리를 녹음해 들려주었던 것이다. 실험 목표가 된 수컷은 즉각 반응을 보여 어미와 새끼를 지키러 달려갔다. 하지만 녹음

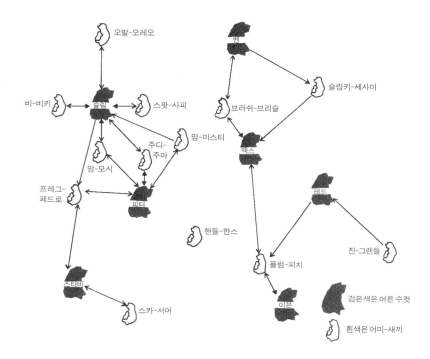

오발-오레오

벤

슬링키-세사미

비-비키

슬림

스팟-사피

브러쉬-브리슬

맘-미스티

주디-주마

맥스

맘-모시

프레그-페드로

피터

레드

핸들-한스

진-그렌들

플럼-피치

스터브

이브

검은색은 어른 수컷

스카-서머

흰색은 어미-새끼

그림 9.6 진 알트먼이 그린 1980년의 다이어그램은, 사바나비비 어미와 어미가 짝짓기를 한 어른 수컷 사이에 형성된 특별한 관계를 보여 준다. 새끼 모시가 태어난 후 첫 3주 동안 그의 어머니인 맘은 수컷 슬림과 가장 가깝게 지내지만, 피터와도 자주 털 고르기를 했다. 이들 '대부' 또는 파피오속(*Papio*)은 어미와 새끼를 다른 비비들로부터 보호한다. 이것은 가장 기본적인 의미에서 '많은 시간(quantity time)'이 아니라 '짧지만 소중한 시간(quality time)'일지도 모른다. 이전 애인이 이따금 개입한다는 사실은 새끼에게는 삶과 죽음의 차이를 의미할 수 있다.

된 테이프가 다른 암컷을 괴롭히는 소리를 담고 있었을 때에는 거의 관심을 보이지 않았다. 어미의 새끼가 더 이상 살아 있지 않을 경우 "낯선-수컷이-네-애인을-괴롭힌다" 테이프는 수컷으로부터 어떤 반응도 이끌어 내지 못했다.[11] 연구자들은 낯선 수컷으로부터 새끼를 보호하는 비비는, 아비일 가능성이 있는 수컷들의 목록 중 높은 순위를 차지하고 있다고 결론지었다.

대표적으로 캐럴 반 샤이크(Carel van Schaik)와 로빈 던바(Robin Dunbar)

같은 여러 영장류학자들은 짝이 출산한 후 수컷으로 하여금 그 근처에 머물러 있게 만든 주요 선택압 중 하나가 어미와 자손을 다른 수컷들, 특히 영아 살해 경향이 있는 수컷들로부터 보호하기 위한 것이라는 가설을 제안했다. 이러한 행동 경향은 일부일처 및 여러 형태의 핵가족에 필수적인 전 단계가 된다. 소설가인 앨리슨 루리(Alison Lurie)는 미국에서의 결혼을 잔인할 만큼 익살맞게 해부한 소설『테이츠 가문의 전쟁(*The War Between the Tates*)』에서 이렇게 표현했다. "우리는 가끔 (남자가) 필요해. 다른 남자로부터 우릴 지켜 주기만 한다면 말이지."

그런 체계 속에서 영장류 어미가 취할 수 있는 최선의 방책은 자신을 보호해 줄 수 있을 만큼 강한 짝을 찾는 것이다. 하지만 그 짝이 죽거나 다른 수컷에게 쫓겨난다면 이 암컷에게 보다 나은 선택은 여러 마리의 수컷과 결합해서 자신의 자손을 '혈육'으로 분류해 줄 후보자 이웃을 여럿 거느릴 가능성을 높이는 것이다. 여기서 문제는 이 수컷들이 갓난이를 보호하거나 보살필 수 있는지가 아니라 어미들이 어떻게 그렇게 하도록 수컷을 **유도할 수 있는지**다. 영장류 암컷의 섹슈얼리티를 형성하는 가장 중요한 선택압으로는, 적절한 짝을 통해 임신하는 것, 그리고 그 다음으로 과거 및 현재의 애인과 자신의 자손 사이에 내성 관계, 심지어는 보호해 주는 관계가 형성되게끔 장려하는 것이 포함된다.

영장류 수컷일 때 난처한 점

어미 포유류는 출산 직후 갓 태어난 아기의 냄새와 소리를 식별하는 법을 배우기 위해 아기와 가까이 붙어 있다. 수컷은 어미와는 과거에만 관계가 있었을 뿐이다. 만약 그 수컷이 암컷이 마지막으로 가임기에 있던 동안 매 순간 암컷에 대한 접근을 통제할 수 있었다면 부성이 보장된다. 이런 상황은 이를테면 가지뿔영양(pronghorn antelope)의 상황과는 대비된다. 이 영양의 암컷은 번식할 시기가 오면 가장 활력이 넘치는 수컷을 골라 짝짓기를 한다. 그것도 단 한 번만 말이다. 다음 번식기가 오기 전까지는 더 이상의 기회가 없다.

작은 아프리카갈라고원숭이(african galago)와 같은 원원류에서 암컷은 하나 이상의 수컷과 짝짓기를 할 수 있지만 시간은 몇 시간 정도로 짧게 한정되어 있다. 나머지 시간에는 갈라고 질부의 외막이 닫혀 버려서 삽입이 불가능하다. 하지만 진원류(simian) 영장류에서는 교미할 수 있는 기회의 창이 보다 넓은 편이다. 수컷의 관점에서 볼 때 더 나쁜 것은, 비비나 침팬지가 붉은 팽창을 보이는 것과 달리 대부분의 영장류가 주기 중반에 뚜렷한 신호를 보내지 않는다는 것이다. 낯선 수컷이 무리에 들어올 때처럼 일부 상황에서는 원숭이 암컷이 배란을 하지 않고 있을 때조차 여러 수컷을 유혹할 수 있다. 성 아우구스티누스나 가톨릭교회가 임신 가능성이 없는 성교가 비자연적이라고 잘못 가정했을때는, 이 사실을 알아차리지 못하고 있었다.[12]

원숭이와 유인원 암컷이 성적으로 그렇게 큰 유연성을 보이거나 추가적인 수컷과 짝짓기하기 위해 곤란을 무릅쓰는 까닭에는 논란의 여지가 많다. 지금까지 제안된 다양한 설명 중에는 암컷이 확실한 임신을 보증하기 위해 그렇게 한다는 것이 있다. 아니면 보다 우월한 유전자를 지닌 수컷으로부터 자손을 얻을 가능성을 증가시키려는 것일 수도 있다. 어쩌면 가까운 혈육과 짝짓기를 하여 자손을 낳을 가능성을 줄이려는 것인지도 모른다.[13] 암컷의 방랑벽이 가져온 결과 중 하나는, 자신의 짝 근처에서 다른 수컷을 완전히 몰아낸 수컷만이 어미와 최근 성관계를 맺었다는 사실을 그 어미가 낳은 새끼의 부성을 확인하고 믿을 수 있

그림 9.7 상대적으로 적은 수의 영장류 종들만이 두드러진 외음부 팽창을 통해 배란을 광고한다. 대부분의 종에서 암컷들은 보다 미묘한 신호를 쓴다. 랑구르는 배란 시기를 전후해 엉덩이를 보여 주고 머리를 열광적으로 흔들면서 수컷들을 유혹한다. 그 외에는 다른 가시적 신호를 보이지 않는 다. 암컷들이 머리를 흔드는 강도는 다양하기 때문에, 함께 사는 수컷만이 실제 주기 단계와 생식 가능성에 대해 신뢰할 만한 정보를 파악해 낼 수 있다.

는 신호로 채택할 수 있다는 것이다. 부성을 둘러싼 불확실성의 여백은 똑같은 원리에 의해 수컷들에게 최근에 짝짓기를 한 암컷과의 사이에서 태어난 자손들, 즉 그 수컷이 낳았을 가능성이 있는 자손들을 괴롭히지 못하도록 선수를 친다. 이것은 어미가 수컷이 이용할 수 있는 부성 정보

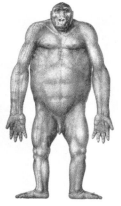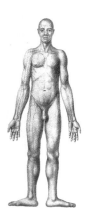

그림 9.8 대형 유인원의 생식기를 비교한 결과는 일반 규칙과 부합한다. 고릴라처럼 수컷이 한 마리만 있는 번식 단위에 포함된 종의 수컷은, 눈에 띄게 배란을 광고하는 암컷과 같은 날에 짝짓기를 하는 수컷이 여러 마리인 종의 수컷에 비해, 몸무게 대비 정소 크기가 작은 편이다. 따라서 170 킬로그램에 달하는 수컷 고릴라는 자신의 '하렘'에 있는 배란 중인 암컷 근처에서 얼씬거리는 다른 수컷을 가로막을 수 있을 만큼 덩치가 크지만 정소의 무게는 단지 27그램에 불과하다. 훨씬 몸집이 작은 45킬로그램의 침팬지가 140그램이나 되는 거대한 정소를 가지는 것과 비교하면 무척 작은 편이다. 침팬지는 경쟁자 수컷을 배제할 수 있는 사치를 누리지 못하기 때문에, 침팬지 수컷의 정자는 암컷의 질 내부에서 다른 수컷들의 정자와 경쟁하게 된다. 인간은 보잘것없는 정소를 지닌 고릴라에 비하면 정소가 상대적으로 큰 편이지만, 침팬지에 비해서는 상당히 작다. 인간은 오랑우탄과 더불어 일차적으로 단일 수컷(또는 한 번에 한 수컷) 번식자에 해당한다. 이 사실은 우리의 조상이 단일 수컷 번식 체계 속에서 살았다는 점을 보여 주는 것이 아니라, 약간 더 큰 정소를 선호하는 선택이 지속적으로 작용해 왔다는 사실을 보여 주는 것으로 해석되어야 한다. 아니면 큰 정소를 선호하는 선택이 한때는 중요했지만 이제는 그렇지 않기 때문에 남성이 좀 더 작은 정소를 진화시키고 있다는 사실을 뜻할 수도 있다. 정소가 추가적인 정자 생산 능력을 유지해도 이득이 없다면, 인간의 정소 크기는 시간에 따라 훨씬 더 작아질 수 있으며, 정자 수도 감소할 수 있다.

들을 조작하여 얻어 낼 수 있는 다양한 이득 중 하나다.

암컷 짝짓기 습관이 보이는 일처다부적(polyandrous) 면모는 어떻게 설명하든 수컷에게는 확실한 영향을 미친다. 영장류 수컷은 우세 수컷 고릴라가 하듯 근처에 있는 다른 수컷과 경쟁을 계속하기 위해서 암컷을 지배하고 통제하며 다른 수컷을 따돌리기에 충분할 만큼 큰 몸집을 키워야 한다. 아니면 그 수컷은 보다 큰 정소를 진화시킴으로써, 다른 영역, 즉 자신이 절대 독점할 수 없는 암컷의 생식관 안에서 경쟁력이 있는 품질 높은 정자를 풍부하게 방출해야만 한다. 보다 큰 정소는 보다 많은 (또는 보다 경쟁력 있는) 정자를 생산하는 수컷에게 경쟁에서의 이점을 부여한다. 하지만 DNA 검사도 없다면 어느 수컷이 그런 수컷인지를 어떻게 알 수 있을까?[14]

인간 여성의 성적 유산

갈라고원숭이에서 보노보에 이르기까지, 영장류 암컷은 주기 중간을 전후한 수시간 동안만 성적 수용성을 지니거나, 주기 전반에 걸쳐 확장된 시기 동안 (반드시 바람직한 효과를 가져오지는 않더라도) 교미**할 수 있는** 것에 이르기까지 다양한 양상을 보인다. 인간 여성은 이 연속체의 극단, 즉 상황에 따라 변하는 유연한 수용성의 극단에 위치한다. 대부분의 문화에서 사람들은 월경 기간과 출산 이후 한참 동안 성관계를 피하지만, 여성은 생식 주기 중 어느 날에라도 짝짓기를 할 수 있다. 하지만 '발정기'(또는 주기적인 성욕)의 흔적은 여전히 남아 있다. 다른 영장류처럼 여성은 난포가 성숙하여 난자를 방출할 수 있게 되는 국면인 월경과 배란 사이에, 성욕이 미미한 수준에서 뚜렷한 수준에 이르기까지 증가하는 것을 경험한다. 정확한 배란 시기는 상황에 따라 일찍 올 수도 있고 늦게 올 수도 있다. 예컨대 여성이 만약 배란이 임박한 다른 여성의 겨드랑이로부터 방출되는 페로몬에 노출된다면 더 빨리 배란을 하게 될 수도 있다. 생물 사회학적 심리학의 선구자 중 한 사람인 마사 맥클린톡(Martha McClintock)은 1998년에 실험을 통해 사람들이 오랫동안 존재할 것이라 추측해 온 호르몬을 밝혀냈다. 이 호르몬은 공기를 떠돌며 여성들 사이에 전달된다. 맥클린톡은 증여자의 겨드랑이를 닦아 낸 면봉을 다른 월경 주기에 있는 여성의 윗입술에 갖다 댐으로써 그 여성의 월경 주기를 증여자의 주기에 가깝게 변화시킬 수 있었다.[15]

여성 주기에 포함된 이런 후각적 요소는 아주 오래된 것이 분명하다. 배란에 관련된 다른 행동 경향, 이를테면 주기 중반에 여성의 성욕이 고조되는 경향도 오래되었을 것이다. 이러한 반응들은 우리의 꽁무니가 침팬지처럼 부풀어 오르며 붉어지는 법도 없고, 우리 자신이 우리의 행동을 비비나 랑구르보다 더 잘 합리화한다 하더라도, 우리의 성적 욕망의 기원은 홍적세 이전으로 거슬러 올라간다는 점을 일깨워 준다. 현대 호미니드는 주기적인 발정기를 완전히 상실한 것은 아니다. 비록 발현되는 양상이 대폭 수정되고 많이 약해졌더라도 말이다.

현장과 실험실에서 이루어진 폭넓은 연구들은, 여성이 배란기에 도달했을 때면 발정기의 원숭이나 유인원이 하듯, 보다 자신감도 있고 에로틱한 환상을 더 자주 경험하며 섹스를 먼저 개시할 가능성도 더 높다는 점을 확증한다. 이러한 경향은 연구자들이 남편이나 애인이 시도하는 성적 행동을 배제하고 여성이 시작하는 섹스에만 집중했을 때 분명하게 드러난다. 여성은 배란기를 전후해서 오르가슴을 경험하는 역치점이 다소 낮아지기도 하는데, 이는 이성애 커플과 레즈비언 커플, 그리고 성교와 자위 모두에서 공통으로 나타나는 여성 성욕의 경향이다.[16]

주기 중반의 여성은 좀 더 불안정하고 더 많이 움직인다. 배란기 여성은 운동력이 증가되며 냄새에도 보다 민감해지고,[17] 건강한 사람과 그렇지 않은 사람을 보다 잘 구별해 낼 가능성도 있다. 주기 중반에 있는 여성은 학교 시험을 포함한 여러 시험들에서 더 높은 점수를 받는다. 더 좋은 점은, 여성은 자신의 '방랑성'을 이용해 접근할 수 있는 남성의 성

A

B

그림 9.9 보노보에 대한 최초 보고서들은 페미니스트적 이상이 날개를 편 것처럼 보였다. 보노보 암컷들은 거침없이 성행위를 했고 먹이에 대한 우선권도 있었으며, 자신이 얻은 식량을 암컷 친구의 자손들과 나눌 수도 있었다. 보노보의 외음부 팽창은 여러 주에 걸쳐 지속될 수 있다. 지속적인 성적 매력은 암컷이 결연을 확고하게 하고 성적인 호의와 먹이를 교환할 수 있게 해 주었다. (a) 사진 속의 보노보는 자신의 아래에 있는 암컷과 생식기를 부비면서 정상 체위 섹스를 하고 있다. 일반 침팬지에서와 마찬가지로 보노보의 음핵(그림 b)은 인간 여성에 비해 절대적 크기로 보나 상대적 크기로 보나 더 크다. 보노보의 음핵은 정면에 있는데, 이는 아마도 생식기-대-생식기 문지르기에서 경험하는 오르가슴을 촉진하기 위한 것일 가능성이 높다. 이 쾌감은 결연 관계를 구축하는 데 대한 근접 보상으로 주어질 것이다. 일부 진화론자들은 음핵이 암컷에게 남아 있는 음경의 흔적 기관에 지나지 않는다고 본다. 음경이 수컷에게 필수적이기 때문에 그 부산물로 암컷에게 음핵이 존재하게 된다는 것이다. 하지만 선택이 음핵과 음경에 별도로 작용했을 가능성이 더 높다. 이렇게 보면 침팬지와 보노보의 음핵이 인간에 비해 더 큰 이유, 그리고 음경은 반대로 보노보나 침팬지에 비해 인간에서 더 큰 이유를 설명해 줄 수 있을지도 모른다.[18]

분을 분석하고 잘 골라냄으로써 가장 큰 이득을 얻고, 고조된 감각을 이용해서 독점욕이 강한 짝들에게 처벌받는 것도 피할 수도 있다. 4장에서 이야기했던 것처럼 서부 아프리카 침팬지들이 이웃 공동체로 빠져나가도 아무에게도 (인간 관찰자만이 아니라 분명 다른 침팬지들에게도) 들키지 않는 지혜를 발휘한다는 점을 되짚어 볼 수 있다.

현재까지는 수렵-채집 사회에서 혈액 샘플을 통해 주기 상태를 판정해 본 결과와 개인별 인터뷰를 결합시켜 심도 있는 연구를 진행한 사례는 1970년대 니사와 같은 공동체에 살던 8명의 여성을 대상으로 한 것밖에 없다. 인류학자 캐럴 워스만과 멜 코너는 배란을 전후해 '성욕'에 통계적으로 유의미한 증가가 있었음을 보고했다. 이 여성들은 배란 후 황체기(luteal phase)보다 여포기(follicular phase)에 남편과 섹스를 할 가능성이 높은 것으로 보고했다. 이 시기에는 남편 이외의 남성과 섹스할 가능성 역시 더 높았다. 주기 중반에는 오르가슴을 경험할 가능성 역시 (통계적으로 유의미하지는 않지만) 더 높았다.[19]

· · · · ·

오랜 시간 동안 여성의 오르가슴은 인간에게만 고유한 특성인 것으로 추측되어 왔다. 일부는 여성 오르가슴이 한 남성을 만족시키기 위한 목적으로 인간의 진화 과정에서 진화했다고 주장하기까지 했다. 하지만 그럴 가능성은 없다. 우선, 우리는 적어도 다른 몇몇 영장류에서 인간과는 맥락이 좀 다를 수 있지만 암컷들이 오르가슴을 느낀다는 사실을 알고 있다.[20]

성적으로 흥분할 때 느끼는 쾌락적 감각은 일단 비비 및 침팬지에서와 마찬가지로, 여성이 여러 파트너와 연속적으로 짝짓기를 하며 음핵을 계속 자극할 동기를 부여하는 조건화의 기능을 했거나, 그 이후에 오르가슴이 (짝 결속을 증진시키는 것과 같은) 다른 기능에 관여하는 이차적 기능을 담당했을 가능성도 있다. 성교에만 의지할 경우 여성 오르가슴이 얼마나 불규칙적인지(남성 오르가슴이 사정에 늘 동반되는 것과 비교하면)를 아는 사람이라면, 이런 수수께끼 같은 심리 생리학적 반응이 현재 어떤 적응적 기능을 담당하고 있는지 궁금해 할 법하다.

최근 영국 생물학자인 로빈 베이커(Robin Baker)와 마크 벨리스(Mark Bellis)는, 여성 오르가슴이 현재에도 기능적이라는 가설을 제안했다. 여성 오르가슴은 어머니의 난자가 가장 뛰어난 남성의 정자로 수정되는 것을 보증하는 역할을 한다는 것이다. 그들의 가설은 세 가지 가설에 기초하고 있으며, 그 모두는 아직까지 증명되지 않았다.

1. 오르가슴이 더 많은 정자를 보유하게 하는 '흡입'을 유도한다는 것.
2. 오르가슴이 임신 가능성을 높인다는 것.
3. 여성은 보다 우월한 유전자를 가진 남성과의 성관계에서 오르가 슴을 경험할 가능성이 더 높다는 것.

현재까지 결론을 확신할 수 있을 만큼 입증된 사실은, 음핵을 충분히 자극하면 어떤 여성이든 오르가슴을 느낀다는 것이다. 상대가 남성이든, 여성이든, 아니면 혼자서 자위를 하는 경우든 마찬가지다. 주기 중반에 여성이 오르가슴을 경험할 가능성이 살짝 더 높기는 하다. 특히 주기 중반에 여성이 오르가슴을 경험할 가능성이 높다는 사실은 임신 가능성의 증가만을 의미하는 것이 아니라 짝 이외의 사람과 성관계를 추구할 가능성이 더 높다는 것을 의미할 수도 있다.[21]

인간 여성에게서든 보노보에게서든 오르가슴이 긴장을 완화하고 파트너 사이의 결합을 강화한다는 사실을 상당히 설득력 있는 방식으로 논증할 수 있다. 하지만 그러한 관찰들은 오르가슴이 그 목적을 위해 진화했다고 주장하기에는 불충분하며, 오르가슴이 현재에도 여성의 생식력이나 아기를 살아남게 하는 능력에 영향을 주고 있다는 사실을 논증하는 증거가 되지도 못한다. 만약 상관관계가 존재하더라도 오히려 그 정반대가 사실에 더 가깝다. 전 세계에 걸쳐(아시아의 상당 지역, 북아프리카, 그리고 중동) 현대 여성의 절대 다수가 강압적인 가부장제 사회에 살고 있기 때문이다. 여성의 성욕과 성적인 적극성은 그런 맥락에서는 위험한 성향이며, 여성이 번식 성공을 증진하기보다는 오히려 매를 맞고 외모에 손상을 입거나 죽임을 당하게 될 가능성을 높인다.[22]

다른 영장류와 비교해 볼 때 남성은 자신의 짝이 어디에 있었는지, 그리고 무엇을 하고 있었는지 알려 주는(소문에 불과한 것도 포함하여) 정보원을 훨씬 더 많이 가지고 있다. 내가 속한 종에서는 여성의 짝 외 정사가 얼마나 위험한지 알고 있기 때문에 여성 오르가슴은 한때 적응적이었지만 지금은 선택되지 않는 흔적 현상이 아닐까 짐작하게 된다. 인간의 행동 레퍼토리에서 점차 사라져 가고 있는 반사 작용, 즉 더 이상은 존재하지 않는 엄마의 털에 매달리기 위해 갓 태어난 아기가 움켜쥐는 반사 행동처럼 말이다. 만약 그렇다면 수이언이 지나 우주선에서 살게 될 우리의 후손들은 그 모든 소동이 왜 벌어졌는지 궁금하게 여기게 될지도 모를 일이다.

· · · · ·

남성이 여성에 비해 더 강한 성욕을 갖고 있다고 증명하려 애쓰는 시도가 많았다. 다윈 시대 전문가들은 여성이 성적으로 수동적이며 "그 취향은 결코 스스로를 드러내지 않는다."고 말했다. 오늘날 여성들은 남성들만큼은 아니더라도 성적인 것에 관심을 갖는다고 여겨진다.

영화 「애니홀(Annie Hall)」에서 주인공을 맡았던 다이앤 키튼은 심리 치료사가 남편과 얼마나 자주 성관계를 가졌느냐고 묻자 불평을 늘어놓았다. "계속해서요! 일주일에 세 번은 한 것 같아요." 이에 비해 그의 남편을 연기한 우디 앨런은 "거의 갖지 않아요. 일주일에 세 번 정도인가."라고 대답한다. 같은 문제를 정량적 자료를 통해 이야기해 보고 싶다면, 진화 심리학자들이 즐겨 하는 실험을 살펴볼 수 있다. 연구자들은 학생을 투입해서 캠퍼스에서 만난 반대 성의 '연구 대상'에게 몇 가지 제의를 하게 한다. 결과는 고전적인 전형과 진화 이론에서 널리 받아들여지는 예측에 부합했다. 접근 대상이 된 남학생의 75퍼센트는 실험자와 "자러 가는 데" 동의했지만(그 이후에 대해서는 알려진 바가 없음), 여학생 중 그 제의에 응한 실험 대상은 없었다.[23] 양분된 결과는, 열정적이고 정욕이 가득한 남성들이, 다윈의 표현을 빌리면 "수줍고" 까다로우며 정숙한 여성들을 뒤쫓는다는 흔한 예상과 부합한다.

유혹 실험의 결과는 로버트 트리버스가 제시한 뻔한 사실을 강하게 확증해 준다고 받아들여진다. 바로, 포유류 어미들은 아비에 비해 자손에게 훨씬 더 많이 투자하기 때문에 까다롭게 굴지 않을 수 없다는 것, 그리고 그들은 수컷에 비해 누구와 짝짓기를 할지 훨씬 더 신중해야 한다는 것[24]이다. 하지만 이 결과에 대한 해석을 한 발짝 더 밀고 나가서, 여성보다는 남성에게 성적 욕망에 대한 선택압이 훨씬 강했다거나, 여성에게는 성적 욕망이 선택되는 선택압이 없었다고 주장한다면 속지 말아야 한다. 양성에 대한 그런 흑백논리는 야생의 관찰 결과와 모순된다. 발정기에 있는 침팬지와 바바리마카크 암컷은 진화 이론가들이 전통적으로 수컷을 위해 남겨 놓았던 욕정과 열망을 보이며 여러 파트너를 유혹해 교미하는 것이다.

이런 고정 관념의 극단적인 형태가 빅토리아 시대 남성의 소망뿐만 아니라 타당성이 없는 비교로부터도 도출된다. 앞서 설명한 실험들은 사회적 맥락을 무시한다. 여성이 낯선 남성과 집에 가는 것은 신체적으로 위험할 뿐만 아니라 그렇게 하는 것을 좋아한다고 여겨지면 명성에도 위협을 받는다. 특히 자신을 유혹하는 사람이 실험자처럼 별나고 무분별할 경우에는 더욱 더 그렇다. 더 큰 문제는 비교 대상이 되는 사람들 중 하나는 언제나 번식력 있는 남성이며 다른 한 사람은 이따금씩만 임신이 가능한 여성이라는 점이다.

남성의 정소에서는 언제나 정자가 생산되고 있다. 남성은 사정하고 회복기를 거치면 기회가 맞을 때 다시 사정할 수 있다. 사정이 연거푸 이루어지면 정자 수가 감소할 수도 있지만 곧 재충전될 것이다. 또한 남성의 배터리는 새롭고 바람직한 파트너가 새로 나타나거나 오랜 동안 떨어져 있던 자신의 파트너를 다시 만나게 되면 조만간 재충전될 수 있다. 간단히 말해서 남성은 거의 연속적으로 충전되며 번식할 준비가 되어 있는 생식 세포 제조 기계다. 남성은 언제나 짝짓기를 할 준비가 되어 있을 뿐만 아니라 언제나 임신시킬 수 있는 준비가 되어 있다. '항상 준비된 남자(Mr. Ever-Ready)'를 여성과 비교해 보라.

여성은 남성처럼(발기가 지속될 필요는 없기 때문에 남성보다 훨씬 더 많이) 교미할 수 있는 능력을 언제나 갖고 있다. 자주 생기는 일이지만 본인은 원치 않을 때도 그렇다. 하지만 우리가 여성이 실제로 번식 가능한 시기에만 한정해서 여성과 남성의 성욕을 비교한다면, 즉 '항상 준비된 남자'와 '가끔 임신할 수 있는 여자(Ms. Intermittently Fertile)'를 비교해 보면, 남성은 열정적이고 여성은 수줍다는 이분법은 흐려지기 시작한다. 학생 끄나풀처럼 투박하게 행동한다면 여학생은 계속해서 싫다고 할 것이다. 하지만 실험자가 연구 대상이 제안을 받고 흥분했는지의 여부를 감지할 수 있는 좀 더 섬세한 방법이 있다면 좋은 정보를 얻게 될 것이다.

똑똑한 여성이 바보 같은 선택을 하는 이유

적응적이건 그렇지 않건, 지속적으로 유지되건 감퇴하건, 성욕의 보존력을 과소평가하는 것은 실수이다. 우리가 "사랑에 빠지기"라고 부르는 수수께끼 같은 과정을 생각해 보자. 여기서도 고대의 유산은 한몫을 담당한다.

이제껏 누구도 네덜란드의 성학자 쿠스 슬롭(Koos Slob)만큼 여성 주기성의 미묘함을 창의적으로 조사한 사람은 없다. 슬롭은 성적 고조기의 마카크 암컷이 보이는 자궁 수축과 심박수 증가를 측정한 최초 과학자 중 한 사람이다. 그는 이 실험을 통해 암컷 오르가슴이 다른 영장류에게서도 일어나며, 인간이라는 실험대에 오른 초기 호미니드가 갖고 있던 일련의 습성들에 포함된다는 사실을 확증하는 데 일조한 사람이다. 슬롭이 정교한 신기술을 이용해 여성의 성적 흥분을 측정하자, 그는 여성의 주기적인 성적 반응이 얼마나 심오한지, 또한 그 주기성이 얼마나 폭넓은 함의를 담고 있는지를 보고 깜짝 놀랐다.

여성은 주기의 전반부(또는 여포기)에 후-배란(황체)기보다, 에로틱한 영화에 더 큰 흥분을 느꼈다. 이는 성적 반응이 문화적으로 구성되며, 사랑과 로맨스가 상황에 따라서만 이루어지는 동물에게서는 기대할 수 없는 결과이다. 하지만 슬롭의 작업은 인간의 짝 선택을 순전히 화학으로만 환원하려고 하는 사람들에 대한 주의 또한 담고 있다. 생식 주기에서 여포기에 있는 여성이 영화 장면을 처음 보게 되면 다른 주기에 그 영화를 본 적이 있는 여성에 비해 성적으로 흥분될 가능성이 더 높았다. 하지만 연구 대상자가 같은 영화를 두 번째로 보았을 때에는 생식 주기와는 상관없이 첫 번째와 동일한 반응을 보였다. 그날의 생식력에 대해 과거의 성욕 감정 회상이 보다 우세한 것처럼 보였다.[25]

어머니가 될 계획이 있는 여성이라면 주의해야 할 모든 감각 가능한 것과 더불어(이를테면 잠재적인 짝의 건강, 신체 크기, 힘, 자신과 아이를 보호할 수 있는 능력, 지능, 그리고 '좋은 유전자'의 표지), 여성은 그들이 처음 만난 날의 주기처럼 겉보기에는 외부적인 변인들에 의해서도 영향을 받을 수 있다.

상상해 보자. 주기 중반에 있는 여성은 다른 때에 비해 남성을 훨씬 더 주의 깊게 바라본다. 기회에 늘 민감한 남성이 맞받아 응시한다. 이 남성은 무의식적으로 동공의 확장과 같은 신체 언어에 주목하고 그녀의 흥미를 측정하여 그에 따라 반응한다. 이후 단계가 잇따른다……. 하지만 주기 후반에 여성이 그 남성을 기억할 때는, 그의 장점뿐만 아니라 첫 흥분의 느낌에 의해서도 감정이 채색되기 마련이다. 비교 성학자의 관점에서 보면 똑똑한 여성이 가끔 실수를 저지르는 까닭은 여기에 있다. 우리의 영장류적 유산을 지각하면, 지각 있는 여성이라면 달력에 늘 주의를 기울여야 한다는 사실을 알 수 있다. 배란은 판단에 위험 요소가 될 수 있다.

보살핌을 제공할 수 있는 일부 아버지들

인간 어머니는 수컷의 투자를 유례없이 많이 필요로 한다. 다른 영장류 중 어떤 종도 그렇게 오랜 동안 도움을 필요로 하며 의존하는 새끼를 낳지 않는다. 하지만 이론상으로는 부성이 확실한 남성만이 그 투자를 제공할 의향이 있어야 한다. 수컷이 어떤 형태로든 보살펴 주는 40퍼센트의 영장류 종 중에서 아비가 직접적이고 집중적인 보살핌을 제공하는 종은, 일부일처적으로 짝짓기하기 때문에 아비가 될 가능성이 매우 높은 티티원숭이와 같은 종밖에 없다. 서로 다른 인간 사회에서 얻어진 민족지적 정보들(이 자료는 모두 한 종으로부터 나온 것이다.) 역시 일부일처적으로 짝짓기를 하여 부성이 아주 확실한 남성만이 아버지로서 보살핌을 제공해 준다는 점을 암시한다.[26]

중부 아프리카의 아카 피그미(Aka pygmy)를 보면, 아기의 생애 첫 여섯 달 동안 아버지는 평균적으로 전체 시간의 20퍼센트 이상 아기를 안고 있으며, 들어 본 적 없을 만큼 긴 시간인 50퍼센트의 시간 동안 팔 뻗으면 닿을 곳에 아기와 함께 머물러 있다. 아카의 아버지들은 대부분 한 아내와만 결혼한다. 그들은 체류지에서 오랜 시간을 보내며 '자유자재의 시간'을 발명해 낸 것처럼 보인다. 아버지의 도움은 훨씬 천천히 번식하는 !쿵보다 더 높은 아동 사망률을 유발하지 않으면서 상대적으로 높은 출산력(아카족 여성은 사산을 제외한 출산 횟수가 평균 6.3건)을 지탱하도록 해 준다.[27]

함께 머물러 있기를 좋아하는 아카 사람들의 성향은 가족 친화적인 작업 환경에 의해서도 촉진된다. 사냥(대부분은 작은 사냥감)할 때는 그물을 사용하기 때문에, 남성, 여성, 그리고 아이들 모두가 안전하고 효과적으로 참여할 수 있다. 남자들이 사냥을 하러 가면 어머니들과 아이들은 함께 따라간다. 아카족의 생활 양식은 홍적세에 숲에서 거주하던 사람들에서 얼마나 일반적이거나 또는 예외적이었을까? 알려진 바는 없다. 하지만 최근의 고고학적 발견은 그물을 이용한 사냥은 매우 오래되어, 최소 3만 년 이상은 되었음을 알려 준다.[28]

미국과 같은 서구 산업 국가에서 1990년대는 새로운 "아버지 참여의 시대"로 칭송받고 있다. 듀퐁 사가 진행한 최근 연구를 보면 인터뷰 대상 남성 중 56퍼센트는 가족과 더 많은 시간을 보내고 싶어 한다는 점을 알게 된다. 하지만 정말로 새로운 현상일까? 민족지적 자료와 역사적 자료들은 언제나 일부 남성들은 가족과 함께 있는 것을 좋아했다는 점을 암시한다. 과거 남성들 사이의 변이는 '어린 아들'을 자랑스러워 하고 도취되어 완전히 '사로잡힌' '신남성'으로부터, 자신에게 아이가 있는지 없는지조차 모르며 스스로에게 도취된 전형적인 CEO, 그리고 아이들에게 투자하기를 완전히 거부하는 '참패한 아빠'에 이르기까지 다양한 연속체의 중간 지점에 있었을 가능성이 크다.[29]

"새로운 아버지"는 과대 포장된 것이지만, 듀퐁의 조사는 유효한 관찰이 필요하다는 사실을 알려 준다. 여러 문화권에 걸쳐, 남성이 아이들을 돌보는 데 소비한 시간은 자신이 얼마나 아이들과 연결되어 있다고 느끼는지를 가장 잘 설명해 줄 수 있는 변수였다. 이를테면 수집자 아버지는 아이들과 가까이 있을 때 아이가 필요로 하는 상황에서 도와줄 수도 있고 정서적인 교감을 나누기도 쉽지만 부성 역시 더 확실해지게 된다. 아카족의 아버지는 매일 46퍼센트의 시간 동안 아내를 볼 수 있는 곳에 머무른다. 이 때문에 아카 사람들은 티티원숭이가 영장류학에서 차지하고 있는 위상을 민족지학에서 차지할 수 있게 되었다. 두 사례 모두 (마치 "케케묵은 이야기"처럼) 이상형을 재현하며, 짝 결속과 직접적이고 집중적인 남성 보살핌이 서로 관련된다는 사실을 예시하는 데 유용하다.

남자의 마음

수컷의 보살핌이 분명한 이득을 가져다준다고 했을 때, 영장류 아비들, 특히 인간 아버지가 항상 자손을 돌보거나 최소한 아기에게 더 많은 관심을 기울이지 않는 까닭은 무엇일까? 까닭의 일부는(이미 충분히 보여 주었던 것이기를 바라지만) 단순한 기회와 노출의 문제다. 적절한 상황에서 수컷들은 정말로 보살핀다. 하지만 남성보다 여성이 영아의 필요에 반응하는 역치점이 더 낮은 데는 보다 근본적인 이유가 있다. 아기에게 투자한 수컷은 더 많은 짝을 찾아 나서는 데 우선순위를 둔 수컷에 비해 유전적인 경쟁에서 불리했을 것이다. 수컷들은 부족하게나마 자기 자손을 보살피고 보호하려는 충동과 새로운 짝을 찾으려는 욕망 사이에서 분열된다.[30]

남성의 관점에서 보면 가장 가임력이 높은 시기에 성욕의 고조를 경험하고 있는 짝은 위험 부담이 된다. 그리 오래전 일은 아니지만, 페미니스트 경제학자 클라우디아 골든(Claudia Golden)은 "우리는 (강한 권력을 지닌 직종의) 남성에게 아이가 있냐고 묻지 않는다. 내 생각에 그런 남자들 중 일부는 자신에게 아이가 있는지 없는지 모르는 것 같다."[31]고 빈정거리면서, 자신이 원격 아비 노릇에 대해 농담을 하고 있는 것이라 생각했다. 하지만 사실을 말하자면, 어떻게 그럴 수 있는 것일까? 골든은 영장류 수컷이 언제나 마주쳐야 했던 성가신 문제인 나쁜 아비 노릇의 궁극적인 원인 중 하나를 무의식중에 말하고 있었다. 다시 말해, 어떻게 하면 부성을 확신할 수 있는가? 우리 영장류는 이미 낳아 놓은 알을 수정시키는 물고기가 아니다. 암컷이 한 번의 임신당 한 번의 짝짓기만을 하는 가지뿔영양처럼 절대적인 단일 수컷(monandrous) 종도 아니다. 인간 남성은 "자기 자식을 알아보는 **현명한** 아버지"가 아니라, 자신의 집을 환관이 정문을 감시하고 있는 처첩실처럼 만들거나 자신의 재량으로 DNA 지문 검사 실험실을 갖는 아버지, 둘 중의 하나이다.

경제학자 골든이 강조하는 것처럼, 분명 많은 남성은 지위를 추구하느라 아이를 잊어버릴 만큼 바쁘다. 다른 남성이나 추가로 얻을 짝에게 큰 인상을 주기 위해서 말이다. 하지만 이 남성들이 자신의 아기를 무시할 만한 다른 이유가 또 있다. 아버지 투자를 위한 역치점이 높게 설정되어 있는 것이다. 그리고 **그렇게** 된 까닭은 영장류 암컷이 자신들의 짝이 부성을 확신할 수 있는 방향으로 행동하도록 진화하지 않았기 때문이다. 인간에게서 그 결과는 놀라운 방식으로 나타난다.

과시 가설

1986년 일단의 행동 생태학자들이 북부 탄자니아의 핫자족에 대한 재조사에 착수했다. 사냥이 단백질 공급의 주요 원천이라는 것을 알고 있던 이 학자들은, 최적 수집 이론(optimal foraging theory)의 고전적인 가정을 전제하고 연구를 시작했다. 그들은 체류지로 가져올 수 있는 고기의 양을 극대화하고, 받아들일 수 있는 만큼의 위험을 감수하는 방식으로 사냥을 계획할 것이라고 예측했다. 하지만 연구자들은 사냥꾼들이 얼마나 비효율적인지를 발견하고는 놀랐다. 핫자 사냥꾼은 사냥에 한 번 성공하려면 꼬박 한 달은 실패를 거듭해야 할 것이라고 예상했다. 사냥감을 마주치기가 힘들기 때문이 아니다. 사냥꾼들은 잡을 수 있는 것 중 가장 큰 사냥감, 즉 윤기가 흐르고 재빠르게 도망치며 살코기가 풍부한 아프리카산 영양(eland)을 노리고 있었기 때문이다. 남자들은 이 멋진 풍채를 지닌 짐승을 며칠이고 추격했다. 이 노력을 바위너구리(rock hyrax)나 뿔닭(guinea fowl)과 같이 약간 질이 떨어지는 사냥감에 투자했다면 훨씬 더 많은 수익을 올릴 수 있었을 것이다.

연구자들이 사냥꾼들에게 눈을 좀 낮추라고 설득하는 데 성공했을 경우, 설득당한 핫자 사람은 노력 대비 획득한 단백질과 열량의 관점에서 가장 앞섰다. 이렇듯 사냥꾼들이 자진해서 감수하는 비효율성은 첫 번째 놀라움으로 다가왔다. 두 번째 놀라움은 핫자 사냥꾼이 한 달 동안 사냥에 실패한 후 무엇인가 큰 것을 죽이는 데 성공하면, 가족을 위해서는 고기의 오직 일부만을 남겨 두었다는 것이다. 아프리카산 영양을 죽인 사냥꾼은 350킬로그램에 달하는 전체 영양의 사체에서 19퍼센트만을 아내와 자식들을 위해 남겨 두었다. 그 대부분은 그것을 먹는 것을 '돕겠다고' 스스로 나타난 다른 집단 성원들과 공유했다. 사냥꾼이 실패를 거듭하고 작은 사냥감을 쫓을 수밖에 없는 상황에서만 가족이 전체를 가져갈 수 있었다.

글쎄, 성공의 대가는 본래 그런 것이라고 주장할 수 있을지도 모른다. 아프리카산 영양 한 마리는 한 가족이 먹기에는 너무 많다. 하지만 핫자의 기후는 몹시 건조하다. 저민 고기는 빠르게 딱딱한 껍질이 되어 쉽게 저장할 수 있고, 육포로 만들어 교환할 수 있다. 그러나 이런 일은 일어나지 않는다. 수렵-채집자에게는 전형적인 방식이지만, 핫자 사냥꾼은 성공에 대해 떠벌리지도 않고 고기를 개인적 소유물이라고 주장하려 들지도 않는다.[32] 대신 그들은 실패한 사냥꾼, 심지어 때로는 사냥에 성공한 기억조차 없는 남자의 가족들이 대부분의 고기를 가져갈 수 있도록 하는 체계를 용인한다.

핫자의 윤리에 따르면 사냥꾼이 더 많이 얻으면 더 많이 주어야만 한다. 이것은 수렵-채집자에게는 일반적인 경향이다. 잡을 때는 능력에 따라, 줄 때는 모두에게. 진화론적 이야기가 한 바퀴 돌아서 집단 선택으로 다시 돌아온 것일까? 남자들이 다른 날, 즉 아무것도 잡지 못하는 불운한 빈곤의 날에, 그날 운이 좀 더 좋았던 집단 내 다른 사람이 보답으로 고기를 줄 것을 대비해 신용을 쌓고 있는 것일까? 영양과 육즙이 풍부한 고기, 누구나 원하며 공공의 소유인 이 재화를 누구도 독점할 수 없는 것일까?[33] 아니면 이 남자들은 신비한 지위를 갖는 동물의 카리스마가 동물을 죽인 사냥꾼 자신에게 씌워질 것을 기대하며 더 큰 사냥감을 고르고 있는 것일까? 이 결과는 연구팀의 한 사람인 크리스틴 호크스에게 사냥꾼이 나눠 주는 커다란 사냥감이 아이들의 입으로 들어갈 음식으로서보다는 영예(prestige)의 측면에서 보다 큰 가치가 있는 것은 아닌지 의문을 품는 시발점이 되었다.

호크스의 "과시" 가설(show-off hypothesis)에 따르면 사냥꾼들이 극대화하고 있던 것은 단백질이 아니라 명성이었다. 다른 남자들도 그를 존경하겠지만, 그의 용감함에 감탄하고 선물을 받을 수 있을 것이라는 기대감에 매료된 여성들이 성적 호의를 베풀지도 몰랐다. 수컷이 사냥하는 영장류에서 전형적인, 유서 깊은 행위를 통해 사냥꾼들이 섹스와 음식을 교환할 때 부모 노력(parental effort)처럼 보였던 것은 오히려 번식 노력(reproductive effort)에 가까웠던 것이다.[34] "여자는 고기를 좋아해."라는 말은 !쿵에서 왜 솜씨 없는 사냥꾼이 노총각으로 남을 수밖에 없으며 동정의 상태를 벗어날 전망이 없는지에 대한 표준적인 설명 방식이었다.[35]

· · · · ·

핫자의 과시는 얼마나 전형적인 것일까? 알려진 바는 없다. 하지만 영국인 167쌍을 대상으로 쇼핑 습관을 조사한 최근 설문을 보면 남성 수집자에 대한 호크스의 관점과 섬뜩하리만치 일치한다. "과시"가 경제보다 우선순위를 차지한 것이다. 쇼핑 경험은 남성이 여성에 뒤지지 않지만, 남편과 남자친구는 보다 덜 경제적인 쇼핑을 했다. 남편은 아내와 비교해 볼 때 73퍼센트는 브랜드 이름에 따라 살 물건을 결정했고, 거의 대부분 비싼 브랜드를 구매했다. 남자는 아내보다 샴푸에 10퍼센트를 더 썼고, 버터에는 6퍼센트를 더 썼으며, 커피에는 5퍼센트를 더 썼다. 남자들은 브랜드 이름과 이따금 얻게 되는 고가의 품목에 거부할 수 없는 매혹을 느꼈다. 이를테면 쇼핑 카트에서 마술처럼 형체가 부여되는 30달러짜리 버건디 병 하나처럼.[36] 남성 쇼핑객들은 '기품 있는 제스처'와 과시할 기회를 두고 여성보다 더 안달했다.

인도나 과테말라, 가나와 같이 멀리 떨어져 있고 문화적으로도 다른 개발 도상국에 대해 경제학적으로 조사해 본 바에 따르면, 가족 내 아이들의 영양 상태 개선은 아버지의 소득과 직접적으로 비례하지 않는다. 여성 수입의 증가만이 직접적인 영향을 미친다. 과시 가설은 아이들이 집에서 굶주리고 있는 와중에도 동료들과 술집에 들러 맥주 한 피처를 마시는 남성의 행태와도 일치할 뿐만 아니라, 아이들을 지원해 주기보다 차에 돈 쓰는 것을 더 좋아하는 수많은 남성들과 관계되는 미국 국민 건강 관리국(United States Department of Health and Human Services)의 실제 통계와도 일치한다.[37]

일부일처제라는 타협은 곧 아이들의 승리다

니사의 전기는 인간 짝 결속의 배후에 있는 긴장에 대한 !쿵 산 수집자의 관점을 다시 한 번 보여 준다. 니사는 네 번 결혼했고, 언제나 일부일처적으로 결혼했다. 첫 남편인 타샤이가 집으로 두 번째 아내를 데려 왔을 때 니사는 "그녀를 쫓아냈는데 부모에게 돌아갔죠."라고 회상한다. 니사가 했던 여러 번의 결혼은 남편이든 자신이든 바람 때문에 끝났다. 니사는 4명의 남편에 보태 자신을 거쳐 간 애인이 8명 더 있었다. 니사는 그들 중 여러 명과 사랑에 빠졌던 것이 분명했다. '짝 결속'이 형성되었지만 관계는 지속되지 않았다.[38]

니사는 당시 그녀의 남편이 아니었던 다른 남자와의 관계에서 아이를 가진 적이 두 번 있다. 딸인 트위(Twi)가 자라나면서 딸을 임신할 무렵 니사와 관계를 가졌던 남편의 형제를 점차 닮아가자, 남편은 자신의 동생이 생물학적 아버지(progenitor)일 것 같다면서, 자신의 형제가 "그녀를 돌봐야 한다."고 주지시켰다. 니사는 전 남편이 사망했든 이혼했든 사라진 후 다른 남편을 맞이하기 전까지는 칼라하리 사막을 건너가 오빠와 함께 살곤 했다.[39]

!쿵 산과 같은 수렵-채집 사회는 전통 사회들 중 어떤 사회보다도 평등주의적이다. 니사의 남편은 신체적으로 그녀에 비해 더 강하며 지배력을 행사할 수 있었지만, 니사는 자신이 충분히 불행하다고 느낄 때면 발걸음 가는 대로 떠났다. 니사가 애인과 밀회하는 현장에서 남편에게 붙잡혀 때려 죽이겠다는 협박을 당할 때조차, 다른 사람들이 그녀의 편을 들어 주었기 때문에 삶이 지속되었다. 보다 가부장적인 사회에서라면 계속된 간통은 치명적인 결과를 가져왔을 것이다.

니사의 아이 중 어른이 될 때까지 살아남은 아이는 없었다. 따라서 이 용감한 여성의 삶은 진화의 관점에서 볼 때 전형적인 성공이라고 말하기는 어렵다. 하지만 결혼 관계에서의 긴장은 니사의 어머니가 언급한 것과 일치한다. 그녀가 겪었던 곤궁은 여성의 삶의 이야기에서 반복적으로 나타난다.

니사는 이동의 자유, 짝을 선택할 자유, 그리고 만약 남편이 충분한 음식을 제공해 주지 않을 경우 애인들과 협상할 수 있는 자유를 소중하게 여겼다. 한편으로 각각의 남편은 여러 명의 아내를 갖길 원했지만 니사에 대한 성적 접근은 독점적이길 원했다. 이런 관계에서는 팽팽한 줄다리기가 계속되며, 오래 지속되는 짝 결속이나 양성 모두가 유지하는 강력한 헌신을 통해 결합된 관계라는 일반적인 몽상과는 어긋나는 관계가 된다. 이런 사례는 평생 동안 유지되는 일부일처적 가족이 자연스러운 인간 조건이라는 환상을 지속되기 어렵게 만든다.

니사의 사례에서 일부일처는 종-전형적 보편의 문제이기보다는 타협에 가깝다. 일부일처는 니사와 그녀의 당시 남편이 도달할 수 있는 가장 조화로운 공통의 기초가 된다. 그리고 일부일처가 작동할 때는 아이들이 이득을 본다. 일부일처는 양성 관계에 고유한 이해관계 갈등을 감소시킨다. **그녀의** 번식 성공이 **그의** 것이 되며 그 반대도 마찬가지다. 바로 이 점이 유전적으로 서로 다르지만 공통의 목표를 추구하는 개인들 사이에 조화로운 관계를 함양하게 된다.

사회 생물학은 어느 한 성별에게 유리한 뉴스를 전해 주는 분야가 아니다. 그럼에도 불구하고 밝은 전망을 제시해 주는 폭로성 기사가 하나 있다. 진화적인 시간 차원에서, 전 생애에 걸친 일부일처는 한 성이 다른 성을 착취하기 위해 고안해 낸 모든 종류의 파괴적 장치를 치유할 수 있는 수단으로 드러난다는 사실이다. 이 점은 여느 때와 마찬가지로 인간보다 훨씬 빨리 번식하는 생명체에서도 상당한 확실성을 갖고 예증할 수 있다. 우리는 다시 한 번 초파리를 선택해 볼 수 있다. 초파리는 현재 양성의 공진화에 대한 연구에서 가장 선호되는 종이다. 이번 실험은 '행복한 결말'을 가져온다.

암컷 초파리가 다수의 상대와 난교적인 짝짓기를 한다는 점을 다시 떠올려 보자. 수컷의 정액은 암컷의 난교성에 맞서고 경쟁자에게 훼방을 놓기 위해 자신의 번식 성공을 증진시키는 특별한 구성 요소로 장식되어 있는데, 이것이 누적되면 암컷에게 유독성을 발휘한다. 그럼에도 불구하고 놀라운 사실은 연구자 브렛 홀랜드(Bret Holland)와 윌리엄 라이스(William Rice)가 실험적으로 만든 강제적 일부일처가 47세대 만에 암컷에게 더 이상 유독하지 않은 정액을 지닌 수컷 초파리 혈통을 만들어 냈다는 것이다. 한 수준에서 보면 일부일처는 양자에게 어떤 타협안을 제공한다. 특히 미성숙한 개체들은 얻을 것이 많다. 모든 수컷은 최소한 조금이나마 번식을 했다. 암컷들은 수컷에 비해 선택의 폭이 작지만 더 오래 살았다. 그 와중에 자손은 더 강한 생존력을 보였다.

누가 진화 생물학자가 가족이라는 가치에 반대하는 것이 필연이라고 이야기하는가? 최소한 이론적으로 볼 때 홀랜드와 라이스의 실험이 인간 남성과 여성의 기질에서도 같은 결과를 산출하지 않는다고 주장할 이유는 없는 것 같다. 비록 그런 실험을 하려면 50세대 이상 그들의 후손에 이르기까지 절대적인 정절을 보증할 수 있는 자원자 집단을 모집할 필요가 있겠지만 말이다. 그 결과는 아이들의 안녕이 최고 우선순위인 여성과 남성 혈통이 될 것이다.

· · · · ·

그렇다면, 아이들이 성공적인 삶을 준비하기 위해 과거 어느 때보다도 긴 시간 동안 많은 부모 투자를 요구하는 현대 세계에 사는 어머니인 내가, 개인적으로 동반자적 일부일처 결혼 커플에 속하는 것은 놀라운 일이 아니다. 장기간의 신뢰는 비할 데 없는 효율성과 정서적 만족을 가져다준다. 나는 두 부모가 협동해서 아이들에게 제공하는 이득에 높은 점수를 주고 싶다. 내 자신의 편견을 정확히 알고 있기 때문에, 나는 아주 다른 상황 속에서 살던 나의 조상들이 나와 동일한 선택을 했을 것이라고 투사하면서, 초기 호미니드 짝짓기 체계에 대한 증거들을 오독하지 않기 위해 의식적으로 주의하고 있다.[40]

나는 과거의 어머니들이 **정서적으로는** 나와 비슷했을 것이라고 추측한다. 하지만 그들은 나와는 다르고 훨씬 더 고된 상황 속에서 결정을 내렸다. 나의 이해관계에 충실한 우선순위를 근거로 그들을 추정하는

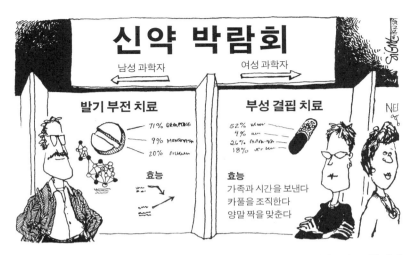

신약 박람회

남성 과학자 ← → 여성 과학자

발기 부전 치료

71% GRANPENE
9% MONOPHIN
20% PLLIMAN

효능

부성 결핍 치료

52% mm
4% mm
26% mmm·mm
18% mm mm

효능
가족과 시간을 보낸다
카풀을 조직한다
양말 짝을 맞춘다

그림 9.10 남성이 부모로서의 노력과 추가적인 짝짓기 중 어디에 투자할 것인가를 두고 배후에서 하는 타협은 지난 100만 년간 그다지 많이 변하지 않았다. 또한 아버지가 하길 원하는 것, 그리고 여성과 아동이 아버지가 해 주었으면 하는 것 사이의 영원한 긴장도 별로 변한 것이 없다.

것은 현명하거나 정당한 태도일 가능성이 거의 없다. 그럼에도 불구하고 빅토리아 시대로부터 현재에 이르기까지, 많은 인류학자와 진화론자들은 무분별하게 이런 일을 거듭해 왔다.

보다 초기의 논평자들은 장기적 일부일처가 양성 모두에게 유리한 특정 환경이나 인구학적 조건이 얼마나 드문 것인지 고려하지 못했다. 일부일처가 어머니에게도 이득이 되려면 짝이 그녀를 보호하거나 안정적으로 자원을 공급할 수 있는 위치에 있어야 한다. 인구학적 사망률과 그 원인 역시 중요하다. 높은 남성 생존율은 관계에 투자할 만한 가치가 있다는 사실을 뜻한다. 하지만 여기서 아버지의 보호가 중요했을까? 이 점은 영아 사망률의 원인(병균이나 인간인 적?)이 무엇인지에 달려 있다. 아버지들이 차이를 만들어 내고 아기들의 생존 전망 역시 좋을 경우에는, 아버지는 양보다 질을 선호하는 짝의 헌신을 공유하면서 정서적인 사치를 감당할 수 있다. 하지만 아이들이 급작스럽고 예측 불가능한 죽음에 쉽게 영향 받을 경우, 남성들은 개중 하나는 살아남기를 바라듯 가능한 한 많은 자손을 낳으려 떠돌 것이다. 이 사실은 그다지 놀랍지 않다.

· · · · ·

사회 생물학자들은 심리학자 윌리엄 제임스(William James)가 내놓았던 오래된 시구를 몹시 좋아한다. 이런 것이다. "히가머스, 호가머스, 여성은 모노가머스, 호가머스, 히가머스, 남성은 폴리가머스(Higamous, hogamous, woman's monogamous. Hogamous, higamus, men are polygamous, 여성은 단혼적이고(monogamous) 남성은 다혼적(polygamous)이라는 내용의 시구로, 운을 맞추기 위해 주문 비슷한 삽입구를 넣은 글. ─옮긴이)." 현대 다윈주의자 도널드 시먼스(Donald Symons), 로저 쇼트(Roger Short), 로라 벳직(Laura Betzig)은 과거 남성들이 여러 명의 짝을 추구하며 자신들의 번식 성공을 증진시켰다는 점을 설득력 있게 보여 주었다. 이와 대조적으로 여성은 자신의 자손에게 투자할 의지와 능력이 있는 한 명의 좋은 남성을 찾아낼 때 보다 나은 결과를 얻었다. 하지만 여기 제임스의 시구에는 경고문이 하나 빠져 있다. "남성이 형편없는 자원 공급자이거나 젊어서 죽을 가능성이 높고, 또는 자원이 예측 불가능할 경우를 제외하면, 어머니는 여러 남성을 거느리는 것이 훨씬 더 낫다." 안전이 보장될 경우에는 말이다. 여성의 아이는 별 볼일 없거나 믿을 수 없는 한 명의 아버지보다는 여러 '아버지들'이 있을 때 더 잘 살 수 있다.

예측할 수 없는 자원 공급자들은 어머니에게 딜레마를 던진다. 한 남자에게 많은 것을 의존해야 하는가, 아니면 여럿에게 조금씩 의존해야 하는가? 어머니의 선택이 처음부터 한정되어 있는 가부장적 사회에서는 어떤가. 형편없는 짝의 100퍼센트를 받아야 하는가, 아니면 일부다처적 짝들을 거느린 세력가에게 투자의 일부를 제공받으며 매달려야 하는가? 어머니의 관점에서 볼 때 최적의 '아버지 수'는 상황에 따라 다르다.

10장

최적의 아버지 수

(로자몬드)는 자신을 (남편인 리드게이트와) 동일시할 수 없는 것처럼 보였다. 그
녀는 오히려 그들 둘이 마치 서로 다른 종에 속하는 생명체이며 대립되는 이
해관계를 지닌 것처럼 보는 듯했다…….

— 조지 엘리엇, 『미들마치』(1872년)에서

아버지는 분명 중요하다. 하지만 언제나 믿을 수 있는 사람은 아니다.
아버지가 죽거나 결함이 생겼을 때, 남자가 여자를 유혹하거나 강간하
고 도망쳤을 때, 또는 아내를 다른 남자의 폭력으로부터 지켜내지 못했
을 때, 남편이 다른 짝을 찾을 때, 뒤에 남겨진 자손들은 전망이 어두워
진다. 재산권을 행사하거나 자신을 방어할 수 있는 법률이 여성에게는

없었기 때문에 인류 초기의 어머니는 그런 아버지, 또는 남편, 애인, 그리고 둘 다 없을 경우에는 남성 혈육과 같은 대행 부모에게 의존해야 했다. 조상이 얼마나 아폴론적인지, 얼마나 솜씨 좋은 사냥꾼인지, 얼마나 좋은 유전자를 갖고 있는지, 면역 체계가 얼마나 탄탄한지와는 별도로 아버지가 옆에 없다는 사실만으로도 불리함을 감수해야 했다. 모계 사회는 일반적으로 권리의 계보와 계승이 모계를 따라 이루어지고 어머니들의 번식 자율성 또한 유례없을 정도로 크지만 재산권만큼은 외삼촌으로부터 남자 조카에게로 계승된다. 부모들은 아들이 딸보다 재산을 더 잘 지켜낼 가능성이 높다고 인식한다.[1]

아버지가 없다는 것

산업화된 나라에서 아버지 없는 가정이 겪어야 하는 불이익으로는 경제적 곤란이나 지위의 하락, 그리고 전반적인 성공 가능성 하락 등이 있다. 낮은 학교 성적, 소년들이 겪는 높은 탈선률, 그리고 소녀들의 임신 등을 통해 아이들이 겪는 손해를 측정할 수 있다. 수집 사회에서는 아버지 없는 아이들이 더 큰 사망률을 겪는다.

!쿵 산 여성 니사는 첫 남편을 잃고 난 후 "결혼했던 그 남자를 잃고 말았어요……."라고 울부짖었다. 남성은 단백질 공급의 주요 원천이었다. 결국 이 말은 "내 아이들을 키울 음식을 어디서 찾을 수 있을까? 누가 이 갓난아이를 키우도록 도와줄까? 내 오빠와 남동생들은 멀리 떨어져 있는데."[2]라는 질문이었을지도 모른다.

아체의 통계를 보면, 아버지를 잃은 아기는 2살 이전에 사망할 확률이 다른 아이들보다 4배나 높다. 아버지가 살아 있는 경우라도 부모의

이혼을 겪은 아이들은 부모의 결혼이 지속될 때보다 **살해당할 가능성이 3배 높다.** 어머니가 과부가 되거나 남편에게 버림 받아 새 배우자를 맞을 때에도 아기가 겪는 위험이 급증한다. 수집 경제 사회에서 고아를 부모의 시신과 함께 생매장하는 관습이 생겨난 까닭 중 하나는 바로 아이의 전망이 지독하게 나쁘기 때문일 것이다.[3]

없느니만 못한 계부

서구인들은 아버지 없는 아이가 받게 되는 야만적인 대접에 경악한다. 하지만 경악하기 전에 자신이 사는 곳의 지역 신문을 먼저 들춰 볼 필요가 있다. 문명사회에서 어린이 살해는 어떤 경우에도 용납할 수 없는 행위로 간주되며 법에 심각하게 저촉되고 매우 드물게 벌어지는 일이다. 그럼에도 불구하고 이 드문 사건이 북아메리카에서 발생할 가능성은 2살 미만 아이의 경우 자신의 아버지가 아니라 혈연관계가 없거나 계부인 남자와 함께 살 때 70배 더 높다.[4]

계부나 어머니의 애인이 저지르는 영아 살해는 성선택에 의해 진화된 다른 영장류의 영아 살해와 비슷한 상황에 있는 것처럼 보인다. 번식체계 밖에서 온 수컷들은 경쟁자가 낳은 자손을 제거함으로써 번식 가능성을 높인다. 겉보기에 비슷하기 때문에 오늘날의 아동 학대가 현재에도 적응적이거나 과거 어느 시점에 적응적이었다는 잘못된 결론을 이끌어 내는 사람들도 있다.[5] 정리 정돈이 필요하다.

혈연관계가 없는 남성과 한 집에 사는 아기들이 겪게 되는 위험 상승을 실증적 자료를 통해 보여 준 최초의 연구자는 캐나다의 심리학자 마틴 데일리(Martin Daly)와 마고 윌슨(Margo Wilson)이다. 이 연구자들은 후기 산업 사회에서 아동 학대나 영아 살해 모두 적응적이지 않다는 점을 강조하려 애썼다. 이런 사회에서는 어머니의 애인은 감옥에 가고 어머니는 아동 방치로 고소될 가능성이 더 높다. 더 중요한 점은 공격자가 번식 체계 외부로부터 침입해 들어오지 않는다는 것이다. 남자는 이미 아파트 열쇠를 갖고 있는데다가 어머니 침대에 다가갈 권리도 있다.

· · · · ·

상상해 보자. 엄마가 잠시 외출하면서 애인에게 아기를 맡겨 두는 상황을. 엄마는 위험의 낌새를 알아 챌 수도 있고 없을 수도 있다. 어쩌면 엄마는 애인이 자신의 관심을 비롯한 여러 자원들을 다른 남자의 아기와 나눠야 한다는 사실을 불쾌하게 여길지도 모른다는 점을 눈치챌 수도 있다(아체에서는 때로 엄마가 미래를 의식적으로 평가한 후, 아버지 없는 아기를 스스로 나서 죽이는 일도 생긴다.). 엄마의 애인과 아기의 만남은 이미 출발부터 잘못된 만남이었는지도 모른다. 아기는 남자의 일시적 호의를 받아들이기보다는 거부해야 할 이유가 훨씬 더 많다. 아기는 울면서 이런 상황에 대한 감수성이 없는 남자에게 달갑지 않은 요구들을 한다. **어머니 대자연**은 만족을 모르는 이방인에게 이타심을 발휘하기 위해서는 높은 역치를 통과해야 하게끔 만들어 두었다. 남자와 아이 사이에는 약한 혈연관계만이 있기 때문에 보살펴 줌으로써 받는 대가는 손실을 상쇄하지 못한다.[6]

하지만 혈연관계도 없고 매우 연약할뿐더러 끊임없이 뭔가를 요구하는 아이를 함부로 대하는 애인은 아이에 대해 애착이 없는 정도를 넘어, 귀찮은 상황이 계속될 때 인내심을 잃게 되는 일반화된 성향보다 영아 살해를 저지르는 원숭이에 조금 더 근접해 있는지도 모른다. 애인의 폭력과는 대조적으로 영아 살해자 랑구르의 공격은 목적이 분명하고 목표 지향적이다. 갓난아기를 수시간 동안 집중적으로 따라다닌 후 상해를 입히기 때문이다. 이 수컷들은 특수한 흥분 상태에 있는 일이 많다. 성적 관심과는 무관하게 발기된 음경이 그 증거다. 이때 랑구르는 "꽥꽥 소리(hackle bark)", 즉 마른기침을 뱉는 것처럼 들리는 독특한 소리를 낸다. 같은 소리를 다른 상황에서 내는 법은 거의 없다. 수컷 랑구르의 공격은 상어의 공격처럼 조직화되어 있고 집중되어 있다.

만약 갓난아기의 혈육이 훼방을 놓거나 어미가 유인해 따돌리게 되면, 랑구르 수컷은 다시 시작해서 거리를 좁혀 들어간다. 영아 살해자 랑구르가 죽인 갓난아기들은 보통 두개골 관통으로 죽는다. 새끼를 송곳니로 물어뜯는 행동은 사냥용 칼로 사냥감을 찌르는 것에 비견되는 영장류적 등가물이다. 행동을 관찰해 보면 그저 우연이 아니라는 사실을 알게 된다. 수컷 랑구르가 침탈해 들어오며 갓난아기를 물어뜯는 행위는 (인간의) "아기 흔들기 증후군(shaking baby syndrome)"과 같이 좌절감, 무자비함, 그리고 소름 끼치는 판단이 뒤섞여 나타나는 비극적인 결과와는 전혀 닮지 않았다.

무자비한 의붓아비에 비교할 만한 사례를 동물계에서 굳이 찾는다면, 흥미를 잃은 갓난아기에 대해 투자하기를 강요받은 대행 부모(양성 모두)를 들 수 있다. 번식을 위해 어미에게 접근할 가능성을 높이려는 동기를 품고 죽이는 것이 아니라, 거추장스러운 존재를 제거해 버리려는 것이다. 진화한 것은 우리가 '아동 학대'로 알고 있는 것, 즉 고문과 연관되고 엽기적이며 오적응적인 변질된 애착이 아니다. 진화한 것은 유전적으로 연관되어 있을 가능성이 별로 없는 자손에게 애정 어린 반응을 보이기 위해 통과해야 하는 높은 역치점이다. 즉, 일종의 정서적 귀마개인 셈이다.[7]

낯선 자가 어미를 낚아챌 때

애인이 자신이 돌봐야 할 새끼를 치명적인 수준으로 학대한다고 해서 짝짓기 가능성이 증진되는 것은 아니다. 하지만 침입자들이 여성을 납치하며 젖먹이를 버려두거나 야만적으로 살해하는 경우라면 그럴 수 있다. 만약 그렇다면? 이 남성들은 다른 영장류에서 진화한 것과 같은 영아 살해 경향을 드러내는 것일까? 이 경우에는 결과가 다른 영장류의 영아 살해와 같기 때문이다. 그렇다면 이 사실은 그런 남성들이 저지르는 영아 살해가 다른 동물의 침입자 수컷들이 저지르는 영아 살해와 상동적임을, 즉 그 메커니즘과 진화적 기원이 같음을 뜻하는가?

일부 문화 인류학자들은 전시 상황의 영아 살해와 같은 행동을 본래 평화로웠던 부족 세계에 식민주의적 변화가 찾아오며 함께 생겨난 병리적 행동으로 간주한다. 일부 인류학자들은 모든 형태의 살인이 별난 것이거나 정신 착란이라고 여긴다.[8] 이들은 동물들이 상징 문화를 갖고 있지 않기 때문에 다른 종으로부터 얻어진 증거들은 부적절하다고 간주한다. 실제 벌어지고 있는 영아 살해는 잔혹함을 용인하는 태도가 문화적으로 구성되었기 때문임이 분명하다고 가정한다.

하지만 우리가 갖고 있는 가장 초기의 자료, 이를테면 「일리아드」 및 다른 고대 서사시들은 침략의 기원이 오래전으로 거슬러 올라간다는 사실을 암시한다. 고고학적 증거들을 새로 분석한 결과를 보면(최근 로렌스 킬리(Lawrence Keeley)가 『문명 이전의 전쟁(*War Before Civilization*)』에서 설득력 있게 정리한 것과 같이) 인간 남성들은 다른 영장류 수컷들과 정교함 및 계산성의 측면에서만 다를 뿐, 그들과 마찬가지로 집단 간 분쟁에 개입하며 자원에 접근하려 시도해 왔음을 확신할 수 있다.

부족 간 분쟁은 매우 오래된 것이고, 가임기 암컷은 경쟁 대상 자원

그림 10.1 빌려 온 새끼를 안고 있다가 싫증이 나 버린 중년의 경험 많은 암컷 랑구르가 새끼를 뒷발로 밀쳐 내 바위에 대고 누르고 있다. 이 장면은 새끼를 학대하는 것처럼 보인다. 하지만 이 랑구르는 새끼를 해치기보다는 자신에게서 떼어 내려 할 뿐이다. 암컷 랑구르는 일단 귀찮은 존재를 떼어 내고 나면 새끼를 혼자 내버려 둔다. 다행스럽게도 버려진 새끼는 몇 분 안에 어미나 다른 대행 어미가 데려간다.

중 하나이다.[9] 동물 증거는 분명 의미가 있다. 단지 어려운 것은 도대체 얼마나 큰 의미가 있는지 정확하게 따지기가 힘들다는 것이다. 자식들은 어미가 납치될 때 왜 그렇게 무시무시한 위험에 빠지는 것일까? 아기에게는 강제적으로 남겨져 굶어 죽는 것만도 충분히 나쁜 일이다. 훨씬 더 나쁜 사실은 일부 침입자에게는 자신에게 현재 위협도 되지 않는 연약한 아이를 고의로 살해하려는 습관이 있다는 것이다. 이 행동이 끔찍하며 증거가 허술하다는 점뿐만 아니라 여기에 관련된 메커니즘을 거의 모른다는 것이 문제다.

수유기 배란 억제와 같은 현상에 대해서라면, 영장류의 본유적인 신경-내분비적 피드백 고리가 출산 간격을 조절하는 방식을 상당히 잘 알고 있다. 랑구르와 인간 모두 작동 방식의 메커니즘이 같다. 영양 상태나

그림 10.2 기원 전 5세기의 희곡 작가 에우리피데스는 "저 남자는 뭐가 잘못된 것인가? 젊은 여성을 강간하고 떠나 버린다? 그는 비밀스럽게 아이를 낳고 죽도록 내버려 둔다."고 적으면서 사랑스러운 처녀들을 강간하는 아폴론의 습관을 관찰해 낸다.

에너지 소비도 영향을 주는 변수지만, 갓난아기가 젖을 자주 빨면 배란이 억제되는 것이다. 그 결과로 갓난이는 생존할 수 있고, 어미는 장기간의 번식 사업 기간을 통틀어 볼 때 성공을 거둘 수 있다. 반면 암컷을 차지하려는 낯선 수컷이 암컷의 갓난이를 죽이려 할 때 이와 유사한 메커니즘이 있다고 가정하더라도 그 메커니즘이 어떤 것인지는 전혀 알려진 바가 없다. 잔혹한 원숭이들과 잔혹한 남성들이 생리적인 층위에서도 동일한 동기를 갖는지는 알 수 없는 것이다.

합리적인 행위자도 짐승처럼 행동할 수 있다

부족 사회 침입자들이 저지르는 영아 살해에 대한 가장 신뢰할 만한 설명 중 하나는 11살의 나이에 야노마모(Yanomamo) 전사들에게 납치되었던 엘레나 발레로(Elena Valero)라는 브라질 여성이 들려준다. 납치될 당시 오리노코 강 상류와 리오네그로 상부 사이의 숲 지대에는 부족 간 전쟁과 여성 납치를 위한 침략이 여전히 고질적으로 행해지고 있었다. 엘레나와 마을 사람들을 잡아 갔던 자들인 코호로시웨타리 야노마모(Kohoroshiwetari Yanomamo) 역시 경쟁 관계의 야노마모 부족인 카라웨타리(Karawetari)에게 공격당했다. 엘레나는 다시 잡혀갔고 자신을 납치했던 사람들 중 한 사람에게 아내로 증정되었다. 그녀는 이후 20년간을 카라웨타리에서 살았으며, 다른 납치자들과 두 번 결혼했고, 최종적으로 탈출하기 전 세 아이를 낳았다. 그녀는 더 많은 침략을 목격하고 침략에 대한 이야기를 들었다. 하지만 두 번째만큼 끔찍한 침략은 없었다.

정말 많은 사람을 죽였습니다. 나는 공포와 연민에 사로잡혀 울고 있었지만 할 수 있는 것이 전혀 없었죠. 그들은 어머니로부터 아이를 낚아채어 죽였고, 다른 이들은 어머니들의 팔과 손목을 붙잡고 일렬로 늘어세웠습니다. 모든 여성들이 울었습니다.

엘레나 발레로와 다른 여성들은 침략자들이 도착하기 전에 아이들을 데리고 도망쳤다. 아기를 데리고 있는 어머니는 특히 취약한 상황에 있었기 때문에 희생자가 된 것일까, 아니면 그녀 자신이 바로 공격의 목표가 되었던 것일까? 절대적으로 무감각하며 안정된 상태에서 카라웨타리 침입자 중 한 사람이 "아기의 발목을 잡고 돌에 내리쳤다. 아기의 머리는 깨져 속을 드러냈고, 작고 흰 뇌수가 돌로 뿜어져 나왔다."

인류학자 나폴레옹 샤농(Napoleon Chagnon)이 훨씬 후에 다른 야노마모 집단과 인터뷰를 했을 때 역시 납치당한 여성의 이야기, 그리고 굶어

그림 10.3 오늘날 "전리품 아내(trophy wife)"라는 말은 나이가 많고 자기중심적인 CEO와 결혼한 젊고 화려한 아내를 그린 개리 트루도(Gary Trudeau)의 만화에서 등장한다. 하지만 과거에는 그러한 트로피가 전쟁의 일차적인 목적이었다. 위 사진에 있는 꽃병 속 그림은 기원전 480년경의 작품으로, 그리스 군대의 총사령관인 아가멤논이 하위관인 아킬레스로부터 최근의 포획물 중 가장 아름다운 여성을 빼앗는 장면을 묘사하고 있다. 아가멤논은 브리세이스의 손목을 잡고 데려가며 "소유를 취하는" 것과 혼인 결합을 지시하는, 기원이 오래된 동작을 하고 있다. "그녀는 뒤에 처진 채 매 발걸음을 망설이고 있다."라고 호머는 묘사한다. 다윈은 "여성은 전쟁의 지속적 원인"이라고 이야기하며, 더 강한 자가 "전리품을 획득한다."고 적는다. 프리드리히 엥겔스(Friedrich Engels) 역시 일치된 의견을 제시한다. "호머의 작품에서 젊은 여성들은 노획물이며, 정복자에게 건네져 기쁨을 선사한다. 사령관은 서열 순서대로 가장 잘생긴 여자부터 골라낸다."[10]

죽도록 내버려진 갓난아기에 대한 이야기를 들을 수 있었다. 하지만 엘레나 발레로의 설명에 따르면 사로잡힌 여성의 아이들, 특히 아들들은 아주 고의적인 공격 목표가 되었다고 한다.

남자들이 아이들을 죽이기 시작했어요. 작은 애들, 좀 더 큰 애들 할 것 없이 많은 수를 죽였죠. 아이들은 도망가려 했지만 (카라웨타리 침입자들이) 붙잡아 땅바닥에 내치고 활을 쏘았는데, 이 화살은 아이들의 몸을 관통해 땅바닥에 꽂혔습니다. 가장 작은 아이는 발목을 붙잡아 나무와 바위에 내리쳤습니다. 아이들의 눈이 공포로 떨렸습니다. 그리고 남자들은 시신을 집어 들어 바위 사이에 던져 놓으면서 "거기 있어라. 네 아비가 와서 널 발견하고 먹어 치울 테니."라고 말했습니다.

엘레나 발레로는 어머니들이 침입자들과 대화를 시도하고 죽이는 것을 막기 위해 설득하려 했으나 실패했던 상황도 들려주었다. 한 여성은 "어린 여자애잖아요. 죽여서는 안 돼요."라고 간청했다 한다. 다른 여성은 자신의 품으로부터 채간 2살배기 아이를 구하기 위해 필사적인 도박을 하며 다음과 같은 말을 했다고 한다. "그 아이를 죽이지 말아요. 당신의 아들이에요. 애 엄마가 당신이랑 함께 있었는데 임신했을 때 도망쳤죠. 그 애는 당신 아들 중 하나라고요!" 남자는 이야기를 듣고 잠시 멈춰 가능성을 곰곰이 생각해 본 후 이렇게 대답했다. "아냐. 그(다른 집단의) 남자의 아기야. 그 여자가 우리랑 같이 있었던 건 너무 오래전 일이야." 그리고 남자는 아기를 데려가 발목을 붙잡고 바위에 내리쳤다.[11]

· · · · ·

그림 10.4 아이들을 대상으로 한 잔혹 행위는 목격자의 정확한 설명보다 소문이 더 많다. 하지만 전시에 행해지는 아이들에 대한 공격은 너무나 현실적이다. 『성서』(「출애굽기」 1:16)에서는 파라오가 십브라, 부아를 비롯한 히브리인 산파들에게 출산할 때 모든 남아를 죽이라고 명령한다. 훨씬 후에 헤롯왕은 "가서 베들레헴에 있는 2살 이하의 아이를 모두 죽여라." 하고 명령한다(「마태복음」 2:16). 사실이라고 가정해 보면, 헤롯왕은 왜 자신에게 직접적인 위협이 되지 않는 영아를 죽이라고 명령해야만 했을까?

야노마모 이야기든 보스니아에서 온 이야기든 이런 소름 끼치는 회상들은 특별한 문제를 던져 준다. "합리적인 행위자(인간. — 옮긴이)"들은 침팬지가 다른 수컷과 나이 든 암컷을 제거하며 가임기 암컷들을 납치하고 새끼를 죽일 때만큼, 특히 어린 수컷을 목표로 삼아 공격할 때만큼이나 잔혹하게 행동할 수 있는 것처럼 보이기 때문이다.[12] 일부 사회 생물학자들은 하버드 대학교의 리처드 랭햄(Richard Wrangham)처럼 인간과 영장류의 종족 말살(genocide, 랭햄은 두 경우 모두 이 용어를 쓴다.) 사이의 유사성을 양쪽의 수컷 모두가 "악마적인" 방식으로 행동하게끔 하는 공통의 유전적 속성 때문이라고 생각한다. 일부 진화 심리학자들은 인간이 다른 영장류와 구분되는 심리 메커니즘 또는 "두뇌 속의 살인 모듈(homicide module)"을 진화시켰다고 주장한다.[13] 하지만 아직까지 이런 내용은 추측에 불과하다.

영아 살해가 98퍼센트의 유전 물질을 공유하는 침팬지와 인간의 공통 유산 때문에 벌어진다고 주장할 경우(랭햄의 상동성 논변), 이 주장은 역시 인간과 98퍼센트의 유전 물질을 공유하는 보노보 수컷이 (현재까지는) 그런 "악마적인" 방식으로 행동한 사례가 발견된 적 없다는 사실 때문에 설득력이 약화된다. 하지만 보노보 전문가인 에이미 패리시(Amy Parish)와 프란스 드 발(Frans de Waal)이 지적하는 것처럼 보노보들이 영아 살해를 저지르지 않는 까닭 중 하나는 암컷이 혈육 사이에 남아 있지는 않지만 암컷 사이의 강한 연대가 어미들을 무척이나 강한 존재로 만들어 주기 때문이다.[14]

고릴라 수컷은 침팬지처럼 인간 남성과 거의 98퍼센트에 가까운 유전자를 공유하며, 마찬가지로 고도의 영아 살해 습성을 지닌다. 하지만 고릴라에 의한 영아 살해는 단독 행동이며, 집단에 소속된 수컷들이 함께 저지르는 악마적인 행위는 아니다. 동시에 보다 혈연관계가 먼 원숭이들, 가령 랑구르처럼 인간과 92퍼센트의 유전자만을 공유하는 종에서도 이에 못지않은 "악마적인" 행동 양상들(영아 살해, 대개 수컷 새끼들을 특별한 대상으로 삼는)이 발견된다.[15] 여기서 우리가 다루고 있는 것이 무엇인지는 분명치 않다.

일부 학자들은 (그리고 나도 거기에 동의하는데) 피상적으로는 유사한 양상을 보이는 남성의 행동이 다른 영장류들보다 훨씬 더 개방적인 프로그램으로부터 비롯된다고 추측한다. 일반적인 동기와 정서를 유사한 형태로 물려받은 인간은 자신이 직면하게 되는 유사한 문제에 대처할 수 있는 실천적인 대안이 무수히 많은 유일한 종임에도 불구하고, 해결책이 다른 영장류들과 동일한 것으로 수렴된다. 인간 침략자들은 고릴라나 침팬지, 랑구르 수컷과 유사한 잔혹 행동을 저지른다. 하지만 인간 남성들은 비용과 이득, 그리고 자신들의 행위에 대한 미래 결과 역시 의식적으로 평가한다. 상황을 계산하는 것이다. 가령 아기라는 짐을 짊어진 어머니들은 이동 속도가 얼마나 더 느려지는가? 살려 둔 아들이 자라나 아버지의 복수를 하게 될 가능성은 얼마나 되는가? 이 아이들을 살려두면 쓸모가 있을까?

야노마모는 타인의 자손과 자원을 공유하고 싶지 않다고 분명히 말한다. 그들은 관찰을 통해 그들 자신이 더 맹렬해질수록 다른 야노마모, 즉 적과 동료, 그리고 그들이 통제하려 하는 여성들이 자신들을 두려워하고 존경한다는 사실을 발견했다. 하지만 다른 남성들이 보복하거나 동일한 종류의 잔혹 행위를 할지 모른다는 점에 대해 공공연한 공포심을 내비친다. 엘레나 발레로가 목격했듯 일부 남성은 자신이 막 죽이려는 참인 아기의 어머니에게 자신의 행위를 합리화하는 내용의 이야기를 하기도 한다. 한 침략자는 자신이 죽이려 하는 갓난이의 아버지가 자신의 동료일 수도 있다는 여성의 주장에 대해 재빠르게 계산하기도 했다. 해밀턴의 규칙($C<Br$)은 그의 유전자뿐 아니라 밈(meme)에도 스며들어 있다. 즉, 말벌에서와 같이 유전적 영향의 문제뿐만이 아니라, 세계를 바라보는 방식의 일부로서, 학습된 부족적 가치관 말이다.[16] 그럼에도 불구하고 어머니의 포획자는 아기를 죽임으로써 집으로 돌아갈 때 짐이될 아이들을 제거하고, 짝을 짓고 자손을 낳을 수 있는 가능성을 증진시키는 듯하다. 장기적으로 볼 때 그런 행동은 (그들 자신이 의식적으로 인식하고 있는) 자원에 대한 자신이 속한 집단의 접근성을 증가시킬 것이다.

내 추측에 의하면 영아 살해자 남성의 행동은 영장류 사촌과 가장 일반적인 의미에서 상동적이다. 그들은 지위를 갈망하며 암컷에게 접근하기 위해 경쟁하고, 혈연관계가 없는 아기에 대한 투자를 꺼리며, 장기적 포괄 적응도를 감소시키기보다는 증진시킬 행동 방식을 채택할 가능성이 크다. 구체적인 유사성은 동물들이 직면하게 되는 공통의 문제에 대한 비슷한 해법에 지나지 않는다.

하지만 우리가 정말로 그 이유를 모른다 하더라도, 나는 여성이 혈연관계가 없는 남성이 자신의 아이에게 야만적으로 행동할 수 있는 문제를 언제나 마주쳐 왔다고 결론지을 수 있다고 생각한다. 엄마들이 할 수 있는 일이 전혀 없을 때가 있다. 하지만 뭔가 할 수 있을 때도 있다.

남성의 진심이 갖는 중요성

인간 여성은 공작새가 아니기 때문에 유전자만 제공하는 수컷을 찾지 않는다. 또한 인간 여성은 바퀴벌레도 아니고 나비도 아니어서 수컷들이 정자와 함께 가져다주는 영양소 덩어리를 찾아 헤매지도 않는다. 인간 여성은 '최고의 유전자'를 지닌 아버지나 일시적으로 최고의 자원을 공급해 줄 수 있는 남성을 찾을 만큼 단순하지 않다. 일부 진화론자들은 어머니가 자신의 짝이 보내는, 적합성이나 유전적 자질을 나타내는 신호들에 무관심할 것이라 주장할지도 모른다. 하지만 솔직히 말하면, 우리와 같은 종에서는 어머니의 선택이 유전자를 넘어서야 한다. 만약 남성이 정자만을 공급하고 철수하여 태어난 아기가 젖을 떼기 전에 죽는 결과가 발생한다면, 아버지가 물려준 유전될 수 있는 특질들이 표현될 기회를 갖지 못하게 되고, 그들의 탁월함도 무의미해질 것이다.

얼마 전 이 주제에 대해 가장 집중적으로 조사했던 한 연구는 30개국 이상의 여성들에게 남편에게서 가장 가치 있는 자질이 뭐라고 생각하는지 순위를 매겨 줄 것을 요구했다. 결과에서 (짝으로서의 자질, 신체 크기, 그리고 자신을 보호해 줄 수 있는 능력 등을 알려 주는 신호가 될 수 있는) "서로에게 느끼는 매력"의 뒤를 이은 것은 "의지할 수 있는 성격", "정서적 안정감", "성숙함" 등이었다. 이것은 니사가 "분별력"이라고 불렀을 법한 것이다.

니사가 살았던 것과 같은 수렵-채집 사회에서 어떻게 그런 기준들이 작동했는지는 이야기해 볼 만한 가치가 있다. 우선, 어른이 되었다는 단순한 사실 자체가 수준 이상의 자질을 갖추고 있다는 점을 보여 주는 기준이 될 수 있다. 바보들은 어른까지 살아남기가 힘들기 때문이다. 게다가 여성들은 혈연관계가 가까운 남성들 사이에서 선택하게 되는 일이 잦다. 니사의 경우 애인은 남편의 친형제였고, 두 남성 모두 동일한 유전자를 많이 갖고 있었다. 그렇다면 인간처럼 대행 부모 보살핌이 중요한 종에서 국제 조사 당시 대부분의 여성이 내놓았던 대답처럼, 니사가 훌륭한 외모나 건강, 뛰어난 신체적 능력, 또는 특정 유전자와 관련된 지표들에 비해 신뢰감에 우선순위를 매긴 게 놀랄 만한 일인가? 심지어는 분별력 곁에서는 물질적 자원도 빛을 잃는다. 분별력이란 타고난 품성(어떤 수준에서는 유전자의 영향을 분명히 받고 있다.), 양육 능력, 삶의 경험의 총체를 의미한다.

많은 사회의 여성들이 물질적 자원과 성적 호의를 교환하며, 남성들이 자원에 대한 통제권을 행사하는 사회에서는 여성들이 돈 때문에 결혼하는 일이 자주 있다는 증거가 상당수 존재한다. 하지만 "경제적 전망"은 국제 조사에서 드러난 선호 속성 중 12위를 차지했을 뿐이었다.[17] 홍적세에 사냥 성공률은 늘 변할 수 있었고 소유할 만한 부도 없었다. 따라서 내 생각에 "백만장자와 결혼하는 법"에 현대인들이 몰두하는 현상은 매우 최근의 것처럼 보인다. 추측하기에는 100만 년이라기보다는 1만 년쯤 되었을 것 같다. 부를 보고 결혼하는 것은 가부장적 사회 또는 권력을 쥔 남성(또는 남성 가계)이 여성이 아이를 기르기 위해 필요로 하는 자원을 독점하는 데서 비롯된 인공물이다.

그런 사회에서는 부유한 남성과의 결합이 지위를 보존하고 번식 성공을 거두리라 약속하는 길일 수도 있다. 하지만 이혼 수당이 없던 수집자들에게 남편의 신뢰도는 고려해 볼 만한 특질이었을 것이다. 또한 어머니는 짝이 자신을 버릴지도 모른다고 겁먹을 이유가 충분했기 때문에 미리 앞질러 비상 대책을 세우기도 했다.

어머니는 언제 하나 이상의 '아버지'를 확보해야 하는가?

부모 상실이 실제적인 위험으로 다가올 때, 입에 풀칠하는 정도로 생존하고 있을 때, 그리고 자손을 위해 자원을 공급하는 일이 힘들 때, 여러 짝과 교제하는 것이 자손의 생존 가능성을 높일 때라면, 어머니는 하나의 짝에 헌신할 필요가 없지 않을까? 만약 이 논리가 인간(진화 역사의 대부분을 일차적으로 단일 수컷 번식 체계에서 보냈다고 생각할 만한 이유가 충분한 생명체)의 특성과 거리가 멀어 보인다면, 믿음직한 친구, 그리고 특히 영향력 있는 사람들에게 '대부모'가 되어 달라고 부탁했던 서양 전통을 생각해 보라. 필요할 때 자손을 돌봐 줄 가상적 부모를 마련하는 것이 그 목적이지만 상징적으로 대부를 지시하는 것을 넘어, 그 대부가 진짜 아버지일 가능성을 만들어 둘 수도 있지 않을까? 세계 여러 곳에서 성적 결합은 어머니가 자신의 자손에게 자원을 공급하고 그들을 돌보기 위해 부유한 남성과 관계를 맺는 방법의 일환이다.

　　오늘날의 브라질과 베네수엘라로부터 파라과이에 이르는 저지대 아마존 지역은 오랜 동안 숲 지대와 광대하게 뻗은, 횡단 가능한 사바나 지역이 모자이크를 이루고 있었고, 지역을 단절하는 자연적인 지리 장벽도 없었다. 이 땅은 오늘날 수렵-텃밭 농경자(hunter-horticulturalist)들이 차지하고 있다. 이들은 오래전부터 각자의 길을 가기 시작한 부족 집단이며 서로 다른 언어 집단에 속한다. 이 부족들은 물고기와 고기 외에도 오늘날 여성들이 일시적인 텃밭에서 키우는 카사바 뿌리에 의존한다. 비슷한 생활 양식을 공유하는 이들은 아기가 하나 이상의 아버지를 둔다는 오랜 신념, 인류학자들이 "분할 가능한 부성(partible paternity)"이라 부르는 생물학적 허구를 아직까지 공유하고 있다. 다시 말해 태아는 진주의 광택이 만들어지는 것처럼, 정자의 층을 반복해 덧씌움으로써 오랜 시간에 걸쳐 만들어진다고 여기는 것이다. 이 신념 체계는 (만약 남성들이 받아들인다면) 어떤 남성도 부성을 확인할 수 없게 되는 대가로 어머니와 아이들에게 이득을 준다.

　　인류학자들은 어떤 연구 대상이든 계보(genealogy)를 수집하는 작업으로부터 시작해 친족 체계 유형에 따라 사람들을 분류한다. 하지만 킴 힐은 아체 사람들에게 아버지가 누구냐고 물어본 후 용어 체계를 확장해야 할 필요를 느꼈다. 321명의 아체인이 총 632명의 아버지를 댄 것이다. 이 숫자는 한 사람당 평균 거의 두 명의 '아버지'를 의미한다. 브라질의 카넬라(Canela), 문두루쿠(Mundurucu), 메히나쿠(Mehinaku), 그리고 베네수엘라의 바리(Bari)와 야나마모(Yanamamo)를 포함하는 많은 부족들처럼, 아체는 태아가 어머니가 성관계를 맺었던 여러 다른 남성들의 복합적 생산물이라고 믿는다. 따라서 아체는 "그것을 넣은 아버지"를 뜻하

그림 10.5 세례식에서 부모 곁에 있는 대부모를 지목하는 의식은 유구한 전통을 갖고 있으며, 부모가 자신의 삶의 전망을 개선하기 위해 사용했던 방식이다. 우리는 이 사람을 "이모 누구누구" 또는 "삼촌"이라고 부르며, 허구적인 유전 연관도를 강화한다. 부모는 고아가 될 수 있는 아이를 위해 어떻게 자원 제공을 해 줄 것인지를 대부모와 함께 구체적으로 의논할 수도 있다.

는 *miare*, "그것을 섞은 남자들"을 의미하는 *peroare*, "그것을 흘린 사람들"을 뜻하는 *momboare*, 그리고 "아이의 정수를 제공한 아버지들"을 의미하는 *bykuare*라는 단어들을 갖고 있다. 아기가 생겨나고 있을 때 어머니에게 고기를 준 남성들이 특히 아이의 정수를 제공한 사람으로 여겨진다.[18]

아기는 사회적인 아버지로 지시된 어머니의 남편에 보태 부가적이고 이차적인 아버지를 갖고 태어날 수 있으며, 이 아버지들은 아기가 다 자랄 때까지 아이를 지원해야 할 의무를 지닌다. 메히나쿠는 이 합작 부성을 가리켜 "모든 남성의 집합적 노동 프로젝트"라고 농담하기도 한다.

한 여성이 임신했을 때, 그리고 임신을 눈으로 확인할 수 있게 되기 직전에 성관계를 가졌던 모든 남성은 아기를 위해 음식을 제공할 것이

그림 10.6 아체 여성이 분만 초기 단계에서 휴식을 취하고 있다. 아체의 전통 지식에 따르면 아이는 하나 이상의 아버지를 갖고 태어날 수 있다. 이들 '대부'는 아이에게 고기를 비롯해 다른 도움을 선물해 줄 수 있고, 고아가 된 아이의 생존에 결정적인 도움을 준다.

라고 기대된다. 따라서 카넬라 여성은 임신했다는 사실을 눈치채자마자 록 스타를 따라다니는 오빠 부대처럼 부족 최고의 사냥꾼과 어부를 유혹하려 애쓴다. 사실 별로 놀랄 일이 못 된다. 이는 최고의 사냥꾼이 가장 많은 애인을 갖게 되는 이유에 대해 조금 다른 방식으로 생각할 수 있게 해 준다. 번식 성공에서 다른 남성에 비해 더 유리한 것일까, 아니면 보다 많은 의무를 짊어지게 되는 것일까? 아마 둘 다일 것이다.

이 추가적인 식량 공급이 여러 명의 아버지를 지닌 바리 아이들의 생존 가능성이 측정 가능할 만큼 개선되는 이유임이 확실하다. 인류학자 스티븐 베커만(Stephen Beckerman)에 따르면, 15살까지의 생존율을 볼 때 아버지가 하나뿐인 638명의 바리 아이들에서는 64퍼센트만이, 반면 아버지가 둘 이상인 194명의 아이들 중에서는 80퍼센트가 생존했다. 같은 어머니를 두었어도 아버지가 한 명이었던 아이들은 여러 명의 아버지를 둔 형제자매에 비해 생존율이 낮았다. 힐은 아체에서 아버지가 하나뿐인 아이들은 지원을 덜 받지만, 어머니가 **너무 많은** 아버지를 마련했을 경우에는 친자일 가능성이 극단적으로 낮기 때문에 모든 아버지 후보가 도울 의지를 상실한다는 사실을 관찰했다. 1차 아버지와 2차 아버지를 갖는 것으로 확인되었던 아이들이 가장 높은 생존율을 기록했다.[19]

· · · · ·

이와 같은 인구학적 조건과 생계 조건 속에서 가장 이상적인 아버지 수는 둘인 것으로 드러난다. 남편들은 서로 질투할까? 아체 남성들은 부정하면서도 후에는 아내를 때린다. 당연한 이야기지만 아체 어머니는 아버지일 가능성이 있는 남성들에게 그들로 이루어진 클럽이 실제보다 더 배타적이라고 확신시키려 한다. 모계 중심과 모계 거주 사회인 카넬라의 여성은 더 많은 발언권을 가지며 신중해야 할 필요 역시 덜 느낀다. 스미소니언 연구소의 인류학자 윌리엄 크로커(William Crocker)는 여러 해 동안 카넬라 사람들을 연구해 왔고, 남편들이 질투심을 느끼지 않는다고 확신한다. 카넬라 남편들이 신경 쓰지 않는다고 말할 때 진심인지는 알 수 없지만, 다른 구성원들과 더불어 아내에게 관습을 존중할 것을 장려한다. 호미니드에게는 무척 드물고 가장 극단적인 기록 사례에 해당하는 카넬라 공동체 의식에서는, 의식의 한 과정으로 한 여성당 20명 이상의 남성과 성관계를 갖게 한다. 카넬라 어머니들은 '부성' 후보자를 무수히 갖게 되는 것이다.[20]

자원이 예측 불가능하고 희귀한 환경에서는 성인 남성 사망률이 높기 때문에 이혼과 사별이 흔할 수 있고, 남편은 아내가 바람을 피울 때 나름의 장점이 있다고 판단할 수 있다. 보험을 드는 측면도 있고, 사회적 응집력도 증가하기 때문이다. 에스키모(Eskimo) 사람들이나 성인식 연령에 도달한 남성이 실제 형제나 허구적 형제와 아내를 공유하는 관습이 있는 아프리카 동부와 남부 일부 지역에서는, 비록 거의 주목받진 못했지만, 우정이 아내를 공유하는 근거로 널리 발견된다. 남편은 못 본 체하며 자신이 좋아하는(그리고 어머니와 정기적으로 성관계를 가졌기 때문에 자신이 아버지일 가능성이 높은) 아이들의 안녕이 달린 문제라는 사실을 높게 평가한다.[21]

· · · · ·

카넬라의 전통 결혼식에서 신부와 신랑은 깔개 위에 누워 서로 팔베개를 하고 다리를 교차시킨다. 그리고 신부와 신랑의 외삼촌이 그들에게 다가온다. 그는 신부와 신랑에게 마지막 아이가 다 자랄 때까지 함께하라고 권고하며, 특히 서로의 애인을 질투하지 말라고 이야기한다. 어머니가 낳은 아기의 생존이 남성의 아내에 대한 성적 독점권보다 우선한다. 카넬라 사람들은 다른 영장류의 짝짓기 행동에서 자주 발견되는 "일처다부제의 감각"을 취해 이데올로기적으로 정당화하고 합법화하며 의례 과정을 통해 그 중요성을 여러 번 강조한다. 하지만 이 체계는 취약하다. 카넬라 사람들이 외부인과 만나게 되면, 카넬라 남성은 즉각 아내들에 대해 독점적 태도를 취하기 때문이다.[22]

카넬라와 같이 어머니 중심적인 사회는 보다 가부장적인 사회와 접촉하면 잘 견뎌 내지 못한다. 카넬라와 바리의 어머니들이 아이들을 지원하기 위해 순풍에 돛 단 듯 협상을 진행할 수 있었던 자유는 가부장제적 결혼의 반-명제이다. 가부장제적 결혼은 마르크스주의 이론가 프리드리히 엥겔스가 오래전에 지적했던 것처럼 "논란의 여지가 없는 부계 혈통의 아이"를 생산하려는 "분명한 목적"을 갖고 고안되었다. 가부장제적 남편은 아내에게 자신의 통제 아래 있는 자원을 얻으려면 자신에게 충성할 것을 강요하며, 생산 수단의 소유권을 아내의 '소유권'으로 전환시킨다. 엥겔스는 "아내가 과거의 성생활을 상기하고 복원시키려 한다면 처벌받을 것이다."라고 적는다. "가부장제적 제약" 가설(the patriarchial constraint hypothesis)을 지지하는 것은 부성 오판에 대해 현재 우리가 알고 있는 매우 제한된 증거뿐이다. 부성이 잘못 파악되는 비율은 극단적으로 낮아서, 대부분의 가부장제적 가족 체계에서는 1퍼센트 미만이고, 야노마모처럼 분할 가능한 부성 문화를 지닌 부족과 하층 계급 인구에서는 10~20퍼센트에 달한다.[23]

모계 출계 체계(matrilineal descent system)는 쟁기와 가축, 그리고 고용 급여가 도입되고 개관 시설이 세워지는 집중적 농경과 더불어 사라진다. 하지만 어머니 중심적 생활 양식이 도래할 가능성은 늘 잠재되어 있으며, 성인 남성 사망률이 증가해서 어머니가 한 남성에게만 보호와 자원 공급을 기대하는 것이 신중한 선택이 못 될 때면 언제나 다시 발명되어 왔다.

남아메리카의 판자촌, 아프리카 지역들, 남반구와 북반구 모두의 도시 하층 계급, 카넬라와 같은 부족 집단들, 즉 남편이 안정적인 식량 공급자가 아니며, 그러한 어머니의 전략을 위험하게 만들 만큼 남성의 부계가 강한 통제력을 갖고 있지 않은 곳이라면 어디서나 어머니는 부성 확률 네트워크를 조작한다. 사회적 결혼이 단혼적이어도, 어머니들은 여러 '아버지들'과 일처다부적 성적 유대 관계를 만들어 이들 남성이 제공할 수 있는 기여분을 이끌어 낸다. 남성을 착취하는 것처럼 보이는 행동에 대해 한 연구자가 잠비아 여성에게 묻자, 그 여성은 자신의 행위를 정당화하기 위해 "왜 모든 달걀을 한 바구니에 넣지요?"라고 되물었다. 이 여성은 그 문제에 대해 깊이 생각할 만한 이유가 충분했다. 방금 영양을 죽인 핫자 사냥꾼처럼 아이 아버지가 뜻밖의 횡재를 만난다면, 아이와 어머니에게 제공하지 않고 다른 여성과의 유대 관계를 만들기 위해 사용할지도 모르기 때문이다.[24]

핵가족의 '분열'은 새로운 일이 아니다

정치가들과 우파 도덕주의자들은 핵가족의 '종말'이 마치 피임법이 출현하여 성 규범이 느슨해지며 생겨난 새로운 대변동인 것처럼 비난하는 경향이 있다. 때로 페미니즘과 성 해방이 특별한 비난의 대상이 된다. 최근 "페미니즘은 섹스에 반대하는 것이 아니다. 가족에 반대할 뿐이다."라는 제목을 단 《월 스트리트 저널(*Wall Street Journal*)》의 사설이 이 점을 잘 보여 준다. 여성이 보다 난교적일 수록 남성은 결혼에 관심이 적을 것이라는 게 논리다.[25]

그동안 좌파 비평가들은 가족의 해체가 자본주의, 인종주의, 혹은 식민주의적 억압 때문임이 분명하다고 가정해 왔다. 이런 논리는 그러한 힘들이 높은 남성 사망률에 기여하고 임의의 남성이 정규적인 자원 공급자가 될 가능성을 침해하는 한에서는 정확한 분석이다. 하지만 두 관점 모두 심각한 한계를 지니고 있다. 가족의 해체는 아주 오래된 양상이기 때문에, 최근의 역사적 경향으로 설명될 수 있다고 생각한다면 결과를 원인으로 착각하고 연관 관계를 잘못 파악하는 셈이 된다. 어머니가 여러 '아버지들'을 마련하기 위한 동기를 부여하는 특정한 인구학적, 생태적 조건은 새로운 것일 수 있다. 하지만 도시에 거주하는 어머니들이 내리는 일상적 결정 배후에 있는 감정의 미적분학은 매우 오래된 것이다.

나눠 갖는 아버지가 혼자 갖는 아버지보다 나을까?

물론 암컷 거위에게 가장 잘 맞는 번식 체계는 수컷 거위가 좋아하는 체계와 사뭇 달라 보일 것이다. 한 마리의 수컷이 가능한 한 많은 암컷을 다른 수컷으로부터 접수해서 성적 접근을 독점하며 자신만을 위해 유지하는 일부다처적인 배치는 많은 수컷 동물들에게 공통된 목표다. 가부장제적인 인간 사회에서 남성은 부계 혈육(아버지들과 형제들)과 동맹을 맺어 이 목적을 달성하려 한다. 부계가 여성을 통제하는 방법 중 하나는 어머니들이 생존하며 번식할 수 있는 자원을 통제할 수 있는 권한을 획득하는 것이다.

실제이건 가상이건 혈육 유대에 기초하고 있는 '형제 이익 집단'은 가부장제적인 사업의 목표를 이룬다. 이런 유대는, 침략과 복수가 흔하고 그에 따라 남성들이 소유물, 여성, 그리고 자손을 보호하는 것이 필수적인 곳에서 특히 유력한 경향으로 나타난다. 집단에 속한 남성들의 경쟁이 더 크다는 것이 부계 거주 혼인 제도(patrilocal marriage system)가 최근 1만 년 동안 소, 쟁기, 그리고 보다 높은 인구 밀도와 더불어 확산된 주된 이유다.[26]

그런 사회에서는 남성의 이해관계와 우선권이 어머니의 것에 비해 더 큰 무게를 가졌고, 높은 출산률(양)이 아이의 안녕(질)보다 더 우위를 차지하는 결과가 생겨났다.

· · · · ·

인류학자들이 서로 다른 문화의 거주 양상에 대한 정보를 수집하기 시작했던 19세기 말과 20세기에 이르러서는 대부분의 문화권이 이미 부계 거주 사회가 되어 있었다. 즉, 인간 사회의 70퍼센트는 남성 호향성의 배치 속에서 살고 있었다. 부계 거주 사회의 3분의 2 정도가 가부장제적 출계 집단으로 이루어져 있었고, 대부분이 일부다처적이었다. 출계가 어머니를 따르는 카넬라와 같은 모계 문화는 모계 거주 사회에 사는 사람들에게서만 나타났다. 그런 모계적 배치는 취약해서 가부장제적 목축자(herder), 농경인들, 또는 임금 경제와 접촉하게 되면 재빠르게 사라진다. 20세기 중반에 행해졌던 조사는 전 세계 문화의 15퍼센트 정도가 모계 문화지만, 점차 드물어져 가고 있다는 사실을 보여 주었다.[27]

모계 사회는 '가모장제(matriarchal)' 사회와 같은 것이 아니다. 가모장제 사회는 가부장제 사회의 역전된 상, 즉 권력을 쥔 모계가 공적 사적 영역의 사회적 통제를 담당하는 사회를 의미한다. 신화와는 달리 나는 가모장제 사회가 존재했음을 입증하는 증거는 전혀 알지 못한다. 하지만 인류학자들은 모계 거주 양상에 따라 자신의 혈육과 함께 살았던 여성들이 그렇지 않은 여성들에 비해 더 자율적인 경향이 있다는 일치된 견해를 갖고 있다. 그러한 여성들은 '분할 가능한 부성'과 같은 허구적 장치들을 이용할 수 있는 기회가 훨씬 더 많다. 이와는 대조적으로 가부장제 사회는 권력을 쥔 남성이 부성 확실성(paternity certainty)을 보증하기 위해 총공세를 편다. 일부다처적이기도 한 가부장제 사회에서는 어머니들에게 특히 선택의 여지가 거의 없고 일단 짝을 만나고 나면 여러 아내들의 자손들에게 나눠 주는 아비 투자의 일부만 확보할 수 있을 뿐이다. 그렇다면 남성들은 어떻게 아이들의 안녕과 생존의 관점에서 최적화된 것과는 거리가 먼 번식 체계를 여성들이 받아들이도록 설득할 수 있는가?

정교한 양태의 사회화와 의례, 그리고 총체적 신화가 자라나면서, 남성들은 여성이 영장류 선조에게 상속받은 불편한 성적 유산을 지배할 수 있게 되었다. 가장 흔한 가부장제 신화 중 하나는 가부장제적, 일부다처적 가족 구조가 여성에게 실제로 이득이 된다는 주장이다. 사회 과학자들 자신조차 가끔 이 신화를 영속화하려 한다.

· · · · ·

일부다처제가 여성에게 득이 된다는 생각을 처음으로 대중화시킨 사람은 조지 버나드 쇼(George Bernard Shaw)였다. 그는 "여성은 모성 본능 때문에 1인자 남성이 가진 것의 10분의 1을 소유하는 것을 3인자 남성이 가진 전부를 독점적으로 소유하는 것에 비해 선호한다."고 주장했다. 이 주장은 노벨상 수상 경제학자인 개리 베커(Gary Becker)가 쓴『가족에 대한 논고(Treatise on the family)』라는 책에서 수많은 진화론적 사회 과학자들의 주장과 더불어 다시 확인되었다. 진화 생물학자 로버트 트리버스가 하버드의 인류학자 어빈 드보어에게 일부다처적 결혼(여성이 남편의 전체가 아니라 일부분만을 차지하는)이 "힘과 지위를 쥔 남성이 자신의 가장 근본적인 성적 취향과 번식 충동을 드러내는" 것이 아니냐고 도발적인 질문을 던졌을 때 드보어는 이렇게 대답했다.

우리 사회 대부분의 사람들이 그렇게 판단하며, 교회, 국가, 그리고 문화적 가치들이 엄격히 강제한다. 하지만 대부분의 사회에서 여성들은 만약 유일한 대안이 가난하고 지위 낮은 남성과의 일부일처적 결합일 때, 부유하고 사회적 지위가 높은 남성의 둘째, 셋째, 혹은 여섯 번째 후처가 되는 것을 금지하는 법안이 있다면 분노할 것이다[28].

드보어의 논리는 가부장제가 인간에게 자연스럽고 종-전형적인 상태라고 가정하는 많은 진화 심리학자들 사이에서도 메아리친다. 그런데 이 논리는 행동 생태학의 기초를 다진 아버지인 고든 오리언스(Gorden Orians)가 수행했던 붉은죽지찌르레기(red-winged blackbirds)에 대한 고전적 연구로부터 비롯된다. 찌르레기의 일부다처제는 수컷이 번식력 있는 암컷들에게 다른 수컷들이 접근하지 못하게 막음으로써 유지되는 게 아니라, 암컷이 번식에 필요로 하는 자원을 먼저 독점하는 수컷들에 의해 유지된다. 수컷은 매번의 번식철에 다른 수컷 경쟁자를 쫓아내며 자신의 '영토'를 수립하고 암컷들이 그곳에 정착하기를 손 놓고 기다린다.

"암컷 방어 일부다처제(female defense polygyny)"와는 대조적으로 "자원 방어 일부다처제(resource defense polygyny)"에서는 수컷들이 영토를 놓고 겨루며, 그 이후에 암컷들이 다가와 자신의 이해관계와 가장 잘 부합하는 것이 '빈약한' 영토에 있는 수컷의 첫 번째 짝이 되는 것인지, 혹은 '부유한' 영토에 있는 수컷의 일부다처적 짝이 되는 것인지를 '결정'한다. 암컷이 수컷을 두고 선택하기 때문에 찌르레기에 존재하는 '암컷 선택'은 암컷이 가난한 수컷의 유일한 아내, 혹은 어떤 영토에도 접근하지 못하는 암컷이 되기보다 자원이 풍부한 수컷의 두 번째 아내(또는 여주인)가 됨으로써 보다 큰 이득을 얻는다는 점을 확증하는 것처럼 보였다(자원 방어 일부다처제는 본래 새들을 설명하기 위해 고안된 것이었지만 이후 존 하팅의 연구에서 인간에게도 적용되었으며 모니크 보거로프 멀더가 케냐의 킵시기스 사람들을 대상으로 했던 연구에서 검증되었다.).[29]

그럼 이것은 사실일까? 여성이, 더 정확하게는 어머니가 일부다처제를 통해서 이득을 보는 게 사실일까? 그 대답은 여성의 선택 범위에 전적으로 달려 있다. 명백히 남성이 번식에 필요한 모든 생태 적소와 생산에 필요한 모든 자원을 독점한다면, 여성이 번식에 필요한 자원에 접근할 수 있는 유일한 방법은 남성과 그의 통제 아래 있는 다른 아내들과 결합하는 것이고, 이때는 일부다처제가 최상의 선택이 된다.

만약 남성의 자원 통제가 필연적 사실이라면 어머니는 영토 없이 자식을 낳거나 아이와 함께 굶주리는 것보다는 남성이 제시하는 조건을 따르는 편이 나을 수밖에 없다(한 세기 전인 19세기의 다원주의 페미니스트였던 엘리자 버트 갬블(Eliza Burt Gamble)은 이 점을 자신의 사회에서 실험해 보았는데, "인간 종의 암컷은 자신에 대한 지원을 보증받기 위해 남성을 사로잡을 수밖에 없다.").[30] 이와 비슷하게, 배회하는 침략자 일당에게 포위된 어머니는 막강한 보호자와 함께 있는 편이 더 나을 것이다. 하지만 어떤 경우에든 제약 속에서 선택이 이뤄진다. 따라서 여성이 가난한 남성의 유일한 아내가 되는 것보다 부유한 남성의 안주인이 될 때 더 잘산다고 주장하기 위해서는, 여성이 혈육이나 법률의 보호를 받거나, 혹은 상속과 일을 통해 확보한 자원에 대해 동등한 접근권을 갖는 다른 대안들을 무시해야만 한다.

남성이 자원을 독점하는 경우 여성은 의심의 여지없이 가장 부유한 남성과 일부다처적으로 짝을 맺을 때 더 잘살 수 있을지 모른다. 하지만 일부다처 사회에 대한 가장 뛰어난 연구들 몇몇은 남편의 부에 큰 불균형이 있을 때도, 부유한 남자를 나눠 갖는 어머니가 가난한 남자를 혼자 갖게 된 사람들에 비해 더 잘살지는 **않는다**. 그 이유의 일부는 상황 때문에 생겨나는 어머니들 사이의 경쟁이다. 말리의 도곤(Dogon) 사람들은 일부다처 집단들 중에서 가장 잘 연구되어 있다. 도곤 사람들에 대한 연구는 남성의 이해관계가 어머니의 이해관계보다 우선시될 때 어머니와 아이들이 감내해야 하는 비용이 얼마나 높은지를 보여 준다.

어머니들이 아버지를 더 많이 가지려 경쟁할 때

가부장제 사회의 도곤 사람들은 서아프리카에서 기장을 재배하며 산다. 모계 사회가 많은 아프리카에서는 드문 가부장적 가족 체계는 아시아에서는 상응하는 체계가 많으며, 서구 역시 약한 가부장적 가족 체계를 갖는다(나는 이 논의에서 가부장제라는 말로 부계 거주, 부계 상속, 그리고 아들에게 유리한 상속 체계를 포함하는 남성 편향적 관습 등을 특징으로 하는 사회를 일컫고 있다.).

도곤의 일부다처제는 다른 가부장제 사회들과 마찬가지로 여성의 섹슈얼리티를 감시하는 다양한 수단과 더불어 유지된다. 여성의 월경 주기가 공적인 조사 대상이 된다. 여성은 관례에 따라 출혈을 감지하자마자 특별한 오두막으로 이동해야 한다(부족 사회의 12퍼센트가 그런 관습을 갖는다고 보고되어 있다.).

수백만 년 동안의 진화에 맞서, 도곤 사람들은 배란을 숨길 수 없는 문화를 만들어 왔다. 특히 속임수(실제로는 임신해 있는데 월경 중인 척하는 것)를 비롯해 규범을 어기는 일이 생기면, 실제 세계에서는 사회적 보복을 받게 되고, 초자연적 세계에서는 훨씬 가혹한 처벌을 받을 가능성이 생긴다. 남성은 이런 방법을 통해 자신이 결혼하는 여성은 절대 다른 남성에 의해 임신한 상태가 아니라는 점을 확신할 수 있었다.[31]

부성을 혼란스럽게 하려는 오래된 암컷의 동기는 월경 감시라는 수단 이외에도 각 여성의 음핵을 제거함으로써 저지되었다. 도곤 사람들은 여성이 음핵 절제 이후 혼외 성관계에 덜 이끌리며 위험을 감수할 필요가 없다고 느낀다는 것을 당연하게 생각한다. 젊은 아내를 여럿 거느린 연상의 남성은 이 방법을 통해 세계의 어떤 영장류도 부럽지 않은 수준으로 부성을 확신할 수 있다. 도곤 남성은 자신한다.

부성의 확실성이 도곤 남성으로 하여금 아이들에게 더 많이 투자하도록 보증하는가? 반드시 그렇지는 않으며, 특히 아내 여럿과 아들 여럿을 거느리고 있다면 더 그렇다. 대부분의 가부장제 사회와 마찬가지로 도곤 사회에서 남성의 관심사는 명예를 얻고 유지하며 그에 따른 당연한 결과로 더 많은 아내와 아이들을 얻는 것에 치중되는 경향이 있다.

이 지역에 전형적인 것처럼, 도곤의 아동 사망률은 매우 높다. 인류학자 비벌리 스트라스만(Beverly Strassmann)에 따르면 46퍼센트 이상이 5세 이전에 사망하게 된다. 하지만 그보다 더 주목할 필요가 있는 사실은 아이가 죽을 가능성은 어머니가 일부다처적 가족에 살며 다른 아내들과 함께 일하고 함께 식사할 경우 일부일처적으로 결혼한 경우보다 7배에서 11배 더 높다는 것이다. 일부일처적 결합에서는 어머니의 손실이 곧 아버지의 손실이다. 하지만 아내 셋과 결혼한 일부다처 남성이라면, 아이의 절반 이상이 죽는다 하더라도 번식적으로 앞서게 된다.[32]

일반적으로 적절한 출산 간격, 자손의 건강, 적절한 자원 공급, 즉 '질'과 관계된 어머니의 목표와는 달리, 도곤 아버지의 목표는 '양'이다. 다시 말해 많은 수가 죽는다 하더라도 가질 수 있는 최대한으로 아이를 갖는 것이다. 도곤 사회에서 이는 특히 불행한 일인데 땅이 갈수록 부족해지며, 집안의 땅은 선택된 아들 하나 혹은 둘에게만 물려줄 수 있기 때문이다. 그럼에도 불구하고 남성은 아내를 적은 수로 가지려는 생각은 하지 않는다. 여성들이 열심히 일하기 때문에 아내 소유는 명예와 높은 수준의 삶, 그리고 번식 성공을 가져다준다.

스트라스만은 일부다처적으로 결혼한 어머니들이 겪는 높은 아동 사망률, 특히 아들 사망률의 원인을 모른다는 점을 솔직히 밝힌다. 하지만 도곤 어머니들 자신은 입을 모아 이렇게 말한다. 다른 아내들이 아들을 독살했다는 것이다. 스트라스만은 가면을 쓴 춤꾼들이 아내들이 그런 극악한 시도를 하지 못하도록 여성들을 위협하는 의례에 초대받았다.

그림 10.7 "어머니 여신" 조각이 선사 시대 유럽과 고대 중동 지역의 고고학적 유물에서 발견되었을 때, 일부 페미니스트들은 그 동상의 존재가 고대 가모장제의 증거라고 낙관적으로 해석했다. 안타깝게도 더 많은 정보가 없는 상태에서는 오늘날처럼 그때에도 생식력 있는 여성이 관심의 대상이었다고 결론지을 수밖에 없다. 위대한 예술 작품으로부터 분명한 포르노그래피에 이르기까지 이와 비슷한 표상이 다양한 정도의 여성 자율성을 특징으로 하는 사회에서 발견된다. 사진 속의 막 초경을 지난 젊은 여성 조각은 강도 높은 가부장제 사회인 서부 아프리카 도곤의 것으로, 이 사회에서 남성은 정치적 권력을 쥐고 있으며, 이 권력을 이용해 여성의 섹슈얼리티를 감시하고 통제한다. 이 사진 속의 것과 같은 조각은 권력자 남성의 장례식에서 그러한 여성을 소유할 수 있었던 남성의 능력을 상징화하기 위해 전시된다.

말리 법원 기록에는 다른 아내가 아이를 독살했다며 거친 말로 고발하는 내용이 방대하게 존재할 것이다. 여성들은 실제로 이따금 경쟁자의 아이를 독살했다고 고백한다.[33] 하지만 왜 아들이 살해될까? 딸들은 결혼과 더불어 집을 떠난다. 선호되는 것은 아들이며, 집에 남아 아버지의 다른 아들과 귀한 땅의 상속을 두고 경쟁하는 것 역시 아들이다.

같은 남성과 결혼한 아내들이 서로 협동하는 일은 왜 안 생기는 걸까? 일부 사회, 특히 남편이 자매들과 결혼할 경우에는 아내들이 정말로 협동한다. 오스트레일리아 원주민들 중에서 현명한 남성은 서로 혈연관계가 있는 아내를 맞으려 한다. 그 이유는 정확히 그런 여성들이 더 화목하게 지내는 것으로 알려져 있기 때문이다.[34] 하지만 도곤 사회에서 불화가 순화되어 생기는 이득은 가부장이 아내들이 유대하는 것을 막음으로써 얻을 수 있는 이득을 초과하지 않는다. 가부장의 전략은 "분열시키고 정복하는" 것이다. 스트라스만은 자매, 그리고 다른 형태의 혈연관계가 있는 여성들이 동일한 남성 가계로 함께 들어가는 일이 **특별한 금지 대상**이라는 점을 언급한다. 이러한 제한은 일부다처적 가족이 공통선(common good)을 위해, 관련된 모든 사람의 삶의 질을 향상시키기 위한 우생학적 의도로 만들어진다는 기능주의적 주장을 유지되기 어렵게 한다. 한 아이당 최적의 아버지 수가 한 명의 일부가 아니라 최소 한 명이라는 사실이 분명한 세계에서도 대부분의 도곤 남성은 일부다처적이길 열망할 것이다.

어머니와 아버지의 이해관계 갈등

양성 간에 상충하는 이해관계는 문학에서 그리스 신화만큼 오래된 주제다. 하지만 곤란할 만큼 명백한 여성 혐오를 드러내는 명석한 스웨덴 희곡 작가 아우구스트 스트린드베리(August Strindberg)처럼 문제의 핵심을 첨예하게 조준한 사람은 없다. 1887년 작 희곡 「아버지(The Father)」에서 (단순히 "선장"이라고만 되어 있는) 가부장의 아내는 그들의 유일한 아이가 그의 아이가 아닐 수 있는 가능성을 이야기하며 그를 괴롭게 한다. 선장은 통제할 수 없는 분노에 휘둘리며 이렇게 외친다. "만약 우리가 원숭이 후손이라는 것이 사실이라면 서로 다른 두 종(수컷과 암컷)이었을 거야. 우리 사이에는 아무런 공통점도 없어. 그렇지 않나?"

이와 비슷한 시기에 글을 쓴 독일계 스위스인 법률가 요한 바흐오펜(Johann Bachofen)은 남성에 의해 전복된 고대의 가모장제 신화가 단순한 이야기가 아니라 진짜 역사라고 결론지었다. 그는 인류학의 고전인 『모권(Das Mutterrecht)』에서 인간 문화 진화의 연속적인 단계들을 추적한다. 그는 모든 사람이 모계 사회에서 살았던 상상적 원시 상태로부터 시작해, 그 이후 막간을 장식한 제2의 단계, 즉 보노보와 비슷한 "원시 난혼(primitive promiscuity)"의 단계를 적는다. 이 두 단계는 어머니 중심적인 세계이다. 반대편의 극단에는 도곤과 같은 가부장제 세계가 있는데, 바흐오펜은 이 단계를 세 번째이자 최종적인 문화 진화 단계로 보았다.

그러나 오늘날 인류학자들이 증거들을 검토했듯이, 인간 진화의 연속적 **단계**와 같은 개념을 뒷받침하는 근거는 없으며, 이전에 가모장제가 존재했다는 증거는 더더욱 없다. 결국 남성이 강탈하여 그들에게 적절한 자리에 여성을 배치하기 이전에 있었던, 여성이 통치했던 시대에 대한 오랜 신화는, 역사보다는 아버지와 어머니의 이해관계 사이의 만성적인 긴장을 반영하는 것에 지나지 않는다. 남성이 여성적 규칙을 전복한다는 주제는 고대 그리스, 아마존, 고대 중동의 기원 신화 속에 무성하다. 이는 이렇게 묘사된 사건들이 일어난 적이 있다는 사실보다는 수컷과 암컷, 모계와 부계의 이해관계 사이에서 발생했던 충돌이 언제나 작동하고 있었음을 의미한다.

이 긴장은 자신에게 최적인 번식 상황을 찾는 어머니들과 그에 맞서 자신에게 이상적인 상황을 강요하려 하는 아버지들 사이의 지속적인 변증법으로부터 유래한다. 일부일처는 보기 드물게 안정적인 타협이 된다. 그 까닭의 일부는 아이들의 생존 전망을 향상시키기 때문이다. 단혼에 대한 대안이라면 자신을 별도 취급하여 더 큰 영향력을 지닌 성별, 대개는 남성을 선호하는 것이다. 가부장제 사회의 많은 여성들이 그렇듯이 한 성이 심각한 정도로 불이익을 감수해야 하는 번식 배치를 받아들이도록 강요당할 때, 어머니들을 도망가지 못하도록 막는 것은 무엇인가? 신화와 이데올로기가 들어오는 지점이 바로 여기다.

어머니가 나쁜 조건을 받아들이도록 확신시키려면

건강과 영양을 손상시키거나, 번식 성공을 감소시킬지도 모르는 차별적 번식 협정을 암컷 영장류가 받아들이도록 설득하는 방법은 무엇일까? 암컷 영장류는 배란 은폐와 같이 힘들게 쟁취한 유용 자산을 포기하거나 딸의 음핵을 제거하는 일에 왜 협조하게 되는 것일까? 인간 여성이 자신의 짝을 단 하나의 수컷으로 제한하고, 자신의 건강에 가장 적합한 것보다 짧은 출산 간격으로 번식하고, 건강을 유지할 수 있는 정도보다 더 많은 수의 아이를 낳도록 설득하는 방법은 무엇일까? 수컷들은 어떻게 단일 수컷 번식 체계를 유지할 수 있을까? 특히 그 체계가 단혼적이지 않아서 암컷들이 무척 적은 아버지 투자만을 받는 대가를 치르게 되는데도? 어떻게 어머니는 아버지의 오직 일부만을, 심지어는 자신이 선택하지도 않은 남편의 일부만으로 만족하게끔 설득당하는 것일까?

널리 채택되는 해결책 중 하나를 고릴라와 망토비비에게서 찾을 수 있다. 저항하는 암컷에게는 신체적 폭력으로 위협하는 것이다. 또, 랑구르나 침팬지에서 볼 수 있는 것처럼 수컷 보호자가 부족한 어머니와 아기를 큰 위험에 빠뜨려 어머니가 보호 제안을 거절할 수 없게 할 수 있다.[35] 그런 가부장적 짝짓기 체계의 불완전한 형태는 아마 일부(다수? 아니면 대부분?)의 초기 호미니드 집단을 특징지었을 것 같다. 도곤이 발달시킨 것과 같은 온전한 형태의 가부장제는 보다 최근의 현상이다. 이는 그저 딸들과 아내들을 과잉으로 배치하는 것보다 훨씬 큰 함정이 되는 제약 조건에 달려 있다. 도곤이나 빅토리아 시대 영국의 가부장적 배치는 비가시적 제약을 통해 스스로를 지탱한다. 이 제약은 인간의 상상력에 잠입해 들어가며, 남성과 여성이 스스로의 존재를 개념화하는 방식에 교묘하게 침투하고 있다.

상징적 사고라는 인류의 독특한 능력은 언어를 가능하게 해 준다. 말을 할 수 있는 능력을 갖고 있기 때문에 사람들은 다른 사람들이 하고 있는 일(그리고 이때 자주 이야기되는 것은 여성의 성적 행실이다.)에 대해 수다를 떨 수 있게 되며, 여성은 다른 사람들이 생각하고 말하는 것을 내면화할 수 있게 된다. 가령 동물들 중 인간은 독특하게도 **다른 이들이 자신을 어떻게 지각하는지를 상상할 수 있다.** 많은 동물들은 처벌을 피하기 위해 해야 하는 행동의 주형을 갖고 있다. 마카크와 비비도 이런 일들을 해낼 수 있다. 하지만 사람에게서만 이런 상호 작용이 역사적이고 상징적인 차원을 갖는다. 이 차원은 인간이 불명예를 피하고 명예를 얻기 위해 애쓰는 동안 언어 두뇌 속에서 공명한다. 남성에게 적절한 성 규범은 지배적이며 '남성적일 것'을 포함하고, 여성에게는 겸손하고 정숙하며 무엇보다도 '좋은 어머니'가 되어야 하는 규범들이 제시되는 것이 전형적이다.

여성다운 정숙함을 강요하는 것들

현실 세계에 사는 여성이 젠더 규범을 따르도록 납득시키기 위해 물리적인 제약 이외에도 초자연적 존재들이 인간의 상상 속에서 진을 치며 활동해 왔다. 남부 멕시코와 중앙아메리카의 마야어 사용자인 옥수수 재배자 사회에서 여성들은 특히 밤에 보호자 없이 밖에 나가기를 두려워한다. 충분히 그럴 만한 이유가 있다. 초칠 마야(Tzotzil Maya)에서 여성들은 히칼(hʔik'al)을 두려워한다. 히칼은 여러 자에 달하는 음경을 지닌 초강력 성적 악마이다. 히칼은 (마야 종교 문헌의 중심인) 『포폴 푸(Popol Vuh)』에 등장하는 큰 정소를 지닌 고대 흡혈박쥐로, 카마 소츠(Cama Zotz, 마야 신화에 등장하는 박쥐의 신으로 잎사귀 모양의 코를 가진 흡혈박쥐로 묘사된다. ― 옮긴이)와는 다소 동떨어진 형상이다. 히칼은 하늘에서 내려와 사람들의 목을 베는 것으로 묘사된다.

오늘날 이 무시무시한 존재들은 나타날까 두려워 언급조차 되지 않으며, 그 역할 또한 월경 금기(요리를 비롯한 몇 가지 활동들은 월경 중인 여성들이 해서는 안 되는 것으로 간주된다.)를 무시하거나 정숙하지 않게 행동하는 여성들을 낚아채는 것으로 제한되었다. 히칼은 여성을 낚아채 자신의 동굴로 데려가 강간한다. 히칼에 의해 임신하게 된 여성은 배가 부풀어서 매일 밤 출산하다 죽게 된다. 그런 도깨비, 악마, 복수의 여신, 또는 지옥불이 진짜인지 가짜인지를 몸소 확인하려는 여성은 당연하지만 거의 없다.

정숙함은 진화한 것인가?

여성이 다른 유인원에 비해 더 정숙하게 행동하는 것을 의심하는 사람

그림 10.8 멕시코 남부의 마야인들이 한 해 한 번 벌이는 축제인 **카니발**(Carnibal)은 Zinacantan(말그대로 하면 "박쥐의 장소(the place of the bat)")이라는 이름을 갖고 있다. 한 남성이 얼굴을 검게 칠하고 성적 범죄를 처벌하는 전설적 캐릭터를 연기한다. 이렇듯 성 역할을 강요하는 현대적인 의례는 정숙하지 못하게 행동한 아내들에게 모욕을 준다. 그는 또한 아이들에게도 절대 잊을 수 없는 방식으로 겁을 준다.

은 없다. 인간 여성은 이 점에서 정말로 다르다. 가령 인간 여성은 보노보가 하듯 다른 사람들이 보는 앞에서 남성 혹은 여성 파트너에게 성기를 문질러 대지 않는다. 성인 인간 남성과 여성은 침팬지처럼 공공장소에서 자위행위를 하지도 않으며 (심지어는 대부분의 사람이 벌거벗고 있는 곳에서도) 어떤 신체 부위(특히 성기)는 다른 사람들이 보는 것을 부끄러워하는 것이 보편적이다.[36] 성에 대해 아무리 무심한 문화라 하더라도 성관계를 맺는 장면을 발각당하면 당황하게 된다. 많은 사회의 여성들은 평판이 깎일 상황을 상상하고 있다고 의심받기만 해도 얼굴을 붉힐 것이다. 그 현장을 발각당하거나 심지어는 의심받기만 해도 (내 추측으로는) 우위 침팬지를 성나게 했거나 영토 경계를 넘어서다가 발각된 침팬지와 비슷한 수준의 파장이 야기될 것이다.

우리 여성은 침팬지와 비교할 수 없을 만큼 많은 것이 금지되어 있다. 하지만 언제 이런 일이 발생했을까? 또 왜 발생했을까? 생애 초기 학습의 결과인가, 아니면 오랜 시간에 걸친 선택, 이를테면 정숙한 경향이 없는 여성이 번식력이 생기기 전 일찍 죽게 된 결과로 생겨난 것인가? 여러 세대 동안 거듭된 남성 지배와 여성 감금이 인간 유전체에 흔적을 남겼을 가능성을 생각해 보면 심란해진다.

어떻게 그런 일이 발생했든, 모든 문화의 젊은 여성들은 어린 시절부터 적절한 행동을 따라 하기 시작하며, 적절한 방식으로 옷 입고 말하는 법을 배운다. 정숙한 여성 행위의 기준을 묘사하는 가장 이른 기록은 수천 년 전으로 거슬러 올라간다. 이를테면 고전기 이전 그리스에서는 젊은 여성들이 아이도스(aidos), 즉 존경받을 만한 정숙함, 그리고 성적 수치의 위험이 언제나 도사리고 있다는 사실을 자각하는 것을 포함한 복합적인 개념을 끊임없이 마음에 새기게끔 길러졌다. 아이도스는 옷, 베일, 내리깐 눈, 그리고 자신을 다루는 방법을 통해 표현된다.

딸들은 집 안에 감춰졌다. 결혼하기 전까지는 집을 떠날 수 없었다. 소포클레스의 희곡 「테레우스(Tereus)」에서는 향수병에 걸린 프로크네 (Prokne)가 여성의 관점에서 남성 호향성 및 여성 이동이 가져오는 결과

그림 10.9 지금은 사라진 파타고니아(Patagonia) 수집자인 셀크남(Selk´nam) 수집자 사회에서는 무서운 "강제자"들이 여성의 행실을 감독했다. 셀크남의 우주론에 따르면 여성이 지배했던 시대가 있었다. 이 상상적인 가모장 질서는 사회적인 선을 위해 모든 힘 있는 여성이 학살되었을 때 끝나게 되었다. 그 이후(그리고 그 때문에) 여성은 순종하며 다시는 남성의 이해관계에 도전하지 않는 것이 필수적이라고 여겨졌다. 이 목적을 이루기 위해 매해 한 번 남성은 "쇼오트(shoort)"라는 이름의 여성 혐오 악마를 연기하며 체류지 전체를 휘젓고 돌아다녔다. 의지가 강하거나 고집 센 아내가 특별한 목표가 되었다. 쇼오트는 여덟 개의 서로 다른 분장 중 한 모습을 하고 그 여성의 오두막으로 가서 거칠게 흔들며 난로를 휘저어 놓고 소유물을 흐트러뜨린 다음, 여성이 내다보면 뾰족한 막대로 몸을 찔렀다.[37] 이와 가장 가까운 현대 관습은 가족계획 클리닉을 휘젓고 다니는 테러리스트일지도 모른다.

를 묘사한다.

사춘기가 되었을 때 우리는 밀려났다.…… 우리 중 몇몇은 낯선 남자들의 집으로 갔고 또 다른 몇몇은 외국인의 집으로 갔으며, 일부는 기쁨이라곤 없는 집으로 갔고, 일부는 적대적인 (집으로 갔다.)…… 그리고 무엇보다 첫날밤이 우리에게 남편이라는 족쇄를 채우자마자 모든 것이 좋다고 말하며 찬양

하도록 강요당했다…….[38]

고대 그리스에서 귀족 여성은 평생을 집 안에서 살았고, 말 그대로 (아리스토텔레스가 언급한 것처럼) 그늘에서 살았으며, 얼굴은 노출되지 않게 베일이 씌워졌고 결혼하는 날에 이르러 남편에게 유순함을 표현하기 위해 눈을 마주친 것 빼고는 어떤 남성과도 눈을 마주치지 않았다.

· · · · ·

이 모든 것이 필연이었을까? 분명 고대 그리스 사람들은 그렇게 생각했다. 젊은 여성들은 홍적세 후기인 그리스 시대에 흔했던 곰, 그리고 그보다는 못하지만 사자와 동일시되었다. 곰과 사자 모두 여러 마리의 새끼를 낳는다. 고대 사냥꾼이 암사자가 짝짓기를 하는 광경을 목격했다면 그 장면을 절대 잊지 못했을 것이다. 암사자는 밤낮과 장소를 가리지 않고 한 마리에서 세 마리에 달하는 수컷과 15분에 한 번가량 짝짓기를 한다. 암사자는 마치 카넬라 여성이나 그리스 전설에 나오는 마이나데스 (주신 디오니소스의 시녀로, 보통 광란에 빠진 여자라는 뜻으로 쓰임. — 옮긴이)처럼, 즉 성적으로 아무런 제재도 당하지 않는 것처럼 보인다.[39]

고대 그리스인들이 볼 때, 여성의 동물적 본성은 여성 존재의 핵심에 잠복하고 있었다. 그들은 여성들을 생애 초기부터 "길들이는" 것이 필수적이라고 판단했다. 호머가 "아내"라는 뜻으로 사용한 다마르(*damar*)는 "갑작스러운 복종"을 뜻했다. 기원 전 5세기의 희곡 작가인 코미쿠스 (Plato Comicus)는 이 생각의 흐름을 따라 "만약 너무 긴장을 푼다면 아내가 통제 밖으로 벗어날 것이다."라고 경고했다. 이것은 다윈의 시대에 우세했던 여성 본성에 대한 견해와는 무척 다른 견해이다. 그 당시 가부장제는 박물학(natural history)을 포함한 모든 학문 영역에 깊이 침투해 있었기 때문에 여성은 "그들에게는 다행스럽게도" 성욕을 거의 갖지 않는다는 단순한 가정이 받아들여졌다.[40]

"모계 효과"로 변환된 미덕

가부장제 문화는 도곤, 고대 그리스, 혹은 아시아를 불문하고 여성 본성을 정의하는 방식, 그리고 가장 높이 평가받는 미덕이 무엇인지에 따라 차이를 보인다. 하지만 언제나 미덕은 정절, 그리고 가부장이 어머니에게 가장 좋은 아버지의 숫자를 스스로 평가하는 것(한 명, 즉 가부장 자신)과 연결되어 있었다.

여성에게 정절을 지키는 것이 자신의 이해관계와 일치하며 좋은 어머니가 될 수 있는 방법이라는 것을 확신시키는 것이 속임수였다. 자손의 지위가 자신의 '미덕', 그리고 자신이 가부장제적 기준에 얼마나 잘 맞는가에 달려 있을 때 어머니는 그것을 고분고분 따라야만 하는 이해관계를 분명히 갖게 된다. 그 시점 이후에는 남편의 이해관계를 그의 아내와 아내의 아이들의 이해관계로부터 떼어 놓기가 무척 어렵게 된다.

· · · · ·

빅토리아 시대 영국에서 그랬던 것처럼, 중국의 청조 시대(뛰어난 여성 작가들을 배출한 것으로 유명한 18세기 동양의 르네상스 시대) 여성들은 근면하며 아이들과 시부모를 돌보는 데 헌신하고, **무엇보다** 정절을 지킬 것으로 기대되었다. 어머니의 미덕은 아이들에게 영향을 줄 것이라 여겨졌다. 악덕 역시 마찬가지였다.

아시아에서 "모계 효과"라는 개념은 아이들에게 전수되며 미덕의 정원을 가꾼다는 정교한 은유로 변형되었다. 중국의 어머니들은 선비 아들의 초기 교육에 무척 중요하다고 여겨졌고, 그에 따라 여성의 글쓰기가 실제로 장려되었으며 존경받았다. 역사학자 수전 만(Susan Mann)은 청조 여성 작가들의 은둔적인 삶과 작품을 한데 묶었다. 여성 작가들의 본업은 특히 "모범적 여성"의 전기를 쓰는 것이었다. 약혼자가 죽은 후 그를 따라 자살하거나 아들들을 명예롭게 하기 위해 정절을 지키는 과부로 살아가는 젊은 여성들이 가장 큰 존경을 받았다.

20세기 이전 영국과 미국에서 여성 교육이 이뤄졌는데 교육의 목적은 여성들을 학식 있는 사람으로 만드는 것이 아니라 보다 좋은 어머니가 되도록 하는 것이었다. 그 목표의 달성 여부와는 별도로, 청조 상류층 여성이 남성과 함께 무엇을 한다거나 심지어는 보호자 없이 공공장소에 나타난다는 것은 생각조차 할 수 없었다. 그런 일이 생길 가능성도 별로 없었다. 여성의 발은 어린 시절 뼈를 구겨 묶어 두었기 때문에 더이상 자랄 수가 없었다. 엄청난 고통의 시기가 끝날 무렵이면 하녀의 도움 없이는 걸을 수도 없었다. 여성의 부모가 결혼을 주선해 줄 것이었고, 그 남성들은 마치 호머가 말쑥한 발목을, 미국인들이 가슴을, 브라질인들이 엉덩이에서 성적 매력을 느꼈던 것처럼 여성의 자그마한 발을 애지중지하게 되었다. 오히려 더 좋았다. 주기적인 방랑벽에 따라 행동하기에는 남성의 사랑이 너무 큰 장애가 된다는 사실을 그 발이 보증해 주었기 때문이다.

만약 딸이나 아내가 부적절하거나 반항적이라고 판단될 만한 생각을 표현했거나 불명예를 얻기에 충분한 행동을 했다면, 아버지나 남편은 그 여성을 죽일 권리를 갖고 있었다. 가족에게 수치(조지 엘리엇이 유부남인 조지 루이스(George Henry Lewes)와 공공연하게 동거함으로써 얻었던 불명예와 같이)를 가져온 청 시대의 딸은 목을 매달거나 난도질을 하여 죽임을 당하게 되었다.[41] 중국 여성 작가들의 삶은 당대 영국에는 알려진 바가 별로 없었다. 하지만 엘리엇은 그녀의 광범위한 지성을 통해 청조 여성들과 자연스러운 친근함을 느꼈다.

> 남성과 동등한 지성을 가졌지만 여성이라는 노예 신분을 감내해야 하는 것이 어떤지를 상상해 볼 수는 있을 것이다.…… 하지만 그렇게 해서는 안 된다.…… 자신을 위해 만들어진 본을 따라야 한다는 것…… 본을 반드시 따라야 한다. 이것이 여성이 필요한 이유다. 여성의 마음은 그런 크기여야만 하고 그보다 커서는 안 된다. 그렇지 않다면 중국 여성의 발처럼 작게 짓눌리게 될 것이다.[42]

목적이 가계의 생존일 때조차 어머니와 아버지의 이해관계가 반드시 일치할 필요는 없다. 가부장제 사회는 부계의 이해관계가 언제나 어떤 수단에 의해서든 전적으로 어머니의 이해관계에 우선하는 사회다. 목표는 자손을 생산하는 것이며, 대개는 많이 낳아야 한다. 그 아이들은 어머니가 무슨 대가를 치르든 확실한 부성을 지녀야 한다.

· · · · ·

이 우울한 광경, 어머니와 아이들의 이해관계가 부계의 목표에 종속된 세계를 둘러보고 나면 이론적 층위에서는 대답하기 곤란한 질문들이 생겨난다. 어떻게 호모 사피엔스 같은 종이 진화할 수 있었을까? 번식적으로 착취당할 위험이 분명한 암컷이 어떻게 해서 그토록 큰 두뇌와 연약한 신체, 느린 성장 속도를 갖는 자손을 낳을 수 있도록 선택된 것일까? 침팬지 어미들이 하듯 어머니 홀로 키울 수 있는 아기들이 왜 선택되지 (아니면 보다 정확히는 그런 아이들을 계속 낳아 오지) 않게 된 것일까? 침팬지 어미는 수컷에게 다른 수컷들로부터의 보호를 요구하긴 하지만, 새끼에게 자원 공급을 하기 위해 짝을 필요로 하지는 않는다. 내가 볼 때 유일한 해답은 어머니가 남편에게 전적으로 자식들의 자원 공급을 의존한 짝짓기 체계에서 인간이 진화하지 않았다는 것이다. 그렇지 않다면, 왜 침팬지와 마찬가지로 자족적인 여성들이 선택되지 않았을까? 다른 유인원과는 사뭇 다르게 호모속의 초기 대표자들은 협동적으로 번식했다. 이제는 이렇게 질문을 던져야 한다. 인간 종 최고의 특징인 길고 느린 발달 기간, 다른 모든 영장류로부터 우리를 구분시켜 주는 매우 늦은 성숙을 지원해 온 사람들로 어머니 말고 누가 또 있었던 것일까?

11장

꽃

누가 보살폈는가?

대행 어머니, 대행 아버지,

하마드리야스와 젤라다(망토비비와 젤라다비비를 가리킨다.),

조심해 주세요, 저를 건네주지 않도록

저를…… 괴롭힐…… 누군가에게

사랑하는 부모님 곁에 두어 주세요

두려운 것들, 그리고 잠복한 위험이 너무 많아요

당신이 갓난이를 풀어 놓고 기를 때

당신이 모르는 큰 유인원이 가져오게 될……

피는 물보다 진하죠,

핏덩이를 다시는 가질 수 없을지도 몰라……

— 한 학생이 로버트 트리버스 교수에게 제출했던 작자 미상의 시다.
이 학생은 앨런 셔먼(Alan Sherman)의 여름 캠프 패러디 노래인
「안녕 엄마, 안녕 아빠(Hello Muddah, Hello Faddah)!」의 가락에 맞춰
부를 것을 제안했다.

홍적세에 아버지를 끊임없이 괴롭혔던 근심의 근원이 과거에서 비롯
되었다면(누가 이 아이의 아버지인가?) 어머니의 근심은 미래로 뻗어 있었다.
어머니의 근심은 누가 아이를 보살피는 일을 도울 것인가에 대한 영구
한 실존적 불안을 향해 있었다. 짝이 살아남아 곁에 머물게 될까? 그리
고 그렇게 된다면 아이들에게는 어느 정도 헌신할까? 구미가 당기는 기
회가 오거나 어머니 자신이 나이를 먹게 되면, 다른 여성과 얽히게 될 것
인가? 홍적세 어머니의 짝이 오늘날의 여성들의 짝보다 믿음직했을 것
이라고 상상한다면 과거를 낭만화하는 것에 불과하다. 하지만 혼자 몸
으로 자신과 여러 자식들을 위해 자원을 마련하는 것은 능력 밖의 일이
었다. 이런 곤경을 생각해 본다면 아버지는 얼마나 도움이 되었을까? 그
리고 아버지의 도움조차 부족하다면 누가 도움을 주었을까? 나는 홍적
세가 어머니에게 제공해야만 했던 유일한 '안전망'인 대행 부모라는 절
충안을 새롭게 평가하기 위해 이런 질문들을 던져 본다.

현존하는 수집자들로부터 새롭게 얻은 자료들은 이렇게 별난 모순
을 해결하기 위한 실마리를 던져 준다. 인간 아기는 지금껏 존재했던 어
떤 유인원보다도 대행 부모의 보조를 더 많이 그리고 오래 필요로 했다.
아버지의 도움을 확신할 수 없고 다른 이의 도움에 크게 의존했던 어머

니가 매 출산마다 그렇게 많은 대행 부모를 모집할 수 있었을까? 해답의 일부는 아주 특별한 형태의 대행 부모, 즉 폐경기 이후 여성으로, 마지막으로 출산한 이래 몇 년 정도가 아니라 수십 년을 살아온 어머니 경력자들에게 있다. 이들 나이 많은 여성이 자신이 소비하는 것보다 더 많은 음식을 모았다는 점은 의미심장하다. 번식기가 지난 잉여 여성들이 젖을 뗀 타인의 아이에게 얼마나 큰 도움을 주고 있는지와 관련된 정보가 새롭게 발견됨에 따라, 일부 인류학자들은 특별하게 긴 인간 유년기 진화를 다른 방식으로 생각하기 시작했다.

연장된 유년기는 상식과는 달리 큰 두뇌의 발달에 필수적이기 때문에 진화한 것이 아닐 수도 있다. 그보다는 긴 수명에 적응된 유기체의 생애사적 부산물이었을지도 모른다. 장수하리라는 기대 속에서 느리게 맞춰진 '할머니' 시계는 보다 뛰어난 지능이 우리 종에서 진화적으로 할인 품목이 된 까닭을 설명할 수 있는 몇 가지 이유 중 하나로 보이기 시작한다.

긴 유년 시절을 보조하기

모든 유인원은 늦게 성숙하지만 호모속에 속하는 유인원들만큼 느리게 성숙하지는 않는다. 인간은 출산 이후 재빠르게 성장하는 두뇌를 가짐으로써 오랜 의존 기간의 이점을 챙긴다. 이 기간 동안 미성년 인간은 말하는 법을 배우고, 놀이하는 동안 시행착오 실험을 거듭하며, 도구 사용과 같은 기술들을 배우고, 부족 지혜의 모든 것을 흡수한다. 다윈 이래로는, 기술이 점점 발달하는 사냥꾼들이 자원을 공급하며 이런 즐거운 발달에 도움을 주었다고 추측되었다. 다윈은 "능력이 가장 뛰어난 남성들이 자신, 아내, 그리고 자식들을 보호하고 자원을 공급하는 일에 가장 큰 성공을 거두었"고, 그 결과 그들의 아이들 중 더 많은 수가 살아남아 "보다 뛰어난 인간의 지성과 발명 능력"의 진화를 이끌어 냈다고 적었다.[1]

달리 말하면 우리는 우리의 창의력과 출산으로부터 성숙에 이르는 기간 동안 받는 은총을 공급자-남성의 덕으로 생각해야 한다. 한 세기나 지난 지금까지도 사냥꾼을 중심에 둔 기본 시나리오가 새로 입수되는 증거들을 해석하기 위한 틀로 널리 받아들여지고 있다. 1974년에 발견된 오스트랄로피테쿠스 아파렌시스(*Australopithecus afarensis*) 화석 루시, 그리고 그 직후인 360만 년 전 화산재 위를 가로질러 걸어갔던 세 오스트랄로피테쿠스가 남긴 발자국 화석은, 두뇌가 작은 오스트랄로피테쿠스 유인원이 의심의 여지없이 직립 보행을 했다는 사실을 증명했다. 몇 개의 증거가 더 추가된 이후, 인간은 아버지가 음식을 둘러메고 짝에게 갖다 줄 수 있도록 두발 걷기를 시작했다는 가설이 널리 받아들여졌다.[2]

하지만 1980년대와 1990년대에 이르러, 다른 영장류 및 현존하는 수렵-채집자로부터 확보된 증거는, 두발 걷기 사냥꾼이 짝과 의존적인 새끼에게 자원을 공급해 주었기 때문에 아이들이 더 오랜 시간에 걸쳐 성숙하게 되었다는 생각에 도전장을 내밀기 시작했다. 앞의 두 장에서 논의했던 것처럼 아버지의 정책은 너무 복잡하기 때문에 어머니가 짝의 도움에 의존할 수 없었다. 게다가 (주로 이빨에서 얻는) 고생물학적 증거들은 가장 초기의 두발 걷기 호미니드인 오스트랄로피테쿠스가 다른 유인원들보다 성숙하는 데 더 오래 걸렸다는 견해를 지지해 주었다. 긴 유년기를 증명하는 가장 오래된 자료는 호모 에렉투스로부터 수집된 것인 듯하다. 고생물학자 홀리 스미스(Holly Smith)에 따르면, 호모 에렉투스는 침

그림 11.1 오스트랄로피테쿠스 아파렌시스는 쌍을 이룬 모습으로 재구성되는 것이 관례다. 하지만 이런 묘사는 이 종을 특징짓는 극단적인 성적 이형성, 즉 일반적으로 일부다처와 연계되는 특질을 무시한다. 사진에 등장하는 세계에서 가장 큰 자연사 박물관의 디오라마는, 약 4.5피트(140센티미터) 키의 아파렌시스 암컷(유명한 '루시'의 가까운 혈육)을 5피트(150센티미터) 키의 짝의 팔을 어깨에 두르고 산책하는 모습으로 묘사하고 있다.[3]

팬지보다는 늦게 사춘기에 도달했지만 인간만큼 오래 걸리지는 않았다고 한다. 이 시점에서 내릴 수 있는 가장 합리적인 결론은, 과도하게 긴 호모 사피엔스의 유년기를 뒷받침해 주는 것으로 직립 보행이나 가설에 머무르고 있는 아버지의 자원 공급 이외 다른 무엇인가가 있었다는 것이다.[4] 이 일은 언제 일어났을까? 그리고 특별히 많은 것을 요구하는 자손들을 기르는 데 필요했던 잉여적인 보조는 어디에서 온 것일까?

남성은 수렵-채집 사회의 주요 단백질 공급원이다. 하지만 가장 뛰어난 사냥꾼의 아내가 가장 많은 고기를 받았다는 뜻은 아니다. 핫자나 아체의 경우처럼 고기는 종종 집단 전체에 분배된다. 고기를 증여하는 아버지들은 아이들에게 자원을 공급하는 것보다는 '과시하는' 데 더 관심이 많다. 아체의 자료는 이런 행동이 가져다주는 이익을 보여 준다. 사람들은 늘 최고의 사냥꾼이 연애를 가장 많이 한다고 이야기하는 것이다. 게다가 이들 집단 중 몇몇에서는 최고 사냥꾼의 아이들이 잘 먹는 까닭이 아버지가 더 많은 고기를 가져다주어서가 아니라 아버지가 가장 뛰어난 채집자와 결혼하는 데 성공해서였다.[5]

다윈, 그리고 여러 세대의 인류학자들이 잘못된 길로 접어들었다는 이야기를 하려는 것이 아니다. 그보다는 처음에 추측했던 것보다 더 많은 길이 있다는 뜻이다. 인류학자 프랭크 말로(Frank Marlowe)는 핫자에서 또 다른 연구를 진행했다. 남성이 가장 영예로운 사냥감을 잡아 와 '과시하고' 체류지 전체에 나눠 주고 있을 때조차, 어떤 영문인지는 알 수 없으나 의붓 자식보다는 자신의 아이라고 여기는 아이들에게 더 많은 고기가 전달되고 있었던 것이다. 말로는 남성의 자원 공급이 어머니들이 바라는 것처럼 성실하고 헌신적이지는 않더라도 최소한 그 일부는 "부모로서 하는 노력"이라고 결론지었다. 정도는 다양하다. 하지만 아버지들은 자신의 아이들에게 자원을 공급하는 **동시에** 과시한다. 어머니들에게는 다행스러운 일이지만, 아버지들은 어머니들이 의존했던 유일한 자원 공급자는 아니다.

아프리카에서는 아들이 성인이 되어 아내를 찾으려 나설 때면 부모가 끄집어내는 고릿적 속담이 있다. "좋은 어머니가 될 사람을 찾아라." "좋은"이라는 말은 무난한 성격을 의미하지 않는다. 특별히 아름답거나 건강한 여성이 자손에게 전해 줄 수 있는 유전 특질을 염두에 둔 것도 아니다. 정보 제공자들이 "좋은"이라는 말을 할 때 염두에 두고 있는 것은 열심히 일하는 친척이 많고 그들과 돈독한 관계를 맺고 있는 어머니다. 협동적으로 번식하는 이에게 도움이 되는 핵심적인 충고인 셈이다.

대행 부모 안전망

태어난 지 얼마 안 된 아기를 안아 본 사람이라면, 아기의 몸과 가누지 못하는 고개를 받치기 위해서는 두 손을 주의 깊고 민첩하게 놀려야 한다는 사실을 알 것이다. 마치 자신의 의무라도 되듯 꽉 움켜쥐는 침팬지나 비비 새끼와 비교해 보면, 사람의 아기는 별다른 도움을 주지 않는다. 하지만 어머니에게는 자신이 책임져야 할 이 연약한 존재를 뿌리를 캐거나 가지에서 과일을 따는 동안 잠복한 포식자들과 쏘아 대는 곤충으로부터 안전하게 숨겨 둘 만한 장소가 없다. 삼각건을 이용해 아기를 지고 있게 되면 능률이 떨어질 수밖에 없다. 그렇다면 자신과 자신에게 의존한 아이들을 위해 모아야만 하는 열량 추가분과 자신이 모을 수 있는 열량 사이의 부족분을 어떻게 메울 수 있는 것일까?

인류학자 막달레나 허타도는 다른 여성들이 이 부족분을 메워 준다는 사실을 최초로 보여 준 학자 중 한 사람이다. 아체의 수집자 어머니는 남편의 다른 아내, 인척, 이웃, 그리고 혈육으로 구성되어 있는 네트워크 속에 있다. 이 네트워크는 일상적이고 기회주의적이며 보통 상호적인 관계이다. 인도양의 안다만 제도 주민들, 태평양의 솔로몬 제도 주민들, 중앙아프리카 내륙 지방의 에페 사람들과 같이, 어떤 사회의 어머니들은 다른 어머니의 아기가 흐느껴 우는 소리를 듣게 되면 젖을 물리기도 한다. 솔로몬 군도에는 여성이 덩이뿌리 밭에서 아기에게 젖을 물리면 안 되는 금기가 있어서, 괭이질과 수확을 하는 동안에는 젖이 나오는 다른 여성(대개 시누이)에게 아기를 맡겨 두어야 한다.[6]

협동 번식하는 다른 모든 종과 마찬가지로, 인간이라는 동물은 자신이 혈육이나 유전적 친척으로 분류하는 사람들, 또는 자신이 혈육으로 간주하는 사람들에게 자원을 배분하고 그들을 보살피며 지키게 하는

그림 11.2 아체 어머니가 20개월 된 딸에게 젖을 물리면서 동시에 야자 잎 돗자리를 짜고 있다. 일상적으로 어머니는 일과 어머니 역할을 병행한다. 그럼에도 불구하고 막 아이를 낳은 어머니가 자기 자신뿐만 아니라 나이를 좀 더 먹었지만 아직 의존하고 있는 아이들을 다 먹이기에 충분한 자원을 모으는 것은 능력 밖의 일이다. 생존을 위해서는 타인에게 의존해야만 한다.

내면화된 정서적 계산 회로를 갖고 있다. 가장 흔한 신호는 어린 시절부터 쌓아 온 친숙함이며 애정과 동정심이 직접적인(immediate) 의식적 동기가 된다. 대행 부모는 '혈육'이 보게 되는 이득이 도움에 따르는 비용보다 클 때면 언제나 도움을 준다. 하지만 '비용'과 '이득'처럼 단순해 보이는 용어 체계도 막상 계산하려면 꽤 복잡할 수 있다. 다른 모든 조건이 동등하고 비용과 이득이 같게 유지된다면, 가장 가까운 혈육이 가장 큰 도움을 주어야 한다. 하지만 다른 모든 조건들이 모두 같을 때가 있기는 할까? 먹인 아기에게 돌아오는 이득은 분명하다. 하지만 아기의 이모가 이득을 제공하느라 부담한 비용은 어떻게 계산할 수 있을까? 비용은 이모가 처한 상황에 따라 달라진다. 조부모, 이모, 그리고 아기의 반쪽 형제자매(half-sibling) 모두는 아기와 유전자의 4분의 1을 공유한다. 연관도만을 근거로 할 경우, 이들 모두는 아기를 도우려는 동기가 같아야 한다. 하지만 이모가 새로 아기를 낳았거나 할머니가 막내를 아직 돌보는 중이며 반쪽 형제자매가 말라리아에 걸려 몸이 쇠약해졌다면 어떻게 될까?

가장 쉽게 이용할 수 있는 도움은 반드시 가장 가까운 친족에게서 얻어야만 하는 것은 아니다. 아버지가 복잡한 정책을 지닌 유일한 사람은 아니다.

부지런함보다는 동원 가능성

전 세계적으로 볼 때 일하는 어머니에게 가장 큰 도움을 주는 것은 아직 번식할 때를 맞지 못한 대행 부모다. 번식하기 전의 사람은 신체적으로 미성숙하거나 완전히 '보금자리를 떠나거나', 자신의 일터와 '보금자리 지을 곳', 일자리, 짝, 영토 따위를 아직 찾지 못했기 때문에 도움을 줄 수 있는 것이다. 물론 그런 것들을 찾으려 준비하는 중이기 때문에 불안정하고 그만큼의 위험 부담도 따른다.[7] 그런 면에서 보면, 10대들은 부지런하고 능숙하고 유용하다기보다는 그저 동원하기 쉬운 존재일 수 있다.

베네수엘라의 푸메(Pumé)와 같은 일부 수집자 집단에서는 보통의 여성이라면 20대 중반이 되어서야 자신이 소비하는 식량을 다 모을 수 있게 된다. 하지만 그렇게 모을 수 있는 양도 다른 여성들의 아이들을 돌보기 위해 필요한 잉여 식량보다는 훨씬 적다. 덩이뿌리를 파내는 것과 같이 힘든 일을 할 때에도, 18살에서 24살 사이에 있는 여성들은 40살 이상의 중년 여성보다 시간당 획득하는 식량이 적다.[8] 식량을 짊어지고 마을로 옮길 때(이는 후기 산업 사회 사무실 근로자와 중산층 엄마(soccer mom)에게는 너무나 익숙한 이야기일지 모른다.), 튼튼한 젊은 여성들이 오히려 가장 가벼운 짐을 나르게 된다.

보통 사춘기 소녀들은 딸기 따는 일과 같이 쉬운 일을 중심으로 움직인다. 아이 보기는 이런 쉬운 일들 중 하나로, 바위처럼 단단한 흙으로부터 덩이뿌리를 캐내는 일보다 훨씬 적은 에너지를 필요로 한다. 하지만 사춘기 소녀의 마음은 쉬운 일을 할 때조차 딴 데 가 있을 수 있다. 극단적인 경우 15살 미만의 !쿵 아이들은 생산 노동에 투여하는 시간이 1시간당 3분 미만이다. 10대들은 보다 나은 것을 위해 스스로를 아끼고 있는 셈이다. 물론 그 일은 번식과 관련된 것이다. 아이 보기는 자신도 아이에 불과한 어린 언니들이 맡고 싶어 안달하는 일이다(저출산 사회에 비교해 볼 때 전통 사회에 아기 인형이 이상할 만큼 드문 까닭은 이 소녀들이 진짜 아기를 곁에 두고 있기 때문이다.).[9]

현대의 어머니들은 아이들의 나르시시즘, 자기도취, 불안정함, 그리고 다른 성별에 대한 몰입 따위를 두고 잔인한 농담을 주고받는다. 하지만 초경이 가까워진 소녀들의 관점에서 본다면, 실제 그들은 이제 막 시작하려는 참인 고된 번식 사업을 위해 자원을 축적하며 계약금을 지불하고 시상 하부와 난소를 다시 프로그래밍하는 등 다른 일을 열심히 하고 있는 중이다. 사춘기 소녀들은 부모와는 상당히 다른 기대와 우선순위

그림 11.3 사진 속의 7살 푸메 소녀는 외할머니, 그리고 이모와 함께 산다. 소녀는 고아이며, 드물게 열심히 일한다. 해야 하는 일 중 하나는 이모와 할머니가 우기 동안 집 근처 물이 넘친 사바나 지대로 수집하러 나갔을 때 1살 반 된 사촌을 돌보는 것이다.

를 가질 수 있다. 소녀들은 유사시에는 영문도 모른 채 자기 자신의 번식 잠재력 손실을 무릅쓰며 다른 이의 아이를 돌보는 일을 주저하지 않는다.

내가 아는 한 어머니는 딸이 고집을 부리며 집안일을 거부하는 데 지쳐 신음하며 이렇게 말했다. "아동 노동이라, 뭔 농담이야." '둥지 없는 어린 것'이 자신의 생태·사회적 지위를 갖게 되면 부모들이 그토록 개탄하던 행동이 적응적인 것으로 드러난다. 그런 '이소자'들을 묘사하는 우리의 언어가 새의 것이며 조류 중심적이라면, 그 까닭은 조류학자 스티브 엠렌(Steve Emlen)이 명쾌하게 지적했던 것처럼, 협동 번식하는 새들과 인간은 '둥지에서 돕기'와 관련된 '결정 규칙'들이 비슷하기 때문이다.

사춘기 아이들과 젊은이들에게 노동을 시키는 문제는 독립된 문제가 아니다. 많은 수집 사회의 여성들은 완전한 성년으로 접어들기 전에는 능률적이고 근면한 일꾼이 되는 발걸음을 내딛지 않는다. 이를테면 나이 많은 푸메 여성은 이미 평생 동안 아이를 길러 노쇠해졌지만 끝내는 어디서건 몸무게의 7~100퍼센트에 달하는 가장 무거운 짐을 짊어지게 된다.[10]

새로운 형태의 대행 부모

> 모집: 다 자랐고 이타적이며 앞으로 번식 전망이 없는 경험 많은 돌봄인. 내 자손과 유전적으로 연관되어 있고 식사 준비를 손수 해야만 하고, 더 큰 아이들을 위한 식사 준비도 가끔 해 줘야 함.

다양한 분류군에 걸쳐 있는 협동 번식 동물들은 '둥지 속 도움꾼'에 의존한다. 도움꾼은 주로 전(前)번식이라는 서열에서 모집된 개체들이다. 극단적인 경우 꿀벌을 비롯한 여러 진사회성 곤충들은 지금껏 진화한 중 가장 정교하고 효율적인 '보육' 체계를 갖고 있다. 여기서 일하는 개체들은 번식 이전의 초년생들로 번식을 전혀 하지 않을 '불임 일꾼' 계급에 속하게 된다. 하지만 협동 번식하는 대부분의 종에서는 암컷이 번식하기 시작하면 다른 어미들의 새끼를 키울 수 있는 여력이 점차 소멸되며, 죽을 때까지 자신의 새끼를 낳게 된다.

일부 종의 암컷들은 반드시 협동 번식을 하지 않더라도 월경 주기 순환을 멈추고 폐경 후 몇 년을 계속 살아간다(사자와 비비가 그런 예다.). 이러한 이전-어머니들은 막내를 돌보는 일에 치중한다. 오직 세 개의 종에서만 암컷이 번식을 그만두고도 **오랜** 시간 동안 살아가는 것으로 알려져 있다. 바로 인간, 코끼리, 그리고 거두고래(pilot whale)이다. 셋 다 마침 특별히 몸집이 클 뿐만 아니라 오래 사는 포유류다.

인간 여성은 50세 무렵에 폐경을 맞지만 이후 20~30년간을 더 살아간다. 코끼리와 거두고래는 40세 무렵까지 번식하고 그 이후 딸과 손녀들과 함께 살아간다. 고래의 경우 60세까지 살고, 코끼리는 그보다 더 오래 산다.[11] 이렇게 나이 많은 암컷이라면 혈육을 돕는 경우 비용-대-이득의 비율이 완전히 뒤바뀌어 있다. 나이 많은 암컷들은 번식 사업 전망이 훤한 젊은 암컷에 비해 미성숙한 혈육이 보내는 도움 요청 신호에 보다 낮은 반응 역치를 갖는다. 거의 확실하게 실패가 예정된 번식보다 불임 도움꾼이 되기로 선택하는 꿀벌 군락 일벌과도 비슷하게, 번식기 이후의 개체들은 혈육을 돕기 위해 수집을 계속한다. 가장 드문 상품에 해당하는 번식기 이후 암컷은 형편이 닿을 때 이상적인 대행 부모가 되며 다른 어미들을 도와 젖 뗀 자손을 보호하거나 자원을 공급해 준다.

암컷은 왜 번식기 이후에도 살아가는가

만약 달걀이 암탉이 다음 세대의 유전자 풀에 출현하는 것을 확실히 하기 위한 수단에 불과하다면, 암탉에게는 더 많은 달걀들로 쉼표를 찍으면서 영원한 삶을 계속 살아가는 것보다 나은 성공의 길이 무엇이 있겠는가? 놀랄 만큼 많은 수의 생명체들이 이러한 '미결정'의 수명을 누린다. 철갑상어를 비롯한 다른 경골어류(teleost)에서 어미는 오래 살수록 더 크게 자라고, 더 크게 자랄수록 점점 더 다산하게 된다. 긴 수명은 풍부한 캐비아라는 황금 척도로 측정 가능한 번식 성공으로 변환된다. 하지만 포유류 중에서 이런 종은 없다.

20세기의 가장 위대한 진화 이론가들(J. B. S. 홀데인, 피터 메다워 경, 조지 윌리엄스, 윌리엄 해밀턴)은 차례로 노화라는 수수께끼에 이끌리게 되었다. 동물들은 왜 계속 번식하지 않고 늙어 가며 죽게 될까? 각각의 이론가는 약간씩 다르지만 동일한 해답을 생각해 냈다. 포유류에서는 장기적으로는 해로운 영향을 끼치지만 단기적으로는 생존에 도움이 되는 특질들이 선택되어 왔다. 또는 해밀턴의 표현처럼 "일단 살고 나중에 대가를 치르기"를 선택한 것이다.

삶은 위험하다. 모든 유기체들은 조만간 무엇인가에 굴복하게 된다. 그것은 번개일 수도, 홍수일 수도, 적일 수도 있다. 진화론자들은 유기체의 생애 초기에 도움을 주면서 치명적 사건이 발생하기 전에 번식하는 것을 돕는 유전적 특성이 선택될 것이라고 계산한다. 그 특질이 생애 후반에 해로운 연계 효과(또는 "다면 발현(pleiotropic, 한 유전자가 여러 형질을 야기하는 현상. ─옮긴이)")를 미치게 되는 경우에도 말이다. 그렇다면 노화는 초기 성공의 부산물로 간주되어야 한다. 나중에라도 생식 세포계의 분열 과정에서 발생하게 될 돌연변이의 위험을 피하기 위해서인지, 여성들은 고정된 수, 즉 그들이 갖게 될 유일한 수의 난포(ovarian follicles)만을 갖고 태어난다. 50년 동안 천천히 소모되고 나면 활력 있는 난포들은 모두 사용되고 없다.

노화의 불가피함은 남아 있는 난포들이 쇠퇴하는 까닭과 그 결과로 체내에 순환하는 에스트로겐 수치가 낮아지는 까닭을 설득력 있게 설명해 준다. 이 사건은 건강한 인간 여성과 침팬지의 경우 50세 전후의 나이에, 사육되는 마카크의 경우 30세를 넘긴 나이에, 그리고 야생 상태의 비비의 경우 24세 무렵에 벌어진다.[12] 운이 극도로 좋은 야생 비비라면 27년 동안 살 수 있지만 폐경 한 해 전인 23세가 되면 불규칙한 생리 주기를 경험하게 된다. 이와 비슷하게 야생 사자들은 죽기 2년 전에 월경을 멈춘다. 일부 진화론자들은 죽기 전에 다가오는 주기의 중단, 즉 환경에 대해, 암컷에게는 난소가 신장, 심장, 그리고 다른 기관이 멈추기 전 '일찍 멈추는' 선택이 작용하고 있는 것은 아닌지 생각하게 되었다. 이 가설에 따르면 환경은 노화의 필연성에 대처하는 적응적인 해법의 하나다. 어머니들은 아기를 새로 낳는 것을 멈추고 마지막으로 낳은 자손들의 생존을 확실하게 만들 수 있을 만큼만 산다.[13)]

제인 구달의 '플로 할멈'은 '이른 중단'의 유용성을 설명하는 맥락에서 자주 인용된다. 이 침팬지 어미는 영아 시절에 죽은 마지막 새끼를 낳았을 때 이미 눈에 띄게 쇠약해져 있었다. 그 시점부터 플로의 끝에서 두 번째 자식인 플린트는 다시 어미에게 애착을 형성했다. 하지만 플로가 어느 날 쓰러져 다시 일어날 수 없게 되었을 때 (구달이 전혀 독립하지 못했다고 주장했던) 플린트는 낙담하여 몸져누웠으며, 그의 늙은 어미가 죽은 지 한 달 후에 죽었다. 만약 플로가 마지막 새끼를 낳지 않고 대신 남은 에너지를 플린트가 충분히 강해져 스스로 살아갈 수 있게끔 하는 데 썼다면 얼마나 좋았을까라는 질문을 하지 않을 수 없다. 결국 건강한 자식 하나가 죽은 자식 둘보다 낫다는 주장인 셈이다.[14)]

탁월한 이론가들, 특히 조지 윌리엄스, 리처드 알렉산더, 그리고 폴 셔먼은, 환경이 나이 많은 암컷이 플로와 같은 실수를 하지 못하도록 하기 위한 적응이라고 주장해 왔다. 이 늙은 어미들은 일찍 중단함으로써 마지막으로 낳은 새끼를 충분히 오래 돌볼 수 있게 되고, 이 마지막의 번식 사업이 성공적인 결말로 이어지는 것을 볼 수 있도록 해 준다. 만약 늙은 암컷이 환경을 통해 손자와 다른 혈육 역시 돌볼 수 있게 되면 훨씬 더 좋을 것이다. 이것은 "할머니 가설(the grandmother hypothesis)"이라는 제목으로 알려지게 된, 세 개의 뚜렷이 구분되는 가설 중 첫 번째에 해당한다. 이른 중단은 "신중한 엄마 가설(the prudent mother hypothesis)"이라고 부르는 것이 더 정확할 것이다. 죽기 얼마 전에 번식을 멈추게 되면,

딸의 자식보다는 자신의 자식을 도울 가능성이 더 크기 때문이다.[15]

· · · · ·

인간 여성의 번식력은 오래 사는 다른 영장류들과 마찬가지로 번식 주기를 처음으로 시작하는 초경 이후 점차 증가해 중년 초에 최대에 도달하며 이후 완전히 멈출 때까지 서서히 감소한다. 힘든 삶을 살아가는 여성들에게는 번식이 50세보다는 40세에 가까운 나이에 멈출 수 있다. 하지만 어디서건 오직 일부의 여성들만 50세 이후까지 번식을 계속하고, 60세를 넘겨서 번식하는 여성은 없다. 50세는 영장류 난소가 보증할 수 있는 최대 한계로, 여기에는 그럴 만한 이유가 있다. 이 나이는 알려진 한에서는 일정했고, 현대 그리스, 이탈리아, 캘리포니아 여성과 마찬가지로 고대 그리스나 로마의 여성들에게서도 불가피한 이정표가 되어 왔다.[16]

비교학적 관점에서 볼 때 이 예정표는 다른 유인원의 난소 수명과 관련된 정보와 일치한다. "일단 살고 나중에 지불하라."는 노화를 설명하는 논리로 받아들여져 있으며 여성의 번식 잠재력이 나이와 더불어 감소하는 이유 역시 완벽하게 설명한다(번식 잠재력을 전문 용어로 표현하면 번식가치(reproductive value)로, 특정 연령의 유기체가 다음 세대에 기여할 것으로 기대되는 유전적 기여도의 평균으로 정의된다.).

나이와 더불어 감소하는 인간의 번식력은 선천적인 결함 발생 빈도의 증가, 출산 실패율의 증가와 연계된다. DNA가 손상되지 않았더라도 세포질의 지지대가 되는 세포 구조는 결함이 생길 수 있다. 그 결과로 나타나는 번식 기능 손상은 번식 사업의 말기에 도달할수록 출산 간격이 더 길어지게 만든다. 늦둥이를 낳게 되면 아기에게 더 큰 헌신을 하기 때문에 출산 간격이 연장될 수도 있다.

만약 어머니가 아이를 보느라 완전히 고갈된 상태만 아니라면 나이가 더 많은 여성일수록 막내에게 더 각별한 사랑을 퍼붓는 것으로 악명이 높다. 사하라 남부 아프리카 전통 사회로부터 인도의 마을에 이르기까지 막내를 '망치는' 어머니들이 발견된다. 그 또는 그녀를 일컫는 데는 특별한 애정을 지칭하는 말이 쓰인다. 내가 자라났던 텍사스 한 지역에서는 막내를 "승무원실(열차 맨 끝에 달려 있는 칸)"이라는 애정이 담긴 말로 불렀다. 여기에 해당하는 케냐의 구시(Gusii) 사람들 말은 오모코구티(omokogooti)로, 나이 많은 여성이 낳은 막내를 가리키는 별명이다. 이 아이들은 모유를 더 오래 먹고 부드럽게 젖을 떼며 야단도 덜 맞는다.[17] 해밀턴의 법칙에 따르면 이렇게 나이(그리고 번식 가치의 감소)와 더불어 어머니의 이타성이 증가하는 현상은 예상될 수밖에 없다.

왜 나이 많은 여성은 그토록 자기희생적일까

나이와 더불어 감소하는 번식 잠재력은 번식 사업이 끝나 가는 어머니가 자신의 자손에게 스스로를 바치거나 혈육을 도와도 잃을 것이 별로 없다는 점을 의미한다. 많은 종에서(새끼에게 스스로의 몸을 내어 주는 자기희생적 거미 어미를 생각해 볼 수 있다.) 암컷들은 번식 가치가 감소할수록 점점 더 큰 이타성을 발휘한다.

랑구르원숭이는 나이를 먹을수록 자기희생을 강화할 뿐만 아니라 점점 더 영웅적이 되어 가는 나이 많은 암컷의 사례를 생생하게 보여 준다. 대부분의 사회성 포유류와 마찬가지로 암컷 랑구르는 평생 모계 혈육들과 함께 산다. 단단한 위계를 형성하는 마카크나 비비 암컷과 달리 랑구르 암컷의 순위는 생애에 걸쳐 상승했다 하락하는 변화를 보인다. 암컷들은 젊은 시절에는 사회적 사다리를 올라가고 번식 전성기에는 위계의 최고점을 차지하지만 이후 나이를 먹을수록 점차 경쟁에서 밀려나 아래쪽으로 내려간다. 어미 랑구르는 나이를 먹어 갈수록 출산 간격이 점점 더 길어지며, 결국에는 번식 자체를 중단하게 된다. 나이 먹은 랑구르는 점점 더 주변화되며 사회적으로 비가시화된다. 할리우드 주변에서 나이를 먹어 가는 아역 배우와 비슷하다.[18]

하지만 이웃하는 집단이 과일 나무를 비롯한 다른 제한 자원을 사용하기 위해 무리의 영토를 침범하거나 혈연관계가 없는 수컷이 침범해 혈육의 새끼를 위협하게 되면, 늙은 랑구르는 허약함의 껍데기를 벗어 버리고 영웅적으로 일어나 큰 위기에 맞서서 자손의 이해관계를 방어한다. 이때는 나이 들어 가는 아역 배우는 잊고 대신 완전무장한 전사를 떠올려야 한다.

그런 영웅으로 솔 할멈(old Sol)이 있었다. 나의 추정으로는 최소한 25세는 된 랑구르였다. 솔은 월경을 멈추었고 죽기 전 5년 동안 번식한 적이 없다. 솔은 집단의 주변부에서 고독한 삶을 보냈다. 그럼에도 불구하고 그림 11.4처럼 날카로운 이빨과 2배 큰 몸집을 지닌 수컷이 무리를 침범했을 때, 이 수컷과 위협받은 새끼 사이를 가로막고 계속 맞선 것은 솔이었다. 영아 살해자 수컷이 갓난아기를 낚아채 물고 도망쳤을 때 솔은 이 공격자를 쫓아가 몸싸움을 벌인 후 상처 입은 새끼를 찾아 왔다. 일시적인 위험이 지나가고 상처 입은 새끼가 엄마의 품으로 돌아가자마자 솔 할멈은 다시금 예의 소심한 모습으로 돌아갔다.

관절염을 앓는 늙은 암컷이 나이를 먹어 가며 주변화되는 현상은 그다지 놀라운 일은 아니다. 그보다 흥미가 당기는 것은 버림 받은 노약자에서 용감무쌍한 방어자가 된 솔의 변신이었다. 이 사건 전후로 나는 그 어떤 동물도 자신보다 명백히 강한 동물에게 맹렬하고 헌신적인 결단과 더불어 하룻강아지마냥 도전장을 던지며 맞서는 것을 본 적이 없다.

자연선택과 완경 이후 암컷들

나이와 더불어 증가하는 이타성(기금 모금자들이 "기증 의사"라 부르는 것)은 일부 종의 암컷들이 번식이 가능한 시점 이후까지 살아가도록 진화한 까닭을 설명하는 과정에서 결정적으로 중요할 수 있다. 하지만 보다 큰 이타성 그 자체만으로는 이 현상을 설명하는 데 충분치 않을 수 있다. 이 암컷들이 난소가 닳게 된 후뿐만 아니라 막내가 독립하게 된 시점을 지나서도 살아가도록 하는 선택이 작동하기 위해서는 세 개의 조건이 충족되어야 한다. 첫째로 혈육에 대한 기증 의사가 있어야만 한다. 그 다음으로는 보호나 자원 공급과 같이 늙은 암컷이 혈육을 위해 해 줄 수 있는 일이 있어야 한다. 마지막으로 늙은 암컷을 주변에 두는 데 필요한 비용이 벌충되어야 한다. 다시 말해 이 암컷은 늙은 랑구르와 마찬가지로 혈육과의 경쟁에서 벗어나 있거나, 또는 이용할 수 있는 식량의 전체 양을 증가시키는 한에서만 생존해 있어야 한다. 조건들이 더 잘 충족될수록 완경 후의 연장된 수명을 선호하는 선택이 존재할 것이다.

현재까지 의욕이 충만하고 나이 많은 혈육이 자손과 손자의 번식 성공을 증진시킬 수 있는지를 측정하려 했던 시도들은 뒤섞인 결과를 산출해 냈다. 야생 비비로부터 얻어진 자료는 할미가 집단에 있을 때(완경 여부와 번식력은 별도로) 일반적으로 이득을 가져다준다는 점을 보여 주었다. 하지만 할미가 완경 이후의 나이였다는 사실이 혈육의 번식 성공에 통계적으로 유의미한 증가를 가져오지는 못했다.[19]

그림 11.4 나이 먹고 노쇠한 '솔'은 보다 젊은 암컷 혈육들과의 갈등은 피했다. 하지만 이 사진에서 솔은 나이 많고 아직 번식 중인 또 다른 암컷과 함께 어미로부터 새끼를 낚아챈 성년 수컷 랑구르에게 도전하고 있다. 새끼의 몸이 수컷의 턱 주변에서 누더기처럼 펄럭이는 것을 볼 수 있다. 이 사진에서 가장 이상한 것은 두 방어자 모두 어미가 아니었다는 사실이다. 활력이 있는 젊은 암컷은 주변에 물러나서 해를 입게 될까 봐 피하고 있었다. 이 사례는 솔 할멈이 이 수컷이 자신의 무리에 있는 새끼를 공격하려고 할 때 훼방을 놓는 것을 목격했던 일곱 번의 사례 중 하나이다.

다른 암컷의 새끼를 데리고 다니며 직접 돌보는 방식으로 영아를 공유하는 종인 버빗원숭이의 사육 개체군에서 얻어진 자료는, 영아의 할미가 집단 내에 있을 경우 새끼의 생존율이 유의미하게 높다는 점을 보여 주었다. 하지만 마찬가지로 할머니 자신이 번식기 이후인지는 별로 중요하지 않았다. 외할미를 실험적으로 제거했을 때 딸의 번식 성공은 감소했다. 출산 간격은 길어졌고, 새끼를 낳았을 때는 (여전히 번식할 수 있는) 할미가 함께 있을 때보다 살아남을 가능성이 적었다. 이런 나쁜 효과는 딸 자신이 어리고 엄마 경험이 없을 때 가장 두드러지게 나타났다.[20]

· · · · ·

어미 또는 돌볼 의욕이 넘치는 다른 나이 많은 혈육이 함께 있으면

득이 된다는 점은 상당히 확실하다. 하지만 암컷이 스스로 번식을 계속하는 것보다 혈육의 자손을 돕는 데 헌신하는 것이 (다음 세대에서의 유전적 반영률의 관점에서 볼 때) 더 나은 상황은 언제인가? 나이 많은 암컷이 혈육에게 제공하는 이득이, 가능한 한 번식을 계속함으로써 얻는 이득보다 더 클 수 있다는 사실을 입증하는 증거는 거의 없다.[21]

번식기 이후의 장수: 적응인가, 주변적인 이득인가?

"일단 살고 나중에 갚는다."는 주장은 난소가 노화하는 까닭을 완벽하게 설명해 준다. 내 관심사에 한정해 볼 때, 이른 중단과 노화의 결합이 완경을 설명해 준다. 50년 정도가 지나면 여성에게는 생존력 있는 난자가 더 이상 없다. 하지만 이 사실은 인간 여성을 비롯해 다른 몇몇의 생명체들이 완경 후 단순히 몇 년이 아니라 수십 년을 사는 까닭은 설명해 주지 못한다.

완경 후까지 연장된 수명은 적응적인가, 아니면 오늘날의 여성들이 여느 때보다 안전하고 건강한 환경에 사는 결과로 나타난 부산물인가? 사람들이 주요 천적을 죽일 수 있게 되고, 지속적으로 이용할 수 있는 더 나은 식량을 마련하며 항생제를 발명해 낸 이상, 사람 역시 새로운 길들임의 부수적 효과로 안뜰의 가축들처럼 오래 살게 되었다는 추측은 완벽하게 합리적인 것처럼 보인다.

이것은 하나의 가능성이다. 하지만 완경 후 살아간다는 것이 그저 "길들임의 주변적 이득"이라는 제안 역시 그 자체의 문제를 안고 있다. 야생 코끼리와 같이 몸집이 크고 수명이 길며, 유대 관계가 긴밀한 사회 집단에서 살고, 다른 암컷의 새끼에게 젖을 물리는 것을 포함한 부모 대행 보살핌이 무척 중요한 종들은 어떤가? 80대의 수명을 누리는 다양한 수렵-채집자들은 어떤가? 어떤 수집자도 프랑스 여성인 진 칼망(Jeanne Calment)의 기록인 122.5년에 근접하지 못했다. 하지만 그런 수집자들은 중년을 넘겨 마지막 아기가 태어난 후에도 30~40년간을 활동적이고 건강하게 살아가는 일이 종종 있다. !쿵 유목민들 중 60세를 맞은 대부분의 사람들은 10년 정도는 더 살 것이라고 기대해 볼 수 있다.

사람은 코끼리처럼 내구성이 있는 종이다. 이는 영장류의 체중과 두뇌 크기가 수명과 맺는 상관관계를 추적한 연구 중 가장 포괄적인 연구가 내놓은 결론이다. 이 연구에 기초해 볼 때 인간이라는 영장류는 72년 정도 살게끔 설계되었다. 이 수명은 다른 어떤 유인원보다도 길고, 아이들을 다 키우기 위해 45세 전후의 나이에 마지막으로 출산하는 어미에게 필요한 것보다 상당히 긴 수명이다("일찍 멈추기" 가설("stopping early" hypothesis)).[22] 현재까지 가장 합리적인 결론은 완경 이후 생존이 현대적 삶의 부산물 이상이라는 것이다.

점차 드러나고 있는 증거들을 보면 장수에 관련된 유전자 및 배후에 있는 설계 요소들이 갖는 중요성을 훨씬 더 확신할 수 있게 된다. 진 칼망의 계보는 여기서 적절한 사례다. 연구자들이 이 프랑스 여성의 선조들을 추적하며 18세기 아를 근처에 있던 상점주 공동체로 거슬러 올라가 보자 4대 조부 중 32명이 장수하는 경향을 보였다. 비록 사고로 죽은 조상들이 있기는 했지만, 치명적인 퇴행성 질병에 쉽게 걸리게 하는 유전자들이 우연히도 없는 사람들이 분명 포함되어 있었다. 오래 지속된 삶을 산 이 프랑스 여성은 탁월한 유전적 행운을 만났고, 그녀의 남자 형제 또한 이를 물려받았다. 그 역시 97세까지 살았기 때문이다. 이보다 더 확실한 증거로는 쌍둥이에 대한 연구가 있는데 '이란성' 쌍둥이들보다는 동일한 혹은 '일란성' 쌍둥이들의 완경 연령이 더 비슷했다.[23]

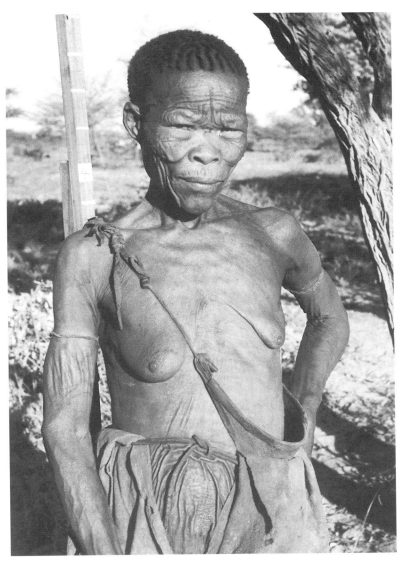

그림 11.5 수렵-채집자 유목민인 !쿵 사람들의 절반 정도가 15세가 되기 전에 죽는다. 하지만 성년까지 생존한 사람들은 늙은 나이까지 살 가능성이 높다. 인구 집단의 8퍼센트 정도가 60세 이상이었다. 그중 몇 사람은 80대까지 생존했다.[24]

60~70대 혹은 그 이상까지 연장되는 인간 수명에 대한 가장 그럴듯한 설명은 길들임의 주변적 이득보다는 더 오래 산 사람들의 유전자가 선택된 결과라는 것이다. 하지만 왜 그랬을까? 그리고 특히 번식 연령을 넘어서까지 살아가는 여성이 보게 되는 이득에는 어떤 것이 있을까?

· · · · ·

모든 영장류는 오래 사는 경향이 있다. 비슷한 신체 크기를 갖는 다른 포유류보다는 번식하고 죽기까지 25퍼센트 정도 많은 시간이 걸린다. 하지만 기준 자체가 느림에도 불구하고 수렵-채집자 여성이 성장기로부터 번식기로 전환되는 데 걸리는 19년이라는 시간은 길어 보인다. 모든 유인원이 50세 무렵에 번식을 멈추는 것을 감안하면 말이다.[25] 여성이 오랜 기간의 삶 동안 실제 번식하는 시간은 상대적으로 적은 편이다. 왜일까?

우리는 암컷이 혈육 근처에 남는 종에서 암컷은 나이를 먹어 감에 따라 점점 더 이타적이 되어 간다는 사실을 알고 있다. 핫자와 같은 사람들로부터 얻어진 자료에 기초해 볼 때 나이가 더 많은 여성은 일도 보다 열심히, 그리고 더 효율적으로 하는 것으로 드러난다. 그들은 자신이 소비하는 것보다 더 많은 식량을 채집해 마을로 돌아온다. 믿을 수 없을 만큼 균형 잡히고 강인한 몸을 지닌 할머니들, 50대 또는 60대에 있는 이 번식기 이후의 여성들은 수집하는 시간도 가장 길고, 덩이뿌리를 캐기 위해서 땅을 더 깊이 파며 딸기를 모으거나 식량을 가공하는 데 어떤 범주의 수집자들보다도 더 오랜 시간을 보낸다. 동기와 능숙함을 기준으로 보면, 대개 젖을 뗀 아이들을 데리고 있게 되는 나이인 30대 이후부터 보폭이 커진다. 그때부터 여성들은 일을 계속하며 아이 낳기를 그만둔 후에도 한참 동안 일을 한다. 그리고 자신이 보살펴야 하는 아이들이 없을 때면 잉여분을 대개 혈육에게 주어 버린다.[26]

젖을 뗀 직후 맞게 되는 취약한 삶의 단계에서 핫자 아이들은 번식기 후 혈육 여성(말 그대로 먹을 것을 파내 주는 이모나 고모, 할머니들)이 있기 때문에 체중 유지와 빠른 성장, 생존 가능성의 측면에서 유리해진다. 할머니는 중요한 부족 지식의 저장고이기도 하다. !쿵과 같은 사회에서는 노인들을 공경한다. 그들의 표현대로 "나이 많은 사람들이 삶을 선사한다."[27]

그럼에도 불구하고 그런 존경은 사치품이어서 언제나 기대할 수 있는 것은 아니다. 나이 많은 사람들에 대한 문화적 태도는 갓난아기에 대한 태도와 마찬가지로 다양하다. 노쇠한 사람이나 취약한 사람들에 대한 태도는 지역적 상황에 민감하게 반응한다. 예를 들어 사냥이 강조되는 사회(에스키모, 치피와이언(Chipewyan), 아체 등)에서 나이 많은 여성은 채집된 식량이 먹을거리의 상당 부분을 차지하는 !쿵, 핫자에 비해 더 낮은 지위를 갖는다.[28]

선천적인 이타성을 넘어서는 추가적 동기가 나이를 먹어 가는 수집자들의 근면성을 설명하는 데 도움이 될 수 있다. 일부는 버려지는 것을 비롯해 더 나쁜 상황이 닥쳐오는 것을 두려워하고 있을지 모른다. 아체 식단에서 고기는 무척 중요하기 때문에 나이 많은 여성들의 기여는 상대적으로 덜 중요하고 나이 많은 사람들에 대한 태도 역시 훨씬 덜 호의적이다. 아체 문화에서는 에스키모와 마찬가지로 안락사가 실행된다. 킴힐과 막달레나 허타도는 당시 70대 중반에 있던 늙은 사냥꾼과 나눈 놀랄 만한 인터뷰를 회상한다. 그는 숲 바닥에 쌓인 나뭇잎 위를 딛는 자신의 발자국 소리에 늙은 여성이 심장마비를 일으켰던 때를 더듬어 기억해 냈다. 그는 그 사회에서 더 이상 쓸모없다고 판단되는 나이 많은 여성을 제거하는 일을 위임받은 전문가였기 때문이다. 그의 묘사에 따르

면 작업 방식은 여성이 눈치채지 못하게 뒤에서 다가가 도끼로 머리를 내려치는 것이었다.[29]

오늘날 우리는 나이 많은 사람들이 가족에 기여하는 일을 그만둔 후에도 오랜 동안 보살핌을 받는 것을 당연하게 생각한다(그래서 나도 참 다행이다.). 하지만 가족 구성원의 기여분을 평가하고 그에 따라 인내심을 조정하는 인간 능력은 번식 연령 이후 수명이 혈연선택을 통해 진화한 과정을 모델링하는 과정에서 반드시 포함되어야만 한다. 그런 유연성이 없었다면 부과되는 짐 자체가 가족이 유지할 수 있는 수준을 초과하는 일이 자주 벌어졌을 것이다.

· · · · ·

현대적 할머니의 전형은 어린 혈육이 굶주리는 것을 막기 위해 꼭 필요한 큰 덩이뿌리를 짊어지고 있는 강인한 수집자보다는 크리스마스 선물을 들고 미소 짓는 백발의 숙녀에 가깝다. 우리의 문화는 남성 중심적이기 때문에 여성은 자신의 번식 능력(또는 성적 매력)에 따라 평가받고 가치가 매겨진다. 완경 후 여성이 어떤 기능을 담당할 수 있다고 생각하는 데 익숙한 사람은 거의 없다. 하지만 오늘날 미국에서는 400만 전후의 아이들이 주로 할머니의 손에서 길러지고 있다. 《뉴욕 타임스》의 최근 헤드라인은 이 상황을 이렇게 요약한다. "복지 예산이 줄어들수록 친척들의 부담이 늘어난다. ─ 지쳐 있는 밀워키 할머니들이 중압감을 털어놓다."[30]

사회학자 알린 제로니무스(Arline Geronimus)는 심지어 도움이 되는 할머니의 존재가 교육을 받기 힘든(그리고 안 좋은 결혼을 하거나 취직 전망이 어두운) 젊은 여성들로 하여금 피임을 무시하고 이른 나이에 임신할 가능성을 높인다는 추측까지 내놓았다. 이 반직관적인 논리에 따르면, 불리한 조건에 놓인 소녀는 아직 건강하고 성병이 가져오는 최악의 결과로부터 상대적으로 자유로우며, 그리고 무엇보다 어머니나 할머니가 주변에 있어 아이 기르는 일을 도와줄 수 있는 한, 아이를 낳는 것이 나름의 장점이 있다는 점을 의식적으로나 무의식적으로 감지하고 있다. 다른 사람들은 할머니가 얻게 되는 심리적 이득을 강조한다. 여성이 늙은 나이로 인해 감수해야 하는 낙인을 고려해 볼 때, 나이를 먹어 가는 여성은 손자 기르는 일을 도움으로써 자존감을 향상시킬 수 있고 시간과 에너지 차원의 비용이 상당 부분 상쇄될 수 있을지 모른다. 이러한 경향이 오래된 것이라는 점을 생각하는 서구인은 거의 없다.

오늘날의 서구 사회에서 벌어지는 일은 아니지만 세계와 역사 속의 다양한 지역에서는 할머니들이 맡는 특별한 역할이 제도화되어 있었다. 할머니들은 종종 자손의 번식 이해관계를 우선시할 것으로 기대된다. 19세기 일본에서도 그랬다. 일본의 도쿠가와 시대에 여성의 번식 수명은 장남이 결혼할 때 끝났고, 본인의 완경 도달 여부와는 무관했다. 여성은 여전히 남편과 한 집에 살았지만 이제는 아들의 것으로 여겨지는 가정에서 출산한다면 추문을 불러일으킬 수 있었다. 에너지는 장성한 아들이 자신의 차례를 맞아 최고의 상속자를 생산하는 데 집중될 것으로 기대되고 있었다.

우리 할머니들의 시계

모든 유인원은 느리게 자란다. 하지만 큰 두뇌를 지닌 인간이 가장 오래 걸린다. 특히 인간 어린이는 필요한 영양소를 훨씬 더 길고 긴 시간 동안 의존한다. 젖을 뗀 침팬지와 고릴라 새끼는 스스로 식량을 찾는다. 젖을 뗀 인간 아동은 가능한 경우에도 일부만을 구할 수 있을 뿐이다. 인간 여성은 가공된 이유식 덕분에 다른 유인원에 비해 빨리 젖을 뗄 수 있기 때문에, 인간의 아기는 5년이나 그 이상 간격을 두고 태어나는 게 아니라 단지 몇 년의 간격만을 두고 태어난다. 이는 인간 어머니에게 다른 유인원 어미는 짊어질 필요가 없는 짐을 떠맡긴다. 자신에게 의존하는 아이를 동시에 여럿 데리고 있게 된다는 것이다. 한 명의 여성이 이 곤경을 어떻게 헤쳐 갈 수 있을까? 이처럼 의존적인 아이들을 좁은 출산 간격을 두고 낳으면 성년까지 길러 낼 수 있는 가능성이 낮아지는 듯 보이며, 비용도 많이 들 것이다. 왜 이런 사업에 착수해야 할까? 이 질문들은 우리를 인간과 다른 유인원들 사이에 놓인 커다란 차이로 다시금 데려간다. 즉, 훨씬 긴 우리의 완경 후 삶이라는 문제로.

행동 생태학자들이 인간 여성과 다른 유인원 암컷의 차이를 연구하게 되자, 여성 번식 사업의 끝에 이어 붙여진 완경 후 삶의 단계는 정착에 따른 최근의 부산물이거나 주변적인 이득 이상의 것처럼 보이게 되었다. 크리스틴 호크스, 제임스 오코넬, 닉 블러턴-존스를 포함한 학자들의 일부가 생애사 이론(life-history theory)을 전공한 생물학자 에릭 샤르노프(Eric Charnov)에게로 관심을 돌렸다. 이들은 샤르노프가 "불변의 법칙"이라고 불렀던 것을 통해 포유류의 생애 단계들이 연결되는 방식을 보며, 긴 수명을 한 꾸러미를 이루는 통합 요소의 하나로 생각하기 시작했다. 만약 삶이 길게 지속될 가능성이 크다면 번식을 시작하기 전에 더 긴 시간 동안 성장하는 모험을 감행해 볼 가치가 있다. 오래 사용할 기계 장치를 조심스럽게 조립하는 수고를 떠맡는 것과 마찬가지다. 포유류는 덩치가 더 크고 더 오래 살수록 성숙하는 데 더 오래 걸린다(확립되어 있는 전통에 따르면 모든 생애사 모델은 번식하는 암컷을 기준으로 조정된다.). 아주 늦게 성숙에 도달하는 사치는 코끼리와 같이 오랜 동안 살아 있을 수 있는 존재들에게 우선적으로 이용될 수 있다. 이것은 들쥐처럼 어느 때든 잡아먹힐 수 있을 만큼 작고 연약한 생물은 느린 성숙을 선택할 수 없는 이유를 설명해 준다. 서서히 자라는 다른 유인원들은 마찬가지 논리에 의해 보다 일찍 죽을 것이기 때문에 인간보다 빨리 성숙한다.[31] 특별히 긴 인간의 아동기를, 완경 이후 할머니로 보내는 시절이라는 할당량이 포함된 긴 수명의 통합 요소라고 보게 되면, 인간과 다른 유인원의 생애사적 차이를 이해하는 데 도움이 된다.[32] 이 모델을 다른 형태의 "할머니 가설"과 구분하기 위해 "할머니 시계 가설(grandmother's clock hypothesis)"이라고 부르려 한다. 다른 할머니 가설들은 단순히 완경 자체를 설명하려 시도할 뿐 완경 이후의 긴 수명을 설명하는 것과는 다소 무관하기 때문이다. 이 가설은 인간을 더 이상의 번식이 불가능한 시점 이후까지 살게 하는 유전자뿐만 아니라, 성숙을 지연시키는 통합적인 신진대사 조절도 선택될 것이라고 가정한다. 이 가설에 따르면 긴 아동기는 남성-수렵자(man-the-hunter)의 선물이 아니라, 모든 성장 단계, 성숙, 노화, 죽음이 상호 연관된 긴 수명의 생애사적 전주곡에 해당한다. 완경 이후에도 할당된 긴 시간을 이렇게 넓게 정의하면 이 시간은 인간이라는 유기체의 **번식** 계획을 통합적으로 구성하는 요소가 된다.

인간이 느리게 성숙하도록 프로그래밍하는 신진대사 시계는 어미가 더 오래 살도록 하는 선택압에 **이미** 노출되어 있는 영장류 비슷한 종에서만 진화할 수 있었을 것이다. 이는 어미가 마지막 자손을 독립시킬 만큼 충분히 오래 살도록 하는 선택이 먼저 이루어진 다음, 어미의 이타성이 가까운 혈육의 생존율을 증진시켜 선택되는 경우에 벌어지는 일일 것이다.

그렇다면 옛날 옛적에 운 좋게 상보적 유전자 조합을 가진 헌신적인 수집자가 있었다고 가정해 보자. 그녀는 표준 품질의 유인원 난소가 다 닳게 되는 일반적 시점을 지나서도 살아갈 수 있었을 것이다. 그녀는 능률적인 수집자였고 이미 혈육을 돕는 경향을 지니고 있었기 때문에, 자신의 딸(또는 아들이나 남자 형제의 짝)이 새로 아기를 낳음으로써 최근에 젖을 떼게 된 손자들에게 잉여 식량을 공급했을 것이다. 따라서 이들 혈육 사이에 공유되는 장수 유전자들이 다음 세대에서 확률보다 높게 출현해, 60세 혹은 70세까지 살아가는 여성의 계보를 이어 갔을 것이다.

이러한 시나리오를 즐길 의사가 있는 사람들이라면 긴 유년기가 최초로 등장했던 곳이 호모 에렉투스 암컷이 보다 몸집이 커졌을 무렵에 생긴 화석 기록이라는 사실을 흥미롭게 생각할 것이다. '큰 어머니'들은 여러 가지 이유에서 더 좋은 어머니가 된다. 큰 아기를 보다 안전하게 출산할 수 있고 더 잘 지킬 수 있으며 먼 거리를 더 능률적으로 이동시킬 수 있다. 힘도 더 세기 때문에 땅을 파거나 수집한 식량을 나르는 일 역시 더 손쉬웠을 것이다. 따라서 호미니드 암컷이 혈육에게 보다 오랜 시간 동안 자원 공급을 해 줌으로써 '재생산적으로 생산적인' 삶을 영위하고 있었다면, 호미니드는 보다 오랜 기간 동안 자라나고 몸집이 더 커지는 사치를 누릴 수 있었을 것이다.

오랜 동안 고생물학자들에게는 이용할 수 있는 식량을 더 늘리거나 거듭되는 기근을 버텨 내게 하는 어떤 변화가 170만 년 전에서 50만 년 전에 이르는 기간 동안 호미니드 경제에서 일어났을 것으로 추측할 만한 충분한 이유가 있었다. 그런 개선이 없었다면, 호모 에렉투스 암컷의 몸이 더 크게 진화했다는 사실을 설명하기가 어려워진다. 식량을 더 잘 이용할 수 있는 기술적 혁신이 이뤄졌을 수도 있다. 불을 이용한 조리뿐만 아니라 채집과 사냥 기술 모두가 그런 혁신을 구성했다고 제안되었다. 하지만 내가 좋아하는 가능성은 (호크스의 표현을 따르자면) 번식기 이후

그림 11.6 60대 나이의 강인한 핫자 여성이 뛰어난 기술과 탁월한 근면성 덕분에 가능한 채집력을 발휘하며, 아래 있는 덩이뿌리를 파내기 위해 무거운 바위를 옮기고 있다.

채집자들이 혈육에게 공급해 주었던 일종의 "적응도 노다지"로부터 비롯된 혁신이다.[33]

　기원에 대한 가설은 검증하기가 어렵기로 악명 높다. 이 가설 또한 여전히 너무나 새로운 것이어서 검증하려 시도해 본 고고학자나 민족학자는 거의 없다. 하지만 할머니 가설의 생애사 판이 유효하다면 슬기로운 호모(호모 사피엔스. ― 옮긴이)가 진화하게 된 경위를 설명하는 매우 다른 경향이 될 것이다. 문제는 핫자에서 기록된 할머니 자원 공급의 전형적인 양상이 아프리카 수집자들에게 얼마나 일반적인지에 달려 있다. 나이 많은 여성 친척들은 보다 긴 인간 수명이 진화하고 있던 단계에서 어린 혈육을 굶어 죽지 않게 하는 데 도움을 주었던 것일까?

　기존 모델에 따르면 인간 남성이 사냥꾼으로서 거둔 성공은 짝을 얻고 자손에게 자원을 공급할 때 이점을 제공했다. 어머니는 아버지가 가져다주는 식량에 의존할 수 있었기 때문에, 큰 대가를 요구하는 긴 의

존 기간 동안 두뇌를 키우고 발달할 기회가 있었던, 보다 늦게 성숙하는 아기들을 감당할 수 있었다. 하지만 생각해 보자. 조금 더 똑똑해짐으로써 얻게 되는 이득이 오랜 시간 성숙을 지연시킨다는 매우 확실한 비용을 벌충할 만큼 큰 것이었어야만 한다. 만약 소년이나 소녀가 사춘기 이전에 죽는다면 어떻게 될 것인가? 이런 일은 자주 생긴다. 빨리 성숙하는 서투른 아이들이 느리게 발달하는 동시대인을 경쟁에서 제패했다면? 하지만 만약 호모속의 구성원이 이미 느리게 성숙하게 된 상태였다면 길고 느린 두뇌 성장, 발달, 그리고 학습 기간은 보다 큰 개연성을 지니게 될 것이다.

개체군 내에서 다른 이들보다 약간 더 똑똑할 뿐인 호미니드가 된다는 것 자체가 자그마치 20년이나 번식을 지연하는 데 따르는 위험을 상쇄할 수 있었다고 상상하기란 어렵다. 이와는 대조적으로 번식 연령을 넘어서도 생존함으로써 얻을 수 있는 이득은 분명하고 즉각적이다. 특히 이미 혈육을 돕는 데 몸 바칠 각오가 되어 있고 그들의 생존이 증진되도록 기여할 수 있는 무언가를 할 수 있는 위치에 있었던 암컷들에게는 더 그렇다. 느리게 성숙하는 존재에게는 번식을 미루는 대신 조금 더 똑똑해지는 것이 합당한 대가가 되지 못한다. 하지만 어떤 이유로든 유년기가 이미 긴 상태였다면 초기의 작은 이득만으로도 충분했을 것이다.

오랜 삶, 그리고 오랜 유년은 호미니드의 방정식을 바꿨을 수 있다. 보다 뛰어난 지능이라는 작은 번식 보상은, 지연된 성숙이라는 엄청난 비용을 완전히 보상할 필요가 없는 세상에서는 슬기로운(sapient) 두뇌의 선택에 충분했을지도 모른다. 그러한 삶에 대해서 확신을 갖고, 나는 느리게 성장한다, 고로 나는 생각한다라고 말할 수 있을 것이다. 나는 느리게 발달한다, 에르고 코기토(ergo cogito).

12장

비자연적인 어머니들

"내가 아기를 어떻게 느꼈는지 모르겠어요. 꼭 미워하는 것 같은 느낌이 들었어요. 어깨를 짓누르는 무거운 짐 같았어요. 울음소리가 뚫고 지나갔을 때 그 작은 손과 얼굴을 쳐다볼 엄두도 내지 못했어요……."

― 조지 엘리엇의 소설 『애덤 비드』(1859년)에 등장하는 헤티의 고백

홍적세를 살던 젊은 여성들 중 누구도 오늘날의 많은 12살 소녀만큼 빨리 초경에 도달하거나 10대 초반에 임신하지는 못했을 것이다. 10대 중반에 임신하는 것조차 흔치 않은(화려하게 좋은) 조건 속에서만 가능했을 것이다. 수집자는 타인의 영양 보조를 통해서만 그렇게 일찍 성숙할 수 있었을 것이다. 하지만 현대 세계에서는 아이 기르는 일을 도와주는

사회적 지원 네트워크가 없어도 배란하기에 충분한 지방을 갖는 일이 가능하다.

그렇다면 배란을 할 수 있을 만큼 잘 먹은 미혼의 10대가 사회적 지지를 못 받는 상황에서 임신한 사실을 깨닫게 되었다면 무슨 일이 벌어질까? 소설가 조지 엘리엇이 이 주제를 탐구한 최초의 작가 중 한 명이다. 엘리엇의 가상적 사례 연구는 정신 의학자들과 병리학자들이 그 이후 알아낸 사실과 일치한다.

신생아 살해 사례 연구

엘리엇의 1859년 소설 『애덤 비드』는 풍만하고 예쁘며 자기도취적인 젖짜는 소녀 헤티 소렐이 성숙하게 되는 과정을 추적한다. 헤티는 존경받는 부유한 이모와 함께 사는 고아로, 지역 유지에게 유혹당한 후 임신하게 된다. 헤티는 혈육의 지지가 없었기 때문에 스스로 임신 사실을 인정하지 않으며 타인에게 숨기려 하고 임박해 오는 출산에 전혀 대비하지 않는다. 간단히 말해 헤티는 오늘날의 정신과 의사들이 신생아 살해(neonticide)의 주요 위험 요인으로 인식하는 것을 드러낸 셈이다[1].

학교 무도회 도중 화장실 칸막이 안에서 출산하고 쓰레기통에 아이를 버린 것으로 오명을 떨친 한 뉴저지 10대처럼 헤티는 비밀스럽게 홀로 출산한다. 할 말을 잃고 혼란에 빠진 헤티는 출산이 발각되지 않을까, 나쁜 결과가 생기지는 않을까, 미래를 망치게 되는 것이 아닐까 하는 두려움 이외에는 아기에 대해 아무것도 느끼지 못하는 상태였다. "나는 그걸 숲 속에 묻었어요.…… 그 작은 아기를…… 울었죠.…… 우는 소리를 들었어요.…… 하지만 나는 그게 죽지 않을 것이라고 생각했어요.

누군가 찾아낼지도 모르니까요. 내가 죽인 게 아니에요. 내가 직접 죽인 게 아니라고요."[2]

출산 직후 아기가 터뜨리는 울음은 드물게 강력한 청각적 자극이었을 것이다. 어머니를 '관통'했을 만한 것이었을 수 있다. 서로 다른 번식 단계에 있는 여성들을 비교해 본 결과, 아기가 젖꼭지를 자극하기 이전에 이미 아기를 버리는 어머니는 호르몬 수치가 변경될 수 있다는 사실이 드러났다. 새로 출산한 오늘날의 어머니들에 대한 연구 결과를 참고해 보면, 헤티는 아이가 첫 목소리를 냈을 때 심박동이 가속되고 울음이 거세어지면서 느려졌다가 다시 증가하며 심박동과 땀 분비 모두에 변화가 있었을 것이라고 추측해 볼 수 있다. 이 변수들은 피부의 전기 전도도를 통해 측정할 수 있다. 불안한 상태의 사람이 거짓말을 할 때와 마찬가지로 거짓말 탐지기의 그래프가 상승하는 반응을 보이게 된다.[3]

엘리엇은 헤티를 비도덕적이고 감정적으로 얄팍하지만 다른 상황에서는 건강한 사람인 것처럼 묘사한다. 헤티는 육체적으로 사랑스럽고 젊은 인간이라는 동물로, 착란 상태에 있다기보다는 자신이 책임을 지고 싶지 않은 아기에 대해 특별한 정서적 거리감을 느꼈던 것일 뿐이다.

논쟁적인 주제

임신한 10대의 곤경을 그린 엘리엇의 묘사는 드문 만큼이나 현실적이었다. 사회적인 지지가 없는 10대 어머니에게 태어난 갓난아기는 특히 더 큰 위험에 처해 있다.[4] 하지만 그때의 어머니들은 지금과 마찬가지로 자연적인 양육 성향을 갖는다고 가정되었다. 자신의 갓난아기를 죽이는 여성이라면 틀림없이 정신 착란을 일으켰다는 것이다.

광인 범죄자를 위한 영국 국립 수용소인 브로드무어(Broadmoor)의 20세기 초반 수용 기록을 참고해 보자. 1902년에서 1927년 사이 수감된 여성의 48퍼센트는 영아 살해를 저지른 여성이었다.[5] 오늘날도 여전히 모성적 헌신은 정신 건강과 같다고 간주된다.[6] 하지만 헤티는 미친 것이 아니다. 단지, 어린 나이에 좋지 않은 상황에서, 또는 대행 어머니의 지원이 부족한 상황에서 출산한 어머니에게 발견되는 모성 반응 연속체의 말단, 즉 투자하지 않는다는 선택을 하게 되었을 뿐이다.

자기 자신의 갓난아이를 죽인다는 것은 전혀 용납이 안 되기 때문에 혈연관계가 없는 갓난아기에게 잔혹하게 대하는 남성보다 더 이해받지 못한다. 그래서 어머니의 행위를 고의적인 갓난아기 살해로 구분해 놓고, 그 행위와 기능적으로 연관된 어머니의 상황과 분리시켜 생각하는 경향이 있다. 유아 살해를 정신 착란으로, 그리고 범죄(물론 모든 현대 사회에서 그렇듯)로 취급할 때면 근저에 있는 동기를 감추게 될 가능성이 높다.[7] 많은 사람들은 여러 어머니들이 갓난아기에 대한 투자에 관해 느끼는 양가적인 감정을 "부자연스러우며" 따라서 매우 드물고, 보다 흔하거나 "정상적인" 모성 감정과 완전히 구분된다는 신념을 고수하려는 덧없는 지푸라기에 매달린다. 한편으로는 새로 아기를 낳은 어머니가 갓난아기에 대해 유지하는 일반적인 거리감, 다른 한편으로는 비극으로 끝나게 되는 모성 결속(maternal bonding)의 극단적인 실패 사이에는 어떤 연관 관계도 설정되지 않는다. 영아 살해가 (이교도국이 되었든 어디든 아무튼 다른 곳에서) 벌어진다는 사실을 받아들이는 사람조차 문명화된 사람들 또는 기독교인 사이에서 그런 일이 자연적으로 벌어진다는 사실은 받아들이기를 꺼린다.

인간 말종의 행동이라는 식으로 도덕적인 타협을 보는 일을 제외하고는 우리와 같은 생명체에서 나타나는 영아 살해를 인정하기 꺼리는

그림 12.1 출산 직후 신생아를 죽이는 어머니와 달리, 더 나이 많은 아이를 죽이는 어머니는 정신병을 앓고 있거나 자살하려는 의도를 갖거나 또는 이성이 마비될 만큼 절망적인 상황에 있을 가능성이 크다. 영아인 딸과 더 나이 많은 아들 둘을 살해한 "현대의 메데아"인 마거릿 가드너 (Margaret Gardner)가 그 사례에 해당한다. 그녀는 다른 노예들과 함께 탈출하려다가 붙잡혔다. 아이를 죽이거나 노예로 만드는 것 사이에서 마거릿 가드너가 택한 끔찍한 선택은 토니 모리슨 (Toni Morrison)의 소설 『빌러비드(Beloved)』의 주제였다.

태도가 서구 역사에서 산발적으로 출현한다. 갓난아기가 '사고로' 자신을 보살펴 주는 사람에 의해 질식사했을 경우 깔고 눕기(overlaying)라는 완곡하고 두루뭉술한 용어가 사용되곤 했다. 가령 15세기 피렌체에서는 유모가 돌보고 있던 갓난아기가 사망한 경우 그중 15퍼센트가 이 유형의 불운으로 돌려지곤 했다. "깔고 눕기"를 액면 그대로 받아들인 18세기의 한 의사는 브리튼 사람들에게 새 발명품인 피렌체 아르쿠치오 (Florentine *arcutio*), 즉 여성이 아기를 침대에서 사고로 질식사시키는 것을 방지하려는 목적으로 고안한 약 3자 크기의 나무 칸막이 장치를 사용하라는 조언을 내어 놓았다. 이탈리아의 유모들은 파문의 위협 속에서 이 장치를 사용할 의무를 짊어지게 되었다.[8]

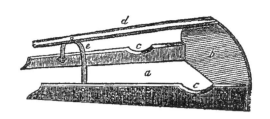

그림 12.2 피렌체 아르쿠치오.

하지만 아르쿠치오가 차이를 만들어 냈다는 증거는 없다. 코로너 보고서는 1855년에서 1860년에 이르는 기간(조지 엘리엇이 헤티 소렐을 묘사하고 있었던)에 대해 3,900건의 사망을 열거하고 있는데, 그 대부분이 "깔고 눕기"로 인한 신생아의 죽음이었다. 이들 사건 중 1,120건은 잇따르는 검시에서 살인으로 간주되었다.[9] 그때에도 아마 지금과 마찬가지로 함께 자다가 아기를 질식사시키는 경우는 드물었을 듯하다(더 딱딱한 매트리스를 사용하게 하거나, 아기를 돌보는 사람에게 아편 복용을 금지하는 것이 이 성가시고 기묘한 장치를 처방하는 것보다 **진짜** 사고를 막는 데 훨씬 효율적이었을 것이다.).

아르쿠치오가 발명된 지 한참 후에도 18세기 영국에서 발생한 갓난아기 사망 수천 건이 여전히 깔고 눕기 탓으로 돌려졌다. 오늘날의 의사와 검시관들은 영아 살해임이 상당히 명백한 사건들을 새로 만든 완곡한 포장용 단어 아래 밀어 넣는다. 이른바, 영아 돌연사 증후군(unexplained sudden infant death syndrome, SIDS)이다. 일부 아기들(약 1,000명 중 1명)은 의심의 여지없이 설명 불가능한 이유 때문에 자연 발생적으로 호흡을 멈춘다. SIDS의 많은 사례들은 심박동 리듬 결함 때문일 수 있다.[10] 하지만 다른 경우라면 냉소적인 형사나 검시관, 그리고 소아과 의사들 중 이 사실을 달갑게 받아들이는 사람은 거의 없다.

영국에서는 가계를 따라 전수되며 영아의 호흡을 갑자기 멈추게 한다는 가상적인 유전 특질을 찾는 데 실낱 같은 희망을 걸었다. 그러나 사태를 의심하고 있던 소아과 의사 한 명이 그 정당성을 인정할 수 있을 사생활 침해를 통해 대규모의 부질없는 노력에 종지부를 찍었다. 런던 병원에서 수년에 걸쳐 경찰과 연계해 일하고 있던 군의관이 수면 중 반복적으로 겪는 질식 때문에 입원하게 된 갓난아기를 어머니가 비밀리에 질식시키려 하는 장면을 촬영했던 것이다. 미국에서는 널리 공론화된 1995년의 와네타 호이트(Waneta Hoyt) 살인 공판이 동일한 효과를 가져왔다.[11]

호이트 부인은 뉴욕 주에 거주하는 가정주부로 심각한 정서적, 경제적 문제를 지니고 있었다. 신생아 넷과 그보다 나이 많은 영아 한 명이 연속적인 죽음을 맞았고 사인은 SIDS 탓으로 돌려졌다. 호이트 사건에서 놀라운 측면 중 하나는, 그토록 많은 사람들이 의심을 표하다가 결국에는 번복해 버리고 말았다는 것이다. 와네타 호이트의 주변인들은 의심을 드러내서 그녀의 감정을 상하게 하는 것을 꺼렸다.

이 사건은 댈러스 시에 살던 보기 드물게 무뚝뚝한 여성 전문의가 가족 내 SIDS 진단이 통계적으로 얼마나 흔한 일인지를 시러큐스 시 형사에게 언급하지 않았다면 재판까지 가지도 못했을 것이다. 그녀는 형사에게 사람들은 원하는 대로 믿고, "어머니가 자신의 아이에게 그와 비슷한 어떤 일을 할 수 있다는 사실을 믿지 않는다."고 이야기했다.[12]

영아 돌연사 증후군으로 죽게 될(1970년) 호이트의 다섯 아기 중 넷째는 죽기 며칠 전 "수면 중 질식 상태"로 병원에서 관찰받고 있는 중이었다. 그때쯤 소수의 정신과 의사들이 의료진에게 SIDS의 **확정 불가능한 일부**가 영아 살해일 수 있다며 경고하고 있었다.[13] 병원에 있는 여러 간호사들은 이 어머니가 자신의 갓난아기에게 보이는 무관심, 그리고 호이트 부인이 '몰리'와 단 둘이 있을 때 신체적으로 거의 접촉하지 않으며 젖병으로 젖을 먹일 때조차 아이를 절대 끌어안지 않는다는 사실에 대해 걱정하기 시작했다. 한 간호사는 몰리 호이트의 진료 기록부에 "나는 오늘 오전 (담당 의사와) 아기가 걱정된다는 이야기를 나눴다.…… 내 생각에는 어머니와 아기 사이에 상호 작용이 전혀 없다.……" 다른 간호사는 SIDS 연구팀장에게 "나는 그 엄마가 행동하는 방식이 마음에 들지 않아요.…… 모성 본능이라곤 전혀 없죠. 그 엄마는 정말로 아기 때문에 귀찮은 게 싫어서 아기를 밀쳐 내려는 것처럼 보여요."[14] 하지만 결국은 쓸모없는 일이었다.

호이트 사건은 자신이 총애하는 SIDS 이론을 어떤 대가를 치뤄서라도 증명하려 하는 의학 연구자들이 시야 협착증이라며 무시한다고 해서 지나칠 일이 아니다. 너무 많은 사람들이 너무 많은 것을 무시해야만 했다. 어머니가 자신의 갓난아기에 대해 어떤 느낌을 가져야만 하는지를 기정사실로 받아들였던 것이다. 와네타 호이트는 다섯 번째 아이의 사망 이후 2살 반 된 아기의 입양을 신청했고, 부부가 함께 그 아이를 성공적으로 길러 냈다.

"반복적인 질식을 나타내는 아이들의 일부가 교살되었다는 제안은 (여전히) 분노나 회의를 불러일으키는 경향이 있다."고 로이 미도(Roy Meadow)가 슬프게 언급했다. 미도는 진실을 알 수 있는 위치에 있었다. 그는 27명의 어머니가 갓난아기의 호흡 장애를 '만들어 내는' 장면을 몰래 촬영한 소아과 의사였다. 잘못 판별된 SIDS 사건이 물려준 불행한 유산은, 자신의 갓난아기가 판별하기 힘든 진짜 자연적 원인에 의해 죽게 된 부모들이 아기의 죽음이라는 비극에 보태 이전에는 상상도 못한 가능성에 눈을 돌린 의료진의 부당하게 의심하는 눈초리에까지 맞서야 한다는 것이다.

인간 외 영장류에서 벌어지는 영아 살해를 연구하는 동안, 나는 이 주제가 얼마나 큰 감정적 부담을 줄 수 있는지를 가장 내밀한 방식으로 알게 되었다. 박사 학위를 마친 1년 후인 1976년 나는 워싱턴 D. C.에서 미국 인류학회 연례 회의에 참석하고 있었다. 체질 인류학(physical anthropology)의 노장 중 한 사람이 맨 앞줄에 앉아서, 영아 살해가 영장류에서 오랜 동안 벌어지고 있었으며 특정 조건하에서는 병리적이기보다는 적응적인 행동일 수 있다고 결론을 내리게 만든 증거들을 제시하는 나의 발표를 듣고 있었다. 나는 어머니에 대해서는 이야기를 꺼내지도 않았고, 번식 체계 외부로부터 온 혈연관계 없는 수컷이 경쟁자가 낳은 갓난이들을 죽이는 현상에 대해 이야기하고 있을 뿐이었다. 나는 "자손은 어떤 종에서든 종의 생존을 지속하기 위해 필수적입니다."라고 말문을 열었다. "처음에는 갓난이의 생존에 기여하지 않는 행동이 선택된다는 증거를 찾게 되는 것이 놀라워 보였습니다. 더 이상한 것은 갓난이의 생존을 실제로 감소시키는 행동이 선택된다는 점을 발견했다는 것이었습니다."

말하는 동안 나는 그 노장의 안면 근육이 긴장되고 턱이 굳게 다물리는 것을 눈치챌 수 있었다. 내 발표가 끝났을 무렵 그는 갑자기 일어나서 청중들 쪽으로 고개를 돌렸다. 그는 다른 곳에 사는 랑구르원숭이였다면 내가 서술한 방식으로 행동하지 않았을 것이라고 공표했다. 이 원숭이들은 "정상이 아니었다." 그는 후에 미국 심리학회 학술 대회에서 내가 연구했던 원숭이들이 정신 착란을 일으켰다고 청중 앞에서 이야기했다. 그날 그는 내가 답변을 하고 있는 동안 중앙 복도를 걸어 내려가 문 밖으로 나갔다. 《아메리칸 사이언티스트(*American Scientist*)》에서 다른 인류학자 한 명은 이것이 "정상적인 원숭이가 맞나?"라고 질문했다(바로 이것이 이 서신 기고의 제목이었다.). 모든 사람이 동물은 자신의 종을 영속시키기 위해 번식한다고 알고 있기 때문에(집단 선택은 당시 여전한 권세를 누리고 있었다.), 그녀의 주장에 따르면 정상적인 동물이라면 누구도 갓난아기를 고의적으로 죽이지 않을 것이라고 했다. 내가 보고했던 수준의 영아 살해 사망률이라면 "적응 아닌 파괴"만을 드러낼 수 있을 뿐이었다.[15] 종을 이롭게 하지 않으므로 병리적인 행동이 틀림없다는 것이다.

인류학 내에서 이 논쟁은 여전히 계속되고 있다.[16] 어미가 자신의 새끼 무리를 솎아 내고 어린것을 버리거나 잡아먹는 일련의 조건들, 그리고 심지어는 혈연관계가 없는 수컷이나 경쟁자 어미가 새끼의 취약성을 이용하는 광범위한 상황이 존재한다는 사실을 생물학자들이 당연하게 받아들이게 했던, 풍뎅이, 거미, 물고기, 새, 생쥐, 땅다람쥐, 프레리독, 늑대, 곰, 사자, 호랑이, 하마, 그리고 들개로부터 얻어진 증거가 오랜 동안 축적된 이후에도 말이다. 우리와 같은 영장류에서 벌어지는 영아 살해가 진화된 행동이며, '정상적인' 행동의 범위를 벗어나는 게 아니라 번식 과정에서 직면하게 되는 딜레마를 해결하기 위한 개체들의 적응적 행동 방식이라는 초기의 제안에 비하면, 위에서 열거한 다른 종의 사례들은 그렇게 큰 저항감을 불러일으킨 바가 없다.

· · · · ·

영장류가 그토록 비위에 거슬리는 방식으로 행동하게끔 진화되었다고 믿기를 거부하는 사회 과학자들의 불편함은, 많은 인류학자들이 영아 살해가 어떤 상황 속에서는 적응적일 수 있다는 점을 받아들이기를 아직까지도 꺼리는 이유 중 하나일 것이다. 하지만 인류학자들이 자신이 연구하는 사람들에 대해 영아 살해의 책임을 돌리기를 주저하는 이유는 훨씬 복합적이다. 그들은 인간이 다른 사람들에게 잔혹 행위의 원인을 돌리려 하는 열망에 대해, 그리고 우리가 그런 일을 저질렀다고 고발된 사람을 비인간화하기 위해 '비인간적 행위'라는 딱지를 붙이는 다양한 방식들에 대해 걱정하고 있는 것이기 때문이다.

사람들을 타락한 행동으로 고발하는 것은 그들을 '도덕적으로 열등'하다고 보거나 기본적인 인권을 부정하는 첫 단계가 될 수 있다. 그런 걱정에 민감한 일부 인류학자들은 사회적, 정치적 개입을 정당화할 수 있는 행동에 관련된 자료들을 출판하기를 꺼린다.

정치 선동과 기밀문서로부터 탄탄한 자료를 추출하는 것은 문제가 있다. 영아 살해는 처벌 대상이 되는 사회에서조차 고통스러운 주제로 남아 있는 것이다. 거의 대부분의 어머니들이 여기에 관련된 이야기를 꺼린다.[17] 영아 살해로 귀결된 성공적 분만에 대해 설득력 있는 정보를 모으기 위해서는 자세한 인구 조사와 어머니 및 그의 지인들과 진행한 심도 있는 인터뷰를 결합시켜야 한다.

1990년에 국립 과학 재단과 이탈리아 정부가 후원한 영아 살해 학회는 적절해 보이는 개최지에서 열렸다.[19] 시칠리아의 산꼭대기에 있는 에리세(Erice)라는 이름의 안개에 싸인 중세 마을은 대중적 시야를 멀리 벗어나 있었다. 나는 부족 사회 영아 살해율에 기여하는 생태적, 문화적 요인들을 토론하는 학회에서 발표할 전문 보고서를 준비하고 있었다. 영아 살해는 왜 일부 집단에는 흔하지만 다른 집단에는 실질적으로 존재하지 않는 것일까?

10여 개의 사회에서는 보기 드물 만큼 자세한 정보가 제시되어 있다. 총체적인 수준의 답은 명백하다. 어머니는 다른 출산 통제 수단이 없는 상황에서 자신의 아기를 죽임으로써 직접 일을 처리하는 것을 꺼리지만

그림 12.3 북아메리카에서 '야생 인디언'은 아이들을 사로잡아 죽을 때까지 땅에 끌고 다녔다고
추측되었다. 얼마나 자주 벌어지는 일인지는 아무도 몰랐지만, 미국 기병대는 그 보고를 최소한의
양심의 가책도 없이 마을 전체를 파괴하는 합리화의 근거로 삼았다. 최근에는 미국 대중에게 "사
담 후세인은 7년 동안 이라크 아동을 수천 명 살해해 왔다……."는 점을 상기시키며 바그다드 폭
격을 예비해 왔다.[18]

원치 않는 아기를 돌보는 일을 다른 사람들(혈육이건, 타인이건, 아니면 제도가
되었건)에게 맡길 도리도 없다. 역사적이고 생태학적인 제약들이 원치 않
는 출산에 대해 서로 다른 해법을 만들어 낸다. 증거를 평가하는 임무
는 예상을 넘어설 만큼 복잡해졌지만, 가장 자세한 사례 연구를 진행했

던 여러 현장 연구자들은 개인을 판별하기 힘든 경우에도 특정 개인에 대한 암호명이나 심지어는 (일반적인 관습처럼) 소속된 부족에 연계되는 정보조차 언급하기를 매우 꺼렸다. 그들은 자료에 관계된 모든 참조 사항을 삭제할 것을 요청했다. 자신이 연구했던 남아메리카 부족에서 고아들이 차별적인 대우를 받는 상황을 설명하기 위해 참석했던 다른 인류학자는 학회 자료집에 자신의 논문이 출판되는 것을 철회했다. 다른 동료들이 비난할까 봐 두려워했기 때문이다.

과학적인 관점에서 볼 때 문제는 너무나 경직되어 있어서, 전 세계에서 에리세로 모인 과학자 30명 전원이 (생물학자 프레드 폼 잘(Fred vom Saal)과 스테파노 파르미지아니(Stefano Parmigiani)가 준비한) 선언서에 서명하여 "자유로운 탐구 정신과 정치적으로 민감한 결과의 보고"를 요청했다.

물론 과학적 정보는 정치적 목적을 위해 타인에게 오용될 수 있다. 하지만 그러한 동기를 갖는 사람은 정보가 정확하든 부정확하든 그대로 진행할 것이다. 가령 !쿵은 초기 기록인 『무해한 사람들(The Harmless People)』이라는 제목의 민족지 책을 통해 널리 알려져 있는 반면 야노마모는 나폴레옹 샤농이 지은 별명인 『맹렬한 사람들(The Fierce People)』로 알려져 있다. 두 전형 모두 (이 저술들을 쓴 저자들 자신이 모두 최초 지적자였던 것처럼) 다면적인 특성을 지니는 사람들을 제한된 특징으로 설명한 것이며, 액면 그대로 받아들이라는 의도는 없었던 과도한 단순화일 뿐이다. 하지만 궁극적으로 그런 학술적인 주의 사항들은 정치가들이 자신의 행위를 정당화하기 위해 이들 출판물에 의존하게 될 때, 바람결에 날려 가게 된다. 두 집단 모두의 고향이 현재 기술적으로 보다 우월한 이웃들에 의해 전유되고 있다. 소유권을 갖기에는 너무나도 순진하기 때문에 "무해한" 사람들의 땅, 그리고 땅을 차지하기에는 너무나 비열하고 야만적으로 보이기 때문에 "맹렬한" 사람들의 땅인 것이다.[20]

결국 "에리세 선언"의 서명자들은 "진실을 억압하려고 시도하면" 좋은 것보다는 해가 되는 것이 더 많다고 결론을 내렸다. 1998년 무렵의 의사들 역시 어머니의 양가적 성향과 영아 살해에 대해 보다 열린 토론을 요청하고 있었다.[21] 영아 살해에 대한 보고를 억압하려는 시도가 빚어내는 아이러니 중 하나는 우리가 어머니 행동의 전체 반경에 대해 더 많은 것을 알게 될수록 자민족 중심적인 도덕 평가의 근거, 즉 '문명화된' 사람과 '야만적인' 사람을, 기독교인과 비기독교인을, 그리고 기타 등등을 구분하는 근거가 약해진다는 것이다.

수백만에 이르는 영아 사망은 아기를 기르는 데 드는 큰 비용을 줄이려는 어머니의 방책과 직간접적으로 연결되어 있다. 이 방책에는 생존 통계가 끔찍한 수준인 고아원에 아기를 버리는 것이 포함되고, 다양한 이유로 인해 너무도 오염되어 있어 이질을 일으키는 약으로 써도 좋을 만큼 오염된 지역 물과 필요 성분이 혼합된 분유나 이유식이 모유를 대체하고 있는 세계 여러 지역 여성들의 일상적인 선택을 포함할 수 있다. 어머니가 나쁜 시기에 태어났거나 잉여인 아기에게 심리적인 거리를 둘 때 그런 결정은 더 쉬운 것이 된다. 하지만 분명히 말할 필요가 있다. 특별한 상황들을 제외하면(호이트 사례는 그런 것일 수도 아닐 수도 있다.),[22] 어머니는 영아 살해를 저지르는 일에 착수하지 않는다는 것이다. 아기를 버리는 행동은 한 극단에는 투자의 종결, 그리고 다른 한 극단에는 아기를 어디나 데리고 다니며 필요할 때마다 젖을 먹이는 완벽한 헌신이 있는 연속체에 위치하는 한 점인 것이다. 아기를 버리는 행동은 어머니가 투자를 멈추는 기본 양태라고 이야기할 수 있을지도 모른다. 영아 살해는 어머니가 아이를 버리지 못하게 되는 상황(적발될 두려움 포함)에서 발생한다. 법적으로나 도덕적으로는 차이가 있지만, 생물학적으로 두 현상은 분리 불가능하다.

불친절한 혈육과 타인에 대한 의존

작고한 역사가 존 보스웰(John Boswell)은 초기 기독교인들 사이의 동성 애적 결합에 대한 저술로 가장 잘 알려져 있다. 부모 노릇 자체에 대해 특별한 관심이 없는 이 남자가 서구에서 기념비적인 아동 유기 연구물 (『타인의 친절: 고전 시대 후기부터 르네상스에 이르는 서유럽의 아동 유기(*The Kindness of Strangers: The Abandonment of Children in Western Europe from Late Antiquity to the Renaissance*)』)을 내게 된 사연은 그 자체로 흥미로운 이야기다.

보스웰은 초기 기독교의 성 규범을 연구하던 중 저명한 초기 신학자 들이 내놓은 특이한 충고와 마주치게 된다. 남성들은 매음굴로 가거나 매춘부들과 관계를 갖지 않도록 주의해야 하는데, 왜냐하면 그렇게 함 으로써 **자신도 모르는 새 근친상간을 저지를 수 있기 때문**이다.

미덕의 필요를 호소하는 방법치고 얼마나 특이하고 완곡한가! 이 는 보스웰의 호기심을 부추겼다. 보스웰은 "비록 아이들을 '내놓았다 (expose)'는 것이 로마인들이 악행을 탄원하는 표준적인 내용의 일부였지 만 나는 (아기들이) 언덕 둔치에서 죽도록 내버려진다고 이해했다. 그것이 널리 퍼지거나 흔한 관습이라 생각해 본 적은 없었고, 기독교인들이 아 기를 버린다고 생각해 본 적은 물론 없었다." 그렇다면 그 경고는 누군 가가 버린 아이가 결국에는 "(근친상간이) 발생하는 것이 너무나 끔찍하기 때문에만 언급할 필요가 있는" 매음굴로 가게 될 수 있다는 희박한 가 능성을 단언하고 있는 것인가? 보스웰은 결국 논리에 굴복한다. "만약 기독교인 아버지들이 자신의 아이를 버리지 않았다면 근친상간의 위협 탓에 매음굴 방문을 포기할 이유는 거의 없었을 것이다."[23]

보스웰의 책은 미덕에 대한 이상한 훈계를 우연히 마주친 결과로 탄 생했다. 보스웰은 재판 및 교회 기록, 시민법과 교회법을 통해, 이 시기에는 모든 사회 계급의 부모들이 많은 수의 아이들을 다른 곳으로 보내거나 버렸다는 결론을 내렸다. 부모들은 아기를 안 기를 온갖 이유들이 있었다. 먹여야 할 자식이 이미 너무 많은 상태였거나 성장했을 때 지참금을 마련해 주어야 할 딸이 너무 많았기 때문인지도 모른다. 어쩌면 아이의 탄생이 알려질 경우 가족이 불명예를 겪을 수 있고, 아기가 결함이 있었을 수도 있다. 이들 초기 기독교인 부모들은 다윈과 여러 인류학자들이 묘사했던 "야만인들"과 무척 흡사하게도 원치 않는 아기들을 죽이기보다는 버렸다. 보스웰이 더 깊이 파고 들어갈수록 기독교 시대에는 최소 3세기에 걸쳐, 로마에 살면서 하나 이상의 아이를 길렀던 여성들의 거의 대다수가 최소 한 명 이상의 아기를 버렸다는 사실이 더욱 더 분명해졌다. 그는 태어난 아이들의 20~40퍼센트가 유기되었다는 비율을 발견해 버리고 말았다. 로마인들이 절름발이 거지에게 적선했다면 그것은 "누구나 자기 아이의 구걸을 거절할지 몰라 두려워했기 때문"이었다.

보스웰은 여전히 독자들에게 버려진 아이의 대부분이 "구출되어 다른 가정의 입양아로, 또는 어떤 종류의 노동자로 길러졌다."고 확신시키려 한다. 그는 유기를 자비로운 아이 재활용 방식이라고 추측한다. 아이가 너무 많은 사람들로부터 너무 적은 사람들에게 옮겨 가게 되는 것이다. 그들이 이름도 없이 버려진 채 팔리고 수도원에 '수도자'로 기증되거나 다른 누군가의 죽은 아이의 대체물이 되더라도, 보스웰은 버려진 아기들이 정상보다 조금 더 높은 수치의 비율로만 죽었을 것이라는 확신을 유지했다. "내놓은 아이(expositi)가 죽는 일은 (신성 로마) 제국 시대 어느 때에도 흔했던 적이 없는 것으로 드러난다." 그는 이렇듯 매우 낙천적인 관점에 따라 "모든 시대에 타인들이 베푼 친절은 대부분의 버려진 아이들을 구출하기에 충분했던 것으로 보인다."고 적는다.[24]

보스웰은 사람들이 진흙탕 길을 가다가 의지할 곳 없이 울어 대는 굶주린 아기를 만나면 허리를 굽혀 안아 올리게 만드는 수많은 동기들이 가져올 이타적 결과를 강조했고, 그 과정에서는 젖병이나 정수된 물, 분유가 없는 시대에 모유를 박탈당한 아기들을 생존시키는 것이 얼마나 어려운 일인지를 지나치게 과소평가했다.

중세학자인 메리 마틴 맥러플린(Mary Martin McLaughlin)은 『타인의 친절』에 대한《뉴욕 타임스》서평에서 다음과 같은 점을 환기시킨다. 더 나은 기록(15세기 초 정도)이 입수됨과 동시에 "아이들의 운명에 대한 실제적인 증언"을 얻게 되었고, 그 내용은 "행복과는 거리가 멀다."는 것이었다. 버려진 아이들은 이따금 데려간 사람들 자신의 아이의 대체물이 되거나 "다른 노예 공급처가 고갈되었기 때문에" 가치 있는 일꾼이 되었다. 하지만 크게 볼 때 버려진 아이들에 대한 대접은 보스웰이 바랐던 것처럼 그다지 "부드러운" 것은 아니었다. 살아남은 아이들의 상당수가 노예나 매춘부로 팔렸다. 무엇보다도 이런 일은 매음굴에서 먼저 벌어지고 있었다.[25]

보스웰의 박학다식함이 여전히 중요한 까닭은 타인의 아기 재활용에 대한 견해 때문이 아니라, 고대에도 어머니가 갓난아기를 버리는 일이 매우 횡행했다는 보고를 했기 때문이다. 발견된 유럽 아기들의 일부는 분명 살아남았을 것이다. 하지만 그 비율은 시간과 장소에 따라 달랐고, 버려진 아기가 적절한 유모의 품에 안겼는지 아닌지에 우선적으로 달려 있었다. 살아남은 이들조차 기껏해야 불확실한 미래를 마주했을 뿐이다.

의도치 않은 거시 규모의 결과

고아원의 목적은 명백히 버려진 아기들이 죽지 않게 하는 것이었다. 세계적으로 볼 때 그런 제도 중 가장 초기의 형태인 "순결한 자들의 병원" 은 파국적인 사회 공학 실험을 위풍당당히 상기시키며 아직까지도 피렌 체에 남아 있다. 비단 길드의 후원으로 1419년에 설립된 오스페달레 델 리 인노첸티(*Ospedale degli Innocenti*)는 1445년에 완공되었다.[26] 첫해에 90 명의 고아가 이곳에 남겨졌다. 기근이 왔던 해인 1539년 무렵에는 961명 의 고아가 남겨졌다. 결국에는 토스카나의 구석구석에서 매해 5,000명 의 갓난아기가 쏟아져 들어왔다.

인노첸티는 가장 유명하긴 하지만 그저 토스카나 대공국에 있던 16 개의 고아원 중 가장 큰 고아원이었을 뿐이다. 개원한 지 3세기가 지나 서도 사망률은 여전히 끔찍한 수준이었다. 1755년에서 1773년 사이 인 노첸티에는 1만 5000명의 아기가 남겨졌지만, 그들 중 3분의 2가 돌이 되기 전에 죽었다.[27]

· · · · ·

유럽 다른 곳에서는 시민 집단과 정부가 그와 비슷하게 길거리와 시 궁창에 버려진 많은 수의 원치 않는 갓난아기들 때문에 불안해 하고 있 었다. 도시들은 차례로 똑같은 실험을 거듭했다. 영국에서 은퇴한 해군 장교 토마스 코람(Thomas Coram)은 왕실의 후원을 받아 버려진 아이들을 위한 집을 세웠다. 1741년 개원과 더불어 문제의 심각성을 과소평가했 다는 사실이 즉각 분명해졌다. 어머니들은 허가를 받기 위해 정문에서 싸움을 벌였다. 1756년 무렵 영국 의회는 자유 입원을 보증하기 위한 기 금을 마련했고, 그 결과 4년 안에 1만 5000명의 아이가 허가를 받게 되 었다. 단, 아이들을 돌봐 줄 유모가 충분치 않았기 때문에 사망률이 급 증했다.

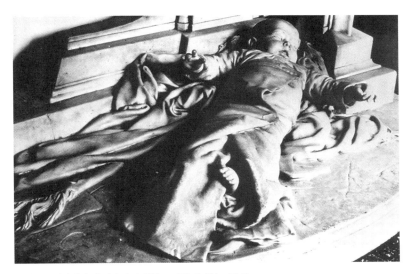

그림 12.4 '잠에서 깬 버려진 아기'를 묘사한 대리석 조각상.

동쪽으로 가 보자. 모스크바와 상트페테르부르크에서는 러시아의 카타리나 2세가 왕립 고아원의 문을 공식적으로 열었다. 이 관대한 여제는 이반 베츠코이(Ivan Betskoi)라는 이름의 이상주의적 개혁가의 영향권 아래에 있었다. 베츠코이는 여제에게 모스크바의 길거리에 버려진 아이들, 그리고 "비교가 불가능할 만큼 막대한 수"의 아이들이 "자비라고는 전혀 없는 어머니들과 그들의 비인간적 공모자들에 의해 비밀리에 첫 숨을 빼앗겨 버리게" 되었다는 사실에 관심을 갖도록 했다.[28]

베츠코이는 유럽을 둘러본 후 루소와 같은 개혁주의자들의 저술에 익숙해져 있었다. 그는 적절하게 양육만 하면 거의 모든 것이 가능하다고 확신하게 되었다. 베츠코이는 카타리나 여제에게 고아들을 양육해서 러시아를 서구 국가들처럼 발전하게 해 줄 숙련 노동자 공급원으로 만들 수 있을 것이라고 설득했다.

직접 확인할 수 있는 결과는 모스크바와 상트페테르부르크에 있는

그림 12.5 화가 윌리엄 호가스(William Hogarth)가 이 그림을 코람 대위에게 보여 주었고, 코람 대위는 이 그림을 고아원에서 유모를 고용할 자금을 마련하기 위해 편지지 윗부분에 새겨 넣었다. 이 그림은 덤불 속에 버려진 헐벗은 아기를 묘사하고 있다. 이 아기는 어머니가 포대기에 싸서 땅에 버렸고, 또 다른 아기는 고아원 관리의 품에 안겨 있다. 나이가 더 많은 고아들은 부지런히 일을 하고 있는 모습으로 묘사되어 있다. 사내아이들은 항해사가 될 준비를 하고 있으며, 계집아이들은 집안일을 배우고 있다.

왕립 고아원이다. 이들 시설은 러시아가 18세기 중엽의 유럽 계몽주의에 참여할 수 있는 자격 조건을 마련하기 위한 것이었다. 이 거대한 저장소는 공식적으로 1764년에 문을 열었다. 상트페테르부르크와 모스크바 고아원 모두 가혹한 운명을 지닌 지원자들이 끊임없이 몰려드는 물결을 받아들이고 있었다. 첫해 수용 허가를 받은 523명의 아이들 중 81퍼센트가 죽었다. 이후 2년간은 생존 전망이 나아졌지만, 1767년에는 파국으로 끝을 보았다. 그해 허가를 받은 1,089명의 갓난아기들 중 99퍼센트가 이듬해까지 살아남지 못했던 것이다.[29]

고아원은 천연두, 매독, 이질의 주요 오염원이 되었다. 하지만 언제나 핵심적인 문제는 치명적인 설사를 야기하는 병원균을 피하면서 갓난아기들을 먹이는 것이었다. 영양학적으로 탄탄한 이유식과 이를 섞기 위한 정수된 물이 없다면, 모유의 이용 가능성은 언제나 영아 생존에서 가장 중요한 예측 변수 중 하나이며, 현재까지도 세계 많은 지역에서 그러한 위치를 차지하고 있다. 가혹한 시행착오로부터 비롯된 현실이었기 때문에, 모스크바와 상트페테르부르크는 여성 농민과 계약을 맺어서 고아원에 있는 아기들에게 수유하는 계획을 고안해 냈다.

원칙적으로는 좋은 계획이었지만 담당자들은 아이 돌보는 일을 다른 사람에게 위임할 기회를 절대 놓치지 않는 부모들의 수를 예측하는 데는 실패했다. 국립 고아원은 비용을 유모에게 지불함으로써 토르고브키(torgovki), 즉 행상인 여성들이 시골을 돌며 고아원에 보낼 버려진 아기들을 찾아내게 만드는 재정적인 동기를 창출해 냈다. 이후 이 아기들은 고아원에서 다시 시골로 돌려보내졌으며, 여성 농민에게는 보잘것없는 급료가 지불되었다. 이들 '유모' 중 많은 사람들이 급여를 보장하는 급여 장부를 보유하다가, 자신들보다 더 형편없는 급여를 받는 여성들(반드시 젖이 나오는 여성은 아니었음)에게 의무를 넘겼다. 빈한한 일거리를 임신으로 확보하고 자신의 아기는 고아원에 맡겨 둔 채 고아원에서 돈을 벌기 위해 유모를 지원하는 미혼 여성들의 상황은 더 절망적이었다. 만약 이 비극적인 네트워크에 들어가 있는 사람에 대해 운이 좋다는 표현을 사용할 수 있다면, 고용된 유모 중 운 좋은 극소수 일부만큼은 자신의 갓난아기를 고아원에 등록시켜 달라고 고아원 고용주에게 뇌물을 주는 데 성공할 수 있었다. 역사가 데이비드 란셀(David Ransel)의 표현을 빌리면 갓난아기를 보살피겠다는 좋은 의도로 출발한 국가 정책은 "의도치 않은 거시 결과"에 대한 사례 연구가 되었다.[30]

고아원은 양가적 태도의 부모들에게 수유 및 자원 공급의 비용을 다른 누군가에게 떠넘길 수 있게 해 주는 손쉽고 책임 회피적인 선택지를 제공했다. 불행하게도 본질적으로 아이를 입양한 경우가 아니라면 혈연관계 없는 대행 부모들이 진심을 다해 헌신할 것이라고는 거의 기대할 수 없다. 그리고 출산을 조절할 수 없는 어머니들이 갓난아기에게 젖을 물리지 않는다는 것은 경우에 따라서는 1년 이내에 곧 다시 임신하게 될 것이라는 사실을 의미하는 경우가 많았다. 그 결과는 원치 않는 아기의 수가 증가한다는 것이다.

유행병처럼 퍼진 고아원

젖을 분비 중인 유모가 모두에게 돌아갈 수 있을 만큼 충분한 때가 드물었기 때문에, 고아원들은 아기가 세례를 받기 전에 방치되어 죽는 것을 예방하는 이상의 일을 하지 못했다. 어머니의 젖으로부터 받는 영양과 면역상의 이득이 없었기 때문에 대부분의 아기가 최초 몇 달 사이에 전염병이나 굶주림으로 죽었다. 고아원 관리들이 최소한 임무의 일부라도 잘 해냈기 때문에 이 사실을 알 수 있다. 갓난아기들을 살리는 일은 관리들의 능력을 벗어날 때가 많았다. 하지만 보기 드문 관료 체제 덕분에 관리들은 차차 질서 정연한 칸 속에 자신들의 임무에 대한 세부 정보들을 기록하게 되었다. 갓난아기가 고아원에 등록된 정확한 날짜, 성별, 연령, 그리고 아기가 세례를 받았는지의 여부, 부모가 아기에게 남겼을 수 있는 식별 가능한 징표(작은 물건이나 동전, 옷 조각이나 메모 등)를 비롯해 사망일도 있었다. 역사 인구학자들이 지역별로 깔끔하게 정리된 숫자 열을 비율과 총계로 정리해 내자, 고아원은 단순히 비혼모나 고용주가 유혹한 불쌍한 하녀들보다 더 폭넓은 인구 집단으로부터 아기를 끌어들이고 있었다는 사실이 드러났다. 광범위한 부모들(결혼한 부부가 종종 있었음)은 고아원을 자신이 직접 기르기 힘든 아이에게 필요한 부모 투자를 타인에게 위임하기 위한 한 가지 방법으로 보았다. 농촌 지역의 어머니들이 아기를 도시에 맡기려 쏟아져 들어왔다. 서로 멀리 떨어진 다양한 지역적 위기들이 한데 기워져서 실제로는 전례 없는 차원의 거대한 인구학적 위기를 만들어 냈다.

아직도 오래된 대성당 도시인 영국 더럼에서 보냈던 건조한 가을날의 하루가 기억난다. 아동 유기에 대한 학회가 진행되고 있었는데, 나는 여기서 몇 년 동안 인식하고 있던 현상의 전체 면모를 확실히 이해할 수 있었다.[31] 그저 평범한 과학 행사였다. 프로젝터로 스크린에 그래프와 표를 쏘았다. 검은 선들이 격자 위로 뻗어 가며 유럽 고아원의 자료를 요약해 보여 주었으며 시간에 따른 영아 사망률을 추적해 보여 주었다.[32] 아침에서 정오까지, 아동 유기 현상이 영국, 스웨덴, 이탈리아, 심지어는 아조레스에 있던 포르투갈 식민지에 이르기까지 나라별, 시대별로 설명되었다. 나는 점차로 이 현상이 내가 오랫동안 가정해 왔던 것처럼 수만에서 수십만의 영아에만 영향을 미친 것이 아니라 수백만의 아기들에게 영향을 미쳤다는 점을 깨달아 가게 되었다. 나는 점점 더 할 말을 잃게 되었다. 숨이 막혔던 기억이 난다. 발견된 사실들이 **무엇을** 의미하는지 분석하려 노력하는 와중에 나는 이러한 사실들로부터 정서적으로 거리를 두었는데, 어쩌면 이때·오래전에 어머니들이 **자신** 앞에 놓인 것이 무엇인지를 보거나 느끼지 않게끔 적응하면서 겪어야 했던 일종의 초현실적 거리 두기를 (매우 감이 멀고 절연된 방식으로) 경험했는지도 모른다. 의심의 여지없이 내 아이들에 머무르고 있던 나의 무의식은 불길한 느낌을 주는 모리스 센닥(Maurice Sendak)의 고전 『저기 저 너머(Outside Over There)』에 등장하는 환상적인 묘사를 그 무엇보다 먼저 상기해 냈다. 이 책은 내가 아이들에게 읽어 주던 책이다. 센닥은 다리를 건너 강을 따라 내려가는 물결 침대 위에 떠 있는 아기들의 신비로운 행렬을 묘사했다. 그 아이들은 분명 유령을 표상하고 있었다. 도시로부터 교외의 유모들로 향하는 한 방향, 그리고 교외에 있는 가난한 농가로부터 도심의 고아원으로 흘러가는 반대 방향 아기들의 물결을 표현했던 것이다. 이 유산에 이국적인 것이라고는 전혀 없었다. 그것은 나 자신의 유산이었다. 나는 곧 이 정보에 둔감해졌다. 그 결과 나는 그것을 과학자들이 '자료'라고 부르는 다른 재료들과 다를 바 없이 다루게 되었다.

이탈리아는 영아 유기에 대해 가장 완벽한 기록 중 하나를 제공하며, 뛰어난 역사학자와 인구학자들이 이 자료를 차례로 분석했다. 인구 인류학자 데이비드 커처(David Kertzer)도 그중 하나였다. 1640년경 피렌체에서 세례를 받은 모든 아이들의 22퍼센트는 버림 받은 아이들이었다. 1500년과 1700년 사이 이 비율은 12퍼센트 아래로 떨어진 적이 없다. 기록된 해들 중에서 가장 형편이 나빴던 해는 1840년대에 있었다. 피렌체에서 세례 받은 모든 영아 중 43퍼센트가 버림 받은 아기였다. 비슷한 시기 토스카나 대공국에서는 5,000명의 아기가 버림 받았다. 이는 실질적으로 태어난 아기의 10퍼센트에 해당하는 수다.

가톨릭을 믿는 유럽의 상당수 지역에서 1660년 루오타(ruota)라는 이름의 회전 통이 피렌체의 주요 고아원 시설이었던 인노첸티의 오래된 대리석 대야를 대체하여 설치되었다. 하지만 1699년 무렵에는 그 안에 더 나이 많은 아기를 밀어 넣는 것을 막기 위해 입구에 철망을 설치하게 되었다.

북쪽에서는 밀라노에 있는 고아원에서 1659년과 1900년 사이 34만 3406명의 아이가 버려졌다. 1875년에 밀라노 출생 기록에 있던 사생아의 91퍼센트가 버려졌다. 하지만 이탈리아의 도시들은 유별난 사례가 아니다. 커처가 1880년에서 1889년 사이의 기간을 대상으로 집대성한 비교 자료들을 보면, 모스크바에서는 매해 평균 1만 5475명의 아기가 버려졌고, 상트페테르부르크에서는 9,458명이 버려졌다. 이는 1860년대 비엔나에서 버려진 아기의 수인 9,101명과 1800년에서 1809년 사이 마드리드에서 버려진 2,200명의 아기와 비견할 만한 수치다. 그들 대다수는 살아남지 못했다. 최악의 통계를 보면 1783년과 1809년 사이에 버려진 시칠리아의 갓난아기 7만 2000명 중 20퍼센트만이 살아남았다. 사망률의 수준이 너무나 소름 끼치는 정도인데다 공공연하게 인식되어 있었기 때문에, 브레시아 시민들은 고아원의 정문에 구호를 하나 새겨야 한다고 주장했다. "여기서는 아이들이 공적 자금으로 살해되고 있습니다."[33]

에스포지토에 대한 관점

'문명화된' 세계에서 자신이 갓 낳은 아기를 질식사시키는 여성이라면 법적으로 고발되어 감옥에 갈 것이다. 하지만 아기와 심리적 거리를 두어 젖을 물리지 않기로 함에 따라 아기가 설사를 견디지 못하고 죽게 만든 여성이라면 단순히 무지한 행동을 했을 뿐이라고 여겨질 것이다. 이와 비슷하게 아기를 고아원에 버리는 어머니라면 고아원의 사망률이 90퍼센트에 근접한다 하더라도 단순히 운이 나쁠 뿐이며 법적이거나 정신적인 비난의 여지는 없다고 간주될 것이다. 전문 용어로 말하자면 영아는 영양 결핍이나 이질로 죽는 것이지 방치(neglect)에 의해 죽는 것이 아니다. 즉, 어머니가 아기를 죽인 것이 아니다.[34]

문화적 기억 상실을 비롯한 여러 정신적 술책들은, 여러 개의 역병이 동시적으로 발생했을 때보다 더 많은 영아 사망을 가져온 행위들과 소홀함에 관련된 서구의 서판을 깨끗이 닦아 냈다. 하지만 '비자연적 어머

그림 12.6 중세 이래로 고아원의 벽에는 회전 통이 설치되었다. 부모는 원치 않는 아기를 그곳에 넣고 종을 울린 후 이름도 남기지 않은 채 밤의 어둠 속으로 사라졌다. 앙리 포탱(Henri Pottin)(1820~1864년)이 파리에 있는 *l'Hospice des Enfants Trouvés*('발견된 아기들의 숙소'를 뜻하는 고아원 이름.―옮긴이)를 묘사한 위 그림에 나온 것처럼 어머니가 아버지를 대동하고 오는 일은 드물었을 것이다.

'니들'의 서구적 유산을 상기시켜 주는 단단한 물질적 기억들이 대리석 조각상, 그리고 원치 않는 아기들이 대량으로 소집되었던 웅장한 르네상스 건축물, 경찰 기록, 그리고 바스러져 가는 고아원 기록 대장의 형태로 남아 있다. 심지어는 대부분의 대도시의 전화번호부까지도 증언을 하고 있다.

유럽 전역에 걸쳐 각각의 고아에게는 등록될 당시 이름과 에스포지토(Esposito, '내버린'을 뜻하는 이탈리아어)나 트루베(Trouvé, '발견된'을 뜻하는 프랑스어) 같은 성이 주어지는 것이 관행이었다. 밀라노에서는 많은 아기들에게 콜롬보(Colombo)라는 성을 주었는데, 이는 고아원 지붕에 내려앉아 지

그림 12.7 나폴레옹이 프랑스에 있는 모든 고아원에 이탈리아의 루오타와 비슷한 장치인 투르(tour)를 설치하라는 포고령을 내린 후, 이 장치는 "나폴레옹의 회전반(Napoleonic wheel)"으로 알려지게 되었다. 프랑스의 시인 라마르탱(Lamartine)은 이 회전반을 "기독교적 자선의 천재적 발명품으로 받는 손은 있으나 보게 될 눈과 말하게 될 입은 전혀 없다."고 찬양했다. 커처가 집계해 본 바에 따르면 19세기 중반까지도 이러한 아기 보관소가 이탈리아 전역에 1,200개나 있었다. 하지만 이 불운의 회전반은 처음으로 돌기 시작한 지 두 세기나 지난 1875년이 되어서야 철수되기 시작했다. 좋은 의도로 만들어진 체계였지만 통제를 벗어나 버렸기 때문이었다.[35]

붕 문양을 장식했던 비둘기들을 일컫는 말이다(이 관행은 1825년 폐기 처분되었다. 밀라노 관료들이 보기에는 수만 명의 사람들이 똑같은 성을 갖는 게 이상했을 뿐만 아니라, 버려졌다는 낙인이 찍힐까 봐 우려했기 때문이다.). 고아들 중 일부는 살아남을 만큼 운이 좋고 튼튼했으며 자원 역시 공급받을 수 있었다. 이 아이들은 자라나서 자신의 가족을 갖게 되었다. 나는 최근 보스턴을 방문했을 때 전화번호부에 오른 사람들 중 대도심에 거주하는 이탈리아인 86명이 제도적으로 주어진 에스포지토(이따금 엑스포지토(Exposito)로 표기되지만 언제나 '내버린 아이'를 뜻한다.)라는 이름을 갖는 옛 남성 조상의 후예라는 사실을 찾아냈다.[36] 1996년 파리의 '하얀 페이지(Les Pages Blanches, 전화번호 쪽. — 옮긴이)'에서는 46명의 에스포지토, 1명의 에스포스티(Esposti), 2명의 에스포스토스(Espostos), 데글리 에스포스티(Degli Esposti)의 변형태 8개, 64명의 트루베, 그리고 거기에 더해 (이 가족의 운이 개선되었다는 점을 광고하는 듯한) "트루베, 아버지와 아들들(Trouvé, Per et Fils)"이라는 이름의 가족 기업이 목록에 올라 있었다.

절망, 빈곤, 자기기만

갓난아기를 고아원에 남겨두고 돌아설 때 부모들은 자신들이 무슨 일을 하고 있는지 알고 있었을까? 고아원이 생겼을 초기에는 갓난아기가 (빈곤하기가 십상인) 비혼 여성이나 절망적일 만큼 가난한 시골 사람들로부터 온 경우, 어머니와 함께 있는 것보다 고아원에서 살아남을 확률이 실제로 더 높았을 것이다. 르네상스 시대 피렌체 고아의 다수는 노예나 하인들의 사생아였고, 그 때문에 평균보다 사망률이 3배 높았다. 그런 상황에서의 아동 유기는 아이의 이익에 가장 잘 부합하는 것으로 파악할 수 있었다. 하지만 점점 더 많은 수의 어머니들이 같은 결정을 내렸기 때문에 고아원에서의 사망률은 파국적인 수준으로 치달았고, 그때부터는 죽는 것이 거의 확실했다. 어머니는 갓난아기를 통에 넣고 종을 울릴 때 사망률이 얼마나 높은지 알고 있었던 것일까? 15세기 피렌체로부터 전해지는 문서들을 보면 부모가 고아원의 형편이 어렵다는 사실을 짐작하고 있었을 뿐만 아니라, 갓난아기의 생존 가능성을 높이기 위해 약삭빠른 제안을 먼저 내놓았다는 사실 역시 추측할 수 있다. 인노첸티에 아이를 맡긴 일부 부모들은 자신의 아기를 생존 가능성이 더 낮은 고아원에 두지 말고 바깥의 유모에게 보내 달라고 관리에게 애걸하는 가슴 아픈 부탁의 글을 남기기도 했다.[37]

볼커 후네케(Volker Hunecke)는 18, 19세기 밀라노에 살던 재봉사 필리포 A와 그의 아내에 대한 사례 연구를 발표했다. 이들은 장남은 집에서 길렀으나 그 후 (5.5년의 기간 동안) 태어난 6명의 아이를 가장 가까이 있는 투르에 버렸다. 첫 아내가 죽자 그는 '세실리아 B'와 재혼했고, 이후 5년 동안 갓난아기 5명을 더 버렸다. 어머니는 1년 반 후 아이들을 되찾으려 했지만 2명만 살아 있을 뿐이었다. '프란체스코 G'와 '아말리아 S' 역시 그들과 비슷하게 13년 동안 13명의 아기를 낳았다. 첫아이는 태어난 지 얼마 되지 않아 죽었고, 나머지는 전부 고아원으로 갔다. 딸 하나만이 살아남았다. 여기서 핵심은 부모들이 고아원의 형편이 좋지 않다는 정보를 알고 있었다는 점이다. 그리고 인간인 만큼, 자신들의 불운을 다른 사람에게도 이야기했을 것이다.

어떤 시점이 지나면 부모들은 사실을 분명 알고 있었어야 했다. 하지만 그들은 멀찍이 떨어진 벽 뒤에 숨겨진 소문만 무성한 불행보다는 즉각적인 비용(비혼모의 경우에는 발각, 임금 삭감, 빈곤)을 기준으로 삼아 결정을 내리고 있었다. 그렇게 하는 과정에서 그들은 너무나도 인간적인 재능인 환상과 자기기만에 의존했다. 헤티는 아기를 죽일 생각이 없었다면서 울었다. 아기를 고아원에 남긴 어머니들은 늑대 암컷이 입양했다고 이야기되는 버려진 쌍둥이 로물루스와 레무스가 기적적으로 구원받아 왕위를 계승했던 것처럼, 버려진 자손이 사회적으로 상층 이동하는 멋진 운명을 만나기를 상상하며 마음을 달랬다.

모성 본능을 문제 삼기

영아 돌연사 증후군의 추문이 수면 위로 떠올랐던 1990년대가 오기 수십 년 전, 또는 고아원 자료들이 정량적으로 분석되었던 1970년대 이전, 정신과 의사, 역사학자, 그리고 사회 과학자들 모두가, 양육 본능을 따르는 어머니라는 19세기 및 20세기 초의 전형과 실제 어머니의 불일치에 대해 주목해 왔다. 특히 페미니스트들은 이미 한참 전에 다원주의적 관점에 대해 인내심을 잃은 상태였다. 여성의 체험과 경험을 드러내 놓고 무시하거나 본질주의적인 주장을 하는 것처럼 다가왔기 때문이었다. 페미니스트들은 생물학적인 설명 방식을 도외시하려 애를 썼고, 번식 생태학이나 사회 생물학에서 벌어지고 있는 일들을 따라잡을 동기가 거의 없었다. 생물학자들 스스로가 '암컷 본성'과 같은 설명 방식 유형을 버린 후에도, 최악의 분석, 즉 본질주의적이고 결정론적인 '암컷 본성'의 분석을 이들 분야에 계속해서 투사했다. 결과는 페미니스트 이론가들이 본질적으로 생물학적 현상인 것(가령 영아가 어머니로부터 양육 반응을 이끌어 내는 데 실패하는 것)을 설명하는 모델을 만들 때 생물학을 전혀 참조하지 않게 되었다는 것이다. 이들은 여성들에게 여성의 사회적 역할을 명령하는 데 오랜 동안 이용되어 온, 양육 본성을 지닌 어머니라는 제한된 고정 관념을 내버리기 위해, 많은 어머니들이 아기를 양육하지 않는다는 증거를 도구로 사용했다.

· · · · ·

페미니스트들은 간과된 사실이 없는지 살펴보며 생물학적 기초를 갖는 본래의 설명을 비판적으로 면밀하게 관찰하기보다는, (널리 퍼진 어머니들의 유기 관행을 설명하려 애쓰고 있던 다른 사회 과학자들과 함께) 진화적 설명을 계속 거부했다. 모성의 생물학적 기초는 새로운 환경주의로 대체되었다. 어머니가 영아에 대해 느끼는 방식은 반드시 어머니의 문화적 환경이 결정해야만 했다.

어머니가 "사회적으로 구성되었다"는 관점이 생겨나 퍼져 나가기 시작한 프랑스에서는 명석하고 활기찬 철학자 엘리자베스 바댕테르(Elisabeth Badinter)가 1980년에 명망 있는 파리 공과 대학(École Politechnique)에 여성 최초로 교수로 부임했다. 바댕테르는 마침 그에 걸맞게도 클레망스 루아예를 계승하는 우상 파괴자였기 때문에,《누벨 옵세바퇴르(Nouvelle Observateur)》기자의 눈을 뚜렷이 응시하면서 이런 말을 던질 수 있었다. "저는 모성애에 대해 문제를 제기하는 것이 아닙니다." 잠시 멈춘 뒤 말을 이었다. "저는 모성 본능을 문제 삼고 있는 것입니다." [38] 그 말이 불러올 파장을 알고 있었기 때문이다.

당시의 사회 생물학은 자연의 어미들이 하는 타협에 대한 데이비드 랙의 견해를 포함하고 있었으나(2장에서 설명하고 있다.) 대부분의 사회 과학자들은 자연에서는 포유류 어미들이 본능적이고 자동적으로, 자신이 낳은 모든 아기들을 돌본다고 여전히 가정하고 있었다. 바댕테르의 추론은 간단했다. 만약 어머니의 사랑이 본능적인 것이라면, 모든 정상적인 어머니들은 사랑을 해야만 한다. 하지만 만약 18세기 프랑스의 어머니 대다수가 자신의 아기를 손수 기르는 것이 아니라 부적절한 유모의 손에 맡기기로 결정했다면, 일탈했다고 무시할 수 있는 합리적인 수보다는 많은 것이다. 게다가 바댕테르는 이들 여성 전부가 꼭 비혼모이거나 빈곤층은 아니었다는 사실을 알고 있었다. 부모에게 동일한 정도로 연관되어 있는 아이들이 똑같은 방식으로 취급되지 않는다는 점은 분명했다. 바댕테르는 이 사실이 모성애가 생물학적 기초를 지닌다는 것과 양립할 수 없다고 생각했다.

바댕테르가 언급할 수 있었던 것처럼, 그런 모성애는 종종 차별적이며 선별적이다. 더 나이 많은 아들에게 젖을 먹이기 위해 유모를 고용해 들이는 반면, 더 어린 아들은 멀리 보내 버릴 수도 있었다. 바댕테르는 모성애가 자연 발생적이거나 자동적인 것이 아니라면 비생물학적인 사회적 구성물이 되어야 한다고 주장했다. 모성애는 특정한 문화적 맥락 속에서 생산되는 감정으로 특정 역사적 시공간에 한정된 것이다. 바댕테르가 어머니가 아기를 본능적으로 사랑한다는 '신화'에 대해 쓴 책은 베스트셀러가 되었고, 이 책에서는 갓난아기를 버리거나 유모에게 보낸 대다수 어머니들은 빈곤했지만 또 다른 많은 어머니들은 '부르주아'였고, 자신의 재량에 따라 아기를 버렸다는 사실이 강조되었다(이 주제에 대해서는 14장에서 다룰 것이다.).

모성애의 사회적 구성

"좋은 어머니 되기", 심지어는 아동기의 개념조차 최근의 문화적 발명임이 분명하다는 생각이 많은 사회사가들을 사로잡았다.[39] 프랑스의 필립

아리에스(Philippe Aries)나 미국의 에드워드 쇼터(Edward Shorter)와 같은 사회사가들은 부모의 감성과 가족생활의 내적 작동이 특정한 태도와 관습으로부터 유래한다는 가설을 세웠다. 문화적 구성물인 그러한 관습은 수립되는 것이며 시간에 따라 변화하고, 그 자신의 수명을 지닐 뿐만 아니라 생물학적 면모에는 전혀 영향을 받지 않는다. 진화한 인간 본성과 관련된 토론은 모두 안전하게 삼갈 수 있는 모델이었던 셈이다.[40]

부모의 태도가 시간에 따라 변화한다는 생각에 고무된 미국의 심리 역사학자 로이드 드 모스(Lloyd de Mause)는 보다 이른 시기의 영아 살해와 유기에 대해 방대한 증거를 수집했다. 그는 아동기가 사실상 "우리가 최근에서야 벗어날 수 있게 된 악몽"이라고 발표했다. 드 모스는 기원후 4세기 이전의 "영아 살해적 양태"에서 시작되는 일련의 연속 단계를 구상한다. 이 부모들은 "아이들을 죽임으로써 자식을 돌봐야 하는 근심을 해소하는 것이 관행이었다." 18세기 무렵에는 개혁주의자들의 안내로 도입된 "침해적" 양육의 시기가 도래했다. 아이는 "어머니에 의해 양육되었는데 포대기에 싸이지 않은 채 관장약을 정기적으로 처방받지 못하고 일찍부터 배변 훈련을 받았지만, (잘 자라라는) 기도를 받았을 뿐 부모가 함께 놀아 주지는 않았고, 맞았지만 규칙적으로 매질을 받지는 않았으며, 자위했을 때 처벌을 받았고, 즉각적으로 복종하도록 훈련받았다." 이 경향은 19, 20세기의 "사회화 양태"에서 최고조를 이루어 아이들을 지배하기보다는 훈련시키는 데 보다 신경을 쓰며 아이들과 공감하는 새로운 유형의 부모들이 등장하게 됨에 따라 오늘날의 "도움 양태(helping mode)"에 도달했다는 것이다[41].

인류학자들 역시 루소, 스펜서, 그리고 기타 다양한 본질주의자들을 밀쳐 두는 경향이 있었다. 그들은 역사가를 따라 생물학적 소인으로부터 비롯되는 모성 감정과 결별하고 특정한 정치 경제적 맥락에 위치시키기 시작했다.

한 헤드라인은 "인류학자들이 모성애를 부르주아 신화라 말하다"라고 공표했다.[42] 브라질의 판자촌에서 절망적일 만큼 가난한 삶을 살고 있는 어머니들을 수년간 연구한 낸시 셔퍼-휴스(Nancy Scheper-Hughes)는 이 어머니들이 비운의 운명을 지닌 아이들과 거리를 두고 아이들이 죽어 가는 것을 지켜보는 모습에서 다음과 같이 확신하게 되었다. "어머니의 사랑은 자연적인 것과는 다른 어떤 것이다. 대신 어머니의 사랑은 어디서나 사회적, 문화적으로 생산되는 이미지, 의미, 감정, 그리고 관습들의 매트릭스를 나타낸다." 그녀는 어머니가 아이들이 살고자 하는 의지가 없다며 스스로를 확신시키고 이후 손을 떼는 방식을 선명하게 묘사한다. 그녀의 판단에 따르면 모유 수유의 문화적 기술이 사라졌기 때문에, 아기에게 설사를 유발하는 미생물이 득실대는 물에 분유를 타서 먹인다.

불가피한 결과인 죽음이 닥쳐올 때, 어머니들은 슬픔을 표현하지 않는다. 금욕적 외관 뒤로 감추는 것이 아니다. 아무런 느낌도 없을 뿐이다. 셔퍼-휴스는 『눈물 없는 죽음(Death Without Weeping)』에서 "정신적 외상을 입은 개인"이라면 "어깨를 으쓱하며 '당신이나 내가 죽는 것보다는 아기가 죽는 편이 낫잖아요.'라고 활기차게 말하"지는 않는다고 적는다. 그보다는 (윌리엄 웨스트모어랜드 장군(General William Westmoreland)이 베트남전에서 동료들을 지켜보던 유명한 일화를 차용해) "그들은 우리와 같은 방법으로 애도하지 않는다." "우리 자신의 부르주아 사회로부터 비롯된 아주 특수한 (모성애라는) 문화적 '규범'"이 제3세계 여성들에게 있다고 생각하는 것은 오류라고 주장하는 것이다.[43]

부모 감정의 보편성

학자들은 그런 '비자연적 어머니들'로부터 비롯되는 엄청난 사망률을 연달아 자세하게 보고한 후 어머니가 헌신하지 않는 까닭을 문화적 구성물이라는 개념을 통해 설명하려 노력했다. 즉, 특정 시기에 특유한 태도 혹은 역사적 요인인 '아동기의 개념'이 부재하기 때문이거나,[44] '모성애'가 아직 발명되지 않았기 때문이었고,[45] 어머니가 아기의 사망을 예상하게끔 하는 조건 탓이거나,[46] 가톨릭교회가 미혼모에게 가하는 압력 때문이며,[47] 아이를 버리는 부모들을 자석처럼 유인하는 고아원이 생겨났기 때문이고, 인구가 전례 없이 빠르게 성장한 탓(1650년에서 1850년 사이 인구가 2배로 증가함)이거나,[48] 오늘날 제3세계에서 발생하는 치명적 수준의 아동 방치는 식민주의적, 자본주의적 억압의 탓이라고 설명하기도 하며,[49] 이와 비슷한 다른 원인들이 무수하게 제시되었다. 이 상황들은 분명 문제와 깊이 연관되어 있다. 역사적, 생태학적 맥락들은 어머니가 바로 이 특정한 아기의 전망이 어떤지 평가하는 과정에서 중요한 함의를 갖는다. 사회 경제적 맥락은 어머니가 선택할 수 있는 선택지들과 직결된다. 하지만 이 변수들은 어머니의 행동과 관계가 무척 깊은 상황들을 표현하는 반면 **왜** 어머니들이 아기를 버리는지에 대한 설명은 되지 못한다. 그리고 '모성애'의 구성에 대한 논쟁으로는, 어머니가 보이는 반응의 편차에 본유적 메커니즘이 개입하지 않는다는 점을 절대 증명할 수 없다. 무슨 일이 벌어지고 있는지를 이해하기 위해서는 반드시 '모성애'의 생물학적 기초를 이해해야 한다.

・・・・・

서구 유럽의 인구가 급격한 성장을 이루기 한참 전, 18세기의 인구 증가로 인해 아이들을 유모에게 보내 버리거나 그냥 버리기 한참 전부터 유럽의 부모들은 이미 원치 않는 아이를 처리하기 위한 방법을 찾고 있었다. 전 세계적으로 수렵-채집 사회들은 어머니와 영아 사이의 밀착된 관계를 타협하지 않은 상태에서도 높은 유아 사망률로 고통 받아 왔다. !쿵 어머니인 니사는 "아이들의 죽음이 참으로 고통스러웠어요."라고 한탄했다. 그녀가 속한 문화에서는 평균적으로 아이들의 50퍼센트가 어른이 되기 전에 죽는다. 그리고 그녀의 아이들은 100퍼센트가 죽었다. "오, 어머니! 나는 정말 너무 고통스러워 죽고 싶었어요."[50]

1500년에서 1900년 사이 영국과 미국의 식자층 부모들이 간직해 온 수백 개의 일기들은 이와 연속적인 동일한 감정들을 보여 준다. 이 부모들은 아이들에게 너그러운 사람으로부터 학대하는 사람에 이르기까지, 거리를 두는 사람으로부터 전적으로 몰두해 있는 사람들에 이르기까지 다양하다. 이는 오늘날의 부모들이 보여 주는 단면도이기도 하다.[51] 시대를 더 거슬러 올라가면 자료는 더 빈약해진다. 하지만 현존하는 자료들은 모두 같은 이야기를 들려준다. 글을 써 일기를 남긴 어머니들은 거의 없기 때문에 대부분이 남성의 관점에서 씌어진 것이기는 하지만 말이다. 14세기 이탈리아 도심에 거주하던 중산층 아버지인 지오반니 모렐리(Giovanni Morelli)는 이렇게 적었다. "아이 어머니나 나에게 얼마나 큰 기쁨이었는지. 그리고 아기가 태어나기를 더없이 기다리며 손으로 조심스럽게 만지자 태내에서 아이가 움직이는 것을 곧 느낄 수 있었다." 모렐리는 역사적으로 새롭다고 간주되는 현대의 '몰두한' 아버지들의 교과서적 사례인 것처럼 이야기한다.

그리고 그때 아이가 태어났다. 아들이었고, 건강했고, 신체가 균형 잡혀 있었다. 내가 경험했던 그 행복, 그 기쁨은 이루 말할 수 없었다. 아들은 점차 자라나 더욱 더 훌륭해졌고, 아버지인 나와 그의 어머니에게 사랑을 보냈다. 모두를 기쁘게 하는 어린아이다운 말들, 나이에 비해 이른 그 말들을 들으며 큰 만족과 기쁨을 느꼈다.[52]

사랑하는 장남인 알베르토가 1406년 10살의 나이로 죽었을 때 바로 이 아버지가 자신을 비난하는 말들은 또 얼마나 현대의 아버지와 근본적으로 닮아 있는지 보자. "넌 아들이 있었다. 영리하고 활기차고 건강한 아이였기 때문에 잃게 되었을 때 더 큰 분노를 느낄 수밖에 없었지."라고 스스로를 꾸짖는 것이다. "넌 그 아이를 사랑했다.…… 하지만 아들이라기보다는 남처럼 대했지.…… 너는 한 번도 아이를 동감하는 표정으로 쳐다본 적이 없어.…… 너는 아들이 원할 때 입을 맞춰 주었던 적도 없다.…… 넌 아들을 잃었다. 이 세상에서 다시는 볼 수 없을 것이다."[53]

1746년, 마담 데피네(Madame d'Epinay)가 새로 태어난 자신의 아기에 대해 적고 있는 내용은 꼭 이웃집 여자가 하는 말 같다. "나는 아침부터 저녁까지 이 작은 생명체 이외의 것은 생각할 수 없다." 아이의 유모 겸 가정교사를 고용할 만한 특권층이었지만 아기에게 직접 젖을 물리기로 했고, 아들이 "언제나 나를 곁에 두고자 하는 열망"을 갖게 될 만큼 아들이 필요로 하는 것에 깊은 주의를 기울였다. "아들은 내가 곁을 떠나면 운다.…… 나는 가끔 아들이 나를 쳐다보며 웃을 때 이 생명을 행복하게 하는 것만큼 만족스러운 일이 또 있을 수 있을까 생각하곤 한다." 이 어머니와 아기 사이에 맺어진 뚜렷한 유대 관계는 프랑스의 유모 문화가 역사적으로 최고조에 달했던 시기에 피어났다. 보다 불운했던 아기들의 부모는 아이들을 집에서 멀리 떨어진 곳으로 보내 수척하게 만

그림 12.8 마담 데피네와 같은 여성들은 '자연인(Man of Nature)' 장 자크 루소(1712~1778년)의 충고를 따르고 있었다. 루소는 "아버지의 임무를 수행할 수 없는" 남성은 "아버지가 되면" 안 된다는 훈계를 던진다. 그는 어떤 것도 "(아버지가) 아이를 보고 스스로 길러 내는 것을 대체할 수 없다."고 적었다. 그는 더 나은 글을 쓰기 위해 노력 중인, 별 볼 일 없는 저자가 더 이상은 아니었던 삶의 후반에 이 충고를 적었다. 루소는 자신의 다섯 아이 전부가 고아원으로 가게 되었던 일이 어떻게 가능했는지 스스로 합리화하려는 중이었다. 당시 그는 그러한 배치가 "매우 좋고 양식이 있으며 너무나 적절하게 보였기 때문에, 공공연하게 떠벌일 일은 아니더라도 애들 어머니를 배려하는 마음에서 그렇게 했던 것이다.⋯⋯ 모든 점을 고려해 볼 때, 나는 아이들에게 최선인 선택, 또는 내가 최선이라고 생각했던 선택을 했다." 그는 『몽상(Revries)』(루소의 마지막 저작인 『고독한 산책자의 몽상(Les Reveries du Promeneur Solitaire)』. ─옮긴이)에서 사색에 잠겨 아이에게는 다행스러운 일이었고 만약 아이들이 어머니 곁에 남았다면 어머니가 아이들을 망쳐 놓고 "괴물"로 만들어 버렸을 것이라고 생각했다. 그에게는 이것이 자신이 했던 것을 하도록 한 "원칙"의 문제였다. 루소는 다른 초기 도덕 철학자들과 마찬가지로 어머니들이 하기에 생물학적으로 "자연스러운" 것이 무엇인지에 대해 강경한 입장을 고수했으며 "자연법칙은 동물의 왕국에서 아무런 방해도 받지 않은 채 통치한다."는 것이 당연하다고 받아들였다.[54] 루소는 또한 이런 법칙이 있다는 사실을 자신이 알고 있다는 점을 당연시했다!

들었고, 그 상당수는 죽게 만들었다.[55]

상황이 바뀔 때

대부분의 이야기는 실제 세계의 역사적 사례들로, 우리에게 이런 질문을 하게 만든다. 같은 문화적 구성을 지닌 같은 어머니가 서로 다른 상황 속에 놓이게 된다면 어떤 일이 벌어질까? 볼리비아의 아요레오(Ayoreo) 인디언 사회에서는 20세기 초반에 겪은 심각한 사회 파괴의 시기 이후(볼리비아와 파라과이 사이에 1932~1935년의 기간 동안 벌어진 차코 전쟁(the Chaco War)) 최소한 마을당 여성 1명이 영아 살해를 저질렀다. 그 기간 동안 이 조사 대상 여성들은 태어난 갓난아기의 38퍼센트를 생매장했다. "아사고(Asago)"라는 가명을 지닌 한 어머니는 첫 3명의 남편이 장기적으로 지원해 줄 전망이 불확실한 것으로 보았고, 평생 낳은 **10명의 아기 중 첫 6명을** 출산 직후 땅에 파묻었다. 하지만 보다 안정적인 관계를 구축한 여성에게 태어났던 아기들, 그리고 더 나이를 먹은 아이들은 어떤 일이 있든 가족과 함께 살아갈 것으로 결정되어 사랑과 총애를 받았다. 글을 쓴 민족학자는 "심지어 인류학자로 훈련받았을 때조차도 매력적인 친구이자 헌신적인 아내, 맹목적인 사랑을 베푸는 어머니로 알려진 사람이 자신의 문화가 불쾌한 것으로 여기는 행동을 할 수 있다는 사실을 믿기란 어렵다."[56] 남아메리카, 뉴기니, 유럽 등 여러 문화에 걸쳐, 잘못된 시기에 태어난 신생아를 안타까워하며 제거하는 바로 그 어머니가 더 나은 상황에서는 나중에 태어난 아기들을 사랑스럽게 돌보게 될 것이다. 예측 가능한 일이지만 마틴 데일리와 마고 윌슨이 수집한 자료를 보면, 아요레오와 북아메리카의 20세 미만 영아 살해자 어머니들은 무엇보다도 좋지 않은 상황에 대한 반응으로 영아 살해를 저지를 가능성이 가장 높았다. 반면 나이가 더 많은 어머니들은 그러한 경향을 훨씬 적게 보였다.[57]

어머니가, 특히 아주 젊은 어머니일 때 영아를 다루는 방식은, 더 나이를 먹거나 개선된 상황 속에 있을 때 태어난 다른 아기를 어떻게 다룰 것인지를 예측할 수 있게 해 주는 증거가 되지 못한다. 문화를 동일하게 유지한다 하더라도 동일한 계몽-이후 가치관을 다소나마 교육받은 현대 서구 여성들을 관찰해 보면, 어머니의 나이는 어머니가 갖는 특정 성격 요소나 태도보다는 어머니로서 발휘하는 능률성을 보다 잘 예측할 수 있게 해 주는 변수인 것으로 드러난다. 나이가 더 많은 여성은 젊은 여성에 비해 어머니가 된다는 것을 보다 의미 있는 경험으로 묘사하며, 무언가를 필요로 하는 아이를 위해 스스로를 희생할 가능성이 더 높고, 임신의 실패에 대해서도 더 많이 슬퍼한다. 이는 아마도 젊은 여성이 다시 임신할 가능성이 더 높다고 예상하기 때문일 것이다.[58]

이따금 상황이 개선되면 전적으로 다른 육아 방식이 출현하곤 한다. 낸시 셔퍼-휴스는 적지만 안정적인 수입을 지닌 남편과 유대 관계를 맺는 데 성공한 가난한 브라질 여성 한 명의 이야기를 서술한다. 이 여성은 자발적으로 모성애에 대한 "부르주아적" 개념을 재발명하고 자신이 잃어버린 수유 기술을 다시 채택한다. 말했던 것처럼, 수유는 판자촌 하위문화에서 사라진 것으로 가정된 기술이었다. 그녀는 각각의 아이에게 정서적, 경제적으로 투자하며 그 결과에 놀라움을 표시한다. "그때부터 우리 아기의 대부분은 살아남았다."[59]

의도하지 않았던 라 마테르니테의 실험

어머니와 아기 사이에 접촉이 계속되면 우울한 상황이 지속되더라도 (특히 어머니가 모유를 먹이고 있을 때) 가장 강력한 실용주의적 결단을 근본적으로 흔드는 감정이 유도될 수 있다. 사회사가인 레이첼 푹스(Rachel Fuchs)는 공공정책이 영아 유기에 미치는 효과를 연구하며, 1830년에서 1869년의 기간 동안 파리에서의 사회 공학적 시도로부터 비롯된 드문 실험 결과를 하나 묘사한다. 이는 유럽에서 유행하던 유기 관습이 한풀 꺾이기 시작할 때의 일이다.[60]

산파를 구할 수 없을 만큼 몹시 가난한 여성들은 라 마테르니테(La Maternité)에서 출산했다. 이 기관은 센 강 유역에서 국가가 운영하던 주요 자선 병원의 하나였다. 이 병원은 영아 지원 센터(Hospice des Enfants Assistés)의 바로 맞은편에 있었고, 갓난아기들이 합법적으로 유기될 수 있는 유일한 장소였다. 일군의 프랑스 개혁주의자들은 유기되는 아기의 수를 감소시키기 위한 노력의 일환으로 계획에 착수했다. 빈곤 여성들의 일부는 출산 후 갓난아기와 8일 동안 함께 머물 의무가 주어졌다. 오늘날 대부분의 사람들이 비윤리적인 것으로 간주하게 될 일이었지만 주목할 만한 결과를 낳았다. 이 '실험' 처방 이후, 출산 후 아기를 유기했던 빈곤층 어머니의 비율이 24퍼센트에서 10퍼센트로 떨어졌던 것이다. 갓난아기에 대한 문화적 관념이나 경제적 상황은 달라진 것이 없다. 변한 것은 젖을 물리고 있던 갓난아기와 맺은 애착의 수준이었다. 마치 아기를 버리기로 하는 결정과 아기에 대한 애착이 별도의 체계 속에서 작동하고 있는 것처럼 보였다.

푹스의 분석은 이 해석과 일치한다. 빈곤층 어머니가 출산 당일 병원을 떠날 때 갓난아기가 버려질 확률은 50대 1 정도였다. 어머니가 단 이

틀 더 머무른 후 떠난 갓난아기의 경우에는 버려질 확률이 6대 1이었다.

상황 의존적인 헌신의 기반

갓난아기에 대한 어머니의 헌신(사람의 경우 '모성애'라는 말로 표현하는 것)은 신화도 아니고 문화적 구성물도 아니다. 갓난아기에 대한 인간 어머니의 정서적 헌신은 다른 포유류와 마찬가지로 생태학적, 역사적으로 생겨난 상황에 깊게 영향 받는다. 그 배후에 숨겨진 메커니즘이 어떻게 작동하는지는 아무도 모른다. 하지만 그런 메커니즘이 갓난아기가 보내는 신호에 반응하는 역치를 포함할 것이라는 추측은 합리적일 것이다. 이런 역치는 아마 임신 기간과 출산 전에 내분비적, 신경학적으로 설정됨으로써, 갓난아기에 대한 투자 수준에 관련된 결정을 내릴 때 아기가 보내는 신호에 더 크게 혹은 더 적게 반응하게 만들 것이다.

대부분의 어머니들은 출산 이후의 기간 동안 아기와 가까이 붙어 지내며, 어머니와 갓난아기 사이의 애착은 수일, 수주, 그리고 수개월의 시간을 보내는 동안 점점 더 강해진다. 하지만 일부 어머니들은 출산 당시 이미 너무 거리를 두고 있기 때문에, 이런 일이 발생하도록 만드는 행동을 하지 않게 된다. 이 상황은 인간보다는 유인원과 원숭이에서 훨씬 드물다. 그 까닭은 (유일한 이유는 아니겠지만) 신생아가 출산 이후 어머니의 털을 붙잡고 어머니 반응을 가동시키는 데 관여하는 보조 시스템이 작동하기에 충분한 시간 동안 매달려 있을 수 있기 때문이다. 자식을 유기하여 '비자연적'으로 보이는 어머니들의 사례는, 아기가 태어나고 안기고 보살핌을 받는 좀 더 일반적인 사례들보다 배후 과정에 대해 훨씬 더 큰 통찰을 제공한다.

인간을 포함한 영장류에서 어머니가 아기를 버리는 일은 거의 확실히 최초 72시간 내에 벌어진다. 이는 린 페어뱅크스의 '10대' 버빗원숭이 어머니, 적절한 대행 부모 지원이 없는 상태에서 과도한 번식력을 갖게 된 사육 타마린에서도 마찬가지이다. 어머니가 출산 이후 애착을 맺게 되는 결정적 시기가 존재한다는 뜻일 필요는 없다. 이 사실은 그보다 이 시기 동안 어머니와 갓난아기가 육체적으로 밀착하게 되면, 어머니에게는 아기를 버리는 것을 견딜 수 없게 되는 감정이 생겨난다는 것을 암시한다(이 점에 대해서는 22장에서 보다 심도 깊게 다룰 예정이다.).

· · · · ·

역사 기록과 민족지 기록을 면밀히 살펴보면 모성 행동의 생물학적 기초가 부정되기보다는, 어머니들이 상황에 반응하는 정서의 반경이 상당히 예측 가능하다는 사실이 드러난다. 갓난아기에 대한 어머니의 반응은 넓은 폭의 시공간에서, 종잡을 수 없을 만큼 다양한 사회사 속에서도 일정하게 유지된다. 그러한 일관성은 번식의 시기가 언제나 광범위한 차이들로 이어졌던 생명체로부터 진화해 왔다는 점, 그리고 본질적으로 '선택 우선론'자 포유류의 생리학과 동기의 토대가 새로운 것이 아니라는 점을 상기시킨다. 모성 본성의 일관성은 역사적 특수성 및 지역 생태와 인구 특성의 변덕을 초월한다. 비자연적인 것은 고대 로마, 18세기 프랑스, 20세기 브라질에 사는 어머니의 반응이 아니었다. 사실 비자연적인 것은 아주 젊은 여성들, 혹은 음울한 조건 속에 있는 여성들, 그것도 다른 형태의 출산 통제 수단이 없어 살아갈 가능성이 없는 아기들을 임신해 낳아야 했던 여성들의 빈도가 이례적으로 높았다는 것이다.

다음 장에서 나는 어머니가 출산 당시 처해 있던 삶의 조건 때문이

그림 12.9 현대의 투르. 사진 속의 인큐베이터는 1997년에 부다페스트에 있는 쇼프-메리 병원 (Schopf-Merei Hospital) 건물 밖에 설치되었다. 헝가리에서 피임의 자유가 중단된 이후 원치 않는 아기들이 넘쳐 나자 사태에 대처하기 위한 것이었다.

아니라, 아기의 성별을 근거로 어머니가 아이들을 서로 다르게 취급하는 상황을 다룰 것이다. 고찰의 대상이 되는 어머니는 꼭 미성숙하거나 가난할 필요는 없다. 많은 수는 자신을 도울 수 있는 짝 또는 혈육 네트워크를 지니고 있거나, 아기를 키울 수 있을 만큼 좋은 입지를 갖고 있다. 성별에 따른 영아 살해에 대해 가장 잘 보고된 대다수의 사례에서는 (가장 적은 것이 아니라 가장 많은 자원을 지닌) 엘리트 계층이 상대적으로 더 많이 포함된다. 왜 그런 것일까?

13장

❧

아들이냐, 딸이냐? 경우에 따라 다르다

"아들은 그때 아직 살아 있었고, 딸은 가치가 낮았다……."

— 조지 엘리엇, 『미들마치』(1872년)

7만 칼로리의 열량, 9개월, 17년간의 무료 숙식과 추가 서비스. 물론이다. 여기에는 비용이 따른다. 부모들은 자식에게 투자한 대가를 기대한다. 부모가 아이에 대해서 "창피하다."거나 "아무 쓸모도 없다.", 혹은 아들이나 딸이 "별로 대단치 않은 녀석이다."라고 불평하는 것을 엿듣게 되는 일이 자주 있지 않은가? 이런 생각을 마음에 품은 부모들이 얼마나 많을까? "너 자신을 위해서야." 아니면 특히 "네 능력에 맞게 살길 바랄 뿐이다." 이런 식으로 젊은이들에게 이야기하는 일은 너무 흔해서

멜로드라마에 단골로 등장하는 장면이 되었다. 여기에 걸려 있는 주제는 뭘까?

부모의 마음속 깊은 곳에는 일종의 계약서가 보존되어 있다. 부모는 그토록 많은 것을 바쳤던 자식이 가족의 명예를 더해 주기를, 또는 부모 투자가 문화적 성공이나 그에 해당하는 다른 무엇, 즉 가계 적응도 증진으로 변환되기를 바란다. 부모는 자신의 행동이 "아이의 이익을 위한" 것이라고 정당화할지도 모른다. 하지만 보다 면밀히 살펴보면 부모들이 아이의 이해관계를 자신과 일치하게끔 정의하고 있다는 사실을 알 수 있다.

이런 갈등은 서구에서 교육, 상속, 직업 선택, 사회적 선택이나 성에 관계된 선택을 둘러싸고 일어나는 경향이 있다. 부모가 선호하는 내용이 아이에게 치명적인 위협이 되는 법은 거의 없다. 하지만 또 다른 곳에 사는 부모는 말 그대로 가족이라는 목적을 위해 아이들을 희생시킨다. 특정한 가족 배치를 얻기 위해 부모가 성 선별적 영아 살해라는 수단을 빌리는 사회보다 배후에 놓인 긴장이 더 확실하게 드러나는 곳도 없을 것이다.

중국의 사라진 딸들

1991년 중국에서는 100가구당 한 가구를 대상으로 조사한 방대한 인구 통계가 발표되었고, 여기에 대해 전 세계적인 논평이 쏟아졌다. "대체 여아들은 어디로 간 걸까?"[1] 본래 여자아이보다 남자아이가 조금 더 많이 태어나는 것이 정상이다. 여아 100명당 남아 104명에서 106명 정도가 정상적인 비율로 간주된다. 하지만 총 12억 인구의 중국에서 1990

년에 행해진 인구 통계를 성비 기대치와 비교해 보면, 태어났어야만 하는 수백만의 여자아이들이 태어나지 않았거나 출생 신고가 되지 않았고, 아니면 출생 직후 제거되어 인구 통계에서 빠져나간 것으로 드러난다. 성비는 기댓값인 106이 아니라 111이었다. 어쩌면 아시아인들은 다른 인구 집단에 비해 아들을 더 낳는 유전적 경향이 있을지도 모른다는 제안까지 나왔다.[2] 그러나 인구학자들은 선별적인 여아 중절과 같은 산전 성 결정이나 신생아 살해를 통해 여아들이 대규모로 제거되고 있다고 확신한다.[3]

더 나중에 태어난 아이들일수록 더 큰 위험을 겪는다. 서구인들은 한 가족당 한 아이 정책이 중국 가족에는 하나 또는 많아야 두 아이가 있다는 뜻이라고 간주한다. 하지만 반드시 그런 것은 아니며, 농촌 지역일수록 더하다. 특히 딸만 있는 부모들의 경우, 추가로 낳은 자식에 대해서 특별 허가를 얻을 수 있다. 하지만 벌금이 부과되는 경우가 많으며, 많은 가족들은 자신이 원하는 성별의 아이를 얻지 못한 채 추가로 낳은 아이들에 대해 벌금을 물기를 꺼린다.[4]

첫 출산에서는 어떤 성이든 다 용인될 수 있다. 이는 현대 중국의 첫 아이 성비(여아 100명당 남아 106명)가 정상 범위에 있는 까닭을 설명해 준다. 하지만 출산 순위가 뒤로 갈수록 성비가 증가하기 시작한다. 다섯 번째 아이를 낳은 가족에서는 딸 100명에 대해 아들 125명의 성비가 기록된다.[5]

비난받을 것은 정책인가, 아니면 부모의 선호인가?

역사적 관점에서 볼 때 중국의 한 자녀 정책은 **원하는** 아이들의 삶의 질

그림 13.1 중국 도심의 공익 광고. 핵심적인 의미는 "아들 딸 구별 말고 하나만 낳아 잘 기르자"이다.

을 향상시켰고 나라가 경제적으로도 발전하는 데 도움이 되었다.[6] 하지만 소가족은 아들에 대한 압력 역시 상승시켰다. 중국의 "잃어버린 딸들"은 국제적으로 유명한 사건이 되었고, 한 자녀 정책 그 자체가 특별한 저주의 대상이 되었다.

하지만 여아 살해는 20세기 후반에 마오쩌둥이 인구 정책을 도입하기 한참 전부터 실행되어 왔다. 상해가 위치한 양자강 하류와 같은 남부 지역에서는, 사라진 딸들이 그렇게 많은 까닭을 설명할 수 있는 유일하게 그럴듯한 방법은 성 선별적 임신 중절이나 영아 살해뿐이다.[7] 영아 살해율은 10년 전보다 지금이 더 높지만 과거보다는 낮다. 어떤 지역에서는 18세기와 19세기 아동 성비가 무려 154대 100이 될 만큼 높았다.[8] 북경과 같이 큰 도시에서는 이른 아침마다 어머니가 눈길을 피하고 있는 동안 우유 통 속에서 조용히 익사한 원치 않는 딸의 시체들을 수거하기 위해 수레를 돌리는 계획을 세웠다.[9] 인터뷰한 19세기 여성 한 명은 갓 낳은 딸을 11명 제거했다고 기억해 냈다. 다른 인터뷰 대상자는 정확한 수는 기억하지 못했지만, 원하던 것보다 더 많은 딸을 낳았다고 했다.[10]

이러한 반-여아적 편견은 전혀 새롭지 않다. 2,500년 전의 중국 시는 아들의 탄생을 경축하며 화려한 옷을 입히고 정교한 침대에 뉘어 옥으로 된 훈장을 쥐어 주어야 한다고 읊고 있다. 이와 대조적으로 딸은 보통 옷에 둘둘 말아 땅바닥에 뉘어 나무 팽이를 쥐어 주어야 했다. 널리 알려진 속담에 따르면, "아들이 많을수록 더 큰 행복과 번영이 찾아온다."[11]

현대 중국에서 드러나는 크게 왜곡된 성비는 선별적 여아 중절 때문이든 여아 살해 때문이든, 현존하는 법으로는 바꿀 수 없다. 성비는 보다 소외된 촌 지역으로 갈수록 더 왜곡된다. 그런 곳에서는 아들이 제공하는 노동력이 훨씬 더 필수적이기 때문에 법을 강제하기가 더 힘들다. 가장 큰 왜곡 사례는 전통적으로 딸에 대한 차별이 더 공공연했던 중국 남부에서 찾을 수 있다.[12]

더 많고 강력한 법을 요청하게 되면 배후에 있는 문제를 못 보게 된다. 즉, 부모들은 오랜 동안 특정한 가족 구성을 욕망해 왔다는 것이다. 이러한 욕망은 원치 않는 갓난아기들이 살아남는다고 하더라도 가장 나중에 먹이고 가장 적게 먹이며, 교육과 의학 처치에 더 적게 신경 쓰고 신체적, 정서적으로 학대하게 되어, 누구도 원치 않는 고통받는 아이로 자라나게 된다는 것을 의미한다. 보다 효과적이고 인간적인 해결책은 부모의 태도 변화에 주의를 기울이는 것일 듯하다. 하지만 어떻게 하면 될까? 지속적인 정치 선전, 이를테면 "아들 딸 구별 말고 하나만 낳아 잘 기르자"라는 주장을 담은 표지판을 사방에 붙여 놓아도 효과는 매우 제한적이었다.

널리 퍼진 고릿적 편견

첫 단계는 오래되고 뿌리 깊은 부모의 남아 선호가 과연 무엇에 대한 것인지를 이해하는 것이다. 오늘날의 중국에서만큼 높은 성비(116대 100)는 그만큼 강제적인 가족계획 정책을 갖지 않는 다른 아시아 국가에서도 나타날 수 있다.[13] 중국 국경을 한참 넘어 가서도, 성 선별적 영아 살해 관습이 있을 만큼 한 성별의 자손에 대한 극단적인 선호가 존재하는 곳에서는(세계 문화의 9퍼센트 정도) 추구되는 성이 아들이다.[14]

중국 밖으로 나가도 아시아 다른 지역에서 여아 살해가 잘 보고되어 있으며, 고지대 뉴기니와 남아메리카의 부족, 고대 이탈리아에서도 보고되어 있다. 어디서 발견되든 극단적인 남아 선호와 이에 수반되는 딸에 대한 평가 절하는 가부장제 이데올로기와 함께 나타난다. 한 로마 병사가 기원전 1세기에 아내에게 보낸 편지가 증언하는 것처럼 딸의 운명은 철저히 관심 바깥에 있다.

> 당신에게 우리 아들을 잘 돌봐 줄 것을 부탁하고 애걸하오.…… 아이를 낳았을 때 아들이면 키우고 딸이면 버리도록 하시오.[15]

인도에서는 아직까지도 힌두교 성전인 『베다(Veda)』에 나오는 특수한 주문이 아내가 임신했을 때 낭송되고 있다. 이 주문은 운 나쁘게도 태아가 여아였을 경우 그 여아가 마술적으로 아들로 바뀔 것이라는 희망을 표현하고 있다.[16]

많은 현자들은 좋은 의도로 '아들 열광자'들에게 이 길을 따르라고 조언해 왔다. 극작가이자 하원 의원이고 외교관인 클레어 부스 루스(Clare Boothe Luce)는 가장 공공연하게 말하는 사람들 중 하나다. 그녀는 중국 부모들이 더 큰 가족을 꾸리려는 동기가 아들에 대한 욕망에 있다고 옳게 지적했다. 딸만 있는 집에서는 계속 아들을 가지려고 노력했기 때문이다. 그녀는 "아들 출산 알약"이 "(인구) 시계의 속도를 평화적으로 늦출 수 있는 가장 손쉬운 방법"이라고 제안했다. 게다가 루스는 딸들이 드물어짐에 따라 여성 지위가 상승할 것이라고 추측했다.

하지만 수요 공급의 법칙이 언제나 작동하는 것은 아니다. 특히 희소 성별이 사회적 권리를 박탈당해 불리한 패를 쥔 곳에서는 더욱 그렇다. 희소성은 중국의 도심지에서는 정말로 여성에게 꿈도 못 꿀 기회의 원천이 되었다. 「데이트 게임(The Dating Game)」과 탤런트 쇼의 중간쯤 되는 텔레비전 방송 프로그램들에서 절박한 상황의 미혼 남성들은 여성 시청자들이 짝 후보들을 두고 선택을 고민하고 있을 동안 자신을 홍보하며 불안한 마음으로 호출을 기다린다. 하지만 남성들을 이런 극단으로 몰아가는 바로 그 동일한 희소성이 여성의 삶을 도심 지역에서 비할 바 없이 위험한 것으로 만든다. 아내 없는 남성의 수가 증가함에 따라 강간, 납치, 그리고 심지어는 여성 매매의 빈도가 함께 증가했다.[17] 여성은 적게 공급될 수 있지만, 계급으로서 여성의 형편은 전혀 나아지지 않았다. 1995년, 중국은 여성의 자살률이 남성을 추월한 세계 유일의 국가였다.[18]

· · · · ·

"철학적인 남성에게조차 딸의 출산은 우울한 일인 반면 아들의 출산은 신의 나라에서 떠오르는 태양과 같은" 세계 지역들에서는 선택적 중절이 보너스로 딸려 오는 산전 성 감별이 신의 선물과도 같이 등장했다. "여신과 같은 18명의 딸이 꼽추 아들 하나만 못하다."[19]는 오랜 속담은, 유전적 결함이 아니라 XX염색체 쌍을 피하려는 목적으로 산전 감별을 사용하는 부모들에게 거의 문자 그대로 받아들여지는 셈이다. 인도의 한 진료소에서 행해진 8,000건의 중절 중 7,997건은 딸로 진단된 태아

였다(미리 진단을 받은 어머니는 하나 이상의 딸을 지닌 사례가 전형적이었다.).[20]

공식적으로는 이러한 차별이 금지되어 있다. 서구 국가에 비해 아시아 국가들의 산전 검사 금지법이 훨씬 더 엄격하다.[21] 하지만 법을 강제하기란 불가능하다. 1988년 인도 남부의 마하라슈트라(Matahashtra) 주에서는 모든 산전 성 감별을 금지했다. 인도 의회 역시 그 추세를 따랐다. 1994년에는 태아의 성을 감별하기 위한 이유만으로 산전 검사를 받거나 시행하여 유죄 선고를 받은 모든 사람에게 3년의 수감과 벌금(320달러 상당)을 부과하는 처벌이 전국적으로 시행되었다. 한국도 같은 해에 법안을 마련하여 여아 중절이 범죄가 되었다. 인도의 자원 활동 단체는 그런 법률에도 불구하고 아직도 매해 8만 건가량의 중절이 성별 진단 검사 후 행해지고 있다고 추정한다(과소평가된 것임은 분명하다.). 한국의 상황도 비슷하다. 한편으로 산전 검사가 대개 이용 불가능한 아시아의 가장 가난한 지역들(인도의 타밀나두(Tamil Nadu)나 라자스탄 등)에서는 여아 살해가 계속된다. 원치 않는 딸들은 전통적인 방식(어머니 젖꼭지에 아편을 발라 두거나 식물 추출물로 독살하는 것)이나 '현대적인' 방식, 즉 젖을 주지 않음으로써 불가피한 (그리고 고발이 불가능한) '자연적' 원인에 의해 죽도록 한다.[22]

어머니에게 할 말이 있는가?

어떻게 스스로도 여성인 어머니가 아기가 여자라는 이유로 죽일 수 있는 걸까? 이런 근거로 차별하는 것은 어머니 자신의 열등함을 증명하는 것처럼 보일 수 있다. 중국이나 방글라데시와 같은 곳에서는 이미 하나 이상의 딸이 있는 가정, 바로 어머니가 이미 딸을 길러 온 가정에서 딸이 가장 큰 위험을 겪게 된다는 사실이 흥미로울 것이다. 어머니는 어린

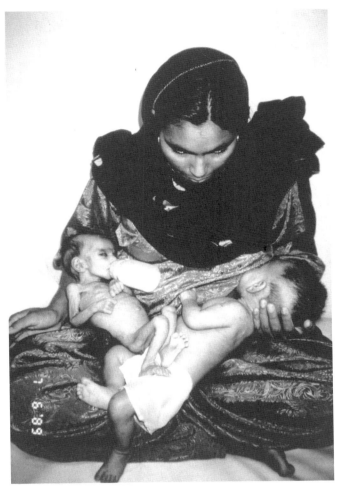

그림 13.2 출산 시 쌍둥이 중 여아는 친할머니(시어머니)가 데려가 분유를 먹였지만, 아들은 어머니 곁에 남아 모유를 먹었다. 5개월 후 진료소에서 재결합하게 되었을 때, 아이들 사이의 차이는 너무나 뚜렷했다. 너무 늦게 치료를 시도했던 것이다. 분유를 먹인 딸은 흐느적거리고 심각한 쇠약 상태에 빠져 있었고 사진을 찍은 직후 사망했다.[23]

딸을 사랑한다는 것이 어떤지 기억할 수 있다. 하지만 어머니의 상황을 고려하지 않고서는 어머니가 딸의 영아 살해를 승낙하는 것을 믿기 어렵다.[24] 어머니는 남편과 함께 남편의 혈육들 사이에서 살아가며 그들에게 의존한다. 아이의 삶의 질은 그들의 선의에 달려 있다. 단순하게 말하면 가족의 남성들은 아들을 원했고 그 때문에 여성들도 그렇게 되는 것이다. 어린 시절부터 이 여성들은 미래에 자신이 낳게 될 아들들, 그리고 그 아들들에게 태어날 아들들에게서 자신의 희망을 찾도록 조건화된다.[25]

심지어 오늘날에도 많은 사회에서는 아들 없는 어머니가 동정과 경멸을 받는다. 아들이 선호되며, 아들을 낳은 아내는 보다 높이 평가받는다. "내가 아들을 낳자마자 시부모님이 더 큰 아파트로 이사시켜 주셨지요."라고, 염색체 로또에 당첨된 한 한국 여성이 말했다. 그런 도착적인 조건은 어머니의 선호가 남자 가족의 이해관계와 별도라는 사실을 볼 수 없게 만든다.[26] 이 편견을 받아들이지 않는 현대의 어머니조차 둘째 아이 역시 딸이라는 이야기를 듣는다면 (불법) 중절을 자발적으로 선택하게 될 것이다. 여자가 드물다는 것은 알지만, 고뇌한 후에도 여전히 딸은 더 낳지 않기로 선택할 것이다. 이 문제는 이따금 말 그대로 어머니 손을 벗어나 있다. 시어머니가 (모유를 먹은 아들과 달리) 분유를 먹여 키운 여아는 설사병과 영양실조로 죽을 운명에 처하게 된 파키스탄 쌍둥이의 사례가 이 점을 잘 보여 준다(그림 13.2 참조).

인류학자 수전 스크림쇼(Susan Scrimshaw)는 이런 사례들 때문에 널리 인용되는 글을 다음과 같이 적게 되었다. "영아 살해의 감소는 삶이든 죽음이든 아기의 운명이 초기에 돌이킬 수 없게 즉각적으로 결정되는 상황에서보다, 더 나이 많은 아기들과 아동들, 그리고 심지어는 어른이 된 이들에게 더 큰 고통을 초래하는 결과를 낳을 수 있다." 스크림쇼는 영아 살해를 변호하고 있는 것은 아니다. 그보다는 하나의 운명과 '훨씬 더 가혹한' 다른 운명에 대해 현실적이고 측은한 시선으로 비교를 하고 있는 것이다.[27] 비슷한 논리로, 아시아 지역의 많은 식자층 (의사를 포함)은

성 선별적 중절을 가족의 권리일 뿐만 아니라 원치 않는 출산에 비해 더 나은 것으로 본다.[28]

아들을 선호하는 이유들

티베트 속담 중에는 "딸은 까마귀만 못하다."는 것이 있다. 이 주제의 변주가 북부 인도 전체에 걸쳐서 들려온다. "부모가 먹여 길러 놓으면 날개가 돋자마자 날아가 버린다."[29] 사람들은 딸이 결혼하면서 떠나 버린다고 불평한다. 딸을 기르기 위해 투자한 자원들은 부계로부터 사라져 버린다. 딸이 떠날 때 상당한 지참금이 나가야 하고, 자신의 가족은 가난해지지만 남편의 가족은 부유해진다. 부모는 딸이 적절한 지위의 가족으로 시집가지 못하는 것, 또는 유혹당해 미혼모로 버려지는 것이 가져오는 잠재적 불명예만큼이나 여러 명의 딸을 시집보내게 될 가능성을 두려워한다.

"딸은 떠난다"는 근거는 그 자체로 왜 체계가 이렇게 설정되어 있는지, 즉 아들은 머무르는 반면 왜 딸은 떠나는지 질문하게 만든다. 또한 왜 부모가 자발적으로 도에 지나친 지참금을 내어 주는지도 설명해 주지 못한다. 여기서 아들 선호에 대한 전통적 근거들, '영예와 부'라는 설명, 아들이 제공하는 노동의 가치, 아들이 의례에서 수행하는 역할, 그리고 그들이 갖는 상징적 가치 쪽으로 관심이 기울여진다.

이와 같은 경우를 연구한 드문 사례의 하나로, 뉴욕의 인구청에 있는 미드 케인(Mead Caine)의 연구를 들 수 있다. 그는 방글라데시에서 아들과 딸이 제공하는 노동의 가치를 정량화해 비교해 보았다. 10~13세의 나이까지는 아들이 순생산자이다. 15세 무렵이 되면 아들은 자신을 길러 준 비용을 부모에게 되갚은 상태이며, 21살이 되면 여자 형제 한 명의 몫까지 갚는다. 이에 비해 딸은 일찍부터 부지런히 일하지만 부모에게 대가를 되갚기 전에 집을 떠난다.[30]

가족의 '영예'나 '지갑'(경제적 이해관계) 그 자체로는, 일단 왜 아들이 더 많이 벌어들이는지를, 그리고 부모들이 왜 계속해서 아들을 더 좋아하는지를, 또는 왜 부모들이 딸을 크나큰 지참금과 함께 보내 버리는지를 설명해 주지 못한다.

아들의 번식 잠재력

짝을 두고 벌어지는 수컷 간 경쟁의 긴 역사는 성선택을 통해 남성에게 여성보다 크고 근육질의 신체라는 유산을 물려주었다. 이것이 여성에 비해 남성이 보다 능률적인 동맹자가 되는 이유 중 하나다. 다른 이유는 부계 거주형 번식 체계에서 이들 동맹자가 혈육이기도 하다는 것이다. 공동체 내의 여성에 대한 접근을 차단하거나 생산 자원에 대한 부계의 권리를 유지하도록 돕는다면 남성이 보다 큰 '자원 보유 능력(resource holding ability)'을 지닌다. 이러한 생명의 사실(fact of life)은 여하간의 법이 허용하는 최대치의 재산을 보유해 온 곳, 그리고 자원이 시간에 따른 가문의 생존과 분리될 수 없는 세계 곳곳의 지역들에 사는 부모들에게서는 사라지지 않았다. (옛 라자스탄 속담이 말하는 것처럼) "아들이 총"인 곳에서는 경쟁 계보에 맞서 자원을 지켜낼 수 있는 아들에게 재산을 물려주지 않으면 유산에 대한 통제력을 잃는 것이나 다름없다.

가부장제 사회 체계 안에서 부유한 아들은 여성이 필요로 하는 생산 자원을 통제하게 된다. 여러 짝들을 유혹할 수 있는 위치에 있게 되는 것이다. 라자스탄과 같이 계층화된 사회에서 사회적 상승을 노리는 가족들은 딸들을 특권 계층에 시집보낼 수 있는 기회를 확보하기에 충분할 만큼 큰 지참금을 모으기 위해 경쟁한다. 이는 훌륭한 상속인이 될 손자를 거느릴 전망과 더불어 영예로운 유대 관계를 부모에게 선사해 준다. 재난이 닥칠 때는 후손들이 살아남을 수 있는 유일한 가능성이라 할 수 있다. 따라서 특권층 안에서의 아들 선호는 상승혼(hypergamy), 즉 여성이 보다 높은 신분의 남성과 결혼하는 풍습을 낳게 된다. 하지만 상승혼은 위계의 최상위에 있는 딸들의 전망을 어둡게 한다. 결혼할 수 있는 더 높은 지위의 가족이 없는 것이다.[31]

영국의 인도 점령기에는 선별적인 딸 제거가 서구에서 처음으로 주목을 받았다. 라자스탄과 인도 북부의 우타르프라데시(Uttar Pradesh)를 찾았던 19세기의 여행자들은 특권층 씨족에서 소녀를 거의 볼 수 없다는 사실에 주목했다. 이 고고한 무사 왕의 후예인 딸들은 푸르다(purdah, 여성을 남성의 눈에 띄지 않도록 휘장이나 베일 뒤에 숨겨 놓는 풍습. ─ 옮긴이)의 일종으로 격리되어 보호받고 있다고 생각되었다. "나는 인도에 무려 4년 가까이 있었지만 유럽인의 가정에서 하녀로 일하고 있는 사람들, 또는 소매상의 아내인 낮은 카스트의 여성들, 그리고 무희를 제외하고는 여성을 본 적이 없다."고 패니 파프키스(Fanny Pafkes)가 북부 인도를 여행하면서 쓴 여행기에 적고 있다. **그곳에 딸이 없다**는 생각은 하지 못한 것이다.[32]

사실이 조금씩 밝혀졌다. 한 영국 관료가 지역의 지주들과 협상에 참여하는 동안 딸이 없다는 사실을 차츰 알아채게 되었다. 그는 실수로 수염을 기른 이들 남성들 중 하나를 다른 사람의 사위로 잘못 언급해 비웃음을 샀다. 그것은 거의 불가능에 가깝다고 사람들이 말해 주었다. 딸의 출산은 그 신분의 가족에게는 대재앙이 될 것이기 때문에 딸은 절대 살아남지 못할 것이라고 했다. 딸들 중 **하나라도** 결혼할 수 있는 나이까지 살아남는 것은 생각할 수조차 없었다. 자레야 라즈푸트(Jhareja Rajput)와 베디 시크(Bedi Sikh)(지역에서는 쿠리 마르(Kuri Mar) 또는 '딸 제거자'라고 알려진)와 같이 가장 특권적인 씨족들을 대상으로 한 인구 조사는 딸이 전혀 없는 것이나 다름없다는 점을 확증했다. 그보다 낮은 신분의 특권층은 이후에 태어난 딸들만을 죽였다. 딸을 일부 혹은 전부 다 기르는 낮은 지위의 씨족들을 포함해 전반적인 지역 성비는 살아남은 소녀 100명당 소년 400명이라는 수치가 나올 만큼 높았다.

19세기 브리튼에서 발생한 영아 살해에 대한 공공의 분노는 1870년대 영아 살해 금지법을 이끌어 냈다. 영국의 식민지법은 영아 살해를 감소시켰지만 살아남은 여아들을 치명적인 수준까지 방치하는 현상을 완화시키는 데는 거의 기여하지 못했다. 19세기의 한 영국 관료가 우타르 프라데시의 지주에게 왜 라즈푸트 가족은 영국법의 금지에도 불구하고 딸을 계속 제거하냐고 묻자 그의 대답은 정곡을 찔렀다. "딸을 데리고 있는 집의 아버지는 딸이 적절한 결혼을 하는 것을 살아생전 볼 수 없을 텐데…… 딸이 시집가는 가족은 궁핍해지고 몰락할 것이기 때문입니다." 그 남성은 "딸을 지키는 자들은 절대 번영하지 못할 것"이며 결국 땅을 잃는 것으로 끝날 것이라는 그의 요지를 확증해 주는 몇몇 사례들을 계속해 들려주었다.[33]

생태적 위기나 반복되는 가뭄, 기아, 그리고 전쟁으로 가득한 세계에서는, 한 가계를 오래 보존할 수 있는 최고의 희망은 여러 아내와 첩들을 거느린, 강력하고 훌륭한 지위를 지닌 남성 상속자에게 힘을 집중시키는 것에 있었다. 만약 가족의 상황이 관습의 실효성을 미심쩍게 할 경우라면 딸이 한둘 있는 것이 완전한 가계 멸종을 막는 보험이 된다. 만약 가족이 정말로 비참한 상황에 놓여 있을 경우에는 딸들이 노예, 아내, 또는 첩이 됨으로써 그들의 자손들이 살아남을 수 있는 위치까지 사회적 사다리를 타고 올라가는 것이 최고의 희망인 것이다. 많은 가계가 실제로 비슷한 상황에 처했지만, 남성들은 가능한 한 많은 자손을 낳으려고 했기 때문에 그러한 체계는 생겨나지 않았다. 그보다는 무의식적으로 또는 의식적으로 진술되는 목표는 최소한 그들 계보의 일부가 '영예' 및 기득권을 지키다가 다음 세대에 반영될 수 있게 손을 써 두는 것이다. 이 보수적인 행로는 궁극적으로 가족이 지역에서 멸종하는 것을 막아 주며, 그런 방식을 통해 가계 생존과 장기적으로 연관된다.

라자스탄의 먼지 날리는 평야를 가로지르는 터번을 쓴 무사로부터 현대의 도시인에 이르기까지, 우리는 시간이 흘러도 가문이 생존할 수 있는 방법에 끊임없이 매혹된다. 「댈러스(Dallas)」나 「팰콘 크레스트(Falcon Crest)」, 「다이너스티(Dynasty)」와 같은 텔레비전 프로그램들이 전 세계적인 인기를 누리는 것을 보라. 자신의 가족이든 텔레비전에 나오는 가족이든 사람들은 쉽게 빠져든다. 그들은 결혼, 번식, 그리고 자원에 대한 접근권의 유지라는 배당률 높은 게임에서 서로 다른 배역들이 어떻게 성공할 수 있는지 알고 싶어 한다. 누가 생존해 지배자가 될 것인가? 누가 굴복하게 될 것인가? 사람들은 그런 문제들에 대해 싫증이 날 만큼 이야기한다. 사람들은 엿보기와 가십을 통해 각 가문의 번영 문제에 대한 대안적인 해결책들의 장점을 비교한다. 우리는 상속 전략에 사로잡힌 종이며, 그런 것을 고안해 낼 수 있는 뛰어난 장비들을 갖추고 있는 종이다.[34]

주기적인 가뭄과 기근이 거의 확실시되는 19세기 라자스탄에서, 가계의 생존은 극단적인 척도를 요구했다. 비정한가? 분명 그렇다. 그리고 무자비하다. 하지만 어떤 성별의 자손이 가문의 목표에 더 크게 기여를 할 것인지를 결정하는 지배 규칙은 여러 세대에 걸쳐 고안되었다. 계속되는 시행착오, 타인들의 시도에 대한 관찰, 성공한 자들의 모방, 이런 것들이 특정 가족 체계에 대한 선호로 요약되었다. 이 규칙들을 따른 가문은 생존해 번영했기 때문에 적응적 해결책은 관습의 형태로 보존되었다.[35]

이데올로기만으로 성 선호를 설명할 수 없다

성 선호는 분명히 이데올로기와 큰 관련이 있다. 하지만 진화론자들은 가문의 유전적 생존이 달려 있는 경우 배후에 있는 정서들이 생물학적 기초 위에 있을 것이라 기대하게 된다. 그들은 다른 종의 부모들 역시 성별에 따라 투자의 편차를 만들어 낼 것으로 예측한다.

동물들은 상징, 젠더 구성, 또는 '노후 대책'과 같은 개념들과 관계가 없다. 따라서 인간이 특정 배치를 얻기 위해 자손 조합의 형태를 결정하는 유일한 생명체가 아니라는 점은 귀가 번쩍 뜨이는 사실이다. 많은 동물 어미들은 가능한 경우 임신 이전에 성비를 편향시키며, 태아를 선별적으로 유산하고, 아들과 딸을 서로 다르게 양육한다. 인간은 의식적으로 그렇게 하며 그 편향에 이유를 접목시키는 유일한 동물일 뿐이다. 메커니즘만 다르다. 올더스 헉슬리(Aldous Huxley)의 표현을 빌리면 "목표는 유인원적인 선택이고, 수단만이 인간적이다."

성비 연구가 어려운 이유 하나는 표본 크기가 아무리 커도 아들과 딸 비율의 미미한 변동이 확률적인 현상이 아니라는 점을 확증하는 작업이 욕이 나올 만큼 어려울 수 있다는 것이다. 새, 물고기, 파충류, 그리고 포유류는 다양한 상황에서 딸과 아들에게 서로 다르게 투자한다. 왜 인간은 많은 사람들이 하듯 거칠고 잔인하며 낭비적인 방법을 사용해 성비를 편향시키는지에 대한 질문으로 돌아가기 전에, 다른 동물에서 성별 편향적인 부모 투자의 양상을 보다 자세히 관찰하는 것이 도움이 될 것이다. 출생 이전에 성비를 편향시킬 수 있는 보다 효율적인 메커니즘이 진화적인 실현 가능성을 갖고 있다. 이를테면 무화과말벌 어미는 맞춤 성비에 따라 새끼 무리를 만들 수 있는 진화된 능력을 지닌다(3장 참조). 어미는 어떤 성별의 자손이 번식적으로 더 이득이 될 것인지를 어떻게든 분석해 내며, 알을 낳을 때 Y염색체를 지닌 정자를 더하거나 뺄수 있다. 윌리엄 해밀턴이 1967년의 논문 「특수한 성비(Extraordinary Sex Ratio)」를 발표했을 때, 그는 진화 생물학에서 가장 거칠고 파란만장한 목표, 즉 "성비 이론"으로 알려진 것에 착수했다.

더 많은 '특수 성비들'

거북이, 악어, 그리고 어류에서 어미의 임무는 간단하다. 알을 낳을 때는 성이 결정되어 있지 않지만, 배 발생이 일어나는 동안 온도와 같은 다른 환경 조건들에 따라 점차 구체화된다. 이를테면 미국악어(American alligator) 어미는 햇볕이 잘 드는 곳에 보금자리를 만들어 딸로 태어나게 할 수 있다. 반면에 만약 물가로 기어 올라가 해변가 그늘진 곳에 낳는다면 알이 수컷으로 발달한다. 몇몇 물고기들, 가령 대서양실버사이드(Atlantic silverside)에서는 환경에 의한 성 결정이 갖는 적응적 합리성이 분명하다. 각 번식기가 시작될 무렵의 차가운 물에 방출된 치어들은 언제나 암컷이 되는 반면, 나중에 물이 따뜻해진 후 태어난 치어들은 대부분 수컷이 된다. 몸집이 큰 어미들이 더 생산성이 높은 세계에서, '그'와 '그녀'의 번식철 시간 분배는, 보다 일찍 태어난 딸들이 알을 낳기 전 더 크게 성장할 시간을 갖게 된다는 사실을 의미한다. 포유동물에서의 성비 편향 기술은 보다 복잡하고 덜 알려져 있다.

2차 성비(수태 성비를 1차 성비, 출산 성비를 2차 성비, 번식 연령의 성비를 3차 성비, 번식 연령 이후의 성비를 4차 성비라고 한다. — 옮긴이)의 편향은 포유류에서 보고되어 있지만 50대 50에서 이탈하는 경우는 어류나 말벌보다 훨씬 덜 뚜렷하다. 한 가지 주목할 만한 예외가 숲레밍(wood lemming)에게 있다. 유럽 북부 삼림에 사는 이 털북숭이 체류자들은 지금껏 알려진 포유류 중에서는 가장 편향된 성비를 지닌다. 숲레밍 어미들은 아들보다 딸을 3~4배가량 많이 낳는다. 비결은 Y염색체에 실린 유전자가 발현되지 않도록 성염색체를 변경하는 신기한 기술에 있다. 인간과 다른 포유류에서 한 개의 X염색체만을 갖는 암컷('XO'라고 표시함)은 번식력이 없지만, 어떤 이유에서인지 이들 'XY' 레밍은 암컷 표현형을 발현하고 번식력 또한 있다.

대체 왜 그런 능력이 진화했는지는 모른다. 동물학자 닐스 스텐세스(Nils Stenseth)는 조작 능력을 지닌 레밍 어미들이 근친 번식 단계가 포함된 번식 주기에 적응한 것이라고 추측한다. 과거의 숲레밍 아들들은 말벌 아들이 무화과 안에서 자매들과 교배할 수밖에 없는 상황에 직면했던 것과 마찬가지로, 국지적 짝 경쟁에 놓이게 되었다. 매우 '우성인' X염색체는 XY 아들이 딸로 변환할 수 있도록 해 준다.

몸집이 작은 다른 극지방 포유류처럼 레밍은 개체군 파산 후에 오는 개체군 폭발과 같은 과잉에 노출되는 경향이 있다. 개체군은 나쁜 해에는 붕괴할 수도 있다. 임신한 암컷이 운이 좋아 살아남아도 레밍이 없는 대지에 홀로 남겨져, 자신이 낳은 아들에게 짝짓기할 암컷이 없는 상황에 처하게 될 수 있다. 해밀턴의 무화과말벌처럼 딸을 수정시키기에 충분한 만큼의 아들들만을 낳는 것보다 더 좋은 방법은 없다. 손자들은 밖으로 나가 넓게 열린 생태 적소에서 새 삶을 시작할 것이다[36].

숲레밍은 염색체 성 결정을 통해 벌목에서의 극단적인 예만큼 성비를 크게 편향시킬 수 있다는 사실이 밝혀진 유일한 포유류다. 하지만 그보다 약한 성비 편향은 폭넓게 보고되어 있으며, 여기에는 성 선별적인 유산이 포함된다. 중절이 비자연적이라고 생각하는 사람들에게는 놀라운 일일 수도 있겠다.

동물에서의 성선택적 중절

다른 동물이 성비를 편향시키는지 확인하는 데 돈을 쓸 의향이 있는 재단은 거의 없을 것이다. 수중 설치류에서 나타나는 자연 발생적 딸 유산을 연구하는 데 마음이 이끌리는 사람은 그보다 더 적을 것이다. 하지만 운 좋게도 정부는 유해 동물 도입을 방지하는 데에는 무척 관심이 많다. 털가죽 생산을 위해 남아메리카로부터 수입되어 유럽에 도입되었고, 흡사 몸집이 큰(10킬로그램) 기니피그처럼 생긴 동물 코이푸(coypu)를 잡기 위해 영국 정부가 거대 규모의 연구 프로그램에 착수한 까닭은 여기에 있었다. (뉴트리아(Nutria)라고도 알려진) 이 코이푸 일부가 탈출했을 때, 코이푸는 털이 북슬북슬하고 생산성이 높을 뿐만 아니라 자유분방하게 돌아다니는 생명체라는 사실이 밝혀졌다. 이들은 잉글랜드 동부의 습지로 칡 넝쿨이 뻗치듯이 퍼져 나갔다.

유해 동물 통제 프로그램의 일환으로 잡힌 코이푸는 방목한 포유류에서 성비 이론을 검증해 볼 수 있는 기회를 최초로 제공했다. 정부로부터 자신의 연구 대상을 제거할 임무를 띠고 고용된 생물학자 모리스 고즐링(Morris Gosling)은 연구 과정에서 내장 기관을 검사하기로 결정하여 총 5,853마리의 코이푸를 해부했다. 그중 1,485마리는 성 감별을 할 수 있을 만큼 성숙한 태아를 품고 있었다. 고즐링은 그 태아들을 검사하고 깜짝 놀랄 만한 최초 발견을 몇 가지 해냈다.

임신 14주 이전 코이푸는 한배 대부분이 암컷이거나 대부분이 수컷인 비율이 비슷했다. 하지만 보다 이후의 임신 단계에서는 대개 아들이 아닌 작은 배(4개 또는 그보다 적은 수의 태아)를 임신한 어미는 거의 찾아볼 수 없었다. 대부분이 딸인 적은 수의 배를 임신하고 있는 암컷이 자연 발생적으로 유산하고 있다는 것이 유일하게 그럴듯한 설명이었다. 놀랍게도 최상의 상태에 있는 가장 통통한 암컷에게서 그런 경향이 가장 두드러졌다. 고즐링은 이 중절이 정말로 번식 실패에 해당하는 것인지, 아니면 적응적인 어미의 경영 전략인지 궁금해 하게 되었다.

코이푸 너마저?

임신 후기, 즉 총 19주의 임신 기간 중 14주가 지난 후면, 특히 통통하며 자신의 상황에 비춰 볼 때 '잘못된' 유형의 배를 임신하고 있는 코이푸는 자연 발생적으로 유산하게 된다. 이 시점에서 코이푸는 수유 기간 동안 자신을 지탱해 주기에 충분할 만큼의 지방질을 이미 비축해 두었을 것이다. 그렇다면 살찐 암컷이 이 단계에서 뒤늦게 손을 떼서 무엇을 얻을 수 있을까? 여기서 코이푸는 다음번 임신에서 더 큰 번식 성공을 거둘 기회를 얻게 된다. 체세포적 횡재를 한줌의 딸에게 낭비하는 대신 유산하고 재빨리 다시 임신하는 것이다. 아마 그 대부분은 수컷으로 채워진 배이거나, 그에 실패했을 경우 최소한은 그토록 훌륭한 상태에 있기 때문에 노릴 수 있는 이득을 챙길 수 있을 만큼 큰 배일 것이다.

고즐링은 "낙태도 이득이 될 수 있다."고 추론했는데, 다만 "보다 큰

RS(reproductive success, 번식 성공. — 옮긴이)를 거두게 해 줄 수 있는 배로 자원을 옮길 수 있어야" 한다. 양호한 상태에 있는 암컷이 대부분 수컷이고 크기가 작은 배를 임신했다면, 몸집이 특별히 크고 경쟁력이 뛰어난 아들을 낳을 것이라 기대할 수 있다. 하지만 대부분이 딸인 배를 임신한 살찐 암컷들은 특별한 보상을 얻지 못한다. 임신한 코이푸는 어떤 방법으로든 자신의 상태를 평가하고 있으며, 그에 따라 임신의 지속 여부를 결정하고 있다.[37]

이것은 놀라운 관찰이었지만 전혀 예상치 못했던 결과는 아니었다. 10년 전인 1973년에 생물학도 로버트 트리버스와 수학도 댄 윌러드(Dan Willard) 두 명의 대학원생이 《사이언스》에 고즐링의 결과를 예측하는 논문을 게재했기 때문이다.

맞춤 제작 가족

트리버스-윌러드 가설(Trivers-Willard hypothesis)은 한 성별의 번식 성공 변이가 다른 성별에 비해 클 경우, 그리고 그 성별 개체의 번식 성공이 모계 효과에 달려 있을 경우, 좋은 상태에 있는 어미들은 번식 성공에 보다 큰 편차가 있는 성별을 선호할 것이라는 내용을 담고 있다. 나쁜 형편에 있는 어미들은 편차가 적은 성별을 선호해야 한다. 대부분의 상황에서 번식 성공에 더 큰 편차가 있는 성별, 그리고 모계로부터 오는 이득에서 더 많은 이득을 얻는 성별은 아들이다. 이론적으로 볼 때 코이푸와 같은 종에서 좋은 상태에 있는 어미들이 아들을 선호해야 하며(또는 매우 큰 배), 나쁜 형편에 있는 어미들이 딸을 선호해야 하는 까닭은 여기에 있다. 어미들이 **어떻게** 이런 일을 하는지는 의문이다. 일부는 성비가 임신

전 어미가 호르몬 조건에서 보이는 차이에 의해, 그리고 난자로 가는 길목에서 X염색체나 Y염색체를 지닌 정자의 차등적 생존에 의해, 또는 그도 아니면 수컷과 암컷 배아의 차등적 생존에 의해 편향된다고 추측했다.[38]

트리버스와 윌러드는 이론을 고안하던 과정에서 실제로는 사슴이나 순록과 같이 몸집이 큰 포유류를 염두에 두고 있었다. 어미가 건강해 잘 먹고 자란 수사슴은 특별히 몸집이 크고 경쟁력이 큰 수사슴으로 자라나게 될 것이고, 나쁜 상태의 어미에게 태어난 경쟁자들을 경쟁에서 능가해 배제시킬 수 있을 것이다. 경쟁력이 없는 아들을 낳을 어미는 딸을 낳는 것이 더 낫다. 암사슴은 나쁜 상태에 있어도 임신해 자손을 낳을 수 있는 능력이 분명히 있다.

오늘날 트리버스-윌러드의 이론은 스코틀랜드에 사는 귀족붉은사슴(noble red deer)으로부터 중부 아메리카의 숲 바닥을 어슬렁거리는 난장이주머니쥐(pudge possum)에 이르기까지, 물론 어디에나 있는 자유분방한 코이푸는 말할 것도 없이, 많은 동물들의 출생 성비를 예측할 수 있는 것으로 밝혀졌다. 이 가설은 심지어 페루 우림 지대에 사는 거미원숭이에서 낮은 서열 어미들이 거의 딸 출산 전문가가 되어 있다는 점도 설명해 준다. 이 가설은 번식 성공을 결정하는 주된 기준이 암컷에게 접근할 수 있는 능력인 경우에 적용된다.[39]

하지만 결정적 요인이 짝에 대한 접근이 아니라 자원일 경우에는 어떻게 될까? 한 성별의 자손이 영토를 방어하거나 그 자원을 번식 성공으로 변환시키는 데 더 능란하다면 어떻게 될까? 만약에 한 성별의 자손이 다른 성별에 비해 부모가 처분권을 쥔 지역 자원을 방어하거나 향상시킬 수 있는 능력('지역 자원 증진(local resource enhancement)'이라고 알려진)이 더 뛰어나다면?[40]

	좋다 → 경쟁력 있는 자손 →	어미가 번식 성공 편차가 더 큰 성별 (대개 수컷)을 선호하는 방향으로 투자를 편향시킨다
어미의 상태		
	나쁘다 → 경쟁력이 없는 자손 →	어미가 번식 성공 편차가 작은 성별 (대개 암컷)을 선호하는 방향으로 투자를 편향시킨다

그림 13.3 트리버스-윌러드 가설은 코이푸에서 나타나는 성 편향적 임신 종결을 설명할 수 있는 것처럼 보였다.

오늘날 어떤 성별이 부모에게 물려받은 자원의 가치를 더 높이는가에 따라 자식의 성별을 편향되게 낳는 고전적인 사례는 세이셸휘파람새(Seychelles warbler)라고 알려진 희귀 조류에 대한 주목할 만한 연구로부터 나온다.

세이셸은 서인도양에 있는 군도로, 일부는 물이 없는 암석질 지역이고, 일부는 무성한 열대 지역이다. 이 섬들은 네덜란드 조류학자 얀 콤되르(Jan Komdeur)가 새 부모들이 성비를 조절하여 알이 깰 시기에 우세한 환경에 따라 가족 상황을 보다 잘 개선할 수 있는 자손을 낳는다는 결론을 증명할 수 있는 자연적인 '실험실'이 되었다. 이 새들은 동물이 자신의 가족을 맞춤 제작할 수 있는가라는 논의에 매듭을 짓는다.[41]

1988년까지는 세이셸휘파람새의 지구상 전체 개체군이 하나의 섬에 한정되어 있었다. 계피 향 토스트의 빛깔과 흰 가슴을 지닌 활기찬 작은 새들 320마리가 그 주인공으로, 그 섬에서 이용할 수 있는 모든 서식처가 포화 상태였다. 번식기의 짝들이 영토를 만들어 분포하고 있고, 그 영토에서 최대 9년간 지내며 한 해 한배의 새끼를 낳는데, 그 배는 대개 한 개의 알로 이루어져 있었다. 휘파람새는 한 해가 지나면 번식할 수 있지만, 딸들은 태어난 곳에 머무르며 부모가 동생들에게 곤충을 잡아 주는 것을 도왔다. 이 대행 부모가 제거되었을 때 부모의 번식 성공은 낮아졌다. 하지만 거기에는 함정이 있다.

곤충이 드물 때 제 목숨을 부지하기 위해 부모와 경쟁하는 도움꾼을 곁에 두는 것은 자산이기보다 의무에 가깝다. 이런 계산과 일치하게, 척박한 영토에 살아서 도움꾼을 두어도 이득을 못 보는 부모들은 대개 (주위에 머무르는 경향이 없는) 아들을 낳는다. 연구자들은 이 점에 주목하여 실험을 하기로 결정했다. 부모들을 통제된 조건 아래 있는 새로운 영토로 옮긴 것이다.

식량이 풍부하고 넓은 영토에 놓인 휘파람새 짝들은 '오페어'를 유지할 수 있었다. 예측했던 것과 마찬가지로 이 특권층 부모의 87퍼센트가 딸을 낳았는데, 딸은 남아서 도움을 줄 가능성이 더 큰 성별이다. 척박한 영토에 놓인 부모들의 경우에는 23퍼센트만이 딸을 이소시킬 수 있었다. 어떻게 그렇게 한 것일까? 방법은 알려져 있지 않다. 하나의 가능성은 이 새들이 일종의 '시작 규칙', 즉 '바른 성별'의 알을 품는 방법을 이용하는 것이다. 이 정도는 확실하게 이야기할 수 있다. 세이셸휘파람새는 가족사와 지역 조건에 반응하여 자손 구성을 적응적으로 배치하는데, 성공 가능성은 일부 인간 부모가 할 수 있는 만큼은 확실하다. 다만 인간의 메커니즘도 이와 같은지는 확실치 않다. 그보다는, 다른 동물에서 생리학적으로 산출되는 것과 유사한 결과를 산출하는 일반적인 결정 규칙이 인간 심리에서 선택되었던 것처럼 보인다. 부모를 예정된 반응에 가둬 두기보다는 생물학적 기초를 갖는 선호 심리를 통해 자식의 성별에 따른 부모의 태도를 즉각 바꿀 수 있도록 만들어야 한다. 이제 이 주장은 진화된 특질들은 당연히 변하지 않는다는 가정을 아직까지도 받아들이는 독자들에게만 기이하게 여겨질 것이다. 진화된 특질들은 실제로는 그렇지 않다.

'규칙들' 자체가 상황에 따라 다를 때……

"어떤 성별을 낳을 것인가"라는 영원한 질문은 다양한 서식처에 손쉽게 적응하는 비비나 마카크처럼 유연한 영장류나 인간과 같은 '잡초성' 종에서는 특히 난해한 것일 수 있다. 잘 연구되어 있는 구세계 긴꼬리원숭이과 종들에서처럼 비비와 마카크 딸들은 어미로부터 지위를 물려받는다. 딸들이 근처에 머무르기 때문에 높은 서열의 어미는 자신의 지위로부터 이득을 볼 수 있는 성별을 낳는 것이 거의 의무가 되어 있고 혈육을 지원함으로써 모계 이해관계를 떠받치기도 한다(지역 자원 강화의 다른 형태). 암보셀리와 같이 식량이 드문 서식처에서 높은 서열의 어미들은 바로 이 일을 해낸다. 즉, 딸을 과잉 출산하는 것이다. 동일한 양상이 일부 마카크 개체군에서도 보고된 바 있다.

해를 거듭할수록 최고 서열에 있는 모계는 딸을 아들보다 점점 더 많이 낳는 반면, 낮은 서열의 암컷은 딸은 적게, 아들은 많이 낳는다. 서열이 낮은 암컷은 딸을 적게 낳을 뿐만 아니라 그렇게 낳은 딸들은 비슷한 서열의 어미가 낳은 아들들에 비해 죽을 가능성이 더 크다. 조앤 실크(Joan Silk)는 사육되는 보닛마카크(bonnet macaque)에 대한 연구에 기초하여 아들은 어미의 낮은 서열로 인한 불이익을 출생 집단에 남겨 두고 떠날 수 있지만 딸은 그럴 수 없다는 점을 보여 주었다. 그녀의 연구에서 낮은 서열의 어미에게 태어난 딸 중 생존한 자손을 단 하나라도 남긴 딸은 전혀 없었다. 지역 자원을 둘러싼 경쟁이 거셀 때 높은 지위의 어미에게 태어난 딸은 적재적소에 태어난 적절한 성별이다.[42]

진 알트먼이 암보셀리에서 연구했던 비비들의 경우 생애 첫 두 해 동안 죽을 확률이 25퍼센트였다는 사실을 기억할 필요가 있다. 하지만 그 새끼가 높은 서열의 어미에게 태어났다면('적절한 성별') 새끼의 생존율은

2배로 올라가며, 같은 지위의 어미에게 태어난 아들보다 높은 생존율을 보인다. 그런 딸들은 번식도 빨리 시작한다. 평균적으로 적절한 성별의 자식을 갖는 어미는 후속 세대에 절반의 손자를 추가적으로 기여하게 된다. 암보셀리에 있는 어미들은 평생 많아야 7마리의 자손을 낳고, 평균 2마리만이 살아남는다. 평생 새끼를 낳고 기르는 노력에 비해 얼마나 보잘것없는 결과인지를 생각하면, 그런 보너스는 한층 더 큰 것이다.

매 세대에 걸쳐 누적되는 번식 이득은 모계 체제 속의 어미들이 수컷들이 두고 싸우는 독점적 교미(isolated copulation)보다 지속성이 강한 이권을 두고 경쟁하고 있음을 의미한다. 성공적인 모계에 딸을 둠으로써 자신의 번식 운을 모계에 편승시킨 수컷은 번영을 향한 표를 예매한 셈이다. 이와 유사하게 수컷의 짝이 열위 암컷이라면 부모 양측 모두 아들을 낳아야 득이 된다. 나중에 태어난 아들들은 마치 시골 소년처럼 멀찍이 있는 운을 찾아 떠나며 출생의 불이익을 뒤에 남겨 놓는다. 하지만 마카크와 같은 일부 꼬리감는원숭이에서는 열위 어미들이 투자를 아들 쪽으로 편향할 수밖에 없는 이유가 하나 더 있다. 지배 모계에서 태어난 암컷들은 경쟁 관계에 있는 어미의 딸들을 악의적으로 괴롭히며 그다지 온건하지 못한 메시지를 보내기 때문이다. "네 아들은 잠시 눈감아 줄 수 있지만 여기 계속 살게 될 딸들은 환영할 수 없다." 이 깡패들은 낮은 서열의 어미들, 그중 특히 딸을 지닌 어미들에게 많은 한숨과 눈물을 안겨 준다. 실크는 딸을 낳은 낮은 서열 어미들에게 가하는 벌칙이 열위 어미들에게 딸을 배거나 뱃속에서 키우기를 피하도록 하는 선택을 야기했다는 가설을 내놓았다.[43]

하지만 이토록 정교한 계산조차 이야기의 전부는 못 된다. 환경 조건이 변할 때 어미 마카크나 비비는 새로운 규칙을 끄집어내기 때문이다.

……그리고 '부적절한' 성별이 '적절한' 성별이 될지니

해가 거듭됨에 따라 암보셀리와 같은 서식처에서 딸들은 낮은 서열 어미들에게 불리하다는 증거가 점점 더 강력해졌다. 아들은 가장 나은 전망을 제공한다. 그럼에도 불구하고 다른 곳에 있는 연구자들은 다른 양상을 보고한다. 일부 비비와 마카크 개체군에서는 어미 서열이 성비에 미치는 영향이 전혀 발견되지 않았다. 다른 곳에서는 암보셀리와는 정반대의 양상이 나타나 높은 서열의 어미들은 아들을, 낮은 서열의 어미들은 딸을 과잉 출산하는 현상이 발견되었는데, 이는 트리버스 및 윌러드의 예측과 일치한다.[44]

서로 다른 연구팀이 서로 다른 양상을 보고하고 있었으며, 각각은 서로가 사태를 잘못 파악하는 것이 아닌지 의심하고 있었다. 통계학적으로 유의미한 차이를 발견하지 못한 연구자들은 다른 두 집단이 '성비 열풍'에 감염되었고 이론적 정신 착란에 빠져 무작위적 변이에 불과한 것에서 경향성을 상상해 내고 있다고 생각했다.

1991년, 캐럴 반 샤이크와 나는 우리가 농담 삼아 "험난하고 험난한 성비 연구의 세계"라고 부른 것에 휩쓸린 영장류학자들 중 하나였다. 우리는 만일 연구자들이 틀린 게 아니라면 어떻게 될까 생각해 보았다. 만약 원숭이들이 규칙을 바꾸고 있는 거라면? 이를테면 우리는 '암보셀리 유형'과 일치할 가능성이 가장 적은 것은, 식량이 풍부하고 확장될 공간이 많은 넓게 열린 서식처에 사는 마카크와 비비 개체군이라는 점에 주목했다. 그 유형의 정반대(높은 서열의 어미들은 아들을, 낮은 서열의 어미들은 딸을 과잉 출산하는 경향)는 넉넉한 식량과 공간 덕에 매우 높은 출산율을 갖는 큰 야외 번식 군락에서 가장 자주 발견되었다(새끼를 낳는 것이 결국 번식 군락이 존재하는 이유다.). 우리는 이 점에 도달하게 되면서 급속한 개체군 성장을 조장하는 생태 조건 아래에서는, 트리버스-윌러드 가설의 논리에서 핵심인 수컷과 암컷의 번식 잠재력의 차이가 중요성을 갖는다는 생각을 하게 되었다. 이 시점에서 자신의 상황에 맞는 최적의 자손 성별 결정은 뒤집힌다.

우리는 높은 서열과 낮은 서열의 암컷 모두 성공적으로 번식할 수 있는 곳, 즉 급속히 팽창하는 개체군에서는, 좋은 상태의 어미에게 태어난 아들들의 보다 큰 번식 잠재력이 모계 지위에서의 유리함이 지닌 지속적 가치보다 우선순위를 차지한다고 추론했다. 암보셀리와 같이 힘든 상황 속에서 희소한 자원에 대한 모계의 접근권은 어미에게 최고의 우선순위가 된다. 하지만 고성장 개체군에 있는 원숭이 어미들은 자손의 번식 성공을 제한하는 가장 중요한 요인이 자원에 대한 접근인지 혹은 짝에 대한 접근인지에 따라 다른 박자로 행진한다.

무엇이 인간 성비를 거의 동등하게 유지시키는가?

아들 대 딸의 출산을 적응적인 방식으로 조절할 수 있는 능력, 이전까지는 꿈조차 꾸지 못했던 그런 능력이, 동물들, 그중에서도 특히 다른 영장류에 존재한다는 사실은 곤혹스러운 질문을 불러일으킨다. 특정 성별을 선호하는 편향이 오랜 동안 지속되어 왔다고 가정할 때, 인간 어머니의 하위 집단들이 각각 원하는 성별을 자동적으로 출산함으로써 가변적인 지역 상황에 맞추도록 하는 자연선택은 왜 발생하지 않은 것일까? 현존하는 체계는 잔인할 뿐만 아니라(어머니 대자연의 관심사는 아니지만), 낭비적이다(이것은 관심사가 된다).

만약 출산 시 성비를 편향시키는 선택이 어머니들에게 작동하는 것이 가능하다면, 왜 100명의 딸에 대해 미미한 숫자인 6명의 아들을 추가로 만드는 데서 멈추는 것일까? 까마득한 과거로부터 부모가 딸을 차별해 왔던 인구 집단에서, 왜 200:100에 가까운 출생 성비를 발견할 수는 없는 것일까? 이렇게 되면 부모들은 노력을 낭비할 필요가 없다. 부모가 키울 것도 아닌 아기를 낳는 데 필요한 모든 에너지, 기회비용, 그리고 임신에 소요되는 시간과 위험 등의 노력 말이다. 그렇다면 왜 인간의 출생 성비는 대략 51퍼센트의 남성과 49퍼센트의 여성이라는 거의 동등한 수치를 나타내는 것일까?

성비가 동등한 것에 가까운 정도로 보수적인 선회 비행을 지속하고 있는 까닭을 생물학자들에게 질문한다면, 아마도 그들은 "피셔의 성비 법칙(Fisher's principle of the sex ratio)"을 끄집어낼 것이다. 개체군 유전학에서 유서 깊은 이 공리는 각 성별을 대략 같은 수로 출산하는 현상이 무수한 조류와 포유류에서 발견되는 이유를 설명한다. 1930년대에 영국의 생물 통계학자 로널드 피셔 경(Sir Ronald Fisher)은 아들을 낳는 비용이 딸을 낳는 비용과 같은 한, 이계 번식이 지배적인 한(즉, 무화과말벌과 달리 형제자매는 교배하지 않는 한), 그리고 모든 개체의 번식 기회가 거의 동등한 한(곧 언급하겠지만 **만약 그렇다면** 큰 변수가 될), 그때 부모는 아들과 딸에 동등한 투자를 배분해야 한다.

어떤 부모들이 한 성 또는 다른 성에 특화된 개체군이 있다고 상상해 보자. 대부분의 어미가 아들을 낳는다고 치자. 자손은 성숙해 감에 따라 수컷에 치중된 불균형한 세계에서 번식할 것이다. 과잉의 성에게는 너무나 나쁘다. 드문 성별인 암컷은 모두 번식할 수 있겠지만, 수컷들 중에서는 무작위적인 하위 집단만이 그렇게 할 수 있을 것이다. 아들을 과잉 출산한 부모들에게도 너무 나쁜 상황이다. 아들을 낳은 개체들은 평균적으로 보다 적은 손자만 봄으로써 불리하게 될 것이기 때문이다. 반면 딸을 낳을 만큼 운이 좋았던 어미는 반대로 많은 손자를 봄으로써 보상받을 것이다. 최소한 일시적으로는.

시간이 지나면 예측 가능한 결과로서, 드문 성별, 즉 딸을 과잉으로 출산하는 부모들이 자연선택에 의해 선호될 것이다. 다시 한 번 성비는 아들 출산자의 방향으로 움직일 것이다. 그리고 일이 이렇게 진행되면 처음에 한 방향으로 움직였다가 다시 다른 방향으로 움직이는 진자처럼 처음에는 딸 출산자를 선호하는 방향으로, 그 후에는 아들 전문가를 선호하는 방향으로 움직일 것이다. 결과는 피셔에 따르면 다소간 동등한 수의 아들과 딸이 있는 개체군이 된다.[45]

피셔의 법칙은 크게 편향된 성비가 특별한 조건 아래서만 진화할 수 있는 까닭을 관례적으로 설명한다. 하지만 그런 특수한 조건들이 그다지 드물지 않다는 사실이 밝혀지게 되었다. 아마 피셔의 법칙은 대부분의 인간 성비가 실제 그러하듯 미미한 수준에서 편향되어 있는 까닭을 설명해 주는 것 같다. 평균적으로 약간 더 많은 아들이 태어나는 까닭은 부모 투자가 끝나기 전까지는 남성이 (자궁 속에서나 영아기에나) 사망에 더 취약하기 때문이다. 따라서 아들을 좀 더 많이 출산함으로써 부모는 아들과 딸에 대한 투자를 동등하게 만들고 있을 뿐이다.

하지만 가령 비비나 마카크와 같은 다른 동물은 한 성 또는 다른 성이 비교적 적은 비용을 필요로 하거나 더 큰 번식 대가를 제공한다면 피셔 평균에서 이탈한다. 왜 인간은 그렇지 않을까?

물론 그런 현상이 발생하고는 있지만 어떤 이유에서든 감지되지 않는 것일 수 있다. 이를테면 아들 쪽으로 편향된 부모가 딸 쪽으로 편향된 부모와 함께 묶인다면 평균 성비는 50대 50이 될 것이다. 역시, 거의 동등한 것으로 간주되는 예측치로부터 벗어난 인간 출생 성비가 이따금 보고되곤 한다.[46] 차별적인 방치나 영아 살해가 원인이 될 수 없는 상당히 높은 성비를 드러내는 집단이 간혹 있다. 이들은 회임 시기에 영향을 주는 관습과 관련이 있을(수도 있고 없을) 수도 있다.[47] 게다가 유전학자들은 희귀한 가계, 가령 10세대에 걸쳐 35번의 출산 중 32번 딸을 출산한 영국 가족이나 3세대에 걸쳐 딸만을 출산한(총 72명) 프랑스 가족을 이따금씩 우연히 발견하게 된다. 하지만 이 사례들은 우연적인 현상으로 설명될 수 있다.

살샅이 뒤진 결과, 이탈 사례는 얼마 되지 않았고, 극단적인 경우도 없었다. 말벌, 숲레밍, 휘파람새, 그리고 거미원숭이에서 쉽게 발견되는 크게 편향된 성비처럼 번식 가능성에 정교하게 맞춰져 있지도 않았다. 전반적으로 표준적인 인간 성비인 100명의 여아당 102에서 106의 남아라는 비율로부터의 이탈이 드물었고, 이에 따라 조지 윌리엄스는 지금은 유명해진 구절에 당혹감을 담은 논평을 적었다.

> 나는 자손을 적응적으로 조절하는 메커니즘이 진화하지 않았다는 점이 꽤 큰 수수께끼라고 생각한다. (이 문제가 확률에 맡겨져 있다는 것은) 진화론에 모순되는 것처럼 보인다.…… 대신, 무작위적인 성 결정을 벗어나는 사례들은 기껏해야 미미한 수준에 그친다.[48]

표본 수집에 오류가 있거나 이론이 잘못되었을 수 있다. 어쩌면 인간 성비는 그 자체로 적응적일 수 있지만, 부모들이 출산까지는 부모 투자 조절을 연기하는지도 모른다. 이런 전략은 많은 아시아계 가족들이 취해 왔다. 세 번째 가능성을 지지하는 증거들이 많다. 인간은 다른 동물과 동일한 후손 문제를 갖고 있지만 다른 방식으로 해결한다는 것이다. (말벌에서처럼) 회임 당시 아들이나 딸의 생산을 편향시키는 본유적인 메커니즘이나 (코이푸에서와 같이) 대부분이 암컷인 배를 차별적으로 보유하는 대신, 인간 어머니들은 장기적인 가족 목표에 미칠 영향을 부모의 입장에서 평가한 내용에 맞춰 출산 이후에야 아들과 딸을 의식적으로 선택한다. 배후에 놓인 심리(결과는 아니지만)는 현대 미국의 부모들이 아이들의 장난감 또는 성장 호르몬과 같은 특정 의학적 처치에 돈을 얼마나 쓸 것인지에 대해 결정을 내릴 때와 비슷할 것 같다.

매해 미국에서는 부모들이 소녀 장난감보다는(인형에 반비례하여) 소년 장난감(레고 블록과 G. I. 조와 같은)에 60퍼센트만큼 돈을 더 쓴다. 부모들은 딸보다는 아들에게 성장 호르몬 부족 처치를 받게 할 확률이 2배 더 높다. 그러한 계산의 일부는 분명 딸보다 아들에게 투자하고 싶어서라기보다는 어떤 성별이 본인들의 개입으로 인해 더 많은 이득을 볼 것처럼 느끼는가에 달려 있다. 하나의 예를 들면 키는 딸보다는 아들의 성공(월급과 결혼 선택의 폭을 포함)을 점치는 데 훨씬 더 중요하다.[49]

라즈푸트 사례의 재분석

조류나 포유류에서의 성비 편향에 대한 연구는 인류학자 밀드레드 디케만(Mildred Dickemann)이 트리버스와 윌러드의 1973년 논문이 전개했던 논리를 처음으로 맞닥뜨리게 되기 전까지는 단 한 건도 진행되지 않았다. 그 시절의 사회 과학자들은 포괄 적응도와 가계의 장기 생존을 증진시키는 본유적인 인간 경향이 있을 수 있다는 생각에는 아주 미미한 관심만을 기울였다. 딸에 대한 평가 절하는 순수하게 문화적 구성물인 것으로 여겨졌다. 그것은 특정 지역에서만 수용되는 전통이 만들어 낸 무한하게 가변적인 의미망을 관통하며 부유하는 마음의 결과물로 추측되었다.[50]

문화 인류학자들에 관한 한, 딸을 시집보내기 위해 지참금을 지급하는 관습과 아들 선호의 이데올로기가 여아 살해를 설명하기에 충분한 근거가 되었다. 또 어떤 이유가 있겠는가? 그럼에도 불구하고 디케만은 인도 북부에서 보이는 남아 선호 경향이 동물 일반에 적용되는 진화론적 모델의 예측에 너무나 잘 부합하는 것을 보고 충격을 받았다.

트리버스와 윌러드는 좋은 조건에 있는 부모들은 불리한 입장에 있는 딸에 비해 아들을 선호해야 한다고 제안했다. 그들은 심지어 "사다리의 맨 꼭대기에 있는 남성의 번식 성공이 누이의 번식 성공을 초과하고, 반면에 사다리의 맨 아래에 있는 여성의 번식 성공이 남자 형제의 번식 성공을 능가할" 때면 언제든지, 여성이 사회적 사다리를 타고 상승혼하는 계층화된 인간 사회에서 이 논리가 발견될 것이라고 꼬집어 말하기도 했다. 그들에 따르면, "여성이 사회 경제적 지위가 자신보다 높은 남성과 결혼하는 경향은 다른 모든 조건이 동등하다면 그러한 연관 관계를 야기하는 경향이 있다." 트리버스와 윌러드의 논리는 라즈푸트 사례에서 가장 이해하기 힘든 측면인 딸 살해조차 설명해 냈다. 즉, 최고의 엘리트 계층에 속하는 가족이 자손의 절반을 죽여 없앨 가능성이 가장 큰 까닭을 설명한 것이다. 이와 대조적으로 하위 계층의 엘리트는 딸을 이들 엘리트 가정 중 하나로 밀어 넣기 위해 막대한 지참금을 지불하며 그 과정에서 아들들을 가난하게 만들고 있었다. 가장 가난한 하위 카스트, 아이들을 먹일 자원조차 충분치 않은 사람들이 딸을 반가워하며 죽이지 않는 자들이었다.[51] 이들 중 어떤 현상도 부모가 자손의 수를 헤아리는 게 아니라 손자들과 그 너머로 가계를 앞질러 내다보며 가계의 생존을 바라보고 있다고 가정하지 않는 한에서는 말이 되지 않는다.

돈벌이가 되는 딸을 선호하는 반대 경우

위계 최상층에서 딸을 제거하면 혼인할 수 있는 여성들을 아래로부터 빨아올릴 수 있는 진공 상태가 생겨나며, 바닥에서는 여성 부족 현상이 생겨난다. 딸을 자신의 가족과 같거나 더 낮은 지위에 있는 가족에게로 시집보내기 위해서는 지참금을 지불하지 않는다. 그들은 대신 값을 요구한다. 그 무더기의 밑바닥에서는 요구받은 신부대를 토해 낼 수 없는 가족의 아들들은 총각으로 남는다. 딸은 재앙이기는커녕 낮은 지위의 가족들이 소유하는 가장 가치 있는 상품이다.[52]

딸을 상품이라고 말하는 것은 많은 이들에게 너무나 매정한 것처럼 느껴질 것이다. 하지만 우리는 오랜 세대에 걸쳐 전례 없는 생태적 해방 속에서 살아온, 기근에 대한 근심으로부터 자유로워진 서구 후기 산업사회 인구에 대해 말하고 있는 것이 아니다. 그 부모들과 그들의 자식들은 어머니가 식량을 아이들에게 어떻게 배당할 것인지 선택한 결과에 따라 생존 여부가 결정되는 법은 좀처럼 없다. 하지만 모든 어머니들이 그처럼 운이 좋은 것은 아니다. 딸들은 계층 상승의 유일한 희망일 뿐 아니라 많은 경우 가계가 지속적으로 생존할 수 있는 유일한 가능성을 제공한다.

기근과 가뭄의 위험이 반복적으로 발생하는 지역들에서는 땅이 없고 소유가 없는 사람들은 가계 생존을 실현할 수 있는 기회의 측면에서 한결같이 최악의 상황에 있다. 그렇게 가혹한 상황 속에서 생존할 확률이 가장 높은 사람들은, 경작 가능한 땅과 같은 자원에 접근할 수 있는 가족에게로 시집간 어머니의 아이들뿐이다.[53] 상승혼(여자들이 결혼해 신분이 상승되는 것)은 요행이 아니다. 그것은 가계 생존을 위해 오랜 동안 요청되어 온 필연이었다. 뿐만 아니라 그것으로 이끄는 선택이 유전적 결과를 갖지 않는다고 말할 수 없다.

수세기 동안 시행된 상승혼은 결혼해서 자손을 낳은 두 성에 뒤따르는 서로 다른 경로를 기록함으로써 인도 카스트 제도의 숲 속으로 뻗은 빵 부스러기처럼 유전적 표지의 자취를 남긴다. 오직 어머니로부터만 자손에게 전해지는 미토콘드리아 DNA(체세포와 난자에는 있지만 정자에는 없는 DNA)를 통해 전달되는 유전적 특질들에 대한 검사는 어머니에 의해 전수되는 특질들이 전통적인 카스트 경계를 넘어 멀리 퍼진다는 점을 보여 주었다. 이 유전적 표지들은 수세기 동안 보다 높은 카스트의 가족으로 시집감으로써 신분이 상승한 신부와 첩들이 운반해 왔다. 이와 대조적으로 부계로 전수되는 표지들, 즉 Y염색체 위에 있어 아버지로부터 아들에게 전해지는 특질들은 덜 유동적이다. 아버지가 전수하는 특질들은 국소화되어 있고, 발원지가 되는 카스트를 넘어 퍼지는 법이 드물다.[54] 이것은 어머니가 전수하는 특질보다 남성 특질들이 절멸에 더 취약한 까닭을 설명해 주는 한 가지 원인이 될 수 있다. 따라서 기존에 순수하게 문화적인 것으로 간주되었던 관습들은 인구학적, 유전학적으로 중요한 결과를 가져오며, 아이들에 대한 인간의 동기와 결정 규칙들에 깊은 근원을 둔다.

인간 본성과 인간 역사

성 편향적인 영아 살해에 대한 가장 초기의 증거는 아기 유골의 DNA로부터 얻어진다. 이 유골은 현대 이스라엘의 남부 해안에 있는 로마 시대 아쉬켈론(Ashkelon)의 고대 매음굴(brothel) 하수구에서 발굴되었는데, 생후 이틀 미만으로 외견상의 결함은 없는 아기였다. 고고학자들이 영아 살해로 추정한 19명의 희생자 중 14명이 남자아이였다. 만약 어머니들이 매춘부였다면 사회의 최하층으로부터 왔을 것으로 추측된다. 이들 여성에게는 아들이 아닌 딸들이 가치가 있다. 엘리트 계층에서의 남아 선호가 빈곤한 자들 사이에서의 여아 선호와 대칭되는 것은 여전히 지속되고 있는 양상이다. 여아 선호는 오늘날에도 여전히 헝가리의 집시들을 비롯한, 불리한 위치의 집단에서 발견된다. 1980년대 말 공산주의 붕괴와 더불어 무슨 일이 벌어졌었는지 생각해 보자. 동유럽 지역 전반에서 경제와 사회 보장 제도가 붕괴되면서, 불행이 생겨나고 원치 않는 임신이 증가했다. 예기치 않은 전개가 있기도 했지만, 당연한 결과로 살해 빈도가 증가했다. 1990년 이전에는 아들과 딸이 죽임을 당할 가능성은 비슷했다. 1990년 이후 슬로바키아의 연구자인 페터 사이코라(Peter Sykora)는 남아 희생자가 비대칭적으로 많이 발견되었다고, 즉 신생아 살해 표본 27건 중 21건이 남아였다고 보고했다.[55]

방대한 서구 역사의 더미는 그러한 양상에 주의를 기울임으로써만 이해될 수 있다. 인간의 운명은 부모가 자식을 다르게 취급하는 방식의 산물로서 읽혀야 한다. 즉, 어떤 아들이 땅을 상속받고 왕위를 계승했는가, 어떤 아들이 그 대신 떠나 새로운 세계를 개척했는가, 어떤 자손이 수도원(또는 수녀원)에서 삶을 살아갈 운명을 갖고 있었는가, 그리고 어떤 딸이 지참금을 받고 멀찍이 떨어진 왕국으로 시집을 가게 되었는가. 고고학자이자 사회사가인 제임스 분(James Boone)의 글보다 이 주제의 논점을 선명하게 제시한 것은 없다.

분은 중세 포르투갈 족보를 이용해 엘리트 계층(귀족과 지주)과 그들을 모셨던 관료와 병사들 모두에서 200년에 걸친 기간 동안(1380년부터 1580년까지) 아들과 딸의 운명을 추적했다. 최상위의 사회적 지위를 지닌 공작과 백작은(평균 4.7이며, 서자에 대해서는 신뢰할 만한 자료가 없다.) 살아남은 적자를 그 아래 있는 기사나 군인(평균 2.3의 적자)보다 많이 남겼다. 양성 모두 첫아이는 더 잘 살았다. 늦게 태어난 아들들은 집을 떠나 십자군 원정에서 싸웠고, 보다 오랜 기간을 멀찍이 떨어져 보냈으며, 인도와 같이 멀리 떨어진 곳에서 죽을 가능성이 첫째에 비해 더 높았다. 첫째는 모로코보다 먼 곳으로 가는 일이 별로 없었고 곧 돌아와 결혼해서 가족의 재산을 물려받았다.

이와 유사하게, 중복되는 딸들은 추방되었다. 멀찍이 떨어진 땅이 아닌 수녀원으로 갔을 뿐이다. 이탈리아 소설가인 알레산드로 만조니(Alessandro Manzoni)는 밀라노의 한 고고한 가부장 이야기를 서술하며, 은둔이 예정된 삶을 적절하게 묘사하고 있다. 이 가부장은 "어떤 성별의 아이든 더 어린 아이들 모두를 수도원으로 보내 가족의 자산을 장남에게 남길 수 있도록 처분했는데, 그것은 가족을 지속시키게끔 하는 구실을 했다." 이 관습은 양성 모두의 동생들에게 엄청난 불운을 가져왔다. 만조니는 1827년에 쓴 서사시 「약혼녀들(I promessi sposi)」에서 나중에 태어난 딸의 곤경을 요약한다.

아직 어머니의 자궁에 감춰져 있던······ 그녀 삶의 운명은 이미 거역할 수 없게 결정되어 있었다. 아직 결정되지 않은 것은 수사가 될 것인지 또는 수녀가 될 것인지, 오직 그뿐이었고, 이 결정이 실행되기 위해서는 그녀의 동의가 아니라 존재만이 요구되었다.[56]

분의 중세 포르투갈인 자료에서는 어느 시기에든 딸의 10~40퍼센트가 수녀원에서 은둔 생활을 하게 되었다. 결혼하게 된 엘리트 계층의 딸은 평균 3.7명의 아이를 낳았는데, 이는 이보다 아래 계층의 엘리트 여성이 낳아 생존한 아이들의 수(3.3명)와 거의 비슷하다. 하위 엘리트 계층 여성의 아이들 중 다수가 결혼과 더불어 사회적 신분이 상승했다. 전반적으로 낮은 서열의 가족에 태어난 딸들의 번식 성공이 남자 형제에 비해 높았으며, 최상위 계층에서는 인도 북부 라즈푸트와 마찬가지로 그 반대 경향이 나타났다. 이 상황이 시간이 흐름에 따라 어떻게 전개될지 모의 시험하기 위해 분이 자료를 컴퓨터에 입력하자, 엘리트들은 3대에서 딸보다는 아들을 통해 통계적으로 유의미하게 많은 손자를 얻었고, 낮은 계층에서는 딸이 아들보다 형편이 나았다.[57)]

"경멸당하는 자들" 중에서는

무코고도(Mukogodo)를 연구하기 위해 케냐로 간 인류학자 리 크롱크(Lee Cronk)의 주목을 끌었던 것은 이와 같은 운세의 역전이었다. 크롱크의 연구는 색다른데, 그가 지역 사다리의 최하위층에 특별히 초점을 맞췄기 때문이다.

전-수집자인 무코고도는 경제적 궁핍의 압박으로 인하여 마사이 목축자들에게 복속된 불리한 '하위 카스트'로, 마사이의 언어와 가치를 채택했지만 결코 동등한 지위를 얻지는 못했다. 지역적으로 무코고도라는 이름은 "경멸당하는 자들"을 뜻하는데, 좀 더 노골적으로 말하면 "가난한 인간쓰레기"이다.

목축자에서 전형적인 것처럼 마사이족은 아들을 선호한다. 그들을 본뜨는 무코고도도 마찬가지로 아들을 선호한다고 주장한다. 하지만 무코고도 어머니들이 실제 보여 주는 행동과 자손의 성비는 다른 이야기를 들려준다(소녀 100명당 소년 67명이 있다.). 무코고도 어머니들은 아들보다는 딸에게 더 오래 젖을 먹이며 아들보다는 딸이 아플 때 진료소에 데려가 돈을 지불하는 경향도 더 크다. 이런 경향이 어느 정도 영향을 주기 때문에 딸들은 아들보다 더 건강하고 살아남을 가능성도 더 크다. 이러한 두 문화가 이상하게 결합하면서 디케만이 식민지 시대 이전 라자스탄의 엄격하게 계층화된 씨족에서 찾아낸 것과 같은 구조의 상승혼 체계가 생겨났다. 여성은 계층 위로 흘러가며, 바닥에서는 딸이 아들에 비해 선호된다. 너무나 많은 여성이 사회적 사다리를 올라가며 마사이 족의 첫째 혹은 두 번째 아내가 되고 있기 때문에, 많은 무코고도 남성은 신부대를 마련하느라 가축의 수가 점점 더 줄고 아내를 얻기조차 어려운 상황이다. 그토록 많은 아들들이 아내 없이 늙어 가기 때문에 그들의 총 출산력 평균은 무코고도 딸의 총 출산력 평균보다 아래에 있다.[58] 어머니들이 어느 쪽을 보다 높이 평가하는지를 확실하게 아는 것은 불가능하지만, 딸은 가축이나 손자의 수로 셈할 수 있는 물질적 이득을 가져다준다. 하지만 나는 진화적 시간의 차원에서는 두 가지가 밀접하게 결합되어 있기 때문에, 서로 다른 자식들에 대한 어머니의 내적 선호가 관련되어 있는 한, 선호와 이득을 분리하는 것은 불가능하다고 추측한다.

여아 선호의 경제

철저한 여아 선호는 드물지만, 여아 선호가 꼭 불리한 입장에 처한 사람들에게만 한정된 것은 아니다. 자이레 남부에 있는 모계 사회 통가 (Tonga)에서는 딸들이 모계인 바시무코아(*basimukoa*)를 유지하는 데 필수적이다. 모계가 더 번창할수록 딸을 낳아야 하는 압력은 커진다. 당연하게도, 딸의 출산에는 기쁨의 울음이 둘이 있고, 아들을 낳았을 때에는 하나만 있다. 아들이 너무 많으면 어머니는 친족들로부터 비난을 받는다. 남성이 여성에 비해 유년 시절 훨씬 높은 사망률을 보인다는 점은 보다 확실한 증거다. 출산 기록상으로는 100명의 여아당 92명의 남아가 보고되어 있다. 남녀 쌍둥이가 태어나면 남아는 소홀하게 취급되며 죽을 가능성도 더 크다. 남아 쌍둥이는 한 명의 남아가 태어났을 때보다 사망률이 5배 높은데, 이 점은 부모가 이들을 살려 두기 위해 최선을 다하지 않는다는 것을 암시한다.[59]

간혹 오랜 아들 선호의 전통을 지닌 지역에 사는 부모들조차 여성이 특별한 경제적 지위를 가지고 있다는 이유로 딸을 선호하게 된다. 한국의 해안가에서 떨어져 있는 제주도에서 태어난 딸들의 사례가 여기에 속한다. 제주도는 해녀라고 불리는 전복 채취자들로 유명하다. 이 직업은 상대적으로 좋은 벌이를 제공하기 때문에 딸이 아들에 비해 더 견실한 편이다. 제주도의 여성은 임신하면 딸을 낳게 해 달라고 기원한다.[60] 이 여성들의 경제적 자립은 한국에서 가장 높은 이혼률로 이어지기도 했다. 이 점에서 제주도는 몇몇 서구 국가들과 닮아 있다. 오랜 가부장제 전통으로부터 벗어나 여성들에게 법적 보호와 경제적 기회가 주어져, 남성 공급자가 있건 없건 살아남아 가족을 부양할 수 있게 된 신세계로 바뀌어 가는 가족 구조의 이행을 겪는 것이다.

가족 배치의 미세한 조절

부모들은 특정한 자식 구성에 대해 매우 구체적인 요구 사항을 가질 수 있다. 어떤 성별이 머무르며 상속자가 될 것인지를 선별하는 유구한 전통이 있어, 이 전통은 빈손으로 남게 되는 자들, 또는 지참금을 갖고 결혼해 나갈 자들, 동정의 노처녀로 남아 상속자로 지목된 형제의 아이들을 돌봐 줄 자식을 결정한다.

아시아의 많은 지역에서 이상적인 가족은 둘에서 넷 되는 아들과 한둘의 딸로 구성된다. 따라서 수는 많지 않더라도 그 모든 없어진 여아들과 함께 '사라진 남아'들을 이따금 보게 되는 건 놀랄 일이 아니다. 인류학자 G. 윌리엄 스키너(G. William Skinner)는 사라진 아이들에 대해 정말 그러한 양상을 예측하고 보고한 첫 번째 인물 중 하나였다. 중국 양자강 하류 지역의 인구 자료에 대한 최근 연구에서, 스키너와 그의 공동 연구자 유안 지안후아(Yuan Jianhua)는 대개 출생 순위가 높은 여아 120만 명이 실종되었다는 사실을 보고한 것에 보태 남아 역시 6만 명이 실종되었음을 발견했는데, 대부분은 이미 아들이 여럿 있는 가족이었다.

문화가 중재하는 부모의 선호는 오싹한 예측까지 낳을 수 있다. 펀자브(Punjab)와 방글라데시 마을에서의 아동 생존에 관한 연구는 이들 가족에서 위험에 처하는 게 딸만이 아니라 한둘의 언니가 있는 딸들이라는 점을 분명히 보여 준다. 방글라데시의 한 마을에서는 언니가 있는 딸은 없는 여아에 비해 유년기가 끝나기 전 죽을 확률이 90퍼센트나 더 높다. 둘 이상의 형을 지니고 태어난 재수 나쁜 남아는 외아들에 비해 죽을 확률이 40퍼센트 더 높다.[61]

· · · · ·

자식에 대한 부모의 헌신은 그 아이의 성별과 출생 순위가 욕망되는 규칙에 얼마나 잘 부합하느냐에 달려 있다. 사회 생물학자 폴 터크(Paul Turke)는 대서양의 섬 이팔루크 아톨(Ifaluk Atoll)의 주민들에 대한 현지 조사를 통해 이를 최초로 경험적으로 입증한 사람 중 하나가 되었다. 이 어민들에게 때어난 딸들은 아들에 비해 생산성이 높다. 딸은 아들에 비해 동생들을 기르는 일 역시 더 많이 돕는다. 딸이 선호되는 것은 당연하다. 이상적인 배치를 얻은 부모들, 즉 첫아이를 딸로 얻고 그 후 아들을 낳은 부모들은 첫아이를 아들로 낳은 부모들에 비해 생활도 더 나았고 생존한 자식 역시 더 많았다. 전반적으로 번식 사업 초기에 딸을 낳은 어머니들은 아들을 먼저 낳은 여성들에 비해 더 큰 생애 번식 성공을 얻었다.[62]

서식처가 포화된 가부장제 사회에서는 첫 딸에 대한 약한 선호가 때로 극단적인 상황에 이르기도 한다. 일본의 노우비(濃尾) 평야에 살던 18, 19세기 농부들에게 이상적인 자식 배치인 "첫아이는 딸, 아들은 그 다음"은 이치히메 니타로("一姬二太郎", 즉 "일공주 이장남"이라는 뜻. ─ 옮긴이)라 불리었다. 선호되는 성별은 아들이지만, 부모들은 주 상속자를 가능한 한 확실히 건강하게 잘 기르도록 도와줄 작은 대행 어머니를 두도록 배치하려 했다.[63] 부모들은 간담이 서늘한 이 도박에서 인구학적 주사위를 굴리려 하지는 않았다. '대박' 배치를 얻기 위해 시도할 수 있는 기회가 충분하다고 확신한 젊은 부모들은 그토록 원했던 아들이라도 첫아이로 태어날 경우 제거해 버릴 의사가 있었으므로 이상적인 이치히메 니타로를 얻을 가능성을 증진시켰다. 그 이후 도쿠가와 시대의 일본 부모들은 출산 간격을 조절하기 위해, 그리고 만약 조건이 충분히 순조로울 경우 출산 간격과 성별에 균형을 이루었을 뿐만 아니라 완전한 자질을 갖춘 첫아들이 아버지가 은퇴할 무렵 성년에 도달할 수 있을 만큼, 가능한 한 최상의 배치를 이루기 위해 영아 살해를 하기도 했다.[64] 분명히 '아들에 대한 광증'은 전면적인 남아 선호가 될 만큼 단순했던 적은 없으며, 성비를 전면적으로 편향시켜 해결할 수도 없었다.

왜 인간은 출산 이후 투자를 편향시키는가

인간은 다른 동물과 마찬가지로 어떤 조건에서는 딸을 향해, 다른 조건에서는 아들을 향해 투자를 편향시킬 수 있는 유연한 '결정 규칙'을 사용한다. 하지만 개체군의 전망을 판단한 후 대부분 딸만을 낳거나 아들만을 낳는 일을 하는 어미 말벌과는 달리 인간은 출산 이전에 문제를 열어 두는 법이 거의 없다. 출산한 후에야 출생 순위, 아이의 자질, 이용할 수 있는 도움, 심지어는 상속 전망과 같은 우연적 요소들을 평가한다. 역사가 갖는 중요성, 그리고 인간의 번식 체계가 갖는 특별한 유연성을 고려해 보면, 그리고 인간이 사는 환경이 얼마나 가변적인지를 고려해 보면, 하나 또는 다른 성을 낳는 본유적 경향을 지닌 부모들은 성공한 만큼이나 실패도 했을 것이다.[65]

　환경 조건, 결혼과 주거 양상, 그리고 법칙이 간단한 통지만으로도 변할 수 있는 곳에서는, 돌이킬 수 없는 결정을 가능한 한 최후의 순간까지 미루는 것이 보다 나은 진화적 용맹이 된다. 의식적인 전략가들은 딸과 아들의 지역적 전망에 대한 최신 정보들을 지속적으로 갱신한다. 모계와 부계 이해관계 사이에 놓인 만성적인 긴장은, 새로운 생계 기회가 열리고 다른 것들은 닫힐 때, 쓸모없던 딸이 갑자기 순자산이 될 때, 그리고 기타 등등의 상황에서 상당히 다른 방식으로 해결된다. 출산 이전에 부모 투자를 편향시킬 압력을 행사할 이유가 충분한 다른 생명체들과 달리, 인간 조건의 순전한 가변성은 헌신을 앞당겨 결정하는 것을 나쁜 해법으로 만든다. 게다가 다른 포유류와 달리 부모 투자가 온전히 지속되는 인간 사례, 그리고 그것이 취할 수 있는 다양한 형태들(식량, 교육비, 결혼 비용, 상속 등)은 부모에게 자식에 대한 투자를 편향할 수 있는 길이 다양하고 많다는 사실을 의미한다.

드물게 좋은 조건에 있는 어머니가 흡족한 모계 거주 삶을 준비하기 위해 딸 방향으로 편향된 출산을 했고, 그 이후 아들에게만 가치를 부여하는 호전적이고 가부장적인 부족에게 붙잡혔다고 생각해 보자. 생리학적으로 이루어진 그녀의 '결정'은 실수가 될 것이다. 출산 이전에는 동등한 투자를 행하는 피셔주의 노선을 따르고, 출산 이후 지역적인 신호들과 관습에 반응하여 아들과 딸에 대한 투자를 섬세하게 조정하는 편이 훨씬 낫다.

생물학적 기반을 갖는 행동은 변할 수 있다

제약 조건을 마주한 부모들은 일부 자식을 다른 아이들에 비해 주저 없이 높게 평가한다. 이것은 나쁜 소식이다. 좋은 소식은 인간 심리 중 어떤 곳에도 DNA에 의해 새겨진 특정한 성별 선호, 가령 아들을 향한 광증 같은 것은 없다는 것이다. 남아 선호가 널리 퍼져 있기는 하지만 이 사실은 어머니나 아버지 쪽에 모종의 보편적이고 본유적인 선호가 있다는 점을 지시하는 것은 전혀 아니다. 딸과 아들에 관한 한 일반 목적적이고 심리 정서적인 구속복은 없다. 하지만 강한 가부장제 전통이 있는 사회에서는 딸이 아들만큼 추구의 대상이 되려면 특별한 상황이 필요할 것이다. 특히, 부모가 한 아이만을 갖기를 기대하는 경우처럼.

자손의 성별은 서구인들에게도 오랜 동안 관심의 대상이 되어 왔다. "선호하는 성이 없다."고 주장하는 사람들조차 단 하나의 아이만을 갖는 상황을 상상해 보도록 하면, 사실은 취향이 있다는 점을 발견하게 된다. 하지만 서구의 부모들은 영아 살해 대신에 일부 아들은 교회로, 늦게 태어난 딸들은 '노처녀 이모'(조지 엘리엇의 가족이 그녀에 대해 생각했던 운명)

그림 13.4 인도 북부에서는 전통적으로 가난하고 지위가 낮은 가족에서 태어난 딸들(사진 속의 도로 공사 인부 여성처럼)은 결혼 당시 요구할 수 있는 '신부대'와 스스로 벌어들일 수 있는 임금이라는 이중적 차별에 대한 완충 장치를 갖고 있었다. 하지만 오늘날 인도 북부에서는 남성이 점차 가장 사소하고 가장 급료가 낮은 노동 시장까지 채우고 있어서, 딸에 대한 차별이 사회적인 사다리의 아래층까지 내려가는 중이며, 가난한 자들의 딸이 한때 누렸던 보호막의 상당 부분을 사라지게 하고 있다.

가 되도록 함으로써 부모 투자를 조절해 왔다. 미국에서 결혼한 여성이 자신의 이름으로 재산을 소유할 권리를 갖게 된 것은 불과 지난 세기(19

세기)였으며, 기혼 여성의 소유권 법안이 잉글랜드 그리고 미국에서 19세기 후반에 통과된 이후에야 딸들이 아들과 동등한 상속을 받을 수 있게 되었다. 법의 보호를 받는 오늘날의 딸들은 아들에 비해 대학을 마칠 가능성이 더 높고, 오랜 동안 아들에게만 열려 있던 스포츠 및 직업 선택의 기회를 누릴 수 있게 되었다. 아이가 하나만 있는 많은 부부들에서 딸은 실제로 선택되는 성별이다. 하지만 이것은 매우 최근의 변화이며, 아직도 실질적으로는 실험에 가깝고 그 점에서 취약하다. 오래 지속된 남아 선호 편향의 끄트머리에서 갑작스럽게 등장했기 때문이다.

· · · · ·

성 결정에 대한 서구 민담은 여러 권의 책을 채울 만큼 많다. 그리스 철학자 아낙사고라스(Anaxagoras)는 좌우 정소가 서로 다르며 약한 쪽(왼쪽)을 묶음으로써 아들을 낳을 가능성을 높일 수 있다고 생각했다. 아리스토텔레스(Aristotle)는 성관계를 할 동안 북쪽을 향하라고 충고했는데, 차가운 남쪽 바람이 딸을 임신하게 할 것이라고 믿었기 때문이다. 문자 그대로의 사고 태도가 더 강한 사람들 사이에서는 아들을 낳기 위한 서민적인 처방으로 침대에 장화를 신고 들어가라는 것이 있다.

이 모든 것이 고대의 역사는 아니다. 그런 민담들을 꺼리는 1960년대 뉴요커들은 랜드럼 셰틀즈 박사(Dr. Landrum Shettles)에게 의존했는데, 이 의사는 X염색체 정자를 유리하게 하기 위해서는 식초로 된 질 세정액을, Y염색체 정자를 유리하게 하기 위해서는 베이킹파우더로 된 질 세정액을 처방했다. 셰틀즈의 뒤를 잇는 1980년대 후계자는 서부 지역의 생리학자 로널드 에릭슨(Ronald Ericsson)인데, 그는 캘리포니아의 소살리토에 있는 가메트릭스 주식회사(Gametrics Ltd.)를 설립했다. 에릭슨은 보다

그림 13.5 미국과 같은 서구 국가의 여성들이 남성과 동등한 교육과 운동의 기회를 갖게 된 것은 불과 수십 년 전에 생겨난 일이다. 사진 속의 젊은 여성들은 대학 조정 경기 선수들로, 자신의 여성 성만큼이나 신체적인 힘과 경쟁력을 자랑스러워하고 있다. 아직까지는 어느 누구도 그러한 새로운 사회적 실험이 얼마나 좋은 결과를 가져올 수 있을지 알지 못한다.

빠른 Y염색체 정자를 상대적으로 느린 X염색체 정자로부터 분리할 수 있는 특수 기술을 통해 부모가 성을 선택할 수 있다고 약속했다. 그는 "X 혹은 Y"라고 씌어 있는 자동차 번호판으로 자신의 약속을 홍보했다. 심지어는 북아메리카 사람들이 약국에 가서 49.95달러에 "아이 성별 선택 키트"를 살 수 있던 시절도 잠깐이지만 있었다. 그 키트에는 체온계와 질 점액을 검사할 수 있는 장비가 들어 있어 아들 또는 딸을 임신할 수 있는 순간을 판별할 수 있게 해 주었다. 미국의 식품 의약품 안전청에서 키트의 분홍색과 파란색 박스 포장이 암시하는 주장이 효과가 없다는 점을 판결하면서 이 상품은 매장 진열대에서 철수되었다. 오늘날 산전 성별 검사는 서구에서 널리 이용된다. 성별 선택을 결심한 사람들은 법을 어기지 않고도 할 수 있다.

....

이 장은 중국에서의 성 선별적 영아 살해에서 시작되었다. 나는 이 씁쓸한 주제가 만들어 내는 고민거리들에 면역되어 있지는 않다. 오히려 그 때문에 나는 냉정한 분석을 해야 하는 이유를 찾게 된다. 왜냐하면 인간은 무엇보다 자원이 풍부한 생명체이기 때문이다. 인간은 공통의 이익 또는 타인의 이익을 위해 자신의 이익을 쉽사리 포기하지 않는다. 인간은 불과 수십만 년 전의 1만 명이라는 보잘것없는 수로부터 오늘날의 전 세계 60억이라는 큰 수로 불어나게 한 족벌주의(nepotism) 충동을 쉽게 포기하려 들지 않으며 그럴 만한 이유도 충분히 있다. 인간이 자유 의지를 갖고 있는가(그리고 만약 있다면 어떻게 그것을 가동시킬 것인가)와 같은 주제들에 대한 철학적 고찰은 인간 대부분의 일상적 관심사로부터 멀리 벗어나 있다.

여기서 문제가 되는 것은 부모에게 공통된 인간성이지, 종족적이거나 문화적인 차이가 아니다. 북경에 가서 원색적인 비난을 늘어놓을 사람들은 역사적 관점을 유지할 필요가 있다. 중국의 영아 살해율은 19세기 이래 극적으로 감소해 왔지만, 같은 기간 동안 아동 학대, 방치, 그리고 영아 살해는 미국과 같은 나라에서 하늘을 찌를 듯 치솟았다. 자식의 성별은 그와 별로 관련은 없음에도 말이다.[66]

중국에서 영아 살해는 이미 불법이 되었다. 1987년 이래 성 선별적 중절을 행할 가능성이 있는 부모에 대해 태아 성 감별을 금지하는 법은 성 선별적 중절에 관계된 중국의 법안을 그와 유사한 서구 법보다 **더** 엄한 것으로 만든다. 따라서 중국에서는 여아 살해나 성 선별적 중절을 현재보다 더 불법적인 것으로 만드는 추가적인 입법이 의미가 있을 것 같지는 않다. 동기가 금지에 비해 훨씬 효율적이다. 가장 효율적인 해결책은 출산 간격을 조절하기 위해 쓸 수 있는 피임법의 확대, 그리고 장학금과 취직 기회를 통해 가족에게 이득을 가져다줄 수 있는 방법들을 포함해 딸의 미래를 매력적으로 만들 수 있는 교육과 고용의 기회를 확대하는 것이다. 강제적인 출산 통제가 국민의 장기적인 복지에 필수적이라고 확신하는 나라라면 딸만 있는 가정에게 특별한 보증, 즉 더 많은 손자에 대한 약속을 고려해 보는 것이 좋을 듯하다.

14장

오래된 타협과 새로운 맥락

어떤 분노인가, 인류를 적대하며

여성의 마음을 자연의 길로부터 유인해 내었으니

유행의 법칙으로 억압된 그녀의 순결한 감각

그래서 어머니의 젖가슴은 아기를 거부하는가?

— 루이지 탄실로(Luigi Tansillo)의 「유모(La Balia)」

(윌리엄 로스코(William Roscoe)의 1798년 번역)

인간 역사 전체에 걸쳐, 그리고 그보다 훨씬 이전부터, 어머니는 질과
양 사이에서 타협을 거듭하며 자신의 번식 노력을 생애 단계, 조건, 그리

고 현재 상황에 일치하게 관리해 왔다. 그 결과로 영아기는 우리가 상상하듯 항상 따뜻한 사랑의 품 안에 안전하게 안긴 그림 같은 장면은 아니었다. 대신 영아기는 인간 유전자 풀에 기여하는 각각의 개인이 통과해야만 하는 위험한 병목(bottleneck)이었다. 역사 자료들은 그 압박이 이따금 얼마나 강했는지를 알 수 있는 기록을 풍부하게 제공한다.

1780년 파리에서 등록된 2만 1000건의 출생 중 5퍼센트의 아기만이 어머니의 손으로 길러졌다. 이 통계는 프랑스의 "유모 문화의 전성기"[1]로 특징지어진 한 시대를 깊이 관통하며, 어머니의 무관심이 대규모로 퍼져 있었다는 증거로, 그리고 오늘날 인간 종에서 모성 본능이 존재한다는 데 대한 반대 사례를 제공하는 주요한 근거로 이용된다. 하지만 나는 이 통계가 사실상 그런 내용을 증명하고 있지는 않다고 생각한다.

엄청나게 인용되는 이 숫자는 일하는 부모들이 유모를 찾기 위해 이용한 안내 관청에서 감독 업무를 담당한 중장 찰스-피에르 르누아르(Charles-Pierre LeNoir)라는 경관이 제공한 것이다. 르누아르는 유모가 계약서에 제시된 기준을 충족하지 못했다는 불평을 조사하는 일, 그리고 혼란한 상황에서 실종된 아기를 등록하는 일을 맡았다.

어머니 이외의 여성이 기른 2만 명의 아기들 중 운 좋은 25퍼센트는 아이를 유모에게 직접 맡길 수 있는 재력가 부모를 두었다. 그런 특권층은 적절한 후보를 찾기 위해 종종 시골에 있는 소작인이나 다른 지인들에 의존하곤 했다. 일부 유모는 아이 보는 일뿐만 아니라 수유를 위해 고용되었고, 어머니의 감시 아래 가족과 함께 살도록 요구받았다. 가장 운이 나빴던 25퍼센트의 아기는 12장에서 다뤘던 것처럼 고아원에 맡겨졌다. 아기들을 먹일 사람을 찾는 일은 그 기관의 능력에 달려 있었다.

그밖에 유모의 손에서 큰 아기들은 대부분 중산층(농부, 상점 주인, 상인)에서 태어났다. 이들은 '파리의 부르주아지'였지만, 실제로 그런 사람은 극히 일부였다. 이 사회 계급 내부에서 어머니의 임금이나 무보수 노동은 가족의 경제적 수준을 유지하기 위해 필수적이었다.[2] 어머니는 미혼도 아니고 빈곤하지도 않은 것이 전형적이었다. 그들은 아기를 기르기 위해 전문 중개인의 도움을 빌어 유모를 찾았다. 이러한 사실들로부터 철학자 엘리자베스 바댕테르가 『만들어진 모성(*Mother Love: Myth and Reality*)』에서 제기했던 페미니스트적 질문의 날카로움이 드러난다. 만약 모성 본능 따위가 있다면, 어떻게 수천 명에 달할 만큼 많은 수의 어머니들이 낯선 여성에게 자신이 갓 낳은 아기를 젖을 물리도록 보내면서 아무 감정도 없을 수 있었을까?

'자유재량의' 거리 두기

모성 본능의 존재에 대한 20세기의 논쟁은 그런 '재량에 따른' 보살핌 위탁에 초점을 두고 있었다. 의심의 여지없이 절망적인 상황에 있는 어머니들이 아니라, 아기를 곁에 두고 기를 수 있는 형편이 되었음에도 불구하고 그렇게 하지 않은 부르주아 어머니들이 주목을 끈 것이다. 그뢰즈의 작별 키스 그림(그림 14.1)은 집 밖에서 벌어지는 일을 보여 준다. 프랑스 대도시라면 메뇌르(*meneur*)라고 불리는 중개자가 갓난아기를 데려갈 것이다. 집 안과 사람들의 머릿속에서 어떤 일이 벌어졌는지는 덜 분명하다. 그 내용은 18세기 프랑스 여성(루소의 학생)의 설명을 통해 엿볼 수 있다. 작가 잔느-마리 플리퐁 드 롤랑(Jeanne-Marie Phlipon de Roland)은 상속자가 될 아들을 바라고 있었지만 딸을 하나 더 출산하게 된 지인을 방문하고 있었다. "뒤 부인이 어제 정오에 딸을 낳았다."고 롤랑 부인은 적고 있다.

그림 14.1 장-바티스트 그뢰즈(Jean-Baptiste Greuze, 1725~1805년)가 그린 「고통스러운 분리 (La privation sensible)」에서는 아기를 교외 지역까지 데려다 주는 순회 상인이 갓난아기를 데려 가는 장면을 묘사하고 있다. 이 주제에 대한 광범위한 문헌 중 아이에게 미치는 심리학적 영향을 다루는 문헌은 거의 없다. 하지만 화가는 아이들이 받는 고통을 염두에 두고 있었던 것이 분명하 다. 이 그림에는 두 개의 초점이 존재한다. 아기에게 작별 인사로 입맞춤을 하는 어머니, 그리고 겁 에 질려 눈이 휘둥그레진 아이들.

그녀의 남편은 그 일에 엄청난 수치감을 느꼈다. 그녀의 기분은 엉망진창이었다.…… 불쌍한 아기는 어머니로부터 멀찍이 떨어진 방에서 손가락을 빨며 우유를 마시고 있었고, 젖을 먹이기 위해 고용된 여성을 기다리고 있었다. 아버지는 조금이라도 빨리 세례를 거행하려 서두르고 있었다. 그렇게 해야 이 작은 아기를 마을로 보낼 수 있을 것이기 때문이었다.[3]

남편은 아기를 어머니와 "멀찍이 떨어진 방"에 두어서 둘 사이의 접촉을 최소화하는 상황을 의도적으로 만들어 내고 있었던 것처럼 보인다. 그 절차는 갓난아기가 양육 감정을 이끌어 내는 신호들을 보낼 기회를 대부분 박탈함으로써, 어머니와 갓난아기 사이에 가능한 모든 유대 관계의 형성을 차단해 버린다. 이런 조건 속에서 모성 반응이 없다는 사실은, 당면 문제인 포유류의 본유적 잠재성에 대해서는 거의 알려 주는 바가 없다.

아기는 일단 문을 벗어나면 중개인의 마차에서 기다리고 있는 유모를 만나 그 품에 안겨 젖을 먹으며 유모가 사는 시골집을 향한 험한 여행길에 오를 것이다. 아니면 뒤편에 바구니를 걸친 말을 탄 중개인만 나타날 수도 있다. 리옹과 파리에서는 가는 길에 아이가 실종되었다는 보고가 이따금 눈에 뜬다. 아기가 목적지에 도착했더라도 거기서 기다리고 있는 여성이 충분한 젖이 나올지는 훨씬 더 불확실했다. 교회 종소리를 들은 농부가 "파리에서 온 꼬마가 죽었군. 늘 있는 일이지 뭐."라고 어깨를 으쓱하는 것도 놀라운 일은 아니다.[4]

고용된 '킬러'에 관련된 정치 선동

18세기와 19세기 관료들의 걱정은 점점 더 커져만 갔다. 높은 영아 사망률과 인구 감소, 또한 "공공 도덕(집 밖에서 일하는 여성들의 모습이 고민거리였던 것)"에 대해 걱정하고 있었던 것이다. 의회가 대리 수유와 영아 유기에 대한 법안 초고를 작성하기 전까지는, "자연법칙"과 어머니의 "신성한 의무"에 대한 언급이 증언에 널리 등장한다.[5]

어머니의 본능적 헌신을 낭만화하는 역할을 담당했던 개혁가들은, 가능한 것들 중에서도 최악의 동기를 갖는 대리 수유를 식별해 내는 데에도 엄청난 관심을 갖고 있었다. 넓은 범위에 걸쳐 있는 부모의 선택을 한 범주(대리 수유)로 뭉뚱그리는 것이 편리해졌고, 다양한 의도를 하나의 동기와 동일시하는 것도 편리해졌다. 즉, 영아 살해를 위해 유모를 고용한다는 것이다. 프랑스가 1874년의 루셀 법(Roussel Law)을 뒤늦게 통과시켰을 때 그런 정치 선동은 만연해 있었다. 루셀 법은 대리 수유가 최고조에 달하자 아기들을 보호하려는 목적으로 고안한 것이었다.

아기를 돌봐 줄 여성을 고용한 어머니의 살인 의도를 부각시키려는 목적으로, 전문가 관점에서 증언해 줄 의사를 소환하곤 했다. 프랑스 개혁가인 의사 알렉상더 메이에(Dr. Alexander Mayer)는 대리 수유를 "낳기를 열렬히 고대하고 있던 사랑스러운 존재를 출산 후 몇 시간 만에, 본 적도 없고 인품과 도덕성에 대해서도 아는 바 없는 상스러운 농부 여성에게 버리는" 관행이라고 묘사하며 "야만"이라는 말로 저주를 퍼부었다.[6] 그는 파리의 어머니들이 "다시 만나지 않기를 바라며" 아기를 먼 곳에 있는 유모에게 보내고 있다고 강력히 주장했다.[7]

대리 수유는 형사 처벌이 불가능한 영아 살해이며 유모를 킬러로 고용하는 행위로서, 경멸받아야 마땅하다는 생각은 효과적인 정치 선동

그림 14.2 아버지가 레코망다레스(recommandaresse, 상담원.—옮긴이)에게 상의하기 위해 아기를 데려온다. 이 여성은 돈을 받고 유모를 찾아 준다. 「유모 사무실(Le Bureau de Nourrices)」, 파리, 1816년.

구실을 했다. 이 생각은 일상어에도 재빠르게 침투했다. 영국에서는 유모를 "천사를 만드는 자(angelmaker)"라는 속어를 이용해 부르는 경우가 많았다. 독일어 *Engelmacherin* 역시 같은 말이다. 프랑스에서는 *faiseuse d'ange*(동일한 프랑스어 표현. — 옮긴이)의 용법이 확장되어 낙태 시술자를 포함하게 되었다. 그 배후에 있는 논리는 임신 후 출산할 때까지 태아를 품고 있지 않은 여성, 또는 출산 후 어떤 대가를 치르더라도 아기를 돌보지 않으려는 여성은 비자연적인 것보다 더 나쁘다는 것이다. 이를테면 살인자이기 때문이다(오늘날 번식 선택에 반대하는 많은 사람들 사이에서 같은 태도가 지속적으로 유지되고 있다.).[8]

1865년에 의사 메이에는 "모두가 양식과 도덕성을 심히 거스르는 것이라서 20년 후면 사람들이 (대리 수유가) 있었다는 사실조차 믿지 않게 될 것이다."[9]라는 옳은 예언을 내어 놓았다. 오늘날 이 시기를 되돌아보는 학자들은 의사 메이에의 안내를 따르는 경향이 있다. 20세기의 정신 분석학자 마리아 파이어스(Maria Piers)는 자신의 책 『영아 살해(Infanticide)』에서 부모가 고용한 유모는 "전문 유모이자 전문 킬러"였다는 사실이 "상식이었음이 분명하다."고 적는다.[10] 현대의 다른 논평자는 유모가 "부모들이 원치 않는 아이를 빨리 사망시키기 위해 도움을 받는 대리인"이라고 공언했다.[11]

여성의 모성 반응은 다른 형태의 출산 조절이 없는 한 오래된 규칙과 새로운 규칙의 혼합물에 크게 영향을 받았다. 생존과 번식 사이에서 타협했던 포유류의 오래된 결정 규칙은 어머니 측의 의식적 실용주의에 따라 강화되었다. 예를 들어 특정 아기를 계속해서 돌보게 되면 일자리를 잃을 것인가? 만약 일자리를 잃게 되면 자신과 가족이 살아남을 수 있을 것인가? 반면 재산을 늘릴 수 있다면(바구니 속 달걀이 늘어나면 보다 좋은 집을 제공할 수 있을지 모름), 그리고 현재의 아기가 놓는 훼방으로부터 풀려난다면? 사실 자신의 아기를 죽이려 하는 어머니는 거의 없었다. 하지만 많은 수는 때에 맞지 않게 태어난 아기가 자신의 안녕과 미래를 위해 가져가게 될 비용을 줄이려 노력하고 있었다. 그 등식에 따라오는 것으로는, 다른 무엇보다 부부 관계를 재개하려는 아버지의 고압적인 태도가 있었다.

어머니의 의도에 대한 정치 선동에도 불구하고, 서로의 아기가 안달 내는 것을 막기 위해 여성들이 서로 협력했던 수집자들 사이에서는 대행 어머니들의 젖 공유가 먼저 일어났을 것이다. 훨씬 이른 시기에는 대리 수유가 영아를 살리기 위한 수단이었지, 죽이기 위한 수단은 아니었다. 최초의 자발적인 수유 교환은 어떻게 해서 훨씬 복잡하고 위계화된 사회의 상업화된 네트워크로 변환되었을까? 맨 처음부터 시작하지 않는다면, 얽히고설킨 모유 거래에 수만 명의 어머니들이 걸려들게 된 경위를 이해한다거나, 유모의 시대가 '모성 본능'에 대해 알려 주는 것이 있기는 한지 적절하게 평가할 수 없다.

모유는 특별한 면역 성분과 영양 성분이 있어 언제나 무차별적으로 나누기에는 너무 높은 가치를 지니고 있었다. 다른 영장류에서는 어미가 다른 암컷의 자손에게 젖을 물리는 일이 드물다.[12] 대행 어미가 젖을 주는 일이 생긴다면, 혈육이 우연히 단기간 동안 자원해 나서는 것일 뿐이다. 대신 나이를 좀 더 먹은 유아라면, 즉 걸음마 뗀 아기(toddler)에 해당하는 원숭이 새끼라면 선수를 쳐서 혈연관계가 있는 암컷의 젖꼭지에 매달려도 그냥 내버려 둘 수 있다.[13] 그때의 수유는 영양 공급을 받는 것이 일차적인 목적이 아니라, 더 어린 애들을 제치고 자신을 봐달라고 보채는 것에 가깝다.[14]

서로의 아이에게 젖을 물리는 어머니와 딸, 자매나 다른 아내들에 대한 민족지적 설명을 살펴보면 그와 비슷한 우발적 호혜성의 양상, 즉 우연히 주고받는 경향이 드러난다. 이투리 숲에 사는 에페의 그물 사냥꾼으로부터 안다만 섬의 어부들에 이르기까지 대행 어머니 수유는 함께 사는 여성들(인척, 이웃, 그리고 혈육)이 확장된 상호 이득을 제공하는 관습이었다.[15]

수유의 유연성

홍적세의 생활 양식에서 그런 우발적 대리 수유가 큰 비중을 차지하고 있었다는 증거는 순전히 정황적인 것이다. 그럼에도 불구하고 여성이 지닌 여러 생물학적 면모들은 젖을 분비하는 대행 어머니의 이용 가능성을 높였다. 당시까지 인간에서 식별될 수 있는 유일한 페로몬은 서로의 배란을 동시화할 수 있는 미확인 물질이었다. 함께 사는 여성들은 배란이 시기적으로 일치하게 되면 같은 때 출산하게 되고, 호혜적인 수유가 촉진되었을 것이다. 하지만 여성에서의 젖 분비는 대부분의 영장류에서와 마찬가지로 특별한 가변성을 갖는다. 그런 가변성 덕분에 잠시 젖 분비를 멈춘 어머니들(병에 걸렸을 때처럼)은 회복하자마자 젖 공급을 재개할 수 있다. 젖 공급은 영아의 요구에 대한 반응으로 생겨나며, 어머니나 영아 둘 중 한쪽이 젖 떼기를 통해 생산을 중단할 때까지 거의 무한하게 연장될 수 있다(이것은 소설가 제인 오스틴(Jane Austin)이 같은 유모로부터 젖을 먹게 된 가족 내 일곱 번째 아이가 될 수 있었던 이유이다.).[16]

유사시에는 대행 어머니가 임신하지 않고도 젖을 분비할 수 있다. 8살밖에 되지 않은 소녀나 80살이 된 할머니에 이르기까지 아기를 입양한 어머니들은 젖을 분비했다.[17] 하지만 기적 이상의 일이 필요했다. 대부분의 여성이 견딜 수 있는 것 이상으로 젖가슴을 주무르고 마사지를 해야 하며, 프로락틴이나 옥시토신과 같은 호르몬들의 내분비를 촉진시킬 만큼 오랫동안 젖꼭지를 빨려야 하기 때문이다(일부 여성들은 동물 새끼를 이용한다.).[18] 대행 어머니는 젖을 분비할 능력이 생겨도 초유는 분비되지 않지만, 유도된 젖의 성분은 영아 생장을 유지하기에는 충분하다.[19]

인류학자들은 젖 분비 유도에 거의 주목하지 않았다. 하지만 10여 개 남짓한 설명에서 현저한 경향성이 드러난다. 인도, 아프리카, 인도네시아, 북아메리카나 남아메리카 가릴 것 없이 젖 분비 유도가 언급**될** 때 젖을 제공하는 사람은 거의 대부분 나이 많은 여성으로, 대개는 고아가 된 혹은 입양된 손자를 보살피는 사람이다.[20] 할머니는 충분히 그렇게 할 의사가 있고 다른 방식으로는 번식 업무에 참여할 수 없는 사람이기도 하지만 또 다른 측면에서도 이상적인 대리 수유자다. 생리학적인 이유 때문에, 수유의 경험이 이미 세 번 이상 있는 여성은 아이를 한 번도 낳은 적이 없는 여성에 비해 젖 분비 유도에 성공할 가능성이 더 크기 때문이다.[21]

강제적인 대리 수유

대리 수유의 관습이 있는 수집자와 텃밭 농경자 사회의 여성은 다른 여성의 아이에게 호의를 베푸는 뜻으로 자진해서 자신의 젖가슴을 제공한다. 누가 체류지에 남고 누가 수집하러 나갈 것인가를 둘러싼 논쟁이 불거질 때조차[22] 호혜성의 이득이 너무나 분명하기 때문에 저절로 문제가 해결된다. 보다 착취적인 비호혜적 대리 수유는 낮은 서열의 어머니가 젖가슴을 내놓도록 강제할 수 있는 계급의 어머니가 생겨나지 않는 한에서는 발생할 수 없다.

다른 포유류에서는 강제적인 대리 수유 사례가 많다. 특히 협동 번식 체계(4장에서 논의)를 지닌 종들이 그렇다. 개입된 행동들은 그다지 특수하거나 드문 행동이 아니다. 우위 암컷이 열위 암컷이 낳은 한배 새끼 중 한 마리만을 남기고 다 죽여 버리는 들개 무리를 보자. 열위 암컷은 단 하나 남은 강아지에게 계속 젖을 물려야 하고, 남은 젖꼭지는 이미 열위 어미의 유일한 생존자 새끼에 비해 몸집이 훨씬 큰 우위 어미의 강아지 10마리가 점령한 상태이다. 유모의 최후 새끼는 성장이 저해되어 무리가 이동할 때 뒤처졌고, 관찰자들이 구해 내지 않았다면 아마 죽었을 것이다.[23]

하지만 **인간** 선사 시대 언제쯤 어머니가 처음으로 다른 이의 모유를 전유했는지는 짐작조차 할 수 없다. 기원전 3000년쯤 수메르의 한 어머니(우르(Ur)의 통치자인 술기(Shulgi)의 아내)가 아들에게 불러 주었던 자장가의 내용은, 그가 자라나면 아내를 맞고 아들을 낳게 될 것이라는 약속으로 시작되어 유모의 이야기로 끝을 맺는다.

> 기쁨에 넘친 유모가 아들에게 노래를 불러 줄 거야,
> 기쁨에 넘친 유모가 아들에게 젖을 물려 줄 거야……[24]

호머의 시대인 기원전 8세기에 좋은 가문에 태어난 아들들(오디세우스 왕자처럼)은 하인이 젖을 물렸던 반면, 같은 인구 집단에 있는 다른 사람들은 자신의 어머니가 젖을 물렸다.

일부 유모들은 그 자신이 특권 계층 출신으로, 명문가 후예 아이들과의 접촉을 통해 신분이 더 상승되었다. 고대 이집트에서 유모는 파라오를 섬기는 중신의 하렘으로부터 모집되었고(충성을 이끌어 내는 탁월한 방법이다.), 이들 대행 어머니는 이후 왕실 장례 축제의 초대 목록에 등장한다. 기원전 1330년을 전후한 시기 투트 왕(King Tut)은 자신의 유모를 기리기 위한 무덤을 세웠다.[25] 고대 이집트에서 왕실 유모의 아이는 "왕의 젖자매"라는 칭호를 쓰도록 허가되었다. 중국, 일본, 그리고 근동 지방에서도 유모에게 동일한 영예가 수여되었다.[26] 아랍 문화에서 이슬람법은 세 가지 형태의 친족을 설정한다. 바로 혈육, 인척, 그리고 동일한 여성의 젖을 먹고 자라게 된 젖형제이다.

그보다 운이 나쁜 유모들은 비참한 선택지밖에 없는 실질적인 노예였다. 부모가 좋은 유모를 찾기 위해 눈여겨보아야 할 점을 적고 있는 10여 개의 구절과 권고안이 지금까지도 남아 있다. 거의 대부분은 임신한 상태이거나 아직 자신의 아기에게 젖을 물리고 있는 여성을 피하라는 충고를 포함한다. 유모의 영양 상태가 좋지 않은 경우가 종종 있었다는 사실을 생각해 보면, 유모가 두 명의 아기를 먹일 만큼 충분한 젖을 만들어 낼 수 없을지도 모른다는 우려는 정당하다. 권고안은 그 함의에 대해서는 별로 언급하지 않은 채, 최근에 출산했고 젖이 아직 "새것인" 유모를 찾으라고 부모에게 충고한다. 따라서 유모 자신의 아기의 삶은 완전히 등한시하고 있는 것이다. 별로 필요치 않아 보이는 아기는 단순히 죽었다고 가정되며, 매우 **일찍** 젖을 떼거나 다른 여성에게 보내져서 모유 이외의 것을 먹게 된다. '보모 양육(dry-nursing)'에 사용되는 '미음', 즉 곡식 가루와 물을 혼합한 죽은 신생아에게는 대개 치명적이었다.

15세기 이탈리아 상인과 아내 사이에 교환된 편지는 남편의 고객 중 한 사람에게 적절한 유모를 찾아 주려는 진취적인 아내의 노력을 담고 있다.[27] 아내는 곧 죽을 것처럼 보이는 갓난아기를 데리고 있는 노예 한 명을 눈여겨본다. 상인의 아내는 노예의 아기가 살아남게 되자 실망감을 전혀 감추지 않는다. 역사가 리처드 트렉슬러(Richard Trexler)는 르네상스 시기에 고아원으로 보내진 유아의 30퍼센트 정도가 노예의 아이들이었다고 지적한다. 노예들의 주인은 노예의 모유를 다른 용도로 이용했다.[28]

유모들

이 거래에 가담한 모든 주인공들 중에서도 유모에 대해서는 알려져 있는 바가 별로 없다. 노예가 되었든 빈한한 농부가 되었든 지속적인 생존의 대가는 자신의 아이를 희생해 자신과는 핏줄이 닿지 않은 아이에게 젖을 먹이는 것이었다. 유모들의 일부는 지참금을 벌어 결혼하고 아이를 낳고 싶은 바람이 간절한 시골 소녀였을 수도 있다. 많은 수는 의심의 여지없이 자신이 젖을 먹여야 했던 아이에게 상당한 애착을 느꼈다. 하지만 젖을 뗀 이후에도 아이와의 접촉이 허용되는 경우는 거의 없었다. 우리는 아기와 아기를 보살폈던 이들이 떨어지게 되면서 생긴 심리적 외상에 대해서는 거의 아는 바가 없다.

하지만 인구학적 결과에 대해서는 알고 있다. 유모는 수유 때문에 배란이 지연되면서 다음 차례 임신이 지연되었다. 하지만 이 긴 출산 간격은 본인이 낳은 아기의 생존율이 향상되어도 무마되지 못했다. 나중에 더 건강한 자손을 낳아 초기 손실을 보상할 수 있을 만큼 유모의 상황이 나아지는 경우는 아주 드물었다. 유모에게 유모 일은 전적으로 불리했다.

유모들은 자신의 절망적인 처지에도 불구하고 이따금 본인의 아이에게 직접 수유하는 어머니들에게 매우 불리하게 편향되어 있는 체계를 전복하려 노력했음을 보여 주는 실마리들이 있다. 비록 그 성과는 천차만별이었지만 말이다. 모세의 어머니로부터 고아원 직원에게 뇌물을 주었던 러시아 여성에 이르기까지 일부 어머니들은 자기 자신의 아기를 수유할 수 있을 만큼의 급료를 얻는 데 성공했다. 어머니들은 가능할 때면 언제든 자신의 운을 개선하기 위한 전략을 세웠다. 성공하는 일은 드물었다. 그럼에도 불구하고 아기를 바꾸는 것(길버트와 설리반의 난동적인 환락의 근원(상업 뮤지컬을 만든 극작가 윌리엄 길버트(William Gilbert)와 아서 설리반(Arthur Sullivan)의 작품 설정을 빗대 표현한 것. ― 옮긴이))은 고대 메소포타미아에서도 끔찍한 처벌을 받을 만큼 심각한 일로 간주되었다. 아기를 바꾸는 일은 『함무라비 법전(*Code of Hammurabi*)』(기원전 1700년)에서도 특별한 금지 대상이 되었다. 유모가 그렇게 하다 발각되면 "젖가슴을 잘려야 했다."[29]

높은 생존율이 가세한 높은 출산율

중세 이래 계속해서 유모들(급료를 받든 계약을 했든 노예가 되었든)은 유럽, 아시아, 그리고 근동 지방의 특권 계층 가정에서 발견된다. 이들 특권층은 젖을 줄 수 있고 임신하지 않은 건강한 유모를 고르기 위해 각고의 주의를 기울였다. 귀족 가문에서 살며 가까이에서 감시당하는 유모의 젖을 먹은 영아는 어머니가 젖을 물린 영아와 거의 비슷한, 가끔은 더 높기까지 한 생존율을 보였다. 르누아르 중사의 표본에 등장하는 18세기 프랑스 아기는 자신의 어머니가 젖을 물리거나 부모의 집에서 유모가 젖을 물려 줄만큼 운이 좋았던 극히 일부와 마찬가지로 80퍼센트의 생존율을 보였다.[30]

특권 가정의 유모들은 영아 사망률을 증가시키기는커녕 특권 계층이 포유류의 정상적 한계를 넘어설 수 있도록 해 주었다. 다른 여성의 젖을 징발한 특권층 아내들은 자신의 아기들이 보다 높은 사망률을 겪게 하지 않고도 훨씬 빨리 새로운 임신을 하게 되었다. 이 어머니들은 '양'과 '질' 사이의 타협을 피해 갔다. 사실 일부 영아(특히 딸이었을 경우 어머니가 아들을 임신할 수 있으리라는 기대 속에 일찍 젖을 떼어야만 했을)는 어머니 자신이 수유했을 경우보다 더 오래 수유를 지속할 수 있었다.

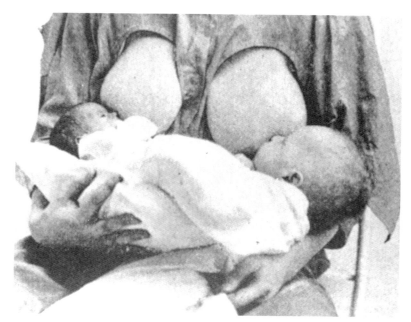

그림 14.3 제2차 세계 대전 이전까지도 미국 병원에서는 조산아를 먹이기 위해 유모를 고용했다. 유모는 자신의 아기에게 젖을 물릴 수 있는 허가를 받았다. 유모 자신이 마음이 안정되며, 더 강한 아기가 반대편 젖꼭지를 빨게 되면 분비 반사(let-down reflex)가 촉진되어 더 약한 '미숙아(preemie)'가 젖을 먹기가 보다 쉬워지기 때문이었다. 병원 직원들은 유모가 한 주 8달러의 급료를 받는 대가로 약 200온스(5.7킬로그램)에서 300온스(8.5킬로그램)의 젖을 제공해 주었다고 계산했다.[31]

특권층에서의 대리 수유는 높은 출산율과 높은 영아 생존율 모두를 의미했다. 18세기 영국의 한 공작부인은 드물지 않은 사례에 해당한다. 이 공작부인은 결혼 후 1년 만인 16세에 첫아이를 낳았고 이후 30년간 번식을 계속하여 46세에 21번째 아이를 낳았다.[32] 살아남은 8명의 자손은 수렵-채집자라면 번식 성공에서 신기록을 세우는 셈이었지만 그녀와 동류인 집단에서는 평균에 불과했다. 아내들은 대개 결혼 후 첫 10년간은 매해마다 아이를 낳았고, 이후 10년간은 속도를 약간 줄였다. 유럽에서 돈줄을 움켜쥔 특권층에서 단기간에 많은 아이를 낳는 빠른 번식

은 19세기까지 정상적인 형태가 되었다.[33]

부모 투자의 섬세한 조절

수유 기간이 길수록 아이가 생존할 가능성은 더 크다. 물이 설사병을 유발하지 않고 모유의 대안 식품이 영양가 많고 소화하기 쉬울 때에만 안전하게 젖을 뗄 수 있다. 하지만 '젖을 물고 있는 시간'과 '뗀 시간'을 셀 수 있는 관찰자가 그곳에 있을 때를 제외하면(영장류학자들이 사용하는 방법) 젖 떼기가 실제 언제 일어나는지를 알기란 거의 불가능하다. 유모가 있다면 알아낼 수 있다. 임금 지급이 중단되면 유아의 수유 가능성도 동시에 중단되기 때문이다.

르네상스 시대 피렌체 가족의 사적인 삶과 관련해 눈에 띄는 연구가 있다. 역사가 크리스티앙 클라피쉬-주버(Christiane Klapisch-Zuber)는 리코르단체(*ricordanze*)라고 불린 가족 일기를 통해 세 가족당 한 가족꼴로 아들을 집에서 대리 수유할 가능성이 높다는 결론을 내렸다. 집에서 하는 대리 수유는 15세기 특권층이 선호했던 것으로, 보다 비용이 많이 들고 안전한 배치였다. 집에서 떨어져 있는 유모에게 보내는 경우에는 아기가 딸일 가능성이 더 높았다. 특히 나중에 태어난 남동생, 즉 '보존해야 할 상속자'의 경우에는 그 비율이 55퍼센트였던 것에 비해 딸일 경우에는 69퍼센트였다. 보낼 때조차 부모들은 아들이 딸에 비해 평균 한 달 반 정도 더 젖을 먹을 수 있도록 더 많은 대가를 지불했다.[34]

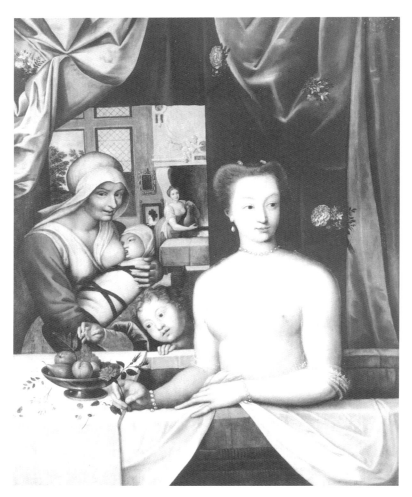

그림 14.4 대리 수유 관습이 확립되면서 어머니들은 유모 고용에서 다양한 이득을 취할 수 있게 되었다. 가브리엘 데스트레(Gabrielle d'Estrées)는 프랑스의 앙리 4세에게 혼인 기간 동안 3명의 아이를 낳아 주었다. 소문난 미모를 지녔던 데스트레는 그녀의 부, 그리고 부로부터 파생된 영향력으로 인해 혐오의 대상이 되었고, 26세의 나이에 죽지 않았다면 아들 중 하나로 하여금 프랑스 왕위를 계승하게 하려는 그녀의 야망을 성취할 수 있었을 것이다. 유모를 고용했던 그녀의 결정은 상속자를 다량으로 낳는 것과는 연관이 있을 수도, 없을 수도 있다. 그보다는 편리함이나 궁정 내 영향력에 대한 야망, 그리고 탄력 있고 대칭적이며 젊어 보이는 가슴을 유지하기 위한 것일 가능성이 더 크다. 다른 여성들에 비해 궁정 생활을 하는 여성들은 허영심으로 자신의 이해관계를 더 잘 보호할 수 있었다.[35]

만약 사랑이 '자연스러운' 것이라면, 어떻게 차별적일 수 있을까?

엘리자베스 바댕테르는 특유의 간결한 논리를 통해 "만약 자연스럽고 자연 발생적인 것이라면, 어떻게 한 아이보다 다른 아이를 더 많이 사랑할 수 있는가?"라고 질문했다. 장남으로 태어난 아들을 헌신적으로 보살피는 어머니가 "어린아이들을 수년 동안 멀리 떨어진 곳으로 보내 버릴 수 있을까?"[36] 하지만 불평등한 취급이 문제될 수 있는 경우는 생물학을 유전자 결정론과 동등하다고 취급하거나, 모든 어머니가 어머니의 나이와 신체 조건, 자손의 건강 및 성별과는 무관하게 동일하며, **어머니**(MOTHER)라는 불변의 표현형이라고 가정할 때뿐이다.

물론 불변의 상수(동 계통에 의해 유전자를 공유할 확률 50퍼센트)가 문제의 전부라면 옳은 견해가 될 것이다. 하지만 **어머니 대자연**의 세계는 언제나 상냥하지만은 않고 실용주의적이기 때문에, 어머니는 비용(인간의 경우에는 어머니의 나이나 신체 조건으로부터 미래의 비용에 대한 의식적인 인식까지 포괄)의 요인들이나 이익(이를테면 딸보다는 아들에게 더 나은 기회를 제공하는 사회적 배치)의 요인들에 맞춰 진화했다.

진화적으로 볼 때 어머니의 행동을 설명하는 가장 간단한 방법은 혈연관계가 있는 개체들 간의 이타적 행동을 해밀턴 규칙(3장 참조)의 특수 사례로 설명하는 것이다. 해밀턴의 규칙을 이 맥락에 적용하면 유전자에 관한 것(결국 유전자의 수준에서 어떤 일이 벌어지고 있는지, 개입된 메커니즘이 무엇인지를 아는 사람은 아무도 없다.)이기보다는 개체가 어떤 상황에서 다른 개체를 위해 비용을 감수하게 되는지를 예측하는 문제가 된다. 이 수준에서 해밀턴의 규칙은 자연선택이 어머니의 감정 경제를 어떤 모습으로 만들었는지를 형식적으로 조직한 은유가 된다. 여기서 C는 행위자가 부담하는 비용(cost)이고 B는 수혜자에게 돌아가는 이득(benefit)이며, r은 연관

그림 14.5 프랑스 정치가 샤를-모리스 드 탈레랑-페리고르(1754~1838년)는 자신의 생애 전체를 통틀어 부모와 한 지붕 아래 있었던 시절이 기껏해야 일주일 정도였다. 그의 이상한 유년기가 가져온 심리학적인 결과에 대해서는 알려진 바가 없다. 하지만 탈레랑의 전기를 쓴 작가는 냉철한 눈빛의 그가 "원칙 없는 시대에 무원칙의 대명사가 되었다."고 이야기한다.[37]

도(degree of relatedness)가 된다. 즉

$$C < Br$$

해밀턴의 규칙과 생애사 이론 모두에 기반한 모델은 생물학적 연관성을 부정하기는커녕, 부모가 자신의 상황에 따라 자식에게 서로 다른 투자를 해야 한다는 점을 예측한다. 어머니는 특정 성별과 조건을 갖는 영아가 가족의 안녕을 얼마나 증진시킬 수 있는지, 또는 부모 투자를 장기적인 번식 성공으로 얼마나 잘 변환시킬 수 있는지에 따라 자신의 헌신을 변경하게 될 것이다. 대리 수유에 관한 결정은 앞 장에서 살펴본 성선택적 영아 살해의 경우처럼 부모의 의사 결정 편향을 실증적으로 측

정할 수 있게 해 주는 지표가 된다. 외교관 겸 정치인이었던 프랑스인 샤를-모리스 드 탈레랑-페리고르(Charles-Maurice de Talleyrand-Perigord, 주교를 지냈으며 프랑스 혁명 당시 교회 재산의 국유화를 주장했다가 파문당하고, 나폴레옹을 정계에 진출시키기도 했던 유명한 정치가. ─ 옮긴이)의 생애사는 여기에 딱 맞는 사례로, 개인사뿐만 아니라 국사에서도 지속적인 반향을 불러일으킬 만한 것이다.

탈레랑은 권세 있고 유서 깊은 가문의 차남이었는데, 이 가족은 18세기의 다른 많은 가족들과 마찬가지로 경제적인 어려움에 처하게 되었다. 가족은 그들의 상속자이자 장남인 아들이 집에서 대리 수유를 한 후, 차남을 파리 외곽에 있는 집으로 보내 양육함으로써 양육비를 줄이기로 결정했다. 장남이 죽자 부모는 즉각 탈레랑을 데려와 상속자로 만들었다. 탈레랑은 유모의 집에 있던 시절 걸음마를 뗀 직후 옷장을 뒤집어엎어 다치는 바람에 평생 절름발이가 되는 불명예를 겪었다. 따라서 가족은 세 번째 아들이 태어나자 회의를 열어, 탈레랑은 가족에게 신뢰를 주지 못하므로 상속권을 몰수해 교회로 보낸다는 결정을 내리게 되었다. 결국 그는 버림 받게 될 운명이었다. 그 이후는 역사의 문제였고, 그것도 대서특필된 역사의 문제였다. 이 영리하고 계산적이며 철저하게 냉소적인 남자는 나폴레옹의 핵심 참모가 되었던 것이다.

아내들이 부과하는 빠른 번식의 비용

아내가 다른 형태의 피임법을 사용하지 않은 채 수유를 유모에게 위임하게 되었을 때 생겨나는 결과 중 하나는 출산 간격이 짧아지는 것이다. 대리 수유한 영아(가정에서 양육되는 경우에 특히)는 대개 살아남았다. 결과적으로 유복한 가족의 경우 완성된 가족의 크기가 더 컸다. 어머니에게 닥쳐오는 의도치 않은 결과는 빠른 출산으로 인한 산부인과적인 고역들이었다. 역사가 에드워드 쇼터가 그의 책『여성 몸의 역사(*History of Women's Bodies*)』에서 선정적인 세부 묘사를 통해 열거했던 질병들, 즉 두통, 빈혈에서부터 자궁 경관부 열상과 골반염, 그리고 자궁 탈수 등을 겪어야 했던 것이다. 특권층 아버지, 특히 아내를 연속적으로 맞은 아버지의 경우 전례 없는 번식 성공을 누렸겠지만, 그의 아내들은 분명 고통스러워 했을 것이다. 많은 아내가 일찍 죽었고 (아기를 열 번 낳은 엠마 다윈(Emma Darwin, 찰스 다윈의 아내. ― 옮긴이)처럼) 잦은 분만을 가장 두려워했다.

엿볼 수 있는 사례들을 살펴보면, 출산을 장려하는 압력은 대개 어머니 자신보다는 남편과 그의 가족으로부터 왔다. 어머니들은 아이를 원했지만, 그렇게까지 많이 원한 것은 아니었다. 꼭 필요한 남성 상속자를 출산하게 되면 일부 여성들은 번식 쳇바퀴로부터 내려오기 위해 젖을 물리겠다고 **주장했다**. 적절한 출산 간격을 둔 건강한 아이들(양보다는 질)이 **자신에게** 더 적합했던 것이다.[38]

하지만 의식적인 출산 장려주의 이상의 것이 걸린 문제였다. 프랑스에서는 남편이 자신의 아기를 유모에게 보낼 만한 추가적인 동기가 있었다. 부부 관계의 특권을 누리려 했지만, 가톨릭교회는 수유 중인 어머니와 남편의 섹스를 금지했기 때문이다. 그 까닭은 아마 다른 문화와 동일했을 것이다. 산후 섹스 금기는 북아메리카로부터 남아메리카, 뉴기니로부터 아프리카에 이르는 전통 사회 전반에 걸쳐 발견되며, 동생이 너무 빨리 태어나는 것을 막기 위한 이중 안전장치, 즉 특별한 주의에 해당할 것이다.[39] 영아 생존율을 증진시키고자 더 긴 출산 간격을 보증하는 기원을 갖는 관습이 가톨릭 국가에서는 모순적이게도 반대 효과를 불러오는 경우가 더 많았다. 수유 중인 어머니가 이따금 임신하게 되어 출산 간격이 단축되는 경우보다 유모에게 아기를 보내는 경우가 훨씬 많은 영아 사망을 야기했기 때문이다.

성급한 출산에 대한 어머니의 저항은 프랑스에서 피임법이 빨리 채택되는 데 기여했을 수도 있다. 프랑스 특권 계급의 출산율은 유럽 다른 어떤 곳보다도 빠르게, 그리고 먼저 떨어졌지만, 그 이유는 아직까지 알려져 있지 않다. 나머지 유럽 지역에서는 인구학적 변천이 19세기 말이 되어서야 진행되기 시작했다. 부모가 모든 아이들을 동등하게 대해야 한다고 확신시켰던 루소의 캠페인이 일부 원인이 되었을 수 있다. 하지만 가족의 지위를 유지하는 방편으로 가족 규모를 제한하는 압력이 이미 형성되고 있었다.

그 이래로 형식적으로는 지위와 삶의 질이 번식 성공과 상호 연관되는 경향이 있었지만, 특히 높은 사회적 지위에 있는 어머니들일수록 기본을 우선시한다는 것은 놀라운 일이 아니다. 지위 추구와 아이들에게 투자하는 노력 사이의 선택에 직면하게 되었을 때, 어머니들은 많은 수의 아이에 대한 욕망보다는 지위와 '문화적 성공'에 우선권을 두었다.[40]

만약 하나의 아들에게 부를 전수해 주는(장자 상속) 대신 모든 자식을 동등하게 취급해야만 했다면(프랑스에서는 1804년 나폴레옹 법전과 더불어 국법이 됨) 재력 있는 가문에서는 상속자를 적게 낳는 것이 사회 경제적 지위를 유지하는 데 필수적이었다. 이를 비롯한 (역시 거의 이해되지 않은) 또 다른 이유들로 인해 자신의 후예가 특권적 지위를 유지하지 못하게 될까 봐 근심하고 있던 어머니들은 가족 규모를 줄이기 위한 절차들을 밟아 나갔다. (10보다는 5에 가까웠던) 보다 작은 가족 규모는 18세기에 전형적이었던 큰 규모의 자식 집합에 비해 수집자 조상들의 가족 규모를 조금 더 닮아 있다. 보다 작은 가족은 부모가 각각의 자식에 대한 투자량을 줄여야만 하는 압력을 감소시켰고, 어머니들이 계몽주의적인 자녀 양육 윤리라는 사치를 누릴 수 있게 해 주었다. 많은 사람들은 인구 전환 이후의 작은 가족 규모를 특수한 경우로 생각한다. 하지만 그렇지 않다. 그것은 보다 이전의 종 규범(species norm)으로의 **복귀**에 가깝다.

상업적인 대리 수유 확산

인구 전환이 있기 한참 전부터 대리 수유는 사회적 사다리를 따라 서서히 내려가 광범위한 모유 거래를 야기했다. 상업적인 대리 수유는 18세기 유럽에서 정점을 이뤘지만, 그 전조는 훨씬 이전으로 거슬러 올라간다. 기원전 300년의 파피루스에 기록된 내용들은 헬레니즘 시대 이집트에서는 노예뿐만 아니라 자유민 여성도 젖을 제공하는 계약을 맺고 있었음을 보여 준다.[41] 기원후 2세기 무렵 여성의 젖가슴에 대한 접근권을 판매하는 것은 일반적인 상업 거래에 해당했고, 로마의 포룸 홀리토리움(Forum Holitorium, 고대 로마에서 열리던 시장의 한 형태. — 옮긴이)에 열리는 야채 시장에서 구매자들은 락타리아(*lactaria*)라고 불리는 곳(기둥으로 표시됨)에서 판매자들과 만났다. 상업적인 대리 수유는 수집자와 텃밭 농경자 사회에서 발견되는 자발적 수유로부터 이미 한참 벗어난 것이었다. 결과적으로 대리 수유는 높은 지위의 상징이 되었다. (호혜적이기보다는) 강제적이거나 계약적인 대리 수유의 관습은 특권층에서 먼저 정립되었고, 이후 하위 특권층 역시 모방할 수 있는 부러운 선택권이 되었다. 일하는 어머니들 사이에 대리 수유 관습이 퍼진 것은 한참 뒤였다. 이 관습이 특권층으로부터 하위 특권층으로 퍼져 나감에 따라[42] 대리 수유는 중대한 딜레마를 해결하는 새로운 방법이 되었다. 어머니는 어떻게 하면 아기라는 짐을 지지 않고도 지위나 생존에 연관된 활동에 참여할 수 있는

가? 어머니의 즉각적인 삶의 질, 그리고 어쩌면 생애 초기의 위험한 시기를 지난 더 나이 많은 아이들의 필요가 특정한 영아를 보살피는 것에 비해 다시금 우위를 차지했을 수도 있다.

$$. . . . .$$

젖병 도입 이전의 세계를 경제적 층위를 따라 내려가 보면 대리 수유는 인간 행동 레퍼토리에 뒤늦게 추가된 항목이다. 아내를 아기에게 젖을 물리는 고역으로부터 면제시켜 주는 것과는 거의 상관이 없었다. 가슴의 모양을 유지하도록 도와주거나, 다시 곧 임신하게 하는 것과도 상관없었다. 비록 모두가 대리 수유의 결과로 발생한 일이지만 말이다. 그보다 더 중요한 사실은 어머니의 노동이 자기 자신의 생존이나 (푸줏간 주인 또는 농부의 경우에서와 같이) 가족 경제에 필수적이었다는 것이다. 수유는 부르주아의 지위와 빈곤 사이에 그어진 선이 위험천만으로 좁았던 시기에, 어머니의 노동 효율을 방해했다. 어머니는 이 타협 속에서 대리 수유를 선택했다. 현대의 어머니가 모유 수유가 아기의 안전과 지능, 그리고 면역 체계에 선사하는 이득을 적극 선전하는 기사를 읽으면서, 다시금 타인을 고용해 아기에게 젖을 먹이는 현상은 그리 놀라운 일이 아니다. 그보다 훨씬 많은 사람들은 보육 시설 직원에게 유축기로 짜낸 모유를 줄 것이다.

감당할 수 있는 비용의 보육 서비스를 찾기

18세기 동안 프랑스의 인구는 2000만에서 2700만으로 늘어났다.[43] 시골 지역에서는 수확이 빈약했던 데다가 작은 토지를 여러 아들이 나눠 갖게 되면서 부랑자들이 많아졌다. 스스로의 생계를 책임지기가 어려웠고 가족의 생계를 책임지는 일은 훨씬 더 어려운 일이었다. 아내가 일하지 않는 남자는 가족을 부양하기에 충분한 수입을 기대할 수가 없었다. 따라서 또 다른 아이의 탄생으로 어머니가 일을 그만두게 되는 것은 재앙이었다. 절망적인 상황에 처한 농부들은 도시로 이주했지만, 그들의 생계는 여전히 최저 수준에 머물렀다. 느린 산업화와 결합된 급속한 도시화는 부모만이 아니라 살아남은 아이들에게도 기회를 거의 만들어 주지 못했다. 수입은 적었고 집세는 높았으며 빵 값은 임금에 비해 훨씬 빠르게 올랐다. 아기를 유모에게 보낸 많은 프랑스 여성들은 불안한 삶을 겨우겨우 이어 나가는 노동자였다. 이들은 '부르주아'였으나 거죽만 그랬다. 아내가 남편의 일을 더 많이 도울수록(상점 일이든 실크 생산과 같은 수공직이든) 가족은 유모를 고용할 가능성이 더 컸다.[44] 어떤 시점에서든 아기의 향방(집에 둘 것인지, 유모에게 보낼 것인지, 고아원으로 보낼 것인지)을 정확하게 예측해 주는 것은 영아 사망률보다 어머니 노동의 필요도였다. 어떻게 이런 일이 생겼던 것일까?

역사가 조지 수스만(George Sussman)은 농부 가족의 전형적 예산을 계산한다. 가족 월수입의 거의 절반이 음식 구입비로 충당되며, 15퍼센트가 의복비, 6퍼센트가 광열비, 그리고 나머지 13퍼센트가 집세로 나간다. 거기에 더해 유모에게 맡겨진 아이 한 명당 매달 8리브르가 들었다. 이는 가족 예산의 20퍼센트로, 가족이 급료를 지불할 수 있는 한에서였다.

간단히 말하면 일하는 어머니들은 자신의 아기를 더 멀리 보냈는데, 그 목적은 아기를 합법적으로 죽이기 위한 것이 아니라 감당할 수 있는 비용의 대리 수유를 구하는 것이었다. 시간에 따라 변한 내용은 (언제나 상황에 따라 가변적인) 어머니의 본성이 아니라 어머니의 선택이었다. 고무젖꼭지와 멸균 우유는 19세기 말이 되어서야 이용할 수 있었다. 실질적으로 유모는 유일하게 안전한 모유 수유의 대안이었다. 문제는 일하는 어머니들이 입주 유모에게 한 해 자그마치 수백 리브르를 지급하는 특권층 어머니들과 경쟁하고 있었다는 것이다(유모 역시 자신과 떨어져 있는 자신의 아기에게 저비용의 보살핌을 마련해 주어야만 하는 강한 압력 속에 놓여 있는 경우가 많았다.). 감당할 수 있는 비용의 유모를 찾고 있는 부모들은 고아원과도 경쟁하는 상황에 있었을 수 있다.

하지만 부르주아 부모들은 무슨 방법을 써서라도 유모를 고용했고, 대리 수유는 다른 형태의 피임법이 없는 세계에서 일하는 어머니들에게도 특권층과 마찬가지의 효과, 즉 하늘로 솟구치는 과잉 출산력(hyperfertility)을 만들어 냈다. 비록 두 집단 사이에는 잔혹한 차이가 있었지만 말이다. 하위 특권층의 높은 출산율은 높은 영아 사망률과 짝을 이루게 되었다.

일하는 여성들은 대개 12~16명의 아이를 낳았다. 프랑스의 역사 인구학자 모리스 가르뎅(Maurice Garden)은 이 시기 리옹에 살던 부르주아 가족에 대해 눈에 띄는 사회사 연구를 내놓았다. 가르뎅은 24년 동안 21명의 아이를 낳았던 정육업자 아내의 이야기를 서술한다.[45] 아이가 생존할 확률은 부모가 대리 수유에 얼마만큼의 돈을 지불했는가와 직접 연관되어 있었다. 유기는 공짜였다. 하지만 르누아르 중장이 통계 수치를 계산하고 있었을 무렵에는 파리 인근 고아원에서의 사망률이 무려 85퍼센트에 달했다. 같은 시기에 시골 지역에서 1년 동안 대리 수유를 해 주는 대가는 100리브르였고, 사망 확률은 절반가량(40퍼센트 또는 그 이하) 감소되었다.

단 6개월의 수유가 삶과 죽음이라는 차이를 만들어 낼 수 있었다. 일하는 부모의 10퍼센트 전후가 유모의 급료를 체불했고, 그 결과 아이들은 고아원에서 생을 마감하게 되었다. 하지만 생애 첫 6개월을 고용된 유모의 품에서 살게 되면 후에 아기가 고아원으로 보내진다 하더라도 생존 가능성에 힘을 받았다. 입주 유모에게는 시골의 유모에 비해 2배의 급료를 지불해야 했지만 사망률을 절반 더 줄여 20퍼센트까지 낮추었다. 이는 어머니가 아기에게 직접 수유했을 때의 사망률과 동일하다.[46]

대리 수유의 수정본인 보육 시설

대리 수유에서 발생한 일들과 가장 닮은꼴은 현대의 어머니인 우리들이 감당할 수 있는 비용의 영아 보육원을 찾기 위해 눈을 부릅뜨고 돌아다니며 협상하는 일일 것이다. 9시에서 5시까지(주말은 포함되지 않음) 돌봐 주면 고마운 일이고, 그럭저럭 질이 나쁘지 않으며 유모 고용처럼 치명적이지도 않은 서비스를 찾아야 하는 것이다.

1995년 미국에서 6세 미만의 아이 2100만 명 중 1200만 명이 보육원을 이용했다. 1살 미만 영아의 경우에는 45퍼센트가 어떤 종류의 것이든 보육 서비스를 받고 있었다.[47] 어머니가 보육 서비스를 찾아 나서는 시장은, 건강한 비-근로자 어머니, 고소득 전문직 여성, 평범한 직장인 어머니, 그리고 최소 임금을 받는 노동 시장에 삶을 포기하고 뛰어든 어머니, 그리고 아이가 입양될 곳을 찾아 주려는 정부 기관을 포함한 무수한 주체들이 대행 부모 보살핌을 두고 경쟁하는 곳이다. 대행 부모 보살핌은 애초에 풍부하게 공급되지 않는 상품이다. 1998년《뉴욕 타임스》의 기사는 '복지 후생(welfare)'에서 '노동 후생(workfare)'으로 옮겨 가라는 압력을 받은 어머니들이 직면한 '심각한 보육 시설 부족'에 대해 이렇게 언급한다.

일터에 있는 어머니들의 4분의 3이 시에서 수당을 지급받는 무면허 베이비 시터에게 의존하고 있다. 운이 좋은 사람이면 신뢰할 수 있는 친척이나 가까운 친구의 도움을 받는다. 그보다 운이 나쁜 사람들은 아들딸을 거의 알지도 못하는 돌봄인이 있는 더럽고 붐비는 아파트로 보낸다……[48]

오늘날의 일하는 어머니들과 마찬가지로, 18세기 유럽의 어머니들은 비용보다는 집에서 가까운 곳에 있는 건강한 유모가 제공하는 보살핌에 더 비중을 두었다. 결정적인 차이는, 18세기에 있던 수준 미달의 영아 낮/밤 시간 보육 서비스가 부모가 감시할 여지를 훨씬 적게 남겼고 아기의 건강에는 훨씬 큰 위험을 불러왔으며, 또한 정서적 애착 파열(ruptured emotional attachment)로 인한 심리적 위험을 훨씬 심각하게 겪게 했다는 것이다.

보살핌 비용을 감소시키기 위한 대안적 방법

이중 임무 어머니들은 수집하러 나가건 출근하건 언제나 아기 보살핌 비용을 줄이기 위한 방법을 찾아 왔다. 오늘날 어머니들은 보모를 고용하거나 정부가 운영하는 탁아소나 보육원, 보육 시설에 아이들을 둔다. 친척에게 위탁하기도 한다. 직접 아이들을 돌보기도 하지만 각각의 아이를 보살피는 양을 줄인다. 보살핌을 줄이는 것은 물건을 사러 간 동안 아기를 차 안에 15분간 내버려 둔다거나, 아기가 못 자랄 만큼 확실하게 방치하는 것에 이르기까지 다양한 형태를 취한다. 전술의 결과 측정은 극단적인 경우에는 가능하지만, 대부분은 불가능하다. 어머니가 보살핌을 줄여 아이의 사망률이나 발병률에 영향을 끼친다 하더라도 어머니

그림 14.6 남아프리카공화국 소녀와 소녀의 유모. 보모를 고용하는 어머니는 이따금 보모 자신의 아이는 어디에 있는지 생각지 않으려 한다.

가 내린 결정의 효과는 측정 가능한 흔적을 남기지 않는다.

영아 살해를 생각할 수도 없는 곳, 다른 여성을 고용해 아기에게 젖을 물리고자 다른 곳으로 보내는 일이 없는 곳, 그리고 길거리에 버리는 일도 없고 포대기에 싸서 나무에 매다는 일이 없는 곳은 여성이 일정 정도의 번식 자율성을 갖고 있으며 제법 믿을 만한 형태의 피임법을 이용할 수 있는 사회일 가능성이 크다. 아니면 어머니가 보살핌의 일부를 대행 어머니에게 위임할 수 있는 사회적 관습이나 제도를 자신의 재량에 따라 이용할 수 있는 사회일 것이다.

유럽의 영아들이 거의 전염병이 확산되는 수준으로 고아원이나 유모에게 보내졌던 것처럼, 우리는 오늘날 필리핀, 중남아메리카, 아프리카 남부, 그리고 아시아에서 아이들에게 젖병을 물리거나 친척들에게 보살펴 줄 것을 부탁한 후 자기 자신은 멀리 떠나 가정부나 타인의 아이들의 돌봄인으로 취직하는 가난한 어머니들을 볼 수 있다. 해결책은 다르지만 어머니가 내리는 타협, 그리고 그 배후에 있는 감정과 심리적 계산은 동일한 것으로 남는다.

수양 보내기를 비롯해 보살핌을 대행 부모에게 위임하는 방법들

"모든 아이가 원하는 아이인 곳"은, 어머니의 출산 시기와 간격을 자신의 건강 및 가족의 필요와 일치하게 배치할 수 있도록 도와주는 훌륭한 기관인 부모 계획 센터(Planned Parenthood)의 표어로 매우 적절해 보인다. 이 이상적인 세계에서는 어머니의 조건과 동기가 고려되었기 때문에 모든 아이가 원하는 아이다. 해밀턴 규칙의 관점에서 보면, 같은 결과가 다른 방식으로 얻어질 수도 있다. 가령 각각의 아이에 투자되는 비용을 줄이고/줄이거나 그 비용을 대행 부모 사이에 분산시키는 것이다.

몇 년 전 이탈리아 고아들을 연구하는 인류학자 데이비드 커처는 가난 그 자체는 영아 유기를 예측하는 데 거의 쓸모가 없다는 사실을 지적했다. 사르디니아(Sardinia)는 여기에 딱 맞는 사례였다. 시칠리아, 토스카

나를 비롯한 이탈리아 거의 전역에서 갓난아기들이 대량으로 버려지고 있던 시기에 이탈리아를 통틀어 가장 가난했던 이 마을에는 버려진 아기가 실질적으로 한 명도 없었기 때문이다. 1879년과 1881년 사이, 시칠리아에서는 6만 9000명의 아기가 고아원에 버려졌지만 사르디니아에서는 **15명만이** 고아원으로 갔다. 커처는 영아 유기가 거의 없다시피 한 사르디니아의 사례가 그곳의 가족 구성이 어머니 중심적이었기 때문이라고 설명한다. 딸들은 친족 근처에 남았고, 미혼인 소녀조차 '여성 혈육 지원 네트워크'를 가질 수 있었다.[49]

모계 혈육의 이용 가능성(자매, 어머니, 할머니)은 언제나 특히 믿음직한 대행 부모 도움의 원천이 된다. 벌통 수준은 아니어도 마을 하나보다는 훨씬 가치 있는 모계 혈육 확대 가족은 인간 아기를 기르는 데 훌륭한 자원인 것으로 드러난다.

· · · · ·

가계 수입이 적지만 출산율은 세계 다른 지역만큼 높은 곳이 있다고 상상해 보자. 대부분의 아버지는 아이 어머니와 가끔씩만 함께 거주한다. 그리고 아버지가 **있을 때** 어떤 아이에게 얼마나 투자할 것인지는 예측 불가능하다고 해 보자. 상당히 많은 수의 여성이 이른 나이에, 그리고 결혼이나 다른 지속적 관계가 형성되기 전에 임신하는 경우가 많다. 아버지의 도움이 있다 하더라도 부모는 모든 아이에게 제공할 만큼 충분한 자원을 갖고 있지 못하다. 자신에게 의존한 아이들을 돌볼 때 형태를 불문하고 어떤 정부 지원도 받지 못한다. 고아원과 같이 정부가 지원하는 제도도 없고, 아이를 봉헌할 수 있는(중세 유럽에서 흔했던 관습으로 아이를 교회에 선물로 증여하는 것) 교회도 없다. 하지만 임신 중절은 드물고 영아 살해는 훨씬 더 드물다. 전시와 같은 격변을 제외하면 아기를 버리는 법도 없다. 그리고 젖병은 매우 드물지만 한 어머니가 다른 어머니를 고용해 젖을 먹일 수 있는 관습은 알려져 있지 않다.

이는 사하라 남부 아프리카 대부분의 지역에 적용되는 묘사다. 특히 경제학자 에스터 보세럽(Ester Boserup)이 몇 년 전 '여성 체제(female system)' 특징을 지닌다고 서술했던 지역이다. 이 말은 이 사회가 괭이 농경에 의존한다는 뜻이다. 여기서는 여성의 노동 가치가 매우 크게 평가받는다. 이것은 모계를 따라 이뤄지는 텃밭 상속 및 강한 여성 혈육 네트워크와 연관된 전통적인 삶의 방식이다.[50] 많은 아프리카인들은 아기를 고아원에 버리는 수천 명의 유럽 어머니들을 인간 행동을 넘어서는 범위의 일을 하는 이상한 존재라고 여길 것이다. 그들과 함께 있다면 "아이가 있다면 삶을 얻은 것이다."와 같은 전통적인 속담을 대신 듣게 될 것이다.[51] 유서 깊은 아이 보기 네트워크를 침식하며 압도하고 있는 AIDS의 파괴적 효과 등으로 인해 몇몇 지역에서 급속한 변화가 발생했음에도 불구하고, 이 체제의 핵심적인 측면들은 온전하게 남아 있다.

아프리카 대부분의 지역에서 아이들은 양 성별 모두에게 열정적인 욕망의 대상이 된다. 비록 아버지가 어머니들에 비해 더 많은 수를 원하는 경향이 있지만 말이다. 어머니는 오랜 기간 동안 아기에게 젖을 먹이며, 현재 데리고 있는 아기가 동생에게 자리를 양보하기에는 너무 어리다고 생각될 때는 성공률은 다양하지만 산후 성관계 금지를 유지한다. 이는 양을 선호하는 남성 욕망에 맞서 건강한 아이를 길러 내려는 어머니 캠페인의 일부이다. 아버지가 각각의 아이에게 더 많은 투자를 시작해야만(현대화와 더불어 생겨나는 현상처럼 '자신의 몫을 더 하며') 아내가 출산 간격을 조절하고 피임법을 고려하는 까닭을 남편이 이해할 수 있게 된다.

상당수의 인류학자들이 전통적인 아프리카 남성들이 콘돔을 비롯한 모든 형태의 피임법을 거부하는 현상에 대해 논평해 왔다. 피임약을 복용하는 여성은 비밀리에 해야만 한다. 이들 여성의 일차적인 관심사는 아기 낳기를 그만두려는 것이 아니라 출산 간격을 보다 넓게 유지하려는 것처럼 보인다(물론 궁극적으로는 가족 규모를 줄이는 효과를 가져온다.).

어른들은 어린아이의 응석을 받아 주는 것을 고유한 즐거움으로 여긴다. 왜 아니겠는가? 아이는 어른을 조상과 연결해 주는 끈으로 간주되며, 신기할 만큼 빨리 변화하는 세상 속에서 그 변화를 보다 쉽게 포착하며 미래로 연결해 주는 고리라고 여겨진다. 다 자란 아이들, 특히 현대 아프리카에서 자기 자신의 생태·사회적 지위를 찾고 있는 아이들은 유일한 노후 대책이 된다. 아이를 거의 보러 오지 않는 먼 곳의 아버지조차(아이를 직접 많이 보살피는 아버지는 상대적으로 드물다.) 아이가 있다는 사실을 통해 영예와 정치적 영향력을 이끌어 낸다. 다 자란 아이들은 어렸을 때 자신을 보살펴 준 사람들에 대해 '매우 큰 빛'을 지고 있다는 사실을 인식한다. 부모로부터 받은 음식이나 돈이라는 선물만이 아니라, 과거에는 부모에게 의무가 되었던 아이들이 미래에는 부모를 돌봐야 할 의무를 느끼게 될 것이라는 전망이기도 하다. 수양어머니가 어린아이들을 맡으려 하는 까닭은 여기에 있다.

그런 수양어머니들은(진짜 혈육이거나 허구적인 혈육일 수도 있음) 대개 번식기가 지났거나 '할머니'라는 고유명사를 달고 있는 사람들이다. 아프리카 서부, 동부, 남부의 광범위한 지역에 걸쳐 할머니들은 '친절한 타인' 및 재활용되는 아이들이라는 보스웰의 견해에 가장 가까운 실제 삶의 사례들을 제공한다. 어머니들은 대개 하나 또는 그 이상의 아이를 이런 '할머니들' 중 한 명, 또는 교육, 영양의 측면을 비롯해 다른 측면에서 보다 나은 기회를 제공할 수 있는 부유한 지인의 수양 가정에서 살도록 보낸다. 유전적인 어머니와 사회적으로 아버지로 간주되는 남자는 그들과 접촉을 유지하며 식량과 돈을 선물로 보낸다.

하지만 혈육 관계와 선물이 할머니들이 그러한 일을 떠맡는 유일한 이유는 아니다. 누군가가 표현했듯 "아이가 제 어미보다 할미를 더 사랑하게 되어 충분한 이득을 가져다주게 될지 알 수 없는 일이다." 어떤 사람은 이 현상을 보다 철학적으로 관찰하며 "아이들은 어린 대나무와 같아서 어떤 싹이 잘려 나갈지, 어떤 싹이 남게 될지 알 수 없다."고 말한다. 넘겨준 아이들 중 어떤 아이가 그렇게 될지 알 수 없는 일이다.

캐럴라인 블레드소(Caroline Bledsoe)는 아프리카 서부의 멘데 사람들(Mende People)의 수양 체계를 연구했다. 블레드소는 특히 진취적이고 운 좋은 아이가 성공할 때 어떤 일이 벌어지는지를 설명해 준다. 오래 못 만난 아버지를 포함해 많은 친족이 나타나 자신의 권리를 주장한다. 이 복권 논리는 블레드소에게 다음과 같은 말을 들려준 아프리카 서부 지역 남성의 마음에서 분명하게 드러난다. "많은 수의 아이들을 기르거나 챙겨 주는 일은 좋은 일이죠. 어떤 아이가 성공할지는 알 수 없기 때문이죠. 어찌 되든 한 아이는 **반드시** 성공할 것이고 치른 비용에 대한 대가를 받게 될 것입니다."[52]

사람들은 너무 가까운 간격을 두고 태어난 아이는 원하지 않을 수 있다는 점을 이해한다. 하지만 아이 자체를 원하지 않는 경우는 납득되지 않는다. 외국에 사는 서아프리카 출신 부모가 아이를 서구인 가족에게 수양시키며, 아이에게 더 좋은 교육, 높은 수준의 삶, 그리고 가치 있는 접촉을 얻어 주기에 더없이 좋은 기회라고 생각하고 그 이득을 보려 했을 때 엄청난 오해가 발생했다. 서구인들은 부모가 원치 않는 아이를 입양한다고 오해하며 믿게 되었다. 하지만 부모들은 아이가 일시적으로만 양육되고 자신들에게 돌아올 것이라 믿었다.

아프리카의 마을 사람들은 민족학자들이 영아 살해를 연구하려 할

그림 14.7 아프리카 서부의 수양 체계에서 대부분의 아이들은 젖을 떼기 전까지 어머니 곁에 남아 있는다. 하지만 (멘데 '할머니'의 사례처럼) 수양어머니가 보살핌만큼이나 젖도 줄 수 있는 경우, 유럽의 대리 수유와 아프리카 서부의 '수양 보내기' 사이의 구분이 흐려진다.

때 큰 충격을 받는다. 민족학자들은 저지대 아마존과 같은 지역에 사는 수집자의 태도에 홀려 있었다. 이들의 속담은 매우 다른 신호를 울린다. 아프리카인들은 아마존의 일부 부족 사람들이 말하는 것처럼 "아기는 우리한테 소중하지 않지."라고 누군가가 말하는 것을 상상하지 못한다.[53]

인구학자 낸시 하웰이 들려준 이야기는, 손쉽게 돌봄인을 구할 수 있는 아프리카 텃밭 농경자 정착민들이 여전히 수집자 유목민으로 살고 있는 다른 아프리카인들과 태도가 얼마나 다른지를 보여 준다. 유목민인 !쿵 산에서 한 어머니가 보살필 수 있는 아이의 수는 어딜 가든 데리고 다닐 수 있는 최대 수로 제한을 받는다. 반투 여성 집단이 아이를 낳으러 덤불 속으로 들어간 !쿵 여성을 마주치게 되었다. 그 여성은 불쌍하게도 낳은 아기가 선천적인 결함이 있다는 사실을 막 깨닫게 되어 아직 망연자실한 상태였고, 이 아기를 가능한 한 빨리 버리는 것이 의무라고 느꼈다. 하지만 반투 사람들은 그와 매우 다른 자신들의 윤리를 통해 그녀에게 아이를 키우라고 설득했다.[54]

반투 사회에서 여성의 경험은 !쿵 어머니의 경험과는 무척 다르다. 얼마 간의 사람들(주로 어머니의 혈육)이 각각의 아이를 일상적으로 돌본다. 아프리카 서부와 남부의 광범위한 지역에서는 어느 때건 아이 낳을 연령이 된 어머니의 40퍼센트가 이미 젖을 떼었거나 젖 떼기의 과정에 있는 유아를 '할머니' 댁이나 다른 좋은 관계에 있는 가정에서 살라고 보낸다. 어떤 지역에서는 외할머니가 있고 없는 데 따라 아이의 생존율이 유의미한 차이를 보인다.[55]

주변에 아이 기르는 일을 도와줄 사람들이 있는 한, 아주 운이 없는 아이들도 여전히 부모가 원하는 대상이 된다. 어린 어머니, 혹은 비혼이거나 적절한 지원을 기대할 수 없는 사람들은 할머니에게 의존할 가능성이 가장 크다.[56] 이 어머니들은 아요레오에서는 영아 살해를 저지를 가능성이 가장 크고, 18세기 유럽에서는 고아원에 아기를 버릴 가능성이 가장 크며, 아기가 죽을 가능성이 훨씬 더 크다 하더라도 아기에게 수유를 하지 않기로 결정하게 된 브라질 도심 빈곤 지역의 어머니들과 동일한 계급에 속한다.[57] 어머니들은 재혼하거나 남편의 다른 아내가 자신의 아이에게 악의를 품고 있다고 우려될 때도 할머니에게 아기를 보낸다.[58]

하지만 '할머니'의 관대함에는 한계가 있다. 자원이 부족할 때 수양아이들은 무자비한 대접을 받을 수 있다. 특히 부모가 선물을 거의 보내지 않거나 진짜 혈육이 아닌 경우에는 더하다. 성공해서 자신의 돌봄인에게 보답할 "어린 대나무" 중 하나가 될 만한 싹수가 없는 아이들은 수양부모에게 무시당하거나 남은 음식을 주워 먹거나 의학적 처치를 받지 못할 수도 있다. 모든 아이가 원하는 아이라는 목가적인(그리고 일반적으로 정확한) 인상과는 불일치하는 이야기를 이따금 엿듣게 되는 것이다. 인류학자 로버트 레빈과 새라 레빈(Robert and Sarah LeVine)은 케냐의 구시 (Gusii) 사람들을 연구하며, 인용할 가치가 있는 도곤 아내의 말을 언급한다. "다른 여자의 아이는 뱉은 침이나 마찬가지야……." 레빈이 표현하듯 "아이의 가치를 다른 무엇보다도 높이 평가하는 사회일지라도 어떤 아이들은 다른 아이들에 비해 높이 평가된다는 점을 발견하게 된다."[59]

전통적인 아프리카 사회에서조차 주변화된 아이들은 무시될 가능성이 크다. 인구 성장으로 인해 어른에 비해 아이들의 수가 훨씬 많아졌기 때문에 상황은 한층 악화되었다. AIDS는 이 불균형을 훨씬 더 악화시켰다. 이 무서운 질병은 고아를 만들어 낼 뿐만 아니라 감염 방식이 가족 전체(아버지, 아내, 다른 아내들)를 감염시킬 가능성을 높이기 때문이다. 의지할 만한 '할머니'가 더 이상 충분치 않다. 현대 아프리카의 일부 지역에서, 특히 임신한 여성의 4분의 1이 HIV 양성인 도시에서는 아이 양육네트워크가 붕괴되고 있어 고아들을 트럭으로 버리는 사태가 벌어지고있다.[60]

어머니 헌신의 연속체

어머니들은 언제나 수중에 있는 자원을 최대한 끌어다 쓰는 동시에, 이용할 수 있는 아버지와 대행 부모 도움의 눈금이 움직여 가는 것에 대처해야만 했다. 어머니들은 다른 아이들의 필요 및 어머니 자신의 미래 번식 전망을 본인의 생존과 양립할 수 있게 타협한다. 이 타협은 지속적으로 변하는 제약과 선택의 세계에서 내려진다. 예를 들면 수집 사회에서는 수유가 최소한 이동은 할 수 있는 나이 많은 아이들보다 훨씬 더 큰 비용을 요구한다. 점점 더 기술화되어 가고 있는 우리 자신의 사회, 즉 나이에 따른 아이 양육의 비용(예컨대 대학 등록금)이 (내려가지는 않고) 올라가는 사회에서는 그렇지 않다.[61]

일부 어머니는 45세 또는 그 이상의 나이에 출산을 가능하게 해 주는 완전히 새로운 선택을 할 수 있게 된다. 18세기에 등장한 대리 수유, 그리고 20세기에 등장한 출산 기술과 마찬가지의 선택이다. 홍적세에 번식을 미뤘던 여성은 아마도 기근이 끝나기를 기다리거나 보다 안정적인 대행 어머니 보조를 이용할 수 있는 상황을 기다리고 있었을 것이다. 21세기의 직장 여성은 양수 검사, 체외 수정, 그리고 보다 젊은 여성의 난자 세포질을 자신의 DNA와 결합할 수 있는 절차의 도움을 빌어, 자신의 번식 전성기를 넘어서도 번식을 할 수 있다. 그런 기술들은 (아이를 낳기 전에 원하는 전문직이나 사회적 지위를 얻을 수 있게 해 주며) 여성이 번식을 미룸으로써 겪게 되는 위험을 감소시켜 주지만 아직까지는 알려지지 않은 다른 위험을 도입하게 될 가능성이 있다.

진공 상태에서 결정을 내리는 사회적 생명체는 어디에도 없고, 이 점에서는 가장 독립적인 여성도 마찬가지다. 법률, 기술, 그리고 환경적 위험으로부터의 보호에 추가해, 과거와 마찬가지로 어머니에 비해 크거나 작은 권력을 지니며 어머니의 번식 선택의 폭을 만드는 사람들도 있다. 오늘날의 어머니는 과거처럼 한 가지 가족 배치 속에서만 살지 않는다. 그리고 인간 어머니의 아기에 대한 헌신에는 종-전형적 수위가 전혀 없다. 역사적 맥락이 크게 중요하다는 사실은 분명하다. 하지만 어머니가 아이에게 반응하는 방식이 가변적이기 때문에, 여성의 생물학적 측면이 감정과 무관하다든가 진화한 모성 반응과 같은 것이 존재하지 않는다고 해석하게 되면, 인간의 기록과 다른 동물로부터 얻어진 방대한 양의 증거를 모두 오독하는 것이 된다.

아이를 유모에게 보냈거나 출산 직후 고아원에 버렸던 18세기 유럽의 수십만 명 어머니들이 모든 시대 어머니의 전형이라고 이야기하는 사람은 없다. 보살핌의 비용이 어머니의 건강과 삶의 질을 훨씬 적게 침범하는 생태학적 해방 상태에서, 어머니는 태어난 모든 아이를 사랑할 수 있는 사치를 누릴 수 있다. 출산 시기를 의식적으로 계획할 수 있는 여성에게 허용된 이 무한한 특권은 훨씬 더 큰 사치이다. 그럼에도 불구하고 이 책에 기록된 '비자연적' 어머니들은 아무런 기록도 남기지 않았던 어머니의 양가성 전체에 비춰 보면 빙산의 일각에 불과할 것이다.

어머니의 감정, 그리고 그들이 내리는 많은 '사소한 결정들'의 뉘앙스는 거의 측정하기 어렵다. 아기를 곧바로 버리는 어머니 한 명에 대해, 그런 가혹한 처방은 하지 않지만 헌신의 수위를 낮춰 아기의 생존력을 낮춘 어머니들이 수천 명 있을 것이다.

양가적 태도의 유산

그리고 양가감정의 수위는 '모성 본능'이라는 개념과 관련해 어떤 의미를 갖는가? 우리가 이 말의 의미를 분명히 알고 있는 한, 어머니가 아기에게 느끼는 애정을 서술하는 데 **본능**이라는 속기법을 사용하지 않을 이유는 없다. 다른 모든 영장류 암컷과 마찬가지로 인간 여성과 소녀는 아기에게 엄청나게 마음이 이끌리고 매혹되는 느낌을 받으며, 대부분은 아이를 안고 돌봐 주고 싶어 한다. 최근에 출산한 어머니는 특히 더 그렇다. 임신과 출산 기간 동안의 호르몬 변화가 특히 매력적인(냄새와 특이한 모습) 작은 타인과 유대 관계를 맺게 하는 역치를 낮추기 때문이다. 그런 관계는 수유를 통해 강화된다. 실질적으로 모든 영장류 암컷은 작은 아기와 충분히 오랫동안 접촉을 유지한다면 그 특정 아기에 대해 애착의 느낌을 갖고 애착 관계를 형성하는 법을 배우게 된다.

자신의 아기에 대한 인간 어머니의 반응은 포유류, 영장류, 그리고 인간에 기원을 두는 생물학적 반응의 조합물이다. 여기에는 임신 동안의 내분비적 준비, 출산 과정과 그 이후에 겪는 신체 변형(두뇌의 변화 포함), 수유의 복합적인 피드백 과정, 그리고 혈육을 인식하고 보다 더 좋아하게 될 가능성을 증진시키는 인지 메커니즘 등이 포함된다. **하지만 이 생물학적 반응들 중 어떤 것도 자동적이지 않다.** 진화적 시간의 차원에서 생존하기 위해서는 이 체계 전부가 해밀턴의 규칙이 잘 요약하고 있는 진화적 용광로를 거쳐야 했다. 그 신호가 난소의 활성화에 영향을 주는 지방 축적률의 신호건, 아니면 곧 사회적 지원을 받게 될 수 있다는 신호건, 가능한 비용과 잠재적 이득이 내부 요인으로 자리 잡고 있다. 아기가 아주 비용이 많이 들고 (신피질 덕분에) 의식적 계획이 결정 요인이 되는 인간에서는 아이에 대한 어머니의 투자가 복잡해진다. 문화적 기대, 젠더 역할, 명예나 수치와 같은 감정들, 성 선호, 그리고 미래에 대한 의식과 같은 전적으로 새로운 측면들을 고려해야 하기 때문이다. 그런 복잡성은 보다 오래된 양육 성향을 지워 없애지 않는다. 이 뒤섞인 복합물에 담긴 모든 체계는 비용, 이득, 그리고 이타적 모성 행동의 수혜자인 아기와의 유전적 연관도에 따라 심사된다. 하지만 이중 어느 것도 체계들 사이의 완벽한 동시성을 보증해 주지 않는다. 상충하는 어머니의 동기들이 정신 분석학자 로즈시카 파커(Rozsika Parker)가 "두 동강 난" 느낌이라고 요약하는 양가감정의 형태로 의식적 수준과 무의식적 수준 모두에서 출현한다는 데 놀라서는 안 된다.[62]

유전적 영향 아래 있는 뇌 수용체들, 서로 다른 화학 신호에 반응하는 역치, 호르몬 수치, 그리고 불안과 만족의 감정이 상호 작용하여 어머니의 헌신에 지속적인 영향을 주는 수많은 '결정들'을 만들어 내는 방식은 아직 이해되지 못하고 있다. 하지만 이 사실만큼은 그대로 남는다. 인간의 아기는 너무나 연약하고 오랜 시간 동안 의존적이어서, 출산 시 곁에 있던 가까운 혈육이 자신에게 보여 주는 헌신, 보살핌의 의지, 그리고 수유의 의지와 같은 것이 아기의 삶의 질에 있어 가장 중요한 하나의 구성 요소가 된다는 점이다.

인간이 진화하는 동안 어머니는 아기의 생태·사회적 지위가 되어 왔다. 물리적, 사회적 환경은 엄마와 아기 모두에게 영향을 준다. 아기가 초유를 먹게 되는지, 5개월 동안 또는 5년 동안 젖을 먹게 될 것인지, 어머니가 아기를 근처에 둘 것인지 아니면 대행 어머니에게 맡길 것인지 등등, 이 각각의 문제들은 아기의 생존과 관련된 함의를 지닌 어머니의 결정을 표상한다. 인구학적, 통계학적으로 볼 때 한 아기에 대해 얼마나, 그리고 얼마만큼 오래 투자할 것인지와 관련된 어머니의 작고 다양한 결정들이 합해져서 인간 자손에게 삶-또는-죽음이라는 결과를 만들어 낸다.

다른 유인원 신생아는 어머니의 털에 온 힘을 다해 매달린다. 인간 아기의 생존은 이보다 훨씬 복잡하다. 어머니가 보살핌을 줄이는 것처럼, 어디에나 존재하고 즉각적인 효과를 발하는 환경 위험은 없다. '어머니의 사소한 결정들'의 결과는 어떤 서식처에서는 훨씬 더 위험하다. 어머니의 헌신은 아기의 생존에 산소만큼이나 중요했던 때가 있었고 지금도 여전히 그런 경우가 많다. 하지만 어머니를 기술하는 관례적인 민족지나 역사 문헌에는 어머니의 헌신을 적절한 수준으로 유지하는 것이 문제였다고 언급하는 설명이 매우 드물게 나타난다. 사실이 아니었기 때문일까? 아니면 내가 믿는 것처럼, 어머니의 헌신을 이상화시킨 관점이 너무나 오랜 동안 당연한 것으로 받아들여졌고, 작은 보살핌 감축을 야기하는 결정이 눈에 띄지 않았기 때문은 아닐까?

인간 진화의 과정 동안, 그리고 최근의 인간 역사에서 출산 간격이 짧아짐에 따라 어머니가 다른 사람들에게 보살핌을 위임해야만 하는 압력은 훨씬 더 강해졌다. 안전한 경우, 아니면 다른 선택의 여지가 거의 없을 때, 어머니들은 아기를 아버지나 대행 부모에게 건네주거나, 젖을 일찍 떼거나, 포대기에 싸서 문 밖에 걸어 두었다. 심리적 수준에서 보면 이런 결정은 현대 어머니들이 매일 이웃에게 아기를 돌봐 줄 것을 부탁하거나 적절한 보육 서비스 계약을 맺는 것과 거의 다르지 않다. 어머니는 도박을 하며 자신의 우선순위를 평가하고 있는 것이다. 그래서 나는 현대 정치가들이 현대 사회에서의 "가족의 붕괴"에 대해 한탄하는 것을 들을 때면 기가 막힌다. 《월 스트리트 저널》의 최근 사설은 "결혼의 중상모략(유명한 '핵가족')은 페미니즘의 최대 실수"로, (그 깨달음을 방치하는) "아버지 없는 아이들과 남편 없는 여성들의 유산"이라고 불평했다.[63] 《월 스트리트 저널》의 편집자가 10대 임신과 편모 가정에서 자라는 아이들을 걱정하고 있었다는 점은 고무적이지만, 남성과 여성 사이에 존재하는 이해관계 충돌만큼이나 오래되고, 심지어는 훨씬 오래되었을 수도 있는 사회 문제를 갖고 페미니즘 탓을 하는 것은 거짓된 논리이다.

호미니드 아버지들은 이미 가지고 있는 아이들과 더 많은 아이를 낳을 수 있는 새로운 짝을 찾는 일 중 어느 편에 투자를 할 것인가를 선택해 왔다. 수렵자와 채집자 사이의 노동 분업, 그리고 호미니드 수컷이 아이들과 음식을 나누는 관습이 존재해 온 한에서는 말이다. 세계적으로 볼 때 그러한 긴장은 페미니즘보다는 여성이 가장인 가정이 널리 퍼지게 된 것과 훨씬 깊은 관련이 있다. 세계 모든 가정의 3분의 1에서 2분의 1가량이 여성 가장 가족이며 이 가족들은 대부분 불과 두 세기도 채 되지 않은 사회 운동, 그리고 지금까지는 주로 교육받은 서구 여성만이 누릴 수 있던 사치의 영향권에서 벗어나 있는 매우 가난한 나라의 사람들이다.[64]

지난 1,000년 동안 어머니들은 특정 출산이 보다 나이 많은 아이들에게 어떤 영향을 미칠 것인가, 아버지나 의붓아버지에게 기대되는 반응은 무엇인가, 아기 자신의 생존 전망은 어떤가, 그리고 본인의 노력을 후속적 번식 성공으로 변환시킬 전망은 얼마나 되는가 등과 같은 정보를 참고하여 결정을 내려 왔다. 인간 여성은 다른 영장류와는 달리 결과를 내다볼 수 있는 능력을 지니고 있다. 현명하고 예측력 있는 어머니를 둔 것은 우리 대부분에게 행운이었던 것처럼 보인다. 하지만 이 축복은 독특한 위험을 함께 가지고 왔다.

인간 아기가 특히 무력하게 태어났는데도 불구하고 특수한 심리적 복잡성을 지녀야 했던 까닭, 자신의 근처에 있는 사람, 특히 어머니로부터의 헌신을 분석하고 이끌어 내는 과제에 맞추어 자신을 조율해야 했던 까닭은 여기에 있다. 영아기와 아동기의 협상은 인간의 유전자 풀에 기여하는 모든 사람이 거쳐야만 하는 위험한 관문이다. 어머니의 우선순위에서 약간만 밀려나도 그 누적 효과는 아기에게 삶과 죽음을 결정하는 문제가 되었으며, 인간 진화의 방향에 엄청나게 큰 영향을 주었다. 어머니의 헌신도는 그 자체로 각각의 신생아들에게 부과되는 선택압이었다. 그렇다면, 그때 인간 아기의 몸, 마음, 그리고 성격에는 어떤 진화적 결과가 생겨났을까?

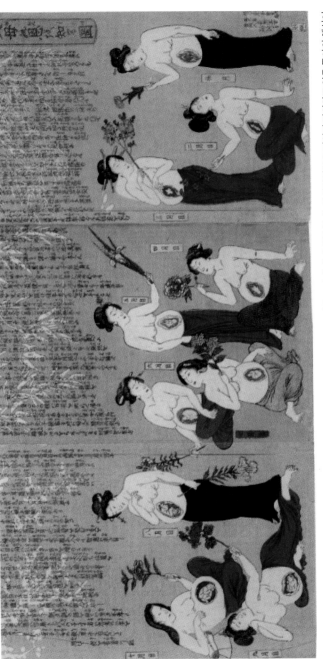

도판 1 생물학자들이 세대 간에 전수되는 비유전적 특징을 서술하기 위해 **모계 효과**라는 말을 고안해 내기 한참 전에, 아시아인들은 여성이 임신하고 있을 동안의 행실이

태아에 영향을 준다고 확신하고 있었다. 위의 19세기 일본 판화의 제목은 '은혜에 대한 가르침,'이다. 글의 내용은 자궁이 서늘 수 있는 식물과 같다는 점을 상기시킨다. 어

머니는 임신 단계별로 서로 다른 꽃을 손에 들고 있다. 3개월째에는 벚꽃, 4개월째에는 모란꽃, 5개월째에는 붓꽃이다. 수태의 시기와 부모의 연령이 결정적인 중요성을

갖는다고 여겨졌다. 중국에서도 마찬가지로 부모에게 "태교"에 대해 조언을 하는 내용이 이후 문헌에 나온다. 어머니가 먹는 음식이나 어머니의 행동이 아이의 자질에 영

향을 줄 수 있기 때문이었다. 태교에 대한 강조는 오늘날 한 아이 정책 때문에 훨씬 더 두드러지는 경향이 있다. 1994년에 인터뷰를 했던 한 여성은 완벽한 아이를 낳기 위

해 임신 기간 동안에 먹었던 것들을 이렇게 묘사한다. "피부가 희라고 사과와 토마토를 먹었고, 뼈에 더 많은 주름이 생기라고 아채를 먹었어요……"

도판 2 연구자들이 같은 나이의 쇠물닭 새끼들 중 일부에서 밝은 오렌지 빛 장식 깃털을 쳐 내고 나머지는 그대로 두자, 부모들은 가장 밝은 빛깔을 지닌 새끼를 선호했고, 더 많은 먹이를 주었다.

도판 3 잿빛 나뭇잎원숭이 새끼의 현란한 금빛 "신생아 외피"는 대행 어미의 주목을 끌며, 대행 어미는 어미로부터 새끼를 데려간다.

도판 4 바꿔치기된 아기에 대한 기독교적 신화는 특정한 성인들의 삶과 연계되어 스페인과 이탈리아에 존속했다. 그림에서 묘사된 성 스테파노의 생애에서, 성인이 될 아기는 출산 시 악마가 데려가며, 자라지 못하는 악마의 아기가 그 자리에 대신 남겨진다.

도판 5 틴토레토(Tintoretto)는 비잔티움에 그려진 「은하수의 기원」을 헤라클레스의 생애에 대한 전설에 근거해 그렸다. 그 판본에 따르면, 밤하늘에 흩뿌려진 이 별들은 제우스가 어머니 알크메네가 출산 후 곧 버린 자신의 사생아 아들을 데려오기 위해 전령을 보냈을 때 생겨났다. 제우스는 헤라클레스가 여신인 자신의 아내의 젖을 먹기를 바랐다. 하지만 헤라가 깨어나 이 고아를 밀쳐냈는데, 아기가 헤라클레스다운 힘으로 갈라(gala, '젖'을 뜻하는 그리스어)를 빨다 뿜었기 때문에 이 젖이 하늘에 흩어졌다. 여기에서 은하(galaxy)라는 말이 유래했고 인류의 우주를 일컫는 이 용어가 모유로부터 파생되었다는 점은 매우 적절해 보인다.

3부

영아의 관점

가족에 속하는 것(어떤 가족이든)은 왜 그리도 공기처럼 필수적일까?

― 에이미 탄(Amy Tan), 1998년

15장

타고난 애착 능력

얼굴과 몸에 나타나는 표현의 움직임들은…… 어머니와 갓난아기 사이의
최초의 소통 수단으로 작용한다.…… (이 움직임들은) 우리가 내뱉는 말들에
생생함과 에너지를 부여한다. 이들은 가장될 수 있는 말에 비해 타인에 대한
생각과 의도를 보다 진실하게 드러내 준다.

— 찰스 다윈, 1872년

사람들이 찰스 다윈을 상상할 때는, 비글호에 승선한 신선한 얼굴의
젊은 박물학자, 또는 검정색 망토를 두른 수염 난 노인을 모든 시대를 통
틀어 가장 영향력 있는 생물학자로 만들어 준 책, 『종의 기원』, 『인간의
유래와 성에 연관된 선택』, 『인간과 동물의 감정 표현』을 저술하기 위해

다운하우스(Down House)에 정착했던 짙은 눈썹에 구레나룻을 기르고 머리가 벗겨져 가는 신사를 상상한다. 다윈을 어린 시절 어머니를 잃었던 선천적 감수성을 지닌 어린 소년으로 생각하는 사람은 거의 없다. 하지만 존 볼비는 다윈을 이렇게 보았다. 볼비는 아이 또는 영아의 관점에서 세계를 바라보는 어머니 같은 습관이 있었기 때문이다.

볼비의 마지막 저작은 그가 죽은 해인 1990년에 사후 출간되었는데, 『찰스 다윈: 새로운 삶(*Charles Darwin: A New Life*)』이라는 제목을 단 정신 병리 사례 연구였다. 그는 제목을 "찰스 다윈의 기원(*The Origin of Charles Darwin*)"이라고 달까 생각했다며 가벼운 농담을 던졌다.[1] 내 안의 어머니에게 연약한 어린이라는 다윈의 이미지는, 이미 나와 있는 탁월한 지식인의 평전보다 훨씬 더 의미가 깊을지도 모른다.[2] 볼비는 다윈이 평생 앓았던 병과 그에게 독특한 겸손하고 끈질긴 과학 연구 방식을 설명하기 위해 어린 시절 그가 겪었던 모성 박탈(maternal deprivation)로 거슬러 올라간다.[3]

다윈, 존 볼비의 상담실에 가다

볼비가 보기에는 진화 심리학뿐만 아니라 인간 행태학(human ethology)의 19세기 아버지였고 세계 최초로 행태학적 방법론을 영아 발달 연구에 섬세하게 적용했던 박물학자는 놀랍고 애통하게도 그 자신의 초기 정서 발달에는 전혀 손을 대지 못했다. "찰스의 과학적 경력은 믿을 수 없을 만큼 풍요롭고 탁월한 것이긴 했지만, 그는 언제나 자신 또는 타인의 비판을 두려워했고, 재확인을 늘 갈구하며 절대 만족하지 못했고, 언제나 (의심이 ─ 옮긴이) 비집고 올라왔다.…… 지칠 줄 모르는 근면함과 게으름에 대한 공포가 그의 삶 전체를 지배하게 될 운명이었다."[4] 볼비는 다윈의 심리적, 신체적 증상들이 이루는 일련의 수수께끼 같은 증상들의 근원을 어린 시절 경험했던 애착 파열과 불안으로 추적해 간다.[5]

이것은 다윈이 평생 겪었던 불안, 근심, 우울증, 만성 두통, 희미해지는 감각, 몽롱함, "헤엄치는 머리", "검은 반점", 신경질적이고 발작적인 울음, 귀울림, 가려움, 습진, 메스꺼움, 구토, 즉 다윈이 그의 성년기 대부분 동안 괴롭힘을 당했던 모든 질병들, 다윈 스스로는 "피로와 병적 기질에 맞선 길고 긴 투쟁"이라고 요약했던 것을 볼비가 포착하는 방식이었다.[6]

"다윈의 병"이라는 이름으로 널리 알려진 혼합 증상을 설명할 수 있는 대안 가설들이 부족한 것은 아니다. 볼비가 진단하기 몇 년 전에 한 이스라엘 기생충학자는 다윈이 젊은 시절 남아메리카에서 여행하는 동안에 혈액 기생충을 접촉하여 샤가스 병(Chagas' disease)을 앓았다는 가설을 제안한 적이 있었다. 한 역사가는 면역 체계가 약한 탓에 표본을 보존하는 데 사용했던 방부제에 대해 알레르기 반응을 겪었다는 가설을 내놓기도 했다. 정신과 의사 랠프 콜프(Ralph Colp)는 다윈의 증상이 시작되는 순간을 아주 면밀하게 검토해서, 다윈 자신이 속했던 사회가 가장 아끼는 신념들에 도전하게 될 가능성을 불안하게 여긴 것에서 증상이 비롯되었다고 논의했다. 일부는 심지어 다윈의 문제는 이 유명한 일 중독자가 피곤한 사회적 의무들을 피하기 위해 이용했던, 신체화된 심리 증상일지도 모른다는 가설을 세웠다.[7] 나는 이 수줍음 많고 진지한 시골 신사가 실제로 "사람들을 거의 볼 일이 없으며 나와 가장 가까운 사람들과 오래 이야기할 수 없게끔…… 무척 조용하게…… 살도록 강요된" 것에 대해 얼마나 신경을 썼을지 이따금 질투심을 느끼며 궁금하게 여기곤 했다.[8]

볼비, 다윈의 유년 시절을 검토하다

다윈은 어머니가 돌아가셨을 때 외부로부터 쉽게 영향을 받는 선천적 감수성을 타고난 8살의 아이였다. 친애하는 인물이 사라져 버렸으나 다윈에게는 버림 받은 느낌과 절망의 감정을 다루는 데 도움이 되는 방식으로 애도하는 것이 허락되지 않았다. 그는 그 결과로 볼비가 "과호흡 증후군(hyperventilation syndrome)"이라고 이름 붙인 것, 즉 구식 처방을 내리는 의사들이 "공황 장애"라는 보다 일반적인 진단 아래 포함시키는 것에 취약해졌다.[9]

> 내가 8살의 어린 나이였을 때인, 1817년 7월에 어머니가 돌아가셨다. 그리고 어머니가 숨을 거둔 침상, 어머니가 입고 있던 검정색 벨벳 가운, 그리고 신기하게 생긴 어머니의 작업대를 제외하면 거의 아무것도 기억하지 못한다는 사실이 이상하다. 나는 그런 기억 상실 원인의 일부가 내 여동생과 누나들에게 있다고 믿는다. 엄청난 슬픔에 빠져 어머니나 어머니의 이름조차 이야기하지 못했던 까닭이다.[10]

알려진 한에서는, 찰스나 아버지나 여동생과 누나 등 다윈의 가족 어느 누구도 어머니에 대해 다시 이야기한 적이 없다. 다윈은 그의 자서전에서 어머니가 돌아가시고 얼마 지나지 않아 학교로 보내졌다고 간단하게 술회하고 있을 뿐이다. 그 이후로 어머니와 다윈의 관계는 덜 만족스러운 대체물로 대체되었다. 그는 아버지의 협박과 군림 속에 있었고, 그를 더 '훌륭한' 사람으로 만들기 위해 다윈 자신의 성향을 희생시켰던 도덕주의자 성향의 누나들의 꾸지람을 받았다.

몇 년이 지나 다윈은 볼비가 다윈을 진단할 때 결정적인 실마리로 사

그림 15.1 찰스와 함께 있는 캐서린 다윈(Catherine Darwin)의 모습. 다윈은 "어머니가 돌아가셨을 때 나는 8살 반이었고, (내 자매 캐서린은) 1살 더 어렸지만, **내가 거의 아무것도 기억하지 못하는 날들 각각에 대해 모든 구체적인 사실과 사건들을 기억했다.**…… 내가 유일하게 기억하는 것은 어머니의 방으로 들어갔을 때 아버지가 나를 맞이하던 모습, 그리고 이후에 울던 기억뿐이다."[11]

용했던 편지를 젊은 아내를 막 잃은 사촌에게 보냈다. "나 자신의 삶에서 가까운 사람을 하나도 잃어 본 경험이 없으니, 너와 같은 그런 격심한 슬픔이 어떤 것인지 상상할 수도 없다고 감히 말해 본다."[12] '폭넓은 호기심'을 지닌 사람, 아마도 천재였을 사람이 그 자신이 실제 겪어야만 했던 상실을 "상상"할 수 없다고 말한 것에 대해, 글쎄, 솔직히 볼비의 말은 일리가 있다. 정말 이상해 보이기 때문이다.

어린 시절부터 다윈은 과도하게 어머니 노릇을 하려 하는 자매들 때문에 주눅이 들었다고 느꼈고, 그들의 훈계로 스트레스를 받았을 때 "신경 쓰지 않으려고 고집을 부렸다."[13] 자존감을 구제하기 위해 까다로운 작업도 마다하지 않는 특별한 불굴의 노력과 편벽에, 애정을 잃을지도 모른다는 불안과 내면화된 자기 의심(이론에 부합하지 않는 사실들에 주의를 기울이는 건전한 태도를 유발하며 다윈의 과학 연구에 놀라운 방식으로 흘러 들어온 것들)이 추가되었다. 당시 흔히 쓰이던 관용 어구인 "정말 징하지(It's dogged as does it. 앤서니 트롤럽(Anthony Trollope)이 자신의 소설 『바체스터의 탑(Barchester Towers)』의 한 장의 제목으로 썼던 말)."가 다윈이 가장 좋아하는 표어가 되었다.

다윈은 자신의 가장 큰 고민거리를 피하기 위해, 서로 다른 위험한 생각들의 조합을 탐험하기 위한 장비를 갖추었다. 그럼에도 불구하고 그는 이상한 실수들로 인한 고통을 계속 경험했다. 볼비는 특히 다운하우스에서 할아버지와 함께 단어 게임을 하곤 했던 손녀 그웬 다윈 래버랫(Gwen Darwin Raverat)이 기억해 낸 일화에 충격을 받았다.

"단어 게임: 단어 만들기와 단어 빼앗기"는 다윈 가족의 오래된 특산품이었는데, 스크래블(Scrabble. 게임판 위에 각각의 게임 참여자가 가지고 있는 글자 토막을 올려놓아 십자 퍼즐 형태로 단어를 만드는 게임. — 옮긴이)과는 달랐다. 래버랫은 자신의 활기찬 회고록 『시간의 단편(Period Piece)』에서 게임의 목표는 서로 떨어져 있는 글자들을 사전 속에 있는 아무 단어나 될 수 있게 배열하는 것이었고, 이 과정에서 글자를 하나 훔치거나 이미 단어가 된 다른 말에 더할 수 있었다고 설명한다. 래버랫은 할아버지가 어느 날 함께 게임을 하던 사람이 단어 "OTHER"에 "M"을 더하자 당황스러워 했다는 사실을 기억해 낸다. 다윈은 그 단어를 한참 동안 바라보았으나, 하나의 단어로 인식해 내지 못했다.

내 할아버지(C. D.)의 이야기다. 할아버지는 판 위에 있는 "MOTHER"라는 단어를 오랫동안 지켜본 후 "MOETHER라고? MOETHER라는 단어는 없는데."라고 이야기했다. 나는 이 일화에 대해 심리학자들이 무척 재미있게 생각할 것이라고 느꼈다. 심리학자들에게는 양해를 구하고 싶다. 재미있으라고 하는 이야기가 아니라, 중요한 정보를 알려 주는 것이기 때문이다. 한편으로는 『종의 기원』을 생각하게 된 데 대한 실마리를 제공해 주며, 다른 한편으로는 할아버지의 나쁜 건강이 의심의 여지없이 어린 시절 그 자신의 MOETHER의 죽음의 직접적인 결과라는 사실을 증명해 주는 이야기이기 때문이다.[14]

그의 손녀가 가볍게 분석했던 다윈의 실수는 볼비가 보다 진지하게 다윈에게 모성 박탈이라는 진단을 내리게끔 자극했음이 분명하다.

볼비는 어린 시절부터 부유한 영국 가정의 소원한 관계에 너무 익숙했기 때문에 유년 시절 다윈의 이러한 면모에 초점을 맞추었다. 볼비는 유년기의 상실과 그에 대한 억압된 회상이, 다윈을 평생 불안감, 그리고 타인의 애정을 잃거나 자신이 아끼던 사람을 물리적으로 잃게 될지도 모른다는 공포에 취약하게 만들었다는 가설을 세웠다.

만약 다윈 자신이 이 고통스러운 영역을 분석하는 작업, 즉 미성숙한 인간이 버림 받는 것을 피하기 위해 사용하는, 그리고 다양한 수준의 모성 박탈을 다루는 전술을 이해하기 위한 작업에 착수했더라면, 그토록 창조적인 다윈의 정신조차 그 여행을 위한 지적 준비를 갖추지 못했을지도 모른다. 우선 한 가지 이유는 다윈이 어머니를 다면적인 전략가로 상상할 준비가 되어 있지 않았다는 것이다. 그 때문에 진화적 과거에서 영아에게 작용했을 선택압의 범위 전체에 대해 생각할 수 있는 능력에 제약이 따랐다. 아기의 심리 상태를 폭넓게 이해하기 위한 첫걸음을 디딘 것은 볼비였다. 홍적세의 아기가 더 성장할 수 있을 만큼 오래 살아남기 위해서는 어떤 특성을 지녀야 하는지를 재구성하는 일에 착수했던 것이다. 볼비는 영아의 감정을 설명하기 위해 진정한 다윈의 자연선택 이론을 사용했던 최초의 사람이다.

어머니 역할의 권위자

볼비는 모든 영장류가 어머니를 비롯해 영아가 항상 붙어 있으려고 애를 쓰는 일차적 애착 인물(primary attachment figure)과 강력한 정서적 애착을 형성하도록 미리 프로그램된 채 태어난다는 가설을 제안했다. 그는 생애 초기의 영아가 "내적 작업 모델(internal working model)"을 형성해서 초기 감정이 보상되는 정도에 기초해 관계로부터 무엇을 찾고 기대할 것인지를 배워 가게 된다고 믿었다.

다윈을 비롯한 인간 행태학의 초기 개척자들은 갓난아기의 동기를 넌지시 언급하기는 했다. 하지만 갓난아기가 매우 취약할 뿐만 아니라 생존을 위해 반드시 필요한 지속적인 보호 및 양육을 보증받으려는 스스로의 목표를 지닌 조숙한 사회적 행위자라는 사실을 처음으로 기술한 사람은 볼비였다. 영아 발달을 개념화하는 이 방식은 "애착 이론(attachment theory)"으로 알려지게 되었다. 20세기 말에 볼비의 통찰은 수정되고 확장되어 어머니에 대한 새로운 견해에 통합되고 있었다. 당시 과학자들은 어머니의 헌신을 감시하는 이 작은 요원들에게 작용하는 선택압의 전체 범위를 탐사하고 있었던 것이다.

어머니 대자연이 창조한 장엄한 전시관에서 인간의 영아는 걸작인 동시에 전문가, 즉 어머니 역할의 전문가들이다. 인간은 태아 시절에 이미 어머니의 화학적 특성을 분석하며 어머니가 중얼거리는 말들을 등록하기 시작한다. 영아는 어머니의 냄새를 기억하며 어머니의 시선, 다정함, 그리고 목소리의 톤을 분석한다. 무엇보다도 영아는 어머니의 헌신성을 지시하는 신호들에 대해 아주 정교한 감각을 갖고 있다. 어머니는 내 곁에 가까이 있을까, 아니면 (가장 무서운 짐작이지만!) 사라져 버릴까?

만약 인간 어머니가 자동적으로 양육한다면 영아는 그토록 조율에 능숙하고 예리할 필요가 없다. 비록 볼비가 강조했던 이야기에 속하는 내용은 아니지만, 영아의 전문성은 그러한 속성들과 진화적으로 가장 큰 관련이 있었던 환경 속에서 어머니의 헌신이 얼마나 가변적이었는지를 알려 주는 가장 강력한 증거이다. 인간 진화의 과정에서 계속 털을 잃으며 미끈해져 간 어머니들은 다른 어떤 유인원보다도 큰 생식력을 갖게 되었기 때문에, 인간 어머니로서 감당할 수 있는 무조건적 사랑의 수위가 형성되었다.

만약 아기가 고무로 된 장난감을 편하게 느낀다면 최소한 5000만 년 동안 그렇게 한 영장류 영아들이 안도감을 느꼈기 때문이다. 젖꼭지를 빨고 있는 아기는 어머니가 바로 곁에 있는 아기였던 것이다. 아기는 입 안에서 설탕물의 맛을 느끼면 한층 더 편안함을 느끼게 되는데[15] 포유류에게 달콤함은 어머니의 젖과 연관되어 있었기 때문이다. 좀 더 섬세하게 이야기하면 다윈이 주의를 기울였던 것과 마찬가지로 각각의 촉감, 음성, 그리고 표현은 어머니가 고통의 신호에 반응하는 민첩성, 그리고 어머니의 '생각과 의도'에 관해 아기가 내부 조서를 작성해 가는 데 기여한다.

하지만 볼비조차도 계속해서 어머니와 안정 애착을 형성한 영아를 하나의 조화로운 단위로 생각했다. 애착 이론은 (혈연선택에 대한) 해밀턴과 (어머니와 영아 사이에 잠재된 이해관계의 갈등에 대한) 트리버스가 도입한 다윈주의적 사고의 혁명적 변화와는 무관하게 전개되었다. 1990년대의 유전학자와 발달 심리학자 모두는 이들의 견해에 기초하여 가깝고 상호 의존적인 어머니-영아 관계에 내재하는 긴장을 재평가했다. 이 관계는 결국 어머니와 자손, 즉 유전적으로 동일하지 않으며 자기 이해에 충실한 파트너들로 구성된 것이다.

조화와 불일치가 동시에 있는 이해관계

1990년대에 진화 생물학자 데이비드 헤이그(David Haig)는 "어머니-자식 갈등"이라는 트리버스의 반직관적인 분석을 발달 시기에 역투사해 보았다. 헤이그는 태반 조직이 모체의 조직으로 침범해 들어오는 현상에 주의를 기울였다. 태반 조직의 분비물은 모체가 스스로에게 보냄으로써 몇 가지 특징들을 통제하는 호르몬 메시지를 모방하며 통제권을 침해했다. 발달 중인 태아와 어머니 사이의 조화로운 친밀성을 가정할 필요가 사라지자, 헤이그는 임신에 대한 관점을 어머니의 자원을 두고 벌어지는 복잡한 '줄다리기'로 바꾸게 되었다.

임신은 태반 전체에 걸친 복합적인 상호 작용으로, 어머니와 태아가 어머니의 신체적 자원의 몫을 유리하게 가져가기 위해 기동 작전을 펼치는 고배당률의 생리학적 게임으로 여겨지게 되었다. 하지만 이 게임은 특정한 한계를 두고 벌어지는 게임이었다. 어머니는 만약 잠재적인 손실이 너무 커지게 되면 항복하게 된다. 영아는 어머니가 출산 및 영아가 의존하는 기간 동안 게임을 계속하고 있을 때에만 승리할 수 있었다. 신생아는 움직일 수 없고 자원을 찾거나 스스로의 체온을 조절할 수 없으며 자신을 방어할 수도 없기 때문에 다양한 위험에 노출된 상태에서 태어 난다. 인간 외 영장류 영아는 최소한 매달릴 수는 있다. 인간 아기는 그 조차도 못한다. 일부 인류학자들이 "자궁 밖의 태아(extrogestate fetus)"라 고 부를 만큼 발달상으로 이른 시기에 태어나는 형편인 것이다.

진화 이론가들이 어머니, 그리고 어머니의 몸 안에서 급속하게 성장 하는 태아 사이, 그리고 보다 오래 젖을 먹기를 원하는 영아와 젖 뗄 준 비가 되어 있는 어머니 사이에서 발생하는 본유적인 이해관계 충돌을 해명하기 시작하자, 생리학적으로 비능률적이며 때로 잡음을 일으키는 **어머니 대자연**의 질풍노도식 양육법이 새로운 차원을 맞게 되었다. "물 론!" 우리는 뒤늦게 깨닫고 맞장구를 친다. 물론 인간 영아는 타고난 전 문가이다. 수완이 부족했던 매 세대의 영아들은, 이미 충분히 적대적인 세계에서 생존하는 데 필요한 결정적 신호들을 놓쳤을 가능성이 크다.

호모속의 구성원들은 새로운 생활 양식을 추구했고, 이전의 어떤 유 인원보다도 생식력이 뛰어났지만, 인간에서 영아(그리고 아동)를 기르는 비용은 젖을 뗀 지 한참 후에도 계속 요구된다. 인간 여성은 이전 어느 때보다도 짧은 간격으로 출산하고 있었고, 빨리 태어나는 영장류 신생 아들은 (다른 영장류들이 그렇듯) 자신과 혈연적으로 연관되지 않은 침입자 들에게 원치 않는 주목을 끌게 될까 봐 걱정해야 했을 뿐만 아니라, 출 산 직후 어머니의 봉사가 너무나 절실하게 필요했기 때문에, 어머니 측 이 헌신을 망설이고 있다는 아주 작은 암시에도 민감하게 반응하고 겁 을 내도록 진화하게 (그리고 가능하면 길항 작용을 하게) 되었다.

영아의 관점에서 볼 때 가변적인 모성애는 어떤 진화적 결과를 낳았 을까? 영장류 175종을 다 살펴보더라도, 인간 신생아의 정교한 심리와 풍만한 육체미를 따라잡을 종이 있을까? 부모의 선호는 그 매력과 관련된 고삐 풀린 선택(runaway selection)을 만들어 냈다.

영아의 기본적인 생존 지침에는 어머니에 대한 애착 형성을 넘어 어머니에 대한 호소가 포함된다. 아기 호미니드는 아주 약간의 양가감정만 느껴도 연장전에 들어가며, 어머니의 헌신이라는 엔진이 전속력으로 가동되며 불을 뿜게 만드는 데 전념한다. (이것이 정말로 놀라운 부분이지만) 인간 영아는 어머니가 그렇게 되지 않을 경우까지 대비하는 몇 가지 비상 대책을 가지고 있는 것으로 드러난다.

영아의 생존이 어머니의 계산과 타협, 선택, 그리고 우선순위에 따라 수만 년 이상의 기간 동안 영향을 받았던 세계에서는, 영아가 어머니로부터 더 적은 보살핌보다는 많은 보살핌을 끌어내기 위해, 극단적인 경우에는 보살핌을 전혀 받지 못하는 상황을 모면하기 위해 호소력을 가져야만 했다.[16] 사람들은 어머니의 양가감정과 영아의 매력이 냉정한 자연선택이 작동한 결과라고 추측하지는 않을 것이다(심지어 그러기를 바라는 사람은 더욱 없다.). 불쾌할 수도 있지만, 다양한 갈래의 증거들이 자연선택이 정말로 이 영역에서 작동했다는 불가피한 결론으로 우리를 이끈다. **어머니 대자연**이 자신의 '나쁜 버릇'을 이보다 더 지속적으로 발휘해 온 때는 호모 사피엔스 최근 과거의 어느 시점에도 없었다.

미성숙한 인간이 취약한 이유는 많다. 하지만 나는 피임이 등장하기 이전의 세계에서는, 자신의 아기가 살아남고 자라나 처음에는 가족 안에서, 그리고 그 이후에는 세계 속에서 생태 적소를 찾게 될 전망을 어머니가 평가한 결과가 영아의 생존에 영향을 주는 일차적 원인 중 하나로 간주되어야 한다고 확신하게 되었다.

만약 어머니의 관점에서 볼 때 한 아이에게 젖을 물리기로 한 결정이 다른 선택(대개는 가까운 미래에 다시 임신을 하는 선택)의 희생을 뜻하고, 만약 생명 우선론이 언제나 선택을 하게 만든다면, 인간 영아의 관점에서 볼 때 생존이란 어머니가 평생의 헌신을 향한 첫 발걸음을 최대한 딛도록 유인할 수 있을 만큼 충분히 매력적인 모습으로 태어나는 것이다. 배란으로부터 임신, 출산까지 어머니의 생식 세포계(또는 유전 물질)는 아찔한 낭비의 가능성으로 가득한 위험천만한 모험에 접어들게 된다. 영아가 지금과 같은 존재가 된 까닭에 대해 설명하는 3부의 끝부분에서는, 자연의 진정한 영웅이 왜 아찔한 생존 불가능성에 맞선 난자, 태아, 영아인지가 분명해질 것이다.

· · · · ·

오늘날 어머니의 양가적인 태도는 이제 막 모습을 드러내기 시작한 깊은 비밀인 것처럼 다뤄진다. "모든 어머니와 의사가 알지만 거의 토론의 대상이 되지 않는 영역, 어머니 마음의 어두운 곳"을 폭로하는 소설 및 정신 분석 모두에서 새로운 문헌들이 쏟아지고 있다.[17] 하지만 어머니와 아이들을 생각하는, 볼비-이후의 새로운 방식은 이해관계의 불일치와 공유 모두에 대해 진화적 관점을 적용하며, 우리의 초기 기대를 바꾸어 놓는다. 많은 어머니들(나 자신을 포함)이 우리 중 대체 누가 어머니-영아의 쌍이 조화로운 광채를 내뿜는 이상적 통일체라고 상상을 할 만큼 세상 물정을 몰랐던 적이 있었나 하고 궁금하게 만드는 것이다.

우리는 놀라거나 충격에 빠지지 말고, 오히려 모든 미묘함을 함축하는 양가감정을 예측하는 데 실패한 까닭을 질문해야 한다. 영아가 이따금 그토록 만족을 모르는 듯 요구하는 것에는 충분한 **이유**가 있으며, 또 어머니가 이따금 그런 봉사가 위압적이라고 느끼며 아기를 거부하는 것에도 그만큼 충분한 **이유**가 있다. 또한 발달 과정에 있는 아동이 자신과 같은 세계에 있는 타인들에 대해 갖게 되는 관점이 이런 긴장감들로부터 큰 영향을 받게 되는 데도 탄탄한 진화적 이유가 있다. 볼비가 관계에 대한 아기의 "내적 작업 모델"이라고 이름을 붙였던 것은 사실상 발달 과정에 있는 인간 자신이 기대해도 좋은 것이 무엇인지를 가장 잘 예측해 주는 변수가 된다. 내적 작업 모델은 어머니와 다른 혈육들로부터 받게 될 지원의 수준과 범위에 관한 작업가설에 가깝다.

인간의 생명이 시작될 때

데이비드 헤이그가 주장하는 것처럼 줄다리기가 회임과 동시에 시작된다면, 문명화 이전의 어머니의 관점에서 볼 때 임신 중절과 영아 살해는 동등하다. 단지 보다 이전의 시기에는 전자(임신 중절)가 어머니에게 좀 더 위험했고, 오늘날에는 출산 후 영아 살해가 더 위험하다는 사실만 다르다. 여기에는 분명 법적, 윤리적으로 중요한 구분이 많이 있겠지만 모두 **어머니 대자연**의 관심사는 아니다. 이런 불길한 깨달음은, 아이가 자신을 돌볼 준비가 된 사람들이 원할 때 태어날 필요가 있는 건 아닌지 진지하게 고민하는 사람들뿐만 아니라, 여성이 언제, 어떻게 자신의 존재의 일부를 다른 존재에게 양도할 것인지, 그리고 그렇게 할 것인지, 말 것인지를 선택할 수 있는 (법적) 권리를 마련하기 위해 헌신하는 사람들에게 피할 수 없는 윤리적 딜레마를 제기하게 된다.

생식권에 관한 논쟁을 신비주의에서 구해 내려면 이러한 문제들을 간과할 수 없다. 태아가 스스로의 정치적 목표를 갖게 된 의존적인 유기체라는 점을 받아들인다면, 임신 과정 중 어느 시기를 개인의 삶이 아직 시작되지 않은 시기라고 정직하게 공표할 수 있을 것인가? (미국의 많은 주에서 그렇듯) 아기가 아닌 배아를 매매하거나 상속받는 것이 어떻게 가능할 수 있는가? 어떤 근거로 인간은 어머니가 자신의 이해관계를 태아보다 우선순위에 둘 수 있다고 동의할 수 있는가? "태어나지 않은 여성에게도 평등한 권리를(Equal Rights for Unborn Women)"이라는 표어가 반-선택론의 티셔츠 위에 새겨져 있다. 타협이 불가능해 보이는 도덕률들을 어떻게 해결해야 할까? (이미) 태어난 사람들의 결속, 그리고 태어나지 않은 사람들의 권리 문제는? 만약 인간의 DNA가 침팬지 혹은 보노보와 98퍼센트 동일하다면, DNA에 암호화된 정보들 중 어떤 것이 유인원보다는 인간을 만드는가? 인간 DNA에 암호화된 잠재력 중 변환을 거쳐 우리를 '인간'으로 만들고 우리를 다른 모든 동물들과 구분해 주는 독특한 인지적, 정서적 능력을 지닌 존재로 만들어 주는 것은 무엇인가? 과학자들은 (침팬지와 인간이 공유하는 엄청난 수의 유전자들 중에서) 50개 정도의 유전자가 두 종의 인지적 차이를 설명해 준다고 추정한다.[18]

'어머니가 모성 본능을 모성 감정으로 변환시킬' 수 있게 해 주는 것은 특히 언어와 같은 속성들이다. 이 점은 조지 엘리엇과 그녀의 사실혼 남편이었던 19세기 진화 심리학자 조지 헨리 루이스가 오래전에 지적한 것이다. 언어는 인간이 타인이 표현하는 것을 인지적으로 이해하고, 그와 동시에 타인이 느끼는 기분을 정서적인 수준에서도 이해할 수 있게 해 준다. 루이스는 "인간의 어머니가 자신의 주장만이 아니라 일반적으로 자식의 주장들을 평가할 수 있기" 때문에 여성이 "비비라면 거부할 수 없을 무력한 존재의 주장을 정서적으로 평가할 수 있게" 해 준다고 적었다.[19]

인간은 명료한 공감을 지능과 결합할 수 있는 능력을 갖기 때문에 그저 유인원이기만 한 존재와는 다르다. 하지만 모든 인간은 공감 요소를 생애 최초의 몇 달과 몇 년 사이에 최소한 한 명 이상의 타인을 포함하는 단위체의 일부로 발달시킨다. 정신 분석학자이며 소아과 의사인 D.

W. 위니코트(D. W. Winnicott)가 했던 말인 "(인간) 아기와 같은 것은 없다. 다른 누군가와 아기가 있을 뿐이다."는 이런 의미였다. 시험관 기술, 그리고 한 사람으로부터 다른 인간 유기체를 복제할 수 있는 능력이 얼마나 정교한가와는 상관없이, 호모 사피엔스의 DNA는 유전적으로 설계된 아기와 그 아기와 교류하는 양육자 사이의 지속적인 상호 작용, 즉 타인의 개입 없이는 이러한 인간 고유의 능력을 발달시키지 못한다.

예를 들어 유전적으로 매우 유사한 침팬지와는 다른 인간만의 독특함을 지닌다는 것은 모든 도덕성의 기초인 이 독특한 공감 요소를 발달시킨다는 것을 뜻한다. 몇 가지 독특한 능력들은 사회적 진공 상태 안에서는 발달하지 않고 발달할 수도 없다. 23장에서 나는 타인에게 몫을 할당한 동정심이 어떻게, 그리고 왜 전개되는지, 그리고 내가 왜 인간의 생명을 우위에 두는 것을 뜻하는 생명 우선론이 선택 우선론이라고 굳게 믿는지에 대해서 고찰해 볼 것이다.

하지만 나는 이야기를 앞질러 나가고 있다. 이 이야기는 다윈으로부터 시작해서, 미성숙한 인간이 안정된 애착을 느끼는 것이 왜 그리 중요한지를 조사하는 작업에 착수했던 다윈의 전기 저술자-분석가인 존 볼비를 경유하여, 타인으로부터 헌신의 징표를 얻는 것이 인간에게 독특한 능력을 발달시키는 데 필수적인 이유에 대한 나 자신의 견해로 끝이 난다.

16장

애정 어린 눈길과의 마주침

버림 받은 아이가 갑자기 깨어난다,

주위에 떠도는 모든 것을 겁먹은 눈으로 응시하며,

그리고 볼 수 없는 것만을 본다

사랑을 담아 대답하는 시선을.

— 조지 엘리엇, 1871년

(존 볼비는 이 시를 『애착(*Attachment*)』 2장에서 인용하고 있다.)

다원은 자연계 전체와 그 안의 모든 종을 자신의 주제로 삼았다. 볼비는 다원주의의 개념들을 보다 내밀한 수준에 적용했다. 볼비의 초점은 영아가 자신의 대인 관계 세계를 지각하는 방식에 있었다.

볼비는 애착과 상실에 대한 고전적인 삼부작『애착』(1969년),『분리: 불안과 분노』(*Seperation: Anxiety and Anger*)(1973년),『상실(*Loss*)』(1980년)에서 인간이 어머니, 그리고 대행 어머니와 함께 만들어 내는 정서적인 결속의 진화적 기원을 설명하려 애썼다. 이런 결속이 파열되었을 때 경험되는 절박함, 분노, 그리고 절망을 설명하는 것이 목표 중 하나였다.

"애착 이론" 만들기

만약 진화 심리학이라는 분야가 어떤 의미에서건 잡지 표지에 등장하는 선전 문구처럼 혁명적인 "새로운 과학"이며,[1] 단순히 정치적으로-보다-입맛에-맞는-이름만을-단-사회 생물학이 아니라면(실제 많은 부분이 그렇지만), 이 새로운 과학은 그 이름이 등장하기 40년 전에 볼비와 더불어 시작되었다. 볼비를 통해 정신 분석학의 상당 부분, 그리고 결과적으로는 심리학이, 볼비 자신의 표현을 빌면 "진화 이론의 용어들로…… 고쳐 써"졌고, "과학 세계의 변방에도 속하지 못하던" 추운 곳에 방치되었다가 안으로 들어오게 되었다.[2]

· · · · ·

볼비는 제2차 세계 대전이 발발하기 바로 직전에 런던에 있는 문제 아동 센터에서 정신과 의사 일을 하기 위해 영국으로 떠났다. 그는 치료를 맡은 비행 청소년 일부가 정서적으로 공허한 반응을 보이는 데 충격을 받았다. 많은 아이들이 공통된 발달사를 갖고 있었다. 어린 시절 어머니로부터 물리적으로 격리를 당했거나, 무엇인가가 어머니와 가까운 관계를 형성하는 것을 방해했던 것이다. 볼비의 관찰은 이론의 여지 없이 주관적이었지만, 전쟁 직후 출간되었던 그의 초기 논문인 「청소년 절도범 44명: 성격과 가정생활(Forty-four Juvenile Thieves: Their Characters and Home-life)」의 중심을 이루게 되었다.

볼비는 이 무렵 어머니–영아의 분리를 발달 장애의 근원으로 보기 시작했다. 동료 정신 분석학자인 르네 스피츠(Rene Spitz)가 멕시코 고아 원 아동의 삶을 연대기적으로 기록했던 「깊은 슬픔: 영아기의 위험(Grief: A Peril in Infancy)」이라는 제목의 다큐멘터리 영화를 보기 전이었다. 스피 츠의 목표는 유기에 대처해야만 하는 갓난아기들이 수행하게 되는 자 기 방어적인 정서적 이탈 이후에 나타나는 정서적 고통, 화, 분노를 포착 하는 것이었다. 어린이용 침대에 있는 작은 형상 위로 타락의 어둠이 덮 쳐 오자, 이전까지는 활기찼던 (분리 이전의) 유아가 "냉담하고", "수동적이 며", "무감정한" 자동 기계로 변화했다. 전쟁에 민감해진 관람자들에게 는 영화가 집중 수용소 피해자에 대한 것이지, 겉보기에 박애적인 기관 에 살던 아이들에 대한 게 아니라는 잘못된 인상을 남기곤 했다.

스피츠는 정서적 영향을 노리고 있었다. 이 목표가 과학적인 방법론 에 우선했다. 이 흑백 무성 영화의 주요 메시지는 화면을 스치고 지나가 는 표제 카드 중 하나로 요약될 수 있다. "치료법: 아기에게 어머니를 돌 려줄 것."³) 그 결과 영화와 스피츠의 후속 논문들(1945년과 1946년 출간) 모 두, 이해할 수 없을 만큼 변동이 심한 표본 크기와 자료 편향 때문에 비 판자들에게 맹공격을 받았다. 무엇보다도 아이들은 입양이 되지 않았던 탓에 스피츠의 연구 대상이 될 수 있었다. 즉 가장 건강한 아이들은 이 미 걸러져 실제로 연구 대상이 된 아이들은 가장 상처 입은 아이들뿐이 었을 가능성이 큰 것이다. 이때 뉴욕 주 심리학회의 회장은 스피츠의 명 성에 대한 이 공격들을 "파괴적인 비판들로 점철된…… 수소 폭탄에 필적하는 종류로, 반경 수마일 내에 있는 단락은 하나도 남아 있지 않다."고 묘사했다.[4] 하지만 열 폭풍이 영화의 영향력을 손상시키지는 못했다. 영화는 서구 세계 전반에 걸쳐 기관 관료들의 양심을 자극했고, 자신의 직감의 기초가 탄탄하다는 젊은 볼비의 확신을 견고하게 만들었다.

· · · · ·

볼비는 아동 정신 분석의 개척자인 멜라니 클라인(Melanie Klein)과 자신을 연결시키며 "정서와 관계에 대한 체계적 연구에 헌신했던 (당시) 유일한 학문 분야"로 접어들었다.[5] 당시에는 실질적으로 프로이트 계열 이외에는 정신 분석가가 없었다. 볼비는 클라인과 마찬가지로 일찍부터 아이와 어머니의 초기 관계가 미래 관계의 주형이 된다는 프로이트의 개념을 수용했다. 하지만 이 개념이 내면적이고 상상적인 세계에 초점을 맞추었기에 점차 좌절하게 되었다.

볼비는 정서 장애를 지닌 활동 항진증 소년과 심지어 정서적으로 더 큰 장애를 지닌 그의 어머니를 보게 되었을 때, 소년이 겪는 어려움이 그들 사이의 관계와 분명 관련 있을 것이라고 느꼈다. 하지만 어머니에게 이야기하는 것은 (치료하는 것은 말할 것도 없고) 한계를 넘어서는 일이었다. 볼비는 양가적이고 소원하며 무시하고 방치하는 학대 성향의 부모를 상상할 필요가 없었다. 일부는 너무나 현실 그대로였던 것이다. 하지만 정신 분석가로서 그의 임무는 아이의 환상을 관통하며 작업하는 것이었다. "나는 실제 삶의 사건들(부모가 아이를 다루는 방식)이 발달을 결정하는 데 핵심적인 중요성을 가진다는 관점을 유지했다. 멜라니 클라인은 여기에 전혀 주목하지 않았다. 클라인이 말하는 대상관계(object relation)는 전적으로 내면적인 관계이다." 반감은 상호적이었다. 안나 프로이트(Anna

Freud)는 그저 고개를 저으며 볼비에게 이렇게 말했뿐이다. "분석가로서…… 우리는 외부 세계 그 자체에서 발생하는 일은 다루지 않지만, 그것이 마음에 가져오는 반향은 다룬다."[6]

볼비, 동물에게로 눈을 돌리다

볼비는 작업에 착수할 당시부터 마침 유럽에서 출현하고 있던 행태학이라는 갓 이소한 분야에 매료되었다. 이때 오스트리아의 콘라트 로렌츠(Konrad Lorenz)와 네덜란드의 니코 틴버겐(Niko Tinbergen)은 연구 대상 동물(실제 세계)을 자연 환경에서 관찰하려는 계획을 갖고 있었다. 하지만 당시에는 인간을 연구하는 심리학자와 동물 행동학자들 사이에 연결 고리가 없었다. 볼비는 "나는 안내자가 절실히 필요했다."고 회상한다.[7]

1954년 영국에서 세계 보건 기구가 개최했던 아동 심리 생물학 발달 연구 모임 학회에서, 볼비와 케임브리지 대학교의 젊은 행태학자 로버트 하인드(Robert Hinde)는, 참여를 거절했던 '예비 발표자' 로렌츠와 틴버겐의 대타가 되었다. 하인드는 되새(chaffinch), 쇠물닭, 그리고 박새(great tit)의 행동을 연구했고, 동물 행동의 궁극적인, 즉 진화적 원인뿐만 아니라 직접적인 생리학적 원인 역시 연구할 수 있는 학문적 훈련을 거친 상태였다. 하지만 그는 심리학에도 발을 들여놓고 있었기 때문에 인간 역시 고려 대상에 넣는 경향을 갖고 있었다. 볼비는 새로 알게 된 이 남자가 자신의 "안내자"임을 깨닫게 되었다. 이 안내자는 어머니와 영아가 살고 있는 실제 세계뿐만 아니라, 과거의 세계, 즉 이 영아의 조상들이 살아남아야 했던 세계에서도 무슨 일이 벌어지고 있었는지를 고려할 수 있게 해 주었다. 볼비는 하인드를 영장류, 그리고 궁극적으로는 인간

그림 16.1 거위 새끼는 자신의 앞에서 어른거리는 첫 번째 대상에 애착을 형성하는 프로그램을 지니고 태어난다. 그 대상은 대개 어미지만, 사진 속의 경우에서는 계통학적으로 거리가 먼 두발 걷기 동물 콘라트 로렌츠였다. 어미를 따라가는 것은 포식자로부터 안전한 거리를 유지하기 위한 최선의 전망이 된다. 하인드가 볼비에게 들려주었던 정말로 놀라운 사실은 알에서 깨어난 새끼들이 '각인'되며, 이후 자신이 처음으로 마주치며 식별하게 된 피리 부는 사나이를 따라가게 된다는 것이었다. 하지만 이 맹종적인 헌신은 먹이와는 아무런 관련이 없다.

관계에 대한 연구로 이끌어 줌으로써 답례했다.[8]

애착의 필요는 어디로부터 오는가?

당시 프로이트와 그의 추종자들, 그리고 미궁 속에 있던 행동주의 학파까지도 "품안에 있는 영아가 어머니의 존재를 느끼고 싶어 하는 이유는, 어머니가 즉각 모든 욕구를 충족시켜 준다는 사실을 단지 경험에 의해 이미 알고 있기 때문"이라고 가정하고 있었다. 그들은 영아가 어머니가 "영양 공급의 욕구"를 만족시켜 준다는 사실에 의해 조건화되어 있다고 가정했다. 하지만 영아가 친숙한 인물에게 느끼는 접촉의 욕구는 배고픔과 매우 다른 것으로 드러났다. "찬장 사랑(cupboard love)" 이론은 어머니에 대한 영아의 사랑을 상당 부분 해결하지 않은 채 남겨 두었다.[9]

하인드는 해리 할로(Harry Harlow)가 위스콘신 대학교에서 진행하고 있던 '모성애'에 대한 기괴한 실험을 볼비에게 알려 주었다. 할로는 갓난 아기 붉은털원숭이에게 두 가지 선택지를 주었다. 하나는 원숭이 영아가 따뜻하고 부드러운 표면에 매달려 있을 수 있는 젖꼭지 없는 수건천 '대리모'였고, 다른 하나는 비슷하게 생겼지만 철사로 만들어져 있는 대신에 젖병이 달린 인형이었다. 원숭이 아기는 젖을 빠는 데 필요한 시간만큼만 철사 어미와 함께 시간을 보냈고, 이후에는 보다 안락한 감정을 느꼈던 부드러운 대리모의 편안한 품으로 기어 돌아갔다. 대리모에게 매달려 있는 것은 이 '안도감'의 개념과 관계가 있었지, 배고픔을 벗어나는 것과는 거의 상관이 없었다.

친숙한 형상에게 매달려 있고자 하는 아기의 충동은 매우 강력했기 때문에 고립보다는 차라리 '학대하는' 대리모가 선호되었다. 할로가 아

그림 16.2 할로의 대리 어미 중 하나.

기 원숭이에게 못으로 찌르거나 갑자기 공기를 분출하는 대리모를 기계적으로 고안해 만들어 주자, 이 아기 원숭이는 자신이 알고 있던 유일한 경호자에게 훨씬 더 세게 매달렸다. 차라리 없는 편이 좋다고 영아가 지각했던 유일한 어미는 할로가 문자 그대로 얼음처럼 차갑게 설계했던 냉동된 모형이었다. 그 대리모에게 할당되어 고문당한 갓난아기는 필사적으로 허둥대며 구석으로 피했다.[10]

할로가 고안했던 최악의 시나리오는 필사적으로 보호자를 찾는 아기 원숭이가 자신이 찾아낼 수 있는 가장 가까운 것을 어미로 삼는다는 사실을 보여 주었다. 이제 볼비의 마음은 보다 평범한 방식으로 양육된 갓난이 원숭이에게 할 수 있는 실험들로 향했다. 어미로부터 분리된 영아는 입원한 인간 영아에게서 관찰된 것과 동일한 순서의 저항과 절망으로 반응할까? 이로부터 더 큰 질문이 따라 나온다. 어른이 된 원숭이의 삶에서는 영아 시절 어머니의 부재를 경험한 효과가 감지될 수 있을까?

다른 영장류에서의 분리 효과

실험 목표는 통제된 실험 조건에서 영아기 동안 어머니로부터 격리된 기간이 개체가 느끼는 안도감이나 확신에 장기적인 영향력을 미치는지를 확인하는 것이었다. 인간의 영아와 마찬가지로 원숭이와 유인원의 아기는, 모두 볼비의 표현을 빌리면, 삶의 최초 수개월 동안 "믿는 인물과 안정된 애착을 형성"하기를 원한다. 갈라고원숭이, 목도리여우원숭이, 접시처럼 눈이 큰 야행성 유인원인 아이아이(aye-aye)와 같이, 한배에 여러 마리의 새끼를 낳고 보금자리에 남겨 두기 때문에 가장 원시적인 형태처럼 보이는 현생 원원류에서만 새끼가 보살펴 주는 자와 직접적이고 촉각적이며 신체적인 접촉을 하지 않는다. 다른 모든 영장류에서는 어미 혹은 대행 어미가 새끼를 항상 데리고 다닌다.[11]

케임브리지 대학교에서 하인드가 수행했던 붉은털원숭이 실험은 (영아 자신은 동일한 환경에 남게 되지만 접촉은 박탈되도록) 어미가 일시적으로 제거된 갓난이 원숭이들이 안도감의 상실에 따라 행동을 재조직하기 시작하며 순차적으로 '저항', '절망', 그리고 최종적으로는 '탈애착(detachment)'을 나타낸다는 것을 보여 준다.[12] 야생의 원숭이들 역시 어미로부터 분리되면 동일한 행동을 한다. 어미와 일시적으로 분리된 랑구르 영아는 나무 높이 올라가 새와 비슷한 높은 음조의 소리를 낸다(어미들 역시 수시간에 걸쳐 애처로운 소리를 낸다. 마카크 연구에서 정식으로 발표되지 않은 행동이다.). 인간 아기가 자신의 어머니에게 애착을 형성하는 과정에서 벌어지는 일은 무엇이든 그 정서의 기원이 먼 과거로 거슬러 올라간다. 울음소리를 들으며 가슴이 미어터지는 듯한 느낌을 받게 된다는 것을 깨닫는 인간 관찰자의 정서 또한 마찬가지이다.

· · · · ·

5~6개월 된 붉은털원숭이를 어미와 6일, 6일씩 두 번, 혹은 13일의 기간 동안 어미로부터 분리하는 실험이 수차례 행해졌다. 일부 실험(암호명 "병원에 가는 엄마")에서는 원숭이 영아가 다른 집단 동료들과 함께 우리에 남아 있는 동안 어미를 옮겼다. 아기 원숭이는 동료가 있었지만 곧바로 어미를 그리워하며 사방을 찾아 헤맸고, 입술을 오므려 가련한 후우-신호를 보내며 놀이를 그만두었다. 새끼는 점차로 움직임 없는 무감정 상태로 접어들었는데, 대개의 사람들은 이를 주저하지 않고 '절망'이라고 부를 것이다. 어미가 길게 자리를 비울수록 새끼는 점점 더 우울해졌고, 어미가 돌아왔을 때 회복하는 데도 더 오래 걸렸다. 여러 번 분리를 겪은 갓난이들은 단 한 번만 분리된 경험이 있는 갓난이들에 비해 더 뚜렷하고 장기 지속적인 효과를 드러냈다.[13]

어미가 돌아왔을 때 갓난이들은 훨씬 더 꼭 매달렸다. 많은 수의 새끼가 퇴행적인 행동을 보이며 실제보다 더 어린 것처럼 행동했다. 그런 행동을 하기에는 '너무 나이가 많았'지만, 새끼들은 분리되기 전에 비해 어미에게 매달려 있는 시간이 더 길었다. 어미가 다른 곳을 살피러 떠나는 것이 싫었던 재결합 영아들은 어미가 움직이면 폭력적인 방식으로 울화를 터뜨렸다.

분리 후 영아가 스트레스를 받는 정도는 영아와 어미가 이전에 맺었던 돈독함의 정도에 일부 영향을 받았다. 어미가 새끼를 자신으로부터 떼어 놓으려는 경향이 더 강할수록(즉, 만약 어미가 실험 전부터 새끼를 거부하고 있었다면), 또는 갓난이가 이전에 어미의 헌신에 대해 불안감을 느낄 만한 이유가 더 컸을 경우, 어미 제거가 훨씬 더 큰 스트레스를 주는 것으로 나타났다. 안도감을 느끼는 갓난이들과 비교해 보면, 불안한 영아들은 어미가 돌아올 때 '두 번째 기회'를 놓치지 않고 어미에게 훨씬 더 필사적으로 매달렸다.

연구자들은 12개월이 지난 후, 하루 또는 6일의 간격 동안 어미로부터 분리되었던 영아들과 어미 곁에 지속적으로 머물러 있던 대조군 영아들을 비교했다. 분리되었던 영아들은 주위 탐험을 덜하고 놀이도 덜했다. 가장 충격적인 차이는 이 영아들이 새로운 것과 마주치게 되었을 때 드러났다. 2살배기 원숭이들은 지칠 줄 모르는 호기심을 보이는 경향이 있다. 하지만 영아는 불안감을 느낄 만한 이유가 더 많을수록 주위 탐험을 더 꺼리는 경향이 있었고, 바로 옆 우리에 놓여 있는 바나나와 같이 무해한 것조차 살펴보러 가지 않았다. 어미로부터 분리되었던 영아는 최초 실험 후 2년 이상이 지나서도 어미가 다른 곳으로 옮겨진 적이 없던 영아들에 비해 여전히 더 소심했다.[14]

분리된 영아들은 수면 양상과 심장 박동에서도 측정할 수 있는 수준의 생리학적 변화를 드러냈다. 신체적이거나 심리 사회적인 스트레스에 대한 반응으로 몸이 생산하는 코르티솔과 같은 호르몬은 '고아가 되는' 상황이 임박한 시련이 됨에 따라 신체 자원을 동원할 때 보다 높은 수치로 분비되었다. (피보다는 침 샘플을 분석하는 것처럼) 보다 덜 해로운 분석법을 이용할 수 있게 됨에 따라 인간에서도 동일한 반응을 찾아낼 수 있었다. 분리된 아기들은 코르티솔 수치가 더 높았고 심장도 더 빨리 뛰었다.[15]

이런 실험들은 어미에 대한 영아의 관계(영아가 분리 이전에 어미에게 안전하게 애착되어 있었는지의 여부와는 상관없이), 영아가 단기간의 분리에 반응하는 방식, 그리고 재결합을 보증하는 방식에 영향을 준다는 사실을 분명하게 보여 주었다. 이러한 연구들은 안정적인 애착을 형성한 영아와 불안정한 애착을 형성한 영아가 각각 반응하는 방식을 관찰할 수 있게 해 준다. 하지만 이밖에도 다른 것이 필요했다.

에인즈워스의 "낯선 상황 실험"

볼비의 애착 이론은 다윈의 자연선택 이론과 마찬가지로 그 지지자들에게 불가사의한 헌신을 불러일으키는 거대한 설명 체계들 중 하나였다. 자연선택이 실제로 야생에서 벌어지고 있다는 확고한 증거가 발견되기 수십 년 전에 이미 다윈의 가설은 비판만큼 큰 열성적 지지를 확보했다. 애착 이론 또한 마찬가지였다. 볼비, 그의 동료, 그리고 그들의 추종자들은 후속적인 발달에 안정 애착이 중요하다는 점을 열렬히 신봉했으나 그 이론은 과학적으로는 불구였다. 사랑과 같은 감정이나 애착을 측정하는 것은 파도에 자를 갖다 대려 노력하는 것이나 마찬가지였다.[16]

애착 이론을 과학적인 연구 영역에 최종적으로 확고하게 뿌리내리게 했던 것은 "낯선 상황 실험(strange situation test)"이라고 일컬어졌던 믿기 어려울 만큼 간단한 20분의 실험 절차였다. 볼비의 동료인 메리 에인즈워스(Mary Ainsworth)가 고안한 이 천재적인 실험은 고작해야 장난감이 몇 개 있을 뿐인 방과 다르지 않은 실험실에서 통제된 조건 아래 수행되었는데, 갓난아기와 어머니 사이의 관계가 보이는 특정한 질적 측면들을 분류할 수 있게끔 해 주었다.

에인즈워스는 우간다의 농촌 마을에서 자라나는 영아들을 연구하는 동안 신생아가 자신을 안아 올려 안심시켜 주는 사람이면 누구나 차별하지 않고 받아들이는 것으로부터, 자신을 가장 자주 안심시켜 주는 친숙한 인물(반드시 어머니일 필요는 없음)을 선호하기 시작하며 차별화된 반응을 보이기까지의 이행 과정을 꼼꼼하게 기록했다. 대개는 어머니가 주요 보살핌 제공자였기 때문에, 에인즈워스는 영아가 엄마가 떠나면 울고 돌아오면 대환영하는 것이 전형적인 시기에는 가장 신뢰하는 이 인물에 대해 고도로 세분화된 선호가 발견되는 것을 관찰했다. 영아는 어머니가 떠날 때 저항할 뿐만 아니라, 적극적으로 선수를 쳐서 어머니를 따라 기어가려는 의도를 드러냈다. 6개월에서 8개월에 달하는 이 시기가 거의 끝나갈 무렵 낯선 사람이 나타나면 불편함이 강화된다. 이것은 에인즈워스가 애착의 분류를 시작하기 위해 사용했던 지식이었다.[17]

에인즈워스는 아프리카에서 돌아온 후 존스 홉킨스 대학교에서 연구를 계속하며 현재 널리 이용되고 있는 '낯선 상황'의 정확한 실험 절차를 만들기 시작했다. 미리 마련된 계획에 따라 어머니와 영아가 함께 실험실로 오게 된다. 그 직후 어머니는 빠져나가고, 영아는 낯선 상황에서 친절한 성향의 낯선 사람과 단 둘이 남게 된다. 이때 어머니가 돌아온다. 이 과정이 반복된다. 영아가 어머니가 자리를 비웠다 돌아왔을 때 어머니와의 신체적, 심리적 접촉을 재확립하기 위해 하려고 (또는 하지 않으려고) 하는 일들이 정확히 무엇인지가 면밀히 관찰되고 코드화되며 분류된다.

실질적으로 정상적인 방식으로 양육된 영장류 영아는 원숭이건 사람이건 어머니로부터 일정 기간 동안 분리되어 있은 후에는 어머니가 돌아오면 어머니에게 뛰어들어 펄쩍펄쩍 뛰며 꼭 끌어안는다. 만약 분리 이전에 어머니와의 관계에 약간 긴장감이 있었다면(가령 어머니가 이전에 사라졌던 적이 있거나 어머니가 젖을 떼려고 아기를 거부하기 시작했을 경우) 불안한 영아는 어머니가 돌아올 때 훨씬 더 꼭 매달리게 될 것이다.[18] 만약 인간 영아가 스스로 매우 안전하다고 생각하고 있으면 어머니가 없다는 사실조차 거의 알아차리지 못하고, 놀면서 주변 탐험을 계속할 수 있다. 어머니가 돌아오면 아기는 어머니를 보는 게 기뻐서 얼굴에 환한 미소를 짓고 그저 쳐다볼 뿐, 걱정하고 있었던 게 아니기 때문에 두드러진 안도감을 보이지는 않는다. 편안함을 느끼든 아니면 그보다 더 스트레스를 받는 상황에서든 6개월 된 원숭이나 2살배기 아기는 어머니로부터 분명한 안도감을 느꼈다. 메리 에인즈워스는 모든 인간 영아가 이런 느낌을 받을 것이라고 가정했다.

· · · · ·

'낯선 상황' 절차를 인간 아기에게 처음으로 체계적으로 적용했을 때 나온 결과에 대해 에인즈워스 자신보다 놀란 사람은 없을 것이다. 예측되었던 것처럼 인간 영아의 대다수는 아기 마카크원숭이처럼 행동했다. 그들은 어머니가 없으면 스트레스를 받았고, 어머니가 돌아오면 어머니에게 달려들어 안도감을 얻었다. 하지만 모든 유아가 이렇게 행동한 것은 아니었다. 일부 영아는 어머니와 분리되기 전부터 이미 지치고 고통받은 모습을 보였다. 그들은 어머니가 자리를 비우기 이전과 이후 모두 이미 어머니에게 정신이 팔려 있었고 어머니가 돌아왔을 때 안도감을 느끼지 못했다. 일부는 어머니를 쳐다보려 하지 않았다. 일부는 실제로 어머니를 피하거나 자신 없는 냉담함을 보였다. 마치 신경조차 쓰지 않는 것처럼 말이다.

이 영아들은 어머니에게 불안 애착(insecure attachment)을 형성하고 있는 것으로 분류되었다. 불안한 갓난아기들은 두 가지 범주로 나뉘어졌다. 첫 번째는 어머니에 대한 자신의 관계를 "불안/양가적(insecure/ambivalent)"으로 느끼고 있는 범주였다. 그들은 어머니에게 주목했지만

그림 16.3 존 볼비와 함께 있는 메리 에인즈워스(1913~1999년), 1986년. "그는 내 경력 전체를 다른 발달 경로로 돌려 버렸죠."라고 말하며, 30년 전의 첫 만남을 회상한다.[19] 에인즈워스의 "낯선 상황" 절차는 어머니-영아 애착에 관련된 가설들을 과학적으로 검증할 수 있게 해 주었다.

어머니를 신뢰하는 것을 주저하는 듯이 보였고, 어머니가 떠났을 때 고통을 느꼈지만 돌아온다고 해서 항상 안도감을 느끼는 것은 아니었다. 두 번째 범주는 "불안/회피(insecure/avoident)"였다. "회피하는" 유아는 (예측에 반하여) 분리될 때 고통을 보이지 않았고 어머니가 돌아왔을 때 실제로 어머니와 떨어져 있을 방법을 찾았다. 연구자들에게는 이 "불안/회피" 영아들의 어머니가 부정적이며 자신의 영아를 다루는(치료하는) 것조차 거부하는 것처럼 보였다.[20] 집에서 관찰하자, 회피하는 방식으로 애착이 형성된 인간 영아들은 실제로는 도발된 적이 없는 것처럼 보이는데도 불구하고, 잠잠히 있다가 갑자기 어머니를 치면서 폭발해 버리는 일종의 화를 표현했다.

일차적 애착 인물이 무서운 사람일 때

영아들 중 일부는 전혀 분류될 수 없었다. 에인즈워스의 학생이었고 캘리포니아 대학교 버클리 캠퍼스의 심리학과 교수였던 메리 메인(Mary Main)은 이 점을 고려해 변칙적인 사례들을 재검토했다. 메인과 그의 동료들이 "무질서/혼란(disorganized/disoriented)"으로 명명했던 '불안 애착'을 보이는 세 번째 영아 범주가 식별되었다.[21] 어머니가 격리 후 돌아왔을 때 "혼란형" 갓난이들은 혼란스러워 하는 듯 보였는데, 어머니를 찾음과 동시에 피하려 했기 때문이다. 애착 인물은 "경계가 요구되는 시기에 영장류 영아의 피난처"라고 메리 메인은 적는다. 이런 이유로 애착 인물에게 겁을 먹는 영아는 "접근하면서 도망가는 동시적인 경향을 경험해야 한다. 이런 종류의 조건은 행동상으로는 해결될 수 없는 모순을 통해 애착을 형성한 영아를 보여 준다." 메인은 에릭 헤스(Erik Hesse)와 함께 영아는 자신을 보살펴 주는 사람이 반복적으로 연출하는 무서운 상황에 노출되었을 경우, 또는 보살펴 주는 사람 자신이 겁먹은 모습을 보였을 경우 해결 불가능한 딜레마에 직면하게 된다는 가설을 세웠다. 그 결과 영아는 어떤 일관된 전략도 세울 수 없게 되는 것이었다.[22]

육아방의 유령들

에인즈워스의 '낯선 상황' 절차는 애착의 안전성을 측정하고 분류할 수 있도록 해 주었다. 연구자들은 연구 결과를 반복하는 실험을 할 수 있었고, 애착의 양상과 상이한 생리학적 반응 사이의 연관 관계를 보고할 수 있었다. 통시간적 관찰(오랜 시간에 걸쳐 이뤄지는 연구)은 초기의 애착 분류 결과를 동일한 개인이 학교에서 보여 주는 후속적인 성취도, 그리고 보다 나중의 삶에서 보여 주는 특정한 인성 면모들에 대한 분석과 비교할 수 있게 해 주었다. 에인즈워스의 '낯선 상황' 절차는 이제 말 그대로 전 세계의 수백 개의 연구에서 반복 수행되었다. 일반적으로 말해서 안전한 애착을 형성한 갓난아기들은, 보살핌을 제공하는 주요 인물에 대한 애착이 불안정하고 혼란스러운 것으로 분류된 아기들에 비해, 유치원에 들어갈 무렵 사회적으로 보다 안정되고, 선생님의 지시에 더 잘 반응하는 경향이 있었다.[23]

1살의 나이에 어머니의 시선을 피하던 소녀는 6살의 나이에 선생님의 말을 귀담아 듣지 않을 가능성이 더 컸다. 따라서 아이의 역사를 모르는 사람조차, 아이를 다루는 방식이 새로운 상황에서도 다른 사람과의 과거 관계를 반복하고 강화하는 경향이 있었다.[24]

스피츠의 영화와 볼비의 첫 책으로부터 애착 이론, 그리고 '안정적으로' 또는 '불안정하게' 어머니에게 애착을 형성한 영아들의 성격 특성은 아이들의 정서적 필요를 사유하는 주류적 흐름의 하나가 되었다. 애착에 대한 볼비의 견해는 실천적으로 적용될 수 있었고, 에인즈워스가 '낯선 상황' 절차를 통해 과학적으로 검증하기 한참 전에 주류로 편입되었다.

같은 아기들에 대한 통시간적 연구는 볼비가 내놓았던 초기 고찰을 점점 더 예언적인 것으로 만들었다. 『애착』에서 그는 이렇게 적는다. "가족의 미시 문화를 통해 상속되는 정신 건강과 나쁜 건강은 유전적인 상속보다 덜 중요한 것은 아니며 오히려 훨씬 더 중요한 것일 수 있다."[25] 그리고 대개의 경우 안정 애착을 형성한 아기들은 사회적으로 안정된 학생으로 자라나, 안정 애착을 형성하고 안정된 아이들을 기르는 어른으로 자라나게 될 것이다. 반면 불안 애착은 보다 불안정한 애착을 낳게 될 것이다.

그림 16.4 일부 영아는 어머니가 돌아오자 염려를 드러냈다. 일부는 혼란을 느끼며 그림에서 묘사된 것과 같이 손을 입에 넣고 고개를 저으며 뒤로 물러서거나 그냥 일반적으로 공포심을 느끼는 것처럼 보일 수 있다. 이러한 아동은 에인즈워스의 전통적인 범주로는 분류될 수 없었다. 그에 따라 메리 메인은 이 유형을 "무질서/혼란" 애착 상태라는 새로운 범주로 분류하자고 제안했다.

정신 분석학으로 재이식된 볼비의 시나리오는 새로 비옥해진 프로이트적 토양 위로 떨어졌다. 그 결과로 "육아방의 유령"이라는 생생한 은유가 수확되었다. 1975년에 정신 분석학자 셀마 프라이버그(Selma Fraiberg)와 그녀의 동료들은 이렇게 선언하기에 이른다.

모든 육아방에는 유령이 있다. (가족의) 과거로부터 온 침입자들이 육아방을 점령해 살며 소유권을 주장한다. 그들은 둘 이상의 세대에 걸쳐 세례식에 참석했다. 이들 중 누구도 초대받지 않았지만(,) 유령들은 자리를 차지한 채 넝마가 된 대본을 갖고 가족 비극의 리허설을 상연한다.[26]

'유령'에 대한 실증적 증거는 멀리 있지 않았다. 메리 메인은 허가받은 연구자들이, 수십 년 후 어른들이 자신의 애착 역사에 대해 어떤 기분을 느꼈었는지를 분석할 수 있는 인터뷰를 고안했다. 그녀와 그녀의 동료들은 어른들 스스로가 유년 시절에 대한 회상을 통해 그 사실을 어떻게 자신의 아기와 연관시킬 것인지, 심지어는 아기에게 어떻게 이야기할 것인지까지 예측한다는 것을 밝혔다. 그들은 특히 어머니의 태도를 잘

기억했고, 자기 자신의 아이를 대할 때 그 태도를 반복했다.[27]

　일반적인 애착 양상은 시간 차원에서 시종일관된 것으로 밝혀지고 있었다. 불안정한 영아들은 불안정한 아동이 될 가능성이 컸고, 그에 따라 불안정한 영아를 만들어 내는 부모가 될 가능성도 컸다. 이 효과는 유전된 기질과 인성 특질들의 차이와는 별도의 행로를 갖는 것처럼 보였다.[28]

확대해서 본 어머니의 행동 방식

아직 그 방식은 이해되지 않았지만, "육아방의 유령"은 아이 기르기의 지역적 차이를 만들어 내는 지역적 관습 및 상속된 기질과 상호 작용한다. 독일 북부에서 행해진 연구에서는 회피 애착을 형성한 영아가 놀랄 만큼 높은 비율을 기록한 반면, 독일 남부와 일본의 아기들은 대개 안정 애착을 형성했다. 아기들은 불안 애착을 형성했을 때조차 어머니를 회피하거나 무관심을 드러내지는 않았고, 그보다 어머니를 밀쳐 내는 방식으로 저항했다.[29] 이와 유사하게 이스라엘의 키부츠에서 공동체적으로 양육된 아이들은 어머니와 지속적인 접촉을 유지하는 한은 회피 애착을 형성한 것으로 분류되는 경우가 거의 없었다.

　키부츠의 영아들은 생후 6주의 나이부터 작은 공동체 집단 안에서 하루 9시간 동안, 한 주 6일 동안 보살핌을 받았다. 어머니들은 아이를 보러 자주 왔고, 매일 와서 아기를 먹이고 목욕시켰다. 이 영아들 중 일부는 낮에는 공동체의 보살핌을 받았지만 밤에는 집에서 잤다. 집에서 자는 아이들 중 80퍼센트는 에인즈워스 절차에 따르면 안정 애착을 형성한 것으로 분류되었다. 하지만 집에서 멀리 떨어진 곳에서 밤을 보낸 아기들 중에서는 48퍼센트만이 그렇게 분류되었다.[30] 큰 공동체 기숙사에 맡겨진 기숙사 아기들은 12세 이하의 아이들 전부와 섞여서 지냈고 두 명의 관리자가 아이들을 감독했다. 밤중에 깬 아이는 아마도 엘리엇과 볼비가 "애정 어린 시선의 응답"이라고 여겼던 것, 즉 앞으로도 계속해서 보살핌이 제공될 것을 재확인시킨다는 조건을 충족할 만큼 친숙한 사람을 마주치지 못했을 가능성이 높다. 여기에 담긴 의미는 상당히 명확하다. 공동 육아의 효과는 보살핌 자체의 질과, 아이가 자신의 가족 내에서 보살핌을 제공해 주는 사람으로부터 헌신을 추구하는 것과 관련된 경험 모두에 달려 있었다.

우주에서의 우리의 위치에 대한 인간의 자부심을 그토록 깊이 관통하기에 철학자 대니얼 데닛(Daniel Dennett)이 "보편적인 산(酸)"이라고 불렀던 진화 이론, 다윈의 "위험한 생각"과 비교해 보면 볼비의 지적 산은 그보다는 부식성이 덜하다. 그럼에도 불구하고 정신 분석가, 페미니스트, 그리고 특히 야심을 지닌 여성에게는 매우 깊은 화상을 입히는 것이 분명하다.

영아의 정서를 물질로 된 세상에 놓고 보면 상상된 내면 세계에 사로잡힌 정신 분석학은 시시한 것이 된다. 영아에게 세계는 정말로 위험한 장소다. 볼비의 애착 이론은 어머니(또는 다른 주요 돌봄인)를 발달하고 있는 영아 각각의 우주의 중심에 놓음으로써, 그곳에서 영아의 욕구를 인식하고는 있으나 그들에 대한 속박을 넘어선 삶을 열망하는 모든 어머니의 양심을 쑤시며 가장 예리한 고통을 겪게 한다.

나 자신에게 오늘날까지 볼비의 산이 가져오는 고통은, 저명한 여성 과학자이며 아동의 젠더 정체성 발달 분야에서 세계 최고의 전문가로 이끈 연구 업적만큼이나 상냥함과 온화함으로 인해 모든 면모가 인상적인 여성인 안케 에르하르트(Anke Ehrhardt)가 했던 말을 계속 떠올리게 한다. 프라하에서 열렸던 과학 학회의 조찬 모임에서 이 비범할 만큼 양육적인 여성은 왜 자신이 아이를 절대 갖지 않겠다는 결정을 내렸는지를 고백했다. 아이들이 필요로 하는 것이 무엇인지를 "너무 잘 알고" 있기 때문이었다고 한다.

17장

무엇으로부터 또는
누구로부터 안전한가?

너는 안다-최소한은 **알아야 한다**

내가 정말 자주 얘기했지,

아이들에게 절대 허락하면 안 된다고

혼잡한 곳에서 유모를 떠나면 안 된다고

이것은 짐의 괴벽이었다

그는 틈을 놓치지 않고 도망쳐 버렸다

그리고 이 불길한 날

그는 손을 놓고 도망쳐 버렸다!

일 야드도 채 못 갔을 때 "빵!"

사자가 입을 벌리고 덮쳤다……

— 힐레르 벨록(Hilaire Belloc), 1938년

볼비는 진화적으로 유의미한 과거 환경을 통해 영아의 욕망과 공포를 설명할 길을 찾으려 했다. 그는 영아의 내분비적, 감각적, 인지적 구조가 무수한 과거의 삶들을 관통하는 옛 드라마의 조합물이라는 점을 인식했다. 자라나서 번식을 할 수 있을 만큼 오래 살아남은 과거 유인원은 생애 최초의 수개월을 어머니와 지속적인 복부-복부(ventro-ventral, 배-에서-배, 가슴-에서-젖가슴) 접촉을 하며 보냈고, 그 이후 수개월 동안 어머니의 곁에 있으려 했다고 가정해 볼 수 있다. 어머니로부터의 분리는 재난을 불러왔다. 볼비가 나쁜 운명의 "짐"에 관한 벨록의 시[1]를 인용하며 지적하기를 좋아했던 바로 그 부분이다.

3살 이전에 고아가 된 야생 침팬지 아기는 애정 있는 손위 형제자매에게 입양된다 하더라도 살아남지 못한다. 5살이 지나더라도 어미를 잃는다는 것은 야생 유인원에게는 목숨을 위협하는 심각한 사건이다. 생존력이 심각한 위협에 처하고, 어미의 상실은 몸 흔들기(rocking), 털 쥐어뜯기(hair-pulling), 몸 잡아 뜯기(self-clutching), 노는 시간의 감소, 장기적인 소심함과 같이 비용이 많이 따르는 일련의 대처 반응들을 거의 확실하게 만들어 낸다. 인간 유인원의 전망이 수집 문화의 맥락 속에서 더 나았던 것은 아니다. 1살 이전에 어머니를 잃은 아체의 영아 중 살아남은 아기는 단 하나도 없었다.[2] 신석기 시대 이전 여전히 유목 생활을 하고 있던 인간에게 어머니-영아 사이에 가까운 접촉이 이뤄져야 하는 최소 연령은 분명 매우 가변적이었고 지역의 조건에 달려 있었다. 하지만 2살 이전에 젖을 떼는 영아는 필연적으로 자신의 생존 기회에 심각한 위협을 겪게 되었다는 점은 거의 분명하다. 아이가 4살이 되기 이전까지 어머니는 여전히 도박을 하는 중이었던 것이다.[3]

지금껏 우리가 알게 된 사실들 중 인류의 '진화적 적응 환경' 동안 영아가 어머니와 가까이 접촉하고 있었다는 볼비의 주요 가설에 반하는 것은 거의 없다. 그럼에도 불구하고 아카나 에페와 같은 수집자로부터 확보된 민족지 증거들과 다른 영장류로부터 얻게 된 새로운 증거들을 종합해 보면, 아버지, 그리고 특히 대행 부모들은 어머니와의 **지속적인** 일대일 접촉에 대해 중요한 대안이었으며, 그 중요성은 볼비가 깨달았던 것 이상으로 컸다.

어머니는 선택의 여지가 없거나 거의 없을 때, 그리고 그렇게 하는 것이 안전할 때 보살핌을 타인에게 위탁한다. 하지만 이것이 영아가 어머니가 하는 방식대로 타협을 계산한다는 사실을 의미하지는 않는다. 정신 분석학자 로지카 파커(Rozsika Parker)가 표현하듯 "어머니와 아이가 자신들의 관계를 회상하면 항상 두 개의 구별되는 서사가 출현한다."[4]

영아의 관점에서 볼 때 어머니 근처에 머무르는 것은 언제나 최고의 우선순위를 차지했다. 어머니가 거리를 좀 더 둠으로써 이득을 볼 수 있는 경우에도 마찬가지였다. 일단 영장류 어미의 젖은 전형적으로 저지방 성분으로 구성된 묽은 젖이기 때문에 수유 중인 아기가 만족감을 느끼기 위해서는 다소나마 지속적으로 젖을 빨아야 하며, 특히 저지방 식사를 하는 유목자 어머니의 사례에서와 마찬가지로 어머니가 영아의 필요를 간신히 맞추고 있을 때면 더더욱 그래야만 했다. 영아는 계속해서 젖을 물었다 떼었다 했고, 그 결과 보증되는 넓은 출산 간격은 가까이 머무름으로써 얻을 수 있는 이로운 부수 효과였다. 어머니의 젖을 지속적으로 빨 수 있다는 사실은 안전과 영양을 넘어 어머니가 다음 차례로 임신할 가능성이 아직 묶여 있음을 뜻했다. 그렇다면 다른 무엇보다도 어머니의 곁에 가까이 머무르는 것은, 아직 임신되지 않은 동생이 젖을-물고 있는-아기와 경쟁적으로 어머니에게 내놓는 요구들, 그리고 임신 사실을 깨달은 어머니가 즉시 젖을 떼려 시도하는 위협으로부터 보호해 주는 것이었다. 모유의 대안 음식이 소화도 잘 안 되고 안전하지도 않은 세계에서 영아가 직면하게 되는 가장 심각한 도전 중 하나는 프로락틴 수치를 비롯해 배란을 억제하는 다른 수치들이 낮게 떨어져서 어머니가 배란을 함으로써 현재의 영아가 안전한 젖 떼기를 하기 전에 임신하게 되는 것이었다. 하지만 신석기 시대와 더불어 찾아온 새로운 정착적인 삶의 조건에서는 흔히 발생했던 일임이 분명하다. 좀 더 빨리 고형식을 먹기 시작하는 아기들은 젖을 덜 빨았기 때문에, 그런 일이 실제로 벌어지기 전에 더 많이 먹고 덜 걸어 다니는 어머니와 젖이 더 이상은 이득이 되지 않는다는 사실을 소통했다. 때 이른 임신은 좀 더 나이가 많은 영아의 필요를 자신보다 어린 동생의 필요와 충돌하게 만들었다.

절대 비지 않은 서판

인간 영아는 빈 서판이기는커녕 활성화될 준비가 된 다수의 행동 체계라는 장비를 갖추고 있다. 이 체계에는 보다 간단한 '고정 행동 패턴(붙잡기, 쥐기, 젖꼭지를 찾기)'에서부터, 배우기 위해서는 환경과 실행으로부터 역동적인 피드백을 받아야 하는 보다 정교한 인지 능력까지 포함된다. 이 학습 체계는 (앞에서 논의했던 모로 반사처럼) 미리 완전하게 프로그램되어 있지는 않으나 편향되어 있기 때문에, 관련 과정은 광범위한 영역에 속하는 하나 이상의 자극에 의해 활성화되며, 다른 광역에 속하는 자극에 의해 종결되고, 이들과 또 다른 종류의 자극에 의해서 강화되거나 약화된다.[5] 그러면 영아 발달이 개시되는 데 필요한 결정적 자극은 무엇일까? 공감하며 반응해 주는 돌봄인이 다소간 지속적으로 곁에 있는 것이 그 자극이다.

. . . . .

"학습 편향(learning bias)"에 대한 볼비의 고찰은 진화적 적응 환경과 마찬가지로 진화 심리학자들의 용어 체계에서 통합적인 역할을 점점 더 많이 수행하게 되었다. 지금은 **어머니 대자연**이 모든 아기의 서판에 새겨 둔 홈에 대한 볼비의 생각이 그 자체로 인지 심리학자들의 작업가설 안에 잠복해 있다. 이제 우리가 알듯 영아는 무작위적 자극을 처리하는 것이 아니라 인간 얼굴의 구성 요소와 같은 특정 경향의 자극을 찾아 고정시킨다. 그들은 직선에 비해 (뺨이나 눈썹과 같은) 곡선을 선호하며, (눈의 흰자위가 둘러싸고 있는 동공과 같이) 밝고 어두운 것 사이에 생기는 강한 대조를 선호하며, 둔각보다는 (눈의 가장자리와 같은) 예각을 선호한다. 영아는 (얼굴 안에서 말하며 움직이는 입술처럼) 테두리 안에서 발생하는 움직임에 사로잡힌다. 유아 심리학자 대니얼 스턴(Daniel Stern)이 쓴 매혹적인 책 『한 아기의 일기(Diary of a Baby)』에 나오는 것처럼 "이 모든 본유적인 선호도를 다 합하면 거의 '얼굴'이라는 말이 조합된다."[6]

그럼에도 불구하고 모든 얼굴은 아니다. 신생아는 인간과 흡사하게 배치된 얼굴들만을 선호하며 찾아 나선다. 즉, 두 개의 눈, 한 개의 코, 그리고 한 개의 입. 그들은 좌우 대칭적인 '예쁜' 얼굴을 분간하여, 비뚤어진 이상한 얼굴에 비해 더 오래 쳐다본다. 이때 아기가 여성적인 얼굴을 더 찾고 있을 가능성도 있다. 아기들은 또한 친숙한 얼굴을 좀 더 오래 바라보는데, 심리학자들은 이 점을 영아가 그 얼굴을 "선호한다"는 뜻이라고 받아들인다.[7]

베개에 고개를 받친 신생아는 자기 의지에 따라 고개를 돌린다. 아기는 다른 사람보다는 어머니가 브래지어 안에 착용하고 있었던 패드의 방향으로 고개를 더 오래 돌리고 있다. 아기는 이 행동을 통해 다른 사람보다는 어머니의 냄새를 선호하며 그 향을 맡는다. 갓난아기는 특히 '유아어(babyese)'를 부르는 높은 톤의 선율적인 목소리에 조율되어 있다. 임신 3주차의 태아는 자궁을 통해 소리를 들을 수 있으며 실제로 듣는다. 낯선 사람보다는 어머니의 목소리를 틀어 줄 때 태아의 심장이 더 빨리 뛰는 것이다.[8] 그렇다면 연구자들이 보여 주는 것처럼 출산 3일 후의 신생아가 타인보다는 어머니의 목소리를 선호한다는 사실은 당연하게 보인다.[9] 어머니의 모습이 중요하지만, 어머니가 아기에 대해 느끼는 것처럼 보이는 감정, 즉 어머니의 감응도 중요하다. 우울한 어머니(또는 표정을 지을 수 없는 무표정한 가면을 씌운 어머니)를 대면한 영아들은 무력감을 느낀다.[10]

이 서판에서 텅 비어 있는 것은 아무것도 없다. 인간 영아는 친숙하고 여성적인 사람을 찾는 경향을 이미 지니고 있다. 이 사람은 어머니일 가능성이 높다. 아주 갓 태어난 아기라도 그런 여성을 찾으면 기회를 알리는 팝업창이 떠 있는 동안 돌봄인에게 응답하며 모방함으로써 소통을 개시할 준비가 되어 있다.

동물과 인간 포식자

어머니의 식별은 애착 형성을 위한 결정적인 첫걸음이다. 하지만 무엇을 위해 애착을 형성하는가? 볼비에게는 벨록의 시에 담긴 도덕률이 인용된 부분을 뒤따르는 구절에서 분명하게 나타나 있었다. "유모를 절대 놓치지 마라 / 그보다 나쁜 것을 찾게 되리라는 두려움이 있으니." 볼비가

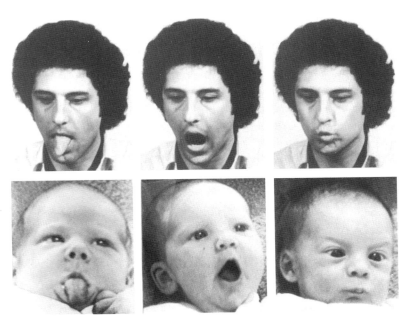

그림 17.1 작은 "모방하는 인간(*Homo imitans*)"은 심리학자 앤드루 멜초프(Andrew Meltzoff)가 남긴 명언으로 12일에서 21일 된 영아 주체가 서로 다른 얼굴 표정을 모방하도록 유도될 수 있다는 점을 지적하는 말이다.[11]

염두에 두고 있던 진화적 적응 환경에서 "그보다 나쁜"은 포식자를 뜻했다. 하이에나일 수도 있지만 아마도 대형 고양이과 동물(구대륙에서는 호랑이와 표범, 신대륙에서는 재규어와 사자)이었을 것이다. 볼비는 "애착 행동의 기능은 포식자에 대한 방어였을 가능성이 가장 크다."고 적는다.[12] 어머니에 대한 애착이 영아를 포식자로부터 보호해 주었을 것이라는 점은 그 이후 언제나 강령 비슷한 것이 되어 왔다. 하지만 생각을 조금 더 밀고 나가 보자.

발톱의 가치를 뽐내는 홍적세 고양이과 동물이 보호자 없는 미성숙한 인간을 삼켜 버렸을 것이라는 점에는 의심의 여지가 없다. 남아시아(호랑이)로부터 남아메리카(재규어)에 이르기까지, 대형 고양이과 동물은 아직까지도 이따금씩 성인을 죽여서 먹곤 한다. 미성숙한 인간은 몸집이 작고 방어력이 없기 때문에 특히 더 취약하다. 아주 나빴던 한 해 (1878년)에는 인도에 있던 영국 식민 관료들이 늑대에게 죽임을 당한 인간이 624명이었다고 보고했다. 그 대부분은 아이들이었다. 성인은 늑대가 잡기에는 너무 크고, 영아는 안전을 위해 대개 어른의 곁에 가까이 둔다. 하지만 숨이 턱턱 막히는 더운 여름밤에는 집 바깥에서 자도록 허락하는 지역의 관습 덕택에 늑대들에게 기회가 왔다. 그들은 실외 침실로 소리 없이 숨어들어 어린아이를 낚아채 갔다.

모든 숲 지역 문화는 어린이들에게 겁을 줘서 가까이 두려는 의도를 지닌, 고유한 형태의 벨룩의 시를 갖고 있다. 어른과 아이 양측 모두 위험을 의식하고 있었기 때문에 (유아의 경우에는) 아이들이 혼자서 마을을 떠나 헤매는 일은 거의 없었고, 또는 어머니 곁에 머무르려는 본유적인 경향을 이미 갖고 있었다.

하지만 야생 동물만이 유일한 위험이었을까? 볼비는 어머니에 대한 영아의 애착을 설명하기 위해 다른 영향력 있는 대안 가설을 고려하여 (이름 하여 영아가 어머니로부터 가치 있는 사회적 기술들을 배운다는 생각) 스스로에게 추가적인 질문을 던졌다. 그의 질문은 왜 "애착 행동은 학습이 완료된 지 한참이 지난 성인기에도 지속되는 것일까?" 그리고 "왜 특히 여성들에게 지속되는 것일까?"라는 것이었다.[13] 두 질문 모두 그의 반-포식자 가설로 만족스럽게 설명할 수 있었다. 하지만 세 번째 가능성으로도 설명할 수 있었다. 즉, 혈연관계가 없는 남성들, 동종 포식자들이 영아에게 가하는 위협이다. 만약 이 가능성이 볼비에게 떠올랐더라면(이 현상에 대한 증거는 그가 애착 이론을 발전시키고 있던 당시에는 여전히 불충분했다.), 진화적 적응 환경에서는 의미가 없던 일종의 변형이라고 기각되었을 것이다.

. . . . .

　20세기 동안 연구가 진전되면서 유목적인 수집자 사회로부터의 기록, 그리고 보다 정착적인 삶을 살았던 신석기 이전 고대 그리스 사회로부터의 기록을 통해, 아이들이 의붓 부모, 다른 집단으로부터 온 침략자들, 그리고 심지어는 경쟁자 어머니에게 고의적인 공격의 과녁이 되고 있었다는 점이 밝혀졌다. 그런 관습은 현대 '문명'의 출현과 더불어 종결된 것만은 아니었다. 우크라이나에서 스탈린에 의해 야기된 기근 (1929~1933년)이나 히틀러에 의한 홀로코스트처럼 서로 관계가 없는 사례들에서, 수백만의 아이들이 어른에 비해 훨씬 더 높은 비율로 죽었다. 여기서 핵심은 부족 침략이든 정치적 의도를 지닌 종족 학살이든 가장 방어력이 없고 가장 높은 치사율을 겪는 존재는 어린이라는 것이다.

　그럼에도 불구하고 나는 (전시 통계를 제외하면) 인간에서 침략자 남성에 의한 영아 살해가 랑구르나 고함원숭이, 고릴라, 침팬지와 같은 다른 영장류에 비해서는 덜 흔하고 상대적으로 덜 중요한 사망 원인이라는 점도 사실이라고 믿는다. 하나의 가능성은 영아 살해의 위협이 그 자체로 하나의 선택압이 되어 아버지의 더 큰 보호 역시 선택되어 왔다는 것이다. 호미니드 가족은 아이들을 보살피느라 부담을 안게 된 어머니, 그리고 가족이 없다면 방어력이 없을 미성숙한 인간을 보호하는 데 특히 효율성을 개선해 왔을지도 모른다.

　자신의 자손을 보호하기 위해 가족과 가까이 머무르려는 남성의 경향은 보다 많은 아기의 생존으로 이어졌다. 영아 살해는 영아에 대한 남성의 폭력을 미리 차단하려는 어머니의 대항 전략(집단을 떠나거나 여러 남성과 짝을 맺는 등)을 선택했을 뿐만 아니라, 아버지가 자신의 자손을 보호하는 성향을 선호했을 수 있다. 인간 가족은 다양한 유형의 포식자로부터 아이를 보호해야만 했다. 하지만 동종은 모든 포식자 중 가장 우려되는 부류를 구성해 왔다.[14] 친족을 비롯한 다른 집단 구성원, 특히 의붓아버지와 아버지의 다른 아내들이 이 잠재적 살해자 명단에서 제외될 필요가 없었다. 역사 자료들은 옥타비우스(Octavius)의 상속자들에 대적했던 리비아(Livia) 여황제로부터 탑에서 교수형을 당한 어린 영국 왕자들에 이르는 고유한 아동 살해(pedicide)의 오싹한 연대기를 제공해 준다.

'낯선 사람에 대한 공포'를 다시 생각하기

비록 어머니 아닌 다른 개인에 의한 영아 살해가 우리 조상들에게서 얼마나 드물었는지 또는 흔했는지는 알 수 없지만, 혈연관계가 없는 남성이 자행한 영아 살해 증거들이 누적되어 만들어진 그 순전한 무게 때문에, 일부 영장류학자들은 호미니드 영아가 진화해 왔을 조건을 매우 다른 방식으로 추측하게 되었다. 그들은 자기 자신의 종의 구성원이 미성숙한 인간의 생존에 위협을 가했을지도 모른다는 제안(아직까지도 많은 사람들은 엽기적이라고 여김)을 기정사실로 받아들인다. 영장류학자들은 인간 가족의 진화에서 영아 살해가 갖는 함의, 그리고 일반적으로는 영장류 사회 구조에 대해 갖는 함의를 끝없이 논할 수 있다(그리고 의심의 여지없이 그렇게 할 것이다.). 하지만 한 가지 관찰만큼은 내게 논란의 여지가 없는 것처럼 다가온다. 인간을 포함한 영장류 종의 광범위한 다양성 속에서 어머니와 짝을 이룬 적이 없는 혈연관계 없는 남성이 집단으로 들어오는 것은 미성숙한 아이들, 특히 젖을 떼지 않은 아이들에게는 잠재적으로 나쁜 소식이라는 것이다. 따라서 우리는 아동 발달의 몇몇 측면들을 재고해 볼 필요가 있다. 특히 낯선 사람이 다가올 때 영아가 보이는 반응을 눈여겨볼 필요가 있다. 이 혐오증은 여전히 수유 중이지만 어머니로 부터 기어 나갈 수 있는 신체적 능력을 갖춘 보다 나이 든 영아에게서는 거의 보편적으로 나타난다.

・・・・・

5개월에서 6개월이 되기 이전의 영아는 거의 대부분의 사람에게 무차별적인 미소를 보낸다. 마치 영아가 대부분의 구성원과 혈연관계에 있는 지역 공동체에 친숙해져 가는 과정의 초기 단계인 것처럼 느껴질 정도다. 하지만 영아는 6개월을 전후하여 친숙하지 않은 사람에게는 상당히 다른 반응을 보이기 시작한다. 새로운 사물에는 여전히 흥미를 느끼지만 낯선 인간의 '시각적 어른거림'은 영아를 긴장시키며 경계를 풀지 않게 한다. 영아는 심박 수가 증가하며, 울기 시작할 수도 있다. 발달 심리학자 대니얼 프리드먼(Daniel Freedman)의 표현을 빌리면 "움직이는 낯선 사람은 영아가 태어난 첫해 후반부에 느끼는 두려움의 주요 근원이다." 낯선 사람은 낯선 곳에서 마주쳤을 때, 키가 크고 수염이 난 남성일 때,[15] 또는 아기가 (예를 들어 고아원에 있기보다는) 친숙한 사람들 사이에서 사는 것에 적응되어 있어서 새로운 얼굴에 적응되어 있지 않을 때에는[16] 유아에게 특히 큰 공포감을 불러일으킨다.

어느 수준에서는 겉보기에는 무해한 낯선 사람에게 공포심을 느끼는 것이 비합리적 혐오증처럼 보인다. 하지만 아체 사람들이 사는 파라과이의 숲 속으로 함께 돌아가 보자. 이곳에서 인류학자 킴 힐과 막달레나 허타도는 사람들에게 무엇을 무서워하는지를 물어보는 데서 그치지 않고, 실제 그 사람들을 죽인 것이 무엇이었는지에 대한 자료를 수집했다. 힐과 허타도는 1890년 이래 태어났던 아체 사람 1,493명 중 881명

그림 17.2 낯선 사람에 대한 공포는 생후 6개월에서 8개월을 전후해 발생하며 보편적인 발달 단계인 것으로 드러난다. 위의 영화 필름은 독일 막스 플랑크 연구소(Max Planck Insititute)에 있는 이레노스 아이블-아이브스펠트(Irenäus Eibl-Eibesfeldt)가 뉴기니 고지대 거주자들을 촬영한 것이다. 방문자가 아기를 안아 올리려 하자 저항하면서 아버지에게 내뺀다.

의 사망 원인을 고통을 감내하며 검증했다. 이 사람들은 모두 유목 생활을 했고 1971년 이전에 죽었다. 당시는 오늘날의 아체 사람들 대부분이 살고 있는 선교 지역 인근에 정착하기 이전이었다. 843건의 사례에서 사망 원인을 확정할 수 있었다. 열병이나 내부 장기 손상(특히 이유 과정에 있던 아이들에게서 두드러졌다.)이 흔했다. 치명적 사고 때문에 죽은 사람들 중에서는 뱀에 물리는 것이 가장 흔한 원인이었다. 15세 이상의 성인 중 18명이, 그리고 4세에서 14세 사이의 아이 8명이 뱀에 물린 후 죽었다. 같은 기간 동안 9명의 어른이 재규어에게 죽임을 당했다(하지만 아이들은 없었는데, 방금 논의했던 것과 같은 종류의 주의가 있었기 때문일 것이다.). 숲에 사는 다른 수렵-채집자들로부터 얻어진 자료는 동일한 양상을 보여 준다. 뱀과 포식자는 가볍게 다룰 수 있는 위험이 아니다.[17]

하지만 이상하게도 영아는 크건 작건 고양이과 동물에 대해서는 본유적인 공포를 가지고 있지 않다. 뱀이 독특하게 두드러진 특징을 갖고 있는 것은 사실이다. 모든 영장류는 뱀에 주목하며 특별한 주의를 취하고, 한 번 겁먹으면 절대 잊지 않는다. 그럼에도 불구하고 전형적인 영아는 먼저 다른 집단 구성원이 뱀에게 반응하는 것을 살펴본 후에야 뱀에 대해 겁을 먹는 법을 배우게 된다.[18] 실험은 어린 원숭이가 예컨대 꽃보다는 뱀을 두려워하는 방법을 더 쉽게 배운다는 점, 그리고 뱀 또는 뱀처럼 보이는 바닥 위 줄 모양의 사물에 매우 면밀한 주의를 기울인다는 점을 보여 준다. 하지만 여기서도 마찬가지로 어린 원숭이들은 뱀이 무섭다는 사실을 다른 이들로부터 배워야 한다(일단 배우고 나면 뱀 혐오증은 특별한 지속성을 갖는 것으로 드러난다.).[19]

하지만 낯선 인간(특히 어른 남성)은 또 다른 이야기에 속한다. 누구도 아기에게 낯선 사람을 무서워하라고 가르치지는 않는다. 이 공황감은 매우 깊이 새겨진 편견으로부터 도출되기 때문에 매번 부모가 안심시키

그림 17.3 영아 살해는 오랜 동안 인간의 상상력을 자극해 왔다. 고야(Goya)의 「자신의 아이를 먹어 치우는 크로노스(Cronos Devouring His Children)」(1820년)에 대한 그리스 신화에 따르면, 거인족 레아는 문제에 처한 어머니였다. 출산을 할 때마다 남편이 갓난아기를 먹어 치웠던 것이다. 결국 제우스의 아이를 임신한 레아는 대지의 어머니가 제안한 계략을 받아들여 갓난아기를 동굴 깊숙이 숨겨 놓았다(일부 사람들은 그 동굴이 크레타 섬에 있는 제우스 신전(Dictean Zeus) 동굴이었다고 생각한다. 이곳에서는 아기가 있는 곳을 속이기 위해 아기가 울 때마다 종을 울렸고, 오늘날까지도 이 소리를 들을 수 있다.). 이번에 크로노스가 레아에게 다가갔을 때, 그녀는 거대한 옥석을 포대기에 싸서 건네 주었다. "가엾은 녀석! 마음 깊은 곳에서는 알지 못했다."고 헤시오도스(ca. 720 B. C.)가 탄식했다. 아기 제우스가 아직 살아 있고, 곧 무력으로 아버지를 진압하게 될 것이라는 사실을 몰랐기 때문이다. 정신 분석학자들은 아버지와 아들 사이의 '오이디푸스적' 긴장에 주목해 왔다. 사회 생물학자들은 속임수를 쓰는 수컷에 대한 어미의 영원한 대항 전략에 더 많은 관심을 쏟았다. 이 이야기를 듣는 아이들은 그 무서움을 곧바로 눈치챘을 것이다.

려 노력해도 계속된다. 가장 온화하고 부드러운 남성, 가령 슈퍼마켓에서 마주친 직장 동료일지라도, 호의를 갖고 있다가 기분이 상한 이 사람에게 물러서 달라고 부탁하지 않는 한(아니면 할아버지에게 수염을 깎아 달라고 하지 않는 한)은 공황 상태가 누그러지지 않는다.

발달 중인 영아에서 드러나는 자연 발생적인 '낯선 사람에 대한 공포'와 관련해 영장류에서 알려진 것은 거의 없다. 원숭이 영아에서는 그러한 단계가 보고되지 않았다. 보츠와나의 모레미에서 낯선 수컷이 저지르는 영아 살해를 연구했던 라인 팔롬빗(Ryne Palombit)은 어린 비비가 새로운 수컷에게 매혹되며 접근해 사귀려고 시도한다는 점을 상기한다. 여러 경우, 그들이 '친구로 사귀려 하는' 수컷은 나중에 이들을 죽인 수컷이기도 했다. 인간과 달리 원숭이 영아는 무서운 경험을 통해 낯선 수컷을 두려워하는 법을 배운다는 점이 분명하다. 하지만 침팬지는 인간 아기와 거의 유사한 발달 일정에 따라 낯선 자들에 대한 자연 발생적 공포를 발달시키는 것으로 보고되어 있다.[20]

호미니드 진화에서 영아 살해가 만성적 위협이 되었을지도 모른다는 사실을 깨달아 감으로써 어린 호미니드의 공포 레퍼토리에 낯선 사람을 추가하는 것이 유용한 까닭에 대해, 가능성 있는 이유를 하나 더 찾게 된다. 앞에서 서술된 아체가 여전히 숲 속에서 유목적인 삶을 영위하고 있던 기간 동안, 출산 이후부터 5세까지의 연령에 해당하는 아이 사망의 55퍼센트가 같은 종에 속하는 어른 구성원이 저지른 일 때문인 것으로 집계될 수 있다. 힐과 허타도는 3살 미만의 아이들에게서는 3명의 딸과 1명의 아들이 어머니에 의해 죽임을 당했고, 3명의 딸이 아버지(물론 낯선 사람일 리가 없다는 점은 당연하다.)에 의해 죽임을 당했다고 보고했다. 또 다른 2명의 아이는 방치되어 죽었다. 1명은 생매장을 당했고, 5명은 집단이 이동할 때 뒤에 남겨졌다. 11명의 아이는 1명의 어른과 함께 희생되었다. 그리고 2명은 어머니가 죽었을 때 따라 죽었다. 하지만 출산 후에서 14살 사이에 속하는 소녀 9명과 소년 15명, 즉 24건의 사례는 살인이었다. 1명은 총살되었고, 20명의 아이는 적대적인 파라과이 사람에게 포획되었다. 아이의 안녕을 위협하는 것은 역시나 상대적으로 낯선 사람이다.

· · · · ·

나는 현대 영국이나 미국 사회가 "반-아동적"이라고 불평하는 사람들과는 논쟁하지 않으려 한다. 하지만 무엇과 비교해 그렇다는 것인지는 질문해야 한다. 그리고 어디와 비교해서 그렇다는 것인가? 정말로 특수한 것은 아이들이 전혀 겁먹을 필요가 없는 사회이며, 나는 솔직히 과거보다는 오늘날에 그런 사회의 실현 가능성이 더 높다고 생각한다.

이것은 확실히 이상한 추리 소설이며 과학보다는 못한 형태의 역설계(reverse-engineering)라는 점을 인정할 수 있다. 영아의 분리 불안이 진화적 과거에서 마주했던 위협에 대해 무엇을 알려 주는지를 질문하는 것이다. 하지만 우리가 '낯선 사람에 대한 공포'와 같은 보편적 현상에 대해 이전에는 상상할 수 없던 새로운 설명을 상정할 수 있도록 해 준다. 많은 전통적인 상황에서는, 이제 막 어머니로부터 움직여 나갈 수 있는 유아가 낯선 어른을 **두려워하지 않았다는 것은** 위험한 환상이며, 우리의 조상이 진화했던 세계의 현실들과 위험한 방식으로 단절하는 것일 수 있다. 어떤 맥락에서 볼 때 낯선 사람에 대한 공포는 고통을 감수할 가치가 있는 혐오증으로 드러날 것이다.

18장

태아의 역량을 강화하기

자식은 어떻게 자신의 부모와 효과적으로 경쟁할 것인가? 자식은 어머니를 바닥에 내팽개쳐 두고 마음 내키는 대로 젖을 물 수는 없다.…… (그보다는) 부모가 자연선택에 따라 주는 것보다 더 많은 투자를 끌어내려 시도해야 한다.

— 로버트 트리버스, 1985년

가뭄이 닥친 해에 핀치 무리가 드물어진 씨앗을 구하러 어슬렁거린다. 가장 단단한 씨앗들만이 남아 있다. 가장 강한 부리를 지닌 몇 안 되는 개체들만이 그 씨앗을 깨서 열 수 있고 우기가 돌아올 때까지 살아남을 수 있다. 이 무자비한 가지치기가 자연선택이다. 다윈은 이를 하나의 문장으로 요약했다. "정말 사소한 차이가 누가 살아남고 누가 멸망할 것인지를 결정하는 일이 자주 있음이 분명하다."[1]

하지만 많은 경우 이 "사소한 차이"의 드라마가 진화 무대를 스치듯이 날아가는 사소한 유기체들, 정자와 난자의 형태로 있는 단순한 세포들, 태아, 신생아, 알에서 깨어난 새끼들과 둥지를 떠나는 새끼들, 그리고 젖 뗀 새끼들 사이에서 상연된다. 다윈이 표현한 것처럼 "알, 그리고 매우 어린 동물들이 일반적으로 가장 큰 고통을 겪는 것으로 보인다."[2] 우리 대부분이 연극이 이제 막 시작되었다고 생각할 때 막이 내려오고, 배우들은 인식(임신)되자마자 흔적도 없이 사라져 버린다.

영아기까지 살아남기

번식할 때까지 살아남는 각각의 개체들은 우선 (난생일 경우) 알에서 깨어나야 하며 (태생일 경우) 생존력이 있는 신체로 태어날 수 있을 만큼 충분히 오랫동안 어머니로부터 자원을 충분히 효율적으로 끌어내며 진을 쳐야 한다. 선택은 이들 생명체가 난포, 난자, 그들의 어머니의 자궁에서 받는 보호를 떠나기 이전에 이미 시작된다. 우선, 일부 생명체에게는 암컷의 난자 중 배란이라도 될 수 있는 것은 극히 일부뿐이다.

인간의 사례를 생각해 보자. 아직 태아 상태인 임신 6개월 무렵 미래의 어머니는 일부 700만까지 달하는 난모 세포로 가득한 신선한 난소를 몸 안에 지니고 있다. 이 수치는 실제로 성숙해서 배란되는 난자보다 1만 4000배나 많다. 5명의 영아를 성공적으로 출산하는 여성의 경우 자식으로 변환되는 것보다 140만 배 많은 수가 된다.

난자가 그렇게 많은 이유는 수수께끼로 남아 있다. 자궁 내에 있는 태아는 태어나기도 전부터 대략 매 4분당 하나의 난자를 없애고 있다. 그 때부터 완경까지, 마지막 200여 번째 배란이 되면 여성은 번식을 멈추고, 엄청난 양의 감축이 이뤄진다. 그렇다면 이러한 중복은 충격적이다. 대체 무슨 쓸모가 있는 것일까?

하나의 설명은 이 엄청난 수의 난자가 불발을 방지한다는 것이다. 최악의 시나리오는 필요할 때 이들 중 단 하나도 생존력이 없다는 것일 듯하다. 배란 이전에 이 모든 난자-전구체는 본질적으로 어머니 몸에 있는 세포들과 동일하다. 하지만 요행이 발생한다. 발달 과정에서 난자들 사이에 미묘한 차이가 생겨나며, 그들 중 하나를 다른 것들에 비해 배란에 보다 적합한 후보로 만들어 주는 것이다.

난포는 성숙하지만 모든 체계에 파란불이 들어왔을 때만 배란과 회임 과정을 진행하기 때문에, (아마도 700만은 아니겠지만?) 난자가 넘치는 가운데 잘못된 출발이 발생하는 경우는 드물다. 난모 세포의 과잉 생산은 매 주기마다 준비되어 이용 가능한 여러 개의 난포들 중 최고의 것을 선택할 수 있는 사치를 허락해 줄지도 모른다. 진실을 아는 사람은 아무도 없다. 내 추측은 자신의 번식 일정을 통제하고 그와 더불어 최종 산물의 생존력을 확보하는 데 보다 유리한, 시작하고 중단하며 다시 시작할 수 있는 능력이 어머니에게 가져다주는 이득과 이에 대한 대답이 관련 있다는 것이다. 여기에는 질에 봉사하는 양의 문제가 있다.

난모 세포의 행동

과학자들은 난모 세포가 난포 벽을 넘어선 세계에 반응하는 방식의 일부를 이제 막 탐색하기 시작했다. 어머니의 에너지 균형이 개선되면(5~10

그림 18.1 이 배아는 자신을 생존력 있는 후손으로 결국 변환시키지 못했다. 하지만 이보다 더 내구성이 있는 배아를 상상하기는 힘들다. 이 배아는 중국에 있는 5억 7000만 년 전의 지층에서 발견된 것이다. 배아의 시간이 얼어붙었을 때, 복잡한 생애 주기를 지닌 다세포 생물이 되어 가고 있는 중이었다.

퍼센트의 체중 증가) 어머니의 에스트로겐 수치가 증가할 확률이 커진다. 그 다음 차례로는 여성이 그 달에 배란하며 생식력 있는 난자를 생산할 확률이 증진된다. 체외 수정 업무를 진행하는 실험실에서는 보다 큰 난포로부터 온 난자가 수정 이후에 더 유리하다는 점에 주목해 왔다. 이런 난자가 자궁에 성공적으로 착상할 가능성이 더 높기 때문이다.[3]

난자를 둘러싼 난포는 안에 있는 난모 세포로부터 지시를 받으면서 이미 복잡한 상황을 훨씬 더 복잡하게 만든다. 난모 세포가 분비하는 성장 요인 물질이, 근처 세포에서 분비되는 생식 호르몬 신호에 반응하는 외벽의 반응성을 변경한다. 어머니의 신체 조건과 더불어, 난자 자체의 속성 일부가 그 난포의 운명을 결정할 가능성이 있다. 난포는 근처에 있는 다른 세포들과 소통하며 매달 어머니에게 일어나는 작은 변화에 반응한다. 게다가 각각의 난모 세포와 이 세포를 둘러싼 난포에 고유한 속성들은 소멸하거나 배란될 가능성에 영향을 준다. "대부분은 제거되며 극히 일부만이 선택된다."고 인간 번식 생태학자 제임스 우드(James Wood)가 최근의 발견이 공표되기 전에 적었다.[4] 난자 묘비명에 최신 정보를 추가하면 이렇게 될지도 모른다. "대부분은 제거되지만, 극히 일부가 성공적으로 자원한다."

난모 세포의 극히 일부만이 동면에서 깨어날 수 있다. 대부분은 난소 안에 은둔한 채 남아 있다. 이들은 점차 퇴화하여 있던 곳에서 재흡수된다. 수녀와도 같이 동정인 채로 그 자리에서 노화하며 폐색(atresia)이라고 불리는 조용한 과정을 거치는 것이다. 한 난자가 다른 난자를 만드는 과정에 있는 경우는 아주 드물다. 대다수에게는 배란이 아니라 폐색이 운명이다. 운이 좋아 배란되는 것들 중에서도 수정되어 임신 상태까지 가는 경우는 더욱 적다. 그렇다면 모든 임신은 다른 배란, 본질적으로는 다른 삶을 대가로 발생하는 것이다. 하나의 난자가 딸이 될 가능성은 1000만 분의 1 정도 된다. 따라서 살아남아 번식할 가능성, 난자의 난자가 그 계보를 지속시킬 가능성은 그보다 더 낮다.

왜 그렇게 많은 난자가 필요할까?

성차에 대한 진화적 이론화의 상당수가 **배우체 이형성**(anisogamy)이라는 중심 원리에 기대고 있다. 이 말은 배우체(gamete)들이 크기 면에서 달라, 작고 민첩하며 풍부한 정자가 한 개의 크고 수동적이며 자원이 풍부한 난자에 접근하기 위해 경쟁하게 된다는 것이다.[5] 많은 수의 새와 곤충의 종에서 암컷의 번식률은 알을 생산하는 데 드는 에너지 비용의 제약을 받는다. 하지만 이런 일반화는 초파리와 같은 생명체들을 통한 번식 실험에서 출발해 인간 추정치를 낳으며 보편화된다.[6] 얼마 전에 나는 심리

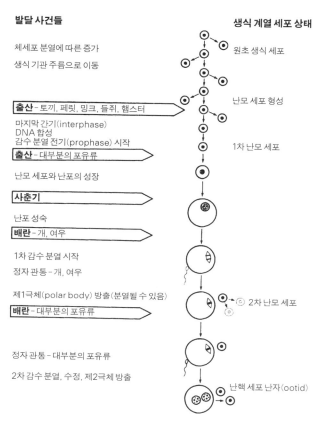

발달 사건들	생식 계열 세포 상태

체세포 분열에 따른 증가

생식 기관 주름으로 이동

원초 생식 세포

출산-토끼, 페릿, 밍크, 들쥐, 햄스터

마지막 간기(interphase)
DNA 합성
감수 분열 전기(prophase) 시작

난모 세포 형성

출산-대부분의 포유류

1차 난모 세포

난모 세포와 난포의 성장

사춘기

난포 성숙

배란-개, 여우

1차 감수 분열 시작

정자 관통-개, 여우

제1극체(polar body) 방출(분열될 수 있음)

배란-대부분의 포유류

2차 난모 세포

정자 관통 - 대부분의 포유류

2차 감수 분열, 수정, 제2극체 방출

난핵 세포 난자(ootid)

그림 18.2 암컷의 생식 계열 세포는 난자 형성(oogenesis)을 거쳐 극히 작은 점들로 출현하기 시작해, 회임 후 1개월 이내에 뚜렷이 구분되는 세포 계열로 감지될 수 있다. 노른자위 주머니, 그리고 식도와 장으로 발달하고 있는 주머니의 접합부에 뭉쳐 있는 이 미래의 난자들은 천천히 교묘하게 길을 밟아 나가다가 임신 35일이 되면 배아의 내부로 들어간다. 그리고 생식샘으로 발달할 생식 기관 주름(genital ridge)에 자리를 잡게 된다. 이 시점부터 난자는 각각의 딸세포에 46개의 염색체 전부를 보존하는 세포 분열 과정인 체세포 분열(mitosis)을 통해 수가 증가하기 전까지는 내용이 거의 변하지 않게 된다. 이 세포들은 6개월을 전후해 분열을 멈추며, 난모 세포 생성 과정(oogonia)은 감수 분열(meiosis)의 첫 단계를 준비하기 위해 능동적인 DNA 합성을 시작한다. 감수 분열로 인해 염색체 수가 절반으로 감소되면 적절한 정자가 투명대(zona pellucida)에 도착하여 수정 가능성을 알리고(방식은 아무도 모름) 난자의 바리케이드를 넘어 난자 안으로 이끌려 들어가면 생산적인 결합을 맺을 수 있게 된다. 그 과정에서 이들 잠자는 공주 배우체는 정자 왕자님을 기다리며 이후 15년에서 20년 동안 변치 않은 채 인사불성 상태로 졸게 된다.

학과 대학원생들이 나누는 이야기를 엿듣게 되었다. "남성의 정자는 난자보다 작기 때문에 남성이 여성에 비해 경쟁적이지." 하지만 분명 생명은 이것보다 복잡하다. 현실이 개입해 들어올 것이 틀림없다.

여기서 이야기하고 있는 손실이라는 수준에서는, 상대적으로 값싸다는 것이 산소와 수소의 가격을 비교하는 것과 같다. 이들 모두 풍부해서 양성 생식 세포의 상대적 가격을 전체의 큰 그림 속에서는 부수적인 것으로 만든다. 발생으로부터 완경까지 난자의 생존력이 감퇴한다고 가정하더라도 각각의 여성은 자손으로 변환시킬 수 있는 것보다 많은 난자를 지니고 태어난다. 인간의 생명을 그토록 가치 있게 만드는 것일 뿐만 아니라 비용을 요구하는 것은 난자, 심지어는 임신도 아니며, 인간을 기르기 위해 필요한 **양육**이다. 내 자신의 추측은 **인간 영아를 기르려면 그토록 많은 비용이 들기 때문에 인간과 같은 종에서는 여성이 그토록 많은 난자를 갖게 된다는 것이다.**

나는 어떻게 이런 생각을 하게 되었을까? 얼마나 많은 회임(일단 배란되고 수정되면)이 착상의 첫 단계를 통과하는지를 추정하기란 까다롭다. 왜냐하면 매우 초기의 임신은 감지조차 힘들기 때문이다. 영장류의 경우에 임신과 착상 사이에서 태아가 손실될 위험은 추정만 할 수 있을 뿐이다. 착상 이후의 실패에 대한 정보가 차라리 정확하다. 포식자의 위협으로부터 안전하고 질병 감시를 받는 번식 군락에서 사는 영양 상태 좋은 원숭이에서는 현대 도시에 살고 있는 인간들과 마찬가지로 착상 당시 감지된 임신의 약 20퍼센트가 태아 사망으로 귀결되었다. 실패율은 어머니의 영양, 건강, 스트레스 수치에 따라 엄청난 차이를 보인다. 신체 상태가 쇠락하면 실패율은 하늘을 찌른다.[7]

많은 초기 사망의 원인은 잘못된 시기 이상은 아니다. 가령 인간에서 어머니의 연령은 자연 발생적으로 낙태하게 될 가능성을 알려 주는 가장 중요한 예측 변수이다. 10대 어머니, 그리고 특히 35세 이상의 여성은 높은 위험률을 겪는다. 20대 중반의 여성이 임신한 태아는 산달이 다 찰 때까지 임신이 지속될 가능성이 가장 높다.[8]

언제나 그렇듯 유전적인 운이 따른다. 염색체가 비정상적인 태아의 대부분은 착상 이전에 유산된다. 운이 큰 역할을 담당하지만 배아에 작용하는 선택의 기회는 상당히 오래 지속된다. 배아는 자연 발생적 유산을 앞서 방지하기 위한 호르몬을 분비할 수 있고, 어머니가 공급해 주는 영양분 수치를 끌어올릴 수 있다.

배아의 의사 결정

배아 간의 차이에 대해 생각하는 사람은 거의 없고, 배아가 특정한 발달 경로를 다른 것보다 더 추구하는 '결정을 내린다'고 상상하는 사람은 그보다도 적다. 하지만 배아가 배아이며 배아다라고 가정하는 것은 실수일 수 있다. 배아들이 비슷하다고 추측하는 것은, 단순히 생물학자들이 배아의 행동을 관찰할 기회가 얼마나 드문지를 입증해 줄 뿐이다. 최근에 몇 명의 생물학자들이 이 작업을 시작했다.

텍사스 대학교의 대학원생인 캐런 워켄틴(Karen Warkentin)은 코스타리카의 연구 지역에서 빨간눈청개구리(red-eyed tree frog)가 낳은 알이 부화하는 데 5일에서 13일이 필요하다는 사실에 주의를 기울이며 (배아의 관점에서 볼 때) 그럴 만한 이유가 있을지를 생각하기 시작했다.

붉은 눈, 오렌지색 발, 밝은 청색과 노란색의 줄무늬가 있는 옆구리를 지닌 이 화려한 색깔의 청개구리에서 성체 생존율은 '결정'에 달려 있었다. 이 결정은 낮에는 포식자를 피해 몸을 숨기고 있다가 어둠 속에 숨어 식사할 수 있는 밤이 되길 기다려 개방된 공간으로 나가는 것을 뜻한다. 하지만 배아 상태의 올챙이, 자신의 알 속 노른자에 의지하고 있는 이 올챙이들이 어떤 종류의 결정을 내려 이득이란 것을 얻을 수 있을까?

워켄틴은 부모가 젤라틴질의 알 덩어리를 미래의 집이 될 연못 위 잎사귀에 낳는다는 사실을 알고 있었다. 배아는 이 방법을 통해 대개 새우나 물고기인 수중 포식자들을 마주치기 전에 더 크게 자랄 수 있었다. 하지만 포식자들 전부가 수중 생활을 하는 것은 아니다. 뱀 한 마리가 우연히 잎사귀를 지나치게 되면 알들은 뱀과 새우가 있는 곳 사이에 놓이게 된다. 워켄틴은 자신이 연구하는 곳에서는 알 무리의 50퍼센트 이상이 뱀의 공격을 받는다는 사실을 알고 있었다. 따라서 5일 된 알이 있는 잎사귀 피난처에 뱀을 들여놓았고, 같은 나이의 대조군 알들을 방해받지 않고 발달할 수 있는 곳에 두는 실험적인 조작을 했다. 자리에 머무르면 **확실하게** 먹히는 반면 떨어져 내리면 잡아먹힐 **가능성**만 있는 상황에 직면한 거의 성숙한 알들은 때 이르게 부화하여 자신을 둘러싼 막을 터뜨리며 아래 있는 연못을 향해 잎을 타고 미끄러져 내려오는 반응을 보였다.[9]

워켄틴은 한 마리의 뱀이 입 안 가득 **알**을 삼키는 것을 보며 모두 같은 운명을 맞을 것이라고 추측했지만, 꿈틀거리는 **올챙이** 한 마리가 뱀의 입 한구석에서 머리를 내밀며 튀어나왔다! 비바람, 심지어는 지진도 감지하지 못하는 알이 뱀의 공격에서 발생하는 진동에는 즉각적으로 반응하도록 진화한 것이다. 두 번째 경고를 빨리 감지할 수 있는 발달 유연성을 지닌 배아가 살아남을 가능성이 더 높다. 이들 중 일부는 미래의 어느 날 변태를 거친 후 울어 대는 것을 비롯한 다양한 번식적 익살을 선보여 주목을 받고 세레나데를 부르는 수컷이 될 것이며, 배아의 전구체가 수행하던 핵심적 역할을 완전히 변모시켜 스포트라이트를 받는

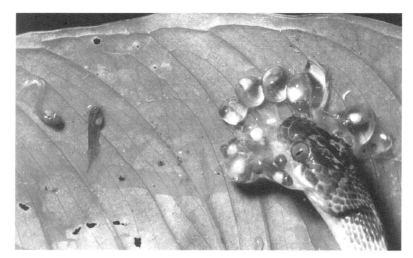

그림 18.3 빨간눈청개구리의 알들이 뱀의 공격을 받고 그 충격으로 일찍 부화한다. 울새(robin) 로부터 악어(crocodile)에 이르는 난생 동물들의 일부에서 부화한 새끼들은 계속해서 부모의 보살핌과 보호의 이득을 누린다. 하지만 다른 종들에서는 어미가 알을 낳을 당시 새끼가 받게 될 모든 투자를 해 버린다. 그런 경우에 배아는 스스로 살아가야 한다. 이 배아들은 엄마의 방문을 두드리거나 조언을 구하지 않고 주변 환경에 대한 반응으로 자신이 태어날 시기를 스스로 '결정'한다.

배우가 될 것이다.

다른 양서류에서는 포식자로 인해 유도된 부화가 역방향으로 진행된다. 예를 들어 어떤 도마뱀 유충은 포식자인 편형 동물 일당의 존재를 감지하면 부화를 **더 느리게** 진행한다. 도롱뇽은 부화할 당시 몸집이 더 크며, 잡아먹히는 것을 피해 달아날 수 있는 능력도 더 뛰어나다. 이 경우에 포식자로 인해 **지연된** 부화는 생존의 나라로 가는 입장권이다.[10] 연구자들은 배아를 능동적인 행위자로 상상할 수 있게 된 후에야 '포식자로 인해 지연된' 부화와 '포식자로 인해 유도된' 부화를 관찰해 낼 수 있었다. 이 현상은 분명 언제나 일어나고 있었을 것임에도 불구하고 말이다.

부모-자식 갈등

본질적으로 배아에게는 운전석에 올라 정확히 언제 부화할 것인지를 결정하는 가속기를 밟을 능력은 있지만, 자신들이 탄 자동차를 만들거나 자동차 크기를 결정하는 일에 대해서는 할 수 있는 일이 별로 없다. 그들은 어머니가 알을 만들 때 갖고 있던 자원에 제한받을 수밖에 없다. 말하자면 그들은 부화되는 그 상태로 게임에 임해야 한다.

하지만 포유류처럼 젖을 빠는 태생의 생명체들(어미가 발달하는 배아를 낳고 살아 있는 새끼에게 젖을 주는)은 미성숙한 개체들 자신이 태어나는 시기, 수유 기간의 길이와 관련해 더 많은 통제력을 추구할 수 있다. 또한 이들은 어머니의 자원 중 얼마나 많은 부분을 할당받을 것인지를 두고 협상할 수 있다. 배아, 그리고 젖을 빠는 새끼들이 이렇게 능동적으로 행위한다고 상상하게 되면, 임신과 젖 분비를 새롭게 생각할 수 있는 방법이 생겨난다. 가진 것을 전부 주는 어머니와 수동적인 아기로 구성되는 모델을 상상하는 대신, 배아는 강화된 역량을 갖고 이유 무렵의 아기는 조작적인, 무척 다른 세계를 보게 되는 것이다.

암컷과 수컷에 의한 상대적 부모 투자가 다윈적 성선택의 윤곽을 형성하는 방식을 보여 주었던 젊은 생물학자 로버트 트리버스가, 이전에는 '권리가 박탈된' 미성숙 유기체였던 존재들의 생애 단계를 자신의 정치적 목표를 지닌 능동적인 선수의 지위로 끌어올린 바로 그 사람이었다.

트리버스는 1970년대 초반에 영아가 스스로의 행동이 스스로의 운명에 영향을 줄 수 있는 능동적인 행위자라고 이야기함으로써, 성년 이전의 생애 단계에 더 큰 역량을 부여하기 시작했다. 영아는 이전에는 정책적 면모가 없는 애벌레로, 부모가 구입해 둔 번영을 향한 수동적 티켓인 것처럼 간주되었다. 그는 1974년에 쓴 고전적인 논문에서 "전통적인

그림 18.4 트리버스의 "부모-자식 갈등(parent-offspring conflict)" 이론은, 미성숙한 개체들이 진화의 무대에서 주연 역할을 맡을 만큼 지위가 상승한 미개척지로 진화 생물학자들을 안내했다. 어머니를 통치하고 있는 "큰 아기"를 묘사한 그란셀 피츠(Grancel Fitz)의 제2차 세계 대전 이전의 사진 연작을 떠올리게 된다.

진화론에서 부모-자식 관계는 부모의 관점에서 고찰되었다."고 적었다. 이 논문에는 그가 부모-자식 갈등의 배후에 놓인 "논리"로 부르고 싶어 했던 것의 개요가 제시되어 있다. "전통적으로, 부모는 생존하는 수를 극대화하는 방식으로 자식에게 투자를 할당한다고 가정된 반면, 자식은 암묵적으로 부모가 적절한 보살핌을 부어 주는 수동적인 통이라고 가정되었다."[11] 그의 관점은 혁명적이었다.

혁명적 사고는 트리버스에게는 자연스럽게 벌어지는 일인 듯 보였다.

중상류층 출신에 영재 교육을 받고 하버드를 졸업한 백인 남성은 대학원 시절 자메이카에서 (도마뱀을 연구하며) 현지 조사를 하는 동안 카리브해 문화를 수용하며 자신의 복장과 화법, 마리화나 중독(심지어는 술집에서 소란을 일으키는 습벽)을 개종, 몸과 영혼을 변화시켰다. 이날들을 돌아볼 때, 그리고 억압적인 **현실**(status quo)을 생물학적으로 정당화할 수단을 그가 찾고 있었다는 근거로 그의 수업에서 반-사회 생물학 시위가 벌어지던 시절들을 돌아볼 때, 나는 웃으며 고개를 저을 수밖에 없었다. 사실 나는 트리버스가 제도적인 현 상태를 마주하고 동요시킬 충동을 느끼지 않았던 적이 있었을지 의심스럽다.[12]

. . . . .

이전 세대의 심리학자들은 부모와 자식 사이에 '의견 충돌'이 존재한다는 사실에 주목하는 데 그럭저럭 성공했다. 하지만 크게 보면 이 불일치를 생물학과 문화 사이의 갈등을 서술하는 용어들로 관찰했다. 트리버스가 말한 대로 아기는 본유적으로 이기적이며 동물적이고 탐욕스러워서 사회화가 필요하다고 여겨졌다. "이 이론은 갈등을 아이의 본유적인 야만성으로부터 비롯되는 것으로 본다."[13] 예측할 수 있는 것처럼, 트리버스는 이 갈등에 대한 진화적 예측을 탐색하다가 억압된 어린아이를 찾아냈다.

당시에 그는 이미 스스로도 인정한 바 영국 생물학자 윌리엄 해밀턴의 불도그 역할을 하고 있었고, 당시에는 거의 평가받지 못했던 그의 견해, 즉 혈연 간 유전적 연관도가 어떻게 혈육 서로에 대한 행동에 영향을 미치는지에 대한 해밀턴의 견해를 홍보하고 있었다. 포괄 적응도에 대한 해밀턴의 이론이 트리버스를 부모-자식 갈등을 이해할 수 있도록 전적

그림 18.5 가족 내의 협동과 갈등을 개념화하는 새로운 방법을 제안했던 사회 생물학자 로버트 트리버스는 어머니 중심적인 확장 가족 형태의 자메이카 가정의 온기와 포용력에 강한 이끌림을 느껴서 첫 아내인 로나 스테이플(Lorna Staple)과 결혼한 후 그 가정의 일부가 되었다. 위 사진에서 트리버스는 자메이카 농촌에 있는 스테이플 가족의 집 앞에서 로나(웃고 있는 사람)와 함께 딸을 안고 서 있다.

응시켰다. 유아는 자신에게 100퍼센트 연관되어 있었지만, 어머니와는 동 계통에 의해 유전자의 절반만을 공유했고, 부모가 같다면 어머니가 후에 낳은 자식과도 50퍼센트만을 공유했다. 하지만 형제자매는 아버지가 다를 경우 25퍼센트만을 공유하게 된다. 어머니는 자식들에게 동등한 정도로 연관되어 있다. 이 모든 점을 고려해 볼 때 부모 자식 관계에서의 갈등은 협동만큼이나 예측되는 면모다. 트리버스는 "특히 부모와 자식 사이의 의견 불일치는 부모 투자가 얼마나 오랜 기간 동안 지속되어야 할 것인지, 얼마나 많은 부모 투자가 주어져야 할 것인지, 그리고 자식의 이타적이고 동시에 자기중심적인 경향의 문제를 둘러싸고 발생할 것으로 예측된다. 이런 경향이 다른 혈육에게도 영향을 주기 때문이다."[14]

어머니가 한 자식에게 제공한 투자량은 (현재 또는 미래의) 다른 자식이 이용할 수 있는 양을 줄이기 때문에, 어머니와 자식은 배당을 두고 의견이 어긋날 가능성이 있다. 트리버스는 이 갈등의 배후에 있는 유전적 논리를 간단한 비용-이득 방정식으로 진술했다. 예를 들어 어머니는 **자신의 자식 중 한 명에게 돌아가는 이득이 다른 자식에게 돌아가는 비용보다 클 경우** (자신과는 동등하게 연관되어 있는) 자식들에게 서로에 대한 이타적 행동을 장려할 것으로 기대된다. 하지만 이득을 포기하라고 강요당한 자식은 자신이 치르는 비용보다 이득이 2배(심지어는 4배)일 때만 (뾰로통해지거나 마지못해 하는 것이 아니라) 동의하게 되는 것이다. 자식은 (살아남아 다른 자식에게 투자할 수 있는 능력의 척도에서) 어머니가 치러야 하는 비용이 자식 스스로가 받는 이득보다 2배 더 많을 때 어머니로부터 투자를 끌어내려는 시도나 애걸을 멈출 것으로 기대된다.

많은 어머니들이 자신에게 불리한 어떤 일이 일어나고 있음을 직감했다고 표현한다. 니사는 자신의 전기에서 이렇게 회상한다. "어머니가 쿰사(Kumsa, 니사의 남동생)를 임신하고 있었을 때 나는 울고 있었어요. 나는 젖이 먹고 싶었어요!" 그녀는 어머니가 자신을 안고 다니기를 원했다. 아기가 결국 태어나게 되자, 니사의 어머니는 아기가 너무 짧은 간격을 두고 태어났기 때문에 산 채로 묻으려는 듯 막대를 하나 가져오라고 일렀다. 여기에 대해 니사 자신은 이렇게 말했다. "제 아기 동생을요? 제 **남동생**을요? 엄마, 그 애는 제 동생이에요! 아기를 데리고 마을로 돌아가요. 나 젖 먹고 싶지 않아요!" 니사는 이렇게 남동생의 운명에 대한 인격적 책임을 느꼈고 젖을 떼는 것을 받아들였다. 비록 이따금 엄마가 잠들어 있을 때 남동생을 가슴에서 떼어 내고 자신이 젖을 빨기는 했지만 말이다.[15]

떼쓰기

젖 떼기 갈등은 트리버스에게 어머니가 자신의 자식에게 투자하는 자원의 양과 투자 기간을 놓고 벌어지는 불화를 집약적으로 보여 주었다. 자식은 부모 투자의 비용을 평가 절하하도록 선택되었기 때문에 부모가 자연선택에 의해 제공하도록 되어 있는 것보다 더 오랜 기간의 투자를 선호하게 된다. 출산 직후, 수유가 영아의 생존에 필수적일 때, 어머니와 아기는 같은 의견을 갖고 있을 가능성이 크다. 젖꼭지 접촉을 개시하는 사람은 역시 어머니인 경우가 많다. 하지만 영아가 어머니로부터 점차 독립성을 확보할수록 젖꼭지와 접촉을 개시하는 부담은 아기에게로 이동한다. 영아는 어머니가 영양을 추가적으로 공급하려는 동기보다 더 강한 수유 동기를 갖고 있다. 이 영아는 무슨 일을 하면 좋을까? 트리버스가 표현하는 것처럼 "자식은 어머니를 바닥에 내동댕이치고 원할 때 젖을 빨 수 없다." 자식은 부모에 비해 몸집이 작고 경험도 부족한데다 문제가 되는 자원의 통제권을 쥔 쪽이 부모기 때문에 경쟁상 불리하다. 따라서 자식은 심리전을 펴게 된다.[16]

떼쓰기는 전술들 중 가장 드라마틱하고 직접적이며 가시적인 발현이다. 떼쓰기는 자연 발생적으로 폭발하는 것으로 나타나지만 트리버스는 상당히 계산적인 행동일 수 있다고 믿었다. 영아는 정서적, 생리학적 상태를 과장하는 조작에 착수한다. 침팬지와 인간을 포함한 다양한 종들에서 나이 많은 영아가 이 수법을 자주 쓴다. 자식은 평생에 걸쳐 이런 전술을 지속적으로 사용하는 경향이 있다.[17] 물론, 자식은 무방비 상태지만 그럼에도 불구하고 기존의 소통 수단을 이용해 자신의 필요나 취약성을 과장하는 경향이 있다. 실제보다 더 어리게 행동하거나 더 큰 생리적 스트레스 속에 있는 척하는 것이다. 미성년자는 어머니가 자신의 행복을 배려한다는 사실을 갖고 놀 수 있다. 만일 떼쓰는 행동이 정신 나간 것처럼 보인다면, 트리버스는 아기들이 "여우처럼 정신이 나갔다."고 믿었다.[18]

하인드가 트리버스에게 (케임브리지 대학교의) 매딩글리 연구소(Madingley facility)에서 막 완료되었던 붉은털원숭이의 어미–영아 격리 실험을 들려주었을 때, 트리버스는 애착 이론에 관계된 부분은 거의 듣지를 못했다. 매딩글리에서의 관찰이 어머니에 대한 영아의 태도 배후에 있는 논리를 밝혀 주는 듯했고 이에 그의 상상력은 불타올라, 그 자신의 묘사에 따르면 한동안 다른 것은 전혀 생각할 수가 없었다.

어미가 이미 젖 떼기를 시작했거나 분리 이전부터 거부해 왔던 붉은털원숭이 영아, 그리고 영아 쪽보다는 어미 쪽을 데려간 영아는, 아직 거리 두기를 시작하지 않은 어미를 둔 영아에 비해 어미가 돌아왔을 때 더 많이 애를 쓰며 매달렸다. 이러한 영아들은 또한 우리에서 다른 곳으로 옮겨졌던 영아들보다 어미와 가까이 있으려 더 많은 애를 썼다. 관계 배후의 긴장에 예민해져 있던 트리버스에게 그 함의는 엄청난 것이었다. 원숭이 영아는 "일시적으로 사라지며 거부하는 어미는 (마찬가지로) 일시적으로 사라지지만 거부하지 않는 어미에 비해 자식이 더 많은 감시를 필요로 한다는 논리적 가정"에 따라 행동하고 있는 것으로 드러났다. 그것은 볼비가 이미 관찰했던 내용이었다. 하지만 트리버스는 그것을 보다

폭넓은 진화적 틀 내에서 해석했다.[19)]

  그에게 충격적이었던 것은 "(나는 이전에는 믿지 않았지만) 프로이트가 상상했던 그 모든 장치들이 생애 초기에 현실성을 갖고 있음을 목격한 것이었다. 하지만 (프로이트)는 그것을 잘못 해석하고 있었다. 두 달 동안 나는 머릿속의 폭풍이라고 부를 만한 것을 경험했다. 나는 밤낮으로 그 생각뿐이었다……."[20)] 트리버스는 자신의 연구 경력 전반에서 마치 부족의 샤먼과도 같이 자신의 무의식으로 깊이 파고 들어가 그 자신의 사회적 상황에 대한 새로운 통찰을 갖고 돌아온 후 이 내용을 진화 생물학의 언어로 번역했다. 매딩글리에서 얻어진 실험 결과들 중 그를 그토록 깊이 휘저어 놓은 것에 대해 그는 이렇게 말할 뿐이었다.

  이 자료는 자식이 자신의 어미와의 관계에 영향을 미치는 사건들의 **의미**에 민감해야 한다는 예측과 일치한다. 자식은 어떤 사고나 자신의 행동에 의해 어미로부터 분리된 것(자식이 집단으로부터 옮겨졌을 경우)과 어미의 방치에 따른 것일 수 있는(어미가 집단으로부터 옮겨졌을 경우) 분리를 구분할 수 있다. 전자와 같은 분리 상황에서 영아는 재결합했을 때 보다 적은 영향만을 드러낸다. 영아의 관점에서 볼 때 분리는 어미의 (실상을) 반영하는 것이 아니므로 치유 행동이 나타나지 않는다.[21)]

어머니-태아 계약

1978년에 트리버스는 캘리포니아 대학교로 가기 위해 하버드를 떠났고 최종적으로는 럿거스 대학교로 갔다. 오스트레일리아 유전학자 데이비드 헤이그가 하버드에 있던 그의 자리를 물려받았다. 트리버스는 농담

삼아 헤이그를 "진화 논리 속의 트리버스 의자"에 앉아 있다고 말했다.[22] 헤이그가 트리버스의 견해를 확장하는 데 차지했던 역할을 생각해 보면 정말로 적절한 직함이었지만, 어쩌면 하버드의 직원들에게는 충격으로 다가왔을 수 있다. 물론 그들은 가장 우상 파괴적인 학과 구성원 중 하나가 마리화나를 꾸려 서부로 향했을 때 분명 안도의 한숨을 내쉬었겠지만.

헤이그는 옥스퍼드에서 박사 후 과정을 밟고 있을 때 (당시 그곳 동물학과에 합류했던) 해밀턴이 "유전자 세상의 좁은 길(Narrow Roads of Gene Land, 해밀턴의 논문 모음집 제목이기도 함. — 옮긴이)"이라고 불렀던 광대한 지적 전망에 익숙해져 가고 있었다. 헤이그는 "이기적 유전자(selfish gene)"[23]의 책략에 대한 도킨스식의 이론화에 능숙했다. 하지만 시간이 흐름에 따라 헤이그 자신 역시 유전자의 행동을 설명하기 위한 새로운 은유들의 조합을 고안해 내기 시작했다. 오늘날 헤이그는 유전자를 "사회적"이라고 부르는 경향이 더 강하다. 즉, 한 팀의 구성원으로, 에그베르트 리(Egbert Leigh)가 순전히 이기적인 것보다는 "유전자 의회(parliament of genes)"라고 불러 유명해진 어떤 것의 참여자로서 말이다. 또는 헤이그를 인용하면, "자연선택에 의해 진화한 복합적인 행동과 구조는 유기체 개체('운반체(vehicle)')의 이익보다는 그와 연관된 유전자('복제자(replicator)')의 이익을 위한 적응으로 간주될 수 있다.…… 하지만 유기체들은 그 역시 집합적인 존재자(회사, 코뮌, 노조, 자선 단체, 팀과 같은)로 간주될 수도 있으며, 집합적 신체들(collective bodies)의 행동과 결정은 개체 구성원들의 행동 및 결정과 동일할 필요는 없다." 여전히 "유전적 사회를 붕괴시킬 수 있는 내적 갈등(유전체 내부 갈등(intra-genomic conflict))"에 관심을 갖고 있었지만 또한 특히 어머니와 태아의 유전자 간 갈등과 같은 "갈등을 완화할 수 있게끔 진화한 사회 계약"에도 흥미를 갖고 있었다.[24]

떼를 쓰는 유아에서부터 태반을 구축하는 태아로 거슬러 올라가는 개체 발생적 시간을 따라 "부모-자식 갈등"의 함의를 추적하는 것이 헤이그의 몫이 되었다. 과학에 대한 헤이그의 열정은 트리버스와 마찬가지로 실험이나 새로운 발견에 대한 것이기보다는 자신의 주변 세계에 있는 수수께끼의 의미를 밝혀내는 것이었다. 그는 유전자에게 행위성(agency)을 부여하는 은유들에 대해 사과하기보다는 "자연선택은 목적이 충만한 생산물을 만들어 내는 목적 없는 과정"이라는 사실을 지적할 뿐이었다. 유전적 결과를 "목적의 언어"로 생각하는 것은 유용한 지름길을 제공해 주었다.[25]

헤이그는 "유전적 각인"이라고 일컬어지는 불가사의한 새로운 영역을 개척한 소수의 사람들 중 하나였다. 이 과정은 여전히 명쾌하게 이해되지 못하고 있는데, 여기서 동일한 유전자는 자신이 부모 어느 쪽으로부터 왔는지에 따라 서로 다르게 발현된다. 헤이그는 자신이 어머니로부터 왔는지 아버지로부터 왔는지를 '기억'하고 그에 따라 어머니 또는 아버지의 이익을 증진시킬 수 있는 새로운 종류의 유전자를 이론적으로 제시했다.

명백히, 일부 유전자들은 어머니와 아버지 생식 계열 각각으로부터 분자적인 '각인'을 물려받고, 그리하여 자신이 기원한 부모에 따라 발현되거나 되지 않는 것, 즉 발달의 과정에서 잠재되어 있거나 드러나는 것이 가능하다. 대부분의 유전자에서는 이것(기원. —옮긴이)이 차이를 만들어 내지 않는다. 하지만 소수의 유전자들, 아마도 인간에서는 7만 5000개의 유전자들 중 50개를 넘지 않는 수의 유전자들은 자신을 각인한 것이 어머니였는지 아버지였는지에 따라 활성화되거나 잠재적인 상태를 유지한다.

헤이그에게 처음 충격을 준 것은 현재까지 발견된 각인 유전자들 중 많은 수가 성장, 특히 자궁 내에서의 성장에 관여하고 있느냐는 것이었다. 임신과 수유 기간의 성장이 어머니의 신체적 자원의 소모라는 대가로 이뤄진다는 점에 비춰, 헤이그는 부모-특정 유전자들이 드러내는 광기가 유전자 자신의 이익을 도모하는 방법을 보기 시작했다.

생쥐와 같은 동물에서는 서로 다른 수컷들이 한 암컷을 임신시키며, 아버지에 의해 각인된 유전자는 어미로부터 최대한 많은 자원을 끌어내는 데 아무런 '양심의 가책'도 보이지 않는다. 그 임신은 심지어 미래의 번식 능력을 고갈시킬 수도 있다. 보다 검소한 발달을 암호화하고 있는 모계 각인 유전자가 이 효과를 상쇄할 것임에 틀림없다. 왜냐하면 수컷들은 단혼적인 짝짓기 체계에서 진화했을 경우에만 (그들이 공유하는 단일한 새끼 무리에 어미가 투자하는 기간을 넘어선) 짝의 미래의 안녕에 대해 이권을 가질 것이기 때문이다. 하지만 이런 짝짓기 체계는 생쥐에게는 해당 사항이 없다.[26]

1996년 무렵 셜리 틸만(Shirley Tilghman)을 비롯해 프린스턴 대학교에 있던 다른 분자 유전학자들은 헤이그의 예측을 검증하기 위해 유전적으로 특수 설계한 생쥐 혈통을 갖고 일련의 실험들을 수행했다. 헤이그의 눈에는 거칠고 희미한 단상에 지나지 않는 것처럼 보였던 생각이었지만, 유전자가 어느 부모로부터 왔는지의 여부는 태아가 성장하는 정도를 정확하게 예측해 주었다.[27] 해당 유전자 좌위(genetic locus)를 실험적으로 조작한 생쥐 배아는 모든 유전적 지시를 아비 또는 어미 둘 중 한쪽으로부터 받았다. 부계 각인 유전자가 자유롭게 발현되자 거대한 아기가 탄생했고, 이 아기는 출산 시 정상 체중의 130퍼센트 되는 체중을 갖고 있었다. 어머니 쪽 지시가 성장 요인을 독점하고 있던 태아는 정상적인 크기의 60퍼센트밖에 안 될만큼 축소되어 있었다.[28] 1998년에는 지금까지 보고된 것 중 가장 이상한 각인 유전자가 발견되었다. 메스트 유전자(*mest gene*)로, 아버지에게 물려받았을 때만 발현되며 어머니에게 물려받았을 경우에는 한 번도 발현되지 않았다. 자신의 어미로부터 물려받은 유일한 메스트 유전자 사본을 갖고 있는 어미 생쥐는 모성 반응에 결함을 나타냈다. 특히 어미는 출산 후 태반을 먹지 않음으로써 태아 정치 선동의 마지막 복용량을 먹지 않고 넘겼다.[29]

헤이그는 어머니와 선조로부터 물려받은 각인 유전자, 그리고 그로부터 "성공적인 임신 결과를 위해서는 필수적인 것처럼 보이는 대립적 힘들의 상호 작용"을 간직하고 있는 각각의 태아에게 전수된, 상충되는 정책들의 긴 역사를 제대로 맞춘 것처럼 느꼈다.[30] 그것은 줄다리기 선수가 자신과 더불어 줄을 당기고 있는 맞수와 반대 방향으로 줄을 당기며 자신을 조절하는 것과 같았다. 헤이그는 이따금 발생하는 병리 현상을 포함해 임신 과정에서 드러나는 훨씬 더 수수께끼 같은 비효율성의 일정 부분은, 실제로 상충하는 정책들이 형성해 온 긴 역사의 부산물이라고 보았다. 참여자들은 더 이상 똑바로 서 있지 않았고, 한 방향 또는 반대 방향으로 매우 비스듬히 서 있어, 줄다리기가 중단되면 쓰러져 넘어질 것만 같았다.

태아의 공급 경로

경쟁적 이해관계에 대한 개념은 헤이그를 어머니와 포유류 태아 사이에 형성되는 일차적 자원 전달 알선 기관, 즉 태반으로 이끌었다. 헤이그는 어머니로부터 추가적인 자원을 끌어내 수컷의 자손에게 공급해 주는 경향을 지닌 부계 활성 유전자가 존재한다면 태아로 향하는 공급 경로를 살펴보아 확인할 수 있을 것이라고 추론했다.[31]

산부인과 의사들은 오랜 동안 태반을 "어머니라는 유기체를 너무 자주 무시하는 무자비한 기생적 기관으로 태아의 유지와 보호를 위해서만 존재하는 것 같다."고 말해 왔다.[32] 의사들은 일단 착상이 이뤄지면 어머니가 임신을 그만둘 수 있는 선택의 범위가 급격하게 좁아진다는 점을 인식하고 있었다. 태반이 임신을 유지하게 하는 호르몬을 분비하기 때문이다. 어머니의 뇌하수체 권위를 강탈한 태반은 융모막성 생식선 자극 호르몬(chorionic gonadotropin)이라는 이름의 호르몬(초기 임신 진단 키트에 흰 줄무늬가 형성되도록 하는 호르몬)을 대량으로 합성하며 임신을 지속시키는 호르몬을 어머니의 혈류 속으로 흘려 보낸다. 결과적으로 태아는 12주가 지나게 되면 어머니의 신체에게 임신을 지속하도록 명령하는 군건한 위치를 차지하게 된다.

다음 단계는 잘 계획된 군사 침략과 마찬가지로 공급책을 마련하는 것이다. 갈라고원숭이와 같은 원원류를 포함한 일부 포유류에서는 비교적 '덜 침략적인' 태반이 어머니의 자궁 속 샘이 분비한 영양분('자궁 젖(uterine milk)'이라고 일컬어짐)을 흡수한다. 생쥐, 박쥐, 아르마딜로, 그리고 '고등한' 영장류(원숭이와 유인원)를 포함한 다른 종들에서는 태반이 어머니의 혈류 속으로 직접 뚫린 수도꼭지를 갖도록 진화되었다. 자궁 내막에 배가 착상하게 되면 세포가 뻗어 나가 어머니와 성장 중인 배를 분리하는 벽을 파괴하며 자궁 내막의 나선 동맥(endometrial spiral arteries)을 개조하여 혈관의 직경을 확장시키기도 한다. 어머니는 배에게 영양을 공급하는 혈관을 수축시킬 능력이 없기 때문에, 헤이그의 표현을 빌리면 어머니는 "자기 자신의 조직을 굶기지 않고서는 태반으로 향하는 영양분의 흐름을 조절할 수 없다."[33] 따라서 태아는 자기 자신의 자원 공급에 상당한 통제력을 얻게 된다.

인간에서는 임신 8주째가 되면 태반은 완성품 전체 대비 85퍼센트라는 엄청난 양을 합성해 낸다. 융모(태반의 흡수 면적을 증가시키기 위해 배아가 막의 외부로 내보내는 손가락 모양의 돌출물)는 끝에서 끝까지 총 30마일(약 4.8킬로미터)의 거리를 뻗어 나간다. 일단 이 거대한 하부 구조가 공급 경로의 보호를 받게 되면, 어머니가 영양실조가 아닌 한에서는 태아가 자라나기 시작한다. 주변에 자원이 별로 없으면 태반은 여전히 크게 자라나지만 아기는 작은 채로 남는다. 태아 발달 전문가들은 영양실조에 걸린 태아가 보이는 가장 분명하고 일차적인 특징은 거대한 태반이라는 결론에 도달하게 되었다.[34]

출산일 등을 둘러싼 어머니-태아의 협상

미성숙한 아이가 자궁 내에 남아서 이득을 보게 됨에 따라 어머니의 골반은 어머니와 아이 양측 모두가 위험에 처하기 전까지 임신이 지속될 수 있는 기간의 한계를 설정한다. 정확한 출산 시기는 배아의 요구, 그리고 어머니와 아기 모두가 살게 될 환경을 어머니가 분석한 결과값 사이에서 협상을 거친 타협안으로 간주될 수 있다. 양과 원숭이의 자료를 근거로 추정해 보면, 아기의 뇌가 에스트로겐 생산을 증가시키는 신호를 보낸다고 추측해 볼 수 있다.

태반에서 분비된 에스트라디올(estradiol)은 호르몬인 옥시토신과 신호 분자(프로스타글란딘(prostaglandin)이라고 부름)의 생산을 자극하는데, 이 물질들은 분만 과정에서 근육 수축을 상호 조율한다. 하지만 옥시토신 수치를 궁극적으로 조절하는 쪽은 어머니로서, 이를 통해 어머니가 정확한 출산 시각을 통제하게 된다. 영장류에서는 출산이 어머니와 자신의 집단이 최저 활동량을 나타내는 시간대(주행성 영장류에게는 밤)에 시작

된다. 이렇게 하면 분만이 안전한 장소에서 이뤄질 가능성이 높아진다[35]
(왜 그런 일이 발생하는지는 모를 수 있지만, 병원 분만실에 근무하는 사람들은 분만이 밤에
최고조를 이룬다는 예상치를 갖고 있다.).

 사회 생물학자들이 어머니와 어머니 몸 안에서 발달 중인 태아 사이의 상호 작용이 조화롭지 않을 수도 있다는 음울한 이야기를 꺼내기도 전에, 여러 세대에 걸친 병리학자들은 자신들에게는 그저 태아로부터 분화된 세포가 어머니의 자궁 내막에 '침입'하는 것처럼 보일 뿐이었던 현상을 기술하는 데 진작부터 전쟁 용어들을 찔러 넣고 있었다. 제1차 세계 대전 발발 직전에 한 병리학자가 《대영 제국 산부인과 및 부인과학 학술지(*Journal of Obstetrics and Gynaecology of the British Empire*)》에 썼던 말을 빌리면, "경계 지역은 태아와 어머니 조직 사이의 분할을 표시한다.…… 이곳은 어머니의 세포와 그에 침입하는 영양 배엽(trophoderm) 사이에 갈등이 발생하는 전선으로 양측 모두의 시체가…… 깔려 있다."[36] 헤이그는 군사 용어를 사용해서 태반을 기술한 첫 번째 인물은 아니었지만, 이 비유가 유용하다는 사실을 발견했다.

 헤이그는 태반이 본래 진화했던 세계는, 어머니가 예측 불가능하지만 주기적으로 발생하는 기근을 경험했고, 현재 자손에 대한 투자가 어머니의 미래 번식력을 감퇴시켰던 세계였다고 추측했다. 그런 상황에서는 각자가 독립된 선수였다. 출산 후에는 어머니의 경제 논리를 기만하기 위한 영아의 책략이 떼쓰기를 비롯한 다른 행동들을 통해 전개된다. 출산 이전 태아는 더 많은 몫의 자원을 낚아채려 하는데, 태반을 관통해 어머니의 혈류 속으로 흘러 들어가는 화학적 전령이 이 과정을 매개한다. 하지만 정상적인 상황에서는 휴전할 수밖에 없게 된다. 헤이그는 그 이유를 태아가 현재와 미래에 양육자에게 의존하고 있기 때문만이 아니라, 태아의 탐욕에 맞서기 위해 진화한 모계 각인 유전자가 태아 내

에 심어 둔 "제5열"이 있기 때문이라고 추론한다.

상호 충돌하는 정책이 누적된 이 역사를 통해 다양한 의학적 병리 현상들을 설명할 수 있다. 예를 들어 부계의 명령이나 모계의 대항 명령 중 어느 한쪽이 유전적으로 삭제되는 경우와 같이, 한 측 또는 다른 한 측이 실제보다 적게 표현되면 심각한 파장이 생겨날 수 있다. 태반이 생산하는 인간 태반 락토겐(human placental lactogen)과 같은 호르몬은 어머니 혈류 속의 포도당과 같은 영양소의 양을 증가시킨다. 이러한 호르몬의 정치 선동이 사라지면 어머니는 훨씬 더 강한 자신의 지시를 따를 수밖에 없는 상황이 된다. 이는 바로 더 많은 인슐린을 요청하는 작업 명령이다. 어떤 이유로 해서 어머니의 몸이 대기 중인 태아의 명령에 맞서는 데 실패하면, 태아가 요청하는 고당질 혈액의 부산물로 인해 당뇨라는 불행한 사태가 발생할 수 있다. 자간전증(子癎前症, preeclampsia)이라고 알려진 임신 고혈압과 같이 어머니와 태아 모두에게 해로운 결과는, 영양 공급을 제대로 받지 못한 태아가 영양소 공급을 증가시키기 위해 벌이는 최후의 노력을 반영하는 것일 수 있다. 출산 시 체중이 가벼운 영아는 나중에 고혈압으로 고생할 가능성이 특히 높다. 어떤-대가를-치르더라도 맹렬히 생존하는 태아의 책략(배가 굶주리는 것을 막기 위해 어머니의 혈압을 증가시키는 것)은 어머니에게서 즉각적인 요금을 거두어들이는 데서 멈추는 것이 아니라, 출산 이후의 배아에게도 영아기로부터 성인기까지 평생에 걸친 고혈압을 안겨 주며 지속적인 요금을 거둬들일 수 있다.[37] 놀랍게도 50세에 고혈압이 발병할 가능성은 태반의 무게와 출산 시 체중을 결합한 측정치로 가장 잘 예측된다(또 무엇이 있겠는가?).[38]

태반 섭취(placentophagia, 출산 후 태반을 먹는 것)에 관련된 유전자가 아버지로부터 딸에게 전수되었을 때에는 발현되지만 어머니로부터 딸에게 물려졌을 때는 발현되지 않는 이유를 궁금해 하는 사람(나처럼)이라면,

태반이 태아의 이해관계를 개선하는 데 차지하는 역할을 반드시 참작해야 한다. 하지만 나는 유전적으로 각인된 메스트 유전자와 관련해 무슨 일이 벌어지고 있는지 이해하려 하면 할수록 더 미궁 속으로 빠져들 수밖에 없었다. 출산 이후에도 딸이 태아일 당시 내놓았던 정치 선동의 영향권에 계속 있을 때, 어머니보다는 아버지에게 더 이득이 되는 경우는 어떤 것일까? 이야기에서 어떤 부분이 아직도 빠져 있는 것일까? 여기에 대해서는 아직 알아내야 할 것이 많다. 이처럼 발달에서 불가사의한 측면은 이제 막 연구되기 시작했을 뿐이다. 하지만 10년 전에는 이런 연구를 상상도 못했다. 각인 유전자에 대한 연구는 이후 수십 년에 걸쳐 성적 상호 작용, 그리고 모계와 부계 이해관계 간 경쟁의 역동성을 엿볼 수 있는 완전히 새로운 창을 열어 줄 것이다.

그렇게까지 유기체(서로 간에 벌어지는 경쟁이 서로를 무효화시키며 스스로에게 봉사하는 '복제자들'을 운반하는 무의식적 '운반체')에게 해로운 결과가 설계의 산물이라고 주장하는 것은 아니다. 그러한 결과가 어머니가 자신의 짝 또는 태아와 필연적인 대립 관계에 있다는 사실을 뜻하는 것도 아니다. 양 부모, 그리고 그보다 어머니와 태아는 좋을 때나 나쁠 때나 같은 팀에 소속된, 자기이익에 밝은 구성원이다. 트리버스가 수십 년 전에 주의를 주었던 것처럼 "연관되지 않은 개체들 사이의 갈등과는 달리, 부모-자식 갈등은 부모와 자식 사이의 가까운 유전적 관계로 제한을 받게 된다."[39]

(어머니가 풍부한 음식을 확보하고 손실을 회복하기에 충분한 출산 간격을 두고 있을 때처럼) 상황이 '좋을 때'인 한 모든 일이 순조롭게 진행된다. 팀이 승리를 거두고 있을 때는 양측 모두가 잘 지낼 수 있다. 하지만 인간은 어느 쪽도 일이 순조롭게 진행될 것이라고 믿을 수 없는 예측 불가능한 세계에서 진화했다.

어머니-태아 갈등을 맥락화하기

가장 친밀한 인간관계를 묘사하는 진자는, 태아가 조용히 '어머니가 들이쉬는 모든 숨과 어머니가 먹는 모든 식사를 나누는' 조화로운 관계로부터, 일부 목표는 공유하지만 나머지 목표는 공유하지 않는 선수들로 구성된 한 개의 팀임을 강조하는 포스트-트리버스식 관점으로 이동해왔다. 어머니와 태아 사이에 분열된 이해관계는 가장 선정적인 묘사 속에서는 "자궁 속의 전쟁"이다.[40] 눈에 확 띄는 이 보도 영상에서 빠져 있는 부분은, 임신의 위험과 비효율성에 대한 헤이그의 진화적 설명이 함축하고 있는 어머니, 아버지, 그리고 태아의 척도와 대항 척도 사이의 복잡한 변증법적 역사다. 초기에 자연 발생적으로 유산되는 염색체 결함을 지닌 태아조차 자신을 철수시키려 하는 어머니와 (은유적인 수준에서조차) 총력전 상황에 있지는 않다. 유전적으로 생산된 일부 특징들은 확실히 전쟁 상태에 있지만 말이다. 아마도 생존력이 더 클 어머니의 다음 차례 임대 계약자는 동 계통에 의해 동일한 유전자를 많이 공유하고 있을 것이다. 이것은 각각의 편이 유산과 지속에 대해 서로 다른 임계점을 갖고 있는, 상당히 미묘한 분쟁에 해당한다. 상황에 따라 여러 지점에서 갈등이 표출되거나 협동이 증진될 수 있다.

어머니-영아 갈등은 얼마나 불가피한가? 그러한 갈등이 사회적이고 생태적인 환경에 많이 의지하고 있음을 환기시키는 이론가들의 경고는 오래 지속되지 않았다. 경고의 목소리 중 하나는 실제 세계에서 어미와 유아를 연구했던 영장류 사회 생물학자인 진 알트먼의 목소리였다. 그녀는 유전자가 이기적이건 의회적이건 유전자 자체에는 별로 흥미가 없었고, 개체들이 어떻게 행동하며 어떻게 행동을 '지역 생태' 속에 위치시킬 것인지에 관심이 많았다. 그녀는 "부모-자식 갈등"에 대한 트리버스의 1974년도 논문에 조용히 동조하며, 어미와 영아 사이의 유전적 연관 (동 계통에 의해 50퍼센트의 유전자를 공유하는)보다는, 시간이 부족한 어미와 의존적인 유아에 의해 계산된 타협의 세계에 들어가는 '비용'과 '이득'의 함수로 돌아갔다.

알트먼은 트리버스가 부모-자식 갈등을 개념화하는 독창적 방식을 존경하기는 했지만, 그보다는 발달과 개체 삶의 특수성 등 '배후의 수수께끼'에 더 많은 주의를 기울이길 원했다. 이론가들은 아무도 볼 수 없는 유전자의 가설적 효과에 초점을 맞췄던 반면 현장 연구자들은 자신들이 매일 관찰하는 개체들에 초점을 맞추었다. 동물이 생존과 번식을 지속하지 않는 한, 이 보이지 않는 이기적 유전자들이 무엇에 목을 매거나 무엇에 승복하는지는 거의 문제가 되지 않았다.

알트먼에게 유전자는 자신이 만들어 내는 특질에 따라 서로 다른 비율로 복제되는 분자적인 첨가물 이상이 절대 아니었다. 그녀는 트리버스가 힘을 기울여 강조하는 방향에 대한 응답으로 그와는 반대 방향, 즉 어미와 영아의 합의 사례들을 강조하며 자신만의 길을 갔다. 일부 사람들은 그녀가 너무 멀리 가 버려 갈등은 거의 언급도 하지 않았다고 주장한다. 하지만 그것은 비효율적인 변증법을 거쳐 (진화와 같은) 과학이 진전되는 방식 중 하나이다. 암보셀리에 있던 비비들 중 일부는 ('2살배기(인간)와 똑같이') '정말로 굉장한' 떼쓰기를 했다. 하지만 그녀는 다른 영아들은 자발적으로 젖을 뗐다는 점을 강조했다.[41]

알트먼은 비비가 아기를 만드는 것 이외에도 할 일이 많다는 사실을 알고 있었다. 한 마리의 어미는 일상적으로는 매일의 23퍼센트를 안전한 피난처에서 먹이를 먹는 장소로 걸어가는 데 보내며, 55퍼센트는 아카시아콩꼬투리를 줍거나 풀잎에 가장 풍부하게 영양분이 저장되어 있는 땅 밑 덩이뿌리를 파내는 데 보낸다. 이제 낮 시간은 '여가'에 해당하는 20퍼센트 정도만 남겨 두고 있는데, 휴식과 털 고르기를 위해 필요한 시간은 여기 포함되어 있지 않다. 하지만 이 행동들은 선택에 의한 활동이 아니라 필수적인 활동들이다. 대부분의 일하는 엄마들과 마찬가지로 '이중 임무'를 수행하는 비비 어머니의 삶에서 게으름이란 거의 없다. 비비 아기가 보다 많은 젖을 요구하는 유전적 경향을 갖고, 어머니로부터 더 많은 젖을 끌어낼 수 있다고 가정해 보자. 어미에게 그렇게 탐욕적인 식객을 지원하기 위해 추가적인 열량을 모을 수 있는 시간이 대체 어디 있을까? 어미로부터 보다 많은 것을 끌어내는 것은, 속담처럼 벼룩의 간을 내어놓는 것과 같다. 태어난 모든 비비의 절반가량은 생애 첫 2년 안에 죽으며 어미가 그들의 생존을 위해 무엇을 더 할 수 있는지는 확실치 않다. 젖을 떼지 않은 영아를 달고 있는 이 어미들은 새끼라는 짐이 없는 암컷들에 비해 2배 높은 사망률을 이미 겪고 있다.[42]

어미와 영아 모두에게 생존은 새끼에게 수유 중일 때 다시 임신하는 것을 막아 주는 시상 하부 되먹임 고리에 의존하고 있다. 하지만 출산 간격이 짧아지면 불안정한 합의를 체결한 두 명의 보험업자 모두가 문제에 처하게 된다. 그래서 이 비비 개체군에서는 어미 비비가 5개월째 젖을 떼려 서두르는 법은 없다. 사실 이 문제를 두고 싸울 힘도 없다. 이미 (비비치고는) 긴 출산 간격을 지녔다는 특징을 갖는 이 개체군에서, 어미는 이미 생리적인 한계에 도달해 있기 때문에 대놓고 싸울 동기는 불명확하다[43] (자궁 안에 있는 태아와 어미 사이에 숨겨져 있는 갈등은 알트먼의 관심사는 아니었다).

영아가 자진해서 젖을 뗄 때

정확히 언제 젖을 뗄 것인가는 섬세한 문제다. 어미가 너무 일찍 젖을 뗄면 아기가 죽는다. 하지만 너무 오래 수유를 지속하면 둘 다 죽는다. 이것은 젖 떼기 연령이 놀랄 만큼 협상 가능한 문제로 드러나는 이유 중 하나일 것이다. 어미가 환경 조건에 반응함에 따라 어미의 상태에 대한 정보가 영아에게 소통된다. 이와 유사하게 영아의 영양학적 필요에 대한 정보가 영아가 젖을 빠는 빈도와 강도를 통해 난소로 되돌려 전달된다.

각각은 상대방의 상태에 반응한다. 예를 들어 매딩글리(이전에는 볼비의 생각을 검증하기 위해 마련되었던 바로 그 동물 연구소)에 있는 몽세라 고멘디오(Montserrat Gomendio)와 그의 동료들은 영아가 고형식을 소화하기 위해 필수적인 효소 수크라아제(sucrase)를 생산하며 스스로 젖 뗄 준비를 한다는 사실을 밝혀냈다. 시기는 어머니의 상태에 따라 이를 수도 있고 늦을 수도 있다. 어미가 다시 임신하게 되면 새끼는 이른 젖 떼기를 준비하기 위해 수크라아제를 생산하기 시작한다. 다만 그들이 어떻게 '아는지'는 수수께끼로 남는다.

영아는 일찍 젖 뗄 준비를 '자진해' 하는 것으로 드러난다. 하지만 만약 실험적으로 어미에게 음식을 주지 않고 그 결과 새끼들이 적절하게 성장할 수 없게 되면, 어미들은 새끼에게 좀 더 오래 젖을 먹임으로써 보충한다. 이들 새끼는 나중에 수크라아제를 분비하며 젖을 떼지만, 이유 당시 몸무게는 잘 먹은 어미가 낳은 영아와 동일하다.[44]

어머니의 상태에 맞춰 조절하는 영아, 그리고 그 반대의 경우에도, 서로에 대한, 그리고 주위 세계에 대한 그들의 지식은 불완전할 수밖에 없다. 전반적으로 어미가 새끼에 비해서는 경험이 많고 현재와 미래의 환경 조건에 대한 정보를 보다 직접적으로 입수할 수 있다. 하지만 비가 언제 올지, 그리고 언제 아카시아가 꽃을 피워 막 젖을 뗀 새끼가 먹기에 적합한 부드러운 먹이가 될지는 어느 쪽도 모른다. 알트먼이 기억했던 것처럼 "어미는 영아에게, 영아는 어미에게 부분적으로만 예측할 수 있는 다양한 환경 변수들 중 하나이며, 미리 결정되어 있는 상수는 아니다."[45]

유전자 이론가들의 통찰이 얼마나 현명했는지는 몰라도, 생태학적 유리 천장에 해당하는 것이 개체들의 머리를 무겁게 짓누른다. 또는 헤이그가 이야기하는 것처럼 "개체의 이익을 유전자의 이익과 등치시키는 것은 개념적인 오류이다. 우리 유전자의 목적은 우리의 목적과 같지 않다."[46]

· · · · ·

알트먼은 어미와 영아 사이의 타협으로 도출된 합의에 대한 자신의 관점을 비비가 삶을 꾸리고 있는 지역 '경제'에 위치시킨다. 이 세계는 강수량, 이용할 수 있는 식량, 인구 밀도, 그리고 이동 거리에 의해 형성되는 세계다. 그녀의 모델은 예측할 수 없는 생태계에 사는 인간 수렵-채집자들에게도 잘 적용된다. 유목하는 !쿵 사람들의 경우 아기를 안전하게 숨겨 둘 장소가 없는 채집자 어머니에게 부과되는 최적의 출산 간격은 4년이며, 생애에 걸쳐 5명 이상의 아이를 낳는 여성은 거의 없고, 태어난 아이들 중 절반만이 생존 가능성이 있다(이 사망률은 암보셀리의 비비와 비슷하다.).[47] 하지만 다른 수렵-채집 집단에서는 체류지에 대행 어머니가 있는 곳, 그리고 부드럽고 영양이 풍부한 이유식을 이용할 수 있는 곳, 또는 어머니의 영양 상태가 보다 좋은 곳에서는 출산 간격이 더 짧다. 6개월이라는 이른 나이에 젖을 떼도 영아는 여전히 살아남을 수 있다. 하지만 동생이 갑자기 생기게 되면 어머니에게는 연속적인 신생아 위기가 닥쳐오게 되며, 어머니는 자신이 낳은 영아 모두에게 몰두하는 것이 아니라 다양한 수준으로 방치하게 된다. 역량이 강화된 배아가 일단 냉정하고 거친 세계에 태어나게 되면, 그리고 자신의 대행자인 태반에 연결해 주는 탯줄이라는 생명줄이 끊기게 되면, 음식, 보금자리, 그리고 온기와 같은 필수 요건에 대한 영아의 통제력이 감소하게 된다. 그 시점에서 역량이 강화된 태아는 간청하는 입장에 놓이게 된다.

아기가 자궁 근육에 의해 추방될 무렵이면, 수태되어 있던 에덴으로부터 유배를 떠날 준비를 해야만 한다. 호르몬으로 역량을 강화하고 확고한 방비책을 갖고 있으며 어머니의 몸 안에 완전한 거주권을 갖고 있던 아기의 지위는 가난하고 헐벗었으며 이족 보행조차 못하는 다리 둘 달린 거지로 하락한다. 신생아는 누군가가 자신을 안아 올려 주어 자신의 체온을 유지하고 젖을 빨기 위해 호소해야만 한다. 모든 것이 훨씬 덜 당연한 세계에서 영아가 대면하게 되는 것은 대개 운의 문제다. 하지만 신생아가 시도해 볼 수 있는 몇 가지 속임수가 남아 있다. 예쁘게 보여서 출생 당시부터 어머니를 사로잡는 것이 이 속임수 중 하나다.

19장

왜 사랑스러워야 할까?

이 유인원의 우화는, 두 아이를 데린 유인원이 있었는데 하나는 미워했고 하나는 사랑하여 이를 품에 안고 개 앞에서 도망을 쳤다. 다른 하나가 어미가 자신을 뒤에 두고 떠난 것을 보자 어미의 등에 올라탔는데 어미 유인원은 품에 안고 있는 이 작은 유인원을 (도망치는 것을 방해했기 때문에) 바닥에 떨어뜨렸다. 어미가 미워했던 다른 하나는 붙잡고 있었기 때문에 도망칠 수 있었다.

— 기원전 620년, 『이솝 우화』에서

(윌리엄 캑스턴(William Caxton)이 1483년에 그리스어 원전을 번역함)

"쇠물닭처럼 머리가 벗겨진"이라는 표현에 대해 궁금증을 품었던 사람이거나 정수리가 벗겨져 덜 예뻐 보이지나 않을까 걱정해 본 사람이라면 우리 집 근처 연못에 있는 자그마한 쇠물닭을 봐야 한다. 이들은 생계 벌이를 위해 연못에 잠수하는데, 내가 다가가면 신기하게도 가라 앉았다가 갈대밭에서 수줍게 솟아오른다. 미국쇠물닭 풀리카 아메리카 나(*Fulica americana*)는 캐나다로부터 멕시코에 이르는 지역에 서식한다. 이 쇠물닭은 낭비적으로 알을 낳아서, 죽은 풀로 만든 떠다니는 둥지들 여 기저기에 7~13개의 알을 낳는다.

새에서의 동기 경쟁

다른 많은 새들과 마찬가지로 쇠물닭은 부모가 성공적으로 기를 수 있 거나 기르려고 하는 새끼의 수보다 많은 수의 알을 낳는 것이 일반적이 다. 쇠물닭은 조류학자들이 "새끼 무리 감축(brood reduction)"이라는 불길 한 이름을 붙인 행동을 한다. 새끼들 중 3분의 1에서 절반가량이 둥지 를 떠나기 전에 굶어 죽는다. 집에서 벌어지는 거친 경쟁은, 병아리 쇠물 닭이 끝내 주는 복장까지는 아니더라도 근사한 연회에 걸맞는 복장을 하고 태어나는 이유를 설명해 준다. 새끼들은 흰 빛의 부리만 두드러지 는 우중충한 검정색의 부모들과는 확연히 다른 모습으로 태어난다. 아 기 쇠물닭의 몸을 앞에서 보면 두드러진 오렌지색 털로 덮여 있다. 눈과 붉은색 부리의 끝은 산호 구슬처럼 모여 밝게 빛나는 돌기들에 둘러싸 여 있으며, 거의 벗겨진 정수리는 선홍색 광채를 발한다. 이들은 부모의 주목을 끌 수 있을 만큼 현란하지만, 이 현란함은 갓 깨어난 병아리들이 포식자의 눈에 잘 띄게 할 가능성도 지닌다.

데이비드 랙이 오래전 다른 새끼 무리 감축 종에서 관찰했던 것처럼,

그림 19.1 12세기 영국의 동물 우화집 삽화(앞의 인용문 참조).

어미 쇠물닭은 여러 날에 걸쳐 알을 하나씩 낳지만, 낳자마자 곧바로 품기 시작해 처음 낳은 알이 유리한 출발선상에서 먼저 깨어나게 한다. 늦게 부화한 새끼들은 심하게 뒤쳐져 있다. 작은항라머리검독수리(lesser spotted eagle)처럼 동기 살해(siblicide)가 의무적인 종에서는 처음 부화한 새끼 독수리가 매번 동생을 쪼아 죽인다.[1] 아마도 부모는 이 추가의 알을 보험을 드는 셈치고 낳았을 것이다. 첫 번째가 결함이 있거나 병에 걸리거나 포식자에게 잡아먹힐 경우를 대비하는 것이다.

순차적 부화(staggered hatching)로부터 가장 큰 이득을 보는 것은 나이 많은 병아리들이다. 성공적인 자손을 낳으면 부모 역시 이득을 본다. 따라서 부모는 손위가 손아래를 쪼아 죽이는 데 절대 간섭하지 않을 만큼 충격적인 무관심을 보인다. 마지막에 깨어난 병아리들은 패배자들로,

기적이 일어나기를 기다리는 것밖에는 거의 아무것도 할 수 없는 위치에 있다(손위 새끼가 불행한 일을 당하는 것도 이 시기에는 먼 훗날의 가능성일 뿐이다.).

몇몇 동기 살해 종(백로(egret)와 같은)에서는 먹이가 부족할 때에만 하나 또는 그 이상의 병아리가 죽임을 당한다. 나이가 더 많은 병아리가 약한 병아리를 괴롭히면 약한 병아리는 겁에 질려 굶어 죽게 된다. 다른 동기 살해 종에서는 여러 개의 알을 낳지만 이들 중 오직 하나의 새끼만이 반드시 죽임을 당하게 된다. 이러한 의무적 동기 살해 종은 독수리, 펠리칸, 두루미, 부비새, 펭귄처럼 몸집이 큰 육식성 새인 경향이 있다. "의무적 동기 살해" 종의 과학적 정의를 충족시키기 위해서는 모든 새끼 무리들 중 90퍼센트 이상의 무리에서 감축이 일어나야 한다.[2] 일반적으로 가장 마지막에 깨어난 병아리는 으뜸 병아리(alpha chick)의 대체물로 길러졌을 때에만 살아남을 수 있다.[3]

첫 번째와 마지막 알을 낳는 간격이 길어지면 길어질수록 보험용 알이 필요할 때 대타를 구하는 데 더 오랜 시간이 걸리며, 처음 부화한 새끼가 발육이 부진한 새끼들보다 크게 자라는 데도 더 긴 시간이 주어진다. 이들 골목대장은 먼저 출발했기 때문에 졸개를 신속하게, 그리고 살아남은 병아리와 부모의 관점에서 볼 때는 효율적으로 처리할 수 있다.[4] 하지만 나중에 태어난 새끼들의 죽음이 꼭 앞서 결정되어 있지 않은 종에서는 만약 먹이가 풍부한 것으로 드러난다면 부모가 전체 새끼 무리를 길러 낸다.[5]

불평등을 확대할 것인가, 최소화할 것인가?

추측하기에 어미 새가 여러 날에 걸쳐 알을 낳았던 최초의 이유는 에너지 제약과 어미의 과잉 헌신이 가져오는 위협 때문이었을 것이다. 일단 확립되면 비대칭적인 부화를 하게끔 하는 이 순차적 알 낳기는 처음에 깨어난 자식이 다른 동생들 모두를 제압하는 무대를 만든다. 그 지점에서 보면, 결과로서 생겨나는 동기들 간 불평등을 악화시키거나 완화시키는 부모 행동 중에서 어느 한쪽을 선호하는 자연선택이 발생할 기회가 있다. 예를 들어 어미는 첫 번째 알을 곧바로 품기 시작하며 처음으로 낳은 알이 다른 알에 비해 먼저 부화하도록 하는 것이다. 일부 새들에서 어미는 처음 낳은 알의 노른자에 공격성을 유발하는 안드로겐(androgen)을 더 많은 양으로 넣어 둠으로써 손위 대장을 선호하는 방향으로 추를 움직이도록 진화했다. 여기서부터 병아리들은 쪼아 대기 시작하며 미리 예정된 결과를 향해 가고, 부모는 이 난투극에서 멀찍이 떨어진 채 수수방관할 뿐이다.[6]

하지만 내 친구 쇠물닭과 같은 다른 새들은 편차를 **강화하기보다는 평준화하는** 방식을 택했다. 어린 병아리들이 손위 경쟁자들과 공존할 수 있게 하는 것이다. 쇠물닭 부모는 강한 녀석이 지배하도록 내버려 두기보다는 나중에 태어난 새끼들에게 신경 써서 먹이를 챙겨 주며 약한 경쟁력을 보충해 준다. 쇠물닭 병아리의 예쁘장한 신생아 깃털 장식은 점차 변태하여 3주의 간격을 두고 눈에 덜 띄고 보다 안전한 표준적인 회색의 성체 유니폼으로 바뀐다. 이 지표는 부모에게 병아리의 나이를 정확히 알려 준다. 가장 예쁘장한 새끼를 선호하는 부모들은 가장 어린 것을 확실히 가려내어 먹인다. 둥지에 있는 모든 병아리들이 나이를 먹어감에 따라 점점 어두침침해진다. 퀘이커교도의 복장 같은 회색에서 출발해 성숙하면 검정색이 되는 것이다. 신생아의 빛깔에 대한 부모의 선호도 점차 시들어 간다.

쇠물닭 부모만이 열위 새끼를 도움으로써 포스트-계몽주의적 이상에 무의식적으로 합류하게 된 유일한 새는 아니다. 카나리아 어미는 다른 방법을 통해 자식에 대한 투자를 평준화한다. 어미들은 마지막으로 낳은 알 노른자에 테스토스테론 추가분을 첨가한다. 그리고 알이 깨어나면 어미는 나이가 더 많은 새끼가 아니라 배가 더 고픈 새끼에게 더 많은 음식을 준다.[7]

사회 생물학자 더그 모크(Doug Mock)는 나중에 낳은 카나리아 알에 테스토스테론 추가분이 포함된다고 쓴 허버트 슈바블(Hubert Schwabl)의 보고서를 읽자마자, 자신이 연구하고 있던 백로 어미가 새끼 무리를 상당히 다른 방식으로 관리하고 있다는 가설을 세웠다. 그는 여러 해 동안 동기 살해를 연구하고 있었는데, 부모가 나이가 더 어린 새끼들을 보호하는 것을 한 번도 본 적이 없었다. 모크와 오클라호마 대학교에 있던 그의 동료들은 슈바블과 공동 연구를 하여 동기 살해를 하는 백로에서 **첫 번째로** 낳은 알이 더 많은 안드로겐을 지니고 있다는 사실을 발견했다. 모크와 동료들은 스테로이드 증가가 공격 성향을 증진시키며 손위에 의한 손아래의 지배를 더욱 더 촉진한다는 점을 생각했다. 하지만 불평등한 스테로이드 공급은 그저 우연의 일치일까? 동기 살해 특징을 지니지 않은 다른 백로 종에서 순차적으로 낳은 알에는 안드로겐 양이 똑같이 포함된다는 모크의 관찰은 우연일 가능성이 희박하다는 점을 보여 주었다.

함의는 고정되어 있지 않다. 만약 동기 살해 조류에서 대장에 대한 부모의 지원이 우연이 아니라면, 동기 경쟁의 강도와 결과는 부모에 의해 간접적으로 형성된다는 뜻이 된다. 알 낳기 간격이 생리적으로 주어진다는 사실을 고려해 보아도, 첫 번째로 낳은 알을 곧바로 품기 시작하거나 아니면 알을 전부 다 낳은 후까지 기다려 품어서 동시에 부화하도록 하는 결정은 여전히 어미에게 달려 있다. 또한 각각의 새끼에게 공격성을 증가시키는 호르몬을 같은 양으로 넣을 것인지 다른 양으로 넣을 것인지도 어미에게 달려 있다.

무엇이 부모에게 호소력을 지닐까?

어머니 대자연의 '나쁜 습관'은 무자비하게 행동하는 것만이 아니라 약한 자를 빨리 쳐 내는 것을 포함한다. 이따금 부모들 자신이 자연선택 수행자가 되어 미성숙한 개체들의 생존을 부모의 이해관계와 일치하게 편향시킨다. 부모는 이런 방법을 통해 일반적인 자연선택의 효과를 확대한다. 하지만 가장 어린 새끼를 선택적으로 먹이는 쇠물닭 부모들은 (카나리아처럼) 평등을 선택하고 있다. 그 수준은 약자를 보충하는 것에 이른다. 이는 새끼들에게 새로운 선택압을 만들어 낸다. 각 무리의 절반 이상이 굶어 죽게 될 경우, 알에서 깨어난 새끼들이 더 많은 먹이를 공급받을 수 있게 해 주는 특질이면 모두 강하게 선택될 것이다. 선택은 해당 특질이 보다 무력한 새끼를 보살피게 하는 경우에도 이루어질 것이다.

브루스 라이언(Bruce Lyon), 존 이디(John Eadie), 그리고 린다 해밀턴 (Linda Hamilton)으로 이뤄진 행동 생태학자 팀은 부모가 가장 어려 보이는(가장 절실한) 새끼들에게 선택적으로 먹이를 공급한다는 점을 밝혀냈다. 하지만 부모들은 어떻게 '아는' 것일까? 부모에게 호소력을 갖는 구체적인 특질이 있는 것일까? 이들은 성체와 새끼 사이에 있었던 작은 차이로 시작된 것이(어쩌면 모든 쇠물닭 종의 새끼들이 머리에 털이 빠진 부분을 지니고 깨어나는 경향일 수도 있다.) 도움을 필요로 하는 새끼가 발신하는 안정적 신호(스트레스 상태에 있는 새끼의 피부는 붉게 달아오른다.)와 결합되어 지속, 확대되었는지도 모른다. 그러한 스트레스 신호에 반응하는 부모들은 보다 높은 새끼 생존율을 지녔을 것이다. 부모가 보다 많은 먹이를 머리가 더 많이 벗겨지고 빛깔도 더 붉은 머리를 지닌 새끼에게 줬다면, 붉은색 그 자체가 매력적인 특질이 되었을 것이다. 따라서 가장 머리가 많이 벗겨지고 가장 붉은 머리를 지닌 채 태어난 새끼들이 살아남아 이 특질들을 전수했을 가능성이 있다. 여기서 '최적자 생존'은 비록 애걸을 할 만큼의 힘은 있지만 가장 어리고 가장 절실한 것처럼 보이는 이들의 생존을 의미한다. 당연한 결과지만, 실험은 쇠물닭 부모가 가장 밝은 색깔을 지닌 새끼를 선별해 먹인다는 사실을 밝혀냈다(도판 2를 보라.).[8]

부모들은 일부 자식을 선호하기 때문에 자식은 부모의 주목을 끄는 특질을 드러내 보이도록 선택되며, 아기 새들의 거대하고 크게 벌린 입(공들인 표시가 있는 경우도 있음)과 같이 과장된 신호가 산출되기도 한다. 암컷 공작새가 수컷 공작새 꼬리에 대해 선호 성향을 갖는 것과 흡사한 과정에 의해, 부모는 현란한 모습의 신생아를 선호하게 된다. 고전적인 성선택처럼 현란한 외양의 새끼는 더 큰 번식 성공을 대가로 얻는 것은 아니지만, 매력적인 새끼가 충분히 오래 생존하면 어느 날인가 그런 방식으로 모습을 뽐낼 수 있을지 모른다. 새를 만드는 것은 깃털 이상이다. 성공은 특정한 모습에 대한 부모의 선호에 달려 있다.[9]

영아적 특질의 고삐 풀린 선택

암컷이 예쁘장한 깃털을 지닌 수컷을 선택함으로써 진행되는 성선택의 가장 유명한 사례들처럼 '부모 선택'은 '고삐 풀린 선택'을 점화할 수 있는 잠재력을 지닌다.[10] 만약 부모가 예쁘장한 새끼를 선호한다면, 그들을 선호한 부모들이 선택된다. 이 부모들의 자식 중 살아남는 자식들은 훨씬 더 예쁘장했을 것이고, 예쁘장한 모습을 적절하게 지닌 새끼들을 낳고 그들을 선호하는 두 가지 특질을 모두 지닌 부모로 자라났을 것이다. 선택은 그 특질을 지닌 새끼들과 그 새끼를 선호하는 부모 모두를 선호하는 방식으로 이뤄진다. 나는 이후 인간 진화의 과정에서 어머니의 선호도가 더 살찐 아기가 선택되도록 하는 데 기여했을 가능성을 논의할 때 고삐 풀린 선택이라는 주제를 다시 다루려 한다.

영장류에서의 신생아 매력

초기부터 윌리엄 해밀턴은 성선택이 우리의 미적 감각을 형성했다는 가설을 제안했다. 그 자신의 시적 재능(일부 사람들의 제안에 따르면 이 재능은 노래와 같이 상대 성별 구성원에게 호소력을 가졌기 때문에 남성에게서 진화한 재능이다(가령 『연애(*Mating Mind*)』에 나오는 제프리 밀러(Geoffrey Miller)의 주장. ― 옮긴이).)을 과시하며, 해밀턴은 성선택이 아마도 "어떤 유용성도 넘어가는 수준으로, 밝고 변덕스러운 이 세계를 우리가 사랑하는 만큼 사랑할 수 있도록 우리의 지적 능력을 과잉으로 만들어 주는 데 한몫을 담당"했을 수 있다고 적었다. 하지만 만약 해밀턴이 옳다면, 특정한 영아적 특질에 대한 부모의 선호는 빛깔, 형태, 질감(큰 머리에 귀엽고 부드러우며 피부 빛깔이 엷고 그저 일반적으로 신생아스러운, 또는 '아기 같은')에 대한 인간의 취향 역시 형성해 왔을 것이 분명하다.[11]

예쁘장한 옷의 세계로 들어간 것은 새들만이 아니라는 사실은 놀랄 일이 아니다. 우리의 영장류 친척 중 일부 역시 금실을 뽑거나 눈을 흩뿌려 만든 듯한 옷을 입고 태어난다. 이 목록의 맨 위에는 거뭇거뭇한 리프몽키(leaf monkey, *Trachypithecus obscurus*)가 낳은 오렌지 색채의 금빛 새끼들이 있다. 반짝반짝 빛나는 금빛 새끼들은 크고 분필처럼 흰 원으로 테를 두른 눈으로 세계를 응시한다. 그 차림새가 너무나 눈에 띄기 때문에 세계는 열광한 채 새끼들을 바라볼 수밖에 없다(도판 3을 보라.). 아마 이런 이유 때문에 신생아 외피는 연구의 대상보다는 놀라움의 대상이 되어 왔을 것이다. 영장류 신생아 외피에 대한 연구는 거의 이뤄진 적이 없다.[12]

말레이시아 숲 속 나무그늘 높은 곳에서 이 휘황찬란한 금빛의 T. 옵스큐러스 새끼는 '감춰진 것' 빼고는 어떤 것이든 될 수 있다(학명인 '옵스큐러스'는 '감추어진'을 의미한다. ─ 옮긴이). 반면 거뭇거뭇한 회색의 어른들은 눈에 잘 안 띈다. 새로 태어난 아기들은 어미의 몸을 배경으로 하여 밝게 두드러져 보이기 때문에 0.5마일(약 800미터) 밖의 거리에서도 보인다. 이보다 더 장관인 것은 수마트라에 사는 그들의 친척인 주교관리프몽키(mitered leaf monkey)의 신생아 외피를 수놓고 있는 '십자가 무늬'이다. 신생아는 흰 빛의 털에 머리로부터 꼬리 끝까지 난 줄무늬, 그리고 그 줄무늬를 가로지르는 어깨 사이의 줄무늬를 지니고 태어나는데, 이 십자가 모양은 전령의 표장과도 닮아 있다. 또는, 보르네오에 있는 호세리프몽키(Hose's leaf monkey)처럼 깔끔한 검은 줄무늬를 지닌 순백일 수도 있다. 이런 장식이 대체 무슨 쓸모가 있는 걸까?

대부분의 포유류는 자신의 새끼를 은신처에 숨길 수 없으면 최소한은 위장시킨다. 점박이 외투를 입힌 새끼를 낳아 높게 자란 풀 사이 길목으로 사라져 버리게 하는 것이다. 다른 포유류는 얼룩덜룩한 어미의 털 속으로 녹아들어 가는 방식으로 위장한다. 새끼 코알라, 마모셋, 그리고 오랑우탄이 이런 경우다. 양쪽 세계의 가장 뛰어난 부분만을 빌려 온 대다수의 꼬리감는원숭이(비비나 버빗원숭이처럼)들은 신중한 느낌을 주는 변호사 같은 검정색 양복 차림으로 태어난다. 신중에 신중을 기울인 이 복장은 어른들이 "아기 탑승!"이라는 소리를 지를 필요 없게, 딱 분간할 수 있을 만큼만 차이가 나는 신중한 제복이다. 잎을 먹는 원숭이들의 친척으로 그들보다 땅 위에서 더 많은 시간을 보내는 원숭이들(하누만랑구르나 긴코원숭이(proboscis monkey)) 역시 절제된 복장을 하는 경향이 있고, 좀 더 화려한 신호의 광고를 최소한으로 제한해서 원치 않는 포식자의 주목은 피하지만 자신의 신생아됨을 선별적으로 광고하기에는 충분한 모습을 하고 태어난다. 회색 하누만랑구르원숭이는 플라밍고-분홍 빛깔의 얼굴 피부를 제외하면 온통 검정색으로 태어나며, 긴코원숭이의 털빛깔 역시 검지만 얼굴은 드루이드-파랑 빛깔의 얼굴을 하고 있어 자신이 원하는 이들의 주목만을 끌게 되어 있다.

하지만 정확히 누구의 주목이 필요한 것일까? 매, 독수리, 그리고 다른 천적들에게 그토록 눈에 띄게 하는 불이익을 능가할 만한 생존 이득으로는 무엇이 있을까? 영장류 영아가 비실용적인 장식을 갖고 태어나도록 진화한 까닭은 어미로부터 보다 많은 보살핌을 이끌어 내기 위한 것일까? 하지만 그들은 전적으로 헌신적인 구세계원숭이 어미에게 태어났다. 그래서 도대체 왜 그래야 했는지가 더 궁금하다. 비슷한 자질을 물려받은 다른 형제자매들과의 경쟁이 발생하지도 않는데, 어떻게 쇠물닭에 필적하는 화려함의 순백, 금빛, 그리고 푸른 얼굴을 가진 새끼가 진화할 수 있었을까? 어미가 한 번에 하나의 새끼만을 낳는다는 점을 고려해 볼 때 이 모든 새끼들의 조상이 이목을 끄는 옷을 걸칠 필요가 있을 만큼 치열한 경쟁 관계에 있던 자들은 누구일까?

왜 화려한 모습의 아기가 되는가?

원숭이 어미들이 무조건적 사랑의 전형임을 상기해 보자. 동기를 살해하는 백로와는 달리(그리고 일부 인간들과 달리), 하지만 쇠물닭이나 카나리아와는 마찬가지로(그리고 그 외의 인간들처럼), 원숭이와 유인원 어미들은 약한 새끼들을 차별하기보다는 그들의 무능력을 보충해 준다. 사람과 영장류 중에서는 인간 어머니만이 이 점에서 이상한 영장류이다. 왜냐하면 인간 어머니들은 자식을 속성에 따라 차별하기 때문이다.

원숭이와 유인원 어미의 '사랑'이 무조건적이라는 사실을 참작해 볼 때, 콜로부스 및 리프몽키 새끼가 두드러진 신생아 외피를 진화시키기 위해 감당해야 하는 분명한 비용을 능가할 만큼 강력한 '현란함'을 선호하는 선택압으로는 어떤 것이 가능할까? 이 수수께끼를 해결하기 위해 우리는 유전적 어미를 제외한 다른 암컷들을 포괄하는 데까지 시야를 넓혀야 한다. 쇠물닭과는 달리 영장류의 현란한 신생아 복장은 부모로부터 보살핌을 끌어내기 위해 진화하지 않았다. 이 특성은 근처에 있는 모든 마음씨 좋은 대행 부모가 "새로 태어난 아기다."라고 소리 지르게 하는 신생아 매력으로 진화했다.

대부분의 원숭이와 유인원 어미들은 신생아에 대해 과도할 정도의 소유욕을 갖지만 예외도 많다는 사실을 떠올려 보자. 이들 중 가장 우선하는 종은 '유아를 공유하는' 종이며, 이들 대다수가 콜로부스아과(subfamily Colobinae)에 속한다. 콜로부스원숭이들은 크고 내실이 많은 위장, 즉 소를 비롯한 기타 되새김 동물이 갖는 주머니형 장(혐기성 미생물들이 섬유질을 분해하는 곳)을 특징으로 갖는다. 질긴 섬유를 다량으로 소화할 수 있는 이 능력은 원숭이들이 꽃이나 열매가 없을 때도 잎을 먹고 살아갈 수 있게 해 준다. 콜로부스에서는 한 마리의 수컷만 있는 작은 집단으로 사는 종에서 발견되는 전형적 특성, 즉 집단 구성원이 공유하는 높은 연관도와 더불어 마카크나 비비에 비해 보다 덜 확고한 암컷 우세 위계가 나타나는 경향이 있다.

콜로부스 사회의 이 속 편한 어미들은 출산 후 몇 시간이 채 지나지 않아 새끼를 암컷 혈육이 데리고 다니도록 넘겨준다. 랑구르원숭이의 경우 낮 시간의 절반가량을 이렇게 보낸다. 영장류학자들은 수집하러 다닐 수 있게 해방된 어미들이 더 잘 먹어서 젖 생산 능력도 더 나아지는 것이 아닌가 하는 추측을 오랫동안 해 왔다. 따라서 이 어미들의 새끼는 그 자신도 영양 공급을 더 잘 받게 될 것이었다. 이는 자신이 가족을 위해 보다 나은 삶을 추구하고 있는 동안 아기를 보육 시설에 남겨 두는 것을 합리화하는(스스로 완전하게 확신할 필요는 없다.) 야심가 직업 여성 어머니에게는 누구나 익숙할 '빵 부스러기' 논변이다. 그때 (예일에 있던) 존 미타니(John Mitani)와 (미시간에 있던) 데이비드 와츠(David Watts)가 수행한 광범위한 영장류 종에 대한 비교 연구는 만족스러운 설명을 제공한다. 영아 공유 종에서 태어난 아기들은 공유하지 않는 종에 비해 더 빨리 성장하며, 어미도 자기 자신의 건강과 영아의 생존 문제를 타협하지 않고도 훨씬 짧은 간격으로 출산할 수 있었던 것이다. 거칠게 말하자면 좋은 보육 서비스를 이용하는 어머니들은 가장 높은 번식률을 지니고 있었다.

인간은 신생아 외피를 가지고 있을까?

영장류의 화려한 신생아 외피는 더 이상 수수께끼처럼 보이지 않는다. 눈에 띄는 차림새를 한 새끼들은 (쇠물닭처럼) 부모의 주목을 끌기 위해 한배에 있는 형제자매들과 경쟁하지 않으며, 대신 같은 연령 집단(cohort)에 있는 다른 갓난아기들과 경쟁하며 대행 어미 돌봄꾼의 주목을 끌려한다. 쇠물닭 부모가 새끼 무리에서 가장 어린 새끼를 선호하는 것처럼, 영장류의 대행 어미들은 무리 내에서 가장 어리고 가장 '갓난아기다운 모습을 한' 영아를 선호한다. 새끼가 어릴수록 대행 어미는 매 분당 돌보려는 시도를 더 많이 한다. 더 오랜 시간 데리고 있을수록 어미는 먹는 시간을 더 많이 늘릴 수 있다. 어미와 영아 모두 그 결과로 이득을 보게된다. 인간도 이용할 수 있는 체계처럼 들린다. 정말 그랬을까?

인간 아기는 분명 사랑스럽다. 문화적으로뿐만 아니라 생물학적으로도 그렇게 여기도록 예비된 우리들의 일부에게는 특별히 더 사랑스럽게 느껴진다. 출산 직후 찍은 내 아기들의 사진을 나중에 볼 때면, 짓눌리고 쭈글쭈글한 그 얼굴들, 그 소박한 얼굴들 각각이 내가 그때까지 본중에서 가장 아름다운 생명체라고 느꼈다는 사실에 놀라곤 한다. 어머니의 시선을 제외하면 인간의 신생아는 거무스름한 리프몽키의 밝은 금빛 털을 지닌 아기나 순백의 콜로부스 신생아처럼 멀리서도 확연히 눈에 띄는 신호를 광고하지는 않는다.

인간의 신생아 신호는 지역적 소비를 위해 맞춰진 것에 가까운 듯하다. 촌스러운 종인 우리는 솜털이라 일컬어지는 감지하기조차 힘든 가는 털 층에 덮인 채 세계로 진입한다. 우리는 솜털을 제하면 우리 부모만큼이나 털이 없다. 그러나 부모의 눈에는 헐벗은 아기가 그 헐벗음에도 불구하고 윤기가 흐르는 것처럼 느껴진다. 출산 당시 코카서스 계열의 아기는 모두 푸른 눈을 갖고 있는 반면, 아프리카 계열의 아기의 눈은 거의 무색투명하다. !쿵, 몽고인, 그리고 몽고인 후손인 아메리카 원주민의 신생아는 가까이서 보면 눈에 띄는 검은 반점을 척추의 끝부분에 가지고 있다. 이를 제외하면 인간 유아의 색깔은 양 부모의 색깔이 조합된 것이며, 출산 **직후**에는 종종 산통에 의해 자줏빛을 띠거나, 황달기가 도는 복숭아 빛을 띠기도 한다. 대부분의 아기들은 낮 시간의 햇빛 속에서 수 개월을 보내고 난 후에는 성인의 표현형에 비해 피부색이 엷어진다. 하지만 대부분의 경우 인간 영장류는 부모와 같은 색깔을 갖고 태어난다.

우리의 신생아는 어른들과는 시각적으로 구분이 된다. 하지만 아기들은 (울음과 같은 목소리에 의한 신호를 제외하면) 원거리에서 감지할 수 있는 특별한 신호를 보내지 않는다. 인간 아기는 화려함과는 거리가 멀다. 마치 다른 누군가로부터 주목을 끌 필요가 전혀 없을 만큼 모성애를 확신한 채 태어나는 것처럼 말이다. 하지만 민족지, 고전적 설명들, 고아원 문서, 오늘날의 타블로이드에 이르기까지 인류의 기록은 이 점을 전혀 확인시켜 주지 못한다. 현실적으로 볼 때 아기에게는 어머니가 자신을 보살펴 줄 것이라는 보증이 거의 없다.

말하기에는 슬픈 진실이지만, 우리 종으로 태어난 수백만의 아기들은 저항할 수 없는 마력적인 신생아 차림새를 이용해 대행 어머니의 친절을 끌어냈을 수도 있을 것이다. 아기 영장류의 자석과도 같은 매력이 호모 사피엔스에서 항상 작동하지 않는다는 점은 너무나 큰 위험 부담을 안겨 준다. 원숭이에서는 보다 어리거나 보다 '신생아처럼' 보이면 더욱 더 매력적으로 느껴진다. 하지만 **인간에서는 정확히 그 정반대이다.** 출산 직후의 아기들은 어머니의 방치나 영아 살해에서 가장 큰 위험을 겪고 있다.

· · · · ·

영장류 어미가 정말로 갓 태어난 출산 직후의 갓난아기가, 젖을 뗐거나 거의 젖을 뗀 좀 더 나이 많은 아기에 비해 덜 매력적이라고 느끼기 위해서는 무언가 급진적인 변화가 있었어야만 했다. 하지만 기록은 분명하다. 인간들 사이에서는 이제 막 태어난 아기는 버려지거나 심지어는 죽임을 당할 가능성이 손위 형제자매에 비해 높다.

물론 (정확히 언제 이런 일이 시작되었는지는 알 수 없지만) 변한 것은 인간 아기가 보다 짧은 간격을 두고 태어나기 시작했다는 것이다. 분명 인간 어머니는 영장류 어미가 읽을 수 있도록 진화한 메시지와는 다른 메시지를 받고 있었을 것이다. 이 메시지는 프로락틴 수치의 감소였다. 어머니는 이 신호를 현재의 아기가 젖을 빨기를 멈추었다(또는 젖을 덜 빨거나)는 뜻으로 읽거나 젖 뗄 만큼 성숙했다든가 아니면 죽었다는 뜻으로 받아들였다. 즉, 이 신호는 교체할 시기라는 것을 뜻했다. 문제는 인간 어머니가 놓이게 된 새로운 맥락이 자신의 아기가 죽지도 성숙하지도 않았다는 데 있었다. 아기는 죽이나 다른 동물의 젖에 일부 의존해 살아가고 있었기 때문에 젖을 덜 빨았고, 포대기나 흔들리는 요람 속에서 어머니와 떨어진 채 많은 시간을 보냈을 가능성이 더 크다. 대행 어머니가 이런 일을 하고 있었을 수도 있다. 이런 영아는 예전에 비해서는 젖을 덜 자주 빨고 있었겠지만, 여전히 매우 의존적인 상태를 유지했다. 많은 어머니들은 이런 식으로 여전히 의존적인 현재의 아기에 보태 새로운 아기를 하나 더 낳게 되어 버렸다.

유기체가 새로운 상황에 대처해야 할 때 **어머니 대자연**이 이용할 수 있는 것은 찬장에 남겨진 것이 전부다. 돌연변이는 거의 쓸모가 없다. 빠른 적응이 생리학적인 수준보다는 행동의 수준에서 발생하는 까닭은 여기에 있다. 개체는 새로운 표현형을 만들어 내기 위해 행동을 이용하며, 그 결과 보다 여유 있는 속도로, 전통적인 다원주의적 방식으로 새로운 표현형이 선택될 가능성을 증진시키고 보충하는 특질들을 선택한다.

새로운 생식력을 지닌 인간의 경우에는, 포유류 어미가 새끼를 한배로 낳고 영장류 새끼보다 비용이 덜 드는 새끼를 낳던 시절에 남겨진 옛 경향들이 재-진화하거나 재활성화가 되었다. 자신의 품 안에 있는 갓 낳은 아기면 누구건 돌보았던 전통적인 영장류 어미 대신, 이렇게 새로운 과잉 생식력을 지닌 인간 어머니는 서로 다른 나이의 아기 무리를 돌보며 보다 차별적인 특성을 지니게 되었다. 무비판적이고 무조건적으로 사랑하는 원숭이 어미들을 변환시키기 위해서는, 자신의 아기가 필요로 하는 것에 대한 외부 입력 정보를 난소에 등록하는 방식을 현대화하는 것보다 어머니가 의사 결정을 바꾸는 것이 더 실용적인 방법이었다(물론 영장류의 기본 감각은 계속 남아 있다. 이것은 인간의 어머니가 해야만 하는 많은 잔인한 선택이 그토록 양가성에 사로잡혀 있는 까닭 중 하나일 것이다.).

자신이 돌보는 아기들에 대해 더 차별적인 성향이 있는 어머니들이 결과가 더 좋았다. 기근을 비롯한 다른 위기의 시기에는 선별적인 어머니들이 자식 생존에 성공한 유일한 어머니였을 것이다. 신생아에 대해서는 보다 차별적이고 상황 의존적인 애정(한배에 여러 마리의 새끼를 낳는 포유류들 가운데서는 매우 흔한 특질)이 다시 출현했다(아직 검토되지 않은 질문은, 인간 외 영장류 어미들이 유사시에 같은 방식으로 과잉 번식력에 반응할 수 있느냐는 것이다. 쌍둥이 증거들은 과잉 부담을 지고 있는 어미 원숭이나 유인원 역시 같은 결정을 내리고 있다는 점을 암시한다(8장 참조). 하지만 결론을 내리기에는 정보가 너무 개괄적이다.).

만약 우리가 (내가 믿는 것처럼) 고대로부터 온 자료들을 믿는다면, 불운한 출산에 대한 행동 반응은 아이를 유기하거나 보살핌을 중단하는 것이었다. 따라서 12장에서 서술한 것처럼 많은 인간 영아들이 '타인의 친절'에 의존해야만 했다. 인간 어머니는 한 번에 한 마리의 새끼만을 낳는 다른 영장류에 비해 아기를 포기할 가능성이 훨씬 높다.

· · · · ·

어미 원숭이와 유인원을 특징짓는 성실하고 무조건적인 헌신은 전통 사회, 그리고 보다 차별적인 애정을 베푸는 역사상의 인간 어머니와 대조를 이룬다. 어머니에 의한 영아 살해와 유기의 측면에서 보면 인간은 다른 영장류보다는 새들, 그리고 한배에 여러 마리의 새끼를 낳는 포유류들과 더 닮아 있다. 영장류답지 않다는 것이 너무 분명하지만, 영아를 살해하는 어머니는 전혀 부자연스럽지 않다. 우리는 모성애를 당연한 것으로 간주하기 때문에 진화론자들이 쇠물닭이나 카나리아에 대해 의례적으로 제기하는 것과 동일한 종류의 질문을 인간에 대해 제기하는 일이 드물다. 어머니의 차별적인 애정은 인간 영아의 생존 장비, 각각의 유아가 세계에 진입할 때 갖고 있는 속성, 그리고 아기가 보내는 신호에는 어떤 영향을 주었을까? 다음 장에서 나는 이 질문에 대답해 보려 한다. 하지만 독자들에게는 그 내용이 이번 장보다 훨씬 더 추측에 근거한 것이라는 주의를 주고 싶다.

20장

"기를 가치가 있는 아기"가 되는 법

처음에는 (새로 태어난 딸을) 숲에 갖다 버릴 참이었어요. 근데 그럴 수가 없더
라고요. 내게는 너무 사랑스러웠거든요.

　　　　　　　　　　　　　— 베링 해협 에스키모 아버지의 회상, 1901년

(그 여성은) 아이가 요람 속에 있었고 아이가 (이교도 집단에 합류하러) 떠나기
전에 보고 싶었다. 아이를 보았을 때 그녀는 입을 맞추었다. 그러자 아이가
웃기 시작했다. 그녀는 아이가 누워 있는 방을 나가다가 다시 아이에게 돌아
왔다. 아이는 다시 웃기 시작했다. 그런 일이 여러 차례 있은 후, 그녀는 자신
이 아이와 떨어져 (다시는 볼 수 없다는 사실을) 견딜 수 없었다.

　　　　　　　　　　　　　— 14세기 프랑스 종교 재판에 대한 설명으로부터

산파는 갓난아기를 받은 다음…… 앞에 있는 아기가 사내아이인지 계집아이인지 살펴(보았다면)…… 기를 가치가 있는지 없는지도 고려해 봐야 한다.

— 2세기 그리스 의사 소라누스(Soranus)

자연 재해는 그저 발생할 뿐이다. 홍수는 길목에 있는 사람은 누구나 쓸어 가 버리며 전염병은 인구 집단을 황폐화시킨다. 아이의 방치나 유기는 어머니에게 선택의 여지가 거의 없기 때문에 벌어지는 일일 수 있다. 어리거나 경험이 없거나 이미 너무 많은 아이를 데리고 있는지도 모른다. 오늘날의 세계에서 어머니는 내전의 희생자가 되거나 HIV에 감염되었거나 빈곤이나 우울증, 마약 때문에 무력할 수 있다. 어쩌면 이 여성의 짝이 죽었거나 떠났을지도 모르며, 다른 집단의 남성들이 그 여성의 집단을 쓸어 버렸을지도 모른다. 그런 우연은 무자비한 **어머니 대자연**의 영역 바깥에 있으며, **어머니 대자연**의 자매로 이따금 관대함을 베풀지만 언제나 무작위적이고 변덕스러운 행운의 여신(Dame Luck)의 통치를 받는다.

배아가 가족 내 출산 순위에 영향을 줄 수는 없다. 심지어는 회임 당시의 성별도 염색체라는 주사위를 굴려 얻은 우연한 결과일 뿐이다. 자궁 바깥에서 기다리고 있는 환경 조건을 바꿀 수도 없다. 특정 아기가 갖는 강인함이나 호소력은 이 범위와는 무관하다.

불운

한 아체 사냥꾼이 재규어에게 죽임을 당하게 되면 고인의 뒤에는 아이라는 큰 부담을 진 젊은 과부가 남게 된다. "못생기고" 힘이 달리는 사냥꾼으로 여겨졌던 베타파기(Betapagi)라는 이름의 한 미혼 남성이 구애를 시작했다. 그는 피라주기(Pirajugi)라는 이름의 임신한 여성에게 청혼했다. 며칠 후 체류지에서 그녀가 아기를 낳았을 때 아체 사람들 모두가 와서 아기를 살펴보았다. 어린아이들이 몰려들어 아기를 만지려 했고 아이들의 어머니들은 황급히 아이들을 나무라며 멀리 밀쳐 내려 했다. 이 군단(band)에 없는 구성원은 베타파기밖에 없었다. 그는 신부가 출산을 시작하자마자 활을 움켜쥐고 체류지를 떠났다. 민족학자 킴 힐과 막달레나 허타도는 "아기는 작았고 머리카락이 거의 없었다."고 적었다.

아체인들은 머리카락 없이 태어난 아이에게는 거의 애정이 없었다. 어머니가 몸을 풀고 회복하는 동안 아기를 안아 주려 나서는 여성이 한 명도 없었다. 탯줄을 끊기 위해 다가가는 남성도 없었다. 징후가 명백했기 때문에 쿠친기(Kuchingi, 집단 내에서 존경받는 인물)가 나서서 말로 상황을 정리하면 될 뿐이었다. 그는 말했다. "아기를 묻으시오. 결함이 있군요, 머리카락이 없어요." "게다가 아버지도 없고. 베타파기는 그 아기를 원치 않소. 아기를 기르려 한다면 당신을 떠날 거요." 피라주기는 아무 말도 하지 않았고 나이 많은 여성인 카네기(Kanegi)가 부러진 활로 조용히 땅을 파기 시작했다. 파낸 구멍에 아이와 태반을 놓은 후 붉은 모래질의 흙으로 그 위를 덮었다. 몇 분이 지나자 아체 사람들은 짐을 꾸렸고 베푸란기(Bepurangi) 할아버지는 시위가 풀린 활로 발육 부진 아기의 흔적을 지웠다. 피라주기는 지쳐 있었지만 나를 것이 없었기 때문에 어려움 없이 그들을 따라갈 수 있었다. 여성들은 숲을 가로질러 걸어가며 조용히 흐느꼈다. "우·우·우·우 쿠아지 마이에체베……." "우리를 보살펴 주시는 우리의 부모님과 조부모님이시여."[1]

피라주기에게 남편이 죽었다는 소식을 제일 먼저 알려 주었고 그들 사이에 태어난 아들을 묻으라고 충고했던 쿠친기 자신에게는 그런 결정이 전혀 낯설지 않았다. 아이였을 당시 그 자신의 생명이 그런 선택에 달려 있었기 때문이다. 쿠친기가 상황을 설명한 바에 따르면,

> (출생 순위로) 내 뒤를 따르고 있던 아이는 죽임을 당했어요. 출산 간격이 짧았지요. 내 어머니는 내가 (아직) 작았기 때문에 그 애를 죽였어요. 어머니는 이런 이야기를 들으셨어요. "그 애의 형을 먹일 만큼 젖이 충분하지 않을 거다." "큰애를 먹여야 해." 그리고 어머니는 내 동생을 죽였죠. 내 뒤에 태어난 아이 말입니다.[2]

부적절한 아버지를 둔 것으로 알려졌거나 잘못된 시기에 태어난 아기 모두가 아마 비슷한 운명을 감내해 왔을 것이다. 조금 더 크고 머리카락이 조금 더 많았더라도 상황이 더 좋았을 것 같지는 않다. 하지만 모든 죽음이 무작위적인 것은 아니다. 아기의 튼튼함, 특정 질병에 대해 타고난 저항성과 같은 특질들은 분명 생존에는 중요한 문제다. 하지만 아기는 생존을 위해 주변의 어른들에게 의존할 수밖에 없는 특성들을 지니기 때문에, **어른들을 통해서도** 선택이 이뤄진다. 어머니의 투자량과 투자 여부는 아기에 대한 어머니의 지각에 달려 있다. 진퇴양난의 상황에 있는 어머니는 이따금 정말로 일보 진전을 선택해 모든 곤경에도 불구하고 아기를 기르려 한다.

여기서 요약하고 있는 사례들은 아기가 갖는 속성이 생사를 가를 정도로 중요한 의미를 가질 수 있다는 점을 암시한다. 다른 영장류와는 달리 인간은 결과를 의식적으로 분석할 수 있는 능력을 갖고 있다. 이 능력은 특정 아기가 손위 형제자매의 생존, 가족 자원이나 조화에 부과하게 될 비용, 아버지나 의붓아버지의 예측되는 행동, 미래에 아기의 할머니가 임종의 순간을 맞았을 때 도와줄 사람이 있는지의 여부 등을 예측

한다. 간단히 말해 과거에 이러한 특질들과 상황들로 이뤄진 특정한 배치 속에서 태어났던 아기에게 어떤 일이 벌어졌는가와 관련해서 저장된 정보들을 마음속으로 통독한 후 현재의 아기에 대한 **의식적인** 예측을 내놓는 것이다. 인간의 아기로 하여금 (다른 영장류와 비교해 볼 때) 어머니에 의한 방치와 유기라는 특별한 위험을 겪게 하는 이 인지 능력은 아기가 갖는 특정한 특질 또한 선택하고 있을지 모른다. 우리는 어머니의 원칙이 아기들이 진화해 왔던 환경을 어떻게 형성했는지를 이해해야 한다.

구사일생

독일의 인류학자 불프 시펜회벨과 그레테 시펜회벨(Wulf and Grete Schiefen-hövel)은 영아 살해를 결심했던 어머니가 마음을 바꾸게 된 과정을 보여 준다. 파푸아 뉴기니의 코르디예라 산계(Central Cordillera)의 북경사면 습지에 사는 아이포(Eipo) 사람들에게 있었던 일인데 원치 않은 여아였지만 활력이 매우 넘쳤기 때문에 아이를 키우는 방향으로 결정을 바꾸었다.

시펜회벨 부부가 도착하기 수십 년 전인 1974년에 아이포 인구는 안정적인 규모를 유지하고 있었다. 한 여성당 2.6명의 아이를 데리고 있는 작은 가족 크기 덕분에 인구 성장률은 0으로 유지되었다.[3] 하지만 인구가 성장하지 않은 까닭이 아동 사망 때문은 아니었다. 인구 1,000명당 50명이라는 사망률은 대부분의 개발 도상국과 비교해 보면 훨씬 낮은 수치이다. 의학적 설비들이 거의 없음에도 불구하고 (3년에 달하는) 연장된 모유 수유 기간이 영아가 그럭저럭 건강을 유지할 수 있도록 보증해 주었다.

수수께끼의 핵심은 높은 영아 살해율이었다. 영아 살해는 분만 직후

사적으로 행해졌다. 영아 살해를 고려하면 아이포의 영아 사망률은 인구 1,000명당 480명까지 증가한다.[4] 다른 개발 도상국에 있는 자원 봉사자들은 이따금 아이 일부가 죽게 되면 나머지 아이들의 영양 상태가 개선된다고 생각해 왔다.[5] 아마 아이포인에게 해당되는 내용일 것이다.

멀찍이 떨어진 이 텃밭 농경 공동체에 속한 어머니는 아기를 기를 것인지를 스스로가 결정했다. 하지만 각각의 어머니는 인구 압력이 고구마 공급에 미치는 영향을 명확하게 인식하고 있었을 것임이 틀림없다. 미래에 대한 의식적 고려가 계산에 포함되었을 것이다.

이 집단에서 아동 사망률이 낮다는 점, 그리고 영아 살해가 아동 사망의 80퍼센트를 차지한다는 점을 참작해 볼 때 높은 영아 사망률을 어머니의 무관심으로 돌리는 표준적인 논리는 들어맞지 않았다. 어머니가 운 나쁜 아이와 정서적으로 거리를 둔다는 것으로는 아이포인의 높은 영아 살해율을 설명할 수 없었다.[6] 그보다 결정적인 요인은 아들에 대한 욕망이었다. 딸을 제거한 어머니들은 그해 안으로 다시 임신해 다음번에는 아들을 낳게 될 가능성이 있다는 점을 인식하고 있었다. 시펜회벨의 연구 기간 초기인 1974년에서 1978년 사이에는(선교사들이 아이포 사람들의 삶의 방식을 변환시키기 이전) 태어난 아기의 41퍼센트가 제거되었다. 제거된 아기 20명 중 5명은 사내아이였고 15명은 계집아이였다.[7]

시펜회벨은 임신 후기에 "지속적이고 공공연하게 (이미 딸은 하나 있고 아들은 없었기 때문에) 딸을 하나 더 받아들이지는 않을 것이라고 이야기"하고 다녔던 한 여성의 이야기를 들려준다. 어머니는 출산 이전에 아이와 어떤 유대감도 형성하지 않고, 출산할 당시 거리를 두기 위해 마음의 준비를 거쳤을 것이다. 하지만 아주 특별히 건강해 보이는 딸을 낳고 나자, "그녀는 뚜렷한 양가감정을 보였다."

어머니는 탯줄을 끊지 않아 태반이 여전히 달려 있는 상태의 갓난아

그림 20.1 사진 속 아이포 어머니는 방금 세 번째 아이를 낳았고, 이 아이는 원치 않았던 딸이었다. 어머니는 버리려고 하다가 마음을 바꾼다.

기를 덩굴 밧줄로 엮은 양치류 잎으로 쌌다. 그녀는 뭉치 옆에서 한동안 깊은 생각에 빠져 있었다. 아기는 기운차게 소리를 질러 댔고, 살기 위해 애를 쓰며 통통한 손발을 잎사귀 밖으로 힘차게 뻗었다. 결국 어머니는 아기를 낳은 곳에 남겨 두고 떠났다. 하지만 그녀는 아이포 영아 살해에서 전형적으로 행해지는 것처럼 뭉치를 덤불 안으로 던지지 않았다.

어머니는 2시간 후 돌아와 탯줄을 끊고 아기를 안아 올렸다. 어머니는 거의 변명하듯 설명했다. "**이 딸은 너무 튼튼했어요.**"[8]

인간의 삶을 정의하는 기준의 임의성

갓 태어난 아기를 검사하는 것은 세상의 모든 어머니들이 하는 몇 안 되는 일들 중 하나이다. 인간 어머니는 다른 영장류와 마찬가지로 생식기에 특별한 주의를 기울이며, 아기의 몸 전체를 섬세한 손길로 쓰다듬을 것이다. 하지만 다른 영장류와는 달리 인간 어머니는 자신의 아기를 문화적 이상과 비교한다. 상당히 자의적인(생존력과 연관된, 또는 한때 연관되어 있었던 특질들을 당시의 유행과 가족의 필요, 또는 그저 기분 내키는 대로 골라 섞은 것) 이 기준들은 어머니가 자신의 아기와 관계 맺는 방식에 지속적인 반향을 일으킨다.

생명이 언제 시작되는가에 대한 논쟁만큼 그러한 임의성이 분명하게 드러나는 곳도 없을 것이다. 유사한 문화적 유산을 지닌 집단들조차 큰 차이를 보인다. 그다지 오래되지 않은 일로, 미국에서 가슴 아픈 국제 사건이 폭로된 적이 있다. 동독의 분만실에서 일하던 한 관료가 몸무게가 2.2파운드(약 1킬로그램) 미만인 신생아는 아기라기보다는 태아라고 정의하며 물이 담긴 양동이에 버리라는 기준을 세웠다는 것이다.[9] 잇따르는 논란 속에서 어느 편도 포기하려 하지 않았다. 의학 기술과 자원 이용성의 차이는 제쳐 두고서라도, 생물학적으로 볼 때 명백한 생명의 시작이

정해져 있지 않다는 것이 문제였다. 대답은 언제나 상황에 따라 다르다.

어머니들이 아기를 받아들이는 기준이나 아기에게서 바람직한 요소로 생각하는 기준은 이용 가능한 자원과 예상되는 결과에 따라 달라진다. 하지만 이 점을 파악하고 나면, 모든 어머니들이 신생아에 대해 특히 눈여겨보는 특질이 있는 것으로 드러난다. 이 특질들이 전통적으로 볼 때 생존을 잘 예측해 주는 특질, 즉 강인함과 활력의 징표라는 사실은 별로 놀랍지 않다. 평가는 막 태어난 아기의 최초 울음소리와 더불어 시작된다.

어머니의 평가에 영향을 주는 요인들

어머니가 좋아하거나 싫어하는 것들 중 일부는 본유적 요소를 갖고 있다. 둥근 머리와 통통한 모습은 보편적인 호소력을 지니는 반면, 어떤 종류의 울음소리, 예를 들어 조산아의 울음소리는 보편적으로 귀에 거슬리며 심지어는 혐오스럽게 느껴진다. 결함을 지니고 태어난 갓난아기의 모습은 아주 깊은 불편함을 안겨 준다. 체중 미달의 아기들은 비참해 보이며 보는 사람에게 심리적 고통을 야기한다.[10] 오늘날 서구의 많은 후기 산업 사회에서는 이런 반응이 억압되어 있다. 이 점에 대해 이야기하는 것은 역겨울 정도로 냉정하다고 여겨진다.

계몽 이후 아이들에 대한 감각, 그리고 정상적인 어머니라면 누구나 자신의 아기에게 자동적인 양육 반응을 보여야 한다는 (혹은 에리히 프롬이 표현했듯, "어머니의 사랑은 본성적으로 무조건적"이라는) 낡은 가정 때문에, 영아의 어떤 특질들이 어머니의 마음을 끌어들이는지에 대한 연구는 거의 없을 수밖에 없었다. 어머니를 불편하게 하거나 밀쳐 내는 특질에 대해서는 더더욱 모를 뿐이다.

하지만 연구자들이 이 방향에서 수행했던 몇 안 되는 연구 결과에 비춰 보면, 어머니는 태아와 신생아가 지닌 특정 속성들에 민감하게 반응하며 헌신의 수위를 조절하는 것으로 드러난다. 캐나다의 연구자들은 1991년의 연구에서 임신하고 있는 아기가 정상적이라는 이야기를 들으면 임박한 분만에 대한 태도에 변화가 생긴다는 점을 보고한 바 있다. 양수 검사보다 이른 시기에 할 수 있는 융모막 천자 표본 기술을 사용하면 아직 태어나지 않은 아기에 대한 애착 감정이 고조되었다.[11] 조산아에 대한 어머니의 반응을 살펴보면 어머니가 생존이 의심스러운 아기에 대해서는 전적인 헌신을 기울이는 데 더 많이 망설인다고 추측하게 하는 증거는 더 적극적이다. 달을 채우지 못하고 태어난 아기의 자그마하고 쭈글쭈글한 얼굴은 '아기 같다'거나 매력적이라고 평가되는 경향이 약하며, 달을 채우고 나온 아기의 둥근 머리와 통통한 뺨에 비해 양육 감정을 덜 불러일으킨다. 지원이 충분한 어머니에게는 이런 최초 반응이 양육에 관한 협상으로 연결되지 않지만 소원해질 가능성은 여전히 남아 있다.[12]

어머니가 주목하는 일부 특질은 생존 전망과는 간접적으로만 연결된다. 예를 들어 사람들은 아기가 누구를 닮았는지에 대해 관심이 많다. 어머니는 남편의 부성을 증가시키는 데 특히 관심이 많기 때문에 아기의 외모가 그 가능성을 침해하면 걱정한다. 이 점에 대한 아버지의 지각은 이 특정한 아내와 아이들에게 투자를 계속하며 남아 있을 것인지, 얼마나 오랜 시간을 아기 곁에서 보낼 것인지, 얼마나 많은 도움을 줄 것인지, 혹은 아예 중단할 것인지에 대해 상이한 결정을 낳을 수 있다. 피부색과 머리색, 그리고 궁극적으로는 눈의 색깔과 같은 아기의 외모 요소들은 부성의 확신을 증가시키거나, '아버지의' 의심을 증폭시킬 수 있다.

셰익스피어의 희곡 중 가장 섬뜩한 작품인 「티투스 안드로니쿠스」는 뚜렷한 사례다. 로마의 황비는 남편인 황제보다 연인인 무어인 아론을 더 닮은 것처럼 보이는 짙은 빛깔의 피부를 지닌 아기를 낳는다. 조산원은 슬픈 목소리로 "여기 아기가 있습니다. 흰 얼굴을 지닌 이 땅의 사람들 가운데서 두꺼비처럼 역겨워 보이는 당신의 아이가."라고 말한다. 그리하여 어머니는 연인에게 자신의 부정에 대한 증거를 발설할 가능성을 없애 달라고 간청한다. 하지만 아론은 이 일을 실행에 옮기는 것이 매우 역겹다고 느꼈다(무슨 일인지 곧 알게 될 것이다.).

이보다는 덜 극적인 실제 사례로 돌아가 보자. 심리학자 마틴 데일리와 마고 윌슨은 병원에 있는 분만실에서 사람들이(특히 어머니) 아버지에게 아기가 아빠를 닮았다고 자진해서 말을 꺼내는 경향이 있다는 점을 보고했다. 이런 연구를 하는 사회 생물학자들조차 아버지에게 호의를 보이는 사람들은 단지 예의를 차리고 있을 뿐이며, 미래의 의무를 짊어진 아빠의 긴장을 풀어 주는 것이라고 단순 추측하는 경향이 있다. 결국 우리는 출산 시의 아기가 부모 어느 쪽보다도 다른 아기들(특히 동일한 연령 단계에 있는 형제자매들)을 더 닮아 있다는 사실을 알고 있다. 하지만 1살 먹은 아기의 얼굴 특징에 대한 예비 연구 내용을 담은 보고서는 이 아기들의 얼굴이 엄마보다 아빠를 더 닮는 경향이 있다고 보고하며, 아기의 얼굴 형태가 아버지로부터 온 유전적 요소에 더 큰 반응성을 보인다는 흥미로운 가능성을 제기한다. 이 연구 결과는 아직 반복 검증이 필요하다. 만약 같은 결과가 지속된다면 데이비드 헤이그가 연구했던 것과 같은 종류의 유전적 각인이 그 현상을 설명하는 메커니즘의 후보가 될 수 있을 것이다.[13]

아버지의 선호라는 영역은 이렇듯 고도로 민감하고 과학적으로는 거의 금기에 가깝다. 하지만 심리학자 재닛 만(Janet Mann)처럼 (매우 조심스럽

"내 생각은 달라요. 아기는 아버지를 닮은 것 같아요."

그림 20.2 아기가 누구를 닮았는지를 둘러싼 부모의 예민함을 빗댄 농담이 우리 주위에는 많다.

게) 발을 들여놓은 연구자들이 소수 있다. 만은 극단적인 저체중 상태에서 태어난 14쌍의 쌍둥이를 통시간적으로 연구했다. 어머니가 쌍둥이를 병원에서 데려온 지 8개월 후, 이 작은 표본 집단에 속하는 7명의 어머니 전부는 쌍둥이 중 더 건강한 아이에게 더 많은 관심을 쏟고 있었다. 다만 이들 사례들 중 몇 건에서는 더 아픈 아이를 치료하고 있었다는 사실 역시 보고되어 있었다. 만은 서둘러 자신의 자료가 예비적인 것이라고 평가하며, 어머니들은 신체적인 외양과 울음소리에 기초하여 아기의 자질을 평가하는 본유적인 주형을 갖고 있다는 가설을 세웠다.

아기의 외모에 대한 본유적인 반응은 그 자체로는 전체 모성 반응을 설명할 수 없고, 달을 다 채워 나온 겉보기에 건강한 아이들이 유기되는 경우나, 현대의 많은 어머니들이 살아남을 가능성이 별로 없는 아기를 보살피는 데 전심전력을 다해 필사적으로 매달리는 사례들을 확실히 설명할 수 없다. 어머니의 사회 경제적 상황이나 종교적인 신념, 그리고 아이와 가족이 '어떠해야 하는지'와 관련된 학습된 태도가 유의미한 요인에 포함되며 고려 대상이 된다.

현대 서구 사회의 부모는 다른 사회에서라면 처분하지 않는다고 이웃들로부터 저주를 살 아이를 보살필 때 존중과 존경을 받는다. 서구의 입양 부모는 도움이 가장 절실한 아이를 선택하는 길을 택하고, 어떤 물질적 의미에서도 보살핌을 절대 되갚지 않을 아이들을 위해 수년 동안 치료에 헌신한다. 다른 동물과 달리 인간은 의식적으로 자기 이해에 반하는 선택을 할 능력이 있다. 우리가 '윤리적 행동'이라고 여기는 것의 상당수가 이 범주에 들어간다.

모든 생물학적인 자기 이해에 반하는 그러한 자발적 행동은, 조지 엘리엇이 인간을 다윈의 "멍청한 동물들"로부터 구분하며 우리가 우리의 행동을 결정하는 만큼이나 우리의 행동이 우리를 결정한다고 언급했을 때 염두에 두고 있던 것과 같은 종류의 도덕적 영웅주의, 진정한 영웅주의의 기준을 충족한다. 그러한 행위는 심지어 가장 고집 센 유물론자라 할지라도 자유 의지의 존재를 완전히 무시하는 태도를 정말 꼴사나운 것으로 만든다. 나는 그럴 생각이 전혀 없다.

아기의 신호가 생존에 미치는 효과

어머니의 기준은, 이용할 수 있는 자원이 얼마나 되는지, 자신은 나이를 얼마나 먹었는지, 아이를 갖고 싶을 때 가질 수 있는 기회가 또 있는지, 단순히 아들을 얼마나 원하는지, 또는 이미 아들이 셋이나 있기 때문에 딸을 선호하는지와 같은 상황들에 따라 높을 수도 있고 낮을 수 있다. 아니면 어머니는 당시 어떤 아이도 원하지 않았을 수 있다.

어머니가 갓 태어난 자신의 아이를 면밀히 살펴볼 때 무엇을 보게 될 것인가는 어머니가 속한 문화와 상황, 원하는 것과 기대하는 것에 일부 달려 있다. 어머니가 자신이 본 것에 반응하는 방식, 그에 따라 사랑이 뜨거워지거나 식는 정도는, 그 다음 차례로 아이가 어떤 사람이 될지, 그 아이가 번영할 것인지 아니면 실패할 것인지에 영향을 주게 된다.

어머니가 정서적으로 거리를 두는 아이들은 잘 자라나지 못하는 경우가 자주 있다. 일부는 말 그대로 성장을 멈춰 버린다. 어머니가 조산했거나 영양실조인 아이들과 거리를 둘 때 아이의 생존 가능성은 떨어진다. 나이에 비해 작고 점점 더 무감해지며 점점 더 고립되어 가는 이 아이가 먹을 의사가 없다고 어머니 자신이 확신하게 되면 성장 곡선은 계속 하향세를 지속한다. 다른 한편으로는 **너무 왕성한** 식욕도 치명적일 수 있다. 아프리카 동부에 사는 다토가(Datoga) 목축자 사회에서는 아기가 언제나 배고픈 모습을 보이게 되면 어머니의 젖 분비가 불충분하다는 진단이 내려질 위험이 있다. 그런 아기는 급히 젖을 떼게 되고, 그에 따라 치명적인 잠재성을 지니는 새로운 병원균과 스트레스 요인에 노출된다.[14]

성장은 사랑과 쉽게 분리되지 않는다. 칠레 산티아고에서 위험 요인이 많은 저소득층 인구 집단에서 달을 다 채운 아기와 어머니를 대상으로 연구한 최근 결과를 보면, 적절한 영양 공급을 받은 것으로 나타나는 아기들은 연령 대비 체중 미달인 아기들에 비해 (에인즈워스의 낯선 상황 실험을 사용했을 때) 어머니와 안정 애착을 맺을 것으로 분류될 확률이 높았다. 체중 미달인 아이들 중 93퍼센트가 불안 애착을 형성하는 것으로 분류되었다.[15]

가장 극단적인 사례에서는 어머니가 자신의 아기를 생각하는 방식이 아기의 생존 여부 자체를 결정하는 것 같았다. 정신과 의사 마틴 드 브리스(Marten DeVries)는 케냐에 있는 마사이(Masai) 목축 사회에서 기질 (temperament) 연구에 착수한 후 예상치 못한 결론을 얻었다.

드브리스는 10년 동안 이어졌던 가뭄이 최고조에 달했을 때 케냐에 갔다. 마사이와 같은 목축자 공동체에서 임신한 소와 수유 중인 송아지가 먹을 것이 없어 굶게 되면, 살아남은 소가 다시 출산해 젖을 분비하게 되는 기간인 최소 1년 동안 우유 공급이 감소된다. 특히 이번 사례처럼 아이들의 대다수가 이미 영양실조 상태에 있는 경우에 집단 내에서 최초로 굶어 죽는 사람들은 아이들과 영아이다. 이 기근 동안 영아 사망률은 거의 50퍼센트에 육박했다. 연구 대상이 된, 최초 인구에 등록되어 있던 13명의 갓난아기 중 연구가 끝날 무렵 살아 있는 것으로 확인된 아이는 6명밖에 없었다. 다른 아이들은 이미 모두 죽어 있었다. 놀랍게도 까다롭고 '야단법석형'인 성격을 지닌다고 분류되었던 6명의 아기들 중에서는 1명만이 죽었고, '유순한' 성격을 지닌다고 분류되었던 7명 중에서는 5명이 죽었다.[16]

드브리스의 결과는 우연적인 것일 수 있다. 어쩌면 '유순한' 아기들은 이미 몸이 허약한 상태였을지도 모른다. 하지만 내가 채택하고 싶은 설명은 이런 것이다. 기근으로 인한 스트레스 상황에서는 어머니가 요구가 없는 아기를 방치하기가 더 편하다는 것이다.

마사이 어머니는 아기가 애를 태울 때마다 아기를 안아 올려 품에 안고 달랜다. 따라서 가장 많이 보챈 아기가 젖꼭지에 더 많이 매달려 있었을 것이다. 이 아이들은 젖 분비를 촉진하며 더 많이 먹었다. '요란한 빈 수레'가 젖을 얻는다.

멀리 떨어진 세계에 있는 서구 부모들이라면 (겉보기에는 오적응적이지만)

아무 이유도 없이 계속 울면서 칭얼대는 자식의 끈질김에 마음이 동요 된다는 사실을 깨닫게 된다. 작가인 애나 퀸들렌(Anna Quindlen)은 이 점에 대해 위트 있게 묘사한다. "누가 그렇게 말했던가? 신이 그들을 그렇게 귀엽게 만든 이유는 우리가 죽이지 못하게 하기 위함이라고. 나는 새벽 4시에 이 말에 특히 더 공감하게 된다."[17] 그런 부모들이라면 옛 아기들의 일부가 용을 써야 빠져나올 수 있던 산도(産道)처럼 좁은 옛날의 병목 현상, 즉 파국적인 기근과 집단 사망에 대해 생각해 볼 만도 하다. 지금으로부터 그리 멀지 않은 진화적 과거에서 '밉상'은 '활력'을 뜻했다.

그럼에도 불구하고 결국 강압 속에 있는 아기들은 고통을 표현하는 것, 그리고 너무나도 절실한 필요가 있는 듯이 보이는 것 사이에 있는 가느다란 선을 발끝으로 조심스럽게 딛을 필요가 있다. 고통을 일정 정도 표현하면 원조 반응을 촉발할 수 있지만, 양가감정 속에 있는 어머니에게는 위험한 것이 될 수 있다. 어머니는 불평하는 아기를 '활기차다'고 분류하거나 동정심을 느끼는 대신, 아기의 요구가 과도하다고 지각하거나 앞으로의 투자 가치가 별로 없는 병적이고 '불행한' 아기라고 결론짓는 혐오 반응을 보일 수도 있다.[18]

방향 잡힌 선택

일부 아기는 자신이 다른 아기들에 비해 덜 안겨 있거나 덜 먹고 있고, 또는 길러 주는 사람이 어머니가 아닌 다른 사람이라는 사실을 깨닫게 된다. 가장 운이 나쁜 아기는 아예 버려지기도 했다. 하지만 아기들이 지금과 같은 모습을 하도록 영향을 주기 위해서는 그런 양상이 과거에 얼마나 빈번하게 출현해야 했을까? 여기에는 하나 이상의 대답이 있다.

자연 세계에서의 영아 사망률이 매우 높고 어떤 아기가 죽을 것인가에 영향을 주는 양상(포식을 교묘하게 피해 나갈 수 있게끔 일찍 부화하는 데 실패한 개구리 알 무리의 사례가 그러하듯)이 지속적으로 편향되어 있었을 때 다윈주의적 선택의 "맹목적이지만 효율적인…… 악마"는 그다지 멀리 있지 않다. 그러한 "방향 잡힌" 선택(directional selection)은 다윈, 그리고 불과 10년 전 대부분의 진화 생물학자들이 상상했던 것 이상으로 훨씬 빠르게 진화적 변화를 산출해 내고 있었다.[19] 하지만 이미 있는 사례에서처럼 뱀에 의한 포식이 좀 더 드물었다(가령 알 무리의 5퍼센트만이 파괴되었다.) 하더라도 도피용 적응은 (훨씬 더 많은 세대에 걸쳐 발생했다는 점은 차치하고서라도) **선택이 같은 방향으로 지속적으로 작용했던 한**에서는 진화했을 수 있다. 대재앙이 개체군을 병목으로 밀어 넣는다면, 유전자 빈도가 변화하는 전체 과정이 가속화될 수 있다.

· · · · ·

개체군 붕괴를 뒤따르는 확장과 이주, 아니면 이주를 뒤따르는 폭발이 바로 인간 진화를 조율한 조건들이다. 병목 현상은 지구 전역에서 이따금씩 발생한 인구 집단 확장의 전형적 특징이었다. 과거의 인구학적 역사를 재구성하는 작업을 하는 인구 유전학자 헨리 하펜딩, 앨런 로저스(Alan Rogers) 등이 분석했던 유전적 변이(또는 그 부재)의 표본에서는 선사 시대 병목의 흔적이 오늘날까지도 발견된다. 하누만랑구르, 그리고 현재는 점차 드물어지고 있지만 한때 많았던 침팬지와 같이 질기고 널리 퍼져 있는 종이 엄청난 유전적 다양성을 갖는 것과 달리 우리 종이 그토록 유전적으로 유사한 까닭은 보통 병목 현상을 통해 설명된다.

인간 개체군은 지구를 천천히 채워 가는 과정에서 수차례의 변동을 겪었을 것이다. 세 걸음 진전하면 여러 걸음 후퇴해야 했을 것이다. 기근이 발생하면 자기 방어 능력, 그리고 자원 획득 경쟁력이 가장 없는 이들, 다시 말해 아주 어리고 특히 이제 막 젖을 뗀 이들이 제일 비싼 대가를 치러야 했을 것이다.

진화적 관점에서 말하면 **가장 최근의 붕괴 이후에** 살아남아 번식한 이들의 유전적 구성이 문제가 된다. 안간힘을 써서 병목을 빠져나온 이들만이 미래의 유전자 풀의 구성에 기여한다. 많은(대부분?) 병목들은 어머니가 자신이 낳는 모든 아기를 키우는 사치를 누리지 못했던 어려운 시절과 일치했다.

얼마나 강력한 선택이 미성년자에게 작용했는지 눈감으려는 유혹을 느끼기 쉽고, 분명 그렇게 하는 것이 덜 골치 아프다. 일반적인 선택압의 맨 꼭대기에서는 부모 역시 아기를 평가하고 있었을 것이다. 부모가 의식적인 예측을 내리고 그에 따라 투자함으로써, 아이들에 대한 선택의 무게는 구체적인 방식으로 확대되었다.

새로 태어난 집단 구성원을 샅샅이 조사하는 것은 영장류에게는 보편적인 현상이다. 하지만 아기를 기를 것인가 말 것인가를 의식적으로 **결정하는** 것은 인간 고유의 특징이다. 기원후 2세기의 그리스 의사 소라누스는 그리스-로마 세계에 살던 조산원과 식자층 부모에게 당대의 베리 브레이즐턴(Berry Brazelton, 미국의 유명한 소아과 의사이자 작가, 「아기들은 다 아는 것(What every baby know)」이라는 텔레비전 프로그램을 진행하기도 했다. — 옮긴이)이었다. 비록 브레이즐턴보다는 깐깐했지만 말이다.

신생아 돌보기에 대한 소라누스의 영향력 있는 글 『부인과학(*Gynaecology*)』은 조산원들이 부모에게 아기의 성별을 알려 주고 이 갓난아기가 "기를 가치"가 있는지를 판단하는 신체적인 시험을 진행할 것을 지시한다. 소라누스가 알고 싶어 한 것은 이런 것들이다. 임신 기간 동안 어머니는 건강했는가? 갓난아기의 신체는 정상인가? 감각 자극에는 잘 반응하는가? 울음소리는 정상적인가? 달을 다 채우고 나왔으며 신경학적으로 정상인가? 이로부터 2,000년 후 마틴 데일리와 마고 윌슨 역시 부모의 **유일한 관심이 번식 성공이라면** "신생아의 적응도 전망의 초기 평가" 시 동일한 기준을 고려해야 한다는 결론에 도달했다.[20]

생존력 검증

어떤 문화에서는 한 걸음 더 나아가 부모가 영아에게 구체적인 생존력 검증을 받게 한다. 소라누스는 유럽의 야만인에게 그런 관습이 있다는 사실을 알고 있었으며 그에 대해 격렬하게 비난했다. 에페수스에서 태어나 알렉산드리아에서 의사 일을 시작하고 이후 로마로 온 소라누스는 그러한 관습들에 대해 광범위한 지식을 갖고 있었다. 게르만인, 스칸디나비아인, 그리고 (소라누스를 놀라게 했을 것이 분명한) 일부 문명화된 그리스인들은 신생아를 얼음처럼 차가운 물에 담가 강인하게 만들고 "추위를 견딜 수 없는 아기들, 키울 가치가 없는 아기들을 죽게 하기 위해" 시험을 치렀다.

　보다 이른 시기에 살던 아리스토텔레스는 춥게 하는 것이 신생아를 강하게 만들고 "아이들을 생애 최초부터 추위에 적응시키는 훌륭한 관습"이라고 언급했다. 그러한 관습은 중세까지도 유럽의 일부 지역에 존속했다. 열대 기후에 가까운 지역에서뿐만 아니라 남아메리카 고지대에서도 유사한 전통이 명백히 독립적으로 출현했다. 일부 서아프리카 부족들은 부모가 아기를 차가운 냇물에 목욕시킨 후 물기가 마르도록 차가운 아침 공기 속에 걸어 둔다.[21] 소라누스가 지적했던 것처럼 "가장 저항력이 큰" 아기들만 그런 시련을 견뎌 낼 수 있을 것이다. 이미 허약한 조산아나 저체중의 아기들은 그럴 가능성이 별로 없다. 소라누스가 반대한 첫 번째 이유는 그 시험이 **너무** 가혹하다는 것이었다. "기를 가치가 있는" 아기조차 위험을 감수해야만 하기 때문이다. 그럼에도 불구하고 신생아의 시련은 이후 수세기 동안 중세 유럽에서 존속했으며, 기독교 의례와 결합되었다.

보편적으로, 사람들은 자신의 세계를 이해하기 위해 신화를 사용한다. 신화는 널리 받아들여진 세계관과, 수용된 범주에 잘 들어맞지 않아 거북할 수 있는 실제 세계의 변칙들 간에 발생하는 모순을 타협시킬 때 특히 유용하다. 기독교가 전파됨에 따라 오래 지속되어 왔던 전통, 원치 않는 아기를 처분하던 스칸디나비아, 그리스, 게르만, 켈트의 전통 역시 무척 거북한 것이 되어 버렸다. 새 종교는 그것이 죄악이라고 간주했다. 중세 초기 이래로 기독교 교회는 영아 살해를 활발하게 비난해 왔다. 영아 살해는 13세기 이래 교회에서 저주를 퍼부은 죄악일 뿐만 아니라 배심원들이 평결하는 범죄가 되었다. 부모들은 옛 관습을 추구하는 것에 점점 더 큰 불편함을 느끼게 되었다. 비록 자신이 원치 않거나 잘 자랄 가능성이 없다고 생각한 아기를 기르는 데는 여전히 주저했지만 말이다.

부모들은 새로 도입된 기독교적 원칙과 영아의 생존력을 시험하는 옛 관습이라는 상호 모순적인 규칙 사이에 사로잡혔다. 그런 긴장의 한복판에서 "요정이 바꿔치기한 아기(changeling)"에 대한 일련의 특정 민간신앙이 산후 검사와 통합되었다. 병약한 아기들은 부모에 의해 인간이 아닌 다른 무엇, 즉 인간 아기와 바꿔치기된 악마나 요정의 아기로 재분류되었다.

모리스 센닥의 『저기 저 너머』라는 잠자리 동화를 읽은 사람이라면 어느 날 요정이 "밀치고 들어와 아기를 빼돌리고 얼음으로 된 아기를 남

그림 20.3 농부 어머니가 갓난아기를 차가운 물에 담그고 있는 장면을 묘사한 19세기의 삽화. 「영아 사망률(La Mortalité des Enfants en Bas Age)」이라는 제목이 붙여져 있다.

겨 두고 갔다."는 이야기가 친숙할 것이다. 이 으스스한 이야기의 일부는 그림 형제가 18세기에 수집한 이야기로부터 유래했다.

요정들이 요람에서 어머니의 아기를 훔쳐 낸 후, 먹고 마시는 것 이외에는 아무것도 하고 싶어 하지 않는, 머리가 크고 꿰뚫어 보는 듯한 눈을 가진 요정 아기를 두고 갔다.…… 이웃이 어머니에게 요정 아기를 부엌으로 데려가 난로 위에 올려 두고 불을 피운 후 달걀 껍데기 두 개에 물을 넣고 끓이라고 했다. 이렇게 하면 요정 아기는 웃을 것이다. 만약 아기가 웃으면 아기를 끝장내야 했다.[22]

달걀 껍데기 안에서 물이 끓는 놀라운 광경을 보고 아기가 웃으면 요정들은 인간 아기를 돌려주어야만 하며 대체물 요정 아기를 도로 데려가야만 했다. 센닥의 판본은 "아기라면 그렇게 해야만 하듯, 달걀 껍데기 사이에 기분 좋게 누워 낮게 중얼대며 손바닥을 마주치는" 아기는 진짜 인간 아기로 식별할 수 있었다.

실제 세계의 사람들은 병약한 아기가 민담에서처럼 요정이 건강한 아기를 데리고 간 대신 남겨 둔 일종의 세금이라고 믿으려 했다. 남겨진 아기는 프랑스에서는 앙팡 샹제(enfant changé), 독일에서는 베셀바크(Wechselbag), 영국에서는 "요정의 아기(fairy child)" 또는 바꿔치기된 아기가 되었다. 북부 유럽에서 가장 널리 알려진 판본에 따르면, 요정 아기들은 밤새 숲 속에 내버려 두어야 했다. 만약 요정이 아기를 데려가기를 거절하면 아기는 밤사이 죽게 될 것이었다. 하지만 그 아기는 인간이 아니기 때문에 영아 살해는 아니다. 만약 기적적으로 살아남았다면, 원래의 건강한 인간 아이가 돌아온 것이 틀림없었다.

농촌 공동체에서는 고대의 미신이 '기독교' 관행으로 침투했다. 가장 잘 알려진 사례 중 하나는 비교적 최근까지도 숭배되어 왔던 홀리 그레이하운드(Holy Greyhound)에 대한 12세기 프랑스 신앙이다. 그는 아이들의 치유자로, 생 기네포르(Saint Guinefort) 곁에서 자라났다. 생 기네포르 사원은 숲 속에 있었는데, 요정 아이로 의심되는 아기들을 그곳에 밤새 내버려 둘 수 있었다.

홀리 그레이하운드에 대한 신앙은 주인이 부당하게 도살한 가문의 충견에 대한 전설을 둘러싸고 발생했다. 한 판본에 따르면 주인이 개의 입부분에서 핏자국을 발견하고 사건을 곡해하게 되었다. 하지만 개는 누군가를 잡아먹은 것이 아니라, 그 남자의 아들을 뱀으로부터 보호하다가 피를 흘리게 되었다. 아버지는 개를 죽였지만 결국 아기가 다

그림 20.4 요정이 진짜 아기를 훔치고 "큰 머리와 뚫어지게 바라보는 눈……"을 지닌 요정 아기를 남겨 둔다.

치지 않았다는 사실을 발견하게 된다. 이후 어머니들은 무럭무럭 자라지 못하는 아이들을 숲 속의 특정 장소로 데려가게 되었는데, 이 장소는 이 순교한 개가 묻힌 곳과 연관된 장소로 여겨졌다. 그들은 아픈 아기가 더 이상의 고통 없이 죽거나 완전히 회복하리라는 기대 속에 아기를 밤새 내버려 두었다. 성자에게는 "생 기네포르여, 삶 또는 죽음을(A Saint Guinefort, pour la vie ou pour la mort)."이라는 프랑스어로 된 주문을 바치게 된다. 건강한 삶이 아니면 죽음을 달라는 것이다. 그러한 신앙은 교회 권위

자들의 억압 노력에도 불구하고 20세기 초반까지 지속되었다.[23]

　13세기의 한 정의에 따르면 요정 아이는 "아무런 보람도 없이 여러 명의 유모의 젖을 고갈시키는 아이다. 왜냐하면 그 아이는 자라지 않고 배는 계속 딱딱하며 이상하게 부풀어 올라 있기 때문이다……".[24] 1405년의 『미신에 대한 논고(*Treatise of Superstitions*)』에서 야보르의 니콜라(Nicolas of Jawor)는 그 점을 설명하기 위해 두 세기 전 파리 주교가 만들어 둔 규정을 참조한다. "'바꿔치기된 아기'……들은 몸이 말랐고 언제나 울며 불만에 차 있고, 젖이 아무리 풍부하고 많아도 그중 어느 하나도 만족시킬 수 없을 만큼 목말라 한다고 이야기된다." 그런 묘사가 영양실조에 걸린 데다 설사와 같은 질병으로 탈수 증세를 보이는 아이에게 적용되는지, 아니면 방치되어 있기 때문에 성장할 수 없는 원치 않는 아기에게 적용되는지를 알기란 불가능하다. 오늘날의 브라질 북동부에 있는 빈곤한 어머니들 사이에서 발생하는 "어머니의 선택적인 방치"에 대한 연구에서 인류학자 낸시 셔퍼-휴스는 그러한 "가망 없고" 낙인찍힌 아기들에 대한 구체적인 묘사를 들려준다. 이 아기들은 현대 제3세계의 요정 아기들로, 절망적인 상황의 어머니들은 이 아이들을 구하기 위해 노력하는 사치를 감당할 수 없다. 이 아기들은 "기르기 어렵다"거나 "아동 질병"으로 고통 받고 있다고 이야기된다. 한 명의 브라질 어머니가 셔퍼-휴스에게 들려준 바에 따르면 "이 아이들은 삶에 대한 혐오감을 품고 태어나지요. 이 아이들은" 자신들에게 주는 음식에 "곧 질려 버리고 말아요." 또 다른 어머니는 "아기가 천천히 죽어 가는 모습을 보는 게 어머니에게 얼마나 고통스러운지"에 대해 언급한다.

　17세기 후반까지도 "마른 모습으로 태어난", "다른 아이들에 비해 작은", 또 "세 명의 유모를 탈진시키고도 살이 찌지 않고 안으면 우는" 프랑스 아이들은 악마가 임신시킨 아기라고 여겨졌다. 민간 신앙이 현실과

Von Schimpff vnd Ernst.

hund den todt an der schlangen het gerochen/
vnd er dem güten hund vnrecht hette gethon/
vnd die schlang den mort het gethon / vnd het

tus. Kein werck mag die epl erleiden / es sey
güt oder böß / schnell spilen / so müß man vil
vbersehen / schnell betten / so müß man halbe

그림 20.5 생 기네포르 전설을 묘사한 16세기의 삽화로, 기사가 죄 없는 아기 보호자를 곤봉으로
내려칠 동안 독사는 아직도 아기의 요람 근처에 숨어 있다.

교차했다. 1850년에서 1895년 사이 유럽 각처에서 행해진 재판 중 최소
한 8건에서 죽거나 학대당한 아이가 요정 아이라는 믿음이 발견되었다.
미국에서도 1877년 뉴욕에서 발생했던 사건, 즉 아일랜드 이민자 부모
가 의심스러운 아기를 태운 것과 같은 사건이 여전히 이따금씩 발생하
곤 했다.[25]

단계별로 본 출산

현대 서구 사회에서 아기는 태어나 명찰을 달고 혈액 검사를 하며 족문
을 찍고 시민권과 법적 권리를 인정받는 순간부터 완전한 인간으로 간

주된다. 어머니는 자신의 아기와 탄생 순간부터 거의 즉각적으로 유대를 맺도록 장려되며, 그렇게 하지 않으면 이상한 사람처럼 취급된다. 이 구도는 효율적이고 존경할 만하지만, 또한 인간 경험의 전체 범위를 비정상으로 만드는 구도이기도 하다.

(한 비교 문화 연구에 따르면 86퍼센트의 사회에서 발견되는) 보다 전형적인 방법은 아기가 공적으로 인식되고 이름이 주어지며 영혼을 부여받는 산후 특정 기점이나 성인식 이전까지는 완전한 인간으로서의 정체성을 부여받지 못한다.[26] 고대 그리스의 암피드로미아(*amphidromia*)는 성명식의 고전이다. 대행 부모들이 아기를 들어 올려 난로 주변을 돈 후 새로 이름을 받은 아기를 부모에게 돌려준 이후에야 완전한 공동체 구성원이 된다. 라자스탄에 있는 한 인도 마을에서는 출산 후 얼마의 시간이 흐른 뒤 이웃과 친족들이 모여 "요람 의식"을 하며 기쁘게 노래를 부르고 아기를 위해 옷을 짓는다. (여성의 차림새를 하며 성적으로 모호한 거세 남성인) 히즈라(hijra)가 나타나 사람들을 즐겁게 해 주고 아기를 축복한다. 특히 아기가 사내애일 때 그렇다. 19세기 이전까지는 그 행사가 있기 전까지는 영아 살해를 승인하고 이후에는 승인하지 않았다.

수렵-채집 사회의 전환 시점은 매우 이르고 아주 간단하다. !쿵 어머니는 분만을 위해 홀로 덤불 속으로 들어간다. 어머니가 아기와 함께 돌아오면 사회적으로 인식되고 집단 구성원으로 보호받는다. 하지만 만약 어머니가 돌아오기 전에 아기를 버리면 사람을 죽인 것으로 간주되지 않는다.

출생 의례는 출산 직후에 행해질 수도 있고 수개월 후에 행해질 수도 있다. 간단한 축하를 받을 수 있고, 성당 세례식의 거창한 팡파레를 받을 수도 있다. 대다수의 문화에서 집단 구성원으로서의 완전한 권리는 부모 또는 아기를 기르기로 서약한 대행 부모가 아기를 검사하고 받아들이기 전까지 연기된다. 받아들이는 기준은 매우 임의적일 수 있고, 해석의 여지를 남겨 둔다. 남아메리카의 몇몇 부족에서는 너무 많거나 적은 머리카락은 어머니가 실행을 한 징조로 여겨지며 (반드시 그럴 필요는 없지만) 신생아의 미래를 어둡게 한다. 엘레나 발레로는 아기를 낳은 후 자신을 사로잡은 야노마모 사람들 중 한 명인 다른 여성에게 "이건 인간이 아니잖아, 이 애는 머리카락이 없어."라는 이야기를 들었다. 이들은 "지금 죽여 버려."라고 말했지만 엘레나를 차지한 남편이 이를 거부했다. "아기를 키우게 내버려 둬. 머리카락은 없지만……." 그는 여자들에게 가 버리라고 일렀다.[27]

아프리카, 남아메리카, 그리고 태평양 제도의 일부 지역들에서는 이가 난 채 태어나는 아기, 쌍둥이 출산, 또는 골반위 출산(breech birth, 머리가 아니라 하체부터 낳은 아기.—옮긴이)은 아기를 받아들이는 부모에게 편견을 심어 줄 수 있는 '흉조'로 여겨질 수 있다. 하지만 이러한 특질들은 다르게 해석될 여지가 있다. 하나의 사례로 서아프리카 지역의 한 아버지가 자신의 아기가 여섯 손가락을 지니고 태어나자 죽이라고 이야기했지만 조산원은 주술의 징조를 오해한 것이라고 아버지를 속였다. 경험이 많은 그녀의 눈에는 다지성(polydactyly)은 번영을 의미했기 때문이다.[28]

인격체가 되기 위한 관문은 보다 점진적인 과정으로 볼 수도 있다. 아요레오 사회에서는 결정적인 분기점이 상대적으로 늦게 온다. 걷게 되기 전까지는 어떤 아이도 완전한 인간 취급을 받지 못한다.[29] 다른 사회에서는 음식을 먹거나 미소 짓기 시작하거나(5주쯤), 웃거나(4개월에서 5개월) 아니면 이가 날 때가 분기점이 된다. 보편적인 발달 단계를 거쳐 가는 과정이 영아의 미래 잠재력을 알려 주며, 영아를 이 단계까지 데려오는 데까지 쏟은 투자량을 입증해 준다. 아기가 이 이정표를 통과할 만큼 오래 살아남았다는 단순한 사실 자체는, 누군가가 아이를 돌볼 의무를 떠맡

그림 20.6 요정 아기에 대한 신앙적 결과 중 하나는 아픈 아기가 양육되지 않았다는 것이었다. 위 그림에서 아기 시절 납치되었다가(도판 4를 볼 것.) 흰 암사슴의 젖을 먹고 자라난 성 스테파노 (Saint Stephen)는 자신 대신에 남겨진 악마의 아기와 맞서기 위해 돌아온다. 여러 해가 지났지만 아기는 결코 자라지 않았고, 인간이 아니라는 사실이 입증되었다. 악마들이 그 세금을 다시 가져 가도록 하기 위해 바꿔치기된 아기는 불로 위협받게 되는데, 아마 불태워졌을 것이다.

았다는 사실을 알려 주기도 한다.

부모는 아기가 명명식을 비롯한 발달 이정표를 통과한 **이후** 죽었을 때 더 큰 슬픔을 표시한다. 시간이 흐름에 따라 아이와의 정서적 유대 가 강화되었고 또한 부모가 인식하는 아이의 가치 역시 커졌음을 의미 하는 현상이다. 드브리스는 마사이 어머니들이 아기가 이름을 지어 주 기 전에 죽었을 경우, 지어 준 이후에 죽었을 때 표시하는 극단적인 슬 픔(소리 지르기, 자해, 그리고 마구 뛰어다니기)과 비교하면 너무나 초연하며 거의 냉담하기까지 하다는 사실에 충격을 받았다.[30] 분명 '제2의 탄생'을 통과하는 것은 아기를 키우겠다는 공적인 결정뿐만 아니라 어머니와 아기 간에 맺어진 관계의 정서적 기조에 변화가 왔음을 표시한다.

미국 상원 의원 대니얼 패트릭 모이니언(Daniel Patrick Moynihan)은 자신은 선택 우선론자지만 임신 후기 중절은 영아 살해와 너무 흡사하기 때문에 반대한다고 선언한 적이 있다. 이 선언은 인류학적으로 명백한 사실을 반복해서 진술한 것에 불과하다. 전통 사회에서 행해지는 영아 살해 거의 대부분이 출산 직후에 이루어지며, 개념적으로도 임신 후기 중절과 동등하다.[31] 신생아 살해가 중절보다 선호되는 이유는 그저 영아 살해가 어머니에게 보다 안전한 방법이기 때문이다(전통 사회에는 유산을 유도할 수 있는 방법이 분명히 있지만, 임신한 여성이 다른 사람에게 배 위로 뛰어내려 달라고 부탁하는 것과 같이 거친 방법뿐이다. 이런 방법은 효율적이지도 않고 안전과는 거리가 멀다.). 서구 의학이 도입된 사회에서는 상황이 역전된다. 어머니에게는 중절(특히 임신 초기 중절)이 출산보다 안전하다. 다른 선택이 있는 경우에도 영아 살해를 선택하는 사람은 없다.

· · · · ·

다른 영장류에서는 어미가 그냥 새로 낳은 새끼와 기르게 될 새끼를 구분하는 종은 없다. 호미니드 진화 과정의 어느 시점부터 그런 구분이 강조되기 시작했는지는 전혀 알려지지 않고 있다. 내 자신의 추측으로는, 어머니가 나이가 서로 다른 여러 명의 자식에게 동시적으로 자원을 공급해야 하는 요구가 점차 커져 감에 따라 차별적 성향이 점점 더 커졌을 것 같다. 만약 이 추측이 옳다면, 어머니들은 신석기 이전부터 이미 차별적인 경향을 다소나마 보였을 것 같다. 느리게 성숙하며 고도로 의존적인 자식들로 이루어진 시차성 무리에게 자원을 공급해야 할 가능성에 직면했었기 때문이다. 그 이후 정착적인 삶이 훨씬 더 짧은 출산 간격을 유도함에 따라 어머니는 보다 더 까다로워졌을 것이다. 이 어머니들은 기형을 설명하고 자신의 행위를 정당화하며 불가피함과 감정을 타협시키기 위해 자연사, 신화, 그리고 의례를 동원했던 최초의 지식인 집단이었을 것이다. 지금과 마찬가지로 그때의 어머니들 역시 생존, 어머니의 역할, 그리고 일을 병행해야만 하는 타협 불가능한 만성적 딜레마를 직면했을 것이다. 창발하는 신념 체계 덕분에 그런 딜레마는 좀 더 견딜 만한 것이 되었다. 점점 더 큰 동정심을 갖게 된 영민한 생명체들은 자신이 더불어 살 수 있는 이야기들을 발명해 냈던 것이다.

어머니가 자신의 태아를 생각하는 방식은 세계 일반에 대한 자신의 견해와 점점 더 통합되어 갔다. 개인에게 이름을 할당하는 것과 같은 관습은 어머니가 죽음과 역사에 대해 깨우쳐 가고 있는 의식과 연결되었다. 어머니들은 어떤 미래가 올 것인지를 상상하고 그 내용을 명료하게 표현할 수 있는 능력을 점차 갖춰 나가게 되었다. 새로운 출산이 다른 아이들에게는 어떤 효과를 주게 될 것인지와 같은 문제가 여기에 포함되었다. 인류의 여명기에 아이를 낳고 있는 어머니에게는 신생아를 보다 나이가 많은 다른 아이들과 동등하게 여기지 않는 것이 결정적으로 중요했을 수 있다.

탄생과 죽음 사이에 있는 너무나도 명백한 연관 관계가 초기 우주론의 주요 참고점이 되었을 것이다. 출산은 위험한 삶의 단계로 보였을 것이다. 출산은 당시 여성이 경험했던 고통 때문에 더욱 더 위험한 것으로 묘사되었을 것 같다.

출산은 유령과 같은 태아의 세계가 인간의 세계와 접촉하기 시작하는 위험천만한 시기다. 머리가 큰 아기가 산도를 통과하고 있을 때 상황이 좋지 않다면, 유령은 어머니의 생명을 손쉽게 요구할 수 있다. 이들

세계를 매개하는 것은 신생아였다. 신생아는 상황이 안전한 것으로 판명되고 초자연적인 세계와 대립되는 '문명화된' 세계와 비인간인 신생아의 통합을 상징하는 산후 의례 전까지는 경계 지대에 남아 있어야만 했다.[32]

이러한 경험들을 설명하고 다루기 위해 고안된 믿음의 구조들은 그 자신의 생명을 지니게 되었다. 역사가, 심리학자, 그리고 영장류학자 모두는 젖 분비가 시작되는 때와 어머니가 아기와 통합감을 느끼게 되는 때 사이에 놓여 있는 생리학적 지체 현상이 차지하는 역할에 주목해 왔다. 젖 분비의 시작이 약간 지연되는 현상은 영장류에게는 깊숙이 박혀 있는 구조다. 이 창문이 인간에게 아직까지 있는지, 아니면 바뀌어져 있는지는 알려지지 않았다. 하지만 분만 후의 여성과 완전히 수유를 할 수 있게 된 어머니 사이의 유예 기간을 설명하는 정교한 문화적 개념들에는 서로 뚜렷한 차이가 있다.[33]

예를 들어 18세기 네덜란드의 이교도였던 프리슬란트(Frisian)에서는 아직 "지상의 음식"을 맛보지 않은 아이에 대해서만 영아 살해가 허용되었다.[34] 이것은 흔한 유형에 해당한다. 문화적으로 인간이 된다는 것을 인식할 때 그 분기점을 영양 섭취로 상술하는 것은 분명 우연이 아니다. 일단 수유가 시작되면, 그에 수반된 모든 호르몬 변화를 겪은 어머니는 더 이상 아이 유기를 생리적으로나 정서적으로나 생각할 수 없게 된다.

· · · · ·

전통적인 범주들 사이에 존재하는 기형은 어디서나 초자연적인 이유 탓이라고 이야기된다. 이성의 시대 이후 수세기가 지났지만 분류하기 까다로운 개인들(여성 복장을 한 남성, 저음의 목소리를 지닌 아기)은 여전히 우리를 불편하게 만든다. 이 점을 알고 있는 호러 영화 제작자들은 외계인을 태아처럼 보이도록 디자인하는 일이 자주 있다.

태아가 위험할 정도로 무정형이거나 상징성이 가득한 존재로 여겨지는 일은 놀라운 수준의 법칙성을 보인다. 마야어 사용자 집단(고대 마야 문명의 현대 후손으로 멕시코 남부와 중앙아메리카 지역에 아직도 살고 있는 사람들) 중 상당수의 신념 체계에는 주식인 토르티야 만들기와 아기 만들기 사이에 복잡한 상징적 유비가 존재한다. 내가 이전에 연구한 바 있는 민담을 만들어 낸 따뜻하고 온화한 사람들인 치아파스의 초칠 마야 사람들은 월경혈이 쓰레기라고 생각하며, 신체 구성 물질은 아기를 만드는 데 사용되지 **않는** 것으로 여긴다.

이 상징 구도에서 월경혈은 반죽을 구워 토르티야로 만들기 전 두드린 옥수수를 담가 두는 데 쓰는 특별한 라임 주스 혼합물(중앙아메리카 전역에 걸쳐 사용됨)로부터 생겨나는 쓰레기와 동등하다. 토르티야와 마찬가지로 아기들은 본질적으로 날것이며, 그들을 인간 문화의 영역으로 데리고 들어오는 과정인 요리(임신, 그리고 출산 후 뿌리는 소금과 같이 문명화시키는 성분을 가하는 것) 전까지는 문명화되어 있지 않다고 여겨진다. 이 상징 구도를 알고 나면, 갓 태어난 아기의 입술에 소금과 고춧가루를 뿌리는 영문 모를 관습이 갑자기 이해되기 시작한다. 소금은 세례식에서도 다시 뿌려지는데 아기의 영혼을 봉인하기 위해서이다. 아기들은 그러한 대비책이 있기 전까지는 무정형으로 간주되며, 아직 초자연적 세계에 연결되어 있는 인간 이하의 존재라고 여겨진다.[35]

현대 사회에서 과학과 의학은 출산 과정의 물리적 위협을 상당 부분 제거했다. 유전자와 조직에 관계된 한 배아-태아-아기는 생물학적 연속체를 표상한다. 어떤 구분도 자의적일 뿐이다. 이러한 의미에서 태아에서 인격체로의 전환은 10만 년 전보다 더 분명할 것이 없다. 달이 거의

그림 20.7 살아 있는 것도 살아 있지 않은 것도 아니며, 인간인 것도 그다지 인간답지 않은 것도 아닌 태아는 '자연'과 '문화'의 중간 어디쯤에 위치한다. 영화 제작자들은 그 애매한 위치를 인식하여 관례적으로 태아를 외계로부터 온 외계인의 모델로 사용한다.

찬 태아가 자궁 안에서 엄지손가락을 빨고 있는 모습을 보여 주는 광섬유 카메라 사진을 전시하는 것처럼, 태아를 인간화하려는 의도를 지닌 정치 선전은 상당히 의식적이고 인류학적인 정교함마저 갖추고 있다. 하지만 모호함은 여전히 남는다. 자궁 외 태아가 생존하기 위해 요구되는 보살핌의 증가와 주저하는 부모와 사회적 환경, 태아가 자궁 밖에서도 살 수 있는 능력을 지속적으로 증진시키고 있는 의학 발전과 더불어 초음파 기술, 그리고 그 밖의 광범위한 신생아 기술들이 우리를 새로운 영역으로 데려가고 있다. 정서적으로, 개념적으로, 법적으로, 그리고 그밖에 모두의 것에서 전례가 없는 일이다. 이것은 아무도 밟지 않았던 영토이다.

그리고 세례식?

기독교 세계에서 아기를 찬물에 담그거나 물을 뿌리는 것, 또는 초기 기독교 교회의 사례에서처럼 차가운 물에 완전히 담그는 것은 신생아가 공동체의 일원이 되는 변환을 표시한다. 세례식은 아기가 세계에 첫선을 보인 후의 재탄생(부활), 또는 사회적이고 영적인 탄생을 재현한다.

기원후 1세기 이전의 세례식에 대해서는 알려진 것이 없다. 대부분의 학자들은 세례가 정화와 관계된다고 추측한다. 일차적인 이유는 유태교 여성이 월경 이후 스스로를 정화하기 위해 취하던 의례적인 목욕인 미크바(mikvah)에서처럼 유태교에서는 의례적인 침례 의식이 전통적으로 중요했기 때문이다. 다른 학자들은 세례가 유태교의 할례의 대체물이라고 추측한다. 프랑스의 사회사가인 장-클로드 슈미트(Jean Claude Schmitt)의 설명 방식은 다르다. 그의 주장에 따르면 세례는 초기 켈트-게르만에서 아이들을 찬물에 노출시키거나 담그는 관습으로부터 유래했다. 그렇다면 세례는 부모들이 기르기 위해 아기가 통과해야 하는 생존력의 임계점을 설정하기 위해 사용했던 의식에서 유래했을 것이다.[36]

· · · · ·

무엇이 자신의 아기에 대한 여성의 반응을 결정하는가라는 질문은 토론에 부치기에는 너무 민감한 문제인 것처럼 여겨지는 경우가 자주 있다. 한 가지 이상의 반응이 있을지도 모른다는 생각은 어떤 사람들에게는 몸서리쳐지는 일이다. 그럼에도 불구하고 우리가 알게 된 약간의 내용을 통해 보면 사람들은 분명히 일부 아기를 다른 아기에 비해 바라보거나 더 오래 바라보려 하는 경향이 있다. 한 가지 전형적인 반응은 아기가 '귀엽기' 때문에 흥미가 유도되었다는 것이다. 하지만 이 말은 무슨 뜻인가?

'귀엽다'는 말의 진짜 뜻은 이런 것이다. 둥근 머리, 큰 눈, 통통한 뺨. 이 모두는 소라누스가 '달을 채웠는지' 판별하기 위해 사용했던 기준들과 같은 방향으로 가게 되는 일차적인 기준들이다. 이와 같은 신생아적인 특질들은 다른 어떤 포유류들보다도 인간에게서 오래 지속된다. 어떤 사람들에게 이 사실은 어린이 같은 호소력이 어머니의 모호한 태도와 더불어 일종의 감미료로 공진화하여, 차별적인 어머니로부터 헌신을 유도한다는 것을 시사한다.[37] 세계 어디서나 부모가 특히 큰 관심을 갖게 되는 한 가지 속성은 아기가 얼마나 통통한가이다.

21장

지방의 문제

아들이에요!

알렉산더 윌슨 테일러

1991년 8월 16일

3.5킬로그램

1985년 멕시코시티 지진으로 붕괴된 아파트 대참사 현장에서 사실상 희망을 포기했던 구조 대원들이 작은 기적 하나를 찾아냈다. 매장된 지 일주일이 지나서도 생존자가 있었던 것이다. 유일한 생존자가 신생아라는 사실을 알게 되어 제일 놀란 사람은 아마 신생아 연구자는 아닐 것이다. 대부분의 포유류, 그리고 다른 175종의 영장류들과는 달리 인간은 상당한 양의 피하 지방 조직을 지니고 태어나기 때문에, 신생아는 일주일을 굶어도 혈당량을 정상 범위 내로 유지할 수 있다.[1] 지진을 겪었던 아기는 분명 탈수와 저체온증이 가져오는 극심한 위험에 처해 있었겠지만, 저장된 지방 덕분에 다른 어떤 포유류보다도 직접적인 식량 공급에 덜 의존하고 있었을 것이다. 갓 태어난 새끼 쥐나 새끼 돼지는 출산 시 지방이 거의 없어 하루만 먹이가 끊겨도 굶어 죽게 되는 반면,[2] 인간의 젖 분비는 (산후 최초 24시간 내에 분비되는 초유를 제외하면) 출산 후 이틀이나 사흘이 지나기 전까지, 때로는 그보다 더 오랫동안 시작되지 않는다.

왜 인간의 아기는 그토록 크고 통통한가?

달을 다 채운 인간 태아의 지방 조직은 출산 체중의 16퍼센트를 차지한다. 이것은 아기 원숭이에게서 발견되는 것보다 4배에서 8배 많은 수치다. 고릴라와 인간의 임신 기간은 거의 비슷하지만, 고릴라 신생아의 몸무게는 인간 아기의 절반밖에 되지 않는다. 이와 유사하게 (임신 기간이 더 짧은) 침팬지 새끼 역시 작다.[3]

인간 신생아의 몸무게를 다른 영장류와 비교해 보면, 인간이 확실히 척도를 벗어나 있다는 점을 알 수 있다. 인간 신생아의 체중은 출산 체중과 성체 체중 간의 연관 관계를 통해 예측한 수치에 부합하지 않는다.[4] 위대한 영장류 해부학자 아돌프 슐츠(Adolph Schultz)의 표현에 따르면 "대부분의 인간 아기는 상당량의 피하 지방을 완충한 채 태어나는 반면 원숭이와 유인원 새끼는 거의 없어 뚜렷하게 '마르고' 주름이 너무 많은 것처럼 보인다."[5] 인간 아기가 특별히 살찐 이유는 아마도 지방이 필요한 이유가 있기 때문일 것이다. 하지만 무엇 때문일까? 인간 어머니의 젖이 원숭이나 유인원의 젖에 비해 지방이 더 많은 것은 아니라는 사실 때문에 문제가 더 복잡해진다. 인간 젖은 실질적으로 다른 모든 영장류와 동일한 저지방식이다. 다른 영장류와 마찬가지로 우리의 젖은 묽은데, 이것은 영아가 어머니들과 다소나마 지속적인 접촉을 유지하며 원할 때 젖을 빨았던 수천만 년 역사 속에서 적응된 결과이다. 이와 대조적으로 인간과 비교할 수 있는 피하 지방 저장량을 갖고 태어나는 몇 안 되는 포유류들, 가령 바다표범과 바다코끼리는, 믿을 수 없을 만큼 농밀한 젖을 분비한다. 하프바다표범(harp seal) 어미의 젖은 수유가 시작될 당시에는 최대 23퍼센트의 지방을 포함하며, 수유가 끝날 무렵이면 40퍼센트에 달한다. 회색바다표범(gray seal)의 젖은 자그마치 53퍼센트가 지방으로 이뤄져 있다. 이 수치를 원숭이, 인간, 그리고 다른 유인원들의 젖에 포함된 3~4퍼센트라는 미미한 양과 비교해 보라.[6]

수중 기원 가설

('털 없는 유인원'의 바다표범과도 같은 매끄러움과 더불어) 인간과 해양 포유류에서 나타나는 피하 지방층의 수렴은 신기한 현상이다. 그래서 수년 전에 알리스터 하디 경(Sir Alister Hardy)은 우리 조상이 물속에서 오랜 시간을 보내도록 진화했다는 생각을 하게 되었다(『수중 유인원(The Aquatic Ape)』이라는 책을 쓴 베스트셀러 저자 일레인 모건(Elaine Morgan)도 같은 생각을 했다.). 이들에 따르면 피하 지방은 지방층이 두꺼운 수중 포유류와 마찬가지로 물을 건너가거나 수영하는 인간이 체온과 부력을 유지할 수 있게끔 해 주었다. "수중 기원(aquatic origin)" 가설은 인류학자들에게는 거의 지지를 받지 못했지만, 그 고찰에 영감을 불어넣었던 수수께끼는 아직도 지속되고 있다.

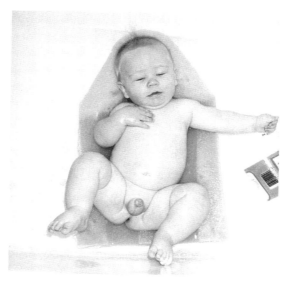

그림 21.2 인간 신생아는 다른 영장류와 비교해 볼때 지나치게 살쪄 있다.

　　날지 않는 새의 기능적인 날개와 같은 다른 신체적 수수께끼들과 마
찬가지로, 가장 분명한 가능성은 축적된 지방이 과거 형태의 잔존물이
라는 것이다. 하지만 인간의 지방 축적물의 상동물(homologue)은 영장목
에는 없다. 이 사실은 인간의 지방층이 인간과 침팬지, 보노보가 공유하
는 최후의 공통 조상 이래로 진화해 온 파생 형질(derived character)이라는
것을 뜻한다. 임신의 전체 에너지 비용의 절반 이상을 차지하는, 임신 마
지막 주의 이 벼락치기 지방 축적을 설명해 줄 수 있는 태아의 대사 특
징은 알려진 것이 없다. 신생아의 지방층은 호미니드의 독특한 적응의
귀표(earmark)이다. 하지만 무엇을 위한 적응인가?

털 없는 신생아를 위한 절연체

수중 기원 가설과는 별도로 네 가지 (상호 배타적이지 않은) 가설이 인간 아기에서의 독특한 신생아 지방 축적물의 발달을 설명하기 위해 제시되어 왔다. 첫 번째로 "절연 가설(insulation hypothesis)"이 있다. 1998년에 폴란드의 인류학자 보그슬라프 파울로프스키(Boguslaw Pawlowski)는 이 지방층이 근래에 사바나로 옮겨 '벗은 채로 땅바닥 위에서' 자게 된 아기를 한밤의 추위로부터 보호하기 위한 일종의 절연체라는 가설을 내놓았다.[7] 하지만 왜 호미니드가 이 문제를 원숭이나 다른 유인원들이 하듯 행동으로 해결할 수 없었는지는 분명치 않다. 예를 들어 랑구르는 히말라야의 고지대에서 온기를 유지하기 위해 밤에는 무리를 짓고 모여 잔다. 고릴라와 침팬지는 잠을 자기 위한 보금자리를 짓는다.

보험 증서

두 번째로, 지방의 저장고는 일종의 보험 증서를 나타내는 것일 수 있다는 가설이 제안되었다. 만약에 새 어머니가 일시적으로 몸이 좋지 않다면, 아기는 어머니가 회복될 때까지, 혹은 만약 죽는다면 젖을 분비하는 대리 엄마가 와서 자신을 입양할 때까지 기다려야 할 것이다. 하지만 왜 인간이 다른 영장류에 비해 이 점에서 더 큰 선택압 속에 있어야 할까? 우리는 야생의 아기 원숭이 역시 고아가 되어 입양되며, 젖을 분비하지 않는 대행 어미가 아픈 어미가 스스로 젖을 물릴 수 있을 만큼 회복할 때까지 보살핀다는 점을 알고 있다.[8]

만약 아기의 지방층이 응급 상황을 위한 보험이라면, 원숭이 역시 어미의 자궁을 버리고 떠나기 전에 지방층 구명조끼를 입을 경우 이득을 볼 것이다. 만약 지방이 유용한 보험이라면 다른 영장류도 오래전에 진화시켰어야만 한다. 하지만 영장류 태아의 지방 축적물은 인간 이외의 영장류에서 보고된 적이 단 한 번도 없다. 반직관적이지만 호미니드 아기는 출산 시 점점 더 산도를 빠져나오기가 힘들어지는 선택압이 작용하고 있었음에도 불구하고 오히려 더 통통하게 진화되었다. 인간 어머니는 침팬지의 불안정한 관절 마디 걸음걸이(knuckle-walking) 대신 편하게 두 다리로 활보하는데, 인간의 좁아진 골반구(骨盤口)는 사족 보행을 하며 관절 마디로 걷던 유인원 어미가 일어선 자세로 두 다리로 걸으며 절약하게 된 에너지와 맞바꾼 것이다.[9]

만약에 지방층이 신생아에게 유용한 보험이 되었다면 이 특질이 이전에 진화한 적이 없다는 것이 놀라운 일이다. 인간 및 원숭이의 골반구와 비교하면 대형 유인원 어미들의 골반구는 보다 큰 머리와 보다 통통한 어깨를 감당하기에 충분히 넉넉한 공간을 갖고 있다(상대적 비율을 알고 싶으면 그림 7.8을 보면 된다.). 대형 유인원은 여유 공간이 많지만, 유인원 신생아는 인간 신생아가 하듯 출생 전에 지방을 축적하는 선택압을 경험하지 않았다.

생각을 위한 음식

이는 인간에게만 고유한 필요에 근거하고 있는 세 번째 가설로 우리를 이끈다. 즉, **신생아의 지방은 빨리 자라면서 지질을 게걸스럽게 빨아들이는 인간 두뇌의 발달을 위해 필수적인 자재 더미 또는 저장고 역할을 한다**는 것이다. 지난 400만 년에 걸쳐 호미니드의 두뇌는 유인원과 오스트랄로피테쿠스의 450세제곱센티미터라는 용적으로부터 1,400세제곱센티미터라는 육중한 호모 사피엔스의 용적에 이르기까지 확대되었다. 우리가 지닌 총명함의 부피는 유인원이 이족 보행을 시작한 지 한참 후인 지난 30만 년 동안 진화했다. 두뇌가 확장되고 있던 무렵에 호모 에렉투스 암컷은 이미 몸집이 더 큰 어미로 진화한 상태였다.[10] 그럼에도 불구하고 좁은 산도와 큰 두뇌는 어머니에게 상당한 대가를 치르게 했다.

두뇌 조직은 만들고 유지하기에 비용이 무척 많이 든다. 유니버시티 칼리지 런던(University College London)의 인류학자 레즐리 아이엘로(Leslie Aiello)가 입증한 것처럼, 이 탐욕스러운 기관 한 개의 요구는 아기의 전체 기초 대사율의 50퍼센트 이상을 차지한다.[11] (압축된 아기 두개를 짜낼 수 있을 딱 그만큼의 크기인 자궁 경부를 갖고 있는 분만 중인 어머니에게는 특히) 가르강튀아(라블레(Rabelais)의 『가르강튀아와 팡타그뤼엘(Gargantua and Pantagruel)』에 등장하는 거인의 이름. ─옮긴이)처럼 보이는 신생아의 두뇌는 곧 4배로 커지게 된다. 생애 첫 한 달 동안 거의 태아에 가까운 빠른 속도로 성장을 지속하는 두뇌는 탄생 후 1년 이내에 최종 크기의 79퍼센트에 달하게 된다.[12] 따라서 "생각을 위한 음식(foor for thought)" 가설에 따르면 큰 두뇌의 호미니드는 성장을 지속하기 위해 추가적인 지방을 필요로 하는데, 이는 마치 생일 케이크에 꽂힌 여분의 초와 같다.

출산 체중은 영아 생존을 예측하는 변수들 중 가장 확실하다. 50년 전에 행해진 연구에 따르면 오늘날 우리가 이용할 수 있는 조정 방법이 등장하기 전, 생후 1개월 이전의 영아 사망률은 여전히 20명 가운데 1명 정도였다. 최적의 몸무게(약 3.6킬로그램) 미만이거나 이를 초과하는 아기들은 살아남을 가능성이 더 적었다. 오늘날까지도 이는 지속적인 안정화 선택(stabilizing selection)의 교과서적 사례로 남아 있다.[13] 낮은 출산 체중을 갖고 태어난 아기들은 신경학적 손상에도 보다 취약하다. 비록 그런 아기는 더 가난한 형편에 있는 어머니를 둘 가능성이 크기 때문에, 해석에 주의가 요구되지만 말이다.[14] 출산 체중은 또한 성인기 건강의 여러 측면들,[15] 그리고 후속적인 정신 발달[16]에 대해 상당한 예측력을 지닌 변수인 것으로 드러난다.

나 자신을 위한 홍보

9개월이라는 오랜 임신에도 불구하고 인간 영아는 다른 영장류에 비해 이른 발달 단계에서 태어난다. 아마 불균형하게 큰 머리에 맞추기 위해서일 것이다.[17] 하지만 자궁에서 이렇게 일찍 추방되었지만, 여전히 두개편(頭蓋便, cranial plates)이 압축될 필요가 있다. 이를 위해 **어머니 대자연**은 이미 어린 척추동물의 두개에 있던 봉합선을 이용한다.[18] 두개골이 산도를 따라 빠져나갈 때 판들은 떠다니는 대륙들처럼 겹쳐지게 되는데, 이 때문에 신생아들에게는 숫구멍, 즉 두개골의 절편 네 개가 아직 확고하게 융합되지 않은 일시적인 '부드러운 점'이 남게 된다.

다른 영장류들은 조숙하게 태어나기 때문에 태어난 지 1시간 내에 자신의 몸무게를 지탱하면서 어미에게 매달릴 수 있는 능력을 갖춘다. 이들의 중추 신경계 설비는 거의 완벽에 가깝다. 인간은 그렇지 않다. 원숭이와 비교하면 인간의 뼈는 불완전하게 골화되어 있고 출생 시 여전히 다소간 말랑말랑하다. 인간 아기의 연골 조직 손은 오랫동안 매달려 있을 수 있을 만큼 억세지 않다. 이런 이유들 때문에 "자궁 밖의 태아"[19]인 인간 신생아는 영장류의 기준으로 볼 때는 특별히 무력하며 돌봄꾼이 늘 데리고 다녀야만 살아남을 수 있다.

인간이 거둔 성공에서 지능이 유용했을지도 모른다는 사실은 어머니가 두뇌처럼 비싼 기관이 요구하는 에너지의 '재정 마련' 동기를 지닌다는 관측에 호소력을 불어넣는다. 어머니가 자기 아기의 지방 저장량을 얼마나 잘 지원하는가가 보다 지속적인 모성 효과 중 하나일지도 모른다. 따로 길러진 쌍둥이들에서 IQ 유전력(heritability)이 증진된다는 발견이 축적되면서 IQ가 **공유된 출생 전 환경**에 일부 기인하고 있음이 암시되고 있다.[20] 흥미롭게도 집단으로서 쌍둥이의 IQ 평균 수치가 외둥이와 비교해 볼 때 약간 낮은(7점 미만) 까닭은, 쌍둥이가 자궁에서 어머니가 주는 자원을 공유해야만 했기 때문에 출산 체중이 덜 나가는 탓이라고 이야기되곤 한다.[21]

하지만 이러한 관찰들 중 어느 것도 왜 아기가 출생 **이전**에 그토록 많은 지방을 껴입어야 하는지는 설명해 주지 않는다. 그들은 출생 **이후**에 보다 안전하게 지방을 축적할 수도 있을 것이기 때문이다. 아기는 왜 이족 보행 어머니의 좁은 골반구를 통과하는 예측 불허의 여행에 **앞서서** 지방을 비축해야 하는가? 닥쳐올 분만이 너무 위험하기 때문에 아프리카의 동부와 서부에 사는 여성들은 임신해 있을 동안에 일부러 굶는다. 네팔에서는 여성들이 흡연이 출생 시 아기의 크기를 줄인다는 사실을 알면서도 흡연을 지속한다. 몸집이 더 작은 아기를 출산하고 분만이 보다 안전하고 덜 고통스럽기를 바라면서 말이다. 이미 충분히 심각한 문제인데다가 충분히 널리 보고되었기 때문에 국제 연합에서는 임신할 동안에 '적게 먹는' 반직관적인 관습의 연구를 자문 단체에게 위탁했다.[22]

분명 아기와 어머니 모두 아기가 산도를 통과하기를 기다렸다가 나중에 영아의 지방 저장고를 구축하면 이득을 볼 수 있다. 왜 어머니가 잉여의 지방을 비축해 두었다가 출산 이후 안전한 할부금을 통해 지질을 공급함으로써 발달하는 두뇌의 필요를 충족시키는 예약 할부제를 개발하면 안 되는 것일까? 나무두더지로부터 곰에 이르는 다양한 포유류에서 광범위한 선택적 제약 아래 보다 진한 젖이 독립적으로 진화해 왔다. 왜 인간에게서는 그런 일이 생기지 않았을까?

출산을 앞둔 태아는 그토록 합리적인 배치에 반항하며, 어깻죽지 사이에 두꺼운 지방층을 구축하고 팔과 땅딸막한 손 주변에 지방을 두른다. 이런 이유 때문에 나의 아기 역시 손목 주변에 접힌 주름을 지니고 태어나, 마치 태어날 때가 되었다는 것을 알려 주기 위해 누군가가 손목에 줄을 묶어 둔 것처럼 보였다. 배 모형을 조립하고 병에 넣기 **이전에** 돛을 다는 것처럼 순서가 아예 잘못된 것처럼 보인다.[23]

하지만 분만 직전에 자신의 아기에게 다량의 영양분을 공급하여 살찌움으로써 스스로의 생명을 위험에 처하게 하는 어머니의 이 자학적인 수수께끼에는 간단한 해법이 있다. 우리는 엉뚱한 첩보원을 주시하고 있었던 셈이다. 그 축적에 책임이 있는 쪽은 어머니가 아니다. 태아인 것이다.

데이비드 헤이그가 지적하는 것처럼 일단 태반 공급 경로가 놓이고 나면 어머니는 더 이상 자신의 태아로 향하는 영양분의 흐름을 통제할 수 없다. 임신 24주와 38주 사이에 태아는 지방을 축적하기 위해 어머니라는 음식 창고에 접근할 수 있는 이득을 누린다. 아기의 신체 구성은 89퍼센트의 수분과 1퍼센트의 지질에서, 76퍼센트의 수분과 10퍼센트의 지질로 변하며, 출생 당시의 살찐 체형은 태아에게는 기정사실이 된다.[24] 그러한 살찐 체형은 발달하는 두뇌가 자원을 이끌어 낼 수 있는 저장고로, 일종의 보험을 제공해 줄 수 있을지도 모른다.

이것은 우리를 네 번째 가설로 이끈다. 이 가설은 살찐 아기들이 보다 큰 생존력을 지닌다는 가정에 근거하고 있기 때문에 다른 세 개의 가설과 배타적일 필요는 없다. 그들 가설로부터 "자기 홍보" 가설은 한 발 더 내디뎌 어머니가 자신의 아기가 얼마나 생존력이 있는지를 지각하는 방식을 포함하게 된다. 이 마지막 가설에 따르면 **신생아의 지방은 신생아의**

생존에만 도움이 되는 것이 아니라, 이 아기가 살아남고 건강해지며 충분한 신경학적 발달을 향유할 것이라고 홍보하며 자신에게 내기를 거는 것이 얼마나 탁월한 선택인지를 알린다. 가설 4(만약 우리가 "수중 기원" 가설을 포함시킨다면 가설 5)는 영아의 속성에 가해지는 선택압들 중에서 아기에 대한 어머니의 평가를 포함한다.[25]

미성숙한 아이들이 양육을 두고 경쟁해야 할 때(이 경우에 신생아들은 과거와 미래의 전망, 이미 태어난 나이 많은 형제자매와 아직 태어나지 않은 동생들에 대한 선호도를 두고 경쟁하고 있게 된다.) 부모에게 호소력을 갖는 선택은 그 자신의 생명력을 지니게 된다. "포동포동한" 아기에 대한 옛 개념을 생각해 보라. 『옥스퍼드 영어 사전』을 보면 "포동포동한 아기(bonny babe)"는 그저 신체적으로 매력적이고 호소력이 있는 아기만을 뜻하지는 않는다. 본래 포동포동한 아기를 정의하는 특징은 적절한 크기이다. 그러한 민간 지혜의 잔존물이 현대의 관습에서도 아직 발견된다. 가령 친척과 친구들에게 아기가 태어났음을 알리는 편지에는 아기의 성별, 생일만이 아니라 출산 체중 역시 적혀 있다. "3.5킬로그램의 아들이야!"[26]

아기 출산 통지에 아기의 체중을 포함시키는 것은 더 이상 이상하거나 자의적인 것으로, 그저 예스럽고 낡은 관습으로 보이지 않는다. 인간에게서는 언제나 출산 체중이 신생아가 두뇌 성장을 포함한 건강한 발달을 보일 것인지, 생존 전망이 밝은지를 예측하기 위해 가장 손쉽게 이용할 수 있는 지표가 되었다. 현대 의학의 수혜를 입지 않고서도 많은 사회들은 낮은 출산 체중이 (특히 조산과 결합되어 있을 때) 생존 전망의 어두움을 보여 주는 지표라는 사실을 인식하고 있었다.[27] 2세기의 의사 소라누스가 관찰했던 것처럼 "자연이 기르기에 적합하도록 만든 아기는 어머니가 임신 기간을 좋은 건강 상태로 보냈다는 사실…… (그리고) 9개월의 말미면 최선이 되는 적절한 시기에 태어났다는 사실을 통해 구분할 수 있다."[28] 출생을 지켜보고 있던 산파나 샤먼이, 수척한 모습으로 태어난 아기들은 호흡기 질환(기관지염이나 폐렴)에 취약하며 심장 마비와 같은 성인 질환에 의해 어렸을 때 죽기도 한다는 사실에 주목하게 되면서부터, 낮은 출산 체중의 장기적인 결과 역시 인식될 수 있었을 것이다.[29] 지역의 지식이 부모의 선호에 영향을 주는 곳에서 문화는 자연선택과 손을 잡고 그 효과를 확대한다. 토실토실한 아기에 대한 부모의 선호는 그런 아기가 더 번영하게 될 가능성을 증진시켰다.

완전하게 성숙한 어미에게 태어난 구세계원숭이와 유인원 거의 대다수에서처럼, 아기가 어머니의 투자를 확신할 수만 있다면, (분만의 위험이라는 각도에서 볼 때) 어머니가 지방을 비축해 두었다가 보다 진한 젖의 형태로 출산 이후에 아기에게 전달하며, 다른 모든 영장류들이 하듯이 날씬한 아기를 낳는 것이 어머니와 아기 모두에게 더 실용적이었을 것이다. 대신 인간 어머니는 두뇌가 크고 살찐 아기들을 다른 영장류 모두에 비해 훨씬 덜 발달된 단계에서 추방한다.

호미니드 태아는 어머니가 자신에게 헌신할 것이라고 침팬지와 다른 영장류 신생아만큼 믿을 수 없었기 때문에 어머니에게 그 점을 확신시켜야만 하는 압력 아래 있었다. 태아가 어머니로부터 출산 이전에 보다 많은 것을 끌어낸다면, 임신은 이미 어머니에게 많은 비용을 지출하게 하는 과정이 된다. 태아에게 돌린 지방 비축물은 최종 계산서는 절대 될 수 없지만 그렇다고 공제될 수도 없다. 신생아의 지방은 쇠물닭의 예쁘장한 신생아 차림의 등가물이 되며, 다채로운 빛깔의 신생아성 신호를 대체한 지방질 홍보물이다. 풍만하고 자질이 탁월한 생산물의 약속을 실어 나르는, 돌이킬 수 없는 비용을 환기시키는 메시지인 셈이다.

만약 지방이 (생명 보험이나 탐욕스러운 두뇌에 자원을 공급하는 충분한 자금의 증거가 되는 것처럼) 실제로 이롭지 않다면, 부모는 아마 절대로 통통함을 선호할 수 없었을 것이다. 하지만 일단 기름 덩어리에 대한 선택이 시작되자 토실토실한 모습이 가져다주는 이득은 그 자신의 생명을 갖게 되었고, 뚱뚱한 아기를 선호했던 부모들이 선택의 속도를 가속시켰다. 절연, 비상식량, 탐욕스러운 두뇌를 위한 자금, 그리고 자기 홍보, 네 개의 요인 모두는 신생아의 통통함이라는 수수께끼에 함축되어 있다. 심지어 통통한 아기를 선호하는 부모의 선택은 두뇌 성장을 위해 필수적인 것보다 더 많은 지방을 지닌 아기를 선택했다는 사고 실험으로까지 우리를 끌고 간다. 그러한 선택은 인간 진화의 과정에서 두뇌가 더 커지는 방향으로 진화되는 것을 막는 제약을 일부 해소했을지도 모른다.

아직까지는 상상적인 이 시나리오에서 인간에게 독특한 신생아의 지방 축적물은 호모 사피엔스에서의 부모-자식 갈등(그리고 그와 더불어 어머니-태아 갈등)의 강화를 증언해 준다. 수십만 년 전에 발생했던 생애사적 변화처럼(이름 하여 보다 긴 유년기를 낳은 연장된 수명), 인간의 독특한 지적 능력, 그 모든 회색질의 중요성(all that gray matter, 사고를 담당하는 두뇌의 회색질(gray matter)을 이용한 말장난. ─옮긴이)에 후속적으로 기여했던 이 지방층은 우리 자신이 갖고 있는 총명함에 대한 자부심이 상상하는 것과 달리 우연 이상의 기원을 갖고 있을 수도 있음을 알려 준다. 아, 물론이다. 더 많은 지방을 확보하고 있으면 더 좋은 두뇌를 만드는 데 보탬이 되지만, 영리함으로부터 주어지는 보상이 보다 살찐 아기를 만들어 내는 유일한 선택압은 아니었다. 일부 아기는 필요한 것에 비해 이미 더 살쪄 있었다. 일부 어머니가 어떤 아기를 보살필 것인가에 대해 차별적인 태도를 갖고 있었기 때문이다.

아기의 부드럽고 통통한 살이 갖는 에로틱한 호소력과 순수한 감칠맛은, 어쩌면 순식간에 지나가는 '요정 같은' 아기 미소처럼 신생아가 갖추고 있는 강력한 장비와 더불어, **어머니 대자연**이 만들어 낸 차별적인 인간 어머니를 보상하기 위해 아기들에게 상쇄 작용하는 선택의 산물로 간주될 수도 있다.

영아의 성적 매력 등가물

아기의 첫 웃음만큼 어머니를 기쁘게 하거나 몰입하게 하는 것은 거의 없다. 아기는 어머니의 시선을 사로잡고 득의양양한 웃음을 사교적으로 던진다. 우리 중 얼마나 많은 이들이 정말로 생각하며 검토해 보았겠는가? 신경 발달을 알리는 독특한 공적 증언(그 작은 웃음)의 배후에 있는 자원과 합리성, 그리고 그 소리를 들을 때 느끼는 강력한 기쁨의 감각, 그리고 쇄도하는 자부심과 온기, 사랑스러움을 우리 안에 새겨 넣어 온 오랜 진화의 역사를. 그토록 무력한 생명체가 어떻게 우리로 하여금 숨을 죽이게 하며 그 연약함으로 아연케 하고 그들의 명을 받들게 만들 수 있는가? 그들이 지닌 광채의 일부는 의심의 여지없이 보는 자의 눈 속에 있다. 결국 부모들 자신이 자신의 아기가 감미롭다는 사실을 깨닫도록 선택되어 왔던 것이다. 하지만 그렇게 간단한 문제는 아니다.

만약 어머니들이 자동적으로 양육하는 본성이 있다면, 그리고 그들이 (본질주의자들이 주장하듯) 태어나는 아기는 모두 보살펴도록 진화했다면, 아기는 왜 그리도 엄청난 열량을 사용해서 어머니로 하여금 보살핌을 유도하도록 진화했어야만 하는 것일까? 그렇다면 빠르게 발달하는 조직으로 이루어진 둔중한 열량 비축 덩어리라면 어떤 아기라도 상관없었을 것이다(이 애벌레는 나중 단계에서 학습하게 하면 된다. 출생 당시의 매력은 필요 없다.).

아니다. 단지 생존만을 위한 선택 이상의 것이 작동하고 있다. 만약 그

MOTHER NATURE

렇지 않다면 열량은 신체적인 성장(예를 들어 생애에서 가장 취약한 영아기를 통과하기 위해 재빠르게 성장)을 향하는 경로를 택하지, 초기의 인지 능력, 모방, 그리고 과거 영장류가 놀자고 애걸하듯 조르는 초대의 메시지를 정교하게 구조 변경한 것, 즉 우리가 '미소'라고 부르는 뺨 근육의 이상한 배치를 통해 어머니를 몰입시키는 것과 같은 사치스러운 자금 유용 경로를 택하지는 않을 것이다.[30] 신체적이거나 진화적인 가능성에 대한 다양한 제약들과 더불어, 인간의 아기는 활동가나 세일즈맨, 자기 자신의 생존을 협상하는 행위자들이 되도록 선택되어 왔다. 나는 여기서 성적 매력에 해당하는 영아적인 등가물이 우리 조상들 사이에서 엄격한 선택의 대상이 되었을 것이라는 점을 확신한다.

하지만 아기가 어머니의 감각 체계를 주무르기 위하여 이용하는 이 사치스러운 능력들 중 어떤 것도 아기가 1루에 들어서기 전에는 문제가 되지 않는다. 아기가 선택되어 어머니의 젖가슴에 안겨야 하는 것이다. 따라서 신생아들은 시각에 호소해야만 한다. 하지만 '보존용'이라는 아기의 지위가 확실할 경우, 생후 몇 시간 이내의 아기에게 특별한 것이 대체 무엇이 있겠는가? 분만 후 자신의 아기 곁에 있는 어머니가 그 아기를 자신의 아기로 인식하고, 두 사람이 장기적인 관계의 희망찬 시작점에 있다는 사실을 인식한다는 의미에서만 그럴 것이다. 다음 장에서 나는 출산 직후의 '결속'에 대한 요즘의 조언들 중 일부를 평가해 보려 한다.

22장

인간의 결속에 대하여

궁극적으로 볼 때 여성에게 가장 해방감을 주는 정보는 자신의 아기가 누구에게나 애착을 형성할 수 있다는 사실일 것이다.

— 에릭 헤스, 1996년

1970년대 말에 우리의 첫아이가 태어났을 때 내 남편이 분만실에 있기를 원하는지, 아기를 중앙화된 육아방에 두기보다는 어머니의 입원실에 함께 있길 원하는지를 물어보는 의사나 간호사는 없었다. 이런 질문들은 미국과 다른 많은 서구 국가들의 초기 정책으로부터의 뚜렷한 이탈을 표시했다.

19세기 말이 되었을 무렵 행정적 편의를 위한 중앙화된 집적소, 즉 간호사들이 자신이 돌봐야 할 신생아를 감시할 수 있는 시설이 미국 산부인과 병동의 표준적 특성이 되었다. 어머니들은 자신의 방에서 미리 설정된 계획에 따라 신생아실을 방문하여 아기를 안아 볼 기회를 기다렸다. 친구와 가족들은 유리창 주변을 배회하며 "어떤 애야?"라고 서로 물어보며 아기를 엿보기 위해 용을 썼다. 의학 전문가들이 공동 육아방의 인도주의적 지혜만큼이나 위생의 문제를 질문하는 데는 반세기 이상이 걸렸다.

갓 태어난 포유류는 그토록 많은 사람들에게서 온 병원균에 노출되었을 때 대처할 수 있는 능력을 진화시키지 않았다. 멕시코에 사는 큰귀박쥐(freetailed bats)처럼 육아 동굴 천장에 수천수만 마리의 탁아된 새끼들이 매달려 군락 번식하는 소수의 종을 제외하면, 대부분의 포유류 신생아들은 가까운 혈육 사이에 숨겨져 있고, 야생 유인원과 같은 많은 수는 엄마와만 배타적인 접촉을 유지한다. 피부 아래와 콧구멍 속에 어머니와 동일한 균주 혈통을 갖고 있으면 신생아에게는 큰 이득이 된다. 이 무해한 균 무리는 포도상구균(Staphylococcus aureus)과 같이 질병을 유발하는 균이 나중에 그곳을 감염시킬 확률을 감소시켜 준다.[1] 이와 유사하게 어머니로부터 물려받은 장내 세균들은 어머니의 젖이 저항력을 지닌 세균과 동일한 종류일 것이다. 6개월이 지나야 자신의 면역계 기능을 이용할 수 있는 신생아에게는 가족 내로 감염을 한정하는 것이 유리하다.

1950년대 미국 병원에서 육아방과 관계된 일련의 설사병이 발생했다.[2] 이 전염병 발발은 애착 이론가들의 압력과 더불어 병원 직원들이 중앙화된 육아방의 타당성을 재고하게 만들었다. 아기들이 어머니와 같은 방에 머무는 것을 허가하는 추진력이 하나 더 있었다. 1972년《뉴잉글랜드 의학 학술지(New England Journal of Medicine)》에 실린 한 보고서는 출산 직후의 '결정적 기간'인 수분, 수시간 동안 어머니가 자신의 아기를

각인한다는 사실을 입증하려는 의도를 갖고 있었다.[3]

'결정적 기간'

당연한 일이지만, 미국에서의 분만 과정을 보다 인도적인 것으로 만들려는 의도를 지녔던 이 훌륭한 개혁 운동은, 순식간에 계시적인 형태로 변형되었다. 내가 첫아이를 낳을 때 기꺼이 해 볼 만한 선택지로 제시되던 것이, 둘, 그리고 셋을 낳게 되면서 '합당한' 것으로 상승되었다. 이 운동의 한 극단에서 새로 어머니가 된 사람들 일부는 (본인의 의사와는 상관없이) '결속'이 확실히 맺어지도록 출산 직후로부터 시작해 기준치만큼의 산후 살-대-살 접촉을 하라는 지시를 받았다.

　이것이 대실패로 끝나자, '결속'은 볼비와 그의 동료들이 이야기하고 있던, 훨씬 느리게 진행되는 애착과 곧 결합되었다. 1990년대 무렵 진자는 너무나 멀리 올라가서 어떤 병원에서는 새로 어머니가 된 사람들에게 '결속' 또는 '미결속'이라는 점수를 매기기도 했다. 매디슨 애비뉴(Madison Avenue, 뉴욕 맨해튼에 있는 거리로 광고 회사와 방송국이 많아 "광고의 거리"라고 일컬어지는 곳. ─ 옮긴이) 역시 뒤처지지 않았다. 《올바른 출발법 카탈로그》에는 "아기와 하는 엄마로빅 비디오(Baby-n-Momerobics Video, '에어로빅'을 '엄마로빅'으로 바꾼 말. ─ 옮긴이)"를 광고하고 있는데, 이 광고는 어머니들에게 체형을 회복하면서 동시에 '결속 기술'을 실행할 수 있는 방법, 아기들과 '꼭 껴안고 결속하는' 방법을 안내하고 있었다. 이 방법은 "몸무게 25파운드(약 11킬로그램) 이하의 아기와 함께 사용하세요."라고 되어 있다.

　'결속'은 각인이라는 오래된 행태학적 과정의 최신판이다. **각인**(imprinting)이라는 용어는 독일어 Praegung을 번역한 것으로, 금속이 식어서 문양을 찍을 수 없게 되기 이전에 잠깐 녹여 둔 중간 형태에서는 쉽게 주화를 만들어 낼 수 있다는 생각으로부터 파생되었다. 콘라트 로렌츠와 다른 초기 행태학자들은 이 말을 알에서 갓 깨어난 거위가 자신이 처음 보는 움직이는 생물체에 본능적인 애착을 형성하는 현상의 은유로 사용했다. 그러한 각인이 인간에게서도 발생할 수 있는 가능성이 볼비의 구미를 당겼지만 잠시뿐이었다. 행태학자 로버트 하인드는 그에게 학습을 위한 '민감한 기간'이 있을지도 모르지만, '각인'과 같이 기계적인 과정이 영장류에서는 진화할 수 없다는 점을 재빠르게 확신시켰다.

애착 대 결속

볼비가 **아기**들이 어떻게 출생 후 여러 달에 걸쳐 애착을 형성하는가에 초점을 맞추었다면, "결속(bonding)"은 **어머니**가 출산 직후 몇 시간 동안 아기들에 대한 정서적 애착을 형성하는 급속한 과정이 존재한다고 가정하는 개념이다. 이 벨크로(velcro, 단추 대신 쓰이는 접착테이프. ─옮긴이)식 애착에 대한 과학적 증거는 양과 염소에 대한 연구로부터 도출된다. 이들 중에서 어미는 출산 직후 양수를 핥아 주면서 새끼의 냄새를 각인하기 때문이다(7장 참조). 결속에 대한 연구 중 영장류 연구는 전혀 없다. 영장류는 이 점에서는 훨씬 더 유연하기 때문이다. 영장류와의 날카로운 대비 속에서 양들은 어떤 아기를 받아들일 것인지에 대해 완고한 차별을 보인다. 어미는 새끼를 낳은 지 몇 분 안에 각인한 바로 그 냄새가 아기에게서 나지 않으면 모든 종류의 교섭을 거부한다. 양은 실질적으로 고아를 절대 입양하지 않는다. 그럼에도 불구하고 사람들은 양으로부터 얻어진 내용을 근거로 인간 여성의 속성을 추정하는 일을 계속해 왔고, 인

간에게 암양식의 "결정적 기간"이 있다는 가설을 제안해 왔다.[4]

대부분의 경우 출산 후 아기와 보내는 시간이 추가로 몇 분 더 있었던 인간 어머니를 그렇지 않은 '대조군' 어머니와 비교하는 연구들은 **아기를 버릴 위험에 이미 직면해 있던 어머니들의 사례를 제외하면** 확정적이지 않았다. 그럴 위험이 있는 어머니들의 경우, 출산 후 수시간 내 이뤄진 접촉이 정말로 차이를 만들어 낼 수 있었다. 하지만 일반적으로 출산 직후 즉각적으로 아기와 접촉하지 않은 어머니들의 경우 한 해가 지난 다음의 어머니-아기 애착의 안정감에는 측정할 수 있는 정도의 영향이 전혀 없었다.[5] 당시에도 몇몇 과학자들은 무리를 이루고 사는 조숙한 새끼 양을 인간 아기와 비교하는 것이 오류라는 사실을 인식하고 있었지만, 처음에는 입을 다물고 있었다. 소아과 의사들이 출산 과정을 '자연화'하려는 시도, 환영받을 만한 노력에 간섭하는 것을 원치 않았기 때문이다. 실제로 말을 꺼냈던 사람들은 학술지에만 한정된 비판을 했다.[6] 그러한 사례에서 대개 그렇듯이, 좋은 의도를 지닌 침묵의 음모가 확실한 역효과를 냈다.

출산 후 아기와 보낸 시간은 어머니를 보상해 주며, 아마 어머니가 이 활동을 지속하려 하는 욕망을 촉발할 것이다. 자신의 아기를 인식하고 냄새를 익히며, 특히 수유를 시작하는 과정은 어머니의 생리적 상태를 변경한다. 출산 후 며칠이 지나면 어머니와 아기 사이에 관계가 생겨나기 시작한다. 그 시점에서 아기가 곁에서 자라게끔 마음을 허락한 어머니가 길을 바꾸는 것은 분명 어려운 일일 것이다. 출산 직후의 긴밀한 신체적 접촉이 **어머니가 아기를 떼어 내야 할 위험에 처했을 때** 아기를 버릴 가능성을 감소시키는 이유일 것이다. 우리는 이 사실을 역사학자 레이첼 푹스가 보고했었던 사건, 즉 파리의 모자원에서 행해졌던 '실험'을 통해 확인한 바 있다(12장 참조). 하지만 후속적인 어머니-아기 애착의 관

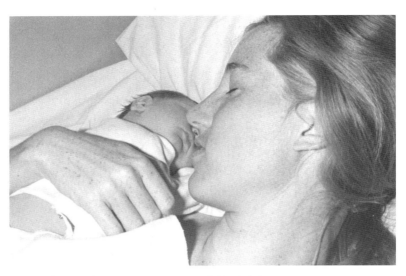

그림 22.1 '입원실 안' 신생아가 어머니의 바로 코밑에 누워 있다.

점에서 볼 때 최초 몇 시간과 몇 날은 '생물학적 필요'보다는 그저 괜찮은 경험에 가까울 뿐이다.[7] 그 시간을 함께 보내지 않더라도, 이미 보살피기로 서약한 어머니가 아기와의 첫 랑데부를 놓친 다음날부터 아기와의 교감을 시작하게 되더라도, 측정할 수 있는 정도의 악영향은 없다. 누군가 다른 사람이 그 사이에 아기를 지켜 준다면 말이다. 양들과 달리 출산 직후의 결속은 사랑이 발달하기 위한 필요조건이 절대 아니다. 하지만 과정을 촉진할 수는 있을 것이다. 출산 직후의 "결정적 기간"이라는 개념에 대해 비판하는 논문들은 직접 보고자 하는 사람들에게는 이미 공개되어 있었다.[8] 하지만 어머니의 양육 본능을 보증하는 즉효약이라는 개념은 거부할 수 없는 것처럼 보였다. 그 때문에 (불가능하지만) 흥미로운 이 가설이 탄력을 받게 되었다. 하지만 사실상은 비판적으로 검토하면 곧바로 기각될 운명이었다. '결속' 운동은 그 자체의 고유한 신화들과 강력한 산후 의례들을 생산해 냈다. 대중적인 상상 속에서, 매체에서,

그리고 산부인과에서는 '좋은' 어머니를 보증해 줄 수 있는 단순한 의례의 약속이 통제를 벗어나 질주하고 있었다.

볼비에 대한 반격

불가피한 반격이 닥쳐올 때 이 반격은 너무나도 거칠고 지나치다.《월 스트리트 저널》의 머리기사는 "영아 결속: 날조된 개념"이라고 공표했다. 훌륭한 의도를 지닌 소아과 의사들, "의학적 성취", 과학자 일반, 아기 옹호자, 그리고 애착 이론(비록 애착 이론의 핵심은 어떻게 어머니가 아기에게 결속되는가보다는 어떻게 영아가 어머니에게 애착을 형성하는가에 있었지만)에 관계된 모든 사람들이 무차별적으로 엮여 비상식적인 사람들이라는 인상을 얻게 되었다. 균형 잡힌 학위 논문이 "의학적 성취"와 "아기 전문가" 사이의 반-어머니적 "공모"를 폭로하는 정치적 방편에 의해 희생당했다.[9] 특정 페미니스트 당파에게 '결속' 요구는 가부장제적 이해관계를 승인하게 된 '자연법칙'을 찾아 동물들을 살펴보는 또 다른 사례에 지나지 않았다.

『어머니-영아 결속: 과학적 허구(*Mother-Infant Bonding: A Scientific Fiction*)』와 같은 책과 더불어 어머니의 편에 선 분노한 옹호자들, 특히 "결속을 맺을 기회를 한 번도 못 가졌"기 때문에 죄책감을 느끼게 된 어머니들은 생물학적인 내용을 기반으로 한, 어머니와 아기 간에 맺어진 관계라는 개념 전체에 대해 전면전을 선언했다.

많은 페미니스트들은 결속의 대실패 외에도 애착 이론을 기각해야만 하는 훨씬 강력한 이유를 지니고 있었다. 애착 이론은 출산 직후 어머니가 할 것으로 기대되는 일을 넘어서는 달갑지 않은 메시지를 담고 있었다. 어머니들이 앞으로 다가올 날들에 무엇을 해야 하는지를 지시하는 것처럼 보였기 때문이다.

. . . . .

1977년의 어느 화창한 봄날, 파란을 일으키고 있는 문제 대부분에 대해 죄가 없는 일흔의 존 볼비는 케임브리지 대학교에서 뒤늦은 명예 학위를 수여하고 있었다. 소동 없는 축하연이 벌어져야 할 곳에서 위엄 있는 케임브리지 교수진은 킹스칼리지의 잿빛 석조 건물 앞길에 작은 무리의 여성이 왕의 행차를 재연하며 행진하고 있는 모습을 믿을 수 없는 표정으로 곁눈질해야 했다. 이 교수진에게는 "아기 편 남자"에 대한 학위 수여가 그다지 논쟁거리가 아닌 것처럼 보였기 때문이다. 이 여성들은 왜 시위를 하고 있었던 것일까?[10]

우연의 일치가 아니었다. 점점 더 많은 수의 여성이 애착 이론을 일종의 저주로 여기기 시작하고 있었다. 페미니스트 집단에서는 볼비의 이름이 거의 언급된 적이 없었지만, 그 이름이 실제로 등장했을 때에는 조롱거리가 되었다. 겉보기에는 아기의 삶의 질에 초점을 두고 있는 연구를 왜 여성들이 나서서 의심해야만 했던 것일까? 어머니 역할의 뻣뻣한 의무 조항에 맞춰 살아갈 수 있을지 겁에 질려 본 경험이 충분한 나로서는, 그 이유를 이해할 수 있다.

타협할 수 없는 딜레마

볼비가 명예 학위를 수여하고 있을 무렵에 나는 미국에 있는 다른 케임브리지로 돌아와 새로운 분야인 사회 생물학에 대해 인터뷰를 하고 있었다. 이야기가 전개되었던 한 방향은 어머니 역할과 고된 직장 일을 병행하고 있는 여성에 대한 것이었다. 내 딸이 막 태어났을 무렵이었기 때문에(그리고 건너편 영국에 있는 볼비를 아직 알지 못해 즉시 애 아버지에게 아기를 안아 달라고 넘겨줄 수 있었기 때문에) 이 질문 방향은 합당하기도 했다. 부모 투자에 대한 이론을 내놓은 젊고 총명한 사회 생물학자 로버트 트리버스가 내 책에서 너무나 근본적인 위치를 차지하고 있었기 때문에, 그에게도 나의 저작에 대한 논평이 요청되었다. 의심의 여지없이 트리버스는 기자에게 속내 그대로를 거리낌 없이 이야기했다. "내 자신의 생각으로는 세라가 건강한 딸을 길러 내려면 더 많은 시간과 공부와 생각을 바쳐야 한다는 것입니다. 그렇게 해야 불행이 대물림되지 않죠." 말할 필요도 없지만 진화론자들에 대한 페미니스트적 조심성의 핵심을 파고드는 이 즉흥적인 논평은 큰 주목을 받으며 출판되었다.[11]

여기에서 지적했던 것은 볼비주의자인 셀마 프라이버그가 "육아방의 유령"이라는 이름을 붙였던, 세대 간에 나쁜 어머니 역할이 전수된다는 사실만은 아니다. 이것은 **내** 육아방에 있는 유령에 대한 지적이었다. 나는 화가 났던 걸까? 결국 내 딸의 아버지는 오랜 시간 근무하는 전염병 전문가였고, 그 역시 아버지인 트리버스 교수는 내가 그런 것처럼 자기 일에 몰두해 있었다. 영아가 무엇을 필요로 하는지에 대한 가정에 보태, 정확히 **누가** 그 필요를 충족시켜야 하는가에 대한 추가적 가정이 확실히 있었다. 유전학적 부모(progenitor) 중 오직 한 성별만이 다음 세대로 전수되는 '불행'을 막기 위해 우선순위를 재조정해야만 했다.

하지만 당시에 이 논리의 불공평함은 **행여나 트리버스가 옳을지도 모른다**는 내 자신의 끊임없는 불안감에 비해서는 흡인력이 덜했다. 좌골신경통보다 더 나쁜 이 신경 발작은 절대 진정되지 않는다. 아이가 자라 보금자리를 떠난 지 한참이 지나서도 아이가 한 발짝을 잘못 내딛으면 멀찍이 떨어져 있는 어머니는 환지통(幻肢痛, phantom limb pain, 팔다리가 절단된 환자에게서 나타나는 것으로, 마치 없는 팔다리가 있는 것처럼 느껴지는 현상. — 옮긴이)을 느끼게 된다.

인간의 영아에게 오랜 어머니-중심적 영장류 유산을 부여하고, 어머니를 특별한 요구 사항을 지닌 영아를 만족시키기 위해 특수 설계된 생명체로 보며, 영아의 안도감과 자아 감각을 특수 장비를 갖춘 어머니의 이용 가능성 속에 위치시킴으로써, 볼비나 트리버스와 같은 진화론자들은 어떤 남성도 내릴 필요가 없는 고통스러운 결단을 여성에게 요구하는 것처럼 보였다. 즉, 자신의 열망 대 아기의 안녕, 직업 **또는** 번식 사이에서 선택하는 것이다. 20년이 지났지만, 나는 아직도 이 주제로 돌아오면 전율을 느낀다.

· · · · ·

시몬 드 보부아르가 어머니의 "노예화"를 경고하기 한 세기 전에 조지 엘리엇은 재능을 타고난 여성이 고된 직업의 최정점에 오르려 하는 충동과 자신의 아기가 무엇을 필요로 하는지에 대한 인식 사이에서 갈등을 느끼는 모습을 묘사한 불멸의 초상화를 그려 냈다. 엘리엇은 소설 『다니엘 데론다(*Daniel Deronda*)』에서 프린세스 앨처리시라는 이름의 한 오페라 가수 이야기를 들려준다. 이 여성은 자신의 아들을 누군가에게 줘 버렸다.

여기에 어머니 역할과 직업 사이에서 분열되어 있는 여성에 대한 묘사가 등장한다. 이 저명한 가수는 이제는 성장한 아들과 후에 잠시 재결합한다. 재능도 점점 감퇴하고, 또 그러한 여성이라면 후회로 고통 받게 될 나이인 삶의 완경기에서(아이가 없던 드 보부아르가 '쓸쓸함'을 느낀다는 소문이

돌았던 나이다.), 그녀는 돈이 많았음에도 불구하고 아들을 기를 수 없었던 까닭을 설명하려고 한다.

"너는 여자가 아니잖니."라고 프린세스 앨처리시는 옛날에 내린 결정을 회상하며 아들에게 이야기한다.

노력은 할 수 있어. 하지만 남성의 천재성을 가지고 있으면서 여성이라는 노예 신분의 고통을 느껴야만 하는 것이 어떤 일인지 절대 상상할 수 없을 거다. 마치 너를 위한 본을 떠 놓고…… "이게 네가 되어야만 하는 것이다. 이게 네가 원했던 것이다……."라고 말하는 것과 같지.[12]

모죄

대단한 예술가가 아니더라도, 자신의 삶을 자신의 방식으로 계획하려는 단순한 목표를 갖고 있는 평범한 여성이라면, 개인이기보다는 아기의 필요에 매여 있는 보모로서, 아기의 애착이 어머니의 구속을 의미하는 것이 아닐까 두려워하게 된다. 이 관점에서 보면 어머니-중심적인 애착 이론의 이면은 채무 징수원 같은 아기가 '애착을 형성'하러 어머니가 사는 곳에 들이닥치는 것이다. '요정 아기'가 사실은 인간이 아니라는 점을 스스로에게 확신시켰던 옛날 유럽의 어머니들처럼, 오늘날의 전문직 어머니들은 아기의 요구가 고용 계약과 마찬가지로 타협 가능한 것이라고 스스로를 설득하고 있다는 사실을 발견하게 된다. 어머니는 속으로 이렇게 생각한다. 이번 달에 가야 하는 출장을 다음 달에는 갈 수 있을 것이며, 일주일에 5일 동안 10시간씩 사라지고 베이비시터가 언제나 바뀌는 데 대한 죄를, 주말 초과 근무 시간 이외의 시간 또는 저녁 이후의 '짧지만 소중한 시간'을 통해 속죄할 수 있을 것이라고.

이에 대한 대안으로 어머니는 애착 이론을 가부장제적 억압의 또 다른 면으로 생각하고 아예 부정해 버릴 수 있다. 이것은 『모죄(母罪): 어떻게 우리의 문화는 사회의 잘못을 어머니 탓으로 돌리는가(*Motherguilt: How Our Culture Blames Mothers for What's Wrong with Society*)』와 같은 책이 대중적 인기를 누리는 이유를 설명해 준다. 이 책은 여성들에게 "다른 누구보다도 T. 베리 브레이즐턴, 페넬로페 리치(Penelope Leach), 벤저민 스포크(Benjamin Spock)와 같은 아기 전문가들이 산파 역할을 해 온 어머니 왕따 시키기의 소음"을 무시하라고 촉구한다. 애착 이론 비판가인 다이앤 에이어(Diane Eyer)는 "일하는 어머니들을 법정과 일터에서 반격"하기 위한 "애착과 결속에 관한 심리학적 헛소리"를 비난한다. 이것은 "애착 법규"에 맞서는 일제 사격의 하나일 뿐이다. 저자는 애착 이론이 어떻게 하여 "1950년대에 처음 발명되었고⋯⋯ 어머니들만이 아이가 살아가기 위해 필요한 보살핌과 양육 관계를 제공할 수 있다는 가정 위에 궁극적으로 (기대고 있게)" 되었는지 설명한다.[13]

트리버스 교수가 기자에게 대책 없이 말한 논평은 야심 있는 어머니들, 또는 일해야만 하는 어머니들을 짓누르는 유령 전부를 소환하며 스스로에 대한 의심의 물꼬를 튼다. 내가 다른 일을 하고 있을 때 대체 누가 내 아기를 안심시킨단 말인가? 그 사람들은 아이를 사랑해 주는가? 떨어져 있는 일이 반복되면 장기적인 심리적 결과는 어떤 것이 될까? 엄마가 일하러 갈 동안 보육원에 있기가 지독히도 싫어서 엄마를 절망적으로 붙잡는 유아로부터 가까스로 빠져나온 어머니라면 이런 질문들 때문에 몸살이 날 지경이다. 이 질문들은 타협 불가능한 딜레마를 상기시킨다. 그 시점에서 어머니는 서로 충돌하는 요구들로 가득한 암말의 보금자리 속에 뒤섞여 있는 서로 다른 성격의 사실, 개념, 왜곡과 편견들을 참을성 있게 그리고 명쾌하게 분리할 수 없다. 아기의 필요를 정당화하는 이론이면 무조건 거부해 버리기 위해서는 얼마나 더 많은 편법이 필요한지 모른다. 이것은 여성들이 1977년에 존 볼비에게 맞서는 시위를 했던 이유, 또 "엄마를 쇠고랑에서 풀어 주어라"는 유의 논쟁적인 책들이 잘 팔리게 되는 이유이다.

최소한 단기간이라도 여기서 벗어날 수 있는 가장 쉬운 방법은 진화론자와 발달론자들이 아기의 요구에 대해 어떤 이야기들을 하고 있는지를 대충 보여 주고 왜곡한 다음 본질적으로 다른 성격의 문헌들을 통합시키는 것이었다. 즉, 영장류 영아가 돌봄꾼에게 어떻게 애착을 형성하는가에 대한 과학 문헌을, 유제류 어미가 산후 수시간 내에 새끼와 '결속'을 맺어야만 하는 결정적 요구에 대한 문헌처럼 상이한 문헌과 결합시키는 것이다. 이와 마찬가지로 루마니아의 고아원에 수용된 버림 받은 아이들의 끔찍한 경험을 주일에 몇 시간 보육원에서 보내는 아이들과 '모성 박탈'이라는 같은 제목 아래 한데 처박는 것이다. 영장류 영아가 어미에게 강한 애착을 형성하도록 진화했다는, 약간은 유사 학문적인 신속함과 능수능란함을 갖춘 볼비의 관찰은, 인간 어린이가 어머니와의 배타적 초기 교제에 의존해서 건강하게 정서 발달을 하게 된다는 엄격한 규율들로 개작되었다. (다른 체제에서 길러진 아기들도 잘해 낼 수 있다는 사실이 명백하기 때문에) 일단 터무니없다고 간주되고 나면, "충분히 좋은"이라는 말의 정의를 묻는 질문이 황당한 질문으로 여겨지는 세계에서 "충분히 좋은" 보살핌이면 족한 사람들에게는, 애착이라는 기획 전체를 수장시켜 버리는 대신, 본유적인 유연성과 탄성을 지니는 미리-준비된 인성이 출현하기만 기다리면 된다는 미신이 생겨났다.

"왜 어머니들이 '위험에 처하다', '애착', '결속'과 같은 심리학적 헛소리에 해당하는 용어들을 들을 때마다 달려들지 않는지 참 이상한 일이다.”라고 『모죄』의 저자는 썼다. “그리고 어머니들은 이 말을 전문 아기 양육 조언자들에게 지속적으로 듣게 된다.…… 당신 이외의 다른 사람이 아이를 돌봐 준다 하여 부끄러운 일이라거나 아이를 망치게 될 것이라고 걱정하지 마라. 당신의 남편, 베이비시터, 이웃, 보육원 직원, 이모와 할머니가 좋은 어머니로서 당신의 지위를 위협한다는 사실을 알게 될 것이다.”[14] 어머니-영아 결속과 관련한 민담에 대해 기꺼이 독자 투고를 제공했던 바로 그 신문과 신문 일요판이 이제는 무의식적으로 “새로운 학문적 성취”를 옹호한다. “아기를 목욕물과 함께 버린다.”라는 빈번하게 사용되는 어구가 이렇게 잘 적용되는 경우도 드물다.

하지만 여기서 잠깐, 우리가 조지 엘리엇이 학문적 성취에 대해 남긴 영원한 조언을 잠시 살펴볼 동안 누군가 아기를 봐줘야 할 듯하다. 그녀는 친구에게 이렇게 편지를 쓰고 있다. “다른 사람들이 어떤 남자에 대해 하는 이야기를 듣는 것보다는 그 남자의 글을 직접 보는 편이 훨씬 나은 것 같아……. 특히 그 남자가 일류고 ‘다른 사람들’이 삼류일 때는 말이지.”[15]

어머니와 대행 어머니

볼비가 정말로 한 말은 무엇이었을까? 그는 인간을 포함한 영장류 영아가 스스로 이동할 수 없으며 연약하다고 이야기했다. 사실이다. 볼비는 이들이 홀로 남겨지게 되면 형편없이 대처할 수밖에 없거나 불안감을 느끼게 된다고 지적했다. 또한 사실이다. 인간 영아는 품에 안겨서 사랑 속에 푹 빠져 있으려는 끝없는 욕망을 지닌다. 인간 영아의 요구가 이 수준이라면 요구는 막대하며 거의 협상이 불가능하다. 이 사실이 어머니에게는 어떤 함의를 갖게 될까? 만약 진화적 관점이 문 안에 발을 들여놓는 게 허락된다면, '자연법칙'을 표상하는 채무 징수원이 당당하게 걸어 들어와 아기를 낳은 유기체 혼자 보살핌의 의무를 짊어져야만 한다는 의견을 강요하게 될 것이라는 깊은 의혹은 얼마나 근거 있는 것일까? 어머니에게 **"이것이"** (프린세스 앨처리시의 말을 인용하면) "당신이 필요한 까닭"이라고 말하는 독선은 얼마나 불가피한 것인가?

　물론 문제의 일부는 상호 충돌하는 이해관계(부모와 자식, 어머니와 아버지, 가족 내부, 가족들 사이)의 세계에서 극대화되어야 하는 것이 누구의 이익인지에 대해 거의 동의가 이뤄지지 않는 현상이 고질적이라는 것이다. 우리가 이루려고 하는 목표는 무엇인가? 안정감 있는 성인? 훌륭한 시민? 독립적인 개인? 성공가도를 달리려 하는 자수성가자? 어머니의 만족? 성공적으로 번식하는 가계(최근의 과거에서는 대개 부계)? 인간 잠재력의 극대화? 만약 그렇다면 누구의 잠재력인가? 가장 권력에서 소외된 사람들, 그리고 물론 투표권도 없는 사람들은 아기인 경우가 전형적이다. 아기가 필요로 하는 것을 알게 되면 가장 위협받는 사람(어머니 이상의 일을 하려는 열망을 지닌 어머니들)은 아기가 필요로 하는 것이 부족할 때 가장 내몰리는 사람이라는 사실은 이해할 만하다.

· · · · ·

　한때 내가 일했던 고고학 박물관에 있던 곰팡내 나는 포스터에는 "부인(否認)은 이집트에 흐르는 강이 아니다."라고 적혀 있었다. 아기의 요구를 부인하는 것은 우리 사회를 관통하고 있는 "어머니-비난의 강"을 수정하려 하는 출판물의 흐름 속에서 눈을 피해 잠행하는 반대 지류처럼 흐르고 있다. 그럼에도 불구하고 결속의 모험담 안에 있는 많은 역설 중 하나는, 누군가 자연주의적 오류에 굴복할 만큼 경솔하여, 진화한 것은 필연적으로 그렇게 되어야만 하는 것이라고 생각한다 하더라도, 영장류의 진화 기록에는 여성이라는 성을 하루 온종일 집에서 애를 보게끔 예정된 운명 속으로 밀어 넣는 것이 놀랍도록 적다는 사실이다. 어머니가 애 보는 일을 타인과 분담하거나 타인에게 위임하는 것을 배제하는 내용도 전혀 없다. 영장류 암컷은 언제나 이중 임무를 갖는 어미였고, 어미와 아기의 필요 사이에서 타협해야만 했다. 바로 이런 이유 때문에 인간 수집자를 비롯한 영장류 어미들은 언제나 다른 이들과 함께 자식을 돌보는 일을 나눠 왔던 것이다. **가능할 때면 말이다.** 아기가 필요로 하는 것을 알게 되어도 어머니를 노예로 만들 필요는 없다.

하지만 슬프게도, 발달 중인 아기와 아기에게 헌신하고 싶어 하는 사람들을 포위하고 있는 기초적인 문제를, 단지 사실을 아는 것으로 해결할 수는 없다. 진화적 과거에서 "누가 돌보았는가?"라는 질문에 대해 대개 상황에 따라 달랐다는 대답을 할 수 있게 되어도, 활용할 수 있는 적합한 대안을 곧바로 얻을 수는 없다. "모든 아이는 회임의 순간으로부터 법에 의해 보호받고 사랑에 의해 보호받(아야 한)다."라고 주장하는 정치가는 입에 발린 소리를 하고 있을 뿐이다.[16] 부모의 감정은 입법화될 수 없다.

최신 정보가 추가된 진화적 관점도 그런 문제를 해결해 줄 수는 없다. 하지만 최소한 진짜 문제에 주의를 기울이게 해 줄 수는 있다. 문제는 '어머니 역할 대 직업'이 아니다. 질문은 오히려 다음에 가깝다. 어머니가 대행 어머니에게 안전하게 보살핌을 부탁할 수 있는 상황은 어떤 것인가? 그리고 추가적인 질문, 대행 어머니는 어떻게 하면 보살피려는 동기를 가질 수 있는가? 어머니들이 수집하거나 일하러 갈 때 만나는 장벽은 충분히 현실적이다. 아기가 환영받지 못하고 어머니가 아기의 필요를 확실히 배려할 수 없는 환경(일터)에서는 특히 더 현실적이다. 이런 문제들은 아기가 어머니의 **독점적** 보살핌을 필요로 한다는 것과는 거리가 멀고, 그보다는 현대 일터에서의 가치와 태도, 그리고 의지할 수 있고 본인도 원하는 부모 대행이 부족하다는 사실과 더 관계가 깊다.

볼비조차 그가 1944년에 출간했던 첫 논문에서부터 "어머니" **또는** "어머니 역할의 인물"을 구분했다. 마거릿 미드(Margaret Mead)와 같은 비판자는 모성 박탈에 대한 볼비의 관심을 어머니 역할이 "여러 인물들 사이에 안전하게 분배될 수 없다."는 주장으로 받아들였다. 볼비는 "나는 그런 견해를 표명한 적이 없다."라는 구체적인 반대를 제시한 후에도, 이런 본질주의적 입장(어머니만이 할 수 있다.)과 계속 결합되었다.[17]

그토록 많은 사람들이 "누가 돌보았는가?"라는 질문을 둘러싸고 격하게 분열되었음에도 불구하고 기획의 핵심(아기가 필요로 하는 것에 대한 정의)은 놓치고 말았다. 새로 등장한 일하는 어머니 주체에 대한 볼비의 개인적인 의견도 문제를 해소하지는 못했다. 이 점에서 볼비는 너무나 공공연했다.

> 너무 논쟁적일지는 몰라도, 저는 일하러 가는 어머니들 문제 전반에 대해서는 별로 좋은 생각이 아니라고 봅니다. 별다른 사회적 가치도 없는 약간의 소도구 정도를 만들기 위해 일하러 나가는 여성들의 이야기를 하는 것입니다. 아이들은 아이에게 무관심한 보육원에서 보살핌을 받습니다. **사람들에게 타인의 아이를 돌보게 하는 것은 매우 어려운 일입니다**(인용자 강조). 자신의 아이를 돌보는 건 힘든 일입니다. 하지만 상당한 보상을 받을 것입니다. 다른 사람의 아이를 돌보는 것은 매우 힘든 일이며, 별다른 보상을 받지 못합니다. 제 생각에는 부모 역할이 심각하게 평가 절하되고 있는 것 같습니다.…… 소위 경제적 번영이라는 것에 모든 강조가 쏠려 있지요.[18]

하지만 명심해야 할 것은 볼비가 개인적인 근시안 탓에 선별적으로 증거를 인용했더라도 그의 모델의 중심 전제가 무효화되지는 않는다는 사실이다. 즉, 영아는 안정적인 애착을 추구하고 건강한 정서 발달을 위해서는 안정적인 기반을 필요로 한다는 것이다. 볼비는 !쿵 사람들처럼 아기의 생애 최초 4년 동안 혼자 보살핌을 담당하는 너무나도 관대한 어머니라는 이상에 초점을 맞추었다. 사실 볼비는 그보다는 덜 관대한 핫자 어머니를 대신 선택할 수도 있었다. 핫자 어머니는 2년이 지나면 젖을 떼고, 심지어 전적으로 독점적인 침팬지보다는 영아 공유 영장류에 더 가깝게 보이기까지 했다. 오늘날 아카나 에페와 같은 사회들의 자료는 훨씬 포괄적이다. 이 사회에서 아기는 태어날 때부터 여러 명의 돌봄인에게 맡겨져서 이들과 매우 친숙하며 함께 편안히 있을 수 있다. 아기들이 더 불안정하게 자라나기는커녕 더 안정적일 지경이다.

볼비가 가정 밖에서 일하는 새로운 어머니라는 개념에 반대했던 핵심적인 이유는 "사람들로 하여금 다른 사람의 아이를 돌보게 하기란 매우 어렵다."라는 순전히 실질적인 관찰 때문이었다. 슬프게도 이것은 사실이다. 이것이 문제의 핵심이다.

· · · · ·

일하는 어머니에 대한 볼비의 개인적 견해는, 다윈이 일부 종의 암컷들이 성적으로 독단적이라는 사실을 몰랐기 때문에 성선택 이론이 유효성을 잃는 것이 아니듯, 영아가 자신을 보살펴 주는 사람에게 **어떻게** 그리고 **왜** 애착을 형성하는지에 대한 볼비 이론의 유효성을 침해하지는 않는다. 모델의 일부 측면은 개선될 필요가 있겠지만, 모델에 본질적인 가정과 관찰이 지속되는 한에서 배후 논리는 여전히 타당하다.

가부장제적 편견이 빅토리아 시대(그리고 그보다 이른 시기)의 어머니 역할에 대한 견해에 영향을 준 것은 의심의 여지가 없다. 그러한 편견은 19세기 이래 진화론자들의 글 속으로 침투해 왔다. 진화론자들의 모임에는 남성밖에 없었고, 다윈주의자들은 부지불식 간에 과학자보다는 도덕주의자에 가까웠던 선임자들이 접시에 담아 넘겨준 편견들을 받아들였다.

볼비 역시 면역력이 없었다. 1975년에 출간된 에드워드 윌슨의 개척자적 작업인 『사회 생물학(Sociobiology)』에도 동일한 편견이 상당히 많이 반영되어 있다. 이 책에는 수집자 사회에 대해 "낮 동안 여성과 아이는 주거 지역에 남아 있고, 남성은 사냥감 또는 그의 상징적 등가물인 물물 교환과 화폐를 통한 거래를 하러 나간다."고 악명 높은 부정확한 묘사를 포함하고 있다.[19] 빅토리아 시대(그리고 1950년대 교외 지역(중산층. — 옮긴이))의 어머니 이상, 즉 화목한 가정을 가꾸는 어머니라는 이상이 그보다 훨씬 이동이 많은 홍적세 채집자의 삶의 실상을 대체했다.

하지만 이 점을 기억해야 한다. 윌슨은 곤충학자였고 민족지는 『사회 생물학』의 인간에 관한 장을 쓰기 위해 벼락치기 공부를 한 것이 전부였다. 하지만 보다 의미심장한 것은 직업 인류학자들 자신조차 이 허풍을 지적하는 데 실패했다는 것이다. 심지어는 수렵-채집 사회의 여성이 1살배기 아기를 데리고 이동하는 거리가 매해 1,500마일(약 2,400킬로미터)에 달한다는 점을 알려 주는 **자료를 수집하는 작업을 실제 도왔던** 인류학자들도 마찬가지였다. 이 오류는 세계가 어떤 모습**이어야 하는지**에 대한 기대와 일치했기 때문에 단순히 간과되고 말았다.[20]

애들을 보면서 집에 있는 어머니의 모습에는 너무나 강력한 이상이 자리 잡고 있었다. 따라서 연구자들은 자기 자신의 발견이 갖는 중요성을 간과하게 되었다. 과학자들이 개인적 편견에 너무 깊이 박혀 있어 객관적이 될 수 없다는 점을 뜻하는 것일까? 아니다, 절대 아니다. 정상적인 과학적 진보 과정에서 편견을 발견하고 수정하는 작업은 때로는 느리고 비효율적인 방식으로 진행된다. 윈스턴 처칠(Winston Churchill)의 말을 바꿔 말하면 과학은 대안을 제외하면 진실에 도달하는 최악의 방법이다.

여성 본성에 대한 초기 정의가 편견의 영향을 받았다는 사실에는 의심의 여지가 없다. 연구가 누가 아기를 보느냐의 문제를 건드리는 지점에서는 편견이 수정되는 데 일반적인 경우보다 훨씬 오래 걸렸다. 이러한 지연이 여성보다는 남성의 진화 역사와 보다 관계가 깊다는 점에도 의심의 여지가 없다. 이는 남성이 좀처럼 관심을 갖고 바라본 적 없는 모든 것들에서 유래되었다.

수백만 년의 시간 동안 남성의 번식 성공은 여성을 강요해야 하고 지켜야 하며 제한해야만 하는 개인으로 보는 시각에 의존해 왔다. 그런 과거의 태도를 변화시키는 일은 남성에게 쉽지 않고, 여성인 내가 냉정하게 다룰 수 있는 주제도 아니다. 나는 아직도 한 남성 인류학자가 "집단 간의 여성 교환"에 대한 세미나를 하는 것을 처음 들었을 때의 기억을 잊지 못한다. 여성을 소유물로 보는 평범한 묘사가 나를 분노하게 만들었다. 나는 공책에 거칠게 휘갈겨 썼다. "KKK에 대한 강의를 들으러 간 흑인이 느끼는 기분이다." 여성으로서 나는 나 자신의 진화적 과거와 역사를 갖고 있었다.

종속적인 역할을 수행하도록 오랜 기간 동안 사회화된 여성은 세계를 하나 이상의 관점에서 보는 경향이 있을 수 있다. 여성으로서 못지않게 남성으로서, 피지배자 못지않게 지배자로서. 하지만 가부장제의 특권에 익숙해진 사람들은 자기 자신의 목표를 위해 여성의 번식 능력을 흡수하고, 그렇게 종속되어 있는 여성의 관점에서 세계를 보는 것이 유리하지 않을 때가 많을 것이다. 그리고 (지도를 받거나 추가적인 노력을 기울이지 않을 경우) 그렇게 하려는 남성은 거의 없다. 하지만 일단 문제에 대해 경고를 받게 되면, 그리고 보다 광범위한 젠더를 포괄하는 '자연학자'나 '진화론자'와 같은 직업이 생겨나게 되면 낡은 편견이 수정되기 시작한다 (비록 여기서 진보의 수위를 과장하지 않게끔 주의를 기울여야 하지만 말이다.).

그렇다면 과학에 존재하는 과거의 편견은 과학이라는 사업 자체를 버리기 위한 근거는 되지 않는다. 하지만 너무나 인간적인 습벽, 즉 자신의 이익을 방어하는 자기기만에 맞서는 좀 더 나은 안전장치를 도입하는 근거는 될 수 있다. 그래서 어머니에게로 돌아가 보자. 애착 이론은 어머니의 삶에 '애착'을 형성하는가? 꼭 그럴 필요는 없다. 하지만 자신의 아기의 행복을 배려하는 어머니들은 같은 문제로 돌아오게 되는 경우가 많다.

아이 양육 문제

볼비는 어머니가 직면한 주요 문제를 여러 해 전에 식별해 냈다. 즉, 아이볼 의사가 있는 대행 부모가 드물다는 사실이다. 수집을 하러 가는 어머니는 어떻게 하면 스스로 이동할 수 없는 자신의 연약한 아기를 안전하고 안정감 있게 지킬 수 있는가? 많은 종에서 아비는 기본적인 돌봄꾼인 경우도 있지만, 자신의 선택에 따라 공동 돌봄꾼이 되는 경우도 그만큼 많다. 최소한, 더 나이를 먹은 영아에 대해서는 말이다. 영장류학적 증거와 민족지적 증거를 개괄해 보면 해결책의 허용 범위를 알 수 있게 될 것이다. 다만 아기는 모든 해결책을 동등하게 좋아하지는 않을 수도 있다. 사람과 영장류에서 종 전형의 성 역할은 추측만큼 고정되어 있지 않다. 종에 따라 해결책이 다르고, 티티원숭이를 통해 이 점을 확인할수 있다. 상황에 따라 해결책이 달라지기도 한다. 고릴라와 랑구르가 보여 주는 '사일러스 마아너 반응'에서, 그리고 일상적으로 우리 주변에서보는 남성들의 삶에서 확인할 수 있다.

논쟁의 여지없이 대다수의 수렵-채집 사회에서는 생애 최초 수년 동안 어머니-영아의 밀착이 특징적이다. 아버지가 아기를 보는 경우는 드물고, 남성 대행 부모가 돌보는 경우는 훨씬 더 드물다. 하지만 규칙이돌에 새겨져 있는 것은 아니다. 생태학적 환경이 허용할(또는 요구할) 때,어머니는 손쉽게 아버지, 할머니, 여조카, 남조카, 아니면 아기의 형제자매의 도움을 빌릴 수 있다. 영장류 암컷은 아기를 맡겨도 안전하다고 확신할 수 있을 때면 언제나 아기 볼 마음이 있는 대행 어미에게 아기를 맡겨 왔다. 일부 관계는 호혜성에 기초하지만, 대부분의 경우 대행 어머니는 아버지나 혈육이었고, 계층화된 사회가 출현한 이후에는 선택의 여지가 거의 없는 절망적인 열위자들이었다.

인류학적 문헌에서는 다른 영장류들 및 다양한 부족 사회의 영아 공유가 중심적 위치를 차지한 적이 한 번도 없다. 그런 일이 벌어지고 있다는 사실조차 깨닫지 못하는 사람들이 많다. 하지만 실제 연구된 결과를 보면 (어머니와 아기의 생존과 생물학적 적응도의 관점에서 볼 때) 협동적 보살핌의 결과는 너무나 좋고, 최소한 다른 대안보다 선호할 수 있는 것으로 드러난다.[21] 영아 공유 영장류 종에서 아기는 더 빨리 자라며 (유모를 고용하는 부모의 경우처럼) 어머니는 평생에 걸쳐 생존하는 아기를 더 많이 낳는다.교대로 불침번을 서면 영아 사망률이 감소한다. 아기라는 부담이 없는어머니는 더 능률적으로 수집할 수 있으며, 아기는 폭넓은 사회적 네트워크를 배양하게 된다. 어머니의 주의를 끌기 위해 형제자매와 경쟁해야하는 고통도 덜 겪을 수 있다. 인간으로 태어난다는 것의 대안적 의미로

필리핀의 아그타(Agta) 수집 사회의 개념을 생각해 볼 수 있다. 아그타는 매우 드문 형태의 수렵-채집 사회다. 여성이 남성 및 개들과 함께 멧돼지와 사슴 사냥에 참여하기 때문이다. 이들이 먹는 고기의 57퍼센트가 여성이 참여했던 사냥에서 잡은 것이다. 아그타 사람이 태어나면,

> 아기는 그 자리에 있는 모든 사람이 아기를 안아 코를 비비고 냄새를 맡고 경탄할 기회를 가질 때까지 이 사람에서 저 사람으로 건네진다.…… 그렇다면 아이의 첫 경험은 친척과 친구들로 이뤄진 공동체를 포함하고 있는 것이다.[22]

생애 첫해의 후반에 아그타의 어머니는 아기의 언니나 누나, 할머니, 또는 아버지에게 자신의 아기를 맡긴 채 체류지를 떠날 수 있다. 아기의 부담이 어머니의 능률을 감소시키고 이동의 자유를 제한한다는 점은 분명하지만, 선택의 여지가 없을 때는 어머니가 아기를 데리고 간다. 어머니는 6살밖에 안 된 어린 아기를 예측 불허의 가시밭 영역으로 사냥하러 갈 때 데려갈 수도 있다. 모든 관련자는 높은 부상 가능성을 겪고, 아그타 아동의 30~50퍼센트가 사춘기 이전에 죽는다.[23]

대행 어머니는 어머니가 사냥보다는 채집을 할 때조차 중요한 도움을 제공할 수 있고, 심지어는 몇 가지 특전을 제공하기도 한다. 온화하기로 소문난 동반자들 가운데서 자라는 것은 중앙아프리카 에페 피그미 사회의 아기들이 누리는 유일한 특권이 아니다. 이 사회의 신생아는 세계 다른 지역의 어떤 아기들보다도 모유를 일찍 맛보기 때문이다. 왜일까? 모유는 분만 후 며칠이 지나기 전까지는 나오지 않지만, 대행 어머니가 다른 어머니의 아기에게 젖을 물리는 데 상당히 익숙하기 때문에 신생아는 이 여성에서 저 여성으로 넘겨지게 된다.

인류학자 배리 휴렛(Barry Hewlett)은 전통 사회에서 다수의 사람들이 아이를 돌보는 현상에 대해 유일하게 체계적인 조사를 한 인물이고, 연구를 통해 그 현상을 촉진하는 세 가지 환경을 찾아냈다. 목축인이나 농경인, 또는 임금 노동자에 비해 수집자에게 특징적인, 일정의 유동성과 충분한 여가 시간이 첫 번째 요인이다. 또한 사람들은 밀집된 구역에 살기 때문에 아기와 친숙하다(그 반대도 마찬가지이다.). 무엇보다 가장 큰 특징은 아이에 대한 성인의 비율이 높아, 아기의 수에 비해 아기 볼 의사를 갖고 있는 돌봄인의 수가 더 많다는 것이다.

　　한편으로는 남성이 능동적으로 아기 보는 일에 참여하는 사례가 드문드문 있고, 다른 한편으로는 나머지 세계 전체가 있다. 그 사이의 간극은 여전하다. 여성 운동이 남성 돌봄인과 아버지 역할을 이야기하는 방식에 혁명을 가져왔기 때문에 그 이래로 주목할 만한 변화가 있었다. 하지만 이것이 혁명인 척 가장하는 태도는 정직하지 못하다. 예를 들어 미국의 아버지들은 20세기 초반에 비해 아이를 직접 돌보는 데 시간을 더 많이 할애하지만, 그 변화는 아직도 주당 몇 시간이 아닌 몇 **분**의 척도로 측정될 만한 수준이다. 이 점에서는 스웨덴과 같이 가장 진보적인 나라도 마찬가지다. 부모 중 어느 쪽이라도 육아 휴직을 신청할 선택권이 있지만, 이 정책을 이용하는 아버지는 거의 없기 때문이다.[24]

　　볼비가 진화적 적응 환경에서 염두에 두고 있었던 것은 출산한 어머니가 이 아기를 안고 다니며 젖을 먹일 동기를 가질 가능성이 가장 높은 사람이었다는 것이다. 9장에서 논의한 것처럼 어머니는 아버지에 비해 아기의 욕구 신호에 더 민감할 가능성이 높다. 이것은 본유적인 기질 탓일 수도 있고, '곁에 있는 친구들' 때문일 수도 있다. 왜냐하면 어머니는 다른 여성들과 작은 아기 근처에서 더 많은 시간을 보냈기 때문에 아이 보기 훈련을 더 많이 했을 수 있다.[26] 일단 어머니와 아기 사이에 관계가

그림 22.2 에페의 한 소녀가 아기를 어머니에게 돌려준다. 이투리 숲에 있는 영아는 4개월이 되면 평균적으로 하루 시간의 60퍼센트를 어머니와 떨어져 보낸다. 새끼 랑구르처럼 여러 돌봄인이 번갈아 아기를 보고 돌봄인은 매시간당 8번 바뀌며, 하루 동안 아기를 보는 대행 어머니는 무려 14명 정도가 된다.[25]

형성되면, 어머니는 아기의 생존을 보장하기 위해 필요한 몇 년의 기간 동안 가외 근무를 연장할 마음의 준비를 가장 많이 갖춘 사람이 된다.

어머니를 어머니답게 만들어 주는 것은 마술적인 '어머니의 본질'보다는 어머니가 (언제나) 현장에 있고 호르몬을 통한 준비를 거쳤으며, 아기의 신호에 민감하고, 아기와 혈연관계가 있다는 사실이다. 일단 젖이 분비되기 시작하면 어머니의 양육 충동은 훨씬 더 강해진다. 게다가 (역시 동 계통에 의해 아기와 최소한 절반의 유전자를 공유하는) 아버지와 비교할 때, 아기가 아버지보다는 어머니의 번식 전망에서 더 큰 비중을 차지할 가능성도 충분하다(필연일 이유는 없다. 어머니가 여러 명의 아이를 데리고 있으며, 이 아이가 그 아버지가 낳은 유일한 아이일 경우에는 반대 상황이 된다.). 이 요인들은 어머니를 가장 유력한 일차 돌봄인 후보로 만들어 준다. **하지만 융통성 없는 규**

칙은 아니다.

포유류 새끼들은 젖이 나오는 곳이면 어디서나 젖을 빨려고 한다. 이 관찰은 그 자체로 양육자를 찾는 영아의 동기 체계에 본유적인 느슨함이 있다는 것을 소리 높여 이야기하고 있다. 인간의 아기는 어머니의 젖가슴을 알아볼 수는 있지만 여기에 특수하게 각인된 것은 아니며, 자신이 안락함을 느끼고 보상을 받을 수 있는 곳이면 어디서든 젖을 빨 기회를 찾으려 한다. 예를 들어 영아는 젖가슴보다 젖을 빨리 전달해 주는 고무젖꼭지를 아주 쉽게 가려낸다. 소화하기에는 우유가 더 힘들지만 아기는 우윳병을 젖가슴보다 더 선호하는 학습을 할 수 있다.

물론 일단 아기가 선호하는 돌봄인에게 애착을 형성하고 나면 그보다 더 강력한 정서적 접착제는 없지만, 그 애착이 깨지고 나면 다른 누군가에게로 재형성할 수 있다(개인에 따라 학습된 신뢰감의 탄력성은 가변적이다. 물론 이 경우에도 가변성이 무한정 발휘되는 것은 아니다.). 하지만 무엇 때문에 영아가 다른 사람보다는 특정한 한 사람에게 애착을 형성하는 경향을 갖는 것일까? 그리고 아기에 대한 애정에서는 1순위가 되는 사람은 어머니인 경우가 많은 것일까? **단지** 젖의 문제는 아니다.

영아의 일차적 애착이 어머니를 향하는 현상은 미리 예정된 결과는 아니다. 다른 선택도 있다. 하지만 보통 아기의 필요에 반응하는 역치가 더 낮고, 아기가 불편해서 울 때 가장 먼저 반응하는 사람, 자신의 얼굴, 자신의 목소리, 자신의 젖가슴으로 아기의 입에 달콤한 젖을 흘려 넣어 만족시켜 주는 사람이 어머니라는 사실을 생각해 보면, 아기가 일차적인 애착을 형성할 가능성이 가장 높은 사람은 어머니라는 사실을 알 수 있다. 하지만 차선책 역시 적절한 것으로 입증되는 경우가 많다. 대행 어머니가 사실상 어머니보다 더 헌신적일 때는, 차선이 더 우월할 수 있다.

어머니다운 성향은 아기의 요구와 상호 작용하며, 아기가 특정한 선호를 갖게 될 가능성을 매우 높게 한다. 어머니에 대한 아기의 선호는 여기서 비롯되는 것이다. 어머니의 성별은 자신의 운명이 아닐 수 있다. 하지만 흐릿한 눈으로 세계를 보는 신생아의 관점에서는 어머니가 지닌 속성들이 좀 더 입맛에 맞는다. 효율적인 아기는 어머니의 본유적인 속성보다는 어머니가 하는 일 때문에 첫 선택을 하고, 영장류 대다수의 새끼는 어미를 독점하며 그 반대도 마찬가지인 것으로 발견된다. 일단 시작된 후에는 아기가 이 배치를 정열적으로 편애하게 된다.

왜 어머니는 대행 어머니를 더 자주 이용하지 않는가?

통계적으로 볼 때 관찰자가 볼 가능성이 큰 장면은 어머니가 아기를 데리고 다니며 보살피는 장면이지, 어머니가 아이를 버리는 짧은 순간을 볼 가능성은 별로 없다. 영장류 왕국 어디서나 전형적인 어미의 모습은 새끼를 데리고 다니는 것이다. 아기와 어머니는 상호 간에 '애착'을 형성한다. 그 결과 어머니는 '어머니 역할'에 본유적이고 특수한 자질을 갖추고 있다고 추측된다. 도달하기 쉬운 결론인 것은 사실이다. 이 동어 반복적인 사고의 맥락에서는 누구도 이런 질문을 던지지 않는다. **왜** 어머니가 아기를 데리고 다닐까?

이 질문은 인류학자들이 에페와 같은 사회를 알게 되었을 때, 그리고 어머니 아닌 다른 사람이 어머니 역할을 하는 것이 **관찰되었을** 때 비로소 제기되기 시작했다. 연구자들은 그때서야 아이를 보는 사람이 여럿이라는 사실에 더 큰 주의를 기울이기 시작했다. 아기를 데리고 다니는 사람이 어머니였던 한에서, 예측할 수 있듯, 대안적인 아이 보기는 고려되지 않았다.

대행 어머니에게 의존해서 얻을 수 있는 생존과 번식의 이득이 크다는 사실을 볼 때, 어머니가 자신이 수집하는 동안 다른 사람에게 아기를 봐달라고 넘기지 않을(또는 미성년인 딸들이 주변에 머물러 있는 한 아기를 맡기지 않을) 이유는 어디에도 없다. 만약 인간 외 영장류에서 새끼를 대행 어미에게 맡기는 어미의 새끼가 더 빨리 자랐다면, 어미가 생존 가능성을 대가로 내주지 않고도 더 짧은 간격으로 번식할 수 있었다면, 그리고 확실해 보이는 사실처럼 어미의 적응도가 대행 어미를 이용하여 증진될 수 있다면, 어미가 대행 어미를 더 자주 이용하게끔 선택되지 않았을 이유가 없다.

!쿵 어머니의 사례를 보자. 왜 이 어머니들은 자신의 아기를 번식기 이전의 아이들, 어머니가 수집하러 나간 동안 체류지에 돌아다니고 있는 아이들에게 맡기지 않는가? 퍼트리샤 드레이퍼를 비롯해 !쿵 사람들을 연구하는 민족학자들에 따르면, 더 나이를 먹은 아이들은 체류지로 가져다 놓은 몬곤고 열매 껍데기를 까는 것과 같은 일들을 하고 있다. 베이비시터들이 공급됨에도 불구하고 이용되지 않는 까닭은 무엇일까?[27]

4장과 11장의 논의들을 다시 생각해 보면, 인간 외 영장류와 인간 영장류가 대행 어미를 더 많이 이용하지 않았던 까닭을 되살펴 볼 수 있다. 새끼를 새끼의 언니나 누나에게 맡기는 침팬지 어미는 자신의 새끼가 포식자에게 잡아먹히거나 동종 영아 살해자에게 죽임을 당할 위험을 겪어야만 했다. 작은 동생을 안고 싶어 하는 딸을 퇴짜 놓는 침팬지 어미는 돌봄꾼이 될 이 딸을 걱정하는 것보다는, 딸이 자신의 새끼를 다른 침팬지로부터 보호할 수 있는 능력의 수준에 대해 걱정하고 있는 것이다. 침팬지 어미는 새끼를 안고 싶어 안달이 난 손위 자식에게 새끼를 넘겨주는 법이 거의 없다. 따라서 관찰자들은 어미가 넘겨주게 되면 실제 어떤 일이 생겨나는지를 발견할 기회가 없었다. 하지만 의심 없이 넘

겨주는 다른 종의 어미들은 의도치 않게 자연적인 실험을 제공해 주었다. 드물고 불행한 사례지만, 지켜보는 사람 없이 아기를 남겨 두고 떠난 아프리카 여성들은 길을 지나던 침팬지가 아기를 잡아먹었다는 사실을 발견하게 되는 것이다. 침팬지는 상황에 따라서 보호자 없는 새끼를 입양할 수 있지만 죽일 수도 있다. 능력 있는 돌봄꾼은 필수적이다.[28]

인간 수집자의 경우 어머니는 역할을 맡을 의사와 자질을 갖춘 사람을 구하는 데 애를 먹었다. 생식력이 없는 여성이나 아기를 낳을 수 있는 나이가 지난 여성이 있지 않는 한 대개는 어른 자원자가 부족했다. 그리고 체류지가 아주 안전한 곳이 아닌 한, 미성년 '보모'를 이용하는 것도 위험했다. 크게 봐서 대행 어머니는 조건에 따라 안전하지 못하거나 비실용적이다. 사막에 사는 !쿵 사람들의 경우를 예로 들면, 큰 제약 중 하나는 아기가 탈수되지 않도록 하는 것이다. 아기는 어머니 이외의 안전한 식수 자원을 찾을 수가 없기 때문이다. 어머니는 아기를 체류지에 안전하게 둘 수 없을 경우, 먼 거리를 데리고 다닌다.

내 추측은 (핫자, 또는 심지어는 에페와 같은) 대안적인 아이 보기 체계는 생각보다 훨씬 더 흔했다는 것이다. 신석기 시대 이전에도 안전한 대행 어머니를 선택할 수 있을 때에는 고용했다. 배타적이고 장기간 지속되는 어머니-영아 관계가 그토록 널리 퍼져 있는 현상은, 인류학자들이 연구할 수 있을 만큼 오랫동안 수렵-채집의 삶의 형태가 존속해 온 거친 환경이 만들어 낸 인공물처럼 보인다. 어머니들이 식량과 물을 찾기 위해 먼 거리를 이동하고, 포식자들이 근처에 잠복해 있으며, 어머니의 혈육이 멀리 떨어져 사는 주거 유형이 정착되는 그런 상황의 인공적 결과인 것이다.

확실한 사실은 아기가 젖을 떼기 시작하고 넓은 베이비시터 인력 풀을 이용할 수 있게 되면, 대행 어머니가 곧바로 일에 가담하게 된다는 것이다. 핫자에서는 이용할 수 있는 식량원이 체류지 근처에 있으면, 3살밖에 안 되는 아이들까지도 연령층이 다양한 집단에 남겨져 돌아다니며 식량 채집과 놀이를 결합하게 된다. 10살배기 이 핫자 아이가 보통 200칼로리의 열량을 지닌 마칼리타 딸기 음료와 동생 보기를 결합시키는 일은 드문 일이 아니다. 그런 간식은 더 어린 아이들과 나눌 수 있다. 동생들은 자신을 돌봐 주는 베이비시터 주변에 모여 간식을 달라고 애원한다.[29]

"심리학적 탈리도마이드"?

아기가 필요로 하는 것을 아는 것과 누가 그것을 할 것인지를 결정하는 것은 다른 문제이다. 원숭이와 유인원 어미들은 새끼를 독점하려는 경향이 있다. (대개 혈육인) 상냥한 돌봄꾼이 있어서 어미가 원기 왕성한 새끼를 안심하고 맡길 수 있는 종들은 예외이다. 이런 조건들이 충족되면 영장류 어미는 거리낌 없이 대행 어미에게 새끼를 맡긴다. 절실한 상황에서는 전형적인 원숭이 어미조차 기준을 낮추고 이상적인 것과는 거리가 먼 돌봄꾼에게 새끼를 맡긴다(랑구르 어미가 '집에서'도 영아 살해자 수컷의 위협을 받게 되면 새끼를 축출된 수컷에게 맡기는 것을 떠올려 보라.). 보육 서비스를 "심리학적 탈리도마이드(thalidomide, 진정제, 수면제의 일종. 사용 초기에는 임신부에게도 처방되었으나 태아에게 팔다리가 성장하지 못하게 하는 부작용을 일으켜 큰 문제를 낳았다. ─옮긴이)"라며[30] 저주하는 비판자들은 자문해 볼 필요가 있다. 무엇과 비교해 그렇다는 말인가? 비자연적이라고 느끼는 사람이라면 이렇게 자문해 봐야 한다. 언제와 비교해 그렇다는 말인가?

　일하는 어머니들이 마주한 진정한 제약은 상상적인 홍적세 어머니 역할의 이상과는 거의 아무런 상관이 없다. 오히려 의존할 수 있으며 동기도 충분하고 장기적으로 보살필 수 있는 대행 어머니를 모집하는 일과 훨씬 더 관련이 깊다. 인간 영아는 자신을 따뜻하고 안전하며 움직일수 있게 해 주고 자극해 주며 청결을 유지하고 젖과 위생적인 물을 먹이고, 그리고 가장 중요한 것으로는, 계속 보살펴 줄 것이라는 헌신적인 마음을 상냥한 응답을 통해 소통해 주는 어머니와 대행 어머니를 필요로한다. 매시간마다 이런 종류의 보살핌을 제공하는 것은 따분한 일이다. 아이 보기는 해밀턴의 규칙이 잘 요약하고 있는 심층적인 경향에 보태, 개인적 취향, 훈련, 기대치, 그리고 일하는 조건에 따라 다소나마 성가신일이 될 수 있다. 거대한 분열이 아이 보기의 현실을 이상과 분리한다.

대행 부모의 부족

많은 어머니들은 자신이 젖을 먹인 아기의 배설물 냄새가 거슬리지 않는다는 사실을 알게 된다(개와 같은 다른 포유류에서는 배설물 속에 있는 특정 분자가 어미가 배설물을 먹게 유도하며, 그 행동을 통해 살고 있는 굴을 청결하게 유지하도록 한다.). 하지만 타인의 경우에는 어떤 성별이든 이 취향을 공유하기 힘들고, 더러워진 기저귀 가는 일을 즐길 수 있다고 진심을 담아 말하기도 힘들다. 현대 대행 어머니의 업무를 묘사하는 다음 광고에서 모종의 진실을 발견할 수 있다.

구인: 몇 개월 또는 몇 년 동안 자신의 삶을 할애해서 작고 약하며 이따금 비합리적인 인간의 변덕과 필요를 맞춰 줄 사람을 구합니다. 급료도 적고 명성도 없습니다. 안전이 보장되거나, 장기적인 상호 의무가 주어지지는 않습니

그림 22.3 나이 많은 아이들이 걸음마 뗀 아기를 !쿵 체류지 근처에 있는 그네에 태워 주고 있다. 수집자 사회의 어머니는 환경적인 제약 때문에 어린 베이비시터에게 필요한 만큼 의존하지 못하게 된다.

다. 어떤 관계가 형성되든 나중에까지 지속될 가능성은 거의 없습니다. **주의:** 만약 아기가 가장 사랑하는 사람이 당신이 된다면, 어머니가 질투하며 관계를 미리 끝내려 할 수 있습니다.

말하는 것 자체가 새삼스럽지만, 유모나 보육 시설을 찾고 있는 어머니들의 엄청난 수, 그리고 보편적인 보육 보조금을 요청하는 활동가들의 수, 그리고 그것을 약속하는 정치가들의 수에 비해, 그런 것을 실제 제공하겠다고 서명하는 믿을 만한 대행 어머니는 별로 없다. 일대일 영아 돌봄인을 찾고는 있지만 그 일을 해 줄 혈육이 있을 만큼 운이 좋지 않은 사람들은 잠재적 돌봄인에게 정서적으로나 물질적으로 일을 가치 있는 것으로 만드는 게 좋다. 즉, 해밀턴의 방정식에서 '이득' 요소를 보강하는 것이다.

일터에서의 차별 철폐, 그리고/또는 동등한 권리가 여성에게 새로운 일자리를 창출해 준 곳이면 어디서나 여성 돌봄인의 부족이 발생하고 있다. 그럼에도 불구하고 존 보스웰과 다른 역사가들이 과거에는 '친절한 타인'이 버려진 아기들을 한군데 모아 놓고 길렀다고 확신하게 했던 것과 동일한 종류의 낙관주의가, 현대의 정책 입안자들이 문제에 돈을 좀 찔러 넣게 되면 적절한 육아를 확보할 수 있을 것이라고 상상하게 만들었다. 입안자들에 따르면 돈만 있으면 어쨌든 의지가 있고 자격을 갖춘 돌봄인이 생겨나게 될 것이다.

최근의 라디오 광고에서는 한 정치가가 입양 아동을 위한 가정을 찾기 위해 "수풀을 뒤질" 사회 복지 활동가를 좀 더 고용할 필요가 있다는 견해를 이야기한 바 있다. 일단 돈으로 활동가 모집에 성공하게 되면, 적절한 돌봄인과 버려진 아이 모두에게 적당한 가정이 굴러 떨어질 것이다. 특히 이 정치가가 염두에 두고 있던 아기들 중에는 헤로인에 중독된 어머니가 병원에 내버려 두고 간 "장기 투숙 아기(boarder baby)"들이 있었다. 이 아기 집단은 세계에서 가장 도전적인 보살핌 대상에 속한다. 그런데 그는 좀 더 노력을 기울이면 뉴저지의 모든 "장기 투숙" 아기들이 입양 가정에 쉽게 맡겨질 수 있을 것이라고 장담한다. 그의 말을 들으면 나는 카타리나 대제나 다른 위대한 '진보주의자'들을 연상하게 된다. 근사한 시설을 짓기만 하면 버려진 아기 문제를 해결할 수 있다고 믿었던 사람들 말이다.

・・・・・

일하는 부모들은 대행 부모가 지역적으로 부족하기 때문에 이웃 이외의 다른 사람을 찾아봐야 하는 상황에 있게 된다. 하지만 매일 여러 시간 동안 혈육이 아니라 급여를 받고 혈육처럼 행동할 것으로 기대되는 대행 부모가 감독하는 곳에 아기들을 (마치 공동 육아방에 있는 박쥐들처럼) 함께 맡겨 두는 것은 진화적으로는 새로운 현상이며 전적으로 실험적이다. 이미 인간 역사상 어느 때보다도 많은 수의 아이들이 보육 시설에 맡겨져 있다. 좋은 보육 시설에 대한 수요는 공급을 훨씬 추월하며 증가하고 있다. 보육 시설 이용비가 대부분의 가계 예산을 추월하는 것과 마찬가지다.

아주 어린 아기들(2살 미만)에 대한 유급 공동 보육원이 급속히 확산되며 고도로 실험적인 본성을 갖는다는 점을 생각해 보면, 그곳에 개입된 많은 복합적 요인들(서로 다른 아기들의 기질, 가정에서 경험한 내용의 다양성, 보살핌 제공자의 서로 다른 성격들, 그리고 기타 등등) 탓에 부모에게 가장 크게 느껴지는 질문에 대해서는 명확한 대답이 없게 된다. 보육 시설에 있는 대부분의 아이들이 살아남아 정상적으로 발달한다는 점은 명백하다. 하지만 지속적인 어머니와의 접촉 속에서 길러진 아이들만큼 안정감 있게 자라날 수 있을까? 기질적으로 보육 시설에 부적합한 아이들이 있지나 않을까? 아니면 부모의 아이 보기 방식이 보육원을 이용하는 것과는 비교 불가능한 것일까? 어린 나이로부터 보육원에 맡겨진 아이들은 강한 관계를 형성하는 능력이 더 약하게 될까, 아니면 다른 사람들을 배려하는 경향이 적을까? 그리고 이 아이들은 삶을 꾸릴 수 있는 자질이 더 뛰어난 것일까, 아니면 부족한 것일까(명심해야 할 사실 하나는 현대 세계에서는 삶에 '보다 적합한 자질'을 갖춘 사람이 애착이 비교적 불안하거나 가까운 관계를 형성하는 능력이 보다 약한 사람일 수도 있다는 것이다.)?

최고급의 소규모 보육원에 관한 한 최근의 연구들은 대개 자신감을 갖게 한다. 2살 미만의 아기들이라 할지라도 악영향을 감지할 수는 없다. 아기가 고품질의 보살핌을 받고 가정에서 부모와 좋은 관계를 유지했으며, 보육 서비스 이용 시간이 제한되어 있다는 조건하에서는 그렇다(좀 자신감을 잃게 하는 조건들이다.).[31] 몇 명의 돌봄인이 많은 수의 아기들의 요구를 충족시켜 주기 위해 애를 쓰고 있는 제도화된 환경에서, 매주 30시간 이상을 보내는 아주 어린 아기들, 그리고 한 시설에서 다른 시설로 옮겨 다니고 있는 아이들을 살펴본 결과는 그만한 자신감은 주지 못한다. 이는 선택의 여지가 있는 개방적인 어머니들의 속을 불안하게 하고 선택의 여지가 없는 어머니들은 비참하게 만든다. 다른 사람들은 그저 사실을 부정하며 그 결과는 일종의 반페미니스트적 음모라고 맞선다.

아기가 어머니에게 반응하는 방식만이 아니라, 이미 달래기 힘든 아기에게 어머니가 반응하는 방식을 통해서도 보육 서비스의 효과를 살펴볼 수 있다. 주당 30시간 이상 보육 시설을 이용했던 어머니들은 주당 10시간 이용한 어머니들에 비해, 6개월 된 자신의 아기에 대해서는 덜 민감한 경향이 있고, 15개월 된 아기에 대해서는 좀 더 부정적인 경향이 있다. 그에 따라 아기는 어머니 곁에 있기를 더 불편해 하여 더 불평하게 되기 때문에 시간이 흐름에 따라 효과가 더 확대될 가능성이 의심된다.

발달 심리학자들이 이보다 더 격렬하게 논쟁했던 주제는 드물다. 하지만 그러한 격렬함 밑에는 거의 합의에 가까운 내용이 있다. 나는 그 내용을 위험을 감수하고 이렇게 요약해 볼까 한다.

전문가들은 인간의 아기가 얼마나 유연하고 적응력이 있는지에 대해서는 견해를 달리하지만, 누구도 인간의 적응력이 무차별적인 보살핌을 위한 백지 수표를 제공한다고는 이야기하지 않는다. 보육 서비스를 강하게 옹호하는 버지니아 대학교의 명예 교수이자 심리학자인 샌드라 스카 (Sandra Scarr)는 각 아동의 반응과 보육 서비스를 받는 시간을 기질과 연계해 관찰해야 한다고 이야기한다. 아이가 보육 서비스에 어떻게 대처하는가는 지속적인 관심과 경계의 대상이 되어야 하는 것이다. 출판사에서 "부모는 생각보다 덜 중요하다."는 사실을 보여 주는 책이라고 홍보되었던 『양육 가설(*The Nurture Assumption*)』을 쓴, 가장 우상 파괴적인 할머니인 주디스 리치 해리스(Judith Rich Harris)조차도 이렇게 말한다.

> (신생아의) 두뇌는 발달을 완료하기 위해서는 특정한 환경 입력을 필요로 한다.…… 발달 중인 두뇌는 아기가 음식과 안락함을 제공하고 근처에 아주 많이 머물러 있는 한 사람 또는 적은 수의 사람들에게 보살핌을 받게 될 것이라고 "기대한다." 만약 이 발달이 완료되지 않으면, 관계에 대한 작업 모델을 만드는 데 특화된 두뇌 부서가 적절하게 발달되지 못할 수 있다.[32]

근본적으로, 이들 두 견해 중 어떤 것도 보육 서비스 비판자로 알려지고 맞수로 가정된 발달 심리학자 제이 벨스키(Jay Belsky)의 견해와 크게 다르지 않다. 스스로 "발달 심리학의 11번째 계명, '보육 제도를 나쁘다고 말하지 말지어다'를 위반했다."고 이야기하는데도 말이다. 벨스키는 신성한 소에 대해 문제를 제기했기 때문에 평판이 훼손되었지만, 그럼에도 불구하고 "어머니는 중요하다. 초기 경험은 영향력이 있다……."라는 주요 메시지를 "하지만 유일하게 중요한 것은 아니다."라는 주의로 균형을 잡으려 하는 수고를 짊어진다.[33]

실질적으로 이 분야에 있는 모든 연구자는 부모가 특별히 부주의할 때 "무관심한 보육 시설"조차 가정에서의 아동 방치에 비해서는 나을 수 있다고 시인한다. 이 논쟁으로부터는 벗어나 있는 사람들, 애착 이론의 '정체'를 격하게 폭로하는 사람들이나 다이앤 에이어처럼 공공연한 페미니스트 보육원 옹호자도 "모든 (아기들은) 소수의 사람들에 의한 지속적인 사랑의 보살핌을 분명 필요로 한다."[34]는 점을 인정할 것이다. 이것은 내가 볼 때에는 에이어가 비판해 온 메리 에인즈워스, 메리 메인,

그림 22.4 프랑스에서 3살에서 6살 사이의 모든 아동은 어머니가 일을 하지 않는 경우에도 국가가 지원하는 에콜 마테르네이유(écoles maternelles)로 가게 된다. 미국에서 좋은 보육 프로그램은 대기자가 줄을 서 있고 값이 비싸다. 사진 속에 있는 평판이 아주 좋은 보육 프로그램은 2살에서 5살 사이의 아동을 대상으로 하며, 하루 최대 5시간 동안 어른-아이 비율을 1:7로 유지하는 조건으로 한 달 365달러가 든다. 영아 보육(생후 6주에서 18개월까지) 센터는 훨씬 더 드물고, 비용은 2배가량 든다.

그리고 다른 애착 이론가들이 늘 이야기해 온 것이다. **돌봄인은 어머니이거나 심지어는 한 사람일 필요는 없지만, 동일한 돌봄인이어야 한다.**

헌신적인 혈육처럼 행동하는 것의 중요성

일단 수가 충격적이다. 후기 산업 국가에 있는 대다수의 어머니는 어떤 형태로든 보육 제도를 이용한다. 대부분은 2살 미만의 아기를 데리고 있는 일하는 어머니들이다. 새로 등장한 일하는 어머니에 대한 볼비의 개인적인 반대 견해를 보더라도, 애착 이론이 오늘날 우리가 보육 제도를 개선하기 위해, 대행 부모의 보살핌을 영장류 아기의 필요에 맞춰 조정하기 위해 이용할 수 있는 가장 유용한 이론적 모델을 제공해 준다는 사실은 역설적이다.

내가 매사추세츠의 케임브리지에서 영아 보육 시설을 찾고 있었을 때인 1970년대로 거슬러 올라가 보면, 내가 찾아냈던 최고의 장소는 하버드 보육원이었다. 이곳의 프로그램은 베리 브레이즐턴을 비롯해 볼비에게 큰 영향을 받은 소아과 의사들이 설계했다. 이 소아과 의사들은 애착 이론의 비판자들에게는 일하는 어머니들에 대한 특별한 적으로 식별되지만, 내게는 내 아이들이 영아였을 때조차 파트타임으로 일을 계속할 수 있게 해 주었던 사람들 중 일부였다. 나는 매일 일부의 시간 동안 6개월 된 아기를 두 명의 대행 어머니에게 확신을 갖고 맡길 수 있었다. 이 센터는 캠퍼스 근처에 있고 내 집에서는 한 블록 떨어진 건물로 이전에는 하버드 대학교의 학군단이었던 곳의 지하에 세워졌다(칼을 두드려 쟁기 날을 만드는 한 사례이다.). 이 보육원은 가는 곳마다 사람들에게 탁월한 평온감을 안겨 주는, 비범할 만큼 인내심이 있고 대행 부모의 자질이 뛰어난 두 명의 여성이 있는 세 개의 검소한 방으로 이루어져 있었다. 아기를 맡기는 조건은 보육원에서 자원 활동을 하는 것이었기 때문에 (수년 동안 머무르는) 영구 직원에 보태어 작은 마을과도 같은 곳에서 왔다 갔다 하는 가족들이 있어서 아이에 대한 어른의 비율이 높았다.

만약 여러 명의 돌봄인이 생애 초기에 개입되어 **있으면** 아기가 한 사람을 선택해 일차적인 관계를 형성하는 일이 자주 발생한다. 하지만 아이들은 이 점에서는 다소간 유연하다. 모든 초기 돌봄인들은 정서적으로 혈육의 등가물이 되었다. 어떤 돌봄인이라도 아기가 절실하게 원하는

그림 22.5 존 볼비는 영아에 대한 공감대적 배려를 영아의 필요를 이해하는 새로운 방식으로 변경했다. 이 사진은 그가 1990년에 죽기 3년 전, 스카이 섬에서 찍은 것이다.

메시지를 소통할 능력이 있었다. 이 메시지는 "우리는 너를 필요로 하고 너를 버리지 않을 것이다."는 것으로, 아기에게 안정감을 선사하지만 대행 어머니가 갑자기 사라지면 양날의 칼이 된다.

이런 관점에서 보면, 볼비의 통찰은 아버지가 자신의 갓난아기와 좀 더 붙어 있으며 더 신경을 써야 한다는 초대장과 같다. 그 통찰은 아이들에게 가능한 한 빨리 입양 가정을 찾아 주는 개혁 운동이 시급하다는 점을 의미한다. 그 통찰은 어머니가 보육원을 이용하는 것을 막지 않지만, 등장인물이 일정하고 아기에게 소속감을 주는 분위기의, 흡사 가족과도 같은 보육 시설을 만들어야 한다는 엄청난 자극을 준다. 어머니의 관점에서 보면, 진화가 가장 가능성 있는 결과로 설계한 것(아기가 어머니에게 애착을 형성함)과 다른 상황에서 완벽하게 잘 기능하는 것 사이에는 큰 차이가 있다.

하지만 신생아의 관점에서 볼 때에는 변한 것이 별로 없다. 어머니는 아기가 욕망하는 만큼 가까이 있거나 지속적으로 이용할 수 있는 경우가 드물다. 아기는 어머니가 일을 하러 마을을 떠난 것이지 죽은 것이 아니라는 사실, 검치호랑이가 멸종했다는 사실, 재규어가 드물다는 사실, 그리고 아동 유기가 불법이며 현대의 어머니들 중 사실상 그런 가능성을 생각하는 사람이 거의 없다는 사실을 알 길이 없다. 아기는 젖병이 발명된 적 없는 것처럼, 그리고 어떤 법안도 통과된 적 없는 것처럼 지내도록 설계되었기 때문이다. 나는 이제 이 소속감이 그토록 중요한 **이유**의 문제로 옮겨 가려 한다.

23장

❧

엇갈리는 발달 경로

알크메네는 아기를 낳은 뒤 혜라의 질투가 두려워 (아기 헤라클레스를) 버렸다…….

— 디오도루스 시쿨루스(Diodorus Siculus), 기원전 1세기

나는 이 삶을 어떤 모습으로 살게 될까, 한 송이의 꽃이나 한 개의 나뭇가지처럼? 완전히 성숙한 우위 수컷 오랑우탄처럼 고함을 지르는, 아니면 소심하게 뒤에 숨는 작은 수컷 오랑우탄처럼? 신뢰와 감정 이입에 능한 사교가, 아니면 자기중심적인 외톨이? 애벌레와 오랑우탄에서 나타나는 다른 변종들은 영아 발달을 진화적으로 사고하는 전문가들에게 하나의 은유이며, 우리의 종에서 같은 일이 벌어지고 있을지 모른다

는 추측을 하게 한다. 아기가 주변에 있는 세상으로부터 받게 되는 입력에 따라, 유전적으로는 매우 유사한 개인들이 상당히 다른 발달 경로로 접어들게 되어, 다른 속도로 성장하며 자신이 마주한 세계에 대한 자아 감각을 다른 것으로 발달시키고, 타인의 삶의 질에 대해 다른 우선권을 할당하며, 심지어는 다른 방식으로 번식할 수 있다. 유전적으로 온전한 형제자매처럼 가깝게 연관된 개체들은 서로 다른 미시 환경 속에서 영아기만이 아니라 잠재적으로는 전 생애에 걸쳐 다른 내용이 새겨질 수 있다. 왜 그런가가 문제다. 최근에 사람들은 어머니와 초기 경험이 이와 관련되어 있는 게 아닐까 추측하기 시작했다. 그래서 심지어는 아이가 나쁜 아이가 되면 어머니를 '비난'하는 사람들도 많아지게 되었다. 이런 사고방식은 매우 새로운 것이다.

어머니에게 반사회적 인물의 책임을 묻기

흘러간 시대와 장소에서 어머니들은 자식을 낳지 못하거나 잘못된 성별의 자식을 낳았다고 하여 비난받는 일은 있어도, 자신의 아이가 자라서 범죄자가 된다고 해서 비난받지는 않았다. 고대 그리스에서 극악 범죄의 희생자들은 특정한 신이나 운명을 저주했다. 인도 사람들은 나쁜 운이나 업보를 탓했고, 죄인의 씨족에게 배상을 요구했다. 동양에서는 불효자식을 길러 낸 교육의 잘못을 한탄했다. 아프리카에서는 주술에 대한 의혹이 제기되었다. 즐겨 찾는 또 다른 후보는 '혈통', 또는 특정한 종류의 사람을 만들어 내는 유전자였다. 올리버 트위스트를 생각해 보라. 만약 혈통보다 어머니의 역할이 중요했다면, 어떻게 디킨스의 고아 영웅이 도둑 일당에게 입양된 후에도 그렇게 잘 자랐겠는가?

성인인 반사회적 인물(sociopath)의 행동을 어머니와 불안정한 애착을 형성한 탓으로 돌리는 생각은 프로이트 이후, 그리고 특히 볼비 이후에야 우리 문화에 편입되었다. 연쇄 살인범이 어머니와 맺었던 초기 관계가 이후 드러나는 반사회적 경향을 설명해 줄 수 있다는 생각이 빠른 시간 안에 널리 수용되었다(심리 치료사 샤리 서러는 이러한 전형을 "한 번의 실수가 우리의 소중한 기쁨을 도끼 살인마로 바꿔 버린다."라고 풍자한다.).[1]

따라서 《뉴스위크》가 "피의 형제들", "유나바머(Unabomber, 무작위적인 대상에게 폭탄 우편물을 보낸 데서 무명씨(unanimus) 폭파자(bomber)라는 이름을 얻게 된 유명한 테러리스트.─옮긴이)"라는 혐의를 받았던 시어도어 카진스키(Theodore Kaczynski)와 그를 밀고했던 그의 형제 데이비드에 대한 예의 의무적인 이야기를 게재했을 때, 그 잡지에는 역시 예의 의무적인 제3자, 그들의 어머니인 완다 카진스키(Wanda Kaczynski)의 초상 또한 실려 있었다. 하지만 그 잡지에서 폭로할 수 있었던 가장 저주받은 죄과는 카진스키 부인이 "아들들의 학업을 장려했다."는 것이었다.

《뉴스위크》는 "어머니를 탓하는 것은 역사상 가장 낡고 (비록 어머니의 책임은 물론 정말로 사실이 아니지만) 가장 진부한 변명이다.…… 이웃들이 다정한 아주머니라고 묘사하는 완다 카진스키가 아들을 잠재적인 연쇄 살인범으로 만들었다고 이야기하는 것은 공평하지 않을지 모른다."[2] 하지만 《뉴스위크》의 편집자들은 어쩌면 테드가 동생이 태어난 후 관심의 중심에서 멀어지게 되었을 때 방어적으로 반응하기 위한 한 방법으로 점점 더 외톨이가 되는 길로 접어든 것이 발단이었을지도 모른다는 이모의 즉흥적 관찰을 저항감 없이 포함시켰다.

젊은 연구자였던 볼비는 이런 주장을 처음 제안한 사람 중 하나이다. 즉, "타인에 대해 무감하고 다루기가 매우 힘든 것으로 보이는 (종류의 비행 청소년은) 생애 초기에 어머니와의 관계에서 중대한 방해를 받았을 가능성이 크다. 도벽, 폭력, 자기중심주의, 그리고 성적 경범죄들은 그다지 유쾌하지 않은 그들의 특성에 포함된다." 그는 "반사회적 인물"이 되는 드문 인간형이 어머니에게 "회피 애착"을 형성해 온 인구 집단에서 높은 비율로 나타난다는 점에 주목했다. 볼비는 그들의 행동이 세계에 대한 내적 작업 모델이 교란된 탓이라고 추측했다. 이 때문에 그들은 타인을 신뢰하기가 힘든 것이다.[3]

· · · · ·

많은 어머니들과 마찬가지로, 나는 카진스키 부인에게 스포트라이트를 맞춘 《뉴스위크》의 억측에 즉각 분노하게 되었다. 하지만 6주가 지나 《워싱턴 포스트》가 테드 카진스키가 9개월의 나이에 입원을 했었다는 놀랍고도 심금을 깊이 울리는 이야기를 터트렸을 때는 기분이 좀 누그러졌다.

아직도 떠오르는 그 모습이 여전히 완다 카진스키를 괴롭힌다. 그녀는 병원 침대에서 꼼짝하지 못하는 아들의 사진을 아직도 들여다본다. 그녀는 이제 자신의 장남이 어떻게 문제적인 인물로 자라나게 되었는지에 대한 실마리를 그 기억으로부터 찾아낼 수 있다.…… 의사들은 자신들이 중증 알레르기 반응이라고 믿었던 것을 검사하기 위해 (아기를 침대에 묶어 두고) 겁에 질려 사지를 뻗게 했다. 헐벗은 아기의 몸은 발진투성이였다. 아기의 눈은 보통은 정상이었지만, 두려움으로 사시가 되어 있었다.[4]

병원에 있던 일주일 동안, 사람들과의 접촉을 피하고 살인마적인 방식으로 세상에 비난을 퍼붓는 복수심 가득한 이상한 남자로 자라날 예정이었던 아기는, 아기에게 닥칠 수 있는 최악의 시나리오가 자신을 덮쳤다고 생각할 수밖에 없었다. 버림 받은 것이다. 이런 설명은 볼비가 뭔가 제대로 짚었다는 확신을 강화한다. 저널리스트들은 그 버림 받았다는 지각이 특별히 연약한 영혼의 소유자인 테드 카진스키의 신경 연결을 파괴하지 않았는지, 그렇게 하여 그가 엇갈리는 반사회적 발달 경로로 접어들게 된 것은 아닌지 질문할 만한 타당한 이유가 있었다. 만약 테드 카진스키가 천성적인 정신 분열 성향을 타고났다면, 누구도 어머니인 완다 카진스키를 비난할 수는 없었을 것이다. 정신 분열은 유전적 요소가 밝혀져 있긴 하지만 맥락 의존적으로 발현되는 질병이다. 병이 발현될 것인지, 그리고 어떻게 발현될 것인지는 맥락으로부터 분리할 수 없다. 하지만 만약 엇갈리는 경로들(경미한 수준에서 극단적 망상증까지 다양한)로 접어들게 되는 현상이 발생한다면, 왜 이런 일이 벌어질까? 병리성(pathology)을 가정해야만 하는가? 모든 영장류 중 가장 유연성이 큰 인간은 분명히 많은 아이들이 그렇듯 초기 결함을 극복할 능력을 지니고 있어야 한다. 반사회적 인물로 자라나는 사람들 중 회피 애착을 형성했던 사람들이 비대칭적으로 많았다면, 상황이 개선되었을 때 그들의 '내적 작업 모델'이 스스로를 교정하는 일을 더 잘해 내지 못한 까닭을 질문해야 한다.

양육 가설

볼비는 진화적인 맥락에서 영아 발달을 검토한 최초의 현대 심리학자였다. 그럼에도 불구하고 그는 생물학자가 아니라 심리학자로 훈련받았다. 그는 가령 행태학과 같은 새로운 발전을 따라가지 못했다. 후에 행태학은 생태학, 개체군 유전학, 그리고 생애사 이론과 통합되어 행동의 생물학적 기초를 포괄적으로 연구하게 된 사회 생물학이라는 분야로 발달했다. 볼비는 모든 것에 부합하는 발달 경향이나, 하나의 종-전형적인 발달 경향이 없다는 사실을 인식하지 못한 것이 분명했다.

개인들은 가령 수줍은 사람인지, 외향적인 사람인지와 같은 본유적인 기질에서 차이를 보인다.[5] 이들은 외모, 인내심, 그리고 소화할 수 있는 음식, 신체적이거나 정신적인 병에 대한 감수성, 그리고 유전자에 의해 영향을 받는다고 알려져 있는 무수히 많은 다른 속성들에서 차이를 보인다. 개인은 또한 서로 다른 부모 효과를 경험한다. 여기서 어머니나 아버지의 사회적 지위, 사는 지역, 그리고 친족 연결망과 같은 것이 자식의 전망에 영향을 준다.

모든 영장류에서 청소년(juvenile)은 같은 세계에 사는 타인들과 비교한 상대적 사회적 지위와 같이, 자신의 전망을 형성하는 본유적인, 그리고 후천적인 장비로 가득한 배낭을 짊어지고 사회 세계에 진입한다. 예를 들어 비비의 딸은 암컷 위계에서 어머니의 지위를 상속받고, 특히 막내딸일 경우에는 어머니의 도움을 받아 언니들보다 높은 지위로 올라가게 된다. 낮은 서열 암컷의 딸과 비교해 볼 때, 높은 서열 암컷의 딸은 초경 연령이 빠르고 번식도 일찍 시작한다. 이는 번식적으로 중요한 시금석이다. 이와 유사하게 다 자란 성년 우세 수컷이 이미 경호하고 있는 서식지로 진입하는 어린 수컷 오랑우탄은 상황을 분석하여 성숙을 무기한 연장한다. 여러 해 동안 '성체 직전(subadult)'의 상태로 머무르며 완전히 성숙하는 것이 안전하고 이득이 될 때까지 성숙을 연기하여 '피터팬' 형상으로 남기를 선택하는 것이다. 특정한 이익과 불이익을 지니고 사회 세계에 진입하는 이들 개체들은 어떤 방법으로든 자신의 장래를 평가하고 있으며, 자신의 표현형을 당시 이용할 수 있는 선택지들과 짝지어 본 후, 그 결과에 따라 발달한다. 그 사회적 세계가 변하면 발달 중인 유기체들도 따라 변한다. 인간이라고 해서 덜 기회주의적이거나 덜 유연할 까닭이 있겠는가? 역시, 인간이 더 그렇다는 점을 지시하는 현상이 아주 많다.

주디스 리치 해리스는 『양육 가설』에서 사회 심리학자들이 아이들이 어떻게 발달하는지를 설명할 때 유전적으로 상속받은 특질들을 소홀하게 다뤘다는 점을 정확하게 지적한다. 하지만 이와 동시에 해리스는 (완전히 깎아내리는 것은 아니지만) 부모가 중재하는 효과들의 범위에 대해서는 과소평가한다(책은 "부모는 생각보다 덜 중요하며 동료들이 더 중요하다."라고 약속한다.). 여기서 생략되고 있는 것은 부모, 특히 어머니로부터 입력되는 정보가, 발달 중인 개인이 세계 속에서의 자신의 위치를 협상할 때 영향을 준다는 것이다. 학교도 있고 학생들의 무리도 있는 20세기 후반 개발 도상국에 나타나는, 저연령층이 두꺼운 인구학적 연령 분포와 사회 제도들은, 이 세계가 많은 동료들과 함께 거주하는 세계라는 것을 뜻하지만, 언제나 이랬던 것은 아니다.

이 상호 작용에서 능동적인 행위자는 아동이나 10대 개인이다. 하지만 이 어린 인격체의 표현형은 이미 부모와 혈육들에 의해 형성되어 있다. 보다 초기의 인간 환경 속에서는 친족의 도움이 매우 중요했다. 어린 인격체의 번식 미래 전체가 집단 구성원(대부분이 혈육인)들이 제공해 줄 수 있고 또 제공해 주려고 하는 것에 달려 있었다.

어머니-영아 관계는 주변 세계로부터 주어지는 유의미한 입력 정보의 상당수를 이미 자체 요인으로 포함하고 있었다. 여기에는 어머니가 자신의 짝, 그리고 자신의 주변에 있는 혈육들로부터 얼마나 많은 도움을 기대할 수 있을 것인지가 포함된다. 사회가 모계 사회인지 아니면 부계 사회인지에 따라 어머니 또는 아버지의 지위, 그리고 혈육 유대가 아이의 지위에 영향을 주었다. 예컨대 혈육의 지위는 집단 내에 머무를 것인지 아니면 다른 곳으로 떠날 것인지와 같은 중요한 삶의 상황을 결정할 수 있다.[6]

해리스는 (부모가 아니라) 또래가 아동을 사회화한다는 자신의 주장을 뒷받침하기 위해 사회적 스펙트럼 양 극단에서 행해진 사례 연구를 인용한다. 그녀는 또래들과 똑같이 폴란드식 억양이 없는 영국식 영어를 말하는 법을 배운 폴란드 이민자 가정의 아들과, 8년 동안 여성 가정 교사에게 다양한 억양을 배우고 예비 학교에 다닌 후 이튼에 입학한 영국 남작의 두 아들을 생각해 보라고 이야기한다. 그녀의 언급에 따르면 소년은 아버지와는 실질적으로 접촉이 전혀 없었지만, 꼭 아버지처럼 말하고 행동하는 법을 배우며 '상류층 멤버십 카드'를 얻게 된다.[7]

하지만 이들 사례에는 중요한 차이가 있다. 이민자 아동은 또래의 언어를 채택하려 하는 동기가 매우 크다. 이 아이가 부모가 얼마나 형편없는 대접을 받고 권리를 박탈당했는지를 몰랐을 리가 없다. 이와 대조적으로 남작의 아들은 주변에 있는 모든 사람이 아버지에게 경의를 표하는 것을 보았다. 각각의 아이는 자신의 주변 세계 속에서 '문화적 성공'을 얻기 위해 자신이 택할 수 있는 수업을 들은 것이다. 인간 외 영장류에서 지위의 목적은 상당히 좁게 정의될 수 있고(원하는 자원에 대한 접근권 확보), 거의 언제나 번식 성공과 연관되어 있다. 이것은 인간에게는 더 이상 필연은 아니다. 그럼에도 불구하고 귀족의 아들은 유모의 아일랜드식 경쾌한 억양보다는 딱딱 끊어지는 자신의 동료들의 언어 습관을 흉내 내려 하며, 사회적 명망을 지닌 자신의 아버지를 본뜨려는 경향을 지니게 될 것이다. 설령 이후에 미국에 있는 학교에 가게 되더라도 남작의 아들(새 동료들의 억양에도 불구하고)은 사람들이 아버지를 존경하는 한 계속해서 아빠처럼 말할 것이다.

가정에서 벌어지는 일에 보다 가까운 사례를 이야기해 보자. 내 여동생이 텍사스 서부로 이사 갔을 때, 내 남조카는 강한 콧소리를 내는 법을 배웠다. 이는 그 세계에서는 남자다운 정체성을 위해서는 필수적이다. 하지만 내 여조카들은 (같은 배경을 지닌 또래들과 함께 같은 학교에 다녔음에도 불구하고) 텍사스식 억양은 거의 따르지 않으며 계속해서 어머니처럼 말했다. 나는 이것이 그녀들에게는 남부 특유의 느린 말투 없이 이야기하는 것이 좀 더 세련되어 보였기 때문이라고 추측한다. 젊은 여성에게는 세련됨이 보다 바람직한 특질이었을 것이기 때문이다. 자신이 태어난 가정과 동료들 사이에서, 아이들은 의식적이고 무의식적인 방식으로 누구를 모방할 것인가를 결정하는 능동적인 행위자였다.

이 모든 사례에서 부모 효과(타인들이 자신의 부모를 어떻게 대하는지에 대한 아동의 지각을 포함해)는 결정적 중요성을 갖는다. 이것은 작은 수집 공동체에서는 훨씬 더 중요하다. 아이들이 많은 또래 집단에 있는 것이 매우 드문 세계, 그리고 기술과 문화가 최소한도로 느린 속도로 변하는 세계에서는 어떤 사람이 고아인가 아니면 기술이 뛰어난 사냥꾼의 아들인가, 아무와도 혈연관계가 없는가 아니면 많은 사람과 혈연관계가 있는가가 그 아이가 내리는 삶의 결정을 형성할 것이다. 진화적으로 유의미한 인류의 환경에 놓여 있는 영아의 관점에서 볼 때는, 양육에 대해서 질문할 수 있는 유일한 의문점은 이런 것이다. 지속될 것인가? 다시 말해 "나는 계속해서 보호받고 자원 공급을 받을 수 있을 것인가, 아닌가?"

생존을 위한 탈애착

어머니들은 아기에 대한 자원 제공의 능력과 성격에서 다양하고, 아기들은 생존력의 측면에서 다양하다. 하지만 어머니들은 자신이 각각의 아기에게 바치게 될 헌신의 정도를 결정하는 의향에 있어서도 다양하다. 어머니 투자의 변이는 어머니로부터 가능한 한 많은 보살핌과 헌신을 유도해야 하는 선택압을 만들어 냈다.

어머니의 (투자) 삭감을 말리기 위해 모든 인간 아기는 어머니와 가깝고 또 가능하다면 지속적인 결합을 유지할 방도를 찾는다. 이 '정상적'인 종-전형적 경향으로부터 심각하게 이탈하게 되면(이른바 빈번하거나 지속적인 부재) 볼비 그 자신은 비정상적 결과로 간주했던 상태인, 그가 "불안 애착"이라고 불렀던 것의 반응을 유도하게 된다.

볼비는 만약 아기가 애착을 형성한 사람들로부터 분리되는 일이 충분히 자주 발생하고 충분히 오래 지속되면, 그 결과로 오는 불안이 병리적 발달로 이어질까 봐 우려했다. 1950년대에 그가 이 모델을 제안했을 때 진화적 적응 환경이라는 개념은 그 자체가 새로운 것이었다. 영아가 발달할 때 조건에 따라 하나 이상의 적응적 경로나 변동하는 환경과 같은 것이 있을 가능성에 대해서는 누구도 주목하지 않았다. 어머니에 대한 불안 애착은 오적응적인 것으로 추측되었다. 자, 여기서 끝.

애착 이론가 1세대는 불안 애착을 형성한 아기 비율이 높은 현상은 (일부 연구 집단에서는 무려 30퍼센트에서 80퍼센트에 달함) 현대 세계의 비자연적 양육 조건이 만들어 낸 탈선일 뿐 다른 무엇도 될 수 없다고 생각했다. 하지만 우리 조상의 유전적 구조가 형성되는 과정에서 가장 중요했던 인간의 선사 시대에 불안 애착을 형성한 아기의 비율이 얼마나 되었는지는 아무도 모르는 것이 사실이다. 일부 고아는 살아남았을까? 버려진 아이 일부는 구원받았을까? 얼마나 많이 살아남을까? 어머니로부터 분리되어 대행 부모들 사이에서 자라나며 생존하는 데 특히 적합한 특질을 지닌 "에스포지토"가 있었는가?

선사 시대에 버림 받고도 살아남은 이들

선사 시대에 일어났던 일들에 대한 역사는 정의상 없다. 하지만 역사 시대에 벌어진 일들의 증거를 해석하기 위한 단서를 제공해 주는, 이 캄캄한 과거로 향하는 작은 창문들은 있다. 가령 우리는 인간 유전체의 DNA 분석을 통해 인간이라는 종이 최소한 한 번의 지속적이고 중요한 병목을 통과했다는 사실을 안다. 어떤 지역에서 인구는 여러 번의 파산과 폭등을 경험했다. 게다가 우리는 그러한 충돌이 거의 언제나 노인과 아주 어린 아이들에게 상대적으로 더 많은 타격을 가한다는 사실 또한 안다. 그렇다면 그러한 인구학적 재앙 이후 살아남은 아기는 어떤 아기들인가?

어떤 것을 더 알 수 있을까? 알기 위한 노력은 위험을 포함하고 있다. 신화는 붙잡기 어려운 정보 원천이지만 고대의 신화는 이따금 4,000년 전이나 그 이전에 살았던 사람들의 경험과 관습을 들여다볼 수 있는 최고의 창을 제공한다. (보스웰을 통해 알고 있듯) 당시 어머니들은 이미 상당한 수의 아기를 버리고 있었다. 전화번호부를 넘겨 보면 알 수 있는 사실처럼 오늘날에도 여전히 많은 후손이 살고 있는 에스포지토들과 같이 이 아이들 중 일부가 살아남았다는 생각은 억측은 아닐 것이다.

헤라클레스는 어쩌면 모든 시대에 걸쳐 가장 유명한 에스포지토일 것이다. 디오도루스 시쿨루스에 따르면 그는 출산 당시 버려졌는데 헤라가 그를 발견해 잠시 젖을 먹였다. 헤라는 아기가 건강해 보였기 때문에 어머니에게 돌려주었다. 헤라클레스는 자라나서 곤봉과 맨손으로 적들을 죽이고 다니며 그리스를 홀로 배회하는 모험적인 방랑자가 되었다. 다른 시대였다면 영웅보다는 반사회적인 인물로 여겨졌을 가능성이 크다. 그리고 심지어 고대 세계에서는 구름이 내려와 그의 정신을 가려 헤라클레스가 자신의 남자 조카와 아들 여섯, 그리고 마주친 다른 두 소년을 살해했다는 이야기가 섬뜩하다고 느꼈다. 하지만 고대인들 중 누구도 이 반사회적 방랑자의 행동의 책임을 어머니에게 묻지는 않았다. 헤라클레스의 이름은 문자 그대로 "헤라의 영예"를 뜻하며, 자신을 버린 어머니가 아니라 자신에 맞선 계략을 꾸몄던 여신 헤라와 더불어 모든 번영의 상징이 되었다(도판 5번을 볼 것.).

나는 헤라클레스 신화를 그저 근사한 이야기 이상으로 받아들인다. 비록 버려진 아이들의 대다수가 죽었겠지만, 일부는 고아원이라는 황량한 양육 조건에서도 살아남았을 것이다. 우리가 현재 아는 것에 기초해 볼 때 과거에 살아남아 번식했던 아이들 전부가 필연적으로 안정 애착을 형성해야만 했다고 추측할 근거는 없다.

볼비가 애착 이론을 정식화한 이래 인류학자들과 역사학자들은 어머니가 볼비의 홍적세 이상에서 이탈하는 경우가 얼마나 자주 있었는지에 대해 많은 사실들을 알게 되었다. 많은 아기들이 연장된 시간 동안 대행 어머니와 함께 **남겨졌다.** 다른 아기들은 다양한 정도로 방치되었고 심지어는 버려지기도 했다. 우리가 알게 된 것과 같이 인간 역사의 일부 기간에는 아이들이 대량으로 방치되고 버려지는 일이 정말로 있었다. 그리고 버리는 것에 비해서 덜 극단적인 결과를 낳은 어머니의 다양한 거리 두기가 훨씬 더 흔했을 것임이 틀림없다.

1만 년 전에 벌어졌던 일이 오늘날의 유목하는 수집자들이나 반-정착성의 수집자, 소규모 농경인들 사이에서 벌어지는 일, 또는 신화에 연대기적으로 기록되어 있는 3,000년 또는 그 이전의 시기에 벌어졌던 일들과 완전히 다른 것이었다고 주장하기 위해서는 억측 또는 특정한 변론이 필요하다. 역사 시대와 마찬가지로 선사 시대에는 아기들의 일부가 분명 방치되고 유기되기까지 했으며, 이들 중 일부는 다른 사람들에게 아이 대체물로 입양되었거나 노동력을 얻기 위한, (또는 여아의 경우에는) 번식 능력을 얻기 위한 착취적 양육의 대상이 되었을 것이다. 만약 몇몇 특질들을 지녔던 아이들이 다른 아이들에 비해 이상보다-못한 아이 양육에서 살아남을 가능성이 컸다면 어떻게 되었을까?

의심의 여지없이 헌신적인 어머니가 없는 아기는 대개 볼비가 추측했던 것처럼 포식자에게 잡아먹히거나 굶어 죽었을 것이다. 하지만 극단적인 방치에 대처하기 위한 진화적 대처법이 존재한다고 생각하지 않을 이유는 없다. 신석기 시대 이후 방치된 아기들이 고아원이라고 불리는 벽으로 둘러쳐진 건물에서 '보호받으며' (또는 징집되어) 그럭저럭 삶을 지속할 수 있었을 때에도, 매일매일 달래 주거나 쓰다듬거나 안아 주는 사람이 거의 없었던 이 아기들은 기초적인 인간의 감각 능력, 운동 능력, 언어 능력, 또는 정서 능력을 발달시키지 못했다. 그럼에도 불구하고 광대한 시간(1만 년? 2만 년? 아니면 5만 년?)에 걸쳐 뻗어 있는 기록되지 않은 역사에 걸쳐 아이들의 몇 퍼센트는 치명적일 만큼 부적절한 것과 홍적세의 이상에 가까운 것 사이 어딘가에 있는 양육 조건에서 살아남았다.

영아 살해에 대해 정확한 자료를 얻기 쉬웠던 적은 한 번도 없다. 심지어, 어머니 투자를 다양한 정도로 삭감했던 어머니들의 태도가 아기의 생존에 미쳤던 영향을 추정하기란 더욱 어렵고 측정은 아예 불가능하다. 전염병이 돌 때 죽었던 아기는 어머니가 한 달만 더 젖을 먹였더라도 죽지 않았을지 모른다. 어쩌면 어머니가 하필이면 그날 아이를 데리고 있었다면 아이는 불 쪽으로 넘어질 일은 없었을지도 모른다. 불행히도 그런 우연적 가능성은 확실한 자료가 되지 못한다. 아기에게 **할 수 있는 것보다 덜** 자원을 공급했던(측정 불가능한 양인 것이 확실함!), 또는 아기가 적절한 보살핌을 받게 될 것이라는 확신 없이 타인에게 아기를 돌보는 일을 맡겼던 어머니들의 행동은 말 그대로 '비공식'적이다. 또한 부모가 아이를 기르는 비용을 감소시키기 위해 사용했을 수 있는 다양한 전략들이 그로 인해 아이의 생존에 미친 효과를 측정할 방법은 전혀 없다.

우리가 확신할 수 있는 것은 역사 시대와 선사 시대에 걸친 인간 사회의 특징 중 하나는 영아 살해(드물게 발생하는 것으로부터 흔히 발생하는 것까지)라는 것이다. 전적으로 헌신적인 것보다는 덜한 헌신을 보이는 어머니들, 그리고 타인에게 보살핌을 의탁했던 어머니들은 그보다 훨씬 더 흔했다.

어머니가 성실하게 주의를 기울였거나, 약간은 산만했거나, 아니면 당황했거나, 또는 아예 없었던 경우 모두는, 아기에게는 자신이 영아기 동안뿐 아니라 (기적이 일어나는 경우를 제외하면) 이유 이후에 무엇을 바랄 수 있는지에 대해서도 상당히 많은 정보를 실어 나르고 있었다. 거의 정의(定義)에 가까운 내용이지만, 어머니가 짝의 지원이 좋은 경우나 지지해 주는 부모 대행에 둘러 싸여 있을 경우에는 아기에게 더 많은 투자를 할 것이며, 아기는 유년 시절, 사춘기, 그리고 아마도 성인기까지 이 네트워크에 의지할 수 있을 것이라는 예측을 할 수 있을 것이다.

해밀턴의 규칙은 다른 동물들에서만이 아니라 인간에서도 잘 들어맞으며, 우리의 몸(혈육의 냄새를 인식할 수 있는 생리적 능력)과 마음(모든 인간 문화에서 혈육이 강조되는 현상) 모두에 영향을 준다. 인간이 이 점에서 다른 동물과 다를 것이라고 기대할 합당한 직관적인 이유는 없다. 비비보다 못할 것이 없는 인간이 다른 발달 전략과 번식 전략을 사회적 환경에 맞추어 추구하는 경향을 지닌 것은 당연하다.

과학적으로 볼 때 현재까지 이 사실은 증명할 수 없었다. 인간의 삶은 무수히 많은 변수들에 의해 형성되기 때문이다. 이 과제는 문화적 관습 때문에 한층 더 복잡해진다. 예를 들어 젠더-특이적이고 연령-특이적인 복장과 나이에 따라 분류된 아이들이 학교에서 모여 있게 되면, 아이들은 실제보다 더 비슷해 보이게 된다. 그렇다면 다른 생명체에서 입증되어 온 것과 1980년대부터 진화론적으로 사고하기 시작한 소수의 사회 과학자들이 인간에게서 벌어지고 있다고 **추측**해 온 것 사이에 분명한 구분선을 긋는 것은 중요하다. 새로운 질문이 제기되고 있었다. 인간의 아이는 자신이 직면하는 다양한 사회적 환경에 대해 서로 다른 대처법을 지니도록 진화되었는가?

볼비-이후 시대의 애착 이론

퍼트리샤 드레이퍼는 1968년 !쿵 산 사람들을 연구하러 현지 조사를 떠났을 때 하버드 대학교 인류학과의 대학원생이었다. 당시 !쿵은 여전히 유목하는 수렵-채집자 생활을 했고, 드레이퍼는 이들의 사회 구조가 어떻게 어른과 아이 사이의 관계에 영향을 주었는지에 대해 박사 학위 논문을 쓸 계획을 갖고 있었다. 당시의 학문적 관심은 여전히 17세기 이전에 사람들이 유년기라는 개념을 **갖고** 있기는 했는지에 쏠려 있었다. 전통 사회에서 아동 양육을 연구했던 많은 인류학자들과 마찬가지로, 드레이퍼는 그런 견해를 받아들이기 어렵다는 사실을 발견했다. 하지만 그녀는 수렵-채집자 환경 속에서 아이가 된다는 것이 어떤 뜻인지를 좀 더 잘 알기를 원했다.

처음에 그녀는 어머니-영아 관계가 생태와 사회 구조에 의해 받게 되는 영향의 성격에 초점을 맞추었다. 그녀의 관심사는 점차로 정서 발달을 포함하는 것까지 확장되었다.

20년에 걸쳐 팻 드레이퍼는 리처드 리의 인솔에 따라 !쿵 사람들이 유목적인 홍적세 삶의 방식으로부터 다른 아프리카 마을 가운데 정착하게 된 삶의 변환 과정을 연구했다. 다른 아프리카 마을에서는 나이 많은 아이들이 더 어린 아이들을 기르는 데 중요한 역할을 담당했다. 그 무렵 드레이퍼는 교수가 되어 있었고 아이도 셋이 있었다. 드레이퍼는 진화적 적응 환경에 대한 볼비의 개념을 여전히 중요하게 여겼지만, 그 환경이 어디서나 동일하다는 기대는 버렸다. 그녀 자신의 진화적으로 유의미한 환경은 전형적으로 숲 지대였고, 이 지역의 특징은 가뭄과 풍요 사이를 오가는 변동이 지속되는 것이었다. 아이들에게 자원 이용 가능성은 기후나 이용 가능한 사냥감만이 아니라, 사람들이 오가며 혈육 네트워크가 축소 또는 확장됨에 따라 변동하는 사회적 자원과도 관계를 맺으며 변화했다.

드레이퍼는 내게 "현대인을 적응적 유산이라는 소실점으로부터 바라보는 과학자들의 문제는 3만 년이나 4만 년 전, 즉 해부학적 현대인이 지구 전역에 급속도로 퍼져 나가고 있던 시절에 사람들이 살았던 방식에 대해서는 거의 아는 것이 없다는 것이죠."라고 말해 주었다. 이렇게 변동하는 환경 중 하나에서 자라나고 있는 아이에게 변화는 밤과 낮만큼이나 컸을 수 있다. 아버지가 머물 것인가 아니면 떠날 것인가, 어머니가 홀로 분투하느냐 아니면 가족에 의지하느냐, 또는 어떤 형태의 베이비시터를 이용할 수 있었느냐에 따라 차이가 발생했다.

볼비는 진화적 적응 환경이라는 상황으로부터의 철저한 이탈(유아기에 어머니로부터 분리되는 것과 같은)은 비정상적인 조정을 야기할 것이라고 추측했다. 드레이퍼는 그 정도로 확신할 수는 없었다. 오랜 토론 끝에 그녀와 당시 그녀의 남편이었던 생물 인류학자이자 유전학자였던 헨리 하펜딩은 상황에 따라 아이에게 더 혹은 덜 적응적일 수 있는 서로 다른 발달 궤도에 대한 가설을 세웠다.

두 사람 모두 미국 중산층 가정과 아프리카 다양한 지역의 가정에서 아이들의 삶의 경험이 갖는 유사성과 차이에 큰 인상을 받았다. 드레이퍼는 내게 이렇게 말해 주었다. "아이들과 여성이 무엇을 필요로 하는지와 관련해 빅토리아 시대로부터 파생된 이 모든 가정들이 있었죠."

우리 자신의 문화는 어머니와 자식 사이의 강렬한 정서적 결합을 특징으로 한다. 아이들은 부모를 자원 공급자로 본다. 하지만 만약 아이들이 젖을 일찍 떼거나, 영양이나 심리의 측면에서 동료나 다른 돌봄인에 의해 보살핌을 받게 되고, 좀 더 크거나 좀 더 분산된 혹은 덜 분산된 아이 양육자 집단에서 길러진다면, 다른 경험을 하게 될 것이다. 아이들은 어떤 것이 과자인지, 그리고 어디에 가면 얻을 수 있는지에 대해 다른 결론에 도달하게 될 것이다.[8]

드레이퍼와 하펜딩은 아이들이 부모에게 의지하도록 배우는지 또는 동료들에게 의지하도록 배우는지에 따라서 서로 다른 속도로 성숙할 것이며 사회적 세계에 대처하는 방식을 다르게 발달시킬 것이라는 가설을 세웠다. 그들은 자원의 이용 가능성, 그리고 자원을 획득하는 가장 효율적인 방법에 대한 아이들의 지각이 사회적인 상황에 대해 다른 반응 방식을 이끌어 낼 것이라고 추론했다. 가령 아이들은 호혜적 관계에 투자하거나 타인이 자신을 돕도록 구슬리거나 조작하려고 노력할 것이다. 이것은 학습이었지만 특정한 종류의 학습이었다. 언어 습득의 경우와 마찬가지로 아이들은 특정 생애 단계에서는 다른 단계에 비해 특정 책략과 기술을 더 쉽게 학습하는 '학습 편향'을 갖고 태어난다. "이제 우리는 개별 유기체가 서로 다른 보상과 처벌의 짝을 이루는 신호들에 관한 것이면 무엇이든 배울 수 있는 일반화된 능력을 지니고 태어나지 않는다는 사실을 깨닫게 되었다." 그리고 계속해서 "대신, 자연선택은 중추 신경계가 그 자체 개체의 생존, 그리고 궁극적으로는 번식에 도움이 되는 특정한 반응들, '학습 편의'를 촉진하게끔 형성했다는 것을 점차 이해하고 있다."[9]

심리학자들이 볼비의 '진화적 적응 환경'을 이상화해 가는 정도에 대해 점차로 우려를 표명하는, 인간 발달 분야에서 사회 생물학의 영향을 받은 연구자들이 출현하고 있었다. 드레이퍼, 제이 벨스키, 마이클 램(Michael Lamb), 짐 치섬(Jim Chisholm), 그리고 메리 메인이 여기에 속했는데, 이들은 영아가 어떻게 자신의 돌봄인에게 애착을 형성하는지에 대한 볼비의 진화적 이론 틀을 수용했지만 과거 세계가 얼마나 단일했는지, 그리고 그에 대한 인간의 적응이 얼마나 가변적이었는지에 대해서는 분화된 입장을 갖기 시작했다. 아동 심리학자 램과 생애사 이론가 에릭 샤르노프와 같은 사람들이 참여했던 1985년의 회의에서는 다음과 같은 내용이 선언되었다. "현대의 진화 생물학 이론에 비춰 볼 때 어떤 행동은 적응적이며 다른 행동은 오적응적이라고 일컫는 것은 쉬운 일이 아니다. 다른 모든 행동 방식을 비교 평가할 수 있는 종-적합적 행동과 같은 것은 없다." 그들이 볼 때 아기는 자신이 사는 종 고유의 환경에 따른 유연한 레퍼토리를 갖추고 태어났다. 이 관점에서 볼 때 대안적인 방식이 **어떤** 보살핌의 상황에서 **어떻게** 적응적일 수 있는지를 명시하는 것이 결정적인 문제가 되었다. 이 도전은 볼비-이후 시대 애착 이론의 시작을 표시한다. 이는 같은 종 안에서 자연적으로 발생하는 변이에 대해 새로운 인식을 일깨웠다.[10]

사회 생물학과 아동 발달의 이 결혼은 우리가 '정상적'이라고 부르는 것을 재정의하며, 좀 더 오래된 종-전형의 발달이라는 개념을 지금 현재 처한 상황에 대처하기 위해 적응적인 "발달 궤도(developmental trajectory)"에 대한 인식으로 대체했다. 이 새로운 관점은 이미 새로운 해석들을 이

그림 23.1 애정이 있지만 보통은 마음이 딴 곳에 가 있었던 찰스 다윈은 자신의 장남인 윌리엄 (아버지와 함께 위 사진을 찍을 당시인 1842년에는 2년 8개월 된)의 발달을 『아기 관찰기(*Biographical Sketch of an Infant*)』에서 서술하고 있다. 윌리엄의 "무의식적 수줍음"에 대한 다윈의 설명은 "회 피"라는 이름이 붙게 된 유년기 행동을 서술하는 첫 번째 저작일 것이다. "나는 아이가 2년 3개월 이 되었을 무렵 수줍음의 징조를 처음 발견했다. 이는 아이가 나 자신에게 드러냈던 것으로, 내가 집을 10일간 비운 후 관찰되었다. 아들은 눈길을 나와 마주치지 않으려 살짝 피했다. 하지만 곧 내 게 다가와 무릎에 앉아 내게 입을 맞추었고, 모든 수줍음의 흔적이 사라졌다."

끌어 내고 있었다.

1981년과 같은 이른 시기에 이미 메리 메인은 자신의 돌봄인을 바라보지 않으려 하는 아기들에 대한 궁금증을 제기하기 시작했다. 보다 이전 시대의 연구자들은 그러한 회피가 병리적인 것이 틀림없다고 생각했다. 이제 메인은 회피가 아기에게는 자신을 습관적으로 거부하는 부모에 대처하기 위한 적응적 전략이 될 수 있을지도 모른다고 가정했다. 그녀는 '낯선 상황'을 이용하여 자신이 가장 강한 애착을 형성한 사람이 다시 들어왔을 때 시선을 회피하며 몸을 움직여서 도망가기도 하는 특정한 영아를 식별하려 했는데, 이 아이들은 상식적으로 볼 때 가장 최고의 욕망과 관심의 대상이 되어야만 하는 바로 그 사람을 피하고 있었다. 그런 사례들은 언제나 알 수 없고 반직관적인 사례인 것처럼 여겨져 왔었다.

메인은 변덕스러운 부모를 직접 바라보기를 회피하는 까닭은 이 너무나 중요한 관계를 유지하는 자신의 능력을 위험에 처하게 할 수 있는 분노 반응을 감추려는 것이라는 가설을 세웠다. 그녀는 이 반응을 "애착을 위한 회피"라고 불렀다.

출산 순위와 인성

서로 다른 인간의 인성 유형 발달에 진화적 사고가 어떻게 적용되는지를 실제로 검증하려는 가장 야심찬 노력으로 언급할 수 있는 것이 프랭크 설로웨이(Frank Sulloway)가 쓴 『타고난 반항아(*Born to Rebel*)』이다. 설로웨이는 '다형성(polyphenism)'에 대해 언급하지는 않았지만 사실 에릭 그린이 일찍 부화한 애벌레와 늦게 부화한 애벌레를 연구할 때 채택했던 것과 동일한 이분법에 초점을 맞추고 있었다. 이들 애벌레는 이르게 태어난 자식과 나중에 태어난 자식들이 이용할 수 있는 자원이 서로 다르기 때문에 매우 다른 형태로 발달하는 반응을 보인다. 차이는 설로웨이의 변종은 서로 다른 인격 유형을 포함한다는 것이다.[11]

설로웨이는 장남 혹은 장녀로 태어난 아이들이 부모의 관심을 독점한다는 측면에서 일찍부터 이득을 지니며, 나중에는 동생들에 비해 몸집도 더 크고 더 성숙해서 우세한 덕분에 이득을 지닌다고 주장한다. 부모들이 더 나이 많은 아이를 선호하거나 처음 태어난 자식에게 선택적으로 상속을 해 주는 것과 같이 제도적으로 정교화된 이득에 의해 이 유리함이 확대되면, 첫째로 태어난 아이들은 부모, 그리고 사회 체계의 권위와 자신을 동일시할 이유가 충분한 데 반하여 나중에 태어난 아이들은 불만을 품고 자원 분배의 부당함에 분노하며 반역하게 될, 즉 권위와 동일시하기보다는 문제 제기를 하게 될 이유가 충분하다.

역사에 걸쳐 상이한 영역들로부터 온 사람들의 광범위한 표본을 이용하여(대개는 과학자들이지만 비슷한 경향이 정치적인 인물들에 대해서도 보고되었다.) 설로웨이는 첫째가 현실에 스스로를 동일시하며 방어할 가능성이 더 큰 반면, 나중에 태어난 아이들("타고난 반역자인" 사람들)은 현실에 도전하며 혁명적인 생각을 지지할 가능성이 더 높다는 뚜렷한 경향을 보여 줄 수 있었다. 형제자매라 하더라도 발달 과정에서는 세계가 어떻게 작동할 것이라고 자신이 기대하는 (그리고 원하는) 바에 대해 매우 다른 작업 모델을 내면화하게 된다. 초기 경험에 기초한 세계 모델의 내면화는 그 핵심까지 불비적이다.

원했던 아이는 그보다 덜 원했던 아이와 비교해서 특히 지원 수준에서 매우 다른 대우를 기대하는 학습을 하게 된다. 인류학자 낸시 레빈(Nancy Levine)은 북서부 네팔의 티베트어를 사용하는 농부, 목축인, 그리고 상인들을 대상으로 연구했는데, 2명의 아들과 7명의 딸, 총 9명의 아이를 데리고 있었던 한 여성에 대한 이야기를 들려준다. 아들 2명은 모두 죽었지만, 딸은 3명이 살아남았다. 막내는 딸이었다. 두 아들을 잃은 후 딸을 하나 더 낳은 것은 어머니를 "너무 화나게" 해서 처음에 그녀는 아이를 먹이지 않으려 했다. 하지만 아기는 죽지 않았고, 마침내는 친척과 친구들이 어머니에게 아기를 먹이라고 설득하게 되었다. 하지만 어머니의 신랄함은 아이와 교류하거나 이름 짓기를 거부하는 것에서 다시 표면화되었다. 그 소녀는 일련의 가학적인 별명들을 얻게 되었다. 별명 중 하나는 "곧-죽을(Ready-to-die)"이었다. 사실 그렇게 되지는 않았다. 대신 아이는 조용하지만 건강한 아이로 자라났다.[12] 이 슬픈 이야기의 요점은 원했던 아들과 원치 않았던 딸은 어머니의 보살핌과 관련하여 **매우** 다른 경험을 하게 된다는 것이다. 이 차이는 서로 다른 종에 태어난 것만큼, 그리고 매우 다른 서식처에 태어난 것만큼 크다. 하지만 원치 않았던 아이 일부("곧-죽을"처럼)는 정서적으로나 신체적으로 매우 다양한 정도로 성장하기는 하지만 정말로 살아남는 데 성공한다. 장남이 갖고 자라나게 될 세계에 대한 작업 모델이 자신의 주변 사람 전부가 자신을 도우려 한다는 것이라면 막내로 태어난 딸은 그 정반대를 느끼게 될 것이다.

종내 변이에 대한 이런 감수성은 펜실베이니아 주립 대학교에 있는 제이 벨스키와 그의 동료들이 아이 양육에 대해 최근에 내놓은 요약문에도 반영된다. "아이의 정서적이고 사회적인 요구를 지지 반응의 방식으로 충족시키는 것은, 서로 이득이 되는 상호 작용과 관계의 가치를 높이 사는 사회적 지향성을 함양하지만, 부정적이고 이해심이 없으며 강압적인 양육 방식은 아이들이 자기중심적으로 행동하도록 유도한다."[13] "부정적이고 이해심이 없으며 강압적인" 돌봄인과 함께 있는 아이들은 자신을 원치 않았던 부모에게 태어나는 아이들, 아니면 착취적인 대행 부모에 의해 길러진 아이들일 것이다. 이런 아이들은 타인으로부터 많은 도움을 바라는 방식으로, 또는 지역의 혈육 네트워크 속에서 유리한 생태·사회적 지위를 찾을 것이라고 기대하는 방식으로 자라나는 것이 현실적일 수 없다.

수집하는 맥락에서는 회피 애착을 형성한 개인이 사랑을 평가 절하하거나 가까운 인간관계의 중요성을 부정하는 법을 학습하는 것이 아주 적응적일 수 있다. 결국 그런 일은 발생하지 않을 것이기 때문이다. 주변에 있는 사람들에게 의지하기보다는, 앞에 놓인 것 중 가장 유리한 경로는 아이가 자기-의존적이 되며, 주변에 있는 타인들, 즉 헌신적인 혈육처럼 행동할 리 없는 사람들에 대한 감정 이입을 피하는 것이다.

'비참한' 발달 경로

'비참한(wretched)'이라는 말은 고대 영어의 *wrecche*, 즉 '추방된 자'로부터 왔다. 이 말은 말 그대로 주변에 혈육이 없고, 상황 때문에 비인간화된 사람을 일컫는다. 어느 누구도 버려진 아기만큼 혈육이 없거나 이런 의미에서 더 비참한 사람은 없을 것이다. 하지만 고대의 영웅 이야기들은 그러한 추방된 자들에 대한 이야기로 가득하다. 유명한 고아로는 헤라클레스, 오이디푸스, 파리스, 그리고 헤라클레스 자신이 버린 아들인 텔레포스가 있다.

아테네 신전의 여사제였던 텔레포스의 어머니는 출산 직후 아기를 덤불에 숨겼고, 암사슴이 아기에게 젖을 먹였다. 고아처럼 자라고 타인에 의해 길러지는 그런 아이에게는 공격적인 방랑자로 발달하는 것이

그림 23.2 장-바티스트 그뢰즈(1725~1805년)는 작품 「유모의 귀환(Retour de Nourrice)」에서 젖을 뗀 아이가 유모로부터 돌아오는 장면을 묘사한다. 어머니가 아이에게 접근하자, 아이는 어머니의 시선을 피한다. 내 추측은 그뢰즈가 그림 속 아이의 모델로 삼았던 아이는 상대적으로 짧은 시기 동안 어머니로부터 분리되었던 아이라는 것이다. 어머니를 완전한 타인처럼 피하고 있지는 않기 때문이다. 아니면 아이가 어머니를 특별한 인물로 여길 만큼, 유모에게 가 있는 동안에도 어머니와 충분한 접촉을 했을 수도 있다. 그림은 애착 파열이 아이에게 미치는 효과를 통렬하게 환기시킨다.

적응적일 수 있다. 젊은 청년이었을 때 텔레포스는 상처를 입게 되었는데 아가멤논 대왕만이 그를 고칠 수 있다는 이야기를 듣고 도움을 우려내기 위해 왕의 아들을 인질로 잡게 된다. 혈육이 없는 인간은 어떤 것도 증정받을 가능성이 거의 없기 때문에, 좋은 물건은 낚아채거나, 비밀스럽게 훔치거나, 아니면 호기롭고 영웅적인 위업이나 간계를 통해 따내야 한다. 추방되어 혈육이 없는 자에게는 그러한 인간관계가 이용될 수 있지만 점차로 더 큰 불이익이 될 가능성이 크다. 혼처를 마련해 주거나 신부대를 지불하기 위한 자금을 제공해 주는 혈육이 없을 것이다. 짝짓기조차 손댈 수 없는 범위에 있을 것이다. 어쩌면 강간은 제외될 수 있다. 해밀턴의 규칙을 통해 살펴보면(행위자의 비용이 그와 r에 의해 연관된 수혜자에 대한 이득보다 적을 것. $C<Br$) 그의 내면화된 방정식에는 r, 즉 유전적 연관도가 전혀 없고 오직 지각된 이득과 계산된 비용만이 있을 수도 있다. 한 인간, 특히 아이에게 그것은 상상할 수 있는 것 중 가장 음울한 상황이다. 따라서 특정한 종류의 반사회적 인성은 절망적인 상황에서 형성된다. 비록 사회의 관점에서 볼 때는 고도로 바람직하지 못한 성격이지만, 발달 중인 아이의 관점에서 볼 때는 소름 끼치는 상황 속에서 최선을 다하는 방법일 수 있다.

회피적이고 내면 지향적인 아기, 또는 조작적이고 착취적이며 자기중심적인 성향을 발달시키는 아기의 인성이, 한때 비참한 상황에 대처하는 과정에서 적응적이었을 수 있다는 가설은 오늘까지도 검증 가능한 예측을 내놓는 데에는 실패했다(최소한, 인간 연구 대상 검증 위원회의 심의를 통과할 만큼 윤리적인 방식으로는 검증할 수 없다.). 우리는 회피 애착이 남성의 번식 적응에서 어떤 역할을 수행했는지에 대해 거의 아는 것이 없고, 여성에 대해서는 더 모른다. 우리는 이런 역사가 성인의 관계 형성에서 어떤 역할을 담당하는지를 이제 막 알아 가기 시작했을 뿐이다. 공감이 결여된 인격자(보통 '반사회적 인물'은 이것을 뜻한다.)의 출현을 보고하는 것은 문제적이다. 오래 살아온 다면적인 인간은 연구하기가 매우 어렵고, 연구를 말리는 윤리적 제한들(당연히 그래야만 하는)도 있다.

우리가 인간 아이에 비해 애벌레의 엇갈리는 발달 상태에 대해 훨씬 더 많이 알고 있는 까닭에는 무수히 많은 실질적인 이유들이 있다. 인간이 갖는 보다 큰 복잡성을 훨씬 더 넘어서는 이유다. 사회의 관점에서 '반사회적 인물'들이 얼마나 바람직하지 못한지를 살펴볼 때, 특정한 인간 유형을 연구하는 것은 특정한 아이들에게 낙인을 찍을 실제적인 위험을 부과한다.

무엇이 우리를 인간으로 만들어 주는가?

태아는 임신 3기 무렵이 되면 자궁 바깥에서 들려오는 소음을 들을 수 있으며, 발화의 정서적인 질을 분석하여 어머니가 말하고 있는지, 아니면 다른 누가 말하고 있는지를 분간할 수 있다. 이것은 태아에게 세계에 대한 최초 실마리를 제공해 준다. 이것은 사회적 네트워크 속에 '박혀(embedded)' 있다는 느낌, 그리고 출산 이후 타인에 대한 공감을 경험하는 능력으로 점차 발달하게 될 소속감의 시작을 알린다. 이런 느낌을 우리 인간에게 고유한 능력, 즉 다른 사람이 어떻게 생각하고 느낄지에 대해 짐작하는 능력과 결합시킬 수 있는 능력은 인간과 다른 동물이 갖는 주요한 차이 중 하나다. 하버드 대학교의 심리학자 마크 하우저(Marc Hauser)는 이 점을 이렇게 요약하기를 즐긴다. 인간을 다른 유인원과 구분해 주는 것은 "우리 자신을 정서적으로, 그리고 인지적으로 다른 사람의 '신발 안에 신길 수 있는' 능력"이다.[14]

그림 23.3 텔레포스는 자신의 아버지처럼 출생 당시에 버려졌고, 생존해 자라나서 테러리스트가 된다. 짓물러 가는 상처로 고통 받고 있던 그는 도와줄 혈육이 전혀 없었다. 수척한 모습으로 묘사된(왼쪽) 그는 아가멤논 대왕의 아들을 인질로 잡아 자신을 고쳐 줄 것을 강요한다. 디오도루스 시쿨루스에 따르면 절망적인 상황의 텔레포스는 이렇게 외친다. "나를 고쳐 주지 않는다면 너의 아들을 죽이겠다!" 무방비 상태의 희생자와 아무런 혈연관계가 없는 추방자로부터 오는 이 협박은 확실한 것이다.[15]

우리를 단순한 공감적 인식(가령 어머니가 죽었을 때 자식이 슬퍼하는 것)이나 타인의 행동에 대한 단순한 전략적 조작의 너머로 데려가 주는 것은 타인들이 생각하고 느끼는 방식을 상상력을 통해 구성할 수 있는 바로 이 능력이다. 예를 들어 침팬지는 감춰 둔 식량원으로부터 다른 동물들을 몰아냈다가 나중에 돌아와 식량을 독점할 수 있는 가짜 식량 발견 신호를 낼 수 있는 능력을 상당한 수준으로 갖추고 있다. 생계를 위해 사냥하는 다른 많은 동물들과 마찬가지로 침팬지는 다른 동물들이 무엇을 할 것인지 추측하고 의도를 읽어 내는 섬뜩한 능력을 보여 준다. 침팬지들은 특정한 종류의 비용과 기대 이득을 의식적으로 계산할 수 있는 능력 또한 상당한 수준으로 갖추고 있다. 그들은 심지어 다른 동물들이 내놓게 될 비용-이득 결정까지도 내다볼 수 있다.[16)]

하지만 인간은 한 발짝 더 나아간다. 인간은 이런 분석적 능력을 새로운 것과 결합할 수 있다. 마치 미래를 상상할 수 있는 능력처럼 말이다. 그보다 더 중요한 것은 다른 동물(인간. ─옮긴이)이 보일 반응에 대한 직감을 타인의 머릿속 생각에 대한 전면적 추측으로 번역하고, 자신의 관심사를 자신과 타인 모두에게 접목할 수 있다는 것이다. 인간은 이런 방식으로 천재적인 관찰 능력을 자신이 한 번도 만난 적 없는 사람이라 할지라도 그에게 무슨 일이 생길지를 예측하고 배려할 수 있는 정교화된 능력으로 변환시킨다.

이런 재능은 어디에서 오는 것일까? 불행하게도 인간의 동정 능력의 최소 수준에 대해서는 대답을 알고 있다. 다른 모든 영장류와 마찬가지로 사회적인 접촉 없이 자라난 인간 영아, 만지거나 안아 주거나 꼭 껴안아 줄 사람이 없고, 영아의 삶을 위한 자신의 헌신을 재확인시켜 줄 수 있는 어머니나 대행 어머니가 없는 인간 영아는, 바로 이렇게 인간에게 독특한 감각을 발달시키기 위한 필수적 첫걸음인 발달 경로를 따라 진행하지 못하게 된다. 그러한 사람들은 분석적인 능력에서는 탁월하게, 심지어 다른 인간이 무엇을 할 것인지를 예측할 수 있는 섬뜩한 능력을 갖추게끔 자라날 수도 있다. 하지만 이들은 인간 잠재력의 인지적이고 정서적인 구성 요소를 접목시킬 수 있는 능력은 없다.

· · · · ·

많은 문화에서 자기 자신의 집단을 일컫는 말은 '인간'을 일컫는 말이다. 인간은 정의상 자신과 같은 사람들이며, 자신이 가장 긴밀하게 연관되어 있는 사람들일 가능성이 높다. 자신과 같지 않은 사람들, 특히 매우 다른 자기-이해관계를 갖고 있는 적의 경우에는 '인간-아닌-무엇'으로 정의된다.

무엇이 우리를 인간으로 만들어 주는지에 대해서는 다양한 선입견들이 있고, 사람들은 이 주제에 대해서는 자신의 견해에 매우 강하게 매달리는 경향이 있다. 우리를 인간으로 만들어 주는 면모들을 말로 응축하려 한 시도 중 내가 가장 좋아하는 것은 『두 세계의 이시(*Ishi in Two Worlds*)』에 나온다. 이 책은 시오도라 크로버(Theodora Kroeber)가 "북아메리카의 야생 인디언 중 최후로 생존하고 있는 자들"의 삶을 가슴 뭉클하게 설명하고 있는 책이다.

1911년 8월 29일, 굶어 죽어 가고 있는 한 아메리카 원주민이 캘리포니아 오로빌(Oroville)의 도살장 밖에서 모습을 드러낸다. 아직 젊은 청년이었지만 그는 그 부족에 있는 어떤 사람보다도 오래 살아남았다. 그 부족 사람들 대부분은 자신의 인종에 속하는 사람들을 나라에서 없애 버리려고 한 이들에 의해 살해당했다. 하지만 어떤 이유에서인지, 자신과 같은 사람들을 헤아릴 수 없을 만큼 잔인하고 비인간적으로 대했음에도 불구하고, 이시는 이 "석기 시대로부터 철기 시대로의 급작스럽고 외로우며 아무런 완충 장치도 없는 변화"를 인간성의 손상을 겪지 않은 채 통과하여, 호모 사피엔스를 이렇게 묘사한다.

현대의 아메리칸 인디언 또는 아테네의 그리스인……은 그의 생물학적 면모, 변화하는 환경 속에서 자신에게 노출되는 새로운 기술과 길을 배울 수 있는 능력, 추상적 사고의 능력, 그리고 도덕적이고 윤리적인 구별에 있어서는 단순히, 그리고 온전한 인간이냐는 것. 이것은 과학자들과 인문학자들 모두가 우리 본성의 본능적이고 원시적인 인간 이하의 층으로부터 멀리 진보해 나갈 수 있다고 단언하는 인간의 범인류적 기초 위에 있다.[17]

모든 가능한 삶의 상황 속에서 가장 끔찍한 것, 혈육도 없고 동료도 없이 고립된 상황에 직면한 이시는 사회 계약에 대한 예리한 이해를 드러냈다. 즉, 공정함에 대한 견실한 감각, 그리고 타인에 대한 관심. 모든 다른 가능성에 맞서 "스치며 지나가는 밝고 친근한 미소"를 지녔고 존엄하며 고귀한 예절을 갖춘 이 남성은 우정, 즉 매우 다른 인종과 시대에 속하는 사람들의 감정에 대해 진심 어린 관심을 드러내는 것으로 특징지어지는 감정을 통해 낯선 세계에 적응했다. 이 영속적인 고귀함의 근원은 그 자신의 내면화된 도덕적 가치, 옳은 행동과 그른 행동에 대한 개인적 기준이었다.

그러한 감각이 그 주변에 있는 세계 탓이라고 말하기는 힘들 것이다. 이시를 만난 사람 대부분은 그를 다른 시대로부터 온 괴물 정도로밖에 보지 않았다. 이시 나이 또래의 사람들에 대해 선택적으로 친절을 베풀어 갱생시키려고 했던 곳 중 긍정적인 결과를 얻은 곳은 거의 없었다. 그렇다면 무엇이 이시를 그토록 특별하게 만들었을까? 단순히 말하자면 그는 충분히 늦게 고아가 된 것이다. 그의 성년의 삶은 그를 죽이려 애를 썼고 그의 직계 가족과 나머지 사람들을 이미 죽였던 인종 학살자 카우보이로부터 숨어 다니는 데 바쳐졌다. 하지만 그러한 테러 이전에 경험한 그의 이른 시절은 공동체의 일원이 되는 것을 포함했다. 이시를 인간으로 만들었던 것은 자신의 행복한 삶에 헌신하는 혈족 집단에 대한 초기의 소속감이었다.

실천적인 함의들

일부 사람들이 동정심을 발달시키는 능력에서 본유적인 결함을 가지고 있다는 사실은 의심할 수 없다. 하지만 여기서 내가 흥미롭게 생각하는 것은 동정심 없는 사람들의 일부는 그렇게 태어나지 **않았을** 가능성이다. 그보다 그들은 자신이 양육되던 어린 시절의 신호에 적응적으로 반응해 온 것이다. 이런 신호들은 아기에게 **어머니 대자연**의 최악의 시나리오가 자신에게 닥쳐올 것이라는 경고다. 즉, 어머니나 다른 적절한 어머니의 대체물, 또는 혈육 네트워크로부터의 지원이 없을 것이라는 것. 이러한 상황 속에서는 동정심의 결여는 적응적인 (또는 한때 적응적이었던) 반응일 수 있다. 이 가설은 생애 초기의 안정 애착이 기질이나 인지 능력의 경우에는 별로 해당 사항이 없지만 타인에 대한 공감의 정도에는 장기 지속적인 효과를 갖는다는 증거와 일치한다.

현재로서 우리는 근거 있는 짐작만을 할 수 있을 뿐이지만, 여기에 걸린 현상금은 엄청나게 높을 것으로 보인다. 미국과 같은 나라들은 감옥에 엄청난 돈을 쏟아붓고 있지만, 영아와 아동이 자신이 그들을 혈육과 같이 대해 줄 공동체에 속해 있다는 점을 확신할 수 있도록 고안된 초기 발달 프로그램에 대해서는 그보다 훨씬 적은 돈만을 투자하고 있기 때문이다.[18] 이는 발달 중인 인간 유기체가 타인에게 무슨 일이 생기는지에 대해 배려하며 이들이 마치 친족인 것처럼 행동하는 방식으로 자라날 가치가 있다는 점을 알리는 환경이다.

24장

좀 더 나은 자장가를 위하여

아기야, 아기야, 개구쟁이 아기야,
쉿, 이 소란스러운 것, 내 말을 들어.
이 순간에는 조용히, 조용히, 어쩌면
보나파르트가 이 길을 지나갈지 몰라.

아기야, 아기야, 그는 거인이야
루앙의 첨탑처럼 크고 검지
그리고 그는 아침과 저녁으로
매일 개구쟁이들을 먹는단다.

아기야, 아기야, 그가 네 소리를 들으면

집을 지나 질주할 때,

곧바로 네 다리와 팔을 찢어 버릴 거야

고양이가 쥐를 찢어 버리는 것처럼

그리고 너를 때릴 거야, 때릴 거야, 때릴 거야,

그리고 너를 곤죽이 되도록 때릴 거야,

그리고 너를 먹을 거야, 먹을 거야, 먹을 거야,

마지막 한 조각까지 낚아채, 낚아채, 낚아채서.

— 19세기 영국의 자장가

낯선 식인 남성의 모습은 어린 유인원을 달래 주는 모습과는 거리가 멀다. 현대의 독자들은 아이들에게 이렇게 소름 끼치는 노래를 당연히 절대 불러 주지 않을 것이다. 하지만 잠깐. 영어권 아동들이 여러 차례 듣게 되는 「마더 구즈(Mother Goose)」의 가사를 기억해 보라.

허셔바이 베이비, 나무 꼭대기의 아기

바람이 불면 요람이 흔들린다

가지가 부러지면 요람이 떨어진다

굴러 내린다, 아기, 요람, 모두 다

여기에 담긴 메시지도 썩 위안이 되지 않는다(현대에는 "로커바이(Rockabye)"로, 보다 흔한 "허셔바이(Hushabye)"는 늑대가 가까이 왔음을 알리는 옛 프랑스어가 변형된 것일 수 있다. 즉, "에 바, 라 르 룹."(Hé bas, là le loup, 저길 봐, 늑대다. — 옮긴이)).[1]

유년기의 공포

이 책을 읽는 대부분의 부모들은 아기를 보살핌으로써 도리어 아기를 위험에 빠지게 하거나 아기를 방치하는 것보다는 벼락을 맞을 가능성이 더 크다고 여길 것이다("우리는 부모의 본능 때문에 우리 능력의 최대치만큼 아이를 양육하려는 충동을 느낀다."라고, 이제 막 출간된 의학 문헌에 쓰여 있다.).[2]

태도가 양가적인 부모들(특히 어머니)은 비정상인 게 분명하다는 가정은, 부모의 헌신을 이끌어 내려 하는 선택압이 아기에게 작동하고 있다는 사실이 그토록 주목받지 못했던 이유 중 하나일 것이다. 또한 이러한 가정은 어머니의 양가감정이 그토록 오래 진화론자(자연적인 것을 연구하는 사람들)보다는 정신 분석가들(이상한 것을 연구하는 사람들)의 전유물로 남은 이유기도 할 것이다.

"내가 정신 분석 실습을 시작했던 25년 전에 누군가가 내 환자들(또는 그들의 부모)이 내가 그들을 죽일지도 몰라 두려워한다고 말해 주었다면 나는 아마도 충격을 받았을 것 같다. 누군가의 악몽에 불과하다며 부정했을지도 모르겠다."라고 정신 분석가 도로시 블록(Dorothy Bloch)은 글로써 남겼다. 블록은 자신이 치료한 모든 아이들이 부모에 의해 죽임을 당하지 않을까 하는 두려움 속에 있었고, 스스로를 안전하다고 느끼기 위해서 광범위한 환상과 자기기만을 사용했다는 기묘한 이야기로 자신의 직업 경험 전체를 요약한다.[3]

나는 모든, 심지어는 대부분의 아이들이 정말로 만성적인 두려움 속에서 살고 있는지 의심스럽다. 하지만 나는 블록 박사가 **불안 애착을 형성한** 아이들이 고안해 낸 자기 방어적 환상에 대해서만큼은 어떤 통찰을 제공한다는 점을 확신한다(어린 환자들은 맨 마지막에는 그녀의 사무실을 찾게 될 가능성이 크다.). 그런 아기들은 어머니가 (상상 속에서나 아니면 진짜 현실 속에

그림 24.1 《타임》지는 도로시 블록의 『그래서 마녀는 나를 먹지 않을 것이다(*So the Witch Won't Eat Me*)』의 리뷰 기사에서 내용을 묘사하기 위해 아버지와 의붓어머니가 헨젤과 그레텔을 숲으로 데려가는 목판화를 사용했다. 블록은 "부모의 사랑을 따내려 하는 환자들의 투쟁"에 대한 아동의 환상을 읽어 들어간다. 그녀에게 이것은 "영아 살해의 공포에 대한 일차적 방어"였다.[4]

서나) 발뺌을 하거나 떠나 버릴지 모른다는 낌새를 감지하고 양가감정의 기미를 포착해 왔다. 현재와 미래의 보살핌에 대한 약속과 그냥 근처에 머물러 있는 것, 그 이상의 무언가가 미성숙한 아기들이 골몰해 있는 핵심이다. 그런 약속은 또한 사회적, 신체적인 성장에서도 결정적인 역할을 담당한다.

아기의 관점에서 볼 때 여러 명의 친숙한, 마치 혈육과도 같은 돌봄인에 의해 보살핌을 받는 것과, 그보다 덜 헌신적인 타인의 보살핌을 받게끔 버려지는 것, 최악의 경우에는 완전히 버림 받는 것 사이에는 결정적인 차이가 있다. 여기에 내가 생각하기에 어머니의 자유에 대한 볼비의 제1법칙, 어머니들을 위한 중요한 실천적 조언이 담겨 있다. 아이에게 다른 사람과 놀기 위해 **당신을** 떠나기를 원하는 사람이 바로 아이 **자신**이 라는 점을 확신시키고, 반대의 경우는 하지 말라는 것이다. 아니면 아기가 베이비시터와 편한 관계가 될 날, 베이비시터를 대리 혈육으로, 확장 가족 의 일부로 보게 될 앞날을 내다봐야 한다. 거기에 필요한 추가적인 시간은 마음 편하게 베이비시터를 바꿈으로써 보상되는 것 이상일 것이다.

안정 애착을 형성한 아기는 자신의 세계 일반, 현재와 **미래의** 세계에 대해 안정감을 갖고 있는 아기다. 안정감 있는 아기는 어머니의 헌신에 대해 의심을 품은 아기보다 어머니가 없을 때조차 훨씬 더 편안하게 보 낸다. 불안한 아기의 반응은 해로운 영향을 끼치는 대행 어머니에게 아 기를 넘겨주었기 때문에 생겨난 것이 아니다. 아기에게 자신을 버리는 것은 상상도 할 수 없다는 점을 확신시키는 데 실패한 결과로 생겨난 것 이다.

안전을 위한 첫걸음

그렇다. 여기에는 결속이 **있다.** 하지만 음모의 본성은 볼비가 명예 학위 를 수여했을 때 왕의 행차를 연출하며 반대 시위를 했던 여성들이 염두 에 두고 있던 것과는 다르다. 아기의 관점에서 볼 때 출산과 그로부터 며 칠 후인 젖 분비 개시 사이의 기간은 의미심장하다. 어머니가 아기에게 결속을 형성하거나 그렇게 하는 데 실패하는 '결정적 기간'이 있어서가 아니라, 아기의 근처에 있는 것이 젖 분비를 시작하기 위한, 그리고 어머 니와 아기 사이의 강력한 유대를 잇따라 형성하기 위한 과정의 첫걸음 이기 때문이다. 출산한 첫날 가까이 있는 어머니는 이튿날도 남아 있기 를 원할 가능성이 더 크고, 사흗날, 그리고 그 이후에도 가까이 머물기를 원하게 될 것이다.

지난 수십 년 간 우리는 여성이 '모성 본능'을 지니는가, 그렇지 않은 가에 대해 길고 논점도 없고 잘못 형성된 논쟁을 목격해 왔다. 역사적 맥락을 생각해 볼 때 전선이 왜 그렇게 형성되었는지는 이해할 수 있다. 어머니 역할의 생물학에 대한 초기 문헌은 보다 이른 세대 도덕주의자들이 도입한 가부장적 가정들 위에 세워졌다. 그들 쪽에서 볼 때 본질적으로 소망이었던 것이 객관적인 관찰을 대체했다. 이 오류를 수정하고 낡은 편견을 개선하며 '다윈의 의식을 고양'하고 진화 패러다임을 양성 모두를 포괄하도록 확장하는 데에는 오랜 시간이 걸렸다. 하지만 이 일이 일어났을 무렵 페미니스트, 사회사가, 그리고 철학자들은 이미 진화론자들이 무엇을 제안해야만 하는지에 대해 알고 있었으며, 그리고 그 내용은 필연적인 오류이며, 결정론적이고, 어떤 통찰도 안겨 주지 못한다는 점을 확신하고 있었다. 사회 과학자들과 페미니스트들이 다른 길을 택하게 되면서 자연선택, 그리고 그와 더불어 어머니와 영아의 기초 본성을 이해하기 위해 이용할 수 있는 가장 강력하고 종합적인 이론이 거부되었다. 과학을 멀리 하게 했던 그 경로는 생물학 자체를 거부하고 대안적인 기원 설화를 구성하게 만들었다. 그들 고유의 기원 설화는 사회적으로 구성된 남성과 여성, 어머니를 필요로 하기보다는 욕망하게끔 태어난 아기들에 대한 소망이었다. 어머니의 사랑은 당시 의식적으로 증여된 '선물'로 안전하게 해석될 수 있었고, 또는 감정과 연관되어 변하는 유행의 부산물이었다. 그동안 생물학자들은 어머니에 대해 보다 다면적인 견해를 발전시키고 있었다. 그 속에서 어머니들은 상황에 따라 가변적인 반응을 보일 수 있는 유연한 행위자의 모습을 드러냈다. 하지만 (이미 오래전에 다른 여행길로 접어든) 페미니스트들이 어떻게 알 수 있었겠는가?

어머니에게 자연스럽다고 간주되는 행동에 대한 혼란, 그리고 '결속'

과 어머니의 사랑에 대한 주먹다짐 속에서 잃어버린 것은 소란스러운 아기들에게는 땡전 한 푼의 가치밖에 없었다. "누가 주든 상관없이 나는 그게 필요해. 그리고 지금 그게 필요해. 어른들이 그게 어디서 오는지를 가려냈을 때가 아니야. 지금이야. 가족과 함께하는 소중한 시간이든 아니면 다른 시간이든 상관없어. **지금**이야."

그 앞에 있던 어떤 사람보다도 이론적인 수준에서 이 필요의 문제를 제기했던 것은 존 볼비였다. 볼비는 아기가 '애정 어린 눈길의 대답'을 감지하는 데 실패했을 경우 경험하는 불안, 근심, 공포, 그리고 마지막으로 고독함에 대해 과학적인 타당성을 부여했다. 아기들이 그토록 두려워하는 것은 무엇인가라고 볼비는 질문했다.

위험 요인 중 많은 수가 볼비가 애초에 머릿속에 떠올렸던 것과는 다른 것으로 밝혀졌다. 자신의 아기를 돌보는 것에 대한 어머니의 대안은 그가 깨달았던 것보다 훨씬 다양했다. 하지만 어떻게 그리고 왜 아기가 자신의 돌봄인에게 애착을 형성하는가에 대한 볼비의 중심적 설명 방식은 적중했다.

그렇다면 볼비에 대한 소박한 부록으로 내가 주장할 수 있는 것은, 아기가 어머니에게 애착을 형성하기 위해 애를 쓰는 이유는, 무엇인가가 자신을 덮칠 상황에 대비하기 위해서만이 아니라, 어머니가 투자를 삭감할 가능성을 저지하고, 이 투자 삭감이 가벼운 방치로부터 버리는 것에 이르는 다양한 형태들 중 어떤 형태로 이뤄지든, 미리 방지하기 위해서였다는 것이다. 아기는 어머니의 보살핌이 앞으로도 지속될 것이라는 점을 확실히 해 두게끔 되어 있다. 인간의 경우 훨씬 더 중요한 이 애착을 유지하는 목표를 달성하는 과정에서 포식자로부터의 보호가 보너스로 따라왔다.

이 목표를 향해 어머니 역할의 감정사인 아기는 지금의 모습처럼 설계되었다. 이 점을 보다 확실하게 할 수 있는 모든 특질, 특질들의 모든 뉘앙스가 선택되었다. 수만 년에 걸쳐 매력이 매우 떨어졌던 아기들은 생존할 가능성이 아주 더 적은 것으로 입증되었다. 건강함, 통통함, 귀여움은 유용한 생리학적 속성이기만 한 것은 아니다. 이들은 해밀턴의 방정식에서 **이득**의 함수가 **비용**이 어떤 것이 되었든 아기를 돌볼 가치가 있다는 점을 알리는 신호였다. 아기가 자신이 필요로 하는 보살핌을 얻기 위해서는 그토록 통통하고 사랑스러워야 했다는 사실은, 우리의 조상이 된 생존자들이 통과해야만 했던 무시무시한 병목과 위기일발을 상기시켜 준다.

이 토실토실한 유인물이 선택되도록 만들기 위해서는 본유적인 분석 기술이 추가로 필요했다. 일단 밀착이 확보되고 나면 어머니의 젖꼭지에 뿌리를 내리고 빗장을 내리며 빨아 댐으로써 최대한을 얻어 내는 것이 다음 과제였다. 또한 어머니에 대한 애착 형성은 젖 분비를 개시하고 지속하게 하는 역할을 했으며, 어머니에게 생리학적 반응의 부수적 연쇄를 야기하여 어머니의 몸을 행복감으로 뒤덮어서, 낯선 승차자에 대해 느낄 수 있는 불쾌감을 압도했다. 이것은 우연이 아니다.

아기들이 만들어 내는 감각 반응들

오므린 입술이 어머니의 젖꼭지를 꽉 죄며 잡아당길 때, 이 작은 머리는 줄에 걸린 물고기가 낚싯바늘이 빠지지 않도록 하는 것처럼 낚아챈다. 하지만 이때 잡힌 것은 대체 누구인가? 몇 분 내로 어머니의 코르티솔 수치가 낮아진다. 옥시토신이 혈관을 타고 흐른다. 마치 어머니가 메시지를 받고 있는 것처럼, 어머니의 혈압이 감소하고 옥시토신이 어머니를 축복받은 고요함으로 뒤덮으면(모든 것이 잘 진행되고 있을 경우) 타인이 그렇게 가까이 있을 경우 느끼게 되는 정상적인 거부감이 누그러진다. 만약 그런 일이 생기도록 허락한다면, 아기와의 긴밀한 접촉은 어머니의 마음을 변환시키며 어머니 안에 아기와 가까이 있고자 하는 욕구와 냄새를 맡고자 하는 욕구를 생산해 낸다. 어떤 여성은(나의 경우에는) 중독의 수준에 이르기도 한다. 이것이 선물이 될 것인지(그리고 보상을 받을 것인지) 또는 결속이 될 것인지는 어머니가 무엇을 하고 있기를 바라는지, 그리고 도와줄 사람이 누가 있는지에 따라 결정된다.

일단 수유가 시작되면 결속은 잇따라 일어나는 사건들의 연쇄에 대한 완벽한 묘사가 된다. 어머니는 내분비적으로, 감각적으로, 그리고 신경학적으로도 아기의 필요를 맞추고 어머니 자신의 번영에 기여할 가능성이 높은 방식으로 변모된다. 어머니의 유선이 생산을 개시하면 어머니가 정서적으로나 생리적으로 자유를 택할 것인지 아닌지는 한참 후에야 결정할 수 있게 된다.

그 시점으로부터 어머니는(특히 유축기가 없는 어머니는) 포유류의 구속복 속에서 산다. 프로락틴 수치가 올라가며, 정서적인 결속이 시작되고, 거부감을 낮추며 소속을 유도하는 옥시토신이라는 안정제가 공급됨에 따라 도움을 받고 선동당한다. 호르몬이 없으면 어머니의 기분은 더 좋아질 수도 있고 그렇지 않을 수도 있다(비록 대개는 그렇게 되겠지만.). 하지만 호르몬의 부재는 언제나 젖꼭지를 가렵게, 쑤시게, 그리고 궁극적으로는 아프게 한다.

어머니는 아기에게 젖을 빨게 하려는 의식적인 욕망이 있을까? 많은 사람은 아마 그럴 것이다. 하지만 일단 젖 공급이 시작되고 나면(그리고 어머니 대자연이 아기들이 확실히 그렇게 만들게끔 설계했다.) 어머니는 자신의 정서 상태가 어떻든 반대 조건화(adversely conditioning)가 형성되어 젖을 물리지 않으면 정말로 고문을 받게 된다. 어머니는 아기 자신만큼이나 수유 행동에 중독된다. 아기가 배고파서 울음을 터트리면 수유 중인 어머니는 첫 울음을 즉각 자기 아기의 울음으로 인식하고, 유방에서는 따뜻한 분비물이 떨어진다. 마치 오래전 옛날, 아득한 어딘가에 구멍을 파고 이 아기에게 젖을 빨게 하려는 것 이상은 바라지 않는 오리너구리였기라도 했던 것처럼 말이다. 아기가 젖을 빨면 어머니는 유선에 채워져 있던 젖의 압력으로부터 날카로운 해방감을 경험한다. 이 감소 반사의 수용 말단에서 젖을 빨고 있는 아기는 에로틱한 영역으로 섞여 들어가는 쾌감을 가져다준다.

지구가 돌건 돌지 않건 이것은 강력하게 조건화된 감각이다. 어머니의 감각을 '성적인' 것으로 분류하는 것은 청교도적 정신이 그 감각에 저주를 퍼붓게 할 수 있지만, 실상은 성욕에 대해 매우 비-청교도적인 방식의 특권을 부여하는 것이며, 성적 감각이 여성이 아기를 보살피는 것에 대한 보상을 제공하는, 그만큼이나 강력한 감각보다 더 중요하다는 점을 암시하는 것이다. 논리적으로는 성애 행위 동안 발생하는 다양한 오르가슴 수축을 '모성적인 것'으로 서술할 수 있어야 할 것이다. 수유 중인 어미 포유류가 아기의 젖 빨기에 대해 보이는 반응은 이성애적 (또는 어떤 종류의 성적 친밀감이든) 접촉에서의 젖가슴 자극의 성적 반응성보다 훨씬 오래된 것이다. 《플레이보이(playboy)》와 같은 남성 중심적 원천으로부터 나오는 정치 선동에도 불구하고, 우리가 성적인 것으로 식별하는 느낌들은 본래 모성적인 것이다. 이것은 현대의 여성들에게서조차 어머니가 수유를 할 때 에로틱하게 고조되는 것이 젖 분비의 증가와 연관되어 있는 까닭에 대해 놀랄 필요가 없는 이유가 된다.[5] 모성과 성성은 부성과 남성의 성적 경험에는 적용되지 않는 방식으로 뗄 수 없게 연결되어 있다. 남성과 다른 영장류 수컷의 성적 욕망은 암컷과의 교미가 자신의 정자가 난자를 수정시킬 가능성을 높여 주었기 때문에 진화한 것이다. 하지만 난자의 수정은 교미가 여성의 번식 목표에 봉사하는 여러 가지 길 중 하나에 불과할 뿐이다. 다른 것들로는 어머니의 아기를 안전하고 배부르게 유지하는 것에서 긍정적인 것과 부정적인 것 모두를 포함해 남성이 수행하는 다양한 역할들이 포함된다.

그렇다면 이런 상황 속에서 누가 어떤 것이 먼저라고 이야기할 것인가? 젖 빨기의 에로스, 아니면 이성애적 어른 커플의 에로틱한 감각? 나는 전자가 먼저라고 추측한다. 임신을 고려하지 않으면, 아기가 여전히 자궁 속에 있을 때, 포유류의 번식은 세 가지 유형의 관계를 함축한다. 즉, 교미, 분만, 수유. 각각의 것들은 두 명의 개인의 참여, 질 자극에 대한 강한 심리 생리학적 반응이나 자궁 수축을 포함하며, 성행위와 수유의 경우에는 상당한 가슴 자극을 포함한다. 이 모두는 깊이 있는 감각적인 경험들이다.

모성은 성적 감각과 단단하게 엮여 있으며, 투덜거림과 속삭임, 촉감과 냄새를 통해 어머니가 이 아기를 최우선 순위에 두도록 만드는 **어머니 대자연**의 보상 체계를 최대한 이용하는 것은 아기의 일이다. 진화적 논리는 그 자신을 위해 어머니 역할의 감각적인 측면을 향유하는 어머니들의 편에 굳게 서 있다.

접촉해 있는 매 순간은 다음 차례가 있을 가능성을 증진시키며, 어머니가 신생아의 사랑스러운 신호를 받을 수 있도록 가까이에 머무를 가능성을 증가시키고, 자신에게 다정하게 몸을 맞댄 점차로 더 친숙해져 가는 생명체에게 애착을 형성하는 것을 점점 더 많이 보증해 준다. 포만감을 느끼고 온기와 모유를 따라 흐르는 옥시토신에 취해 이완된 아기는 어머니에게 다정하게 기대고, 그들의 편안한 관계는 스스로를 먹고 자라서 사랑이 된다.

우리는 어머니들이 출산 직후의 결정적 시기에 아기와 애착을 형성하게 되는 과정에 대해 잘못 설명하는 개념들을 버릴 수 있다. 아이들은 출산 후 수일 후에 입양될 수 있고, 어머니의 산도를 통과해 나와 출산 직후 어머니에게 몸을 맞댄 아기만큼이나 강렬하게, 그리고 사납게 사랑받을 수 있다. 그것은 (대개 출산 후 72시간 내에 행해지는) 상대적으로 고통 없는(아니면 참을 만하게 고통스러운) 짧은 투자의 종결을 위한 창을 제공해 준다.

일단 자리를 잡고 나면 아기가 어머니에게 미치는 영향은 쉽게 사라지지 않는다. 여기에는 음모가 있다. 뭐, 괜찮다. 하지만 문제가 되고 있는 노예화는 페미니스트 작가들이 "결속의 완패"라는 주제와 관련해 불평하는 의학 및 과학 업적보다 수백만 년 앞선 것이다.

아기들이 찾는 것

아기들이 생산해 내는, 이따금 고도로 감각적인 강렬한 감각들, **그리고** 어머니가 그것을 알아차릴 때 경험하는 죄의식은 어머니가 자신이 자리를 비울 때나 아기에 대해 무감하거나 심지어는 부정적이라고 느낄 때 느끼는 죄의식만큼이나 정신 분석가들의 주목을 끌어 왔다. 어머니가 자신의 아기에게 노예근성의 헌신을 보이는 것에 대해 느끼는 양가감정을 날카롭게 인식하고 있던 정신 분석가들은 그러한 느낌이 가학적인 자장가나 동화에서 표현된다는 사실에 많은 관심을 쏟아 왔다.

하지만 또한 같은 정신 분석가들은 어머니-영아의 조화라는 기초적인 추정 위에서 출발하기가 쉬웠다. 정신 분석가 앨리스 밸린트(Alice Balint)는 "우리 모두에게는 어머니와 아이의 이해관계가 동일하다는 사실이 자명하며 어머니가 이 이해관계의 동일성에 대해 얼마나 먼 거리 감을 느끼는가는, 어머니가 좋은 어머니인가 나쁜 어머니인가를 알려 주는 일반적인 척도이다.[16] 하지만 해밀턴의 규칙에서 비용 함수는 이 조화에 대한 추정을 질문에 부친다. 로버트 트리버스, 데이비드 헤이그, 그리고 다른 사람들이 분명하게 밝힌 것처럼, 어머니와 아기의 이해관계는 그들이 다르지 않을 때에만 동일하다.

사회 생물학자들은 일정 수준의 어머니의 양가감정이 비정상적이라거나 치유되어야 할 병리 현상이라고 보는 대신에 불가피한 것이라는 점을 받아들인다. 이 통찰은 어머니의 양가감정 배후에 있는 근원에 대한 인식과 더불어 어머니가 아이들에게 들려주고 노래해 주는 매우 이상한 것들에 대한 이해를 도와준다.

아이들이 어렸을 때, 나는 내 아이들을 "고구마", "머핀", "깜찍한 파이"라고 불렀다. 나는 "너는 너무 사랑스러워서 먹어 버릴 수 있을 것 같아."라고 말하곤 했다. 나는 정말로 이렇게 이야기했다. 다른 부모들도 마찬가지다. 이 먹는 이야기가 도대체 어떤 점을 짚어 준단 말인가? 돌이켜 보면, 나 스스로를 다윈주의적으로 약간 분석해 본 후, 나는 내 마음에 정말로 살을 떠올리고 있었다고 추측하게 된다. 장미꽃잎처럼 부드럽고 그토록 눈에 띄게 신선한 조직은 너무나 건강하다. 기생충이 없다는 사실은 말할 필요도 없다. 하지만 아무리 뚜렷한 감정으로 느껴졌어도, 나는 내가 내 아이들을 먹으려 하는 성향은 어떤 종류의 것이든 결단코 가진 적이 없다고 생각한다(비록 나는 아이들 자신의 강한 의지가 허용할 수 있는 것보다 그들의 몸과 영혼에 대해 더 큰 통제력을 욕망하고 있었지만 말이다.). 게다가, 입안에서 새끼를 키우는 물고기에서 새끼들이 확신을 갖고 어머니의 입 안팎으로 뚫고 다니는 것처럼(그리고 인간과 달리 대부분의 물고기는 크기만 맞는다면 고도로 동종 포식적이라는 사실을 언급해야만 한다.) 나 자신의 작은 물고기들은 나의 식성에 대해 일말의 걱정도 없는 것처럼 보였다. 아이들은 낄낄댈 뿐이었다.

어머니 대자연이 설계했기 때문에 아기들의 유쾌함은 매우 다른 결과로 우리를 유혹한다. 내 아이들의 풍미는 내 아이들이 나를 더 먹게끔 하려는 나의 의지를 불태웠다. 신체 자원을 포기하고, 그리고 나 자신의 세대를 예로 들면, 가장 중요한 것은 시간, 즉 시간, 시간, 시간, 이용할 수 있는 시간의 마지막 음절까지(나를 대체하는 대행 어머니를 구할 수 없을 때에는)를 포기하고, 그리고 나 자신의 열망을 그들의 욕망에 종속되도록 만들어, 우리 모두가 번영의 식탁에서 (다소간) 만족스럽게 우리의 자리를 잡을 수 있도록 했다.

하지만 전 세계에 걸쳐 아기를 조용하게 하려는 자장가는 기준치 이하에 있는 것처럼 보인다. 낯선 남성('보나파르트'처럼)은 말할 것도 없고 잠복해 있는 포식자나 어머니의 양가감정을 내비치는 것, 이 모두는 작은 영장류가 가장 깊이 두려워해야만 하는 바로 그 협박이다. 아기가 열망하는 것은 자신이 절대 돌봄인의 사랑을 잃지 않을 것이라는 데 대한 재확인이다. 즉, 어떤 일이 있더라도 이 돌봄인이 그들을 어떤 잠복한 위험으로부터도 안전하게 보호해 줄 것이라는 점. 비록 여성 돌봄인은 고음의 아기 말투에 더 능숙하고 양육에서도 더 이점을 갖고 있으며, 아기의 일차적 욕망 대상이 될 수 있는 출발선도 더 앞서 있지만, 아버지의 입장에서는 재확인시킬 수 있는(또는 해칠 수 있는) 자신의 능력을 도매가에 넘겨서는 안 된다. 대부분의 남성들보다는 훨씬 낫게, 셰익스피어가 만든 이 아빠, 무어인 아론은 자신의 연인이 아기를 죽이는 것을 막기 위해 절실하게 노력하며, "온 세계에 맞서 이 (아기)를 안전하게 지킬 것이다."라고 선언했다. 당시 아기가 해당 인물에게 듣고 싶어 하는 메시지를 이해하고 있었던 것이다.

아기의 관점에서 볼 때 자신이 욕망하는 메시지는 기원전 16세기로부터 온 이집트의 주문에 가장 잘 요약되어 있다. 이 주문은 아이를 탐내는 악령을 막기 위해 읊었던 것이다. 이 주문을 읊지 않으면 이 악령들은 어둠에 몸을 숨기고 접근해 올 것이었다.

> 그대 아이에게 입을 맞추었는가요?
> 나 그대가 아기에게 입을 맞추도록 허락하지 않겠소!
> 그대 아이를 재우려 왔는가요?
> 나 그대가 아기를 재우도록 허락하지 않겠소!……
> 나 그대가 아기를 해치도록 허락하지 않겠소!
> 그대 아기를 데려가려 왔는가요?
> 나 그대가 아기를 데려가도록 허락하지 않겠소![7]

"오, 그래, 그게 바로 자장가라는 것이야. 그것이 내가 듣고, 보고, 냄새 맡고, 만지고 싶어 하는 메시지야."라고, 아기가 정확하게 생각을 하는 것은 아니지만, 이 감각은 자신을 돌봐 주는 이의 가슴에 다정하게 기댈 때 오래된 영장류 두뇌의 한구석에서 정서적인 과정으로 진행되고, 자신의 은하계(milky way) 왕국의 통치자인 이 아기는 안도감과 함께 잠에 빠져 든다.

감사의 글

"아들들은 가지를 쳐서 나가지만, 한 명의 여성은 다른 나무를 만든다."라는 오래된 속담이 있다. 이 속담을 만든 사람은 아마도 부모 노력이 성-특정적이라는 사실을 깨닫고 있었을 것이다. 어떤 경우든지 이 책은 존재 자체를 나의 어머니인 카밀라 데이비스 블래퍼 트라멜(Camilla Davis Blaffer Trammell), 그리고 그녀의 어머니인 케이트 윌슨 데이비스(Kate Wilson Davis)에게 빚지고 있다. 이들은 (아마도 유전적일) 완고한 기질과 (모계 효과일 가능성이 더 높을) 배움에 대한 사랑을 한데 묶어 나에게 전수해 주었다. 두 여성 모두 벽장 속의 파란 스타킹이었고, 남편의 사망 이후에 완전히 날개를 편 학자로 변태했다. 같은 시대와 계급에 속했던 다른 여성들처럼 그들은 "좋은 혼처로 시집가게 될" 운명을 지녔다. 그렇지 않으면 어떻게 좋은 사회적 지위를 얻을 수 있었겠는가? 당시 어떤 대안을 선택할 수 있었는지는 분명하지 않았다. 하지만 이 여성들은 나에게 책과 사유에 대한 사랑을 전수해 주었고, 부족의 관습에 등을 돌린 우상 파괴적인 친족 여성을 바라보며 지지해 주었다.

여성학자를 위시한 전문직에 다가갈 수 있는 기회가 점차 확장되어 가고 있는 세계로 내 자신이 첫발을 내디딜 수 있었던 것에 대해, 마야니스트 에본 보그트(Mayanist Evon Vogt)에게 감사를 드린다. 그는 내가 래드클리프에서 학부생이었을 당시 나의 지도 교수로서 인류학이라는 분야가 얼마나 풍성한지를 안내해 주었고, 사람들이 인간에 대해 더 많은 것을 알기 위해 실제로 동물들을 연구하고 있다는 사실을 알려 주어 나를 놀라게 했다. 나중에 하버드의 대학원생이 되었을 때, 나는 사회 생물학 분야의 개척자 세 명의 지도를 받으며 공부할 수 있는 기회를 얻는 행운을 누렸다. 그들은 어빈 드보어, 로버트 트리버스, 그리고 에드워드 윌슨이다.

또한 나는 이때 당시 처음으로 페미니스트적인 의식을 발달시키고 있었다. 남성의 관점뿐만 아니라 여성의 관점을 포함시킴으로써 보다 뛰어난 학자가 되기 위해 분투하는 야릇한 지적 추구 과정에서, 이따금씩 은 무인도에 홀로 조난당한 후 유리병에 편지를 담아 던지고 있는 기분이 들었다. 당시 나의 목표는 진화적 사유 속에 오래 잠재되어 있던 편견을 그저 단순히 내 자신의 편견으로 대체하는 것을 피하며 다른 방식으로 수정하려는 것이었다. 쉬운 일은 아니었지만, 해가 거듭됨에 따라 나는 내던져진 조난자라는 낡은 은유를 보다 고무적인 시각으로 대체할 수 있게 되어 기뻤다. 파도 위에 던져져 있을 때 부드럽게 밀어 올려 주는 돌고래 무리의 도움을 받고 있다는 느낌을 내게 선사해 주었던, 동료 다윈주의자와 동료 페미니스트들이 있었다. 그들 역시 앞서 헤엄쳐 나가고 있던 사람들의 물결을 따라 헤엄치고 있었다. 이 동반자들에 대해 내가 빚진 것은 어마어마하게 많다. 특히 퍼트리샤 어데어 고와티, 제인 랭카스터, 바버라 스머츠, 그리고 조지 윌리엄스는 미지의 바다의 지도를 그려 냄으로써 자신이 빚진 것을 인식하지 못한 채 기쁨에 찬 항해를 하고 있던 사람들을 포함하여, 잠에서 깨어나고 있는 사람들을 인도했다. 그 결과 패티 고와티가 말하기 좋아하는 것처럼, "다윈주의 페미니즘은 이제 더 이상은 자가당착적인 말이 아니다."

오래된 많은 친구들이 원고 전체와 부분들을 검토하고 유용한 정보들을 알려 주었다. 특히 내가 큰 신세를 진 사람으로는 진 알트만, 수 카터, 샌디 하쿠트, 로버트 하인드, 댄 허디, 데브라 저지, 데이비드 커처, 제인 랭카스터, 모니크 보거로프 멀더, 피터 로드맨, 존 시거, 프랭크 설로웨이, 켈리 스튜어트, 프레드 폼 잘, 그리고 메리 제인 웨스트-에버하드가 있다. 내가 가장 좋아하는 삼촌인 디트리히 폰 보트메르는 다른 친구들과 함께 삽화 선택을 도와주었다. 나는 특히 샐리 랜드리, 버지니아 새비지, 데이필라 스콧, 그리고 미셸 존슨에게 멋진 그림을 그려 준 데 대해 감사를 드리며, 낸시 드보어에게는 그녀의 귀중한 인류학-사진(Anthro-Photo) 컬렉션을 이용할 수 있게 해 준 데 대해 감사한다.

2년 동안 이 책을 쓰면서, 내가 잉태한 것은 한 권이 아닌 두 권의 책이라는 사실이 분명해졌다. 이 쌍쌍둥이를 분리하기 위해서는 외과 수술이 필요했다. 나는 그 점을 예감하고 겁에 질렸지만 메리 배튼(Mary Batten)이 와서 구조해 주었다. 능력, 감각, 그리고 좋은 마음씨를 지닌 그녀는 1부의 글을 다시 조직해서 쓰는 일을 도와주었다. 메리는 책 전반에 대한 많은 충고를 통해 책이 더 큰 응집성을 갖고 마무리되게 해 주었다. 아무리 감사해도 부족할 것이다.

분투하는 동안, 나는 책에서 제기했던 질문, 즉 인류의 진화적 적응 환경에 살던 어머니에게서 태어난 아이들에게 최적의 아버지 수가 얼마나 되는지에 대해 결코 명확한 답을 만나지 못했다. 하지만 나는 다루기 까다로운 엄청난 분량(한때 완성된 분량의 2배에 달했음)의 원고를 통해, 최적의 편집자 수는 4라는 점을 알게 되었다. 메리 배튼과 더불어, 판테온(Pantheon)에 있는 댄 프랭크(Dan Frank)에게 힘든 분만 과정 전반에 걸쳐 현명한 조언들을 계속해 준 데 대해 감사드린다. 커티스 브라운(Curtis Brown)에 있는 새비 제니 맥도날드(Savvy Jennie McDonald)는 언제나 인내심을 잃지 않고 책이 자신이 태어나게 될 세상과 보다 깊은 관계를 맺도록 하기 위해 나에게 지속적인 주의를 주었다. 마지막으로 나는 샤토 앤드 윈더스(Chatto and Windus)에 있는 제니 어글로우(Jeny Uglow)의 조언을 받는 행운을 누렸다. 그녀는 책이 이중 국적을 갖게끔 도와주었다.

책 의사들에 보태, 원고의 분만 과정은 여러 명의 조산원을 필요로 했다. 준-엘 파이퍼(June-el Piper)는 참고 문헌을 추적하며 자료원을 찾아내고, 책의 모든 삽화의 판권 허가를 얻어 주었다. 내가 깊이 신뢰하는 친구인 진 마이너(Gene Miner)는 모든 사람을 조율하며 혼돈에 질서를 가져다주었다. 특별한 감사를 베스 포스트(Beth Post), 셜리 스튜어트(Shirley Stewart), 캐서린 로빈슨(Katherine Robinson), 제니퍼 웨(Jennifer Weh)에게 드린다. 그리고 하버드 대학교 출판부에 근무하는 엘리자베스 놀(Elizabeth Knoll)은 초기부터 유용한 충고를 많이 해 주었다.

캘리포니아 대학교 데이비스 캠퍼스의 인류학과와 동물 행동학 대학원생 집단의 동료와 직원들은 지속적인 지원을 해 주었다. 이 책은 내가 구겐하임 재단의 지원(Guggenheim Fellow)을 받고 있을 때 시작되었다. 나는 베르너 그렌(Wenner Gren), 그리고 젠더 역할에 대한 록펠러 연구 기금(Rockfeller Foundation)으로부터도 후원을 받았다.

학자들은 놀라운 하위문화에 속한다. 연구자들은 정확성과 지식의 공유에 최고의 우선순위가 주어지는 독특한 세계관을 통해 사회화된다. 내가 인용하고 있는 연구 저작들의 저자에 보태, 다음에 열거하는 동료들은 이전에 나의 스승이었거나 동료 대학원생이었거나 나의 지도 학생이었던 이들로, 조언을 주고 다이어그램을 그리며, 꾸지람하고 수정해 주었다. 내가 받은 도움에 대해 한 사람, 한 사람 감사의 말을 전하기 위해 그들의 전문 분야에 따라 나열한다.

동물 행동학 스티브 엠렌, 로렌스 프랭크, 샌디 하쿠트, 윌리엄 J. 해밀턴, 피터 말러, 피터 모일, 주디 스탬프스, 메리 타우너 **축산학** 에드 프라이스, 리넷 하트 **인류학** 제임스 치섬, 리 크롱크, 피터 엘리슨, 러스티 그리브스, 크리스틴 호크스, 킴 힐, 척 힐튼, 데브라 저지, 데이비드 커처, 제인 랭카스터, 앤 네이시 마지온칼다, 로리스 맥키, 제임스 무어, 모니크 보거로프 멀더, 윌리엄 스키너, 볼커 좀머 **인지 심리학과 신경 과학** 마크 하우저, E. B. 케번, 수 파커 **발달 심리학** 제이 벨스키, 수전 크로켄버그, 에릭 헤세, 로버트 하인드, 마이클 램, 메리 메인, 재닛 만, 캐럴 로드닝, 알렌 스콜닉, 에미 웨너 **내분비학과 행동** 수 카터, 스티브 글릭먼, 샐리 멘도자, 프레드 폼 잘, 존 윙필드 **곤충학** 메리 제인 웨스트-에버하드, 휴 딩글, 에릭 그린, 윌리엄 해밀턴, 로버트 페이지, 랜디 손힐, 로빈 소프 **어원학** 맥스 버드 **유전학** 릭 그로스버그, 데이비드 헤이그, 브렛 홀랜드, 찰스 랭글리, 존 시거 **파충류학** 캐런 워켄틴 **역사학** 디트리히 폰 보트메르, 수전 만, 로렌스 스톤, 조지 수스만 **과학사** 조운 캐든, 폴라 핀들런, 조이 하비, 프랭크 설로웨이, 마거릿 로크 **의학** 댄 허디, 메리 로드맨 **영양학** 케이 듀이 **조류학** 앤 브라이스, 낸시 벌리, 퍼트리샤 어데어 고와티, 콜드웰 한, 더그 모크, 존 이디, 제이미 질라디, 브루스 라이언 **고고 인류학** 헨리 매켄리, 시야 몰슨 **영장류학** 진 알트먼, 프레드 베르코비치, 카롤라 보리스, 린 이스벨, 존 미타니, 앤 퍼시, 라인 팔롬빗, 에이미 패리시, 피터 로드맨, 조운 실크, 메레디스 스몰, 켈리 스튜어트, 데이비드 와츠, 랠리스 자야위커마 **번역** 준코 키타나카, 조이 하비, 카트린카 허디, 볼커

좀머, 조 헨더슨과 루시아 헨더슨

그리고 나의 가장 큰 빚이 남아 있다. 내 아이들에게 유전적인 어머니만큼이나 헌신적인 대행 어머니 역할을 해 준 과달루페 드 라 콘차(Guadalupe de la Concha)에게 진심 어린 감사를 드린다. 하지만 늘 변함없이 아낌없는 지원을 해 준 남편 댄에게 가장 큰 빚을 졌을 것이다. 댄은 부모로서의 의무 범위를 넘어, 원고를 쓰는 동안 늘어진 부분들을 보조해 주었다. 그와 우리의 아이들은 나의 대들보 역할을 해 주었다. 물론 가족은 인간이 관련된 모든 것이다. 내 가족에게 무한한 감사를 전한다.

주(註)

머리말

1) 자신이 어머니라는 사실에 대해 미국 여성들이 어떤 느낌을 갖고 있는지와 관련해서 Genevie and Margolis(1987: 5)는 광범위한 설문 조사를 진행했다. 어머니의 반수 이상이 일정 정도의 양가감정을 표현했고, 20퍼센트는 확실하게 부정적이었으며 아이가 없었으면 좋겠다고 대답했다. 책의 내용이 전개됨에 따라 분명해지겠지만, 양가감정을 느낀 어머니의 비율이 후기 산업 사회인 미국에서 생겨난 이상 현상일 가능성은 민족지적 증거와 역사적 증거에 비춰 볼 때 별로 없다.

1장

1) 이 질문은 칼 진스마이스터(Karl Zinsmeister)가 제기했고, 《새크라멘토 비(*Sacramento Bee*)》 1988년 10월 8일자에 실렸다.

2) Thommas 1998; Eyer 1992b.

3) 콜롬비아 보건 학교(Columbia School of Public Health)의 앨런 로젠필드 박사(Dr. Allan Rosenfield)에 의하면, 미국의 중절 시술 중 1.5퍼센트 미만만이 임신 20주 이후에 행해진다. 태아가 자궁 밖으로 나왔을 때 생존력을 보유할 확률이 4분의 1 정도인 임신 23주차가 되면 수치가 더 떨어진다. 확장 적출이라는 논쟁적인 절차를 사용해 시술되는 중절은 훨씬 더 적으며, 0.1퍼센트 정도다(Seelye 1997a).

4) Stolberg 1997a. 수치에 대해서는 일치된 견해가 없다. 여기서는 《뉴욕 타임스(*New York Times*)》에 실렸던 캐서린 실라이(Katharine Seelye)의 추정치를 인용하고 있다. 실라이의 추정치는 《미국 의학 협회 학술지(*Journal of the American Medical Association*)》 최신호 논설에 실렸던 수치와 일치한다. 이 논설은 Grimes(1988)가 썼으며 21주 이후, 따라서 "후기"라고 부를 수 있는 중절 수술은 전체 중절 수술의 0.8~1.7퍼센트라고 보고했다. 이 수치 중에서도 극히 일부만이 확장 적출이다. 너무나 드문 중절 시술 유형이기 때문에 여기에 주목하는 유일한 이유는 중절 일반에 대한 공공의 감성을 자극하는 것이다.

5) 예를 들어 미국 생명권 협회(The National Right to Life Committee)는 임신 중절만이 아니라 피임약, 데포-프로베라(Depo-Provera, 피임약 상품명. — 옮긴이), IUD(IntraUterine Device, 자궁 내에 삽입하여 착상을 방지하는 피임 기구. — 옮긴이), 노르플랜트(Norplant, 1983년 핀란드의 인구청에서 개발한 피임약. — 옮긴이) 역시 금지하려 했는데, 이 기구들은 수정된 난자를 착상되기 전에 자궁 밖으로 배출하기 때문이다(Conniff 1998).

6) "중절 투표의 부분 성공"에 대한 실라이의 보고서를 보면 된다(1997b, 1997c).

7) 샌토럼은《필라델피아 인콰이어러(Philadelphia Inquirer)》에 실린 의견서에서 "나는 의회당에 있던 모든 사람이 내가 전혀 이해하지 못하고 있던 일을 헤쳐 왔다……."고 설명하며 자신의 경험을 묘사하고 있다. Jesdanun(1997)에서 인용.

8) Stolberg 1997b.

9) Rasekh et al. 1998.

10) Shostak 1981: 특히 206-8, 309, 326; Draper and Buchannon 1992.

11) Judge and Hrdy 1992; Hrdy and Judge 1993: 표 1.

12) 널리 주목을 끈 이 일반적 경향에 대한 가장 포괄적인 보고서로는 Betzig(1986: 1993)을 참고할 수 있다. 부족 사회에서 남성의 지위와 번식 성공 사이의 연관 관계를 보여 주는 연구들에 대한 개괄로는 Irons(1998)을 추천한다.

13) 이 현상은 행동 생태학자 모니크 보거로프 멀더(Monique Borgerhoff Mulder)가 케냐의 킵시기스(Kipsigis) 목축인들에 대해 수행한 연구에서 가장 잘 보고되어 있다(Bogerhoff Mulder 1998; Luttbert, Bogerhoff Mulder, and Mangel 1999). 일본의 경우는 Associated Press(1998)를 참고하고, 인도의 사례는 Srinivasan(1998)을 보면 된다.

14) Gilibert 1770: 257-58. 엘리자베스 바댕테르(Elisabeth Badinter 1981: 156ff)는 이 글을 번역하고 18세기 프랑스에서의 모성에 대한 태도를 설명해 줌으로써 많은 도움을 주었다.

15) Sciebinger 1995. 특히 멋지게 씌어진 다음 장을 보면 된다. "왜 포유류를 포유류라고 부르게 되었는가." 린네의 1752년판 반-대리 수유 팸플릿을 길리베르가 번역했던 판본의 제목은 "La Nourrice marâtre, ou dissertation sur les wuites funeste du nourissage mercenaire(비자연적 의붓어머니, 또는 돈을 목적으로 한 대리 수유의 치명적 결과에 대한 고찰)"이다. 관련된 논의를 보고 싶으면 Yalom(1997: 108-11) 역시 참조하면 된다.

16) Spencer 1873: 32.

17) 스펜서의 자서전(vol.1, 395쪽). 이 부분은 Paxton(1991: 17-18)이 인용하며 논의하고 있는데, 이 부분과 글 전반에 걸쳐, 나는 엘리엇과 스펜서 사이의 지적 유대에 대한 Paxton의 탁월한 분석에 많은 빛을 지고 있다.

18) 여성의 열등함에 대한 스펜서의 견해는 시간이 지날수록 더 강화되었다. 1864년과 1867년 사이에 출간되었던 『생물학의 원리들(Principles of Biology)』에서 그는 여성의 신체적이고 지적인 열등함에 대해 훨씬 더 권위주의적인 방식으로 덧칠했고, 이제 (다윈 덕분에!) "증명되었다."고 이야기했다. Paxton(1991: 118)과 Russett(1989: 12ff)를 보라.

19) 경멸적인 뜻의 용어 '푸른 스타킹(bluestocking)'은 본래 18세기의 숙녀인 스틸링플리트 부인(Mrs. Stillingfleet)을 일컫던 말인데, 이 여성은 언제나 자신의 여성 독회 모임에 푸른 스타킹을 신고 나타났다. 그 이후 이 말은 현학적이거나 바보스러워 보이는 식자층 여

성 전체를 일컫는 말로 확장되었다. 『생물학의 원리들』(vol.2, 486쪽)에서 스펜서가 인용하고 있는 내용.

20) Spencer 1873: 32. 19세기의 여성 묘사에 대한 비평으로는 Hubbard(1979), Russett(1989), Shields(1984), Sayers(1982)를 참고할 수 있다. 특히 다음을 보라. Gould 1981; Tavris 1992.

21) Eliot 1859: 285-86.

22) 엘리엇이 스펜서에게 쓴 연애편지 중 유일하게 남아 있는 편지는 다음과 같은 도발적인 관찰로 끝을 맺고 있다. "나는 이전 시대 어떤 여성도 이런 편지를 쓰지 않았을 것이라고 짐작합니다. 하지만 저는 전혀 부끄럽지 않습니다." 그녀의 독특한 용기와 더불어, 그녀는 자신의 느낌을 어떤 시대에든 확연히 눈에 띄는 수준까지 노출시켜 놓았다. 빅토리아 시대에는 물론 엄청난 수준이었다. "당신이 나를 버리지 않을 것이라는 사실, 언제나 저와 함께할 것이라는 사실을 제게 확신시켜 줄 수 있을지 알고 싶습니다.…… 만약 다른 누군가에게 애정을 갖게 된다면 나는 죽고 말 것입니다. 하지만 당신이 나의 근처에 있는 한 일을 계속하고 삶을 더 가치 있게 만들 용기를 모아 볼 수 있을 것입니다. 당신이 무엇인가를 희생하라고 요구하는 게 아닙니다. 저는 매우 기쁘고 활기차게 지낼 것이며, 절대 당신을 불편하게 하지 않을 것입니다. 하지만 나는 다른 삶에 대해서는 전혀 생각할 수 없습니다. 만약 당신이 약속을 해 준다면, 나는 그 말을 믿고 그 말에 의지해 살아갈 것입니다." (Karl(1995: 146)이 원본을 옮겨 실어 인용하고 있음)

23) Spencer 1859: 395.

24) 스펜서는 자신의 자서전에서 이렇게 쓰고 있다. "신체적 매력이 없는 것이 치명적이었다." 그는 엘리엇을 "평범한 여성의 키(였지만) 다부져"서, "자신의 지능을 특징짓는 남성성의 흔적"을 표현하는 "체형"을 갖고 있었다고 묘사한다(Paxton(1991: 17)에 인용되어 있음). 당시까지는 유전자가 아직 발견되지 않았고, 스펜서는 여성이 어머니로부터 외모를, 아버지로부터 두뇌를 물려받는다는 잘못된 이해 속에 있었다는 점을 주목해야 한다. 스펜서나 다윈과 비교해 볼 때 유전의 작동 방식에 대한 엘리엇의 직관은 매우 눈부신 선견지명인 것으로 보인다. 그녀는 신체적 특질과 정신적 특질 모두가 양 부모 모두로부터 오며, 예측 불가능한 방식으로 정렬된다는 점을 옳게 추측했다. 과학에는 접근할 수 없었지만, 엘리엇은 자신의 소설을 가상적인 짝짓기 실험실로 사용했다. 이 실험실에서의 실험은 예측하지 못했던 인성과 유전적 결과를 수확하며 매우 코믹한 인물로부터 비극적인 인물까지 만들어 내고 있다. 그녀의 소설들은 여러 가지 방식으로 남성과 여성의 본성에 대한 본질주의적인 관념들을 확장하고 있었다. 예를 들어 『플로스 강변의 물방앗간(The Mill on the Floss)』에서 엘리엇은 매기 툴리버(Maggie Tulliver)의 아버지가 스펜서식의 충고를 엄밀히 따르도록 한다. 그는 한 여성과 결혼하는데, 바로 그녀의 외모가 뛰어나며 지능은 낮다는 사실 때문이었다. 하지만 그는 영리한 딸과 잘생겼지만 아둔한 아들을 낳게 되어 실망한다. 툴리버는 자신의 딸이 그토록 영리하다는 사실이 얼마나 불행한 일인지에 대해 한탄하며 "이런 일 들어 본 적 있나?"라고 묻는다. 그의 표현을 인용하면 "나는 애들 어머니가 지나치게 똑똑하지 않고 외모가 훌륭한 여자라서 선택했지.…… 하지만 나는 애 엄마가 자매들 중에서 다소 허약했기 때문에 골랐는데, 마치…… 하지만 남자가 자기 머리가 있으면 어디로 튈지 모르지. 그리고 부드럽고 쾌활한 여자가 너희 멍청한 사내들을 계속

낳고 똑똑한 계집들을 세상이 미처 돌아갈 때까지 낳아 댈지도 몰라. 참 드물고 이상한 일이야."(Eliot 1869: 18)

다윈 자신은 이 문제에 대해서는 스펜서와 명확히 결별했다. 그에 관한 한 "더 아름다운 여성을 얻는 데 성공한 남성은 평범한 아내를 둔 다른 남성에 비해 더 오래 지속되는 후예들을 남길 가능성이 더 크지 않을 것이다⋯⋯."(Darwin 1874: 580) 하지만 스펜서가 조지 엘리엇을 거절했을 때 사용하고 있던 기준은 곰곰이 생각해 볼 만한 가치가 있다. 스펜서의 성적 취향이나 개인적인 애정 행각에 대해 알려 주기 때문이 아니라(누가 관심이나 있겠는가?) 스펜서가 제시한 이론적 이유(우생학적인 것)와 진짜 이유였을 가능성이 더 큰 것 사이의 불일치 때문이다. 스펜서는 자신의 말처럼 엘리엇이 갖고 있던 유전적인 모성 자질 때문에 신경을 썼던 것일까? 그가 서술한 이유는 보다 면밀한 관찰을 필요로 한다. 그들이 만났을 때 32살이었던 엘리엇은 여전히 생식력을 지니고 있었으며, 건강함과 지능, 좋은 성격, 그리고 탁월한 돈벌이 능력(스펜서보다 나았고, 당대에 절대적으로 뛰어날 만큼 탁월했다.)이라는 자격을 갖추고 있었다. 엘리엇의 결함에 보다 가까운 것은 튼튼한 신체와 얼굴 부위들의 배치였다(엘리엇이 놀랄 만큼 닮았던 아버지로부터 물려받은 것이 거의 확실하다.). 그 배치는 그녀의 모습을 남성적이고 실제 나이보다 더 들어 보이게 만들었다.

25) Darwin 1874: 558. 이렇게 남성과 여성의 지능에 대한 잘못된 견해의 오류를 폭로한 후속 작업으로는 다음을 참고할 것. Gould 1981; Tarris 1989.

26) Eliot 1871-1872: 183, 301. 남성이 여성의 가치를 차림새로 평가하는 경향은 엘리엇이 아름답지만 파괴적이고 모성적이지 않은 히로인 일당에 맞서게끔 하는 충동을 불러일으켰다(『미들마치(*Middlemarch*)』의 로자몬드 빈시(Rosamond Vincy), 『다니엘 데론다』(*Daniel Deronda*)의 그웬돌린 할레스(Gwendolyn Harleth), 그리고 『애덤 비드(*Adam Bede*)』의 헤티 소렐(Hetty Sorrel)). 엘리엇은 이렇듯 불임의 파괴적인 미인들을, 평범하지만 양육력이 있어 훌륭한 아내이자 어머니가 된 『미들마치』의 메리 가스(Mary Garth)와 대비시키고 있다.

27) Blackwell 1875: 13-14.

28) Fraisse 1985. 여기 인용된 표현은 출판을 거부당한 루아예의 원고에서 나온 것이다. 이는 조이 하비(Joy Harvey)가 쓴 그녀의 전기 『여성, 사회, 그리고 출산율에 대한 클레망스 루아예의 견해(*Clémence Royer on Women, Society and the Birthrate*)』에 부록으로 등장한다(193~203쪽).

29) Harvey(1987: 161)에 따르면 루아예는 중절을 포함한 모든 형태의 출산 조절을 지지했고, 미국에서 벌어지고 있는 일을 듣고 흥미를 느꼈다. 미국의 인구수는 훨씬 적었지만, 한 여성당 임신 중절 건수는 오늘날만큼 높거나 그 이상으로 높았는데, 이는 당시에 출산을 조절하는 데 사용할 수 있는 다른 신뢰할 만한 수단이 없었기 때문이다(Reagan 1997). 출산 조절에 반대했던 다윈은(Desmond and Moore 1991: 627-28) 다른 관점을 택했을 것이다.

30) Harvey(1997: 194)의 인용.

31) Ernest Renan, Harvey(1987: 165)에 인용되어 있음.

32) 많은 저널리스트들이 "과학 전쟁"이라고 불렀던 1990년대의 이데올로기적 갈등은 초기

에 실패했던 이 대화의 씁쓸한 잔존물로부터 자라났다. 생산적인 논의는 터무니없는 방식으로 양극화된 자연(본성) 대 문화(양육)(Nature vs. Culture) 논쟁으로 대체되었다. 자세한 설명은 다음 책들을 참고하면 된다. Morell: 1993b; Begley 1997; Macilwain 1997b; Gross and Levitt 1994; Segerstrale 1997. 그 바로 앞에 등장한 것으로 Harding(1986)이 있다.

33) 예를 들어 1976년에 나온 책의 한 구절을 살펴보자. "간통 여성은 심하게 처벌하는 반면 남성은 자주 용서하는 이중적인 도덕 잣대는 생물학적인 근거를 통해 방어될 수 있다. 이는 남성의 번식 잠재력을 증가시킨다. 그리고 혼외 활동에 개입하는 사람들은 '최적자'이며, 높은 수준의 교활함과 동기, 그리고 종종 신체적인 민첩성을 소유한 사람일 것이기 때문에 생물학적 아버지가 될 자격도 가장 큰 사람이라는 점을 추가할 수 있다."(Burton 1976: 155) 보다 진전된 논의로는 Hrdy and Williams(1983), Horgan(1995)을 참고할 것.

34) Cowley 1996.

35) Pinker 1997: 480.

36) 『다니엘 데론다』(Eliot 1876: 132, 645). 다윈 자신은 장점과는 무관하게 생존하는 부계 자손 중 가장 나이가 많은 자식에게 재산을 남기는 자의적인 관습이 얼마나 아둔한 것인지에 대한 개인적 의견을 공공연하게 드러냈다. "아, 장자 상속제는 얼마나 대단한 체계인가! 자연선택을 망치는구나!" 그는 1864년에 앨프리드 러셀 월리스(Alfred Russel Wallace)에게 이런 내용의 편지를 썼다. 그는 아들들에게 공평하게 물려주는 존경스러운 태도를 보였지만, 딸들은 그만큼 많이 받지는 못했다(Hrdy and Judge 1993).

37) Buss 1994b: 114.

38) De Beauvoir 1974: 51.

39) 이 주장에 대한 가장 설득력 있는 개괄은 Badinter(1981)의 것이다.

40) Kempe et al. 1962. Korbin(1981)이 광범위한 개괄을 제시한다.

41) Rich 1986: 217.

2장

1) Eliot 1990d.

2) Jay 1963.

3) Piercy 1986: 78.

4) 이 문장은 "정상적인 어미는 언제나 어미"인 것처럼 읽히지만, 나는 저자가 암컷이라는 말을 의도적으로 사용했다고 추측한다. Jay(1963: 44)에서 가져온 것. 그러한 구조 기능주의적 견해는 전형적으로 뒤르켐, 그리고 인류학에서는 영향력이 강한 인류학자 A. R. 래드클리프-브라운과 연관된다. 간단한 개괄을 위해서는 Goldschmidt(1996)를 보면 된다. 래드클리프-브라운의 사회 이론이 영장류학에 미친 효과에 대한 논의는 Hrdy(1977: 7-11, 246, 276)를 참고하라.

5) 야생 랑구르원숭이에 대한 1950년대 후반의 연구들 중 하나에서는, 원숭이가 "정상적"으로 행동하는 한에서 가능한 한 오랜 시간 동안 자료를 분 단위로 수집했다. 동물의 행동이 "비정상적"이라고 보이면("비정상적"이라는 말은 대개 다른 동물에 대한 공격적 행동을 뜻했다.), 그 집단은 사회적인 "불안정" 상태에 있는 것으로 여겨졌다. 그렇게 판단되면

자료 수집을 중단했다. "정상적" 행동만을 기록하기 위해서였다. 당연하게도 그 결과로 나온 보고서는 탁월할 만큼 평화로운 사회를 묘사하고 있었다. 모든 개체는 팀을 이루는 선수였고 어미들은 양육자로서 자신의 역할을 확인해 보여 주었다(Jay 1962: 8장).

6) 해리엇 라인골드(Harriet Rheingold)가 1963년에 편저한 고전적 논문 모음집『포유류의 모성 행동(*Maternal behavior in Mammals*)』을 참고할 것. "정상적" 어미와 "비정상적" 어미의 분류는 Calhoun(1962)을 보면 된다. 영아에 대한 연구에서도, 어머니와 영아는 유사한 격리를 거쳤다. 예를 들어 Rheingold & Eckerman(1970).

7) Lack 1971.

8) Mock and Forbes 1995. 주제를 개괄하고 현재까지의 연구 진전 상황을 알고 싶으면 Mock and Parker(1997)를 보면 된다.

9) 당시 우리 중 많은 수가 미국 국립 보건원에서 쥐를 대상으로 실험을 진행한 후 그 결과를 보고했던「인구 밀도와 사회 병리(Population density and social pathology)」(Calhoun 1962)라는 논문에 깊은 인상을 받았다. 칼훈은 전 지구적 인구 위기의 출현과 "인간이 마주한 섬뜩한 가능성"을 염두에 두고 있었던 것이 분명하다. 그는 논문을 맬서스(Malthus)가 악덕, 비참함, 그리고 적응 능력을 초과해 번식하는 이들에게 필연적으로 적용될 수밖에 없는 인구 성장의 한계에 대해 쓴 내용을 인용하면서 시작한다. 칼훈은 둥지를 짓고 새끼를 보살피는 "정상적인" 어미 쥐들의 행동, 그리고 둥지 짓기에 실패하고 새끼를 방치한 "비정상적" 어미들의 병리 행동을 서술한다. 이 연구들은 오늘날 매우 다르게 해석될 수 있을 것이다. 하지만 역사적인 중요성은 그대로 남는다.

10) 내가 1971년에서 1979년에 이르는 기간 동안 간헐적으로 랑구르원숭이를 연구했던 아부산(Mountain Abu)에서는 영아 살해를 수반한 수컷들의 침입이 드물게 작은 하나의 무리에서 반복적으로 발생했다. 자라날 수 있는 새끼들이 너무 적었기 때문에 이 무리는 훨씬 더 작아졌다. 이 집단은 너무 작아서 집단을 강탈한 수컷들은 곧 이웃에 있는 다른 집단까지도 점령하여 두 집단을 동시에 통제하려는 유혹을 받았다. 그 과정에서 이 작은 무리는 또 다른 점령에 극히 취약한 속성을 보였다(Hrdy, 1977). 이 집단은 새로 온 수컷들에 의한 영아 공격에 만성적인 취약성을 보였고, 우리의 관찰이 끝난 1979년까지도 존속했지만 곧 잊혀질 운명에 처한 것처럼 보였다. 이웃하는 집단은 그 집단의 희생을 통해 확장되고 있었다. 영아 살해 행동은 평균적으로 볼 때 수컷 개체 각각에게는 이득이었지만, 집단 자체에 대해서는 상당히 해로웠다.

11) Hausfater and Hrdy 1984; Parmigiani and vom Saal 1994. 가장 최신 자료에 대한 리뷰를 보고 싶으면 van Schaik, van Noordwijk, and Nunn(1999)을 참고할 것. 베네수엘라에 사는 붉은고함원숭이 자료는 Crockett and Sekulic(1984)을 참고. 르완다의 카리소케(Karisoke) 연구 센터에 사는 고릴라들에 대해서는 Watts(1989)를 볼 것. 랑구르나 고함원숭이 사례와는 대조적으로, 고릴라 수컷들은 집단에 거주하는 수컷을 축출해서 그 무리를 점령하지는 않는다. 고릴라는 그보다 젊은 어미를 공격해 영아를 죽임으로써 어미의 현재 짝이 새끼를 보호할 능력이 없다는 점을 보여 준다. 어미는 그 후 체류지를 버리고 살해자 수컷을 따라간다.

12) Sommer(1994)가 자료를 요약하고 있음.

13) 대부분의 사바나비비 무리가 함께 살며 함께 번식하는 수컷들 다수를 포함하며, 이

수컷들이 영아를 보호하는 데 도움이 될 수 있다는 사실에 주목해야 한다. Palombit, Seyfarth, and Cheney(1997)는 보츠와나에 사는 사바나비비들 사이에서 발견되는 유달리 높은 영아 살해율이 집단 내 한 마리의 수컷이 대부분의 번식을 독점하기 때문일 수도 있다고 주장한다.

14) Hrdy 1977. 여기에 관한 최상의 자료로는 Sommer(1994)가 있다. 조드푸르에서 발생한 55건의 사례 중 5퍼센트에서만 침입자 수컷이 자신이 낳았을 **가능성이 있는** 새끼를 공격하려는 시도를 보였다. Borries와 그의 동료들이 네팔에 사는 랑구르에게서 채집한 DNA 자료를 분석한 최근 결과는, 죽임을 당한 새끼 중 누구도 침입자 수컷의 새끼는 아니었다는 점을 보여 주었다(Borries et al. 1998a, 1998b).

15) Frankel 1994; Batten 1992. 암컷 선택에 대한 견해의 역사를 세련되게 다룬 Cronin(1991)의 책 역시 참고할 것.

16) Trivers 1972: 173. 이후 연구자들은 어미가 번식에 바치는 시간, 에너지, 그리고 위험을 정량화해서 그 비용을 영역별로 비교하는 것이 어렵고, 한 자식에 대한 투자가 다른 자식에 투자할 수 있는 능력을 얼마나 감소시키는지를 측정하기는 실질적으로 불가능하다는 점을 알게 되었다. 따라서 이 분야의 연구를 계획하는 사람은 관련된 문제들을 길게 다루고 있는 Clutton-Brock(1991)의 연구를 참고해야 한다. 그뿐만 아니라, 부모 투자 이론에 대한 트리버스의 독창적인 정의는 지속적인 호소력을 갖는 장점 하나를 지닌다. 바로 이 책에서 특별히 관심을 두고 있는 종인 인간에서의 부모의 심리와 잘 부합하는 것이다.

17) Petrie, Doums, and Møller(1998)는 사회적으로는 단혼적인 새들의 개체군에서, 수컷의 유전적 편차가 큰 개체군의 암컷들은 자신의 파트너에게 독점되는 것을 피하려 하며 짝외 교미(extra-pair copulation)를 추구한다는 점을 보여 주었다. Gowaty(1996)를 참고할 수도 있다.

18) Petrie and Williams 1993; Petrie 1994.

19) Møller 1992a; Thornhill and Gangestad 1994.

20) 이론적인 내용을 알고 싶으면 Hamilton(1982)을 보면 된다. 유기체의 기생충 부담을 다루는 실증 사례 연구로 Møller(1992b)는 유기체가 완전한 좌우대칭으로부터 얼마나 이탈했는지(변동하는 비대칭도라고 알려진 것)를 판단할 수 있는 작업 측정치를 제시한다. 수행력과 비대칭도의 상관관계를 보고 싶으면 다음 문헌들을 참고하면 된다. 물고기에서는 Downhower et al.(1990), 곤충에서는 Thornhill(1992a), 새들에서는 Møller and Hoglund(1991). 중요한 대안 가설을 제시하는 Johnstone(1994)과 Enquist and Arak(1994)도 참고. 이들은 암컷이 대칭적 수컷을 선호하는 이유는 신경 하부 구조의 부산물로, 암컷이 짝을 식별할 때 거치는 정보 처리 과정의 방식 때문일 수 있다는 가능성을 제시한다.

21) 주제를 개척한 연구자들이 쓴 논문 Gangestad and Thornhill(1997)을 보면 이 주제를 개괄할 수 있다. 하지만 Jones(1996)는 중요한 주의 사항을 제시한다. 존즈는 5개의 인구 집단(브라질, 미국, 러시아, 그리고 2개의 남아메리카 부족 집단(아체와 히위))에서 변동하는 비대칭성의 척도가 지각되는 매력과 얼마나 큰 상관관계가 있는지를 조사했다. 그가 발견한 상관관계는 갱지스테드와 손힐의 결과와 방향은 같았지만(다시 말해, 변동하는 비대칭도가 낮은 사람들이 보다 매력적이라고 여겨졌다.), 그 결과는 통계적으로 유의미

하지 않았다. 따라서 "이 결과는 변동하는 비대칭성이 매력을 구성하는 요소라는 내용과 는 일치하지만 아주 중요한 요소는 아니라는 점을 보여 준다. 변동하는 비대칭성은 영양 과 병원균으로 인해 과도한 스트레스를 받고 있는 집단에서만 매력의 구성 요소로 부각 될 가능성이 있다."(III)

22) Furlow et al.(1997)이 했던 이 연구는 Blinkhorn(1997)에 인용되어 있다.

23) Trivers 1972; Burley 1977; Thornhill 1979; Eberhard 1996; Gowaty 1996.

24) 고와티와 함께 "자유로운 암컷 선택 프로젝트"와 관계된 작업을 하고 있는 생물학자 연 합은 국립 과학 재단으로부터 36만 달러의 연구비를 지원받고 있다. 이 금액은 동물 행동 학 분야에서는 드물게 큰 연구비로, 암컷 선택에 대한 연구(와 더불어 고와티의 명시적인 페미니스트 견해에 영향을 받은 연구들)가 얼마나 중요해졌는지를 증언해 주는 것이기 도 하다. 암컷이 짝을 고를 때 사용하는 기준을 평가하는 것이 목표였고, 연구는 광범위 한 곤충, 설치류, 어류, 그리고 조류 종에서 수행되었다. 암컷 선택의 생물학적 결과를 검토 하면 다음과 같은 질문에 대한 대답을 얻을 수 있을 것으로 기대되었다. 암컷의 짝 선택은 "이계 번식의 힘"을 위한 것인가? 아니면 "좋은 유전자"를 위한 것인가? 짝짓기를 할 수컷 을 선택할 때 암컷이 얼마나 자유로운가의 여부에 따라 자손의 생존력에 감지할 수 있을 만큼의 차이가 생겨나는가? 엘리엇이나 샬럿 퍼킨스 길먼(Charlotte Perkins Gilman)과 같은 19세기 페미니스트들은 수컷의 제한을 받는 번식 체계가 디스토피아적일 뿐만 아니 라 유전적인 퇴보라는 의혹을 가졌는데, 바로 이 의혹이 사상 최초로 과학적인 탐문의 대 상이 될 수 있게 되었다. 고와티가 지적하는 것처럼 이 질문이 좀 더 일찍 제기되었다면 필 요 없는 노력과 시간을 아낄 수 있었을 것이다. 하지만 지금 그 질문이 제기되고 있다는 것 이 더 중요하다.

25) Rice 1996. 윌리엄 라이스로부터 인용한 부분은 캘리포니아 대학교 산타크루즈 캠퍼스에 서 출판된 신간 안내 서적(1996년 5월 10일자)으로부터 가져온 것이다.

26) Evans, Wallis, and Elgar 1995.

27) Altmann 1980: 1.

28) 진 알트먼의 1974년 논문인 「행동 관찰 연구……(Observational study of behavior……)」 (1986)는 궁극적으로 동물 행동학 분야에서 가장 자주 인용되는 논문으로 인식되기에 이르렀다.

29) Altmann 1980: 6.

30) Altmann, Walton 1986에서 재인용.

31) Day and Galef 1977; Gandelman and Simon 1978; Tait 1980; Packer and Pusey 1984.

32) Andersson 1994: 186-88. 예를 들어 특정 종에서는 수컷이 크고 번식력이 뛰어난 암컷을 선호하는 것으로 입증되었다(Downhower and Brown 1980).

33) Ralls 1976; Harvey, Martin, and Clutton-Brock 1987; Lessells 1991.

34) McHenry 1996; Kramer 1998.

35) 1995년을 기준으로 곰비에서 태어난 14마리의 암컷들 중 6마리가 남아 있었고 5마리는 새로운 공동체로 옮겨 갔으며 3마리는 사라졌다. 1995년에 있던 11마리 성체 암컷 중 5마 리는 본토 출신이었고 6마리는 이주자였다(Pusey, Williams, and Goodall 1997: 주석 22 번).

36) Frank, Weldele, and Glickman 1995; Frank 1997.

37) Wallis and Almasi 1995; Pusey, Williams, and Goodall 1997; 앤 퍼시는 1998년 1월 14 일에 저자와 주고받은 개인적인 서신에서 피피의 자손들의 운명과 최종 손익에 대해 알려 주었다. 이와 유사하게 야생에서 가장 이른 나이의 출산을 기록한 암컷 고릴라는 출생지 에 남아 있는 데 성공한 것으로 기록되어 있다(Harcourt, Stewart, and Fossey 1981: 267). 이 자료들이 주는 교훈은 분명하다. 암컷이고 또 머무를 수 있다면 호향성이 남는 장사가 된다. Wallis(1997)에 따르면 피피는 겨우 평균 3.26년의 출산 간격을 둔 자식들을 생존케 했다. 야생 대형 유인원을 특징짓는 보통의 간격인 5~8년에 비하면 엄청난 것이다. 자원 을 공급받지 않은 야생 침팬지들 중 그렇게 빨리 번식한 사례는 지금껏 알려진 적이 없다.

38) Hrdy(1981: 109)로부터 인용. 사례 연구로는 Sherman(1981)과 Digby(1994)를 볼 것. 일 반적인 리뷰로는 Digby(간행 중)를 참고할 것. 암컷 침팬지에 의한 영아 살해와 동종 포식 이 처음으로 보고되었을 무렵, 구달(1977)은 살해자가 정신 착란인 것이 분명하다고 확 신하고 있었다. 하지만 다양한 계열의 동물 종에 걸쳐 영아 살해 양상을 검토하고 있는 사 회 생물학자들에게 충격으로 다가왔던 것은, 침팬지 사례의 일반적 윤곽이 다른 동물들 에서의 영아 살해와 무척 비슷했다는 것이었다(Hrdy 1981a: 108-9). 1997년 무렵에는 구 달과 그의 동료들조차 침팬지 암컷에 의한 영아 살해가 "한 암컷 개체의 병리적인 행동이 기보다는 드문 위협이더라도 유의미한" 것이라고 확신하게 되었다(Pusey, Williams, and Goodall 1997: 830). 내 생각에는 이것이 주제에 관한 가장 최신의 평가인 것 같다.

39) Blackwell 1875: 22.

40) 여성 현장 연구자들, 특히 영장류학자들은 암컷이 특수하게 직면하게 되는 문제들을 명 료화하는 작업에서 핵심적인 역할을 담당하게 되었다(Fedigan 1982; Haraway 1989; Strum and Fedigan 1996; Norbeck et al. 1997). 다소 늦은 감은 있지만 과학 내에서도 이 주제들이 균형 잡힌 방식으로 폭넓게 다뤄지고 있다(예를 들어 Morrell 1993a를 참고할 것).

영장류학에서의 편견은 훨씬 더 노골적이었을 수도 있지만 이 분류군에만 한정되는 일은 드 물었다. 그렇다면 왜 여성 영장류학자들은 편견의 문제에 더 민감했던 것일까? 그들 중 많 은 수가 사회 과학적인 배경을 갖고 있었고, 그로 인해 보다 일찍부터 페미니스트 저술들 로부터 새어 나온 내용들에 더 많이 노출되어 있었다. 하지만 다른 이유도 있다. 동물들 이 우리 자신을 더 많이 닮을수록 경험적으로 유도된 관찰들을 통해 암컷에 대한 선입 견을 바꾸기가 더 힘들어지며, 또한 내 추측으로는, 연구자가 이해관계의 측면에서 자신 과 같은 성별에 속하는 (연구 대상 동물) 구성원들과 동일시할 가능성이 높아지는 것이다 (Smuts 1985; Hrdy 1986a). 최근에 홈스와 히치콕(Holms and Hitchcock 1997)은 동물 행동학자들이 선택하는 연구 주제에 대해 설문 조사를 진행했다. 결과는 이 일반화와 일 치한다. 일반적으로 여성 행동학자들은 암컷이나 어린 동물들에 관련된 주제를 연구할 가능성이 남성에 비해 더 높지는 않지만, 곤충이나 물고기에 비해서는 포유류를 연구할 가능성이 더 **높다.** 하지만 영장류학자들 중에서는 여성은 암컷을, 남성은 수컷을 연구할 가능성이 유의미하게 높다.

학회 발표 자료집과 다른 출판물을 포함해서 진화 생물학 일반에 여성적 관점이 포함되는 것 을 알리는 저작들로는 Lancaster(1973), Wasser(1983), Rosenqvist and Buglund(1992),

Gowaty(1997) 등이 있다. 개괄을 위해서는 다음 자료들을 보면 된다. Batten 1992; Liesen 1995, 1997; Rosser 1997; Schiebinger 1999. Gowaty, eds.(1997) 역시 참고하라.

41) Eberhard 1990: 263, 1996. 일부 생물학자들은 이 새로운 "여성적 접근"이 "여성의 승리인가, 과학적 승리인가"에 대해 질문하기도 했다(Cunningham and Birkhead 1997). 이 질문은 짓궂기까지 하다. 분명히 오래 지속된 편견을 수정해서 이득을 보는 것은 과학이다. 하지만 질문을 조금 고쳐서, 그 편견을 수정하는 데 여성 연구자들이 남성보다 더 큰 역할을 수행했느냐고 묻는다면, 150년 동안 거의 씌어지지 않은 역사가 그 대답이 참이라는 사실을 알려 준다.

3장

1) Wilson 1971a: 171-76.

2) Seger 1977.

3) M. J. West-Eberhard, 1998년 5월 4일. 캘리포니아 대학교 데이비스 캠퍼스에서 했던 "유연한 표현형(The flexible phenotype)"에 대한 강의에서. 웨스트-에버하드는 이 주제들을 출간 준비 중인 원고(Developmental Plasticity and Evolution(2003, Oxford University Press) ─ 옮긴이)에서 포괄적으로 다룬다.

4) Gowaty(1995)를 볼 것.

5) Paradis and Williams(1989: 84-85)에 인용되어 있음.

6) M. J. 웨스트-에버하드와 1998년 5월 5일에 있었던 인터뷰 중 여왕벌의 메시지에 대한 설명에서 따온 것.

7) 이것이 1970년대의 이데올로기적인 진창과 먼지로 뒤범벅 된 사회 생물학이라는 분야를 새로이 갈고닦는 과정에서 생겨난 광택이라고 생각하는 사람이 있다면, 당시의 문헌으로 돌아가 윌슨의 "행동 척도(behavioral scales)"에 대한 글을 다시 읽어 봐야 한다(1971b).

8) West-Eberhard 1976.

9) Bourke and Franke 1995.

10) Hamilton 1963, 1964. 이 논문들은 해밀턴이 낸 논문 선집인 『유전자 나라의 좁은 길(The Narrow Roads of Gene Land)』 1권에 수록되어 있다.

11) 하루 낳는 알의 수는 사육하는 꿀벌에서 센 것이다(Mairson, 1993).

12) 아버지로부터 특정 유전자를 받을 확률이 50퍼센트인 배수체 번식(인간과 같은 방식)의 경우와는 다르게, 반배수체 유기체에서는 자매들이 아버지로부터 물려받는 모든 유전자가 동일하다. 보통 (배수성에서는) 완전한 형제자매(full sibling, 어머니와 아버지 모두가 같은 형제자매. 어느 한편만 같은 경우에는 반편의 형제자매(half sibling)라고 한다. ─ 옮긴이) 사이의 평균 연관도(average degree of relatedness)는 2분의 1이다(같은 유전자를 어머니로부터 물려받았을 확률 4분의 1과 아버지로부터 물려받았을 확률 4분의 1을 더한 것). 여왕이 하나의 수컷과만 짝짓기를 한다고 치면, 완전한 자매들 사이의 평균 연관도는 4분의 3이다. 전체 유전자의 절반은 아버지로부터 물려받아 동일하기 때문이다. 하지만 암컷은 한 마리의 수컷과 짝짓기하는 경우가 처음에 추측되었던 것보다 드문 편이다.

13) 수벌의 행동 발달과 생애 사건의 시기(최초 비행과 같은 것)는 일벌과 동일한 내분비 메커

니즘에 의해 매개되지만 결과는 매우 다르다(Giray and Robinson 1997).

14) Hamilton 1963, 1964. 다윈 자신은 불임 일꾼이 보이는 헌신에 대해 동일한 논리적 설명에 도달했지만, 유전자에 대해 알지 못했기 때문에 해밀턴과 같은 문제를 파악하지는 못했다. 대신 다윈은 동일한 유비에 의존했다. 그는 불임 카스트에 속하는 개체들의 뚜렷한 속성을 "맛이 좋은 야채"와 비교했는데, 씨앗을 내기 전에 야채가 먹혀 파괴되더라도 "농부가 같은 무리(stock)의 씨를 (거두도록)" 유도해 "거의 동일한 다양성을 확보"하게 되었기 때문이다(Hölldobler and Wilson 1994:97). 기술적으로는 해밀턴의 규칙은 $K>1/r$로 표현된다. 하지만 여기서 사용하고 있는 형식이 해밀턴의 규칙을 학생들에게 가르칠 때 더 이해하기 쉽기 때문에 선호되는 경우가 많다.

15) West-Eberhard 1967.

16) 해밀턴 규칙의 백미는 Mock and Parker(1997)이다.

17) 인간이 가까운 혈육을 더 유리하게 대접한다는 증거로, 특히 사람들이 자신이 죽은 다음 자원을 어떻게 배분하는지를 생각해 볼 수 있다. 증여자가 특정 성별(자원을 가계의 장기 포괄 적응도로 변환하는 데 더 성공적일 가능성이 높은 성별)이나 출생 순위에 따라 차별하는 경우에도 부를 혈육에게 넘겨 준다(Alexander 1979; Betzig 1992; Hrdy and Judge 1993). 사람들이 재산을 혈육(blood kin)보다는 배우자에게 남길 경우에도 아내는 남편에게 재산을 남기는 것을 피하는데, 아마 혼자가 된 남편이 재혼해서 재산을 다른 자식들에게로 돌릴 수 있기 때문일 것이다. 반면 (폐경기를 지난 아내를 둔 사람이 대부분이므로) 번식에 대해서는 덜 걱정하는 남편들은 배우자에게 불리한 편향은 갖고 있지 않다(Judge and Hrdy 1992). 개인적 선호도에서의 족벌주의(nepotism)에 대한 증거로는 Essock-Vitale and Mcquire(1980, 1985a, 1985b)를 볼 것.

18) 인간에서의 해밀턴의 규칙에 대한 글 중 고전이 된 Alexander(1979)를 참고할 것.

19) Hamilton 1963; 1995년의 재출간본 7쪽.

20) 개미에 대해 내가 이야기하는 대부분은 Hölldobler and Wilson(1990)에서 배운 것이다.

21) 말벌 유전학자인 데이비드 퀠러(David Queller)에게는, 그의 근사한 아이디어를 담은 시적 표현을 빌린 것에 대해 양해를 구하고 싶다. 진사회성을 유지하는 확장된 보살핌의 이득에 대해서는 Queller(1994, 1996)를 보면 된다.

22) Hrdy and Bennett(1979: 28)에 인용되어 있음.

23) Hamilton 1995: 355.

24) Werren 1988: 69.

25) Short 1997b: 27.

26) Alberts et al. 1994: 1083.

27) Lloyd 1975; Eisner et al. 1997.

28) 최근에 증폭된 모계 효과에 대한 관심은 다음 문헌을 참고하면 알 수 있다. Pennisi 1996; Fox, Thakar, and Mousseau 1997. 그리고 자세한 개괄을 보려면 다음을 참고할 것. Rossiter 1996; Mousseau and Fox 1998.

29) West-Eberhard 1989.

30) Greene 1989; 1996.

31) Mackinnon 1979: 특히 269-70; Galdikas 1985a and 1985b; Kingsley 1982; 그리고 특히

Maggioncalda et al. 1999.

32) West-Eberhard, in prep.; McNamara and Houston 1996.

33) 작동 방식을 보기 드물게 명쾌하게 논의하고 있는 Boyd and Richerson(1985)을 볼 것.

34) **밈**(meme)이라는 용어는 리처드 도킨스(Richard Dawkins 1982)가 만든 것으로, 유전자와 같이 상속보다는 모방이나 학습에 의해 전달되는 문화 정보의 단위를 뜻한다.

35) Williams 1996b: 15.

36) Hostetler 1974: 203, 290-96.

4장

1) Daly and Wilson 1978: 59. 마틴 데일리(Martin Daly)와 마고 윌슨(Margo Wilson)이 썼고 2판으로 간행된 『성, 진화, 그리고 행동(*Sex, Evolution and Behavior*)』은 이 분야에서 가장 뛰어나고 가장 널리 사용되는 교재다. 나 역시 수업 교재로 이 책을 사용했다. 따라서 나는 "약한 고리"를 인용하는 것이 아니라 표준적인 견해를 인용하고 있는 것이다.

2) 이 주제와 관련해서 최근에 발표된 논문들 중 가장 뛰어난 것 하나로 Altmann(1997)을 들 수 있다. "숫자 세는 경찰"이 수컷 번식 성공을 합리적으로 추정할 수 있다 하더라도 들어맞지 않는 인간 사례의 고전은 Perusse(1993)다. 이 연구는 인공적인 피임 수단을 사용하는 현대 산업 사회 인구를 다룬다.

3) Cronin 1980: 302. Abernethy(1978: 129, 132) 역시 참고.

4) 일본의 영장류학자들은(예를 들어 Kawai 1958)은 서구의 영장류학자들에 비해 암컷 서열 체계의 중요성을 훨씬 먼저 인식했다. 이는 아마도 일본에서는 19세기의 다윈주의적 사고를 거치는 대신 뒤뜰에 있는 야생 마카크를 관찰하면서 연구를 시작했기 때문일 듯하다.

5) Silk 1983 and 1988.

6) Altmann, Hausfater, and Altmann 1988.

7) 앵거스 존 베이트먼(Angus John Bateman)의 이름을 따서 "베이트먼 패러다임(Bateman Paradigm)"으로 알려져 있다. 베이트먼은 1948년에 실험실 군락에 있는 초파리들 중 수컷은 21퍼센트가 번식에 실패했지만, 암컷은 단지 4퍼센트만이 실패했다고 보고했다. 성공적인 수컷 초파리는 가장 성공적인 암컷에 비해 거의 3배에 가까운 자손을 낳게 된다. 베이트먼은 이 결과를 인간에게 외삽했다. 그는 가장 큰 성공과 가장 작은 성공을 거둔 수컷 사이의 차이, 오늘날 번식 성공 편차라고 알려져 있는 것이 언제나 암컷의 번식 성공 편차에 비해 크다고 강조했다. 베이트먼의 관찰은 로버트 트리버스가 채택한 이래(Trivers 1972) 성선택의 중심이 되었다. 트리버스는 이 견해를 부모 투자 개념과 통합시켜 더 정교하게 손질했다. 기본적인 관찰은 옳았지만, 19세기 이래 지속된 낡은 패러다임이 결과가 해석되는 방식을 구체화해서 결국 선택이 암컷에 비해서는 수컷에게 보다 강력하게 작동한다는 과잉 해석을 낳았다. 사실 베이트먼의 실험이 보여 준 것은 짝짓기 경쟁에서 도움이 된 초파리의 특질은 암컷보다는 수컷에게 더 중요했다는 것이다.

8) 오늘날까지도 암컷의 생애 전체에 걸친 번식 성공에 대한 자료는 상대적으로 적은 종에서만 보고되어 있다. 이 문제를 처음 제기하기 시작한 연구들로는 Wasser, eds.(1983), Small, eds.(1984) 등이 있고, 특히 클러턴-브록(Clutton-Brock)이 1988년에 관련된 현장 연구를 집대성한 연구 성과가 두드러진다. 예로 삼을 만한 실험 사례 연구로는 Honig(1994)을

들 수 있다. 인간 사례는 Essock-Vitale and McGuire(1985a and 1985b), Voland(1990), Boone(1986)을 참고할 것.

9) Caroline Tutin, Michael McGinnis, Jane Goodall이 수집한 자료가 Wrangham(1993)에 의해 요약되어 있다. 왜 이러한 "일처다부적(polyandrous)" 요소가 영장류 번식 체계에서 나타나는지에 대한 초기 이론으로는 Hrdy(1981a, 1986a)를 참고할 수 있고, 업데이트된 개괄로는 Small(1990, 1994), Wrangham and Peterson(1996)을 참고할 수 있다.

10) Gagneux, Woodruff, and Boesch 1997. 이들이 행한 연구 결과와 비교할 수 있는 자료로, 곰비, 그리고 스기야마의 연구지인 보수(Bossou)에서 행한 유전학적 연구가 있는데, 타이 (Tai)의 결과를 뒷받침한다(Gagneux, Woodruff, and Boesch 1999).

11) Hiraiwa-Hasegawa and Hasegawa 1994.

12) DNA 증거는 Borries et al.(1998a, 1998b)을 보라. 더 큰 샘플에서 얻었지만 뒷받침할 DNA 증거는 없는 비슷한 자료가 있다. Sommer(1994)를 참고. 남부 네팔의 라나가르 (Ranagar)에서 영아 살해에 의한 영아 사망률의 비율은 Borries(1997)를 참고. 자연적으로 발생하는 실험도 있다. 다른 무리로부터 유괴해 온 혈연관계 없는 영아를 무시하는 랑구르 수컷에 대한 보고로는 Hrdy(1977: 225, 280)를 참고할 것. 이 수컷들은 친숙한 암컷이 데리고 다니는 한에서는 낯선 영아를 공격하지 않는다.

13) Cantoni and Brown 1997. Gubernick, Wright, and Brown(1993) 역시 참고.

14) Huck 1984; Storey 1990.

15) Bruce 1960. 생물학자들이 브루스 효과에 영아 살해가 함축되어 있을지도 모른다는 것을 깨달은 후에도, 최초의 설명은 암컷이 태아를 재흡수하도록 하는 선택압이 수컷에게 작용하고 있을 가능성을 제시했다(Wilson 1975:154). 사실 자신의 태아를 재흡수하는 선택은 암컷에게 작동하고 있을 것이 분명하다. 태아를 잃는 것은 절대 이득이 될 수 없겠지만, 미래가 없는 새끼 무리에게 계속 투자하는 것보다는 덜 불리하다. 그 시점 이후로 어미가 할 수 있는 최선의 선택은 다시 임신하는 것이다. 어미와 영아 살해 수컷의 이해관계는 그 시점부터 갑자기 일치하게 된다. 진화론이 양성에게 적용되는 방식의 변화를 추적하는 데 일차적인 관심을 갖고 있는 연구자들에게는 미묘한 구분이다(Labov et al., 1985). 이 주제에 관련된 가장 뛰어난 작업은 두더지에 대한 연구였다. 두더지의 번식 체계는 생쥐와는 다소 다르고, 수컷에 의해 유도된 임신 중단의 형태도 달라서, 생쥐에 비해서는 상대적으로 후반기의 임신까지 영향을 미칠 수 있다(Storey 1990).

16) 종 내부나 외부에서 방대한 변이를 보이는 설치류를 이렇게 간단히 다루는 것은 옳지 않다. 개괄을 위해서는 Parmigiani and vom Saal(eds., 1994)을 볼 것.

17) 이것은 엘우드가 연구하는 모래쥐(Mongolian gerbil)를 비롯해 다양한 종류의 생쥐에 적용된다. Labov et al.(1985)를 볼 것. Soroker and Terkel 1988; Elwood and Kennedy 1990.

18) 사바나비비에 대한 연구는 Pereira(1983)를 참고. 겔라다비비에 대해서는 Mori and Dunbar(1985)를 참고. 하누만랑구르에 대해서는 Agoramoorthy, Mohnot, and Sommer(1988)과 Sommer(1994)(특히 "찬탈 기간의 유산"에 대해 씌어 있는 174~175쪽, 그리고 부록 III("수컷의 변화와 관계된 유산")에 포함되어 있는 관찰을 눈여겨 볼 것)를 참고하면 된다. 유사한 상황 속에서의 자연 유산은 사자(Packer and Pusey 1984), 그리고 미국 서부 지역의 야생마(Berger 1983)에서도 보고된 바 있다.

19) 뷔르츠부르크에 있는 테오도어 보베리 연구소(Theodor-Boveri-Institut)의 바버라 코닉 (Barbara Konig)은 집쥐에서 새끼의 이유기까지의 생존율이 암컷 생애 번식 성공의 총 편 차의 46~64퍼센트를 차지한다는 것을 보여 주었다(Konig 1994). 이 연구는 쥐의 수명이 비교적 짧고(6개월) 실험실에서 자연적인 사회 조건을 시뮬레이션하기가 보다 용이했기 때문에 가능했다.

20) 현재까지는 협동 번식 체계를 갖는 것으로 알려진 동물들에 대한 총괄적인 개괄은 없 다. 탁월한 사례 연구로는 Solomon and French(1997, *Cooperative Breeding in Mammals*) 와 Stacey and Koenig(1990, *Cooperative Breeding in Birds*)를 추천할 수 있다. 최초의 이 론적 개괄로는 Emlen, Wrege, and Demong(1995)을 보면 된다. 이 연구는 협동 번식 동 물들이 사용하는 결정 규칙을 설계하려 시도하고 있다. 두더지쥐에 대해서는 Lacey and Sherman(1997)을 볼 것.

21) 동물 연구 문헌에 대한 리뷰로는 Packer, Lewis, and Pusey(1992)를 볼 것. 인간 에 대해서는 Hrdy(1992)를 보면 된다. 공동 육아(communal rearing)와 고립 육아 (solitary rearing) 조건에서 유사한 연구 대상의 번식 성공을 실제로 비교한 실험 연 구로 Konig(1994)이 있다. 박쥐 연구는 Wilkinson(1992)를 볼 것. 코끼리 연구는 Lee(1987), 꼬리감는원숭이는 O'Brien(1988). 공동 수유에 대한 개괄로는 French(1997), Tardif(1997)를 보면 된다.

22) 가장 나이가 많은 암컷은 언제나 행동적으로 다른 암컷에 비해 우위에 있다. 종속 암컷 이 수적으로는 더 많음에도 불구하고 으뜸 암컷은 총 302건의 임신 중 219건을 떠맡았 다. 연구한 무리(pack) 중 단 한 군데를 제외하고는 으뜸 암컷이 으뜸 수컷에 대한 우위를 보였는데, 이 수컷은 집단 내의 수컷들 중 가장 나이가 많았다(Creel et al. 1992; Creel et al.(1991) 역시 참고).

23) Digby 1994; Rasa 1994. 보다 이른 연구 리뷰는 Hrdy(1979)가 있음.

24) Hoogland 1994, 1995: 150-53.

25) Hubert 1998; 이와 비슷한 사례를 보고 싶으면 Lock(1990)을 볼 것.

26) Bianchi et al. 1996. 이 현상에 주목할 수 있게 해 준 데이비드 헤이그(David Haig)에게 큰 빚을 지고 있다. 특히 Artlett, Smith, and Jimenez(1998)를 볼 것.

5장

1) Bowlby 1972: 301.

2) Bowlby 1972: 319. 최근의 연구 상황에 대해서는 Tooby and Cosmides(1990)를 참조. Pinker 1997.

3) Coss and Goldthwaite 1995: 89.

4) Prechtl(1965)를 볼 것. Jolly 1972a.

5) 네덜란드에서 하인츠 프레츨(Heinz Prechtl)이 최초로 서술했던(1965) 이 기능적인 설명 은 영장류 조상에서 모로 반사의 생존 가치에 기반하고 있으며, 아동 발달과 관련한 표준 적인 설명 방식이 되고 있다. 예를 들어 Brzselton(1969: 27-29), 아니면 내가 개인적으로 가장 좋아하는 Konner(1991: 54)를 참고.

6) Bowlby 1972: 86.

7) Hartmann(1939)에서 빌려 왔다. Bowlby(1972)를 볼 것(특히 4장, 그리고 인용구는 91~92쪽).

8) Tooby and Cosmides 1992.

9) Pinker 1997: 21, 207.

10) 홍적세 인간은 사막에 거주하는 !쿵 사람들처럼 살았던 것일까? 볼비는 5년이라는 긴 출산 간격을 두고 자손을 낳는 !쿵 사람들의 삶에 대해 다소 알고 있었을지도 모른다. 홍적세의 수집자들은 어쩌면 식단에 고기가 좀 더 많이 포함된 숲 지역 수집자들처럼, 거의 2~3년의 출산 간격을 두고 번식하지 않았을까? 여성이 채집하는 식물성 식량이 주식이 되었을까, 아니면 고기가 더 중요했을까? 사람들이 조개를 비롯한 수중 식량에 의존하거나 그물로 사냥을 했다면, 이때 두 성별 모두 잡이에 참여했을까? 이런 질문들에 대한 대답은 어머니들이 아이를 먹이기 위한 식량을 얻는 데 얼마나 남성들에게 의존했는지, 그리고 여성이 항상 남편의 혈육들 사이에서 살고 있었는지, 아니면 자신의 모계 혈육들 가운데서 더 많은 시간을 보내고 있었는지와 같은 문제들에 영향을 줄 수 있다. 아버지들은 자손에게 자원을 공급하며 보살핌을 제공하기 위해 얼마나 많은 일들을 했던 것일까? 또 도와주는 사람이 있었을까? 여기에 대한 대답은 세계 어떤 지역의 어떤 수렵-채집 사회를 택할 것이냐의 문제만이 아니라, 어떤 사람이 손을 빌려 줄 수 있을지와 같은 집단의 인구학적 특성들에도 달려 있다. 이 문제는 11장에서 논의될 것이다.

11) 이 주제에 대한 압축적인 개관으로는 Foley(1996)를 볼 것. 로버트 폴리(Robert Foley)와 같은 고생물학자와 카플란, 힐과 같은 행동 생태학자, 또한 윌리엄 아이언스와 같은 문화 인류학자는 진화적 적응 환경(EEA)으로부터 눈길을 돌려 인간과 기타 영장류들이 서로 다른 환경에 대처하기 위해 사용하는 "결정 규칙"에 주목하게 하는 흐름의 최전방에 있었다. 아이언스는 EEA라는 말을 "진화적으로 유의미한 환경(Environment of Evolutionary Relavance)"이라는 말로 대체하자고 제안한 최초의 사람이다(Irons 1998).

12) '모계 거주' 배치 속에서 혈육들 사이에 남아 살아가는 어머니는 출생지로부터 멀리 떨어진 곳으로 가서 번식하며 타인들 가운데 사는 어머니에 비해 더 큰 자율성을 보유하는데, 이는 둘 중 하나의 성별이 혼인 시 출생지를 떠나는 것이 관례로 되어 있는 인간 사회만이 아니라, 잘 연구되어 있는 영장류 전반에 걸쳐 적용할 수 있는 일반화된 특성이다.

13) Kolata 1982; Coss and Goldthwaite 1995: 89; Vogel 1998.

14) 기니피그 눈의 망막 조직도 멜라토닌을 분비하는데, 주인으로부터 분리되어 조직 배양 설비에서 살아 있는 한에서는 이제-밤이다, 이제-낮이다를 지시하는 24시간 주기로 이 화합물을 계속 분비한다(Morell 1995). 낮 시간의 리듬에 대한 연구는 햄스터를 가지고 이뤄졌다(Weaver and Reppert 1986).

15) Wood 1994: 368-70; 그리고 그림 8.39.

16) Sieratzki and Wolf 1996.

17) 구피(guppy)는 빠른 진화의 최고 사례 하나를 제공한다. 밝은 빛깔을 지닌 이 담수어는 트리니다드 섬의 강에서 발견되는데, 이 강에는 게걸스러운 시클리드(cichlid) 물고기들이 있어서 구피를 잡아먹는다. 강한 포식압에 대한 반응으로 트리니다드 구피는 고속 차로에서 살게끔 진화했다. 가능한 한 빨리 성숙해서, 잡아먹히기 전에 번식하는 것이다. 하지만 상류 쪽으로 가면 폭포가 여러 개 있어서 구피와 구피의 포식자 모두 상류로 거슬러

올라가는 것을 방해한다. 연구자들은 구피를 포식압이 낮은 서식처에 방류했는데, 여기서는 급속한 변환이 이뤄졌다. 11년 미만의 기간 동안 포식압이 감소된 지 18세대가 채 지나지 않아 구피들은 완전히 다른 '생애사'를 진화시켰다. 이들은 더 크게 자라고 더 늦게 번식을 시작했으며 더 오래 살았다. 보다 느린 어미의 번식 속도는 보다 높은 영아 생존율과 짝을 이루고 있었다.

느리게 번식하는 구피를 잡아 실험실에서 번식하게 하자, 느리게 성숙하는 생애사 일정이 자손에게 전수되어, 부모와 마찬가지로 더 크게 성장하고 더 늦게 번식을 시작하며 더 큰 새끼들로 이뤄진 보다 작은 새끼 무리를 낳았다. 하지만 본래 하류에 있던 빠르게 번식하는 구피는 계속해서 동일하게 빠른 속도로 번식했다. 따라서 두 무리 사이의 차이는 표본이 채집된 야생 개체군에서 발생한 유전적인 변화를 포함하는 것이다. 다음 문헌을 참고하면 된다. Resnick et al. 1997; Rice 1996; Holland and Rice 1999(추가 사례). 최근 연구들에 대한 개괄로 Sevensson(1997)을 볼 것. 호모속과 관련되어 있는 유사한 생애사 변화 사례들로는 특히 이 책 11장을 볼 것.

18) 예를 들어 Glass et al. 1985.

19) Wiley 1994.

20) 이 계산은 유타 대학교의 유전학자 존 시거(Jon Seger)가 한 것이다.

21) Gray et al. 1998.

22) Fowke et al. 1996.

23) Simoons 1978; Bodmer and Cavalli-Sforza 1976. 깊이 있는 사례 연구로 Derham(1991: 226-85)을 참고. 세계 많은 지역에서는 우유를 발효시켜 요구르트나 치즈를 만들거나(가공 방법은 수천 년 전에 발견되었다(Kosikowski 1985: 88).) 먹기 전에 요구르트로 응고시킨다. 이 가공은 소화해야 하는 젖당의 농도를 감소시키는데, 새로운 조건에 적응하기 위해 문화를 이용하는 한 가지 사례가 될 것이다.

24) 질병에 대한 다원주의적 접근에 대해서는 Nesse and Williams(1994)를 참조할 것.

25) Thurer 1994: 287; Hays 1996.

26) 붉은털원숭이의 암컷 서열과 번식 성공 사이의 상관관계를 처음으로 입증한 연구는 Drickmaer(1974)다. 사례 연구로 Silk et al.(1981)과 Altmann(1997)을 보면 된다. 개괄로는 Silk(1987c)를 참고. 나는 1981년의 글에서(Hrdy 1981a: 96-130) 인간에서의 여성 간 경쟁에 대해 알려진 것이 거의 없다는 사실을 강조했었다. 이제는 아직 두께는 별로 되지 않지만 관련된 문헌들이 쌓여 가고 있는 중이다. 다음 글들을 참고. Essock-Vitale and McGuire 1985a and 1985b; Wasser and Isenberg 1986; Campbell 1993; Campbell and Muncer 1994. 특히 Cashdan(1996)을 볼 것.

27) Shostak 1981: 172-75.

28) 많은 신문이 텍사스의 채널뷰(Channelview)에 있는 완다 홀로웨이(Wanda Holloway)의 이야기를 추적했다. 판결 이유에 대해서는 L.A.Times(1996년 9월 10일자)를 볼 것.

29) 사실 현대의 일터 환경은 다양하다. 이들 중 일부의 생태에서는 지질학적인 변화가 **일어나고 있어서**, 일부 여성이 일과 영아 돌보는 일을 병행하는 데 더 실용적인 방법을 제공한다.

30) 이 부분에 대해서는 정보가 거의 없지만, David et al.(eds., 1988)의 책(『원치 않는 탄

생: 중절 금지가 발달에 미치는 영향(*Born Unwanted: Developmental Effects of Denied Abortion*)』을 보면 임신 기간 중에 중절하려 시도했지만 금지당한 여성들에게 태어난 아이를 통시간적으로 연구한 스웨덴, 핀란드, 체코슬로바키아 사례 연구들을 볼 수 있다. 이 연구들은 장기간 정서적 결핍감의 효과가 시간에 따라 확대되며, 일부 사례에서는 (사회적 지원이 있을 때) 경감될 수 있다는 것을 보여 준다.

가장 우울한 결과는 1961년~1963년에 태어난 아이들을 1983~1984년에 추적 조사한 프라하의 코호트에서 동일한 임신에 대해 두 차례 중절 요구를 거부당한 체코 여성의 사례에서 볼 수 있다. 대응 짝(pair-matched) 통제 연구는 행동 장애, 학습 장애, 그리고 장기적 관계 형성 장애가 발달상의 위험을 반영하고 있다는 사실을 밝혀냈다. 이 장애는 시간에 따라 확대되며 "청소년기, 이른 성인기까지 삶의 질에 영향을 미치며, 심지어는 다음 세대에까지 어두운 그림자를 드리울 수 있다."(Dytrych, Matejcek, and Schuller 1988: 102). 소녀에 비해 소년이 더 취약했다(Matejcek, Dytrych, and Schuller 1988: 72).

6장

1) David Macdonald, eds. 1984: 4, 94-95; Pond 1977.

2) M. Yamada의 현장 보고서에 기초한 것으로 Jolly(1972a: 62)에 인용되어 있다.

3) 렙틴과의 연관성은 Angier(1997)를 볼 것. 지방에 대해서는 Frisch(1988)과 Lancaster (1986)를 볼 것.

4) Pond 1978: 559.

5) 로즈 프리슈(Rose Frisch)는 포유류에서의 지방 비축 유형 비교의 맥락에서 둔부 지방 축적이라는 "할부 구매"를 심도 깊게 논의한 최초의 제안자다. Pond(1978: 559)를 볼 것. 열량 추정치는 Prentice et al.(1996)에 나온다. Lawrence et al. 1987; Dewey 1997. 이 호텐토트(Hottentot) 여성은 "충분한 정보를 근거로 한 동의(informed consent)" 하에서 사진을 찍지 않았을 가능성이 있다. 만약 그렇다면 이 사진은 이제 더 이상은 변호할 수 없는 방법에 의해 획득된 매우 귀한 기록이 될 것이다.

6) 이 관습은 Miller(1981: 98ff)에 요약되어 있다.

7) Mascia-Lees, Relethford, and Sorger(1986)의 리뷰를 볼 것. "위장 가설"에 대해서는 Low(1979)를 볼 것. "정직 가설"에 대해서는 Caro and Sellen(1990)을 볼 것. "대칭 가설"에 대해서는 다음 문헌들을 참고할 것. Manning et al. 1997; Møller, Soler, and Thornhill 1995; Scutt et al. 1997.

8) Ben Shaul 1962; Blurton-Jones 1972; Patino and Borda 1997.

9) 유대류와 태반 포유류를 비교하는 고전적인 논문인 Low(1978)를 참고. 더 나이 많은 새끼 캥거루를 위한 젖은 신생아를 위한 젖에 비해 지방이 4퍼센트 더 많이 함유되어 있다 (Ealey 1963; Oftedal 1980).

10) Ealey 1967; Frith and Sharman 1964(둘 다 Pond(1977)에 인용되어 있음).

11) Hayssen 1995.

12) 다야크과일박쥐 수컷이 왜 젖을 분비하는지는 알려져 있지 않다(Francis et al. 1994). 드문 상황에서 염소 수컷과 인간 남성 역시 젖을 분비하는 것으로 알려져 있다. 이 주제에 대한 진전된 논의는 Daly(1979), Diamond(1997a)를 참조할 것.

13) Dixon and George 1982. 새로운 분석 기법이 등장해 과학자들은 곧 소변과 대변 샘플을 사용해 호르몬 수치를 분석할 수 있었다. 따라서 자료 수집은 훨씬 덜 침해적인 과정이 되었다. Ziegler and Snowdon 1997; Gubernick and Nelson 1989.

14) 해마 전문가인 아멘다 빈센트(Amanda Vincent)는 이 현상이 18세기 영국 여성들이 젖의 양을 늘리기 위해 해마를 갈아 만든 특허 의약품을 샀던 신기한 관습을 설명해 줄 수 있을지도 모른다고 본다.

15) Ziegler and Snowdon(1997). 이 연구는 솜머리타마린(cotton-top tamarin, *Saguinus oedipus*)을 대상으로, Dixon and George가 마모셋(*Callithrix jacchus*)에서 했던 연구를 반복 실험하기 위한 것이었다. 두 종 모두 협동적으로 번식하는 신세계원숭이들이다.

16) 협동 번식을 하는 플로리다어치새(Florida scrub jay)에 대한 최근 사례 연구에서 도움꾼의 프로락틴 수치가 높다는 점이 밝혀졌다. Schoesch 1998.

17) 1998년 6월 10일에 존 윙필드와 주고받은 개인 서신에서 인용한 것. Rissman and Wingfield의 찌르레기 연구는 Nelson(1995: 298)에 요약되어 있다.

18) 사례는 Schoesche(1998: 74)로부터 가져온 것이다.

19) Riddle and Braucher 1931; Nicoll 1974. 비둘기 젖에 대한 서술은 각각 다음의 문헌에 등장한다. 황제펭귄은 Prevost and Vilter(1963), 플라밍고는 Studer-Thiersch(1975), 비둘기는 Griminger(1983), Desmeth(1980), Desmeth and Vandeputte-Poma(1980) 역시 참고할 것.

20) Rousseau 1977: 393(1762년에 초판이 간행된 『에밀(*Émile*)』에서); Westmoreland, Best, and Blockstein 1986.

21) 다윈(1859: 171)은 이 점과 관련해 성 조지 미바르트(St. George Mivart)와 나눈 서신 교환을 따르고 있다. Blackburn, Hayssen, and Murphy 1989; Hayssen 1995. 다윈의 영양소 가설과 항생제 가설이 상호 배타적이지는 않다는 점을 눈여겨보라. 둘 다 맞을 수 있다.

22) 인간의 초유는 1온스(약 28그램)당 1.5칼로리의 열량을 함유하는 반면 나중에 분비되는 젖에는 30칼로리가 들어 있다.

23) Fildes 1986: 85-88, 특히 그림 2.3.

24) Gillin, Reiner, and Wang 1983; Newburg et al.(1998)도 볼 것.

25) Short 1984: 41. 구체적인 사례는 Merino, Potti, and Moreno(1996)를 볼 것. 모유의 면역학적 속성에 대한 고전적 연구인 Pittard(1979)도 참고. 최신 자료 개괄은 Cunningham(1995)을 참고.

26) Insel 1992; Insel and Nulihan 1995, 그리고 그 안에 있는 참고 문헌들.

27) 긴장 상태에 있는 여성은 제한받지 않는 분비 반사, 또는 보다 일반적으로는 여기서 내가 찬양하고 있는 특별한 고유함의 느낌을 경험할 가능성이 좀 더 낮다. 하지만 비정상적인 것은 아니고 단순히 불안한 상태이며, 분비 반사가 실패하기 때문에 수유가 개시되고 지속되기가 좀 더 힘들다. 젖이 뿜어져 나오지 않는 탓에 아기는 더 세게 빨고 젖꼭지는 갈라지며 쓰리게 된다. 그런 경우 외용 옥시토신(스프레이 형태)이 도움이 될 수 있다. 그만큼 이완시키는 효과는 없을 수도 있지만 말이다. 이 책은 방법 안내서는 아니다. 하지만 오늘날에는 참고하기에 정말 좋은 책들이 있다. 예컨대 셰일라 킷징어(Sheila Kitzinger)의 『수유의 경험(*The Experience of Breastfeeding*)』(1980)을 추천한다. 수유의 모든 측면에 대해

서는 Stuart-Macadam and Dettwyler(1995)를 참조할 것.

28) Newton 1955; Uvnas-Moberg 1997. 이 계열에 대한 초기 고찰들로는 나일스 뉴턴(Niles Newton 1977: 82)의 선구적인 저작을 보면 된다. Masters and Johnson(1966: 161-63)은 수유 중인 여성이 수유를 하지 않는 여성에 비해 분만 후 더 빨리 성적 반응성을 회복한다고 보고했다. 젖을 물리고 있는 어머니들 일부는 아기가 젖을 빨 때 안정된 수준의 성적 자극, 그리고 심지어는 오르가슴이 유도된다고 이야기한다. 옥시토신과 성적 반응을 개괄한 권위 있는 논문으로 다음을 참고. Carter 1992; Carter, Izja, and Kirkpatrick, eds. 1997.

29) Carter and Getz 1993; Carter and Roberts 1997.

30) Keverne, Martel, and Nevison 1996; Dunbar 1992. Byrne and Whitten, eds.(1988) 역시 볼 것.

31) Keverne, Martel, and Nevison 1996; Gibbons 1998a.

32) 땅다람쥐에서의 연구 결과와 실증적 자료들의 리뷰로 Holmes and Mateo(1998)를 볼 것.

33) 오래된 견해지만 케임브리지에 있는 에릭 B. 케번과 그의 동료들에 의해 새로운 신빙성을 얻게 되었다. 다음 문헌을 참고할 것. Keverne, Martel, and Nevison 1996; Keverne, Nevision, and Martel 1997; Dunbar 1992; Bryne and Whitten, eds. 1988.

7장

1) 한 헤드라인이 "양육 본성의 실마리"를 발견했다고 확언한다(New York Times 1996a). "어미 역할의 본질"은 Havard Gazette(1996년 10월 31일자)에서 인용한 것이다. Science(Cohen 1996)의 헤드라인은 이런 질문을 던진다. "본성이 양육을 추동하는가?"

2) Brown et al. 1996; 제니퍼 브라운과의 개인 서신 교환에서(1998년 3월 11일).

3) 인용한 브라운의 글은 Cohen(1996:577)에 나온다. 브라운의 서술은 우리에 흩어져 있는 새끼들을 언급하고 있기는 하지만, 사진에서 새끼들은 둥지에서 같은 간격을 두고 정렬되어 있다. 이것은 어미 자신이 새끼를 밀쳐 냈을 가능성을 암시한다. 아직 살아 있는 새끼가 자신의 보금자리에 속하는 생명체라는 사실을 지각하지 못했을 수 있는 것이다.

4) 여기서 참고하고 있는 글은 Cell에 실린 논문(Brown et al. 1996)과 그린버그 실험실 구성원 한 명과 진행한 인터뷰를 실은 New York Times 기사(1996a)다.

5) Cohen 1996: 578.

6) 모성 행동의 생리학에 대한 빠짐없는 개괄로 Numan(1988)을 볼 것.

7) Terkel and Rosenblatt 1968.

8) 산후 공격성(postpartum aggression)은 일부 야생 혈통에서 빨리 개시된다. 하지만 vom Saal et al.(1995)이 실험한 결과 특별히 공격적인 야생성의 캐나다집쥐(Canadian *Mus domesticus*)조차 분만 3일 이전에는 침입자에 대한 공격률이 최고조를 이루지 않는 것으로 밝혀졌다.

9) Parmigiani et al. 1994; McCarthy and vom Saal 1985.

10) Konig, Riester, and Markl 1988. 생쥐(*Mus musculus*)에 대한 연구에서 영아 살해자 수컷에게 죽임을 당한 새끼의 75퍼센트는 생후 3일 안에 죽임을 당했다(Manning et al. 1995). 스테파노 파르미지아니와 그의 동료들(1994: 349-50)은 산후 어미 공격성은 산후에 짝짓기를 하는 동물에게서 여러 마리의 잠재적 짝들의 자질을 검증하는 부가적 기능을 수행

할 수 있다고 추론했다.

11) Svare and Gandelman 1976. 이 연구가 진행될 때에 비해 오늘날에는 훨씬 엄격한 동물 복지 지침이 있다.

12) Parmigiani et al. 1994: 342-43.

13) 예를 들어 Bekoff 1993.

14) Hrdy and Carter(1995)로부터 인용한 부분. 태반 섭취(placentophagia)에 대해서는 Kristal(1991)을 볼 것.

15) 들쥐를 통한 연구에 기초하고 있다(Insel and Shapiro 1992). Carter(1998)의 개괄을 참조.

16) Keverne 1995.

17) 특히 Bridges et al.(1985)을 볼 것.

18) 사회적으로 박탈당한 어미들이 호전되는 방법을 학습한 데 대한 가장 유명한 사례는 "어머니 같지 않은 어머니"에 대한 해리 할로(Harry Harlow)의 유명한 복원 연구라고 할 수 있을 것이다(Suomi and Harlow 1972). 동물원에서 태어난 유인원들이 첫 새끼를 보살피는 데 실패하는 일이 가끔 생긴다. 동물원 관리자들이 그때 새끼를 제거해 손수 기르게 되면 문제가 영구적으로 지속될 수도 있다. 일부 동물원은 이제 현실적으로 '어미 역할' 치유 프로그램을 갖고 있다. 미래의 어미 고릴라에게 갖고 놀 장난감을 주는 것이다! 하지만 과학적으로는 그런 프로그램의 효과에 대해 평가하기는 힘들다. 당연한 일이지만 일부 어미들은 나이를 먹어 감에 따라 상태가 호전될 수 있기 때문이다.

19) Gibber 1986.

20) 첫째로 태어난 영아의 높은 사망률은 사육하는 원숭이와 야생의 원숭이에서 널리 보고되어 있다(Harley 1990; Drickamer 1974; Silk et al. 1981). 야생 고함원숭이(howler monkey)에서의 실패율은 최고 기록이 될 것이다. 일부 작은 샘플에서는 첫째로 태어난 영아 중 단 하나도 살아남지 못했다(Glander 1980).

어미의 연령

인간 개체군에서도 동일한 J-모양의 패턴(즉, 아주 젊거나 나이가 많은 어머니에게서 가장 높음)이 전형적으로 발견된다(Srivastava and Saksena 1981; 국제 보건 기구 1976). 증가된 사망률 일부는 경험이 없다는 사실만이 아니라 매우 어린 어머니의 신체적 한계 때문에 비롯된 것일 수 있다.

21) *Time*, September 2, 1996. 영장류학자 프란스 드 발(Frans de Waal)은 흥분 상태를 진정시키기 위해 칼을 뽑아 들고 《뉴욕 타임스(*New York Times*)》에 "가장 친절한 자의 생존:

원숭이 사마리아인이 자연의 본심을 드러내다."라는 제목의 글을 기명 논평 지면에 기고
했다(1996년 8월 22일자).

22) Kendrick, Levy, and Keverne 1992.

23) Honig 1994.

24) Porter 1991; Fleming, Corter, and Steiner 1995; Formby 1967.

25) "Switched at birth", *USA Today*(April 17, 1998), 2A.

26) Silk 1990; Hrdy 1976.

27) 다양한 긴꼬리원숭이과 원숭이 종에서(붉은털원숭이와 일본원숭이, 비비, 귀논(guenon)
등) "유괴"로 인해 새끼가 굶어 죽는 사례가 보고되어 왔다. 매우 드물게만 보고되지만, 이
런 종에서는 어미가 다른 암컷에게 갓난아기를 데려가도록 허용하는 일 또한 드물다. 내
가 처음으로 이 현상을 식별했을 때는 에드 윌슨이 대행 어미라는 말을 고안해 내기 이전
이었기 때문에, 나는 그 현상을 "죽음을 불러오는 이모(aunting to death)"라고 불렀다.
Hrdy(1976: 125-28)에서 "무능력, 유괴, 그리고 죽음을 불러오는 이모"에 대한 부분을 보
면 된다. "대행 어미 학대"와 유괴에 대한 현대의 리뷰로 Silk(1980)를 참고할 수 있고, 대
행 어미 보살핌과 학대에 대한 최신 자료 개괄은 Nicolson(1987)을 보면 된다.

28) "수집의 자유 가설(freedom to forage hypothesis)"은 Hrdy(1976)에서 처음 제안되었다.
Whitten(1983)은 후속적으로 야생 버빗원숭이(vervet monkey) 어미가 새끼를 집단 동
료에게 넘겨준 후 식사에서 이득을 본다는 사실을 보여 주었다. 사육 버빗원숭이 자료는
Fairbanks(1990)를 볼 것. 야생 모자랑구르(capped langur) 자료로는 Stanford(1992)가
있다. 1997년에 Mitani and Watts는 대행 어미 보살핌이 더 빠른 영아 성장, 그리고 더 빠
른 번식과 연관되어 있음을 보여 주는 비교 분석 논문을 게재했다. 이와 비슷한 결과로
Ross and Maclarnon(1995)을 볼 것.

29) Hrdy and Hrdy 1976; McKenna 1979; Borries, Sommer, and Srivastava 1991.

30) 사육 상태와 야생 상태 모두의 조건에서 임신한 원숭이에게 발생하는 호르몬상의 모성
"준비"처럼 보이기는 하지만, Terkel and Rosenblatt이 쥐들을 통해 보여 준 것과 같이 호
르몬이 그런 역할을 담당한다는 결정적 증거를 제공하고 있는 내분비학 연구는 한 개도
찾아낼 수 없었다. 야생 랑구르의 자료는 Hrdy(1977:198-241)를 볼 것.

31) Hrdy 1977: 214-17. 오래전 나는 영아 공유 종의 모유가 대부분의 영장류에게 특징적인
묽은 젖에 비해 더 짙은 것은 아닐까 궁금했다. 하지만 오리건 주의 포틀랜드에 있는 워
싱턴 파크 동물원(Washington Park Zoo)에 있는 질 멜런(Jill Mellen) 박사 덕분에 하누만랑
구르와 검정콜로부스, 흰콜로부스 원숭이의 젖 샘플을 결국 얻을 수 있게 되었다. 캘리포
니아 대학교 데이비스 캠퍼스 영양학과에 있는 보 로너달(Bo Lonnerdahl)은 이들 젖의
단백질과 지질 함유량이 영아 공유가 없는 종인 붉은털원숭이의 젖에 비해 통계적으로 유
의미하게 높지는 않다는 사실을 발견했다.

32) Trevathan 1987: 59-60. Jordan(1985, 1993) 역시 볼 것. 초기의 무관심은 1970년대 후반
영국에서 수집했던 샘플을 보면, 처음 어머니가 된 사람들의 절반가량에서도 나타난다
(Robson and Kumar 1980). 마치구엔가의 자료는 Johnson(1981)을 볼 것.

33) 자료에는 초산 여성 153명이 포함되어 있었고, 여러 번 출산 경험을 한 어머니는 40명뿐
이었다(Robson and Kumar 1980).

34) Jordan 1993: 107; Trevathan 1987: 59. Newton and Newton(1962) 역시 참고.

35) 처음에는 대형 유인원이 새끼를 핥지 않는다고 여겨졌다. 이후 관찰을 통해 새끼를 핥는 다는 사실이 확증되었다. Lindburg and Hazell(1972)에 리뷰되어 있다.

36) Stewart 1984, 그리고 개인적인 서신 교환.

37) !쿵 출산의 세부 사항은 Shostak(1981: 194-95)에서 가져온 것이다.

38) "이들은 갓난아기를 씻기거나 목욕시키지 않지만, 어미는 태어나자마자 핥아 준다." (Rockhill 1895: 231)

39) Lindburg and Hazell 1972; Soranus(1956년의 번역).

40) 웬다 트레바탄과 브리짓 조던이 지적한 것처럼, 인간의 출산을 비교 문화적으로 연구한 저작은 놀랄 만큼 드물다. 그들의 책이 가장 훌륭한 정보원이다.

41) Cox 1995.

42) Asch(1968)가 이 이론에 대해 논의한다.

43) Pinker 1997: 444; Hagen 1996.

44) Fleming et al. 1988.

45) Ahokas, Turtiaien, and Alto(1988)에 나오는 사례 연구를 참고할 것.

46) Howell(1979)과 8장의 논의를 볼 것.

47) 출산과 결합된 정신 병리 반응으로 고통을 겪는 어머니들의 평균 연령은 28세이다 (Herzog and Detre 1976).

48) 수유 중 공격성 가설은 이탈리아의 정신과 의사 팀이 제안했다(Mastrodiacomo et al. 1982-83. Numan(1988: 1607)에서 재인용).

49) Mastrodiacomo et al. 1982-83.

50) Fleming et al. 1990.

8장

1) 연구 참여자 집단은 높은 지위의 여성 367명과 남성 180명, 낮은 지위의 여성 1,454명과 남성 877명으로 구성되어 있었다. 평균 연령은 80세였다. 남자 쌍둥이에서는 이 수치와 비교할 수 있는, 아이와 치아 손실 사이의 연관 관계가 발견되지 않았다(Christensen et al. 1998).

2) Lancaster and Lancaster 1983.

3) Charnov and Berrigan 1993; Galdikas and Wood 1990.

4) 언제나 그렇지만 소수의 예외는 있다. 인간과 마찬가지로 다른 집단 구성원이 젖 뗀 이후의 미성년에게 자원 공급을 하는 영장류 종이 있다. 예를 들어 타마린 아비는 젖 뗀 새끼에게 이따금 메뚜기를 잡아다 주며, 보노보 대행 어미는 자신과 친한 암컷의 새끼에게 먹을 것을 주기도 한다. 보통의 침팬지 어미는 8살이나 먹은 새끼가 별식인 흰개미나 견과류 알맹이를 달라고 조르면 주기도 한다. 대부분의 '공유' 행동은 잎을 쳐 낸 잔가지를 흰개미를 낚으려 구멍에 밀어 넣거나 껍데기가 딱딱한 견과를 깨서 열 때와 같이, 새끼가 어미 곁에서 실수를 연발하며 연습할 때 볼 수 있다. 하지만 어떤 상황에서도 인간의 아동이 필요로 하는 대규모의 자원 공급이 이뤄지는 경우는 없다.

5) Kaplan 1994: 760.

6) Kalish 1994.

7) Berkson 1973; Fedigan and Fedigan 1977.

8) Daly and Wilson 1988.

9) **절대 없다**는 말은 행동을 서술하는 말로 쓰기에는 위험한 말이다. 하지만 나는 이 영역에서 수년 동안 연구를 해 오면서 사육되는 영장류를 제외하면 예외에 대한 이야기를 들은 적이 한 번도 없다. 사회화의 기회, 또는 어머니가 되는 법을 배울 기회가 없었던 원숭이 어미가 새끼를 학대할 수 있다는 점은 잘 알려져 있다. 가장 극단적인 사례로는 Harlow et al.(1966)을 보면 된다. 자세하게 연구되어 있지만 거의 설명되지 않은 사례가 하나 있다. 야생에서 태어났지만 로마 동물원에서 사육되고 있던 일본원숭이 어미로, 이 어미는 거의 예외에 가까운 사례를 제공한다. 이 원숭이 어미가 새끼를 치명적으로 학대하는 모습이 기술되어 있다(Troisi et al. 1982). 애틀랜타에 있는 여키스 영장류 연구소(Yerkes Primate Center)에서 어미의 "학대 성향"이 식별된 적이 있다(Maestripieri 1998). 하지만 학대 성향을 보인 붉은털원숭이 어미(대개 서열이 낮거나 특별히 불안한 성향을 보임)들은 살해자 성향보다는 엄격하게 통제하려는 성향을 보이는 것에 가깝다. 야생에서의 어미 학대 자료가 그토록 드물다는 사실은 학대가 발생하지 않거나 혹은 관찰자들이 기록할 기회를 갖기 이전에 새끼가 죽거나 둘 중 하나라는 점을 뜻한다. 하지만 야외에서 영장류를 관찰한 시간이 총 수십만 시간에 달한다는 사실을 보면 관찰자들이 못 보았을 가능성은 별로 없다.

10) 어미가 빌려 온 새끼보다 자신의 새끼를 선호하는 현상은 Hrdy(1977: 7장)를 보면 된다. 쌍둥이로 태어나는 '비용' 및 입양한 새끼와 친자식 쌍둥이 사이에서 어미가 친자식을 선호하는 경향에 대한 정량적인 증거로 Elssworth and Andersen(1997)을 참고할 수 있다. 쌍둥이에 대한 일화적인 사례들은 의미가 있지만 해석하기는 까다롭다. 쌍둥이 딸 중 더 병약한 자식을 버린 야생 고릴라 어미의 사례가 거기에 해당된다.

11) 야생에서는 멸종 위기에 처한 사귀누스 오이디푸스(*Saguinus oedipus*)는 사육 상태에서는 잘 번식한다. 다음에 나오는 자료는 뉴잉글랜드 영장류 연구소(New England Primate Center)에서 20년에 걸쳐 태어난 659마리의 새끼로부터 얻은 것이다. 이 새끼들에게 가장 중요한 문제는 도움을 받을 수 있는지의 여부였다. 동생을 기르는 일을 도울 수 있는 나이 많은 형제자매가 있었던 65마리의 새끼들 중 어미에게 거부당한 새끼는 12.3퍼센트밖에 안 되었다. 하지만 손위 형제가 없을 경우에는 148마리의 새끼들 중 57.4퍼센트가 거부당했다(Johnson, Petto, and Sehgal 1991). 마모셋과 타마린 새끼가 버려지는 현상은 야생에서도 관찰되었지만 유기율은 알려지지 않고 있다(Leslie Digby와의 개인 서신 교환에서).

12) 여기서 나는 좋은 의도를 지닌 보편적인 어미 관습, 즉 동생이 울 때나 젖 뗀 손위 자식이 젖꼭지를 가로채려 할 때 어미가 손위 자식을 위협하는(야단치는) 행동은 고려하고 있지 않다.

13) 이 랑구르 사례에서 공격자는 어미의 새로운 짝인 것으로 알려져 있었다. 고릴라의 사례에서 연구자 데이비드 와츠(David Watts)는 그 수컷이 어미의 짝이라고 추측했다. 와츠는 어미가 새로운 수컷이 포함된 집단으로 옮겨 갔을 때 뒤에 남겨진 젊은 고릴라(2.8년에서 4년의 나이)들의 사례를 8건 관찰했다. 거의 대부분의 사례에서 젊은 고릴라는 형이나 어미의 전 애인에게 애착을 형성했다(Watts 1989. 그리고 와츠의 미간행 원고인 "카리소케

의 고아들"). 거의 젖 뗄 무렵이 된 새끼를 수컷으로만 이루어진 무리에 남겨 두는 어미들에 대한 추가적인 설명으로 Moore(1985)를 볼 것. 사춘기 이전의 암컷이 수컷을 유혹하는 사례로는 Hrdy(1977: 269-71, 278)를 볼 것.

14) 유타 대학교에 있는 헨리 하펜딩과 그의 동료들은 현대 인간에서 유전적 차이가 보이는 경향성을 이용해 "과거 인구학적 사건"을 재구성했다(Harpending et al. 1998). 사하라 남부 지방의 인구가 일부 디아스포라가 "아프리카 탈출"에 성공하기 이전 이미 아프리카 내에서 확장되기 시작했다는 증거가 일부 있다. Relethford 1998.

15) Gene Hammerl(1996); 현재 인구 성장률은 Cohen(1995)을 볼 것.

16) Darwin 1874: 586; Birdsell 1968. 자료에 대한 논의와 보다 폭넓은 리뷰는 Lee(1979: 317-20)에 등장한다.

17) Hrdy 1992: 표1; Howell 1979: 3-5장; Scrimshaw 1984.

18) Frisch 1978; Huss-Ashmore 1980.

19) Angier 1997.

20) Goodall 1986: 81, 443. 일부 학자들은 사춘기 불임이 소녀가 아기를 안전하게 통과시킬 수 있을 만큼 골반이 발달한 후 출산할 수 있게 해 준다고 주장해 왔다. 하지만 이 사실은 침팬지의 사춘기 불임을 설명하기 힘들다. 침팬지들은 인간 여성처럼 분만을 위해 새끼를 짜낼 필요가 없기 때문이다.

21) 랭햄(Wrangham 1993: 55)은 암컷 침팬지가 평생 동안 평균 6,600회의 교미를 한다고 추정한다. 이중 60퍼센트는 생애 최초로 임신하기 전에 이뤄지며, 3,600회 정도로 추정된다. 첫 임신 당시 나이에 대해서는 Wallis(1997)를 볼 것.

22) Tutin 1975.

23) 네팔과 고지대 뉴기니 자료는 Wood(1994: 37-38)를 볼 것. 동일한 주제에 대해 가장 심혈을 기울인 연구로는 Strassmann and Warner(1998)가 있다. 이들은 자세한 내용을 담은 인터뷰와 호르몬 분석 자료를 통해 서아프리카 지역에 있는 도곤(Dogon) 여성이 26~29세에 생식력의 정점을 맞게 된다는 사실을 밝혀냈다. 핵심 변수는 연령, 출산 경력, 그리고 수유 상태였다.

24) 야생 영장류에서 자연 발생적 유산을 감별해 내기는 까다롭다. 하지만 사육되는 영장류의 경우 젊은 암컷은 출산 경험이 있는 어미에 비해 유산하는 경향이 더 큰 것으로 밝혀져 있다(예컨대 Graham(1970)은 침팬지 자료를 보여 준다.). 일반적인 논의는 Lancaster(1986); Anderson and Bielert(1994).

25) Dahl 1998.

26) 미국에서의 10대 임신율은 1957년의 정점에서부터 계속 떨어지고 있는 중이다. 까닭의 일부는 순결 캠페인에도 있지만, 새롭고 간편하게 사용할 수 있으며 안정적인 노르플랜트나 데포프로베라와 같은 피임약 덕분이기도 하다(Lewin 1998).

27) Overpeck et al. 1998: 1215, 그리고 참고 문헌.

28) Danker-Hopfe 1986.

29) Surbey 1990, 1998.

30) Draper and Harpending 1982. 이 가설의 발달학적 측면에 대해서는 Belsky, Steinberg, and Draper(1991)를 참고. 인간에서 수입의 안정성과 난교성의 연관 관계는

Weinrigh(1977)를 볼 것.

31) Belsky, Steinberg, and Draper 1991; Walsh 1998. 인용문은 Rossi(1997)를 볼 것.

32) Moffitt et al.(1992)의 논의를 참조.

33) Bugos and McCarthy 1984; Daly and Wilson 1988: 62-63.

34) 개괄을 위해서는 Lancaster and Hamburg, eds.(1986)를 볼 것. 사회학자 알린 제로니무스(Arline Geronimus, 1996)가 최근에 발표한 일련의 논문들은 고용이나 결혼 전망이 어두운 여성이 일찍 출산할 때 얻게 되는 이득에 대해 분석하고 있다. 다른 무엇보다 이 10대 어머니들은 아직 살아 있어 자신을 도와줄 수 있는 어머니와 할머니가 있을 가능성이 크다.

35) 버빗은 영아 공유 원숭이기 때문에, 일찍 출산했거나 혹은 야생 버빗으로서 일반적인 나이에 출산했는지의 여부와는 관계 없이, 처음으로 어미가 된 버빗조차 출산 이전에 어머니 역할을 연습할 기회가 있었다(Fairbanks 1995; Fairbanks and McGuire 1995).

36) 두 마리의 원숭이 사이에서 벌어지는 단순하고 예측 가능한 상호 작용으로부터 완전한 긴꼬리원숭이 사회 체제로 이행되는 방식에 대해서는 캐나다 영장류학자인 버너드 차페이스(1988; Chapais et al. 1991)가 수행했던 실험을 볼 것.

37) Hrdy 1981a: 111-12. 잘 보고된 사례 연구로 Fairbanks and McGuire(1986), Fairbanks(1988)를 볼 것. 버빗원숭이에 대한 페어뱅크스의 연구는 초산하는 암컷이 첫 새끼를 잃게 될 위험은 언제나 높지만, 어미가 집단에 더 이상 없어 지원을 해 주지 못할 경우에는 훨씬 더 높아진다는 점을 보여 주었다. 이러한 할머니 효과(grandmaternal effect)는 출산 무렵 딸이 아주 어린 경우에는 더 두드러진다.

38) 이러한 양상은 북아메리카와 남아메리카, 그리고 아프리카에서 보고된 바 있다. 다음 문헌을 참조할 것. Lee 1979; Hawkes n.d.; Kroeber 1989: 203, 242ff; Voegelin 1942; Hill and Hurtado 1989.

39) Murdock(1967)에 따르면 전 세계 문화의 71퍼센트가 부계 거주제(patrilocal)를 따른다. 즉, 아내가 자신의 출생지를 떠나 남편의 혈육들과 함께 살러 가는 것이다. 홍적세 조상들과 가까운 방식으로 살아가고 있는 많은 현대 수집 사회에서는 약 절반가량(56퍼센트)이 부계 거주를 택한다. 나머지 사회에서는 모계 거주(matrilocal) 또는 양계 거주(bilocal), 즉 남편 또는 자신의 혈육 중 형편에 따라 옮겨 가는 형태로 산다(Ember 1978). 이 통계는 말을 이용하거나 배를 타고 하는 낚시(1만 년 전쯤에 도입된 최근의 혁신)에 일차적으로 의존하는 수렵-채집자는 제외하고 분석한 것이다. 아체의 사례는 Hill and Hurtado(1996: 234ff)를 볼 것.

40) 클라우스 베데킨트(Claus Wedekind)와 스위스 베른 대학교(University of Bern)의 동료들은 이 연구를 조직 적합성 복합체에서 수행했다. Furlow 1996을 보라.

41) Wollstonecraft 1978: 315. 울스톤크래프트 자신은 슬프고 기이하게도 자신의 유일한 아이를 1797년에 낳은 직후 산욕열(puerperal fever, 또는 "수유 열병(milk fever)")로 잃었다.

42) Lewis 1986: 212ff, n.63.

43) Ellison 1995.

44) *Harper's Bazaar* 1997년 10월자 132쪽에 실린 휴대용 현미경 회사의 광고.

45) 이 피드백 고리의 생리학에 대한 간단한 설명은 Vitzthum(1997)에서 볼 수 있다. 생식력 통제에서 모유 수유가 차지하는 역할을 이해하게 된 역사에 대해서는 Ellison(1995)을 볼 것. 보다 자세한 설명으로는 Wood(1994), 그리고 출간 준비 중인 Ellison의 저작 (*On Fertile Ground: A Natural History of Human Reproduction*(2003, Harvard University Press) — 옮긴이)을 참고할 수 있다. 문화의 영향을 자세하게 검토한 연구로는 Panter-Brick(1989), Stallings, Panter-Brick, and Worthman(1994), Vitzthum(1989)을 참고할 수 있다.

46) Stern et al. 1986.

47) Ackerman(1987: 626)에 등장하는 피터 엘리슨과의 인터뷰. Ellison(1995) 역시 볼 것.

48) 리(Lee 1979: 442)가 최초로 제안했던 이 모델은 블러턴-존스(Blurton-Jones 1986)에 의해 검증되었다.

49) Blurton-Jones 1993; Hill and Hurtado 1989.

50) Lancaster 1978; Klein 1992; 침팬지에서의 노동 분업은 McGrew(1979)를 볼 것.

51) 신석기 시대의 인구학적 반등에는 보다 빠른 인구 성장률이 포함된다고 오랜 동안 가정되어 왔지만, 지난 수십 년 동안 인구학자들은 채택된 이 지혜의 배후에 있는 가정들을 검증하기 위해 수렵-채집자들의 생명표를 작성해 왔다. 유진 A. 하멜(Eugene A. Hammel 1996)은 수집 사회의 인구와 정착 사회의 인구에서 여성 사망률과 영아 사망률, 그리고 출산 간격의 인구학적 영향을 검토했다. Pennington(1996)에는 정착 생활이 유아 및 아동 사망률, 그리고 인구 성장에 미치는 영향이 보고되어 있다. 인용문은 Lee(1979: 330-32)를 볼 것.

52) 1996년 12월에 일본의 고고학자 사이치 토야마(Syichi Toyama)가 양자강 지역에서 발견된 쌀가루의 탄소 연대 측정 결과를 발표했다. 보고에 따르면 중국 중부 지역에서 쌀 재배는 1만 1500년 이전부터 행해졌는데, 북부 중국에서 7,800년 전에 이뤄졌던 기장 재배보다 훨씬 이른 것이다(Normile 1997: 309). Smith 1997 역시 볼 것. Bogucki 1996.

53) 중동, 프랑스, 그리고 수단 지역에서 발견되는 가장 오래된 토기 목록에는 곡식을 끓여 이유식 용도의 죽을 만들기 위한 작은 단지가 항상 포함되어 있다(Molleson 1994; 런던 자연사 박물관 고고학 분과의 테야 몰리슨(Theya Molleson)과의 개인 서신 교환, 1997년 11월 25일; Fildes 1986: 328-50).

54) 고고학적 지혜를 따르면 사람들이 유용한 혁신적 장치들을 채택할 때, 유전자보다는 문화적 특질들이 퍼져 나갔다. 하지만 Ammerman and Cavalli-Sforza(1984)가 제안한 "딤 확장 가설(demic expansion hypothesis, 딤(deme)은 비교적 가까운 혈연관계에 있는 개체들이 이루는 소규모 집단을 일컫는다. — 옮긴이)"에 따르면, 농경에 의존하는 인구 집단이 새로운 지역으로 확장해 가며 증가함에 따라 신석기 농부들과 중석기 집단을 마주치게 되면서 삶의 방식과 언어를 교환하는 동시에 유전자 이동을 야기했다. 이 가설은 이제 유럽 지역에 대해서는 일반적으로 수용되고 있다(Jones 1991).

55) 야생 대형 유인원에서 발견되는 가장 긴 자연적 출산 간격은 8년이다(Galdikas and Wood 1990). 인간의 출산 간격은 더 짧지만 Pennington(1996)이 지적하는 것처럼 출산 간격과 생활 양식 사이의 연관 관계는 가변적이다. 나는 인구학자 유진 하멜(Hammel 1996)을 따르고 있다. 일반적으로 볼 때 유목민이 정착민이 될 때 출산 간격이 짧아지

는 경향은 확실히 있다. Campbell and Wood(1988)도 참고. Kaplan, Hill, Hurtado, and Lancaster, in prep..

56) Lummaa et al. 1998.

9장

1) Eliot 1854, 재간행본 1990a: 8.

2) Eliot 1861: 168.

3) 1996. "Gorilla cradles injured child". *Laboratory Primate Newsletter* 35(4): 9, Primate Behavior Lab, Psychology Department, Brown University.

4) 사랑스러운 사례 하나로, 덩치가 어마어마한 은빛등 수컷 고릴라가 입양된 새끼 옆에서 자리를 잡고 잤던 일이 있다. 이 새끼는 그 고릴라가 잠자리를 나눌 수 있게 허락했던 유일한 다른 고릴라였다(Stewart 1981). 데이비드 와츠는 2.8년에서 4년 된 고릴라가 어머니가 다른 집단으로 이주함에 따라 뒤에 남겨졌던 사례 8건을 기록하고 있다. 거의 대부분의 '고아들'은 더 나이를 먹은 남자 형제나 어미의 전 애인과 애착을 형성할 수 있었다(Watts 1989 and n.d.).

5) 이를테면 포스B 유전자가 없는 경우, 어미와 동일하게 수컷에게도 새끼를 보살피는 반응이 소거된다. 이 점은 부모 보살핌의 배선이 양성 모두에게 동일하다는 점을 암시한다(Brown et al. 1996).

6) 멜 코너가 !쿵에서 수집한 자료로 Hewlett(1992: 표2)에 인용되어 있다.

7) Wilson 1978: 129-32.

8) *Callicebus*속에 속하는 이 작은 남아메리카 원숭이에서 이루어지는 노동 분업의 전체 이야기는 Mendoza and Mason(1986)를 볼 것. 93퍼센트라는 숫자는 생애 첫 2주에 해당되는 것이다. 부모 보살핌에 대한 무수한 문헌들을 소개하는 글로 영장류에서는 Whitten(1987), 인간에서는 Hewlett(1992)를 참고할 것.

9) Mason 1966.

10) 이런 "특별한 우정"에 대한 문헌이 풍성하게 있다. 다음 문헌을 참고할 것. Ransom and Rowell 1972; Strum 1987; 그리고 Smuts 1985. 스머츠는 비비 이야기를 한 번 더 비튼다. 스머츠는 수컷 비비가 이따금 암컷과 "특별한 우정"을 맺고 새끼를 돌봐 줄 수 있는데, 이 암컷의 새끼가 자신의 새끼일 가능성이 있어서가 아니라, 어미와의 친밀한 관계가 현재의 새끼가 젖을 떼어 어미가 다시 생식력을 회복할 때 짝짓기할 가능성을 증진시키기 때문이라는 가설을 내놓았다.

11) 모레미에 사는 사바나비비는 '차크마비비(*Papio ursinus*)'다. 하지만 이 비비 개체군과 케냐에서 연구된 개체군 간에 나타나는 차이는 '혈통(strain)'의 차이만큼이나 서식처의 차이 때문일 수 있다(Palombit, Seyfarth, and Cheney 1997). 랑구르원숭이나 집쥐의 경우처럼 종내 변이(intraspecific variation)가 어마어마하다. 동물 행동학의 용어 체계와 기본 개념들은 사실 그 차이를 서술하는 데 적합하지 않다. 이들과 같이 '잡초성'의 적응력 높은 종이 보여 주는 종내 변이의 정도를 동물 행동학자들이 인식하는 데 실패한 탓으로, 인류학자들은 그토록 오랜 동안 종내 변이가 인간에게 독특한 현상이라고 상상하게 되었다. 사실은 그렇지 않다.

12) 가지뿔영양은 Byers, Moodie, and Hall(1994)을 참조. 갈라고는 Lipschitz(1992), 리뷰는 다음을 참고. Hrdy and Whitten 1987; Wallen 1995. 이 주제는 최근에 제레드 다이아몬드(Jared Diamond)가 쓴, 매우 읽기 편한 설명에 요약되어 있다(1997a: 4장).

13) 사례사는 Hrdy(1977: 137ff)를 볼 것.

14) Alexander Harcourt et al.(1981)은 정보를 얻을 수 있는 모든 영장류 종을 대상으로 해서 한 축에는 정소의 평균 크기를, 다른 한 축에는 번식할 수 있는 암컷에 대한 수컷의 수를 두고 그래프를 그렸다. 결과로 도출된 상관관계를 통해 단일 수컷 번식 체계(one-male breeding system, 단혼적 티티원숭이나 하렘을 만드는 고릴라)를 지닌 영장류를 침팬지나 사바나비비처럼 번식 체계 대부분이 수컷 여러 마리를 포함하는 영장류와 구분해 낼 수 있었다. 후자의 경우 한 집단에 여러 마리의 어른 수컷이 영구적으로 정착하며, 발정한 암컷은 며칠에 달하는 기간 동안 그들 중 많은 수 또는 전부와 교미한다. 예를 들어 타마린은 단혼적인 영장류라고 보았던 전통적인 견해와 비교해 볼 때 너무 큰 정소를 갖고 있었다. 이후 새로 진행된 현장 연구가 타마린 암컷은 사실상 여러 마리의 수컷을 통해 번식하고 있다는 점을 밝혀냈다. 그 수컷들은 모두 이후에 새끼 기르는 일을 도왔다. 포유류 일반에 대해서는 Kenagy and Tromulak(1986)을 볼 것.

15) Parish and de Waal 1992; Dahl 1985; Parish 1994, 1996; de Waal and Lanting 1997. 보노보 새끼에 대한 대행 어미 자원 공급은 에이미 패리시(Amy Parish)와의 개인 서신 교환, 그리고 Parish and Voland(1998)에서 가져온 것이다.

16) Stern and McClintock 1998.

17) Matteo and Rissman 1984; Worthman 1978, 1988.

18) 측정은 자원자들에게 만보계를 달아 달라고 부탁해서 했다(Morris and Udry 1970). Hampson and Kimura(1988); Furlow(1996)는 여성이 후각을 이용해서 주 조직 적합성 복합체(MHC)와 연관된 남성들의 면역 속성을 분석하며, 이들이 MHC 신호를 이용해서 가까운 혈육과의 짝짓기를 피하고 있을지도 모른다는 증거들을 현재 축적된 것까지 리뷰하고 있다.

19) Worthman 1978. 인간 여성 섹슈얼리티의 영장류적 기원에 대한 더 많은 자료는 Wallen(1990)을 볼 것. Small 1994; Hrdy 1997. 여기서 인간의 일반화는 Adams et al.(1978)의 정보를 이용한 것이다. Grammer 1996; Matteo and Rissman 1984; Solb, Ernste, and van der Werff ten Bosch 1991; Stanislaw and rice 1988.

20) 옛 견해에 대해서는 Morris(1967)를 볼 것. Pugh 1977: 248. 여성 오르가슴이 다른 영장류에서도 발생한다고 영장류학자들을 확신시켰던 연구들 일부에 대한 리뷰가 Slob, Groeneveld, and van der Werff ten Bosch(1986)에 있다. Slob and van der Werff ten Bosch 1991.

21) Masters and Johnson 1966; Baker and Bellis 1995.

22) 신체 상해("간통에 대한 대가인 코 깨물기")에 대한 사례로는 Okimura and Norton (1998)을 볼 것. 아내 구타와 배우자 살해에서 성적 질투심이 차지하는 역할은 Daly and Wilson(1988: 9장)을 볼 것.

23) Clark and Hatfield 1989.

24) Kenrick et al. 1997.

25) 연구자들은 흥분을 측정하기 위해 주관적 방법(인터뷰)과 객관적 방법(음순의 온도) 모두를 채택했다(Slob et al. 1996). Slob, Ernste, and van der Werff ten Bosch(1991) 역시 볼 것.

26) Kleinman and Malcolm 1981; Taub, eds. 1984; Katz and Konner 1981: 181; Hewlett 1992.

27) 아카에서는 태어난 모든 영아의 5분의 1이 돌이 되기 이전에 죽는다. 사망 원인의 대부분은 전염병이나 기생충성 질병이다(Hewlett 1992: 161).

28) Soffer et al. 1998. 이런 연대는 해석하기 어렵다. 실제 맞는다고 쳐도, 자료는 그물 사냥이 그만큼 오래되었다는 사실을 알려 줄 뿐이다.

29) Barnett and Rivers 1997; Greenberg and Morris 1974.

30) 사례 연구는 Hames(1988)를 볼 것. 적응도 타협이라는 주제에 대한 일반적인 개괄은 Hill and Kaplan(1988)을 볼 것.

31) Hodder(1996)에 인용되어 있음.

32) 핫자의 자료는 Kaplan et al. 1984; !쿵의 자료는 Marshall 1976; Hawkes 1991; Hawkes, O'Connell, and Blurton-Jones n.d.

33) 확률론적 환경에서 부담하게 되는 위험에 대해서는 Winterhalder(1986)를 볼 것. Cashdan 1985. 공유의 "이기적 기원"에 대해서 더 많은 내용을 알고 싶으면 Blurton-Jones(1984)를 볼 것. Moore 1984.

34) 사냥하는 인간 외 영장류(주로 사바나비비와 침팬지)와 특히 인간 수렵-채집 사회들에서 고기-와-섹스의 교환에 대해 보고하고 있는 엄청나게 많은 문헌을 최신 문헌을 포함해 요약하고 있는 논문으로 크리스 나이트(Chris Knight)가 1991년에 낸 책이 있다. 이 책은 인간의 역사와 선사 시대에 어머니들이 어떻게 남성에게 사냥을 강요했는지를 보여 준다.

35) Biesele 1993: 1. "여자는 고기를 좋아해(Women like meat)."는 미건 비즐리(Megan Biesele)가 칼라하리의 주/'호안(Ju/'hoan) 사람들의 민담에서 그 주제가 차지하고 있는 역할을 생생하게 설명해 주고 있는 책의 제목이다.

36) 이 연구는 런던 광고 대행 업체에 있는 로 하워드-스핑크(Lowe Howard-Spink)가 수행한 연구였고, 《월 스트리트 저널(Wall Street Journal)》 1993년 6월 13일자에 E. S. 브라우닝(E. S. Browning)이 쓴 기사로 실렸다. 비록 (이제 독자들은 깨달았겠지만) 나는 무엇을 "위한" 유전자가 있다는 사실은 믿지 않지만, 기사 제목은 재미있다고 생각했다. 그 제목은 "모든 남성의 DNA 어딘가에 설로인(sirloin) 스테이크를 위한 유전자가 있을지도 모른다."이다.

37) 여기서 나는 뉴욕 시청 인구과(The Population Council)에 있는 주디스 브루스(Judith Bruce)가 요약한 자료에 의존하고 있다. 특히 Bruce(1989: 985)를 볼 것. 또 다른 곳에서 Dwyer and Bruce(1988)는 가정 내에서 상호 충돌하는 이해가 가족계획과 아이의 안녕과 항상 관련되어 있다는 점을 논의한다. 미국 국민 건강 관리국에서 나온 최근 통계 자료를 보면, 부모는 5건당 4건의 확률로 아이를 지원하라는 법원의 명령을 거부하며, 보호자 부모(대개는 어머니를 의미)는 아버지가 빚을 지고 있는 것의 20퍼센트 미만만을 얻을 수 있게 된다.

38) 낭만적 사랑의 보편적 특성에 대해 더 많은 내용은 Fisher(1992)를 볼 것.

39) Shostak 1981:175 and 197.

40) 이 책을 벗어나는 주제긴 하지만, 현대 미국인에서는 말로 하는 가족적 가치나 종교보다 경제, 소득 수준, 그리고 삶의 전망이 결혼 지속을 더 잘 예측해 주는 변수라는 점을 암시하는 실제 자료가 있다(Whelan 1998).

10장

1) Aberle 1961: 680. 참조할 수 있는 가장 좋은 개괄로는 Schneider & Gough의 1961년 저작이 있다.

2) Shostak 1981: 211.

3) Hill & Hurtado 1996: 434.

4) Daly & Wilson 1988, 1995.

5) "아동 학대의 진화"에 대한 양측 주장과 비판에 대해 균형 있게 쓴 글로는 Wray(1982)가 있다. 보다 최근에 나는 "아동 학대의 진화" 연구를 위해 원숭이를 모델로 삼겠다는 제안서가 연구비 지원 재단에 제출되었다는 소식을 듣고 실망한 적이 있다. 같은 돈을 보육 시설 등 필요한 가족에게 제공되는 사회 보장 기관에 썼다면 훨씬 좋았을 것이다.

6) Daly & Wilson(1980, 1995)은 남자의 무관심을 "부모의 편애" 탓으로 설명하는데, 이는 해밀턴의 규칙(3장에 설명되어 있음)이 심리학적 수준에서 요약되어 나온 결과다. 그들은 이 주제를 진화적 관점에서 살인을 연구한 고전적 단행본에서 심도 있게 다룬다(Daly & Wilson 1988).

7) Daly & Wilson 1980.

8) 이에 대한 리뷰는 Wrangham & Peterson(1996)을 참고하면 된다.

9) 이 입장을 받아들이는 대부분의 학자들은 입에 담기를 꺼리지만 허버트 스펜서는 같은 결론에 도달한 최초의 사람 중 하나였다. 그가 입장을 제시하자마자 다윈주의자들, 마르크스주의자들, 페미니스트 역사가들, 문화 생태학자들, 그리고 고전학자들 사이에서도 여성을 납치하기 위한 습격이 원시 전쟁의 일차적 목표였음에 동의하는 입장이 재빠르게 형성되었다. 스펜서는 이 점에서 선견지명이 있었지만, 그 때문에 모든 점에서 스펜서에 동의해야 하는 것은 물론 아니다.

10) Darwin 1874: 556-57; Engels 1884: 126. 같은 줄기에서 사회 생물학적 해석은 Ridley(1993: 205)를 볼 것.

11) Chagnon 1972. 엘레나 발레로의 이야기는 Biocca(1971: 34-35)에서 인용한 것.

12) 침팬지 자료는 Hiraiwa-Hasegawa(1987)를 볼 것. Hiraiwa-Hasegawa and Hasegawa 1994. 랑구르에서 통계적으로 유의미한 수컷 희생자 수 편향은 Sommer(1994)를 볼 것.

13) Wrangham and Peterson 1996; 진화 심리학자 데이비드 버스(David Buss)는 존 브록만(John Brockman)의 웹사이트인 "Edge"에 "인간은 진화된 살인 모듈-특정한 맥락에서 다른 인간을 죽이는 데 특수하게 이용되는 진화된 심리 메커니즘을 갖는가?"라는 제목으로 질문을 던졌다(이 내용에 대해서는 버스의 『이웃집 살인마』(2006, 사이언스북스)를 참조. ─ 옮긴이). 1997년 12월 30일자 《뉴욕 타임스》에 "온라인 살롱에 과학자들이 앉아 곰곰이 생각하다."라는 제목으로 실렸던 기사에 인용되어 있다. Buss and Duntley 1998;

Duntley and Buss 1998.

14) Amy Parish 1996. de Waal과 Lanting이 보노보에 대해 쓴 아름다운 책 역시 볼 것.

15) 유전 연관도에 대한 자료는 Goodman et al.(1997)을 볼 것. 수컷의 짧은 접근 시간과 영아 살해 행동의 진화 사이에 맺어진 관계에 대한 논의로 Hrdy(1974)를 볼 것. 랑구르에서의 수컷-편향적 영아 살해는 Sommer(1994)를 볼 것.

16) 인류학자 윌리엄 아이언스는 남성이 문화적으로 정의된 목표를 추구할 때 선택되는 것은 특정 행동이 아니라 개체가 자라나는 사회적 맥락, 즉 동일한 가치를 공유하는 사람들 속에서 지명도, 영예, 통제력, 그리고 좋은 삶의 질을 갈구하는 일반화된 욕망이라고 주장했다(Irons 1979: 258).

17) "국제적인 짝 선택 선호: 37개 문화에 대한 선호(International Preference in Selecting Mates: A Study of 37 Cultures)"(Buss et al. 1990)이라는 제목의 이 유명한 연구는, 여성이 보편적으로 남성에 비해 상대의 벌이 능력에 가치를 두며, 여성은 자원을 지닌 남성을 찾는 본유적이고 종 전형적인 능력이 있다는 점을 입증하는 증거로 진화 심리학자들에게 인용된다. 대부분의 자료가 아내의 삶의 질과 지위가 남편의 벌이 능력에 의존하는 문화와 나라에 거주하는 대학생들과 나눈 인터뷰에서 왔기 때문에 그 결과는 그리 놀랍지 않다. 그럼에도 불구하고 경제적 전망은 신뢰성의 척도에 비해 낮게 평가되는 경향이 일관되게 나타났다. 연구 결과물을 찾기 힘든 독자들은 Boyd and Silk(1997: 645-47)에 실린 요약과 재분석을 참고하면 된다.

18) Hill and Hurtado 1996: 442; Beckerman et al. 1998.

19) 아체 여성의 관점에서 본 정절과 난교성 사이의 타협은 Hill and Kaplan(1988: 특히 298-99)을 볼 것. Crocker and Crocker 1994: 32, 83-84; 생존 자료는 Hill and Hurtado 1996: 444.

20) Crocker and Crocker 1994. 특별한 이 의식에는 더 이상 집단 섹스가 포함되지 않지만, 모든 부족이 끔찍하게 높은 AIDS 발병률을 겪고 있다.

21) 아내 공유(wife-sharing)는 전체 문화권 중 3분의 1에서 발견되었다(Broude 1994: 334). 아프리카 연구자들은 이 사실을 미혼의 젊은 남성을 위한 "섹스 할인 판매"의 맥락에서 언급하곤 한다. 하지만 집단 응집력과 자손의 보호 및 자원 공급의 공유 역시 중요할 수 있다. 다음 문헌을 참고. Schapera 1933; Middleton 1973; LeVine and LeVine 1979; Llewelyn-Davies 1978; Leakey 1977, vol.2: 810; Temple 1965: 103; Wiessner 1977: 359-60.

22) 카넬라 사례는 Crocker and Crocker(1994: 186)를 볼 것. 다른 집단과 접촉한 후 모계 사회 체제가 불안정해지는 현상으로는 Schneider and Gough, eds.(1961)에 실린 논문들을 볼 것.

23) Engels 1884: 54-55; Boster et al. 1999; Baker and Bellis 1995: 200.

24) Scheper-Hughes 1992; Schuster 1979; Guyer 1994. 아프리카의 가정생활을 연구하는 전문가 일부는 문화 확산에 기초한 대안적 설명을 제시했다. 이 연구자들은 여성 가장 가정과 친족 네트워크에 대한 의존이 아이들을 "아프리카 유산의 징표"로 길러 내는 데 도움이 된다고 본다(Miller 1998). 만약 아프리카 서부 사례에서도 아버지가 제공해 주는 자원이 예측 불가능하다는 사실이 명백할 경우, 이 두 가지 설명 방식은 상호 배타적인

것이 아니다. 또한 문화 확산은 왜 동일한 문화적 배경의 사람들이 남편이 더 나은 직장을 얻게 될 때 핵가족을 만드는지 거의 설명해 주지 못한다. 아버지가 자원을 불안정하게 공급해 준다는 사실은 의심의 여지없이 한 가지 요인이 된다. Ilsa M. Glazer Schuster의 New Women of Lusaka(1979)를 보라. 이 책은 현대 제3세계 여성, 특히 빈곤 여성의 삶에 대해 쓴 문헌들이 많아지는 가운데 중요한 책에 속한다. 그들의 삶을 소개해 주는 입문서이자, 어머니의 사회적 전략들에 특히 주의를 기울여 쓴 책으로는, 브라질의 판자촌 여성들의 삶을 아주 뛰어나게 설명하고 있는 Nancy Scheper-Hughes(1992)를 소개한다. 인용구는 Schuster(1979: 9)에 나온다. "기본적이며 선택적인 여성 가장 가족"에 대해 더 알고 싶으면 Batten(1992)를 볼 것.

25) Graglia 1998.

26) Diamond(1997a: 281ff.)는 무척 잘 읽히는 안내서다.

27) Witkowski and Divale 1996. 오늘날 모계 사회는 대부분 아프리카, 태평양, 그리고 남아메리카와 북아메리카의 부족 사회에서 발견된다. 이들 중 절반은 아직도 모계 거주 사회로, 56퍼센트는 텃밭 농경 사회이다. 모계 사회는 목축 사회, 또는 집중 관개 시설이나 쟁기를 사용하는 농경 사회에서는 거의 발견되지 않는다. Aberle(1961: 680)의 표현에 따르면, "쟁기는 모계성(matriliny)의 적이며, 부계성(patriliny)의 친구다."

28) 로버트 트리버스의 어빈 드보어 인터뷰는 1993년 *Omni*에 나온다.

29) 인간 외 모델의 원본은 Emlen and Oring(1977)을 볼 것. 인간에 적용한 사례는 Hartung(1982)과 Bogerhoff Mulder(1990)을 볼 것.

30) Gamble 1894: 72.

31) Strassmann 1993, 1997. 그리고 개인 서신(1998).

32) 한 남성과 일부다처적으로 결혼한 여성들이 치르는 비용은 아내가 서로 다른 권리를 갖고 있기 때문에 더 복잡해진다. 첫 또는 "연장자" 아내는 대개 가족 자원에 가장 먼저 접근할 수 있는 관습법상 혹은 법적 권리를 가지거나, 남편이 그 이후로 결혼하는 여성들에게 노동을 요구할 수 있는 권리를 지닌다. Isaac(1980)과 특히 Bogerhoff Mulder(1992b)를 볼 것.

33) Strassman and Hunley 1996. 다른 아내가 저주했다는 고발은 아프리카 동부에서도 발견된다(LeVine 1962).

34) 가장 잘 보고된 사례는 인류학자 James Chisholm and Victoria Burbank(1991)의 오스트레일리아 애보리진 연구에 등장한다. 단혼적으로 결혼한 여성은 일부다처적으로 결혼한 여성에 비해 더 자주 임신하고 더 많은 아기를 낳으며, 자손 역시 생존율이 더 높았다. 하지만 어머니 역할에 일부다처제가 가져오는 해로운 효과는 아내들이 자매간일 때 완화되었다.

35) 팀 클러턴-브록, 제프리 파커, 퍼트리샤 고와티, 바버라 스머츠, 그리고 로버트 스머츠는 수컷이 암컷의 이동, 수집, 그리고 짝 선택의 자유에 강제력을 행사하는 것이 어떤 함의를 갖는지 연구하기 시작했다(Smuts and Smuts 1993; Clutton-Brock and Parker 1995a, 1995b; Gowaty 1996, 1997; Hrdy 1997). 하지만 여성이 처음에는 아버지의 집에, 그 다음에는 처첩실에 감금되는 인구 집단에서는 짝에 대한 선택과 유사한 어떤 일도 발생한 적이 없다. 이런 일이 여러 세대에 걸쳐 진행되면 남성에게 유전학적인 결과가 발생하게 될

까? 여성에게는? 여기에 대해서는 아주 약간의 힌트도 없다.

36) Crocker and Crocker(1994: 37ff)의 카넬라에 대한 설명을 보면, 몸에 아무것도 걸치지 않고 있어도 여전히 정숙함의 기준이 고정되어 있다. 가령 여성은 반드시 무릎을 붙이고 있으면서 소음순을 드러내지 말아야 한다. 남성은 다른 남성에게 절대 귀두를 보여 줘서 는 안 된다. 그리고 기타 등등.

37) 셀크남은 Chapman(1982, 1992), 히칼은 Blaffer(1972)를 참조할 것.

38) Reeder(1995a: 126)에 인용되어 있음.

39) Reeder 1995b: 299. 사자의 짝짓기에 대해서는 Bertram(1975)을 볼 것. 사자는 랑구르와 비슷한 번식 체계를 갖고 있다. 단지 사자 수컷은 형제들이 무리 지어 다른 집단을 인수하 며, 그 이후 모든 형제가 함께 지내게 된다. 수컷 사자는 고도로 영아 살해적인 경향을 갖 는다(Pusey and Packer 1994). 따라서 암컷 사자는 영장류와 마찬가지로 여러 마리의 수 컷과 일처다부적으로 짝짓기를 하며 부성을 혼란시키고 영아 살해적 충동을 반감시키는 방식으로 진화했을 수 있다.

40) Stewart 1995; Reeder 1995b: 300. 인용문은 19세기 의학 권위자인 윌리엄 액턴(William Acton)의 글로, Stone(1977: 676, n.6)에 인용되어 있다.

41) Mann 1997: 26-29, 56.

42) 이 말은 프린세스 앨처리사가 아들 다니엘 데론다에게 한 말로, 왜 자신이 다니엘을 영아 시절에 다른 사람에게 주어 버렸는지를 설명하는 장면에 등장한다(Eliot 1876: 694).

11장

1) Darwin 1874: 778.

2) 가령 Lovejoy가 1981년에 쓴 『인간의 기원(*The Origin of Man*)』을 참고할 수 있다.

3) 초기 호미니드의 화석 이빨을 침팬지와 비교해 본 결과 도구 사용 및 노동 분업과 자주 연 결시키곤 하는 "지연된 성숙"은 호미니드 진화 과정에서는 매우 늦은 시기가 되어서야 나타났다. 예를 들면 오스트랄로피테쿠스의 이빨에는 지연된 성숙에 대한 증거가 없다 (Conroy and Kuykendall 1995). 호모 에렉투스에 대한 연구로는 Smith(1993), 그리고 Walker and Shipman(1996)의 9장을 참고하면 된다.

4) Hill and Kaplan 1988: 282-283. Hawkes, O'Connell, and Blurton-Johns n.d.

5) 가장 신뢰도 높은 추정치에 따르면 오스트랄로피테쿠스 아파렌시스의 더 큰 변종은 수컷 으로 추정되며 45킬로그램 정도 나간다. 작은 형태는 암컷으로 추정되며 29킬로그램 정 도 나간다(KcHenry 1992: 표 1).

6) Tronick, Morelli, and Winn(1987), Gillogly(1983)을 참조하라.

7) 이 시점에서 몇몇 독자들은 트리버스의 학생이 지은 「대행 어머니……」 시의 다른 연을 보 고 즐거워할지도 모르겠다.

사촌 메이블은
최선을 다한 것 같아요
메이블도 어른이 아니잖아요
치타한테 날 던졌어도 원망할 수 없어요

나를 데려가요 사랑하는 어머니

나를 데려가요 다른 사람은 싫어요

어머니는 언제나 재미있어요, 언제나 웃게 해 주죠

게다가 우린 절반이나 연관되어 있잖아요

8) Greaves 1996. Gragson(1989)의 표 6.9 참조.

9) !쿵, 핫자, 아체, 그리고 히위 자료를 분석한 연구로는 Kaplan(1997)이 있다. Blurton-Jones et al.(1997)도 참고할 수 있다.

10) Hilton and Greaves(1995), 뉴멕시코 대학교에 있는 Rusty Greaves와의 서신 교환으로부터.

11) 고래에 관해서는 Macdonald, eds.(1984: 457)를 보면 된다. 나이에 따른 임신율이 거두고래에서 기록되어 있다. 도살된 76마리의 암컷들 중 36세 이상의 나이에 임신한 개체는 없었다(Marsh and Kasuya 1986). Kim Hill and Magdalena Hurtado(1997)는 그런 증거들을 리뷰하고 평가하는데, 개중에는 인간 수렵-채집자들로부터 얻어진 증거들도 있다.

12) 인간 외 영장류로부터 얻어진 내분비 자료를 보려면 Graham(1986), Walker(1995), Caro et al.(1995)을 참조하면 된다. 야생 원숭이들에 대해서는 그만큼 탄탄한 생리학적 척도가 없지만 암컷 비비, 망거베이, 그리고 마카크는 24세 전후의 나이에 생식 주기 순환을 멈춘다(Hrdy 1981b; Paker, Tatar, and Colling 1988). 일부 논자들은 다른 영장류에서의 번식상의 변화가 인간보다 더 개체 의존적이라고 주장하지만, 나는 인간과 침팬지 사이의 유사성에 훨씬 더 주목하게 된다. 모든 야생 상태의 침팬지가 죽기 전 완경에 이르는 것은 아니지만, 충분히 오래 산다면 그렇게 된다. 인간 여성에서는 완경이 일어날 것이 거의 확실하지만 시기는 불변의 것은 아니다. 가령 대체 호르몬 용법을 사용하지 않는 미국 간호사들(표본 크기가 큼) 사이에서 8퍼센트는 55세의 나이에도 이따금 월경하는 것으로 보고되어 있다(Alice Rossi, 저자와의 서신 교환에서, 1997년 8월 4일).

13) Paker, Tatar and Collins 1988; Sherman 1998.

14) Williams 1957.

15) Sherman(1998), Nesse and Williams(1994)가 리뷰하고 있다. "빨리 멈추기", 또는 "할머니 가설"의 다른 형태가 제안되어 있는데, 완경 그 자체가 늙은 암컷이 자신의 혈육을 자유롭게 도울 수 있도록 진화했다는 것이다. 이 가설은 지금까지 소수의 지지만을 받아왔다. 이 분야 대부분의 연구자들은 킴 힐, 앨런 로저스, 막달레나 허타도의 작업에 기초해 암컷이 다른 이의 자식을 돌보는 데 헌신하기 위해 자손 낳기를 중단하게끔 하는, 즉 혈육을 돕는 할머니에게 주어지는 포괄적 이득이 충분하다는 가설을 버리게 되었다. 다시 말해 여성은 이런 일을 할 수는 있지만 그 때문에 완경이 진화하지는 않았다는 것이다. 이 아이디어를 처음으로 경험적으로 검증하려는 시도는 Hill and Hurtado(1996)의 427~434쪽에 나와 있다.

16) Amundsen and Diers 1970. 주제에 대한 뛰어난 개괄로 Pavelka and Fedigan(1991)의 연구가 있다. 도발적인 초기 리뷰로 Weiss(1981)의 연구 역시 있다. 이 글은 인간의 완경이 오늘날 여성이 오래 살기 때문에 생겨난 인공물이라고 주장했다. 오늘날 보다 많은 여성이 더 오래 사는 것은 사실이지만 수집자들로부터 얻어진 인구학적 자료 및 화석 증거 자료는 우리 조상들의 일부도 그만큼 오래 살았다는 점을 보여 준다.

17) 동아프리카 자료는 LeVine et al.(1996: 25-26, 110)을 보면 되고, 인도 마을 자료는 Miller(1981)의 표6을 보면 된다.

18) Hrdy and Hrdy 1976. Borries, Sommer and Srivastava(1991)는 조드푸르에 사는 랑구르에서 동일한 양상이 나타남을 확증했다.

19) Packer, Tatar and Collins 1998.

20) Fairbanks 1988; Fairbanks and McGuire 1986.

21) 어찌되었든, 불가피한 난소 노화에 직면해 번식 주기를 미리 멈춰 자신의 아이가 세상을 헤쳐 나갈 가능성을 높여 주는 신중한 어머니가 선택된다는 가설은 증명되지 않았지만 여전히 유효하다는 사실을 고려해야 한다. 두 개의 서로 다른 명제가 불행하게도 대중 문헌에서는 "할머니 가설"이라는 동일한 명칭으로 일컬어지고 있다. 그 둘과 또 구분되는 세 번째 명제 역시 이 잡동사니 어구를 통해 부르기 때문에 상황이 더욱 악화된다. 세 번째 형태의 가설은 환경 그 자체를 설명하기 위해 사용되는 것이 아니라 인간과 같은 종의 암컷이 완경 이후에도 오래 살아가는 이유를 설명하기 위한 것이다.

따라서 동물학자 크레이그 패커(Craig Packer)는 최근의 기사에서 "완경은 적응적이지 않다. 아무런 기능도 없다."는 주장을 위해 널리 인용되었다(가령 Gibbons 1998b를 볼 것). 비비와 사자에 대한 패커의 자료는 암컷이 다른 이들의 새끼를 돌보기 위해 번식을 일찍 멈추는 것이 아니라는 점을 암시했다. 하지만 같은 자료가 "할머니 가설"의 "신중한 어미가 일찍 멈춘다."라는 내용과는 부합한다. "할머니 가설"의 가능한 세 유형 중 어떤 것이 밝혀졌는지 판단하는 것은 독자의 몫이었다. 이들 가설은, (1) 손자만이 아니라 자식을 돕기 위해 일찍 멈춘다, (2) 다른 이들의 자손을 돕기 위해 일찍 멈춘다, (3) 환경이 불가피한 상황에서 암컷들은 혈육을 돕기 위해 더 장수하게 되는 것이다(패커의 자료가 배제한 것은 이중 (2)뿐이었다.) 문제를 명확히 이해하고 싶은 독자들은 Sherman(1998)을 참고할 것.

22) Judge and Carey(1998)는 암컷 체중, 두뇌의 무게, 그리고 수명에 관해 35종의 유인원 속에서 발표된 자료를 분석해 호모 사피엔스의 수명이 얼마나 될지를 예측할 수 있는 회귀 분석을 수행했다. 그 수명은 72년으로 호모 하빌리스(*Homo habilis*)의 52~56세, 호모 에렉투스(*Homo erectus*)의 60~63세에 비해 상당히 길다(Hammer and Foley 1996). 꼬리감는원숭이는 이만큼 척도에서 벗어난 수명을 갖는 유일한 다른 영장류 종이다. 흥미롭게도 수유 중인 암컷 꼬리감는원숭이는 관습적으로 다른 암컷의 갓난이들이 젖을 빨도록 한다. 이 사실은 늙은 혈육이 가치 있는 서비스를 제공할 수 있는 가능성을 암시한다(Perry 1996. 13장에 있는 논의를 참조하라.).

23) 가장 장수한 프랑스 여성의 계보에 대해서는 Robine and Allard(1998)를 참조하면 된다. 쌍둥이의 완경 연령에 대해서는 Treolar et al.(1998)과 그에 인용된 참고 문헌을 보면 된다.

24) Biesele and Howell 1981.

25) Hawkes et al. 1998: 표1.

26) 완경 후 핫자 도움인(돌봄인) 샘플 8명 중 2명은 새로 출산한 어머니의 어머니였고 2명은 이모였으며 1명은 외증조모, 2명은 친할머니, 그리고 1명은 그보다 먼 친척이었다. 연구가 진행될 당시 완경 후 도움인이 없이 수유하고 있는 어머니는 없었다(Hawkes, O'Connell and Blurton-Jones 1997). 이 그림은 !쿵에 대해 알려진 것과 다르다(Shostak 1981: 323).

27) Biesele and Howell(1981)의 77~79쪽으로부터 인용. 자료는 Hawkes, O'Connell, and

Blurton-Jones(1989 & 1997)에서 가져왔다. 어머니들이 자원을 모을 때 보다 나이 많은 여성 혈육으로부터 받는 도움은 채집이 특히 중요한 사회에서 모계 거주 경향이 나타나는 것을 잘 설명해 줄 수 있다. **사냥이 중요한 곳에서** 여성이 자신의 혈육 근처에 머무르려 하는 경향 역시 이를 통해 설명될 수 있다. 인류학자들은 오랜 동안 사냥이 남성 호향성 및 남성들이 "집단에 소속된 남성들"로 결속해 이루는 무리들과 연관되어 있을 것이라 가정해 왔기 때문에 이 연관 관계는 매우 놀라운 일이었다. 따라서 첫 번째 반응은 생계와 거주 양상 사이의 연관 관계가 별 의미가 없다고 폄하하는 것이었다. 이에 따라 수렵-채집자들의 거주 양상을 리뷰한 최근의 논문에서 Witkowski and Divale은 "사냥이 특히 중요할 때…… 우선적으로 남성의 활동인 (사냥)은 예측되었던 것처럼 부계 거주와 연관되지 않았다. 대신 실제로는 모계 거주와의 약한 연관 관계가 드러났다. 이 사실은 식량을 채집하는 사회에서 생계 기여와 단계 거주 사이의 연관이 중요하지 않다는 점을 암시한다." (1996: 674쪽)

하지만 다른 가능성도 있다. 이른바 생계와 거주 양상 사이의 연관 관계는 정말로 의미가 있지만 인류학자들이 예측하지 않았던 것을 알려 준다는 것이다. 다시 말해 수집 사회의 여성은 가능한 한 여성 혈육 근처에 남으려 한다는 것이다. 이들 사회에서 어머니의 어머니와 자매들은 아버지와 그의 친족보다 더 의존할 만한 대행 부모기 때문이다. 수렵-채집자가 아니었던 신석기 시대 이후 사회에서(사람들이 반드시 혈육 가까이 거주하지는 않는 대규모 현대 사회는 고려하지 않고 있음) 부계 거주가 규칙처럼 되었다는 사실은 여성이 자신이 살 곳에 대해 주장할 수 있는 권리가 약해졌다는 사실을 반영하는 것일 수도 있다. Witkowski and Divale(1996)에 전반적인 개괄이 실려 있다.

28) Amoss and Harrell 1981; Hill and Hurtado 1996: 54, 156-57, 236-37; Sharp 1981.

29) Hill and Hurtado 1996: 236-37.

30) 미국 통계청의 통계 자료로 Gilbert(1998a: B8)에 인용되어 있다. 일면 헤드라인 기사는 De Parle(1999)을, 그리고 사례 연구는 Stack(1974)을 참고하면 된다.

31) Charnov and Berrigan(1993). 생애사의 "불변" 규칙을 기술적으로 설명하고 있는 내용은 Charnov(1993)를 참조할 것. 영장류에 적용하기를 원한다면 Harvey, Martin, and Clutton-Brock(1987)을 추천하고 싶다. 번식 노화(reproductive senescence)와 같이 인간 생애사 특질에 대한 가설 검증법을 보여 주는 가장 좋은 분석으로는 Hill and Hurtado(1996), 특히 13장의 "생애사에 미치는 혈연 효과"가 있다.

32) Kaplan 1997; Hawkes et al. 1998.

33) 호모 에렉투스의 영양학적 상태에 대해서는 Wrangham et al.(in press)을 보면 된다. 인용된 호크스의 표현은 1998년 9월 7일에 개인적으로 주고받은 서신에 나온다.

12장

1) Wille and Beier 1994. 정신과 의사 필립 레스닉(Philip Resnick)은 "영아 살해"라는 용어를 "출산 후 수시간 내에 원치 않는 영아를 죽이는 행위"와 "자식 살해(filicide, 가족 내에서의 역할이 보다 확실해진 아이를 죽이는 행위)"를 구분하기 위한 용어로 사용할 것을 제안한다. 그 까닭은 어머니의 동기와 경향이 서로 다르기 때문이다. 후자의 경우 전자에 비해 정신 병리적 특성을 포함할 가능성이 더 크다(Resnick 1970; d'Orban 1979).

미국에서는 17세 미만 또는 19세 이하의 어머니에게 둘째 이하로 태어나는 것은 가장 큰 위험 요인에 해당한다(Overpeck et al. 1998: 1213). 포괄적인 분석으로는 Daly and Wilson(1988)의 3, 4장을 참조하면 된다.

2) Eliot 1859: 497.

3) 실험 자극은 예방 접종 중인 3개월 된 아기의 울음소리였다. 대조군은 동일한 수준의 소리로 구성된 인공 잡음이었다(Bleichfeld and Moely 1984).

4) Overpeck et al. 1998.

5) 1902년에서 1927년의 기록을 보려면 Hopwood(1927)을 참고하면 된다.

6) 가령 Pryce(1995)는 "좋은 어머니의 속성"을 "외향성, 상냥함, 대인 관계 감응에서 높은 수치를 지니며 신경증 수치를 낮게 나타내는 것"으로 정의한다.

7) 헤티 소렐은 유죄 선고를 받지만 사형에서 추방으로 감형당한다. 현대판 헤티 소렐인 멜리사 드렉슬러(Melissa Drexler)는 1998년 10월, 15년형을 선고받았다.

8) Matthews Grieco 1991: 44; Oliver St. John, Esq. F.R.S. in *Philosophical Transactions*, no.412, November 30, 1731. Fildes(1986), 196쪽에 인용되어 있다. Fildes는 1701년에서 1776년 사이 4,000명의 갓난아기 사망이 깔고 눕기에 의한 것이라고 언급하고 있다.

9) Langer 1972: 96.

10) Associated Press 1998a.

11) 이 연구는 학술지 *Pediatrics*의 1997년 11월호에 게재되었고, Hilts(1997)에 서술되어 있다. 와네타 호이트 사건의 세부 사항을 알고 싶으면 다음을 참조. Judson 1995; Firstman and Talan 1997.

12) Linda Norton으로부터 인용한 말로, Firstman and Talan(1997: 64)에 나온다.

13) Asch 1968.

14) 몰리 호이트에 대한 간호사의 기록, 그리고 당시 업스테이트 의료 센터(Upstate Medical Center)의 정신 병동에 근무하던 수간호사와의 인터뷰에서 따온 것이다. 이 내용은 Firstman and Talan(1997: 472, 260)에 실려 있다.

15) Dolhinow 1977.

16) Vogel 1979; Schuvert 1982; Aronson 1995; Mestel 1995; Sussman et al. 1995; Hrdy, Janson and van Shaik 1995; Dagg 1999.

17) 가령 Bugos and McCarthy(1984)를 참조하라.

18) Ettore Majoranà Center에서 열린 이 워크샵의 발표 자료집은 Parmigiani and vom Saal, eds.(1994)로 출판되어 있다.

19) Rosenthal 1997.

20) 엘리자베스 마셜 토마스(Elizabeth Marshall Thomas)는 칼라하리 사막에 사는 부시맨에 대한 자신의 유명한 책에 『무해한 사람들(*The Harmless People*)』이라는 제목을 달아 사람들에게 문화적 전형을 붙여 버렸지만, 민족학자 리처드 리(Richard Lee)가 지적하는 것처럼 !쿵의 살인율은 디트로이트에서만큼이나 높다. 반면 베네수엘라의 야노마모에 대한 나폴레옹 샤농의 단행본 책에는 『맹렬한 사람들(*The Pierce People*)』이라는 제목이 붙어 다른 이미지를 부여했고 샤농은 이 때문에 많은 비판을 받았다. 샤농이 자신의 글에서 애써 지적했고 Irenäus Eibl-Eibesfeldt and Mattei-Müller(1990)가 강조했던 것처럼, 사실

이 사람들은 맹렬한 만큼이나 무척 자상해질 수도 있다. 하지만 이들 부족 집단이 이웃에 의해 어떻게 취급받았는가의 관점에서 보면 별명이 큰 차이를 가져오지는 않았다. 두 부족 모두의 땅이 전유되었고 부족민은 이등 시민이 되었다.

21) Wissow 1998. 에리세 선언에 대해서는 Parmigiani and vom Saal(1994: xvi-xvii)을 보면 된다.

22) 몇몇 사람들의 추측에 의하면 호이트 부인은 "대리 뮌하우젠" 증후군("Munchausen by proxy" syndrome)을 앓고 있었다. 이 증후군을 나타내는 사람들은 가까운 사람의 질병을 이용해 자기 연민을 끌어낸다. 이 증후군은 아직 이름이 붙여지지 않은 상태였지만, 1930년대에 씌어진 토마스 만(Thomas Mann)의 소설 『주인과 개(*A Man and His Dog*)』에 묘사되어 있다.

23) Boswell 1988: 4.

24) Boswell1988: 134-35 n.161, *Controversiae* 10.4.10, 429를 인용하고 있음.

25) McLaughlin 1989; Boswell 1988: 160.

26) Trexler 1973a.

27) Kertzer(1993: 139)에서 이 자료를 얻었는데, 그는 이탈리아 고아원에 대한 정보를 리뷰하며 명쾌하게 만들어 주어 큰 도움이 되었다.

28) Ransel(1988), 그리고 Tilly et al.(1992: 21)에 있는 Ransel의 언급.

29) 이 높은 사망률의 일부는 천연두가 유행했기 때문이었다. 1764년과 1913년 사이의 기간 동안 입원 허가와 사망에 대한 정보를 보려면 Ransel(1988: 45-46, 그리고 특히 부록)을 보면 된다.

30) Ransel 1988: 194-95, 그리고 시내와 마을 간의 교환 네트워크를 기술하고 있는 10장.

31) 이 학회의 주제는 아동 유기에 대한 인류학적, 역사적 연구였다. 캐서린 팬터-브릭(Catherine Panter-Brick)과 맬컴 스미스(Malcolm Smith)가 조직했고 "천애 고아(Nobody's children)"라는 암호명을 달고 있었다. 9월 25일부터 30일간 더럼 대학교(Durham University)에서 열렸다(Panter-Brick and Smith, in press).

32) 리처드 트렉슬러(Richard Trexler)가 피렌체의 고아원에 대해 설명을 제시한 이래(1973b) 같은 주제의 문헌이 점차 많아지고 있다. 특히 주목할 가치가 있는 것으로는 Delasselle(1975), De Mause, eds.(1974), dos Guimaraes(1992), Ransel(1988), Sherwood(1988), Sherwood(1988), Sussman(1982) 등이 있다. 여러 연구들은 이 제도가 점차 개선되었음을 보여 준다. Fuchs(1984), Corsini and Viazzo eds.(1993), Kertzer(1993)을 참조할 것.

33) Kertzer 1993: 72, 80-81, 141-142, 표 1.1. 그리고 데이비드 커처와의 개인 서신 교환에서.

34) Scheper-Hughes 1992.

35) Kertzer(1993: 5장)는 이탈리아에서 회전반의 부상과 철폐의 과정을 추적한다. 라마르탱의 인용구는 특히 156쪽을 볼 것.

36) Boswell(1988), 그리고 특히 Kertzer(1993: 120-121)를 보면 콜롬보라는 이름의 파생 경위를 알 수 있다. 보스웰은 뉴헤이번(New Haven)에서 328명의 에스포지토를 찾았다 (432, n.2).

37) Trexler(1973a)를 통해 르네상스 시대 이탈리아의 정보를 볼 수 있다. 프랑스 통계 자료를 보면 고아원의 아이들 중 자그마치 92퍼센트가 여덟 번째 생일을 맞기 전 죽었다는 사실을 알 수 있다(Depoux 1958). Herlihy and Klapisch-Zuber(1985: 147)도 참고할 것.

38) 《누벨 옵세바퇴르》에서 진행된 대담 내용을 보려면 프랑신 뒤 플레시 그레이(Francine du Plessix Gray)가 쓴 Badinter(1981) 책의 서문을 보면 된다.

39) Shorter 1975: 168. 이에 대한 토론은 Pollock(1983), Kertzer(1993)를 보면 된다.

40) Aries 1962; Shorter 1975; Stone 1977. 보다 최근의 개괄은 Suransky(1982)를 참조할 것.

41) De Mause 1974: 51-54.

42) Nancy Scheper-Hughes(1992: 401)가 인용. 셔퍼-휴스는 기자에 대해 이렇게 말한다. "(그는) 내 사례를 과장했던 것 같다. 하지만 사실상 내가 말하고자 했던 내용에 충분히 근접해 있었다고 생각한다."

43) Scheper-Hughs 1992: 354, 400-401, 341.

44) 프랑스의 사회사학자 필립 아리에스는 (1962) 아동기의 개념이 고유한 문화적 수명을 지닌다고 논의한다. 아동기의 개념은 서구에서 중세와 18세기 사이에 점차로 출현했다. 아리에스는 다른 사람들에 대한 광범위한 민족지적 문헌은 신경 쓰지 않는다.

45) Badinter(1981)에 리뷰가 있다.

46) Scheper-Hughes(1992)에 수록된 문헌 리뷰를 참고.

47) 여기에 대한 더 많은 자료가 Kertzer(1993)에 있다.

48) Langer(1972) 참조. 명쾌한 최근 연구로는 Cohen(1995: 42-45)을 참조.

49) Scheper-Hughes 1992.

50) Shostak 1981: 309.

51) 사회사가인 Linda Pollock(1983)이 주의를 주듯, 이 일기들은 읽고 쓸 줄 아는 집단에 의해 씌어졌고 그 대부분은 아버지들이었다. 그럼에도 불구하고 Pollock은 과거 부모들의 감정이 오늘날과 질적으로 다르다는 명제가 거의 지지될 수 없다는 점을 논증한다.

52) Ross(1974: 183)에 인용되어 있다.

53) Ross(1974: 198-99)에 인용되어 있다.

54) 루소의 인용구는 Cranston(1997: 182-183)을 볼 것. Badinter(1981: 138) 역시 참고.

55) Badinter 1981: 99-100. 마담 데피네 이야기는 Lorence(1974)에 인용되어 있다.

56) Bugos and McCarthy 1984: 512.

57) 뉴기니 사례에 대해서는 Eible-Eibesfeldt and Mattei-Müller(1990)를 보면 된다. 나이에 따라 어머니의 애착이 증가한다는 데 대한 가장 충실한 민족지 증거는 아직까지도 Bugos and McCarthy(1984)이다. Daly and Wilson(1988)은 경찰 통계를 사용해 현대 북아메리카에서도 똑같은 경향이 나타난다는 점을 보고한다.

58) Feldman and Nash 1986. 11장에서 논의 된 것과 같이 나이 많은 어머니는 투자와 관련해 다른 역치를 지닌다. 하버드 대학교 의과 대학의 의사인 데이비드 네이선(David Nathan)은 치명적인 유전 결함을 갖고 태어난 아들을 살리기 위해 수십 년간 헌신적인 노력을 기울인 한 여성에 대해 몹시 감동적인 설명을 들려준다. 이 어머니는 젊은 시절이었다면, 그리고 그 어려움을 미리 알았더라면 임신 중절을 했을 것이라고 고백한다. 하지만 다른 생애 주기에 있고 환경을 지난 이상, 설령 알고 있었다 하더라도 임신 상태를 유지하도록 선

택했을 것이라고 말한다(Nathan 1995). 여성이 나이에 따라 보이는 임신 실패에 대한 슬픔의 차이에 대해서는 Fein(1997)을 보면 된다.

59) Scheper-Hughes 1992: 459.

60) Fuchs 1987.

13장

1) *New York Times*(1991a)에 실린 Nicholas Kristof의 기사 표제.

2) Visaria(1967)는 한국의 성비가 자그마치 여아 100명당 남아 116명이 될 만큼 높다고 보고해, 일부 학자들이 한국인들이 아들을 낳게끔 하는 유전적 경향이 있을지도 모른다는 결론을 내리게끔 했다. 이 해석은 Morton, Chung, and Mi(1967)가 한국계 아버지를 지닌 하와이 아동의 성비가 평균보다 높다는 점을 보고함으로써 잠정적 지지를 받게 되었다. 이후 Park(1983)은 이 성비가 딸이 태어난 후 새로 아이를 낳아 아들 낳기를 멈추는 부모 결정의 결과라고 제안했다. 하지만 수학적으로 볼 때 각 출산에 대해 아들이나 딸을 낳을 확률은 동일하다. 따라서 다른 이들은 "중단 규칙" 대신 부모들이 어떤 방식으로든 여아를 선별적으로 임신 중절함으로써 능동적으로 개입하고 있다고 주장했다. 여기서 문제는 해결되지 않은 채 남아 있다.

3) 비록 공식적으로는 성별에 따른 중절이 금지되어 있지만 산전 성 결정은 중국에서 널리 이용되고 있을 수 있다. 초음파 검사가 가장 흔한 기술이지만 양수 검사를 하면 임신 16주에 태아의 성 감별을 할 수 있다. 태반 조직 분석 결과는 11주면 알 수 있다. 융모 표본 검사(chorionic villus sampling, CVS)라는 이 기술은 중국에서 시작되었는데, 서구에서보다 훨씬 먼저 이루어졌다.

4) 이 설명은 인구학자 Susan Greenhalph와의, 그리고 중국 인구 경향 전문가인 Willam Lavely와의 인터뷰 내용으로부터 얻은 것이고(Herbert 1994) 1992년에 캘리포니아 대학교 데이비스 캠퍼스에서 Lavely와 동료들이 발표한 미간행 보고서로부터 얻은 것이다. Johansson and Nygren(1991) 역시 참조할 수 있다. 양자강 하류 지역에 대한 더 자세한 분석은 실종된 여아들과 시간에 따른 성별 선호의 강화를 확증해 준다(Skinner and Jianhua 1998).

5) Kristof 1991a. 1981, 1986, 1987년의 중국 인구 통계 자료에서 생산(live birth) 성비의 완전한 분석은 Johansson and Nygren(1991)의 표2를 참조.

6) 소규모 가족은 부모가 각각의 아이에게 더 많이 투자한다는 사실을 뜻한다. Kathy Chen(1994)이 이 점을 서술한다.

7) Skinner and Jianhua 1998.

8) 16세 이하의 아동 집단 성비가 인구학자 Ping-ti Ho(1959: 8-13, 56-59, 표14)에 요약되어 있다. 여기서 인용된 154라는 높은 성비는 1783년 센시 성(Shenshi Province)의 15만 8310명 인구 집단으로부터 온 것이다. 비록 불완전한 보고나 딸을 입양시키는 것이 요인이 될 수는 있지만, 나는 부모가 출산 시에 자식 배치를 조작하는 것이 편향된 성비의 원인이라고 추측하는 윌리엄 스키너를 비롯한 다른 학자들의 견해를 따르게 된다.

9) Hull(1990)과 Dickemann(1979a, 참고 문헌)을 볼 것. 이미 두 딸을 지닌 가족이 새로 태어난 딸을 살려 두는 경우는 드물었다(Geddes 1963: 12-17; Ho 1959: 217ff; Smith 1899:

308-9; Gordon-Cumming 1900: 134-37, 272-76; Martin 1847: 48-49. 20세기에도 지속되는 경향은 다음을 참고. Fei 1939: 33-34, 51-53; Lang 1946: 150-51).

10) Smith 1899: 308-9.

11) Zhao(1997: n.13)에 인용되어 있음. 749쪽도 볼 것.

12) Lavely, Mason, and Ono 1992; Skinner and Jianhua 1998.

13) 인구학자 앤슬리 콜(Ansley Coale)이 인도, 파키스탄, 방글라데시, 네팔, 서아시아, 그리고 이집트의 인구 통계에서 살아 있어야만 하지만 집계되지 않은 여성의 수를 계산해 보자,《뉴욕 타임스》의 헤드라인 뉴스거리가 하나 더 나오게 되었다. "여성에게 가혹한 인구 통계: 1억 명이 사라지다." 일부 인구학자들은 수치가 너무 높다고 주장했다. 노벨상 수상 경제학자인 아마티아 센(Amartya Sen) 같은 다른 학자들은 만약 그런 수치가 있다면 너무 낮게 나온 것이라고 주장했다(Kristof 1991b). 뒤의 20장을 볼 것.

14) Minturn and Stashak 1982.

15) Lewis(1985)에 인용되어 있음.

16) Ramanamma and Bambawale 1980: 107. Miller(1981)에 있는 남아 선호에 대한 인류학적 문헌들의 요약도 볼 것. "아들 열광자(a mania for sons)"라는 어구는 인도 푸나 대학교에 있는 사회 생물학자 A. 라마나마(A. Ramanamma)와 우샤 밤바왈레(Usha Bambawale)가 처음 쓴 것이다.

17) 중국에는 미혼 여성 10명당 15명의 미혼 남성이 있다(Shenon 1994). 여성 시장은 Faison(1995)을 볼 것.

18) 중국에서 여성에 대한 남성의 자살률은 0.8로, 남성의 자살률이 4배 높은 미국의 수치와 비교된다(이 통계치들은 하버드 대학교 의과 대학의 마이클 필립스(Michael Phillips)가 계산한 것으로, Neal(1998)에 인용되어 있다.).

19) Madan 1965, Ramanamma and Bambawale(1980)에 인용되어 있다.

20) 봄베이의 사회 복지사 R. P. 라빈드라(R. P. Ravindra)가 한 이 연구는 Rao(1986)에 인용되어 있다. Ramanamma and Bambawale(1980) 역시 참고. 성 감별 클리닉을 이용하려 하는 한 고객 부부가 쓴 편지에는 자신들이 "남아를 추구하는 커플"이라고 특별한 표현을 사용하고 있으며, 성 감별은 이미 딸이 있는 부모를 위한 것이라고 이야기하고 있다(Jefferey and Jefferey(1984: 1212)에 인용되어 있음).

21) 서구의 의사와 유전학자들은 산전 성 진단을 두고 입장이 분열되어 있다. 비록 임신 20주 이전에 성을 판별할 수 있게 해 주는 양수 천자법의 도입과 더불어 저항이 약해졌지만 말이다(Kolata 1988). 그렇다 하더라도 영국이나 미국과 같은 나라에 있는 많은 의사들은 검사를 사용해 한 성별을 취할 예정이라고 의심되는 부모에 대해서는 산전 성 감별을 하기를 꺼린다. 하지만 불법은 아니다(Perera 1987).

22) Burns 1994; Jayaraman 1994; WuDunn 1997; Miller 1981; Das Gupta 1987.

23) Mull 1992. 그리고 D. Mull과의 개인 서신 교환.

24) Skinner and Jianhua 1998. 나는 이렇게 극단적인 방식으로 딸을 차별하는 데 어머니가 어떤 역할을 담당하고 있는지를 분석하는 문헌은 아는 바가 없다. 이와 유사한 주제를 다루는 연구는 몇 개 있다. 가령 어머니가 딸의 음핵 절제에 대해서 어떤 느낌을 갖고 있는지에 대한 연구가 있다(Coudsley 1983).

25) Wyon and Gordon 1971: 235; 그리고 특히 Dyson and Moore 1983: 51.

26) WuDunn 1997. 부계의 생존은 어떤 개인보다도 우선한다(Mull 1991; Pettigrew 1986).

27) Scrimshaw 1984: 462; Neel 1970; Dickemann 1975. 스크림쇼와 비슷한 선언은 이따금 맥락을 벗어나 중절 반대 정치 선동에 이용되기도 한다(가령 최근의 사설 "영아 살해도 낙태의 뒤를 따라 '받아들일 수 있는 행동'이 될 것인가?", Morris 1996). 이런 이유 때문에 나는 내가 인용하고 있는 학자들이 세계를 자신에게 보이는 대로 연구하고 서술하며 설명하려 한다는 점을 아주 명확하게 밝히고 싶다. 나나 이들 학자 중 영아 살해를 지지하는 사람은 아무도 없다.

28) Kristof 1991b.

29) Levine 1987: n.11.

30) Caine 1977.

31) 일반 모델은 Dickemann(1979a, 1979b)을 볼 것.

32) Parks 1975, I: 59. Miller(1981: 50)에 인용되어 있음.

33) Panigrahi 1976. Miller(1981: 50-51)에 인용되어 있음. Reeves 1971.

34) 프랑스 농부 공동체 부모들의 상속 전략은 Bourdieu(1976)를 볼 것. 아프리카 목축자들은 다음을 참고. Mace 1996a and Bogerhoff Mulder 1988 and 1990. 식민 시대 미국은 Hrdy and Judge(1993)과 그 안의 참고 문헌. 약간 다른 맥락에서 Cosmides and Tooby(1989)는 사회적인 상호 작용과 사회 계약을 평가하는 인간 경향을 분석한다. 이는 가족들이 서로 간에 시간 차원에서 벌이는 전략 게임에서 큰 비중을 차지한다. 가족들 사이에 교환되는 궁극적인 "선물"은 아내인 경우가 많다.

35) 현재까지 이루어진 문화와 진화 과정에 대한 논의 중 가장 좋은 것은 Boyd and Richerson(1985)이다.

36) Stenseth 1978. 대개 XO 개체는 불임이지만 XY 숲레밍은 그렇지 않다. Fredga et al.(1977)을 볼 것. Gileva et al. 1982.

37) Gosling 1986: 784; Morris Gosling, 개인 서신, 1987년 10월 13일.

38) James 1983; Hrdy(1987)에 문헌이 리뷰되어 있음.

39) Clutton-Brock and Iason(1986); Austad and Sunquist 1986; Symington 1987.

40) 대안적으로는, 한 성별의 자손은 부모에게 더 적은 양육 비용을 부과할 수 있다. Ann Clark(1978)은 갈라고원숭이 사례를 제시한다. 들개를 연구하는 연구자들은 이와 유사한 확장 모델을 제안했다. 이 모델에서는 지역 자원의 가치를 증진시키는 아들 또는 딸의 행동이 포함된다(Frame, Malcolm, and Frame 1979). 1985년 Gowaty and Lennartz는 "지역 자원 증진"이라는 용어를 제안했고, 이 개념은 행동 생태학자들이 인간의 성별 선호를 분석하는 모델이 되었다(Sieff 1990). 이 개념은 사회 과학자들이 오랜 동안 사용해 온 보다 전통적인 "합리적 행위자 모델"과 매우 유사하며, 때로 구분하기가 힘들다(Hrdy 1990).

41) Komdeur et al. 1997. 개괄과 예리한 논평으로 Gowaty(1997)를 볼 것.

42) Altmann, Hausfater, and Altmann 1988. 거의 비슷한 시기에 암보셀리의 성비 결과가 드러나기 시작했고, Silk(1983, 1988)는 사육 보닛마카크에서 거의 동등한 양상을 발견하게 되었다. 이 연구들은 최상의 상태에 있는 암컷이 딸을 과잉 출산한다는 사실을 알려 주기

때문에 중요하다. 수컷은 보다 취약한 성별인 경향이 있어서, 좋은 상태에 있는 사슴, 주머니쥐, 그리고 코이푸 어미가 아들을 과잉 출산하는 경향이 있다는 사실은, 어미가 스트레스를 받을 때 아들이 보다 높은 비율로 사망하기 때문인 것으로 설명될 수 있다. 하지만 분명한 점은 이 사실이 최악의 상태에 있는 어미가 가장 높은 비율로 아들을 낳는 사례는 설명할 수 없다는 것이다.

43) 높은 서열의 암컷이 낮은 서열의 암컷을 괴롭히기 위해 사용하는 전술에는 새끼를 흔들어 젖꼭지로부터 강제적으로 떼어 낸 후 어미로부터 빼앗아 가서는 젖을 먹을 수 있게 돌려주지 않는 것이 포함된다. 실질적으로 유괴하는 것이다. Montserrat Gomendio(1990)는 사육되는 붉은털원숭이가 그러한 방해 공작으로 딸을 출산한 후 출산 간격이 더 길어진다고 설명한다. 높은 서열의 암컷은 딸을 데리고 있는 어미를 공격 대상으로 정했기 때문에, 이 어미들의 새끼는 젖꼭지에서 떨어져 나왔다. 먹기 위해서는 다시 어미에게 붙어서 젖꼭지를 자극하며 프로락틴 수치가 올라가도록 해야만 했다. Gomendio는 이것이 딸을 낳는 어미들이 아들을 낳은 어미에 비해 배란을 재개해 다시 임신하는 데 더 오래 걸리는 까닭이라는 가설을 세웠다. 영아가 굶어 죽게 하는 극단적인 간섭은 Silk et al.(1981)을 볼 것.

44) Paul and Kuester 1987, 1988; Meikle, Tilford, and Vessey 1984; Rhine, Wasser, and Norton 1988; van Shaik and Hrdy(1991)에 연구들이 요약되어 있다.

45) Fisher 1930. 주제에 대한 명쾌한 안내서로 Trivers(1985: 11장)을 볼 것.

46) Trivers and Willard 1973; Betzig 1995; Chagnon, Flinn, and Melancon 1979; Hill and Kaplan 1988.

47) 가장 자주 언급되는 사례는 유대 근본주의자들이다. Guttentag and Secord 1983: 98; Hrdy 1987: 119-23; Harlap 1979.

48) Williams 1979: 578.

49) 장난감에 대해서는 Pereira(1994)를 볼 것. 성장 개입 자료는 "프로트로핀(Protropin)"을 홍보하는 지네텍 주식회사 자료에 나온다.

50) 이 견해에 대한 분명한 옹호로는 Cucchiari(1981)가 있다.

51) 부유한 가정에서 딸에 대한 차별이 증가하는 현상은 다른 맥락의 아시아 지역에서도 발견된다. 기근의 시기에 아들과 딸에게 주는 음식량은 부유한 가정에서 훨씬 **더** 두드러진 차이를 보인다. 최근에 방글라데시에서 사례가 발견된 바 있다(Bairagi 1986).

52) Mildred Dickemann(1979a)이 처음으로 트리버스-윌러드 가설을 사용해 상승혼을 하는 라즈푸트 사례에서 여아 살해를 설명했을 때, 상층부에서는 지참금이 어떤 방식으로 작동하고 있는지 알고 있었으나, 바닥에서는 신부대가 있을 것이라고 추측할 수 있을 뿐이었다. 그 논문이 발표된 해에 Parry(1979)가 그 점을 검증했다.

53) 서식처가 포화되고 생태적 위기가 반복적으로 발생하는 곳에서, 땅이 없거나 아주 작은 땅만을 가지고 있는 사람들이 가장 취약하다. Smith(1977: 117-25)를 볼 것. Low 1991; Hrdy and Judge 1993.

54) Bamshad et al. 1998.

55) 집시 자료는 Bereczkei and Dunbar(1997)를 볼 것. 슬로바키아는 Sykora(1998); 고대 매음굴은 Faerman et al. 1997.

56) Manzoni 1961: 135.

57) Boone 1986. 수도원의 이용에 대해서는 Hager(1992)에 더 많은 자료가 있다. 포르투 갈의 상위 25개 부계에 속하는 3,700명의 개인에 대한 자료는 17세기 족보 모음집인 *Peditura lusitana*로부터 얻은 것이다(Boone 1988a, 1988b).

58) 딸을 선호하는 사회들에 대한 개괄은 Cronk(1993)를 볼 것. 크롱크는 딸-편향적인 성 비가 출산 당시 편향될 가능성을 배제하지 않는다. 그가 수행한 설문 조사는 전해 13명 의 아들과 32명의 딸이라는 결과를 가져왔기 때문이다. 무코고도에 대한 최신 자료는 Cronk(1999)를 볼 것.

59) Clark et al. 1995.

60) Dullea 1987.

61) Skinner and Jianhua 1998. 성별만이 아니라 출생 순위에도 영향을 받는 차등적 생존은 Das Gupta(1987)가 펀자브 지방에 대해 처음으로 밝혀냈다. 방글라데시는 Muhuri and Preston(1991). 수치는 Pradip Muhuri와 Jane Menken이 1993년에 발표한 논문에 나오 며, Skinner(1997: 72)에 인용되어 있다.

62) Turke 1988.

63) Skinner 1997: 76.

64) Skinner 1993.

65) Turke 1991; Turke and Betzig(1985)도 볼 것. Alexander 1979: 68. 자손의 성별에 따라 헌신을 미리 결정하는 전략의 불이익은 Hrdy and Coleman(1982)에서 논의된다.

66) Gilbert 1998b.

14장

1) Paul Robinson(1981)은 르누아르의 통계에 의문을 제기했지만, 내가 말할 수 있는 한에 서는 르누아르가 자신이 어떤 말을 하고 있는지 알았던 것 같다. 나는 인용문을 가져온 Badinter(1981)와 Sussman(1982)의 견해를 따른다.

2) 르누아르의 추정치가 무너지게 되는 경우는 Sussman 1982; 특히 22-23.

3) Sussman(1982: 80ff)에 논의와 함께 인용되어 있다.

4) Sussman 1982: 124.

5) 자세한 사례 연구는 Kertzer(1993) 참조.

6) 알렉상더 메이에의 1865년 소책자에서. Sussman(1982: 122)에 인용되어 있다.

7) Sussman(1982: 123)에 인용된 법원 기록.

8) 윌리엄 로스코와 같은 18세기 영국의 대리 수유 비판자들은 대리 수유와 영아 살해를 거 의 등가화하다시피 했다.

9) 메이에의 소책자에서, Sussman(1982: 122)에 인용되어 있음.

10) Piers 1978: 52.

11) Smith 1984: 64c.

12) 친척에 의한 입양도 예외에 포함된다(Hrdy(1976)에서 리뷰; Thierry and Anderson 1986).

13) 꼬리감는원숭이에서도 동일한 사례에 해당한다. 아주 드물지만 보다 나이 많은 랑구르

영아가 이런 방식으로 젖을 "해적질"하는 모습을 관찰할 수 있다.

14) 생쥐나 사자와 같은 협동 번식 포유류 어미들은 새끼 무리를 통합해 공동 수유를 할 수 있다. 하지만 수유 공유는 새끼를 한 배로 낳고 둥지를 짓는 원원류에서만 발견되며, 진원류나 "고등한" 영장류에서는 발견되지 않는다. 원숭이에서 나타나는 대행 어미 수유는 꼬리감는원숭이에서 가장 자주 연구된다. 이 남아메리카 원숭이 어미들은 다음 임신에 접어들기 전까지 오랫동안 이유를 하지 않는다. 거의 영구적으로 수유하는 것이다. 전형적으로 보다 나이 많고 이동성이 있는 새끼는 어미로부터 일시적으로 떨어져 있게 되면 어미의 친족에게 젖을 요구한다. 특히, 자신의 어미에 비해 열위인 새로 어미가 된 원숭이들이 그 대상이 된다(O'Brien and Robinson 1991; Perry 1996). 영장류학자 수잔 페리(Susan Perry)가 지적하는 것처럼, 거절하기 위해서는 에너지가 소모된다. 젖을 분비하는 암컷에 대한 비용은 일시적으로 어미에게서 떨어진 새끼가 얻게 되는 이득에 비하면 작다.

15) 호혜적 이타성(reciprocal altruism)에 대해서는 Trivers의 1971년 논문을 볼 것.

16) Fildes 1986: 178.

17) 「입양한 어머니는 모유를 먹일 수 있는가?」(1985 editorial, *Lancet* 2: 426-27). 할머니에게 젖 분비가 도입되는 민족지적 사례들로는 Wieschhoff(1940)를 볼 것. 초기 유럽에 대한 추가적 설명은 Fildes(1986: 53)를 볼 것.

18) Auerbach 1981; Auerbach and Avery 1981.

19) Kleinman et al. 1980.

20) Wieschhoff 1940; 야노마모에 대한 나폴레옹 샤농과의 개인 서신; Roth 1896(Fildes(1988: 266)에 인용되어 있음).

21) Auerbach and Avery 1981.

22) Arunta 자료는 Murdock(1934)을 볼 것. 솔로몬 제도의 사람들은 Gillogly(1983).

23) Van Lawick 1973.

24) 이 설명은 Wallis Budge(1925)의 것이며, Fildes(1986: 6)에 인용되어 있다. 여기, 그리고 다른 곳에서 대리 수유의 역사를 이야기할 때 Valerie Fildes(1986 and 1987)의 자료에 근거하고 있다.

25) Jasper Mortimer, Associated Press, "Tomb of Tutankhamen's Wet Nurse Found," December 8, 1997.

26) Fildes 1988: 3-4.

27) Origo 1986: 200-201. Trexler(1973b)는 비슷한 설명을 제공한다.

28) Trexler 1973b: 270.

29) Fildes 1986: 6-7.

30) Sussman 1982; Klapisch-Zuber 1986.

31) Fildes 1988: 특히 257-60.

32) 라인스터 공작부인이었다(Lewis 1986: 123-24).

33) 예컨대 19세기 시칠리아에서 유모를 고용하는 귀족 가정은 평균적으로 일곱 아이를 낳았으며 출산 간격은 2년이었다. 이를 가난한 가정의 네 아이와 4.3년의 출산 간격과 비교해 볼 수 있다(Schneider and Schneider 1984).

34) 입주 유모를 들이는 데 매년 18~20피오리(fiori)가 들고 이와 비교하여 교외 지역 유모는 8~15피오리가 들었다고 가정해 볼 때, 부모는 아들을 위해 더 많은 대가를 지불하고 있었다. 집 밖으로 내보낸 아들을 데려오지 않기 위해 더 오래 대리 수유를 하며 아들에게 인색하게 처신하는 부모의 선택은 이따금 아기가 보다 즐거운 이유를 할 수 있는 "보너스" 기간의 형태가 될 때도 있었다. 유모에게 보낸 피렌체의 특권층 아이 283명 중 82퍼센트의 소년과 84퍼센트의 소녀가 살아남았다. 입주 유모에게 대리 수유한 아이들은 훨씬 더 생존율이 높다는 추측을 가능케 하는 사실이다. 내보낸 아들을 위해 추가로 지불한 돈은 아이의 생존에 도움이 되었을까? 아들이 영아기에 더 취약하고 추가로 제공된 젖이 그에 대한 보상이 된다고 가정하지 않는 한, 통계 수치는 그렇지 않다(Klapisch-Zuber 1986: 136).

35) Marilyn Yalom의 『유방의 역사(*A History of the Breast*)』(1997), 가브리엘 데스트레에 대해서는 특히 71~73쪽을 볼 것.

36) Badinter 1981: 65.

37) 부모의 방치로 고통 받았다는 탈레랑 자신의 느낌에 대해서는 Cooper(1986: 12-14)를 볼 것. 그리고 탈레랑의 전기 작가인 Cooper가 탈레랑이 그런 느낌을 받았다고 제시한 견해에 대해서는 73쪽을 볼 것.

38) 임신 회피와 가족의 압력을 개인적으로 서술하고 있는 18세기 귀족층 자료는 Lewis(1986: 특히 212ff)에서 볼 수 있다. 여성의 희생은 Shorter(1982)를 볼 것.

39) 산후 섹스 금기는 !쿵과 남아프리카의 헤레로(Herrero), 서아프리카의 멘데, 남아메리카의 야노마모와 남비와라(Nambiwara), 그리고 북아메리카의 수(Sioux)에서 발견되며, 이것도 몇 개만 열거한 것이다. 넓게 퍼져 있는 이 관습에 대해 더 알고 싶으면 Schoenmaker et al.(1981)을 볼 것.

40) 특권층에서 감소된 가족 크기에 대한 가장 그럴듯한 설명은 인구학자 Sheila Johannson (1987)이 제안했던 것처럼 "지위 불안(status anxiety)" 때문이었다는 것이다. 아직 이해되지는 않았으나 다른 요인들도 분명히 개입하고 있었을 것이다. 유럽에서는 1750~1850년의 기간에 일종의 "인구학적 전환"이 뚜렷하게 드러나며, 20세기 초반에는 완성된 가족 크기가 감소하기 시작한다. 행동 생태학자들은 많은 수의 자손을 낳기보다 경제적인 삶의 질 수준을 선택하는 과정에서 사람들이 자발적으로 가족 크기를 감소시키게 된다는 점을 보여 준다. 특히 Barkow and Burley(1980)을 볼 것. Luttbeg, Borgerhoff Mulder, and Mangel 1999; Kaplan et al. 1995; Borgerhoff Mulder 1998.

41) 아직까지 전해지고 있는 그리스 계약서로는 Pomeroy(1984: 133)를 볼 것.

42) Christiane Klapisch-Zuber(1986)는 일기와 가정 기록물들을 이용하여 르네상스 시대 이탈리아의 가정생활을 재구성함으로써 대리 수유는 원래 저명한 가문에 한정되어 있었지만 1450년 무렵부터 보다 낮은 서열의 가문에도 퍼져 나가게 되었고, 궁극적으로는 최빈곤층을 제외한 모든 가족에게 일종의 규범이 되었다는 점을 보여 준다.

43) Hufton 1974: 14.

44) 해당 사례 연구는 리옹에 대한 것이지만, 일반적으로 해당되는 사실이었을 가능성이 있다(Garden 1970: 137).

45) Garden 1970: 12-16, 그림 VII, 95-97.

46) Delasselle 1975; Sussman 1982: 66-67; Hrdy 1992a: 그림 1.

47) 미국 교육 통계청의 자료(www.acf.ahhs.gov/programs/ccb/faq/demogra.htm) 1998년 5월 9일.

48) Swarns 1998.

49) Kertzer(1993: 100-101)에 따르면 사르디니아의 여성은 상속권에서 더 평등했으며, 소유권이 더 넓었고, 일반적으로 더 많은 자율성과 더 높은 지위를 갖고 있었다.

50) Caldwell and Caldwell 1994. 여기서 나는 문제를 토론하는 데 시간을 할애해 준 많은 아프리카 전문가들에게 신세를 지고 있다. 특히 Bob Bailey, Nadine Peacock, Monique Bogerhoff Mulder, 그리고 Dan Sellen. 개괄을 위해서는 Laesthaeghe et al.(1994), 그리고 Robert LeVine et al.(1996)을 볼 것. 아이가 지위, 노동 기여, 그리고 의례적 의미에서 갖는 중요성을 자세하게 설명해 준다. 부계 출산 옹호론자들의 감성의 심장부에는 "더 **적은 수의** 아이를 데리고 있는 아버지가 희귀한 자원을 둔 경쟁에서 이해관계를 방어하는 것이 불가능해질 가능성"에 집착하는 아버지의 심리가 있다(LeVine et al. 1996: 1070). 모계 사회에 대해 더 많은 자료는 Skinner(1997)를 볼 것. 동남아시아의 사례들과도 비교되어 있다.

51) Draper and Buchannon 1992.

52) 이 특징을 잡아내는 데에는 다음 자료의 도움을 받았다. Bledsoe 1994, Caldwell and Caldwell 1990, Robert LeVine et al. 1996: 103-10; 멘데 인용문은 Bledsoe(1993: 181; 1994: 115, 124)에서 가져온 것.

53) Gregor 1988.

54) Howell 1979: 119-20.

55) Isiugo-Abanihe(1985)의 인터뷰 자료에 기초한 것으로, 15~30세 가나 여성의 3분의 1, 그리고 라이베리아 여성의 40퍼센트가 다른 가정에서 아이를 키우고 있었다. 카메룬, 레소토, 그리고 아이보리코스트의 자료는 Page(1989: 표 9.1)를 볼 것. Bledsoe and Isiugo-Abanihe(1989)에 일반적 논의가 실려 있다. 약간 낮게 수양이 나타나는 현상은 케냐, 나이지리아, 수단에서 보고되어 있다(Goody 1984; Silk 1987b). 외할머니가 있는 아이들에서 생존율이 조금 더 높게 나타나는 현상은 1949~1975년의 기간 동안 잠비아 교외 지역에서 수집된 자료를 기초로 Mace and Sear(1999)가 계산한 것이다.

56) 유의미한 결과 중 하나는 수양을 부탁할 수 있게 됨에 따라 부모가 안정적인 피임 수단을 찾아야 하는 동기가 감소되었다는 것이다(Bledsoe 1990). 남아프리카의 헤레로 목축자 사회에서는 비혼 어머니에게 태어난 모든 아이들의 50퍼센트가 수양 가정으로 보내졌고, 반면 결혼한 부모에게 태어난 아이들 중 수양을 간 경우는 32퍼센트였다. 어머니가 재혼하기 전에 아이들을 수양 보내면서 자신과 떼어 놓는 경우도 많았다. 이것은 20세 미만의 비혼 여성이 더 나이 많은 여성에 비해 아이를 수양 보낼 가능성이 훨씬 더 큰 까닭이다(Pennington 1991: 표 6). 가장 흔한 경우는 어머니가 아이를 자신의 어머니와 살게 보내는 경우였다(René Pennington, personnal communication, April 29, 1998). 서아프리카에서 나타나는 비슷한 경향은 Isiugo-Abanihe(1985)를 볼 것.

57) 브라질의 펠로타스 연방 대학교(Federal University of Pelotas)의 사회 의학과 연구자들은 브라질 남부의 두 도심 지역에서 대규모 통제 연구를 수행해, 분유 수유가 영아 생존에

미치는 효과를 살펴보았다. 모유를 수유했어도 보충의 목적으로 영아식을 먹게 된 영아는 죽을 가능성이 4배 높았다. 모유를 전혀 먹지 못한 영아의 사망률은 14배까지 뛰어올랐다(Victora et al.(1989), Scheper-Hughes(1992: 316-17)에 요약되어 있음).

58) Bledsoe 1993; Pennington 1996.

59) LeVine and LeVine 1981; Bledsoe and Brandon 1992. Bledsoe(1993), 그리고 특히 Bledsoe가 1994년에 "작은 죽순"이라는 멘데의 은유에 대해 쓴 논문을 참조.

60) 우간다에서는 15세 미만의 아동 중 부모 한쪽을 잃은 아동은 170만 명에 달한다. 40퍼센트 정도가 양 부모를 모두 잃었고, 아동의 일부는 분만 또는 수유를 통해 감염되었다. UNAIDS의 "전지구적 H.I.V.(AIDS) 역학 보고서"(Daley(1998)에 인용되어 있음).

61) Kaplan 1997.

62) 『분열(Torn Apart)』은 미국에서 『어머니의 사랑/어머니의 증오: 어머니의 양가감정의 힘 (Mother Love/Mother Hate: The Power of Maternal Ambivalence)』이라는 제목으로 출간된 Parker의 1995년도 책의 영국판 제목이다.

63) Editorial: "Teen Moms", Wall Street Journal, May 8, 1998, A14.

64) 뉴욕 시 인구청에 있는 Judith Bruce가 집계한 여성 가장 가정 수에 근거한 것. 그리고 Bruce(1989: 988).

15장

1) Dr. Mary Main과의 1997년 3월 서신.

2) 예를 들어, Desmond and Moore(1991)나 Brown(1995).

3) Karen(1994)는 볼비가 다윈 사례에 이끌린 이유가 볼비 자신이 양육될 때 어머니의 태도에서 무언가 빠진 것이 있었다고 느꼈기 때문이었다고 추측한다. 나는 캐런의 설명에 설득력이 있다고 생각하지만, 그 자신 정신 분석가인 캐런은 다윈 연구가인 프랭크 설로웨이(Frank Sulloway 1991: 30)가 주장했던 것처럼, 다윈이 볼비에게 순수하게 지적인 방면에서 미친 엄청난 영향을 과소평가하고 있는 것은 아닌지 의심스럽다.

4) Bowlby 1990a: 71.

5) Sulloway(1991)를 볼 것.

6) 다윈의 증상을 상술한 Colp(1977: 114)에 인용되어 있다. 다윈이 이들 증상에 보인 인내에 대한 설명으로 Brown(1995: 445)을 참고할 수 있는데, 브라운은 다운하우스 내 다윈의 서재 방구석에 둘러쳐져 있던 커튼이 아마도 구역질이 날 때도 작업을 계속하기 위한 것이었을지 모른다고 이야기한다.

7) 다윈이 "사회"에 대해서는 흐릿한 인상만을 가지고 있었다는 사실은 그의 자서전에서, 특히 결혼을 하거나 말아야 할 이유에 대해 적었던 유명한 메모에서 분명하게 드러난다. 미혼으로 남는 것의 장점 중 하나는 "사회를 선택할 자유가 있으나 거의 선택할 필요가 없다."(언급된 다윈의 메모는 http://darwin-online.org.uk에서 전문을 볼 수 있다.) 프랭크 설로웨이에게는 찰스 다윈의 알레르기에 대해 쓴 파비안 스미스(Fabiene Smith)의 1990년 논문을 알려 준 데 대해 감사하고 싶다.

8) 다윈 인용문은 Sulloway(1991: 30)를 볼 것.

9) "과호흡 증후군"이라는 말은 볼비가 언급했던 1990년 당시까지도 유효한 진단명으로

간주되고 있었지만, 현대 의학계에서는 거의 사라진 용어다(Hornsveld et al.(1996)을 볼 것). 그럼에도 불구하고 다윈이 겪었던 일종의 불안 장애(오늘날 "공황 장애(panic disorder)"라고 알려진 것)가 다른 원인보다 호흡에 더 영향을 미쳤다는 가설은 아직까지 타당한 것으로 남아 있다(Barloon and Noyes 1997).

10) 다윈의 설명은 자서전의 초기 단상 원고들에 보존되어 있고, Bowlby(1990a: 58-60)에 인용되어 있다.

11) Darwin 1887: 22.

12) Bowlby(1990a: 78)에 인용.

13) Darwin 1887: 22.

14) Raverat 1952: 244-45. 볼비의 주석을 보면(1990a: 469, n.17) 이 일화를 어디에서 처음 읽었고 래버랫의 해석이 어땠는지 잊어버렸던 것 같다. 주석은 단순히 "Raverat"이라고만 언급하고 있다.

15) Blass et al. 1989; Oberlander et al. 1992.

16) 여기서 언급된 시간은 일부러 모호하게 처리한 것이다. 나는 인간의 출산 간격이 더 짧아 졌다는 사실을 알고는 있지만, 이 변화가 언제 발생했는지, 그리고 그 변화가 서서히 왔는 지, 심지어는 언제나 같은 방향 속에 있었는지 알지 못한다. 아주 대략적으로만 추측해 보면, 새끼가 매달리기에는 털이 너무 없던 호모 에렉투스 어미가 출현했던 200만 년 전 또는 100만 년쯤이라고 추측해 볼 수 있다. 호모 에렉투스 부모와 그들의 도움꾼이 환경으로부터 열량을 추출해 내는 효율성이 개선되었다는 사실은 이미 더 짧은 출산 간격을 뜻하게 된다. 하지만 신석기 시대의 진정한 서막은 아마 5만 년 이전까지는 오지 않았을 것이다. 석기 기술과 동굴 벽화를 연구하는 고고학자들은 이 무렵 무언가 중요한 인지적 변화가 발생해 호모 사피엔스를 변화시켰다고 추측한다(Klein(1992)을 볼 것).

17) Rozsika Parker의 『어머니의 사랑/어머니의 증오: 모성적인 양가감정의 힘』에 대해 Jessica Benjamin가 쓰고 The New York Review of Books(April 4, 1996, p.3) 광고에 실린 추천사로부터 인용한 것.

18) King 1998. 50개의 유전자라는 추정은 Wade(1998)에 인용되어 있다.

19) Lewes 1877: 71-72. Paxton(1991: 184)에 인용되어 있다.

16장

1) 예를 들어 Time의 1995년 8월 28일자 표지에 실려 "진화 심리학이라는 새로운 과학이 우리의 유전자에서 현대적인 질병의 근원을 발견하다."라고 공언한 글이 있다.

2) Bowlby 1973: 403. Sulloway(1991: 29)에 인용되어 있다.

3) Karen 1994: 21-24. Robertson and Bowlby(1952), 그리고 James Robertson의 1953년도 영화 「병원에 간 두 살짜리 아기(A Two-Year-Old Goes to Hospital)」 역시 보라.

4) 이 비판은 S. R. Pinneau(1995)의 것이며, 둘러싼 폭풍은 Karen(1994: 120-21)에 리뷰되어 있다.

5) Bowlby 1991: 301.

6) Karen(1994: 46-47)에 인용되어 있는 1989년 1월 14일의 볼비와의 인터뷰, 그리고 버지니아 대학교에서 1986년 5월에 했던 볼비 강연의 녹화 자료(courtesy of Mary Main and

Erik Hesse). 볼비의 1960년도 논문 "Grief and Mourning in Infancy"에 대한 안나 프로이트의 언급은 학술지 *The Psychoanalytic Study of the Child*에 출판된 논문에 등장하며, Karen(1994: 116)에 인용되어 있다.

7) Bowlby 1991: 301.

8) 하인드는 볼비에게 당대 행태학의 논쟁들을 알려 주었다. 이 지도에는 아마 선택이 집단의 수준(V. C. 윈-에드워즈(V. C. Wynne-Edwards 1959, 1962)가 주장했던 것)에서 작동하는지, 아니면 하인드와 가까운 동료였던 데이비드 랙(1966)이 주장했던 것처럼 개체의 수준에서 작동하는지에 대한 지속적인 논쟁이 포함되어 있었을 것이다. 볼비의 견해가 시간의 시험을 잘 견뎌 낼 수 있었던 핵심적인 이유는 애착에 대한 그의 주장 전체가 (대부분의 사회 과학자들이 당시 하던 것처럼) 영아가 태어난 집단이나 가족에게 돌아가는 이득의 관점에서 작성된 것이 아니라 영아 개체의 생존 가치의 관점에서 작성되었기 때문이다.

9) Bowlby(1969: 259)에 인용된 Freud(1926)으로부터.

10) Haraway(1989)의 "물리적 장치가 된 은유: 해리 할로와 사랑의 기술(Metaphors into Hardware: Harry Harlow and the Technology of Love)"이라는 장의 논의를 보라. 할로의 "어미 없는" 영아는 자라나서 성적으로 서투른 성체가 되었다. 번식이 이루어지도록 하기 위해서 실험자들은 "강간틀(rape rack)이라는 애칭을 지어 준 장치에 의존했고, 그 후는 독자들의 상상에 맡긴다."(Haraway(1989: 238)에 인용되어 있음) 해러웨이는 이 고통스러운 역사를 리뷰하면서, "실험실 문화가 꿈꾸는 구조에는 여성 혐오가 깊숙이 박혀 있다. 실험실 관행의 일상적 대상에는 여성 혐오가 뿌리박혀 있다. 여기에는 동물의 신체, 학술 저작에서의 농담, 그리고 장비의 형태가 포함된다."라고 결론을 내린다(1989: 238).

11) 볼비는 인간 외 연구 대상을 사용하는 것이 인간 영아로는 할 수 없는 통제된 실험을 할 수 있는 길이라고 보았다. 이와 비슷하게 우리 중 많은 수는 이제 원숭이에 대해서도 모성 박탈 실험을 해서는 안 된다고 생각하는데, 영장류의 절망감은 이제 너무나 확실하게 입증되었기 때문이다. Robert Hinde(1996), 그리고 하인드와의 인터뷰(1996년 1월 14~24일).

12) Spencer-Booth and Hinde 1971a.

13) 연구자들은 이 실험을 "병원에 가는 엄마" 실험으로 불렀다. 이 이름은 Robertson의 유명한 1953년 영화를 분명하게 암시하고 있었다. 특히 Hinde and McGinnis(1977)를 볼 것. 랑구르원숭이처럼 "영아 공유" 종에서조차, 급작스러운 어미로부터의 금단 증세(영아를 안아 주는 다른 암컷도 없음)는 극단적인 스트레스로 드러난다. 모든 랑구르 아기가 어미로부터 분리되었을 때 불평한다. 하지만 버클리에 있는 랑구르원숭이가 군락으로 연구했던 실험자들이 집단에서 실제로 어미를 제거했을 때, 전부는 아니지만 일부 영아는 수양어미에게 애착을 형성하는 데 그럭저럭 성공했다. 그렇게 하지 못한 영아는 죽었다(Dolhinow 1980).

14) Spencer-Booth and Hinde 1971a: 116-17, Capitano and Reite(1984) 역시 볼 것.

15) 모든 원숭이와 유인원 영아는 돌봄꾼과 신체적인 접촉이 박탈되면 고통을 느낀다. 원원류 영장류 중 일부(예컨대 바레시아(*Varecia*))에서만 어미가 영아를 보금자리에 남겨 두고 떠난다. 원숭이, 유인원, 그리고 인간 영아는 어미로부터 처음으로 분리되었을 때 거의 확실하게 불평을 한다. 그럼에도 불구하고 낯선 돌봄꾼에 대한 영아의 내성에 종간 편차

가 있는 것만큼, 어미가 다른 개체들(소위 대행 어미)에게 영아를 안고 데리고 다니도록 허락하는 적극성에는 중간 편차만이 아니라 종내 편차도 있다. 과학자들은 이러한 기질상의 개체 간 차이의 근원을 이제 막 연구하기 시작했다. 다음 문헌을 참고할 것. 원숭이는 Suomi(1999), 인간 아기는 Spangler and Grossman(1993).

16) 다윈의 자연선택 이론을 실증하는 증거들이 느리지만 꾸준히 누적되고 있다는 사실을 아주 읽기 쉽게 요약한 책으로 조너선 와이너(Jonathan Weiner)의 『핀치의 부리: 우리 시대 진화의 이야기(*The Beak of the Finch: A Story of Evolution in Our Time*)』(1994)를 추천한다. 애착 이론에 대해서는 Cassidy and Shaver, eds.(1999)를 볼 것.

17) Ainsworth 1967.

18) Spencer-Booth and Hinde(1971b)는 다음과 같이 언급한다. "분리-후 기간에 즉각적으로 강도 높게 '매달리는' 붉은털원숭이 영아의 행동은 많은 인간 아동의 특징이기도 하다. 비록 인간 아동의 일부는 심각한 분리를 경험한 이후에는 대신 '탈애착'을 드러내고 애정 관계를 재형성하는 과정의 어려움을 보이며, 원숭이에게서는 이들 행동이 관찰되지 않는다는 차이가 있지만 말이다."(1971b: 191) 그들은 마카크에서 이런 회피 반응이 없다는 사실에 깊은 인상을 받았다. 나는 오늘날까지 인간 외 영장류의 회피 반응을 보고하는 논문을 본 적이 없다.

19) 녹화 강의에 대한 에인즈워스의 소개 중 등장하는 언급(앞의 주석 6번을 볼 것).

20) Ainsworth and Wittig 1969. Main and Weston(1982) 또한 볼 것.

21) Main and Solomon 1986.

22) Main and Hesse 1990. 대부분의 사람들은 소아과 의사 Ruth and Henry Kempe가 『아동 학대(*Child Abuse*)』라는 책을 냈던 1978년 이전까지는 아동 학대를 의학적인 문제로 인식하지 못했다. **구타당한 아동**(battered child)라는 용어는 Kempe et al.(1962)과 더불어 미국의 의학 문헌에 들어오게 되었다. 볼비는 자신의 "계몽"을 켐프 부부의 덕으로 일부 돌린다. 만약 아동 학대와 무질서한 애착 사이에 연관 관계가 있다면, 그 연관 관계는 아직 잘 이해되지 않았지만, 일부 경우에는 그 존재를 의심하기 어렵다.

23) Van IJzedoorn 1995. 안정 애착으로 분류되었던 독일 영아의 82퍼센트가 5살의 나이에도 똑같이 분류되었다(Wartner et al. 1994). 200명의 미국 아동 표본을 대상으로 한 Belsky et al.(1996)의 연구에서는 일치의 수준이 더 낮았다.

24) 특히 Sroufe and Fleeson(1986)을 볼 것. Main 1994: 8.

25) Bowlby(1973: 323), Bretherton(1992: 767)에 인용되어 있음.

26) Friberg, Adelson, and Shapiro 1975: 387-88. 개괄로는 Fonagy et al.(1993)을 볼 것.

27) Main 1991; Fonagy et al.(1993)도 볼 것. 개괄로는 Cassidy and Shaver eds.(1999).

28) Belsky and Cassidy 1994; Cassidy and Shaver, eds., 1999.

29) Van IJzendoorn and Kroonenberg 1988; Kagan, Kearsley, and Zelago(1978: 특히 그림 6.2 "Avoidant, secure and resistant infants across cultures") 역시 볼 것.

30) Sagi et al. 1994.

17장

1) Bowlby 1972: 229-31. 경구의 "짐"을 사용한 부분은 Bowlby(1972: 258)를, 그리고 논의는

229~231쪽을 볼 것.

2) Hill and Hurtado 1996: 424. 수집 사회 이외에도 기근 시에는 같은 양상이 나타난다. 가령 현재 기근이 닥친 북한이 한 사례이다(Rosenthal 1998: A12).

3) 11장에서 논의했던 것처럼, 야생 유인원은 인간보다 훨씬 느린 속도로 번식한다. 가장 극단적으로 긴 유인원의 출산 간격 사례로는 우간다의 키발리(Kibale) 숲에 있는 침팬지의 8년 간격을 들 수 있다(Richard Wrangham과의 개인 서신, 1997). Dettwyler(1995)는 선사 시대 일부 인간은 무려 7년간 젖을 먹였다는 가설을 세웠다. 이 사실이 우리 조상들에게 의미했던 바는, **만약 조건이 충분히 나쁠 경우,** 그들 역시 그만큼 오래 젖을 먹일 수 있었다는 것이다. 조건이 좋을 경우에는 2년에서 4년(Dettwyler의 법칙)이 더 가능성이 높다.

4) Parker 1995: xi. 파커의 책은 진화적 관점보다는 정신 분석학적 관점에서 본 어머니-영아 관계이지만, 그녀의 작업은 그러한 수렴으로 가득해 있고 별로 놀랄 일도 아니다. 만약 정신 분석학과 진화 이론 각각이 가치가 있다면, 두 이론 모두 어머니와 영아에게 서로 다른 정치적 목적이 있다는 점을 가장 먼저 예측할 것이다.

5) Bowlby 1972: 319. 그 이후의 연구는 Tooby and Cosmides 1990; Pinker 1997.

6) Stern 1990: 47-49. 최신 연구 개괄은 Chung and Thomson(1995).

7) Johnson et al. 1991; Langlois et al. 1987; Lewis 1969.

8) Schaal et al. 1980; Fernald 1985; 하버드 대학교 심리학과의 마크 하우저(Marc Hauser)와의 개인 서신 교환.

9) De Casper and Fifer 1980. 아주 어린 아기도 아버지와 낯선 사람의 음성을 구분하는 법을 배울 수 있지만, 아버지 목소리를 듣고 싶어 하는 동기는 그만큼 크지 않았다(De Casper and Prescott 1984).

10) Weinberg and Tronick(1996)은 텅 빈 얼굴을 마주한 아기가 증가된 심박 수와 도망-대적 반사(flight-fight reflex)와 유사한 미주 신경 반응을 나타낸다는 점을 보여 주었다.

11) Bowlby 1972: 276.

12) Meltzoff and Moore 1977. 이 결과는 머지않아 Field et al.(1982)가 반복 검증했다. 최근 연구는 Meltzoff(1993)를 볼 것. Meltzoff and Moore 1997.

13) Bowlby 1972: 276.

14) Dickemann 1984: 430. 이런 유형의 모델이 처음으로 등재된 것은 van Schaik ad Dunbar(1990)이다. 이 "경호원" 가설이 "아버지 자원 공급" 가설과 구분된다는 사실을 눈여겨보라.

15) Freedman 1974: 43-46. 그리고 저자의 개인적 관찰.

16) Mallardi, Mallardi, and Freedman(1961), Freedman(1974)에 인용.

17) Hill and Hurtado 1996: 표 5.1 "숲 생활 시절의 사망 원인".

18) 내 딸 카트린카(Katrinka)가 막 기어 다니기 시작했을 무렵, 나는 오래된 친구인 파충류학자 호세 로사도(José Rosado)에게 퇴근하는 길에 와인 한 잔 하러 우리 집에 친구(1.2미터짜리 비단뱀)를 데리고 들르라고 초대했다. 양탄자 위에 있는 뱀 근처에 딸을 두자, 딸의 주요 반응은 뱀을 따라 소파 아래로 기어 들어가는 것이었다. 우리가 이야기를 나누고 있을 때 이 비단뱀은 내 붉은색 벨벳 치마 아래로 기어 들어오려 했고 나는 의식하지 못한

채 날카로운 비명을 질렀는데, 내 딸은 그때서야 뱀을 무서워하는 법을 **배웠다.**

19) Prechtl 1950; Mineka 1987; Hinde 1991.

20) R. Palombit과의 개인 서신; Plooij 1984: 88-89.

18장

1) 찰스 다윈이 아사 그레이(Asa Gray)에게 보낸 편지에서. Weiner(1994: 49)에 인용되어 있음.

2) Charles Darwin, 1859: 67.

3) Lipson and Ellison(1996)은 난포기 중기 동안 발정 유도 호르몬(estrogenic hormone)의 평균 농도가, 피임하지 않았지만 임신에 실패한 여성의 주기보다 임신한 여성의 주기에서 보다 높았다는 사실을 발견했다. 이것은 표본 집단에 포함된 여성 전반에서 나타나는 현상이었고, 여성 개인의 주기 전체를 통해 관찰해 보았을 때에도 나타나는 현상이었다. 에스트라디올(estradiol) 수치가 높은 주기는 체중의 증가와 연관되어 있었다. 큰 난포의 이득에 대해서는 Miller, Goldberg, and Falcone(1996)을 볼 것.

4) Gosden 1996; Dong et al. 1996. 전반적인 참고 문헌은 Wood(1994)를 볼 것. 인용은 123쪽으로부터.

5) 제프리 파커(Geoffrey Parker)와 로버트 트리버스는 동물에서 상대적 부모 투자와 짝짓기 체계를 이해하는 데 배우체 이형성이 갖는 중요성을 환기시킨 주요 인물들이었다. 하지만 개념의 근저에 있는 생물학에는 거의 주목하지 않는 사회 과학자들이 최근에 이 개념들을 차용했다. 배우체 이형성은 수컷과 암컷이 행동해야만 하는 절대적인 규칙을 이루지 않는다는 점을 인식했던 트리버스는(Trivers 1972) 자신이 찾아낼 수 있는 모든 예외들에 매혹되었다. 가령 깝짝도요새(phalarope)나 자카나새(jacana, 원문에는 'jicana'라고 되어 있으나, 'jacana'의 오타로 보임. "연꽃새(lotus bird)"나 "예수새(jesus bird)"라고도 불리며, 크고 긴 발톱 덕분에 연과 같은 수생 식물 위를 딛고 물 위를 걸어갈 수 있어 붙여진 이름이다. Jicanae과에 속하는 새들을 통칭하는 이름으로 열대 지역에 널리 서식한다. ─ 옮긴이)에서는 암컷들이 수컷에 접근하기 위해 경쟁하는 사례가 있었던 것이다. 비록 자카나새의 난자는 수컷의 정자보다 컸지만, 암컷은 수컷에 비해 각각의 자식에게 더 적은 양을 투자하며 "역전된 성 행동(sex reversed behavior)"을 보였다.

6) 초파리 실험은 Bateman(1948)에 출판되었고, Hrdy(1986a)에서 리뷰하고 있다. 일반화는 Symonds(1979: 23)를 볼 것.

7) 착상 이후의 태아 유산율은 캘리포니아 영장류 연구소에서 사육하는 붉은털원숭이는 16.4퍼센트이고, 보닛마카크는 21.7퍼센트인 것으로 검증되었다. 이들 군락에서 소급적으로 수집된 자료를 계산한 유산율은 Van Wagenen이 보고했고 자주 인용되는 18.7퍼센트라는 수치와 비슷하다. 유산율은 전염병이 도는 것과 같이 스트레스를 받는 시기에 증가했다(Hendrie et al. 1996). 인간의 경우는 Wood(1994)를 볼 것. 극단적인 사례들은 Roberts and Lowe(1975)를 참조. 최근의 일부 추정에 따르면 인간은 총 임신의 3분의 1이나 유산한다(Cross, Werb, and Fisher 1994).

8) 북아메리카, 유럽, 아시아, 카리브 지역의 9개 인구 집단을 대상으로 어머니의 연령에 따른 유산율의 요약은 Wood(1994: 표 6.5)를 볼 것.

9) 종의 학명은 *Agalychnis callidryas*이다. 종의 생애사와 워켄틴의 작업을 대중적으로 간단하게 설명한 글은 *Science*(1995)를 보면 된다. 내 논의는 Warkentin(1995)에 근거하고 있다. 1996년 11월 1일의 워켄틴과의 인터뷰.

10) Sih and Moore 1993.

11) 트리버스의 1974년 논문 "Parent-Offspring Conflict"의 서두로부터 인용.

12) Bingham(1980)이 이 기간 동안 트리버스의 삶을 서술한다.

13) Trivers 1985: 147.

14) Trivers 1974: 249.

15) Shostak 1981: 54. 58쪽도 볼 것.

16) Trivers 1985: 148. 인용은 155쪽에서.

17) 제인 구달은 이 점에 비춰 적절한 사례를 곰비의 침팬지들 중 하나로부터 끌어낸다. 피피의 4살짜리 아들 프로도는 이유 과정에 있었고, 떼쓰기 기술의 완성을 향하고 있었다. "(프로도가) 어머니의 등으로 기어 올라가려 두 번 시도했다가 두 번 거절당했을 때, 부드러운 후-흐 느낌(hoo-whimper) 소리를 내며 따라갔다. 프로도는 갑자기 멈춰 서서 길 가장자리를 뚫어지게 바라본 후, 겁을 먹은 것처럼 크고 다급한 목소리로 비명을 질렀다. 피피는 급작스러운 행동에 깜짝 놀라 공포에 질려 창백해진 얼굴을 하고 서둘러 달려 돌아와 아이를 등에 업고 떠났다.…… 3일이 지나고 똑같은 과정이 반복되었다. 그리고 1년이 지나 나는 다른 영아가 똑같은 행동을 하는 것을 보았다.…… 역시 젖을 떼고 있는 중이었다.…… 나는 (이 영아들이) 고의적으로 어미를 조작하고 있었다고 생각한다."(Goodall 1986: 576-77, 582)

18) Trivers 1985: 157.

19) Bowlby 1972: 315; Trivers 1985: 160.

20) Bingham 1980: 66.

21) Trivers 1974: 259.

22) 1996년 11월 7일 데이비드 헤이그와의 인터뷰.

23) 『이기적 유전자(*The Selfish Gene*)』(1976)는 모든 진화적 은유 중 가장 유명한 하나가 되었다. 로버트 트리버스는 리처드 도킨스의 이 책에 서문을 썼다. 데이비드 헤이그가 옥스퍼드에 도착했을 무렵, 윌리엄 해밀턴은 도킨스를 데리고 와서 유전자-중심적 해석의 메카를 만들었다.

24) Leigh(1971)가 "유전자 의회"라는 말로 의미했던 것은 유전자가 이따금 서로 잡아끌며 서로 밀쳐 내고, 다른 경우에는 서로의 효과를 중립화한다는 것이었다. 이 은유를 사용하면 다른 유전자들은 입법부의 생존을 위협하는 하나의 유전자를 막기 위해 단결할 수 있다. Haig(1997: 284)를 볼 것.

25) Haig 1996a: 232.

26) Haig and Westoby(1989)는 아버지로부터 유래한 배의 유전자가 어머니로부터 발원한 유전자들보다 어머니의 조직으로부터 보다 많은 자원을 추출해 내도록 선택되는 반면, 모계 각인 유전자는 그러한 부계 생산 성장 요인에 맞서거나 그를 무효화라는 방식으로 선택되었을 것이라는 가설을 처음 제안했다. 이 가설과 일치하는 증거로는 Kalscheur et al.(1993)을 볼 것.

27) Leighton et al. 1996.

28) Angier 1996.

29) Lefebvre et al. 1998. 논의는 Bridges(1998)를 볼 것.

30) Haig 1993: 496.

31) Haig 1993. Kanbour-Shakir et al.(1990) 역시 볼 것. 헤이그 자신은 1996b 논문 「임신 시 구동과 초록 수염의 태반(Gestational Drive and the Green-Bearded Placenta)」에서 태생 유기체의 어머니-태아 상호 작용에서 유전자가 스스로를 식별할 수 있는 간단한 메커니즘을 탐사했다.

32) Page 1939: 292. Haig(1993: 516)에 인용되어 있다.

33) Haig 1995.

34) Macdonald 1984: 6; Haig 1993: 500. 태아 크기의 편차는 거의 임신 후반부에 결정된다고 오랜 동안 추측되어 왔다. 새로운 증거들은 임신 최초 3개월이라는 빠른 시기에 발생하는 효과들을 보여 준다(Smith et al. 1998). Robinson 1992: 15.

35) Nathanielsz 1996; Jolly 1972b.

36) 이 1914년의 인용문은 병리학자 R. W. Johnstone의 것으로, Haig(1993: 500)에 인용되어 있다. 그는 "영양 배엽"이라는 말로 미래-배아인 세포의 배 반포 단계에서 가장 외곽에 있는 세포층을 지시했다.

37) 예를 들어 분만 시 작은 몸집(즉, 출산 체중 2.5킬로그램 미만)은 생애 후반에 심장병으로 죽을 확률을 35퍼센트 높이며, 당뇨병을 비롯한 포도당 대사 메커니즘 손상 위험을 6배 증가시킨다(Barker 1994). 특히 Nesse and Williams의 『우리는 왜 병에 걸리는가: 다윈주의 의학의 새로운 세계(Why We Get Sick: The New Science of Darwinian Medicine)』(1994: 197-200)를 보면, 헤이그를 비롯한 사람들이 했던 작업이 의학적으로 갖는 의미를 볼 수 있다.

38) Barker et al. 1992: 183.

39) Trivers 1974.

40) Haig 1993: 497. "What's Behind Odd Idea of War in the Womb?" New York Times, August 7, 1993.

41) Altmann 1980. 인용문은 Walton(1986)에 인용되어 있음.

42) Altmann 1980: 33-36; 42-63.

43) Altmann, Altmann, and Hausfater 1978.

44) Gomendio et al. 1995.

45) Altmann 1980: 178-186. 인용문은 186쪽에서.

46) Haig 1996a: 232.

47) Blurton-Jones 1986. 이 책의 8장을 다시 볼 것.

19장

1) Meyburg 1974. 특히 Mock(1984)의 리뷰를 볼 것.

2) Anderson 1990.

3) Mock and Forbes 1995.

4) Hahn 1981; Evans 1996.

5) 더그 모크와 그의 공동 연구자들이 인위적으로 백로 알 무리의 부화 시기를 맞춰 모든 병아리가 같은 크기를 갖도록 했을 때, 부모들은 자발적으로 먹이를 30퍼센트 더 많이 가져오기 시작했다. 데이비드 랙을 따르던 초기 이론가들이 부모는 모든 자식에게 돌아갈 만큼 충분한 먹이를 얻기 어렵다고 추측했지만, 모크의 결과는 부모가 스스로를 아끼며 억제하고 있다는 가능성을 제시해 주었다. 즉, 할 수 있고 할 의사가 있다면, 부모 새들이 나중에 부화한 새끼를 키울 수 있다는 것을 뜻한다. D. Mock과의 개인 서신, 1996년 11월 9일.

6) Schwabl, Mock, and Gieg 1996.

7) 부모 새는 어떤 새끼가 가장 배고픈지를 어떻게 알까? 구걸하는 병아리들은 밝게 채색된 입과 더 붉고 텅 빈 위를 보여 준다. 붉은 빛은 위를 통과하는 혈관이 확장되고 더 많은 혈류가 이 부위를 지나가기 때문이다. Rebecca Kliner(1997)는 카나리아를 사용해 부모가 인위적으로 입을 붉게 칠해 준 병아리에게 더 많은 먹이를 준다는 점을 보여 주었다. 노른자위의 테스토스테론 추가분은 Schwabl(1994)을 볼 것.

8) 여기서 미국쇠물닭의 밝은 신생아 외피 진화에 대한 시나리오를 구성할 수 있게 도와준 조류학자 John Eadie에게 감사를 표한다. 핵심적인 실험은 Lyon, Eadie, and Hamilton(1994)을 볼 것. 논의는 Pagel(1994)를 볼 것.

9) 메리 제인 웨스트-에버하드는 암컷 선택의 일반화된 형태인 "사회적 선택(social choice)"의 효과를 식별해 낼 당시 10년을 앞서가고 있었다(1983: 특히 160). 존 이디(John Eadie)는 웨스트-에버하드의 1983년 논문에 영감을 받아 쇠물닭 신생아 깃털을 해석했다고 이야기한다.

10) 1915년에 R. A. Fisher는 성선택이 스스로의 운명을 취하게 되는 과정을 지적했다. 그를 통해 특정한 특질에 대한 선호가 "고삐 풀릴" 수 있는 것이다. 탁월한 개관문으로 Cronin(1991: 201-4)을 볼 것. Thornhill and Alcock(1983: 390-91) 역시 참조.

11) W. D. Hamilton 1975. 유형 성숙(neoteny)과 관련해 오스트리아 행태학자 콘라트 로렌츠는 강의할 때 강아지, 아기 바다표범, 그리고 인간 아기의 둥글고 코가 뭉뚝한 머리 사진들을 보여 주면서 논점을 밝혔다. 디즈니 만화의 창작자들은 그러한 행태학적 통찰을 이윤을 내는 데 사용한다. 피부 빛깔에 관한 한, 검은 피부를 지닌 사람들조차 대부분의 어른에 비해서는 밝은 빛깔을 지닌 아기를 낳는다.

12) 콜로부스아과 원숭이의 분류는 현재 유동적이다. 아주 최근까지도 거뭇한 회색빛 또는 "안경 쓴" 리프몽키(*Trachypithecus obscurus*)는 *Presbytis obscurus*로 알려져 있었고, 아직도 이 이름을 사용할 때가 많다. 영장류의 신생아 외피 개괄은 Hrdy(1976)를 볼 것.

20장

1) Hill and Hurtado 1996: 3. 머리카락 없이 태어난 아기에 대한 혐오감이 남아메리카의 부족 사회에서 널리 발견된다는 점에 주목해야 한다(Gregor 1985: 88-90).

2) 사람들이 쿠친기라고 부르는 남성과의 인터뷰를 번역한 것(Hill and Hurtado 1996: 375).

3) Schiefenhövel 1989. 시펜회벨 이전 아이포에 대한 인구학적 분석은 이전 30년 동안 아이포의 땅을 공중 촬영한 것에 근거해 계산되었다.

4) Schiefenhövel 1989: 그림 10.7.

5) De Meer and Heymans 1993.

6) "아동 사망의 높은 기대치는 어머니 사고를 강력하게 형성"했으며 일부 사례에서 애착이 지연되고 어머니와 영아 사이에 정서적인 거리를 두게 했다는 주장에 대해서는 Scheper-Hughes(1992: 340)를 볼 것.

7) 49건의 출산 중 20건이 영아 살해로 귀결되었다는 수치는 Schiefenhövel(1989: 그림 10.8)에서 다시 계산된 것이다. 1978년 이후 선교의 영향을 받아 영아 살해율은 10퍼센트까지 떨어졌다.

8) 아이포에 대한 정보는 Schiefenhövel(1989: 185-86)을 볼 것. Schiefenhövel and Schiefenhövel 178. Schiefenhövels가 만든 영화 기록 자료에 기초한 위 설명은 Eibl-Eibesfeldt(1989: 193-94)로부터 인용한 것이다.

9) Associated Press 1992.

10) 현재까지의 탐구는 서로 다른 아기의 사진이나 그림들을 연구 대상에게 분석해 달라고 부탁하는 인터뷰의 형식으로 이뤄졌다. 예를 들어 Alley 1981; Hildebrandt and Fitzgerald 1979; Maier et al. 1984; Frodi et al. 1978. 전통 사회로부터 유사한 자료가 얻어진 적은 없다. 하지만 민족지 기록은 이 점에서 상당한 일치를 보인다. 예를 들어 Hill and Ball(1996), Daly and Wilson(1988: 72-73)이 지적했던 것처럼, 결함 있는 영아에 대한 장기적인 부모 반응은 보다 이른 시기에는 문제가 되지 않았을 수 있다. 그런 아이는 길러지지 않았을 것이기 때문이다. Singer et al.(1999) 역시 볼 것.

11) 여기서 여성들은 산전 검사가 알려지기 전과 후에 수정된 "Cranley Maternal-Fetal Attachment Scale"을 사용해 평가되었다. 양수 검사 집단의 경우에는 16~21주, 그리고 융모막 천자 표본 검사 집단은 10.6~15.7주에 행해졌다(Caccia et al. 1991: 1122).

12) Maier et al. 1984; Frodi et al. 1978.

13) Daly and Wilson 1982. Christenfeld and Hill(1995)은 연구 대상자들에게 1살짜리 아기의 사진과 부모의 사진을 짝지어 달라고 부탁했다. 연구 대상들은 아기의 사진을 어머니보다는 아버지와 보다 쉽게 짝을 지었다. 오랜 동안 추정만 되어 왔을 뿐이지만, 이제 미국의 남편들은 자손의 부성을 확신할 수 있을 때 투자할 가능성이 더 높다는 점이 확증되었다(Anderson, Kaplan, and Lancaster 1999).

14) Sellen 1995. 추가 사례들은 McCarthy 1981; Scheper-Hughes 1992.

15) Valenzuela 1990. 에인즈워스가 볼티모어에서 "정상" 표본으로 분류했던 아동의 66퍼센트는 안정 애착을 형성하고 있었던 것으로 드러났던 반면, Valenzuela가 조사했던 가난한 어머니들의 위험 높은 표본 집단에서는 50퍼센트만 안정 애착을 형성한 것으로 드러났다(1992쪽). 적절한 영양 공급을 받아도 영아가 잘 자라지 못했기 때문에 Pollitt and Leibel(1980: 196)은 어머니와 영아 사이의 관계에 장애가 있을 때 "정서적 박탈과 관계된 역전 가능한 성장 호르몬 결핍"이 야기된다고 추측했다. Drotar(1991) 역시 참조.

16) DeVries 1984. 아이포 사례와 달리 마사이에서는 영아 사망의 주요 원인은 영양 결핍이다. 1910년에 마사이 사람들이 처음으로 연구되었을 때, 영아 사망률은 1,000건의 생산(live birth)당 300건이었다. DeVries(1987)는 피셔 검증(Fisher's exact test)을 사용해 기질과 생존 사이의 연관 관계가 우연에 의한 것일 가능성은 100건 중 7건이라는 점을 계산

했다.

17) 닉 켈쉬(Nick Kelsh)의 『헐벗은 아기들(*Naked Babies*)』(1996: 29)에 대한 애나 퀸들렌 (Anna Quindlen)의 글로부터.

18) 혐오 반응의 사례는 Frodi et al.(1978). 아기가 살고자 하는 "의지"가 없다는 분류에 대해 서는 Scheper-Hughes(1992: 314ff)를 볼 것.

19) 주목할 만한 야외 실험에서 Jonathan Losos, Kenneth Warheit, and Thomas Schoener(1997)는 다양한 카리브 해 섬 지역에 새로 도입된 도마뱀 개체군이 새로운 환경 에서 수천 세대까지도 아닌 최대한 수백, 심지어는 단지 14세대 만에 진화적 변화를 겪을 수 있음을 보여 주었다. 빠른 진화에 대해 더 알고 싶으면 5장, 특히 주 17번을 볼 것.

20) Daly and Wilson 1995: 특히 1281-82.

21) Aristotle, *Politica* VII 17 1336a 12-18. 서아프리카 자료는 Dorjahn(1976: 80)과 McKee(1984: 97-99). McKee는 비슷한 "체력 시험"(신생아를 찬 공기 속에 내버려 두는 것)이 과거 남아메리카 안데스 산계의 전통 공동체 사회에서 이루어졌다는 점을 서술하 고 있다.

22) 그림형제의 동화 「요정 아기」로부터. Haffter(1968: 56)에 인용되어 있다.

23) Schmitt 1983: 114.

24) 13세기 초반 Jacques de Vitry가 chamion을 정의한 내용으로부터. Schmitt(1983: 75)에 인용되어 있다.

25) Scheper-Hughes 1992: 364-73, 특히 368쪽에서. Boguet(1610: 376ff), Marvick(1974: 280)에 인용되어 있음. 유럽 사례는 당시 프러시아 서부의 Posen과 Schleswig-Holstein, 또한 스코틀랜드와 아일랜드로부터 온 것이다(Haffter 1968: 60). Schmitt(1983: 72, 그리 고 n.11) 역시 볼 것. Haffter(1968: 57)에 따르면 요정이 아이를 돌려주도록 강제하는 유 럽의 전통에는 요정 아기를 아주 가혹하게 다뤄 요정 부모가 미안함을 느끼게 하는 것도 포함되어 있었다. 따라서 사람들은 바꿔치기된 아기를 끓는 물에 넣거나 불 속에 던져 넣 으려는 것처럼 부삽에 올려놓는 방식으로 협박해야 했다. 이들 사례 중 어떤 경우에도 부 모는 자신이 "인간" 아기를 괴롭힌다는 생각은 하지 않았다.

26) 일반화는 57개의 서로 다른 문화에서 도출된 것이다. 최대한 안전하게 추정하면 영아 살 해는 이들 사회 중 최소한 53퍼센트에서 사회적인 승인을 받았고, 전형적으로 어머니가 일차적인 의사 결정자였거나 살해자였다(Minturn and Stashak 1982).

27) 중국에서는 아기가 생후 1개월이 되기 전에는 출생을 축복하지 않는 것이 전통이었는데, 이 관습은 역사적으로 높은 영아 사망을 야기했다(Thurston 1996). 중앙아프리카의 벰 바(Bemba)에서는 아버지나 어머니가 "아이를 데려가는 것" 또는 *ukupoko mwana* 의례는 4개월째에 행해졌다. 이 의례는 또한 남편과 아내가 성관계를 재개할 수 있는 시점을 알리 기도 한다(Richards 1939). 엘레나 발레로의 설명은 Biocca(1971: 162-63)을 볼 것.

28) 리뷰는 Hill and Ball(1996)을 볼 것. 서아프리카 사례 연구는 Sargent(1988)를 볼 것.

29) Bugos and McCarthy 1984: 508.

30) DeVries 1987: 173.

31) Minturn and Stashak 1982.

32) 이런 믿음은 구조주의자들이 "야생의 사고(savage mind)"를 이해하기 위해 탐구했던 인

간의 상상력과 경험 범위 안으로 들어온다. 이 세계는 신기한 트릭스터(trickster)와 분류 불가능한 동물들, 무정형적이고 초자연적인 생명체(태아처럼)들이 기괴하게 조합된 동물 우화의 세계로, 죽은 자와 산 자, 날것과 익힌 것, 문명화된 것과 문명화되지 않은 것, 자연과 문화를 매개한다. 특히 『날것과 익힌 것(*The Raw and the Cooked*)』(1969년)으로 시작 되는, 레비-스트로스(Lévi-Strauss)의 저명한 신화학 연작을 참고할 것.

33) Langer1972; Hrdy 1984; Daly and Wilson 1988.

34) Coleman 1974. 여기 인용된 판본은 McLaughlin(1974: 특히 155, n.99)에 인용된 독일에 서의 설명이다.

35) Blaffer 1972: 114-15; 92. 소라누스 역시 신생아는 소금으로 닦아야 한다고 충고했다. 소 금은 히브리 탄생 의례에도 일부로 포함되어 있으며, 결과적으로는 세례의 일종이 되었다. 이것은 가톨릭 지역인 유럽 전반에 걸쳐 버려진 아이 곁에 소금을 둔 이유였을 것이다. 즉, 아기는 세례를 받았다는 표시인 셈이다(Boswell 1988: 322).

36) 18세기 스코틀랜드인들의 설명에 따르면 "아이가 태어나는 순간 차가운 물에 담갔다. 다 만 먼저 얼음을 깨야 할 필요가 있었다." 1894년에 목사 J. Vaux는 이 사실을 기록했지만, 근원은 질문하지 않은 채 "최적자 생존의 원칙을 다소 극단적으로 확장하여 수행하고 있 는 셈"이라고 제안했다(Vaux 1894: 74).

37) 이 견해는 로렌츠로부터 출발하며 Alley(1981)와 Maier et al.(1984)이 정교화했고, Bogin(1996: 특히 14-15)에 리뷰되어 있다.

21장

1) Elphick and Wilkinson 1981. 백색 지방 조직은 체온 조절 시 영아가 빨리 동원할 수 있 는 황색 지방과는 구분된다. 포유류 영아에서 지방 축적이 낮은 것이 일반적이라는 점은 Widdowson(1950)을 참고.

2) Girard and Ferre 1982: 특히 522, 538.

3) Girard and Ferre(1982), Haig(1993: 500ff)에 인용되어 있음. 인간 신생아 6명에 대한 연 구는 체지방이 11~28퍼센트이며, 평균은 16퍼센트라는 점을 드러냈다(Widdowson 1950). 대부분의 생리학자들과 마찬가지로, Girard and Ferre(1982: 표3)는 엄청나게 다 양한 영장류를 하나의 범주인 "원숭이"에 몰아넣는다. 그들의 측정에 따르면 500그램의 체중을 지닌 원숭이 신생아의 체중 1킬로그램당 지방은 20그램으로, 3.5킬로그램인 인 간의 160그램과 비교된다. 꼬리감는원숭이 3종 영아로부터 얻은 자료를 보면 사체 무게 에서 체지방은 평균 4.5퍼센트였다(Ausman et al. 1982). Girard and Ferre는 인간 신생 아의 지방을 출산 체중의 16퍼센트로 보고 있지만, 후속 연구는 14퍼센트라고 추정한다 (Catalano et al. 1992). 하지만 여전히 다른 포유류의 표준보다는 높은 수치다.

4) 종간 비교 자료는 Harvey, Martin, and Clutton-Brock(1987)을 볼 것. 침팬지와 오랑우탄 의 신생아 체중은 1.7킬로그램 이하다(Schultz(1969: 152)에 근거한 것임).

5) Schultz 1969: 152-53.

6) 지속적으로 젖을 빠는 영장류는 Blurton-Jones(1972), Macdonald(1984: 284). 다른 포유 류는 Ben Shaul(1962)을 볼 것.

7) Pawlowski 1998: 65.

8) Hrdy(1976)에서 리뷰.

9) Rodman and McHenry 1980.

10) 11장에서 논의했던 것처럼, 더 큰 어미의 몸집은 보다 긴 수명과 보다 큰 먹이 이용 가능성과 연계되었을 수 있다. 보다 긴 유년기를 포함하는 그러한 생애사적 변화는 보다 큰 두뇌의 가치를 더 높게 했을 수 있지만, 내가 지적했던 것처럼 가장 영리한 유인원이 된다는 것그 자체는, 성숙하는 데 20년이라는 시간이 걸리는 비용, 또는 어미가 위험할 만큼 살찐아기를 낳는 데 따르는 비용을 보상해 주지 못할 수 있다.

11) Aiello and Wheller 1995; Aiello 1992.

12) Martin 1995; Devlins, Daniels, and Roeder 1997.

13) 간명한 개괄로 Jones(1992)가 있음.

14) 시지각에 대한 Bender Gestalt 검사를 이용했던 Hardy and Mellits(1977)에 의해 감지됨.

15) Barker 1994. Brody(1996) 또한 볼 것.

16) 출산 체중과 후속적인 Weschler Intelligence Scale Test 사이에 선형적인 연관 관계가존재한다. 두 개의 큰 표본 집단(백인 아동 1만 2315명과 흑인 아동 1만 3352명)에서도비슷한 관계가 발견되었다. 비록 흑인 하위 개체군에서는 출산 체중이 낮았지만 말이다(Hardy and Mellits 1977). 낮은 출산 체중은 반드시 정신적 수행 능력이 박약하다는 점을 의미하지 않는다. 출산 이후의 영양 보충이 중요한 보충 역할을 수행할 수 있다.Devlin, Daniels, and Roeder(1997) 역시 참고.

17) Rosenberg and Trevathan 1996.

18) 다윈이 지적했던 것처럼, 알에서 부화하는 새처럼 좁은 산도를 통과해야 하는 문제가 없을 경우에도, 다양한 종류의 어린 동물들에서 두개골의 봉합부가 존재한다. 다윈은 이 두개 설계가 "성장의 법칙"에서 비롯된다고 결론을 지었다. 이 설계는 우연히도 차후에 "고등 동물의 분만에서 이득을 취하게" 된다(Darwin 1859: 197).

19) (Ashley Montagu가 여러 해 전에 만든 용어인) "자궁 외 태아"에 대해 충실한 참고 문헌으로 개괄한 자료는 Trevathan(1987: 143-45)을 볼 것.

20) McGue 1997.

21) Devlin et al. 1997.

22) 인류학자 비벌리 스트라스만(Beverly Strassmann)과 캐서린 팬터-브릭(Catherine Panter-Brick)은 서아프리카와 네팔에서 태아가 너무 커질까 봐 걱정하는 임신한 여성들의 이야기를 알려 주었다. 마틴 드브리스(Marten DeVries)는 마사이 사람들을 "임신한 여성은 분만이 보다 쉽게 진행되게 하기 위해 가능한 한 여위려 한다."고 묘사한다. "임신 마지막 3개월에서 4개월의 기간 동안 여성은 평소의 식사를 그만두고 거의 굶는 것에가깝게 식사를 한다. 쓴 나무껍질과 함께 끓인 폐, 간, 그리고 콩팥의 국물을 마시는 정도이다."(1987: 170). Brems and Berg(1998)이 쓴 「임신 동안 식사를 줄이기: 제3세계에서의 영양, 산부인과 그리고 문화적 고려들('Eating Down' During Pregnancy: Nutrition, Obstetric, and Cultural Considerations in the Third World)」 역시 볼 것.

23) Ramsay and Dunbrack 1986.

24) Ziegler et al. 1976.

25) Hrdy 1996a.

26) Mann 1995.

27) Hobcraft, O'Donald, and Rutstein 1985.

28) Soranus 1956:80.

29) Barker and Robinson 1990: 154-55, 165-86.

30) Van Hoof 1962.

22장

1) Klaus and Kennell 1976: 75-76; Daschner 1984; Ewald 1996. Paul Ewald가 지적하는 것처럼 "감염을 막기 위해 아기를 어머니의 입원실에 두는 것이 타당한가에 대한 의견에서 오는 불일치는 병이 흔하다는 사실과 병원균이 흔하다는 사실을 구분하지 못하는 것으로부터 비롯된다."(1996: 254)

2) McBryde 1951.

3) 이 개혁 운동의 주요 제창자였고 *New England Journal*의 보고서 저자이기도 했던 Klaus and Kennell(1976)을 볼 것.

4) Klaus and Kennell 1976; Klopfer 1971("Mother-Love: What Turns It On?"). 하지만 본질적으로 의견을 철회한 Klopfer의 후속 논문(1996)을 볼 것.

5) Rode et al. 1981. Grossman et al.(1981) 역시 볼 것.

6) Lamb 1982.

7) 역설적이게도 "벨크로식" 결속에 대한 가장 가시적이고 강한 주장은 그 정체를 폭로하는 연구에서 나온다. 예를 들어 Diane Eyer(1992a: 2)를 볼 것.

8) 문헌 리뷰는 Myers(1984)를 볼 것.

9) Eyer 1992b, 1992a.

10) Karen(1994: 429)을 볼 것. 볼비 사고의 진행 단계와 그 시절의 회상을 공유해 준 사람은 로버트 하인드였다(1996년 6월 23일의 인터뷰).

11) Litwack 1979: 56.

12) Eliot 1876: 694.

13) Eyer(1996: xiii, 11). Eyer는 계속해서 다음과 같은 내용을 서술한다. 어떻게 "심리학의 기관총이 여성이 일하려고 하는 열망을 구속하기 위한 목적으로 재빠르게 겨냥되었는가.…… 어머니를 소외시키는 행동은 그들이 무상으로 하는 가사 노동과 값싼 상업적 노동이 현재 미국 산업을 보조하고 있다는 사실로부터 주의를 돌리기 위한 필수적인 전술일지도 모른다……."

14) Eyer 1996: 72.

15) Sarah Hennell(1865년 11월 28일)에게 엘리엇이 보낸 편지. Cross(1885)에 있다.

16) *New York Times*, September 14, 1997("Forbes Puts on Anti-Abortion Mantle", National Report, p.10).

17) 볼비는 미드가 1962년에 쓴 「모성 박탈에 대한 문화 인류학자의 접근」을 인용하고 있으며, 자신의 책 『애착』 제2판에서 이 글에 대해 답변을 내놓고 있다(1972: 303, 주1). Ainsworth(1990: 193-94) 역시 볼 것.

18) Karen(1994: 325-26)에 인용되어 있는 볼비와의 1989년 인터뷰. 볼비의 분석이 당시 영

국에서의 여성의 직업 기회에 기초하고 있다는 점에 주목할 것.

19) Wilson 1975: 553.

20) 윌슨의 동료인 드보어는 칼라하리 수렵-채집자 연구에서 새로운 길을 개척했던 리더로, 여성이 체류지에서 기다리고 있다는 내용의 오류가 처음 등장했던 『사회 생물학』의 27장을 검토해 준 사람들 중 하나였다.

21) 소수의 사회사들은 유모로부터 떼어 낸 비참한 상황의 영아들의 정신 병리에 대해 명확한 질문을 던졌지만, 적절한 사례 연구를 제공하지는 않았다.

22) Hewlett(1991: 13)에 인용된 Jean Peterson(1978). Etioko-Griffin(1986) 역시 볼 것.

23) Griffin and Griffin 1992; Hewlett 1991, 1992.

24) Lamb et al. 1987. Michael Lamb(1998년 5월 10일)과의 개인 서신 교환.

25) Tronick, Morelli, and Winn 1987.

26) 비어트리스 위팅(Beatrice Whiting)과 캐롤린 포프 에드워즈(Carolyn Pope Edwards)가 처음 제시한 "우리의 동료" 가설에 따르면, 소년과 소녀가 사귀는 사람들의 연령과 성별은 소년과 소녀에게 서로 다른 학습 경험과 사회 행동을 설명해 준다. 여러 문화권에 걸쳐 소녀들은 소년에 비해 여성, 다른 소녀, 영아와 더 많은 시간을 보내는 경향이 있다. 최근의 리뷰는 Edwards(1993)를 볼 것.

27) Draper 1976; Draper and Cashdan 1988; Blurton-Jones 1993. 사실상 Draper and Hames(1999)가 진행하고 있는 연구는 보다 나이 많은 형제자매가 함께 놀아 주는 것이 ! 쿵에서는 이전의 추측에 비해 더 중요한 대행 부모 역할이라는 점을 암시한다.

28) Goodall 1986: 282-85, 351.

29) Hawkes, O'Connell, and Blurton-Jones 1995.

30) Andrew Peyton Thomas(1998: A-6)가 쓴 *Wall Street Journal* 사설로부터 인용.

31) 이 결과는 1991년 국립 아동 보건 및 인간 발달 연구소가 착수한 대규모 연구로부터 얻어지고 있는 중으로, 이 연구에는 25명의 연구자와 1,300가구가 포함된다.

32) Harris 1998: 153.

33) 제이 벨스키와 1996년 6월 29일, 일리노이 주 에반스턴에서 한 인터뷰. 벨스키는 "생애 첫해 한 주 20시간 이상 어머니 외의 다른 사람이 보살피는 것은 일부 발달 장애 출현의 위험 요인이 될 수 있다."고 추측했다(1988: 235). 여기에 대한 응답으로는 Clarke-Stewart(1988)를 볼 것. 벨스키와 그의 비판자 사이의 토론은 Belsky(1986)를, 그리고 답변은 Phillips et al.(1987)을 볼 것.

34) Eyer 1993.

23장

1) Thurer 1994: xiii.

2) Thomas 1996.

3) Bowlby 1990b: 36. 볼비의 견해는 연구 업적 초기와 훈련 과정에 씌어진 여러 개의 논문, 예를 들어 「44명의 청소년 절도범: 그 특성과 가정(Forty-four Juvenile Thieves: Their Characters and Home Life)」(1944)와 「초기 어머니-아동 분리에 의해 시작되는 몇몇 병리적 과정들(Some Pathological Processes Set in Train by Early Mother-Child

Seperation)」(1953)과 같은 연구들로부터 출현한다. 오늘날 반사회적 인물들은 남성 인구의 3퍼센트, 여성 인구의 1퍼센트를 차지하는 것으로 추측된다. Linda Mealey(1995: 통계는 523쪽에 인용되어 있음)의 리뷰를 보라. 밀리는 이 주제에 대한 논쟁적인 문헌들을 요약하며, 반사회적 인물은 두 범주로 분류된다는 점을 확신한다. 즉 동정심과 공감을 불러일으키는 사회적 감정을 경험할 능력이 선천적으로 결여된 자들로, "일차적" 반사회성 인물이라고 부르는 범주, 그리고 "이차적 반사회적 인물"로 회피적인 양육 및 환경 조건에 대한 반응으로 반사회성을 발달시키는 범주. 볼비는 그러한 "이차적 반사회적 인물"에 관심을 갖고 있었다.

4) Kovaleski and Adams 1996.

5) Kagan 1994.

6) Harris(1998: 108)는 진화적 적응 환경에서 모든 인간이 부계 거주의 남성 중심적 사회에서 살았다고 가정한다. 인간 행동 생태학자들이 계속해서 하고 있는 연구에 기초해 볼 때, 이 점에서 초기 인류가 좀 더 유연성을 가졌다고 생각할 만한 이유가 있다(5장 주 10번, 8장 주 39번, 11장 주 26번을 볼 것).

7) Harris 1998: 203-4.

8) 1996년 8월 1일, 퍼트리샤 드레이퍼와의 인터뷰. Draper and Harpending(1982, 1987) 역시 볼 것.

9) Draper and Harpending 1988: 343.

10) Lamb et al. 1985. 영아 발달을 생애사 이론과 통합하여 인간의 발달 전략을 상황 의존적인 것으로 보는 새로운 사고방식에 대한 개괄은 Chisholm(1996)을 볼 것. 또 다른 중요한 초기 논문은 Patricia Draper and Henry Harpending(1982)의 것이다. 이들은 아프리카 마을과 수렵-채집자 사회의 돌봄인과의 초기 경험이 자원에 대한 미래의 접근권과 연관되는 방식을 검토했다. 이 연구자들은 다음 차례로 "생애사 이론"의 핵심적인 발전 내용(예컨대 Stearns 1977, 1982, 1992)에 영향을 받았다.

11) Sulloway(1996: 83-118)는 다윈의 "분화 원칙(Principle of Divergence)"을 환기시킴으로써 첫아이와 나중에 태어난 동생들의 인성 발달의 차이를 설명한다. "아동이 자라남에 따라 가족 내 개체적인 생태 적소를 마련하기 위한 노력에서 적응 방사(adaptive radiation)를 수행하게 된다."고 설로웨이는 적고 있다(86쪽). 이것은 본질적으로 **다형성**이다. 첫아이와 나중에 태어난 아이는 본질적으로 같은 유전형의 서로 다른 변종이지, 서로 다른 종에 속하는 유전적으로 다른 유기체는 아니다. 다형성에 대한 연구의 대부분은 그와 관련된 환경 신호(가령 애벌레 먹이 속의 탄닌)에 초점을 맞춘다. 설로웨이에게는 이와 관련된 신호는 출생 순위 그 자체가 **아니라**, 부모의 관심과 부모 자원에 대한 접근권의 양이다. 하지만 설로웨이의 것과 같은 역사적인 표본들을 보면 "출생 순위"라는 근접 변인이 많은 수의 연구 대상(과학자들)으로부터 얻어질 수 있으며, 부모의 편애 척도는 얻을 수 없다.

12) Levine 1987: 292.

13) Belsky, Steinberg, and Draper 1991: 656.

14) Diodorus of Sicily 1935: 451; Schraudolph 1996: 53-112.

15) 1997년 10월 29일, 캘리포니아 대학교 데이비스 캠퍼스에서 진행된 마크 하우저와의 인터뷰.

16) 인간과 인간 외 영장류의 지적 능력의 차이, 그리고 복잡한 사회적 상황에 대처하기 위한 반응으로 진화한 "마키아벨리적" 지능(Machiavellian intelligence)에 대해서는 Bryne and Whiten, eds.(1988)을 볼 것. Cheney and Seyfarth 1990; Hauser 1996.

17) Kroever 1989: 230; 132ff; 139-60.

18) 더 완전한 논의는 Bryan Vila(1997)를 볼 것.

24장

1) Baring-Gould and Baring-Gould(1962)로부터. Piers(1978: 29-30)에 인용되어 있음.

2) Nathanielsz 1996: 214.

3) Bloch 1978: 3.

4) "Terrible Tales: Coping with Fear of Infanticide," *Time*, November 4, 1978, p.140; Bloch 1978: 229.

5) Alice Rossi(1973)이 인용하고 있는 Campbell and Petersen(1953). 이는 인간 어머니의 모성 감정에 대해 생물 사회적 관점을 취한 최초의 시도이다. 최신 자료로는 Carter(1992)를 볼 것. Carter et al. 1992.

6) Balint 1985: 116. 현대 정신 분석 이론의 맥락에서 이 단락을 논의한 내용은 Parker(1995: 103)를 볼 것.

7) Pritchard, eds. 1955: 7.

참고 문헌

Aberle, David
1961 Matrilineal descent in cross-cultural perspective. In *Matrilineal Kinship*, David Schneider and Kathleen Gought, eds., 655-727. Berkeley: University of California.

Abernethy, Virginia
1978 Female hierarchy and evolutionary perspective. In *Female Hierarchies*, Lionel Tiger and Heather Fowler, eds., 129-32. Chicago: Beresford Book Service.

Ackerman, Sandra
1987 American Scientist Interview: Peter Ellison. *American Scientist* 75: 622-27.

Acton, William
1865 *The Functions and Disorders of the Reproductive System*, fourth ed. London.

Adams, D. B., A. R. Gold, and A. D. Burt
1978 Rise in female-initiated sexual activity at ovulation and its suppression by oral contraceptives. *New England Journal of Medicine* 299:1145-50.

Agoramoorthy, G., and R. Rudran
1995 Infanticide by adult and subadult males in free-ranging howler monkeys, *Alouatta seniculus*, in Venezuela. Ethology 99:75-88.

Agoramoorthy, G., S. M. Mohnot, and Volker Sommer
1988 Abortions in free-ranging Hanuman langurs (*Presbytis entellus*) — a male-induced strategy? *Human Evolution* 3:297-308.

Ahnesjö, Ingrid, Amanda Vincent, Rauno Alatalo, Tim Halliday, and William J. Sutherland 1997 The role of females in influencing mating patterns. *Behavioral Ecology* 4:187-89.

Ahokas, Antti J., Saiji Turtiaien, and Marjatta Alto
1998 Sublingual oestrogen treatment of postnatal depression. *Lancet* 351:109.

Aiello, Leslie C.
1992 Human body size and energy. In *The Cambridge Encyclopedia of Human*

Evolution, Steve James, Robert Martin, and David Pilbeam, eds., 45. Cambridge: Cambridge University Press.

Aiello, Leslie C., and Peter Wheeler
1995 The expensive-tissue hypothesis. *Current Anthropology* 36:199-221.

Ainsworth, Mary D. S.
1967 *Infancy in Uganda: Infant Care and the Growth of Love*. Baltimore: Johns Hopkins University Press.

1990 Further research into the adverse effects of maternal deprivation. In *Child Care and the Growth of Love*, reprint ed., John Bowlby, part III, 191-235. London: Penguin Books.

Ainsworth, Mary D., and B. A. Wittig
1969 Attachment and exploratory behavior of one-year-olds in a strange situation. In *Determinants of Infant Behaviour*, vol. 4, B. M. Foss, ed. London: Methuen.

Alberts, Bruce, Dennis Bray, Julian Lewis, Martin Raff, Keith Roberts, and James D. Watson 1994 *Molecular Biology of the Cell*, 3rd ed. New York: Garland.

Alexander, Richard D.
1979 *Darwinism and Human Affairs*. Seattle: University of Washington.

1997 On God, and such: The view from the president's window. *Human Behavior and Evolution Society Newsletter* (Spring) VI(1):1.

Alexander, Richard D., J. L. Hoogland, R. D. Howard, K. Noonan, and Paul Sherman 1979 Sexual dimorphism and breeding systems in pinnipeds, ungulates, primates and humans. In *Evolutionary Biology and Human Social Behavior*, N. A. Chagnon and

W. Irons, eds., 402-35. North Scituate, Massachusetts: Duxbury Press.

Alley, T. R.
1981 Head shape and the perception of cuteness. *Developmental Psychology* 17:650-54.

Altmann, Jeanne
1974 Observational study of behavior: Sampling methods. *Behaviour* 49:227-67.

1980 *Baboon Mothers and Infants*. Cambridge: Harvard University Press.

1997 Mate choice and intrasexual reproductive competition: Contributions to reproduction that go beyond acquiring more mates. In *Feminism and Evolutionary Biology: Boundaries, Intersections and Fronties*, Patricia Adair Gowaty, ed., 320-33. New York: Chapman and Hall.

Altmann, J. A., S. A. Altmann, and G. Hausfater
1978 Primate infant's effects on mother's future reproduction. *Science* 201:1028-30.

Altmann, Jeanne, Glenn Hausfater, and Stuart A. Altmann
1988 Determinants of reproductive success in savannah baboons, *Papio cynocephalus*. In *Reproductive Success: Studies of Individual Variation in Contrasting Breeding Systems*, T. H. Clutton-Brock, ed., 403-18. Chicago: Chicago University Press.

Ammerman, A. J., and L. Cavalli-Sforza
1984 *The Neolithic Transition and the Genetics of Populations in Europe*. Princeton: Princeton University Press.

Amoss, Pamela T., and Stevan Harrell
1981 Introduction: An anthropological

perspective on aging. In *Other Ways of Growing Old*, Pamela T. Amoss and Stevan Harrell, eds., 1-24. Stanford: Stanford University Press.

Amundsen, D. W., and C. J. Diers
1970 The age of menopause in classical Greece and Rome. *Human Biology* 42:79-86.

Anderson, Dave
1990 Evolution of obligate siblicide in boobies, 1: A test of the insurance-egg hypothesis. *American Naturalist* 135:334-50.

Anderson, Connie M., and Craig F. Bielert
1994 Adolescent exaggeration in female catarrhine primates. *Primates* 35:283-300.

Anderson, Kermyt G., Hillard S. Kaplan, and Jane B. Lancaster
1997 Paying for children's college costs: The parental investment strategies of Albuquerque men. Paper presented at the Meeting of the Human Behavior and Evolution Society, June 4-8, University of Arizona, Tucson.
1999 Differential parental investment: Theory and data. Paper presented at the Annual Meeting of the Human Behavior and Evulution Society, June 2-6, University of Utah, Salt Lake City.

Andersson, Malte
1994 *Sexual Selection*. Princeton: Princeton University Press.

Angier, Natalie
1996 Fighting and studying the battle of the sexes. *New York Times* (June 11):C-1, C-11.
1997 Chemical tied to fat control could help trigger puberty. *New York Times* (January 7):C-1—C-3.

Aries, Philippe
1962 *Centuries of Childhood*. New York: Vintage Books. (Originally published in 1960 as *L'enfant et la vie familiale sous l'ancien regime*.)

Aristotle
1970 *Historia Animalium*. A. L. Peck, trans. Cambridge: Harvard University Press.

Aronson, Debby
1995 Infant killing among primates more myth than reality. Press release distributed by Washington University, St. Louis, Missouri, 3 pages plus attachments.

Artlett, C. M., J. B. Smith, and S. A. Jimenez
1998 Indentification of fetal DNA and cells in skin lesions from women with systemic sclerosis. *New England Journal of Medicine* 338:1186-91.

Asch, Stuart
1968 Crib deaths: Their possible relationship to post-partum depression and infanticide. *Journal of the Mount Sinai Hospital* 35(3):214-19.

Ashton, Rosemary
1991 *G. H. Lewes: A Life*. Oxford: Oxford University Press.
1992 *George Eliot: Selected Critical Writings*. New York: Oxford University Press.
1996 *George Eliot: A Life*. London: Hamish Hamilton.

Associated Press
1992 East Germans drowned very premature babies. *Davis* (California) *Enterprise* (February 16).
1998a Heart linked to quick death of

infants. *New York Times* (June 11):A-20.

1998b Japanese see declining birth rate as threat to country's future. *Daily Democrat* (Wood-land, California, August 3):A4.

Auerbach, K. G.

1981 Extraordinary breast feeding: Relactation/induced lactation. *Journal of Tropical Pediatrics* 27:52-55.

Auerbach, K. G., and J. L. Avery

1981 Induced lactation: A study of adoptive nursing by 240 women. *American Journal of Diseases of Chilren* 135:340-43.

Ausman, Lynne M., Elizabeth M. Powell, Donna L. Mercado, Kenneth W. Samonds, Mohamed el Lozy, and Daniel Gallina

1982 Growth and developmental body composition of the cebus monkey (*Cebus albifrons*). *American Journal of Primatology* 3:211-27.

Austad, S., and M. Sunquist

1986 Sex ratio manipulation in the common opossum. *Nature* 324:58-60.

Austin, C. R., and R. V. Short

1982 *Germ Cells and Fertilization. Reproduction in Mammals*, vol. 1. Cambridge: Cambridge University Press.

Badinter, Elisabeth

1981 *Mother Love: Myth and Reality.* Francine du Plessix Gray, trans. New York: Macmillan.

Bairagi, R.

1986 Food crisis, nutrition, and female children in rural Bangladesh. *Population and Development Review* 12:307-15.

Baker, R. Robin, and Mark Bellis

1995 *Human Sperm Competition: Copulation, Masturbation and Infidelity.* London: Chapman and Hall.

Balint, Alice

1985 Love for the mother and mother love. In *Primary Love and Psycho-analytic Technique* by Michael Balint. London: Maresfield (originally published 1952).

Bamshad, Michael J., W. Scott Watkins, Mary E. Dixon, Lynn B. Jorde, B. Bhaskara Rao, J. M.

Naidu, B. V. Ravi Prasad, Arasad, Arani Rasanayagam, and Mike F. Hammer

1998 Female gene flow stratifies Hindu castes (letter). Nature 396(6703):651-52.

Baring-Gould, William S., and Ceil Baring-Gould

1962 *The Annotated Mother Goose.* New York: Clarkson N. Potter.

Barker, D.J.P.

1994 *Mothers, Babies and Disease in Later Life.* London: British Medical Journal Publishing.

Barker, D. J. P., A. R. Bull, C. Osmond, and S. J. Simmonds

1992 Fetal and placental size and risk of hypertension in adult life. In *Fetal and Infant Origins of Adult Disease*, D.J.P. Barker and R. J. Robinson, eds., 175-94. London: British Medical Journal Publishing.

Barkow, J. H., and N. Burley

1980 Human fertility, evolutionary biology and the demographic transition. *Ethology and Sociobiology* 1:163-80.

Barkow, J., Leda Cosmides, and John

Tooby, eds.

1992 *The Adapted Mind: Evolutionary Psychology and the Generation of Culture*. Oxford: Oxford University Press.

Barloon, Thomas J., and Russell Noyes

1997 Charles Darwin and panic disorder. *Journal of the American Medical Association* 277(2)138-41.

Barnett, Rosalind, and Caryl Rivers

1997 The new dad works the "second shift" too. *Radcliffe Quarterly* (Winter):9-10.

Barzun, Jacques

1981 *Darwin, Marx, Wagner: Critique of Heritage*. Chicago: University of Chicago Press (originally published 1941).

Bateman, Angus John

1948 Intra-sexual selection in drosophila. *Heredity* 2:349-68.

Batten, Mary

1992 *Famale Strategies*. New York: G. P. Putnam.

Becher, Hans

1960 Die Surara und Pakidai: zwei Yanonami-Stamme in Nordwestbrasilien. Publication of the Museum für Völkerkunde, Hamburg.

1974 Pore/Perimbo: Einwirkungen der lunaren Mythologie auf den Lebensstil von drei Yanonami-Stammen, Surara, Pakidai und Ironasiteri: Ergebnisse der 1970 durchgefuhrten Expedition nach Nordwestbrasilien, Volkerkunde-Abteilung. Hannover: Kommissionsverlag Munstermann-Druck.

Beckerman, Stephen

1999 The concept of partible paternity among Native South Americans.

Paper presented at the annual meeting of the American Association for the Advancement of Science, January 21-26, Anaheim.

Beckerman, Stephen, and Paul Valentine (co-organizers)

1999 Partible paternity: When matings with multiple men lead to many fathers for a single child. Symposium at the Annual Meeting of the American Association for the Advancement of Science, January 21-26, Anaheim, California.

Beckerman, Stephen, Roberto Lizarralde, Carol Ballew, Sissel Schroeder, Cristina Fingelton, Angela Garrison, and Helen Smith

1998 The Bari partible paternity project: Preliminary results. *Current Anthropology* 39:164-67. Begley, Sharon

1997 The science wars. *Newsweek* (April 21):54-56.

1998 The parent trap. *Newsweek* (September 7):53-58.

Begley, Sharon, and Adam Rogers

1996 "Morphogenic field" day. *Newsweek* (June 3):37.

Bekoff, Mark

1993 Experimentally induced infanticide: The removal of birds and its ramifications. *The Auk* 110:404-6.

Bell, Graham

1997 *Selection:The Mechanism of Evolution*. NewYork: Chapman and Hall.

Belsky, Jay

1986 Infant day care: A cause for concern? *Zero to Three* (September):1-7.

1988 The "effects" of infant day care reconsidered. *Early Childhood Research*

Quarterly 3:235-72.

Belsky, Jay, and Jude Cassidy

1994 Attachment: Theory and evidence. In *Development Through Life: A Handbook for Clinicians*, Michael Rutter and Dale F. Hey, eds., 373-402. London: Blackwell.

Belsky, Jay, Laurence Steinberg, and Patricia Draper

1991 Childhood experience, interpersonal development, and reproductive strategy: An evolutionary theory of socialization. *Child Development* 62:647-70.

Belsky, Jay, Susan Campbell, Jeffrey F. Cohn, and Ginger Moore

1996 Instability of infant-parent attachment security. *Developmental Psychology* 32:921-24.

Ben Shaul, Devorah Miller

1962 The composition of the milk of wild animals. *International Zoo Yearbook* 4:333-42.

Bennett, Neal

1983 Sex selection of children: An overview. In *Sex Selection of Children*, N. G. Bennett, ed., 1-12. NewYork: Academic Press.

Benton, Michael

1993 Dinosaur summer. In *The Book of Life*, S. J. Gould, ed., 162. NewYork: Norton.

Bereczkei, Tamas, and R.I.M. Dunbar

1997 Female-biased reproductive strategies in a Hungarian gypsy population. *Proceedings of the Royal Society of London*, Series B 264:17-22.

Berger, Joel

1983 Induced abortion and social factors in a wild horse. *Nature* 303:59-61.

Berkson, Gershon

1973 Social responses to abnormal infant monkeys. *American Journal of Physical Anthropology* 38:583-86.

1977 The social ecology of defects in primates. In *Primate Bio-social Development: Biological, Social and Ecological Determinants*, Suzanne Chevalier-Skolnikoff and Frank E. Poirier, eds., 189-204. NewYork: Garland.

Bertram, Brain

1975 Social factors influencing reproduction in wild lions. *Journal of Zoology* 77:463-82.

Betzig, Laura

1986 *Despotism and Differential Reproduction: A Darwinian View of History.* NewYork: Aldine.

1992 Roman monogamy. *Ethology and Sociobiology* 13:351-83.

1993 Sex, succession and stratification in the first six civilizations: How powerful men reproduced, passed power on to their sons, and used their power to defend their wealth, women and children. In *Social Stratification and Socioeconomic Inequality*, L. Ellis, ed., 37-74. NewYork: Praeger.

1995 Presidents preferred sons. *Politics and Life Science* 14:61-64.

Betzig, Laura, ed.

1997 *Human Nature: A Critical Reader.* Oxford: Oxford University Press.

Bianchi, D. W., G. K. Zickwolf, G. J. Weil, S. Sylvester, and M. A. DeMaria

1996 Male fetal progenitor cells persist in maternal blood for as long as 27 years postpartum. *Proceedings of the National Academy of Sciences, USA* 93:705-8.

Biesele, Megan

1993 *Women Like Meat: The Folklore and Foraging Ideology of the Kalahari Ju/'hoan*. Bloomington: Indiana University Press.

Biesele, Megan, and Nancy Howell

1981 "The old people give you life": Aging among !Kung hunter-gatherers. In *Other Ways of Growing Old*, Pamela T. Amoss and Stevan Harrell, eds., 77-98. Stanford: Stanford University Press.

Bingham, Roger

1980 Trivers in Jamaica. *Science 80* (March/April):56-67.

Biocca, E.

1971 *Yanoama*. NewYork: Dutton.

Birdsell, Joseph

1968 Some predictions for the Pleistocene based on equilibrium systems among recent hunter-gatherers. In *Man the Hunter*, Richard B. Lee and Irv DeVore, eds., 229-49. Chicago: Aldine.

Birkhead, Tim, and Anders Møller

1993 Female control of paternity. *Trends in Ecology and Evolution* 9(3):100-3. Elsevier Science.

Blackburn, Daniel G., Virginia Hayssen, and Christopher J. Murphy

1989 The origins of lactation and the evolution of milk: A review with new hypotheses. *Mammal Review* 19(1):1-26.

Blackwell, Antoinette Brown

1875 *The Sexes Throughout Nature*. NewYork: G. P. Putnam.

Blaffer, Sarah C.

1972 *The Black-men of Zinacantan*. Austin: University of Texas Press.

Blass, Elliott M., T. J. Fillion, P. Rochat, L. B. Hoffmeyer, and M. A. Metzger

1989 Sensorimotor and motivational determinants of hand-mouth coordination in 1-3 day old human infants. *Developmental Psychology* 25(6):963-75.

Bledsoe, Caroline

1990 The politics of children: Fosterage and the social management of fertility among the Mende of Sierra Leone. In *Births and Power: Social Change and the Politics of Reproduction*, W. Penn Handwerker, ed., 81-100. Boulder: Westview Press.

1991 The "trickle-down" model within households: Foster children and the phenomenon of scrouging. In *The Health Transtion: Methods and Measures*, J. Cleland and A. G. Hill, eds., 115-61. *Health Transitions Series*, no. 3. Canberra.

1993 The politics of polygyny in Mende education and child fosterage transactions. In *Sex and Gender Hierarchies*, Barbara D. Miller, ed., 170-92. Cambridge: Cambridge University Press.

1994 "Children are like young bamboo trees": Potentiality and reproduction in sub-Saharan Africa. In *Population, Economic Development, and the Environment*, Kerstin Lindahl-Kiessling and Hans Landberg, eds., 105-38. Oxford: Oxford University Press.

Bledsoe, Caroline, and C. Isiugo-Abanihe Uche

1989 Strategies of child fosterage among Mende grannies in Sierra Leone. In *Reproduction and Social Organization*

in Sub-Saharan Africa, R. Lesthaeghe,
ed., 442-74. Berkeley: University of
California Press.

Bledsoe, Caroline, and A. Bradon

1992 Child fosterage and child mortality
in sub-Saharan Africa: Some
preliminary questions and answers. In
*Mortality and Society in Sub-Saharan
Africa*, E. van de Walle, G. Pison, and
M. Sala-Daikanda, eds., 279-302.
Oxford: Oxford University Press.

Bleichfeld, Bruce, and Barbara E. Moely

1984 Psychophysiological responses to
an infant cry: Comparison of groups
of women in different phases of
the maternal cycle. *Developmental
Psychology* 20(5):1082-91.

Binkhorn, Steve

1997 Symmetry as destiny—taking a
balanced view of IQ. *Nature* 387:849-
50.

Bloch, Dorothy

1978 *"So the Witch Won't Eat Me": Fantasy
and the Child's Fear of Infanticide.*
Boston: Houghton Mifflin.

Blunt, Wilfrid

1951 *Black Sunrise: The Life and Times
of Mulai Ismail, Emperor of Morocco,
1646-1727.* London: Methuen.

Blurton-Jones, Nicholas

1972 Comparative aspects of mother-
child contact. In *Ethological Studies of
Child Development*, N. Blurton-Jones,
eds., 305-28. Cambridge: Cambridge
University Press.

1984 A selfish origin for human food-
sharing: Tolerated theft. *Ethology and
Sociobiology* 5:1-3.

1986 Bushman birth spacing: A test for
optimal interbirth intervals. *Ethology*

and Sociobiology 7:91-105.

1993 The lives of hunter-gatherer
children: Effects of parental behavior
and parental reproductive strategy.
In *Juvenile Primates: Life History,
Development and Behavior*, M. E.
Pereira and L.A. Fairbanks, eds., 309-
26. New York: Oxford University Press.

Blurton-Jones, N., K. Hawkes, and J. F.
O;Connell

1997 Why do Hadza children forage?
In *Uniting Psychology and Biology:
Integrative Perspectives on Human
Development*, N. Segal, G. E. Weisfeld,
and C. C. Weisfeld, eds., 279-
313. Washington, D.C.: American
Psychological Association.

Bodmer, W. F., and L. L. Cavalli-Sforza

1976 *Genetics, Evolution and Man.* San
Francisco: Freeman.

Boesch, C.

1993 Aspects of transmission of tool-use in
wild chimpanzees. In *Tools, Language
and Cognition in Human Evolution*,
K. R: Gibson and T. Ingold, eds., 171-
83. Cambridge: Cambridge University
Press.

Bogin, Barry

1996 Human growth and development
from an evolutionary perspective.
In *Long-Term Consequences of Early
Environment: Growth, Development
and the Lifespan Developmental
Perspective*, D.J.K. Henry and S. J.
Ulijaszek, eds., 7-24. Cambridge:
Cambridge University Press.

Bogucki, Peter

1996 The spread of early farming in
Europe. *American Scientist* 84:242-53.

Boguet, H.

1610 *Discours des corciers*. Lyon.

Bolker, Jessica A., Marguerite Butler, Jessica Kissinger, and Margaret A. Riley

1997 Addressing the gender gap in evolutionary biology. *Trends in Ecology and Evolution* 12(2):46-47.

Boone, James L., III

1986 Parental investment and elite family structure in preindustrial states: A case study of late medieval-early modern Portuguese genealogies. *American Anthropologist* 88:859-78.

1988a Parental investment, social subordination, and population processes among the 15th and 16th century Portuguese nobility. In *Human Reproductive Behaviour: A Darwinian Perspective*, L. Betzig, M. Borgherhoff Mulder, and P. Turke, eds., 201-19. Cambridge: Cambridge University Press.

1988b Second- and third-generation reproductive success among the Portuguese nobility. Paper presented at the Eighty-seventh Annual Meeting of the American Anthropological Association, November, Phoenix.

Borgerhoff Mulder, Monique

1988 Kipsingis bridewealth payments. In *Human Reproductive Behaviour: A Darwinian Perspective*, L. Betzig, M. Borgerhoff Mulder, and P. Turke, eds., 65-82. Cambridge: Cambridge University Press.

1990 Kipsigis women's preference for wealthy men: Evidence for female choice in mammals? *Behavioral Ecology and Sociobiology* 27:255-64.

1992a Reproductive decisions. In *Evolutionary Ecology and Human Behavior*, Eric Alden Smith and Bruce Winterhalder, eds., 339-74. Hawthorne, NewYork: Aldine de Gruyter.

1992b Women's strategies in polygynous marriage: Kipsigis, Datoga, and other East African cases. *Human Nature* 3:45-70.

1998 The demographic transition: Are we any closer to an evolutionary explanation? *Trends in Ecology and Evolution* 13:266-70.

Borries, Carola

1997 Infanticide in seasonally breeding multimale groups of Hanuman langurs (*Presbytis entellus*) in Ramnagar, South Nepal. *Behavioral Ecology and Sociobiology* 42:139-50.

Borries, Carola, and Andreas Koenig

In press. Hanuman langurs: infanticide in multi-male groups. In *Infanticide by Males and Its Implications*, Carel P. van Schaik and Charles Janson, eds. Cambridge: Cambridge University Press.

Borries, Carola, Volker Sommer, and Arun Srivastava

1991 Dominance, age and reproductive success in free-ranging female Hanuman langurs (*Presbytis entellus*). *International Journal of Primatology* 12:231-57.

Borries, Carola, Kristin Launhardt, Cornelia Epplen, Jörg Epplen, and Paul Winkler.

1999 DNA analyses support the hypothesis that infanticide is adaptive in langur monkeys. Proc. R. Soc. Lond. B 266:901-904.

Boster, J. S., R. R. Hudson, and S. J. C. Gaulin

1999 High paternity certainties of Jewish priests. *American Anthropologist* 100(4):967-71.

Boswell, John

1988 *The Kindness of Strangers: The Abandonment of Children in Western Europe from Late Antiquity to the Renaissance*. New York: Pantheon Books.

Bourdieu, Pierre

1976 Marriage strategies as strategies of social reproduction. In *Family and Society*, R. Foster and O. Ranum. eds., 117-44. Baltimore: Johns Hopkins University Press.

Bourke, F. G., and Nigel R. Franke

1995 *Social Evolution in Ants*. Princetion: Princeton University Press.

Bowlby, John

1944 Forty-four juvenile thieves: Their characters and home life. *International Journal of Psychoanalysis* 25:19-52, 107-27.

1953 Some pathological processes set in train by early mother-child separation. *Journal of Mental Science* 99:265-72.

1960 Grief and mourning in infancy and early childhood. *The Psychoanalytic Study of the Child* 15:9-52.

1972 *Attachment*. Attachment and Loss, vol. 1. Middlesex: Penguin Books (originally published 1969).

1973 *Separation*. Attachment and Loss, vol. 2. London: Hogarth Press.

1982 *Attachment*, 2nd edition. Attachment and Loss, vol. 1. New York: Basic Books/HarperCollins.

1988 *A Secure Base: Parent-Child Attachment and Healthy Human Development*. New York: Basic Books/ HarperCollins.

1990a *Charles Darwin: A New Life*. New York: W.W. Norton.

1990b *Child Care and the Growth of Love*. London: Penguin Books (originally published 1953; subsequent edition published 1965).

1991 Ethological light on psychoanalytical problems. In *The Development and Integration of Behaviour: Essays in Honour of Robert Hinde*, Patrick Bateson, ed., 301-13. Cambridge: Cambridge University Press.

Boyd, Robert, and Peter J. Richerson

1985 *Culture and the Evolutionary Process*. Chicago: University of Chicago Press.

Boyd, Robert, and Joan Silk

1997 *How Humans Evolved*. New York: Norton.

Brazelton, T. Berry

1969 *Infants and Mothers: Differences in Development*. New York: A Delta Special.

Brems, Susan, and Alan Berg

1988 "Eating down" during pregnancy: Natrition, obstetric and cultural considerations in the Third World. Discussion paper prepared for a United Nations advisory group.

Bretherton, I.

1992 The origins or attachment theory: John Bowlby and Mary Ainsworth. *Developmental Psychology* 28:759-75.

Bridges, Robert S.

1998 The genetics of motherhood. *Nature Genetics* 20:108-9.

Bridges, Robert S., Rosemarie Di Biase, Donna D. Loundes, and Paul C.

Doherty

1985 Prolactin stimulation of maternal behavior in female rats. *Science* 227:782-84.

Brody, Jane

1996 Life in the womb may affect adult heart disease risk. *NewYork Times* (October 1).

Bronson, Frank

1984 The adaptability of the house mouse. *Scientific American* 250:90-97.

Broude, G. J.

1994 *Marriage, Family, and Relationships: A Cross-Cultural Encyclopedia*. Santa Barbara, California: ABC-CLIO.

Brouskou, Aigle, and Aftihia Voutira

1995 Borrowed children: The case of child indoctrination as an issue in the Greek Civil War, 1947-1949. Paper presented at the conference "Nobody's Children" held at the University of Durham (September 28-30), Durham, England.

Brow, Janet

1995 *Charles Darwin: Voyaging.* Princetion: Princeton University Press.

Brown, Jennifer R., Hong Ye, Roderick T. Bronson, Pieter Dikkas, and Michael E. Greenberg

1996 A defect in nurturing in mice lacking the immediate early gene fosB. *Cell* 86:297-309.

Bruce, Hilda

1960 An exteroceptive block to pregnancy in the mouse. *Nature* 184:105.

Bruce, Judith

1989 Homes divided. *World Development* 17:979-91.

Bugos, Paul E., and Lorraine M. McCarthy

1984 Ayoreo infanticide: A case study. In *Comparative and Evolutionary Perspectives on Infanticide*, G. Hausfater and S. Blaffer Hrdy, eds., 503-20. Hawthorne, NewYork: Aldine.

Burke, T., N. B. Davies, M. W. Bruford, and G. J. Hatchwell

1989 Paternal care and mating behaviour of polyandrous dunnocks, *Prunella modularis*, related to paternity by DNA fingerprinting. *Nature* 338:249-51.

Burley, Nancy

1977 Parental investment, mate choice and mate quality. *Proceedings of the National Academy of Sciences* 74:3476-79.

Burns, John F.

1994 Ban on fetus-sex tests splits India. *Sacramento Bee* (August 28).

1996 In India, attacks by wolves spark old fears and hatred. *New York Times* (September 1).

Burton, R.

1976 *The Mating Game*. NewYork: Crown Publishers.

Buss, David M.

1994a The strategies of human mating. *American Scientist* 82:238-49.

1994b *The Evolution of Desire: Strategies of Human Mating*. NewYork: Basic Books.

Buss, David M., M. Abbott, A. Angleitner et al.

1990 International preferences in selecting mates: A study of 37 cultures. *Journal of Cross-Cultural Psychology* 50:559-70.

Buss, D., and D. M. Duntley

1998 Evolved homicide modules. Paper presented at Tenth Annual Meeting of

the Human Behavior and Evolution
Society, July 8-12, University of
California, Davis.

Byers, John, J. D. Moodie, and N. Hall
1994 Pronghorn females choose vigorous
mates. *Animal Behavior* 47:33-43.

Byrne, R., and A. Whitten, eds.
1988 *Machiavellian Intelligence.* Oxford:
Oxford University Press.

Caccia, N., J. M. Johnson, G. E.
Robinson, and T. Barna
1991 Impact of prenatal testing on
maternal-fetal bonding: Chorionic
villus sampling versus amniocentesis.
*American Journal of Obstetrical
Gynecology* 165:1122-25.

Caine, M. T.
1977 The economic activities of children
in a village in Bangladesh. *Population
and Development Review* 13(3)201-27.

Calamandrel, G., and E. B. Keverne
1994 Differential expression of Fos protein
in the brain of female mice dependent
on pupsensory cues and maternal
experience. *Behavioral Neuroscience*
108:113-20.

Caldwell, John
1982 *Theory of Fertility Decline.* NewYork:
Academic Press.

Caldwell, John, and Pat Caldwell
1990 High fertility in sub-Saharan Africa.
Scientific American (May):118-25.
1994 Marital status and abortion in sub-
Saharan Africa. In *Nuptiality in
Sub-Saharan Africa: Contemporary
Anthropological and Demographic
Perspectives*, C. Bledsoe and G.
Pison eds., 274-95. Oxford: Oxford
University Press.

Caldwell, John C., I. O. Orubuloye, and
Pat Caldwell
1991 The destabilization of the traditional
Yoruba sexual system. *Population and
Development Review* 17:229-62.

Calhoun, John
1962 Population density and social
pathology. *Scientific American*
206(2):139-48.

Campbell, Anne
1993 *Men, Women, and Aggression.*
NewYork: Basic Books.
1995 A few good men: Evolutionary
psychology and female adolescent
aggression. *Ethology and Sociobiology*
16:99-123.

Campbell, Anne, and S. Muncer
1994 Sex differences in aggression: Social
roles and social representations. *British
Journal of Social Psychology* 33:233-40.

Campbell, B., and W. B. Petersen
1953 Milk let-down and orgasm in human
females. *Human Biology* 25:165-68.

Campbell, K. L., and J. W. Wood
1988 Fertility in traditional societies. In
*Natural Human Fertility: Social and
Biological Determinants*, Peter Diggory,
Malcolm Potts, and Sue Teper, eds.,
39-69. London: Macmillan.

Cantoni, Debora, and Richard E. Brown
1997 Paternal investment and
reproductive success in the California
mouse, *Peromyscus californicus. Animal
Behavior* 54:377-86.

Capitanio, J. P., and M. Reite
1984 The roles of early separation
experience and prior familiarity in
social relations of pigtailed macaques:
A descriptive multivariate study.
Primates 25:475-84.

Caro, T. M., and D. W. Sellen

1990 The reproductive advantages of fat in women. *Ethology and Sociobiology* 11:51-66.

Caro, T. M., D. W. Sellen, A. Parish, R. Frank, and E. Voland

1995 Termination of reproduction in nonhuman and human female primates. *International Journal of Primatology* 16(2):205-20.

Carter, C. Sue

1992 Oxytocin and sexual behavior. *Neuroscience and Biobehavioral Reviews* 16:131-44.

1998 Neuroendocrine perspectives on social attachment and love. *Psychoneuroendocrinology* 23: 779-818.

Carter, C. Sue, and Lowell L. Getz

1993 Monogamy and the prairie vole. *Scientific American* 268 (June):100-6.

Carter, C. Sue, and R. Lucille Roberts

1997 The psychobiological basis of cooperative breeding in rodents. In *Cooperative Breeding in Mammals*, Nancy G. Solomon and Jeffrey French, eds., 231-66. NewYork: Cambridge University Press.

Carter, C. Sue, I. Izja, and Brian Kirkpatrick, eds.

1997 *The Integrative Neurobiology of Affiliation.* NewYork: New York Academy of Sciences.

Carter, C. S., J. R. Williams, D. M. Witt, and T. R. Insel

1992 Oxytocin and social bonding. *Annals of NewYork Academy of Medicine* 652:204-11.

Cashdan, Elizabeth

1985 Coping with risk: reciprocity among the Basarwa of northern Botswana. *Man* 20:454-74.

1993 Attracting mates: Effects of paternal investment on mate attraction strategies. *Ethology and Sociobiology* 14:1-23.

Cassidy, J., and P. R. Shaver, eds.

1999 *Handbook of Attachment: Theory, Research, & Clinical Applications.* New York: Guilford Press.

Catalano, Patrick M., Elaine D. Tyzbir, Scott R. Allen, Judith H. McBean, and Timothy L. McAuliffe

1992 Evaluation of fetal growth by estimation of neonatal body composition. *Obstetrics and Gynecology* 79(1):46-50.

Chagnon, Napoleon

1968 *Yanomamö: The Fierce People.* NewYork: Holt, Rinehart and Winston.

1972 Tribal social organizations and genetic microdifferentiation. In *The Structure of Human Populations*, G. A. Harrison and A. J. Boyce, eds. Oxford: Clarendon Press.

1979 Mate competition, favoring close kin, and village fissioning among the Yanamamö Indians. In *Evolutionary Biology and Human Social Behavior: An Anthropological Perspective*, N. A. Chagnon and W. Irons, eds., 86-131. North Scituate, Massachusetts: Duxbury.

1988 Life histories, blood revenge, and warfare in a tribal population. *Science* 238:985-92.

1992 *Yanomamö: The Last Days of Eden.* San Diego: Harcourt Brace Jovanovich.

Chagnon, N., M. V. Flinn, and T. F. Melancon

1979 Sex ratio variation among the Yanamamö Indians. *Evolutionary Biology and Human Social Behavior*, N.A. Chagnon and W. Irons, eds., 290-320. North Scituate, Massachusetts: Duxbury.

Chapais, Bernard
1988 Experimental matrilineal inheritance of rank in female Japanese macaques. *Animal Behavior* 36:1025-37.

Chapais, B., M. Girard, and G. Primi
1991 Non-kin alliances and the stability of matrilineal dominance relations in Japanese macaques. *Animal Behavior* 41:481-91.

Chapman, Anne
1982 *Drama and Power in a Hunting Society: The Selk'nam of Tierra del Fuego*. Cambridge: Cambridge University Press.
1997 The great ceremonies of the Selk'nam and the Y'amana. In *Patagonia: Natural History, Prehistory and Ethnography at the Uttermost End of theEarth*, Colin McEwan, Luis Borrero, and Alfredo Prieto, eds., 82-109. London: British Museum Press.

Charnov, Eric
1993 *Life History Invariants*. Oxford: Oxford University Press.

Charnov, Eric, and David Berrigan
1993 Why do female primates have such long lifespans and so few babies? *or* Life in the slow Lane. *Evolutionary Anthropology* 1(6):191-94.

Chen, Kathy
1994 Study this, baby. Chinese fetuses bear heavy course loads: Limited to one child, couples nurture progeny pregnant with worldly potential. *Wall Street Journal* (February 8):A1, A9.

Cheney, Dorothy, and Robert Seyfarth
1990 *How Monkeys See the World*. Chicago: University of Chicago Press.

Chiara, Susan
1996 Study says babies in child care keep secure bonds to mother. *New York Times* (April 21):1, 11.

Child Care Bureau, Department of Health and Human Services
1997 FAQ (Frequently Asked Questions): www.ack.dhhs.gov/programs/ccb/faq Website document dated December 19, 1997.

Chisholm, James
1996 The evolutionary ecology of attachment organization. *Human Nature* 7:1-38.

Chisholm, James S., and Victoria K. Burbank
1991 Monogamy and polygyny in southeast Arnhem Land: Male coercion and female choice. *Ethology and Sociobiology* 12:291-313.

Christenfeld, Nicholas J. S., and Emily A. Hill
1995 Whose baby are you? Scientific correspondence. *Nature* 378:669.

Christensen, Kaare, David Gaist, Bernard Jeune, and J. W. Vaupel
1998 A tooth per child? *Lancet* 352:204.

Chung, M.-S., and D. M. Thomson
1995 Development of facial recognition. *British Journal of Developmental Psychology* 86:55-87.

Clark, Ann
1978 Sex ratio and local resource competition in a prosimian primate. *Science* 201:163-65.

Clark, R. D., and E. Hatfield

1989 Gender differences in receptivity to sexual offers. *Journal os Psychology and Human Sexuality* 2:39-55.

Clark, Sam, Elizabeth Colson, James Lee, and Thayer Scudder

1995 Ten thousand Tonga: A longitudinal anthropological study from Southern Zambia, 1956-1991. *Population Studies* 49:91-109.

Clarke-Stewart, K. Alison

1988 The "effects" of infant care reconsidered: Reconsidered. *Early Childhood Research Quarterly* 39:293-318.

Cloudsley, Anne

1983 *Women of Omdurman: Life, Love and the Cult of Virginity.* London: Ethnographica.

Clutton-Brock, T. H.

1991 *The Evolution of Parental Care.* Princeton, New Jersey: Princeton University Press.

Clutton-Brock, T. H., ed.

1988 *Reproductive Success: Studies of Individual Variation in Contrasting Breeding Systems.* Chicago: University of Chicago Press.

Clutton-Brock, T. H., and P. H. Harvey

1976 Evolutionary rules and primate societies. In *Growing Points in Ethology*, P.P.G. Bateson and R. A. Hinde, eds., 195-237. Cambridge: Cambridge University Press.

Clutton-Brock, T. H., and G. R. Iason

1986 Sex ratio variation in mammals. *Quarterly Review of Biology* 61:339-74.

Clutton-Brock, T. H., and G. A. Parker

1995a Punishment in animal societies. *Nature* 373:209-16.

1995b Sexual coercion in animal societies. *Animal Behavior* 49:1345-65.

Cohen, Joel E.

1995 *How Many People Can the Earth Support?* NewYork: Norton.

Cohen, Jon

1996 Does nature drive nurture? *Science* 273:577-78.

Coleman, Emily

1974 L'infanticide dans le Haut Moyen Age. *Annales: économies, societés, civilisations* 29:315-35.

Colp, Ralph, Jr.

1977 *To Be an Invalid: The Illness of Charles Darwin.* Chicago: University of Chicago Press.

Conniff, Ruth

1998 Democrats yield to profiteers. Further comment. *The Progressive* (September 12): 11-12.

Conquest, Robert

1986 *The Harvest of Sorrow: Soviet Collectivization and the Terror-Famine.* New York: Oxford University Press.

Conroy, Glenn C., and Kevin Kuykendall

1995 Paleopediatrics: or when did human infants really become human? *American Journal of Physical Anthropology* 98:121-31.

Cooper, Duff

1986 *Talleyrand.* New York: Fromm International.

Corsini, Carol A., and Pier Paolo Viazzo, eds.

1993 *The Decline of Infant Mortality in Europe, 1800-1950.* Florence: UNICEF and Instituto degli Innocenti.

Cosmides, Leda

1989 The logic of social exchange: Has

natural selection shaped how humans reason? *Cognition* 31:187-286.

Cosmides, Leda, and John Tooby
1989 Evolutionary psychology and the generation of culture, part II: A computational theory of social exchange. *Ethology and Sociobiology* 10:51-97.

Coss, Richard G., and Ronald O. Goldthwaite
1995 The persistence of old designs for perception. In *Behavioral Designs*, N. S. Thompson, ed., 83-148. Perspectives in Ethology, vol. 11. NewYork: Plenum Press.

Cowley, Geoffrey
1996 The biology of beauty. *Newsweek* (June 3):60-66.

Cox, John L.
1995 Postnatal depression in primate mothers: A human problem. In *Motherhood in Human and Nonhuman Primates*, C. R. Pryce, R. D. Martin, and D. Skuse, eds., 134-41. Basel: S. Karger.

Cranston, Maurice
1997 *The Solitary Self: Jean Jacques Rousseau in Exile and Adversity.* Chicago: University of Chicago Press.

Creel, Scott, Steven L. Monfort, David E. Wildt, and Peter M. Waser
1991 Spontaneous lactation is an adaptive result of pseudopregnancy. *Nature* 351:660-62.

Creel, Scott, Nancy Creel, David E. Wildt, and Steven Monfort
1992 Behavioral and endocrine mechanisms of reproductive suppression in Serengeti dwarf mongooses. *Animal Behavior* 43:231-

45.

Crocker, William, and Jean Crocker
1994 *The Canela: Bonding Through Kinship, Ritual, and Sex.* New York: Harcourt Brace College.

Crockett, Carolyn M., and Ranka Sekulic
1984 Infanticide in red howler monkeys (*Alouatta seniculus*). In *Infanticide: Comparative and Evolutionary Perspectives*, Glenn Hausfater and Sarah Blaffer Hrdy, eds., 173-91. Hawthorne, NewYork: Aldine.

Cronin, Carol
1980 Dominance relations and females. In *Dominance Relations: An Ethological View of Human Conflict and Social Interaction*, Donald R. Omark, F. F. Strayer, and Daniel G. Freedman, eds. NewYork: Garland.

Cronin, Helena
1991 *The Ant and the Peacock: Altruism and Sexual Selection from Darwin to Today.* Cambridge: Cambridge University Press.

Cronk, Lee
1993 Parental favoritism toward daughters. *American Scientist* 81:272-79.

1999 Female-biased investment and growth performance among the Mukogodo. In *Adaptation and Human Behavior: An Anthropological Perspective.* L. Cronk, N. Chagnon, and W. Irons, eds. Hawthorne, NewYork: Aldine de Gruyter. In press.

Cross, J. C., Z. Werb, and S. J. Fisher
1994 Implantation and the placenta: Key pieces of the development puzzle. *Science* 266:1508-18.

Cross, John W.

1885 *George Eliot's Life as Related in Her Letters and Journals*, 3 vols. Edinburgh and London: W. Blackwood and Sons.

Cucchiari, S.

1981 The gender revolution and the transition from bisexual horde to patrilocal bands: The origins of gender hierarchy. In *Sexual Meanings: The Cultural Construction of Gender and Sexuality*, Sherry B. Ortner and Harriet Whitehead, eds., 31-79. Cambridge: Cambridge University Press.

Cunningham, Allan S.

1995 Breastfeeding: Adaptive behavior for child health and longevity. In *Breastfeeding: Biocultural Perspectives*, Patricia Stuart-Macadam and Katherine A. Dettwyler, eds., 243-64. New York: Aldine de Gruyter.

Cunningham, Emma, and Tim Birkhead

1997 Female roles in perspective. *Trends in Ecology and Evolution (TREE)* 12(9):337-38.

Dagg, A. I.

1999 Infanticide by male lions: A fallacy influencing research into human behavior. *American Anthropologist* 100(4):940-50.

Dahl, J.

1985 The external genitalia of female pygmy chimpanzees. *Anatomical Record* 211:24-28.

Dahl, J. R., R. Nadler, and D. G. Collins

1991 Monitoring the ovarian cycles of Pan troglodytes and Pan paniscus: A comparative approach. *American Journal of Primatology* 24:195-209.

Dahl, R. E.

1998 Pubertal timing, self-control, and adolescent psychopathology: An evolutionary view of potential maturational discrepancies. Paper presented at the Tenth Annual Meeting of the Human Behavior and Evolution Society, July 8-12, University of California, Davis.

Daley, Suzanne

1998 In Zambia, the abandoned generation. *New York Times* (September 18):A1, A12.

Daly, Martin

1979 Why don't male mammals lactate? *Journal of Theoretical Biology* 78:325-45.

Daly, Martin, and Margo Wilson

1978 *Sex, Evolution and Behavior: Adaptations for Reproduction*. North Scituate, Massachusetts: Duxbury.

1980 Discriminative parental solicitude: A biological perspective. *Journal of Marriage and the Family* 42:277-88.

1982 Who, are newborn babies said to resemble? *Ethology and Sociobiology* 3:69-78.

1988 *Homicide*. Hawthorne, New York: Aldine de Gruyter.

1995 Discriminative parental solicitude and the relevance of evolutionary models to the analysis of motivational systems. In T*he Cognitive Neurosciences*, Michael Gazzaniga, ed., 1269-86. Cambridge: MIT Press.

Damasio, Antonio R.

1994 *Emotion, Reason and the Human Brain*. New York: Avon.

Danker-Hopfe, Heidi

1986 Menarcheal age in Europe. *Yearbook of Physical Anthropology* 29:81-112.

Darwin, Charles

1836-1844 *Charles Darwin's Notebooks,* Paul H. Barrett et al., eds. Ithaca: Cornell University Press, 1987.

1859 *On the Origin of Species.* London. (All references are to facsimile edition— NewYork: Atheneum, 1967.)

1871 *The Descent of Man, and Selection in Relation to Sex.* London. (All references are to reprint edition—Princeton: Princeton University Press, 1981.)

1872 *The Expression of the Emotions in Man and Animals.* Oxford: Oxford University Press (New 1998 edition with Commentaries by Paul Ekman).

1874 *The Descent of Man and Selection in Relation to Sex.* London. (All references are to reprint edition—Detroit: Gale Research, 1974).

1876 Sexual selection in relation to monkeys. *Nature* 15:18-19.

1877 A biographical sketch of an infant. *Mind: Quarterly Review of Psychology and Philosophy* (July); reprinted in The Portable Darwin, Porter and Graham, eds., 1993:475-85.

1887 *The Autobiography of Charles Darwin, 1809-1882*, Nora Barlow, ed. NewYork: W. W. Norton, 1958.

Darwin, Francis, ed.

1887 *The Life and Letters of Charles Darwin*, 3 vols. London: John Murray.

Daschner, F.

1984 Infectious hazards in rooming-in systems. *Journal of Perinatal Medicine* 12:3-6.

Das Gupta, Monica

1987 Selective discrimination against female children in rural Punjab, India. *Population and Development Review* 13:77-100.

David, Henry P., Z. Dytrych, Z. Matejcek, and V. Schuller, eds.

1988 *Born Unwanted: Developmental Effects of Denied Abortion.* NewYork and Prague: Springer and Czechoslovakia Medical Press.

Davies, N. B.

1992 *Dunnock Behaviour and Social Evolution.* Oxford: Oxford University Press.

Davis, Elizabeth Gould

1971 *The First Sex.* NewYork: G. P. Putnam.

Dawkins, Richard

1976 *The Selfish Gene.* NewYork: Oxford University Press.

1982 *The Extended Phenotype.* Oxford: Oxford University Press.

Day, Corinne, and Bennett Galef

1977 Pup cannibalism: One aspect of maternal behavior in golden hamsters. *Journal of Camparative and Physiological Psychology* 91:1179-89.

de Beauvoir, Simone

1974 *The Second Sex*, H. H. Parshley, trans. NewYork: Vintage.

De Casper, A. J., and W. P. Fifer

1980 Of human bonding: Newborns prefer their mothers' voices. *Science* 208:1174-76.

De Casper, A. J., and P.A. Prescott

1984 Human newborns' perception of male voices: Preference, discrimination and reinforcing value. *Developmental Psychobiology* 17:481-91.

Delasselle, Claude

1975 Les enfants abandonés à Paris au XVIIIe siècle. *Annales: économies, societés, civilisations* 30:187-218.

de Mause, Lloyd

1974 The evolution of childhood. In *The History of Childhood*, L. de Mause, ed., 1-73. NewYork: Harper Torchbooks.

de Mause, Lloyd, ed.

1974 *The History of Childhood*. NewYork: Harper Torchbooks.

de Meer, K., and H.S.A. Heymans

1993 Child mortality and nutritional status of siblings. *Lancet* 342:313.

Dennett, Daniel

1965 *Darwin's Dangerous Idea: Evolution and the Meaning of Life*. NewYork: Simon and Schuster.

De Parle, Jason

1999 As welfare rolls shrink, load on relatives grows. *NewYork Times* (February 21).

Desmond, Adrian, and James Moore

1991 *Darwin: The Life of a Tormented Evolutionist*. NewYork: W.W. Norton.

Dettwyler, Katherine A.

1995 A time to wean: The hominid blueprint for the natural age of weaning in modern human populations. In *Breastfeeding: Biocultural Perspectives*, Patricia Stuart-Macadam and Katherine A. Dettwyler, eds., 39-73. NewYork: Aldine de Gruyter.

Devlin, B., Michael Daniels, and Katherine Roeder

1997 The heritability of IQ. *Nature* 388:468-71.

DeVries, Marten W.

1984 Temperament and infant mortality among the Masai of East Africa. *American Journal of Psychiatry* 141:1189-93.

1987 Cry babies, culture and catastrophe: Infant temperament among the Masai. In *Anthropological Approaches to the Treatment and Maltreatment of Children*, Nancy Scheper-Hughes, ed., 165-86. Dordrecht: Reidel.

de Waal, Frans

1996 Survival of the kindest: A simian Samaritan shows nature's true heart. *NewYork Times* (August 22).

de Waal, Frans, with photographs by Frans Lanting

1997 *Bonobo: The Forgotten Ape*. Berkeley: University of California Press.

Dewey, Kathryn G.

1997 Energy and protein requirements during lactation. *Annual Review of Nutrition* 17:19-36.

Diamond, Jared

1997a *Why Is Sex Fun? The Evolution of Human Sexuality*. NewYork: Basic Books.

1997b *Guns, Germs, and Steel*. NewYork: W. W. Norton.

Dickemann, Mildred

1975 Demographic consequences of infanticide in man. *Annual Review of Ecology and Systematics* 6:109-37. (Author's name then spelled Dickeman.)

1979a Female infanticide and the reproductive strategies of stratified human societies. In *Evolutionary Societies and Human Social Behavior*, N. A. Chagnon and W. Irons, eds., 321-67. North Scituate, Massachusetts: Duxbury.

1979b The ecology of mating systems in hypergynous dowry societies. *Social Science Information* 18(2):163-95.

1984 Concepts and classification in the study of human infanticide: Sectional introduction and some cautionary notes. In *Infanticide: Comparative and Evolutionary Perspectives*, G. Hausfater and S. Blaffer Hrdy, eds., 427-37. Hawthorne, NewYork: Aldine.

Digby, Leslie

In press. Infanticide, infant care, and female reproductive strategies in a wild population of common marmosets. *American Journal of Physical Anthropology* (Supplement) 18:80-81.

Digby, Leslie L.

In press. Infanticide by female mammals: Implications for the evolution of social sytems. In *Infanticide by Males and Its Implications*, C. van Schaik and C. Janson, eds. Cambridge: Cambridge University Press.

Diodorus of Sicily (Diodorus Siculus)

1935 *The Library of History*, vol. II, C. H. Oldfather, trans. Cambridge: Harvard University Press (reprinted 1953).

Dixson, Alan

1983 Observations on the evolution and behavioral significance of "sexual skin" in female primates. *Advances in the Study of Behavior* 13:63-106.

Dixson, A. F., and L. George

1982 Prolactin and parental behavior in a male New World primate. *Nature* 299:551-53.

Dolhinow, Phyllis

1977 Normal monkeys? *American Scientist* 65:266.

1980 An experimental study of mother loss in the Indian langur monkey (*Presbytis entellus*). *Folia Primatologica* 33:77-128.

Dolhinow, Phyllis, and Mark A. Taff

1993 Immature and adult langur monkey

(*Presbytis entellus*) males: Infant-initiated adoption in a colony group. *International Journal of Primatology* 14:919-26.

Dong, Jinwen, David F. Albertini, Katsuhiko Nishimori, T. Rajendra Kumar, Naifang Lu, and Martin M. Matzuk

1996 Growth differentiation factor-9 is required during early ovarian folliculogenesis. *Nature* 383:531-35.

d'Orban, P. T.

1979 Women who kill their children. *British Journal of Psychiatry* 134:560-71.

Dorjahn, V.

1976 Rural-urban differences in infant and child mortality among the Temne of Kolifa. *Journal of Anthropological Research* 32(1):74-103.

dos Guimaraes Sa., Isabel

1992 The circulation of children in eighteenth century Southern Europe: The case of the foundling hospital of Porto. Ph.D. diss., Department of History of Civilization, European University Institute, Florence.

Downhower, F., and L. Brown

1980 Mate preferences of female mottled sculpins, *Cottus bairdi*. *Animal Behavior* 28:728-34.

Downhower, Jerry, L. Blumer, P. Lejeune, P. Gaudin, A. Marconats, and A. Bisazza

1990 Otolith asymmetry in *Cottus bairdi and C. gobio. Polski Archiwum Hydrobiologii* 37:209-20.

Draper, Patricia

1976 Social and economic constraints on child life among the !Kung. In

Kalahari Hunter Gatherers, R. B. Lee and I. DeVore, eds., 199-217. Cambridge: Harvard University Press.

Draper, Patricia, and Pat Buchannon
1992 If you have a child you have a life: Demographic and cultural perspectives on fathering and old age in !Kung society. In *Father-Child Relations: Cultural and Biosocial Contexts*, B. Hewlett, ed., 131-52. Hawthorne, NewYork: Aldine de Gruyter.

Draper, Patricia, and Elizabeth Cashdan
1988 Technological change and child behavior among the !Kung. *Ethnology* 27:339-65.

Draper, patricia, and R. Hames
1999 Birth order, sibling investment, and fertility among Ju/'hoans. (San) Paper presented at the Annual Meeting of the Human Behavior and Evolution Society, University of Utah, Salt Lake City, June 2-6, 1999.

Draper, Patricia, and Henry Harpending
1982 Father absence and reproductive strategy: An evolutionary perspective. *Journal of Anthropological Research* 38:255-73.
1987 Parent investment and the child's environment. In *Parenting across the Human Lifespan: Biosocial Dimensions*, Jane Lancaster, Jeanne Altmann, Alice Rossi, and Lonnie Sherrod, eds., 207-35. Hawthorne, NewYork: Aldine de Gruyter.
1988 A sociobiological perspective on the development of human reproductive strategies. In *Sociobiological Perspectives on Human Development*, Kevin MacDonald, ed., 340-72.

NewYork: Springer-Verlag.

Drickamer, Lee
1974 A ten-year summary of reproductive data of free-ranging *Macaca mulatta*. *Folia Primatologica* 21:61-80.

Drotar, D.
1991 The family context of nonorganic failure to thrive. *American Journal of Orthopsychiatry* 61:23-34.

Dullea, Georgia
1987 In male-doninated Korea, an island of sexual equality. *NewYork Times* (July 9): C1, C10.

Dunbar, Robin
1992 Neocortex size as a constraint on group size in primates. *Journal of Human Evolution* 20:469-93.

Duntley, D. M., and D. M. Buss
1998 Evolved anti-infanticide modules. Paper presented at the Tenth Annual Meeting of the Human Behavior and Evolution Society, July 8-12, University of California, Davis.

Dupoux, A.
1958 *Sur les pas de Monsieur Vincent: Trois cents ans d'histoire Parisienne de l'enfance abandonée.* Paris: Revue de l'Assistance Publique.

Durham, William H.
1991 *Coevolution: Genes, Culture, and Human Diversity.* Stanford: Stanford University Press.

Duvernoy, Jean, trans.
1965 *Le Register d'Inquisition de Jacque Fournier, eveque de Pamiers* (1318-1325), 3 vols. Toulouse. (Latin Ms. 4030, Vatican Library)

Dwyer, Daisy, and Judith Bruce
1988 *A House Divided: Women and Income in the Third World.* Stanford: Stanford

University Press.

Dyson, Tim, and Mick Moore

1983 On kinship structure, female autonomy and demographic behavior in India. *Population and Development Review* 9:35-60.

Dytrych, Zdenek, Zdenek Matejcek, and Vratislav Schuller

1988 The Prague cohort: Adolescence and early adulthood. In *Born Unwanted: Developmental Effects of Denied Abortion*, H. P. David, Z. Dytrych, Z. Matejcek, and V. Schuller, eds., 87-102. NewYork and Prague: Springer and Czechoslovakia Medical Press.

Ealey, E.H.M.

1963 The ecological significance of delayed implantation in a population of the hill kangaroo (*Macropus robustus*). In *Delayed Implantation*, A. C. Enders, ed. Chicago: University of Chicago Press.

1967 Ecology of the *Macropus robustus* (Gould) in northwestern Australia. *CSIRO Wildlife Reserve* 12:27-51.

Early, J. D., and J. F. Peters

1990 *The Population Dynamics of the Mucajai Yanomamö*. NewYork: Academic Press.

Eberhard, William

1990 Inadvertent machismo. *Trends in Ecology and Evolution* 5(8):263.

1996 Female Control: Sexual Selection by Cryptic Female Choice. Princeton: Princeton University Press.

Edwards, Carolyn Pope

1993 Behavioral sex differences in children of diverse cultures: The case of nurturance to infants. In *Juvenile Primates: Life History, Development and Behavior*, Michael Pereira and Lynn A. Fairbanks, eds., 327-38. Oxford: Oxford University Press.

Eibl-Eibesfeldt, Irenäus

1989 *Human Ethology*. NewYork: Aldine de Gruyter.

Eibl-Eibesfeldt, Irenäus, and Marie-Claude Mattei-Müller

1990 Yanomami wailing songs and the question of parental attachment in traditional kinbased societies. *Anthropos* 4-6:507-15.

Eisner, Thomas, Michael A. Goetz, David E. Hill, Scott R. Smedley, and Jerrold Meinwald

1997 Firefly "femme fatales" acquire defensive steroids (lucibufagins) from their firefly prey. *Proceedings of the National Academy of Sciences* 94:9723-28.

Eliot, George

1859 *Adam Bede*. London: Penguin Books, 1989.

1860 *The Mill on the Floss*. Boston: Houghton Mifflin, 1961.

1861 *Silas Marner*. Middlesex: Penguin Books, 1981.

1871-1872 *Middlemarch*. London: Penguin Books, 1965.

1876 *Daniel Deronda*. Middlesex: Penguin Books, 1979.

1990a Woman in France: Madame de Sablé (originally published in *Westminster Review*, October 1854). In *Selected Essays, Poems and Other Writings* (London: Penguin Classics), 8-37.

1990b The Natural History of German Life (originally published in *Westminster Review*, July 1856). In

Selected Essays, Poems and Other Writings, 107-39.

1990c Silly Novels by Lady Novelists (originally published in *Westminster Review*, October 1856). In *Selected Essays, Poems and Other Writings*, 140-63.

1990d Margaret Fuller and Mary Wollstonecraft (originally published in Leader, October 13, 1855). In *Selected Essays, Poems and Other Writings*, 332-38.

Ellison, Peter T.

1995 Breastfeeding, fertility, and maternal condition. In *Breastfeeding: Biocultural Perspectives*, Patricia Stuart-Macadam and Katherine A. Dettwyler, eds., 305-45. Hawthorne, NewYork: Aldine de Gruyter.

In press. *On Fertile Ground*. Cambridge: Harvard University Press.

Ellsworth, Julie A., and Christopher Andersen.

1997 Adoption by captive parturient rhesus macaques: Biological vs. adopted infants and the cost of being a "twin" and rearing "twins." *American Journal of Primatology* 43:259-64.

Elphick, M. C., and W.W.Wilkinson

1981 The effects of starvation and surgical injury on the plasma levels of glucose, free fatty acids, and neutral lipids in newborn babies suffering from various congenital anomalies. *Pediatric Research* 15:313-18.

Elwood, Robert W.

1994 Temporal-based kinship recognition: A switch in time saves mine. *Behavioural Processes* 33:15-24.

Elwood, Robert W., and Hazel Kennedy

1990 The relationship between pregnancy block and the risk of infanticide from male mice. *Behavioral and Neural Biology* 53:277-83.

Ember, C.

1975 Residential variation among hunter-gatherers. *Behavioral Science Research* 3:199-227.

1978 Myths about hunter-gatherers. *Ethnology* 4:439-48.

Emlen, Stephen T.

1995 An evolutionary theory of the family. *Proceedings of the National Academy of Sciences* 92:8092-99.

1997 The evolutionary study of human family systems. *Social Science Information* 36:563-89.

Emlen, S. T., and L. W. Oring

1977 Ecology, sexual selection, and the evolution of mating systems. *Science* 1297:215-23.

Emlen, Stephen T., N. J. Demong, and D. J. Emlen

1989 Experimental induction of infanticide in female wattled jacanas. *Auk* 106:1-7.

Emlen, Stephen T., Peter H. Wrege, and Natalie J. Demong

1995 Making decisions in the family: An evolutionary perspective. *American Scientist* 83:143-57.

Engels, F.

1884 *The Origins of the Family, Private Property and the State*. NewYork: International Publishers, 1973.

Enquist, M., and A. Arak

1994 Symmetry, beauty and evolution. *Nature* 372:169-72.

Essock-Vitale, Susan M.

1984 The reproductive success of wealthy

Americans. *Ethology and Sociobiology* 5:45-49.

Essock-Vitale, Susan M., and Michael T. McGuire

1980 Predictions derived from the theories of kin selection and reciprocation assessed by anthropological data. *Ethology and Sociobiology* 1:233-43.

1985a Women's lives viewed from an evolutionary perspective, I: Sexual histories, reproductive success and demographic aharacteristics of a random sample of American women. *Ethology and Sociobiology* 6:137-54.

1985b Women's lives viewed from an evolutionary perspective, II: Patterns of helping. *Ethology and Sociobiology* 6:155-73.

Estrada, Alejandro

1982 A case of adoption of a howler monkey infant (*Alouatta villosa*) by a female spider monkey (*Ateles geoffroyi*). Primates 23(1):135-37.

Etioko-Griffin, Agnes

1986 Daughters of the forest. *Natural History* (May):36-42.

Evans, Roger M.

1996 Hatching asychrony and survival of insurance offspring in an obligate broodreducing species, the American white pelican. *Behavioral Ecology and Sociobiology* 39:203-9.

Evans, Theodore A., Elycia J. Wallis, and Mark A. Elgar

1995 Making a meal of mother. *Nature* 376:299.

Ewald, Paul W.

1996 Guarding against the most dangerous emerging pathogens: Insights from evolutionary biology.

Emerging Infectious Diseases 2(4):245-57.

Eyer, Diane E.

1992a *Mother-Infant Bonding: A Scientific Fiction*. New Haven: Yale University Press.

1992b Infant bonding: A bogus notion. *Wall Street Journal* (November 24).

1993 The battle over bonding: How much must a baby bond with its mother? *USA Weekend* (May 7-9):4-5.

1996 *Motherguilt: How Our Culture Blames Mothers for What's Wrong with Society.* New York: Times Books.

Faerman, Marina, G. Kahila, P. Smith, C. Greenblatt, L. Stager, D. Filon, and A. Oppenheim

1997 DNA analysis reveals the sex of infanticide victims. *Nature* 385:212-13.

Fairbanks, Lynn A.

1988 Vervet monkey grandmothers: Interactions with infant grandoffspring. *International Journal of Primatology* 9:425-41.

1990 Reciprocal benefits of allomothering for female vervet monkeys. *Animal Behavior* 40:553-62.

1995 Maternal rejection is a U-shaped function of maternal condition in vervet monkeys (abstract). *American Journal of Primatology* 36(2):121.

Fairbanks, Lynn A., and M.T. McGuire

1986 Age, reproductive value, and dominance-related behaviour in vervet monkey females: Cross-generational influences on social relationships and reproduction. *Animal Behavior* 34:1710-21.

1995 Maternal condition and the quality

of maternal care in varvet monkeys. *Behaviour* 132:733-54.

Faison, Seth

1995 Women as chattel: In China, slavery rises. *New York Times* (September 6).

Farnsworth, Clyde

1997 Facing pain of aborigines wrested from families, many Australians shrug. *New York Times* (June 8):10.

Fausto-Sterling, Ann

1985 *Myths of Gender: Theories about Women and Men*. NewYork: Basic Books.

Fedigan, Linda

1982 *Primate Paradigms*. Montreal: Eden Press.

Fedigan, Linda Marie, and Laurence Fedigan

1977 The social development of a handicapped infant in a free-living troop of Japanese monkeys. In *Primate Bio-social Development: Biological, Social and Ecological Determinants*, Suzanne Chevalier-Skolnikoff and Frank E. Poirier, eds., 205-22. NewYork: Garland.

1989 Gender and the study of primates. In *Gender and Anthropology: Critical Reviews for Teaching and Research*, Sandra Morgan, ed. Washington, D.C.: American Anthropological Association.

Fei, Hsiao-T'ung

1939 *Peasant Life in China: A field study of country life the Yangtze Valley*. London: Routledge and Sons.

Fein, Esther B.

1998 For lost pregnancies, new rites of mourning. *New York Times* (January 25):1, 22.

Feldman, S. Shirley, and Sharon Churnin Nash

1986 Antecedents of early parenting. In *Origins of Nurturance: Developmental, Biological and Cultural Perspectives on Caregiving*, Alan Fogel and Gail F. Melson, eds., 209-32. Hillsdale, New Jersey: Lawrence Erlbaum Associates.

Felstiner, Mary Lowenthal

1994 *To Paint Her Life: Charlotte Salomon in the Nazi Era*. NewYork: HarperCollins.

Fernald, A.

1985 Four-month-old infants prefer to listen to motherese. *Infant Behavior and Development* 8:181-95.

Field, Tiffany, Robert Woodson, Reena Greenberg, and Devra Cohen

1982 Discrimination and imitation of facial expressions by neonates. *Science* 218:179-81.

Fildes, Valerie

1986 *Breasts, Bottles and Babies*. Edinburgh: Edinburgh University Press.

1988 *Wet Nursing: A History from Antiquity to the Present*. Oxford: Basil Blackwell.

Firstman, Richard, and Jamie Talan

1997 *The Death of Innocents*. NewYork: Bantam Books.

Fisher, Helen

1992 *The Anatomy of Love*. NewYork: Norton.

Fisher, R. A.

1915 The evolution of sexual preference. *Eugenics Review* 7:184-92.

1930 *The Genetical Theory of Natural Selection*. Oxford: Clarendon Press.

Fleming, Alison S., Carl Corter, and Meir

Steiner

1995 Sensory and hormonal control of maternal behavior in rat and human mothers. In *Motherhood in Human and Nonhuman Primates*, C. R. Pryce, R. D. Martin, and D. Skuse, eds., 106-14. Basel: S. Karger.

Fleming, Alison, Diane L. Ruble, Gordon L. Flett, and David L. Shaul

1988 Postpartum adjustment in first-time mothers: Relations between mood, maternal attitudes, and mother-infant interactions. *Developmental Psychology* 24(1):71-81.

Fleming, Alison, Diane N. Ruble, Gordon Flett, and Vicki van Wagner

1990 Adjustment in first-time mothers: Changes in mood and mood content during the early postpartum months. *Developmental Psychology* 26(1):137-43.

Flint, M.

1979 Is there a secular trend in age of menopause? *Maturitas* 1:133-39.

Foley, Robert

1996 The adaptive legacy of human evolution: A search for the Environment of Evolutionary Adaptedness. *Evolutionary Anthropology* 4(6):194-203.

Fonagy, Peter, Miriam Steele, George Moran, Howard Steele, and Anna Higgitt

1993 Measuring the ghost in the nursery: An empirical study of the relation between parents' mental representation of childhood experiences and their infants' security of attachment. *Journal of the American Psychoanalytic Association* 41(4):957-89.

Foote, John

1919 Ancient poems on infant hygiene. *Annals of Medical History* II(3):213-27.

Formby, David

1967 Maternal recognition of infant's cry. *Developmental Medicine and Child Neurology* 9:293-98.

Fossey, Dian

1984 Infanticide in mountain gorillas (*Gorilla gorilla beringei*) with comparative notes on chimpanzees. In *Infanticide: Comparative and Evolutionary Perspectives*, Glenn Hausfater and Sarah Blaffer Hrdy, eds., 217-36. New York: Aldine.

Fowke, Keith R., N. J. D. Nagelkerke, J. Kimani, J. N. Simonsen, A. O. Anzala, J. J. Bwayo, K. S. MacDonald, E. N. Ngugi, and F. A. Plummer

1996 Resistance to HIV-1 infection among persistently seronegative prostitutes in Nairobi, Kenya. *Lancet* 348:1347-51.

Fox, Charles W., Monica S. Thakar, and Timothy A. Mousseau

1997 Egg size plasticity in a seed beetle: An adaptive maternal effect. *American Naturalist* 149(1):150-63.

Fraiberg, S., E. Adelson, and V. Shapiro

1975 Ghosts in the nursery: A psychoanalytic approach to the problem of impaired mother-infant relationships. *Journal of the American Academy of Child Psychiatry* 14:387-422.

Fraisse, Genevieve

1985 *Clémence Royer, philosophe et femme de science*. Paris: Editions La Decouverte.

Frame, L. H., J. R. Malcolm, G. W. Frame

1979 Social organization of African wild dogs (*Lycaon pictus*) in the Serengeti plains. *Zeitschrift Tierpsychologie* 50:225-49.

Francis, Charles M., Edythe Anthony, Jennifer A. Burnton, and Thomas H. Kunz

1994 Lactation in male fruit bats. *Nature* 367:691-92.

Frank, Laurence G.

1997 Evolution of genital masculinization: Why do female hyaenas have such a large "penis"? *Trends in Ecology and Evolution (TREE)* 12(2):58-62.

Frank, Laurence G., Mary L. Weldele, and Stephen E. Glickman

1995 Masculinization costs in hyaenas. *Nature* 377:584-85.

Frankel, Simon J.

1994 The eclipse of sexual selection theory. In *Sexual Knowledge, Sexual Science: The History of Attitudes Towards Sexuality*, Roy Porter and Mikulas Teich, eds., 158-83. Cambridge: Cambridge University Press.

Fredga, Karl, Alfred Gropp, Heinz Winking, and Fritz Frank

1977 A hypothesis explaining the exceptional sex ratio in the wood lemming (*Myopus schisticolor*). *Hereditas* 85:101-4.

Freedman, Daniel

1974 *Human Infancy: An Evolutionary Perspective*. NewYork: John Wiley.

1979 *Human Sociobiology: A Holistic Approach*. NewYork: Free Press.

French, Jeffrey A.

1997 Proximate regulation of singular breeding in callitrichild primates. In *Cooperative Breeding in Mammals*, Nancy G. Solomon and Jeffrey A. French, eds., 34-75. Cambridge: Cambridge University Press.

Frisch, R. E.

1978 Populations, food intake, and fertility: Historical evidence for a direct effect of nutrition on reproductive ability. *Science* 199:22-29.

1988 Fatness and fertility. *Scientific American* 258:70-77.

Frith, H. J., and G. B. Sharman

1964 Breeding in wild populations of the red kangaroo *Megaleia rufa*. *CSIRO Wildlife* Reserve 9:86-114.

Frodi, A. M., M. E. Lamb, L. A. Leavitt, C. M. Donovan, C. Neff, and D. Sherry

1978 Fathers' and mothers' responses to the faces and cries of normal and premature infants. *Developmental Psychology* 14(5):40-49.

Fromm, Erich

1956 *The Art of Loving*. NewYork: Harper and Row.

Fuchs, Rachel Ginnis

1984 *Abandoned Children: Foundlings and Child Welfare in Nineteenth-Century France*. Albany: State University of NewYork Press.

1987 Legislation, poverty and child-abandonment in nineteenth-century Paris. *Journal of Interdisciplinary History* 18:55-80.

Fuchs, S.

1982 Optimality of parental investment: The influence of nursing on the reproductive success of mother and female young house mice. *Behavioral*

Ecology and Sociobiology 10:39-51.

Furlow, F. Bryant

1996 The smell of love. *Psychology Today* (March-April):38-45.

Furlow, F. B., T. Armijo-Prewitt, S. W. Gangestad, and R. Thornhill

1997 Fluctuating asymmetry and psychometric intelligence. *Proceedings of the Royal Society of London*, Series B 264:823-29.

Gagneux, Pascal, David S. Woodruff, and Christophe Boesch

1997 Furtive mating in female chimpanzees. *Nature* 387:327-28.

1999 Female reproductive strategies, paternity and community structure in wild West African chimpanzees. *Animal Behavior* 57:19-32.

Galdikas, B.

1985a Adult male sociality and reproductive tactics among orangutans at Tanjung Puting. *Folia Primatologica* 45:9-24.

1985b Subadult male orangutan sociality and reproductive behavior at Tanjung Puting. *American Journal of Primatology* 9:101-19.

Galdikas, B., and J. Wood

1990 Birth spacing in humans and apes. *American Journal of Physical Anthropology* 83:185-91.

Galef, Bennett G., Jr.

1976 Social transmission of acquired behavior: A discussion of tradition and social learning in vertebrates. *Advances in the Study of Behavior* VI:77-100.

Gamble, Eliza Burt

1894 *The Evolution of Woman: An Inquiry into the Dogma of Her Inferiority to Man.* New York and London: G. P.

Putnam.

Gandelman, R., and N. Simon

1978 Spontaneous pup-killing by mice in response to large litters. *Developments in Pshychobiology* 11:235-41.

Gangestad, Steven, and Randy Thornhill

1997 Human sexual selection and developmental stability. In *Evolutionary Social Psychology*, Jeffrey A. Simpson and Douglas T. Kenrick, eds., 169-95. Mahwah, New Jersey: Lawrence Erlbaum.

Garden, Maurice

1970 La démographie de lyonnaise : l' analyse des compartements. In *Lyon et les Lyonnais au XVIIIᵉ siècle*, 83-169. Bibiothèque de la Faculté des Lettres de Lyon. Paris: Edition "Les Belle Lettres."

Geddes, W. R.

1963 *Peasant Life in Communist China.* Monograph No. 6. Ithaca, New York: Society for Applied Anthropology.

Genevie, Louis, and Eva Margolies

1987 *The Motherhood Report: How Women Feel about Being Mothers.* NewYork: Macmillan.

Geronimus, Arline T.

1987 On teenage childbearing and neonatal mortality in the United States. *Population and Development Review* 13:245-79.

1996 What teen mothers know. *Human Nature* 7:323-52.

Gibber, Judith

1986 Infant-directed behavior of rhesus monkeys during their first pregnancy and parturition. *Folia Primatologica* 46:118-24.

Gibbons, Ann

1998a In mice, mom's genes favor brains over brawn. *Science* 280:1346.

1998b A blow to the "grandmother theory." *Science* 280:516.

Gilbert, Susan

1998a Raising grandchildren: Rising stress. *New York Times* (July 28):B-8.

1998b Infant homicide found to be rising in U.S. *New York Times* (October 27):F-10.

Gileva, Emily A., Isaac E. Benenson, Luidmila A. Konopistseva, V. F. Puchkov, and I. A. Makaranets 1982 XO females in the varying lemming, *Dicrostonyx torquatus*: Reproductive performance and its evolutionary significance. *Evolution* 36(3):601-9.

Gilibert, Jean Emmanuel

1770 Dissertation sur la depopulation causée par la vice, les prejuges et les erreurs des nourrices mercenaires. ... In *Les chefs d' oeuvres de Monsieur de Sauvages*, Jean Emmanuel Gilibert, ed., vol. 2. Lyon.

Gillin, Frances D., David Reiner, and Chi-Sun Wang

1983 Human milk kills parasitic intestinal protozoa. *Science* 221:1290-92.

Gillogly, A. K.

1983 Changes in infant care and feeding practices in East Kwaio, Milita. Paper presented at the Symposium on Infant Care and Feeding in Oceania, Annual Meeting of the Association of Social Anthropology in Oceania, March 9-13, New Harmony, Indiana.

Gilman, Charlotte Perkins

1898 *Women and Economics*. Berkeley: University of California Press. (Reprinted 1998).

1901 *Concerning Children*. Boston: Small, Maynard and Co.

1979 *Herland*. New York: Pantheon (reprint of original 1915 publication).

Girard, J., and P. Ferre

1982 Metabolic and hormonal changes around birth. In *The Biochemical Development of the Fetus and Neonate*, C. T. Jones, ed., 517-51. Amsterdam: Elsevier.

Giray, Tugrul, and Gene Robinson

1997 Common endocrine and genetic mechanisms of behavioral development in male and worker honey bees and the evolution of division of labor. *Proceedings of the National Academy of Sciences* 93:11718-22.

Glander, Ken

1980 Reproduction and population growth in free-ranging mantled howler monkeys. *American Journal of Physical Anthropology* 53:25-36.

Glass, Nigel

1999 Infanticide in Hungary faces stiffer penalties. *Lancet* 353 (9152):570.

Glass, Roger I., Jan Holmgren, Charles E. Haley, M. R. Khan, et al.

1985 Predisposition for cholera of individuals with O blood group. *American Journal of Epidemiology* 121:791-96.

Goldschmidt, Walter

1996 Functionalism. In *Encyclopedia of Cultural Anthropology*, vol. 2, David Levinson and Melvin Ember, eds., 510-12. New York: Henry Holt.

Gomendio, Montserrat, Jorge Cassinello, Michael W. Smith, and Patrick Bateson

1995 Maternal state affects intestinal

changes of rat pups at weaning. *Behavioral Ecology and Sociobiology* 37:71-80.

Gomendio, M., T. H. Clutton-Brock, S. D. Albon, F. E. Guinness, and M. J. Simpson

1990 Mammalian sex ratios and variation in costs of rearing sons and daughters. *Nature* 343:261-63.

Goodall, Jane

1977 Infant-killing and cannibalism in free-living chimpanzees. *Folia Primatologica* 28:259-82.

1986 *The Chimpanzees of Gombe.* Cambridge: Harvard University Press.

Goodall, Jane, Adriano Bandora, Emilie Bergmann, Curt Busse, Hilali Matama, Esilom Mpongo, Ann Pierce, and David Riss

1979 Intercommunity interactions in the chimpanzee population of the Gombe National Park. In *The Great Apes*, David A. Hamburg and Elizabeth R. McCown, eds., 13-54. Menlo Park, California: Benjamin-Cummings.

Goodman, Morris, Calvin A. Porter, John Czelusniak, H. Schneider, J. Shoshani, G. Gunnell, and C. P. Groves

1998 Toward a phylogenetic classification of primates based on DNA evidence complemented by fossil evidence. *Molecular Phylogenetics and Evolution* 9:585-598.

Goody, E.

1984 Parental strategies: Calculation or sentiment? Fostering practices among West Africans. In *Interest and Emotions: Essays on the Study of Family and Kinship*, H. Medick and D. W. Sabean, eds., 266-77. Cambridge:

Cambridge University Press.

Gordon Cumming, C. F.

1900 *Wanderings in China*. Edinburgh: William Blackwood.

Gosden, Roger

1996 The vocabulary of the egg. *Nature* 383:485-86.

Gosling, L. M.

1986 Selective abortion of entire litters in the coypu: Adaptive control of offspring production in relation to quality and sex. *American Naturalist* 127(6):772-95.

Gould, Stephen J.

1977 *Ontogeny and Phylogeny*. Cambridge: Belknap Press of Harvard University Press.

1981 *The Mismeasures of Man*. New York: Norton.

Gowaty, Patricia Adair

1985 Low probability of paternity or ... something else? Commentary on "The human community as a primate society." *Behavioral and Brain Sciences* 8(4):675.

1992 Evolutionary biology and feminism. *Human Nature* 3:217-49.

1995 False criticisms of sociobiology and behavioral ecology: Genetic determinism, untestability, and inappropriate comparisons. *Politics and the Life Sciences* 14(2):174-80.

1996 Battles of the sexes and origins of monogamy. In *Partnerships in Birds: The Study of Monogamy*, Jeffrey M. Black, ed., 21-52. Oxford: Oxford University Press.

1997 Birds face sexual discrimination. *Nature* 385:486-87.

Gowaty, Patricia Adair, ed.

1997 *Feminism and Evolutionary Biology: Boundaries, Intersections and Frontiers.* New York: Chapman and Hall.

Gowaty, Patricia Adair, and Michael R. Lennartz

1985 Sex ratios of nestling and fledgling red-cockaded woodpeckers (*Picoides borealis*) favor males. *American Naturalist* 126:347-53.

Graglia, Carolyn

1998 Feminism isn't antisex. It's only antifamily. *Wall Street Journal* (August 6).

Gragson, Theodore L.

1989 Allocation of time to subsistence and settlement in a ciri khonome Pume village of the llanos of Apure, Venezuela. Ph.D. diss., Department of Anthropology, Pennsylvania State University.

Graham, C. E.

1970 Reproductive physiology of the chimpanzees. In *The Chimpanzee*, vol. 3., G. Bourne, ed., 183-220. Basel: S. Karger.

1986 Endocrinology of reproductive senescence. In *Comparative Primate Biology: Reproduction and Development*, vol. 3., W. R. Dukelow and J. Erwin, eds., 93-99. New York: Alan Liss.

Grammer, Karl

1996 The human mating game: The battle of the sexes and the war or signals. Paper presented at the Annual Meeting of the Human Behavior and Evolution Society, June 26-30, Northwestern University, Evanston, Illinois.

Grammer, Karl, and Randy Thornhill

1994 Human (*Homo sapiens*) facial attractiveness and sexual selection: The role of symmetry and averageness. *Journal of Comparative Psychology* 108(3):233-42.

Grant, Tom

1989 *The Platypus: A Unique Mammal.* Kensington: New South Wales University Press.

Graves, Robert

1955 *The Greek Myths*, vol. 2. Baltimore: Penguin Books.

Gray, Ronald H., Maria J. Wawer, D. Serwadda, N. Sewankambo, C. Li, F. Wabwire-Mangen, L. Paxton, N. Kiwanuka, G. Kogozi, J. Konde-Lule, T. C. Quinn, and C. A. Gaydos

1998 Population-based study of fertility in women with HIV-1 infection in Uganda. *Lancet* 351:98-103.

Greaves, Rusty

1996 Ethnoarchaeology of wild root collection among savanna foragers of Venezuela. Paper presented at the Fifty-fourth Annual Plains Anthropology Conference, Iowa City.

Greenberg, Martin, and Norman Morris

1974 Engrossment: The newborn's impact upon the father. *American Journal of Orthopsychiatry* 44(4):520-31.

Greene, Erick

1989 A diet-induced developmental polymorphism in a caterpillar. *Science* 243:643-46.

1966 Effect of light quality and larval diet on morph induction in the polymorphic caterpillar *Nemoria arizonaria* (Lepidoptera: Geometridae). *Biological Journal of the Linnean Society* 58:277-85.

Gregor, Thomas

1985 *Anxious Pleasures: The Sexual Lives of an Amazonian People.* Chicago: University of Chicago Press.

1988 "Infants are not precious to us": The psychological impact of infanticide among the Mehinaku Indians. Paper presented by the Stirling Prize recipient, Annual Meeting of the American Anthropological Association, November 16-20, Phoenix.

Griffin, P. Bion, and Marcus B. Griffin

1992 Fathers and childcare among the Cagayan Agta. In *Father-Child Relations: Cultural and Biosocial Contexts*, Barry S. Hewlett, ed. Hawthorne, NewYork: Aldine de Gruyter.

Grimes, David A.

1998 The continuing need for late abortion. *Journal of the American Medical Association* 8:747-48.

Griminger, P.

1983 Digestive system and nutrition. In *Physiology and Behaviour of the Pigeon*, Michael Abs, ed. NewYork: Academic Press.

Gross, M. R.

1985 Disruptive selection for alternative life histories in salmon. *Science* 313:47-48.

Gross, Paul R., and Norman Levitt

1994 *Higher Superstition: The Academic Left and Its Quarrels with Science.* Baltimore: Johns Hopkins University Press.

Grossman, K. E., K. Grossman, F. Huber, and U. Wartner

1981 German children's behavior towards their mothers at 12 months and their fathers at 18 months in Ainsworth's Strange Situation. *International Journal of Behavioral Development* 4:157-81.

Gubernick, David J., and Randy Nelson

1989 Prolactin and paternal behavior in the biparental California mouse, *Peromyscus californicus. Hormones and Behavior* 23:203-10.

Gubernick, David J., Sandra Wright, and Richard E. Brown

1993 The significance of the father's presence for offspring survival in the monogamous California mouse, *Peromyscus californicus. Animal Behavior* 46:539-46.

Gusinde, Martin

1931 *Die Feuerland-Indianer, vol. 1. Die Selk'nam.* Modling bei Wien: Anthropos Verlag.

Guttentag, M., and P. Secord

1983 *Too Many Women: The Sex Ratio Question.* Beverly Hills: Sage.

Guyer, Jane 1.

1994 Lineal indentities and lateral networks: The logic of polyandrous motherhood. In *Nuptiality in Sub-Saharan Africa: Current Changes and Impact on Fertility*, C. Bledsoe and G. Pison, eds., 231-52. Oxford: Clarendon Press.

Haffter, Carl

1968 The changeling: History and psychodynamics of attitudes to handicapped children in European folklore. *Journal of the History of Behavioral Sciences* 4(1):55-61.

Hagen, Edward H.

1996 Postpartum depression as an adaptation to paternal and kin exploitation. Paper presented at the Sixth Annual Meeting of the Human Behavior and Evolution Society, Northwestern University.

Hager, Barbara

1992 Get thee to a nunnery: Female religious claustration in Medieval Europe. *Ethology and Sociobiology* 13:385-407.

Hahn, D. Caldwell

1981 Asynchronous hatching in the laughing gull: Cutting losses and reducing rivalry. *Animal Behavior* 29:421-27.

Haig, David

1992 Genomic imprinting and the theory of parent-offspring conflict. *Seminars in Developmental Biology* 3:153-60.

1993 Genetic conflicts of human pregnancy. *Quarterly Review of Biology* 68:495-532.

1995 Prenatal power plays. *Natural History* 104:39.

1996a Altercations of generations: Genetic conflicts of pregnancy. *American Journal of Reproductive Immunology*, 35:226-32.

1996b Gestational drive and the green-bearded placenta. *Proceedings of the National Academy of Sciences* 93:6547-51.

1997 The social gene. In *Behavioural Ecology: An Evolutionary Approach*, 4th ed., J. R. Krebs and Nicholas B. Davies, eds., 284-304. Oxford: Blackwell Scientific.

Haig, David, and M. Westoby

1989 Parent-specific gene expression and the triploid endosperm. *American Naturalist* 134:147-55.

Haight, Gordon

1968 *George Eliot: A Biography.* New York: Oxford University Press.

Hight, Gordon, ed.

1954-78 *George Eliot Letters*, 9 vols. New Haven: Yale University Press.

Hakansson, T.

1988 *Bridewealth, Women and Land: Social Change Among the Gusii of Kenya.* Uppsale Studies in Cultural Anthropology 10.

Hames, Raymond B.

1988 The allocation of parental care among the Ye'kwana. In *Human Reproductive Behaviour: A Darwinian Perspective*, Laura Betzig, Monique Borgerhoff Mulder, and Paul Turke, eds., 237-52. Cambridge: Cambridge University Press.

Hamilton, W. D.

1963 The evolution of altruistic behavior. *The American Naturalist* 97:354-56

1964 The genetical evolution of social behavior. *Journal of Theoretical Biology* 7:1-16, 17-52.

1966 The moulding of senescence by natural selection. *Journal of Theoretical Biology* 12:12-45.

1967 Extraordinary sex ratios. *Science* 156:477-88.

1975 Gamblers since life began: Barnacles, aphids, elms. *Quarterly Review of Biology* 50:175-80.

1982 Pathogens as causes of genetic diversity in their host populations. In *Population Biology of Infectious Diseases*, R. M. Anderson and R. M. May, eds., 269-96. New York: Springer-Verlag.

1995 *The Narrow Roads of Gene Land.*

Oxford: Spektrum/W. H. Freeman.

Hammel, Eugene A.

1996 Demographic constraints on
population growth of early humans:
Emphasis on the probable role
of females in overcoming such
constraints. *Human Nature* 7:217-55.

Hammer, M., and R. A. Foley

1996 Longevity, life history, and
allometry: How long did humans live?
Human Evolution 11:61-66.

Hampson, E., and D. Kimura

1988 Reciprocal effects of hormonal
fluctuations on human motor and
perceptual-spatial skills. *Behavioral
Neuroscience* 102:456-59.

Haraway, Donna

1989 *Primate Visions: Gender, Race and
Nature in the World of Modern Science.*
New York: Routledge.

Harcourt, A. H., Kelly J. Stewart, and
Dian Fossey

1981 Gorilla reproduction in the wild.
In *Reproductive Biology of the Great
Apes*, Charles E. Garham, ed., 265-79.
New York: Academic Press.

Harcourt, A. H., P. H. Harvey, S. G.
Larson, and R. V. Short

1981 Testis weight, body weight and
breeding system in primates. *Nature*
293:55-57.

Harding, Sandra

1986 *The Science Question in Feminism.*
Ithaca: Cornell University Press.

1992 After the neutrality ideal: Science,
politics, and "strong objectivity." *Social
Research* 59(3):567-87.

Hardy, A.

1960 Was man more aquatic in the past?
New Scientist 17:642-45.

Hardy, Janet B., and E. David Mellits

1977 Relationship of low birth weight
to maternal characteristics of age,
parity, education and body size. In *The
Epidemiology of Prematurity*, D. M.
Reed and F. J. Stanley, eds., 131-55.
Baltimore: Urban and Schwarzengerg.

Harlap, S.

1979 Gender of infants conceived on
different days of the menstrual cycle.
New England Journal of Medicine
300:1445-48.

Harley, Diane

1990 Aging and reproductive performance
in langur monkeys (*Presbytis
entellus*). *American Journal of Physical
Anthropology* 83:253-61.

Harlow, Harry, Margaret K. Harlow, and
Stephen J. Suomi

1971 From thought to therapy: Lessons
from a private laboratory. *American
Scientist* 659:538-49.

Harlow, H. K., M. K. Harlow, R. O.
Dodsworth, and G. L. Arling

1966 Maternal behavior of rhesus
monkeys deprived of mothering and
peer association in infancy. *Proceedings
of the American Philosophical Society*
110:58-66.

Harpending, Henry C., Stephen T. Sherry,
Alan R. Rogers, and Mark Stoneking

1993 The genetic structure of ancient
human populations. *Current
Anthropology* 34:483-96.

Harpending, Henry C., Mark A. Batzer,
Michael Gurven, Lynn B. Jorde, Alan
R. Rogers, and Stephen T. Sherry

1998 Genetic traces of ancient
demography. *Proceedings of the
National Academy of Sciences* 95:1961-

67.

Harris, judith Rich

1998 *The Nurture Assumption*. NewYork:
Free Press.

Hartmann, H.

1958 *Ego Psychology and the Problem of
Adaptation*. London: Imago; NewYork:
International Universities Press
(originally published in German in
1939).

Hartung, John

1982 Polygyny and the inheritance of
human wealth. *Current Anthropology*
23:1-12.

Harvey, J. R.

1970 *Victorian Novelists and Their
Illustrators*. London: Sidgwick and
Jackson.

Harvey, Joy

1987 Strangers to each other. In *Uneasy
Careers and Intimate Lives: Women in
Science*, 1789-1979, Pnina G. Abir-Am
and Dorinda Outram, eds., 147-71.
New Brunswick, New Jersey: Rutgers
University Press.

1997 *Almost a Man of Genius: Clémence
Royer, Feminism and Nineteenth-
Century Science*. New Brunswick, New
Jersey: Rutgers University Press.

Harvey, Paul H., R. D. Martin, and T. H.
Clutton-Brock

1987 Life histories in comparative
perspectives. In *Primate Societies*,
Barbara Smuts et al., eds., 181-96.
Chicago: University of Chicago Press.

Hashimoto, Chie, Takeshi Furuichi, and
Osamu Takenaka

1996 Matrilineal kin relationship and
social behavior of wild bonobos (*Pan
paniscus*): Sequencing the D-loop

region of mitochondrial DNA.
Primates 37(3):305-18.

Hauser, Marc

1996 *The Evolution of Communication*.
Cambridge: MIT Press.

In press *Wild Minds: What Animals Think*.
New York: Henry Holt.

Hausfater, G., and S. B. Hrdy, eds.

1984 *Infanticide: Comparative and
Evolutionary Perspectives*. New York:
Aldine.

Hausfater, G., J. Altmann, and S. Altmann

1982 Long-term consistency of dominance
rank among female baboons. *Science*
217:752-55.

Hawkes, Kristen

1991 Showing off: Tests of another
hypothesis about men's foraging goals.
Ethology and Sociobiology 11:29-54.

1993 Why hunter-gatherers work: An
ancient version of the problem of
public goods. *Current Anthropology*
34:341-61.

1997 What are men doing? Lecture
presented in the Anthropology
Colloquium, April 11, University of
California, Davis.

n.d. Hunting and the evolution of
egalitarian societies: Lesson from the
Hadza. Ms. prepared for "Hierarchies
in Action: Who Benefits?" Symposium
organized by M. W. Dahl.

Hawkes, Kristen, J. F. O'Connell, and N.
G. Blurton-Jones

1989 Hardworking Hadza grandmothers.
In *Comparative Socioecology: The
Behavioral Ecology of Humans and
Other Mammals*, V. Standen and R.
A. Foley, eds., 341-66. London: Basil
Black-well.

1995 Hadza children's foraging: Juvenile dependency, social arrangements, and mobility among hunter-gatherers. *Current Anthropology* 36:1-24.

1997 Hadza women's time allocation, offspring provisioning and the evolution of long postmenopausal life spans. *Current Anthropology* 38:551-77.

n.d. Hadza hunting and the evolution of the nuclear family. Ms. provided courtesy of K. Hawkes, Department of Anthropology, University of Utah. In preparation.

Hawkes, K., J. F. O'Connell, N. G. Blurton-Jones, H. Alvarez, and E. L. Charnov

1998 Grandmothering, menopause, and the evolution of human life histories. *Proceedings of the National Academy of Science* 95:1336-39.

1999 The grandmother hypothesis and human evolution. In *Evolutionary Anthropology and Human Social Behavior: Twenty Years Later*, L. Cronk, N. Chagnon, and W. Irons, eds. Hawthorne, NewYork: Aldine de Gruyter. In press.

Hays, Sharon

1996 *The Cultural Contradictions of Motherhood*. New Haven: Yale University Press.

Hayssen, Virginia

1993 Empirical and theoretical constraints on the evolution of lactation. *Journal of Dairy Science* 76:3213-33.

1995 Milk: It does a baby good. *Natural History* (December):36.

Hendrie, T. A., P. E. Peterson, J. Short, A. F. Tarantal, E. Rothgarn, M. I. Hendrie, and A. J. Hendrickx

1996 Frequency of prenatal loss in a macaque breeding colony. *American Journal of Primatology* 40:41-53.

Hepper, Peter, E. Alyson Shannon, and James C. Dornan

1997 Sex differences in fatal mouth movements. *Lancet* 350:1820.

Herbert, Bob

1994 China's missing girls. *New York Times* (Octorber 30).

Herlihy, D., and C. Klapisch-Zuber

1985 *The Tuscans and Their Families: A Study of the Florentine Castrata of 1427*. New Haven: Yale University Press.

Herzog, Alfred, and Thomas Detre

1976 Psychotic reactions associated with childbirth. *Diseases of the Nervous System* 37:229-35.

Hewlett, Barry

1991 Demography and childcare in preindustrial societies. *Journal of Anthropological Research* 47:1-23.

1992 Husband-wife reciprocity and the father-infant relationship among Aka pygmies. In *Father-Child Relations: Cultural and Biosocial Contexts*, Barry S. Hewlett, ed., 153-76. Hawthorne, NewYork: Aldine de Gruyter.

Hewlett, Barry S., ed.

1992 *Father-Child Relations: Cultural and Biosocial Contexts*. Hawthorne, NewYork: Aldine de Gruyter.

Hildebrandt, K. A., and H. E. Fitzgerald

1979 Facial feature determinants of infant attractiveness. *Infant Behavior and Development* 2:329-39.

Hill, C. M., and H. L. Ball

1996 Abnormal births and other "ill omens": The adaptive case for infanticide. *Human Nature* 7:381-402.

Hill, Kim

1993 Life history theory and evolutionary anthropology. *Evolutionary Anthropology* 2(3):76-88.

Hill, Kim, and A. Magdalena Hurtado

1989 Hunter-gatherers of the New World. *American Scientist* 77(5):436-43.

1996 *Aché Life History: The Ecology and Demography of a Foraging People*. Hawthorne, NewYork: Aldine de Gruyter.

1997 The evolution of premature reproductive senescence and menopause in human females: An evaluation of the "grandmother hypothesis." In *Human Nature: A Critical Reader*, L. Betzig, ed., 118-39. Oxford: Oxford University Press.

Hill, Kim, and Hillard Kaplan

1988 Tradeoffs in male and female reproductive strategies among the Aché. Parts 1 and 2. In *Human Reproductive Behaviour: A Darwinian Perspective*, Laura Betzig, Monique Borgerhoff Mulder, and Paul Turke, eds., I:277-89; II:291-305. Cambridge: Cambridge University Press.

Hilton, Charles E., and Rusty D. Greaves

1995 Mobility patterns in modern human foragers. Paper presented at the Annual Meeting of the American Association of Physical Anthropologists, Oakland, California. (Abstract published in *American Journal of Physical Anthropology* supplement 20:11.)

Hilts, Philip J.

1997 Misdiagnoses are said to mask lethal abuse. *NewYork Times* (September 11).

Hinde, Robert A.

1969 Analyzing the roles of the partners in a behavioral interaction: Mother-infant relations in rhesus macaques. *Annals of New York Academy of Sciences* 159:651-67.

1991 A biologist looks at anthropology. *Journal of the Royal Anthropological Institute* 26(4):583-608.

Hinde, Robert A., and Lynda McGinnis

1977 Some factors influencing the effects of temporary mother-infant separation: some experiments with rhesus monkeys. *Psychological Medicine* 7:197-212.

Hiraiwa-Hasegawa, Mariko

1987 Infanticide in primates and a possible case of male-biased infanticide in chimpanzees. In *Animal Societies: Theories and Facts*, Y. Ito, J. L. Brown, and J. Kikkawa, eds., 125-39. Tokyo: Scientific Societies Press.

Hiraiwa-Hasegawa, Mariko, and Toshikazu Hasegawa

1994 Infanticide in nonhuman primates: sexual selection and local resource competition. In *Infanticide and Parental Care*, Stefano Parmigiani and F. vom Saal, eds., 137-84. Langhorne, Pennsylvania: Harwood Academic.

Ho, Ping-ti

1959 *Studies on the Population of China, 1368-1953*. Cambridge: Harvard University Press.

Hoage, R. J.

1978 Parental care in *Leontopithecus rosalia rosalia*: age and sex differences in carrying behavior and the role of prior experience. In *Biology and Conservation of the Callithrichidae*, D. Kleiman, ed. Washington, D.C.: Smithsonian Institution.

Hobcraft, J. M., J. W. O'Donald, and S. O. Rutstein

1985 Demographic determinants of infant and early child mortality: A comparative analysis. *Population Studies* 39:363-85.

Hodder, H. F.

1996 A few super women. *Harvard Magazine* (May-June): 13-14.

Holland, Brett, and Wiliam R. Rice

1999 Experimental removal of sexual selection reverses intersexual antagonistic coevolution and removes a reproductive load. *Proceedings of the National Academy of Sciences* 96:5083-88.

Hölldobler, Bert, and Edward O. Wilson

1990 *The Ants*. Cambridge: Harvard University Press.

1994 *Journey to the Ants*. Cambridge: Harvard University Press.

Holmes, Donna, and Christine Hitchcock

1997 A feeling for the organism: An empirical look at gender and research choices of animal behaviorists. In *Feminism and Evolutionary Biology: Boundaries, Intersections and Frontiers*, P. Gowaty, ed., 184-202. New York: Chapman and Hall.

Holmes, Warren G., and Jill M. Mateo

1998 How mothers influence the development of litter-mate preferences in Belding's ground squirrels. *Animal Behavior* 55:1555-70.

Homer

1963 *The Odyssey*, Robert Fitzgerald, trans. Garden City, New York: Doubleday/Anchor.

1990 *The Iliad*, Robert Fagles, trans. New York: Penguin.

Honig, Barbara

1994 Components of lifetime reproductive success in communally and solitarily nursing house mice: A laboratory study. *Behavioral Ecology and Sociobiology* 34:275-83.

Hoogland, John L.

1994 Nepotism and infanticide among prairie dogs. In *Infanticide and Parental Care*, Stefano Parmigiani and F. vam Saal, eds., 321-37. Langhorne, Pennsylvania: Harwood Academic.

1995 *The Black-Tailed Prairie Dog: Social Life of a Burrowing Mammal*. Chicago: University of Chicago Press.

Hopkins, Nancy

1976 The high price of success in science. *Radcliffe Quarterly* (June):16-18.

Hopwood, J. S.

1927 Child murder and insanity. *Journal of Mental Science* 73:95-108.

Horgan, John

1995 The new social darwinists. *Scientific American* 273(4):174-81.

Horner, J. R., and B. Weishampel

1988 A comparative embryological study of two ornithischian dinosaurs. *Nature* 332:256-57.

Hornsveld, H. K., B. Garssen, M. J. C. Fiedeldij Dop, P. I. van Spiegel, and J. C. J. M. de Haas

1996 Double-blind placebo-controlled study of the hyperventilation provocation test and the validity of the hyperventilation syndrome. *Lancet* 348:154-58.

Hostetler, John

1974 *Hutterite Society*. Baltimore: Johns Hopkins University Press.

Howell, Nancy

1979 *Demography of the Dobe !Kung.*
NewYork: Academic Press.

Hrdy, Sarah Blaffer

1974 Male-male competition and
infanticide among the langurs
(*Presbytis entellus*) of Abu, Rajasthan.
Folia Primatologica 22:19-58.

1976 The care and exploitation of
nonhuman primate infants by
conspecifics other than the mother.
Advances in the Study of Behavior
VI:101-58.

1977 *The Langurs of Abu: Female and Male
Strategies of Reproduction.* Cambridge:
Harvard University Press.

1979 Infanticide among animals: A review,
classification, and examination of
the implications for the reproductive
strategies of females. *Ethology and
Sociobiology* 1:13-40.

1981a *The Woman That Never Evolved.*
Cambridge: Harvard University Press.

1981b Nepotists and altruists: The
behavior of senescent females in
macaques and langur monkeys. In
Other Ways of Growing Old, P. Amoss
and S. Harrell, eds., 59-76. Stanford:
Stanford University Press.

1984 "When the bough breaks": There
may be method in the madness of
infanticide. *The Sciences* 24(2):44-50.

1986a Empathy, polyandry and the
myth of the "coy" female. In *Feminist
Approaches to Science*, Ruth Bleier, ed.,
119-46. NewYork: Pergamon.

1986b Sources of variance in the
reproductive success of female
primates. *Proceedings of the
International Meeting on Variability
and Behavioral Evolution*, 191-203.

Problemi Attuali di Scienza e di
Cultura, N. 259. Rome: Academia
Nazionale dei Lincei.

1987 Sex-biased parental investment
among primates and other mammals.
In *Child Abuse and Neglect: A Biosocial
Perspective*, Jane Lancaster and Richard
Gelles, eds., 97-147.

Hawthorne, NewYork: Aldinede Gruyter.

1990 Sex bias in nature and in history:
A late 1980s examination of "the
biological origins" argument. *Yearbook
of Physical Anthropology* 33:25-37.

1992 Fitness tradeoffs in the history and
evolution of delegated mothering.
Ethology and Sociobiology 13:495-522.

1996 The contingent nature of maternal
love and its implications for "adorable"
babies. Paper presented at Wenner-
Gren Foundation Symposium entitled
"Is There a Neurobiology of Love?"
organized by Kerstin Uvnas Moberg
and Sue Carter, August 28-31,
Stockholm.

1997 Raising Darwin's consciousness:
Female sexuality and the prehominid
origins of patriarchy. *Human Nature*
8:1-49.

Hrdy, Sarah Blaffer, and William Bennett

1979 The fig connection. *Harvard
Magazine* (September-October):25-30.

Hrdy, Sarah Blaffer, and C. Sue Carter

1995 Hormonal cocktails for two. *Natural
History* 104(12):34.

Hrdy, Sarah Blaffer, with Emily R.
Coleman

1982 Why human secondary sex ratios
are so conservative: A distant reply
from ninth century France. Offprint
no. 88. Wenner Gren Symposium on

"Infanticide in Animals and Man," Ithaca, NewYork.

Hrdy, Sarah Blaffer, and Glenn Hausfater
1984 Comparative and evolutionary perspectives on infanticide. In *Infanticide: Comparative and Evolutionary Perspectives*, G. Hausfater and S. Hrdy, eds. Hawthorne, NewYork: Aldine de Gruyter, xiii-xxxv.

Hrdy, Sarah Blaffer, and Daniel B. Hrdy
1976 Hierarchical relations among female Hunuman langurs (Primates: Colobinae, *Presbytis entellus*). Science 193:913-15.

Hrdy, Sarah Blaffer, and Debra Judge
1993 Darwin and the puzzle of primogeniture: An essay on biases in parental investment after death. *Human Nature* 4:1-45.

Hrdy, Sarah Blaffer, and Patricia Whitten
1987 The patterning of sexual activity among primates. In *Primate Societies*, B. B. Smuts et al., eds., 370-84. Chicago: University of Chicago Press.

Hrdy, Sarah Blaffer, and George C. Williams
1983 Behavioral biology and the double standard. In *Social Behavior of Female Vertebrates*, S. K. Wasser, ed., 3-17. NewYork: Academic Press.

Hrdy, Sarah Blaffer, Charles Janson, and Carel van Schaik
1995 Infanticide: Let's not throw out the baby with the bath water. *Evolutionary Anthropology* 3:151-54.

Hubbard, Ruth
1979 Have only men evolved? In *Women Look at Biology Looking at Women*, Ruth Hubbard, Mary Sue Henifin, and Barbara Fried, eds., 7-35. Boston: G. K. Hall.

Hubert, Cynthia
1998 She sacrificed life for brief joy as a mom. *Sacramento Bee* (October 25):A1, A26.

Huck, U. William
1984 Infanticide and the evolution of pregnancy block in rodents. In *Infanticide: Comparative and Evolutionary Perspectives*, G. Hausfater and S. Blaffer Hrdy, eds., 349-65. Hawthorne, NewYork: Aldine de Gruyter.

Hufton, Olwen
1974 *The Poor in Eighteenth Century France, 1750-1789*. Oxford: Oxford University Press.

Hull, Terence H.
1990 Recent trends in sex ratios at birth in China. *Population and Development Review* 16:63-83.

Hinecke, V.
1985 Les enfants trouvés: Contexte Européen et cas Milanais (xviiie-xixe siécles). Revue d'histoire moderne et contemporaine. Tome xxxii. Janvier-Mars: 3-29.

Hurtado, A. M.
1985 Women's subsistence strategies among Aché hunter-gatherers of eastern Paraguay. Ph.D. diss., University of Utah, Salt Lake City.

Hurtado, A. M., K. Hawkes, K. Hill, and H. Kaplan
1985 Female subsistence strategies among Aché hunter-gatherers of eastern Paraguay. *Human Ecology* 13:1-28.

Hurtado, A. M., K. Hill, H. Kaplan, and I. Hurtado

1992 Tradeoffs between female food acquisition and childcare among Hiwi and Aché foragers. *Human Nature* 3:185-216.

Huss-Ashmore, Rebecca

1980 Fat and fertility: Demographic implications of differential fat storage. *Yearbook of Physical Anthropology* 23:65-91.

Huxley, Aldous

1992 *Ape and Essence*. Chicago: Elephant Paperbacks (originally published 1948).

Huxley, Julian

1914 The courtship habits of the great crested grebe (*Podiceps criatus*) with an addition to the theory of sexual selection. *Proceedings of the Zoological Society*, xxxv.

Insel, Thomas R.

1992 Oxytocin—a neuropeptide for affiliation: Evidence from behavioral, receptor autoradiographic and comparative studies. *Psychoneuroendocrinology* 17:3-35.

Insel, Thomas R., and T. J. Hulihan

1995 A gender-specific mechanism for pair bonding: oxytocin and partner preference formation in monogamous voles. *Behavioral Neurosciences* 109:782-89.

Insel, Thomas R., and Lawrence E. Shapiro

1992 Oxytocin receptor distribution reflects social organization in monogamous and polygamous voles. *Proceedings of the National Academy of Sciences* 89:5981-85.

Irons, William

1979 Cultural and biological success.

In *Evolutionary Biology and Human Social Behavior: An Anthropological Perspective*, Napoleon Chagnon and William Irons, eds., 257-72. North Scituate, Massachusetts: Duxbury.

1997 Cultural and biological success. In *Human Nature: A Critical Reader*, Laura Betzig, ed., 36-49. Cambridge: Cambridge University Press (originally published 1979).

1998 Adaptively relevant environments versus the Environment of Evolutionary Adaptedness. *Evolutionary Anthropology* 6:194-204.

Isaac, Barry

1980 Female fertility and marital form among the Mende of upper rural Bambara chiefdom, Sierra Leone. *Ethnology* 19(3):297-313.

Isiugo-Abanihe Uche, C.

1985 Child fosterage in West Africa. *Population and Development Review* 11:53-73

James, William H.

1983 Timing of fertilization and the sex ratio of offspring. In *Sex Selection of Children*, N. Bennett, ed. NewYork: Academic Press.

Jay, Phyllis

1962 The social behavior of the langur monkey. Ph.D. diss., Department of Anthropology, University of Chicago.

1963 The female primate. In *The Potential of Woman*, S. Farber and R. Wilson, eds., 3-47. NewYork: McGraw Hill.

Jayaraman, K. S.

1994 India bans the use of sex screening tests. *Nature* 370:320.

Jefferey, R., and P. Jefferey

1984 Female infanticide and

amniocentesis. *Social Science and Medicine* 11:1207-12.

Jesdanun, Anick

1997 Santorum: We chose not to abort. *Philadelphia Daily News* (May 16; published in Philadelphia Online).

Johansson, Shelia Ryan

1987 Status anxiety and demographic contraction of privileged populations. *Population and Development Review* 13:439-70.

Johansson, Sten, and Ola Nygren

1991 The missing girls of China: A new demographic accout. *Population and Development Review* 17:35-51.

Johnson, Lorna D., A. J. Petto, and P. K. Sehgal

1991 Factors in the rejection and survival of captive cotton top tamarins (*Saquinus oedipus*). *American Journal of Primatology* 25:91-102.

Johnson, M. H., S. Dziurawiec, H. Ellis, and J. Morton

1991 Newborns' preferential tracking of face-like stimuli and its subsequent decline. *Cognition* 40:1-19.

Johnson, Orna R.

1981 The socioeconomic context of child abuse and reglect in native South America. In *Child Abuse and Neglect: Cross-Cultural Perspectives*, Jill Korbin, ed., 56-70. Berkeley: University of California Press.

Johnstone, Rufus A.

1994 Female preference for symmetrical males as a by-product of selection for mate recognition. *Nature* 372:172-75.

Jolly, Alison

1972a Hour of birth in primates and man. *Folia Primatologica* 18:108-21.

1972b *The Evolution of Primate Behavior.* New York: Macmillan.

Jones, Douglas

1996 *Physical Attractiveness and the Theory of Sexual Selection: Results from Five Populations.* Anthropological Papers 90. Ann Arbor: Museum of Anthropology, University of Michigan.

Jones, J. S.

1991 Farming is in the blood. *Nature* 351:97-98.

Jones, Steve

1992 Natural selection in humas. In *Cambridge Encyclopedia of Human Evolution*, Steve Jones, Robert Martin, and David Pilbeam, eds., 284-87. Cambridge: Cambridge University Press.

Jordan, Brigitte

1985 Biology and Culture: Some thoughts on universals in childbirth. Paper presented at the Eighty-fourth Annual Meeting of the American Anthropological Association, Washington, D.C.

1993 *Birth in Four Cultures: A Crosscultural Investigation of Childbirth in Yucatan, Holland, Sweden and the United States*, revised and expanded by Robbie Davis-Floyd. Prospect Heights, Illinois: Waveland Press.

Judge, Debra S.

1995 American legacies and the variable life histories of women and men. *Human Nature* 6:291-323.

Judge, Debra, and Jame R. Carey

In press Post-reproductive life predicted by primate patterns. *Journal of Gerontology: Biological Sciences.*

Judge, Debra, and S. Blaffer Hrdy

1992 Allocation of accumulated resources among close kin: Inheritance in Sacramento, California, 1890-1984. *Ethology and Sociobiology* 13:495-522.

Judson, George

1995 Mother guilty in the killing of 5 babies: Infant death syndrome is at last discounted. *New York Times* (April 22):25, 28.

Kagan, Jerome

1994 *Galen's Prophecy: Temperament in Human Nature*. New York: Basic Books.

Kagan, Jerome, Richard B. Kearsley, and Philip R. Zelago

1978 *Infancy: Its Place in Human Development*. Cambridge: Harvard University Press.

Kalish, Susan

1994 Rising costs of raising children. *Population Today* (July-August):4-5.

Kalscheur, V. M., E. C. Mariman, M. T. Schepens, H. Rehder, and H. H. Ropers

1993 The insulin-like growth factor type-2 receptor gene is imprinted in the mouse but not in humans. *Nature Genetics* 5:74-78.

Kanbour-Shakir, A., Z. Zhang, A. Rouleau, D. T. Armstrong, H. W. Kunz, T. A. MacPherson, and T. J. Gill III

1990 Gene imprinting and major histocompatibility comples class I antigen expression in the rat placenta. *Proceedings of the National Academy of Sciences* 87:444-48.

Kano, T.

1982 *The Last Ape: Pygmy Chimpanzee Behavior and Ecology*. Stanford: Stanford University Press.

Kaplan, Hillard

1994 Evolutionary and wealth flows theories of fertility: Empirical tests and new models. *Population and Development Review* 20(4):753-91.

1996 A theory of fertility and parental investment in traditional and modern human societies. *Yearbook of Physical Anthropology* 39:91-135.

1997 The evolution of the human life course. In *Between Zeus and the Salmon: The Biodemography of Longevity*, K. Wachter and C. Finch, eds., 175-211. Washington, D.C.: National Academy Press.

Kaplan, Hillard, Kim Hill, Kristen Hawkes, and Ana Hurtado

1984 Food sharing among Aché hunter-gatherers of eastern Paraguay. *Current Anthropology* 25:113-15.

Kaplan, Hillard, Kim Hill, A. Magdalena Hurtado, and Jane B. Lancaster

In prep. The theory of human life history. Ms., Department of Anthropology, University of New Mexico.

Kaplan, H. S., J. B. Lancaster, J. A. Bock, and S. E. Johnson

1995 Fertility and fitness among Albuquerque men: A competitive labour market theory. In *Human Reproductive Decisions*, R.I.M. Dunbar, ed., 96-136. London: St. Martin's

Karen, Robert

1994 *Becoming Attached: Unfolding the Mystery of the Infant-Mother Bond and Its Impact on Later Life*. New York: Warner Books.

Karl, Frederick

1995 *George Eliot: Voice of a Century.* New York: W. W. Norton.

Katz, M. M., and M. J. Konner

1981 The role of the father: An anthropological perspective. In *The role of the father in child development*, M. E. Lamb, ed., 155-85. NewYork: Wiley.

Kaufman, I. C., and L. A. Rosenblum

1969 Effects of separation from mother on the emotional behavior of infant monkeys. *Annals of the NewYork Academy of Sciences* 159:681-95.

Kawai, M.

1958 On the system of social ranks in a natural troop of Japanese monkeys, parts 1 and 2. Translated into English and reprinted in *Japanese Monkeys*, S. Altmann, ed. Edmonton: University of Alberta.

Kawamura, S.

1958 The matriarchal social order in the Minoo-B tropp: A study on the system of Japanese macaques. *Primates* 1:149-56.

Keeley, Lawrence H.

1996 *War Before Civilization.* NewYork: Oxford University Press.

Kempe, Henry C., F. N. Silverman, B. F. Steele, W. Droegmueller, and H. K. Silver

1962 The battered child syndrome. *Journal of the American Medical Association* 181:17-24.

Kempe, Ruth, and Henry Kempe

1978 *Child Abuse.* Cambridge: Harvard University Press.

Kenagy, G. J., and C. Tromulak

1986 Size and function of mammalian testes in relation to body size. *Journal of Mammalogy* 67:1-22.

Kendrick, K. M., F. Levy, and Erick B. Keverne

1992 Changes in the sensory processing of olfactory signals induced by birth in sheep. *Science* 256:833-36.

Kenrick, Doughlas, Edward R. Sadalla, Gary Gorth, and Melanie R. Trost

1997 Where and when are women more selective than men? In *Human Nature: A Critical Reader*, Laura Betzig, ed., 223-24. Cambridge: Cambridge University Press.

Kertzer, David

1993 *Sacrificed for Honor: Italian Infant Abandonment and the Politics of Reproductive Control.* Boston: Beacon Press.

Keverne, Eric B.

1995 Neurochemical changes accompanying the reproductive process: Their significance for maternal care in primates and other mammals. In *Motherhood in Human and Nonhuman Primates*, C. R. Pryce, R. D. Martin, and D. Skuse, eds., 69-77. Basel: S. Karger.

Keverne, Eric B., Frances L. Martel, and Claire M. Nevison

1996 Primate brain evolution: Genetic and functional considerations. *Proceedings of the Royal Society of London*, Series B 263:689-96.

Keverne, Eric B., Clarie M. Nevison, and Frances L. Martel

1997 Early learning and the social bond. In *The Integrative Neurobiology of Affiliation*, C. Sue Carter, Izja Lederhendler, and Brian Kirkpatrick, eds., 329-39. NewYork: NewYork Academy of Sciences.

Kilner, Rebecca

1997 Mouth colour is a reliable signal of need in begging canary nestling. *Proceedings of the Royal Society of London*, Series B 264:963-68.

King, Mary-Clarie

1998 Human evolution and diversity. Public lecture, symposium on "Humankind's Evolutionary Roots: Our Place in Nature," October 9, Field Museum, Chicago.

King, Mary-Claire, and A. C. Wilson

1975 Evolution at two levels in humans and chimpanzees. *Science* 188:107-16.

Kingsley, S.

1982 Causes of non-breeding and the development of the secondary sexual characteristics in the male orangutan: A hormonal study. In *The Orangutan: Its Biology and Conservation*, L. de Boer, ed. The Hague: W. Junk.

Kirkpatrick, Mark, and Russell Lande

1989 The evolution of maternal characters. *Evolution* 43(3)485-503.

Kitzinger, Sheila

1980 *The Experience of Breastfeeding.* NewYork: Penguin.

Klapisch-Zuber, Christiane

1986 Blood parents and milk parents: Wet-nursing in Florence, 1300- 1530. In *Women, Family and Ritual in Renaissance Florence*, by Christiane Klapisch-Zuber, Lydia Cochrane, trans, 132-64. Chicago: University of Chicago Press.

Klaus, Marshall H., and John H. Kennell

1976 *Maternal-Infant Bonding: The Impact of Early Separation and Loss on Family Development.* St. Louis: C. V. Mosby.

Klaus, M. H., R. Jerauld, N. C. Kreger, W. McAlpine, M. Steffa, and J. H. Kennell

1972 Maternal attachment: The importance of the first post-partum days. *New England Journal of Medicine* 286:460-63.

Kleiman, D. G., and J. R. Malcolm

1981 The evolution of male parental investment in mammals. In *Parental Care in Mammals*, D. J. Gubernick and P. H. Klopfer, eds., 347-87. NewYork: Plenum.

Klein, Richard G.

1992 The archaeology of modern human origins. *Evolutionary Anthropology* 1(1):5-14.

Kleinman, Ronald, Linda Jacobson, Elizabeth Hormann, and W. A. Walker

1980 Protein values of milk samples from mothers without biologic pregnancies. *The Journal of Pediatrics* 97:612-15.

Klopger, Peter H.

1971 Mother-love: What turns it on? *American Scientist* 59:404-7.

1996 "Mother Love" revisited: On the use of animal models. *American Scientist* (July-August):319-21.

Knight, Chris

1991 *Blood Relations: Menstruation and the Origins of Culture.* New Haven: Yale University Press.

Koenig, Walt

1990 Opportunity of parentage and nest destruction in polygynandrous acorn woodpecker, *Melanerpes formicivorus. Behavioral Ecology* 1:55-61.

Kolata, Gina

1982 New theory of hormones proposed. *Science* 215:1383-84.

1988 Fetal sex test used as step to abortion. *New York Times* (December 25).

Komdeur, Jan, Serge Daan, Joost Tinbergen, and Christa Mateman

1997 Extreme modification in sex ratio of the Seychelles warbler's eggs. *Nature* 385:522-25.

Konig, Barbara

1994 Components of lifetime reproductive success in communally and solitarily nursing house mice—a laboratory study. *Behavioral Ecology and Sociobiology* 34:275-83.

Konig, B., J. Riester, and H. Markl

1988 Maternal care in house mice (Mus musculus), II: The energy cost of lactation as a function of litter size. *Journal of Zoology* (London) 216:195-210.

Konner, Melvin J.

1972 Aspects of the developmental ethology of a foraging people. In *Ethological Studies of Child Behavior*, N. Blurton-Jones, ed., 285-304. Cambridge: Cambridge University Press.

1991 *Childhood*. Boston: Little, Brown.

Konner, Melvin, and Carol Worthman

1980 Nursing frequency, gonadal function and birth spacing among !Kung hunter-gatherers. *Science* 207:788-91.

Konner, Melvin, and Marjorie Shostak

1987 Timing and management of birth among the !Kung: Biocultural interaction in reproductive adaptation. *Cultural Anthropology* 2(1):11-28.

Korbin, Jill E., ed.

1981 *Child Abuse and Neglect: Cross-cultural Perspectives*. Berkeley: University of California Press.

Kosikowski, F. V.

1985 Cheese. *Scientific American* 252(5):88-99.

Kovaleski, Serge F., and Lorraine Adams

1996 Kaczynski's mom still seeks cause of his anger and pain. *The Sacramento Bee* (June 17):A1, A7.

Koyama, Naoki

1967 On dominance rank and kinship of a wild Japanese monkey in Arashiyama. *Primates* 8:189-216.

Kramer, Patricia Ann

1998 The costs of human locomotion: Maternal investment in child transport. *American Journal of Physical Anthropology* 107:71-85.

Kristal, M. E.

1991 Enhancement of opioid-mediated analgesia—A solution to the enigma of placentophagia. *Neuroscience and Behavioral Reviews* 15:425-35.

Kristof, Nicholas D.

1991a A mystery of China's census: Where have the girls gone? *New York Times* (June 17): A1, A7.

1991b Stark data on women: 100 million are missing. *New York Times* (November 5):B5, B9.

Kroeber, Theodora

1989 *Ishi in Two Worlds: A Biography of the Last Wild Indian in North America*. Berkeley: University of California Press (reprint of 1961 edition).

Labov, Jay B., U. William Huck, Robert W. Elwood, and Ronald J. Brooks.

1985 Current problems in the study of infanticidal behavior of rodents. *Quarterly Review of Biology* 60:1-20.

Lacey, Eileen A., and Paul W. Sherman

1997 Cooperative breeding in naked mole-rats: Implications for vertebrate and invertebrate sociality. In *Cooperative Breeding in Mammals*, Nancy Solomon and Jeffrey French, eds., 267-301. Cambridge: Cambridge University Press.

Lack, David

1941 *The Life of the Robin*. London: H. F. and G. Witherby, Ltd.

1947 The significance of clutch size. *Ibis* 89:302-52.

1966 Animal dispersion (Appendix 3). In *Population Studies of Birds*, by David Lack. Oxford: Clarendon Press.

1968 *Ecological Adaptations for Breeding in Birds*. London: Chapman and Hall.

Ladurie, Emmanuel Le Roy

1979 *Montaillou: The Promised Land of Error*, Barbara Bray, trans. New York: Vintage.

Laesthaeghe, Ron, Georgia Kaufmann, Dominique Meekers, and Johan Surkyn

1994 Postpartum abstinence, polygyny, and age at marriage: A macro-level analysis of sub-Saharan societies. In *Nuptiality in Sub-Saharan Africa: Contemporary Anthropological and Demographic Perspectives*, Caroline Bledsoe and Gilles Pison, eds., 25-54. Oxford: Oxford University Press.

Lamb, Michael E.

1982 The bonding phenomenon: Misinterpretations and their implications. *Journal of Pediatrics* 101:555-57.

Lamb, Michael E., and James A. Levine

1983 The Swedish parental insurance policy: An experiment in social engineering. In *Fatherhood and Family Policy*, M. E. Lamb and A. Sagi, eds. Hillsdale, New Jersey: Lawrence Erlbaum, 39-51.

Lamb, Michael E., Joseph H. Pleck, Eric L. Charnov, and James A. Levine

1987 A biosocial perspective on paternal behavior and involvement. In *Parenting Across the Life Span: Biosocial Dimensions*, Jane B. Lancaster, Jeanne Altmann, Alice S. Rossi, and Lonnie R. Sherrod, eds., 111-42. Hawthorne, New York: Aldine de Gruyter.

Lamb, Michael, R. Thompson, W. Gardner, and Eric Charnov

1985 *Infant-Mother Attachment: The Origins and Developmental Significance of Individual Differences in Strange Situation Behavior*. Hillsdale, New Jersey: Lawrence Erlbaum.

Lancaster, Jane

1971 Play-mothering: The relations between juvenile females and young infants among free-ranging vervet monkeys (*Cercopithecus aethiops*). *Folia Primatologica* 15:161-82.

1973 In praise of the achieving female primate. *Psychology Today* VII (September): 30, 32, 34-36, 99.

1978 Caring and sharing in human evolution. *Human Nature* 1(2):82-89. Harcourt Brace, Jovanovich.

1986 School age pregnancy and parenthood. In *School Age Pregnancy and Parenthood: Biosocial Dimensions*. Jane B. Lancaster and Beatrix A. Hamburg, eds., 17-37. Hawthorne, New York: Aldine de Gruyter.

1997 The evolutionary history of human

parental investment in relation to population growth and social stratification. In *Feminism and Evolutionary Biology*, P. Adair Gowaty, ed., 466-88. London: Chapman and Hall.

Lancaster, Jane B., and Beatrix A. Hamburg, eds.

1986 *School Age Pregnancy and Parenthood: Biosocial Dimensions*. Hawthorne, NewYork: Aldine de Gruyter.

Lancaster, Jane B., and B. King

1992 An evolutionary perspective on menopause. In *In Her Prime: A New View of Middle-Aged Women*, V. Kerns and J. Brown, eds., 7-15. Chicago: University of Illinois Press.

Lancaster, Jane, and Chet Lancaster

1983 Parental investment: The hominid adaptation. In *How Humans Adapt: A Biocultural Odyssey*, D. Ortner, ed., 33-65. Washington, D.C.: Smithsonian Institution Press.

1987 The watershed: Change in parental-investment and family formation strategies in the course of human evolution. In *Parenting Across the Human Lifespan: Biosocial Dimensions*, Jane B. Lancaster, Jeanne Altmann, Alice S. Rossi, and Lonnie R. Sherrod, eds., 187-205. Hawthorne, NewYork: Aldine de Gruyter.

Lang, O.

1946 *Chinese Family and Society*. New Haven: Yale University Press.

Langer, William L.

1972 Checks on population growth: 1750-1850. *Scientific American* 226:92-99.

1974 Further notes on the history of infanticide. *History of Childhood Quarterly*, 129-34. Supplement to 1(3):353-65.

Langlois, J., L. A. Roggma, R. J. Casey, J. M. Ritter, L. A. Rieser-Danner, and V. Y. Jenkins

1987 Infant preferences for attractive features: Rudiments of a stereotype? *Developmental Psychology* 23:363-69.

Lavely, William, william M. Mason, and Hiromi Ono

1992 Sex differentials in Chinese infant mortality. Lecture presented by William Lavely in the Program in East Asian Studies series on Family and Reproduction in Contemporary China, January 31, University of California, Davis.

Lawrence, Mark, Françoise Lawrence, W. A. Coward, Timothy J. Cole, and Roger G. Whitehead

1987 Energy requirements of pregnancy in The Gambia. *Lancet* 2:1072-75.

Leakey, L.S.B.

1977 *The Southern Kikuyu before 1903*, 3 vols. London: Academic Press.

Lee, P. C.

1987 Allomothering among African elephants. *Animal Behavior* 35:275-91.

Lee, P. C., and J. E. Bowman

1994 Influence of ecology and energetics on primate mothers and infants. In *Motherhood in Human and Nonhuman Primates: Biosocial Determinants*, C. R. Pryce, R. D. Martin, and D. Skuse, eds., 47-58. Basel: S. Karger.

Lee, Richard Borshay

1979 *The !Kung San: Men, Women and Work in a Foraging Society*. Cambridge: Cambridge University Press.

Lefebvre, Louis, Stéphane Viville, Sheila

C. Barton, Fumitoshi Ishino, Eric B. Keverne, and M. Azim Surani

1998 Abnormal maternal behaviour and growth retardation associated with loss of the imprinted gene *Mest*. *Nature Genetics* 20:163-69.

Leigh, Egbert

1971 *Adaptation and Diversity*. San Francisco: Freeman, Cooper.

Leighton, P. A., J. R. Seam, R. S. Ingram, and S. M. Tilghman

1996 Genomic imprinting in mice: Its function and mechanism. *Biology of Reproduction* 54(2):273-78.

LeNoir, Jean-Charles-Pierre

1780 Détails sur quelques établissements de la ville de Paris, demandés par sa Majesté Impériale, la reine de Hongrie. Pamphlet in the Bibliothèque Nationale de Paris, 68 pages.

Lerner, Gerder

1986 *The Creation of Patriarchy*. Oxford: Oxford University Press.

1993 *The Creation of Feminist Consciousness*. NewYork: Oxford University Press.

Lessells, Catherine M.

1991 The evolution of life histories. In *Behavioural Ecology: An Evolutionary Approach*, J. R. Krebs and N. B. Davies, eds., 32-65. Oxford: Blackwell Scientific.

Lévi-Strauss, Claude

1969 *The Raw and the Cooked*, trans. NewYork: Harper and Row (originally published in French, 1964).

Levine, Nancy E.

1987 Differential child care in three Tibetan communities: Beyond son preferences. *Population and Development Review* 13(2):281-304.

LeVine, Robert

1962 Witchcraft and co-wife proximity in southwestern Kenya. *Ethnology* 1:39-45.

LeVine, Robert, Suzanne Dixon, Sarah LeVine, Amy Richman, P. Herbert Leiderman, Constance H. Keefer, and T. Berry Brazelton

1996 *Child Care and Culture: Lessons from Africa*. NewYork: Cambridge University Press.

LeVine, Sarah, and Robert LeVine

1981 Child abuse and neglect in sub-Saharan Africa. In *Child Abuse and Neglect: Cross-cultural Perspectives*, J. Korbin, ed., 35-55. Berkeley: University of California Press.

LeVine, Sarah, in collaboration with Robert A. LeVine

1979 *Mothers and Wives: Gusii Women of East Africa*. Chicago: University of Chicago Press.

Lewes, George Henry

1877 *The Physical Basis of Mind*. London: Trubner.

1879 The study of psychology: Its object, scope, and method. London (n.p.).

Lewin, Tamar

1998 Birth rates for teenagers declined sharply in the 90s. *NewYork Times* (May 1):A-17.

Lewis, Judith Schneid

1986 *In the Family Way: Childbearing in the British Aristocracy, 1760-1860*. New Brunswick, New Jersey: Rutgers University Press.

Lewis, M.

1969 Infants' responses to facial stimuli during the first year of life.

Developmental Psychology 2:75-86.

Lewis, N.

1985 *Life in Egypt Under Roman Rule.* Oxford: Oxford University Press.

Liesen, Laurette

1995 Feminism and the politics of reproductive strategies. *Politics and the Life Sciences* 14(2):145-97.

1998 The legacy of Woman the Gatherer: The emergence of evolutionary feminism. *Evolutionary Anthropology* 7(3):105-13.

Lindburg, D. G., and Lester Dessez Hazell

1972 Licking of the neonate and duration of labor in Great Apes and man. *American Anthropologist* 74:318-25.

Lipschitz, D. L.

1992 Profiles of oestradiol, progesterone, and luteinizing hormone during the oestrous cycle of female *Galago senegalensis Moholi*. Abstracts of the XIV Congress of the International Primatological Society, August 16-21, Strasbourg.

Lipson, S. F., and P.T. Ellison

1996 Comparison of salivary steroid profiles in naturally occurring conception and nonconception cycles. *Human Reproduction* 11(10):2090-96.

Litwack, Georgia

1979 Understanding sociobiology. *Boston Sunday Globe—New England Magazine* (April 8): 6ff.

Lewelyn-Davis, Melissa

1978 Two contexts of solidarity among pastoral Masai women. In *Women United, Women Divided: Cross-Cultural Perspectives on Female Solidarity*, Patricia Caplan and Janet M. Bujra, eds., 206-37. London: Tavistock.

Lloyd, James E.

1975 Aggressive mimicry in photuris fireflies: signal repertoires by femmes fatales. *Science* 187:452-53.

Lock, Stephen

1990 Right and worng. *Nature* 345:397.

Lorence, Bogna W.

1974 Parents and children in eighteenth century Europe. *History of Childhood Quarterly* 2(1):1-30.

Lorenz, Konrad

1952 *King Solomon's Ring: A New Light on Animal Ways.* NewYork: Crowell.

Losos, Jonathan, Kenneth Warheit, and Thomas Schoener

1997 Adaptive differentiation following experimental island colonization in *Anolis lizards. Nature* 387:70-74.

Lovejoy, Owen

1981 The origin of man, *Science* 211:341-50.

Low, Bobbi S.

1978 Environmental uncertainty and the parental strategies of marsupials and placentals. *The American Naturalist* 112(983):197-213.

1979 Sexual selection and human ornamentation. In *Evolutionary Biology and Human Social Behavior: An Anthropological Perspective*, N. A. Chagnon and W. Irons, eds., 462-87. North Scituate, Massachusetts: Duxbury.

1991 Reproductive life in nineteenth-century Sweden: An evolutionary perspective on demographic phenomena. *Ethology and Sociobiology* 12:411-48.

Luce, Clare Boothe

1978 Only women have babies. *National Review* xxx (27, July 7): 824-27.

Lummas, V., E. Haukioja, R. Lemmetyinen, and M. Pikkola

1998 Natural selection on human twinning. *Nature* 394:533-34.

Luttbeg, Barney, Monique Borgerhoff Mulder, and Marc Mangel

1999 To marry again or not: A dynamic model for demographic transition. In *Human Behavior and Adaptation: An Anthropological Perspective*, Lee Cronk, Napoleon Chagnon, and William Irons, eds. Hawthorne, NewYork: Aldine de Gruyter. In press.

Lyon, Bruce E., John M. Eadie, and Linda D. Hamilton

1994 Parental choice selects for ornamental plumage in American coot chicks. *Nature* 371:240-43.

McBryde, Angus

1951 Compulsory rooming-in in the ward and private newborn service at Duke Hospital. *Journal of the American Medical Association* 145(9):625-28.

McCarthy, Dermod

1981 Effects of emotional disturbance and deprivation (maternal rejection) on somatic growth. In *Scientific Foundations of Pediatrics*, J. A. Davis and J. Dobbin, eds., 56-67. London: Heinemann.

McCarthy, M., and F. vom Saal

1985 The influence of reproductive state on infanticide by wild female house mice (*Musmusculus*). Physiology and Behavior 35:843-49.

Macdonald, David, ed.

1984 *Encyclopedia of Mammals*. NewYork: Facts on File.

Mace, Ruth

1996a Biased parental investment and reproductive success in Gabbra pastoralists. *Behavioral Ecology and Sociobiology* 38:75-81.

1996b When to have another baby: A dynamic model of reproductive decision-making and evidence from Gabbra pastoralists. *Ethology and Sociobiology* 17:263-73.

Mace, Ruth, and R. Sear

1999 Life history evolution in a rural Gambian population. (Abstract.) Paper presented at the Annual Meeting of the Human Behavior and Evolution Society, June 2-6, Salt Lake City.

McGrew, William C.

1979 Evolutionary implications of sex differences in chimpanzee predation and tool use. In *The Great Apes*, David A. Hamburg and Elizabeth R. McCown, eds., 441-64. Menlo Park, California: Benjamin-Cummings.

McGue, Matt

1977 The democracy of the genes. *Nature* 388:417-18.

McHenry, Henry

1992 How big were early hominids? *Evolutionary Anthropology* 1(1):15-20.

1996 Sexual dimorphism in fossil hominids and its socioecological implications. In *Power, Sex and Tradition*, James Steele and Stephan Shennan, eds., 91-109. The Archeology of Human Ancestry, vol. 24. London: Routledge.

Macilwain, Colin

1997a "Science Wars" blamed for loss of post. *Nature* 387:325.

1997b Campuses ring to a stormy clash

over truth and reason. *Nature* 387:331-33.

McKee, Lauris
1984 Sex differentials in survivorship and the customary treatment of infants and children. *Medical Anthropology* 8(2):91-108.

McKenna, James J.
1979 The evolution of allomothering behavior among colobine monkeys: Function and opportunism in evolution. *American Anthropologist* 81:818-40.

McKinley, Catherine
1993 Infanticide and slave women. In *Black Women in America: An Historical Encyclopedia*, vol. 1, Darlene Clark Hine, ed., 607-9. Brooklyn, NewYork: Carlson.

Mackinnon, John
1979 Reproductive behavior in wild orangutan populations. In *The Great Apes*, D. Hamburg and E. McCown, eds., 257-73. Menlo Park, California: Benjamin-Cummings.

McLaughlin, Mary Martin
1974 Survivors and surrogates. In *The History of Childhood*, Lloyd de Mause, ed., 101-81. NewYork: Harper and Row.
1989 The suffering of little children. *NewYork Times Book Rivew* (March 19):16.

McNamara, John M., and Alasdair I. Houston
1996 State-dependent life histories. *Nature* 380:215-21.

Madan, T. N.
1965 *Family and Kinship*. Bombay: Asia Publishing House.

Maestripieri, Dario
1994 Infant abuse associated with psychosocial stress in a group-living pigtail macaque (*Macaca nemestrina*) mother. *American Journal of Primatology* 32:41-49.
1998 Parenting styles of abusive mothers in group-living rhesus macaques. *Animal Behavior* 55:1-11.

Maggioncalda, Anne N., Robert M. Sapolsky, and Nancy Czekala
1999 Reproductive hormone profiles in captive male orangutans: Implication for understanding developmental arrest. *Americal Journal of Physical Anthropology* 109:19-32.

Magrath, Robert D.
1991 Lack's solution? *Nature* 353:611.

Maier, Richard A., Deborah L. Holmes, Frank L. Slaymaker, and Jill Nagy Reich
1984 The perceived attractiveness of preterm infants. *Infant Behavior and Development* 7:403-14.

Main, Mary
1981 Avoidance in the service of attachment: A working paper. In *Behavioral Development: The Bielefeld Interdisciplinary Project*, Klaus Immelmann, George W. Barlow, Lewis Petrinovich, and Mary Main, eds., 651-93. Cambridge: Cambridge University Press.
1991 Metacognitive knowledge, metacognitive monitoring, and singular (coherent) vs. multiple (incoherent) models of attachment: findings and directions for further research. In *Attachment across the Life Cycle*, Colin Murray Parkes, Joan

Stevenson-Hinde, and Peter Marris, eds., 127-59. NewYork: Routledge.

1995 Recent studies in attachment: Overview, with selected implications for clinical work. In *Attachment Theory: Social, Development, and Clinical Perspectives*, S. Goldberg, John Kerr, and R. Muir, eds., 407-74. Hillsdale, New Jersey: Analytic Press.

Main, Mary, and Erik Hesse

1990 Parents' unresolved traumatic experiences are related to infant disorganized attachment status: Is frightened and/ or frightening parental behavior the linking mechanism? In *Attachment in the Preschool Years: Theory, Research and Intervention*, M. T. Greenberg, D. Cicchetti, and E. M. Cummings, eds., 161-82. Chicago: University of Chicago Press.

Main, Mary, and Judith Solomon

1986 Discovery of a new, insecure-disorganized/ disoriented attachment pattern. In *Affective Development in Infancy*, B. Brazelton and M. Yogman, eds., 95-124. Norwood, New Jersey: Ablex.

1990 Procedures for identifying infants as disorganized/ disoriented during the Ainsworth Strange Situation. In *Attachment in the Preschool Years: Theory, Research and Intervention*, Mark T. Greenberg, Dante Cicchetti, and E. Mark Cummings, eds., 121-60. Chicago: University of Chicago Press.

Main, Mary, and D. Weston

1982 Avoidance of the attachment figure in infancy: Descriptions and interpretations. In *The Place of Attachment in Human Behavior*, Colin Murray Parkes and Joan Stevenson-Hinde, eds., 31-59. NewYork: Basic Books.

Mairson, Alain

1993 America's beekeepers: Hives for hire. *National Geographic* 183(5):73-93.

Malcolm, J., and K. Marten

1982 Natural selection and the pups in wild dogs (Lycaon pictus). *Behavioral Ecology and Sociobiology* 10:1-13.

Mallardi, A., A. C. Mallardi, and D. G. Freedman

1961 Studio su primo manifestarso dell paura dell' estraneo n el bambino: Osservazioni compartive tra sogetti allevati in famiglia e soggentti allevati in communita chiusa. *Atti de VI Congresso Nazionale della S.I.A.M.E., Bari*, 254-56.

Mann, Janet

1992 Nurturance or negligence: Maternal psychology and behavioral preference among preterm twins. In *The Adapted Mind*, J. Barkow, L. Cosmides, and J. Tooby, eds., 367-90. NewYork: Oxford University Press.

Mann, Susan

1997 *Precious Records: Women in China's Long Eighteenth Century*. Stanford: Stanford University Press.

Manning, C. J., D. A. Dewsbury, E. K. Wakeland, and W. K. Potts

1995 Communal nesting and communal nursing in house mice, *Mus musculus domesticus. Animal Behavior* 50:741-51.

Manning, J. T., D. Scutt, G. H. Whitehouse, and S. J. Leinster

1997 Breast asymmetry and phenotupic quality in women. *Evolution and Human Behavior* 18:223-36.

Manzoni, Alessandro

1961 *The Betrothed (I promessi sposi)*. NewYork: E. P. Dutton (translation originally published in 1825-27).

Marlowe, Frank

1998 Showoffs or providers? The parenting effort of Hadza men. Paper presented at the Annual Meeting of the Human Behavior and Evolution Society, July 8-12, University of California, Davis.

Marsh, H., and T. Kasuya

1986 Evidence for reproductive senescence in female cetaceans. *Report of the International Whaling Commission*, special issue 8:57-74.

Marshall, Lorna

1976 Sharing, talking and giving: relief of social tensions among !Kung Bushmen. In *Kalahari Hunter-Gatherers: Studies of the !Kung San and Their Neighbors*, R. B. Lee and I. DeVore, eds., 349-71. Cambridge: Harvard University Press.

Martin, R. M.

1847 *China: Political, Commercial and Social, in an Official Report to Her Majesty's Government*, vol. I. London: James Madden.

Martin, Robert D.

1995 Phylogenetic aspects of primate reproduction: The context of advanced maternalcare. In *Motherhood in Human and Nonhuman Primates: Biosocial Determinants*, C. R. Pryce, R. D. Martin, and D. Skuse, eds., 16-26. Basel: S. Karger.

Marvick, Elizabeth Wirth

1974 Nature versus nurture: Patterns and trends in seventeenth century French child-rearing. In *The History of Childhood*, Lloyd de Mause, ed., 259-301. NewYork: Harper Torchbooks.

Mascia-Lees, Frances E., John Relethford, and Tom Sorger

1986 Evolutionary perspectives on permanent breast enlargement in human females. *American Anthropologist* 88:423-29.

Mason, M. A.

1966 Social organization of the South American monkey, Callcebus moloch: A preliminary report. *Tulane Studies in Zoology* 13:23-28.

Masters, Wiliam H., and Virginia E. Johnson

1966 *Human Sexual Response*. Boston: Little, Brown.

Mastrodiacomo, I., M. Fava, G. Fava, A. Kellner, R. Grismondi, and C. Cetera

1982-83 Postpartum histility and prolactin. *International Journal of Psychiatry in Medicine* 12:289-94.

Matejcek, Zdenek, Zdenek Dytrych, and Vratislav Schuller

1988 The Prague cohort through age nine. In *Born Unwanted: Developmental Effects of Denied Abortion*, H. P. David, Z. Dytrych, Z. Matejcek, and V. Schuller, eds., 53-86. NewYork and Prague: Springer and Czechoslovakia Medical Press.

Matteo, Sherri, and Emilie F. Rissman

1984 Increased sexual activity during the midcycle portion of the human menstrual cycle. *Hormones and Behavior* 18:249-55.

Matthews Grieco, Sara F.

1991 *Breastfeeding, Wet Nursing and Infant Mortality in Europe (1400-1800)*.

Florence: UNICEF and Insituto degli Innocenti.

Mayer, Alexander
1865 De la création d'une société protectrice de l' enfance pour l'amélioration de l' espèce humaine par l'éducation du premier âge. Paris: Librairie des science sociales.

Mead, M.
1962 A cultural anthropologist's approach to maternal deprivation. In *Deprivation of Maternal Care: A Reassenssment of Its Effects*. Public Health Papers no. 14. Geneva: World Health Organization.

Meadow, Roy
1990 Suffocation, recurrent apnea, and sudden infant death. *Journal of Pediatrics* 117(3):351-57.

Mealey, Linda
1995 The sociobiology of sociopathy: An integrated evolutionary model. *Behavioral and Brain Science* 18:523-99.

Meikle, D. B., B. L. Tilford, and S. H. Vessey
1984 Dominance rank, secondary sex ratio and reproduction of offspring in polygynous primates. *American Naturalist* 124:173-88.

Meltzer, David, ed.
1981 *Birth: An anthology of ancient texts, songs, prayers and stories.* San Francisco: North Point Press.

Meltzoff, A. N.
1993 The centrality of motor coordination and proprioception in social and cognitive development: From shared action to shared minds. In *The Development of Coordination in*

Infancy, G.J.P. Savelsbergh, ed., 463-96. Amesterdam: North Holland.

Meltzoff, A. N., and M. K. Moore
1977 Imitation of facial and manual gestres by human neonates. *Science* 198:75-78.
1997 Explaining facial imitation: A theoretical model. *Early Development and Parenting* 6:179-92.

Mendoza, Sally P. and William A. Mason
1986 Parental division of labour and differentiation of attachments in a monogamous primate (*Callicebus moloch*). Animal Behavior 34:1336-47.

Merino, Santiago, Jaime Potti, and Juan Moreno
1996 Maternal effort mediates the prevalence of trypanosomes in the offspring of a passerine bird. *Proceedings of the National Academy of Sciences* 93:5726-30.

Mestel, Rosie
1996 Monkey "murderers" may be falsely accused. *New Scientist* (July 15):17.

Meyburg, B. -U.
1974 Sibling aggression and mortality among eagles. *Ibis* 116:224-28.

Middleton, John F.
1973 The Lugbara of north-western Uganda. In *Beliefs and Practices. Cultural Source Materials for Population Planning in East Africa*, vol. 3, Angela Molnos, ed., 289-98. Nairobi: East African Publishing.

Miller, Andrew T.
1998 Child fosterage in the United States: Signs of an African heritage. *The History of the Family* 3:35-62.

Miller, Barbara
1981 *The Endangered Sex: Neglect of*

Female Children in Rural North India. Ithaca: Cornell University Press.

Miller, K. F., J. M. Goldberg, and T. Falcone

1996 Follicle size and implantation of embryos from in vitro fertilization. *Obstetrics and Gynecology* 88:583-86.

Mineka, S.

1987 A primate model of phobic fears. In *Theoretical Foundations of Behavior Therapy*, H. Eysenck and I. Martin, eds. NewYork: Plenum.

Minturn, Leigh, and Jerry Stashak

1982 Infanticide as a terminal abortion procedure. *Behavior Science Research* 17(1 and 2):70-90.

Mitani, John C., and David Watts

1997 The evolution of non-maternal caretaking among anthropoid primates: Do helpers help? *Behavioral Ecology and Sociobiology* 40:213-20.

Mock, Douglas W.

1984 Infanticide, siblicide, and avian nestling mortality. In *Infanticide: Comparative and Evolutionary Perspectives*, Glenn Hausfater and Sarah Blaffer Hrdy, eds., 2-30. NewYork: Aldine.

Mock, D. W., and L. S. Forbes

1995 The evolution of parental optimism. *Trends in Ecology and Evolution* 10:130-34.

Mock, Douglas W., and Geoffrey Parker

1997 *The Evolution of Sibling Rivalry.* Oxford: Oxford University Press.

Moffitt, Terrie E., Avshalom Caspi, Jay Belsky, and Phil A. Silva

1992 Childhood experience and the onset of menarche: A test of a sociobiological model. *Child Development* 63:47-58.

Mohnot, S. M.

1971 Some aspects of social changes and infant-killing in the Hanuman langur, *Presbytis entellus*, in Western India. *Mammalia* 35:175-98.

Møller, Anders P.

1992a Female swallow prederence for symmetrical male sexual ornaments? *Nature* 347:238-40.

1992b Parasites differentially increase the degree of fluctuating asymmetry in secondary sexual characters. *Journal of Evolutionary Biology* 5:691-700.

Møller, Anders P., and J. Hoglund

1991 Patterns of fluctuating asymmetry in avian feather ornaments: Implications for models of sexual selection. *Proceedings of the Royal Society of London*, Series B 245:1-5.

Møller, A. P., M. Soler, and R. Thornhill

1995 Breast asymmetry, sexual selection and human reproductive success. *Ethology and Sociobiology* 16:207-19.

Molleson, Theya

1994 The eloquent bones of Abu Hureyra. *Scientific American* 271(2):70-75.

Montgomery, H. E., R. Marshall, H. Hemingway, S. Myerson et al.

1998 Human gene for physical performance. *Nature* 393:221.

Moore, Celia L., H. Dou, and J. Juraska

1992 Maternal stimulation affects the number of motor neurons in a sexually dimorphic nucleus of the lumbar spinal cord. *Brain Research* 572:52-56.

Moore, James

1984 The evolution of reciprocal sharing. *Ethology and Sociobiology* 5:5-14.

1985 Demography and Sociality in Primates. Ph.D. diss., Department of

Anthropology, Harvard University.

Morbeck, Mary Ellen, A. Galloway, and A. L. Zihlman, eds.

1997 *The Evolving Female: A Life History Perspective*. Princeton: Princeton University Press.Morell, Virginia

1993a Seeing nature through the lens of gender. *Science* 260:428-29.

1993b Anthropology: Nature-culture battleground. *Science* 261:1798-1802.

1995 A 24-hour circadian clock is found in the mammalian retina. *Science* 272:349.

Morgan, Elaine

1982 The Aquatic Ape: A Theory of Human Evolution. London: Souvenir Press.

1995 *The Descent of the Child: Human Evolution from a New Perspective*. NewYork: Oxford University Press.

Mori, U., and Robin Dunbar

1985 Changes in the reproductive condition of female gelada baboons following the takeover of one-male units. *Zeitschrift für Tierpsychologie* 67:215-24.

Morris, Desmond

1967 *The Naked Ape*. NewYork: Dell.

Morris, John D.

1996 Will infanticide follow abortion as "acceptable behavior"? *Acts and Facts* (November).

Morris, N. M., and J. R. Udry

1970 Variations in pedometer activity during the menstrual cycle. *Obstetric Gynecology* 35:199-201.

Morton, N. E., C. S. Chung, and M. P. Mi

1967 *Genetics of Interracial Crosses in Hawaii*. Monographs in Human Genetics 3. NewYork: S. Karger.

Mousseau, Timothy, and Charles W. Fox

1998 The adaptive significance of maternal effects. *Trends in Ecology and Evolution* 13:403-6.

Muhuri, Pradip, and Jane Menken

1993 Child survival in rural Bangladesh. Paper prepared for the Stanford-Berkeley Colloquium in Demography, June 10, Berkeley.

Muhuri, Pradip, and Samuel Preston

1991 Effects of family composition on mortality differentials by sex among children in Matlab, Bangladesh. *Population and Development Review* 17:415-34.

Mull, Dorothy S.

1991 Traditional perceptions of marasmus in Pakistan. *Social Science Medicine* 32:175-91.

1992 Mother's milk and pseudoscientific breastmilk testing in Pakistan. *Social Science Medicine* 34(11):277-90.

Murdock, G. P.

1967 *Ethnograpic Atlas*. Pittsburgh: University of Pittsburgh Press.

Murdock, R.

1934 *Our Primitive Contemporaries*. NewYork: Macmillan.

Murphy, Yolanda, and Robert F. Murphy

1974 *Women of the Forest*. NewYork: Columbia University Press.

Myers, B.

1984 Mother-infant bonding: The status of the critical period hypothesis. *Developmental Review* 4(September):240-74.

Nathan, David

1995 *Genes, Blood, and Courage: A Boy Called Immotal Sword*. Cambridge, Massachusetts: Harvard University

Press, Belknap Press.

Nathanielsz, Peter W.

1996 *Life before Birth: The Challenges of Fetal Development*. NewYork: W. H. Freeman.

Neal, Robert

1998 Female suichides in China point to burden for U.S. men. *Focus* (Summer):1, 6.

Neel, J.

1970 Lessons from a "primitive" people. *Science* 170:815-22.

Nelson, Edward Wilson

1901 *The Eskimo About the Bering Strait. Annual Report of the Bureau of American Ethnology, 1896-1897*. Washington, D.C.: Government Printing Office.

Nelson, Randy J.

1995 *An Interoduction to Behavioral Endocrinology*. Sunderland, Massachusetts: Sinauer Associates.

Nesse, Randolph, and George C. Williams

1994 *Why We Get Sick: The New Science of Darwinian Medicine*. NewYork: Times Books.

Newburg, D. S., J. A. Peterson, G. M. Ruiz-Palacios et al.

1998 Role of human-milk lactadherin in protection against sympromatic rotavirus infection. *Lancet* 351:1160-64.

Newton, Niles

1955 *Maternal Emotions: A Study of Women's Feelings toward Menstruation, Pregnancy, Childbirth, Breast Feeding, Infant Care, and Other Aspects of Their Femininity*. New York: Paul Hoeber.

1977 Interrelationships between sexual responsiveness, birth and breastfeeding. In *Contemporary Sexual Behavior: Critical Issues in the 1970s*, J. Zubin and John Money, eds., 77-98. Baltimore: Johns Hopkins University Press.

Newton, Niles, and M. Newton

1962 Mothers' reactions to their neborn babies. *Journal of the American Medical Association* 181:206-11.

NewYork Times

1993 What's behind odd idea of war in the womb? Editorials and Letters Section (August 7).

1996a In tests of mice, a gene seems to hold clues to the nature of nurturing (July 26).

1996b Congress plays doctor (April 1).

1997 Forbes puts on anti-abortion mantle. National Report (September 14).

Nicoll, C. S.

1974 Physiological actions of prolactin. In *Handbook of Physiology*, vol. IV, R. O. Greep and E. B. Astwood, eds., 253-92. Washington, D.C.: American Physhological Society.

Nicolson, Nancy

1987 Infants, mothers and other females. In *Primate Societies*, B. Smuts et al., eds., 330-42. Chicago: University of Chicago Press.

Normile, Dennis

1997 Yangtze seen as earliest rice site. *Science* 275:309.

Numan, Michael

1988 Maternal behavior. In *The Physiology of Reproduction*, E. Knobil et al., eds. NewYork: Raven Press.

Oberlander, T. F., R. G. Barr, S. N. Young, and J. A. Brian

1992 The short-term effects of feed

composition on sleeping and crying in newborn infants. *Pediatrics* 90(5):733-40.

O'Brien, Tim

1988 Parasitic nursing behavior in the wedge-capped capuchin monkey (*Cebus olivaceus*). *American Journal of Primatology* 16:341-44.

O'Brien, T. G., and J. G. Robinson

1991 Allomaternal care by female wedge-shaped capuchin monkeys: Effects of age, rank and relatedness. *Behaviour* 119:30-50.

Odling-Smee, F. J.

1994 Niche construction, evolution and culture. In *Companion Encyclopedia of Anthropology*, T. Ingold, ed., 162-96. London: Routledge.

Oftedal, O.

1980 Milk and mammalian evolution. In *Comparative Pshysiology of Primitive Mammals*, K. Schmidt-Nielsen et al., eds., 31-42. Cambridge: Cambridge University Press.

Okimura, Judy T., and Scott A. Norton

1998 Jealousy and mutilation: Nose biting as retribution for adltery. *Lancet* 352:2010-11.

Origo, Iris

1986 *The Merchant of Prato*. Boston: Godine (originally published 1957).

Overpeck, Mary D., Ruth A. Brenner, Ann C. Trumble, Lara B. Trifiletti, and Heinz W. Berendes

1998 Risk factors for infant homicide in the United States. *New England Journal of Medicine* 339:1211-16.

Packer, Craig, and Anne Pusey

1984 Infanticide in carnivores. In *Infanticide: Comparative and Evolutionary Perspectives*, Glenn Hausfater and Sarah Blaffer Hrdy, eds., 31-42. NewYork: Aldine.

Packer, Craig, Susan Lewis, and Anne Pusey

1992 A comparative analysis of non-offspring nursing. *Animal Behavior* 43:265-81.

Packer, Craig, Mark Tater, and Anthony Collins

1998 Reproductive cessation in female mammals. *Nature* 392:807-11.

Page, E. W.

1939 The relation between hydatid moles, relative ischemia of the gravid nterus and the placental origin of eclampsia. *American Journal of Obstetrics and Gynecology* 37:291-93.

Page, H. J.

1989 Childrearing vs. childbearing: Coresidence of mother and child in sub-Saharan Africa. In *Reproduction and Social Organization in sub-Saharan Africa*, R. Laesthaeghe, ed., 401-41. Berkeley: University of California Press.

Pagel, Mark

1994 Parents prefer pretty plumage. *Nature* 371:200-201.

1997 Desperately concealing father: A theory of parent-infant resemblance. *Animal Behavior* 53:973-81.

Palombit, Ryne A., Robert M. Seyfarth, and Dorothy Cheney

1997 The adptive value of "friendships" to female baboons: Experimental and observational evidence. *Animal Behavior* 54:599-614.

Panigrahi, Lalita

1976 *British Social Policy and Female*

Infanticide in India. New Delhi:
Munshiram Manoharlal.

Panter-Brick, Catherine

1989 Motherhood and subsistence work:
The Tamang of rural Nepal. *Journal of
Biosocial Science* 23:137-54.

Panter-Brick, C., and M. Smith, eds.

In press Nobody's Children: A
reconsideration of child abandonment.
Cambridge: Cambridge University
Press.

Paradis, Jmes, and George C. Williams

1989 *T. H. Huxley's Evolution and Ethics,
with New Essays on Its Victorian and
Sociobiological Context.* Princeton:
Princeton University Press.

Parish, Amy

1994 Sex and food control in the
"uncommon chimpanzee":
How bonobo females overcome
a phylogenetic legacy of male
dominance. *Ethology and Sociobiology*
15:157-79.

1996 Female relationships in bonobos
(*Pan paniscus*): Evidence for bonding,
cooperation, and female dominance
in a male philopatric species. *Human
Nature* 7:61-96.

Parish, Amy, and E. Voland

1998 Reciprocal altruism in bonobos (*Pan
paniscus*): Evidence from food sharing
and affiliative interactions. Paper
presented at the Annual Meeting of
the Human Behavior and Evolution
Society, July 8-12, University of
California, Davis.

Parish, Amy, and Frans de Waal

1992 Bonobos fish for sweets: The female
sex-for-food connection. Paper
presented at the XIVth Congress of the

International Primatological Society,
August 16-21, Strasbourg, France.

Park, Chai Bin

1983 Preference for sons, family size, and
sex ratio: An empirical study in Korea.
Demography 209(3):333-52.

Parker, Rozsika

1995 *Mother Love/Mother Hate: The Power
of Maternal Ambivalence.* NewYork:
Basic Books.

Parks, Fanny

1975 *Wanderings of a Pilgrim in Search
of the Picturesque Karachi*, reprint
ed. Oxford: Oxford University Press
(originally published 1850).

Parmigiani, Stefano, and Frederick S. vom
Saal, eds.

1994 *Infanticide and Parental Care.*
Langhorne, Pennsylvania: Harwood
Academic.

Parmigiani, Stefano, Paola Palanza,
Danilo Mainardi, and Paul F. Brain

1994 Infanticide and protection of young
in house mice (*Mus domesticus*): Female
and male strategies. In *Infanticide and
Parental Care*, Stefano Parmigiani and
F. vom Saal, eds., 341-63. Langhorne,
Pennsylvania: Harwood Academic.

Parry, J.

1979 *Caste and Kinship in Kangra.*
Cambridge: Cambridge University
Press.

Patino, Exequiel M., and Juan T. Borda

1997 The composition of primates'
milk and its importance in selecting
formulas for handrearing. *Laboratory
Primate Newsletter* 36(2):8-9

Paul, A., and J. Kuester

1987 Dominance, kinship and
reproductive value in female barbary

macaques (Macaca sylvanus) at Affenberg Salem. *Behavioral Ecology and Sociobiology* 21:323-31.

1988 Life-history patterns of barbary macaques (*Macaca sylvanus*) at Affenberg Salem. In *Ecology and Behavior of Food-Enhanced Primate Groups*, J. Fa, ed., 199-228. New York: Alan Liss.

Pavelka, Mary S. M., and Linda Marie Fedigan

1991 Menopause: A comparative life history perspective. *Yearbook of Physical Anthropology* 34:13-38.

Pawlowski, Boguslaw

1998 Why are human newborns so big and fat? *Human Evolution* 13:65-72.

Paxton, Nancy L.

1991 *George Eliot and Herbert Spencer: Feminism, Evolutionism, and the Reconstruction of Gender*. Princeton: Princeton University Press.

Peláez-Nogueras, Martha, Tiffany M. Field, Ziarat Hossain, and Jeffrey Pickens

1996 Depressed mothers' touching increases infants' positive affect and attention in stiffface interactions. *Child Development* 67:1780-92.

Pennington, René

1991 Child fostering as a reproductive strategy among southern African pastoralists. *Ethology and Sociobiology* 12:83-104.

1996 Causes of early human population growth. *American Journal of Physical Anthropology* 99:259-74.

Pennisi, Elizabeth

1996 Research News: A look at maternal guidance. *Science* 273:1334-36.

Pereira, Joseph

1994 Oh, Boy! In Toyland, you get more if you're male. *Wall Street Journal* (September 23):B-1.

Pereira, M. E.

1983 Abortion following immigration of an adult male baboon (*Papio cynocephalus*). *American Journal of Primatology* 4:93-98.

Perera, Judith

1987 Sex seals the fate of fetuses in Britain. *New Scientist* (January 22).

Perrigo, Glenn, and Frederick S. vom Saal

1994 Behavioral cycles and the neural timing of infanticide and parental behavior in male house mice. In *Infanticide and Parental Care*, Stefano Parmigiani and F. von Saal, eds., 365-96. Langhore, Pennsylvania: Harwood Academic.

Perry, Susan

1996 Female-female social relationships in wild white-faced capuchin monkeys, *Cebus capucinus. American Journal of Primatology* 40:167-82.

Perusse, D.

1993 Cultural and reproductive success in industrial societies: testing the phenomenon at the proximate and ultimate levels. *Behavioral and Brain Sciences* 16:267-322.

Petrie, Marion

1994 Improved growth and survival of offspring of peacocks with more elaborate trains. *Nautre* 371:598-99.

Petrie, Marion, and A. Williams

1993 Peahens lay more eggs for peacocks with larger trains. *Proceedings of the Royal Society of London*, Series B 251:127-31.

Petrie, Marion, Claude Dooms, and Anders Pape Møller

1998 The degree of extra-pair paternity increases with genetic variability. *Proceedings of the National Academy of Sciences* 95:9390-95.

Pettigrew, Joyce

1986 Child neglect in rural Punjabi families. *Journal of Comparative Family Studies* 17:63-85.

Phillips, Deborah, Kathleen McCartney, Sandra Scarr, and Carollee Howes

1987 Selective review of infant day care research: A cause for concern! *Zero to Three* (February):18-25.

Piercy, Marge

1986 Magic Mama. In *Mother's Body: Poems by Marge Piercy*, 78. NewYork: Alfred A. Knopf.

Piers, Maria

1978 *Infanticide: Past and Present.* NewYork: W.W. Norton.

Pinker, Steven

1997 *How the Mind Works*. NewYork: W.W. Norton.

Pinneau, S. R.

1955 The infantile disorders of hospitalism and anaclitic depressions. *Psychological Bulletin* 52:429-52.

Pittard, W. B., III

1979 Breast milk immunology. *American Journal of Diseases of Children* 133:83-87.

Plooij, Frans X.

1984 *The Behavioral Development of Free-Living Chimpanzee Babies and Infant.* Norwood, New Jersey: Ablex.

Pollitt, Ernesto, and Rudolph Leibel

1980 Biological and social correlates of failure to thrive. In *Social and Biological Predictors of Nutritional Status, Physical Growth and Neurological Development*, Lawrence S. Greene and Francis Johnston, eds., 173-200. NewYork: Academic Press.

Pollock, Linda

1983 *Forgotten Children: Parent-Child Relations from 1500 to 1900.* Cambridge: Cambridge University Press.

Pomeroy, Sarah

1984 *Women in Hellenistic Egypt.* NewYork: Schocken.

Pond, Caroline

1977 The significance of lactation in the evolution of mammals. *Evolution* 31:177-99.

1978 Morphological aspects and the ecological and mechanical consequences of fat deposition in wild vertebrates. *Annual Review of Ecology and Systematics* 9:519-70.

Porter, D. M., and P. W. Graham, eds.

1993 *The Portable Darwin*. NewYork: Penguin.

Porter, R. H.

1991 Murual mother-infant recognition in infants. In *Kin Recognition*, P. G. Hepper, ed., 413-32. Cambridge: Cambridge University Press.

Posner, Richard A.

1992 *Sex and Reason*. Cambridge: Harvard University Press.

Prechtl, Heinz F. R.

1950 Das Verhalten von Kleinkindern gegenuber Schlangen. *Wiener Zeitschrift für Philosophie, Psychologie, Pedagogik* 2:68-70.

1965 Problems of behavioral studies in the newborn infant. *Advances in the Study of Behavior* 1:75-98.

Prentice, Andrew, et al.

1996 Energy requirements of pregnant and lactating women. *European Journal of Clinical Nutrition*, Supplement 1, no. 501.

Prevost, J., and V. Vilter

1963 Histologie de la secretion oesophagienne du manchot empereur. *Proceedings of the XIIIth International Ornithology Congress*, 1085-94.

Pringle, Heather

1998 North America's wars: new analyses suggest that prehistoric North America, once considered peaceful, was instead a bitter battlefield where tribes fought over land and water. *Science* 279:2038-40.

Pritchard, James B., ed.

1955 *Ancient Near Eastern Texts Relating to the Old Testament*, 2nd ed. Princeton: Princeton University Press.

Pryce, C. R., R. D. Martin, and D. Skuse, eds.

1995 *Motherhood in Human and Nonhuman Primates: Biosocial Determinants*. Basel: S. Karger.

Pryce, Christopher R.

1995 Determinants of motherhood in human and nonhuman primates. In *Motherhood in Human and Nonhuman Primates: Biosocial Determinants*, Christopher R. Pryce, Robert D. Martin, and D. Skuse, eds., 1-15.

Pugh, George E.

1977 *The Biological Origins of Human Values*. NewYork: Basic Books.

Pusey, Anne

1979 Intercommunity transfer of chimpanzees in Gombe National Park.
In *The Great Apes*, David A. Hamburg and Elizabeth R. McCown, eds., 465-79. Menlo Park, California: Benjamin-Cummings.

Pusey, Anne, and Craig Packer

1994 Infanticide in lions: Consequences and counter-strategies. In *Infanticide and Parental Care*, Stefano Parmigiani and F. vom Saal, eds., 277-300. Langhorne, Pennsylvania: Harwood Academic.

Pusey, Anne , Jennifer Williams, and Jane Goodall

1997 The influence of dominance rankk on the reproductive success of female chimpanzees. *Science* 277:828-31.

Queller, David C.

1994 Extended parental care and the origin of eusociality. *Proceedings of the Royal Society of London*, Series B 256:105-11.

1996 The origin and maintenance of eusociality: The advantage of extended parental care. In *Natural History and Evolution of Paper Wasps*, S. Turellazzi and M. J. West-Eberhard, eds., 218-34. Oxford: Oxford University Press.

Quinn, Naomi

1977 Anthropological studies on women's status. *Annual Review of Anthropology* 6:181-225.

Ralls, Katherine

1976 Mammals in which females are larger than males. *Quarterly Review of Biology* 51:245-76.

Ramanamma, A., and Usha Bambawale

1980 The mania for sons: An analysis of social values in South Asia. *Social Science and Medicine* 14B:107-10.

Ramsay, M. A., and R. L. Dunbrack

1986 Physiological constraints on life history phenomena: The example of small bear cubs at birth. *American Naturalist* 127:735-43.

Ransel, David

1988 *Mothers of Misery: Child Abandonment in Russia*. Princeton: Princeton University Press.

Ransom, T. W., and T. E. Rowell

1972 Adult male-infant relations among baboons (*Papio anubis*). *Folia Primatologica* 16:179-95.

Rao, R.

1986 Move to stop sex-test abortion. *Nature* 324:202.

Rasa, Anne E.

1994 Altruistic infant care or infanticide: The dwarf mongoose's dilemma. In *Infanticide and Parental Care*, Stefano Parmigiani and Frederick vom Saal, eds., 301-20. Langhorne, Pennsylvania: Harwood Academic.

Rasekh, Zorah, Heidi M. Bauer, M. Michele Manos, and Vincent Iacopino

1998 Women's health and human rights in Afghanistan. *Journal of the American Medical Association* 280:449-55.

Raverat, Gwen

1952 *Period Piece: A Cambridge Childhood*. London: Faber and Faber.

Reagan, Leslie J.

1997 *When Abortion Was a Crime: Women, Medicine and Law in the United Status, 1867-1973*. Berkeley: University of California Press.

Reeder, Ellen D.

1995a Representing women. In *Pandora: Women in Classical Greece*, Ellen D. Reeder, ed., 123-94. Baltimore: Walters Art Gallery.

1995b Women as the metaphor of wild animals. In *Pandora: Women in Classical Greece*, Ellen D. Reeder, ed., 299-372. Baltimore: Walters Art Gallery.

Reeves, P. D., ed.

1971 *Sleeman in Oudh: An Abridgement of W. H. Sleeman's "A Journey Through the Kingdom of Oudh in 1849-50."* London: Cambridge University Press.

Reite, Martin, and R. Short

1994 Nocturnal sleep in separated monkey infants. *Archives of General Psychiatry* 35:1247-53.

Reite, Martin, R. Short, C. Seiler, and J. D. Pauley

1981 Attachment, loss and depression. *Journal of Child Psychology and Psychiatry* 22:141-69.

Relethford, John H.

1998 Mitochondrial DNA and ancient population growth. *American Journal of Physical Anthropology* 105:1-7.

Resnick, Philip J.

1970 Murder of the newborn: A psychiatric review. *American Journal os Psychiatry* 126:325-34.

Resnick, N. N., F. H. Shaw, F. Helen Rodd, and Ruth G. Shaw

1997 Evaluation of the rate of evolution in natural populations of guppies (*Poecilia reticulata*). *Science* 275:1934-37.

Rheingold, Harriet, ed.

1963 *Maternal Behavior in Mammals*. NewYork: Wiley.

Rheingold, Harriet, and Carol O. Eckerman

1970 The infant separates himself from his mother. *Science* 168:78-83.

Rhine, Ramon, S. K. Wasser, and G. W. Norton

1988 Eight-year study of social and ecological correlates of mortality among immature baboons of Mikumii National Park, Tanzania. *American Journal of Primatology* 16:199-212.

Rice, William

1996 Sexually antagonistic male adaptation triggered by experimental arrest of female evolution. *Nature* 381:232-34.

Rich, Adrienne

1986 *Motherhood as Experience and Institution.* NewYork: W.W. Norton.

Richards, Audrey

1939 *Land, Labour and Diet in Northern Rhodesia: An Economic Study of the Bemba Tribe.* London: International Institute of African Languages and Cultures (through Oxford University Press).

Riddle, Oscar, and Pela Fay Braucher

1931 Studies on the physiology of reproduction in birds: Control of the special secretion of the crop-gland in piegeons by an anterior pituitary hormone. *American Journal of Physiology* 97:617-25.

Ridley, M.

1993 *The Red Queen: Sex and the Evolution of Human Nature.* NewYork: Macmillan.

Riesman, Paul

1992 *First Find Your Child a Good Mother: The Construction of Self in Two African Communities.* New Brunswick: Rutgers University Press.

Roberts, C., and C. Lowe

1975 Where have all the conceptions gone? *Lancet* 1:498-99.

Robertson, J.

1953 *A Two-Year-Old Goes to Hospital* (film). Tavistock Child Development Research Unit, London. Available through the Penn State Audiovisual Services, University Park, Pennsylvania.

Robertson, J., and J. Bowlby

1952 Some responses of young children to loss of maternal care. *Nursing Care* 49:382-86.

Robine, Jean-Marie, and Michel Allard

1998 The oldest French woman. *Science* 279:1834-35.

Robinson, Paul

1981 Does Mom not care? *New York Times Book Review* (October 4):11.

Robinson, Roger J.

1992 Introduction. In *Fetal and Infant Origins of Adult Disease*, D.J.P. Barker and Roger J. Robinson, eds. London: British Medical Journal Publishing.

Robson, K. M., and R. Kumar

1980 Delayed onset of maternal affection after childbirth. *British Journal of Psychiatry* 136:347-53.

Rockhill, William W.

1895 Notes on the ethnology of Tibet. *U.S. National Museum Report for the Year* 1893, 665-747.

Rode, S. S., P. -N. Chang, P. O. Fisch, and L. A. Sroufe

1981 Attachment patterns of infants separated at birth. *Developmental Psychology* 17:188-91.

Rodman, Peter, and Henry McHenry

1980 Bioenergetics and the origin of hominid bipedalism. *American Journal of Physical Anthropology* 52(1):103-6.

Rogers, Alan

1998 The molecular record of human population history. Plenary lecture presented at the Tenth Annual Meeting of the Human Behavior and Evolution Society, July 8-12, University of California, Davis.

Roiphe, Anne

1996 *Fruitful: A Real Mother in the Modern World*. Boston: Houghton Mifflin.

Rosenberg, Karen, and Wenda Trevathan

1996 Bipedalism and human birth: The obstetrical dilemma revisited. *Evolutionary Anthropology* 4(5):161-68.

Rosenqvist, Gunilla, and Anders Berglund

1992 Is female sexual behaviour a neglected topic? *Trends in Ecology and Evolution* 7(6):174-76.

Rosenthal, A. M.

1997 Killing Iraqi children. *New York Times*, Op-ed section (December 9):A-21.

Rosenthal, Elizabeth

1998 In North Korean hunger, legacy is stunted children. *New York Times* (December 10) A1, A12.

Ross, C., and A. Maclarnon

1995 Ecological and social correlates of maternal expenditure on infant growth in haplorhine primates. In *Motherhood in Human and Nonhuman Primates*, C. R. Pryce, R. D. Martin, and D. Skuse, eds., 37-46. Basel: S. Karger.

Ross, James Bruce

1974 The middle-class child in urban Italy, fourteenth to early sixteenth century. In *The History of Childhood*, Lloyd de Mause, ed., 183-228. New York: Harper and Row.

Rosser, Sue V.

1997 Possible implications of feminist theories for the study of evolution. In *Feminism and Evolutionary Biology: Boundaries, Intersections and Frontiers*, Patricia Adair Gowaty, ed., 21-41. New York: Chapman and Hall.

Rossi, Alice

1973 Maternalism, sexuality and the new feminism. In *Contemporary Sexual Behavior: Critical Issues in the 1970s*, Joseph Zubin and John Money, eds., 145-73. Baltimore: Johns Hopkins University Press.

1977 A biosocial perspective on parenting. *Daedalus* (Spring):1-31.

1997 The impact of family structure and social change on adolescent sexual behavior. *Child and Youth Services Review* 19:369-400.

Rossi, Alice, ed.

1978 *The Feminist Papers*. New York: Bantam.

Rossiter, Mary Carol

1994 Maternal effects hypothesis of herbivore outbreak. *Bioscience* 44:752-63.

1996 Incidence and consequences of inherited invironmental effects. *Annual Review of Ecology and Systematics* 27:451-76.

Roth, H. L.

1896 *Natives of Sarawak and British North Borneo*. London.

Rousseau, J. -J.

1762 *Émile*. Barbara Foxley, trans. New York: Dutton, 1977.

Royber, Clémence

1870 *Origine de l'homme et des societés*. Paris: Guillaumin.

Rudran, R.

1973 Adult male replacement in one-male troops of purple-faced langurs and its effect on population structure. *Folia Primatologica* 19:166-92.

Russett, Cynthia Eagle

1989 *Sexual Science: The Victorian Construction of Womanhood.* Cambridge: Harvard University Press.

Sade, Donald

1967 Determinants of dominance in a group of free-ranging rhesus monkeys. In *Social Communication Among Primates*, S. Altmann, ed. Chicago: University of Chicago Press.

Sagi, Abraham, Marinus H. van IJzendoorn, Ora Aviezer, Frank Donnell, and Ofra Mayseless

1994 Sleeping out of home in a kibbutz communal arrangement: It makes a difference for infant-mother attachment. *Child Development* 65:992-1004.

Salzman, Freda

1977 Are sex roles biologically determined? *Science for the People* (July-August):27-32, 43.

Sanders, D., and J. Bancroft

1982 Hormones and the sexuality of women—the menstrual cycle. *Clinics in Endocrinology and Metabolism* 11(3)639-59.

Sargent, Carolyn F.

1988 Born to die: Witchcraft and infanticide in Bariba culture. *International Journal of Cultural and Social Anthropology* 27(1):79-95.

Sayers, Janet

1982 *Biological Politics: Feminist and Anti-feminist Perspectives*, 1982. London: Tavistock.

Saylor, A., and M. Salmon

1971 Communal nursing in mice: influence of multiple mothers on the growth of the young. *Science* 164:1309-10.

Scarr, Sandra

1984 *Mother Care/Other Care.* NewYork: Basic Books.

Schaal, B., H. Montagner, E. Hertling, D. Bolzoni, A. Moyse, and A. Quichon

1980 Les stimulations olfactives dans les relations entre l'enfant et la mere. *Reproduction, Nutrition, Development* 20:843-58.

Schapera, Isaac

1933 Premarital pregnancy and native opinion: A note on social change. *Africa* 6:59-89.

Scheper-Hughes, Nancy

1992 *Death Without Weeping: The Violence of Everyday Life in Brazil.* Berkeley: University of California Press.

Schiebinger, Londa

1994 Mammals, primatology and sexology. In *Sexual Knowledge, Sexual Science*, Roy Porter and Mikulas Teich, eds., 184-209. Cambridge: Cambridge University Press.

1995 *Nature's Body: Gender in the Making of Modern Science.* Boston: Beacon Press.

1999 *Has Feminism Changed Science?* Cambridge: Harvard University Press.

Schiefenhövel, G., and W. Schiefenhövel

1978 Eipo, Iran Java (West-Neuguinea): Vorgange bei der Geburt eines Madchens und Anderung der Infantizid-Absicht. *Homo* 29:121-38.

Schiefenhövel, W.

1989 Reproduction and sex ratio

manipulation through preferential female infanticide among the Eipo, in the highlands of western New Guinea. In *The Sociobiology of Sexual and Reproductive Strategies*, A. Rasa, C. Vagel, and E. Voland, eds., 170-93. London: Chapman and Hall.

Schlegel, Alice

1972 *Male Dominance and Female Autonomy*. New Haven: Human Relations Area Files.

Schmitt, Jean-Claude

1983 *The Holy Greyhound: Guinefort, Healer of Children* (trans. of *Le saint levrier: Guinefort, guerisseur d'enfants depuis le XIIIe siecle*), Martin Thom, trans. Cambridge: Cambridge University Press (originally published in French, 1979).

Schneider, David M., and Kathleen Gough, eds.

1961 *Matrilineal Kinship*. Berkeley: University of California.

Schneider, J., and P. Schneider

1984 Demographic transitions in a Sicilian rural town. *Journal of Family History* 9:245-72.

Schoenmakers, R., I. H. Shah, R. Lesthaeghe, and O. Tambashe

1981 The child-spacing tradition and the postpartum taboo in tropical Africa: Anthropological evidence. In *Child-Spacing in Tropical Africa*, H. J. Page and R. Lestgaeghe, eds. NewYork: Academic Press.

Schoesch, Stephan J.

1998 Physiology of helping in Florida Scrub jays. *American Scientist* 86:70-77.

Schraudolph, Ellen

1996 Sculpture and architectural fragments (cat. nos. 1-35). In *Pergamon: The Telephos Frieze from the Great Altar*, vol. 1, Renee Dreyfus and Ellen Schraudolph, eds., 53-112. San Francisco: Fine Arts Museum.

Schubert, Glendon

1982 Infanticide by usurper hunuman langur males: A sociobiological myth. *Social Science Information* 21(2):199-244.

Schultz, Adolph H.

1969 *The Life of Primates*. NewYork: Universe Books.

Schuster, Ilsa M. Glazer

1979 *New Women of Lusaka*. Palo Alto, California: Mayfield.

Schwabl, Hubert

1994 Yolk is a source of maternal testosterone for developing birds. *Proceedings of the National Academy of Sciences* 90:1144 6-50.

Schwabl, Hubert, Douglas Mock, and Jennifer A. Gieg

1996 A hormonal mechanism for parental favoritism. *Nature* 386:231.

1995 Adaptive hatching. *Science* 268:371.

Science

1995 Adaptive hatching. *Science* 268:371.

Scrimshaw, Susan C. M.

1984 Infanticide in human populations: Societal and individual concerns. In *Infanticide: Caomparative and Evolutionary Perspectives*, G. Hausfater and S. Blaffer Hrdy, eds., 439-62. Hawthorne, NewYork: Aldine de Gruyter.

Scutt, D., J. T. Manning, G. H. Whitehouse, S. J. Leinster, and C. P. Massey

1997 The relationship between breast asymmetry, breast size, and the occurrence of breast cancer. *British Journal of Radiology* 70:1017-21.

Seely, Katharine

1997a Medical group supports ban on a type of late abortion. *New York Times* (May 20).

1997b A partial-victory abortion vote. *New York Times* (May 25).

1997c Senators reject Democrats' bills to limit abortion: Loopholes cited by foes. *New York Times* (May 16).

Seger, Jon

1977 Model of gene action and the problem of behavior. Unpublished ms. in the author's possession, Department of Biology, University of Utah, Salt Lake City.

Segerstrale, Ullica

1997 Science by worst cases. *Science* 263:837-38.

Sellen, Daniel

1995 The socioecology of young child growth among the Datoga pastoralists of northern Kenya. Ph.D. diss., Department of Anthropology, University of California, Davis.

Sharp, Henry S.

1981 Old age among the Chipewyan. In *Other Ways of Growing Old*, Pamela T. Amoss and Stevan Harrell, eds., 99-110. Stanford: Stanford University Press.

Shenon, Philip

1994 China's mania for baby boys creates surplus of bachelors. *New York Times* (August 16):A1, A4.

Sherfey, Mary Jane

1966 *The Nature and Evolution of Female Sexuality*.. 1972 reprint edition, New York: Vintage/Random House.

Sherman, Paul

1981 Reproductive competition and infanticide in Belding's ground squirrels and other animals. In *Natural Selection and Social Behavior: Recent Research and New Theory*, R. D. Alexander and D.W. Tinkle, eds., 311-31. NewYork: Chiron Press.

1998 The evolution of menopause. *Nature* 392:759-61.

Sherwood, John

1988 *Poverty in Eighteenth Century Spain: The Women and Children of the Inclusa*. Toronto: University of Toronto Press.

Shields, Stephanie

1982 The "Variability Hypothesis": The history of a biological model of sex differences in intelligence. *Signs: Journal of Women in Culture and Society* 7(4):769-97.

1984 To pet, coddle, and "do for": caretaking and the concept of maternal instinct. In *In the Shadow of the Past: Psychology Portrays the Sexes*, Miriam Lewin, ed., 256-73. New York: Columbia University Press.

Short, Roger V.

1977a Sexual selection and the descent of man. In *Reproduction and Evolution*, J. H. Calaby and C. H. Tyndale-Biscoe, eds., 3-19. Canberra: Australian Academy of Science.

1977b The discovery of the ovaries. In *The Ovary*, Solly Zuckerman and Barbara J. Weir eds. NewYork: Academic Press.

1984 Breast feeding. *Scientific American* 250:35-41.

1977 The testis: The witness of the mating

system, the site of mutation and the engine of desire. *Acta Paediatrica* Supplement 422:3-7.

Shorter, Edward

1975 *The Making of the Modern Family.* NewYork: Basic Books.

1982 *A History of Women's Bodies.* NewYork: Basic Books.

Shostak, Marjorie

1981 *Nisa*. Cambridge: Harvard University Press.

Sieff, Daniela

1990 Explaining biased sex ratios in human populations. *Current Anthropology* 31:25-48.

Sieratzki, J. S., and B. Wolf

1996 Why do mothers cradle babies on their left? *Lancet* 347:1746-48.

Sih, A., and R. D. Moore

1993 Delayed hatching of salamander eggs in response to enhanced larval predation risk. *American Naturalist* 142:947-60.

Silk, Joan B.

1980 Kidnapping and female competition in captive bonnet macaques. *Primates* 21:100-110.

1983 Local resource competition and facultative adjustment of sex ratios in relation to competitive abilities. *American Naturalist* 1 21:56-66.

1987a Activities and diet of free-ranging pregnant baboons, P*apio cynocephalus. International Journal of Primatology* 8:593-613.

1987b Adoption and fosterage in human societies: Adaptations or enigmas? *Cultural Anthropology* 2:39-49.

1987c Social behavior in evolutionary perspective. In *Primate Societies*, B.

Smuts et al., eds., 318-29. Chicago: University of Chicago Press.

1988 Maternal investment in captive bonnet macaques, *Macaca radiata. American Naturalist* 132(1):1-19.

1990 Human adoption in evolutionary perspective. *Human Nature* 1:25-52.

Silk, Joan B., C. B. Clark-Wheatley, P. S. Rodman, and A. Samuels

1981 Differentiated reproductive success and facultative adjustment of sex ratios among captive female bonnet macaques (*Macaca radiata*). *Animal Behavior* 29:1106-20.

Simoons, F. J.

1978 The geographic hypothesis and lactose malabsorption. *American Journal of Digestive Diseases* 15:695-710.

Singer, Lynn T., Ann Salvator, Shenyang Guo, Mark Colling, Lawrence Lilien, and Jill Baley

1999 Maternal psychological distress and parenting stress after the birth of a very low-birth-weight infant. *Journal of the American Medical Association* 281:799-805.

Singh, Devendra, and Suwardi Luis

1995 Ethnic and gender consensus for the effect of waist-to-hip ratio on judgment of women's attractiveness. *Human Nature* 6:51-65.

Skinner, William

1993 Conjugal power in Tokugawa Japanese families: A matter of life or death. In *Sex and Gender Hierarchies*, Barbara D. Miller, eds., 236-70. NewYork: Cambridge University Press.

1997 Family systems and demographic

processes. In *Anthropological Demography: Towards a New Synthesis*, David Kertzer and Tom Fricke, eds., 53-114. Chicago: University of Chicago Press.

Skinner, G. William, and Yuan Jianhua

1998 Reproductive strategizing in the face of China's birth-planning policies: The lower Yangzi macroregion, 1966-1990. Paper prepared for the Center for Chinese Studies Seminar, April 14, University of Michigan, Ann Arbor.

Skuse, D. H., R. S. James, D. V. M. Bishop, B. Coppin, P. Dalton, G. Aamodt-Leeper, M. Bacarese-Hamilton, C. Creswell, R. McGurk, and P. A. Jacobs

1997 Evidence from Turner's syndrome of anaimprinted X-linked locus affecting cognitive function. *Nature* 287:705-8.

Slob, A. K., M. Ernste, and J. J. van der Werff ten Bosch

1991 Menstrual cycle phase and sexual arousability in women. *Archives of Sexual Behavior* 20(6):567-76.

Slob, A. K., W. H. Groeneveld, and J. J. van der Werff ten Bosch

1986 Physiological changes during copulation in male and famale stumptail macaques (*Macaca arctoides*). *Physiology and Behavior* 38:891-95.

Slob, A. Koos, Cindy M. Bax, Wim C. J. Hop, David L. Rowland, and Jacob J. van der Werff ten Bosch

1996 Sexual arousability and the menstrual cycle. *Psychoendocrinology* 21:545-58.

Slob, A. K., and J. J. van der Werff ten Bosch

1991 Orgasm in nonhuman species. In *Proceedings of the First International Conference on Orgasm*, P. Kothari and R. Patel, eds. Bombay: VRP.

Slocum, Sally (later Sally Linton)

1971 Woman the gatherer. In Wom in Perspective: A Guide for Cross-cultural Studies, Sue-Ellen Jacobs, eds., 9-21. Urbana: University of Illinois Press. (Reprinted in 1975 in *Towards an Anthropology of Woman*, R. Rapp Reiter, eds., 36-50. NewYork: Monthly Review Press.)

Small, Meredith F.

1990 Promiscuity in barbary macaques (*Macaca sylvana*). *American Journal of Primatology* 20:267-82.

1992 What's love got to do with it? Sex among our closest relatives is a rather open affair. *Discovery* (June):46-51. (Reprinted in *Physical Anthropology: 1997-98 Annual Editions*, 96-99. Guilford, Connecticut: Benchmark.)

1994 *Female Choices*. Ithaca: Cornell University Press.

1998 *Our Babies, Ourselves*. NewYork: Anchor Books.

Small, Meredith F., ed.

1984 *Female Primates: Studies by Women Primatologists*. NewYork: A. R. Liss.

Smith, A. H.

1899 *Village Life in China: A Study in Sociology*. New York: F. H. Revell.

Smith, Bruce D.

1997 The initial domestication of *Cucurbita pepo* in the Americas 10,000 years age. *Science* 276:932-34.

Smith, Eric Alden

1996 Human life history comes of age. *Evolutionary Anthropology* 5(5):181-85.

Smith, Eric Alden, and Bruce Winterhalder, eds.

1992 *Evolutionary Ecology and Human Behavior*. Hawthorne, NewYork: Aldine de Gruyter.

Smith, Fabiene

1990 Charles Darwin's health problems. *Journal of Historical Biology* 23:443-49.

Smith, G., M. Smith, M. McNay, and J. Fleming

1998 First-trimester growth and the risk of low birth weight. *New England Journal of Medicine* 339(25):1817-22.

Smith, H. F.

1984 Notes on the history of childhood. *Harvard Magazine* (July-August), *Discovery Supplement*, 64c.

Smith, Holly

1993 The physiological age of KNM-WT 1500. In *The Nariokotome Homo erectus Skeleton*, Alan Walker and Richard Leakey, eds., 195-220. Cambridge: Harvard University Press.

1994 Patterns of dental development in *Home, Australopithecus, Pan, and Gorilla. American Journal of Physical Anthropology* 94:307-25.

Smith, T. C.

1977 *Nakahara: Family Farming and Population in a Japanese Village*. Stanford: Stanford University Press.

Smuts, Barbara

1985 *Sex and Frendship in Baboons*. NewYork: Aldine.

1995 The evolutionary origins of patriarchy. *Human Nature* 6:1-32.

Smuts, Barbara B., and Robert T. Smuts

1993 Male aggression and sexual coercion of females in nonhuman primates and other mammals: evidence and theoretical implications. *Advances in the Study of Behavior* 22:1-63.

Soffer, O., J. M. Adovasio, D. C. Hyland, B. Klima, and J. Svoboda

1998 Perishable industries from Dolni Vestonice 1: New insights into the nature and origin of the Gravettian. Paper presented at the Sixty-third Annual Meeting of the Society for American Archaeology, March 25-29, Seattle.

Solomon, Nancy, and Jeffrey A. French, eds.

1997 *Coperative Breeding in Mammals*. Cambridge: Cambridge University Press.

Sommer, Volker

1994 Infanticide among the langurs of Jodhpur: Testing the sexual selection hypothesis with a long-term record. In *Infanticide and Parental Care*, Stefano Parmigiani and F. vom Saal, eds., 155-98. Langhorne, Pennsylvania: Harwood Academic.

1996 Infanticide in Hanuman langurs: Female counter-strategies. Paper presented at the XVth Congress of the International Primatological Society, August 11-16, Ann Arbor.

Soranus

1956 *Gynaecology*. Oswei Temkin, trans. Baltimore: Johns Hopkins University Press.

Soroker, V., and J. Terkel

1988 Changes in the incidence of infanticidal and parental responses during the reproductive cycle of male and female house mice, *Mus musculus. Animal Behavior* 36:1275-81.

Spangler, G., and K. E. Grossmann

1993 Biobehavioral organization in securely and insecurely attached infants. *Child Development* 64:152-62.

Spencer, Herbert

1859 Physical training. *British Quarterly Review* (April):362-97.

1864-67 *Principles of Biology*, 2 vols. London: William and Norgate.

1865 Personal beauty. In *Essay: Moral, Political and Aesthetic*. NewYork: D. Appleton.

1868 The development hypothesis. (First published in 1852.) Reprinted in *Essays: Scientific, Political and Speculative*, vol. 1, 377-83. London: William and Norgate.

1873 Psychology of the sexes. *Popular Science Monthly* 4:30-38.

1904 *An Autobiography*, 2 vols. NewYork: D. Appleton.

Spencer-Booth, Yvette, and R. A. Hinde

1971a Effects of brief separation from mother on rhesus monkeys. *Science* 173:111-18.

1971b Effects of 6 days' separation from mother in 18- to 21-week-old rhesus monkeys. *Animal Behavior* 19:174-91.

Speth, John

1990 Seasonality, stress, and food-sharing in so-called "egalitarian" foraging societies. *Journal of Anthropological Archaeology* 9:148-88.

Spitz, R.

1945 Hospitalism: An inquiry into the genesis of psychiatric conditions in early childhood. *Psychoanalytic Study of the Child* 1:53-74.

1946 Anaclitic depression. *Psychoanalytic Study of the Child* 2:313-42.

Srinivasan, K.

1998 Demography and reproductive health. *Lancet* 351:1274.

Srivastave, J. N., and D. M. Saksena

1981 Infant mortality differentials in an Indian setting: Follow-up of hospital deliveries. *Journal of Biosocial Science* 13:467-78.

Sroufe, L. A., and J. Fleeson

1986 Attachment and the construction of relationships. In *Relationships and Development*, W. Hartup and Z. Rubin, eds., 51-72. Hillsdale, New Jersey: Erlbaum.

Stacey, P. B.

1979 Kinship, promiscuity, and communal breeding in the acorn woodpecker. *Behavioral Ecology and Sociobiology* 6:53-66.

Stacey, Peter, and Walter D. Koenig

1990 *Cooperative Breeding in Birds*. Cambridge: Cambridge University Press.

Stack, Carol

1974 *All Our Kin*. NewYork: Harper and Row.

Stallings, J. C., C. Panter-Brick, and C. M. Worthman

1994 Prolactin levels in nursing Tamang and Kami women: Effects of nursing practices on lactational amenorrhea (abstract). *American Journal of Physical Anthropology* (supplement) 18:185-86.

Stallings, J. F., A. S. Fleming, C. M. Worthman, M. Steiner, C. Corter, and M. Coote

1997 Mother/Father differences in response to infant crying (abstract). *American Journal of Physical Anthropology* (supplement) 24:217.

Stanford, Craig B.

1992 Costs and benefits of allomothering in wild capped langurs (*Presbytis pileata*). *Behavioral Ecology and Sociobiology* 30:29-34.

Stanislaw, H., and F. J. Rice

1988 Correlation between sexual desire and menstrual cycle characteristics. *Archives of Sexual Research* 17(6):499-508.

Stearns, Stephen

1977 The evolution of life history traits: A critique of the theory and a review of the data. *Annual Review of Ecology and Systematics* 8:145-71.

1982 The role of development in the evolution of life histories. In *Evolution and Development*, John Bonner, ed., 237-58. NewYork: Springer-Verlag.

1992 *The Evolution of Life Histories.* NewYork: Oxford University Press.

Stenseth, Nils Christian

1978 Is the female biased sex ratio in wood lemming *Myopus schisticolor* maintained by cyclic inbreeding? *Oikos* 30:83-89.

Stern, Daniel

1990 *Diary of a Baby.* NewYork: Basic Books.

Stern, Judith, Mel Konner, Talia N. Herman, and S. Reichlin

1986 Nursing behaviour, prolactin and postpartu, amenorrhoea during prolonged lacation in American and !Kung mothers. *Clinical Endocrinology* 25:247-58.

Stern, Kathleen, and Martha McClintock

1998 Regulation of ovulation by human pheromones. *Nature* 393:177-79.

Stewart, Andrew

1995 Rape? In *Pandora: Women in Classical Greece*, Ellen D. Reeder, ed., 74-90. Baltimore: Walters Art Gallery.

Stewart, Kelly

1981 Social development of wild mountain gorillas. Ph.D. diss., Cambridge University.

1984 Parturition in wild gorillas: Behavior of mothers, neonates, and others. *Folia Primatologica* 42d:62-69.

Stolberg, Sheryl Gay

1997a Definition of fetal viability is focus of debate in Senate. *New York Times* (May 16):A13.

1997b Women's issue and wariness in Congress: Men's motivations are being questioned on health legislation. *New York Times* (May 26).

Stone, Lawrence

1977 *The Family, Sex and Marriage in England, 1500-1800.* London: Weidenfeld and Nicolson.

Storey, Anne E.

1990 Pregnancy disruption by unfamiliar males in meadow voles: A comparison of chemical and behavioural cues. *Physiology and Behavior* 5:199-208.

Strassmann, Beverly I.

1993 Menstrual hut visits by Dogon women: A hormonal test distinguishes deceit from honest signalig. *Behavioral Ecology* 7(3):304-15.

1997 Polygyny as a risk factor for child mortality among the Dogon. *Current Anthropology* 38:688-95.

Strassmann, Beverly, and Keith Hunley

1996 Polygyny, sorcery and child mortality among the Dogon of Mali. Paper presented at the Ninety-fifth Annual Meeting of American Anthropological Association,

November 20-24, San Francisco.

Strassmann, Beverly 1., and John Warner

1998 Predictors of fecundability and conception waits among the Dogon of Mali. *American Journal of Physical Anthropology* 105:167-84.

Strindberg, August (Elizabeth Sprigge, trans.)

1955 *Six Plays of Strindberg*. NewYork: Doubleday.

Strum, Shirley

1987 *Almost Human: A Journey into the World of Baboons*. NewYork: Random House.

Strum, Shirley, and Linda Fedigan

1996 Theory, method and genger: What changed our view of primate society? Target paper prepared for Wenner-Gren Foundation Symposium No. 120, Changing Images of Primate Societies, June 15-23, Teresopolis, Brazil.

Stuart-Macadam, Patricia, and Katherine A. Dettwyler, eds.

1995 *Breastfeeding: Biocultural Perspectives*. Hawthorne, New York: Aldine de Gruyter.

Studer-Thiersch, A.

1975 Basle Zoo. In *Flamingos*, J. Kear and N. Duplaiz-Hall, eds. Berkhamsted: T. and A. D. Poyser.

Sugiyama, Y.

1965 On the Social change of Hunuman langurs (*Presbytis entellus*) under natural conditions. *Primates* 6:381-417.

1967 Social organization of hanman langurs. In *Social Communication Among Primate*, S. Altmann, ed., 221-36. Chicago: University of Chicago

Press.

Sulloway, Frank

1991 Darwinian psychobiography. *NewYork Review of Books* (October 10):30.

1996 *Born to Rebel*. New York: Pantheon.

Suomi, S. J., and H. J. Harlow

1972 Social rehabilitation of isolated-reared monkeys. *Developmental Psychobiology* 6:487-96.

Suomi, Stephen J.

1999 Attachment in rhesus monkeys. In *Handbook of Attachment: Theory, Research, and Clinical Applications*, J. Cassidy and P. R. Shaver, eds., 845-87. NewYork: Guilford Press.

Surani, M. Azim

1993 Silence of the genes. *Nature* 236:302-3.

Suransky, Valerie Polakow

1982 *The Erosion of Childhood*. Chicago: University of Chicago Press.

Surbey, Michele K.

1990 Family composition, stress and the timing of human menarche. In *Socioendocrinology of Primate Reproduction*, Toni E. Ziegler and Fred B. Bercovitch, eds., 11-32. NewYork: Wiley-Liss.

1998 Parent and offspring strategies in the transition to adolescence. *Human Nature* 9:67-94.

Sussman, George

1982 *Selling Mother's Mild: The Wet-Nursing Business in France*, 1715-1914. Urbana: University of Illinois Press.

Sussman, Robert W., James M. Cheverud, and Thad Q. Bartlett

1995 Infant killing as an evolutionary strategy: reality or myth? *Evolutionary*

Anthropology 3:149-51.

Svare, Bruce, and Ronald Gandelman

1976 Suckling stimulation induces aggression in virgin female mice. *Nature* 260:606-8.

Svensson, Erik

1997 The speed of life-history evolution. *Trends in Ecology and Evolution* 12:380-81.

Swarns, Rachel

1998 Mothers poised for workface acute lack of day care. *New York Times* (April 14).

Sykora, P.

1998 Is there male-selective infanticide in Slovakia after the fall of communism? Paper presented at Annual Meeting of the Human Behavior and Evolution Society, July 8-12, University of California, Davis.

Symington, Meg McFarland

1987 Dex ratio and maternal rank in wild spider monkeys: When daughters disperse. *Behavioral Ecology and Sociobiology* 20:421-25.

Symons, Don

1979 *The Evolution of Human Sexuality.* New York: Oxford University Press.

Tait, D. E. N.

1980 Abandonment as a tactic in grizzly bears. *American Naturalist* 115:800-808.

Tanner, Nancy, and Adrienne Zihlman

1976 Women in evolution (Part 1). *Signs* 1:585-608.

Tansillo, Luigi

1798 The Nurse. Translated from the Italian by William Roscoe. Liverpool.

Tardieu, Christine

1998 Short adolescence in early hominids: Infantile and adolescent growth of the human femur. *American Journal of Physical Anthropology* 107:163-78.

Tardif, Suzette

1997 The bioenergetics of parental behaior and the evolution of alloparental care in marmosets and tamarins. In *Cooperative Breeding in Mammals,* Nancy G. Solomon and Jeffrey A. French, eds., 11-33. Cambridge: Cambridge University Press.

Taub, David

1980 Female choice and mating strategies among wild barbary macaques (*Macaca sylvanus* L.). In *The Macaques: Studies in Ecology, Behavior and Evolution,* D. Lindburg, ed., 287-344. New York: Van Nostrand Reinhold.

Taub, David, ed.

1984 *Primate Paternalism.* New York: Von Nostrand Reinhold.

Tavris, Carol

1992 *The Mismeasures of Woman.* New York: Touchstone.

Temple, C. L., ed.

1965 *Notes on the Tribes, Provinces, Emirates and States of the Northern Provinces of Nigeria Compiled from Official Reports by O. Temple.* London: Frank Cass (originally published 1919).

Terkel, Joseph, and Jay Rosenblatt

1968 Maternal behavior induced by maternal blood plasma injected into virgin rats. *Journal of Comparative and Physiological Psychology* 65:479-82.

Thierry, B., and J. R. Anderson

1986 Adoption in anthropoid primates. *International Journal of Primatology* 7:191-216.

Thoman, E. B., A. M. Turner, C. R.

Barnett, and P. H. Leiderman

1971 Neonate-mother interaction: Effects of parity on feeding bahavior. *Child Development* 42:1471-83.

Thomas, Elizabeth Marshall

1958 *The Harmless People*. NewYork: Random House/Vintage.

Thomas, Evan

1996 Blood brothers—The Unabomber saga: A family's history of loneliness, fear and betrayal. *Newsweek* (April 22):28-38.

Thompson, N. S.

1967 Primate infanticide: A nore and request for information. *Laboratory Primate Newsletter* 6:18-19.

Thornhill, Randy

1979 Male and female sexual selection and the evolution of mating systems in insects. In *Sexual Selection and Reproductive Competition in Insects*, M. S. Blum and N. A. Blum, eds., 81-121. NewYork: Academic Press.

1992a Fluctuating asymmetry and the mating system of the Japanese scorpionfly, *Panorpa japonica. Animal Behavior* 44:867-79.

1992b Female preference for the pheromone of males with low fluctuating asymmetry in the Japanese scorpionfly (*Panorpa japoniza: Mecoptera*). *Behavioral Ecology* 3:277-83.

Thornhill, Randy, and John Alcock

1983 *The Evolution of Insect Mating Systems*. Cambridge: Harvard University Press.

Thornhill, Randy, and Steven W. Gangestad

1994 Human fluctuating asymmetry and sexual behavior. *Psychological Science* 5(5):297-302.

Thornhill, Randy, and Nancy Wilmsen Thornhill

1983 Human rape: An evolutionary analysis. *Ethology and Sociobiology* 4:137-73.

Thornhill, R., S. Gangestad, and R. Comer

1995 Human female orgasm and male fluctuating asymmetry. *Animal Behavior* 50:1601-15.

Thurer, Shari

1994 *The Myths of Motherhood: How Culture Reinvents the Good Mother*. Boston: Houghton Mifflin.

Thurston, Anne

1996 In a Chinese orphanage. *Altantic Monthly* 227(4):28-41.

Tilley, Louise A., Rachel G. Fuchs, David I. Kertzer, and David L. Ransel

1992 Child abandonment in European history: A symposium. *Journal of Family History* 17:1-23.

Tilly, Louise

1988 Terrible tales: Coping with fear of infanticide. *Time* (November 4):140.

1996 The gorilla of America's dreams. *Time* (September 2).

Tokuda, M.

1935 An eighteenth-century Japanese guide-book on mouse-breeding. *Journal of Heredity* 26:481-84.

Tooby, John, and Leda Cosmides

1990 The past explains the present. Emotional adaptations and the structure of ancestral environments. *Ethology and Sociobiology* 11:375-424.

1992 Psychological foundations of human culture. In *The Adapted Mind*, Jerome

Barkow, Leda Cosmides, and John Tooby, eds., 19-136. NewYork: Oxford University Press.

Treloar, A. E., Kim-Anh Do, and Nicholas G. Martin

1998 Genetic influences on the age of menarche. *Lancet* 352:1084-85.

Trevathan, Wenda

1987 *Human Birth: An Evolutionary Perspective*. NewYork: Aldine de Gruyter.

Trexler, Richard C.

1973a Infanticide in Florence: New sources and first results. *History of Childhood Quarterly* 1:98-116.

1973b The foundlings of Florence, 1395-1455. *History of Childhood Quarterly* 1:259-84.

Trinkaus, E.

1987 Neandertal pubic morphology and gestation length. *Current Anthropology* 25:509-13.

Trivers, Robert L.

1971 The evolution of reciprocal altruism. *Quarterly Review of Biology* 46(4):35-57.

1972 Parental investment and sexual selection. In *Sexual Selection and the Descent of Man, 1871-1971*, B. Campbell, ed., 136-79. Chicabo: Aldine.

1974 Parent-offspring conflict. *American Zoologist* 14:249-64.

1985 *Social Evolution*. Menlo Park, California: Benjamin Cummins.

Trivers, Robert L., and D. E. Willard

1973 Natural selection of parental ability to vary the sex ratio of offspring. *Science* 179:90-92.

Troisi, Alfonso, F. R. D' Amato, R.

Fuccillo, and S. Scucchi

1982 Infant abuse by a wild-born group-living Japanese macaque mother. *Journal of Abnormal Psychology* 91:451-56.

Trollope, A.

1986 *The Last Chronicle of Barset*. London: Penguin (originally published 1867).

Tronick, E. Z., G. Morelli, and S. Winn

1987 Multiple caretaking of Efé (Pygmy) infants. *American Anthropologist* 89:96-106.

Turke, Paul W.

1988 Helpers at the nest: Childcare networks on Ifaluk. In *Human Reproductive Behaviour: A Darwinian Perspective*, L. Betzig, M. Morgerhoff Mulder, and P. Turke, eds., 173-89. Cambridge: Cambridge University Press.

1989 Evolution and the demand for children. *Population and Development Review* 15:61-89.

1991 Theory and evidence on wealth flows and old-age securty: A reply to Fricke. *Population and Development Review* 17(4):687-702.

Turke, Paul, and Laura Betzig

1985 Those who can, do: Wealth, status and reproductive success on Ifaluk. *Ethology and Sociobiology* 6:79-87.

Tutin, Caroline

1975 Sexual behavior and mating patterns in a cammunity of wild chimpanzees (*Pan troglodytes schweinfurthii*). Ph.D. diss., University of Edinburgh.

Uglow, Jenny

1987 *George Eliot*. London: Virago.

U.S. Dept. of Health and Human Services

1995 *A Nation's Shame: Fatal Abuse and*

Neglect in the United States. Executive Summary, Report of the U.S. Advisory Board on Child Abuse and Neglect (21).

USA Today

1998 Switched at birth. *USA Today* (April 17):2A.

Uvnas-Moberg, Kerstin

1997 Physiological and endocrine effects of social contact. In *The Integrative Neurophysiology of Affiliation*, C. Sue Carter, I. Izja, and Brain Kirkpatrick, eds., 146-63. NewYork: NewYork Academy of Sciences.

Valenzuela, Marta

1990 Attachment in chronically underweight young children. *Child Development* 61:1984-96.

van Hoof, J.A.R.M.

1962 Facial expressions in higher primates. *Symposia of the Zoological Society of London* 8:97-125.

van IJzendoorn, Marinus H.

1995 Adult attachment representations, parental responsivences, and infant attachment: A meta-analysis on the predictive validity of the adult attachment in interview. *Psychological Bulletin* 117(3):387-403.

van IJzendoorn, M. H., and P. M. Kroonenberg

1988 Cross-cultural patterns of attachment. A meta-analysis of ths Strange Situation. *Child Development* 59:147-56.

van Lawick, Hugo

1973 *Solo: The Story of an African Wild Dog Puppy and His Pack*. London: Cllins.

van Schaik, Carel, and Robin Dunbar

1990 The evolution of monogamy in large primates: new hypothesis and some crucial tests. *Behaviour* 115:30-62.

van Schaik, Carel, and Sarah Blaffer Hrdy

1991 Intensity of local resource competition shapes the relationship between maternal rank and sex ratios at birth in Cercopithecine primates. *American Naturalist* 138:1555-62.

van Schaik, Carel, Maria A. van Noordwijk, and Charles L. Nunn

1999 Sex and Social evolution in primates. In *Comparative Primate Socioecology*, Phllis C. Lee, ed. Cambridge: Cambridge University Press.

Vaux, The Reverend J.

1894 *Church Folklore: A Record of Some Post-Reformation Usages in the English Church, New Mostly Obsolete*. London: Griffith and Farran.

Vila, Bryan

1997 Human nature and crime control: Improving the feasibility of nurturant strategies. *Politics and Life Sciences* 16:3-21.

Visaria, Pravin

1967 Sex ratio at birth in territories with a relatively compete registration. *Eugenics Quarterly* 14:132-42.

Vitzthum, Virginia J.

1989 Nursing behavior and its relation to duration of post-partum amenorrhea in an Andean community. *Journal of Biosocial Science* 21:145-60.

1997 Flexibility and paradox: The nature of adaptation in human reproduction. In *The Evolving Femele: A Life-History Perspective*, Mary Ellen Norbeck, Alison Galloway, and Adrienne L. Zihlman, eds., 242-58. Princeton: Princeton University Press.

Voegelin, Ermine

1942 *Culture Elements Distribution XX: Northeast California.* Anthropological Records 7(2). Berkeley: University of California Press.

Vogel, Christian

1979 Der Hanuman-Langur (*Presbytis entellus*), ein Parade-Exempel für die theoretischen Konzepte der "Soziobiologie"? In *Verhandlungen der Deutschen Zoologischen Gesellschaft* 1979 in Regensbur (W. Rathmayer, ed.), 73-89. Stuttgart: Gustav Fisher Verlag.

Volgel, Gretchen

1998 Fly development genes lead to immune find. *Science* 281:1942-44.

Voland, Ekart

1988 Differential infant and child mortality in evolutionary perspective: Data from the late 17th to 19th century Ostfriesland (Germany). In *Human Reproductive Behaviour: A Darwinian Perspective*, L. Betzig, M. Borgerhoff Mulder, and P. Turke, eds., 253-62. Cambridge: Cambridge University Press.

1990 Differential reproductive success within the Drummhorn population (Germany, 18th and 19th centuries). *Behavioral Ecology and Sociobiology* 26:54-72.

vom Saal, Frederick S., Patricia Franks, Michael Boechler, Paola Palanza, and Stefano Parmigiani

1995 Nest defense and survival of offspring in highly aggressive wild Canadian Female house mice. *Physiology and Behavior* 58(4):669-78.

Wade, Nicholas

1998 Human or chimp? Fifty genes are the key. *New York Times* (October 20):D1-D4.

Wadley, S.

1988 More children, fewer daughters: Family building strategies of the urban poor in North India. Paper presented at the Eighty-seventh Annual Meeting of theAmerican Anthropological Association, November, Phoenix.

Walker, Alan, and Richard Leakey, eds.

1993 *The Nariokotome Home erectus Skeleton.* Cambridge: Harvard University Press.

Walker, Alan, and Pat Shipman

1996 *The Wisdom of the Bones: In Search of Human Origins.* NewYork: Alfred A. Knopf.

Walker, Margaret

1995 Menopause in female rhesus monkeys. *American Journal of Primatology* 35:59-71.

Wallen, Kim

1980 Desire and ability: Hormones and the regulation of female sexual behavior. *Neuroscience and Biobehavioral Reviews* 14:233-41.

1995 The evolution of female desire. In *Sexual Nature/Sexual Culture*, P. R. Abramson and S. D. Pinkerton, eds., 57-79. Chicago: University of Chicago Press.

Wallis, J. A.

1997 Survey of reproductive parameters in the free-ranging chimpanzees of Gombe National Park. *Journal of Reproduction and Fertility* 109:297-307.

Wallis, J., and Y. Almasi

1995 A survey of reproductive parameters

in free-ranging chimpanzees (*Pan troglodytes*). Paper presented at the Eighteenth Annual Meeting of the American Society of Primatologists, June 21-24.

Walsh, Anthony

1998 Human reproductive strategies and life history theory. Paper presented at the conference "The Role of Theory in Sex Research," organized by the Kinsey Institute, May 14-17, Bloomington, Indiana.

Walton, Susan

1986 How to watch monkeys. *Science 86* (June):22-27.

Warkentin, Karen

1995 Adaptive plasticity in hatching age: A response to predation risk trade-offs. *Proceedings of the National Academy of Sciences* 92:3507-10.

Warren, J. M.

1967 Discussion of social dynmics. In *Social Communication Among Primates*, S. Altmann, ed., 255-57. Chicago: University of Chicago Press.

Wartner, Ulrike G., Karin Grossmann, Elisabeth Fremmer-Bombik, and Gerhard Suess

1994 Attachment patterns at age six in south Germany: Predictability from infancy and implications for pre-school behavior. *Child Development* 65:1014-27.

Wasser, Samuel K., ed.

1983 *Social Behavior of Female Vertebrates*. NewYork: Academic Press.

Wasser, Samuel K., and David Y. Isenberg

1986 Reproductive failure among women: Pathology or adaptation? *Journal of Psychosomatic Obstetrics and Gynecology* 5:153-75.

Watson, P.W., and R. Thornhill

1994 Fluctuating asymmetry and sexual selection. *Trends in Ecology and Evolution* 9:21-25.

Watts, David P.

1989 Infanticide in mountain groillas: New cases and a reconsideration of the evidence. *Ethology* 81:1-18.

n.d. Karisoke orphans. Annotated data from unpublished fieldnotes.

Watts, David P., and Jorg Hess

1988 Twin births in wild mountain gorillas. *Oryx* 22:5-6.

Weaver, D. R., and S. M. Reppert

1986 Maternal melatonin communicates day lenth to the fetus in the Dungerian hamster. *Endocrinology* 119:2861.

Weber, Gerhard W., Hermann Prossinger, and Horst Seidler

1998 Height depends on month of birth. *Nature* 39:754-55.

Weinberg, M. K., and E. Z. Tronick

1996 Infant affective reactions to the resumption of maternal interaction after the still face. *Child Development* 67(3):905-14.

Weiner, Jonathan

1994 *The Beak of the Finch: A Story of Evolution in Our Time*. NewYork: Vintage.

Weinrich, James

1977 Human sociobiology: Pair-bonding and resource predictability (effects of social class and race). *Behavioral Ecology and Sociobiology* 2:91-118.

Weiss, Kenneth M.

1981 Evolutionary perspectives on aging. In *Other Ways of Growing Old: Anthropological Perspectives*, Pamela T.

Amoss and Stevan Harrell, eds., 25-58. Stanford: Stanford University Press.

Werren, John

1988 Manipulating mothers. *Natural History* 97(4):68-69.

West-Eberhard, Mary Jane

1967 Foundress associations in polistine wasps: Dominance hierarchies and the evolution of social behavior. *Science* 157:1584-85.

1969 The social biology of polistine wasps. *Miscellaneous Publications* 140:1-101. Museum of Zoology, University of Michigan, Ann Arbor.

1978 Temporary queens in *Metapolybia* wasps: Nonreproductive helpers without altruism. *Science* 200:441-43.

1983 Sexual selection, social competition and speciation. *Quarterly Review of Biology* 58(2): 155-83.

1986 Dominance relations in *Polistes canadensis (L.)*, a tropical social wasp. *Monitore zoologico italiano* (n.s.) 20:263-81.

1989 Phenotypic plasticity and the origins of diversity. *Annual Review of Ecology and Systematics* 20:249-78.

In prep. *Developmental Plasticity and Evolutionary Change*. Oxford: Oxford University Press.

Westmoreland, David, Louis B. Best, and David E. Blockstein

1986 Multiple brooding as a reproductive strategy: Time-conserving adaptations in mourning doves. *The Auk* 103:196-203.

Whelan, Christine B.

1998 No honeymoon for covenant marriage. *Wall Street Journal* (August 17):A-14.

White, Frances

1988 Party composition and dynmics in *Pan paniscus. International Journal of Primatology* 9:179-93.

Whitten, Patricia L.

1982 Female reproductive strategies among vervet monkeys. Ph.D. diss., Harvard University.

1983 Diet and dominance among female vervet monkeys (*Cereophithecus aethiops*). *American Journal of Primatology* 5:139-59.

1987 Infants and adult males. In *Primate Societies*, B. B. Smuts et al., eds., 343-47. Chicago: University of Chicago Press.

Widdowson, E. M.

1950 Chemical composition of newly born mammals. *Nature* 166:769-74.

Wieschhoff, H. A.

1940 Artificial stimulation of lactation in primative cultures. *Bulletin of the History of Medicine* VIII(10):1403-15.

Wiessner, Pauline W.

1977 *Hxaro: A regional system of reciprocity for reducing risk among the !Kung San.* Ph.D. dissertation, University of Michigan, UMI, Ann Arbor.

Wiley, Andrea S.

1994 Neonatal size and infant mortality at high altitude in the Western Himalaya. *American Journal of Physical Anthropology* 94:289-305.

Wilkinson, G. S.

1992 Communal nursing in the evening bat, *Nycticeius humeralis. Behavioral Ecology and Sociobiology* 31:225-35.

Wille, R., and K. M. Beier

1994 Denial of pregnancy and infanticide. *Sexologie* 1:75-100.

Williams, George C.

1957 Pleiotrophy, natural selection and the evolution of senescence. *Evolution* 11:398-411.

1966a Natural selection, the costs of reproduction and a refinement of Lack's principle. *American Naturalist* 100:687-90.

1966b *Adaptation and Natural Selection.* Princeton: Princeton University Press.

1979 The question of adaptive sex ratios in outcrossed vertebrates. *Proceedings of the Royal Society of London*, Series B 205:567-80.

Wilson, A., R. Cann, S. Carr, M. George, U. Gyllensten, K. Helm-Bychowski, R. Higuchi, S. Palumbi, E. Prager, R. Sage, and M. Stoneking

1985 Mitochondrial DNA and two perspectives on evolutionary genetics. *Biological Journal of the Linnean Society* 26:375-400.

Wilson, Edward O.

1971a *The Insect Societies.* Cambridge: Harvard University Press.

1971b Competitive and aggressive behavior. In *Man and Beast: Competitive Social Behavior*, J.F.Eisenberg and W.Dillon, eds., 183-217. Washington, D.C.: Smithsonian Institution Press.

1975 *Sociobiology.* Cambridge: Harvard University Press.

1978 *On Human Nature.* Cambridge: Harvard University Press.

1994 *Naturalist.* Washington, D.C.: Shearwater.

Winterhalder, Bruce

1986 Diet choice, risk and food sharing in a stochastic environment. *Journal of Anthropological Archaeology* 5:369-92.

Wissow, Lawrence S.

1998 Infanticide (editorial). *New England Journal of Medicine* 339:1241-42.

Witkowsi, Stanley R., and William T. Divale

1996 Kin groups, residence and descent. In *Encyclopedia of Cultural Anthropology*, vol. 2, David Levinson and Melvin Ember, eds., 673-80. NewYork: Henry Holt.

Wollstonecraft, Mary

1978 *Vindication of the Rights of Woman.* London: Hammondsworth (originally published 1792).

Wood, James

1994 *Dynamics of Human Reproduction.* Hawthorne, NewYork: Aldine de Gruyter.

Woolf, Virginia

1938 *The Three Guineas.* NewYork: Harcourt Brace and World.

World Health Organization

1976 *Family Formation Patterns and Health.* Geneva: World Health Organization.

Worthman, C. M.

1978 Psychoendocrine study of human behavior: Some interactions of steroid hormones with affect and behavior in the !Kung San. Ph.D. diss., Harvard University, Cambridge.

1988 Concealed ovulation and the eye of the beholder. Paper presented at the annual meeting of the Human Behavior and Evolution Society, April 8-19, University of Michigan, Ann Arbor.

Wrangham, Richard W.

1993 The evolution of sexuality in

chimpanzees and bonobos. *Human Nature* 4:47-79.

Wrangham, Richard, and Dale Peterson

1996 *Demonic Males: Apes and the Origins of Human Violence.* Boston: Houghton Mifflin.

Wrangham, Richard, James Holland Jones, G. Laden, David Pilbeam, and N. Conklin-Brittain In press. The theft hypothesis: Cooking and the evolution of sexual alliances. *Current Anthropology.*

Wray, Herbert

1982 The evolution of child abuse. *Science News* 122:27-26.

Wright, Robert

1994a Feminists, meet Mr. Darwin. *New Republic* (November 28):34-46.

1994b *The Moral Animal: Why We Are the Way We Are. The New Science of Evolutionary Psychology.* New York: Pantheon.

WuDunn, Sheryl

1997 Korean women still feel demands to bear a son. *New York Times* (January 14).

Wynne-Edwards, V. C.

1959 The control of population-density through social behaviour: A hypothesis. *Ibis* 101:436-41.

1962 *Animal Dispersion in Relation to Social Behaviour.* Edinburgh: Oliver and Boyd.

Wyon, J. B., and J. E. Gordon

1971 *The Khanna Study.* Cambridge: Harvard University Press.

Xiao, Shuhai, Yun Zhang, and Andrew W. Knoll

1998 Three-dimensional preservation of algae and animal embryos in a Neoproterozoic phosphorite. *Nature* 391:553-58.

Yalom, Margaret

1997 *The History of the Breast.* New York: Alfred A. Knopf.

Yoshiba, K.

1968 Local and intertroop variability in ecology and social behavior of common Indian langurs. In *Primates,* P. Jay, ed., 217-42. New York: Holt, Rinehart and Winston.

Zhao, Zhongwei

1997 Deliberate birth control under a high-fertility regime: Reproductive behavior in China before 1970. *Population and Development Review* 23:729-67.

Ziegler, Toni E., and Charles T. Snowdon

1997 Role of prolactin in paternal care in a monogamous New World primate, *Saguinus oedipus.* In *The Integrative Neurobiology of Affiliation,* C. Sue Carter, I. Izja Lederhendler, and Brian Kirkpatrick, eds., 599-601. New York: New York Academy of Sciences.

Ziegler, Toni E., A. M. O'Donnell, S. E. Nelson, and S. J. Fomon

1976 Body composition of the reference fetus. *Growth* 40:329-41.

Zihlman, Adrienne

1978 Women and evolution (Part 2): Subsistence and social organization among early hominids. *Signs* 4:4-20.

Zuckerman, Sir Solly

1932 *The Social Life of Monkeys and Apes.* London: Routledge and Kegan Paul.

Zuk, Marlene

1993 Feminism and the study of animal behavior. *Bio Science* 43(11):774-78.

옮긴이의 글

저자 세라 블래퍼 허디(Sarah Blaffer Hrdy)는 캘리포니아 대학교 데이비스 캠퍼스에 석좌 교수로 있는 영장류학자다. 스스로 소개하고 있는 것처럼, 인도 라자스탄에 사는 랑구르원숭이의 영아 살해를 연구하여 박사 학위를 받았고, 국내에 번역된 『여성은 진화하지 않았다(*The Woman that Never Evolved*)』 및 2009년 출간된 『어머니와 타인들(*Mothers and Others*)』을 비롯한 여러 권의 책과 글들을 발표했다. 허디는 풍부한 학문적 업적뿐만 아니라 '다윈주의 페미니스트'라는 그의 입장으로도 유명하다. 홈페이지(www.citrona.com/hrdy)에 저술과 논문, 연구 업적과 삶에 관한 이야기들이 게시되어 있으니 관심 있는 독자 분들은 참고하셔도 좋을 듯하다.

1999년에 출간된 이 책 『어머니의 탄생(*Mother Nature*)』은 인간을 비롯한 여러 생명체들의 삶의 모습을, 모성이 진화 과정에서 담당했던 역할과의 관계 속에서 다루고 있다. 저자의 홈페이지를 보면 저자 자신이 더 선호하는 책의 부제가 "어머니, 아기, 그리고 자연선택의 역사(현재 미국에서 출간된 부제는 "모성 본능은 어떻게 인간이라는 종을 만들었는가"이다.)"라고 언급되어 있다는 점도 참고할 만하다. 허디는 어머니와 아기가 인간 진화에서 담당했던 역할을 재구성하고, 진화의 핵심 개념인 자연선택에 대한 이해 자체를 역사 속에 위치시키며, 세 층위 모두에 대해 새로운 관점을 제시하려 한다.

책의 가장 큰 매력은 모성이 취할 수 있는 다양한 모습을 종과 문화를 가로지르는 넓은 스펙트럼 속에서 그 구체성을 희생시키지 않고도 보여 준다는 데 있을 것이다. 여기서 인간은 생명체이고 포유류이며 영장류이자 그가 속한 문화의 행위자라는 다층적 존재로 이해된다. 과학이라는 장르를 통해 접근하는 만큼 개별 존재를 설명 대상으로 삼는 일은 드물지만, 집단으로 고려할 때조차 단순하고 단일한 존재로 묘사되지는 않는다.

책의 제목처럼 자연은 만물을 길러 내는 자애로운 어머니로 형상화되는 것이 보통이다. 하지만 이는 자연의 유일한 모습은 아니다. 우선 어머니라는 존재 자체가 그렇게 단순하지 않고, 소설가 조지 엘리엇의 표현을 빌리면 자연은 여신보다는 나쁜 버릇을 가진 노부인에 가깝기 때문이다. 저자는 모성과 자연 모두에 투사되는 통념적인 이미지를 전복하면서 실제 어머니의 행동 및 어머니의 '본성'을 탐구해 들어간다.

그 결과는 가부장제적 상상과는 매우 다른 모습을 보여 준다. 어머니의 본래 모습이 전적으로 헌신적이고 양육적이라는 견해는, 특정한 문화 속에서, 그것도 특정한 성(남성)에게 자연의 진실로 받아들여지기 때문이다. 저자의 말처럼 그 배후에는 정치적인 문제가 있다. 하지만 과학

자체의 이상에 비춰 볼 때도 자연을 통념을 입증하기 위한 단순 알리바이로 이용하는 것은 가장 나쁜 만남의 방식이라는 점을 지적해야 한다. 과학이 '객관적'이라고 주장하는 것은 아니다. 다만 어떤 맥락에서 어떤 질문들이 제기되며, 질문의 형식상 얻어 낼 수 있는 답이 무엇인지를 따져 볼 때, 그 답이 어떤 의미에서의 진실이 되는지 이야기해 볼 수 있다는 것이다.

허디에게 이 문제는 진화 연구에서 여성/암컷(female)의 관점이 배제되어 있었다는 형태로 드러난다. 그렇다면 생물학은 성차별적이라며 등을 돌릴 것인가? 허디가 택하는 방식은 좀 더 공세적이다. 진화 생물학이라는 장르의 '게임 규칙'을 받아들이면서도 다른 서사가 가능하다는 점, 심지어는 더 나은 과학이 구성될 수 있다는 점을 입증하려 하기 때문이다. 책에서 소개하는 행동 관찰 기법(focal sampling)에 대한 논의처럼, 인간, 비인간 모두에서 실제 행동을 관찰해 보면, 그들이 할 것이라고 기대되는 것과는 매우 다른 모습을 보여 준다. 하나의 인간 사회로 한정하더라도, 여성이 놓인 맥락(가령 계급)에 따라 모성의 전술과 그 의미가 매우 달라질 수 있다.

그렇다면 도덕적인 이유 때문에 비정상적 반응으로 취급되었던 여성/암컷의 태도나 행동들 역시 다시 검토해 볼 수 있다. 예컨대, 왜 어머니들은 자식을 직접 키우지 않고 고아원으로 보냈던 것일까? 왜 어머니들은 아기를 낳지 않기로 선택하거나, 낳은 아기를 살해했던 것일까? 이런 결정들은 모성 본능에 반하는 것인가, 아니면 그것의 한 결과인가? 사회적 배치가 본능을 거스르게 만드는 것인가, 아니면 그 배치 속에서 본능이 내놓은 최선의 대답인가?

허디의 이야기에서 각 행위자들은 주어진 상황 속에서 생애 번식 성공을 더 높이려는 경향을 드러낸다. 그 핵심에는 진화적 계보를 지속하는 문제가 있다. 어머니들은 완벽하지는 않을지라도 계보를 지속하는 방향으로 행동을 해 나간다. 앞에서 열거했던 내용들이 문제라면, 문제는 어머니들이 모성 본능에 충실하지 않다는 데 있는 게 아니다. 그 결정들은 진화적 관점에서 보면 나름의 타당성을 갖는다. 또한 어머니들이 경험하기 마련인 아이에 대한 양가감정은 모성이 부족해서가 아니라 모성의 한 부분이기 때문에 일정 정도 불가피한 것으로 드러난다.

허디는 이 맥락에서 '본능'이라는 말, 또는 '생물학적 어머니'라는 말이 너무 협소하게 이해되는 경향이 있다고 지적한다. '생물학적' 관점에서 보더라도 어머니는 단순히 자신의 유전적 자원을 물려주는 존재가 아니다. 아이를 낳은 다음에는 어떻게 할 것인가? 유전적 관점에서만 보더라도, 유전적 투자를 헛것으로 만들지 않으려면 키워야 한다. 그리고 아이를 키우는 능력은 진화 과정과 더불어 구성되어 왔다. 이때 모성이란 매우 구체적인 능력들로 구성되어 있다는 점을 강조해야 한다. 이 능력은 딱히 모성적으로 보이지 않는 내용들 역시 담고 있을 수 있다.

가령 사회적 지위의 확보는 어머니로서 하는 일 중 하나다. 아이들을 양육할 때 무엇을 해 줄 수 있는가와 곧바로 연결되기 때문이다. 사회적 야망은 모성과 대립되는 것이 아니라 그 일부를 이룬다. 특정한 사회적 배치가 그 둘을 상반되는 것으로 보게 만들 뿐이다. 여성의 사회 활동은 더 나은 어머니가 되기 위해서라도 항상 필수적이었기 때문에 여성 운동과 더불어 나타난 새로운 현상일 수 없다. 결론은 여성에게는 통념적인 '모성'과는 다른 형태의 모성이 진화적 유산으로 주어졌고, 남성 고유의 것으로 여겨졌던 자질들 역시 거기에 포함된다는 것이다.

더 나아가 육아가 족쇄가 되는 것은, 사회 활동과 육아가 별개이며 육아는 전적으로 어머니의 몫이라고 취급되는 한에서다. 여기서 허디는 '애착'의 문제를 다시 검토한다. 인간 진화 과정에서 여성은 아이를 홀로 기른 것이 아니라 타인들의 도움을 항상 받았고, 그 자신은 사회생활이나 생계 활동을 병행했던 것으로 드러난다. 예컨대 인간 여성에게 특유한 번식 생리는 양육을 돕는 다른 존재들을 가정하지 않으면 이해될 수 없다. 이 맥락에서는 제한된 모성관 속에서는 보이지 않던 다른 관계들이 차츰 드러나기 시작하고, 인간은 본래 협동해서 번식하는 종이었을 가능성이 제기된다(저자 자신의 언급에 따르면, 그것이 이 책의 중심 주장이다.). 아기 역시 인간 진화 과정에서 주요 행위자로 부각된다. 왜 아기는 터무니없이 떼를 쓰는가? 아기가 그토록 매혹적인 존재인 까닭은 무엇인가? 아기가 정말로 필요로 하는 것은 무엇인가? 그 답은 생애사에서 아기가 아니었던 적이 없는 모든 사람의 이야기이기도 하다.

이야기를 이렇게 정리해 놓고 나면 한 번쯤 이런 질문을 해 볼 법하다. 여성은 자애로운 어머니는 아니더라도 결국 어머니인가? 이 관점에서 보면 허디의 논의 방식은 양면적인 것처럼 보이기도 한다. 여성을 가두는 특정한 모성 개념을 전복하려 했지만, 어떤 의미에서는 여성을 여전히 어머니로서 다루고 있기 때문이다. 여기에 대해서라면 일단 그의 연구 주제가 '모성'이라는 점을 상기할 필요가 있다. 또한 이 난점은 허디에게 고유한 것이라고 보기는 힘들다. 진화 이론 자체가 최종 원인의 자리에 번식의 문제를 두는 것이 불가피하기 때문이다. 논의를 일관되게 적용하자면, 남성 역시 가장 아버지처럼 보이지 않는 순간에도 아버지로서 행위하고 있다고 볼 수 있을 것이다.

학자들은 이런 문제를 해결하기 위해 부모로서 하는 노력(parental effort)을 부모-자식 간의 직접적인 상호 작용에 한정해 둘 때가 많다. 책의 문제의식을 다시 살펴보면, 여성/암컷의 진화와 관련해 거의 유일한 동력으로 간주되었던 것이 바로 부모 노력이며 또한 너무 협소하게 이해된 부모 노력이었다는 데 있다. 거듭 강조한 것처럼 여성/암컷은 훨씬 다면적인 존재다. 그리고 출산과 양육이 여성의 삶의 행로를 좌우할 만큼 큰 문제라면 바로 그 문제를 근본부터 다시 점검해 볼 필요도 있다. 어떤 조건에서 여성은 오직 어머니로서의 여성이 되는가? 허디의 논의를 따라가다 보면 그 해답은 여성의 '생물학'에 있지는 않은 것처럼 보인다. 여성의 '생물학적' 특성은 문제가 오히려 다른 데 있음을 시사한다.

다만 허디의 관점에서 인간 실존을 '생물학적' 차원과 '문화적' 차원으로 구분하는 것은 거의 불가능한 듯 보인다. 그가 지적하고 있는 것처럼 사회 생물학을 '사회' 생물학이라고 부르는 까닭은 하나의 유기체가 아니라 이들 유기체가 이루는 사회관계라는 측면에서 생명 현상에 접근하고 있기 때문이다. 본능이라는 개념 역시 이미 결정된 행동 패턴이나 일방향적인 충동보다는, 주어진 상황에서 적합한 행동을 산출하기 위한 여러 능력들의 체계를 일컫는다. 생물체는 반사적으로 반응하는 자동 기계가 아니라, 자신 앞에 있는 문제를 해결하기 위한 문제 풀이 기계다. 생명체 자신이 변화함에 따라 그들에게 제기되는 문제 역시 변화한다. 따라서 진화는 멈추지 않는다. 진화라는 말이 지시하는 것처럼, 생명은 본질이 아니라 계속 변화하는 역사의 산물이다. 생명은 문화만큼이나 고정되어 있지 않다.

그렇다면 진화 이론이 본능의 문제를 문화의 문제와 뒤섞는다고 비판할 것이 아니라, 어떤 형태의 '사회', 즉 '관계 자체'를 무엇이라고 가정하고 있는가라는 관점에서 문제에 접근하는 것이 더 생산적일 수 있다. 만약 다른 '사회'를 가정한다면 생명 현상 역시 다르게 보일까? 그 둘은 함께 이야기되어야 하는 것이지만, 생물학을 문화의 토대로, 생물학적 개념들을 그 자체 사실로 간주할 필요는 없다. 오히려 생물학적 개념들이 그 토대에서 어떤 사회를 가정하고 있는지 질문해야 한다.

허디에게 그것은 남성/수컷 중심적인 사회다. 하지만 그의 접근법은 과학학자 다나 해러웨이의 지적처럼 비싼 대가를 치러야 하는 것인지도 모른다. 여성/암컷을 진화 과정에서 능동적인 행위자로 등장시키기 위해, 남성/수컷과 동등한 경쟁적 주체, 이해관계에 밝은 주체로서 갖는 능력을 보여 주기 때문이다. 즉, 동등성을 이야기하기 위해 주어진 척도를 수용하는 것이다. 이 관점에서의 '평등'은 매우 제한적인 조건에서의 평등일 수 있기 때문에, 여러 페미니즘 논의들은 근본적으로 다른 각도에서 문제를 보고자 한다. 그렇다면 생물학 자체에 대해 아예 다른 '게임 규칙'을 제안할 수도 있지 않을까? 이 관점에서 보면 허디의 논의는 다소 미진해 보일 수 있다.

물론 책의 의미는 거기에 머무르지 않는다. 분량만큼 다양한 주제의 이야기들이 다채롭게 전개되고 있고, 풍부하게 제시되는 사례들은 그 자체로도 흥미롭고 중요하기 때문이다. 특정 성별의 자손 선호, 임신 중절, 완경(보통 '폐경'이라고 이야기되는 이 개념의 번역어는 저자 자신의 논지를 반영해 선택했다.)과 같은 여성 생애사의 현상, 산후 우울증, 부부 간의 양육 분담, 육아와 관련된 사회 복지, 영아 돌연사 증후군과 같은 주제들이 그 내용에 포함된다. 또한 주장을 이끌어 가는 저자의 논의는 상당한 설득력이 있으며, 스스로의 삶의 경험 속에서 진지하게 고민하고 질문한 흔적들이 자주 엿보인다. 인간을 다루는 다른 진화 생물학 저작들에 비해 종간 비교의 차원에서나 문화 비교의 차원에서나 훨씬 더 적극적인 논의를 제공한다는 점 역시 큰 강점이다. 문화가 다르다고 단순히 가정한 후 '사실은' 보편성이 있다고 '입증'하기보다는 실제로 다른 행동과 태도가 산출될 수 있다는 관점에서 접근하기 때문이다.

글을 맺기 전 번역에 대해 몇 가지 알려 드리려 한다. 원문의 문장이 상당히 긴 편이어서, 조금 더 편하게 읽히도록 문장을 끊어 재구성한 부분이 많았다. 여러 차례 검토하며 다듬었지만 혹시 오역이나 매끄럽지 못한 문장들과 용어들이 있다면 저자와 독자 분들께 사과드린다.

한국어에서는 인간과 인간 외 존재 각각에 대해 다른 용어를 사용할 수밖에 없었다는 점 역시 약간 난감했다. 책의 내용과 조금 거리가 있는 셈이다. 예컨대 'mother'는 사람의 경우 '어머니'로, 다른 동물의 경우 '어미'로 번역했고, 'female'은 각각 '여성'과 '암컷'으로 번역했다. 하지만 'reproduction'은 대개 차이를 두지 않고 '번식'으로 번역했다. 진화 생물학에서 'reproduction'은 유기체 내부에서 일어나는 생리학적 과정보다는 통계적인 증감의 의미를 더 강하게 갖기 때문이다. '재생산'이라는 뜻을 겹쳐 읽으면 의미가 더 잘 살아나는 부분도 여러 군데 있을 것이다. 또, 'infant'와 같이 학술적으로 분화된 뜻을 갖지만 문맥상 일상어로 번역해도 무리 없는 용어의 경우에는 일상어로 번역했다.

책의 핵심 개념 중 하나인 'alloparent' 등은 유전적 연관 관계에 견주어 행위를 강조한다는 점에서 '대행 부모' 등으로 번역했다. 문자 그대로 풀이하면 '부모 외의 부모'쯤 된다. 하지만 저자의 논의에 비춰 볼 때 부모 역할을 대신해 주는 사람이기보다는 확장된 의미에서 생물학적 부모의 한 형태라는 점 역시 언급해 두어야 할 듯싶다. 대행 부모는 심리학적 혹은 정신 분석학적 의미에서의 부모 역할을 넘어 아이를 실제로 어르고 먹이고 가르치면서 양육하는 사람으로 형제자매도 포함될 수 있고, 상징적인 부모 위치 역시 갖는 '수양부모'와는 다르다.

또, 나 자신의 경험에 비춰 보면 책을 읽다가 자료를 더 찾고 싶은 때가 이따금 있다. 주요 개념어나 종의 이름과 같은 경우 영어 표현이 있으면 더 공부하고 싶은 독자들에게 쓸모가 있을 듯싶어 괄호 안에 같이 적어 두었다. 오랜 시간을 들였으나 더 잘 번역하지 못한 것이 부끄럽고 죄송하다. 하지만 독자 분들께서 재미있게 읽어 주신다면 해 볼 만한 작업이었던 것 같다.

마지막으로 인내심을 갖고 기다리며 편집에 힘써 주신 사이언스북스 편집부에 계신 여러 선생님들, 진화 생물학을 가르쳐 주신 최재천 선생님, 험난한 '모성의 지뢰밭'에서 나를 키워 주신 어머니께 감사드린다.

2010년 4월, 옮긴이

찾아보기

그림 및 사진 저작권

그림 1 *The Doré Bible Illustrations*, Dover Publications, NewYork, 1974

1부 Reproduced from Maternity and Child Welfare 2 [4] 1918

그림 1.1 Courtesy of the Bibliothéque Nationale, Paris

그림 1.2 1858 portrait from Coventry City Library

그림 1.3 From *Liberated Women: The Lithographs of Honor?? Daumier*, Alpine Fine Arts Collection, London

그림 1.4 From the S. P. Avery Collection; Miriam and Ira D. Wallach Division of Arts, Prints and Photographs; NewYork Public Library; Astor, Lenox, and Tilden Foundations

그림 1.5 Photo by David Edwards; © BBCWorldwide 1998

그림 1.6 Courtesy of Houghton Library, Harvard University

그림 2.1 Photo by Hugo van Lawick, courtesy of Jane Goodall Institute

그림 2.2 Drawing by Sarah Landry

그림 2.3 Sarah Blaffer Hrdy/Anthro-Photo

그림 2.4 Drawing by Michelle Johnson

그림 2.5 Photo courtesy of Jeanne Altmann

그림 2.6 Photographer unknown

그림 2.8 J. Beckett; Denis Finnin; Department of Library Services, American Museum of Natural History, New York, Image no. 2A22690

그림 2.9 Drawing by Christine Drea. Courtesy of Larry Frank

그림 3.1 © 1977 *Time* Inc.; reprinted by permission

그림 3.2 Reprinted by permission of the publisher from *Insect Societies* by E. O. Wilson(illustration by Sarah Landry), Harvard University Press, Copyright © 1971 by the President and Fellows of Harvard College

그림 3.3 Drawing by Sarah Landry from Hrdy and Bennett 1979, reproduced by permission of *Harvard Magazine*

그림 3.4 Sarah Blaffer Hrdy/Anthro-

옮긴이 황희선

서울 대학교 생물학과 및 동 대학원 석사 과정을 졸업하고, 지금은 같은 학교 인류학과 대학원에서 문화 인류학을 공부하고 있다. 생물학과에서는 조선 시대 후기 및 현대 한국의 성적 갈등 패턴을 진화 심리학적 관점에서 연구했다. 인간 행동과 진화 학회(Human Behavior and Evolution Society) 및 일본 진화 학회를 비롯한 몇몇 국내외 학회에서 결과를 발표할 기회를 가졌고, 그 내용의 일부를 담아 『살인의 진화 심리학』이라는 책을 함께 썼다. 이 연구 주제가 개인적으로 마감될 무렵부터는 주로 '수유+너머'에서 활동해 왔다. 여기서 동료들과 함께 살림을 꾸리면서 글도 쓰고 강의도 한다. 전공은 바꿨지만 '생명'은 여전히 매력적인 화두여서 계속 공부하고 있는 중이다.

사이언스 클래식 15

어머니의 탄생
모성, 여성, 그리고 가족의 기원과 진화

1판 1쇄 펴냄 2010년 5월 30일
1판 5쇄 펴냄 2021년 10월 15일

지은이	세라 블래퍼 허디
옮긴이	황희선
펴낸이	박상준
펴낸곳	(주)사이언스북스

출판등록 1997. 3. 24. (제16-1444호)
(06027) 서울특별시 강남구 도산대로1길 62
대표전화 515-2000, 팩시밀리 515-2007
편집부 517-4263, 팩시밀리 514-2329
www.sciencebooks.co.kr

한국어판 © (주)사이언스북스, 2010. Printed in Seoul, Korea.
ISBN 978-89-8371-239-4 93470